# 石油管道输送技术

## （第二版）

黄春芳　梁建新　陈树东　李锦昕　主编

中国石化出版社

## 内 容 提 要

本书阐述了石油管道输送的基本原理和实用技术。主要介绍了石油的基本性质和试验方法；石油及其产品的等温与加热管道输送技术；石油泵站各种工艺流程及其操作；石油及其产品的管道顺序输送、顺序输送中的混油控制与处理；石油管道仿真技术；石油管道油品优化改性添加剂技术；石油管道的防腐蚀和阴极保护原理及操作管理、检测技术；地下水封石洞油库投产运行技术；石油储运安全技术和人员救护；石油管道电气操作；海上油气集输与海底管道；石油管道检测仪表；石油及其产品的装卸车；石油管道使用的设备包括各种泵、阀、罐、清管设备、计量设备、装卸车设备、加热炉、锅炉、换热器等的结构、原理、安装、操作、维护知识和技术，事故处理方法以及水处理技术。

本书适合输油(集输)管道技术人员、操作人员阅读参考，亦可作为大、中专或职业技术院(校)石油储运专业的教材及企业员工培训教材。

## 图书在版编目(CIP)数据

石油管道输送技术 / 黄春芳等主编 . —2 版 .
—北京：中国石化出版社，2018.1

ISBN 978−7−5114−4778−4

Ⅰ. ①石… Ⅱ. ①黄… Ⅲ. ①石油管道−石油输送
Ⅳ. ①TE832

中国版本图书馆 CIP 数据核字(2017)第 322819 号

**中国石化出版社出版发行**

地址：北京市朝阳区吉市口路 9 号
邮编：100020　电话：(010)59964500
发行部电话：(010)59964526
http://www.sinopec-press.com
E-mail：press@sinopec.com
北京科信印刷有限公司印刷
全国各地新华书店经销

\*

787×1092 毫米 16 开本 39 印张 986 千字
2018 年 1 月第 2 版　2018 年 1 月第 1 次印刷
定价：118.00 元

# 《石油管道输送技术》
# 编辑委员会

# 第二版前言

《石油管道输送技术》自 2008 年出版以来，受到广大读者欢迎。近年来，伴随着我国油气消费量和进口量的增长，油气管网规模不断扩大，建设和运营水平大幅提升，基础设施网络基本成型。2015 年底，我国原油、成品油主干管道里程分别达到 2.7 万公里、2.1 万公里。原油管道运量达到 5 亿吨，约占原油加工量的 95%；成品油管道运量达到 1.4 亿吨，约占成品油消费量的 45%。资源进口通道初步形成，西北方向：中哈原油管道已建成；东北方向：中俄原油管道建成，中俄原油管道二线工程加快推进；西南方向：中缅原油天然气管道已建成；沿海地区：原油码头设计能力满足进口接卸需要。管道和铁路、水路、公路等交通方式分工合作、相互补充，使我国油气运输体系、油气储备及应急调峰体系初步建立。国家原油储备库建设顺利推进，石油商业储备达到一定规模，形成多层次的石油储备体系。到 2025 年，我国原油、成品油管网里程将分别达到 3.7 万公里、4.0 万公里。全国省区市成品油主干管网全部连通，100 万人口以上的城市成品油管道基本接入油气管网。同时，加快国家石油储备基地工程建设，政府储备以地下水封洞库为主、地面储罐为辅，建立完善政府储备、企业社会责任储备和企业生产经营库存有机结合、互为补充的石油储备体系。

为更好地服务于我国油气管道运输体系的建设与发展，同时满足广大读者的需要，我们对《石油管道输送技术》进行了修订。本书修订受到中国石油管道局工程有限公司投产运行分公司各单位职工的支持，工作在世界各地十几个国家数十条油气管道投产、运行、维护岗位的员工对全书进行了认真审查讨论和修订。本次修订参照最新的技术规范对原书部分内容进行了修改，对书中的错误之处进行了修正，增加了石油管道添加剂技术、管道仿真技术、管道电气系统、海上油气集输与海底管道、地下水封石洞油库投产运行技术等内容，并对安全生产中的人员救护方法进行了介绍。其中石油管道添加剂技术部分由李锦昕编写，电气系统部分由赵志伟、刘明、马瑞和陈忱编写，输油站事故现场处理及人员救治部分由中日友好医院黄炎编写，管道仿真技术部分由徐伟良编写，地下水封石洞油库投产运行技术部分以及常用阴极保护设备的操作维护部分由孟祥鹏和张超编写。

由于编者水平有限，现场设备技术又日新月异，书中缺点错误在所难免，诚恳希望使用本书的读者给予批评指正。

# 第一版前言

随着西部(原油、成品油)管道、兰-郑-长管道、鲁皖成品油管道、西南成品油管道、中国石化华东成品油管线、哈萨克斯坦-中国原油管道、宁波至上海、南京进口原油管道、仪征-长岭原油管道的相继开工与建成投产，中国已初步建成了7个大的区域性石油管网：东北三省、京津冀鲁晋、苏浙沪豫皖、两湖及江西、西北的新青陕甘宁、西南的川黔渝和东南沿海。《石油管道输送技术》正是适应中国石油管道的飞速发展而诞生。

《石油管道输送技术》主要介绍石油管道实际操作方法和技能，以石油管道现场操作与管理人员为主要读者对象。本书系统地介绍了石油管道实用的基本理论和石油管道常用的工艺流程及其操作方法，尽可能全面地概括了石油管道常用设备的运行、管理、维护方法。书中介绍的理论、设备、操作维护方法、故障分析处理技能主要来自石油管道实际和相关规范。本书坚持现场用什么、书中介绍什么的原则，争取做到使读者看了本书，可以进行石油管道的简单操作；经过培训，可以上岗；石油管道现场遇到的常见问题，可以在书中找到答案。

本书各章节互成系统，读者根据需要可选择不同章节学习。本书适合下列读者群：1. 输油(集输)岗位新工人，经过培训可以上岗；2. 有一定实践经验的输油(集输)操作人员，经过学习，可以深入地掌握岗位上的主要技术技能和技术理论；3. 输油(集输)公司技术人员，经过系统学完本书可以达到相当于输油专业大专毕业的专业水平，能够胜任一般输油管道设计、管理工作；4. 可作为职业技术学院(校)油气储运专业的专业课教材；5. 新到输油单位的各类大学生利用本书可以迅速地将学校学到的理论知识和输油生产实际结合起来，很快地熟悉和胜任输油管理和操作工作。

本书由中国石油管道学院副教授黄春芳编著。中国石油天然气管道局局长助理高级工程师王文艳、中国石油管道学院院长教授茹慧灵、中国石油管道学院副院长副教授张力军共同主审。

由于编者水平有限，现场设备、技术又日新月异，书中缺点错误在所难免，诚恳希望使用本书的教师和读者给予批评指正。

# 目　录

# 第一章 石油基本知识和
# 石油化验与计量

## 第一节 原油的化学组成

原油通常是一种淡黄色到黑色流动或半流动的黏稠液体，由于原油的产地或油层位置的不同，使原油的性质产生了差别。绝大多数原油的密度在 $0.8\sim0.98g/cm^3$ 之间。流动性的差别也很大。例如：我国青海原油50℃运动黏度为 $1.46\times10^{-6}m^2/s$，而孤岛原油在50℃时的运动黏度为 $4.0\times10^{-4}m^2/s$。

绝大多数原油都有很浓的臭味，这是由于原油中含有一些有臭味的硫化物。通常将含硫量大于2%的原油称为高硫原油，低于0.5%的原油称为低硫原油，介于0.5%~2%之间的原油称为含硫原油。对于含硫原油的输送必须要考虑它对管线及金属设备的腐蚀情况。

原油在一定试验条件下开始失去流动性的温度称为凝固点，不同原油的凝固点差别很大。我国有的原油凝固点高达40~50℃，而新疆克拉玛依原油凝固点低到-50℃左右。这种差别主要是原油中含有一定数量的蜡，含蜡量高的原油，凝固点高。反之凝固点低。表1-1-1列出了我国部分油田原油的外观性状。

表1-1-1 我国部分油田原油的外观性状

| 原 油 | 色 泽 | 密度 $\rho_{20}/(g/cm^3)$ | 运动黏度(50℃)/(m²/s) |
|---|---|---|---|
| 四 川 | 暗 绿 | 0.8394 | $1.23\times10^{-5}$ |
| 青海冷湖 | 暗 绿 | 0.8042 | $1.46\times10^{-6}$ |
| 克拉玛依 | 深 褐 | 0.8679 | $1.923\times10^{-5}$ |
| 大 庆 | 黑 色 | 0.8604 | $2.379\times10^{-5}$ |
| 胜 利 | 黑 色 | 0.8886 | $2.938\times10^{-5}$ |
| 青海混合 | 黑 色 | 0.8230 | $2.706\times10^{-5}$ |

注：原油的外观特性有时会发生变化，这里指的是一般情况。

## 一、原油的元素组成

原油主要由碳、氢、硫、氮、氧五种元素组成（见表1-1-2）。其中碳含量约占83%~87%，氢含量约占11%~14%，这两种元素含量在原油中一般占96%~99.5%，此外还有硫、氮、氧元素，三者总含量约为1%~4%。但也有特殊情况，如墨西哥原油含硫量高达3.6%~5.3%，阿尔及利亚原油含氮量为1.4%~2.2%，但这仅就一般而言。

除此之外，在原油中，还发现有少量的金属元素（如铁、镍、铜、钒等）和非金属元素（如砷、氯、磷、硅等），其含量均很小，常用 ppm（$10^{-6}$）计。

表1-1-2 某些原油的元素组成（质量分数）                     %

| 原油 \ 元素 | C | H | S | N | O |
|---|---|---|---|---|---|
| 大庆混合原油 | 85.74 | 13.31 | 0.11 | 0.15 | 0.69 |

续表

| 原油 \ 元素 | C | H | S | N | O |
|---|---|---|---|---|---|
| 孤岛原油 | 84.24 | 11.74 | 2.03 | 0.47 | 1.52 |
| 江汉原油 | 83.00 | 12.81 | 2.09 | 0.47 | 1.63 |
| 克拉玛依原油 | 86.10 | 13.30 | 0.04 | 0.25 | 0.28 |
| 墨西哥原油 | 84.20 | 11.40 | 3.60 | — | 0.80 |

## 二、原油的化学组成

原油是一种多组分的复杂混合物，每个组分都有其各自不同的沸点。根据使用要求，在原油加工过程中第一步就是分馏，按沸点差别把整个原油"切割"成为几个"馏分"，使原油这个复杂的混合物得到分离。"馏分"即馏出部分的意思，它本身还是一个具有一定沸点范围的混合物，但所含的组分数目比原油少得多。

**1. 原油中的烃类化合物**

原油主要是由碳和氢元素组成。碳和氢在原油中按一定的数量关系，彼此结合成多种不同性质的碳氢化合物，即我们所说的烃类，它是原油的主要组成部分。一般原油中只含有烷烃、环烷烃和芳香烃这三类，石油产品中还含有烯烃和炔烃。

(1) 汽油馏分的烃类组成　就一般情况而言，汽油馏分沸点小于200℃，平均相对分子质量约为100~200，含有 $C_5$~$C_{11}$ 的正构烷烃、单环环烷烃(在重汽油馏分中含有少量双环环烷烃)和单环芳香烃。

烷烃和环烷烃占汽油馏分的绝大部分，芳香烃含量一般不超过20%。就其分布规律而言，随着沸点的增高，芳香烃含量逐渐增加，这个芳香烃的分布规律目前对大多数原油的汽油馏分具有普遍的意义。

从原油直接蒸馏得到的汽油叫直馏汽油，只含烷烃、环烷烃和芳香烃。

采用不同的加工炼制方法，得到的汽油馏分其烃类组成差别很大。热裂化汽油含烯烃多；催化裂化汽油含较多的异构烷烃和较少的正构烷烃，芳香烃含量较高；而铂重整汽油中含有大量芳香烃；等等。

(2) 煤、柴油馏分的烃类组成　煤油馏分的沸点范围一般为200~300℃，主要是由 $C_{11}$~$C_{15}$ 的烃类组成的，相对分子质量约为180~200左右；柴油馏分的沸点范围大致为200~350℃，以 $C_{11}$~$C_{25}$ 烃类为主，相对分子质量约为160~260。煤、柴油馏分(中间馏分)中烃类数目和种类比汽油馏分要复杂得多。16个碳以上的正构烷烃在常温下为固体，为石蜡的主要组成部分。

(3) 润滑油馏分的烃类组成　润滑油的沸点范围在350~520℃，由于沸点高又称之为高沸点馏分。润滑油馏分中包含的烃类分子的碳原子数较多，环数多，结构也更为复杂。

润滑油馏分烃类相对分子质量较大，分子中碳原子数一般为20以上到40左右(或更高)，因而化合物的数目更多，结构也更加复杂。

在润滑油馏分中，存在不同数量的固体烃类(在柴油馏分中已开始出现)。这些在常温下是固体的烃类，在石油中处于溶解状态，随着温度降低，其溶解度降低，会析出一部分晶体，这种从石油中分离出来的固体烃类，在工业上称之为蜡。根据结晶形状及来源的不同，蜡又可分为两类：一类是从润滑油和柴油馏分中分离出来的，呈大片白色状或带状晶体的石蜡；另一类是从润滑油馏分和石油残油中分离出来的，呈细微针状黄色结晶(纯地蜡无色)

的地蜡。

一般石蜡相对分子质量为 300~500，分子中碳原子数为 20~35，熔点为 30~70℃。地蜡相对分子质量为 500~700，分子中碳原子数为 35~55，熔点为 60~90℃。

**2. 原油中的非烃化合物**

原油中硫、氮、氧等元素和碳、氢元素形成的含硫、含氮、含氧化合物，统称为非烃类化合物。硫、氮、氧这些元素在石油中的含量不高，一般约为 1%~3%，它们都是以非烃化合物的形式存在于原油中，若以化合物计，其含量可达 10%~20%。

不同的原油，硫元素的含量相差很大，从万分之几到百分之几。硫在原油中的含量通常是随石油馏分沸点升高而增加，大部分硫均集中在残渣油中。原油中存在的硫化物对原油加工产品应用和储存危害很大。它会引起加工设备、管线、油罐的严重腐蚀，特别是 $H_2S$，它与水共存时，腐蚀更为严重。含硫的油品燃烧后能生成 $SO_2$ 和 $SO_3$，遇水生成 $H_2SO_4$ 和 $H_2SO_3$，对设备会造成强烈的腐蚀；含硫化合物具有令人不快的臭味和一定毒性，影响人体健康。总之，必须除去油品中的硫化物，这是原油加工中的一个重要课题。

原油中的氮元素含量一般为千分之几到万分之几。氮化物对原油的储运基本无大影响，但对油品的储运、使用性能都有较大的影响。光和热的作用，会使氮化物生成胶质，影响油品的颜色，使颜色变深、气味变臭，所以氮化物也必须从油品中除去。

原油中含氧量一般较少，约为千分之几，但也有个别含氧量高达 2%~3%。原油中大部分氧集中在胶质沥青质中，除此之外，氧均以有机化合物的形式存在，这些有机化合物，分为中性氧化物和酸性氧化物两类。中性氧化物一般不重要（如醛、酮等），酸性氧化物中有环烷酸、脂肪酸和酚类总称为石油酸，其中环烷酸约占 90%。环烷酸对金属具有腐蚀性，由于原油的加工、储运和使用均离不开金属设备，因而环烷酸在油品中是有害的。环烷酸腐蚀金属设备所产生的盐类对油品有一定的影响。原油馏分中的环烷酸可用碱洗的方法脱去。

原油中的胶质沥青质的含量因产地不同差别很大，它是石油中结构最复杂、相对分子质量最大的一部分物质。它们除含碳氢元素以外，还含有硫、氮、氧，相对分子质量很大，其结构也十分复杂。

所谓胶质，一般是指能溶于石油醚（低沸点烷烃）、苯、三氯甲烷、二硫化碳而不溶于乙醇的物质。沥青质是能溶于苯、三氯甲烷和二硫化碳，但不溶于石油醚和乙醇的物质。胶质和沥青质使石油产品的颜色变深，燃烧后形成积炭，也属于有害成分。

# 第二节 石油的理化性质

## 一、汽化性质

### 1. 蒸气压

在一定温度下，液体同它液面上的蒸气呈平衡状态时蒸气所产生的压力称为该液体的饱和蒸气压，简称蒸气压。蒸气压的高低表明了液体中分子汽化或蒸发的能力。蒸气压越高，说明该液体的蒸发能力越强，越容易汽化。在储运原油的过程中，经常利用蒸气压数据来计算油品的蒸发损耗。蒸气压的大小反映了石油的汽化能力，过大的蒸气压将影响离心泵的吸入能力和机械密封的使用寿命。

**2. 馏程**

对于纯化合物，在一定外压下，当加热到某一温度时，其饱和蒸气压与外界压力相等，此时在气液界面及液体内部同时进行汽化，这一温度称为沸点。在外压一定时，沸点是一个恒定值。

石油、油品与纯化合物不同，它是由许多物质所组成的混合物，它在外压一定时沸点随油品不断汽化而增加。所以表示石油或油品的沸点不能用某一温度，而是以某一温度范围来表示，该温度范围称为馏程。

石油或油品的馏程因测定的仪器不同，其数值也有差别。在油品质量规格和储存中作为控制指标的是采用恩氏蒸馏测定馏程。当规定数量的石油或油品在恩氏蒸馏设备中进行加热蒸馏时，最先汽化蒸馏出来的是一些沸点低的烃类分子。流出第一滴冷凝液体时的气相温度称为初馏点，蒸馏过程中烃类分子按其沸点高低的顺序逐渐蒸出，气相温度逐渐增高，当馏出物的体积分别为10%、…、50%、…、90%时的气相温度分别称为10%点、…、50%点、…、90%点，蒸馏最后所达到的最高气相温度称为终馏点或干点。初馏点到干点这段温度范围称为馏程或沸程。石油中的高沸点组分，在高温时容易分解，因此在蒸馏原油或较重组分中，一般不把油样蒸干，而是当气相温度达到350℃时，即停止蒸馏，而记下相应馏出油的数量。

在原油中，相对分子质量比较小的烃类化合物的沸点要比相对分子质量比较大的烃类化合物的沸点低，汽化时小分子的烃类容易汽化而大的分子则不容易汽化。对于石油中的烷烃常温常压下：当碳元素小于5时，是气态；碳元素大于5而小于16时，呈液态；当碳元素大于16时，为固态。一般在石油中固态烃类溶解在液态烃中，温度降低时，固态烃逐渐析出。

馏程的高低对输油生产具有一定实用意义，馏程是燃料（汽油、煤油、柴油等）的重要质量指标，也是油库储存中易变指标，油罐储油时的蒸发不仅损耗了油品的数量而且降低了油品的质量，必须予以控制；离心泵的进泵温度必须小于原油在当地大气压下的初馏点，防止发生气蚀；管道输油必须在原油的初馏点以下进行，防止发生水击和不满流。

## 二、密度

密度是单位体积内物质的质量，单位为 $kg/m^3$ 或 $g/cm^3$，常以字母 $\rho$ 表示。

我国国家标准规定20℃和101.325kPa下的密度为石油和液体石油产品的标准密度，以 $\rho_{20}$ 表示。如果是在其他温度下测得的密度称为视密度，用 $\rho_t$ 表示。

油品的相对密度是油品密度与规定温度下水的密度之比，是无量纲的。由于纯水在3.98℃时密度最大，为 $0.99997g/cm^3$，一般近似地把4℃时水的密度定为 $1g/cm^3$，所以常以4℃水作为基准，以 $d_4^t$ 表示 $t$℃时油品密度与4℃水密度之比的相对密度。我国与俄罗斯常用的相对密度为 $d_4^{20}$，欧美各国常以15.6℃（60℉）油品密度与15.6℃（60℉）纯水密度之比作为相对密度，表示为 $d_{15.6}^{15.6}$ 或（$d_{60℉}^{60℉}$）。$\rho_{20}$ 与 $d_4^{20}$ 在数值上是相等的，但它们的物理意义和单位是不同的。

**1. 原油、油品的密度与温度的关系**

温度升高油品因膨胀使体积增大，因而密度减小。在20℃±5℃温度范围内，密度随温度的变化可近似地按下式计算：

$$\rho_{20} = \rho'_t + \gamma(t - 20) \tag{1-2-1}$$

式中    $\rho'_t$——$t$℃时油品的视密度，$g/cm^3$；

         $\gamma$——石油密度温度系数，见表1-2-1。

表 1-2-1　石油密度温度系数表（γ值表）

| $\rho_{20}$ | $\gamma$ | $\rho_{20}$ | $\gamma$ | $\rho_{20}$ | $\gamma$ |
|---|---|---|---|---|---|
| 0.5993~0.6042 | 0.00107 | 0.7014~0.7072 | 0.00088 | 0.8292~0.8370 | 0.00069 |
| 0.6043~0.6091 | 0.00106 | 0.7073~0.7132 | 0.00087 | 0.8371~0.8450 | 0.00068 |
| 0.6092~0.6142 | 0.00105 | 0.7133~0.7093 | 0.00086 | 0.8451~0.8533 | 0.00067 |
| 0.6143~0.6193 | 0.00104 | 0.7194~0.7255 | 0.00085 | 0.8534~0.8618 | 0.00066 |
| 0.6194~0.6244 | 0.00103 | 0.7256~0.7317 | 0.00084 | 0.8619~0.8704 | 0.00065 |
| 0.6245~0.6295 | 0.00102 | 0.7318~0.7380 | 0.00083 | 0.8705~0.8792 | 0.00064 |
| 0.6296~0.6347 | 0.00101 | 0.7381~0.7443 | 0.00082 | 0.8793~0.8884 | 0.00063 |
| 0.6348~0.6400 | 0.00100 | 0.7444~0.7509 | 0.00081 | 0.8885~0.8977 | 0.00062 |
| 0.6401~0.6453 | 0.00099 | 0.7510~0.7574 | 0.00080 | 0.8978~0.9073 | 0.00061 |
| 0.6454~0.6506 | 0.00098 | 0.7575~0.7640 | 0.00079 | 0.9074~0.9172 | 0.00060 |
| 0.6507~0.6560 | 0.00097 | 0.7641~0.7709 | 0.00078 | 0.9173~0.9276 | 0.00059 |
| 0.6561~0.6615 | 0.00096 | 0.7710~0.7772 | 0.00077 | 0.9277~0.9382 | 0.00058 |
| 0.6616~0.6670 | 0.00095 | 0.7773~0.7847 | 0.00076 | 0.9383~0.9492 | 0.00057 |
| 0.6671~0.6726 | 0.00094 | 0.7848~0.7917 | 0.00075 | 0.9493~0.9609 | 0.00056 |
| 0.6727~0.6782 | 0.00093 | 0.7918~0.7990 | 0.00074 | 0.9610~0.9729 | 0.00055 |
| 0.6783~0.6839 | 0.00092 | 0.7991~0.8063 | 0.00073 | 0.9730~0.9855 | 0.00054 |
| 0.6840~0.6896 | 0.00091 | 0.8064~0.8137 | 0.00072 | 0.9856~0.9951 | 0.00053 |
| 0.6897~0.6954 | 0.00090 | 0.8138~0.8213 | 0.00071 | 0.9952~1.0131 | 0.00052 |
| 0.6955~0.7013 | 0.00089 | 0.8214~0.8291 | 0.00070 |  |  |

如果温度和20℃相差较大则不能用上式计算，而需要查换算表进行计算。

**2. 压力对石油密度的影响**

液体几乎不可压缩，所以压力对液体油品密度的影响几乎可以忽略不计。只是在极高压力下才考虑外压的影响。但值得注意的是，当液体油品被加热时，如果保持体积不变，压力会急剧上升。如果装满液体油品的一段管道或容器的进出口阀门全部关闭，油品在受热时就会产生极大压力以致引起容器的爆炸，造成事故。所以当管线突然停输时，不可关闭加热炉的进出口阀门，如确需关闭加热炉进出口阀门时，应同时打开加热炉的紧急放空阀，防止管道内封闭的石油受热膨胀，发生爆炸事故。

**3. 油品的混合密度**

当有两种或两种以上的油品混合时，如果混合后体积有可加性，则混合油品的密度可近似按下式计算：

$$\rho_{混} = V_1\rho_1 + V_2\rho_2 + \cdots + V_i\rho_i \tag{1-2-2}$$

式中　$V_1$，$V_2$，…，$V_i$——混合物中各组分的体积分数；

　　　$\rho_1$，$\rho_2$，…，$\rho_i$——混合物中各组分的密度，g/cm³。

计算时 $\rho_1$、$\rho_2$、$\rho_i$ 的温度必须相同。

当密度相差很大的两个组分混合时，体积往往没有可加性。例如原油和低分子烃混合时，混合物体积可能收缩，而两个属性相差很大的组分，如已烷和苯混合时，体积可能增大。此时如用上式计算，将导致较大误差。

**4. 原油、油品密度与馏分组成及化学组成的关系**

原油和油品的密度决定于组成它的化合物的分子大小和分子结构。同一原油的各馏分，随着沸点的升高，相对分子质量增大，密度也随之增大。原油不同，其密度不同，性质也不相同。不同原油相同沸点的两个馏分的密度也会有较大的差别。这是因为它们的化学组成不相同。

碳原子数相同而分子结构不同的分子具有不同的密度。相同碳数的烃类分子的密度芳香烃最高，环烷烃次之，正构烷烃最小。分子中环数越多，密度越大。对于同样馏程的原油馏分，含烷烃多的油品，密度较小，含芳香烃多的油品，密度较大。原油的密度一般在 $0.65\sim0.98\mathrm{g/cm^3}$ 之间。密度大于 $1\mathrm{g/cm^3}$ 的原油很少。

**5. 密度的测定**

密度可用几种方法测定，可按油品黏度、试样数量、所需准确度等来选择测定方法。最简便的方法可用密度计法，但准确度不够高。一般可用于控制生产。在输油生产中就是用此法来进行计量的。除此之外比较准确的方法还有比重瓶法。如果原油试样黏度比较高，测定其密度比较困难，可用等体积的已知密度的煤油与它混合，然后测定混合物的密度。即

$$\rho = 2\rho_混 - \rho_煤 \tag{1-2-3}$$

式中　$\rho$——原油的密度，$\mathrm{g/cm^3}$；

$\rho_混$——原油和煤油混合物的密度，$\mathrm{g/cm^3}$；

$\rho_煤$——煤油的密度，$\mathrm{g/cm^3}$。

应该注意这里用作稀释剂的是煤油而不是汽油。这是因为汽油的馏分太轻，在常温下或加入热重油时受热，其轻馏分就会蒸发，不但减少了稀释油的体积，而且由于轻质组分的蒸发，稀释溶剂本身的密度就会增大，这样使测定结果不准。煤油馏分比汽油馏分重，不像汽油那么容易挥发，密度变化不大。因此我们常用煤油作为稀释剂。

## 三、黏度

原油的输送过程通常处于流动状态，因此有必要讨论原油的流动性能。黏度是评价原油或油品流动性的一个指标。黏度又是一个重要的水力参数。

**1. 黏度的表示**

黏度是表示液体流动时分子间摩擦而产生阻力的大小。阻力越大，流动就越困难，说明液体就越黏。黏度的大小常用动力黏度、运动黏度或条件黏度来表示。

（1）动力黏度　动力黏度 $\mu_p$ 又称为物理黏度或绝对黏度。动力黏度的单位，SI 制为 $\mathrm{Pa\cdot s}$，cgs 制为泊（P）和厘泊（cP），两种单位关系为：

$$1\mathrm{Pa\cdot s} = 10\mathrm{P} = 10^3\mathrm{cP} \tag{1-2-4}$$

（2）运动黏度　运动黏度常以 $\nu_t$ 表示。运动黏度的单位，SI 制为 $\mathrm{m^2/s}$ 或 $\mathrm{mm^2/s}$，cgs 制为厘斯（cSt），其相互关系为：

$$1\mathrm{m^2/s} = 10^6\mathrm{mm^2/s} = 10^6\mathrm{cSt} \tag{1-2-5}$$

运动黏度 $\nu_t$ 是动力黏度 $\mu_t$ 与同温度、同压力下液体密度 $\rho_t$ 之比值，用下式表示：

$$\nu_t = \mu_t/\rho_t \tag{1-2-6}$$

原油的运动黏度可通过毛细管黏度计来测定。测定一定体积液体通过毛细管时所需时间 $\tau(\mathrm{s})$，将时间 $\tau$ 乘以该毛细管黏定计常数 $C$，即可得运动黏度 $\nu_t$：

$$\nu_t = C\cdot\tau \tag{1-2-7}$$

由于运动黏度测定方法简单，正确性较好，一般误差小于 $0.1\mathrm{mm^2/s}$，因此得到广泛应用。在输油生产中常常是测定原油的运动黏度。

（3）条件黏度　条件黏度中最常用的是恩氏黏度，即所测的油品在某温度下，从恩氏黏

度计中流出 200mL 所需要的时间与在同样条件下流出 200mL、20℃的蒸馏水所需的时间的比值。除了恩氏黏度外常用的还有赛氏黏度和雷氏黏度。各种黏度都可以查图进行换算。

**2. 黏度与温度的关系**

温度对黏度有极其重要的影响，温度升高，黏度降低，油品温度降低，则黏度增高。所以，在说明原油或油品的黏度时，必须注明温度条件，否则黏度数据没有意义。原油和油品在某一温度范围内，随着温度降低，黏度增大不很显著，但降低到某一温度点(反常点)，随着温度降低，黏度将有显著变化，这一点在输油和生产中应引起足够重视。

**3. 黏度与化学组成的关系**

随着馏程增高，油品的密度加大，黏度也迅速增大。当馏程相近时，油品中含烷烃多黏度最小，含环烷烃多黏度最大，芳香烃介于两者之间。

## 四、低温性能

原油及油品的输送和储存条件与其低温下流动性能关系十分密切。由于用途不同以及不同国家采用不同测定方法，油品低温性能有多种评定指标，如浊点、结晶点、冰点、凝点、倾点、冷滤点等。

**1. 石油及其产品凝固的实质**

石油及油品在低温下失去流动性有两种情况：

(1) 含蜡很少或不含蜡的原油和油品，随着温度降低，黏度迅速增大。当黏度增大到一定程度(大约为 $3 \times 10^5 mm^2/s$)后，原油和油品就变成无定形的玻璃状物质而失去流动性，这种凝固称为黏温凝固。油品的"凝固"这一词并不确切，因为在油品刚失去流动性的温度下，油品实际是一种可塑性物质，而不是固体。

(2) 含蜡原油或油品受冷时，情况有所不同。含蜡油随着温度下降，油中的蜡就会逐渐结晶出来，开始出现少量极细微的结晶中心，油品中的高熔点烃分子在结晶中心上结晶，结晶逐渐长大，使原来透明的油品中出现云雾状的浑浊现象，此时的温度称为浊点或云点；如果继续降低温度，蜡结晶逐渐长大，结晶刚刚明显可辨的温度称为结晶点。当温度进一步下降，结晶大量析出，并连接成网状结构的结晶骨架，蜡的结晶骨架把此温度下还处于液态的油品包在其中，使整个油品失去流动性，这种现象称为构造凝固。在特定条件下出现油品刚失去流动性的温度，称为凝点。从以上分析可以看出，所谓构造凝固这一名词，其含义也并不确切，因为蜡的结晶骨架中还包含着大量液态油品，其硬度离"固"相差还很远。

**2. 基本概念**

1) 浊点和结晶点

浊点又称云点，就是原油和油品在规定仪器和条件下降低温度，使其开始出现石蜡结晶而使试油开始呈现浑浊时的最高温度。测定了试油的浊点以后，继续将试油冷却，直到试油中呈现出肉眼所能看得见的晶体时(可将装油的试管放在带有反光镜的暗箱中或试管架上观察)的最高温度称为结晶点。在达到结晶点时，整个试油仍然处于可流动的液体状态。

2) 凝固点和倾点

所谓凝固点(也叫凝点)，只是在特定的仪器中，在一定的试验条件下，试油刚失掉流动性时的温度。而所谓失掉流动性也完全是条件性的，即把装有试油的规定试管，在一定条件下冷却到某一温度后，将其倾斜45°，经过一分钟后，肉眼看不出管内油面有移动，则认为该油"凝固"了，产生这种现象的最高温度称为该试油的凝固点。

所谓倾点，是指石油产品从标准型式的容器中流出的最低温度或称为流动极限，通常将凝固点加上2.8℃就是倾点。倾点比浊点低。油品的沸点越高，其凝点和倾点就越高。

3）熔点、滴点和软化点

熔点是石蜡、地蜡和高熔点石油产品的一个质量指标。在特定的仪器中测定已预先熔化试样的温降曲线，取降温曲线中温度下降最慢的一段曲线的开始温度作为试样的熔点。

滴点是润滑脂的重要质量标准，表示润滑脂使用温度范围的界限。滴点是在规定条件下，固态或半固态石油产品达到一定流动性时的最低温度（GB/T 4929）。

软化点是沥青使用的界限温度，它是在一定条件下加热，沥青软化到一定稠度时的温度，采用环球法测定（GB/T 4507）。

## 五、燃烧性能

石油及其产品大部分用作燃料，原油和油品又是很容易着火、爆炸的物质，因而研究它们爆炸、着火、燃烧有关的性质——闪点、燃点及自燃点，对原油和油品的安全储存、输送、炼制及产品应用有很重要的意义。

### 1. 爆炸极限

烃类和油品的蒸气与天然气一样，和空气以一定的比例混合后，可以形成爆炸性的混合物，遇到外界火源时就会发生闪火或爆炸现象。

并不是任何油气和空气的混合物都能闪火爆炸，只有混合气中烃或油气的浓度在一定的范围内才有可能。低于此浓度范围油气不足，高于此浓度范围则空气不足，此浓度范围称为爆炸极限。其浓度下限和上限称为爆炸下限和爆炸上限。

一般油品的沸点越低，质量越低，其爆炸极限的范围越宽，油品越危险。某些油品蒸气或可燃气体与空气形成混合物的爆炸极限见表1-2-2。

**表1-2-2　常用可燃气体、蒸汽特性表（GB 50493—2009）**

| 序号 | 物质名称 | 引燃温度/（℃/组别） | 沸点/℃ | 闪点/℃ | 爆炸浓度（体积分数）/% | | 火灾危险性分类 | 蒸气密度/（kg/m³） | 备注 |
|---|---|---|---|---|---|---|---|---|---|
| | | | | | 下限 | 上限 | | | |
| 1 | 甲烷 | 540/T1 | -161.5 | 气体 | 5.0 | 15.0 | 甲 | 0.77 | 液化后为甲A |
| 2 | 天然气 | 484/T1 | — | 气体 | 3.8 | 13 | 甲 | — | — |
| 3 | 液化石油气 | — | — | | 1.0 | 1.5 | 甲A | | 气化后为甲类气体，上下限按国际海协数据 |
| 4 | 轻石脑油 | 285/T3 | 36~68 | <-20.0 | 1.2 | | 甲B | ≥3.22 | |
| 5 | 重石脑油 | 233/T3 | 65~177 | -22~20 | 0.6 | | 甲B | ≥3.61 | |
| 6 | 汽油 | 280/T3 | 50~150 | <-20 | 1.1 | 5.9 | 甲B | 4.14 | |
| 7 | 喷气燃料 | 200/T3 | 80~250 | <28 | 0.6 | | 乙A | 6.47 | 闪点按GB 1788—1979的数据 |
| 8 | 煤油 | 223/T3 | 150~300 | ≤45 | 0.6 | | 乙A | 6.47 | |
| 9 | 原油 | | | | | | 甲B | | |

### 2. 闪点

可燃液体火灾危险性的最直接指标是蒸气压。蒸气压越高，危险性越大。但可燃液体的蒸气压较低，很难测量。所以，世界各国都是根据可燃液体的闪点（闭杯法）确定其火灾危险性。闪点越低，危险性越大。闪点是指在规定的实验条件下，用规定的方法测试时，利用测试火焰能使试验样品的蒸气瞬间点燃，且火焰蔓延到整个液体表面，并被校正至101.3kPa 大气压下的试验样品的最低温度（闭杯法）。当测定煤油、柴油以及润滑油的闪点时，就是测定该油气爆炸下限时的温度；汽油则不同，在室温下，汽油在密闭容器中因为油气太浓，空气不足而不会闪火，当冷却降低其蒸气压，则可以达到使混合气发生闪火的温度。显然，汽油的闪点是相当于油气达到爆炸上限时的温度。

油气闪火后如果没有新鲜的烃类蒸气和空气补充，火焰随即熄灭。闪火后如果源源不断地提供烃类蒸气和空气，则闪火后形成连续的火焰，这就是燃烧现象。

### 3. 燃点和自燃点

油品在规定的条件下加热到一定温度，当火焰接近时即发生燃烧，且着火时间不少于5s 的最低温度，称为该油品的燃点。在规定的条件下加热油品，外界无火焰，油品在空气中自行开始燃烧的最低温度，称为该油品的自燃点。

油品越轻，其沸点越低，则其闪点、燃点越低，但其自燃点却越高。汽油的闪点约为−50~30℃，润滑油闪点高达130~325℃。大气压力对闪点有影响，闪点随压力升高而增大，通常所说的闪点是指常压下的闪点。

油品的闪点、燃点、自燃点与油品的化学组成有关。一般原油中石蜡较多者，闪点较高。烷烃比芳香烃容易自燃，所以烷烃自燃点比较低，但其闪点比黏度相同而含环烷烃和芳香烃较多的油品要高。

闪点是油品的安全性指标，可燃液体的危险等级就是根据闪点划分的（见表1-2-3）。重质油中如混入很少量低沸点油品，其闪点大大下降。从安全角度来看，在比闪点低17℃左右的温度下倾倒油品才是安全的。

表1-2-3　液化烃、可燃液体的火灾危险性分类（GB 50160—2008）

| 名　称 | 类　别 | | 特　征 | 举　例 |
|---|---|---|---|---|
| 液化烃 | 甲 | A | 15℃时的蒸气压力＞0.1MPa 的烃类液体及其他类似的液体 | 液化石油气、液化丙烷 |
| | | B | 甲A类以外，闪点＜28℃ | 原油、汽油、石脑油 |
| 可燃液体 | 乙 | A | 28℃≤闪点≤45℃ | 煤油、苯乙烯、喷气燃料 |
| | | B | 45℃＜闪点＜60℃ | 轻柴油、环戊烷 |
| | 丙 | A | 60℃≤闪点≤120℃ | 重柴油、糠醛、20号重油 |
| | | B | 闪点＞120℃ | 蜡油、100号重油、渣油、变压器油、润滑油 |

# 第三节　石油的分析化验

输油泵站主要测定石油的密度、含水、凝点。

## 一、密度测定法

单位体积内所含石油的质量，称为石油的密度。其单位为 g/cm³ 或 kg/m³。

原油及石油产品随温度变化而改变其体积，密度也随之发生变化。因此油品密度的测定结果必须注明测定温度，用 $\rho_t$ 表示。其中，$t$ 为测定该值时的温度。

我国统一把 20℃和 101.325kPa 下的密度规定为石油产品的标准密度，以 $\rho_{20}$ 表示。因此石油密度计在 20℃时进行分度，即使用时只有在 20℃时密度计的示值才是正确的。在其他温度如 $t$ 度时测得之密度，称为视密度 $\rho'_t$，需查算为 20℃时密度 $\rho_{20}$。

密度计法是以阿基米德原理为基础。当被石油密度计所排开的液体重量等于密度计本身重量时，密度计处于平衡状态，即稳定地漂浮于液体石油产品中。

试油密度不同，同一密度计在试油中下沉程度不同，试油密度愈大，密度计下沉得愈少。

石油密度的测定常用方法有以下三种：

（1）密度计法　适用于黏度不太大的液体石油产品。该方法简单易行，准确度不高，误差为 0.001 左右。一般用于生产现场及质量检验。

（2）比重瓶法　操作较繁琐，准确性较高，误差最大为 0.0004，是科学研究中常用的方法。

（3）混合法　适用于经加热仍难得到流动性较好的均匀液体的黏稠试油。采用等体积已知密度的煤油 $\rho_2$ 稀释试油，混合均匀后，用密度计法测定混合液的密度，然后按下式计算试样 $\rho_{20}$：

$$\rho_{20} = 2\rho_1 - \rho_2$$

混合法的准确性较差，应尽量避免使用。

密度是一些油品（如喷气燃料）的重要质量指标，它在一定程度上反映了油品的组成，因而可用来确定原油的类别及与其他物性结合确定润滑油的组成（如 n-d-M 法、n-d-V 法）。在石油储运中，密度是油料计量的重要根据。

密度计法最适合于测定透明、低黏度液体的密度，也适用于黏性液体，但要让石油密度计停留足够长的时间，以达到平衡状态。

**1. 方法概要**

将试样处理至合适的温度并转移到和试样温度大致一样的密度计量筒中，再把合适的石油密度计垂直地放入试样中并让其稳定，等其温度达到平衡状态后，读取石油密度计刻度的读数并记下试样的温度，如有必要，可将所盛试样的密度计量筒放入适当的恒温浴中，以避免实验过程中温度变化太大。在实验温度下测得的石油密度计读数，用 GB/T 1885 换算到 20℃下的密度。

**2. 仪器**

（1）密度计量筒　由透明玻璃、塑料或金属制成，其内径至少比密度计外径大 25mm，其高度应使密度计在试样中漂浮时，密度计底部与量筒底部的间距至少有 25mm。为了倾倒方便，密度计量筒边缘应有斜嘴。

（2）密度计　玻璃制，应符合 SH/T 0316 和表 1-3-1 中给出的技术要求。

表 1-3-1　密度计技术要求

| 型　号 | 单　位 | 测量范围 | 每支密度计范围 | 刻度间隔 | 最大刻度误差 | 弯月面修正值 |
|---|---|---|---|---|---|---|
| SY-02 | kg/m³ | 600~1100 | 20 | 0.2 | ±0.2 | +0.28 |
| SY-05 | (20℃) | 600~1100 | 50 | 0.5 | ±0.3 | +0.7 |
| SY-10 | | 600~1100 | 50 | 1.0 | ±1.0 | +1.6 |

续表

| 型　　号 | 单　位 | 测量范围 | 每支密度计范围 | 刻度间隔 | 最大刻度误差 | 弯月面修正值 |
|---|---|---|---|---|---|---|
| SY-02 | g/cm³ | 0.600~1.100 | 0.02 | 0.0002 | ±0.0002 | +0.00028 |
| SY-05 | （20℃） | 0.600~1.100 | 0.05 | 0.0005 | ±0.0003 | +0.0007 |
| SY-10 | | 0.600~1.100 | 0.05 | 0.0010 | ±0.0010 | +0.0016 |

（3）恒温浴　其尺寸大小应能容纳密度计量筒，使试样完全浸没在恒温浴液体表面以下，在试验期间，能保持试验温度在±0.25℃以内。

（4）温度计　范围、刻度间隔和最大刻度误差见表 1-3-2。

表 1-3-2　温度计技术要求

| 范　围/℃ | 刻度间隔 | 最大误差范围 |
|---|---|---|
| -1~38 | 0.1 | ±0.1 |
| -20~102 | 0.2 | ±0.15 |

注：可以使用电阻温度计，只要它的准确度不低于上述温度计的不确定度。

（5）玻璃或塑料制搅拌棒　长约 450mm。

### 3. 取样

取样应按 GB/T 4756 采取。当使用自动取样方法采取挥发性液体时，除非使用体积可变的取样器采取样品并移至实验室，否则会造成轻组分的损失，而影响到密度测定的准确度。

### 4. 样品制备

混合试样是使用于试验的试样尽可能地代表整个样品所必须的步骤，但在混合操作中，应始终注意保持样品的完整性。

为了减少轻组分损失，可用下列方法处理不同性质的样品：

雷特蒸汽压大于 50kPa 的挥发性原油和石油产品，样品应在原来的容器和密闭系统中混合；含蜡原油如果原油的倾点高于 10℃ 或浊点高于 15℃，在混合样品前，要加热到高于倾点 9℃ 以上，或高于浊点 3℃ 以上，在原来容器和密闭系统里混合；含蜡馏分油样品在混合前，应加热到浊点 3℃ 以上；残渣燃料油在混合样品前，把它加热到试验温度。

### 5. 试验温度

把样品加热到使它能充分地流动，但温度不能高到引起轻组分损失，或低到样品中的蜡析出。

（1）用密度计法测定密度在标准温度 20℃ 或接近 20℃ 时最准确。

（2）要在被测样品物化特性合适的温度下取得密度计读数。这个温度最好接近标准温度 20℃。当密度值是用于散装石油计量时，在散装石油温度或接近散装石油±3℃下测定密度，可以减少石油体积修正的误差。

（3）对原油样品，要加热到 20℃，或高于倾点 9℃ 以上，或高于浊点 3℃ 以上中较高的一个温度。

### 6. 仪器检定

密度计要用可溯源于国家标准的标准密度计或可溯源的标准物质的密度作定期检定，至少每五年复检一次。

温度计要用可溯源于国家标准的标准温度计定期检定。

**7. 仪器准备**

检查密度计的基准点确定密度计刻度是否处于干管内的正确位置，如果刻度已移动，应废弃这支密度计。

使密度计量筒和密度计的温度接近试样的温度。

**8. 测定方法**

（1）在试验温度下把试样转移到温度稳定、清洁的密度计量筒中，避免试样飞溅和生成空气泡，并要减少轻组分的挥发。

（2）用一片清洁的滤纸除去试样表面上形成的所有气泡。

（3）把装有试样的量筒垂直地放在没有空气流动的地方。在整个试验期间，环境温度变化应不大于2℃。当环境温度变化大于±2℃时，应使用恒温浴，以免温度变化太大。

（4）用合适的温度计或搅拌棒作垂直旋转运动搅拌试样，如果使用电阻温度计，要用搅拌棒，使整个量筒中试样的密度和温度达到均匀。记录温度接近到0.1℃。从密度计量筒中取出温度计或搅拌棒。

（5）把合适的密度计放入液体中，达到平衡位置时放开，让密度计自由地漂浮，要注意避免弄湿液面以上的干管。把密度计按到平衡点以下1mm或2mm，并让它回到平衡位置，观察弯月面形状，如果弯月面形状改变，应清洗密度计干管，重复此项操作直到弯月面形状保持不变。

（6）对于不透明黏稠液体，要等待密度计慢慢地沉入液体中。

（7）对透明低黏度液体，将密度计压入液体中约两个刻度，再放开。由于干管上多余的液体会影响读数，在密度计干管液面以上部分应尽量减少残留液。

（8）在放开时，要轻轻地转动一下密度计，使它能在离开量筒壁的地方静止下来自由漂浮。要有充分的时间让密度计静止，并让所有气泡升到表面，读数前要除去所有气泡。

（9）当使用塑料量筒时，要用湿布擦拭量筒外壁，以除去所有静电。

（10）当密度计离开量筒壁自由漂浮并静止时，按下法读取密度计刻度值，读到最接近刻度间隔的1/5。

测定透明液体，先使眼睛稍低于液面的位置，慢慢地升到表面，先看到一个不正的椭圆，然后变成一条与密度计刻度相切的直线，如图1-3-1所示。密度计读数为液体下弯月面与密度计刻度相切的那一点。

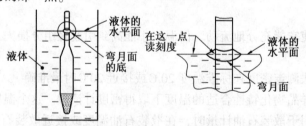

图1-3-1 透明液体的密度计刻度读数

测定不透明液体，使眼睛稍高于液面的位置观察，如图1-3-2所示。密度计读数为液体上弯月面与密度计刻度相切的那一点。

如使用SY-Ⅰ型或SY-Ⅱ型石油密度计，仍读取液体上弯月面与密度计干管相切处的刻度。

使用金属密度计量筒测定完全不透明试样时，要确保试样液面装满到距离量筒顶端5mm以内，这样才能准确读取密度计读数。

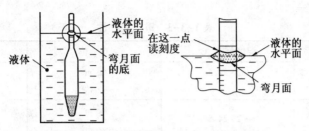

图 1-3-2 不透明液体的密度计刻度读数

（11）记录密度计读数后，立即小心地取出密度计，并用温度计垂直地搅拌试样。记录温度接近到 0.1℃，如这个温度与开始试验温度相差大于 0.5℃，应重新读取密度计和温度计读数，直到温度变化稳定在 ±0.5℃ 以内。如果不能得到稳定的温度，把密度计量筒及其内容物放在恒温浴内，再重新测定。

（12）铅弹蜡封型密度计在高于 38℃ 下使用后，要垂直地晾干和冷却。

### 9. 计算

（1）对观察到的温度计读数作有关修正后，记录到接近 0.1℃。

（2）由于密度计读数是按液体下弯月面检定的，对不透明液体，应按表 1-3-1 中给出的弯月面修正值对观察到的密度计读数作弯月面修正。

对特殊用途的密度计修正值可由试验来确定，将这支密度计浸入与被测试样表面张力相似的透明液体中试验，观察液体在密度计干管上爬升的最大高度。本方法规定的密度计弯月面修正值见表 1-3-1。

（3）将测到的视密度使用下面公式作玻璃密度计膨胀系数修正后得到测定温度下的密度：

$$\rho_t = \rho_t' \times \left[ 1 - 0.000023(t-20) - 0.00000002(t-20)^2 \right]$$

式中　$t$——试样的温度，℃；

　　　$\rho_t'$——在温度 $t$ 时试样的视密度；

　　　$\rho_t$——在温度 $t$ 时试样的密度。

（4）对观察到的密度计读数作有关修正后，记录到 0.1kg/m³（0.0001g/cm³）。

（5）按不同的试验油品，用 GB/T 1885—1998 中的表 59A、表 59B 或表 59D 把修正后的密度计读数换算到 20℃ 下标准密度。原油：表 59A；石油产品：表 59B；润滑油：表 59D。

注：①密度由 kg/m³ 换算到 g/cm³ 或 g/mL 应除以 10³；②20℃ 密度与 15℃ 密度之间相互换算，可使用 GB/T 1885 中的表 E1 和表 E2。

（6）使用下面计算公式将测定温度下的密度换算到 20℃ 下标准密度，也可以按相同算法计算其他温度下的密度。

$$\rho_{20} = \rho_t + \gamma(t-20)$$

式中　$\gamma$——密度温度系数，可根据查表或由不同液体化工产品实测求得。

### 10. 报告结果

密度最终结果报告到 0.1kg/m³（0.0001g/cm³），20℃。

### 11. 精密度

（1）重复性　同一操作者用同一仪器在恒定的操作条件下对同一种测定试样，按试验方法正确地操作所得连续测定结果之间的差，在长期操作实践中，超过表 1-3-3 所示数值的可能性只有二十分之一。

表 1-3-3　重　复　性

| 石油产品 | 温度范围/℃ | 单　位 | 重复性 |
|---|---|---|---|
| 透明 低黏度 | −2~24.5 | kg/m³ g/cm³ | 0.5 0.0005 |
| 不透明 | −2~24.5 | kg/m³ g/cm³ | 0.6 0.0006 |

（2）再现性　不同操作者，在不同实验室对同一测定试样，按试验方法正确地操作得到的两个独立的结果之间的差，在长期操作实践中，超过表 1-3-4 所示数值的可能性只有二十分之一。

表 1-3-4　再　现　性

| 石油产品 | 温度范围/℃ | 单　位 | 再现性 |
|---|---|---|---|
| 透明 低黏度 | −2~24.5 | kg/m³ g/cm³ | 1.2 0.0012 |
| 不透明 | −2~24.5 | kg/m³ g/cm³ | 1.5 0.0015 |

**例 1-3-1**　某试油在 37.5℃ 时测得其视密度为 0.8350g/cm³，试求定该油 20℃ 的密度 $\rho_{20}$。

从 GB/T 1885—1998 的表 59A 中视密度纵列的 0.8350 和温度横行的 37.5℃ 查得 20℃ 的密度值为 0.8462。

**例 1-3-2**　某原油在 34.7℃ 用密度计测得其视密度为 0.8535g/cm³，试求定该油 20℃ 的密度 $\rho_{20}$。

**解**　（1）温度尾数的修正：

由于 34.7℃ 时测得的视密度 0.8535 是介于表中密度 0.850 和 0.855 之间。而测定温度 34.7℃ 是介于 34.5℃ 和 35℃ 之间，则从表中查得视密度为 0.850 时，34.5℃ 和 35.0℃ 的 20℃ 密度分别为 0.8592 和 0.8595。

计算温度尾数修正值为：

$$\frac{0.8595 - 0.8592}{35.0 - 34.5} \times (34.7 - 34.5) = 0.0001$$

（2）密度尾数的修正：

由于 34.7℃ 时测得的视密度 0.8535 是介于表中密度 0.850 和 0.855 之间，而测定温度 34.7℃ 是介于 34.5℃ 和 35℃ 之间，则从表中查得温度为 34.7℃ 是介于 34.5℃ 和 35℃ 之间，从表中查得温度为 34.5℃ 视密度为 0.850 和 0.855。20℃ 密度分别为 0.8592 和 0.8641，计算密度尾数修正值为：

$$\frac{0.8641 - 0.8592}{0.855 - 0.850} \times (0.8535 - 0.850) = 0.0034$$

（3）34.7℃ 时视密度为 0.8535 的原油，其 20℃ 的标准密度为：

$$0.8592 + 0.0034 + 0.0001 = 0.8627 \, (g/cm^3)$$

根据连续两次测定的温度和视密度，由 GB/T 1885—1998 的表 59A 中查得 20℃ 的密度。取两个 20℃ 密度的算术平均值作为测定结果。

同一操作者测定同一试样时，连续测定两个结果之差不应大于下列数值：

| 石油密度计型号 | 允许差数/(g/cm³) | 石油密度计型号 | 允许差数/(g/cm³) |
| --- | --- | --- | --- |
| SY-Ⅰ | 0.0005 | SY-Ⅱ | 0.001 |

由上述计算所得20℃密度，对SY-Ⅰ型石油密度计报告到0.0001g/cm³；对SY-Ⅱ型报告到0.0005g/cm³。

## 二、原油和石油产品水含量的测定——蒸馏法

### 1. 原理

在回流条件下，将试样和不溶于水的溶剂混合加热，样品中的水被同时蒸馏。冷凝后的溶剂和水在接受器中连续分离。水沉降在接受器的刻度管中，溶剂则返回到蒸馏烧瓶。

### 2. 仪器

仪器如图1-3-3所示，由一个玻璃蒸馏烧瓶、一个冷凝管、一个带刻度的接受器和一个加热器组成。

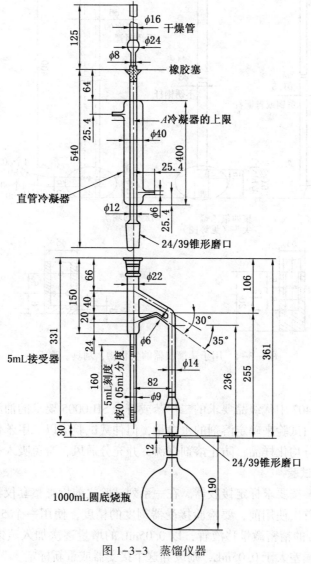

图1-3-3 蒸馏仪器

（1）蒸馏烧瓶　1000mL 配有 24/39 锥形磨口的圆底玻璃蒸馏烧瓶。

（2）接受器　最小刻度值为 0.05mL，带有 24/39 锥形磨口的 5mL 的玻璃制接受器。

（3）冷凝管　接受器应连接一个长 400mm 的冷凝管。

（4）干燥管　一个装有自指示干燥剂的干燥管，放置在冷凝管的顶部。干燥管是为了防止空气中水分进入。

（5）加热器　任何可以把热量均匀地分布到蒸馏烧瓶整个下半部分的合适的气体或电加热器都可以使用。从安全因素考虑电加热套更为适合。

（6）喷雾器　用于向下洗涤冷凝管的内管，如图 1-3-4 所示。

（7）尖状小工具　由黄铜或青铜制成，或是一个带有聚四氟乙烯尖头的钢制刮具，如图 1-3-4所示。

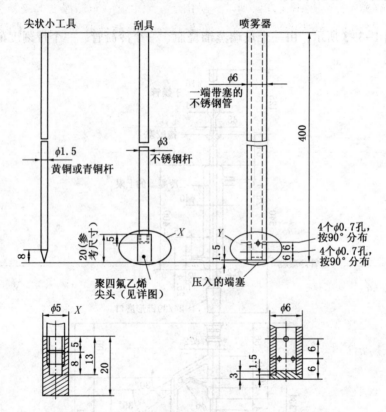

图 1-3-4　用于蒸馏仪器的尖状物、刮具、喷雾器

**3. 溶剂**

使用符合 GB 3407 中优级品要求的二甲苯或符合 SH 0005 要求的油漆工业用溶剂油作为蒸馏溶剂，通过空白试验来确定溶剂的水含量，但仲裁试验应以二甲苯作溶剂的试验结果为准。在操作中应充分均化样品，防止溶剂爆沸，并充分通风，避免吸入有害的溶剂蒸气。

**4. 标定和回收试验**

在最初使用前，按要求标定接收器。在一系列试验之前检查整套仪器。

（1）标定　在首次使用前，要检验接受器刻度的精度，使用一个 5mL 的微量滴定管或是能读准至 0.01mL 的精密微量移液管，以 0.05mL 的增量逐次加入蒸馏水。如果加进的水量和观察的水量的偏差大于 0.05mL，则废弃这个接受器或重新标定。

（2）回收试验 向仪器中加入 400mL 干燥的溶剂[最大含水量（质量分数）0.02%]，并按照正常蒸馏的程序来检验整套仪器回收水的总量。最初的操作完成后，倒掉接受器中的液体并用滴定管或微量移液管向蒸馏烧瓶中直接加入 1.00mL±0.01mL 的蒸馏水，继续按正常蒸馏的规定操作。重复本步骤，但向蒸馏烧瓶中加入 4.50mL±0.01mL 的蒸馏水。

如果接受器的读数在表 1-3-5 规定的允差范围内，则认为整套仪器是合格的。

表 1-3-5　水回收量的允差　　　　　　　　　　　　　　　　mL

| 接受器在 20℃的最大容量 | 在 20℃加进的水的体积 | 在 20℃回收水的允差 |
| --- | --- | --- |
| 5.00 | 1.00 | 1.00±0.025 |
| 5.00 | 4.50 | 4.50±0.025 |

（3）操作故障 读数超出允许值则认为是由于蒸汽泄漏、蒸馏速度太快、接受器刻度不准确或是外来湿气进入造成的操作故障。如果这些故障能被鉴别，则应消除并重做回收试验。

**5. 取样**

按 GB/T 4756 或 SY/T 5317 取得有代表性的试样。

（1）基于样品的预期含水量，根据表 1-3-6 选择试样量。

表 1-3-6　试 样 量

| 预期水含量<br>（质量分数或体积分数）/% | 大约试样量/g（或 mL） | 预期水含量<br>（质量分数或体积分数）/% | 大约试样量/g（或 mL） |
| --- | --- | --- | --- |
| 50.1~100.0 | 5 | 1.1~5.0 | 100 |
| 25.1~50.0 | 10 | 0.5~1.0 | 200 |
| 10.1~25.0 | 20 |  |  |
| 5.1~10.0 | 50 | <0.5 | 200 |

如果怀疑混合样品的均匀性，而样品量与预期的水含量（见表 1-3-6）又一致时，应该用样品的总体积进行测定。如果以上情况不可能时，则至少应测定 3 份试样，报告所有的测定结果并记录它们的平均值作为试样的含水量。

（2）测量水的体积分数时，用容积等于按表 1-3-6 所选试样量的量筒量取流动液体。仔细缓慢地倾倒试样达到量筒所要求的刻度并避免夹带空气，严格调整液面尽可能地达到所要求刻度。仔细地把试样倒入蒸馏烧瓶中，用与量筒相同体积的溶剂分 5 份清洗量筒，并把清洗液倒入烧瓶中。要彻底倒净量筒，以确保试样完全转移。

（3）测定水的质量分数时，把试样直接倒入蒸馏烧瓶中，按表 1-3-6 称量试样。如果必须使用转移容器（如烧杯或量筒），用（2）中叙述的相同的方法把溶剂分 5 份清洗容器，并把清洗液倒入烧瓶中，然后计算试样的质量。

**6. 试验步骤**

（1）本标准的精密度会受到附着在仪器上的水滴影响，因小水滴没有沉降到水分接受器中而无法测量到。为了减少这种影响，至少每天化学清洗所有的仪器，以除去表面附膜层和有机物残渣，因为这些物质会阻碍仪器中水的自由滴落。如果试验的样品的性质会引起持久的污染，要求做更频繁的清洗。

（2）测定水的体积分数，按照以上"5"中（2）的步骤要求进行。在烧瓶中加入足够的溶剂，使其总体积达到 400mL。测定水的质量分数，按照"5"中（3）的步骤要求，在烧瓶中加入足够的溶剂，使其总体积达到 400mL。

为了减少爆沸，磁力搅拌器是最有效的装置。玻璃珠或其他的沸腾辅助手段，虽然作用较小，但也可以使用。

（3）按照图 1-3-3 装配仪器，确保所有接头的气密性和液密性。要求玻璃接头不涂润滑脂，通过冷凝夹套的循环水的温度在 20～25℃之间。

在一般情况下，通入冷凝器夹套的循环水可为常温自来水。如果对试验结果有争议和仲裁实验时，则应将循环冷却水的温度保持在 20～25℃。

（4）加热蒸馏烧瓶。加热的初始阶段要缓慢加热（大约 0.5～1h），以防止爆沸和系统的水分损失（冷凝液不能高于冷凝管内管的 3/4 处——图 1-3-3 的 A 点；为了使冷凝液容易洗下来，冷凝液要尽量保持接近在冷凝管冷却水的进口处）。初始加热后，调整沸腾速度以便使冷凝液不高于冷凝管内管的 3/4 处。馏出物应以每秒 2～5 滴的速度滴进接受器。继续蒸馏，直到除接受器外仪器的任何部位都看不到可见水，并且接受器内的水的体积在 5min 内保持为常数。

如果冷凝管内管中有水滴持续积聚，用溶剂冲洗［建议使用一个喷雾器（图 1-3-4）或相当的器具］。必须在加热停止至少 15min 后进行冲洗以防止爆沸。将油溶性破乳剂加入到溶剂洗液中，可帮助除去黏附的水滴。冲洗后，蒸馏至少 5min，缓慢加热防止爆沸。

重复此步骤直到冷凝管内没有任何可见水并且接受器内水的体积在至少 5min 内保持为常数。如果这个步骤不能除掉水时，使用尖状小工具或聚四氟乙烯刮具或是相当的器具，以便把水刮进接受器中。

（5）当水完全被转移后，让接受器和其内容物冷却至室温。用尖状小工具或聚四氟乙烯刮具把黏附在接受器上的任何水滴刮进水层里。读出接受器中水的体积。接受器是按 0.05mL 的增量刻度的，但是体积要估读至接近 0.025mL。

（6）将 400mL 溶剂倒入蒸馏烧瓶中，按（1）～（5）的步骤进行空白试验。

**7. 结果表示**

使用下面一个合适的公式计算样品的水含量。以水分的体积分数 $\varphi_a$、$\varphi_b$ 或质量分数 $\omega_c$ 计，数值以％表示。

$$\varphi_a = \frac{V_2 - V_0}{V_1} \times 100 \qquad (1-3-1)$$

$$\varphi_b = \frac{V_2 - V_0}{(m/\rho)} \times 100 \qquad (1-3-2)$$

$$\omega_c = \frac{V_2 - V_0}{m} \times 100 \qquad (1-3-3)$$

式中　$V_0$——做空白试验时接受器中水体积的数值（修约到 0.025mL），mL；

　　　$V_1$——试样的体积的数值，mL；

　　　$V_2$——接受器中水的体积的数值（修约到 0.025mL），mL；

　　　$m$——试样质量的数值，g；

　　　$\rho$——样品密度，g/mL。

假定水的密度为 1g/mL。

如果存在挥发性的水溶性物质，可当作水测量。

报告水含量的结果修约到 0.025％。

# 第四节　油罐检尺与测量

油罐液位人工检尺测量是对各种储罐内的液体进行体积和质量测定的一种基本方法，具有操作简单、计量准确、无须辅助设备的特点，是目前各原油管道运输和油田原油集输过程中的一种主要计量方法。输油管道油罐液位测量采用的是量空法，即测量的是油罐液面上面空气的高度，然后用已知油罐的标准高度减去液面上面的空气高度即为油罐内原油的实际高度。检尺测量时，先对罐内液位高度进行测定，再根据罐的横截面积或大罐容积表，计算罐内液体体积和质量。

## 一、人工检尺

### 1. 检尺方法和步骤

检尺测量的工具是钢卷尺，其下端带有铜质重锤，如图 1-4-1 所示。为方便量油操作，在罐顶设有量油口。量油口下装有量油管，管子底端钻有孔眼与液体连通。设置量油管的主要目的是为了减小罐内液面波动对量油的影响，其次是为了防止检尺过程中的静电放电事故。

检尺步骤：

（1）弄清油罐储油情况，估计储油高度。

（2）站在上风口打开量油孔盖（见图 1-4-2）。

（3）下尺要沿着量油孔内的铅制（或有色金属导向衬里）缓慢放入，以免钢卷尺与孔壁摩擦产生火花，至尺锤触及液面（见图 1-4-3）。

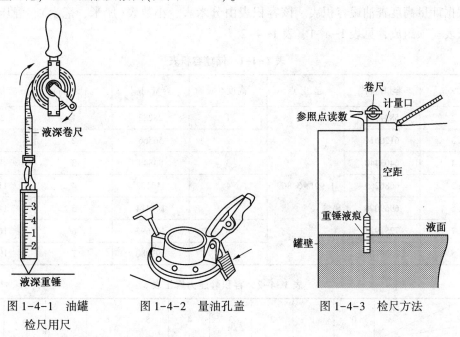

图 1-4-1　油罐　　　　图 1-4-2　量油孔盖　　　　图 1-4-3　检尺方法
　　　　检尺用尺

（4）逆时针旋转尺摇柄将尺提出（见图 1-4-1）。

（5）读取量尺的沾油数值，先小（mm）后大（cm、dm、m），作好记录。

（6）将尺擦净，重复（3）、（4）、（5）步骤操作。

(7) 关上量油孔盖,将尺擦净卷好。

(8) 测量水垫层时(指轻质油而言),先将感水膏均匀地涂在重锤和量油尺的末端。

**2. 检尺要求**

(1) 人工检尺所用钢卷尺必须经过校正后方允许使用。

(2) 两次误差为 1mm 时,以前次检尺为准;两次误差为 2mm 时,以两次检尺平均值为准;两次检尺误差大于 2mm 时,应重检。

(3) 同时上罐人员不得超过 5 人,上罐检尺期间必须遵守安全规定。

**3. 液位计算**

**例 1-4-1** 对某油罐进行检尺两次,第一次 5.868m,第二次 5.866m,则取值(5.868+5.866)/2=5.867(m)。

**例 1-4-2** 用量油尺测量罐内油品的液位,测得结果 10.344m,此时罐内油品温度为 44.5℃,问此时罐内的实际油高是多少(量油尺的线膨胀系数为 $12×10^{-6}℃^{-1}$)?

**解** $L_{实}=L[1+a(t-20)]=10.344×[12×10^{-6}×(44.5-20)+1]=10.347(m)$

**例 1-4-3** 用立式金属罐计量原油,采用静液面悬空检尺测量油高。已知检尺口高 14.351m,下尺 4.653m,尺带浸油 0.212m,计算罐内油品实际高度(不考虑卷尺温度修正)。

**解** $H_{实}=H_{总}-(H-H_{浸})=14.351-(4.653-0.212)=9.910(m)$

## 二、油罐容积表的查阅方法

根据液位高度,可以查大罐标定容积表来查出罐内液体体积,或是根据罐的直径或横截面积计算出液体体积值 $V_t$。

**1. 对 >1000m³ 的油罐**

根据计量高度查油罐容积表。该容积表由分米表、小数表(厘米、毫米)、静压力容积增大值表三项组成,见表 1-4-1、表 1-4-2。

表 1-4-1　储罐容积表

| 高度/m | 容量/dm³ | 起 止 点 | 高度/cm | 容量/dm³ | 高度/mm | 容量/dm³ |
|---|---|---|---|---|---|---|
| 2.2 | 5837782 | | 1 | 28282 | 1 | 2828 |
| 2.3 | 6120611 | | 2 | 56566 | 2 | 5657 |
| 2.4 | 6403440 | | 3 | 84849 | 3 | 8485 |
| 2.5 | 6686269 | 1.991~3.869 | 4 | 113132 | 4 | 11313 |
| 2.6 | 6969098 | | 5 | 141414 | 5 | 14141 |
| 2.7 | 7251927 | | 6 | 169697 | 6 | 16970 |
| 2.8 | 7534755 | | 7 | 197980 | 7 | 19798 |

表 1-4-2　容积静压力修正表

| $\Delta V$ / $d$ / $m$ | 0 | 1 | 2 | 3 | 4 | 5 | 6 | 7 | 8 | 9 |
|---|---|---|---|---|---|---|---|---|---|---|
| 1 | 190 | 209 | 228 | 247 | 266 | 285 | 304 | 323 | 342 | 361 |
| 2 | 411 | 477 | 544 | 610 | 677 | 743 | 810 | 876 | 943 | 1009 |
| 3 | 1076 | 1142 | 1208 | 1275 | 1341 | 1408 | 1474 | 1541 | 1607 | 1692 |

2. 对 $<1000m^3$ 的油罐

方法同上,该罐静压力容积增大值表由前两组数据相加而成。

**例 1-4-4** 某站立式拱顶金属罐经检尺测得油高 2.532m,试计算油罐容积($>1000m^3$)。

**解** 依表 1-4-1、表 1-4-2 查得:

主表:2.5m——6686269dm³

小数表:3cm——84849dm³

2mm——5657dm³

静压力容积修正表:2.5m——743dm³

$$V_t = 6686269 + 84849 + 5657 + 743 = 6777518(dm^3)$$

### 三、20℃标准容积的计算

在精确确定原油体积时,通常要把实际温度下的原油体积 $V_t$ 换算成标准温度 20℃ 下的体积值 $V_{20}$。$V_{20}$ 可按下式换算:

$$V_{20} = k \cdot V_t \qquad\qquad (1-4-1)$$

$$V_{20} = V_t[1 - f(t - 20)] \qquad\qquad (1-4-2)$$

式中  $V_{20}$,$V_t$——分别为石油在 20℃ 和 $t$℃时的体积,$m^3$;

$f$——石油体积温度系数,1/℃,常用密度范围见表 1-4-3;

$k$——石油的体积系数,由表 1-4-4 或从 GB 1885 中查得;

$t$——石油实际温度,℃。

表 1-4-3 石油体积温度系数($f$)表

| $\rho_{20}$ | $f$ | $\rho_{20}$ | $f$ | $\rho_{20}$ | $f$ |
|---|---|---|---|---|---|
| 0.8344~0.8384 | 0.00082 | 0.8687~0.8732 | 0.00074 | 0.9084~0.9138 | 0.00066 |
| 0.8385~0.8425 | 0.00081 | 0.8733~0.8779 | 0.00073 | 0.9139~0.9193 | 0.00065 |
| 0.8426~0.8466 | 0.00080 | 0.8780~0.8827 | 0.00072 | 0.9194~0.9251 | 0.00064 |
| 0.8467~0.8509 | 0.00079 | 0.8828~0.8876 | 0.00071 | 0.9252~0.9309 | 0.00063 |
| 0.8510~0.8552 | 0.00078 | 0.8877~0.8926 | 0.00070 | 0.9310~0.9369 | 0.00062 |
| 0.8553~0.8596 | 0.00077 | 0.8972~0.8978 | 0.00069 | 0.9370~0.9431 | 0.00061 |
| 0.8597~0.8640 | 0.00076 | 0.8979~0.9030 | 0.00068 | 0.9432~0.9494 | 0.00060 |
| 0.8641~0.8686 | 0.00075 | 0.9031~0.9083 | 0.00067 | | |

<table>
<tr><th colspan="3" align="center">表 1-4-4 石油体积系数 $k$ 表</th><th colspan="2" align="center">表 1-4-5 表 1-4-4 的适用范围</th></tr>
<tr><td>$k$ \ $\rho_{20}$<br>$t$</td><td>0.9050</td><td>0.9100</td><td>20℃密度/(g/cm³)</td><td>温度/℃</td></tr>
<tr><td>59</td><td>0.9738</td><td>0.9742</td><td>0.600~0.749</td><td>-25.0~75.0</td></tr>
<tr><td>60</td><td>0.9731</td><td>0.9735</td><td>0.750~1.010</td><td>-25.0~100.0</td></tr>
</table>

当温度的数值在小数第一位为 0,试样 20℃ 密度的数值在小数第三位为 0 或 5 时,在表内直接查得石油体积系数 $k$。当 20℃ 密度不符合上述条件而温度符合时,以最邻近它的密度查表,结果应是表载数值加(或减)按内插法求得的密度尾数修正值;当温度不符合上述条件而 20℃ 密度符合时,以最邻近它的温度查表,结果应是表载数值加(或减)按内插法求得的温度尾数修正值;当 20℃ 密度和温度都不符合上述条件时,以最邻近的密度和温度查表,

结果应是表载数值加(或减)密度尾数修正值和温度尾数修正值。

$k$ 值表中给出的是四位小数,具体选用时要用内插法计算到第五位小数。

**例1-4-5** 有一储罐原油,60℃时体积为8569m³,20℃密度为0.9050g/cm³,求这罐原油20℃的体积。

**解** (1)用公式(1-4-1)计算:查表1-4-4,密度(纵列)0.9050,温度(横行)60.0,得体积系数 $k$ 为0.9731,则

$$V_{20} = 8569 \times 0.9731 = 8338.494(m^3)$$

(2)用式(1-4-2)计算 $V_{20}$:查表1-4-3,查得 $f = 0.00067$,则

$$V_{20} = V_t[1 - f(t-20)] = 8569 \times [1 - 0.00067 \times (60-20)] = 8339.35(m^3)$$

为减少两种计算20℃体积因进位产生的误差,在计算时,$k$ 和 $f$ 值均应算到第五位小数,两种计算结果如有争议,以 $k$ 值计算为准。

**例1-4-6** 例1-4-5中20℃密度改为0.9065g/cm²,其他相同,求 $V_{20}$。

**解** 查表1-4-4,参考例1-3-2,则

$$20℃密度尾数修正值 = (0.9735-0.9731)/(0.910-0.905) \times (0.9065-0.9050) = 0.00012$$

$$k = 0.9731 + 0.00012 = 0.97322$$

$$V_{20} = 0.9732 \times 8569 = 8339.522(m^3)$$

思考:假如将上式中的温度条件改为59.8℃,其他相同,求这罐石油20℃体积 $V_{20}$。请读者自己思考。

## 四、石油的纯质量计算

有时,将实际体积值扣除所含的水,得到石油在空气中的质量,即

$$m = V_{20}(1-w)\rho_{20} \tag{1-4-3}$$

式中　$m$——罐内纯油量,kg;

　　　$V_{20}$——标准温度下的含水油体积,m³;

　　　$w$——罐内原油体积含水量,%;

　　　$\rho_{20}$——20℃时原油的密度,kg/m³。

在油料的储运、管理、收发中,密度是计量的重要参数。如果将20℃时的密度乘以20℃时的体积,所得到的油量是石油在空气中的质量。由于通常石油是按真空中的质量来计算的,因此必须把空气中的质量换算成真空中的质量。

可用下列方法计算石油在真空中的质量:

$$m = (\rho_{20} - 0.0011) \times V_{20}(1-\omega) \tag{1-4-4}$$

或

$$m = \rho_{20} \times V_{20}(1-\omega) \times F \tag{1-4-5}$$

式中　$m$——石油在空气中的质量,t;

　　　$\rho_{20}$——石油20℃时的密度,g/cm³;

　0.0011——对石油密度的空气浮力修正值,g/cm³;

　　　$V_{20}$——石油20℃时的体积,m³;

　　　$F$——换算系数,见表1-4-6。

表 1-4-6　石油从真空中质量换算为空气中重量的换算系数 $F$

| 20℃密度/$(g/cm^3)$ | 换算系数 $F$ | 20℃密度/$(g/cm^3)$ | 换算系数 $F$ |
|---|---|---|---|
| 0.5000~0.5093 | 0.99770 | 0.6796~0.7195 | 0.99840 |
| 0.5094~0.5315 | 0.99780 | 0.7196~0.7645 | 0.99850 |
| 0.5316~0.5557 | 0.99790 | 0.7646~0.8157 | 0.99860 |
| 0.5558~0.5822 | 0.99800 | 0.8158~0.8741 | 0.99870 |
| 0.5823~0.6114 | 0.99810 | 0.8742~0.9416 | 0.99880 |
| 0.611S~0.6136 | 0.99820 | 0.9417~1.0205 | 0.99890 |
| 0.6137~0.6795 | 0.99830 | 1.0206~1.1000 | 0.99900 |

**例 1-4-7**　已知某原油 $\rho_{20}=0.7205g/cm^3$，测得含水量为 0.3%，求 5m³ 这种原油的质量及 5t 这种原油的体积。

**解**　按式(1-4-4)计算 5m³ 原油在空气中质量为：

$$m=(\rho_{20}-0.0011)\times V_{20}(1-\omega)=(0.7205-0.0011)\times5(1-0.3\%)=3.5862(t)$$

5t 原油在 20℃时的体积为：

$$V_{20}=\frac{5}{(0.7205-0.0011)(1-0.3\%)}=6.9711(m^3)$$

按式(1-4-5)计算，由表 1-4-6 查得 $F=0.99850$，则

$$m=\rho_{20}\times V_{20}\times(1-\omega)\times F=0.7205\times5\times(1-0.3\%)\times0.99850=3.5863(t)$$

式(1-4-4)和式(1-4-5)计算结果差别很小。如果对两种计算结果有争议时，以式(1-4-5)计算结果为准。

已知石油 20℃密度，也可以从 GB 1885 中查得单位体积(20℃)这种石油在空气中的质量(t/m³)和每吨石油的体积(m³/t)。

**例 1-4-8**　某站有一保温立式金属油罐，已知罐内油品实际高度为 8.983m，查表得容积为 8508.813m³，静压力修正值为 4.257m³，罐内油品温度为 41.5℃，化验油品标准密度为 0.8555g/cm³，查得石油体积系数 $k=0.98333$，油品含水率为 0.3%，求罐内实际油量(罐材质体膨胀系数 $36\times10^{-6}$℃)。

**解**　(1) $V_t=(V_{表}+\Delta t_p)[1+\beta(t-20)]=(8508.813+4.257)\times[1+0.000036\times(41.5-20)]=8519.659(m^3)$

(2) $V_{20}=V_t\cdot k=8519.695\times0.98333=8377.672(m^3)$

(3) $m=\rho_{20}\times V_{20}(1-\omega)\times F=0.8555\times8377.672(1-0.3\%)\times0.99870=7136.308(t)$

# 第二章　水力学基础知识

## 第一节　水力学基本概念

**1. 层流**

流体流动时，如果质点没有横向脉动，不会引起流体质点的混杂，而是层次分明，能够维持稳定的流束状态，这种流动状态称为层流。

**2. 紊流**

流体流动时，质点具有横向脉动，引起流层质点的相互错杂交换，这种流动状态称为紊流。

**3. 摩阻损失**

在管路中流动的流体质点之间和质点与管路之间的摩擦所消耗的能量，称为管道摩阻损失。它有沿程摩阻损失和局部摩阻损失之分，沿程摩阻损失是油流通过直管段所产生的摩阻损失；局部摩阻损失是油流通过阀门、管件及有关的工艺设备等所产生的摩阻损失。

**4. 水力坡降**

单位长度的管道摩阻损失称为水力坡降，用 $i$ 表示。

$$i = \frac{h_l}{L}$$

式中　$h_l$——沿程摩阻损失，m；

　　　$i$——水力坡降，m/m(m/km)；

　　　$L$——管长，m。

**5. 雷诺数**

用来判别流体在流道中流态的无量纲准数，称为雷诺数，用 $Re$ 表示。

$$Re = \frac{vd}{\nu}$$

式中　$v$——管内流体流速，m/s；

　　　$d$——管内径，m；

　　　$\nu$——液体运动黏度，m²/s；

　　$Re$——雷诺数，无量纲。其中：当 $Re < 2000$ 时，管内液体流态为层流；当 $Re > 3000$ 时，管内液体流态为紊流；当 $2000 < Re < 3000$ 时，管内液体流态为过渡区。

**6. 流体的密度、重度、相对密度**

（1）密度　单位体积流体所具有的质量称为流体的密度。均质流体的密度等于流体的质量与其体积的比值，即

$$\rho = \frac{m}{V}$$

(2 - 1 - 1)

式中 $\rho$——流体的密度，$kg/m^3$；

  $m$——流体的质量，$kg$；

  $V$——流体的体积，$m^3$。

（2）重度 流体单位体积的质量所受的重力称为流体的重度（亦称为重率或容重）。流体的重度同流体的密度及地球引力作用下的重力加速度（标准值 $g=9.80665m/s^2$，工程上常取 $g=9.81m/s^2$）之间有如下关系：

$$\gamma = \rho g \tag{2-1-2}$$

式中 $\gamma$——流体的重度，$N/m^3$。

流体的密度仅仅与流体的质量有关，而流体的重度不仅与流体的质量有关，还与流体所处的地理位置有关。换言之，对确定的流体来讲，密度是不变的，其重度则随地球引力（重力加速度）的改变而变化。

（3）相对密度 液体的相对密度是液体的密度与标准大气压下、温度为 4℃ 时的纯水的密度之比值，即

$$d = \frac{\rho}{\rho_{水}^{4℃}} \tag{2-1-3}$$

式中 $d$——液体的相对密度。

气体的相对密度与液体不同，在石油工业上一般是指气体的密度与标准状态下（0℃，1标准大气压）空气的密度之比值。相对密度是一个无量纲的数值，而重度则是一个有量纲的量。因此，相对密度无单位，重度则有单位。液体相对密度的量度，一般采用标准大气压下、温度为 4℃ 时的纯水作为标准物质，这是因为液体的密度随温度而变化。当温度为 4℃，水的密度最大，此时 $\rho_{水}=1000kg/m^3$。

# 第二节　水　静　力　学

工程上最常见的流体静止或平衡是指流体相对于地球没有运动的静止状态，也就是质量力只有重力作用下的情况。本节仅对这种流体静止平衡的情况进行讨论。

## 一、水静压强

处于静止状态的液体，其内部各质点之间、质点对容器的壁面均有压力的作用。我们将静止液体内部各质点间作用的压力，以及液体质点对容器壁作用的压力叫作水静压力。静止液体作用在单位面积上的水静压力称为水静压强。其计算式为：

$$p_0 = \frac{p}{A} \tag{2-2-1}$$

式中 $p_0$——受压面上的水静压强，$Pa$；

  $p$——作用在受压面上的水静压力，$N$；

  $A$——受压面面积，$m^2$。

水静压强有两个很重要的特性：一是水静压强的方向垂直并指向作用面；二是静止液体中任意一点的水静压强不论来自哪个方向，其大小都相等。换言之，同一点的水静压强各向等值。

## 二、水静力学基本方程式

$$p = p_0 + \rho g h \qquad (2-2-2)$$

式中　$p$——静止液体中任一点 $M$ 的水静压强，$N/m^2$；

　　　$p_0$——液面上的压强，$N/m^2$；

　　　$\rho$——液体的密度，$kg/m^3$；

　　　$g$——重力加速度，$m/s^2$；

　　　$h$——$M$ 点距液面的铅垂深度，$m$。

式(2-2-2)定量地揭示了静止液体中水静压强与深度之间的关系，反映了水静压强的分布规律，一般称为水静力学基本方程式。该方程式在水静力学中占有重要位置，是最基本也是最重要的一个方程式。

根据式(2-2-2)，还可得出液体内部深度不同的两点的压强差。

$$p_2 = p_1 + \rho g \Delta h \qquad (2-2-3)$$

水静力学基本方程式的另一种表达形式为：

$$z_1 + \frac{p_1}{\rho g} = z_2 + \frac{p_2}{\rho g} = c \qquad (2-2-4)$$

式(2-2-2)、式(2-2-3)、式(2-2-4)是重力作用下的平衡方程的三种形式，都属于水静力学基本方程式。它说明：

（1）静止流体中任一点的压力 $p$ 等于表面压力 $p_0$ 与从该点到流体自由表面的单位面积上的液柱重量($\gamma h$)之和。若自由表面上的压力 $p_0 = p_a$ 时，则式(2-2-2)可写为：

$$p = p_a + \rho g h$$

（2）在静止流体中，压力随深度按线性规律变化。

（3）在静止流体中，相同沉没深度($h$ = 常数)各点处压力相等。也就是在同一个连续的重力作用下的静止流体的水平面都是等压面。但必须注意，这个结论只是对互相连通而又是同一种流体才适用。

## 三、静力学基本方程式的意义

$z$——表示某一点相对于某一基准面的位置高度，称位置水头(或称位置高度)。

$\dfrac{p}{\rho g}$——表示在某点的压强作用下液体能沿测压管上升的高度，称压强水头。

$z + \dfrac{p}{\rho g}$——表示测压管内液面相对于基准面的高度，称测压管水头。

$z + \dfrac{p}{\rho g} = c$，表示同一容器的静止液体中，所有各点的测压管水头均相等，所有各点对同一基准面的总势能相等。

## 四、压强的量度和表示方法

压强以不同的基准量度，则有不同的数值。以物理真空为基准量度的压强称为绝对压强；以大气压强为基准量度的压强称为相对压强。相对压强的大小通常以压力表上的读数来反映，因此，相对压强也叫作表压强。绝对压强恒为正值，但是表压强可正可负，也就是说某点的绝对压强可能大于大气压强，也可能小于大气压强。当绝对压强大于大气压强时，表压强为正值；当绝对压强小于大气压强时，表压强为负值。负的表压强不能用压力表量测，而用真空表量测。真空表上的读数表明绝对压强比大气压强低的数值，称为真空度。

绝对压强、表压强和真空度之间的关系如图 2-2-1 所示。相应的数学关系式如下：

当 $p_{绝} > p_a$ 时，则

$$p_{表} = p_{绝} - p_a \qquad (2-2-5)$$

式中　$p_{绝}$——绝对压强；

$p_a$——大气压强；

$p_{表}$——表压强。

表压强是绝对压强比大气压强高的值。本书以后所讲的压强，若无特别说明均指表压强。

当 $p_{绝} < p_a$ 时，则

$$p_{真} = p_a - p_{绝} = -p_{表} \qquad (2-2-6)$$

式中　$p_{真}$——真空度。

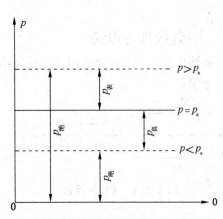

图 2-2-1　绝对压强、表压强和真空度的关系

真空度是绝对压强比大气压强低的值。

工程上还有以下两种表示压强的方法：

（1）用液柱高度表示　单位为米液柱或毫米液柱。在物理学中，1 标准大气压（符号：atm）相当于 760mm 汞柱在其底部产生的压强，取标准重力加速度，则

$$1atm = 760mmHg = 101325N/m^2 = 101.325kPa = 10.332mH_2O$$

（2）用大气压的倍数表示　单位符号为 atm 或 at（标准大气压或工程大气压）。在实际工程上，为了计算方便，常用工程大气压表示压强，1at = 98.0665kPa。工程中，取 $g = 9.81m/s^2$，则

$$1at = 98.1kPa = 735.6mmHg = 10.0mH_2O$$

**例 2-2-1**　已知某点的绝对压强为 1.5at，试确定该点的表压强，并分别用应力单位、汞柱高度和水柱高度表示。

**解**　　　　　　　　$p_{表} = p_{绝} - p_0 = 1.5 - 1.0 = 0.5(atm)$

（1）用应力单位表示：由 1at = 98.1kPa = 98.1kN/m² 得

$$p_{表} = 0.5 \times 98.1 = 49.1kN/m^2$$

（2）用汞柱高度表示：由水静力学基本方程式 $p = \rho g h$ 得

$$h_{汞} = \frac{p_{汞}}{\rho_{汞} g} = \frac{49.1 \times 10^3}{13.6 \times 10^3 \times 9.81} = 0.368(m) = 368(mmHg)$$

或由 1at = 735.6mmHg，得 $p_{表} = 0.5 \times 735.6 = 368(mmHg)$

（3）用水柱高度表示：由 $p = \rho g h$ 得

$$h_{水} = \frac{p_{表}}{\rho_{水} g} = \frac{49.1 \times 10^3}{1.0 \times 10^3 \times 9.81} = 5.0(mH_2O)$$

或由 1at = 10mH₂O，得 $p_{表} = 0.5 \times 10 = 5.0(mH_2O)$

所以　　　　　　　　$p_{表} = 49.1kN/m^2 = 368mmHg = 5.0mH_2O$

# 第三节　水动力学基本方程式

## 一、连续性方程式

液体作为一种连续介质同其他任何物质一样，遵循自然界客观存在的普遍规律之一——质量守恒。

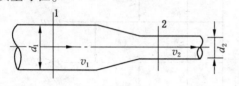

图 2-3-1　变径输液管

图 2-3-1 所示变径管，流进 1 断面的流量为 $Q_1$，流出 2 断面的流量为 $Q_2$，则有：

$$Q_1 = Q_2 \qquad (2-3-1)$$

得

$$v_1 A_1 = v_2 A_2 \qquad (2-3-2)$$

$$\frac{v_1}{v_2} = \frac{A_2}{A_1}$$

式中　$v_1$，$v_2$——分别为总流过流断面 $A_1$ 和 $A_2$ 上的平均流速；

$Q_1$，$Q_2$——分别为总流过流断面 $A_1$ 和 $A_2$ 上的流量。

因而对于稳定流来说，由于流束和总流的形状不随时间改变，所以可以应用上述公式。对于不稳定流，就某一瞬时来说，流束和总流的形状可以看作是一定的，所以不稳定流的每一瞬时也可应用上述公式。实际液体与理想液体也都同样可以应用上述公式。

**例 2-3-1**　变径输液管如图 2-3-2 所示。断面 1—1 处的管径 $d_1 = 300\text{mm}$，液体平均流速 $v_1 = 0.2\text{m/s}$；断面 2—2 处的管径 $d_2 = 100\text{mm}$。当流量不变时，确定液体在断面 2—2 处的平均流速。

**解**　由连续性方程式(2-3-2)可知，液体在断面 2—2 处的平均流速为：

$$v_2 = v_1 \frac{A_1}{A_2}$$

两断面的面积分别为 $A_1 = \frac{\pi}{4} d_1^2$、$A_2 = \frac{\pi}{4} d_2^2$，将各已知量代入上式得：

$$v_2 = v_1 \left(\frac{d_1}{d_2}\right)^2 = 0.2 \times \left(\frac{300}{100}\right)^2 = 1.80(\text{m/s})$$

## 二、伯诺利方程式

### 1. 理想液体流束的伯诺利方程式

如图 2-3-2 所示，在理想液体的稳定流中，任取 1—1 断面与 2—2 断面之间的液体流束，两断面距某水平基准面 0—0 的位置高度分别为 $z_1$ 和 $z_2$，两断面上相应的压力为 $p_1$ 和 $p_2$，流速为 $v_1$ 和 $v_2$。则

$$z_1 + \frac{p_1}{\rho g} + \frac{v_1^2}{2g} = z_2 + \frac{p_2}{\rho g} + \frac{v_2^2}{2g} \qquad (2-3-3)$$

式中　$z$，$\dfrac{p}{\rho g}$——单位质量液体在重力作用下所具有的比位能和比压能；

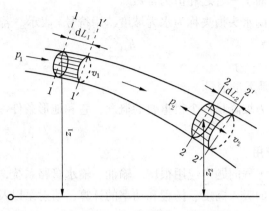

图 2-3-2　理想液体的流束

$\dfrac{v^2}{2g}$ ——单位质量液体在重力作用下的比动能。

此式称为理想液体稳定流流束的伯诺利方程式，亦称为理想液体稳定流流束的能量方程式。理想液体稳定流流束的伯诺利方程式表明，液流同一流束的各断面上单位质量液体在重力作用下总机械能为常数，也就是说液流任一断面的总机械能守衡，即

$$z + \frac{p}{\rho g} + \frac{v^2}{2g} = C \qquad (2-3-4)$$

### 2. 实际液体总流的伯诺利方程式

当液体质点之间发生相对运动时，液流内部就产生了摩擦阻力。液体在运动过程中，必须克服由黏滞性所引起的摩擦阻力而消耗能量。这样，液流的总机械能总是沿着流动方向逐渐减少的。另外，过流断面的面积和形状的突然变化，使得液流产生旋涡，消耗更多的能量。因此，当液体流过局部装置（如阀门、弯头等）时，液流的总机械能往往突然减少，即液体在运动过程中，总是有一部分机械能用于克服阻力而变为其他能量散失了。所以，当液体没有从外界获得能量时，液流 1—1 断面上的总机械能总是大于 2—2 断面上的总机械能。单位质量液体在重力作用下由 1—1 断面运动到 2—2 断面的过程中，若损失的能量用符号 $h_{w1-2}$ 表示，则实际液体流束的能量方程式可写成：

$$z_1 + \frac{p_1}{\rho g} + \frac{\alpha v_1^2}{2g} = z_2 + \frac{p_2}{\rho g} + \frac{\alpha v_2^2}{2g} + h_{w1-2} \qquad (2-3-5)$$

式中　$\alpha$——动能修正系数。

实际液体总流的伯诺利方程式是水力学中很重要的一个公式。它的适用条件是：稳定流、不可压缩液体、流量沿流程不变、质量力只有重力、缓变流断面。

### 3. 水头线与水力坡降

由于伯诺利方程式中的每一项能量都具有长度的量纲，各项能量的大小可用液柱高度表示，而液柱高度在水力学中称为水头。因此，$z$ 和 $\dfrac{p}{\rho g}$ 分别称为位置水头和压力水头，$\dfrac{v^2}{2g}$ 或 $\dfrac{\alpha v^2}{2g}$ 相应地称为流速水头；$h_w$ 称为损失水头，习惯上称之为水头损失。位置水头、压力水头、流速水头三者之和称为总水头。

式（2-3-4）表明，在液流中，各过流断面上的位置水头、压力水头与流速水头彼此可以

不等，但在同一过流断面上三者之和恒为常数。

沿流程单位长度上的水头损失称为水力坡度，用符号 $i$ 表示。若总水头线为直线，则

$$i = \frac{h_{w1-2}}{L} \qquad (2-3-6)$$

显然，水力坡度 $i$ 是无量纲量。

在输油工程上，水力坡降是一个很重要的概念，它和地形条件一起成为布置泵站的基本依据。

**4. 伯诺利方程的应用**

伯诺利方程在实际工程问题中应用很广。输油、输水管路系统，液压传动系统，机械润滑系统，消防系统，泵的吸入高度、扬程和功率的计算，喷射泵以及节流式流量计的水力原理等，都涉及液流的能量方程的运用。下面通过几个实例来说明方程式的应用。在举例前，先说明几点注意事项。

（1）方程式不是对任何液流问题都能适用，必须满足以下条件：①稳定流；②液流所受的质量力只有重力；③不可压缩液体；④缓变流断面；⑤流量沿流程不变；⑥液体在运动过程中，没有能量输入或输出。

（2）方程式中，位置水头是相比较而言的。另外，基准面只要是水平面就可以。为了方便起见，常常通过两个计算点中较低的一点作为基准面，这样可以使方程式中的一个位置水头为正值。

（3）尽可能选取已知条件最多的过流断面作为计算断面，并且一个断面选在待求的未知量所在的位置。根据具体情况，可与连续性方程式或另一个能量方程式组成方程组联立求解。缓变流的条件仅限于所选的过流断面处的液流，而在两个断面之间，液流既可以是缓变流，也可以是急变流。

（4）两个断面所用的压力标准必须一致，一般多用表压。

（5）在多数情况下，位置水头或压力水头都比较大，而流速水头相对来说很小，因此动能修正系数常可以近似地取 1，即令 $\alpha = 1$。如果计算点取在容器液面时，则由于该断面远大于管子断面，而其流速远小于管内流速，于是可以把该断面的流速水头忽略不计。

**例 2-3-2** 图 2-3-3 为一救火水龙带、喷嘴和泵的相对位置图。泵出口压力（$A$ 点压力）为 2 个大气压（表压），泵排出管断面直径为 50mm，喷嘴出口 $C$ 的直径为 20mm，水龙带的水头损失设为 0.5m，喷嘴水头损失为 0.1m。试求喷嘴出口流速，泵的排量及 $B$ 点压力。

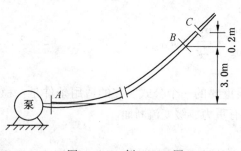

图 2-3-3 例 2-3-2 图

**解** 取 $A$、$C$ 两断面写能量方程：

$$z_A + \frac{p_A}{\rho g} + \frac{v_A^2}{2g} = z_C + \frac{p_C}{\rho g} + \frac{v_C^2}{2g} + h_{wA-C}$$

通过 $A$ 点的水平面为基准面，则 $z_A = 0$，$z_C = 3.2\text{m}$；$p_A = 2\text{kg/cm}^2 = 1.96 \times 10^5 \text{Pa}$，$p_C = 0$（在大气中）；水的重度 $\gamma = 9800\text{N/m}^2$，重力加速度 $g = 9.8\text{m/s}^2$；$h_{wA-C} = 0.5 + 0.1 = 0.6\text{mH}_2\text{O}$。

剩下的未知数是 $v_A$ 和 $v_C$，按连续性方程将 $v_A$ 用 $v_C$ 表示，即

$$v_A = v_C \frac{A_C}{A_A} = v_C \left(\frac{d_C}{d_A}\right)^2 = v_C \left(\frac{20}{50}\right)^2 = 0.16 v_C$$

将各量代入能量方程后得：

$$0 + \frac{2 \times 9.8 \times 10^4}{9800} + \frac{(0.16 v_C)^2}{2 \times 9.8} = 3.2 + 0 + \frac{v_C^2}{2 \times 9.8} + 0.6$$

可解出 $v_C^2 = 326$，于是喷嘴出口流速为：

$$v_C = \sqrt{326} = 18.06(\text{m/s})$$

而泵的排量，即管内流速为：

$$Q = v_C A_C = 18.06 \times \pi \times (0.02)^2 / 4 = 0.00568(\text{m/s})$$

为了计算 $B$ 点压力，需要取 $A$、$B$ 或 $B$、$C$ 列能量方程式。现取 $B$、$C$ 两端面计算，即

$$z_B + \frac{p_B}{\rho g} + \frac{v_B^2}{2g} = z_C + \frac{p_C}{\rho g} + \frac{v_C^2}{2g} + h_{wB-C}$$

这时可通过 $B$ 点作水平面基准面，则 $z_B = 0$，$z_C = 0.2\text{m}$；$v_B = v_A = 0.16 v_C = 0.16 \times 18.06 = 2.89\text{m/s}$；其余数值同前，代入方程得：

$$0 + \frac{p_B}{9800} + \frac{(2.89)^2}{2 \times 9.8} = 0.2 + 0 + \frac{(18.06)^2}{2 \times 9.8} + 0.1$$

解出：

$$\frac{p_B}{9800} = \frac{(18.06)^2 - (2.89)^2}{2 \times 9.8} + 0.3 = 16.2 + 0.3 = 16.5(\text{m})$$

于是压力为：

$$p_B = 16.5 \times 9800 = 161700\text{Pa} = 1.65(\text{at})$$

**例 2-3-3** 水箱及等径出水管如图 2-3-4 所示。各管段的水头损失是 $h_{wA-E} = 2\text{m}$，$h_{wA-C} = 1.2\text{m}$，$h_{wC-D} = 0.6\text{m}$，试确定：

(1) 水在管路中的流速 $v$。

(2) 管路中 $C$、$D$ 两点的压力各为多少？

**解** (1) 求水在管路中的流速 $v$。

选择符合能量方程式应用条件的 $A$ 和 $E$ 两点所在的过流断面作为计算断面，则伯诺利方程式为：

$$z_A + \frac{p_A}{\rho g} + \frac{v_A^2}{2g} = z_E + \frac{p_E}{\rho g} + \frac{v_E^2}{2g} + h_{wA-E}$$

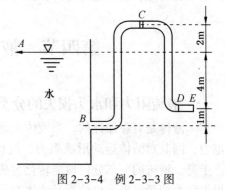

图 2-3-4 例 2-3-3 图

选取 $E$ 点所在的水平面为基准面，则 $z_A = 4\text{m}$，$z_E = 0$；由于水面敞于大气中，出口 $E$ 处压力也为大气压，因此以表压计算，$p_A = p_E = 0$；因水箱断面远大于管路断面，液面上的流速可略而不计，$v_A = 0$，$v_E$ 是待求的流速；根据已知条件，$h_{wA-E} = 2\text{m}$，代入伯诺利方程式得：

$$\frac{v_E^2}{2g} = z_A - z_E + \frac{p_A - p_E}{\rho g} + \frac{v_A^2}{2g} - h_{wA-E} = 4 - 0 + 0 + 0 - 2 = 2(\text{m})$$

$$v_E = \sqrt{4g} = \sqrt{4 \times 9.81} = 6.26(\text{m/s})$$

（2）求 $C$、$D$ 两点的压力。

在通过 $A$、$C$ 两点的过流断面上，列能量方程式：

$$z_A + \frac{p_A}{\rho g} + \frac{v_A^2}{2g} = z_C + \frac{p_C}{\rho g} + \frac{v_C^2}{2g} + h_{wA-C}$$

选 $A$ 点所在的水平面为基准面，则 $z_A = 0$，$z_C = 2\text{m}$；以表压标准计算，$p_A = 0$，$p_C$ 为待求的压力；在等径管路中，$v_C = v_E = 6.26\text{m/s}$；$h_{wA-C} = 1.2\text{m}$，代入能量方程式后得：

$$\frac{p_C}{\rho g} = z_A - z_C + \frac{p_A}{\rho g} + \frac{v_A^2 - v_C^2}{2g} - h_{wA-C} = 0 - 2 + 0 + \frac{0 - 6.26^2}{2 \times 9.81} - 1.2 = -5.2(\text{m})$$

$$p_C = -5.2 \times 1 \times 10^3 \times 9.81 = -51 \times 10^3(\text{Pa})$$

管路中 $C$ 点的压力为真空度。若在 $C$、$E$ 两过流断面上应用能量方程式，可以得到相同的结果。

为了求 $D$ 点的压力，在 $D$、$E$ 两过流断面上建立能量方程式：

$$z_D + \frac{p_D}{\rho g} + \frac{v_D^2}{2g} = z_E + \frac{p_E}{\rho g} + \frac{v_E^2}{2g} + h_{wD-E}$$

取 $D$、$E$ 两点所在的水平面为基准面，则 $z_D = z_E = 0$，以表压计算，$p_D$ 为待求的未知压力，$p_E = 0$；等径管路，$v_D = v_E$；$h_{wD-E} = h_{wA-E} - h_{wA-D} = 2 - (1.2 + 0.6) = 0.2\text{m}$，代入能量方程式后得：

$$\frac{p_D}{\rho g} = z_E - z_D + \frac{p_E}{\rho g} + \frac{v_E^2 - v_D^2}{2g} + h_{wD-E} = 0 - 0 + 0 + 0 + 0.2 = 0.2(\text{m})$$

$$p_D = 0.2 \times 1 \times 10^3 \times 9.81 = 1.96 \times 10^3(\text{Pa})$$

若在 $A$、$D$ 或 $C$、$D$ 断面应用伯努利方程式，确定 $D$ 点的压力，也得相同的结果。

由本题可见，正确地选择计算断面和基准面，往往使计算问题变得比较简单。

# 第四节　液流阻力和水头损失

## 一、液流阻力和水头损失的分类

实际液体是有黏滞性的。当液体流动时，由于液体质点之间的相对运动，在液流中产生摩擦力，因其对液体运动形成阻力，故称为液流阻力。液体在运动过程中需要克服这种阻力。于是，液流的一部分机械能转化为热能、声能等其他形式的能量而散失了。这种机械能的损失称为能量损失。单位质量液体在重力作用下的能量损失就是伯诺利方程式中以 $h_w$ 表示的水头损失。

实际工程管路都是由许多直管段和通过各种管件连接的管系。把直管段的流体流动阻力称为沿程阻力，液流因克服沿程阻力而产生的水头损失称为沿程水头损失，用 $h_f$ 表示。

当液流经过管路的进口、断面突然扩大或突然缩小，由于黏滞力的作用，液体质点间发生剧烈的摩擦、碰撞和动能交换，因而对液流形成阻力，这种阻力称为局部阻力。液流因克服局部阻力而产生的水头损失称为局部水头损失，用 $h_j$ 表示。局部水头损失一般集中在局部装置附近，与管路的长度无关。

全流程中的总水头损失 $h_w$ 等于在该流程中全部沿程水头损失与局部水头损失之和。

一般情况下，长距离输油、输水管路中沿程水头损失占总水头损失的 90% 左右，局部阻力损失占 10% 左右。但是，某些管路如站内或室内管路由于连接的局部装置较多，有时局部水头损失在总水头损失中占有的比例高达 30% 左右。

## 二、沿程水头损失的计算

### 1. 用达西公式计算沿程水头损失

达西公式是计算水头损失的一个普遍性公式，对层流和紊流都适用，只是 $\lambda$ 值不同而已。

$$h_f = \lambda \frac{L}{d} \times \frac{v^2}{2g} \tag{2-4-1}$$

式中　$h_f$——层流状态时沿程水头损失，m；

　　　$\lambda$——水力摩阻系数；

　　　$L$——管线长度，m；

　　　$d$——管内径，m；

　　　$v$——液流平均速度，m/s；

　　　$g$——重力加速度，取 9.8m/s。

式中的水力摩阻系数 $\lambda$ 与管路中液流流动状态、管径等因素有关，并经理论和实验证明水力摩阻系数是管壁相对当量粗糙度和雷诺数的函数。

由于实际管路的粗糙度难以测定，因此用当量粗糙度表示实际管路的粗糙程度。当量粗糙度是将实际管路与人工粗糙管路的实验结果进行比较，把具有相同沿程阻力系数 $\lambda$ 的人工粗糙管的绝对粗糙度作为实际管路的绝对粗糙度 $\Delta$，则称为实际管路的当量粗糙度。通常讲的各种管路的绝对粗糙度指的就是当量粗糙度。工程中常用管路的当量粗糙度 $\Delta$ 值见表 2-4-1，其他管路的当量粗糙度可查阅有关手册。

表 2-4-1　常用管路的当量粗糙度 $\Delta$

| 管路种类 | 当量粗糙度 $\Delta/\mathrm{mm}$ | 管路种类 | 当量粗糙度 $\Delta/\mathrm{mm}$ |
|---|---|---|---|
| 清洁的无缝钢管、铝管 | 0.0015~0.01 | 涂柏油的钢管 | 0.12~0.21 |
| 新的精制无缝钢管 | 0.04~0.17 | 新的铸铁管 | 0.25~0.42 |
| 通用的输油管 | 0.14~0.15 | 普通的镀锌管 | 0.39 |
| 普通钢管 | 0.19 | 旧的钢管 | 0.50~0.60 |

一般计算管路沿程阻力系数 $\lambda$ 的方法可按如下步骤：

（1）根据已知条件算出的雷诺数 $Re$ 判别流动状态。

当 $Re \leqslant 2000$ 时，为层流；

当 $Re > 2000$ 时，为紊流。因为紊流分为三个流区，在不同的流区范围内，沿程阻力系数有不同的变化规律。所以，当液流是紊流时，必须根据已知条件进一步确定液流所在的流区范围：

① 当 $2000 < Re \leqslant \dfrac{59.7}{\varepsilon^{8/7}}$ 时，属于水力光滑区；

② 当 $\dfrac{59.7}{\varepsilon^{\frac{8}{7}}}<Re\leqslant\dfrac{665-765\lg\varepsilon}{\varepsilon}$ 时，属于混合摩擦区；

③ 当 $Re\geqslant\dfrac{665-765\lg\varepsilon}{\varepsilon}$ 时，属于完全粗糙区。

式中　$\varepsilon=\dfrac{\Delta}{r_0}=\dfrac{2\Delta}{D}$，$r_0$ 或 $D$ 为管道内半径或内直径。

（2）根据液流所在的流区范围选择计算沿程阻力系数 $\lambda$ 的公式，参见表 2-4-2。

表 2-4-2　石油部门常用的沿程阻力系数 $\lambda$ 的计算方法

| 流动状态 | | 雷诺数范围 | $\lambda$ 值的常用计算公式 |
|---|---|---|---|
| 层流 | | $Re\leqslant2000$ | $\lambda=\dfrac{64}{Re}$ |
| 紊流 | 水力光滑区 | $2000<Re\leqslant\dfrac{59.7}{\varepsilon^{\frac{8}{7}}}$ | $\lambda=\dfrac{0.3164}{Re^{0.25}}$<br>伯拉休斯公式 |
| | 混合摩擦区 | $\dfrac{59.7}{\varepsilon^{\frac{8}{7}}}<Re\leqslant\dfrac{665-765\lg\varepsilon}{\varepsilon}$ | $\dfrac{1}{\sqrt{\lambda}}=-1.8\lg\left[\dfrac{6.8}{Re}+\left(\dfrac{\Delta}{3.7D}\right)^{1.11}\right]$<br>伊萨耶夫公式 |
| | 完全粗糙区 | $Re\geqslant\dfrac{665-765\lg\varepsilon}{\varepsilon}$ | $\lambda=\dfrac{1}{\left(2\lg\dfrac{3.7D}{\Delta}\right)^{2}}$<br>尼古拉兹公式 |

**例 2-4-1**　普通钢管的直径 $D=200\text{mm}$，长度 $L=3000\text{m}$，输送相对密度为 0.9 的石油。若质量流量 $m=90\text{t/h}$，其运动黏滞系数在冬季为 $1.09\times10^{-4}\text{m}^2/\text{s}$，在夏季为 $0.355\times10^{-4}\text{m}^2/\text{s}$，试确定沿程水头损失各为多少?

**解**　首先根据雷诺数判别石油在冬、夏季的流动状态。

由 $m=\rho Q$ 得：

$$Q=\frac{m}{\rho}=\frac{90\times10^{3}}{0.9\times10^{3}\times3600}=0.0278(\text{m}^3/\text{s})$$

$$v=\frac{Q}{A}=\frac{4Q}{\pi D^{2}}=\frac{4\times0.0278}{\pi\times0.2^{2}}=0.885(\text{m/s})$$

在冬季

$$Re_{冬}=\frac{vD}{v_{冬}}=\frac{0.885\times0.2}{1.09\times10^{-4}}=1620<2000$$

故流动状态为层流，则沿程阻力系数

$$\lambda_{冬}=\frac{64}{Re_{冬}}=\frac{64}{1620}=0.040$$

在夏季

$$Re_{夏}=\frac{vD}{v}=\frac{0.885\times0.2}{0.355\times10^{-4}}=4990>2000$$

显然，石油以紊流状态运动。为了选择沿程阻力系数 $\lambda$ 的计算公式，需要进一步判别夏季管中油流的流区。

普通钢管的粗糙度由表 2-4-1 查得 $\Delta = 0.19$ mm，水力光滑区的上限雷诺数

$$Re_1 = \frac{59.7}{\varepsilon^{8/7}} = \frac{59.7}{\left(\dfrac{2 \times 0.19}{200}\right)^{8/7}} = 76900 > 4990$$

由于 $2000 < Re_夏 < 76900$，即管中油流属于紊流水力光滑区。因此，沿程阻力系数 $\lambda$ 用伯拉修斯公式计算：

$$\lambda_夏 = \frac{0.3164}{Re_夏^{0.25}} = \frac{0.3164}{4990^{0.25}} = 0.038$$

根据达西公式得冬、夏季的沿程水头损失为：

$$h_{f冬} = \lambda_冬 \frac{L}{D} \frac{v^2}{2g} = 0.040 \times \frac{3000}{0.2} \times \frac{0.885^2}{2 \times 9.81} = 24.0 (\text{m 油柱})$$

$$h_{f夏} = \lambda_夏 \frac{L}{D} \frac{v^2}{2g} = 0.038 \times \frac{3000}{0.2} \times \frac{0.885^2}{2 \times 9.81} = 22.8 (\text{m 油柱})$$

**2. 用列宾宗公式计算**

$$h_f = \beta \frac{Q^{2-m} \times \nu^m}{d^{5-m}} \times L \qquad (2-4-2)$$

式中　$h_f$——沿程磨阻损失，m；
　　　$\beta$——系数；
　　　$m$——指数；
　　　$L$——管线长度，m；
　　　$d$——管内径，m；
　　　$\nu$——液流运动黏度，Pa·s；
　　　$Q$——液流体积流量，m²/s。

式中系数 $\beta$ 和指数 $m$ 根据不同流态由表 2-4-3 确定。

**例 2-4-2**　某长输油管的直径 $D = 260$ mm，长度 $L = 50$ km，起点高度 $z_1 = 45$ m，终点高度 $z_2 = 85$ m。油的相对密度 $d = 0.88$，其运动黏滞系数 $\nu = 27.6 \times 10^{-6}$ m²/s，设计输送量 $m = 200$ t/h，试确定管路中的压降。（管壁的绝对粗糙系数 $\Delta = 0.15$ mm）

**解**　由质量流量 $m = d\rho_水 Q$ 得体积流量：

$$Q = \frac{m}{d\rho_水} = \frac{200 \times 10^3}{0.88 \times 10^3 \times 3600} = 0.063 (\text{m}^3/\text{s})$$

$$Re = \frac{4Q}{\pi D \nu} = \frac{4 \times 0.063}{\pi \times 260 \times 10^{-3} \times 27.6 \times 10^{-6}}$$

$$= 1.12 \times 10^4 > 2000 \text{ 紊流}$$

水力光滑区的上限雷诺数：

表 2-4-3　系数 $\beta$ 和指数 $m$

| 流　态 | $\beta$ | $m$ |
|---|---|---|
| 层　流 | 4.15 | 1 |
| 水力光滑 | 0.0246 | 0.25 |
| 混合摩擦 | 0.0802$A$ | 0.123 |
| 水力粗糙 | 0.0826$\lambda$ | 0 |
| 式中 $A = 10^{(0.127\ln\varepsilon - 0.627)}$ | | |

$$\frac{59.7}{\varepsilon^{8/7}} = \frac{59.7}{\left(\dfrac{2\Delta}{D}\right)^{8/7}} = \frac{59.7}{\left(\dfrac{2 \times 0.15}{260}\right)^{8/7}} = 1.36 \times 10^5 > Re$$

所以，管路中油流的流区为水力光滑区，则

$$\beta = 0.0246, \quad m = 0.25$$

对管路的起点和终点列伯诺利方程：

$$z_1 + \frac{p_1}{\rho g} = z_2 + \frac{p_2}{\rho g} + h_f$$

$$h_f = (z_1 - z_2) + \frac{1}{\rho g}(p_1 - p_2)$$

又

$$h_f = \beta \frac{Q^{2-m} v^m L}{D^{5-m}}$$

即

$$(z_1 - z_2) + \frac{1}{\rho g}(p_1 - p_2) = \beta \frac{Q^{2-m} v^m L}{D^{5-m}}$$

可得压降：

$$p_1 - p_2 = \rho g \left[ \beta \frac{Q^{2-m} v^m L}{D^{5-m}} - (z_1 - z_2) \right]$$

$$= 0.88 \times 10^3 \times 9.81 \times \left[ 0.0246 \times \frac{0.063^{2-0.25} \times (27.6 \times 10^{-6})^{0.25} \times 50 \times 10^3}{(260 \times 10^{-3})^{5-0.25}} - (45 - 84) \right]$$

$$= 4.00 \times 10^6 (\text{Pa})$$

## 三、局部水头损失

### 1. 局部阻力损失的计算

局部装置虽然在形式上是多种多样的，但产生局部阻力的原因及液体流经局部装置时的运动情况基本相同。因此，确定各种局部装置的局部水头损失计算公式的形式是一样的。据此可以认为已经得出的断面突然扩大的局部水头损失计算公式可以作为计算其他局部水头损失的通用公式，只是对不同的局部装置而言，其局部阻力系数不同而已。因而计算局部水头损失的通用公式可以表示为：

$$h_j = \xi \frac{v^2}{2g} \tag{2-4-3}$$

式中　$\xi$——局部装置的局部阻力系数；

　　　$v$——一般表示液流通过局部装置以后的断面平均流速。

各种不同局部装置的局部阻力系数可查有关资料，输油管线常用的局部装置在紊流状态下的局部阻力系数参见表2-4-4。

表中的 $\xi_0$ 是在 $\lambda = 0.022$ 的紊流条件下得出的。因此，若紊流时管路的沿程阻力系数为 $\lambda$，则需要根据下式将 $\xi_0$ 换算成相应的 $\xi$ 值：

$$\xi = \xi_0 \frac{\lambda}{0.022} \tag{2-4-4}$$

当液体以层流状态运动时，局部阻力系数 $\xi$ 随着雷诺数的不同而变化。一般情况下，可根据以下关系确定：

$$\xi_{层} = \phi\xi_0 \qquad\qquad (2-4-5)$$

式中 $\phi$ 表示与雷诺数 $Re$ 有关的系数，参见表 2-4-5。

表 2-4-4 输油管上常用的局部阻力

| 局部阻力 | 图式 | $\dfrac{L_当}{d}$ | $\xi_0$ | 局部阻力 | 图式 | $\dfrac{L_当}{d}$ | $\xi_0$ |
|---|---|---|---|---|---|---|---|
| 无保险门的油罐出口 | | 23 | 0.50 | 转弯三通 | | 23 | 0.50 |
| 带保险门的油罐出口 | | 40 | 0.90 | 转弯三通 | | 135 | 3.00 |
| 带起落管的油罐出口 | | 100 | 2.20 | 转弯三通 | | 40 | 0.90 |
| 45°焊接弯头 | | 14 | 0.30 | 闸 阀 | | 13 | 0.40 |
| 90°单折焊接弯头 | | 60 | 1.30 | 球心阀 | | 320 | 7.00 |
| 90°双折焊接弯头 | | 30 | 0.65 | 转 心 阀 | | 23 | 0.50 |
| 圆弯头 $R=3d$ | | 23 | 0.50 | 带滤网逆止阀 | | 160 | 3.50 |
| 圆弯头 $R=4d$ | | 18 | 0.35 | 单流供给阀 | | 360 | 8.00 |
| 通过三通 | | 2 | 0.04 | 单流保险阀 | | 82 | 1.80 |
| 通过三通 | | 4.5 | 0.10 | 填料函式伸缩节 | | 14 | 0.30 |
| 通过三通 | | 18 | 0.40 | 波纹式伸缩节 | | 14 | 0.30 |
| 转弯三通 | | 45 | 1.00 | 透明油品过滤器 | | 77 | 1.70 |
| 转弯三通 | | 60 | 1.30 | 不透明油品过滤器 | | 100 | 2.20 |

表 2-4-5 层流水力摩阻修正系数 $\phi$ 与 $Re$ 的关系

| $Re$ | $\phi$ | $Re$ | $\phi$ | $Re$ | $\phi$ | $Re$ | $\phi$ |
|---|---|---|---|---|---|---|---|
| 2800 | 1.98 | 2000 | 2.83 | 1200 | 3.10 | 400 | 4.00 |
| 2600 | 2.12 | 1800 | 2.88 | 1000 | 3.21 | 200 | 4.40 |
| 2400 | 2.30 | 1600 | 2.95 | 800 | 3.35 | | |
| 2200 | 2.48 | 1400 | 3.04 | 600 | 3.53 | | |

**2. 局部阻力的相当长度**

若局部水头损失与某管路的沿程水头损失相等，或局部阻力相当于某管路的沿程阻力，则该管路的长度称为局部阻力的相当长度，用符号 $L_当$ 表示，即

$$h_j = \xi \frac{v^2}{2g} = \lambda \frac{L_当}{D} \cdot \frac{v^2}{2g} \tag{2-4-6}$$

或

$$L_当 = \frac{\xi}{\lambda} D \tag{2-4-7}$$

### 四、串联和并联管路的水力计算

由不同长度、不同直径的管路依序连接的管段称为串联管路。自一点分离而又汇合到另一点处的两条以上的管路称为并联管路。串联和并联管路的水力计算是计算复杂管路的基础。

**1. 串联**

如图 2-4-3 所示为三种不同直径管段的串联。根据液体在流动过程中，管中的流量是否发生变化，串联管路有两种情况：

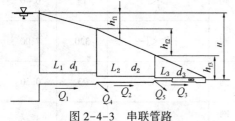

图 2-4-3　串联管路

一种是在各连接点处液体无分流，因而全管路任一过流断面上的流量均相同；另一种是在各连接点处有液流经支线流出，这时各管段中液体的流量不同。然而，在这两种情况下管中的液流具有共同的特点：

（1）各联结点（称为节点）处流量平衡，即进入节点的总流量等于流出节点的总流量。如令流入节点的流量为正，流出节点的流量为负，则

$$\Sigma Q = 0 \tag{2-4-8}$$

（2）全线总的水头损失为各分段水头损失的总和，即

$$h_f = h_{f1} + h_{f2} + h_{f3} + \cdots + h_{fi} = \Sigma h_{fi} \tag{2-4-9}$$

它反应了能量平衡。

串联管路是由简单长管组成的，其水力计算方法与简单长管的计算方法基本相同，只是需要考虑到串联管路的水力特点。

若串联管路各管段的直径不同，当液体流量一定时，直径较大的管路其单位长度的水头损失（水力坡降）较小。因此，可在长输液管的某段上加大管路直径，降低水力坡降，达到延长输送距离的目的。如图 2-4-4 所示的某输液管，若采用等直径的管路，由其总水头线 1 可见，只能将液体输至 C 点。但是，若从 B 点开始换用直径较大的管路，由总水头线 2 可以看到，在同样的作用水头下，因液流的水力坡降减小，则可将液流输送到较远的 D 点。同理，当输液距离及作用水头一定时，在输液管中串联一段直径较大的管路，可以增大液体的输送量。

**2. 并联**

如图 2-4-5 所示 AB 段表示三条管线并联。A、B 两点处可有分流亦可无分流。设备管的直径分别为 $d_1$、$d_2$ 和 $d_3$，其相应的长度分别为 $L_1$、$L_2$ 和 $L_3$，管中液体的流量分别为 $Q_1$、$Q_2$ 和 $Q_3$。

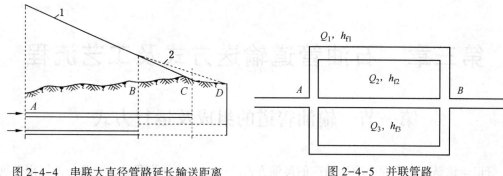

图 2-4-4　串联大直径管路延长输送距离　　　　　图 2-4-5　并联管路

并联管路的水力特点是：

（1）并联管路中的液体同样符合质量守恒规律，由分支点 $A$ 流入各管的总流量或从汇合点 $B$ 流出的总流量等于各并联管路内液体流量的总和，即

$$Q = Q_1 + Q_2 + Q_3 \qquad\qquad (2-4-10)$$

或

$$Q = \sum Q_i$$

（2）各并联管路中的水头损失均相等，即

$$h_{f1} = h_{f2} = h_{f3} = \cdots = h_{fi} = C \qquad\qquad (2-4-11)$$

并联管路同样是由简单长管组成的，其水力计算方法与长管基本相同，不过应注意其水力特点。

在输油管路上，常利用铺设并联的副管，以达到增大输送量和降低水头损失的目的。如图 2-4-6 所示，原来单管的总水头线为 1，如增加流量后，其水头损失也随之增加，总水头线将变为虚线 2。若不增加起点压力，则只能将液体输送到 $C$ 点。但如果加铺一段并联副管 $DE$，由于并联管路流速小，使水力坡降降低，这时并联段的总水头线将变为虚线 3，于是就能在不增加起点压头的情况下，仍将液体输送到 $B$ 点。

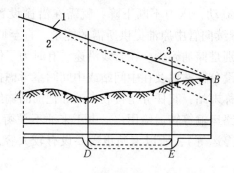

图 2-4-6　并联管路延长输送距离

总之，使用部分加大串联管径或部分铺设并联副管的方法，都是为了降低水力坡降，达到增大流量或延长输送距离，以减少中间泵站的目的。

# 第三章　石油管道输送方式及工艺流程

## 第一节　输油管道的组成及运行方式

管道运输是石油工业中应用最广的运输方式之一。大体分为两类，一类是油气田矿场内部的集输管道等；另一类是长距离输送原油、天然气及其产品的管道，称为长距离输油(气)管道。

### 一、输油管道的组成

长距离输油管道由输油站和线路两大部分组成。

输油站是长输管线的两个组成部分之一，它的基本任务就是供给油流一定的能量(其中包括压力能、热力能)，以使油品保质保量、安全经济地输送到目的地。不同类型的输油站，担负着不同的输油任务。

输油站按其所处的位置分为首站、中间站和末站，中间站还可按照其所担负的任务不同，分为加热站(只提供热能)、加压站(只提供压能)及热泵站(既提供热能，又提供压能)。

输油管道的起点输油站也称首站，其任务是接收原油(计量、储存)，经加压或加温后向下一站输送。由于来油和输油的不平衡及计量的需要，首站除了输油机泵和加热装置以外，还必须设置较大容积的储油罐，以满足计量以及调节来油与输油之间不平衡的需要。

原油沿管道不断向前流动，压力不断下降，就需在沿途设置中间输油站(其中包括泵站、加热站和热泵站)，继续向管中原油提供所需的能量，直至原油送到终点。中间站的设施相比首站要少得多，特别是储油罐少。在管线沿途，有时为了供给其他单位用油或接收沿途油田的来油，还需要加设分输站以及在中间站或中间阀室考虑接收来油的设施。

输油管道的终点，又称末站，其任务是接收来油和把油品输给用油单位，或以其他运输方式，如公路、铁路、水路运输等转运给用户。由于来油不平衡及转运的不平衡(例如用户用油量变化、海运遇台风停运等)，所以末站也需要设有较大容量的储油罐和相应的计量、化验及转运设施。

### 二、输油管道的输送工艺

长距离输油管道的输送方式有等温输送和加热输送两种。常用的输油工艺有"旁接油罐"和"从泵到泵"两种，如图3-1-1所示。

#### 1."旁接油罐"输油工艺的特点

"旁接油罐"输油工艺是上站来油可进入泵站的输油泵也同时进入油罐的输油工艺，油罐通过旁路连接到干线上，当本输油站与上下两站的输量不平衡时，油罐起缓冲作用。其特点是：

(1) 各管段输量可以不相等，油罐起调节作用。

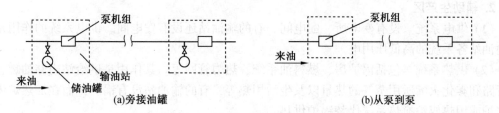

图 3-1-1　输油管道输送方式示意图

（2）各管段单独成为一水力系统，有利于运行参数的调节和减少站间的相互影响。

（3）与"从泵到泵"方式相比，不需要较高精度的自动调节系统，操作简单。

早期广泛使用旁接油罐输油工艺，随着自动化水平提高，该输油工艺逐步被改造和淘汰。

**2."从泵到泵"输油工艺的特点**

"从泵到泵"输油也称为"密闭输送"工艺，在这种输油工艺中，中间输油站不设供缓冲用的油罐，上站来油全部直接进泵。其特点是：

（1）可基本上消除中间站油品的蒸发损耗。

（2）整个管道构成一个统一的水力系统，可充分利用上站余压，减少节流损失。它要求各站必须有可靠的自动调节和保护装置。

（3）工艺流程简单。

## 三、输油站的基本组成

输油站包括生产区和生活区两部分。生产区内又分主要生产区和辅助生产区。

**1. 主要生产区**

（1）输油泵区　这是全站的核心部分，其作用是供给管路中油品的压力能。输油泵房内设有输油泵机组，及其相应的润滑油、冷却水、污油收集等辅助系统。过去泵机组均安装在室内。目前先进的泵机组具有全天候防护能力，能适应气温变化及风雨、沙尘的条件，可以露天布置。

（2）加热系统　包括加热油品的直接加热系统和间接加热系统；由加热炉和换热器组成，加热炉是热油管道输送的主要设备之一；它的作用是供给管路中油品的热能。

（3）阀组区　它是输油站的"咽喉"，即油品进出都要流经这里。其主要作用是控制和切换流程。它主要由汇管和阀门组成。

（4）清管器收发区　它是由收发球筒和阀组及相应的控制系统组成。其主要作用是进行收发球，确保清管顺利进行。

（5）计量区　计量区内设有流量计及标定装置。其主要作用是计量油品，一般设在首末站。

（6）油罐区　在输油管线的首末站，设有较大容积的储油罐。其作用是调节收发油量不平衡及计量油品。在中间站，一般只有 1~2 个较小容量的储油罐，主要起缓冲作用，也可用作事故处理。当采取从泵到泵密闭输送时，只作事故处理用。

（7）站控室　它是输油站的监控中心，是站控系统与中心控制室的联系枢纽。自控系统的远程终端、可编程控制器等主要控制设备都设在这里。现代化的输油管道站场内一切设备的操作几乎都可以在站控室或中心控制室内甚至可在上千公里外的总控制室里进行。

（8）油品预处理设施　多设于首站，包括原油热处理、加添加剂、油品脱水等设施。

**2. 辅助生产区**

(1) 供电系统　设有变电所、配电间，有的输油站还设有发电间。供电系统的作用是保证输油站各系统的高低压用电。

(2) 供热系统　包括锅炉房、燃料油系统、热力管网等。其作用是供给站内储油罐、伴热管路和雾化火嘴所用蒸气的热量以及生活用热等，有的输油站没有锅炉，而在加热炉内设热水炉或用热媒炉换热系统代替锅炉供热。

(3) 供排水系统　包括水井、高位水罐、循环水池、水泵、供排水管网及软化水装置等。其作用是供给全站的生产、生活及消防用水。有的站设有污水处理装置(中间站不设)，包括隔油池、污油泵、污油罐、污油回收管网等设施。

(4) 通讯系统　为输油管道的自控系统、生产调度、日常运行管理和巡线抢修等提供通信的设备，有微波塔、通信机房、电信调度室、通讯值班室等。

(5) 供风系统　设有空气压缩机等。提供的高压空气可用来扫线，还可作为气动仪表及气动阀门的动力。

(6) 阴极保护设施　主要设有完整的阴极保护装置。其作用是防止或减少管道的电化学腐蚀。

(7) 消防设施及警卫　包括消防泵房、消防设施等。

(8) 机修间、油品化验室、车库等。

(9) 其他　如办公室、材料库等。

上述设施可单独安置。根据需要还可将某些项目(如供电、供热系统)和主要作业区的设施放在一起。根据保障安全、便于管理、节省建筑面积、少占地的原则，可以适当合并。

# 第二节　输油站工艺流程

在输油站内，把设备、管件、阀门等连接起来的输油管路系统，称为输油站工艺流程(简称工艺流程)。工艺流程展示了输送油品的来龙去脉。

将工艺流程绘制成图即为工艺流程图，它是工艺设计的依据。工艺流程图不按比例，不受总平面布置的约束，以表达清晰、易懂为主。流程图上应注明管道及设备编号，附有流程的操作说明、管道说明(管径、输送介质)、设备及主要阀门规格表。

可行性研究及初步设计阶段，需绘制输油系统的原理流程图，反映输油系统操作、主要设备、阀件及管路间的联系。施工图设计时，需绘制工艺安装流程图，用以指导施工图设计及输油管道施工、投产及运行管理。它应反映站内整个工艺系统，包括输油及辅助系统在内。与输油管道并行敷设的蒸气、热水、空气、燃料油、化学药品等管道及相连的设备都应标示在图上。工艺安装流程图上主要设施的方位、主要管线的走向与总平面布置大体一致。

## 一、确定工艺流程的原则

制定和规划工艺流程要考虑以下原则：

(1) 满足输送工艺及各生产环节(试运投产、正常输油、停输再启动等)的要求。输油站的主要操作包括：①来油与计量；②正输；③反输；④越站输送，包括全越站、压力越站、热力越站；⑤收发清管器；⑥站内循环或倒罐；⑦停输再启动。

以上操作并不是每条输油管道或每个输油站都需要，应根据具体情况选择。例如反输是为了投产前预热管道用；或末站储罐已满、或首站油源不足，被迫交替正、反输以维持热油管道最低输量用。站内循环主要用于投产前输油泵机组试运转及加热炉烘炉，在泵出厂前制造厂若做好了测试工作，在加热炉采用新型衬里材料的条件下，中间站的站内循环可以取消，以简化流程。若中间站不取出清管器，可不设清管器收发流程，改为清管器通过流程。

（2）中间站的工艺流程要和所采用的输送方式相适应。目前中间输油站采用的流程是"从泵到泵"密闭输油方式，由于它本身的特点，中间站可以不设储油罐，也不设站内循环流程。

（3）便于事故处理和维修。长输管线由于其线长、点多、连续性强，所以输油站的突然停电、管道穿孔或破裂、加热炉紧急放空和定期检修、阀门的更换等，都是输油生产中并非罕见的，流程的安排要方便这类事故的处理。例如，考虑到事故处理时的放空、扫线、凝油顶挤等操作，设置必要的截断阀、放空阀、扫线阀及顶挤泵等。

（4）采用先进工艺技术及设备，提高输油水平。

（5）在满足以上要求的前提下，流程应尽量简单，尽可能少用阀门、管件，管线尽量短、直、整齐，充分发挥设备性能，节约投资、减少经营费用。

## 二、工艺流程图的绘制

工艺流程图在绘制时，不按比例，不受总平面布置的约束，以表达清晰、易懂为主。在图中，要反映出输油的工艺流程、主要设备型号、管线和阀门尺寸。绘制工艺流程图时，可按平面布置的大体位置，将各种工艺设备布置好，然后按输油生产工艺以及辅助系统的工艺要求，用规定的绘图标准（如设备的画法、管线的画法等），将管线、管件、阀件等设备连接起来。一般说来，完整的工艺流程图的绘制应注意以下几点。

### 1. 基本要求

因为工艺流程图无比例，所以在绘制时，应注意各设备的轮廓、大小，相对位置应尽量做到与现场相对应。

### 2. 管线的画法

主要工艺管线（长距离输油管线的主要管线是指原油管线）用粗实线表示，次要的或辅助管线（输水、汽、燃料油等管线及设备轮廓线）用细实线表示。每条管线要注明流体代号、管径及油品流向。图中只有一种管线时，其代号可不注，同一图上某一种管线占绝大多数时，其代号也可省略不注，但要在空白处加以说明。管线的起止处要注明流体的来龙去脉。同时，应注意图样上避免管线与管线、管线与设备间发生重叠。通常把管线画在设备的上方和下方，若管线在图上发生交叉而实际上并不相碰时，应使其中一管线断开或采用半圆线，一般说来，应采用横断竖不断、主线不断的原则。当然在一张图上，只要采用一致的断线法即可。

### 3. 阀门的画法

管线上的主要阀门及其他重要附件要用细实线按规定图例在相应处画出。同类阀门或附件的大小要一致，排列要整齐，还要进行编号，并应附有阀门规格表。

### 4. 设备画法

各种设备用细实线按规定图例画出，大小要相应，间距要适当。对于一张图上画有较多的设备时，要进行编号，编号用细实线引出，注在设备图形之外。对于比较简单的工艺流程图上的设备则通常省略编号，而将设备名称直接注在设备图形之内。工艺区域编号及设备代号应符合 Q/SY 201《油气管道监控与数据采集系统　通用技术规范》的规定。

除上述几项要求以外，对图中所采用的符号必须在图例中说明清楚。另外，通常一张完整的工艺流程图还应附有流程操作说明、标题栏和设备表等。

## 三、输油站单体工艺流程

输油站所承担的任务不同，所具有的工艺流程也不同。站内各个设备所承担的任务不同，因此都具有相对独立的工艺流程。同时，它们又是相互关联的，构成输油站的总体工艺流程。为更好地学习输油站工艺流程，首先应弄清各单体工艺流程，然后按它们之间的相互关系，弄清输油站总体工艺流程。

### 1. 输油泵工艺流程

输油站内消耗动力最大的设备是输油泵，而输油泵在输油生产中所处的地位犹如人的心脏。目前，国内长距离输油管道大多采用离心式输油泵。根据离心泵的特性和工艺要求，离心式输油泵可并联和串联使用。

输油生产中要求泵站提供的压头和流量，有时一台单泵不能满足，需用几台泵联合起来工作。根据生产需要，可将离心泵串联或并联，也可串、并联混合使用。图3-2-1为离心泵并联流程，图3-2-2为串联流程。当大型离心泵需要正压进泵的时候，还应在输油泵前增设辅助增压泵(又称给油泵或喂油泵)，它与主泵的连接采用串联运行方式，而辅助增压泵之间一般采用并联运行方式，以满足工艺要求。

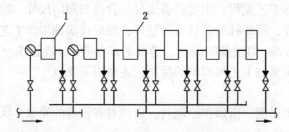

图 3-2-1　离心泵并联运行流程
1—辅助增压泵；2—输油泵

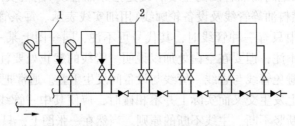

图 3-2-2　离心泵串联运行流程
1—辅助增压泵；2—输油泵

离心泵并联运行和串联运行各自特点是：

(1) 并联运行流程：

① 泵的入口、出口都分别连接于同一管线。

② 输油泵并联运行时，管内总流量等于各输油泵流量之和，即

$$Q = Q_1 + Q_2 + \cdots + Q_n \qquad (3-2-1)$$

式中　　　　　　$Q$——管内总流量，$m^3/s$；

$Q_1$，$Q_2$，$\cdots$，$Q_n$——单泵排量，$m^3/s$。

③ 输油站总扬程等于各输油泵扬程(输油泵出口阀门不节流时),即

$$H = H_1 = H_2 = \cdots = H_n \qquad (3-2-2)$$

式中　　　$H$——输油站总扬程,m;

$H_1$,$H_2$,$\cdots$,$H_n$——单泵扬程,m。

(2)串联运行流程:

① 泵的进出口管连接方式为首尾相连,即第一台泵的出口与第二台泵的入口相连。

② 输油泵串联运行时,干管内总流量等于单泵流量,即

$$Q = Q_1 = Q_2 = \cdots = Q_n \qquad (3-2-3)$$

式中　　　$Q$——干管内总流量,$m^3/s$;

$Q_1$,$Q_2$,$\cdots$,$Q_n$——单泵排量,$m^3/s$。

③ 输油站总扬程等于各输油泵扬程之和,即

$$H = H_1 + H_2 + \cdots + H_n \qquad (3-2-4)$$

式中　　　$H$——输油站总扬程,m;

$H_1$,$H_2$,$\cdots$,$H_n$——单泵扬程,m。

离心泵的串联流程主要是解决压头问题,即在一台泵压头不能满足工艺要求的情况下,可以采用两台或两台以上的泵串联运行;并联流程主要是解决输油流量问题,即当一台泵的流量不能满足工艺要求时,可以采用两台或两台以上的泵并联运行。但在具体应用中,还要考虑到管路特性的影响,所以,究竟采用哪种方式更有利于生产,要结合具体管路来分析。

图 3-2-3 为泵机组的串并联特性比较,图中曲线 1 表示地形平坦时的管路特性曲线,此时起终点位差较小。曲线 2 表示翻越大山时的管路特性曲线,这时位差较大,沿程摩阻较小。曲线 3 可看成是泵机组 4 并联或泵机组 5 串联后的特性曲线。曲线 4 和 5 则分别为泵机组 4 和 5 单泵工作时的特性曲线。

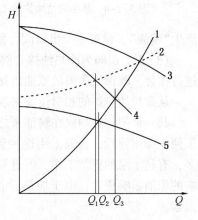

图 3-2-3  泵机组的串
并联特性比较

从图中可看出,在泵站特性(即曲线 3)相同的情况下,对于地形平坦的管路(即曲线 1),采取串联形式具有更大的调节灵活性。如图 3-2-3 所示,当流量大于 $Q_3$ 时,不管采用哪种形式,均需两台泵运行;当流量在 $Q_2 \sim Q_3$ 之间时,若是串联形式的泵机组,需两台泵运行,若是并联形式,用一台泵即可,且节流损失比用两台串联泵的要少;当流量小于 $Q_2$ 时,串联泵机组中的一台即可工作,且比用并联泵机组中的一台要节省能量。所以,全面考虑起来,地形平坦的管路,串联较好。另外,泵串联后,还可以使流程简化,节约能量,故在长输管线上得到了广泛的应用。特别是大型输油管线,为了提高它的经济性,减少动力费用,宜采用中扬程、大排量的单级离心泵串联运行。

但是,在管线翻越高山时,位差较大,宜采用并联运行。如图 3-2-3 所示,当流量大于 $Q_1$ 时,不管哪种形式,均需两台泵运行;当流量小于 $Q_1$ 时,串联泵机组中的一台能量不够,而用并联泵机组中的一台即可运行,且比两台泵(无论是串联还是并联)的节流损失少。所以,对位差较大的管路,离心泵并联较好。

目前,国外对地形平坦的地区,广泛采用串联泵,而在翻越大山时采用并联泵。

　　为了提高输油泵的效率，使泵的调节更加灵活，无论是采用并联泵机组或是采用串联泵机组，不一定都采用同性能的输油泵，最好有大小泵配合工作，这样有利于生产，方便泵的调节。例如在串联泵机组时，搭配一个低扬程的小泵，这样在生产中，若两台同型号泵联合工作能量大于管路消耗，而一台泵又不能满足时，可采用一台大泵与一台小泵联合工作，这就增加了调节的灵活性，节省了能量。

　　辅助增压泵不一定要和输油泵放在一起，为了改善吸入条件，可将其设在油罐区附近，同时又可作为倒罐用，从而提高了泵的利用率。

**2. 加热炉工艺流程**

　　加热输送是目前输送高含蜡、胶质多、高凝点的原油普遍采用的方法。在加热输送中，加热炉对输油生产的作用是十分重要。在各输油站，加热炉的连接方式都一般采用并联运行，加热后的原油温度一般控制在 70℃ 以下。原油进出加热炉的方式大体上有三种：单进单出、双进双出和双进单出。

　　下面以图 3-2-4 所示来说明加热炉工艺流程的特点。

　　(1) 加热炉是并联相接，原油进出加热炉采取双进单出方式，原油进出加热炉流程为：来油→1#阀→2#、3#阀→加热炉→4#阀→外输。

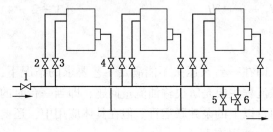

图 3-2-4　某中间站加热炉工艺流程

　　(2) 采用两个进口阀保证二组炉管不致产生"偏流"，设置一个出口阀，使操作简便又节约资金。

　　(3) 5#、6#阀为冷热油掺合阀，5#阀为手动阀，6#阀为自动阀，热油和部分冷油经此阀进行掺合，既保证所需的原油出站温度，又能减少炉子的压降。

　　从泵与加热炉的相对位置来看，有两种流程。

　　其一是把加热炉放在输油泵之后。早期由于我国多数输油站采用旁接油罐输油流程，为了便于操作管理，普遍采用这种流程，即泵后加热。这种流程的特点是泵的吸入管要短得多，有利于泵的正常工作，但进泵油温较低，降低了泵的效率，特别是温度对黏度有显著影响的原油影响更大，由于加热设备承受高压，除增加了钢材消耗和投资外，还带来不安全因素。

　　其二是把加热炉放在输油泵之前，即泵前加热，从泵到泵密闭输送管线普遍采用泵前加热。这种流程有如下优点：

　　(1) 来油先进炉后进泵，使加热炉处在低压下工作，既省钢材，又安全可靠。

　　为保证"从泵到泵"密闭输油，上站来油压力控制在 20~60m 水柱，来油先进炉使加热炉处在 20~60m 水柱的压力之间，炉子在这样低的压力下运行，比较安全，即使出了事故也便于处理，可以防止恶性事故的发生。

　　(2) 原油先进炉后进泵，使进泵油的黏度降低，提高了泵的效率，节省了动能。

　　原油经加热炉升温后，黏度下降，可以减少泵内水力损失，从而提高泵的效率。对高黏度、温升幅度较大的原油效果更为显著。实践证明现用的机械密封也可以在出炉温度下长期使用。泵的正常运行不会因油温有限度地提高而受到影响。从节能的角度出发，先炉后泵流程更有现实意义。

　　(3) 改善站内管线的结蜡情况。这是由于站内管线较短，而管配件、阀门等较多，现阶段无法采用清管器进行站内清蜡，原油先进炉后进泵流程的应用，使站内绝大多数管线处于较高温度状态，降低了站内摩阻，结蜡情况有所好转。

先炉后泵流程要防止的是炉前压力过低，泵的吸入能力有限，满足不了加热炉压降的要求，可考虑设置辅助增压泵。对旁接油罐来说，在有增压泵的情况下，实现先炉后泵流程就比较容易了。

**3. 管道清管流程**

长距离热油输送管道因原油中的蜡析出在管壁而使管道输送能力下降的现象在输油生产中是普遍存在的。清管是保证输油管道长期高效、安全运行的基本措施之一。为了清除管内壁的积蜡和杂质，长输管道大多数输油站都安装了管道清管系统。管道清管系统包括收、发、转清管器三个流程，以图 3-2-5 和图 3-2-6 说明其工作过程。

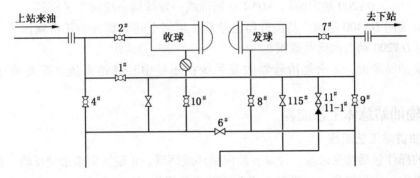

图 3-2-5　某输油站清管器收、发球流程

1）收清管器流程（见图 3-2-5）

正常输油时，上站来油经 4# 球阀进站。收清管器时，打开 2#、10# 球阀，逐渐关闭 4# 球阀。清管器到收球筒后，先打开 4# 球阀，后逐渐关闭 2#、10# 球阀，恢复正常输油。排除清管器收筒内存油，打开收球筒盲板取出清管器。

2）发清管器流程（见图 3-2-5）

正常输油时，原油经 9# 阀出站。发清管器时，打开快速盲板，将清管器放入清管器发球筒内，关好盲板后，打开 7#、8# 球阀，逐渐关闭 9# 球阀，清管器就被油流带走。清管器发出后，打开 9# 球阀，逐渐关闭 8#、7# 球阀，恢复正常输油。

3）转清管器流程（见图 3-2-6）

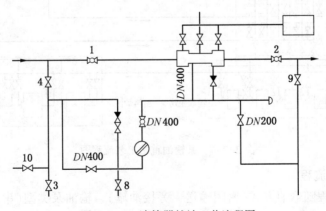

图 3-2-6　清管器越站工艺流程图

并不是在每个中间站都要设有清管器收发系统，有时只要能通过或暂停即可。如图3-2-6所示，为中间站清管器越站工艺流程。

在该流程中，清管器只是暂停，而不需要重新装取。具体工艺流程如下：

（1）收球流程

上站来油→阀1→收球筒→单向阀→DN400球阀→过滤器→DN400阀→阀10（泵入口汇管阀）

　　　　　　　　└→DN400回油线─┘

此时应适当地关小阀4。待清管器进入收球筒后，开大阀4，关闭阀1、DN400阀及DN400球阀。恢复正常输油。

（2）发球流程

使用该流程时，首先开阀2，控制阀9，开动力油阀DN200。具体流程是：

　　　　DN200动力油阀→DN400回油线→发球筒→球阀2→下站

此时应关闭DN400球阀。待清管器出站后，可将上述流程改为正常输油流程，即开大阀9，关闭DN200动力油阀及球阀2。

对于输油站来说，无论是清管器收发系统，还是中转越站系统，都要确保输油畅通无阻。

## 四、输油站总体工艺流程

### 1. 输油首站工艺流程

首站的操作包括接受来油、计量、站内循环或倒罐、正输、向来油处反输、加热、收发清管器等操作，流程较复杂。图3-2-7为首站工艺流程图。

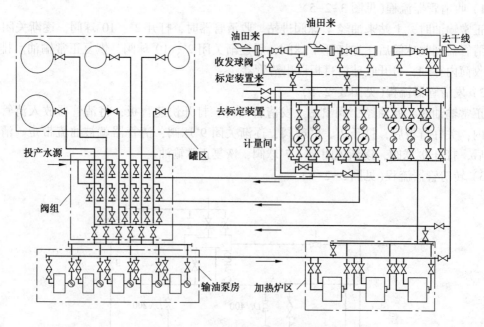

图3-2-7　某输油首站工艺流程图

### 2. 中间站工艺流程

中间站工艺流程随输油方式（密闭输送、旁接油罐）、输油泵类型（串、并联泵）、加热方式（直接、间接加热）而不同。

1）密闭输送的中间站流程

图 3-2-8 是典型的密闭输送中间站工艺流程，采用串联泵、间接加热。主要操作有正输、反输、越站输送、清管器收发。取消站内循环，原油在进泵之前加热。先炉后泵流程的加热系统在低压下工作，原油加热后黏度降低使输油泵效率提高。中间站无旁接油罐，加热炉的燃料油罐兼作泄放用罐，节约了投资，原油蒸发损耗降低。

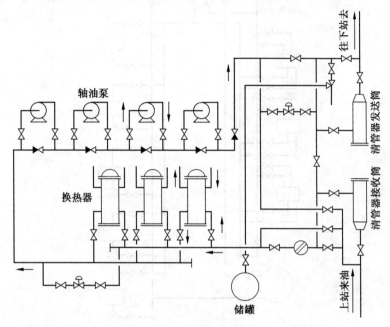

图 3-2-8　中间热泵站密闭输送工艺流程图

2）旁接油罐的工艺流程

图 3-2-9 为某输油管线中间站工艺流程。这种流程是我国大部分早期输油站所采用的。离心泵机组采用并联方式，从输油方式看，即可采用旁接油罐方式运行，又可采用从泵到泵方式运行。

图 3-2-10 为美国科林加至阿文热油管道之间热泵站的工艺流程。该系统采用从泵到泵密闭输油方式，输油离心泵串联运行，站内还设有一台 33kW 螺杆泵，以备启输或停输后再启动时使用，并可用作流量调节。所输的原油采用管壳式换热器进行间接加热。在换热器内，原油走壳程，热介质走管程。换热器的连接采取管程并联、壳体串联的方式。供热介质通过两台额定热负荷均为 5864kW、效率为 80%~85% 的加热炉加热。供热介质进炉温度约为 112.3~148.9℃，出炉温度约为 186.7~224.5℃，然后去换热器循环使用。换热器的总换热量为 11723kW。

图 3-2-11 为美国某泵站的工艺流程（冷油输送）。该流程的特点：一是采用旁接油罐（两个浮顶罐）流程；二是离心泵串联工作，每台泵进出口设旁通单向阀，停泵时，可通过单向阀自动越泵；三是每座浮顶式油罐出口均设有管道式增压泵，可以给第一台离心泵正压灌泵。

**3. 末站工艺流程**

末站往往是炼厂油库，或是转运油库，或两者兼有。如果是水陆转运油库，流程就比较复杂。但对于炼厂油库，则流程就比较简单。末站输油有这样的特点：一是收油和发油要计量，所以要设有计量装置，二是作为管线的终点，要有一定的储油能力，因此，要设有足够容量的储油罐。

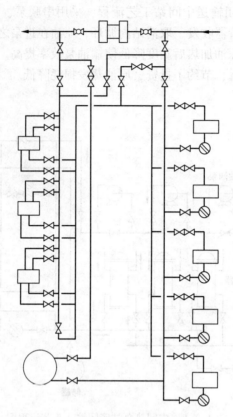

图 3-2-9　某中间站工艺流程图

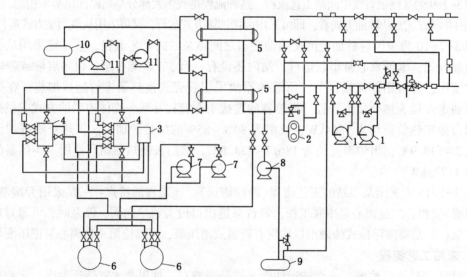

图 3-2-10　美国科林加至阿文热油管道中间热泵站工艺流程图

1—输油离心泵；2—备用螺杆泵；3—空气压缩机；4—5864kW 加热炉；5—换热器；6—480m³ 燃油罐；
7—燃油泵；8—污油泵；9—污油罐；10—缓冲罐；11—缓冲泵

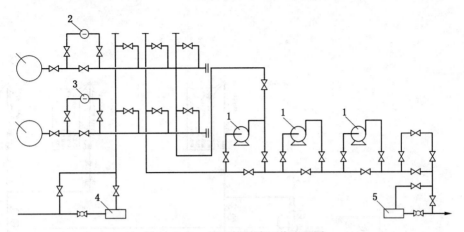

图 3-2-11　美国某泵站工艺流程图

1—输油离心泵；2—浮顶油罐；3—管道式增压泵；4—收球筒；5—发球筒

末站一般设有四种流程：收油、发油（包括装车、装船及管线转输）、倒罐、收发清管器。正常生产时采用收油和发油流程，并要进行计量，倒罐流程是在站内活动管线等情况下采用，而收发清管器流程则是在清管时才采用。

图 3-2-12 为某输油管线末站工艺流程。

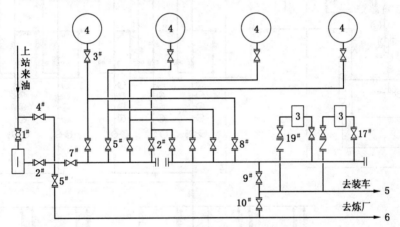

图 3-2-12　某输油末站工艺流程图

## 4. 输油站工艺流程操作

图 3-2-13 为某成品油管道工程油库分输计量站工业流程图，可完成以下操作：

（1）正输流程：

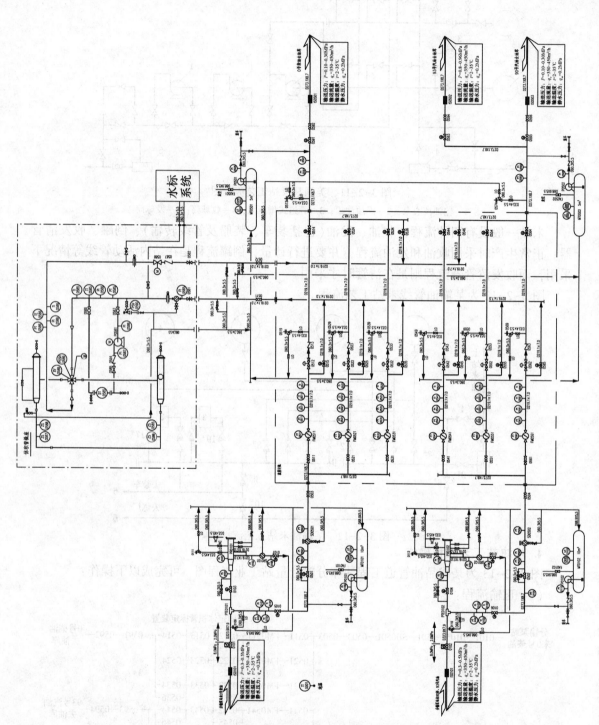

图 3-2-13  某成品油管道工程油库分输计量站工业流程图

（2）收球流程：

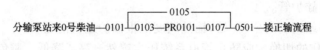

（3）安全阀截断阀后管线设计压力为 2.0MPa；所有排污管线的排污阀后设计压力为 2.0MPa。

（4）在柴油管线、柴汽互备管线、排污放空管线考虑电伴热保温，维持油品温度不低于5℃。

# 第三节 输油工艺流程操作原则

输油工艺流程操作原则如下：

（1）长输管道工艺流程的操作与切换，由调度统一指挥。非特殊紧急情况（如已经发生火灾、炸管、凝管等重大事故），未经调度人员同意，不得擅自改变操作。

流程切换前公司（处）输油调度必须通知全线各站调度，各站调度再通知到有关岗位，各岗位做好切换流程准备工作并确定无误之后方可进行。

（2）一切流程操作均应遵守"先开后关"的原则，即确认新流程已经导通过油后，方可切断原流程（泵到泵流程应遵照其具体规定）。要做到听、看、摸、闻"四到"。

（3）具有高、低压衔接部位的流程，操作时必须先导通低压部位，后导通高压部位。反之，先切断高压，后切断低压。

（4）导流程操作开关阀门时，必须缓开缓关，以防发生"水击现象"损坏管道或设备。在向无压或从未升过压的管段升压时，更应缓开阀门，至压力平衡后，方可正常开大。对于两端压差较大的闸板阀，可用阀体上的旁通阀调压。除短暂操作外，闸阀、球阀、旋塞阀必须全开或全关。手动阀开完后，要将手轮倒回半圈至一圈。

（5）流程切换，不得造成本站或下站加热炉突然停流。如果涉及到进炉油量减少或停流时，必须在加热炉压火或停炉后方可切换。具体要求如下：

① 正常流程切换时，应考虑到可能发生的流量变化，加热炉需提前压火，正反流程切换时，待炉膛温度降到工艺规程规定参数时，方可进行。

② 正常导全越站流程时，加热炉应提前停炉，待炉膛温度降到100℃后进行。紧急状况下导全越站流程时，紧急停炉后不准关进、出炉阀门（包括进炉预热的燃料油管线阀门），同时略开进罐阀，导通进罐流程。

③ 事故停炉如必须关进、出炉阀门时应先打开紧急放空阀门，避免炉管内死油受热膨胀引起爆管或结焦。

④ 在改为站内循环流程前，加热炉应及时压火或停炉，防止油温超过油罐允许温度。

⑤ 正反流程交替运行时，加热炉应提前压火或停炉，防止进炉温度高，造成出炉油温超高。

⑥ 加热炉停运后，在重新点炉时，要确认各个部位炉管的油流畅通后，方可点火。

（6）加热炉在最低通过量状态下运行时，应严格执行下列规定：

① 出炉温度不得高于规定值（≤75℃）。

② 火焰不得舔炉管。

③ 每小时各站调度向公司（处）输油调度汇报该炉运行情况。

（7）流程操作的切换，应防止管道系统压力突然升高或降低，避免造成管道超压或输油泵过载。如有较大波动时，应事先通知上、下站及本站有关岗位做好泄压准备。具体要求如下：

① 密闭输油由正输流程倒压力越站或全越站流程前，上一站必须先将出站压力降到允许出站压力值的一半左右，以防出站压力超过管线工作压力。下一站适当根据进站压力相应降低排量，以防进站压力降低到最小压力造成甩泵。

② 密闭输油时，由压力越站或全越站导为正输流程前，上一站输油泵的运行电流应控制在最大允许电流值的80%～85%之间。运行拖泵的上一站要降20～50转转数，下一站应相应降低机泵排量，以防中间站启泵运行前，全线运行参数调整，造成上站电机或拖泵超负荷运转以及下站进站压力降低而甩泵。

③ 对于并联旁接油罐运行方式的，在由压力越站或全越站流程导为正输流程时，为防止泵出口高压油与上站来油顶撞发生"水锤"现象，在向下一站外输前，应先适当导通进罐流程。

④ 旁接油罐运行时，应尽可能做到输油泵排量和系统来油相平衡，由正输流程导为压力越站或全越站流程时，下一站输油泵要及时降量，防止油罐抽空。反之，下站输油泵要及时提量防止冒罐。

⑤ 由其他流程导为站内循环流程时，应先压低输油量，防止输油泵扬程下降而流量猛增，致使造成电机过载。

⑥ 在发现管道突然超压时，应立即向油罐泄压，同时报告上级调度并及时查找原因。

（8）输油泵机组的启停，将直接影响管道系统压力的变化。切换时应提前汇报输油调度待输油调度对上、下站做好联系，并通知后方可进行泵的切换。泵的切换程序，一般是"先启后停"。在管道系统接近最大工作压力或供电系统接近极限值时，也可"先停后启"。不论采取哪种切换方式，都应做好启运泵和欲停泵之间的排量调节，以使出站压力不致突增突降。

（9）由正输流程改反输流程时，反输首站（即正输末站）应储备不少于一个半站距的油量，油温应保证下站进站规定值，反输必须在上级调度的统一指挥下进行。在各站加热炉压火降温后，首站开始停泵外输，各中间泵站应按正输方向自上而下，依次改站内循环流程。末站反输开始后，再自下而上逐站改为反输流程。

由正输流程导为全越站流程时，应先停炉再停泵。反之，由全越站流程导为正输流程时，则应先启泵再点炉。

（10）长输管线进行清管作业时，要认真做好一切准备工作，并严格遵守清管操作规程，防止清管器在管道中受阻（卡球）或丢失。

（11）在导"泵到泵"流程前，对高低压泄压阀门必须可靠地投入使用。

（12）对长期或一段时间内不投入运行的管道（尤其是冬季），为防止管内原油冻凝，应进行扫线或定时"活动管线"。对不能定期活动或扫线的管线要按时投用电伴热。

（13）凡泵站设有高压泄压阀门的应长期投用。各输油泵入口阀要保持常开。运行泵入口压力，应按《输油管道工艺操作规程》的要求，压力保持一定值。

（14）指示仪表必须灵活好用，指示正确，一旦失灵要及时更换，禁止在无保护无指示的情况下进行操作。

（15）在泵站与输油调度通讯中断时，泵站调度要主动与上下站进行联系，维持生产。此时若上站失去联系，应严密监视罐位防止冒罐和抽空，根据本站罐位调节输油量，并严密监视进出站压力，以防进站压力过低，造成甩泵或防止下一站发生故障造成本站出站压力升高。若上、下站都失去联系，则要在监视罐位的同时，严格监视本站出站压力，防止下一站发生故障，造成本站出站超压。在通讯中断时，不允许启停设备或导换流程。

（16）在流程导换前，应根据具体情况编写操作方案或进行模拟操作。流程切换前必须填写操作票，在实际操作时应有专人监护。

# 第四章　输油管道的工艺计算及调节

## 第一节　输油管道的工作特性和工作点

输油泵站的工作任务就是不断地向管道输入一定量的油品，并给油流供应一定的压力能，维持管内油品的流动。故泵站的工作特性就是泵站所输出的流量 $Q$ 和压头 $H$ 间的变化关系。可用 $H=f_1(Q)$ 的数学关系式或曲线表示。管道的工作特性系指管径、管长一定的某管道，输送性质一定的某种油品时，管道压降 $H$ 随流量 $Q$ 变化的关系，也可以用数学式 $H=f_2(Q)$ 或相应的曲线表示。输油管道的工作点就是泵站工作特性与管道工作特性相交的点，即泵站提供的能量与管道需要的能量相等的点。

### 一、离心输油泵的工作特性

在恒定转速下，泵的扬程与排量($H$-$Q$)的变化关系称为泵的工作特性。另外，泵的工作特性还应包括功率与排量($N$-$Q$)特性和效率与排量($\eta$-$Q$)特性。

对固定转速的离心泵机组，可以由实测的几组扬程、排量数据，用最小二乘法回归为泵机组的特性方程 $H=f(Q)$，为便于长输管道的应用，可近似表示为：

$$H = a - bQ^{2-m} \tag{4-1-1}$$

式中　$H$——离心泵扬程，m 液柱；

　　　$Q$——离心泵排量，$m^3/h$；

$a$，$b$——常数；

　　　$m$——管道流量-压降公式(列宾宗公式)中的指数，在水力光滑区内 $m=0.25$，混合摩擦区内 $m=0.123$。

对于目前长输管线上的离心泵机组，在水力光滑区或混合摩擦区计算中，式(4-1-1)的回归结果与实测特性曲线的误差一般小于 2%。

泵站的压力能供应任务，是由站上所装备的输油泵机组来完成的。故泵站的工作特性即是运行泵机组的联合工作特性。离心泵串并联的工作特性我们将在离心泵一章中作详细的论述。

### 二、泵站的工作特性

泵站的工作特性是指泵站的排量与扬程间的相互关系。根据泵机组的组合方式，一般离心泵站的 $Q$-$H$ 特性也可以用类似于描述泵特性的二次方程来描述：

$$H_c = A - BQ^{2-m} \tag{4-1-2}$$

式中　$H_c$——泵站扬程，m 液柱；

　　　$Q$——泵站排量，$m^3/s$；

$A$，$B$——由离心泵特性及组合方式确定的常数。

**1. 多台泵串联的泵站特性**

根据离心泵串联组合的特点，即：通过每台泵的排量相同，均等于泵站排量；泵站扬程等于各泵扬程之和，可写出泵站特性方程：

$$H_c = \sum_{i=1}^{N_1} H_i = \sum_{i=1}^{N_1} a_i - \sum_{i=1}^{N_1} b_i \cdot Q^{2-m}$$

对照式(4-1-2)可知，泵站特性方程的常系数分别为每台泵对应系数的代数和，即

$$A = \sum_{i=1}^{N_1} a_i \qquad B = \sum_{i=1}^{N_i} b_i \qquad (4-1-3)$$

如果 $N_s$ 台相同型号的泵串联工作，泵站特性方程的常系数为：

$$A = N_s a \qquad B = N_s b \qquad (4-1-4)$$

**2. 多台泵并联的泵站特性**

根据离心泵并联组合的特点，即：每台泵提供的扬程相同，均应等于泵站扬程，泵站的排量为每台泵的排量之和，则 $N_p$ 台相同型号的离心泵并联时，泵站特性方程为：

$$H_c = a - b \left( \frac{Q}{N_p} \right)^{2-m}$$

对照式(4-1-2)可知：

$$A = a \qquad B = b/N_p^{2-m} \qquad (4-1-5)$$

如果并联泵的特性不同，可根据离心泵并联组合的特点，先作出并联泵的组合特性曲线，再根据泵站排量的变化范围，确定泵站的特性方程。

**3. 多台泵串联、并联的泵站特性**

当站上的泵机组既串联又并联工作时，也应先由各泵机组特性串联和并联相加得到泵站特性曲线，然后在特性曲线上取点，回归出泵站特性方程。如图4-1-1所示的四台泵机组的组合方式，其泵站特性曲线可由单泵特性曲线串联相加后再并联得到，如图4-1-2(a)所示；也可以由单泵特性曲线并联后再串联相加而得，如图4-1-2(b)所示。

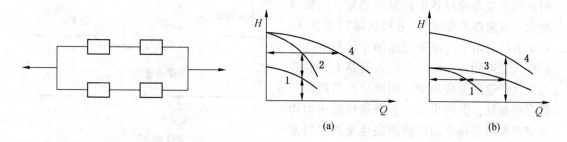

图4-1-1 离心泵的串、并联工作　　　　　图4-1-2 泵站的特性曲线

泵站的工作特性，反映了泵站的扬程与排量的相互关系，即泵站的能量供应特性。泵站的排量就是输油管道的排量，泵站的出站压头(等于进站压头与泵站扬程之和减去站内摩阻)就是油品在管内流动过程中克服摩阻损失、位差和保持管道终点剩余压力所需的能量。输油管道全线各泵站的能量供应之和必然等于全线管道的能量需求。为了保证完成输油任务，泵站的排量必须大于或等于任务流量。

### 三、泵站-管道系统的工作点

在长输管道系统中，泵站和管道组成了一个统一的水力系统，管道所消耗的能量(包括终点所要求的剩余压力)必然等于泵站所提供的压力能，二者必然会保持能量供求的平衡关系。管道的流量就是泵站的排量，泵站的总扬程就是管道需要的总压能。泵站-管道系统的

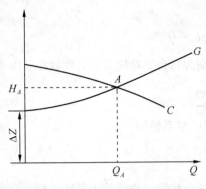

图 4-1-3　泵站与管道的工作点

工作点是指在压力供需平衡条件下，管道流量与泵站进、出站压力等参数之间的关系。在设计和生产管理工作中，常用作出泵站特性曲线和管道特性(应包括剩余压力)曲线，求二者交点的方法，来确定泵站的排量和进、出站压力。

以全线仅有一座泵站的管道系统为例，如图4-1-3所示，曲线 $C$ 为泵站出站压头随排量的变化关系，$G$ 为管道特性曲线，忽略进站压头，二者的交点称为系统的工作点，即泵站的排量为 $Q_A$，出站压头为 $H_A$。

泵站或管道中任何一方工作情况的变化，例如所输油品的改变，或并联运行的泵机组数的变化等，都会破坏系统的能量平衡，而系统必将自动建立新的平衡关系，以适应这种变化。表现在图解上就是泵站或管道特性曲线的改变，使系统转入新的工作点处运行，改变了流量。如欲保持原来的流量就需采取调节措施，改变泵站或管道的工作特性曲线，恢复管道系统的输送能力。

为了保证输油管道安全经济地工作，工作点必须在泵站特性曲线的最高效率区内，工作压力要在管道强度允许范围内，工作流量要满足输送任务的要求。

当一条长输管道上有几个泵站时，由这若干泵站所给出的总扬程，应等于全线管道所需的压头，由于各泵站间的相互联系方式(或称输油方式)不同，泵站—管道系统的工作具有不同的特点。下面介绍两种输油方式的泵站-管道系统的工作特性。

**1. 以"旁接油罐"方式工作的输油系统**

输油管道建设初期，多使用"从罐到罐"的输油方式[见图4-1-4(a)]。采用这种方式时，油品全部通过各中间站的油罐，蒸发损耗大。后来逐步发展为"旁接油罐"[见图4-1-4(b)]。由上一站来的输油干管与下一站的吸入管道相连，同时在吸入管路上并联着与大气相通的旁接油罐。用油罐调节两站间排量的差额，多进少出。各泵进口的压力均决定于本站旁接油罐的液面高度及油罐到泵的吸入管道的摩阻。

以"旁接油罐"方式工作的输油系统，由于旁接油罐的缓冲作用，使其有如下特点：

(1) 各泵站的排量在短时间内可能不相等；

(2) 各泵站的进出口压力在短时间内相互没有直接影响。

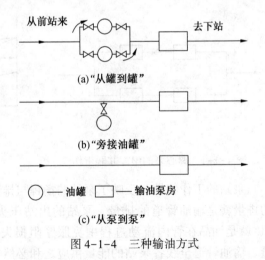

图 4-1-4　三种输油方式

由于旁接油罐的存在，将长输管道分成了若干个独立的水力系统，即每一个泵站各与由其供应能量的站间管道构成一个水力系统。该泵站的工作特性曲线与这一站间管道特性曲线的交点即为这一系统的工作点。因为全线各泵站都是为了完成同一个输油任务，且旁接油罐的容量有限，各站间的输量偏差和持续时间受到限制。因此各站的平均输量必须一致，故全线的输量就受输量最小的站间控制。如果各站装置相同的泵机组，为了保持各站都在额定流量范围工作，各站的工作扬程也必须接近。只有各站工作点基本一致，各站均衡地分担全线的能量消耗，才能充分发挥各站的效能，达到全线协调经济地工作。

**2. 以"从泵到泵"方式工作的输油系统**

"从泵到泵"方式输油时，上站来的输油干管直接与下站泵机组的吸入管相连，正常工作时，没有起调节作用的油罐，各站泵机组直接串联工作。各泵站及站间管道的工况相互密切联系，整个管道形成一个密闭的连续的水力系统。它的特点是：

（1）各站的输油量必然相等；

（2）各站的进出口压力相互直接影响。

如前一站所给出的压头大于站间管道所需要的压头，则剩余的压头就加在下一站泵机组的进口上，即为进站（口）压头，而泵机组出口压头则为进口压头与泵机组扬程之和。由于这样一站影响一站，全线形成统一的水力系统，每个泵站的工况（排量与压力）决定于全线总的能量供应与能量消耗。也就是说各站的工况要由全线的总的泵站特性曲线和总的管路特性曲线来判断。

如图 4-1-5 所示，在同一坐标系上，将各泵站特性曲线串联叠加，得出总的泵站特性曲线 $C_z$，并根据全线的流量与摩阻损失的关系及起终点的位差 $\Delta Z$ 作出全线总的管道特性曲线 $G_z$，总的泵站特性曲线 $C_z$ 与总的管道特性曲线 $G_z$ 的交点即为全线的工作点，其横坐标即为全线的工作流量，其纵坐标即为沿线全部泵站所给出的压头总和 $H$。如果全线有 $n$ 个泵机组类型完全相同的输油站，则每个站所给出的扬程为 $H_c = \dfrac{H}{n}$。在相应于每个输油站的特性曲线上交点的坐标为 $Q$、$H_c$。

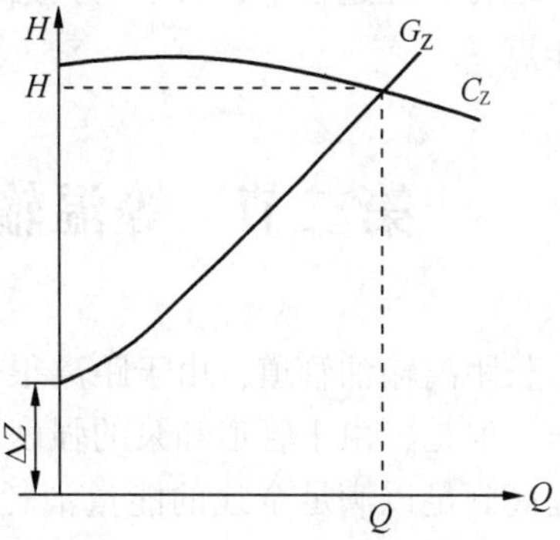

图 4-1-5 "从泵到泵"
工作管道的工作点

求泵站—管道系统的工作点，除了图解方法以外，也可以根据压头供需平衡的原则，列出管道的压力供应特性方程和压力需求特性方程，使两者相等求解工作点。

假设一条管道有 $N$ 座泵站，且泵站特性相同，全线管径相同，无分支，首站进站压头和各站内摩阻均为常量，可写出全线的压力供需平衡关系式如下：

$$H_{s1} + N(A - BQ^{2-m}) = fLQ^{2-m} + (Z_2 - Z_1) + Nh_m + H_t$$

由上式可求出管道的工作流量：

$$Q = \left[\frac{H_{s1} + NA - (Z_2 - Z_1) - Nh_m - H_t}{NB + fL}\right]^{\frac{1}{2-m}} \qquad (4-1-6)$$

式中  $Q$——全线工作流量，$m^3/s$；

$N$——全线泵站数；

$f$——单位流量的水力坡降，$(m^3/s)^{m-2}$；

$H_{s1}$——管道首站进站压头，m 液柱；

$H_t$——管道终点剩余压头，m 液柱；

$L$——管道总长度，m；

$Z_1$，$Z_2$——管道起、终点高程，m；

　　$h_m$——每个泵站的站内损失，m 液柱。

　　求出工作流量后，即可根据站间压力供需平衡的原则，确定各站的进出站压力。

　　第一站间：

$$H_{d1} = H_{s1} + H_c - h_m \qquad (4-1-7)$$

$$H_{s2} = H_{d1} - fQ^{2-m} \cdot L_1 - \Delta Z_1 \qquad (4-1-8)$$

式中　$L_1$，$\Delta Z_1$——第一站间管道长度及高差；

　　　　$H_{d1}$——首站出站压力；

　　　　$H_{s1}$——首站进站压力；

　　　　$H_c$——泵站扬程。

　　其他站间参数计算依次类推。

　　"从泵到泵"工作的管路，全线形成统一的水力系统，不但进口压力要相互影响，而且水击压力和一处的事故都要波及或影响全线。

　　运行管理过程中，对于"旁接油罐"输油方式，应根据站间的情况，分别确定各站间的工作点。

# 第二节　等温输送管道的工艺计算和泵站布置

　　长距离输油管道，由于距离很长，当输送油品时，全线所需的压力可能达到好几百个大气压。但是，由于管道和泵的强度以及原动机功率的限制，不可能在管道起点由泵一次把压力提高到足以满足全线的能量消耗，因而，必须在管道沿线设置若干个输油泵站，逐段加压，接力输送，才能安全经济地完成油品的输送任务。为了达到上述目的，在设计一条长距离输油管道时，必须进行工艺计算。工艺计算内容包括有水力计算、强度计算、热力计算（如采用加热输送）和技术经济计算。工艺计算主要解决的问题是：

　　（1）确定经济上最为合理的主要参数，包括管径、管壁厚度、泵站出口压力和泵站数；

　　（2）当管道长度、管径、泵机组的型号、泵站数目和工作条件已选定时，在管道沿线布置输油泵站，确定站址；

　　（3）对已经投产运行的管道，估算及校核不同工况下的操作压力和实际输油量，用以指导输油工作的优化运行。

　　上述这些问题，是设计各类输油管道（如油品的等温输送管道、加热输送管道、顺序输送管道、稀释输送管道、水力输送管道和液化气输送管道等）都必须要解决的共同性问题。因此，等温输油管道的工艺计算是计算各类输油管道的基础。

## 一、工艺计算所需的原始资料

### 1. 计算输量 $Q$

　　以设计任务书给定的最大输量作为工艺计算时的依据，任务书给的是年设计输量（$10^4$ t/a），计算时，必须将其换算成计算密度 $\rho_{cp}$ 下的体积流量 $Q$（m³/h 或 m³/s）。考虑到管道维修及事故等因素，计算时年输油时间应按 350 天（8400h）计算，即

$$Q = \frac{G \times 10^7}{\rho_{cp} \times 8400} \text{ m}^3/\text{h} \quad \text{或} \quad Q = \frac{G \times 10^7}{\rho_{cp} \times 8400 \times 3600} \text{ m}^3/\text{s} \qquad (4-2-1)$$

式中　$G$——年任务质量输量，$10^4 t/a$；

　　　$Q$——体积流量，$m^3/h$ 或 $m^3/s$；

　　　$\rho_{cp}$——年平均地温下的油品密度，$kg/m^3$。

### 2. 管道埋深处的年平均地温

在长距离的等温输油管道上，所输油品的温度一般接近于埋深处的土壤温度，故管道埋深处的土壤原始地温，直接影响所输油品的黏度和密度。在进行水力计算时，一般采用年平均地温所对应的油品物性参数。可由勘探选线资料提供的管路埋深处每月的平均地温 $t_0$，求出年平均地温为：

$$t_{0cp} = \frac{1}{12}(t_{01} + t_{02} + \cdots + t_{012})　　　　(4-2-2)$$

式中　$t_{01}$，$t_{02}$，$\cdots$，$t_{012}$ 分别为 1~12 月份的平均地温，℃。

### 3. 油品的密度 $\rho$

在进行水力计算时，油品的密度 $\rho$ 采用管道埋深处土壤年平均温度下的密度。根据实验室提供的 20℃ 时油品密度，可按下式进行换算：

$$\rho_t = \rho_{20} - \xi(t - 20)　　　　(4-2-3)$$

式中　$\rho_t$，$\rho_{20}$——温度为 $t$℃ 及 20℃ 时的油品密度，$kg/m^3$；

　　　$\xi$——温度系数，$\xi = 1.825 - 0.00131\rho_{20}$，$kg/(m^3 \cdot ℃)$。

### 4. 油品黏度

油品运动黏度可按下式计算：

$$\nu_{t2} = \nu_{t1} e^{-u(t_2 - t_1)}　　　　(4-2-4)$$

式中　$\nu_{t1}$，$\nu_{t2}$——温度为 $t_1$、$t_2$ 时油品的运动黏度，$m^2/s$；

　　　$u$——黏温指数，1/℃。可由两个已知的黏度值求得：

$$u = \frac{1}{t_2 - t_1} \ln \frac{\nu_{t1}}{\nu_{t2}}　　　　(4-2-5)$$

### 5. 管材及工作压力

为了计算管壁厚度，必须事先确定出管道所用管材的等级、钢管的规格及泵站的出站压力。涉及有关管材的强度极限和屈服极限值可由有关手册查到。

### 6. 技术-经济指标

技术-经济指标是进行技术经济计算、确定最优方案所必需的。其中，有综合经济指标和各项经营管理费用的经济指标。综合经济指标包括：①线路部分的综合经济指标(万元/km)，包括管子本身的价格和管道施工安装(如电焊、绝缘和土方等各项作业)费用；②泵站综合经济指标(万元/个)，包括设备本身的价格、站内工艺管道、建筑物和油罐区等施工安装费用。用这两项指标即可估算出建设一条输油管道总的基建投资 $K$。一般说来，线路部分的投资要占总投资的 80% 左右，而其中管子的投资要占线路部分的 45%~50%。各项经营管理费用的经济指标包括：折旧提成、电能消耗、燃料消耗、日常维护费用和工资等。根据它可算出总的经营费用 Э 和输油成本 б。

$$б = Э/(GL)　　　　(4-2-6)$$

式中　б——输油成本，元/t·km；

Э——总经营费用，元/a；

$G$——输油管道的输量，t/a；

$L$——输油管道的长度，km。

根据总基建投资 $K$ 和总经营费用 Э，可计算出年当量费用，用以进行方案比较和确定最优方案及最优参数。

## 二、管道的纵断面图和水力坡降线

### 1. 管道纵断面图

管道纵断面图，是按适当比例，在直角坐标系中，用来表示管道长度与沿线高程关系的图形。横坐标表示管道的实际长度，常用的比例为 1：10000 到 1：100000；纵坐标表示线路的海拔高程，比例为 1：500 到 1：1000。应该指出，纵断面图上的起伏情况与管道的实际地形并不完全相同。图上的曲折线并不是管道的实长，设计时常取水平线（横坐标 $L$）作为管线实长。

### 2. 水力坡降线

在纵断面图上，管道的水力坡降线是管内流体的能量压头（忽略动能压头）沿管道长度的变化曲线，如图 4-2-1 所示。

等温输油管道的水力坡降线是斜率为 $i$ 的直线。如果影响水力坡降的因素（流量、黏度、管径）之一发生变化，水力坡降线的斜率就会改变，但仍为直线。图 4-2-2 是沿线有副管和变径管时水力坡降线的变化情况。

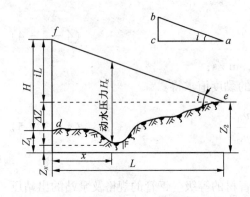

图 4-2-1　管道的纵断面图和水力坡降线　　　　图 4-2-2　副管与变径管的水力坡降

绘制水力坡降线的方法是：在管道纵断面图（见图 4-2-1）上，按照纵、横坐标的比例，平行于横坐标画出一段线段 $ca$，由 $c$ 点平行于纵坐标向上划出对应 $ca$ 段管道长度内的摩阻损失 $cb$，连接 $ab$ 得到水力坡降三角形。$ab$ 直线的斜率为水力坡降 $i$。再在管道纵断面图的泵站位置上，以高程为起点往上作垂线，按纵坐标的比例，取高为 $df$ 的线段，使 $df$ 的值等于单位为米液柱的泵站出站压头 $H_d$，即进站压头 $H_s$ 与工作点处的泵站扬程 $H_c$ 之和再减去站内摩阻 $h_m$ 之值。即

$$H_d = H_s + H_c - h_m \qquad (4-2-7)$$

平移水力坡降三角形的斜边，使之左端与 $f$ 点相接，右端与纵断面线交于 $e$ 点，斜线 $fe$ 就是该站间的水力坡降线，如图 4-2-1 所示。

图 4-2-1 中，纵断面线表示管内流体位能的变化；水力坡降线表明了管道沿线静压力

损失情况。管道沿线任一点水力坡降线与纵断面线之间的垂直距离，表示液体流至该点时管内的剩余压头，又称动水压力 $H_x$。

$$H_x = H - [ix + (Z_x - Z_1)] \tag{4-2-8}$$

当水力坡降线与纵断面线相交于 $e$ 点时，表示液体到达该点时压能已耗尽；如欲继续往前输送，必须重新升压。显然，沿线管内动水压力的大小除与地形有关外，还决定于水力坡降的大小。当管道的输送工况改变，导致水力坡降变化时，沿线的动水压力也会不同。

### 三、翻越点及计算长度

当线路上地形起伏激烈时，在纵断面图上会出现如图 4-2-3 所示的情况。这时，若按起终点高差计算起点处的能量作水力坡降线时，在到达终点以前，水力坡降线就与管道纵断面线相交了，这说明按起终点高差计算的起点能量不能将油品输送到管道终点。这是由于计算时没有考虑到线路中间高峰的影响而造成的。设该高峰处距起点的距离为 $L_f$，高峰 $f$ 处高程为 $Z_f$，则将规定输量的油品输送到高峰 $f$ 处所需的起点能量为：

$$H_f = iL_f + Z_f - Z_Q > iL + Z_z - Z_Q = H \tag{4-2-9}$$

为使液流通过该高峰 $f$，必须使液流在起点具有比 $H$ 更高的压头 $H_f$。而在 $f$ 点以后，其与终点的高程差（$Z_f > Z_z$）大于该段管路的摩阻 $i(L - L_f)$，其差值即为 $H' = H_f - H$。说明在规定的输量下，液流不仅可从高峰自流到终点，而且还有剩余能量。如不采取其他措施以利用或消耗这部分剩余能量，则在高峰以后的管段内将发生不满流，即通过局部流速变大来消耗剩余的能量。不满流管段中的压力为输送温度下油品的蒸气压。线路上的这种高峰就称为翻越点。翻越点后管内的流动状态如图 4-2-4 所示。

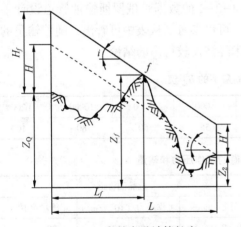

图 4-2-3 翻越点及计算长度

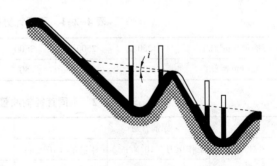

图 4-2-4 翻越点后的流动状态

不满流的存在不仅浪费了能量，而且可能在液流速度突然变化时增大水击压力。在顺序输送的管道上则会增大混油量，故通常需采取措施以避免不满流。例如在翻越点后换用小直径管路，在终点或中途设减压站节流，在管路中安装油流涡轮发电装置等。

若线路上存在翻越点时，管道输送所需要的起点压力不能按起终点高程差及全长来计算，而应按起点与翻越点的高程差及距离来计算。对翻越点以后，可按充分利用位差的原则来选择管径。起点与翻越点之间的距离即称为管道的计算长度。

可以用水力坡降线和管道纵断面图来判断管道上有无翻越点。在管道纵断面图上，按纵、横坐标的比例作一水力坡降线，将此线向下平移，它与管道纵断面线第一个相切的点即为翻越点；若水力坡降线在与管道终点相交之前不与管道纵断面线上任何一点相切，则管道无翻越点。从图4-2-5中可看出，翻越点不一定是管道的最高点，而往往是接近末端的某高点。管道上是否会出现翻越点，不仅与地形起伏有关，而且还决定于水力坡降的大小。水力坡降越小，即水力坡降线越平缓，越容易出现翻越点。因此，在管道输量逐年增大的情况下，常可能在输送初期有翻越点，而在输量接近满载时，就没有翻越点了。

## 四、泵站数的确定

设管道全长为$L$，起终点的高差为$\Delta Z$，水力坡降为$i$，每个泵站提供的扬程为$H_c$，站内摩阻为$h_m$，末站剩余压头为$H_t$。则全线$N$个泵站所提供的总能量必然与油品在管道中流动时所消耗的总能量相平衡，即

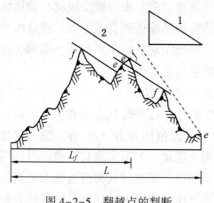

$$N(H_c - h_m) = iL + \Delta Z + H_t = H$$

$$(4-2-10)$$

式中$h_m$为输油站内全部管道的摩阻损失，其大小视计算输量而定，表4-2-1的数据可供参考。

泵站数 $$N = \frac{iL + \Delta Z + H_t}{H_c - h_m} = \frac{H}{H_c - h_m}$$

$$(4-2-11)$$

图 4-2-5 翻越点的判断

由上式可以看出，泵站提供的扬程$H_c$越大，泵站数$N$越少；反之，$H_c$越小，泵站数$N$越多。

扬程$H_c$的大小，应根据管子的承压能力、泵本身的强度和技术经济指标进行综合分析来确定。表4-2-2的数据是俄罗斯输油管道设计手册中所推荐的不同直径输油管道的工作压力和输量，可供参考。从表中可看出，随着输量的增大，管径增大，工作压力降低，这是从综合的技术经济比较得出的结论。

表 4-2-1　不同计算输量下的 $h_m$ 值

| 输量/(m³/h) | 1250 | 2500 | 3600 | 5000 | 7000 | 10000 | L2000 |
|---|---|---|---|---|---|---|---|
| $h_m$/(m 液柱) | 40 | 45 | 50 | 55 | 60 | 80 | 100 |

表 4-2-2　不同直径输油管道的工作压力和输量

| 原油管道 | | | 成品油管道 | | |
|---|---|---|---|---|---|
| 外径/mm | 工作压力/($10^5$N/m²) | 年输量/($10^6$t/a) | 外径/mm | 工作压力/($10^5$N/m²) | 年输量/($10^6$t/a) |
| 530 | 54~65 | 6~8 | 219 | 90~100 | 0.7~0.9 |
| 630 | 52~62 | 10~12 | 273 | 75~85 | 1.3~1.6 |
| 720 | 50~60 | 14~18 | 325 | 67~75 | 1.8~2.2 |
| 820 | 48~58 | 22~26 | 377 | 55~65 | 1.5~3.2 |
| 920 | 46~56 | 32~36 | 426 | 55~65 | 1.5~4.8 |
| 1020 | 46~56 | 42~50 | 530 | 55~65 | 6.5~8.5 |
| 1220 | 44~55 | 70~78 | | | |

显然按式(4-2-11)计算出的$N$不一定是整数，只能取与之相近的整数作为该方案需建的泵站数。

当确定的泵站数 $N_1 < N$ 时，在规定的输量 $Q$ 下，泵站提供的压力能 $N_1H_c$ 小于管道所需压头，系统势必在比规定输量 $Q$ 小的输量下运行，以保持能量供应与消耗的平衡。如欲保持规定的输量不变，就需采取措施以增加泵站所供应的压力能，或减少管道所需的压力能。常用的办法是铺设一段变径管或副管以减少摩阻。设需要铺设的副管长为 $x_1$，则

$$N_1(H_c - h_m) = i(L - x_1) + i_f x_1 + \Delta Z = i(L - x_1) + i_0 \omega x_1 + \Delta Z \qquad (4-2-12)$$

由式(4-2-10)和式(4-2-12)可得：

$$x_1 = (H_c - h_m) \frac{N - N_1}{i(1 - \omega)} \qquad (4-2-13)$$

同理可得变径管长度：

$$x_2 = (H_c - h_m) \frac{N - N_1}{i(1 - \Omega)} \qquad (4-2-14)$$

式中　$i$——任务输量下单根主管的水力坡降；

　　　$i_f$——副管水力坡降；

　　　$\omega$——副管水力坡降与单根主管水力坡降之比值；

　　　$\Omega$——变径管水力坡降与单根主管水力坡降的比值。

当确定的泵站数 $N_2 > N$，即泵站数化为较大的整数时，系统的输量将大于任务输量 $Q$。如欲保持规定的输量，需采取措施以减少泵站提供的压力能或增加管路的摩阻损失。常用的办法是将离心泵的级数减少或叶轮换小。当全线泵站数较少，化为较大的整数时影响显著，也可考虑将部分管径换小。此时变径管长度的计算方法同前，即变径管的长度为：

$$x_2 = (H_c - h_m) \frac{N - N_2}{i(1 - \Omega)}$$

$$(4-2-15)$$

其中：$N_2 > N_1$，$\Omega > 1$。

当全线为"从泵到泵"密闭输送时，各泵站与全线构成一个统一的水力系统。可用图解法求出 $N_1$ 或 $N_2$ 个泵站时，管道系统的工作点流量(如图4-2-6的 $Q_1$ 及 $Q_2$)，以及相应流量下的泵站扬程 $H'_c$、$H''_c$。也可将化整后的泵站数代入式(4-1-6)中，用解析法求得工作点的各参数。

采用"旁接油罐"工作方式的输油管道，由于旁接油罐的容量有限，设计计算时，根据全线能量供需平衡的原则，仍按式(4-2-10)计算全线所需的泵站数。泵站数的调整过程也与前面叙述的方法相同。实际运行中，由于各种因素的影响，各站的输量难免有出入，全线工作输量将受输量最小的站间控制。

无论是以"从泵到泵"还是以"旁接油罐"方式工作的输油管道，都要注意泵站数化整时由于流量改变而造成的原动机功率的变化。装备离心泵的输油管道，当将输油泵站化为较小的

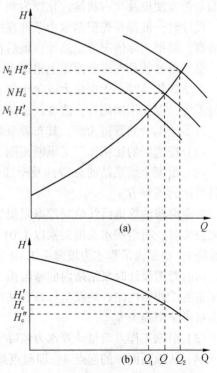

图4-2-6　泵站数化整时工作点的变化
(a)一个泵站的工作特性；(b)总的泵站工作
特性曲线和总的管道工作特性曲线

整数时，没有过载的危险，只是有可能完不成原定的输送任务；当输油泵站化为较大的整数时，输油泵站的工作扬程减小，输送量增大，但原动机有过载的可能。如欲保持规定的输量及保证泵设备安全合理的运行，需要采取措施，以减少泵站提供的压力能或增加管道的摩阻损失。通常，可采用敷设一段小直径的管道来增加管道的摩阻损失。

输油泵站数化整时，还可以采用更换泵的叶轮直径、改变叶轮级数或增加串并联机组数等方法；在有条件的地方，还可采用将某个泵站的压力增大(管子强度及设备条件允许时，设一座高扬程的泵站)或降低(设一座小扬程的泵站)的方法来改变输量，保证设备安全合理的运行。

在工程实践中，泵站数究竟化大还是化小，以及化整后应采取哪些措施，都要根据具体情况分析决定。对于等温输送管道，通常是按照年平均地温时的油品黏度来确定泵站数。当地温高于平均地温时，输油量增大；低于平均地温时，输油量减少。此时，一般将泵站数化为较大的整数，以确保全年输送任务的完成。化整后，进行全年各季度实际输量校核，检查是否能完成规定的输量，并尽可能使各季度泵—管道联合运行时的工作点均落在泵特性曲线的高效区内。

在决定泵站数的化整和采取的相应措施时，还必须在满足规定输油任务的前提下进行经济比较，最后选择出最优方案。

## 五、泵站布置

确定了泵站数以后，就要选择泵站站址。站址的确定一方面要满足水力条件的要求，即在规定流量下泵站所提供的能量要与站间管路所消耗的能量相适应；另一方面又必须考虑工程实践上的许多要求，诸如工程地质条件是否适于建站，交通、供电、供水、通讯、排污等方面是否方便以及少占耕地、化废为利等。

设计时一般都是先根据水力条件在纵断面图上布置泵站；然后到现场勘察，与各有关方面协商，根据实际情况确定站址；最后再进行水力核算，作适当调整。

泵站布置就是在纵断面图上根据水力条件初定站址。

泵站数化整时，无论化大或化小都存在铺副管(或变径管)以改变管道摩阻，保持任务流量不变，以及不铺副管，改变流量两种方案。两者在泵站布置方法上也有所不同。

以不铺副管的管道为例，其布置泵站的基本方法如下：

(1) 按选定的比例作管道纵断面图。

(2) 根据全线泵站的总特性及全线管道总特性，用解析法或图解法确定工作点流量 $Q$ 和各泵站的扬程 $H_c$。

长距离输油管道沿线的局部摩阻损失不大，一般只占沿程摩阻损失的1%左右。计算总摩阻损失时，将沿程水头损失乘以1.01即可。按此参数作管道特性曲线。布置泵站用的水力坡降 $i$，也是由沿程水力坡降乘1.01所得。

国内管道设计时泵站站内的摩阻损失取 10~20m 液柱。一般不计入管道摩阻内，而是将各泵站的工作特性曲线的纵坐标减去站内摩阻损失值。因此，上述用图解法求得的 $H_c$ 中应扣去站内摩阻损失 $h_m$。

(3) 根据工作点流量计算水力坡降 $i$。

(4) 从纵断面图的起点 $A$，即起点泵站处往上作垂线，按照纵坐标(即高程)的比例，在垂线上截取长度等于泵站出站压头的段落 $AO$，如图 4-2-7 所示。即

$$AO = H_{d1} = H_{s1} + H_c - h_m$$

(5) 从 $O$ 点作水力坡降线。水力坡降线与纵断面线之间的垂直距离就是管内油流的动

水压力。水力坡降线与纵断面线的交点 $B$ 处表示油流到达 $B$ 点时，压力能已全部消耗完了，要继续向前输送，就必须在 $B$ 点或 $B$ 点以前设第二个泵站。

（6）以"旁接油罐"方式输送时，第二个泵站就设于 $B$ 点。从 $B$ 点往上作垂线，截取等于 $(H_c-h_m)$ 的线段 $BO'$，从 $O'$ 点往下作水力坡降线，与纵断面线的交点处即为第三泵站的位置。其他各站的位置依此类推。

（7）以"从泵到泵"方式工作的输油管道，尤其是泵站装备串联的大排量离心泵时，为了使中间站不再用辅助增压泵和避免输油泵发生汽蚀，要求泵进口有一定压力，压力的大小决定于泵的性能要求。在布置泵站时，进口压力太低会使吸入不正常，太高容易引起出口超压，并要考虑为今后的调节留有余地。故中间站应布置在动水压头为 30~

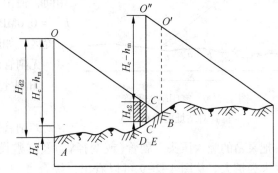

图 4-2-7 泵站的布置

80m 液柱范围的地段内，如图 4-2-7 的 $DE$ 段，这个范围称为泵站的可能布置区。例如将第二站布置于 $C'$ 点，$H_{s2}$ 即为第二站的进站压头。布置第三站时，应从 $C'$ 点往上作垂线，从水力坡降线与该垂线的交点 $C$ 处往上截取长度等于 $(H_c-h_m)$ 的线段 $CO''$，并从 $O''$ 点处往下作水力坡降线，再用同样的方法确定第三站的位置。线段 $C'O''$ 的长度就表示第二站的出站压头 $(H_{s2}+H_c-h_m)$。

按照上述（6）或（7）的方法，一直布置下去，最后，水力坡降线应和管道的终点或翻越点相交。

## 六、输油泵站的可能布置区

### 1. 由泵入口的允许压力范围确定的布置区

为了保证离心泵的正常吸入，在中间站泵的入口处必须保证一定的吸入压力 $h_m$，通常为 30~80m 液柱。因此，在水力坡降线与纵断面线的交点以左，动水压力在 30~80m 液柱的范围，均为中间泵站的可能布置区。

### 2. 铺设副管（或变径管）而提供的可能布置区

当泵站数化整时，为了保证业务流量的要求，要铺设一段副管（或变径管）。这样，就给泵站位置的确定带来了更大的灵活性。现以铺设副管为例来说明中间泵站的可能布置区。

以"旁接油罐"方式输油的泵站布置如图 4-2-8 所示。在确定第二个泵站位置时，如果在第一站间不用副管，第二个泵站可能布置的最左位置为 $a$ 点。若将 $x$ 长的副管全部铺设在第一站间，则第二个泵站可能布置的最右位置为 $b$ 点。$ab$ 段即为第二个泵站的可能布置区。如果将第二个泵站设于 $c$ 点，则第一站间必须铺设的副管长为 $d'c'$。从 $c$ 点继续往下布置第三个泵站，如果将剩余的副管 $(x-d'c')$ 全部用于第二站间，第三个泵站应位于 $b_1$ 点，若第二个站间不用副管，第三个泵站应位于 $a_1$

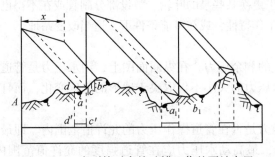

图 4-2-8 有副管时旁接油罐工作的泵站布置

点。$a_1b_1$ 段即为第三个泵站的可能布置区。显然 $a_1b_1<ab$，随着可能铺设副管长度的减少，以后各站的可能布置区的范围也越小。

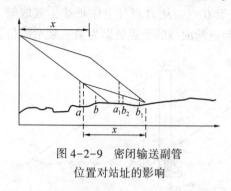

图 4-2-9　密闭输送副管
位置对站址的影响

对于有副管的"从泵到泵"工作的管路，确定泵站可能布置区的基本方法与"旁接油罐"工作的管路相同，但由于要求各站有一定的进站压力范围（比如 $h_{max}=0.6MPa$，$h_{min}=0.2MPa$），更扩大了泵站的可能布置区。如图4-2-9所示。

无副管时，第 2 站的可能布置区为 $a$—$b$；

如副管铺在前面，第 2 站的可能布置区为 $a_1$—$b_1$；

如副管铺在后面，第 2 站的可能布置区为 $a$—$b_2$。

把泵站的吸入压头、副管（或变径管）及其敷设位置综合起来考虑，可使泵站的可能布置区大为扩大。从图 4-2-9 可以看出，综合考虑三者影响的泵站可能布置区为 $a$—$b_1$，这使站址的选择和调整创造了极有利的条件。

按照上述图解法，在纵断面图上初定站址以后，还须到现场进行勘察调查，以确定每个泵站的具体位置，然后再在纵断面图上校核各站的进出口压力及沿线的动水、静水压力。如果合适，就算最后确定了站址；如有不妥，还须设法进行调整。

在上述调整过程中，不论是敷副管还是降低泵站的压头，均要进行能量平衡分析。在每个站的具体位置确定之后，再校核各站的进出压力及沿线的动水、静水压力，看是否在允许的范围内。

## 七、输油泵站-管道系统联合运行工况的校核

### 1. 油品进出站压力的校核

在密闭输油管路的设计中，泵站站址确定以后，进出站压力的校核主要考虑两种情况：其一，一年中最高和最低油温时的进出站压力；其二，几种油品顺序输送时，输送黏度最大的油品和黏度最小的油品时的不同情况。温度的影响，对于不加热的常温输送管路，如果首站储罐内的油温接近大气温度，沿管线输这一段距离后，其油温就接近于管线埋置处的土壤温度了，故一年中的最高和最低油温也就是夏冬季时的最高和最低地温。油温高时，油流的黏度小，水力坡降及管路特性曲线都较平缓；反之，黏度大，水力坡降及管路特性曲线都较陡。故进出站压力会随季节而变化。

校核的方法：在纵断面图上分别作出按最大黏度和最小黏度确定的工作点及泵站的进出压力。

如在最大或最小黏度时，某站的进站或出站压力超出了允许的压力范围，则可设法改变泵站的工作点和水力坡降。所采取的措施不外乎更换某些泵的叶轮、敷设部分副管或在不得已的情况下用阀门节流等，以改变泵站或管路的工作特性，或在可能条件下，适当改变站址。

### 2. 动水压力校核

动水压力指油流沿管道流动过程中各点的剩余压力。在纵断面图上，动水压力是管道纵断面线与水力坡降线之间的垂直高度。动水压力的大小不仅取决于地形的起伏变化，而且与管道的水力坡降和泵站的运行情况有关。

校核动水压力，就是检查管道的剩余压力是否在管道操作压力的允许值范围内。即最低动水压力（一般为高点压力）应高于 0.2MPa，最高动水压力应在管道强度的允许值范围内。对于最高动水压力校核，一般要考虑两个方面：

（1）校核动水压力应根据管道可能承受压力的最不利条件进行。在长输管道的运行过程中，中间泵站停运（停电、设备故障等原因）是不可避免的事情。因此，中间泵站都设有压力越站流程。显然，压力越站输送时沿线动水压力会比正常输送时的压力偏大。特别是分期建设的管道工程，不同时期，中间泵站压力越站时沿线动水压力的分布也不同。校核动水压力，应全面考虑各种工况，确保任何时候动水压力均符合管道强度的设计要求。

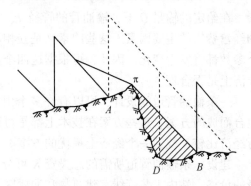

图 4-2-10　动水压力的检查

（2）在管道沿线地形突然低洼、落差比较大的地方，常可产生动水压力过高的现象。如图 4-2-10 所示，在低洼处 $D$ 点的动水压力超过了输油泵站的工作压力 $H_b$，甚至超过了管子的允许压力范围。为此，可采取下列措施解决动水压力过高的现象：

① 改变站址，使泵站离高峰处 $\pi$ 点远一些，在 $\pi$ 点之前可用一段副管或大口径的管子，使水力坡降变平，而与 $\pi$ 点相切。

② 在 $\pi$ 点以右换用小直径管道，使水力坡降变陡。在改用不同管径时，应注意与全线各站间摩阻损失的平衡。由于在 $\pi$ 点以左换用大直径的变径管，$\pi$ 点以右换用了小直径的管道，可能改变了全线的总摩阻损失，因而前后的输油站址要略有移动，或需要增铺部分副管或变径管，以免超载工作。

**3. 静水压力的校核**

静水压力是指管道停止输送以后，存留在管道内的液体因高差而引起的油柱压力。静水压力过高常发生在翻越点以后或管道中途某些峡谷地带的管道。这种超压情况只是在停输时发生，通常采取下列方法防止静水压力过高：

（1）停输后不要关闭末站阀门，使管内存油自流放空；

（2）逐段关闭阀门，逐段放空；

（3）增加管壁厚度。

图 4-2-11 是某管道的减压站流程图。该减压站主要由液压控制的减压调节阀及安全阀两部分组成。减压调节阀主要用于保持出站压力一定，当出站压力高于给定值时，减压阀自动关小；出站压力降低时则开大。当管道由于任一原因停输而关闭终点阀门时，减压阀自动关闭，将管道分成若干段。当分段后的静水压力仍然超过允许的压力范围时，站上的安全阀自动开启泄压。并可防止因管道周围环境温度升高而引起的膨胀升压。

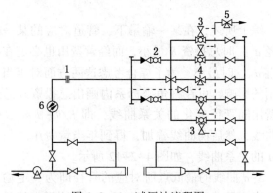

图 4-2-11　减压站流程图
1—压力变送器；2—截断阀；3—减压调节阀；
4—安全阀；5—气动控制阀；6—过滤器

设计减压站时，可根据管道允许的承压能力和管道的动水压力，在管道纵断面图上确定减压站的位置。而减压站的压力降取决于减压阀的允许压力降。减压阀应设100%的备用系数，以便阀门的维修或更换。

### 八、方案比较和工艺计算步骤

在给定的输量 $Q$ 下，输油管的管径 $d$、工作压力 $p$、泵站数 $n$ 和管壁厚度 $\delta$ 是影响投资和经营费用的主要因素。这些因素又是互相联系和影响的，其中一个参数发生变化，其他几个参数都将发生变化。因此，可根据这四个参数来评价某一条输油管道在技术上是否先进，经济上是否合理。

一条输油管道的设计，可以有许多个由不同的管径 $d$、管壁厚度 $\delta$、压力 $p$ 和泵站数 $n$ 组合而成的方案，这些方案在技术上都是可行的，但在经济上不一定都合理。因此，必须进行经济比较，找到一个经济上最优的方案。

建设一条输油管道所需的总投资 $K$ 可分为两部分，建造输油泵站的投资 $K_C$（包括设备本身的价格、站内工艺管线、建筑物和油罐区等的施工安装费用）和敷设管道的投资 $K_T$（包括管子本身的价格、管道焊接安装、绝缘和挖沟等费用），即

$$K = K_C + K_T \qquad (4-2-16)$$

随着管径 $d$ 或压力 $p$ 的增加，管道部分的投资 $K_T$ 随之增加，但输油泵站的投资 $K_C$ 却减少（因泵站数减少），由于管道部分的投资 $K_T$ 和泵站的投资 $K_C$ 与管径 $d$ 或压力 $p$ 的这种关系，必定在某一个管径 $d$ 或压力 $p$ 时，总投资 $K$ 为最小。

输油管道的总经营费用 $Э$ 也可分为两部分：输油泵站的操作经营费用 $Э_C$（包括动力费用、燃料费用、输油损耗费用和工资等）和线路的经营管理费用 $Э_T$（包括日常维修、大修和折旧提成等费用），即

$$Э = Э_C + Э_T \qquad (4-2-17)$$

与总投资 $K$ 类似，随着管径 $d$ 的增加，输油泵站的操作经营费用 $Э_C$ 减少，而线路的经营管理费用 $Э_T$ 却增加。因此，总的经营费用 $Э$ 也必定在某一个直径 $d$ 时为最小。

对输油管道的设计方案进行经济比较，常以年当量费用作指标。所谓年当量费用，就是每年上交给国家的费用与总经营费用之和，即

$$S = K/T + Э \qquad (4-2-18)$$

式中　$S$——年当量费用，万元/年；

　　　$K$——管道工程基本建设投资，万元；

　　　$T$——抵偿期，即管道建成投产后分期收回全部投资的年限，年；

　　　$Э$——管道年经营费用，万元/年。

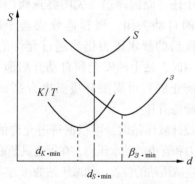

图 4-2-12　年当量费用
与管径的关系

综上所述，在某一输量下，管道对应的某一个直径 $d_{k.min}$ 时总投资 $K$ 最小，而经营费用也必定在某一直径 $d_{Э.min}$ 时最小。为了综合考虑这两方面对年当量费用的影响，可在直角坐标系内画出总投资及总经营费用随管径变化的关系曲线，即 $K/T-d$ 和 $Э-d$ 的曲线，然后两曲线叠加，得到年当量费用 $S$ 与管径 $d$ 的关系曲线，如图 4-2-12 所示。

$S-d$ 曲线的最低点所对应的管径即为一定输量下年当当量费用最小的管径 $d_{S.min}$，该输量也就是管径 $d_{S.min}$ 所对应的经济输量，此时管道内油品的流速即为经济流速。

　　根据大量计算结果及设计、运行的实践，总结出了不同油品的经济流速，或某个管径的经济输量范围，这给设计计算带来了很大方便。由于各国情况不同(如建设工程费，设备、材料、燃料和动力价格等的差异)，得出的经济流速范围也不相同。如工业用电便宜的国家，经济流速值就较高。同一地区，经济流速的取值取决于油品的黏度和管径。一般来说，油品黏度增大，经济流速降低；管径增大(输量大)，经济流速提高。我国目前对 $DN300\sim700mm$ 的含蜡原油管道，设计时一般取流速 $V=1.5\sim2.0m/s$，成品油管道流速取 $2.0m/s$ 左右。表 4-2-3 列出了我国长距离输油管道中原油和成品油的推荐流速。

**表4-2-3　我国长距离输油管道中原油和成品油管道的推荐流速**

| 管径/mm | 流速/(m/s) | 管径/mm | 流速/(m/s) | 管径/mm | 流速/(m/s) |
|---|---|---|---|---|---|
| 219 | 1.0 | 426 | 1.2 | 820 | 1.9 |
| 273 | 1.0 | 530 | 1.3 | 920 | 2.1 |
| 325 | 1.1 | 630 | 1.4 | 1020 | 2.3 |
| 377 | 1.1 | 720 | 1.6 | 1220 | 2.7 |

## 九、设计计算的基本步骤

**1. 进行等温输油管道工艺计算前应掌握的基本数据和原始资料**

(1) 输送量(包括沿线加入的输量或分出的输量)；

(2) 管道起、终点，分油或加油点，及管道纵断面图；

(3) 可供选用的管材规格，管材的机械性质；

(4) 可供选用的泵、原动机型号及性能；

(5) 所输油品的物性；

(6) 沿线气象及地温资料；

(7) 主要技术-经济指标：每公里管道的投资(万元/km)、每公里管道的钢材消耗量(t/km)、输油成本(元/t·km)等，此外还有燃油费、电费、人工费等。

**2. 设计计算的基本步骤**

(1) 计算年平均地温；

(2) 求年平均地温下油的密度；

(3) 计算平均地温下油的黏度；

(4) 换算流量(按 350 天/年计算，把年任务输量换算成体积流量 $Q$)；

(5) 根据经济流速(参考表 4-2-3)，初定管径 $d$；

(6) 按钢管规格，选出与初定的管径 $d_0$ 相近的三种管径 $d_1$、$d_2$、$d_3$；

(7) 初定工作压力(参考表 4-2-2)；

(8) 按任务流量和初定的工作压力选泵，确定工作泵台数和工作方式(串、并联)；

(9) 作一个泵站的特性曲线，找出对应于任务流量的泵站压头 $H_c$，然后根据此压头确定计算压力：

$$p = (H_c + \Delta h)\rho$$

(10) 根据所求得的 $p$ 对上面所选定的三种管子进行强度校核，确定管材、管壁厚度及管内径；

(11) 计算流速；

(12) 求雷诺数；

（13）确定流态；

（14）计算水力坡降；

（15）判断翻越点，确定计算长度；

（16）计算输油管全线的总摩阻 $h$；

（17）确定管路全线所需的总压头；

（18）求泵站数并化整；

（19）分别计算出三种方案（三种管径）的总投资 $K$ 和总经营费用 $Э$；

（20）按年当量费用对三种方案进行比较，找出最优方案；

（21）根据最优方案下的参数作所有泵站的总和工作特性曲线和管道总和特性曲线，求出工作点；

（22）按工作点的流量计算水力坡降 $i$；

（23）按水力坡降 $i$ 和工作点的压头在纵断面图上布置泵站；

（24）检查动、静水压力，校核管道强度及泵站、管道系统在各种工况下的校核及调整。

# 第三节　加热输送工艺

## 一、加热输送的目的

我国的原油多为高黏度、高含蜡和高凝点的三高原油，其流型复杂，流动性能差。高黏度原油胶质含量大，凝点高，黏度高，常温下黏度可达数千甚至上万厘斯（$mm^2/s$），黏度随温度按一定规律变化。高含蜡原油凝点高，当温度高于析蜡温度时，黏度往往较低；当温度降至接近凝点时，黏度急增。可见，上述这两类原油只有在高于一定温度时，才属于牛顿流体，当温度低于某一范围时，就具有非牛顿流体的特性，对于这样的原油，采用等温输送是很困难的，因为在外界温度条件下，高含蜡原油易凝固，用一般的管输方法根本就不可能输送，高黏油虽不凝固，但在管路中流动时，水力摩阻非常大。

易凝和高黏原油的管路输送，常采用加热输送的方法，其目的在于提高油的温度来降低其黏度，减少输送时的摩阻损失，并且提高油流的温度，保证油流的温度高于其凝固点，以防止冻结事故发生。故须考虑将油品加热，提高油温至凝固点以上后再输入管路。

加热的方法主要是在管路沿线设置加热站。加热可以利用蒸汽或热媒换热器换热，也可以利用加热炉直接加热，使用的加热设备有直接式加热炉或间接式加热炉（热媒炉）两种，对站内管线或短管路还可以利用电伴热或蒸汽管伴热。

## 二、热油输送的特点

在热油沿管路向前输送的过程中，由于油温远高于管路周围的环境温度，在这径向温差的推动下，油流所携带的热量将不断地往管外散失，因而使油流在前进过程中不断地降温，即引起轴向温降。轴向温降的存在，使油流的黏度在前进过程中不断上升，单位管长的摩阻逐渐增大，当油温降低到接近凝固点时，单位管长的摩阻将急剧增高。故热油输送区别于等温输送的特点可以归纳为以下三个方面：

（1）在热油的输送过程中有两方面的能量损失：消耗于克服摩阻和高差的压能损失以及与外界进行热交换所散失掉的热能损失。因此，除了在管路沿线需设置几个或几十个加压泵站外，还需在管路沿线建几个或几十个加热站。

（2）与两方面的能量损失相应的工艺计算应包括两个部分：水力计算和热力计算。水力计算所要解决的问题与等温输送一样，主要是为完成规定的输油任务，应选用多大直径的管子和设多少个泵站，也就是合理地解决压能供给与消耗之间的平衡问题。热力计算所要解决的问题，主要是确定加热温度和设多少个加热站，也就是合理地解决热能供给与散失之间的平衡问题。

摩阻损失与热损失这两方面的能量损失是互相联系，互相影响的。如果油温高，其黏度就低，因而摩阻损失少，泵站数就少，但加热站数就得增多。反之，如果油温低，其黏度就大，摩阻损失也增多，因此泵站数就得增多，但加热站数却可减少。这说明水力计算与热力计算相互影响，其中热力因素是起决定影响的因素，在进行计算分析时，必须先考虑沿线的温降情况，以求得合理的泵站和加热站数。

（3）加热输送时，管内热油既可在层流流态下输送，又可在紊流流态下输送，同样也可在混合流态下输送。

从热损失的抑制角度来考虑，加热输送应在层流流态下进行，因为在层流时，热油的总传热系数总是小于紊流流态时的总传热系数，也就是说在层流流态时散热少。

从控制摩阻的观点出发，热油在紊流流态下流动比在层流流态下好，因为紊流流态的水力摩阻系数总是小于层流流态时的水力摩阻系数。

因此，热油既可在层流流态下输送，又可在紊流流态下输送，同样也可在混合流态下输送，即管路前段是紊流，后段是层流，因为各有得失。

对于高黏原油，宜在层流或混合流态下进行输送，这样不但热能损失少，而且加热对摩阻的下降的影响非常显著，因为层流时，摩阻与黏度的关系是一次方的正比关系（$h \propto v^1$），加热后黏度降低，摩阻也就显著地降低。而在紊流流态时，譬如在光滑区（$h \propto v^{0.25}$），黏度的降低对摩阻减少的影响远不如层流时显著。

对含蜡高的原油，宜在紊流流态下进行输送，因为流速大，不宜在管壁上结蜡。

## 三、热油管道沿程温降计算

油流在加热站加热到一定温度后进入管道。沿管道流动中不断向周围介质散热，使油流温度降低。散热量及沿线油温分布受很多因素的影响，如输油量、加热温度、环境条件、管道散热条件等。严格地讲，这些因素是随时间变化的，故热油管道经常处于热力不稳定状态。工程上将正常运行工况近似为热力、水力稳定状况，在此前提下进行轴向温降计算。设计阶段根据稳态计算结果确定加热站、泵站的数目和位置，即设计加热输送管道是以稳态热力、水力计算为基础的。

### 1. 轴向温降计算式

设管道周围介质温度为 $T_0$，$\mathrm{d}l$ 微元段上油温为 $T$，管道输油量为 $G$，水力坡降为 $i$，流经 $\mathrm{d}l$ 段后散热油流产生温降 $\mathrm{d}T$。在稳定工况下，$\mathrm{d}l$ 微元管段上的能量平衡式如下：

$$K\pi D(T - T_0)\mathrm{d}l = -Gc\mathrm{d}T + gGi\mathrm{d}t \qquad (4-3-1)$$

式（4-3-1）中左端为 $\mathrm{d}l$ 管段单位时间向周围介质的散热量，右端第一项为管内油流温降 $\mathrm{d}T$ 的放热量，第二项为 $\mathrm{d}l$ 段上油流摩擦损失转化的热量。因 $\mathrm{d}l$ 与 $\mathrm{d}T$ 的方向相反，故引入负号。

设管长 $L$ 的段内总传热系数 $K$ 为常数，忽略水力坡降 $i$ 沿管长的变化，对上式分离变量并积分，可得沿程温降计算式，即列宾宗公式。

令
$$a = \frac{K\pi D}{Gc} \qquad b = \frac{gi}{ca}$$

$$\int_0^L a\,\mathrm{d}l = \int_{T_R}^{T_L} - \frac{\mathrm{d}T}{T - T_0 - b}$$

$$\ln \frac{T_R - T_0 - b}{T_L - T_0 - b} = aL \qquad\qquad (4-3-2)$$

或
$$\frac{T_R - T_0 - b}{T_L - T_0 - b} = \exp(aL)$$

式中　$G$——油品的质量流量，kg/s；

　　　$c$——输油平均温度下油品的比热容，J/(kg·℃)；

　　　$D$——管道外直径，m；

　　　$L$——管道加热输送的长度，m；

　　　$K$——管道总传热系数，W/(m²·℃)；

　　　$T_R$——管道起点油温，℃；

　　　$T_L$——距起点 $L$ 处油温，℃；

　　　$T_0$——周围介质温度，埋地管道取管中心埋深处自然地温，℃；

　　　$i$——油流水力坡降，m/m；

　　$a,b$——参数，$a = \dfrac{K\pi D}{Gc}$，$b = \dfrac{giG}{K\pi D}$；

　　　$g$——重力加速度，m/s²。

若加热站出站油温 $T_R$ 为定值，则管道沿程的温度分布可用式(4-3-3)表示，其温降曲线如图4-3-1所示。

$$T_L = (T_0 + b) - [T_R - (T_0 + b)]e^{-aL}$$
$$(4-3-3)$$

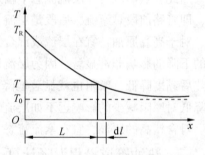

图4-3-1　热油管的温降曲线

式(4-3-3)推导中，水力坡降 $i$ 取定值，实际上热油管的 $i$ 沿程是变化的。计算中可近似取加热站间管道的平均水力坡降值：

$$i_{pj} = \frac{1}{2}(i_R + i_L) \qquad\qquad (4-3-4)$$

式中　$i_R,i_L$——计算管段的起点、终点的水力坡降。

热力计算时，沿程温度分布待求，故水力坡降也未知，只能近似取值计算或迭代求解。

式(4-3-3)和图4-3-1表明，在两个加热站之间的管道沿线，各处的温度梯度是不同的；在站的出口处油温高，油流与周围介质的温差大，温降就快。而在进站前的管段上，由于油温低，温降就慢。加热温度愈高，散热愈多，温降就快。因此，过多地提高加热站出口油温，试图提高管道末端的油温，往往是收效不大的。常常在出口油温提高近10℃后，进站油温却仅升高2~3℃。

式(4-3-3)表明，在不同的季节，管道埋深处的土壤温度不同，温降情况也不同。冬季 $T_0$ 低，温降就快。在式(4-3-3)的各参数中，对温降影响较大的是总传热系数 $K$ 和流量 $G$。

$K$ 值增大时，温降将显著加快，因此在热力计算时，要慎重地确定 $K$ 值。如果在两个加热站间的管道上 $K$ 值有显著变化，则应分段计算其温降。

图 4-3-2 给出了在不同输量下热管道沿线的温降情况和当其他参数一定时加热站间的终点油温 $T_z$ 随流量的变化情况。可以看出，在大流量下沿线的温度分布要比小流量时平缓得多。随着流量的减少，终点油温将急剧下降。

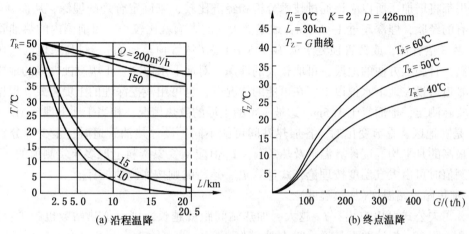

图 4-3-2　不同流量对沿程温降的影响

式(4-3-3)中参数 $b$ 值表示摩擦热对沿程温降的影响。$b=giG/K\pi D$，故 $b\propto Q^{3-m}\nu^m$，当流量大及油流黏度高时，摩擦热的影响很大。另一方面，当管道保温良好或油温接近周围环境温度即管道散热量较小时，摩擦热对油温影响就较明显。美国阿拉斯加原油管道，长1287km，管径1220mm。687km 的架空段保温层厚95mm，保温材料为聚氨酯泡沫塑料。设计流量下，流速可达 3.5m/s，全线不加热，利用摩擦热可使这条伸入北极圈内的原油管道油温保持在62℃左右。在设计流量的73%运行时，终点油温可维持在38℃。沙特阿拉伯东西部原油管道长600km，管径1220mm，输量 $29\times10^4 \text{m}^3/\text{d}$。在地温 24℃ 时，原油起点油温65℃，终点油温可升至82℃。为了避免过大热应力及管外涂层老化，以及防止轻原油蒸气压过高，在线路中点及终点泵站上均设置了冷却装置，用空气冷却器使原油温度降至60℃。根据我国东北管网的核算，摩擦热提供的能量约占加热站供热的 10%~15%，随流速高低而不同。管径720mm，年输量为 $2\times10^7 \text{t}$ 的原油管道，当 $K$ 值为 $1.4\text{W}/(\text{m}^2\cdot℃)$ 时，50km 内摩擦热约使油温上升2℃。对大型输油管道，特别是满负荷运行的管道，比较精确的热力计算中应计入摩擦热的影响。

对于距离不长、管径小、流速较低、温降较大的管道，摩擦热对沿程温降影响不大的情况下，或概略计算温降时，可以忽略摩擦热的作用。令 $b=0$，代入式(4-3-2)，得到苏霍夫公式：

$$\ln\frac{T_R-T_0}{T_L-T_0}=aL \qquad (4-3-5)$$

或

$$T_L=T_0+(T_R-T_0)e^{-aL} \qquad (4-3-6)$$

**2. 温度参数的确定**

1）管路埋深处的土壤温度 $T_0$（对于地面管路 $T_0$ 就是大气温度）

土壤温度随土壤深度、大气温度等而变化。如何正确地确定 $T_0$，就决定于合理选择埋深。根据经验，从管子的机械强度和稳定性来考虑，管路埋深应不小于0.8m（至管顶）。在某些特殊情况下，如穿越河流、铁路、公路等自然或人工障碍时，为保证管道的安全工作，埋深还要大些。从工艺要求的角度来考虑：管路埋得深，$T_0$ 高，热负荷和热损失都将减少，但土方量大，投资增加，而且施工麻烦，维修也困难；如果埋得浅，基建投资少，施工容易，维修方便，但 $T_0$ 受大气温度的影响大，特别是冬天，气温低，地温也低，因此热负荷和热损失都将增加。所以应该通过技术分析和经济比较，来确定合理的埋深，从而确定 $T_0$。根据现有的经验，埋深超过 1~1.5m，地温受大气的影响就比较小。目前国内的热油管埋深大都取 2~3 倍管径，或按管顶复土 1.2~1.5m 考虑（从管顶至地面）。对高寒地区，在地下水位不高，且施工方便的地段，可取较大的埋深。对地下水位高、土壤腐蚀性强的地段，应考虑将管道敷设在地下水位以上。在可能的情况下，也可用浅挖深埋的土堤方式。根据华东地区的实际测定，地面复土 1.5m、边坡 1∶1 的土堤的散热情况，相当于地下埋深 1m。

$T_0$ 是随地区、季节变化的，各加热站间可能不同。设计热油管道时，至少应分别按其最低及最高的月平均温度计算温降及热负荷。$T_0$ 值应从气象资料上取多年实测值的平均值；没有实测值时可由大气温度按理论公式计算 $T_0$；运行时则按实测值核算。

2）加热站出站温度（加热温度）

从苏霍夫公式可以看出，$T_R$ 越大，加热站间距就越长，因而加热站数也越少；反之，加热站数就越多。但这并不是说，$T_R$ 越高越好。

加热温度越高，油的黏度下降越多，油流在管路中的摩阻损失也就越小，因此动能费用减少，但热能费用却增加；反之，加热温度低，油的黏度下降少，油流在管路中的摩阻损失大，动能费用增加，热能费用减少。因此必定存在一个最优的加热温度。即在此温度下。动能费用和热能费用之和为最小。

设输油量为 $G$，则在单位时间内输送油 $G$ 所消耗的能量为 $\dfrac{GH}{\eta_p}$，动能费用为：

$$S_p = \frac{GH}{\eta_p}\sigma_p \qquad\qquad (4-3-7)$$

式中　$H$——两热泵站之间管段的总压头损失；

　　　$\eta_p$——泵机组的效率；

　　　$\sigma_p$——动能的单位价格。

在单位时间内，将油 $G$ 从温度 $T_Z$ 升高到 $T_R$ 所消耗的热能为 $\dfrac{GC(T_R - T_Z)}{\eta_p}$，热能费用为：

$$S_t = \frac{GC(T_R - T_Z)}{\eta_t}\sigma_t \qquad\qquad (4-3-8)$$

式中　$\eta_t$——加热设备的效率；

　　　$\sigma_t$——热能的单位价格。

如果两热泵站之间还有加热站，则按公式（4-3-8）计算得的值应乘以在该站间之内的加热次数（假设所有的加热站进出站温差都一样）。

由于公式（4-3-7）中的 $H$ 也与 $T_R$ 有关，因此 $S_p$ 和 $S_t$ 均为 $T_R$ 的函数，给定若干个 $T_R$ 值，算出相应的 $S_p$ 和 $S_t$，在 $S$-$T_R$ 座系中作曲线 $S_p$ 和 $S_t$，两条曲线叠加后所得的曲线的最低点所对应的横坐标即为最优加热温度 $T_{R(OUT)}$，如图 4-3-3 所示。在此温度下，函数 $S_p$ 与 $S_t$ 之和为最小。

上述方法仅适用于已投产的热油管。在热油管的设计阶段，想要求得最优加热温度是相当困难的，因为加热温度与热油管的其他许多参数，如管径、压力、进口温度、泵站数、加热站数、热泵站数等有关，这些参数的相互组合，可得出大量可行的方案，这可借助于电子计算机求得最优方案，从而确定最优的加热温度。

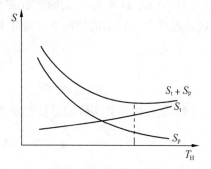

图 4-3-3　确定最优加热温度 $T_{R(OUT)}$

在无法进行方案比较的情况下，加热温度的确定可从以下几方面来考虑：

（1）从热油管的温降规律考虑　由温降公式可知，热油管的温降曲线是一条按指数规律变化的曲线。距加热站出站较近的管段，油温下降较快，以后温降就变得缓慢，所以过多地提高加热站出口油温以提高管道末端的油温，收效不大。

（2）从油的黏温特性和其他物理性质来考虑　对于自吸进泵工艺流程，为防止汽蚀影响泵的正常运行，原油的最高加热温度不应超过其初馏点；对重油，考虑其含水多，其最高加热温度不超过 100℃。

从原油的黏温特性看，对于含蜡原油，当温度增加到一定值后，温度再增加对黏度的降低已不太明显，且在光滑区内摩阻只与黏度的 0.25 次方成正比关系，所以提高加热温度对降低摩阻不十分明显。而对高黏度原油来说，黏温关系曲线比较陡，提高温度对降低黏度的效果显著，且由于黏度高常处于层流流态，摩阻与黏度的一次方成正比，因此对这类油加热温度可更高一些。

（3）从防腐绝缘层的性质考虑　如采用沥青防腐绝缘层，油温高，易老化和流淌，但如采用聚氨酯泡沫防腐保温层，则油温高不会对其性质有什么影响（因其适用范围为 -60 ~ 120℃）。

3）进站温度

一般取 $T_Z$ 高于凝固点 3 ~ 5℃。当进站油温接近凝点时，必须考虑管道可能停输后的温降情况及其再启动措施，要规定适当的安全停输时间。显然，同一管道的进出站油温的确定是相互制约的。同时，加热站上对原油的加热也是一个热处理过程，鉴于含蜡原油的黏温特性及凝点都会随热处理条件而不同，故应在热处理试验的基础上，根据最优热处理条件及经济比较来选择加热站的进、出站温度。对于黏度较高的原油，$T_Z$ 虽无限制，但要考虑黏度对摩阻的影响。

**3. 温降计算公式的应用**

温降公式（4-3-2）及公式（4-3-5）是在热油管道设计、管理中应用最多的计算式。以式（4-3-5）为例，可以用于：

（1）当 $K$、$G$、$D$、$T_0$ 及加热站进、出口油温 $T_Z$ 和 $T_R$ 一定时，确定加热站的间距 $l_q$：

$$l_q = \frac{1}{a}\ln\frac{T_R - T_0}{T_Z - T_0} \qquad\qquad (4-3-9)$$

（2）在加热站间距 $l_R$ 已定的情况下，当 $K$、$C$、$D$ 及 $T_0$ 一定时，确定为保持要求的终点温度 $T_Z$ 所必须的加热站出口温度 $T_R$：

$$T_R = T_0 + (T_Z - T_0)e^{-al_q} \qquad\qquad (4-3-10)$$

（3）当 $K$、$D$ 及 $T_0$ 一定时，在加热站间距 $l_q$、加热站的最高出口油温 $T_{Rmax}$ 和允许的最低进站温度 $T_{Zmin}$ 已定的情况下，确定热管道的允许最小输量 $G_{min}$：

$$G_{min} = \frac{K\pi D l_q}{C\ln \dfrac{T_{Rmax} - T_0}{T_{Zmin} - T_0}} \qquad (4-3-11)$$

（4）运行时反算实际的总传热系数 $K$，以判断管道的散热及结蜡情况：

$$K = \frac{GC}{\pi D l_q}\ln \frac{T_R - T_0}{T_Z - T_0} \qquad (4-3-12)$$

（5）已知管道总长度 $L$ 和加热站间距 $l_q$，计算加热站数目：

$$n = \frac{L}{l_q} \qquad (4-3-13)$$

计算所得的加热站数可能不是整数，应将其化整。化整后实际的加热站间距不同于计算所得的数值。这时应按式（4-3-10）和式（4-3-16）重新计算加热站实际的出站油温 $T_R$ 和进站油温 $T_Z$。

加热站的热负荷为：

$$q = GC(T_R - T_Z) \qquad (4-3-14)$$

加热站的燃料消耗量为：

$$B = \frac{q}{3600E\eta_q} \qquad (4-3-15)$$

式中　$E$——燃料油热值；

　　　$\eta_q$——加热系统效率。

（6）已知起点油温 $T_R$ 和输送距离 $l_q$，确定终点油温：

$$T_Z = T_0 + (T_R - T_0)e^{-a l_q} \qquad (4-3-16)$$

（7）确定热油管道任意一处的油温：

$$T_x = T_0 + (T_R - T_0)e^{-ax} \qquad (4-3-17)$$

必须强调指出，上述核算只适用于输量及油温都稳定的情况下，因为式（4-3-2）是由稳定传热的热平衡关系导出的，并认为总传热系数 $K$ 是常数，不随其他参数变化。

对于埋地管道，当输量和油温变化时，由于土壤温度场的重新分布和趋于稳定的过程较慢，按式（4-3-12）计算的某段管道的 $K$ 值是随时间变化的。

式（4-3-5）没有考虑管内油流摩擦生热的影响，也没有计入含蜡原油降温时析蜡潜热的影响，故只适用于摩擦热影响不大且输送温度范围内没有相变的情况。

## 四、热力计算所需的主要物性参数

### 1. 原油或成品油的密度与相对密度

油品在标准状态下的密度可由实验室测定或在有关手册上查到。相对密度是一定体积油品的质量与4℃时同体积水的质量之比。原油相对密度与温度近似为线性关系，其温度系数与密度有关。由下式可求得某温度 $T$ 时原油的相对密度：

$$d_4^T = d_4^{20} - \xi(T - 20) \qquad (4-3-18)$$

式中　$d_4^T$——原油在某温度下的相对密度；

　　　$d_4^{20}$——原油在20℃时的相对密度；

$\xi$——温度系数。

$$\xi = 1.825 \times 10^{-3} - 1.315 \times 10^{-3} d_4^{20} \qquad (4-3-19)$$

### 2. 比热容

单位质量的物质，温度升高 1℃ 时所需要的热量，称为比热容，用符号 $C$ 表示，单位为 kJ/(kg·℃)。比热容 $C$ 常用来表示各种物质间的吸热或放热的能力。原油比热容的数值随原油温度的升高而增大。可由下式计算：

$$C = \frac{1}{\sqrt{d_4^{15}}}(1.687 + 3.39 \times 10^{-3} T) \qquad (4-3-20)$$

式中　$C$——比热容，kJ/(kg·℃)；

$d_4^{15}$——原油 15℃ 时的相对密度；

$T$——原油温度，℃。

原油和石油产品的比热容通常取 $C = 1.6 \sim 2.5$ kJ/(kg·℃)。近似计算时可取 $C = 2.1$ kJ/(kg·℃)。

钢材的比热容 $C = 0.5$ kJ/(kg·℃)，石蜡的比热容 $C = 2.9$ kJ/(kg·℃)。

### 3. 导热系数

原油的导热系数随温度不同而变化。原油和成品油在管输条件下，其导热系数数值在 $0.1 \sim 0.16$ W/(m·℃) 之间。热力计算中，可取 $\lambda = 0.14$ W/(m·℃)。油品呈半固态时其导热系数比液态要大，石蜡的平均导热系数可取 $2.5$ W/(m·℃)。如要获得较准确的数值，可由下式计算：

$$\lambda = \frac{0.137}{d_4^{15}}(1 - 0.54 \times 10^{-3} T) \qquad (4-3-21)$$

式中　$\lambda$——原油在 $t$℃ 时的导热系数，W/(m·℃)；

$T$——原油温度，℃。

管壁的导热包括钢管、石蜡层及沥青绝缘层的导热。钢材的导热能力很强，其导热系数 $\lambda = 45 \sim 50$ W/(m·℃)。管内壁结蜡层的厚度与油流的温度及流速有关，其导热系数难以精确确定，设计计算时通常不考虑。只是对油流长期在低速下运行的管道核算总传热系数 $K$ 值时，要计入结蜡的影响。关于沥青绝缘层的导热系数目前还缺乏详细数据。据国外资料介绍，$6 \sim 9$ mm 厚的沥青绝缘层热阻约占埋地管道总热阻的 $10\% \sim 15\%$，其导热系数可取 $\lambda = 0.15$ W/(m·℃)。

### 4. 油的黏温特性

油的黏温特性是指油的黏度随温度的变化关系。常用下式计算：

$$\frac{\nu_1}{\nu_2} = e^{-u(T_1 - T_2)} \qquad (4-3-22)$$

式中：$\nu_1$、$\nu_2$ 分别是温度为 $t_1$ 及 $t_2$ 时油的运动黏度；$u$ 称为黏温指数，不随温度而变。式 (4-3-22) 适用于低黏度的成品油及部分重燃料油，不同的油品有不同的 $u$ 值，一般规律是低黏度的油 $u$ 值小，约在 $0.01 \sim 0.03$ 之间，高黏度的油 $u$ 值大，约在 $0.06 \sim 0.10$ 之间。

对含蜡原油，一般在实验室测得原油在最高出站油温和最低进站油温这个温度区间内 5 个以上平均温度间隔点的油温，然后以温度为横坐标、黏度为纵坐标将其描在方格坐标纸上，连成黏度-温度曲线。使用时在温度坐标上，找出使用温度那一点，向上作垂线交于曲线上一点向左作平行线，即可求出在给出的温度区间内任意温度该原油的黏度。

### 5. 热油管的总传热系数 K

在管路的热力计算中，习惯上常用总传热系数 $K$ 来表示油流至周围介质的散热强弱。在确定热油管路沿线的温降时，$K$ 值的正确选取往往是个关键因素。笼统地说，总传热系数 $K$ 是指当油流与周围介质的温差为 1℃ 时，通过每平方米传热表面每小时所传递的热量。

对于无保温层的大直径(500mm 以上)管路，可忽略内外径的差值，$K$ 值可近似按下式计算：

$$K = \frac{1}{\frac{1}{\alpha_1} + \sum \frac{\delta_i}{\lambda_i} + \frac{1}{a_2}} \qquad (4-3-23)$$

式中　$\alpha_1$——油流至管内壁的放热系数，W/(m²·℃)；
　　　$\alpha_2$——管最外层至周围介质的放热系数，W/(m²·℃)；
　　　$\lambda_i$——第 $i$ 层(结蜡层、钢管壁、防腐绝缘层等)的导热系数，W/(m·℃)；
　　　$\delta_i$——第 $i$ 层的厚度，m。

对于有保温层的管路，不能忽略内外径的差异。此时可用单位管长的总传热系数 $K_L$ 来代替 $K$，即 $K_L = K\pi D$。

$$K_L = \frac{1}{\frac{1}{\alpha_1 \pi d} + \sum_2 \frac{1}{\pi\lambda_i}\ln\frac{D_i}{d_i} + \frac{1}{\alpha_2 \pi D_w}} \qquad (4-3-24)$$

式中　$d$——管内径，m；
　　　$D_i$——第 $i$ 层的外径，m；
　　　$d_i$——第 $i$ 层的内径，m；
　　　$D_w$——最外层的管外径，m；
　　　$D$——管径，m。如果 $\alpha_1 \gg \alpha_2$，$D$ 取外径；如果 $\alpha_1 \approx \alpha_2$，$D$ 取平均值，即内外直径之和的一半；如果 $\alpha_1 \ll \alpha_2$，$D$ 取内径。

实际上在生产中很少采用通过计算方法确定总传热系数 $K$ 的做法。我国输油管道工艺设计规范指出在设计埋地热输管道中应采用反算法确定总传热系数。根据运行中热油管道较稳定工况的运行参数，代入温降公式中反算得出 $K$ 值。从大量计算值中总结出 $K$ 值的变化范围。设计时参照稳定的 $K$ 值适当加大，作为新设计管道的总传热系数。这样既可以照顾投产时加热能力需要较大的要求，又不致使加热炉容量过大。

根据我国东北、华北及华东地区管道的运行实践，在中等湿度的黏土及砂质黏土地段，反算 $K$ 值的范围如下：

$(h_t/D) \geq 3\sim4$　φ720 管道　$K = 1.25\sim1.8$W/(m²·℃)

$(h_t/D) \geq 2\sim3$　φ720 管道　$K = 1.4\sim2.1$W/(m²·℃)

　　　　　　　　　φ529 管道　$K = 1.8\sim2.6$W/(m²·℃)

在气候干燥的西北地区：φ159~φ325mm 管道，$K = 1.2\sim1.8$W/(m²·℃)。

江底及长年浸水的河滩段：$K = 12\sim14$W/(m²·℃)。

在作方案比较的估算时，大庆地区采用下述经验值：

(1) 对敷设在一般地段的、地下水位以上、埋深 $h > (3\sim4)D$ 的集输油管道，管径在 φ400mm 以上的，$K = 2.3$W/(m²·℃)；管径为 φ200~φ350mm 的，$K = 2.9$W/(m²·℃)。

（2）埋设在地下水以下或长期浸水地区及冰冻线附近时，可将上述数值增加 30%。

（3）埋设在河、湖、水泡子等长年流水的水域中时，可将上述数值乘 5。

## 五、热油管的水力计算

### 1. 热油管路摩阻计算的特点

（1）热油管路单位长度上的摩阻（即水力坡降）不是定值。这是因为热油管的水力工况在很大程度上取决于其周围介质的热交换。热油在沿线的流动过程中，由于与外界的热交换，温度不断降低，从而使黏度不断增加，因此单位管长上的摩阻也不断增加，即热油管的水力坡降不是一条直线，而是一条斜率不断增加的曲线。因此，计算热油管的摩阻时，必须考虑管路沿线的温降情况及油品的黏温特性。

（2）必须先进行热力计算，然后才能进行水力计算。只有知道了热油管沿线的温降情况，知道了相应的黏度变化，才能求摩阻。

（3）热油管的水力计算是以加热站间距作为一个计算单元。因为只有在一个加热站间的距离内，黏度的变化才是连续的。设第 $i$ 个加热站间的摩阻损失为 $h_{qi}$，全线共有 $n$ 个加热站，则全线总摩阻为：

$$h = \sum_{i=1}^{n} h_{qi} \qquad (4-3-25)$$

如果各加热站间距相等，进出口温度也相同，则只要算出一个加热站间的摩阻就够了，全线总摩阻就等于：

$$h = nh_{qi} \qquad (4-3-26)$$

### 2. 热油管摩阻计算方法

热油管的摩阻有理论计算和近似计算两种方法。下面介绍工程上常用的两种近似计算方法。

1）平均温度计算法

如果在加热站间起终点温度下的油流黏度相差不超过一倍左右，且管路的流态是在紊流光滑区，则可按起终点平均温度下的油流黏度来计算一个加热站间摩阻。其具体步骤为：

（1）计算加热站间油流的平均温度 $T_{pj}$，用加权平均法，可取

$$T_{pj} = \frac{1}{3}T_R + \frac{2}{3}T_Z \qquad (4-3-27)$$

（2）在实测的黏温曲线上查出温度为 $T_{pj}$ 的原油黏度 $\nu_{pj}$。

（3）计算一个加热站间的摩阻 $h_q$：

$$h_q = \beta \frac{Q^{2-m} \nu_{pj}^m}{d^{5-m}} L_q \qquad (4-3-28)$$

这是我国工程上目前常用的简化方法。由于将站间油流黏度用一不变的计算黏度代替，加热站间水力坡降简化为一直线，使热力、水力计算简单，布站方便。当管道流态在紊流光滑区（含蜡原油加热输送时多在此区域），摩阻与黏度的 0.25 次方成正比，当大口径管道的加热站间温降不很大时，这种简化方法在工程设计上是可行的。

2）分段计算法

需要较准确计算时，或管道中油流的流态有转变，油流黏度相差较大，则需分段计算加热站间的摩阻。分段计算其步骤为：

（1）按实测的数据作黏温曲线。

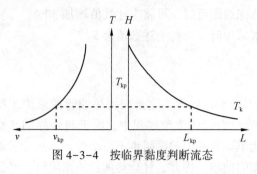

图 4-3-4　按临界黏度判断流态

（2）按苏霍夫公式作出加热站的温降曲线。

（3）根据相应于临界雷诺数 $Re_{kp}$ 下的黏度 $\nu_{kp}$ 判断管道沿线流态的变化：

根据算得的 $\nu_{kp}$ 在黏温曲线上查找相应的温度 $T_{kp}$，即流态发生变化时的临界温度。如果沿线温度都高于 $T_{kp}$，则无流态变化；如 $T_R < T_{kp} < T_Z$，则有流态变化，在管路上相应于油温为 $T_{kp}$ 的位置以左是紊流段，以右是层流段（见图 4-3-4）。

（4）将加热站间分成若干小段。分段时应使每小段的温降不超过 3~5℃。

（5）计算每一小段的平均温度：

$$T_{pji} = \frac{T_i + T_{i+1}}{2}$$

式中 $T_i$ 和 $T_{i+1}$ 为每一小段的起点和终点温度。

（6）找出相应于油温为 $T_{pji}$ 的黏度 $\nu_{pji}$。

（7）按每一小段的平均黏度，计算各小段的摩阻：

$$h_i = \beta \frac{Q^{2-m} \nu_{pji}^m}{d^{5-m}} L_i \qquad (4-3-29)$$

（8）计算一个加热站间的摩阻：

$$h_q = \Sigma \beta \frac{Q^{2-m} \nu_{pji}^m}{d_i^{5-m}} l_i \qquad (4-3-30)$$

以上介绍的两种方法中，第一种方法比较简单，但误差大；第二种方法较准确，在热油管的设计实践中用得较多，但计算工作量大。

## 六、热油管泵站数的确定

确定热油管泵站数，与等温输送管不同的特点在于，需要的泵站数不仅决定于管径和泵站的工作压力，还必须考虑热力因素的影响，要在热力参数已定的基础上，计算摩阻损失以确定泵站数。

如管路沿线有 $n_q$ 个加热站，若各加热站的间距、进出站温度等都相同，每两个加热站间的摩阻损失为 $h_q$，则全线的总摩阻为 $n_q h_q$。若管路的起终点高差为 $\Delta Z$（终点高程减起点高程），每个泵站所提供的压头为 $H_c$，则全线所需的泵站数为：

$$n_c = \frac{n_q h_q + \Delta Z}{H_c} \qquad (4-3-31)$$

同样，$n_c$ 也需要化整。在热油管上泵站数的化整必须和加热站数的化整一起考虑，应使化整后的泵站工作压力和加热站进出口温度互相协调，都在安全、经济的工作区内。

## 七、加热站和泵站的布置

对热油管，必须先布置加热站，初定加热站的位置以后，再布置泵站。在布置泵站时，又必须考虑两站站址的适当调整，使得加热站和泵站尽可能合并在一起。

（1）作两加热站间管路的水力坡降线。如间距相等，作一个站间管路的水力坡降线就够了

（如图4-3-5所示）。因热油管的水力坡降线是一条斜率不断增加的曲线，其作法如下：计算出热油输至距加热站出口不同距离 $L_1$、$L_2$、……处所需克服的摩阻损失 $h_1$、$h_2$、……。在横坐标为 $L_q$、纵坐标为 $h$、比例与纵断面图一致的坐标图上，从横坐标上的 $L_1$、$L_2$、……各点引出垂直于横坐标轴的直线，在该直线上截取相应于 $h_1$、$h_2$、……值的线段 $L_1h_1$、$L_2h_2$、……，把0、$h_1$、$h_2$、……各点平滑地连接起来所得的曲线就是一个加热站间管段的水力坡降线。

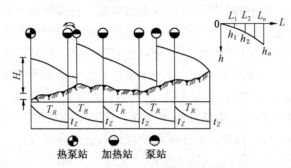

图4-3-5　加热站和泵站的布置

（2）在纵断面图的起点，往上作垂线，在此垂线上截取长度等于吸入压头和一个泵站扬程的线段，从该线段的顶点往下作水力坡降线。

（3）其余泵站位置的确定方法与等温输油管道相同，即在水力坡降线与地面线相交处，向首站方向退回适当距离，在保证有需要的进站余压处即为下一个泵站的位置。

（4）当中间泵站与加热站不在一起时，该中间泵站的水力坡降线不能从头画起，而必须继续原来的水力坡降线的曲率。

如两泵站间有加热站，由于油温突变，则在加热站出口处水力坡降线的斜率发生转折。在加热站间距一定的情况下，热油管道全线的水力坡降线是由各加热站间管段的水力坡降线所组成。如在加热站间距内，油流流态从紊流转变为层流，则在流态变化处水力坡降线也要发生转折。

（5）初步布站后，应调整加热站、泵站位置，尽可能合并设置，以节省投资和方便管理。通常，计算全线所得的泵站数和加热站数往往不相同，总是加热站数比泵站数多。为了节省投资，方便今后的操作管理，应尽量使相距较近的泵站和加热站合并设置。合并设置的站称为热泵站。在我国平原地区建设的热油管道，一般都能满足这一要求。这是因为我国目前管道的工作压力较低，加热站间距总是大于一个泵站间距，因此，适当缩短加热站间距，调整加热温度，减少热输距离，就能使两站合并设置。但是，并非在所有情况下都能合并设置，例如，在地形起伏较大的山区（见图4-3-6），上坡段的泵站间距可能远小于加热站间距，因而会出现有单独设置泵站的情况；下坡段情况相反，泵站间距远远大于加热站间距，需要设置单独的加热站。即使是平原地区的热油管道，在管径不大、初期输量较低时，也往往需要在泵站之间设置临时性的单独加热站。合并后，加热温度和出站压力均有相应的变化，要进行校核。

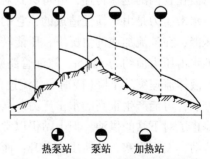

热泵站　　泵站　　加热站

图4-3-6　山区上、下坡段布站特点

（6）若管道初期的输量较低时，所需加热站数多，泵站数少。待后期任务输量增大时，所需加热站数减少，泵站数增多。设计时应考虑到不同时期不同输量的特点，按低输量作热力计算、布置加热站，待输量增大后改为热泵站。

由上所述，热油管道全线可能出现三种形式的站：热泵站、泵站和加热站。在纵断面图上初定站址后，经过现场勘察，最后确定站址。站址调整后，应进行热力、水力核算，计算不同季节的进出站油温、进出站压力、允许的最小输量、加热站热负荷等。

需要强调的是，在布置加热站和泵站时，还要注意正确判断翻越点和确定工作点。翻越点可按任务流量和平均温度下的黏度计算的水力坡降线，在纵断面图上初步判断翻越点，以后再根据工作点的流量进行校核。而工作点对于等温输油管，设三个或三个以上流量就可作出一条管路特性曲线，它与泵站特性曲线的交点就是工作点。但对热油管来说，根据苏霍夫公式，每一流量都对应于一种温度状况，有一个流量就有一条温降曲线。如果保持 $T_R$ 不变，则当 $Q_3 > Q_2 > Q_1$ 时，$T_{Z3} > T_{Z2} > T_{Z1}$，如图 4-3-7 所示；如保持 $T_Z$ 不变，则当 $Q_3 > Q_2 > Q_1$ 时，$T_{R3} < T_{R2} < T_{R1}$，如图 4-3-8 所示。温降曲线不一样，管路中油流的平均温度也不一样，因此黏度不一样，摩阻也不一样。所以，对于采用分段计算法的热油管，在布置泵站时，只能利用近似作出的管路特性曲线(按 $T_R$ 一定或按 $T_Z$ 一定或按平均温度)来求得工作点。

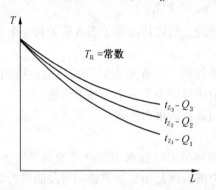

图 4-3-7　$TH$ 一定时不同流量下的温降曲线

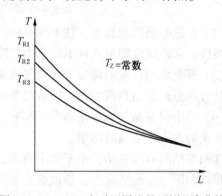

图 4-3-8　$TK$ 一定时不同流量下的温降曲线

# 第四节　输油管道中的水击

## 一、水击产生的原因及其危害

水击现象是指在压力管路中，由于某种原因而引起流速变化时，引起的管内压力的突然变化。如开关阀门过快、突然停泵等，均会引起阀门处、泵入口的油流压力突然变化，造成压力波在管内的迅速传递，并可听到对管壁的锤击声音，故把水击又称作水锤。

水击压力是由于惯性造成的，它的实质是能量转换。即液体在减速的情况下，动能转换为压能；在液流加速的情况下，压能转换为动能。对于一般原油管路，流速变化 1m/s 所引起的水击压力值约为 1MPa，汽油管路则为 0.8~0.9MPa。

液体流速突然下降(特别是高流速的管道)所产生的水击是最危险的。如突然关阀、突然停泵，可能产生很高的水击压力。当某中间泵站突然停电引起泵机组突然停运时，该站突然停止了对下站的供油，但上站仍以常量向停电站输油，故在停电站的入口处，上站来油停止流动，发生阻塞，致使压力上升；而在通往下站的管路内，油流在惯性作用下，仍保持向前流动，使停电站出口处因断流而产生真空，少量的液体蒸发，蒸发产生的气体积聚在管线的高点形成气泡，当气泡破裂时上下游的液体相撞，产生高压。水击严重时会产生管线爆裂事故。如前苏联的奥姆斯克-索库尔轻油输油管道，有一中间泵站因电源故障，突然停泵，致使从 A 站到 B 站的全部液流立即停止流动，产生水击，使上站的管道发生破裂。因此，在泵站和管道的设计中，尤其是以"从泵到泵"方式运行的输油管道，如果不考虑这一点，将会发生严重的后果，常导致管道发生爆裂。

## 二、水击计算的基本公式

### 1. 水击压力

由于液流速度的瞬时变化所引起的初始水击压力值(压力增值)可按下式计算：

$$\Delta p = \rho a (v_0 - v) \qquad (4-4-1)$$

式中　$\Delta p$——由于液流速度的瞬时变化所引起的初始水击压力，Pa；

　　　$\rho$——液体的密度，kg/m$^3$；

　　　$a$——水击波在该管道中的传播速度，m/s；

　　　$v_0$——正常输油时液体流速，m/s；

　　　$v$——突然改变后的液体流速，m/s。

如阀门突然全部关闭，液体的流速立即降为零，此时的初始水击压力值为：

$$\Delta p = \rho a v_0 \qquad (4-4-2)$$

由式(4-4-1)、式(4-4-2)可得出流速突然减小或突然降为零时所引起的压力增值。如起始流速突然增大，则可得出相应的压力降低值。

### 2. 水击波的传播速度

水击波的传播速度 $a$ 可按下式计算：

$$a = \sqrt{\dfrac{k/\rho}{1 + \dfrac{kD}{E\delta} \cdot C_1}} \qquad (4-4-3)$$

式中　$a$——压力波的传播速度，m/s；

　　　$E$——管材弹性模量，Pa；

　　　$D$——管道内径，m；

　　　$\delta$——管壁厚度，m；

　　　$\rho$——液体密度，kg/m$^3$；

　　　$k$——液体的体积弹性系数，Pa；

　　　$C_1$——管子的约束系数，取决于管子的约束条件：一端固定，另一端自由伸缩，$C_1 = 1 - \mu/2$；管子无轴向位移(埋地管段)，$C_1 = 1-\mu^2$；管子轴向可自由伸缩(如承插式接头连接)，$C_1 = 1$；$\mu$ 为管材的泊松系数。

对于一般的钢质管道，压力波在油品中的传播速度大约为 1000~1200m/s，在水中的传播速度大约为 1200~1400m/s。

几种常用材料的弹性模量和泊松系数列于表4-4-1。

**表4-4-1　常用材料的弹性模量和泊松系数**

| 名　称 | $E/10^9$Pa | $\mu$ | 名　称 | $E/10^9$Pa | $\mu$ |
|---|---|---|---|---|---|
| 钢 | 206.9 | ≈0.30 | 聚氯乙烯 | 2.76 | ≈0.45 |
| 铜 | 110.3 | ≈0.36 | 石棉水泥 | ≈23.4 | ≈0.30 |

| 名　称 | $E/10^9Pa$ | $\mu$ | 名　称 | $E/10^9Pa$ | $\mu$ |
|---|---|---|---|---|---|
| 铝 | 72.4 | $\approx 0.33$ | 混凝土 | $30\sim107.8$ | $0.08\sim0.18$ |
| 球墨铸铁 | 165.5 | $\approx 0.28$ | 橡　胶 | $\approx 0.07$ | $\approx 0.45$ |

液体的体积弹性系数随其组成、温度和压力而不同。但在4.0MPa以下，弹性系数随压力的变化较小，随温度的变化较大。表4-4-2列出了国外测定的几种液体的体积弹性系数。由表4-4-2可见，随着温度的升高，液体的体积弹性系数减小。温度升高，液体的密度也减小，意味着液体的可压缩性增大，压力波的传播速度减小。

表4-4-2　几种液体的体积弹性系数

| 液体名称 | 体积弹性系数/$10^5Pa$ | | | | |
|---|---|---|---|---|---|
| | 20℃ | 30℃ | 40℃ | 50℃ | 90℃ |
| 水 | 23900 | | 22150 | | 21750 |
| 丙　烷 | 1760 | 1370 | 1040 | 715 | |
| 丁　烷 | 3560 | 3020 | 2510 | 2130 | |
| 汽　油 | 9160 | | | 7600 | |
| 煤　油 | 13600 | | 12050 | | |
| 润滑油 | 15600 | | | 13800 | |
| 原　油 | 7℃ | | 21℃ | | 38℃ |
| 15℃密度0.83 | 15300 | | 13500 | | 12250 |
| 15℃密度0.90 | 19200 | | 17350 | | 15600 |

## 三、一个中间泵站突热停运时的水击特点

长距离输油管线由若干个泵站串联组成，对于"从泵到泵"方式运行的管线，中间站均设有自动压力越站单向阀。正常情况下，由于出站压力大于进站压力，使单向阀不能打开，当中间站因故突然停运时（如突然停电），虽不致于使油流完全停止流动，但该站的通过能力明显下降，并且对上下站间管路的设计提出了一定的要求，具体表现为下列现象：突然停电的瞬间，停电站入口处来油流速未变，而去泵流速骤然降低，产生压缩波使压力上升，而在停电站出口处，由于惯性作用，油流往下站的流速未变，而泵出口的油流速度骤然下降，产生稀疏波使压力下降。由于流速的变化幅度相同，故升压值等于降压值。随着停电站进站压力的上升和出站压力的下降，当进站压力略大于出站压力时，越站单向阀自动开启（停电后6~7s单向阀动作，干线内重新恢复流动。由于进站压力的上升值与出站压力的下降值相等，故单向阀开启时的越站压力值，必然为停电前进出站压力值之和的1/2（不计站内摩阻）。

由于停电站产生的水击对上站是增压波的影响，使管路沿线的压力升高，而在停电站泵入口处压力升高得最多。所以在设计时，必须考虑在停电的情况下，进站部分的管件，泵的密封装置等应能够适应压力的骤变。故对进站部分的设备及管线的承压能力，限制为不低于出站压力的1/2。

停电站产生的水击对下游站则是减压波的影响。当减压波向下游传播时，在管路沿线动水压力较低处，即在泵站布置图上水力坡降线与管路纵断面图相距很近的那些地方，主要是站间管路中途的高峰处及进站前的起伏处，当负压力波到达时可能使这些地方的压力降至大气压以下，因而会使原油中的溶解气及某些轻烃析出，在液体内形成许多小气泡。当压力进

一步下降，低于液体的饱和蒸气压时，管内液体就会汽化，产生蒸气。蒸气与已形成的溶解气泡结合，形成较大的气团在管内上升。液体内的气泡倾向于停留、聚集在管道高点或某些顶端的局部位置，形成较大的气泡区，而液体则在气泡的下面流过，这种情况称为液柱分离。气泡区形成后，它会连续地增长直到气泡两侧液柱流速达到平衡为止。一般上游液柱会减速，下游液柱会加速。当低压区受到增压波作用时，蒸气泡会破灭，两液柱相遇时有可能产生高压。当管内压力低于液体的饱和蒸气压时，液体内溶解气的逸出和液体的汽化，会在很大程度上降低压力波的传播速度，使水力瞬变的分析过程变得复杂。为了预防上述现象，就要使管路沿线各处的动水压力均高于一个定值。原油管道的定值为不少于 0.2MPa。这一点对地形起伏不平的管路更要注意。

## 四、密闭输送管道的事故保护

如前所述，在密闭输送的管线上，当某些意外事故导致一个中间泵站或一台泵机组突然停止时，将发生急剧的大幅度压力变化。一般的调节系统对此无能为力，必须有可靠的事故保护系统，以确保管线的安全运行。

干线的事故保护包括超压保护及漏泄检测两部分。

**1. 干线的超压保护**

1）进站泄压阀

（1）工作原理

进站泄压阀不仅是压力保护过程中的主要保护设备，而且也是水击超前保护过程中的关键设备。这种设备主要用于本站或下游站泵机组全停或干线阀关闭后进站压力超高的泄压。另外还能为出站泄压阀泄量过大时，为原油排放提供泄压通路。

（2）运行注意事项

① 在切换压力越站流程前，一定要先关闭进站泄压阀上侧的手动阀。因为在压力越站流程下，进站压力将上升，可能超越泄压阀设定压力；

② 水击泄压阀及管线伴热保温技术状态应完好，其伴热温度在 35~45℃ 范围之内。

2）出站泄压阀

（1）工作原理

针对出站压力超高保护的各种设施来讲，出站泄压阀的动作频率最高和降压效果也最为明显。另外由于出站泄压阀的出口管线接在串联泵的入口，在不超过进站泄压阀氮气给定压力的情况下，出站泄压阀泄放的原油可不进入水击泄放罐，而是通过串联泵进行站内循环，这种站内循环流程有利于提高密闭输油的安全性。

（2）运行注意事项

① 每周在线试验一次出站泄压阀。对于出站压力超高保护措施来讲，出站泄压阀技术性能的好坏至关重要。对此出站泄压阀的检查不仅要看外观，而且要进行一些在线定量检查，方可保证出站泄压阀技术状态完好。检查内容包括记录仪给定值的准确性（误差小于 0.05MPa）、管路伴热保温（包括检测导管、液压导管、原油管线和阀体保温箱四部分内容）和仪表控制接线可靠性三个方面。遇有问题应及时解决，并保留好故障解决记录和记录仪曲线。

② 尽可能选用三位四通电磁阀，加装手动控制板，可以有效地提高出站泄压阀可靠性。选用三位四通电磁阀后，通过适当的接线，使三位四通阀仍然保持开或关两位控制状态。电磁阀的这种应用方式具有如下几种优点：

a. 由于不论开阀还是关阀都有一侧电磁阀线圈带电，使电磁铁始终处于温热状态，这样原油对电磁阀阀芯黏滞阻力小，所以电磁阀换向速度快。

b. 相对于同功率单线圈两位四通阀，电磁换向拉力大，开或关灵敏可靠。换句话说，要具有同样大的电磁换向拉力，单线圈两位四通阀所选功率要大于三位四通电磁阀1倍以上，同时体积也要增大许多。

c. 有了手动控制板，为运行人员在站控室内进行遥控手动操作提供了便利条件，这是出站泄压阀自控系统失灵的一种后备保护措施。另外，加装手动控制板还有利于出站泄压阀的定期试验。

3）进出站压力调节阀

一般泵站出站端都装设有调节阀，用于调节瞬变流动过程中管道系统的压力脉动，防止进站压力过低和出站主力过高，维持管道正常运行。泵站出站调节阀自动控制的基本原理见图4-4-1。进站与出站压力传感器监测管内压力，由压力变送器分别向各自的调节器发出信号与各自的限定值进行比较。如果进站压力低于给定的限定值，正作用调节器会发出低值信号；如果出站压力超过它的限定值，反作用调节器也会发出低值信号，低值选择器给出关阀指令。这样就可做到出站压力高于限定值时，调节阀朝关闭方向动作，使出站压力下降；进站压力低于限定值时，调节阀同样朝关闭方向动作，使进站压力上升。管道进、出站压力均未超出限定值时，调节阀保持全开状态。

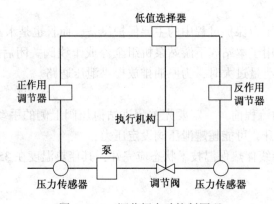

图4-4-1　调节阀自动控制原理

4）水击超前保护

自动压力调节与自动压力保护是在水击发生后，当水击压力波传到其他各站并使其进出站压力超过其设定值后，各站自控系统根据本站检测信号，判断进出站压力超限后，发出执行调节或保护措施的命令。水击超前保护是水击发生后，在水击压力波还未传播到其他各输油站之前，各站提前提高进站压力或降低出站压力(节流或停泵)，发出与迎面而来的水击波相反的压力波，抵消水击的影响。具体地说，某站位于水击发生地点的上游，该站在水击波未到达该站之前降低出站压力，产生一个向下游传播的减压波拦截迎面而来的增压波，反之该站提前提高进站压力，产生一个向上游传播的增压波拦截迎面而来的减压波。能否实现水击超前保护，由以下几个因素决定：

① 站间距离与水击压力波速度：我国输油管道站间大约60~80km，水击压力波在输油管道内的传输速度大约为1km/s。当某站发生水击时，水击压力波传播到相邻的输油站大约需要60~80s时间，水击超前保护只有这60~80s的宝贵时间得以实现。

② 准确可靠的检测仪表、高水平的全线自动化系统及完善可靠的数据传输系统。目前

长输管道使用的 SCADA 为水击超前保护提供了可靠的保证。

③ 功能强、结果准确的工况分析软件及控制软件。密闭输油管道工况变化规律，复杂水击发生的原因多种多样。水击发生时，通过数据传输系统迅速向所有输油站发出信号，按预先作出的水击模拟分析结果编制的控制程序，各站实施水击超前保护。

密闭输油管道的全线自动化控制是个庞大的系统工程。它因管道系统、设备、传输介质不同而不同，但最主要的原则就是保证管道的安全运行，在事故状态下能对管道实施合理而行之有效的保护措施。

**2. 干线的检漏**

目前国内外对于长输管道的少量泄漏，还没有可靠的检漏技术，下面仅从原理上介绍几种已经和可能使用的检测技术。

（1）压力坡降法检漏　如图 4-4-2 所示，在管道上设若干个测压点 $p_1 \sim p_6$，以测量沿线的压力变化。在正常输送时，站间管道的流量为 $Q_0$，水力坡降如图中的直线 BC 所示。当管道发生泄漏时，泄漏点前的流量变大，如图中 $Q_1$，坡降线变陡；泄漏点后则流量变小，如图中 $Q_2$，坡降线变缓。沿线的水力坡降呈折线状，如图中的 DAB 线所示，折点即为泄漏点。漏油后，泵站的出站压力下降，泄漏量越多，下降越多。但此法只能用于检测较大的泄漏，并需要在沿线设较精确的测压点，或站上可精确地计量流量。

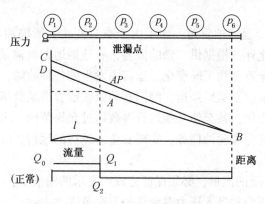

图 4-4-2　压力坡降法检漏

（2）压力波法检漏　干线发生漏泄时的水力现象，类似于分支管路上的阀门突然开启，会产生一个负压力波，从漏点开始以一定的传播速度分别向上、下游的泵站传播。根据沿线各点连续观测记录的压力，可以检测出由于负压力波到达而产生的突然压力下降和负压力波到达的时间。根据各测点负压力波到达的时间差，可以确定漏泄点位置。根据压力下降的幅度和泄漏点位置，可判断泄漏量的大小。如图 4-4-3 所示，如在测点 D、E 之间，距 D 点 $x$ 处发生了泄漏，DE 的间距为 $L_4$，压力波传播速度为 C。设分别经过时间 $T_D$ 及 $T_E$ 后，压力波传到 D 点及 E 点，故

$$T_D = \frac{x}{C} \qquad T_C = \frac{L_4 - x}{C}$$

由此二式得
$$x = \frac{1}{2}\left[ C(T_D - T_E) + L_4 \right] \qquad (4-4-4)$$

即由二测压点测到压力波到达的时间差可确定漏点位置。在传播速度难计算的情况下，可根据各相邻测点间压力波到达的时间差求 C。

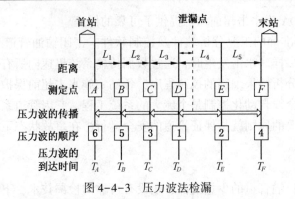

图 4-4-3　压力波法检漏

据国外资料介绍,此法能迅速地检测出少量的泄漏。因泄漏而引起的全线压力变化,除了与支线突然开阀相似外,均不同于其他因素引起的压力变化,根据此特点可判断压力变动是否因泄漏引起。检测的精度决定于计时的正确性。但此法的具体应用还有不少困难,首先是要求全线有较多的能连续测量、记录以及遥传的测压点,装置也很复杂。

# 第五节　输油管道运行工况分析与调节

"从泵到泵"运行的等温输油管道,除了由于季节变化、所输油品种类改变使油品黏度改变而引起全线工况变化外,根据供、销的需要,有计划地调整输量,以及输油管道沿线间歇地分油或收油,也会导致全线工况变化。运行中发生的各种故障,如电力供应中断使某中间站停运,机泵故障使某台泵机组停运,阀门开关错误或管道某处堵塞、漏油等也会引起流量及各站进出站压力的变化,甚至使某些运行参数超过允许范围。为了维持继续输送,必须对各站进行调节,以保证完成输油任务,实现安全、经济的运行,降低输油成本。长距离输油管调节的目的在于:

(1)输油站-管道系统的流量,必须保证完成所要求的输油量;

(2)输油站的排出压力和吸入压力在允许的安全范围之内;

(3)原动机-泵机组的工作点在最高效率区内。

输油管道的调节,实质上是人为地变更泵站的工作点,也就是改变某些站的能量供应情况,或是改变某站间管道的能量消耗,来满足生产的需要。

## 一、密闭输油管线的工况分析

### 1. 某中间站停运后的工况变化

设全长为 $L$ 的密闭运行的输油管道上有 $N$ 个泵站,正常流量为 $Q$。由于中间第 $c$ 站停运,流量降为 $Q_*$。如忽略站内摩阻,由此时全线的压降平衡式可求得:

$$Q_* = \left[ \frac{H_{s1} + (N-1)A - \Delta Z}{(N-1)B + fL} \right]^{\frac{1}{2-m}} \qquad (4-5-1)$$

在停运站前面,第 $c-1$ 站的进站压力变化,可以由首站至第 $c-1$ 站进口处的压降平衡式求得。第 $c$ 站停运以前:

$$H_{s1} + (c-2)(A - BQ^{2-m}) = fl_{(c-2)}Q^{2-m} + \Delta Z_{(c-1),1} + H_{s(c-1)}$$

第 $c$ 站停运以后:

$$H_{s1} + (c - 2)(A - BQ_*^{2-m}) = fl_{(c-2)}Q_*^{2-m} + \Delta Z_{(c-1),1} + H_{s(c-1)}^*$$

式中　$l_{(c-2)}$，$\Delta Z_{(c-1),1}$——管道起点至第 $c-1$ 站进口处管段长度、高差，m；

$H_{s(c-1)}$，$H_{s(c-1)}^*$——第 $c$ 站停运前、后，第 $c-1$ 站进站压头，m 液柱。

上两式相减，可求得第 $c$ 站停运前后，第 $c-1$ 站进站压力的变化：

$$H_{s(c-1)}^* - H_{s(c-1)} = \left[ (c - 2)B + fl_{(c-2)} \right](Q^{2-m} - Q_*^{2-m}) \tag{4-5-2}$$

由于 $Q>Q_*$，故

$$H_{s(c-1)}^* > H_{s(c-1)} \tag{4-5-3}$$

即第 $c$ 站停运后，第 $c-1$ 站进站压力增高。第 $c-1$ 站出站压头可由下式求得：

$$H_{d(c-1)} = H_{s(c-1)}^* + H_{c(c-1)}^*$$

由于第 $c$ 站停运后输量减小，泵站扬程 $H_{c(c-1)}^*$ 增高，且进站压头 $H_{s(c-1)}^*$ 也上升，故第 $c-1$ 站出站压头 $H_{d(c-1)}^*$ 增高。同理可求得第 $c$ 站前面的第 $c-2$ 站，第 $c-3$ 站，……各站的压力变化趋势与第 $c-1$ 站相同。距第 $c$ 站愈远的站，其进、出站压力变化的幅度愈小。距第 $c$ 站最近的第 $c-1$ 站，进出站压力上升值最大。

第 $c$ 站后面的第 $c+1$ 站压力变化情况，可由第 $c+1$ 站进口至末站油罐液面的压降平衡式求得。

第 $c$ 站停运以前：

$$H_{s(c+1)} + (N - c)(A - BQ^{2-m}) = f(L - l_c)Q^{2-m} + \Delta Z_{k,(c+1)}$$

第 $c$ 站停运以后：

$$H_{s(c+1)}^* + (N - c)(A - BQ_*^{2-m}) = f(L - l_c)Q_*^{2-m} + \Delta Z_{k,(c+1)}$$

式中　$\Delta Z_{k,(c+1)}$——第 $c+1$ 站进口与终点油罐液面的高差，m；

$l_c$——管线起点至第 $c+1$ 站进口的长度，m；

$H_{s(c+1)}$，$H_{s(c+1)}^*$——第 $c$ 站停运前、后，第 $c+1$ 站进站压头，m 液柱。

上两式相减，可求得 $c$ 站停运前后，第 $c+1$ 站进站压力的变化：

$$H_{s(c+1)}^* - H_{s(c+1)} = \left[ B(N - c) + f(L - l_c) \right](Q_*^{2-m} - Q^{2-m}) \tag{4-5-4}$$

由于 $Q>Q_*$，故

$$H_{s(c+1)}^* - H_{s(c+1)} < 0 \tag{4-5-5}$$

第 $c$ 站停运后，第 $c+1$ 站进站压力下降。同样可求得第 $c$ 站后面的第 $c+2$，第 $c+3$，……各站进站压力也会下降。距第 $c$ 站愈远的站，压力变化的幅度愈小。第 $c+1$ 站进站压力下降值最大。

第 $c+1$ 站出站压头可由下式求得：

$$H_{d(c+1)}^* = H_{f(c+1)}^* + \Delta Z_{(c+1)} + H_{s(c+2)}$$

由于第 $c$ 站停运后流量减少，故第 $c+1$ 至 $c+2$ 站的站间摩阻 $H_{f(c+1)}^*$ 减小，且第 $c+2$ 站进站压头 $H_{s(c+2)}^*$ 下降，站间高差 $\Delta Z_{(c+1)}$ 不变，故使出站压头 $H_{d(c+1)}^*$ 下降，距第 $c$ 站愈远的站，出站压力下降的幅度愈小。

第 $c$ 站停运后，水力坡降由 $i$ 变为 $i_*$，停运前后工况变化情况如图 4-5-1 所示。图中虚线表示第 $c$ 站停运后的水力坡降线 $i$。

**2. 间歇分输的工况变化**

有时需要从输油管分出部分油以供给管道沿线用户，这就是分输。分输可能是不间断的，也可能是间歇的。分输不间断的输油管可以分输站为界，分段进行工艺计算。对于间歇

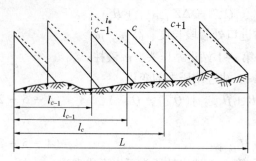

图 4-5-1　某中间站停运后的工况变化

分输的输油管，由于输油工况要发生变化，在计算时，必须考虑分输引起的工况变化。由于管线漏油事故而引起的工况变化和间歇分输工况一样。

设在有 $N$ 个泵站的输油管道上，若分输站位于第 $c+1$ 站进站处附近，分输量为 $q$。分输前，全线输量为 $Q$；分输以后，分输点前面的输量为 $Q_*$，分输点后面的输量为 $Q_* - q$。分输后全线输量不相等，可以分输点将全线分为前后两段，分别列出各段的压降平衡式。

从首站至分输点的管段上：

$$H_{s1} + c(A - BQ_*^{2-m}) = fl_c Q_*^{2-m} + \Delta Z_{(c+1),\,1} + H_{s(c+1)}^*$$

从分输点至末站油罐液面：

$$H_{s(c+1)}^* + (N - c)\left[A - B(Q_* - q)^{2-m}\right] = f(L - l_c)(Q_* - q)^{2-m} + \Delta Z_{k,\,(c+1)}$$

两式相加可得：

$$H_{s1} + NA - \Delta Z = (cB + fl_c)Q_*^{2-m} + \left[(N - c)B + f(l - l_c)\right](Q_* - q)^{2-m} \qquad (4-5-6)$$

正常工况下，全线的压降平衡为：

$$H_{s1} + N(A - BQ^{2-m}) = fLQ^{2-m} + \Delta Z$$

$$H_{s1} + NA - \Delta Z = (NB + fL)Q^{2-m} \qquad (4-5-7)$$

对比式(4-5-6)、式(4-5-7)可知：

$$Q_* > Q > Q_* - q \qquad (4-5-8)$$

由此可知：干线分输后，分输点前面输量变大，分输点后面输量减少；为了求解分输点前的第 $c$ 站进站压头的变化，列出首站至第 $c$ 站进站处在分输前、后的压降平衡式：

$$H_{s1} + (c - 1)(A - BQ^{2-m}) = fL_{c-1}Q^{2-m} + \Delta Z_{c,\,1} + H_{sc}$$

$$H_{s1} + (c - 1)(A - BQ^{2-m}) = fL_{c-1}Q_*^{2-m} + \Delta Z_{c,\,1} + H_{sc}^* \qquad (4-5-9)$$

两式相减，可得：

$$H_{sc}^* - H_{sc} = \left[(c - 1)B + fL_{(c-1)}\right](Q^{2-m} - Q_*^{2-m}) \qquad (4-5-10)$$

由于 $Q_* > Q$，故

$$H_{sc}^* - H_{sc} < 0 \qquad (4-5-11)$$

分输后，第 $C$ 站的出站压头可由下式求得：

$$H_{dc}^* = H_{sc}^* + H_{cc}^*$$

由此得出结论，分输后，分输点前的各站进出站压头都下降，而且距分输点越近的站，压头下降的幅度越大。

分输点后面沿线各站在分输前后的进出站压头变化，也可由分输点后管段的压降平衡式推出。分输后，分输点后面各站的进、出站压头也都下降，距分输点越近的站，压头下降的幅度越大。分输后全线工况变化的情况如图 4-5-2 所示。

### 3. 间歇接油工况

有时输油管有可能接收其通过地区附近油田的油。根据油田的产量，接油可能是不间断的，也可能是间歇的。接油不间断的输油管，可以接油站为界分段进行工艺计算。对于间歇接油的输油管，在计算时必须考虑接油引起的工况变化。

同分输的情况一样，在有 $N$ 个泵站的输油管道上，若接油站位于第 $c+1$ 站进站处附近，

接油量为 $q$。接油前，全线输量为 $Q$；接油以后，接油站前的管段输量为 $Q_*$，而接油站后面管段的输量为 $Q_*+q$。

用间歇分输同样的方法可证明，在接油的情况下，接油站前的管段流量 $Q_*<Q$，而接油站后的管段流量 $Q_*+q>Q$。随着接油量 $q$ 的增加，$Q_*$ 随之减小。

吸入压头的变化也与分输的情况不同，在接油的情况下，第 $c+1$ 站的吸入压头随接油量的增加而增加，可由下式证明：

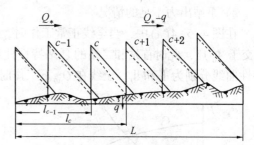

图 4-5-2   第 $c+1$ 站进站处分
输后全线工况的变化

$$\Delta H_{s(c+1)} = H_{s(c+1)}^* - H_{s(c+1)} = (CB+fl_c)(Q^{2-m}-Q_*^{2-m})$$

增加最多的是接油站附近的第 $c+1$ 站，离该站越远，吸入压头的增加越小。

**4. 用图解法分析输油管道的工况变化**

1）正常工况

图 4-5-3 为某输油管道上类型相同的三个泵站以"泵到泵"方式正常运行时的图解。

总的泵站特性和总的管道特性的配合情况如图 4-5-3（a）所示。曲线 $C$ 表示总的泵站特性，曲线 $T$ 表示总的管道特性。$C$ 与 $T$ 的交点即为全线的工作点。其对应的流量 $Q$ 是各泵站的流量，对应的压头为全线总压头，即首站进站压头与各泵站压头之和，即 $H=H_{s1}+3H_c$。

先分析首站，如图 4-5-3（b）所示。$I_C$ 表示首站的泵站特性，设首站的泵进站压头为定值，不随流量而变化，故首站出站压头曲线 $I_D$ 应由泵站特性曲线 $I_C$ 与首站进站压头 $H_{s1}$ 叠加而得。$I_T$ 表示首站与第二站间的管道特性。由于全线在同一流量下工作，所以 $I_D$ 和 $I_T$ 的交点 $A_1$ 并不是首站的工作点。而总流量 $Q$ 对应的参数才表示首站的工作状态，即 $H_{d1}$ 是首站的出站压头。在同样流量下由曲线 $I_D$ 减去曲线 $I_T$ 得曲线 $II_B$，$II_B$ 为第一站间末端的剩余压力随流量变化的曲线，即第二个站进口压头随流量变化的曲线。在曲线 $II_B$ 上流量 $Q$ 对应的压头 $h_2$ 即为第二站的进口压头。

第二站如图 4-5-3（c）所示，$II_C$ 为第二站的泵站特性曲线，$II_T$ 为第二站与第三站间的管道特性曲线。$II_B$ 与 $II_C$ 串联相加则得到第二站的出站压头曲线 $II_H$。在同样流量下从 $II_H$ 中减去 $II_T$ 即得到第三站进站压头曲线 $III_B$。在曲线 $III_B$ 上流量 $Q$ 对应的压头 $h_3$ 即为第三站的进口压头。

设第三站是管道末站，如图 4-5-3（d）所示。$n_C$ 为第三站的泵特性曲线，$n_T$ 为站间管道特性曲线，$III_B$ 与 $n_C$ 串联相加则得到末站的出站压头曲线 $n_H$。根据能量供求平衡的规律，末站的出站压头应全部消耗在末站间的管道上，即末站出站压头曲线 $n_H$ 与站间管道特性曲线 $n_T$ 的交点所对应的流量应为各泵站的流量 $Q$。

从上述分析中可总结下列几点：

（1）除末站外，其余各站的出站压头曲线与站间管道特性曲线交点的横坐标，必须在全线工作流量之右，这样才能保证下一站正压进泵。而在末站则二者刚好重合。

（2）各站的进口压力不仅随相邻的上站泵站特性及站间管道特性的变化而变化，而且还随全线的输量改变而改变。对某一站间而言，若其泵站特性和站间管道特性保持不变，当因下游站故障而引起输量下降时，该站的进口压力将升高。

（3）由于全线输量改变而引起各站进出口压力变化的幅度，随各站的管道特性及泵站特性的陡度不同而不同。管道特性及泵站特性相对陡的站间，其进出口压力变化较大。

2) 泵站出力不足的情况

在图 4-5-4(a)中，当全线正常工作时，全线总的泵站特性曲线 $C$ 与总的管道特性曲线 $T$ 交于 $A_0$ 点，此时首站和二站的泵站特性曲线分别为 $I_C$ 和 $II_C$。第一站间和第二站间管道特性曲线分别为 $I_T$ 和 $II_T$。全线在 $Q_{A0}$ 下工作时，首站出站压头为 $H_{A1}$，第二站进站压头为 $h_2$。

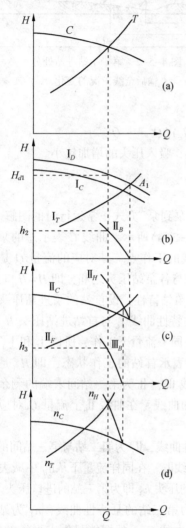

图 4-5-3 密闭输油管线特性分析

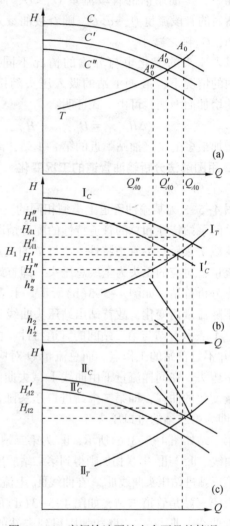

图 4-5-4 密闭输油泵站出力不足的情况

当沿线有 $n$ 个泵站时，同样可作出第三第四个站的曲线图解。这里只分析头两个站的情况，就可代表一般了。

当首站的电动离心泵机组，因电力系统发生故障或叶轮磨蚀而使首站的泵站特性由 $I_C$ 下降为 $I'_C$ 时，如图4-5-4(b)所示。此时引起总的泵站特性由 $C$ 下降到 $C'$，使系统的工作点左移到 $A'_0$，全线输量由 $Q_{A0}$ 减少到 $Q'_{A0}$。在这种情况下当输量为 $Q'_{A0}$ 时，首站给出的压力为 $H'_{A1}$，从图中看出，$H'_{A1} < H_{A1}$。第二站泵给出的压头可从图4-5-4(b)的曲线 $II_C$ 上得到为 $H'_{A2}$。显然 $H'_{A2} > H_{A2}$（第二站正常工作时泵给出的压头）。可见，由于首站泵出力不足，泵给出的压头下降，从而造成后面正常工作泵站的泵给出的压头有所增高。

同时，由于输量减少为 $Q'_{A0}$，第一站间管道所消耗的摩阻减少到 $H'_1$。此时，第一站间管道的剩余压头，即第二站的进口压头由 $h_2 = H_{A1} - H_1$ 改变为 $h'_2 = H'_{A1} - H'_1$，虽然此时 $H'_{A1} < H_{A1}$，$H'_1 < H_1$，但总是 $h'_2 < h_2$。这是因为整个变化过程是由于首站出力不足而引起的，即首站压头下降在过程中是主导因素，因此总是

$$H_{A1} - H'_{A1} > H_1 - H'_1$$
$$h'_2 = H'_{A1} - H'_1 < h_2 = H_{A1} - H$$

这样一来，造成二站的进口压头下降。如果第二站的进口压头降到小于允许值时，则会引起第二站泵的入口发生气蚀现象，破坏泵站的正常工作。

另一种情况，首站工作正常，而第二泵站出力不足，其泵站特性由 $Ⅱ_C$ 降为 $Ⅱ'_C$，总的输油站特性曲线由 $C$ 降到 $C''$。系统的总工作点左移到 $A''_0$，全线的输量由 $Q_{A0}$ 降低到 $Q''_{A0}$，如图 4-5-4(a) 所示。

工作正常的第一输油站特性曲线和管道特性曲线都没有变，所以第二站的进口压头曲线也没有变。但由于全线输量由 $Q_{A0}$ 降至 $Q''_{A0}$，故正常工作的第一站间的工作压头由 $H_{A1}$ 升到 $H''_{A1}$，第一站间摩阻损失由 $H_1$ 降为 $H''_1$，因而第二站的进口压头也由 $h_2 = H_{A1} - H_1$ 上升为 $h''_2 = H''_{A1} - H''_1$。由于 $H''_{A1} > H_{A1}$，而 $H''_1 < H_1$，使二站进口压头将有较大增长，即 $h''_2 > h_2$ 较多，当 $h''_2$ 大于最大允许值时，将造成第二站泵机组吸入端的过滤器或阀门垫片刺破或泵的入口泄漏等事故。

由此可见，当某泵机组出力不足时，将会引起该站进口压头上升或后一站进口压头下降。当压力波动值超过允许范围时，必须采取措施排除故障，或调整各站工作参数，以保证全线正常工作。

3) 管道摩阻增加情况

在上例管道系统中，如因第一站间管道局部堵塞而破坏了系统的协调工作(见图 4-5-5)，这时第一站间管道特性曲线变陡，而使全线总的管道特性曲线变陡。系统的工作点由 $A_0$ 往左移到 $B_0$，全线输量由 $Q_{A0}$ 降为 $Q_{B0}$，全线所需总压头由 $H_{A0}$ 上升为 $H_{B0}$。

在第一站间，由于管道特性曲线变陡，在泵站特性不变的情况下，使第二站的进口压头由 $h_2$ 降到 $h'_2$，当 $h'_2$ 小于最小允许值时，第二站将有气蚀现象发生。

在另一种情况下，如果第二站间管道阻力增加，系统的工作点还是移到 $B_0$ 点。此时由于全线输量下降，使第一站间阻力损失减少，第二站的进口压头升至 $h''_2$。这时可能造成两种事故：一是使第二站进站处的压头超过设备允许的最高压力而损坏设备；二是第二站出口压头过高超过管子允许强度而引起事故。出口压头升高由两方面因素造成：一是过高的进站压力叠加在出口压力上；二是输量下降使本站给出的压头升高到 $H'_B$。出站压头为：

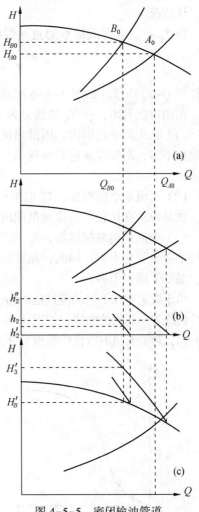

图 4-5-5　密闭输油管道
阻力增加的情况

$$H_2' = H_B' + h_2''$$

为防止上述事故发生，应及时清扫管道，排除事故隐患，或采取相应措施调整全系统的工作。

## 二、热油管路的工作特性

从苏霍夫公式 $h_f = \beta \dfrac{Q^{2-m} \nu^m}{d^{5-m}} L$ 中可以看出，在管径、管长和流态 $\beta$ 一定的情况下，影响摩阻 $h_f$ 的因素是流量和黏度。

流量对摩阻的影响是表现在油流的速度上，即通过流速反映出来流量大，速度也大，因此摩阻大；反之，流量小，速度也小，摩阻就小。

热力因素对摩阻的影响，表现在黏度上。当出站温度 $T_R$ 一定时，随着流量增加，根据苏霍夫公式，进站温度升高，平均温度升高，黏度减小，摩阻也随之减小，这与速度对摩阻的影响正好相反，反之亦然。

那么，当流量发生变化时，摩阻究竟如何变化取决于上述两个因素中哪一个起主导作用。在某种情况下是 $\nu$ 起主导作用，而在另一种情况下 $\nu$ 又起主导作用，这就要看流量变化的具体情况。

设 $T_R$ 一定，看流量 $Q$ 对进站温度 $T_Z$ 的影响。由苏霍夫公式

$$T_Z = T_0 + (T_R - T_0) e^{-\frac{K\pi D}{\rho c} l_q \frac{1}{Q}}$$

可作出 $Q$-$T_Z$ 曲线，如图 4-5-6 所示。

由图可以看出，$Q$-$T_Z$ 曲线分为三个部分：

（1）在小流量范围内，因散热很快，$T_Z$ 上升得慢，基本上接近地温 $T_0$，因此平均油温也增加不多，对黏度 $\nu$ 的影响就小。就是说，在小流量范围内，随着流量的增加，黏度下降得很少。

（2）当流量继续增加，$T_Z$ 增加得很快，平均油温也增加得很快，因此黏度 $\nu$ 有明显下降。就是说，在比较大的流量范围内，随着流量的增加，黏度下降得很多。

（3）如流量再继续增加，$T_Z$ 将趋近于 $T_R$，且不再有很大的变化（因为 $T_Z$ 不会超过 $T_R$），平均油温也变化不大，因此，黏度也就不会有多大的变化。即在大流量范围内，随流量的增加，黏度下降得不多。

由于管道中在不同的流量范围内，黏度对摩阻损失的影响程度不同，就导致了热油管道的特性曲线为一起伏的曲线，如图 4-5-7 所示。显然，其特性曲线形式要比等温管道复杂。由图看出，热油管道的特性曲线也可分为三个不同的区域，即I区、II区和III区。各区的特点如下：

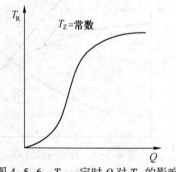

图 4-5-6　$T_R$ 一定时 $Q$ 对 $T_Z$ 的影响

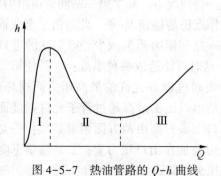

图 4-5-7　热油管路的 $Q$-$h$ 曲线

Ⅰ区为小流量区，摩阻损失随着流量的增加而急剧增加，特性曲线很陡。由上所述，这是由于在该区内，终点油温 $T_Z$ 随流量 $Q$ 的增加变化不大，油流黏度 $\nu$ 下降不多，影响不大，流速对摩阻损失的影响起主导作用。

Ⅱ区为中等流量区。该区内随着流量增大，平均油温上升很快，致使因黏度下降所减少的摩阻损失超过了因流速增加所产生的摩阻损失，黏度对摩阻损失的影响起主导作用，因此，特性曲线呈下降趋势。

Ⅲ区为大流量区。该区内在流量增加到一定程度时，平均油温上升达到极限，黏度对降低摩阻损失的影响不存在了，起主导作用的是流速，因此，摩阻损失随着流量的增加而增加，特性曲线呈上升趋势。

由以上分析可知，Ⅲ区为管道的稳定工作区；Ⅰ区流量很小时，却消耗很大的压头，称为非工作区；Ⅱ区为不稳定工作区，因为当热油管道系统由于某种故障使流量减少时，摩阻损失反而增加，从而使离心泵的排量降低。摩阻损失进一步增大，泵的排量继续降低。这种恶性循环状态，会使工作点移至Ⅰ区内，甚至会使整个管道系统陷入停输的困境。由此可见，热油管道如在Ⅰ区或Ⅱ区内运行，既不经济又不安全，操作上必须避免。对于利用节流调节流量的热油管道，当输量较低时，如调节流量不当，就可能发生不稳定的工况，生产中必须特别注意。

热油管道运行中，对输送量和输送压力的变化要做经常的分析，一旦发现由于某种原因使工作点接近Ⅱ区或已进入Ⅱ区时，可迅速采取如下措施，使其回到Ⅲ区：

（1）提高出站油温，减少管道摩阻；

（2）增开备用泵，提高泵站出站扬程；

（3）增大阀门开度，减少节流；

（4）输入黏度较小的油。

如果泵站所能提供的压头超过Ⅰ区与Ⅱ区边界上的压头损失，而且是在管路和设备强度的允许范围之内，这使工作点恢复到Ⅲ区不会有什么困难。

要说明的是，不是对每一种热油都会出现Ⅱ区。对含蜡原油来说，一般不会出现Ⅱ区，因 $T_Z$ 通常必须高于凝固点。因在输送温度范围内的黏温曲线比较平坦，且在紊流条件下工作，故在此区内，摩阻与黏度的 0.25 次方成正比。只有当温度较低，油出现非牛顿流体性质时，才有可能出现Ⅱ区，这是因为温度较低，油的黏度大大增加的缘故。对高黏油来说，比如重油，出现Ⅱ区的可能性较大，因其黏温曲线陡，且在层流流态下工作，摩阻与黏度的 1 次方成正比，而且Ⅱ区的范围也较大。出现Ⅱ区主要是在层流流态下，其根本因素是油的黏温特性，即在某个温度范围内，温度的微小变化就会引起黏度的急剧变化，使得黏度成了影响摩阻的主要因素。

## 三、输油管道的调节

输油管道在正常输送时，全线基本处于稳定运行状态。各站进、出站压力在允许范围内，各站设备、全线水力效率均应处于相对最佳条件。当有计划地改变输量或因某种故障引起输量变化时，管道的能量供需发生变化。对于装备离心泵的管道系统，输量减小，输油泵的扬程会增加，而管道的摩阻损失会减少；输量增大，变化趋势相反。为了维持管道的稳定运行，就需要对管道系统进行调节。

输油管道的调节是通过改变管道的能量供应或改变管道的能量消耗，使之在给定的输量条件下，达到新的能量供需平衡，保持管道系统不间断、经济地输油。

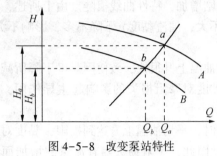

图 4-5-8　改变泵站特性
对工作点的调整

**1. 改变泵站工作特性**

改变泵站特性即是改变总的能量供应，从而实现对输油管道的调节。如图 4-5-8 所示，当泵站特性由 $A$ 降为 $B$ 时，由于全线提供的总压力减小，管道的输送能力降低，流量从 $Q_a$ 下降为 $Q_b$，全线需要的总压头从 $H_a$ 降为 $H_b$。改变泵站工作特性主要有如下几种方法。

1）改变运行的泵站数或泵机组数

这种方法可以在较大范围内调整全线的压力供应，适用于输量波动较大的情况。对于串联泵机组密闭输送的管道，可以调整全线各站运行的泵机组数和大、小泵的组合方式，改变管道输量，实现全线能量供应的调整。

采用并联泵机组的管道系统，可以改变站内运行的泵机组数和全线的泵站数，从而改变通过每台泵的排量和泵站扬程，尽可能使每台泵工作在高效区，并实现全线能量供应的调整。

2）泵机组调速

泵机组调速可以改变离心泵特性，实现离心泵特性的连续变化，一般适用于输量小范围波动所要求的调节，或作为上面两种措施的辅助调节措施。对于串联泵机组密闭输送的管道系统，全线可仅对一台泵实行调速。对于并联泵机组的管道系统，只需要对运行的部分泵机组进行调速。

3）换用（切削）离心泵的叶轮直径

改变离心泵的叶轮直径也可以改变泵特性。由于装配叶轮操作复杂，工作量大，一般这种方法仅适用于调整后的输量可维持时间比较长的情况。切削叶轮时需注意离心泵叶轮的允许切削范围。对多级泵，还可通过拆卸离心泵的级数达到调节的目的。

**2. 改变管道工作特性**

改变管道工作特性即是改变管道总的能量消耗。

1）出站前节流

通过关小干线阀门（多数情况是出站调节阀）的开度，人为增加阀门的局部阻力，从而改变管道总的能量消耗。如图 4-5-9 所示，管道调节前的工作点为 $a$ 点。关阀节流后，由于流动阻力的增加，管内流量变为 $Q_b$。此时，管道的总摩阻损失 $H_1$，泵站提供的总压头为 $H$，$\Delta h$ 即为阀门的节流损失。由于节流损失的增加，使管道特性曲线变陡了，致使工作点发生了变化，如图中虚线 $B$ 所示。这种方法称为节流调节。

阀门节流调节是简单易行的调节方法，但能耗大。一般情况下，如机组不能调速，前苏联文献认为当调压时间不超过调压后输送时间的 3%～5%，调压幅度不大于一台泵机组扬程的 10%～25% 时，使用节流法调压是合适的。

2）采用回流调节

当泵机组出口采用回流调节时，泵所排出的液流一部分经旁路流回到泵的进口，使泵机组在发出同样功率的情况下，输入管道的流量因回流而减少。回流量越大，即输入管道的油量减少

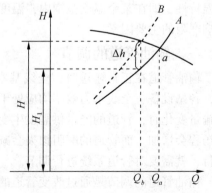

图 4-5-9　阀门节流时的工况

越多。

回流调节是常用的较方便的调节方法，可根据泵的出口压头变化调节回流阀的开度，但回流调节的能量损失很多，只适用于少量调节。

3）改变所输油品的黏度

对于热油管道，可在热力条件允许的范围内调节加热温度，改变油品黏度，使管道摩阻上升或下降。在某些特殊情况下，也可掺入轻质油或稀释剂来降低油品黏度使管道摩阻下降。

**3. 输油管道的调节原则**

对输油管道进行输量调节，应在完成输送任务的前提下，以全线能耗费用最低为基本原则。对于密闭输送的管道系统，全线是一个统一的水力系统。管道稳定运行时，应根据沿线各站的能耗单价(如电价)和管道、泵站的承压能力，综合考虑全线泵站和站内泵机组的组合方式，尽量提高低电价泵站的能量供应，减少高电价泵站的能量供应，在优先改变全线泵站能量供应的基础上，使节流损失减为最小。

对于以"旁接油罐"方式工作的长输管道，各站间为独立的水力系统。管道调节主要是各站间的调节。同样是优先改变泵站的能量供应，并使站间节流损失最小。各站间自行调节过程中，应尽量减小旁接油罐液位的变化，维持各站间流量的协调一致。当流量波动较大(大于1/3流量)时，应优先考虑改变运行的泵站数，然后再在小范围内对各站参数进行调整。

# 第五章 顺序输送管道工艺及混油控制与处理

## 第一节 成品油管道顺序输送工艺流程

成品油管道工艺流程与原油管线比较，除了没有加热设备，其余部分基本相同，但成品油管线需要设置大量油罐储存不同油品，如图 5-1-1~图 5-1-3 所示。

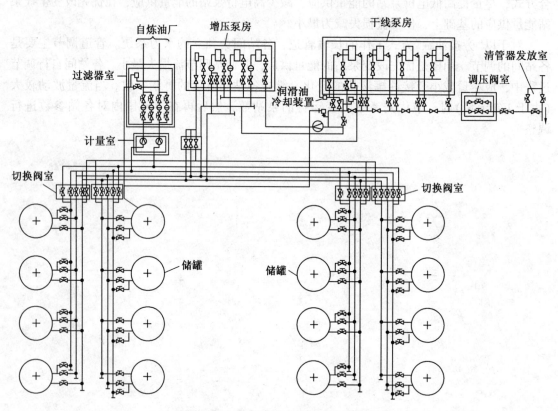

图 5-1-1 成品油管道首站工艺流程图

由于成品油管道在同一管道中输送多种油品，因此要采用循序输送的工艺流程。除成品油管道采用顺序输送方法之外，不同品质的原油也采用顺序输送方法，根据原油凝点不同分别采用加热顺序输送和不加热顺序输送方法。成品油管道输送方式为等温顺序输送，操作方法除不加热之外和原油管道相同。原油等温顺序输送操作方法和成品油管道顺序输送相同，原油加热顺序输送方法和原油加热输送方法基本相同。顺序输送一般采用密闭输送也可采用旁接油罐方式输送，但在两种油品交界处必须提前改为密闭输送方式。等温输油管道设计计算方法全部适用成品油管道。同样，加热输送管道设计计算方法全部适用原油管道加热顺序输送。

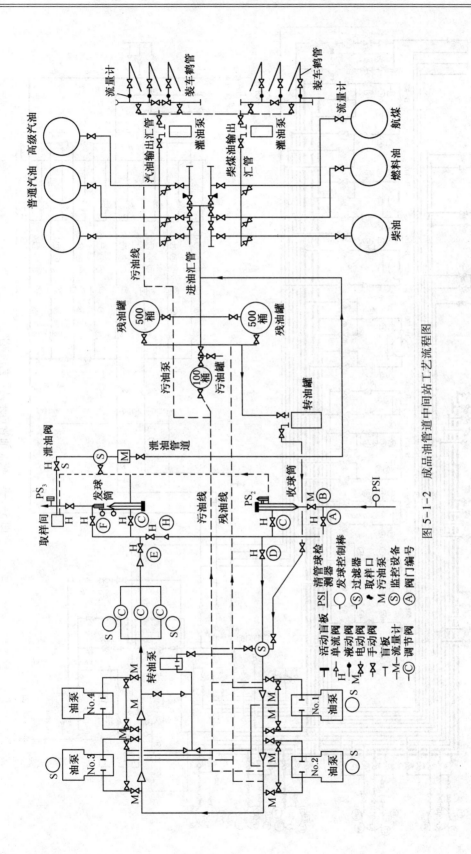

图 5-1-2　成品油管道中间站工艺流程图

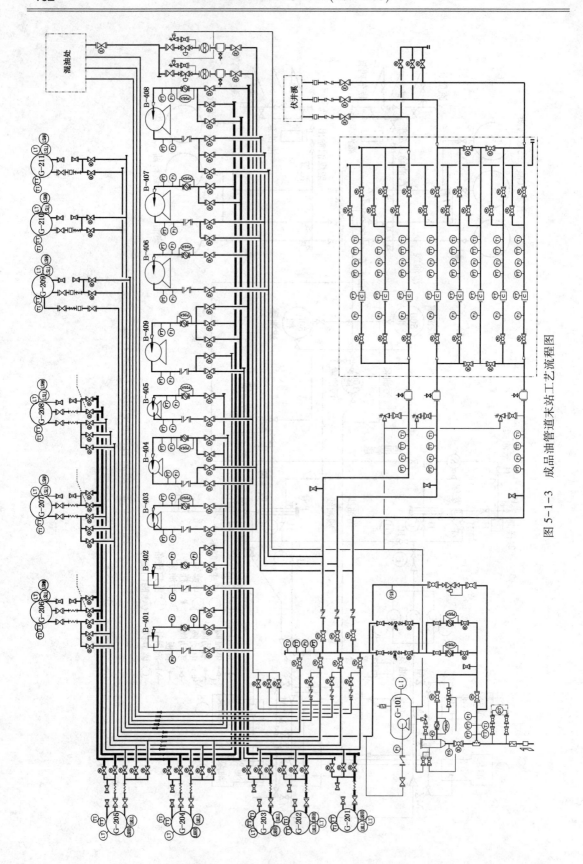

图 5-1-3　成品油管道末站工艺流程图

# 第二节　顺序输送管道混油的控制

有四种因素对混油的形成产生影响，即初始混油、流速变化、黏度差异、密度和停输的影响。初始混油的形成对短管道有很大影响。产生流速变化的原因有管道变径、中途卸油、流速调节、两种油品的黏度和密度存在差异等。当顺序输送黏度差异很大的两种成品油时混油量就会增加，而不同的输送顺序对混油量也有明显影响。在正常条件下，两种油品的密度差异对混油的形成影响不大，可以忽略不计。但是如果管道发生事故性停输，且停输管段位于崎岖不平的地段，混油量也会增加。此外，大口径管道、管道上的死岔线和线路上的平行副线也会使混油量有所增加。为了减少混油可以采用隔离措施，即人为地用一种物质将两种油品隔开来降低或消除混油。

**1. 初始混油的影响**

成品油管道首站是在不停输的情况下进行油品切换的。在两种油品切换的同时，在阀门快速动作的一段时间内，两种成品油同时进入管道，于是在管道首段便形成所谓的初始混油。混油量的大小和阀门的切换时机和切换速度有关。掌握好切换时机后，阀门切换时间越长混油量越大。为了减小初始混油，应尽量减小开关阀的时间，如用球阀代替闸板阀。采用闸阀时，由于开关阀门的时间较长，因此混油增多，而球阀切换时开关时间短，因而可明显减少混油。一般来说初始混油量是一定的，因此初始混油对短管道影响较大。

**2. 混油在流速变化的情况下形成**

在管道变径的地方和途中卸下部分成品油的地方，成品油的流速还可发生跳跃性变化。如在调节流量时以及在切换成品油过程中因两种油品黏度和密度的差异而改变流量时，成品油的流速也可发生平缓变化。此外，在管道变

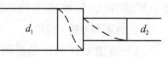

图 5-2-1　混油段的长短随管径的大小发生变化

径的地方，如果 $d_1 > d_2$，混油段将被"拉长"；如果 $d_1 < d_2$，混油段将被"压短"（见图 5-2-1）。因此，在混油段流动过程中，输油速度可随时间而变化。

混油段尽量不用副管。

**3. 黏度差异对混油形成过程的影响**

当顺序输送黏度差异很大的两种成品油时，混油量会增加。如果两种油品的黏度不同，其输送顺序对混油量和浓度沿混油长度的分布具有一定的影响。如果黏度较大的成品油在前，黏度较小的成品油在后，那么这种顺序输送的混油量要比相反顺序输送这两种成品油时的混油量多 10%~15%。为了减小因黏度差异形成的混油，需对成品油顺序输送的次序进行合理的组织和安排，一般可采取如下办法：

（1）合理安排输油次序。一般应先输黏度较小的油品，后输黏度较大的油品。

（2）根据需要与实际可能（油罐容积允许），合理安排输油批次。尽量将同一种油品集中到一起输送，增大输油批量，尽可能减少输油中油料品种的改变次数。

（3）尽量把黏度和密度较接近的两种油品安排在一起先后输送。两种油品黏度和密度相近，顺序输送时造成的混油少；利用相邻两种油品的质量潜力保证其首尾形成的混油有一定的质量补偿。

（4）避免深色油品与浅色油品相邻输送。

（5）尽量提高输送流速，特别是两种油品交替时更应尽量加大流速。研究表明：输送时流速越大，造成的混油越少。当油流的雷诺数 $Re>10000$ 时混油量很少。

**4. 密度和停输的影响**

对于顺序输送的两种成品油来说，其密度的差异对混油量的影响远小于黏度的差异对混油量的影响，在正常的输送条件下这种影响可以忽略不计。但是，在混油段发生事故性停输的情况下，密度的差异可大量增加混油量。特别是如果地形崎岖不平，且高密度成品油处于斜坡的高处，而低密度成品油处于斜坡的低处时更是如此。停输时，如果高密度成品油位于斜坡的上方（这是一种最危险的情况），那么，由于高密度成品油具有沿斜坡向下的流展性，因而会大量增加混油量。为减少混油量要尽量少停泵，停泵次数越多造成的混油越多。必须停泵时，应选择停泵时机，尽量使两种油品的交界处处在较平坦的地段上。若必须在交界面处于较大坡度的地段时停泵，则应使密度小的油品在上，密度大的油品在下。

另外，如果混油段的停输发生在大口径水平管道，混油量也会有明显的增加。停输时间超过 4h，应将混油段相邻的两端阀门关闭。停输时如果高密度成品油处于斜坡的下方，低密度成品油在上方，混油量不会有明显的增加。主管道上的死岔线和线路上的平行副线（如河流穿越中的平行管段）也能影响混油量。比如，死岔线中原来输送的是柴油，现在输送的是汽油，在输送过程中留在死岔线中的柴油会逐步地被后来的汽油从死岔线中冲出，因而汽油的质量会有明显的下降。

**5. 采用隔离措施是减少混油的有效手段**

隔离就是在顺序输送时人为地将两种油品隔开从而可基本消除混油。目前，隔离方法主要有隔离球法（隔离塞法）和隔离液法。这些隔离措施有的在国外应用得较好，效果很明显。

1）隔离球（塞）隔离

这一方法是在顺序输送时在两种油品之间采用一个球（塞）将两者隔开，在输送时靠油的压力推动球向前运动，从而达到隔离两种油品、减少混油的目的。采用隔离球（塞）时对管路的要求较高，一方面要求管子精度高，各处管径严格一致；另一方面要求管道中的阀门开启后其开口与管子内径吻合。这样才能保证隔离球（塞）顺利通过管道，并且混油少。隔离球（塞）通常用具有一定弹性，而且由耐磨、耐油的材料制成。

实践证明，如果隔离球与管壁间不严密，将会降低隔离效果。

2）隔离液隔离

隔离液隔离就是在顺序输送时，在两种没有太大质量潜力的油品之间加入第三种油品，第三种油品有一定质量潜力，并和两种油品质量相近，从而减少混油。如在汽油与柴油之间放入一段煤油。这种方法简单易行，不需改变原管道和设备，对管道也没有特殊的要求。

油品通过中间站也会增加混油，在混油头到达中间站前要提前改为密闭输送。

# 第三节　顺序输送管道的混油切割与处理

混油处理方法主要有掺混法、蒸馏法、金属氧化物处理法、碱处理法、过滤法等，较为常用的和最简单的混油处理方法是掺混法。

在顺序输送过程中形成的混油，可以按允许量掺入到成品油中，掺入混油后的成品油还应符合国家质量标准。因为来自炼厂的成品油，通常具有某些指标的"质量裕量"，如汽油的终馏点和辛烷值、柴油的闪点等。为了弥补燃油在储运中可能恶化的质量特性，这种"质量裕量"是必要的。由于从管道末站出来的成品油多数情况下是直接给用户使用的，我们可以利用这种"质量裕量"给他们掺入不太多的混油。其数量取决于一种油品加入另一种油品所允许的掺混浓度。

根据前苏联的经验，柴油在汽油中以及汽油在柴油中的允许浓度可按表5-3-1和表5-3-2确定。

表 5-3-1　由原始车用汽油终馏点 $t_{6.и}$ 质量潜力的柴油在车用汽油中最大允许浓度 $K_{д.т}$

| 质量潜力 | $t_{6.и}$/℃ | | $K_{д.т}$/% | 质量潜力 | $t_{6.и}$/℃ | | $K_{д.т}$/% |
| --- | --- | --- | --- | --- | --- | --- | --- |
| | 夏[$t_6$]=195℃ | 冬[$t_6$]=185℃ | | | 夏[$t_6$]=195℃ | 冬[$t_6$]=185℃ | |
| 1 | 194 | 184 | 0.06 | 11 | 184 | 174 | 0.66 |
| 2 | 193 | 183 | 0.12 | 12 | 183 | 173 | 0.72 |
| 3 | 192 | 182 | 0.18 | 13 | 182 | 172 | 0.78 |
| 4 | 191 | 181 | 0.24 | 14 | 181 | 171 | 0.84 |
| 5 | 190 | 180 | 0.30 | 15 | 180 | 170 | 0.90 |
| 6 | 189 | 179 | 0.36 | 16 | 179 | 169 | 0.96 |
| 7 | 188 | 178 | 0.42 | 17 | 178 | 168 | 1.02 |
| 8 | 187 | 177 | 0.48 | 18 | 177 | 167 | 1.08 |
| 9 | 186 | 176 | 0.54 | 19 | 176 | 166 | 1.14 |
| 10 | 185 | 175 | 0.60 | 20 | 175 | 165 | 1.20 |

表 5-3-2　由原始柴油闪点 $t_{д.т.и}$ 质量潜力确定的车用汽油在柴油中的最大允许浓度 $K_6$

| 质量潜力 | 柴油 л [$t_{д.т}$]=40℃ | | 柴油 л [$t_{д.т}$]=61℃ | | 柴油 л [$t_{д.т}$]=35℃ | |
| --- | --- | --- | --- | --- | --- | --- |
| | $t_{д.т.и}$ | $K_6$/% | $t_{д.т.и}$ | $K_6$/% | $t_{д.т.и}$ | $K_6$/% |
| 1 | 41 | 0.06 | 62 | 0.04 | 36 | 0.07 |
| 2 | 42 | 0.12 | 63 | 0.08 | 37 | 0.14 |
| 3 | 43 | 0.18 | 64 | 0.12 | 38 | 0.21 |
| 4 | 44 | 0.24 | 65 | 0.16 | 39 | 0.28 |
| 5 | 45 | 0.30 | 66 | 0.20 | 40 | 0.34 |
| 6 | 46 | 0.36 | 67 | 0.24 | 41 | 0.41 |
| 7 | 47 | 0.41 | 68 | 0.28 | 42 | 0.47 |
| 8 | 48 | 0.46 | 69 | 0.31 | 43 | 0.53 |
| 9 | 49 | 0.52 | 70 | 0.34 | 44 | 0.59 |
| 10 | 50 | 0.57 | 71 | 0.38 | 45 | 0.64 |
| 11 | 51 | 0.62 | 72 | 0.41 | 46 | 0.70 |
| 12 | 52 | 0.66 | 73 | 0.44 | 47 | 0.75 |
| 13 | 53 | 0.71 | 74 | 0.48 | 48 | 0.80 |
| 14 | 54 | 0.75 | 75 | 0.51 | 49 | 0.85 |
| 15 | 55 | 0.79 | 76 | 0.54 | 50 | 0.90 |

不同汽油和柴油相互间的允许混入浓度可以用下式计算:

$$K_{\text{д.т.т}} = \frac{[t_6] - t_{6.H}}{16.7} \quad [t_6] > t_{6.H} \tag{5-3-1}$$

$$K_6 = 0.061t_{\text{д.т.и}} - \sqrt{(0.061t_{\text{д.т.и}})^2 - 0.313(t_{\text{д.т.и}} - [t_{\text{д.т}}])} \quad t_{\text{д.т.и}} > [t_{\text{д.т}}]$$

$$\tag{5-3-2}$$

在有一定质量潜力的原始柴油产品中添加某一比例的车用汽油后,柴油的闪点按下式计算:

$$[t_{\text{д.т}}] = t_{\text{д.т.и}} + 3.2K_6^2 - 0.39t_{\text{д.т.и}}K_6 \tag{5-3-3}$$

式中　$K_{\text{д.т}}$——柴油在汽油中的最大允许浓度,%;

　　　$K_6$——汽油在柴油中的最大允许浓度,%;

　　　$[t_{\text{д.т}}]$——现行标准允许的柴油闪点,℃;

　　　$[t_6]$——现行标准允许的汽油终馏点,℃;

　　　$[t_{6.и}]$——有一定质量潜力的原始汽油终馏点,℃;

　　　$[t_{\text{д.т.и}}]$——有一定质量潜力的柴油闪点,℃。

根据辛烷值、酸度、密度、四乙铅含量和胶质含量以及硫含量指标来调整混油所需的油品数量,按以下公式计算:

$$P_A = \frac{x - x_B}{x_A - x}P_B \tag{5-3-4}$$

式中　$P_A$——有质量潜力 $x_A$ 的油品数量;

　　　$P_B$——有非标准指标 $x_B$ 的油品数量;

　　　$x$——标准允许的极限指标。

混油黏度不从属于比例法则,可按式 Кадмер 计算:

$$\nu_{CM} = K_A\nu_A + K_B\nu_B - \frac{k}{100}(\nu_A - \nu_B) \tag{5-3-5}$$

式中　$\nu_A$, $\nu_B$——混油中各组分的黏度($\nu_A$ 表示较大数值);

　　　$K_A$, $K_B$——混油中各组分的含量,%;

　　　$k$——实验系数,按表5-3-3的根据确定。

表5-3-3　实验系数 $k$

| $K_A$ | $K_B$ | $k$ | $K_A$ | $K_B$ | $k$ |
|---|---|---|---|---|---|
| 10 | 90 | 6.7 | 60 | 40 | 27.9 |
| 20 | 80 | 13.1 | 70 | 30 | 28.2 |
| 30 | 70 | 17.9 | 80 | 20 | 25.0 |
| 40 | 60 | 22.1 | 90 | 10 | 17.0 |
| 50 | 50 | 25.5 | | | |

如果已知 $A$ 油中允许混入的 $B$ 油浓度(用 $K_{BYA}$ 表示)和 $A$ 油罐的实际容量 $V_{BA}$,则 $A$ 油罐中允许混入的 $B$ 油量 $V_B$ 可由下式计算:

$$V_B = V_{GA} \cdot K_{BYA} \tag{5-3-6}$$

同样已知 $B$ 油中允许混入的 $A$ 油浓度(用 $K_{AYB}$ 表示)和 $B$ 油罐的实际容量 $V_{BB}$,则 $B$ 油罐

中允许混入的 $A$ 油量 $V_A$ 可由下式计算:

$$V_A = V_{GB} \cdot K_{AYB} \qquad (5-3-7)$$

由式(5-3-6)、式(5-3-7)可以确定在某一种纯净油品的储罐中,允许混入的另一种油品的体积。根据 $V_B$、$V_A$ 只要测出管道中的混油段浓度分布,就可以方便地确定混油头和混油尾的切割浓度。

在切割混油时,一般将靠近汽油段的混油切进汽油罐里,靠近柴油段的混油切进柴油罐里。切割长度可以由计算确定。在油罐容量足够大且油品有相当大的质量裕量的情况下,有时可以将全部混油直接从管道切入到各油罐。如果混油不能全部直接切进成品油罐,可先将其装进混油罐里,以后逐步添加到成品油罐中。一般带有混油的成品油应该首先发放给用户,不要长期储存。

# 第四节 顺序输送管道混油浓度检查

目前,国内外输油管线用于输送不同油品的界面检测方法大致有以下几种:密度型、电容型(测介电常数)、放射型(射线吸收、放射性物质标记)、记号型(茧光剂、惰性气体、色素染料)、声波型、热导型(测流体导热性能)、色度-透明度、测闪点、测蒸汽压、光折射率。

以下介绍几种国内外输油管线使用较多的界面检测系统。

## 一、密度型

用测量不同油品的密度差别来检测输油管线中不同油品的界面,是一种比较直接的检测方法,该方法很早就在国外广泛应用。

能够连续测量的密度型界面检测仪表有很多种,目前国外较多使用的是浮筒式和振动式。浮筒式密度型界面检测系统的一次仪表主要部件是计量箱、浮筒、连杆和平衡弹簧。从管线内油品取样,油样连续流入一个相对平衡的计量箱,随着油样密度的增加与减少,浮筒即下沉或上升。浮筒位置与油品密度成比例,压差变送器把一次信号送入记录仪表,从记录仪表所显示的密度变化可得知混油段的到达位置。

比较新型的密度计是一种振动式密度计。它的探针型结构的探头装在管道内部,并配备电子仪表系统,其原理是以振动物体的简谐运动结合牛顿第二定律,进行推理测量。某体积的一定质量的流体与一弹性物体作用,使其产生简谐运动。探针的振动周期与浸没它的液体有关,故通过测量其振动周期即可检测不同油品之间的界面。

混合油品的密度 $\rho_{混}$ 按下式计算:

$$\rho_{混} = V_1 \rho_1 + V_2 \rho_2 \qquad (5-4-1)$$

式中,$V_1$、$V_2$、$\rho_1$、$\rho_2$ 分别为前后两种油品的体积浓度和密度。

这样,只要我们测出混油的密度就可反算出混油的浓度。

## 二、记号型界面检测

这种方法是先把作为记号的物质溶解在与管线所输油品特性类似的有机溶剂中,再将示踪物的混合液从首站注入界面,在末站检测记号物质即可得知混油段。

示踪物质在首站注入,此时混油长度为零,示踪剂随混油段伸长而扩散。在输送条件不变的情况下,可根据测定的记号强度来确定"混油头"与"混油段"。记号物质可采用色素染料、萤光染料和具有高电子亲合力的化学惰性气体。

### 三、超声波检测仪

利用超声波在不同油品中的声速不同来测定油品的混油浓度。

如前行柴油的声时为 211.9μs，后行汽油的声时为 234.68μs，两种油品声时差 $\Delta T$ 为 22.78μs。某个浓度 $\tau$ 下的声时值 $T_x$ 可表示为：

$$T_x = T \pm \frac{\tau}{100}\Delta T \tag{5-4-2}$$

式中 $T$ 为前行油品的声时值。当前行油品为重油，求浓度点声时值时用"+"号，反之用"-"号。

根据这一公式，可计算两种油品任一浓度点声时值。例如后行油品占 10% 浓度时的声时为：

$$T_x = 211.9 + \frac{10}{100} \times 22.78 = 214.176(\mu s)$$

其余类推。

检查仪表通常安装在接收油品的末站。而且利用两个同类型的仪表，一个安装在末站的接收罐前面，第二个安装在距末站 10~15km 处。这种布置是为了预先获得混油到达信息和混油长度的浓度分布，以便在混油到达之前 1~2h 内能够完成必要的计算。

# 第六章　油气管道仿真技术

## 第一节　管道模拟仿真技术的发展

　　管道模拟仿真是通过管道基础数据建立该管道的数字模型，利用数字模型可以进行管道各种水力模拟仿真，掌握管道运行的水力规律。它是管道设计、生产管理、操作员教育培训和考核等工作中的一个重要环节。离线仿真就是通过人工提供有关管道参数和边界条件进行管道系统的设计、规划及管理方案分析论证；而在线仿真是它直接与实时采集系统（如SCADA系统）相联，由实时采集的数据作为仿真软件的边界条件，确定管道系统的工况变化情况。它可对实际管道的运行进行连续、实时地模拟。

　　油气管道不稳定流动仿真从20世纪60年代开始至今已有50多年历史。在油气管道系统的仿真软件中，最早被我国接受的是美国SSI公司的TGNET软件。广东天然气公司、四川石油设计院等多家单位曾采用TGNET这一软件进行管道系统的设计和管理。1996年原中国石油天然气管道职工学院引进美国Stoner公司开发的长输管道动态工况模拟软件SPS。此外国外公司还开发了VARISM、PCASIM、DTS等软件用于气体管道系统的仿真。近年来，国内由中国石油管道公司科技研究中心开发的管道仿真软件RealPipe，技术水平也已达到了国际先进水平。

　　随着计算机技术的发展，管道仿真技术正朝着智能化、精细化、网络化的方向发展，未来的管道仿真技术将更广泛、更深入地应用到管道设计、运行管理等方面，并将与虚拟现实、过程诊断技术、智能识别技术深度融合。

## 第二节　SPS简介

　　Synergi Pipeline Simulator（SPS）管道模拟仿真软件（原Stoner Pipeline Simulator软件）是一种先进的瞬态流体仿真应用程序，用于模拟管网中天然气或（批量）液体的动态流动。Stoner软件最早是美国Stoner Associates（Stoner）公司的产品，该软件主要用于管道管理、管网建模和管道仿真，可用于长输管道的离线模拟、在线模拟和操作员培训。目前该软件为DNV GL集团所有，新发布的10.2版本正式更名为Synergi Pipeline Simulator 10.2。该软件主要由以下5个模块组成：离线仿真器Simulator、培训器Trainer、预测器Predictor、在线仿真模块Statefinder和泄漏检测模块Leakfinder。

　　Simulator（仿真器）是一种先进的瞬态流体仿真应用程序，用于模拟管道中天然气或（批量）液体的动态流动。仿真器可以模拟任何在役的或规划设计中的管道，可对正常或非正常条件下，诸如管路破裂、设备故障或其他异常工况以及各种不同控制策略的结果作出预测。仿真器模拟设备运行状态，计算管道中的流量、压力、密度及温度等工艺参数，并随仿真计算的进程，在屏幕上相对于时间或距离以报表或图形的方式交互显示设备和管路参数。仿真的结果可用于打印和绘图。

Trainer 建立在 SPS 高保真水力学仿真精确性的基础上，为管道调度人员提供了一个完全模拟 SCADA 系统操作的环境。它是一套离线系统，就如同飞行员培训系统一样，Trainer 提供了完全仿真的 SCADA 环境。它可以真实地模拟管道中流体的动态工况和管道中设备的运行，操作员会感觉如同在操作真正的管道。操作员培训系统提供了一套开发工具，可以由用户自定义开发仿真培训系统的操作界面。培训器可以模拟所有操作员所需要的日常操作：启停泵或压缩机、改变任意点的压力和流量以及开、关阀等。所有这些操作与在真实的 SCADA 系统中的操作完全一样，但操作对 SCADA 系统没有任何影响。

Predictor 可以用于预测未来一段时间内管道的运行状态，它是一个实时在线系统，使用 Statefinder 得到当前管道的运行状态，预测器根据当前数据实时动态地对未来时间的管网进行预测。预测分为自动预测和条件预测。

Statefinder 通过 OPC 接口将 SCADA 系统数据实时地输入到仿真系统，根据 SCADA 数据，Statefinder 可以动态地模拟管道运行工况，与实际管道并行运行，计算出管道中各点的压力、流量、温度和管存等参数，并对 SCADA 系统所采集的数据进行过滤等处理，将仿真软件的计算结果与 SCADA 实时数据相比较，如果超过设定的偏差值则会自动报警，以提醒管道操作员可能有故障发生，所以，在线仿真系统能够监测实时管道的运行情况。

Leakfinder 由 Statefinder 和 Leakanalyzer（泄漏分析器）组成，Statefinder 使用 SCADA 系统的实时数据跟踪模拟管网的运行状态，当 SCADA 实时数据出现异常时，Statefinder 将会告知 Leakanalyzer，将此作为泄漏检测的数据基础。Leakanalyzer 详细检查这些异常数据，并分析是否为泄漏。如果泄漏检测系统发现了一个泄漏点，它将立刻发出警报并显示泄漏地点、泄漏时间、泄漏速度和泄漏总量，这些数据将及时地反映到 SCADA 界面或用户的自定义界面。

SPS 具有批量输送跟踪、瞬态仿真、成分跟踪、简化或详尽的控制系统仿真、简化或详尽的压缩机仿真、热力仿真、多种状态方程选择、气源跟踪等计算功能。图 6-2-1 为 SPS 在线仿真系统构架图。

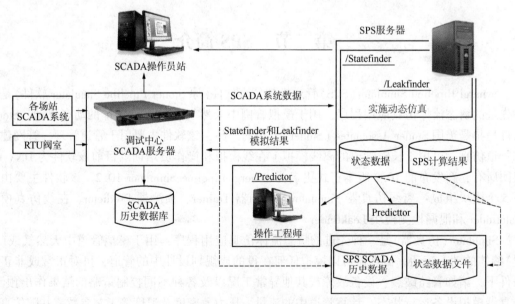

图 6-2-1　SPS 在线仿真系统

# 第三节　SPS 仿真器主要模块及功能

SPS 仿真器(Simulator)是瞬态流体仿真程序离线仿真、在线仿真和仿真培训的基础。仿真器由以下模块组成(见图 6-3-1):

(1) ▓▓建模模块(MODEL BUILDER):是一个图形化的建模工具,可以方便地建立 SPS 模型。

(2) ▓▓预处理模块(PREPR):设置管道、设备及流体的相关参数。

(3) ▓▓瞬态模拟模块(TRANS):完成以时间为变量的模拟计算,可以查看变量在距离上的变化趋势图和随时间变化的趋势图。

(4) ▓▓附加窗口(TPORT):TRANS 模块的附加窗口,可以创建多窗口模拟。

(5) ▓▓数据查看模块(SimPlot):用于查看模拟计算结果。

SPS 仿真模型主要由 INTRAN 文件和 INPREP 文件或 MB 文件构成,此外还包括其他过程文件和输出文件等。INPREP 文件和 MB 文件其中有一个就可以构成完整的模型。INPREP 文件或 MB 文件是用来存储所建模型及其基本参数设置的,通过修改该文件可以对模型进行修改。INTRAN 文件是存储瞬态模拟的控制指令,是仿真模拟运行时必需的文本文件,通过它用户可以方便地控制和修改瞬态模拟的进行。

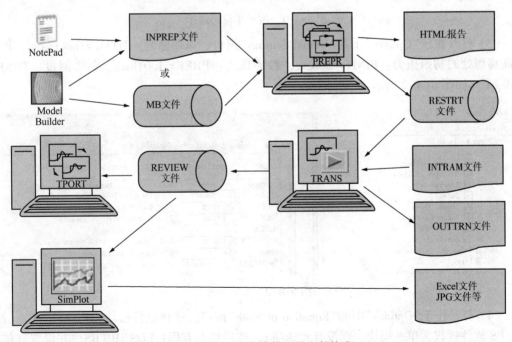

图 6-3-1　SPS 仿真模型的文件构成

INTRAN 由一系列的命令按一定语法规则构成,使用 ADL 语言(Application Definition Language),该语言为 SPS 特有的一种语言。

# 第四节　油气管道仿真模型的建立

## 一、创建 Gas model. MB

（1）打开 Model Builder，新建一个文件，保存到"D：\\Gas model"目录下，文件名为 Gas model，文件格式为 MB 文件。

（2）打开位于"Options"中的"Choose Units"窗口，指定使用英制单位还是公制单位并输入所有参数，如图 6-4-1 所示。

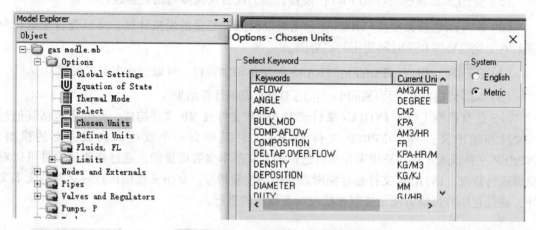

图 6-4-1　度量单位的选择

（3）打开位于"Options"下的"Global Settings"窗口，添加标题：TITLE = Gas model，设置最高高程处的初始压力：PINIT = 20barg，参考压力：PREF = 1.01bara，参考温度：TREF = 15deg C。如图 6-4-2 所示。

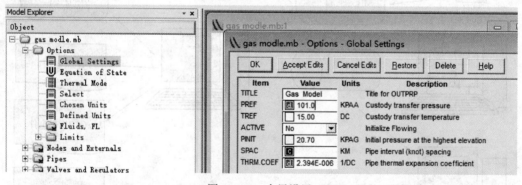

图 6-4-2　全局设置

（4）打开位于"Options"中的"Equation of State"窗口，选择软件模块：PHASE = Gas（注：若 SPS 软件授权为单一模块，则没有此选项），选择状态方程：EOS = BWRS，并设置气体组分。如图 6-4-3 所示。

（5）设置热模式。打开位于"Options"中的"Thermal Mode"窗口，选择当前模式：CUR-RENT_MODE = ISOTHERMAL，管道中的温度为定值，不随时间变化，温度设置：TEMP = 30deg C。如图 6-4-4 所示。

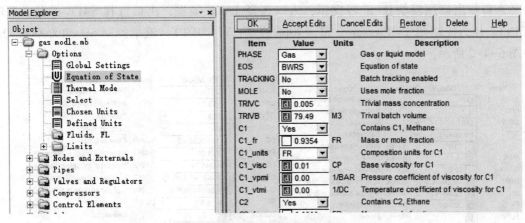

图 6-4-3　模块选择和气体参数

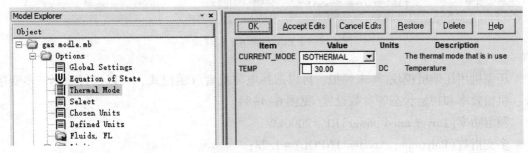

图 6-4-4　热模式设置

（6）保存 Gas model. MB 文件。

（7）运行 Validate（　）验证文件的有效性。

## 二、建立简单模型

在 Gas model 中绘制如图 6-4-5 所示的工艺流程，建立简单模型，绘制由入口（气源）、压缩机、管道、阀门和出口（外输）组成的简单长输管道系统，如图 6-4-6 所示。

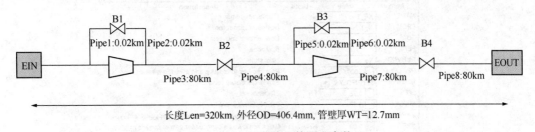

图 6-4-5　工艺流程简图和参数

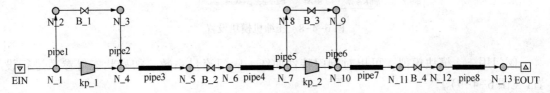

图 6-4-6　SPS 模型

入口和出口用模块 E 进行模拟，入口选择 TAKE 类型，出口选择 SALE 类型。入口（EIN）：压力控制 SPT = Pressure，SP = 70barg；出口（EOUT）：流量控制 SQ = 400000m³/h。如图 6-4-7 所示。

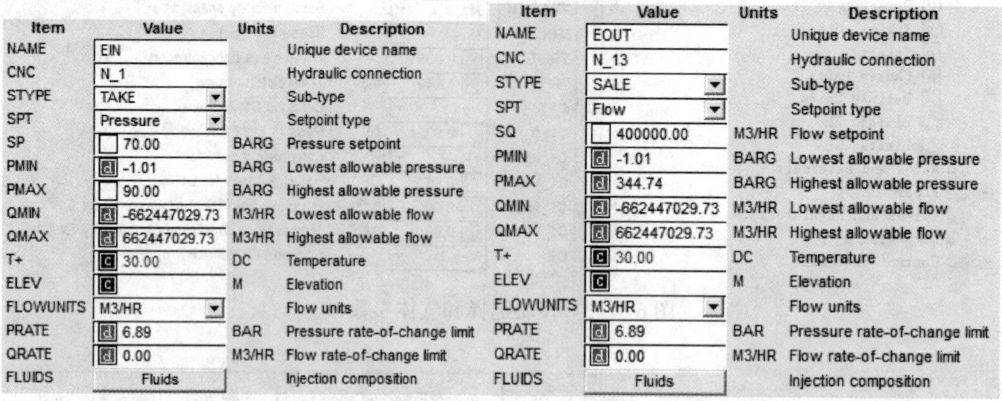

| Item | Value | Units | Description | Item | Value | Units | Description |
|------|-------|-------|-------------|------|-------|-------|-------------|
| NAME | EIN | | Unique device name | NAME | EOUT | | Unique device name |
| CNC | N_1 | | Hydraulic connection | CNC | N_13 | | Hydraulic connection |
| STYPE | TAKE | | Sub-type | STYPE | SALE | | Sub-type |
| SPT | Pressure | | Setpoint type | SPT | Flow | | Setpoint type |
| SP | 70.00 | BARG | Pressure setpoint | SQ | 400000.00 | M3/HR | Flow setpoint |
| PMIN | -1.01 | BARG | Lowest allowable pressure | PMIN | -1.01 | BARG | Lowest allowable pressure |
| PMAX | 90.00 | BARG | Highest allowable pressure | PMAX | 344.74 | BARG | Highest allowable pressure |
| QMIN | -662447029.73 | M3/HR | Lowest allowable flow | QMIN | -662447029.73 | M3/HR | Lowest allowable flow |
| QMAX | 662447029.73 | M3/HR | Highest allowable flow | QMAX | 662447029.73 | M3/HR | Highest allowable flow |
| T+ | 30.00 | DC | Temperature | T+ | 30.00 | DC | Temperature |
| ELEV | | M | Elevation | ELEV | | M | Elevation |
| FLOWUNITS | M3/HR | | Flow units | FLOWUNITS | M3/HR | | Flow units |
| PRATE | 6.89 | BAR | Pressure rate-of-change limit | PRATE | 6.89 | BAR | Pressure rate-of-change limit |
| QRATE | 0.00 | M3/HR | Flow rate-of-change limit | QRATE | 0.00 | M3/HR | Flow rate-of-change limit |
| FLUIDS | Fluids | | Injection composition | FLUIDS | Fluids | | Injection composition |

图 6-4-7　EIN 和 EOUT 模块设置

压缩机用压缩机模块 KC 来模拟，可以选择电驱或者气驱模式，可以进行功率、多变指数、机械效率和初始状态等参数设置（见图 6-4-8）。

额定功率（Driver rated power）RP = 2000kW；

多变指数（Polytropic exponent）NPOLY = 1.28；

机械效率（Efficiency）EFF = 0.95；

初始状态为启动；

为压缩机设置一个旁路止回阀 BYPCH = YES；

其他参数按系统的默认值设置。

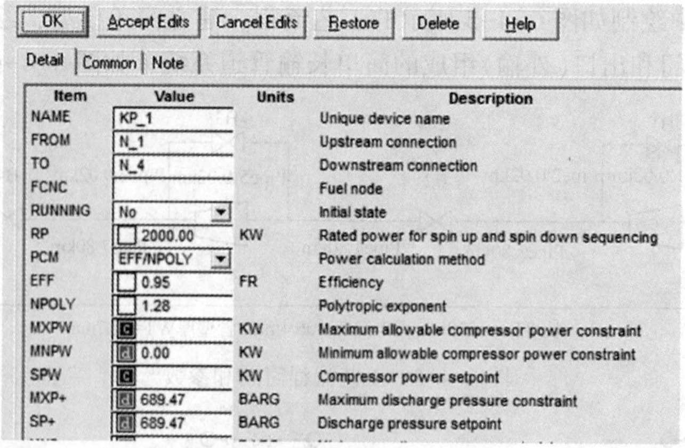

| OK | Accept Edits | Cancel Edits | Restore | Delete | Help |
|----|-------------|--------------|---------|--------|------|

Detail | Common | Note

| Item | Value | Units | Description |
|------|-------|-------|-------------|
| NAME | KP_1 | | Unique device name |
| FROM | N_1 | | Upstream connection |
| TO | N_4 | | Downstream connection |
| FCNC | | | Fuel node |
| RUNNING | No | | Initial state |
| RP | 2000.00 | KW | Rated power for spin up and spin down sequencing |
| PCM | EFF/NPOLY | | Power calculation method |
| EFF | 0.95 | FR | Efficiency |
| NPOLY | 1.28 | | Polytropic exponent |
| MXPW | | KW | Maximum allowable compressor power constraint |
| MNPW | 0.00 | KW | Minimum allowable compressor power constraint |
| SPW | | KW | Compressor power setpoint |
| MXP+ | 689.47 | BARG | Maximum discharge pressure constraint |
| SP+ | 689.47 | BARG | Discharge pressure setpoint |

图 6-4-8　压缩机模块设置

阀门用 BU 模块模拟，可以对阀门特性曲线、阀门流量系数、初始状态等参数进行设置（见图 6-4-9）。

B1、B2、B3、B4 初始状态为全开，即 FR = 1；

CV／时间开关曲线为直线：

全关位置的 CV 值：CVC = 0.001m³/h-kPa.5；

全开位置的 CV 值：CVO = 50000m³/h-kPa.5；

操作时间：T = 2min。

| Item | Value | Units | Description |
|------|-------|-------|-------------|
| NAME | B_1 | | Unique device name |
| FROM | N_2 | | Upstream connection |
| TO | N_3 | | Downstream connection |
| CRV-O | Linear (built-in) | | Valve coef vs time for opening |
| CRV-C | Linear (built-in) | | Valve coef vs time for closing |
| CVC | 0.001 | M3/HR-KPA.5 | Valve coef when fully closed |
| CVO | 50000.00 | M3/HR-KPA.5 | Valve coef when fully open |
| T | 2.00 | MIN | Travel time |
| FR | 1.00 | FR | Initial valve fraction |
| CHECK | No | | Has optional series check valve |

图 6-4-9　阀门模块设置

管道用 模块进行模拟，可以对管径、长度、壁厚等参数进行设置(见图 6-4-10)。

| Item | Value | Units | Description |
|------|-------|-------|-------------|
| NAME | pipe3 | | Unique device name |
| FROM | N_4 | | Upstream connection |
| TO | N_5 | | Downstream connection |
| LEN | 80.00 | KM | Pipe length |
| OD | 800.00 | MM | Outside diameter |
| WT | 12.70 | MM | Wall thickness |
| ROUGH | 0.02286 | MM | Colebrook roughness |
| TEMP | | DC | Initial fluid temperature |

图 6-4-10　管道模块设置

建模完成后，需先进行预处理 (prep)，显示警告和错误信息、限定值设置和单位摘要、设备摘要、连通性、设备计数、最小时间步长和 Knot spacing、预处理完成信息等。没有错误则提示建模成功。

## 三、修改 INTRAN 文件

建模完成后，点击 图标，打开 INTRAN 文件进行修改并添加一些逻辑指令来控制管道运行，进行模拟，默认是用 Windows 的记事本或文本编辑软件进行 gas model. intran 文件的修改。

模拟过程如下：

上游来气以 20000m³/h 的流量对管道进行充压，KP_1 入口压力达到 3.5MPa 时，关闭 B_1，启动 KP_1。同时 EIN 改为压力控制模式，设置压力为 4.8MPa。EOUT 改为流量控制模式，设置流量为 400000m³/h。

KP_2 入口压力达到 4MPa 时，关闭 B_3，启动 KP_2；向下游供气压力达到 7MPa，停 KP_2，当 KP_2 上下游压力平衡后打开 B_3。模拟运行过程中显示 KP_2 的运行状态和全线压力分布曲线。

修改 gas model. intran 文件如下：

```
BEGIN 0,                                    /* 开始一个新的仿真
+ BEGIN. TIME = 0,                          /* 开始时间从 0min 开始
+ END. TIME = 4320,                         /* 结束时间为 4320min 后
+ PRESSURE. TOLERANCE = 1E-4                /* 设定 DP = 1E-6
TRENDLIST *
SHARE  *
SET DTMAX = 2                               /* 设置步长为 2min
INTERACTIVE MSWIN                           /* 在 Windows 环境下进行交互式运
                                               行声明

MACRO(INIT, SHOW KP_1 PRESSURE)            /* 该语句可以指定几个 DSP 文件作
                                               为初始显示

POKE EIN: SQ = 50000
POKE EOUT: SQ = 0
WHENEVER (B_1: P- >= 35)                    /* 当 B_1 上游 压力高于 35
{
WAIT 30                                     /* 等待 30s
START KP_1                                  /* 启压缩机 KP_1
CLOSE B_1                                   /* 关闭阀门 B_1
POKE EIN: SP = 48
POKE EOUT: SQ = -400000
}
DEFINE FF = 0
WHENEVER(B_3: P- >= 40 & FF=0)             /* 当 KP_2 上游 压力高于 40
{
START KP_2                                  /* 启压缩机 KP_2
CLOSE B_3                                   /* 关闭阀门 B_3
POKE FF = 1
}
WHENEVER (EOUT: P >= 70 & FF=1)            /* 当 EOUT 压力高于 70
{
STOP KP_2                                   /* 停压缩机 KP_2
POKE FF = 2
}
WHENEVER (B_3: P- >= B_3: P+ & FF=2)       /* 当 B_3 上游压力不低于下游压力
{
WAIT 30                                     /* 等待 30s
OPEN B_3                                    /* 全开阀门 B_3
POKE FF = 3
}
```

```
WHENEVER（EOUT：P <= 50 & FF = 3）        /＊当 EOUT 压力低于 50
{
WAIT 30                                  /＊等待 30s
CLOSE B_3                                /＊全关阀门 B_3
START KP_2                               /＊启压缩机 KP_2
POKE FF = 1
}
```

点击 TRANS(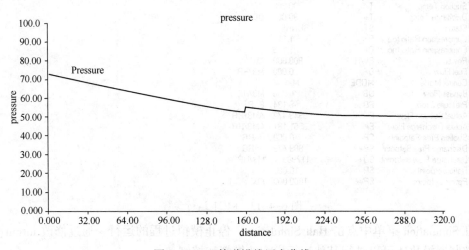)，启动模拟，显示 TRANS 窗口则模拟正在进行，在 TRANS 窗口中创建 Distance Plot(⚒)，创建沿线压力曲线，得到如图 6-4-11 所示的全线压力变化曲线。

图 6-4-11　管道沿线压力曲线

点击 Show(▨)，可以查看各设备和设备运行状态，如图 6-4-12 所示。

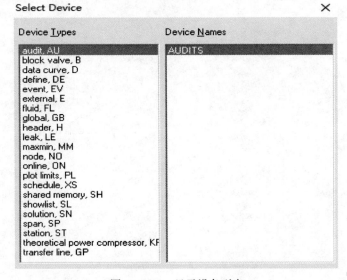

图 6-4-12　显示设备列表

点选压缩机选择可以选择显示 KP_1，参数如图 6-4-13 所示。

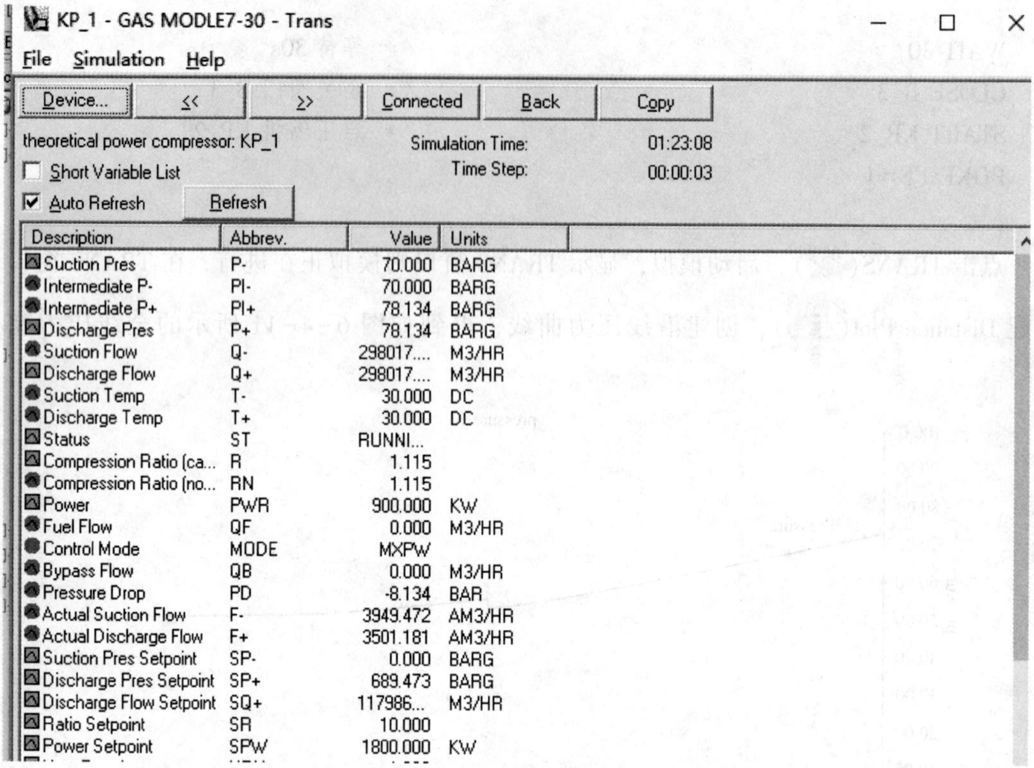

图 6-4-13　KP_1 运行参数

在 Simulation 菜单中点击 Halt Simulation，停止模拟过程的运行。通过修改 intran 文件和添加控制器模块还可以进行其他运行模式的模拟和控制。

# 第七章　石油管道添加剂技术

进入 21 世纪以来，随着世界各国经济的高速发展，世界各国对石油资源的需求量大幅度地增长，高含蜡、高凝点和高黏度的"三高原油"开采量大幅度增加。目前，我国进口原油的量已占全年消耗量的 50% 以上。为了满足国内原油的需求，中国石油天然气集团公司在过去 25 年开发了大量的国外油田，如苏丹的 1/2/4 油田、3/7 区油田和 6 区油田，哈萨克斯坦的 PK 油田、ADM 油田和北部扎齐油田，委内瑞拉油田、乍得油田、尼日尔油田等，并建设了数条原油长输管线，如 1999 年投产的苏丹的 1/2/4 油田到苏丹港的长 1500km 的外输原油管线，2004 年投产的 3/7 区油田到苏丹港的长 1371km 的外输原油管线和 6 区油田到喀吐穆炼油厂的长 900km 的外输原油管线，2006 年投产的哈萨克斯坦的阿塔苏到中国的阿拉山口的长 962.2km 的外输原油管线，2011 年投产的乍得的从罗尼埃油田中心处理站到达恩贾梅纳管道末站长 311km 的外输原油管线，2011 年投产的尼日尔阿贾德姆油田的 462.5km 外输原油管线，2014 年投产的乍得二期 Ronier-Kome 长约 197km 外输原油管线。

苏丹的 1/2/4 油田原油的蜡含量为 29.0%，胶质沥青质的含量为 7.2%，原油的凝点为 33℃，属于典型的高含蜡、高凝点和高黏度的"三高原油"。由于管线埋深处的土壤温度在 22℃ 左右，输油管线需要常年添加原油流动性改进剂来实现原油的常温输送。苏丹的 3/7 区原油的蜡含量为 27.6%，胶质沥青质的含量为 9.6%，原油的凝点为 39℃，黏度高达 2600mPa·s(35℃，20s$^{-1}$)，外输管线沿途地温(1m)最低温度为 23℃，需要添加原油流动性改进剂并同时在各站进行加热。乍得原油原油的蜡含量为 18.5%，胶质沥青质的含量为 10.8%，原油的凝点为 30℃，也属于"三高原油"。

因此，随着"三高原油"的大量开采，添加原油流动性改进剂(一般指降凝剂)进行改性常温输送将会得到更广泛的应用。苏丹的 1/2/4 原油和乍得原油通过添加原油降凝剂实现了管线的常温输送，节约了输油成本并实现了管线的安全运行。

## 第一节　石油管道添加原油降凝剂技术

### 一、原油降凝剂种类

原油降凝剂在近 80 年的发展中，其种类不断增加，但都以相对分子质量在几千到 3~5 万的高分子聚合物为主，以烯烃、丙烯酸酯、乙烯醋酸乙烯酯、苯乙烯、马来酸酐(顺丁烯二酸)、丙烯酰胺、丙烯腈等单体进行聚合反应。对于含有马来酸酐的聚合物需要同高碳醇、高碳胺进行反应，生成其酯和酰胺的衍生物。对现有的降凝剂进行纳米改性。原油流动性改进剂能溶于烷烃和芳香烃，含有极性基团如酯基、酰胺等，但这些极性基团不可能与原油中的极性基团反应。下面列举的不同类型的原油降凝剂，多数为高等院校和研究机构的室内合成小样，真正能实现工业化生产并应用到实际原油管输中的产品比较单一。

主要的聚合物结构有：

(1) 聚(甲基)丙烯酸高碳醇酯：

$$\left[ -CH_2 - \underset{\underset{COOR}{|}}{\overset{\overset{CH_3}{|}}{C}} - \right]_n$$

（2）乙烯-醋酸乙烯酯共聚物：

$$\cfrac{}{}\left( CH_2CH_2 \right)_m \left( CH_2CH \right)_n$$
$$\underset{\underset{O}{\overset{||}{}}}{\underset{O-CCH_3}{|}}$$

（3）乙烯-丙烯酸甲酯共聚物。

（4）丙烯酸酯-苯乙烯共聚物：

$$\left[ H_2C-CH \right]_x \left[ HC-CH_2 \right]_y$$
$$\underset{COOR}{|} \qquad \underset{\bigcirc}{|}$$

（5）丙烯酸酯-醋酸乙烯酯共聚物：

$$\left[ CH_2-CH \right]_x \left[ CH-CH_2 \right]_y$$
$$\underset{COOR}{|} \qquad \underset{OCOCH_3}{|}$$

（6）丙烯酸酯-丙烯酰胺共聚物：

$$\left( CH_2-CH \right)_m \left( CH_2-CH \right)_n$$
$$\underset{COOR}{|} \qquad \underset{CONHR}{|}$$

（7）丙烯酸高碳醇酯-马来酸酐共聚物及其衍生物（胺、酯衍生物）：

$$\left[ CH-CH_2 \right]_x \left[ CH-CH \right]_y$$
$$\underset{O\ \ OC_mH_{2m+1}}{\overset{\|}{C}} \quad \underset{O\ \ OH}{\overset{\|}{C}} \quad \underset{\underset{C_nH_{2n+1}}{\overset{\|}{NH}\ O}}{C}$$

（8）醋酸乙烯酯-马来酸酐共聚物及其衍生物（胺、酯衍生物）。

（9）苯乙烯-马来酸酐共聚物及其衍生物（胺、酯衍生物）：

$$\left[ \underset{\underset{\overset{\|}{O}}{\underset{OR}{C}}}{CH} - CH_2 - \underset{\underset{\overset{\|}{O}}{\underset{OR}{C}}}{\underset{\bigcirc}{CH}} - \underset{\underset{\overset{\|}{O}}{\underset{OH}{C}}}{CH} - CH_2 - \underset{\underset{\overset{\|}{O}}{\underset{OR}{C}}}{CH} \right]_n$$

（11）苯乙烯-乙烯-醋酸乙烯酯三元共聚物。

（12）苯乙烯-α-烯烃-丙烯酸酯三元共聚物。

（13）苯乙烯-马来酸酐-丙烯酸高碳醇酯三元共聚物：

$$(HC-CH_2)_m (HC-HC)_n (CH_2-CH_2)_p$$
$$\underset{\bigcirc}{|} \qquad \underset{O}{\overset{}{}}\ \underset{O}{\overset{}{}} \qquad \underset{COOR}{|}$$

（14）苯乙烯–马来酸酐–醋酸乙烯酯三元共聚物的衍生物：

（15）苯乙烯–马来酸酐–丙烯酰胺三元共聚物。

（16）苯乙烯–马来酸酐–季戊四醇硬脂酸酯三元共聚物。

（17）醋酸乙烯酯–马来酸酐–丙烯酸高碳醇酯三元共聚物的衍生物。

（18）苯乙烯–马来酸酐–丙烯酸高碳醇酯–丙烯腈四元共聚物：

$$
\left[\begin{matrix}CH_2-CH\\|\\ROOC\end{matrix}\right]_m\left[\begin{matrix}CH-CH\\|\quad|\\OC\ \ CO\\\diagdown O\diagup\end{matrix}\right]_n\left[\begin{matrix}CH_2-CH\\|\\\bigcirc\end{matrix}\right]_x\left[\begin{matrix}CH_2-CH\\|\\CN\end{matrix}\right]_y
$$

（19）苯乙烯–马来酸酐–丙烯酸高碳醇酯–醋酸乙烯酯四元共聚物的衍生物。

## 二、降凝剂对含蜡原油改性的机理

降凝剂对含蜡原油改性的认识有微观作用机理和宏观表现的解释。从微观进行研究，认为降凝剂在含蜡原油改性中与原油中蜡的作用关系有：晶核作用、吸附作用和共晶作用。降凝剂是一种特殊类型的高分子聚合物，其与原油中蜡的作用表现为高分子聚合物与蜡的作用。晶核作用表现为在温度低于原油的析蜡点时，高分子聚合物成为原油中蜡结晶的晶核，使原油的蜡晶增多，不易形成大的蜡晶。吸附作用表现为高分子聚合物吸附在析出蜡晶晶核的活性中心，改变蜡晶的取向性，使其难于形成三维网状结构而降低原油的凝点。共晶作用表现为高分子聚合物与蜡共同结晶析出，改变了蜡晶的结晶行为和取向，减弱了蜡晶继续发育的趋向。降凝剂与原油的蜡晶作用可能是几个因素共同作用，原油在加剂处理前蜡晶细小，量多，遍布于原油中；改性后，蜡晶颗粒增大并聚集成团，原油中未被蜡晶占据的空间明显增大。凝剂与原油中蜡的作用关系如图7-1-1所示。

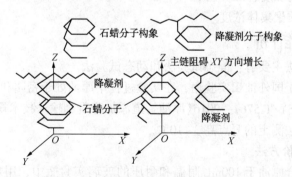

图7-1-1　降凝剂与原油中蜡的作用关系图

目前相关文献中对原油加剂处理后的蜡晶形态的描述有着截然不同的结论：①认为降凝剂使原油的蜡晶增多且不易形成大的蜡晶，其研究用的降凝剂为聚丙烯酸高碳醇酯（PAE），降凝剂对原油中的蜡晶起着分散的作用；②认为原油加剂改性后所形成蜡晶颗粒增大并聚集成团，其研究用的降凝剂为乙烯–醋酸乙烯酯共聚物（EVA），降凝剂对原油中的蜡晶起着聚集的作用。不同结构的降凝剂与蜡的作用后形成的蜡晶形状明显不同，这与高分子聚合物在溶液中的空间构象不同有关。

PAE 是梳状结构的聚合物,其在溶液中的空间结构如图 7-1-2 所示,含有高密度排序的烷基侧链,能形成三维的晶体结构。由于 PAE 的结晶度高达 50%~55%,其与原油中正构石蜡的相互作用较弱,因而与原油中的石蜡共晶所形成的晶体颗粒细小。EVA 是含有短的极性支链的线状聚合物,其在溶液中的空间结构如图 7-1-3 所示,其结晶度高很低,与原油中正构石蜡的相互作用较强。同等相对分子质量的两种聚合物,EVA 具有比 PAE 更长的烷烃主链,与原油中的石蜡共晶所形成的晶体颗粒较大。

图 7-1-2　聚丙烯酸高碳醇酯
(PAE)的空间结构

图 7-1-3　乙烯-醋酸乙烯酯共聚物
(EVA)的空间结构

从宏观表现解释原油降凝剂剂对含蜡原油改性机理为:原油为有机胶体体系,原油加剂处理后,改变原油的均相分布为非均相分布,即形成一种轻馏分油包蜡晶、胶质聚集体。大庆原油加原油降凝剂处理后,当原油形成蜡晶、胶质聚集体时,原油的连续相因蜡和胶质浓度的降低而减少,凝点降低,此时原油在 25℃的黏度可由 708mPa·s 降低到 27.9mPa·s。

原油的黏度满足爱因斯坦方程:

$$\mu_s = \mu_e(1+2.5C_v)$$

式中　$\mu_s$——原油黏度,mPa·s;

　　　$\mu_e$——连续相的黏度,mPa·s;

　　　$C_v$——蜡、胶质聚集体浓度。

### 三、降凝剂性能评价

原油加剂评价方法主要有:静态试验法和动态试验法。

静态试验法多用于国外油田实验用,在实验过程中原油处于密闭和静态的条件。动态试验法为石油行业标准 SY/T 5767—2016《原油管道添加降凝剂输送技术规范》。静态试验法测定的凝点比动态试验法测定的凝点高 3~10℃。

**1. 静态试验法评价方法**

(1) 称取 80g 混合原油于 100mL 耐温和耐压的玻璃实验瓶中,用加液器分别向实验瓶中添加 $50\times10^{-6}$ 降凝剂。降凝剂配置为:将 2g 固体型降凝剂溶于 100mL 的二甲苯中(液体产品根据实际注入量确实稀释比例)。

(2) 在水浴中将试油加热到高于原油析蜡点温度 10℃以上,将试油混合均匀,并在水浴中处理 30min。

(3) 将试油按 0.5℃/min 的降温速率降低到 60℃,将样品倒入到黏度计中。设定黏度计的控温水的程序,以 0.5℃/min 的降温速率降低黏度计样品室的温度,30s$^{-1}$ 的剪切速率下测定试油的黏度。

（4）将试油按 0.5℃/min 的降温速率降低到凝点上 0~5℃，将试油倒入凝点测定管，测定试油的凝点。

**2. 动态试验法评价方法（SY/T 5767—2016）**

（1）将试瓶固定于水浴中，在瓶口内装好温度计及搅拌浆，适当密闭。启动水浴加热。加热最高温度应高于原油析蜡点温度 10℃ 以上，通常为 50~70℃，恒温 5min，同时启动搅拌器适度搅拌。

（2）将水浴温度降至原油析蜡点以下 5℃，使试油从处理最高温度起，以约 1℃/min 的降温速率降至原油析蜡点温度。

（3）控制水浴温度，使试油降温速率为 0.3~0.5℃/min，降至加剂处理的终冷温度。如有特殊要求时，改温度由供需双方协商确定。

上述评价方法是对降凝剂在室内进行评价，那么在管输原油加剂现场中如何测定末站的加剂原油凝点呢？

对于末站加剂原油凝点的测定，有的单位认为，加剂原油也是原油，必须按照 SY/T 0541—2009《原油凝点测定法》将采的原油样品加热到 50℃ 后再按该方法测定原油的凝点。此时测定出的原油凝点高，认为加降凝效果不明显。这是由于没有理解 SY/T 5767—2016 标准中测定的过程。在此标准中，原油温度达到终冷温度后，直接测定原油的凝点，而不是再将原油加热到 50℃ 后再按 SY/T 0541—2009 方法测定原油的凝点。当采样的温度低于 50℃ 时，把原油样品加热到 50℃ 后测定原油的凝点，此时测试结果由于加剂原油的温度回升，其结果已不代表管输加剂原油的真实凝点。

在 SY/T 0541—2009《原油凝点测定法》中，"6.1 预热油样"中指出，把油样预热至 50℃ ±1℃，或按用户要求预热油样，在特定情况下，油样可不预热。测定加剂原油的凝点就属于后一种情况。

## 四、影响降凝剂作用因素

影响原油加剂处理效果的主要因数有加剂处理温度、加剂量、温度回升等。对于含蜡原油加剂处理时，当处理温度升高时，原油处理效果越好，一般要求原油的处理温度高于原油的析蜡点。下面以实例说明原油的处理温度和加剂量对原油改性效果的影响。

**1. 处理温度和加剂量的影响**

原油为乍得一期管输原油，降凝剂为中油科新化工有限责任公司原油降凝剂 KS-10-11。试验步骤如下：

（1）称取 80g 混合原油于 100mL 耐温和耐压的玻璃实验瓶中，用加液器分别向加入实验瓶中添加 $50×10^{-6}$、$100×10^{-6}$ 降凝剂。降凝剂配置为：将 2g 固体型降凝剂溶于 100mL 的二甲苯中。

（2）在水浴中将加剂原油分别加热到 65℃、70℃ 和 80℃，将原油混合均匀，并在水浴中处理 30min。

（3）将原油按 0.5℃/min 的降温速率降低到 60℃，将样品倒入到黏度计中。设定黏度计的控温水的程序，以 0.5℃/min 的降温速率降低黏度计样品室的温度，在 $10s^{-1}$ 的剪切速率下测定原油的黏度。

（4）将原油按 0.5℃/min 的降温速率降低到 35℃，将原油倒入凝点测定管，测定原油的凝点。

乍得原油混合原油分别添加 $50\times10^{-6}$、$100\times10^{-6}$ 降凝剂在 65℃、70℃ 和 80℃ 的处理后原油的黏度和凝点见表 7-1-1 和图 7-1-4。乍得原油混合原油经加剂处理后，原油的黏度和凝点下降明显，由黏度与温度的曲线看：未加剂时原油到达 1000mPa·s 的温度为 30℃；在添加 $50\times10^{-6}$ 降凝剂的条件下，处理温度为 65℃ 时到达同等黏度的温度为 20℃，处理温度为 70℃ 时到达同等黏度的温度为 16℃，处理温度为 80℃ 时到达同等黏度的温度为 14℃。在静态条件下测定不同处理温度下的凝点分别为 28℃、25℃ 和 21℃，因此在 80℃ 的处理条件下对原油的改性效果最好。原油加剂处理效果随着处理温度的升高和加剂量变大而变好。

表 7-1-1　乍得原油在不同处理温度和加剂量下的凝点与黏温数据

| 处理温度/℃ | 未加剂原油 | 65 | | 70 | | 80 | |
|---|---|---|---|---|---|---|---|
| 加剂量/$10^{-6}$ | 0 | 50 | 100 | 50 | 100 | 50 | 100 |
| 凝点/℃ | 30 | 28 | 27 | 25 | 24 | 21 | 19 |
| 温度/℃ | 黏度/mPa·s@ $10s^{-1}$ | | | | | | |
| 9 | | | | | | | 1515.7 |
| 10 | | | | | | | 1211.5 |
| 12 | | | | 1676.3 | 1414.9 | 784 | |
| 14 | | | | 1510.1 | 1041.6 | 924 | 535.7 |
| 15 | | | | 1243.2 | 851.2 | 742.9 | 455.5 |
| 17 | | | 1652 | 813.9 | 588 | 487.2 | 328.5 |
| 18 | | 1834.9 | 1273.1 | 685.1 | 505.9 | 408.8 | 291.2 |
| 19 | | 1237.6 | 1032.3 | 576.8 | 436.8 | 345.3 | 246.4 |
| 20 | | 966.9 | 851.2 | 483.5 | 380.8 | 285.6 | 220.3 |
| 21 | | 800.8 | 709 | 393.9 | 326.7 | 250.1 | 194.1 |
| 22 | | 638.4 | 584 | 347.2 | 285.6 | 212.8 | 171.7 |
| 23 | | 533.9 | 476 | 296.8 | 248.3 | 184.8 | 153 |
| 24 | | 431.2 | 397.6 | 259.5 | 218.4 | 162.4 | 140 |
| 25 | | 352.8 | 341.6 | 218.4 | 190.4 | 145.6 | 126.9 |
| 29 | 1728.5 | 181.1 | 190.4 | 112 | 115.7 | 101 | 84 |
| 30 | 920.3 | 154.9 | 164.3 | 93.3 | 100.8 | 82.1 | 76.5 |
| 31 | 302.4 | 119.5 | 123.2 | 78.4 | 84 | 78.4 | 67.2 |
| 33 | 61.6 | 76.5 | 63.5 | 57.9 | 61.6 | 57.9 | 57.9 |
| 35 | 54.1 | 57.9 | 44.8 | 50.4 | 52.3 | 50.4 | 50.4 |
| 37 | 48.5 | 54.1 | 39.2 | 44.8 | 46.7 | 48.5 | 48.5 |
| 40 | 41.1 | 44.8 | 33.6 | 37.3 | 39.2 | 37.3 | 41.1 |
| 45 | 37.3 | 35.8 | 28 | 29.9 | 29.9 | 29.9 | 33.6 |
| 50 | 30.2 | 28 | 22.4 | 22.4 | 20.5 | 26.1 | 24.3 |
| 55 | 24.3 | 22.4 | 20.5 | 18.7 | 18.7 | 20.5 | 18.7 |
| 60 | 22.4 | 18.7 | 20.5 | 18.7 | 14.9 | 14.9 | 16.8 |

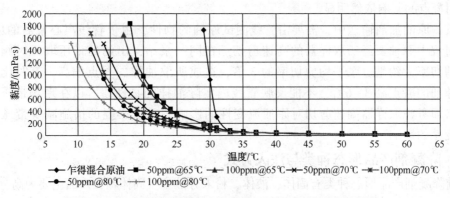

表 7-1-4　不同处理温度和降凝剂加剂量对原油黏度的影响

对于苏丹混合原油，在不同处理温度下，31℃时的黏度与处理温度成线性关系，而且加剂原油的黏度受处理温度的影响明显（见图 7-1-5）。

**2. 处理过程中温度回升的影响**

苏丹混合原油加 CH1 100μg/g，在黏度计中，按表 7-1-2 的处理条件进行实验。由 75℃降至 20℃的黏度为 669.5mPa·s（剪切速率为 15s$^{-1}$），当温度回升至 40℃后再降低时，30℃的黏度为 1154mPa·s，接近未处理时原油的黏度。当加剂原油温度再加热到 75℃后再降至 20℃时，原油的黏度为 688.6mPa·s，结果如图 7-1-6 所示。20℃的黏度与第一次处理时的黏度接近。黏度略有增加是由于黏度计不密封，在实验过程中有一定量的轻质组分挥发。每种原油都有一个初始析蜡点，当回升温度低于析蜡点时，蜡晶没有被完全熔化。温度再降低时，蜡晶与聚合物的结晶都发生了改变，从而将恶化加剂处理温度。当温度高于析蜡点时，蜡晶完全溶解，蜡晶与聚合物的共晶效果好。由此可见，原油加剂处理过程中的温度回升将严重影响改性结果，但当原油再被加热到初始处理温度后再进行处理将保持原有的结果。

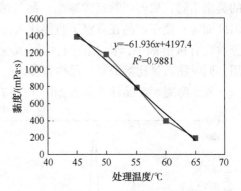

图 7-1-5　苏丹原油加剂处理的
黏度与处理温度的关系

表 7-1-2　原油加剂处理的温度变化

| 温度/℃ | 时间/min | 温度/℃ | 时间/min |
| --- | --- | --- | --- |
| 75~20 | 110 | 25~75 | 110 |
| 20~40 | 40 | 75~25 | 110 |
| 40~25 | 40 | | |

## 五、影响降凝剂现场实验的因素

影响降凝剂现场实验的因素主要有泵剪切、过泵温度回升、采样时的阀的泵剪切等。加剂原油在管道输送中，受到管流剪切和过泵剪切。当剪切温度高于或接近于析蜡点时，剪切作用的影响减小。在析蜡点温度以上的剪切作用对加剂原油黏度和凝点基本不产生影响。当剪切温度小于一定值后，剪切温度越接近于测黏温度，剪切作用对加剂原油黏度的影响越小，但对凝点的影响依然明显。

在管输原油加剂输送中，需要沿管线测试原油的物性，由于管线离心泵后的压力高，在取样过程中原油要经历取样器的高速剪切。在同一泵站，出站处带压取样时阀门节流的平均剪切率大约是过泵平均剪切率的 3 倍，造成所取油样的凝点偏高，有时比实际管输中的原油的凝点高 3~6℃，不能反映管线内实际油样的物性。所以在现场带压取样过程中，必须考虑取样器高速剪切对原油流变性的影响，采取必要的措施减少带压取样对原油流变性的影响。

### 六、降凝剂产品形态种类与注入方式

目前降凝剂产品形态种类有固体、液体、粉末分散型。固体颗粒产品主要为高分子聚合物或其复配物，在使用前需要配制成液体产品。具体方法是：向釜中加入柴油、原油等溶剂，加入预定量的降凝剂（3%~5%），启动搅拌泵，同时启动加热装置，使原油升温至 70~75℃，搅拌溶解 4h，停止搅拌，保温，待用。溶液型产品有不同浓度的产品，根据聚合物的类型不同，聚丙烯酸高碳醇酯产品的浓度可以高到 40%。产品的浓度一般根据现场使用温度而定，便于产品在常温下直接注入。粉末分散型降凝剂是将聚合物粉末通过表面处理，分散在有机溶剂中，粉末的固含量>30%，产品的凝点<-30℃，可以在严寒地区的油田使用，同时注入量比溶液型产品少得多。

原油降凝剂产品注入装置如图 7-1-7 所示。

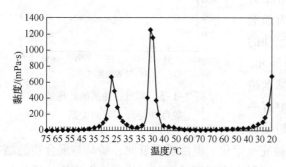

图 7-1-6　原油加剂处理过程中
温度回升对加剂处理的影响

图 7-1-7　原油降凝剂产品注入装置

# 第二节　石油管道添加原油减阻剂技术

减阻剂的主要功能是：①减阻功能：在输量不变的情况下，降低线的沿程摩阻损失，减少管线的阻力，降低管线的运行压力；②增输功能：在管线运行压力不变的情况下，提高管线的输量。管线在设计时考虑使用减阻剂，能大幅降低管线的建设投资。在现役的管线中添加减阻剂可以提高管线输送的"卡脖子段"的输油量。由于添加减阻剂可以大幅降低管道输送压力，节能降耗，对于承压能力不足的老管线提高了管线的安全性。

### 一、减阻剂的作用机理

目前关于减阻机理假说有 Toms 的伪塑假说、湍流脉动抑制假说、Virk 的有效滑移假

说、黏弹性假说等。这些假说都可以解释一定范围内的减阻现象，但不能全面地解释伴随减阻而产生的各种现象。

例如，有研究认为，减阻剂溶入原油后，减阻剂中的聚合物分子便开始与管道中的流体发生交互作用，减阻剂的长链分子抑制了管壁附近湍流的程度，一部分做无用功的径向力转化为顺流向的轴向力，因此减少了无用功的消耗，增大了流体速度梯度，达到减阻的效果。

涡流伸长抑制理论认为，湍流有一个显著的特点，就是旋转的涡流相遇时发生相互作用会引起涡流伸长。在这种作用下，大旋涡不断从流动中吸取能量，同时，较大的旋涡伸长会形成较小的旋涡。小旋涡受黏滞力的影响较大，会迅速减弱，直至消失。因此旋涡的产生和消失消耗了流体流动的大量能量。由于减阻剂分子尺度较大，对涡流伸长有所抑制，减少了小旋涡的产生，从而起到了减阻效果。

高分子聚合物减阻是一物理过程，它在紊流情况下才有效果。与层流状态相比，在紊流状态下，流体的阻力损失不单由黏滞力所致，而且还由惯性力所引起，雷诺数越大，由惯性力所引起的阻力损失也越大。注入减阻剂后，这些长链高分子聚合物就吸收或抑制了流体中的涡流或旋涡，从而节省了能量。因此，雷诺数越大也越显著。

## 二、减阻剂类型

用于罐输原油的减阻剂主要是油溶性减阻剂，有聚异丁烯、烯烃共聚物、聚长链 a-烯烃、聚甲基丙烯酸酯等。

减阻剂应具备以下特性：①超高相对分子质量(达 $10^6 \sim 10^8$)；②非结晶性；③良好的油溶性；④良好的柔顺性；⑤良好的抗剪切性。

聚 a-烯烃主要是由 $C_6-C_{14}$ 组成的烯烃混合物，通过本体聚合或溶液聚合。最常用的是本体聚合，在将不同摩尔比的烯烃单体混合后加主催化剂(络合 II 型 $TiCl_3$)和助催化剂(烷基铝 AlR3)，在一定的温度下进行反应。聚合反应式如下：

$$CH_2 \longrightarrow CH \xrightarrow{TiCl_3/AlR_3} \left( CH_2 - CH \right)_n$$
$$\qquad\qquad \overset{|}{R} \qquad\qquad\qquad\qquad\qquad \overset{|}{R}$$

## 三、减阻剂评价方法

用于管道减阻剂减阻效果评价的方法有 SY/T 6578—2016《输油管道添加减阻剂输送技术规范》，该标准适用于原油和成品油管道减阻剂的评价与优选。

减阻剂减阻效果评价：通过测试在相同条件下，液体中加入减阻剂前后通过室内环道测试管段的摩阻压降计算减阻率，根据减阻率评价减阻剂减阻效果。

减阻剂增输效果评价：通过测试在相同条件下，液体中加入减阻剂前后通过室内环道测试管段的流量变化计算增输率，根据增输率评价减阻剂增输效果。

根据实验雷诺数的范围按表 7-2-1 选择测试管道的内径。

表 7-2-1　按雷诺数的范围选择测试管道的内径

| 测试的雷诺数范围 | 选择的管道内径/mm | 测试的雷诺数范围 | 选择的管道内径/mm |
| --- | --- | --- | --- |
| 4000~8000 | 6.35 | 20000~40000 | 25.4 |
| 8000~20000 | 12.7 | | |

具体的测试方法(包括空白基础数据、增输率、减阻率)请参见 SY/T 6578—2016《输油管道添加减阻剂输送技术规范》。

## 四、石油管线应用减阻剂条件

### 1. 管线的流态判断

根据管道的内径、管内流体流水和液体运动黏度来计算雷诺数，判断是否适合用减阻剂。

按照本书水力学基础知识中的雷诺数公式对管道中原油的流态进行计算。当雷诺数 $Re<2000$ 时，管道液体流态为层流；当 $2000<Re<3000$ 时，管道液体流态为过渡区；当 $Re>3000$ 时，管道液体流态为紊流。

当计算的输油管中的雷诺数 $Re>2000$ 时，可以考虑使用减阻剂。

### 2. 减阻剂在管道中分散时间的计算

减阻剂产品是将高分子聚合物粉末分散在有机醇等不溶的溶液中，当加入到管线后需要一定时间在原油中分散和溶解，溶解后的减阻剂才能起到减阻作用。原油的温度、组分以及其流态决定着减阻剂在原油中的溶解时间和分散时间。

对于短距离输油管道，需要充分考虑分散时间对减阻剂作用效果的影响。减阻剂在原油、柴油和汽油中的分散时间分别为 240min、60min 和 40min，输送介质不同，减阻剂的分散时间也不同。在实际应用减阻剂工艺时，需要充分考虑分散时间对减阻剂作用效果的影响，必要时可采用减少分散时间的方法，提高减阻剂的使用效率，这一点对于短距离输油管道特别是用于码头快速装卸油等场所尤其重要。

由于减阻剂是超高相对分子质量聚 a-烯烃，输油泵的高速剪切会降低减阻剂的相对分子质量，所以减阻剂的注入位置选择在泵后注入。

注入方式的不同影响着减阻剂在原油管道中的溶解速度。减阻剂的注入方式可分为多孔中心注入、单孔中心注入和近壁注入，其中多孔中心注入有利于减阻剂在管线均匀分布和快速混合与溶解。

## 五、应用实例

### 1. 应用实例1

2003 年 6 月 23~25 日，由长庆油田输油一公司和中油科新化工有限责任公司成立现场试验小组，开展了沿河湾-杨山管道管道添加 Quickflow W/S 减阻剂的现场增输、减阻试验。

沿河湾-杨山管线管线基本情况：管外径为 219mm，内径为 207mm，管长为 37.2km。

管线通常在不加减阻剂时运行工况如下：排量为 250m³/h；沿河湾出站压力为 6.4MPa；夏季由于加热炉停用，通常出站温度在 40℃以上，但当上游站进行油罐切换时，其进站温度会降到 36℃左右。

1) 现场试验过程概述

6 月 23 日 21：00 开始注入减阻剂，到 24 日 8：00 这段时间内，减阻剂平均注入量为 25.6kg/h 左右，注入比例明显偏大，导致输量迅速从 250m³/h 升至 330m³/h 左右，由于泵的电流值接近额定值，这期间在泵的出口采取了节流措施，控制住了流量的上升趋势，同时调低减阻剂的注入比例，使之逐步稳定到 6.6kg/h 左右，这时管线的排量也逐步从 330m³/h 下降到 285m³/h 左右。在现场试验期间，由于上油站倒换流程引起输油温度的变化，从而导致管线排量在 280~295m³/h 范围内波动。当来油温度为 45℃时，管线排量达到 295m³/h，而当来油温度为 36℃时，管线的最低排量为 276.4m³/h。

2）减阻剂增输效果

沿河湾-杨山管输原油，当出站温度 42℃以上，Quickflow W/S 减阻剂的注入量控制在 6.6kg/h 时，可以实现 19%的增输率（减阻率在 27%）。减阻剂增输效果见表 7-2-2。

表 7-2-2 减阻剂增输效果

| 计量时间 | 注入量/ $10^{-6}$ | 平均加药量/ （kg/h） | 平均排量/ （m³/h） | 增输率/% | 出温/℃ | 出压/MPa | 电流/A |
|---|---|---|---|---|---|---|---|
| 6月23~24日 21：00-7：00 | 90 | 25.6 | 330.5 | 80.3 | 43 | 5.7 | 54 |
| 6月24~25日 21：00-12：00 | 26.3 | 6.6 | 286.4 | 19.1 | 45 | 6.0 | 50 |

**2. 应用实例 2**

2016 年 4 月 22 日在延长管道所辖的姚川线（姚店联合站-川口输油站）原油管道开展添加中油科新 KS-30-02 型原油减阻剂进行减阻和增输试验。

试验管线工况如图 7-2-1 所示。

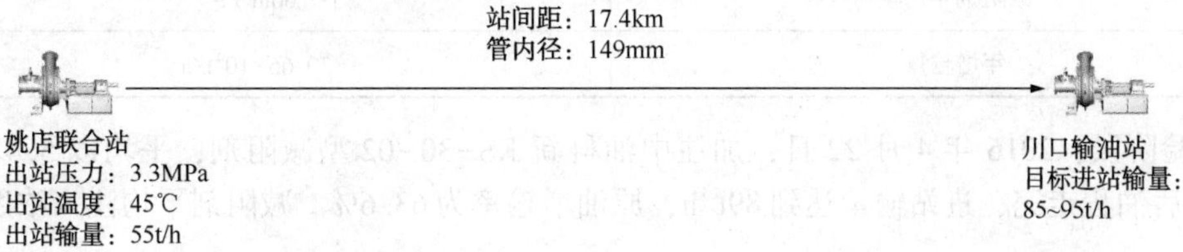

站间距：17.4km
管内径：149mm

姚店联合站
出站压力：3.3MPa
出站温度：45℃
出站输量：55t/h

川口输油站
目标进站输量：
85~95t/h

图 7-2-1 姚川线（姚店联合站-川口输油站）减阻剂试验工况

1）现场试验过程概述

现场试验分 2 个阶段进行。

（1）在原油管线中停止注入陕西延长石油管输公司现用减阻剂 6h，使原油管线中减阻剂过完，管线呈空白。

（2）在空白管线中注入中油科新化工有限责任公司提供的 KS-30-02 型减阻剂进行现场试验。时间为 2016 年 4 月 22 日 19：00~2016 年 4 月 24 日 19：00，减阻剂的平均加注量为 5.4L/h，平均注入浓度为 55×$10^{-6}$。总共用时 48h，由于甲方控制姚店联合站出站输量为 90t/h，输量稳定在 86~90t/h 达到要求，稳定试验阶段长达 44h，现场试验效果已达到，该阶段试验完成。

2）试验运行数据及分析

减阻剂运行数据汇总见表 7-2-3。

表 7-2-3 姚川线（姚店联合站-川口输油站）管段减阻剂试验汇总

| 试 验 时 间 | 4月22日19：00~4月24日19：00 |
|---|---|
| 管线长度 | 17.4km |
| 注入时长 | 48h |

续表

| 试 验 时 间 | 4月22日19：00~4月24日19：00 |
|---|---|
| 消耗减阻剂用量 | 261L |
| 注入速率 | 5.4L/h |
| 48h内减阻剂平均注入浓度 | 55ppm |
| 原油起始输量 | 55t/h |
| 加剂前姚店联合站出站压力 | 3.19MPa |
| 加剂48h后姚店联合站出站压力 | 2.83MPa |
| 加剂前川口输油站进站压力 | 0.21mPa |
| 加剂48h后川口输油站进站压力 | 0.24mPa |
| 稳定输量 | 86~90t/h |
| 原油增输率 | 63.6% |
| 48h姚川线总输量 | 4257t |
| 平均每天输量 | 2128.5t/d |
| 减阻剂年用量 | 60m³/a |
| 年增输量 | 30.66×10⁴t/a |

试验阶段：2016年4月22日，加注中油科新KS-30-02型减阻剂，平均以5.4L/h注入，3h后油程走完，进站输量达到89t/h，原油增输率为63.6%。减阻剂平均注入浓度为55×10⁻⁶。

由图7-2-2可以看出，现场运行加入KS-30-02型减阻剂，姚店联合站姚川线出站输量由55t/h增加到90t/h，由于甲方控制输量到90t/h，实际效果可能要高于90t/h，增输率为63.6%。

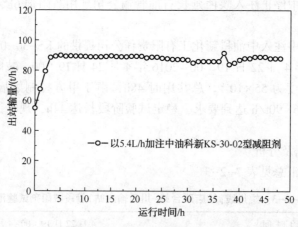

图7-2-2　现场试验期间姚店联合站姚川线出站输量变化趋势

由图7-2-3可以看出，现场运行加入KS-30-02型减阻剂，姚店联合站姚川线出站压力由3.2MPa降低到2.85MPa，降低幅度较大，之后压力稳定在2.85MPa。

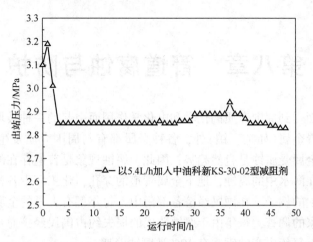

图7-2-3 现场试验期间姚店联合站姚川线出站压力变化趋势

3) 减阻剂增输效果

现场实验结果表明：使用中油科新 KS-30-02 减阻剂注入浓度为 5.4L/h 时，减阻剂平均注入浓度为 $55 \times 10^{-6}$，增输率达到 63.6%，输量增到 90t/h，能够满足姚川线 1900t/d 的输量要求。

# 第八章　管道腐蚀与防护

腐蚀是金属表面受到周围介质的化学和电化学作用而引起的一种破坏现象。从热力学的观点来看：除少数贵金属(如金、铂)外，各种金属都有与周围介质发生作用而转变成离子的倾向，也就是说金属受腐蚀是自然趋势；因此，腐蚀现象是普遍存在的。钢铁结构在大气中生锈，海船外壳在海水中的腐蚀，地下金属管道的穿孔，化工厂中各种金属容器的腐蚀损坏等，都是金属腐蚀的例子。在国民经济各部门中，每年都有大量的金属构件和设备因腐蚀而报废。据发达国家的调查，每年由于腐蚀造成的损失约占国民经济总产值的 2%~4%。在腐蚀作用下，世界上每年生产的钢铁有 10% 被腐蚀消耗。

埋在地下的输气管道，若不采取适当的防腐措施，在运行一段时间后，短则几个月，长则几年就会因腐蚀穿孔而发生泄漏。特别是长距离输气管道，多数铺设在野外，埋在地下 1~2m 深处，腐蚀穿孔不易及时发现，且由于工作压力较大，即使孔眼不大，造成的漏失量也是不可忽视的。因此，如何防止地下油气管线的腐蚀穿孔，已成为油气管道经营管理中的重要问题之一。

埋地管道是埋在地下的最大的钢铁构件，可长达几千公里，穿越各种不同类型的地质构造。土壤冬、夏季的冻结与融化，地下水位变化，以及杂散电流等复杂的埋设条件是造成外腐蚀的环境。管道内输送介质的腐蚀性差异也很大。例如输送天然气时含有害物质 $H_2S$ 和 $CO_2$，输送原油时含 S 和 $H_2O$，成品油中含有 $O_2$ 和 $H_2O$，这些都为腐蚀创造了条件。由于管道埋于地下，很难直观地对其进行腐蚀状态的检查，构成管道防腐蚀的难度。腐蚀是影响管道系统可靠性及使用寿命的关键因素。据美国国家输送安全局统计，美国 45% 管道损坏是由外壁腐蚀引起的。而在美国输油干线和集气管线的泄漏事故中，有 74% 是腐蚀造成的。1981~1987 年前苏联输油管道事故统计表明，总长约 24 万 km 的管线上曾发生事故 1210 次，其中外腐蚀 517 次，占事故的 42.7%；内腐蚀 29 次，占 2.4%；因施工质量问题造成的事故 280 次，占 23.2%。我国的地下油气管道投产 1~2 年后即发生腐蚀穿孔的情况已屡见不鲜。它不仅造成因穿孔而引起的油、气、水泄漏损失，以及由于维修所带来的材料和人力上的浪费，停工停产所造成的损失，而且还可能因腐蚀引起火灾。管道因腐蚀引起的爆炸，威胁人身安全，污染环境，后果极其严重。

鉴于埋地管道腐蚀问题的复杂性和严重性，国内外对防腐蚀工作都很重视，广泛采用涂层、衬里、电法保护和缓蚀剂等措施。近年来不断推出新型防腐层材料、管道防腐层的复合结构及涂敷新工艺。特别是计算机应用于腐蚀科学和防腐蚀工程，如在线测量技术、腐蚀数据库及专家系统等计算机辅助管理决策系统，对防腐蚀设施的科学管理和监控，都起着重要的作用。从安全和环保角度出发，各国政府和管道企业都制定了有关法规及技术标准，作为企业必须遵循的准则。

油气管道问世已有百余年的历史，管道工作者为做好管道的防腐工作，从 20 世纪 20 年代埋设裸管到 30 年代裸管加阴极保护，40 年代开始采用覆盖层加阴极保护，以及近些年的三层 PE 涂层的广泛应用，迄今仍在进行管道防腐蚀技术的不懈探索。

目前，国内地下油气管道的防腐普遍采用防腐绝缘层和阴极保护联合防腐，一般都取得了良好的效果。

# 第一节　金属腐蚀的基本原理

## 一、腐蚀的分类

金属的腐蚀一般可分为两大类，即化学腐蚀和电化学腐蚀。

### 1. 化学腐蚀

金属表面与介质直接发生化学作用而引起的破坏称为化学腐蚀。如金属与空气中的 $O_2$、$SO_2$ 或 $H_2S$ 等气体的作用。一般说来，在常温下化学腐蚀速度较慢，但在高温时则速度很快。如金属罐和管线采用氧气切割或气焊施工时，金属表面上产生的氧化皮就是铁在高温下的化学腐蚀现象。即

$$4Fe+3O_2 =\!=\!= 2Fe_2O_3$$

化学腐蚀的特点是：

（1）在腐蚀过程中没有电流产生；

（2）腐蚀产物直接生成于发生化学反应的表面区域。

### 2. 电化学腐蚀

金属在电解质溶液中，由于形成原电池而发生的腐蚀破坏称为电化学腐蚀。借助氧化还原反应，能够产生电流的装置叫做原电池。或者说，把化学能变为电能的装置叫做原电池。

我们常用的干电池就是利用原电池原理制成的（见图 8-1-1）。干电池主要由石墨、锌皮和电解质（氯化铵）组成。当用导线连接石墨和锌皮时，串联在导线中的灯泡就亮了，说明有电流通过；电流是怎样产生的呢？简单地说，是在原电池的回路中，由于锌在电解质溶液中不断溶解的结果。锌溶解也就是锌受到腐蚀，而对于石墨来

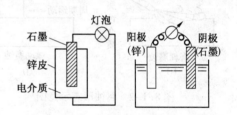

图 8-1-1　干电池工作原理示意图

讲，它在原电池工作过程中本身不发生变化，我们称锌为阳极，石墨为阴极，阳极遭受腐蚀，阴极不腐蚀。因此，当干电池没电时锌皮快腐蚀完了，就是这个道理。同样道理，当金属表面上形成了一个短路的原电池，例如碳钢中的铁相当于干电池的锌（阳极）。钢中的某些成分（如 $Fe_3C$）相当于干电池的石墨（阴极），这二个电极是短路的（直接接触），只要金属不在电解质溶液中就不会有电流产生，也不会有腐蚀作用，但将碳钢放在电解质溶液中，其表面就会形成许多短路的微小电池，并伴有电流产生，即发生电化学腐蚀。在阳极区 Fe 被氧化为 $Fe^{2+}$，所放出的电子自阳极（Fe）流至钢表面的阴极区（如 $Fe_3C$）上，与 $H^+$ 作用而还原成氢气，即

$$\text{阳极反应：} \qquad Fe \longrightarrow Fe^{2+}+2e$$

$$\text{阴极反应：} \qquad 2H^++2e \longrightarrow H_2$$

$$\text{总反应：} \qquad Fe+2H^+ \longrightarrow Fe^{2+}+H^2$$

在发生电化学腐蚀时，金属和外部介质发生了电化学反应，产生了电流，所以电化学腐蚀的特点是：

（1）腐蚀过程中有电流产生；

（2）腐蚀过程可以分为两个相互独立进行的反应过程，即阴极过程和阳极过程，其中阳极被腐蚀。

（3）在被腐蚀的金属周围有能引起离子导电的电解质。

综上所述，电化学腐蚀实际上是一个短路的原电池电极反应的结果，这种原电池又称为

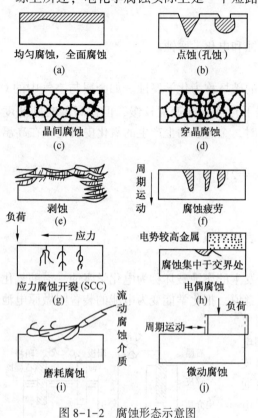

腐蚀原电池。油气管道和储罐在潮湿的大气中、海水中、土壤中以及油气田的污水、注水系统等环境中的腐蚀均属此类。腐蚀原电池与一般原电池的差别仅在于原电池是把化学能转变为电能(如干电池)，作有用功，而腐蚀原电池则只能导致材料的破坏，不对外界作有用功。当管、罐金属表面受到外界的交、直流杂散电流的干扰，产生电解电池的作用时，腐蚀金属电极的阳极溶解，即发生所谓的"杂散电流腐蚀"。电解池的正极进行阳极反应，负极进行阴极反应，其电极的正、负极性正好与腐蚀原电池相反。故电化学反应是借助于原电池或电解池进行的。

均匀腐蚀，全面腐蚀 (a)

点蚀(孔蚀) (b)

晶间腐蚀 (c)

穿晶腐蚀 (d)

剥蚀 (e)

周期运动　腐蚀疲劳 (f)

负荷　　应力　电势较高金属　腐蚀集中于交界处　电偶腐蚀 (g) 应力腐蚀开裂(SCC)　(h)

流动腐蚀介质　磨耗腐蚀 (i)

周期运动　负荷　微动腐蚀 (j)

图 8-1-2　腐蚀形态示意图

就腐蚀破坏的形态分类，可分为全面腐蚀和局部腐蚀。全面腐蚀是一种常见的腐蚀形态，包括均匀的全面腐蚀和不均匀的全面腐蚀。局部腐蚀又可分为点蚀(孔蚀)、缝隙腐蚀、电偶腐蚀、晶间腐蚀、应力腐蚀和腐蚀疲劳等。图 8-1-2 所示为不同类型的腐蚀形态图。

## 二、极化与去极化

首先介绍两个实验现象：

当把锌、铜两个电极插在含氯化物盐的土壤中，用导线连接两极后，电流表上指示最大值为 $I^0=7\text{mA}$，然后电流逐渐减小，电流趋于稳定时电流值为 $I=0.05\text{mA}$，是起始值的 $1/140$。

若把锌、铜两极插入 3%NaCl 溶液中，电路接通后，电流指示最大值为 $I^0=33\text{mA}$，电流稳定时 $I=0.8\text{mA}$，约为起始值的 $1/40$。

以上现象给我们提出的共同问题是腐蚀电流为什么由一个最大值逐渐变小？

腐蚀电池随着电流的通过而产生电流强度下降的现象，称为极化现象，以第二个实验为例，产生极化现象是因为随着电流的通过，阴极(铜)的电极电位向负方向移动(称为阴极极化)，阳极(锌)的电极电位向正方向移动(称为阳极极化)，结果使两极电位差由 0.869V 减小为 0.022V，因此腐蚀电池的电流也随着减小。

极化作用阻碍了腐蚀原电池的工作，使腐蚀电流降低，减缓腐蚀速度。从防腐的角度来说，极化现象是有利的，但是利用原电池原理制作的干电池，不希望发生极化现象，因为极化作用减低了电池效率。我们把消除或减弱极化作用的现象称为去极化。

### 1. 阳极极化与去极化

产生阳极极化的原因是阳极过程反应速度比电子转移速度慢。

（1）金属离子化的滞后，取决于形成水化离子的快慢。当金属离子进入溶液的速度小于电子由阳极进入阴极的速度，则在阳极表面就有过多的正电荷积累，引起"双电层"上负电荷减小，电位由负向正的方向移动。

（2）进入溶液的水化离子扩散慢。随着溶液中金属离子浓度增加，电极电位必然向正的方向移动。

（3）在金属表面形成钝化膜，阻碍金属离子继续溶解。

减少阳极极化的电极过程叫阳极去极化。譬如设法使阳极表面形成的钝化膜不断除去，就能使腐蚀电池的工作持续下去。船在航行时，由于电解质溶液在运动，金属表面即使形成钝化膜也不能稳定，所以船舶在航行时比停靠时腐蚀速度快。

**2. 阴极极化与去极化**

阴极极化的原因是从阳极传递过来的电子到达快，而阴极附近能接收电子的物质与它结合的速度慢。因此，阴极过程的反应速度就决定于参加反应的物质（如 $O^{2+}$、$H^+$）到达阴极表面并与电子结合的快慢，以及电极反应所生成的还原物（如 $OH^-$、$H_2$）的扩散速度。

前述两个实验现象，铜极在土壤或 NaCl 溶液中的阴极过程都是氧得电子的过程，但是土壤与溶液比较，$O_2$ 在土壤中到达阴极表面比溶液要困难，所以腐蚀原电池在土壤中的电流小。对于阴极来讲，所有在阴极吸收电子的过程都叫做阴极的去极化。实现去极化过程的物质叫去极化剂，如在阴极上接受电子的 $O_2$ 和 $H_2$ 等。如果腐蚀电池存在良好的去极化条件，腐蚀速度就加快，因此，腐蚀电池阴极的去极化作用是防腐工作中必须特别注意抑制的过程，阴极保护就是利用阴极极化的原理来保护金属不被腐蚀。

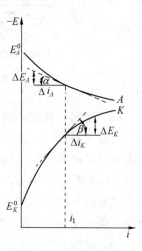

极化作用的大小通常也可用极化曲线来判断，如图 8-1-3 所示，纵座标表示电极电位，向上为负，横座标表示电流密度。$E_A^0 A$ 表示阳极极化曲线，电位由负向正的方向变化。$E_K^0 K$ 表示阴极极化曲线，电位由正向负的方向变化。由曲线的倾斜情况可以看出极化程度，曲线愈平坦，表示通过一定的电流密度后电位变化不大，极化程度不大，反之，曲线陡度愈大说明极化程度愈大，电极过程的进行愈困难。

图 8-1-3　极化曲线

## 三、腐蚀电池与土壤腐蚀

土壤腐蚀是指地下金属构筑物在土壤介质作用下引起的破坏，基本上属于电化学腐蚀。因为土壤是多相物质组成的复杂混合物，颗粒间充满空气、水和各种盐类，使土壤具电解质的特征。因此，地下管道裸露的金属在土壤中构成了腐蚀电池。土壤腐蚀电池大致可分为微腐蚀电池和宏腐蚀电池两类。

**1. 微腐蚀电池**

用肉眼看不见的微小电池组成的腐蚀电池叫微电池。微电池是由于金属表面的电化学的不均匀性所引起的，不均匀性的原因是多方面的。

（1）金属的化学成分不均匀性　一般工业的纯金属常含有杂质，如碳钢中的 $Fe_3C$、铸铁中的石墨、锌中含铁等，由于制管时的缺陷，金属内可能夹杂有不均匀物质，杂质的电位高，如钢管的焊缝熔渣和本体金属间的电位可能高达 275mV。因此就成为许多微阴极，与电解质溶液接触后形成许多短路的微电池[见图 8-1-4(a)、(b)]。

(2) 金属组织的不均匀性　有的合金其晶粒及晶界的电位不同，如工业纯铝，其晶粒及晶界间的平均电位差为 0.091V，晶粒是阴极，晶界为阳极。

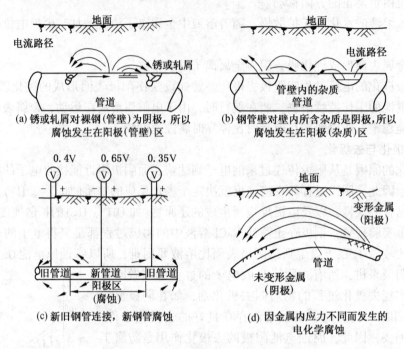

图 8-1-4　金属的电化学不均匀引起的腐蚀

(3) 金属物理状态的不均匀性　金属在机械加工过程中常常造成金属各部分变形不均匀，内应力不均匀，变形大应力大的部位为阳极，受腐蚀。如金属的焊缝及其热影响区，钢管表面的氧化膜(锈、轧屑)等与本体金属之间存在着较大的性质差异，金属弯制与加工时不同部位的受力不均匀。当这些组成及受力不均匀的管道金属与土壤接触时，就好像两块相互能导电的不同金属放在电解质溶液中一样，在有差异的部位上由于电极电位差而构成腐蚀电池，图 8-1-4(d)表示由于钢管表面条件效应发生的腐蚀状态。

(4) 金属表面膜不完整　金属表面膜有孔隙，则孔隙下金属表面部分的电位较低，成为微电池的阳极。如果金属管路表面形成的钝化膜不连续，也会发生这类腐蚀。

**2. 宏电池**

用肉眼能看到的电极所组成的腐蚀电池叫做宏电池。

(1) 不同的金属与同一种电解溶液相接触，例如，新旧不同的两种管道焊接在一起埋在同样的土壤中，由于管道的电位不同而形成的腐蚀电池，如图 8-1-4(c)所示。

(2) 同一种金属透过不同的电解质溶液，或电解质的浓度、温度、气体压力、流速等条件不同，如电解质的浓度不同，即形成所谓的浓差电池。

管道经过物理性质和化学性质差异很大的土壤时，某些条件效应在管道的腐蚀中就具有决定性的意义。例如，土壤的含盐量和透气性(含氧量)对管道腐蚀的影响很大，它们对地下管道的钢/土壤电位都有影响。埋地钢管在含盐量不同的土壤中经过时，与盐浓度较高的土壤接触的那部分钢表面的腐蚀趋势较严重，如图 8-1-5(a)所示的阳极区。

(3) 氧浓差电池。

地下管道最常见的腐蚀现象就是由于氧浓度不同而形成的氧气浓差电池，也就是说，在

　　管子的不同部位，由于氧的含量不同，在氧浓度大的部位金属的电极电位高，是腐蚀电池的阴极；氧浓度小的部位，金属电极电位低，是腐蚀电池的阳极，遭受腐蚀。据某输油管线调查，该管线曾发生 186 次腐蚀穿孔；有 164 次发生在下部，而且穿孔的地方主要集中在黏土段（该管线穿过地区 40%为黏土段，60%为卵石层或疏松碎石）。这个例子正说明由氧气浓差电池所造成的腐蚀。如图 8-1-6 所示，由于土壤埋深不同，氧的浓度不同，管子上部接近地面，而且回填土不如原土结实，故氧气充足，氧的浓度大，管子下部则氧浓度小。因此，管子上、下两部位电极电位不同，管子底部的电极电位低，是腐蚀电池的阳极区，遭受腐蚀。图上箭头表示腐蚀电流 $i$ 的方向。图 8-1-7 表示管子在通过不同性质土壤交接处的腐蚀，黏土段氧浓度小，卵石或疏松的碎石层氧浓度大，因此在黏土段管子发生腐蚀穿孔，特别在两种土壤的交接处腐蚀最严重。

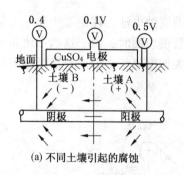

(a) 不同土壤引起的腐蚀

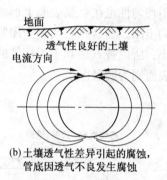

(b) 土壤透气性差异引起的腐蚀，管底因透气不良发生腐蚀

图 8-1-5　不同土壤条件引起的腐蚀

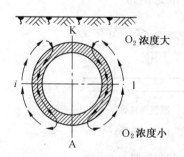

图 8-1-6　管子下部遭受腐蚀穿孔
K—阴极区；A—阳极区

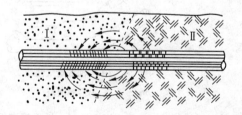

图 8-1-7　管子通过碎石层
Ⅰ—砂土；Ⅱ—黏土

　　以上两种情况下腐蚀电池的工作可以从下述电极反应来说明。
　　电极反应：
　　在阳极：$Fe \longrightarrow Fe^{2+} + 2e$（失电子，氧化反应）
　　在阴极：$O_2 + 4e + 2H_2O \longrightarrow 4OH^-$（得电子，还原反应）
　　阳极区溶解到土壤中的二价铁离子（$Fe^{2+}$）与阴极区迁移过来的氢氧根离子（$OH^-$）反应生成氢氧化亚铁：
$$Fe^{2+} + 2OH^- \longrightarrow Fe(OH)_2$$
　　总反应：$2Fe + O_2 + 2H_2O \longrightarrow 2Fe(OH)_2$
　　腐蚀产物亚铁离子 $Fe^{2+}$ 是不稳定的，它能和阳极区的氧继续作用，进而氧化成为三价铁,即生成氢氧化三铁的沉淀物。

由于 $Fe(OH)_2$ 和 $Fe(OH)_3$ 和土黏结在一起,使得阳极区管子表面受到遮蔽,因此,有利于降低腐蚀速度。

实践证明,当土壤湿度不同时,两部分地下钢管间的电位差可达 0.3V 左右,尤其当各段落土壤透气性不同时,可能形成较大的电位差。在这种情况下,所构成的腐蚀电池两极间的距离比较远,甚至可达几公里,故称宏腐蚀电池。

一般认为在土壤腐蚀中,物理化学因素的影响比液体腐蚀中大。因为控制管道腐蚀过程的主要因素是氧的去极化,即氧与电子结合生成氢氧根离子,所以对氧的流动渗透有很大影响的土壤结构和湿度在某种程度上决定了土壤腐蚀性。例如土壤透气性不同所形成的宏腐蚀电池是地下金属管道发生剧烈腐蚀的主要原因。长输管道常见的几种透气性不均匀状况如图 8-1-8 所示。

土壤局部不均匀性也在金属表面上形成氧浓差腐蚀电池。在土壤中往往夹杂着一些石块及其他较坚硬的土团,当这些石块和土团紧贴于管壁表面时,由于这些石块和土团对氧的渗透能力比土壤小,所以被石块和土团挡住的管道表面因氧气少形成最危险的阳极区,无石块和土团的管壁表面则为阴极区。

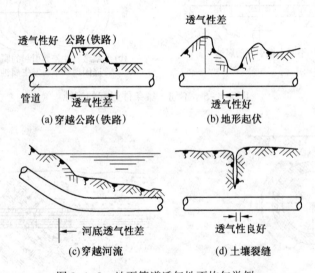

图 8-1-8　地下管道透气性不均匀举例

同样,由于氧更容易到达电极的边缘(即边缘效应),因此,在同一水平面上的金属构件的边缘就成为阴极,比成为阳极的构件中央部分腐蚀要轻微得多。地下大型储罐的腐蚀情况就是如此。

### 3. 影响土壤腐蚀的因素

与腐蚀有关的土壤性质主要是孔隙度(透气性)、含水量、电阻率、酸度和含盐量。这些性质的影响又是相互联系的。下面分别加以讨论。

(1) 孔隙度(透气性)　较大的孔隙度有利于氧渗透和水分保存,而它们都是腐蚀初始发生的促进因素。透气性良好似应加速腐蚀过程,但是还必须考虑到在透气性良好的土壤中也更易生成具有保护能力的腐蚀产物层,阻碍金属的阳极溶解,使腐蚀速度减慢下来。因此关于透气性对土壤腐蚀的影响有许多相反的实例。例如在考古发掘时发现埋在透气不良的土壤中的铁器历久无损；但另一些例子说明在密不透气的黏土中金属常发生更严重的腐蚀。造成情况复杂的因素在于有氧浓差电池、微生物腐蚀等因素的影响。在氧浓差电池作用下，透气性差的区域将成为阳极而发生严重腐蚀。

（2）含水量 土壤中含水量对腐蚀的影响很大。图8-1-9表示钢管腐蚀量和土壤含水量的关系。从图中可见，当土壤含水量很高时，氧的扩散渗透受到阻碍，腐蚀减小。随着含水量的减少，氧的去极化变易，腐蚀速度增加；当含水量降落到约10%以下，由于水分的短缺，阳极极化和土壤比电阻加大，腐蚀速度又急速降低。另外从长距离氧浓差宏电池的作用来看（曲线Ⅱ），随着含水量增加，土壤比电阻减少，氧浓差电池的作用也增加。在含水量为70%~90%时出现最大值。当土壤含水量再增加接近饱和时，氧浓差的作用减少了。在实际的腐蚀情况下，埋得较浅的含水量少的部位的管道是阴极，埋得较深接近地下水位的管道，因为土壤湿度较大，成为氧浓差电池的阳极，被腐蚀。

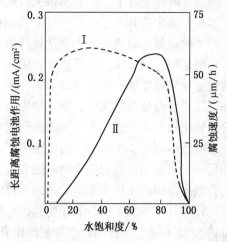

图8-1-9 土壤（含0.1NNaCl）中含水量和钢管的腐蚀速度（Ⅰ）及长距离电池作用（Ⅱ）的关系

（3）电阻率 土壤的电阻率即土壤的比电阻 $\rho$，由公式 $R = \rho \dfrac{L}{S}$ 得：

$$\rho = R \frac{S}{L}$$

式中 $R$——电阻，$\Omega$；

$L$——长度，m；

$S$——面积，$m^2$。

土壤电阻率应在线路工程的地质勘探时进行实地测试，用于选择防腐绝缘等级以及阴极保护时阳极接地电阻的计算。

土壤电阻率与土壤的孔隙度、含水量及含盐等许多因素有关。一般认为，土壤电阻率越小，土壤腐蚀也越严重。因此可以把土壤电阻率作为估计土壤侵蚀性的重要参数。表8-1-1是根据土壤的电阻率评价土壤的侵蚀性。应该指出，这种估计并不符合所有情况。因为电阻率并不是影响土壤腐蚀的唯一因素。

表 8-1-1 土壤电阻率与腐蚀性的关系

| 土壤电阻率/$\Omega \cdot cm$ | 0~500 | 500~2000 | 2000~10000 | >10000 |
|---|---|---|---|---|
| 土壤腐蚀性 | 很高 | 高 | 中等 | 低 |
| 钢的平均腐蚀速度/(mm/a) | >1 | 0.2~1 | 0.05~0.2 | <0.05 |

（4）酸度 土壤酸度的来源很复杂，有的来自土壤中的酸性矿物质，有的来自生物和微生物的生命活动所形成的有机酸和无机酸，也有来自于工业污水等人类活动造成的土壤污染。大部分土壤属中性范围，pH值处于6~8之间，也有pH值为8~10的碱性土壤（如盐碱土）及pH值为3~6的酸性土壤（如沼泽土、腐殖土）。随着土壤酸度增高，土壤腐蚀性增

加，因为在酸性条件下，氢的阴极去极化过程已能顺利进行，强化了整个腐蚀过程。应当指出，当在土壤中含有大量有机酸时，其 pH 值虽然近于中性，但其腐蚀性仍然很强。

（5）含盐量　通常土壤中含盐量约为 $80 \sim 1500 ppm$（$1 ppm = 10^{-6}$），在土壤电解质中的阳离子一般是钾、钠、镁、钙等离子，阴离子是碳酸根、氯和硫酸根离子。土壤中含盐量大，土壤的电导率也增加，因而增加了土壤的腐蚀性。氯离子对土壤腐蚀有促进作用，所以在海边潮汐区或接近盐场的土壤，腐蚀性更强。但碱土金属钙、镁的离子在非酸性土壤中能形成难溶的氧化物和碳酸盐，在金属表面形成保护层，减少腐蚀。富钙、镁离子的石灰质土壤就是一个典型的例子。类似的，硫酸根离子也能和铅作用生成硫酸铅的保护层。硫酸盐和土壤腐蚀另一个重要关系是和微生物腐蚀有关。

我国各油田的土壤多半是盐碱地，pH 值在 $7 \sim 9$ 之间，含可溶盐的情况如表 8-1-2 所示。比较这几个地区，以含氯化物盐的土壤腐蚀性最强。胜利油田的某些地区土壤含盐量最高可达 $5225.6 mg/L$。据调查，胜利油田有些含氯化物盐地区的腐蚀速度比大庆油田含碳酸盐地区大 8 倍。

表 8-1-2　我国各油田土壤中含盐的主要成分

| 地　名 | 胜利油田、青海 | 大庆 | 玉门、新疆 | 四川 |
|---|---|---|---|---|
| 含盐主要成分 | 氯化物盐 | 碳酸盐 | 硫化物盐 | 硫酸盐、氯化物盐 |

在确定管路的防腐绝缘等级时，还要结合线路埋设方式及特定的情况，采用相应措施，如在经过河流、铁路、沼泽地带等不易检修的部位，一律采用特强绝缘，土壤腐蚀性较强的地区采用加强绝缘，土壤腐蚀性不强的地段采用普通绝缘。

### 4. 土壤腐蚀的特点

土壤腐蚀不同于电解质溶液中的电化学腐蚀的特征是：

（1）土壤性质及其结构的不均匀性，造成腐蚀电池的范围不仅在小块土壤内形成，而且因不同土壤交接，形成的大电池可能达数十公里远。

（2）除酸性土壤外，大多数土壤以氧浓差电池为地下管道腐蚀的主要形式。

（3）腐蚀速度比溶液中慢，特别是土壤电阻的影响，有时成为腐蚀速度的主要控制因素。

土壤的固体颗粒相对地下金属是静止的，不发生机械搅动和对流，因此氧在溶液中到达金属表面比在土壤中到达金属表面要快得多，这样就导致土壤腐蚀速度减慢。土壤由于结构、组成等差异，使土壤电阻率的差别很大，低的只有几 $\Omega \cdot m$，高的达 $100 \Omega \cdot m$ 以上，因此，土壤电阻的影响是不可忽略的。

在溶液中电化学腐蚀的速度主要决定于电极过程的反应速度，如果反应速度决定于阳极过程的快慢，为阳极控制；如果腐蚀速度决定于阴极过程的快慢，为阴极控制。而在土壤腐蚀中，除了电极过程的反应速度外，有时主要决定于土壤电阻的影响，叫做欧姆控制。即土壤电阻成为影响腐蚀速度的主要控制因素。

对于地下管路，两种腐蚀电池的作用是同时存在的。从腐蚀的表面形式看，微电池作用时具有腐蚀坑点且分布均匀的特征，而在宏腐蚀电池作用下引起的腐蚀则具有明显的局部穿孔的特征。对于油气管路来讲，局部穿孔的危害性更大，我们通常见到的暴露在大气中的裸管，大片大片麻点般的锈蚀主要是微电池作用的结果，它的腐蚀深度和速度都不如宏电池严重。

### 5. 形成腐蚀电池的条件

形成腐蚀电池的条件主要有以下几种：

（1）金属的不同部位或两种金属间存在电极电位差；

（2）两极之间互相连通；

（3）有可导电的电解质溶液。

腐蚀电池的工作是由阳极过程（氧化反应）、阴极过程（还原反应）及电子转移这三个不可分割的环节所组成。腐蚀电池工作时，氧化还原反应同时发生在两个电极上，通常规定凡是进行氧化反应的电极叫做阳极，凡是进行还原反应的电极叫做阴极，阳极总是遭受腐蚀。

## 四、土壤中的生物腐蚀

在一些缺氧的土壤中有细菌参加腐蚀过程。细菌腐蚀主要是由硫酸盐还原菌的作用引起的。硫酸盐还原菌生存在土壤中，是一种厌氧菌，这种细菌肉眼是看不见的，生长在潮湿并含有硫酸盐及可转化的有机物和无机物的缺氧土壤中。当土壤 pH 值在 5～9，温度在 25～30℃时最有利于细菌的繁殖。故在 pH 值为 6.2～7.8 的沼泽地带和洼地中，细菌活动最激烈。当 pH 值在 9 以上时，硫酸盐还原菌的活动受到抑制。这种细菌之所以能促进腐蚀是因为在它们的生活过程中，需要氢或某些还原物质将硫酸盐还原成硫化物：

$$SO_4^{2-} + 8H \longrightarrow S^{2-} + 4H_2O$$

而细菌本身就是利用这个反应的能量来繁殖的。埋藏在土壤中的钢铁管道表面，由于腐蚀，在阴极上有氢产生（原子态氢），如果它附在金属表面，不成为气体逸出，则它的存在就会造成阴极极化而使腐蚀缓慢下来，甚至停止进行。如果有硫酸盐还原菌活动，恰好就利用金属表面的氢把 $SO_2^{2-}$ 还原。这样就减少了阴极上氢的极化，促进了阴极反应，反应时生成的 $S^{2-}$ 与 $Fe^{2+}$ 反应生成 FeS，从而促进了阳极的离子化反应：

$$Fe^{2+} + S^{2-} \longrightarrow FeS$$

所以当有硫酸盐还原菌活动时，在铁表面的腐蚀产物是黑色的，并发出 $H_2S$ 的臭味。

细菌的腐蚀过程中所起的作用很复杂，除了上述由于细菌的存在改善了去极化条件，从而加快金属腐蚀速度外，还有一些细菌是依靠管道防腐蚀涂层——石油沥青作为它的养料，将石油沥青"吃掉"，造成防腐层破坏而使金属腐蚀。另外一些细菌将土壤中的某些有机物转化为盐类或酸类，与金属作用而引起腐蚀。

## 五、杂散电流腐蚀

不按照规定途径移动的电流对管道所产生的腐蚀，叫杂散电流腐蚀，又名干扰腐蚀。这是一种外界因素引起的电化学腐蚀，杂散电流导致地下金属设施的严重腐蚀破坏，它所引起的腐蚀比一般土壤腐蚀激烈得多。对于绝缘不良的管道，这样的杂散电流可能在防腐绝缘层破损的某一点流入管道，然后沿管道流动，在另一防腐绝缘层破损点流出，返回杂散电流源，从而引起腐蚀。计算表明，1A 的电流流过一年就相当于使 9kg 的铁发生了电化学溶解。在某些极端情况下，流过金属构件的杂散电流强度可达 10A，显然这将造成迅速的腐蚀破坏。

所谓杂散电流是指应由原定的正常电路漏失而流入他处的电流，其主要来源是应用直流电大功率电气装置，如电气化铁道、电解及电镀槽、电焊机或电化学保护装置等。图 8-1-10 为杂散电流腐蚀原理图。

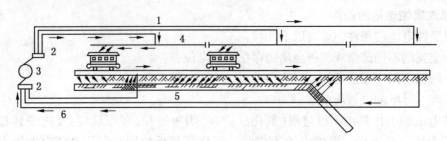

图 8-1-10　杂散电流腐蚀原理图

1—输出馈电线；2—汇流排；3—发电机；4—电车线；5—管道；6—回归线

在正常情况下，电流自电源的正极通过电力机车的架空线再沿铁轨回到电源负极。但是当铁轨与土壤间的绝缘不良时，有一部分电流就会从铁轨漏失到土壤中。如果在这附近埋设有金属管道等构件，杂散电流便由此良导体通过，然后再流经土壤及轨道回到电源。在这种情况下，相当于产生了两个串联电解池，即：

路轨(阳极)｜土壤｜管线(阴极)；

管线(阳极)｜土壤｜路轨(阴极)。

第一个电池会引起路轨腐蚀，但发现这种腐蚀和更新路轨并不困难。第二个电池会引起管线腐蚀，这就难以发现和修复了。显然，这里受腐蚀的都是电流从路轨或管线流出的阳极区。这种因杂散电流所引起的电解腐蚀就称为杂散电流腐蚀。

杂散电流腐蚀的破坏特征是阳极区的局部腐蚀。在管线的阳极区外绝缘涂层的破损处，腐蚀尤为集中。在使用铅皮电缆的情况下，由于杂散电流流入阴极区也会发生腐蚀，这是因为阴极区产生的氢氧根离子和铅发生作用，生成可溶性的铅酸盐。已发现交流电杂散电流也会引起腐蚀，但破坏作用要小得多。对于频率为 60Hz 的交流电来说，其作用约为直流电的 1%。

可以通过测量土壤中金属体的电位来检测杂散电流的影响。如果金属体的电位高于它在这种环境下的自然电位，就可能有杂散电流通过。防止措施有排流法，即把原先相对路轨为阳极区的管线用导线与路轨直接相连，使整个管线处于阴极性；另外还有绝缘法和牺牲阳极法。

## 六、管道防腐蚀方法

油气管道大多埋地敷设，由于直接检测困难，往往要到介质漏泄时方知管道腐蚀已很严重。为了保证管道长期安全运行，防止泄漏的石油天然气对邻近居民和企业的危害，各国政府和管道公司都制定有管道防腐蚀规程。如我国颁发的《钢质管道及储罐防腐蚀工程设计规范》，必须在工作中贯彻执行。

管道防腐蚀方法和所用的防蚀材料分类简述如下。

**1. 外壁防腐蚀**

(1) 选用耐蚀的管材，如耐蚀的低合金钢、塑料管或水泥管等。

(2) 采用金属防蚀层，如镀锌、喷铝等。

(3) 增加管路和土壤之间的过渡电阻，以减少腐蚀电流。在金属管路的外表面涂以防腐绝缘层就是这个道理。常用的防腐绝缘层有：

① 沥青、玻璃布绝缘层，国外有用煤焦油沥青的。也可以用泡沫塑料作防腐层，既绝缘又保温，国内已取得良好的试验效果。有的工程曾使用水泥涂层来通过含盐沼泽地及强酸

性土壤地区，可取得管道 40 年末受腐蚀的效果。此外，还可以选用其他高分子化合物的塑料树脂涂层及环氧树脂喷涂等。

② 油漆类绝缘层，如油脂漆、醇酸树脂漆、酚醛树脂漆、过氯乙烯漆、硝基漆等。

③ 无机化合物材料，如玻璃、珐琅、水泥等。

（4）电法保护：

① 阴极保护：外加电流、牺牲阳极。

② 电蚀防止法：排流保护。

（5）工艺设计防蚀：如防止残留水分腐蚀的结构，避免异种金属管道的连接，解除焊接应力，改善环境(换土、向地下构件周围填充石灰石碎块、埋地改架空敷设)，回填管沟时特别注意直接和管道接触的土层的均匀性等。

**2. 内壁防腐蚀**

（1）选用耐蚀材料制管，如不锈钢、塑料衬里等。

（2）采用涂层，如塑料、树脂等。

（3）在输送石油天然气中添加缓蚀剂。

油气管道的防腐蚀方法各有特点，在探讨各种防腐蚀对策和采取适当措施时，应视管道在不同环境中的施工条件，因地制宜选择防腐蚀设备、材料，从技术经济、管理诸多因素综合平衡考虑。在实际应用中，长距离油气输送管道一般采用阴极保护和防腐绝缘层联合保护的方法。

# 第二节 管道外壁防腐涂层

## 一、防腐蚀材料的作用和分类

用涂料均匀致密地涂敷在经除锈的金属管道表面上，使其与腐蚀性介质隔绝，这是管道防腐蚀最基本的方法之一。

对管道防腐层的基本要求是：覆盖层完整无针孔，与金属有良好的黏结性；电绝缘性能好；防水及化学稳定性好；有足够的机械强度和韧性；能抵抗加热、冷却或受力状态(如冲击、弯曲、土壤应力等)变化的影响；耐热和抗低温脆性；耐阴极剥离性能好；抗微生物腐蚀；破损后易修复，并要求价廉和便于施工。

由于管道所处环境腐蚀性及运行条件的差异，通常将防腐层分为普通、加强和特强三种。

表 8-2-1 是目前大口径钢制管道常用外防腐层主要性能。

**表 8-2-1 大口径钢制管道常用外防腐层主要性能汇总表**

| 项 目 | 单层熔结环氧 | 双层熔结环氧 | 两层 PE | 三层 PE |
|---|---|---|---|---|
| 防腐层厚度/mm | ≥0.4 | 普通级≥0.62<br>加强级≥0.8 | $\phi$559 管道≥2.5<br>$\phi$813 管道≥3.0 | $\phi$559 管道≥2.5<br>$\phi$813 管道≥3.0 |
| 延伸率/% | ≥4.8 | ≥4.8 | ≥600 | ≥600 |
| 黏结力 | 1~3 级 | 1~3 级 | ≥70N/cm | ≥100N/cm |

续表

| 项　目 | 单层熔结环氧 | 双层熔结环氧 | 两层 PE | 三层 PE |
|---|---|---|---|---|
| 压入深度(10MPa)/mm | <0.1 | <0.1 | <0.2 | <0.2 |
| 抗冲击(25℃)/J | ≥5 | ≥10 | φ559 管道>20<br>φ813 管道>24 | φ559 管道>20<br>φ813 管道>24 |
| 防腐层电阻/Ω·mm$^2$ | $2×10^4$ | $5×10^4$ | $1×10^5$ | $1×10^5$ |
| 阴极剥离半径/mm | ≤8 | ≤8 | — | ≤8 |
| 吸水率(60 天)/% | 0.1 | | ≤0.01 | ≤0.01 |
| 冷弯性能(度/管径长度) | ≥2.5 | ≥1.5 | ≥2.5 | ≥2.5 |
| 输送温度/℃ | −30~80 | −30~100 | −30~70 | −30~70 |
| 预制防腐层/(元/m$^2$) | 65 | 95 | 70 | 80 |

注：三层 PE 的剥离强度指(共聚物)胶黏剂的内聚破坏力，底层环氧涂料与钢的黏结力与熔结环氧防腐层一致。

目前埋地管道的防腐涂层主要分为以下几大类：

(1) 沥青类：煤焦油(煤干馏产物)；煤焦油加环氧树脂；沥青(石油炼制产物)；地沥青(天然沥青矿)、煤焦油瓷漆。

(2) 蜡和脂类：重润滑脂；石蜡(石油炼制产物)。

(3) 压敏胶带：聚乙烯(普通密度、高密度)；聚氯乙烯；聚酯。

(4) 带底胶的层压胶带：附有非硫化丁基橡胶黏结剂的聚乙烯；附有非硫化丁基橡胶黏结剂的聚氯乙烯。

(5) 挤塑涂层(工厂涂敷，挤压到管子上)。

(6) FBE(环氧粉末，喷涂到预热的管子上)。

(7) 复合涂层(三层 PE 结构)。

## 二、选择管道外壁防腐层的原则

### 1. 特殊情况下管道工程防腐层的选用

在一些特定的环境中对防腐层的性能有特别要求的管道，在选择和使用上应区别对待。

1) 防腐保温管道

对于加热输送管道，采用保温和防腐的复合结构。底层作为防腐层，可选用环氧煤沥青、环氧底漆等，中间层用硬质聚氨酯泡沫塑料作隔热层，其上包覆高(中)密度的聚乙烯作为保护层。

2) 水下管道

要求防腐层不仅能在水下(尤其是海水中)长时间稳定，还要确保在水流冲击下有可靠的抗蚀性及较高的机械强度。在穿越河流或海底管道敷设时采用的较典型防腐层结构是：在富锌环氧底漆上涂敷聚烯烃热熔胶，或能黏合 PE、PP 材料的黏合胶，最外层是聚乙烯或聚丙烯的防护层。

3) 沼泽地区的管道

沼泽地段一般具有如下特点：土壤含水率高，在沼泽土中含有较多的矿物盐或有机物、酸、碱、盐等，因此可能发生细菌腐蚀。在全年各季度周围介质的情况变化激烈，土壤的膨胀收缩严重，故对沼泽地区防腐层的介电性及化学稳定性要求更高。一般防腐层由三层组成：第一层保证黏结及电绝缘性；第二层为特殊的抗水层；第三层为加重管道及保证机械强度的保护层。

氯化物盐渍土壤地段首先应考虑耐 Cl⁻ 的涂层，在这方面熔结环氧、挤压聚乙烯及煤焦油瓷漆占优势；在通过沼泽地段，应选用长期耐水、耐化学腐蚀性的挤出聚乙烯或煤焦油瓷漆防腐层；除考虑长期耐水性外，还应看含盐成分。在有水的情况下阴离子的侵蚀是严重的，应全面考虑涂层耐化学性。在通过碳酸盐型土壤时，应首先考虑耐 $CO_2$ 的涂层，在这方面石油沥青和胶黏带占有优势；在运行温度高的条件下，首先应考虑选用熔结环氧粉末或改性聚丙烯等耐温性高的材料涂层。

4）用顶管法敷设和定向钻穿越的管道

在通过多石地段或河流穿越等地段，如用顶管法敷设穿越段的管道，其防腐层必须有较强的抗剪切及耐磨的性能，在长期使用不方便维护时仍能保证可靠的抗蚀能力。在这方面熔结环氧粉末和挤压聚乙烯或双层、三层聚乙烯防腐层占有优势。

5）穿过沙漠、极地的管道

管道通过沙漠地区和极地时，为适应运行和施工的要求，防腐层的选择应根据需要和不同的特点来考虑，例如沙漠地区要考虑盐渍土、高温及风沙等环境变化的影响。世界上有许多穿越沙漠的油气管道，为我们正确选用管道防腐层提供了很好的借鉴。我国西部塔里木油田位于塔克拉玛干沙漠，据分析该地区环境对管道腐蚀的影响可能有如下方面：

（1）在高含盐量的沙漠中盐渍土的影响　沙漠地区虽然干旱，但每年降雨季节使得积水存留于砂粒的空隙中。我国科学工作者在卫星云图上可发现塔克拉玛干沙漠的腹地存在水迹，在高含盐区就可能形成强腐蚀区。例如在塔北地区沙漠的土样分析中，$Na^+$、$K^+$、$Cl^-$ 及 $SO_4^{2-}$ 的含量都相当高。另外，沙漠的日温差和昼夜温差很大，该地区的日温差一般为 10~20℃，最高可达 30℃，沙面温度的变化尤为剧烈。而昼夜温差的变化更大，在夏、秋季节午间温度为 60~80℃，夜间可降至 10℃ 以下。结露后凝结水存于石英砂的空隙中，并且盐在水中溶解，形成了盐渍土的腐蚀环境。

（2）高温的影响　塔克拉玛干沙漠夏季地面最高温度可达 60~80℃，对防腐层提出耐热性和耐紫外线辐照的要求。

（3）风沙的影响　塔克拉玛干的风沙活动频繁，风向是东北风和西北风，风速达 5m/s，气流方向和速度场对风沙活动有综合的影响，故管道防腐层应考虑耐磨、抗风蚀的性能。有时由于流沙的运行及狂暴风沙四起，使埋在沙漠中的管子外露。

不同地区的沙漠环境有其不同的特征，20 世纪 80 年代以来国外沙漠管道上所用的防腐层大多选用熔结环氧、聚乙烯冷缠胶带以及三层聚乙烯防腐层，也有选用煤焦油玻璃布及焦油毡的。对于流沙沙漠地带，国外的经验认为有风蚀的地方防腐管道的埋深设计为 1.5m；无风蚀的地方对于小口径地面管道不一定都要做防腐保护，特别是使用寿命只需 20 年左右的油田管道。而对于沙漠储罐的防腐，只要按通常的防腐层结构将底漆层加强防腐，如底漆无机硅酸锌漆改为富锌环氧底漆，其他中间层与面漆涂料不变。

**2. 选择防腐层的原则**

目前可供选择的各类防腐层很多，每种防腐层都有一定的适用范围，基本原则是确保管道防腐绝缘性能，在此基础上再考虑施工方便、经济合理等因素，通过技术经济综合分析与评价确定最佳方案。

在选择防腐层时必须考虑的因素是：①技术可行；②经济合理；③因地制宜。

# 第三节　管路的阴极保护

## 一、阴极保护原理

由于金属本身的不均匀性，或由于外界环境的不均匀性，都会形成微观的或宏观的腐蚀原电池。例如在碳钢表面，其基体金属铁与碳素体如浸在电解质溶液中会形成电位差为 200mV 的微电池腐蚀。

当采用外加电流极化时，原来腐蚀着的微电池会由于外加电流的作用，电极电位发生变化，此时腐蚀着的微电池的腐蚀电流减少，称之为正的差异效应。反之，则称之为负的差异效应。强制电流阴极保护所引起的差异效应可用图 8-3-1 来说明。图 8-3-1(a) 为未加阴极保护之前金属本身的腐蚀的电池模型；图 8-3-1(b) 为加阴极保护以后保护电池的电路及原来腐蚀电池的变化，所加的外电流 $I'$ 的方向是使被保护金属作为阴极。

进一步说明阴极保护原理的极化如图 8-3-2 所示。

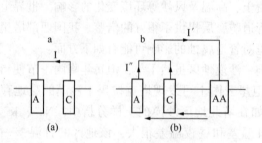

图 8-3-1　阴极保护模型
a—腐蚀电池；b—阴极保护；A—阳极；C—阴极；AA—辅助阳极；
I—电流；I′—保护电流；I″—为零或如图中方向所示

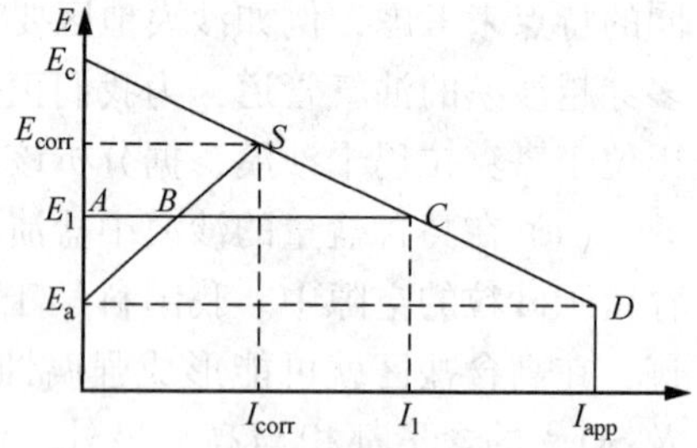

图 8-3-2　说明阴极保护原理的极化

设金属表面阳极和阴极的开路电位分别为 $E_a$ 和 $E_c$。金属腐蚀地由于极化作用，阳极和阴极的电位都发生极化。其阳极向正的方向偏移，阴极向负的方向偏移。结果，其两者的电位都共同趋向于交点 $S$ 所对应的电位 $E_{corr}$，在此电位下所对应的电流为 $I_{corr}$。

向系统输入外电流，使金属阴极极化，此时整个腐蚀原电池体系的电位将向负的方向偏移。阴极极化曲线 $E_cS$ 则从 $S$ 点向 $C$ 点方向延伸。

当金属电位负移到 $E_1$ 点时，所对应的电流应为 $I_1$，相当于图中的 $AC$ 线段，即 $AB$ 与 $BC$ 之和，$AB$ 代表阳极腐蚀电流，而 $BC$ 则是外加的电流。在此电位状况下，体系仍存在着腐蚀。

若使金属继续阴极极化到更负的电位即达到微阳极的开路电位 $E_a$，则腐蚀减至为零。金属达到完全保护。这时的外加电流 $I_{app}$ 为金属达到完全保护时的外加电流。此时的极化作用已使原来腐蚀电池的微电池作用完全受到抑制。总之，极化消除了被保护金属体表面的电化学不均匀性，抑制了微电池作用，又因为阴极极化构成了新的大地电池即保护电路，使被保护金属体成为新的大地电池的阴极，从而在其表面只发生得电子的还原反应。金属不再发生失电子的氧化反应，腐蚀不再发生。这就是阴极保护使金属受到保护的原理。

## 二、阴极保护方法

阴极保护可以通过下面两种方法实现。

**1. 牺牲阳极法**

该方法是将被保护金属和一种可以提供阴极保护电流的金属或合金(即牺牲阳极)相连，使被保护体极化以降低腐蚀速率的方法。

在被保护金属与牺牲阳极所形成的大地电池中，被保护金属体为阴极，牺牲阳极的电位往往负于被保护金属体的电位值，在保护电池中是阳极，被腐蚀消耗，故称之为"牺牲"阳极，从而实现了对阴极的被保护金属体的防护，如图8-3-3所示。

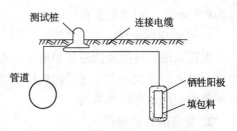

图8-3-3　牺牲阳极示意图

牺牲阳极材料有：高钝镁，其电位为-1.75V；高钝锌，其电位为-1.1V；工业纯铝，其电位为-0.8V(相对于饱和硫酸铜参比电极)。

**2. 强制电流保护法**

该方法是将被保护金属与外加电源负极相连，由外部电源提供保护电流，以降低腐蚀速率的方法。其方式有整流器、恒电位、恒电流、恒电压等。恒电位仪接线如图8-3-4所示。

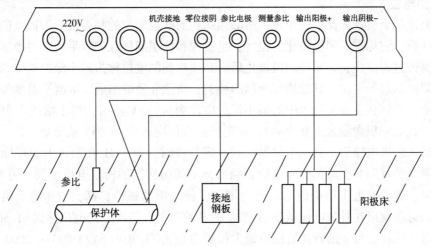

图8-3-4　恒电位仪接线示意图

外部电源通过埋地的辅助阳极将保护电流引入地下，通过土壤提供给被保护金属，被保护金属在大地中仍为阴极，其表面只发生还原反应，不会再发生金属离子化的氧化反应，腐蚀受到抑制。而辅助阳极表面则发生失电子氧化反应。因此，辅助阳极本身存在消耗。

**3. 两种保护方法的选择**

上述两种阴极保护方法，都是通过一个阴极保护电流源向受到腐蚀或存在腐蚀、需要保护的金属体，提供足够的与原腐蚀电流方向相反的保护电流，使之恰好抵消金属内原本存在的腐蚀电流。这两种方法的差别只在于产生保护电流的方式和"源"不同。一种是利用电位更负的金属或合金，另一种则利用直流电源。

强制电流阴极保护驱动电压高，输出电流大，有效保护范围广，适用于被保护面积大的长距离、大口径管道。

牺牲阳极阴极保护不需外部电源，维护管理经济，简单，对邻近地下金属构筑物干扰影响小，适用于短距离、小口径、分散的管道。

### 三、阴极保护参数

与阴极保护相关的几个参数：自然腐蚀电位、保护电位、保护电流(可以换算成电流密度)。正确选择和控制这些参数是决定保护效果的关键。而在实际保护中人们仅把保护电位作为控制参数，因为它受自然腐蚀电位和保护电流所控制，而且在实践中容易操作。

**1. 自然腐蚀电位**

无论采用牺牲阳极法还是采用强制电流阴极保护，被保护构筑物的自然腐蚀电位都是一个极为重要的参数。它体现了构筑物本身的活性，决定了阴极保护所需电流的大小，同时又是阴极保护中重要的参考点。

**2. 管道的自然电位**

金属管道在通电保护前本身的对地电位，称管道的自然电位。它随着金属管道的材质、表面状态(绝缘层好坏，管子本身锈蚀情况)以及土壤条件的不同而不同，并且随着季节不同而变化。测量钢管在土壤中的自然电位一般都采用饱和硫酸铜电极(以后提到管道在土壤中的自然电位均指相对于饱和硫酸铜电极而言)，它的数值范围在 $-0.4 \sim -0.7V$ 之间。在大多数土壤中钢管的自然电位为 $-0.55V$ 左右。

**3. 保护电位**

保护电位是金属进入保护电位范围所必须达到的腐蚀电位的临界值。保护电位是阴极保护的关键参数，它标志了阴极极化的程度，是监视和控制阴极保护效果的重要指标。

为使腐蚀过程停止，金属经阴极极化后所必须达到的电位称为最小保护电位，也就是腐蚀原电池阳极的起始电位。其数值与金属的种类、腐蚀介质的组成、浓度及温度等有关。根据实验测定，碳钢在土壤及海水中的最小保护电位为 $-0.85V$ 左右。当土壤或水中含有硫酸盐还原菌，且硫酸根含量大于 0.5% 时，通电保护电位应达到 $-0.95V$ 或更负。

管道通入阴极电流后，其负电位提高到一定程度时，由于 $H^+$ 在阴极上的还原，管道表面会析出氢气，减弱甚至破坏防腐层的黏结力，不同防腐层的析氢电位不同。另外，在 $H^+$ 放电的同时，管道附近土壤中的 $OH^-$ 就会增加，使土壤的碱性提高，加速绝缘层老化。有文献认为沥青防腐层在外加电位低于 $-1.20V$ 时开始有氢气析出，当电位达到 $-1.50V$ 时将有大量氢析出。因此，对于沥青防腐层取最大保护电位为 $-1.20V$ (SY/T 0037—2000 认为沥青防腐层最大保护电位 $-1.5V$，但同时认为新建管道最大保护电位为 $-1.25V$。)。若采用其他防腐层，最大保护电位值也应经过实验确定。聚乙烯防腐层的最大保护电位可取 $-1.50V$。对绝缘层质量较差的管线，为使管线末端达到有效保护，也取 $-1.5V$ 为宜。煤焦油瓷漆防腐层的最大保护电位可取 $-3.0V$，环氧粉末防腐层最大保护电位取 $-2.0V$。

在测定保护电位时应该考虑土壤的 $IR$ 降影响。

**4. 绝缘层面电阻**

绝缘层电阻越大，所需的保护电流和功率越小。因为电流是垂直通过绝缘层的，故可以把绝缘层的电阻用电流通过 $1m^2$ 面积的绝缘层上的过渡电阻表示，称为面电阻，单位为 $\Omega \cdot m^2$。

管道绝缘层面电阻参考数值：

(1) 石油沥青、煤焦油瓷漆：$10000\Omega \cdot m^2$；

(2) 塑料覆盖层：$50000\Omega \cdot m^2$；

(3) 环氧粉末：$50000\Omega \cdot m^2$；

（4）三层复合结构：$100000\Omega \cdot m^2$；

（5）环氧煤沥青：$5000\Omega \cdot m^2$；

（6）管道电阻：低碳钢（20#）为$0.135\Omega \cdot mm^2/m$；16Mn 钢为$0.224\Omega \cdot mm^2/m$；高强度钢为$0.166\Omega \cdot mm^2/m$。

**5. 保护电流密度**

保护电流密度与金属性质、介质成分、浓度、温度、表面状态（如管道防腐层状况）、介质的流动、表面阴极沉积物等因素有关。对于土壤环境而言，有时还受季节因素的影响。

因保护电流密度不是固定不变的数值，所以，一般不用它作为阴极保护的控制参数；只有无法测定电位时，才把保护电流密度作为控制参数。例如在油井套管的保护中，电流密度是一个重要参数，可以作为控制参数用。

保护电流密度应根据覆盖层电阻选取：

（1）在$5000 \sim 10000\Omega \cdot m^2$时，取$100 \sim 50\mu A/m^2$；

（2）在$10000 \sim 50000\Omega \cdot m^2$时，取$50 \sim 10\mu A/m^2$；

（3）在$>50000\Omega \cdot m^2$时，取$<10\mu A/m^2$。

对已建管道应以实测值为依据。

## 四、强制阴极保护的计算

阴极保护设计包括下述内容：保护长度的计算，阴极保护站数和站址的确定，阳极装置、电流和导线的设计，绝缘法兰、测试桩及检查片的设置等。阴极保护的设备比较简单，它的投资一般不到管路总投资的1%。

**1. 阴极保护长度的计算**

强制电流阴极保护的保护长度可按下式计算：

$$2L = \sqrt{\frac{8\Delta V_L}{\pi \cdot D \cdot J_s \cdot R}} \qquad (8-3-1)$$

$$R = \frac{\rho_T}{\pi(D' - \delta)\delta} \qquad (8-3-2)$$

式中　$L$——单侧保护长度，m；

$\Delta V_L$——最大保护电位与最小保护电位之差，V；

$D$——管道外径，m；

$J_s$——保护电流密度，$A/m^2$；

$R$——单位长度管道纵向电阻，$\Omega/m$；

$\rho_T$——钢管电阻率，$\Omega \cdot mm^2/m$；

$D'$——管道外径，mm；

$\delta$——管道壁厚，mm。

**2. 阴极保护站数目和站址的确定**

按以上工艺计算得出最大保护长度和被保护管线的长度后，即可求出所需的保护站数目。保护站的实际间距应小于算出的最大保护长度。保护站数按下式计算：

$$n = \frac{L_总}{2L} + 1 \qquad (8-3-3)$$

式中　$n$——保护站数目；

　　$L_总$——管线总长度，m；

　　$L$——一个站一侧的最大保护长度，m。

式中加 1 是因为首末两个站只能保护一侧管线，所以应多设一个保护站。确定输油站数目后，就应在管路沿线相应布置保护站。在油田和长输管线上，保护站一般都尽量放在泵站内，以便取得可靠的电源和管理方便。

**3. 保护电流计算**

$$2I_0 = 2\pi D J_s L \tag{8-3-4}$$

式中　$I_0$——单侧保护电流，A。

**4. 阳极接地装置的计算**

1）接地电阻的计算

辅助阳极的接地电阻，因床结构不同而有所区别。各种结构的接地电阻的计算公式可参见有关手册。这里给出三种常用埋设方式的阳极接地电阻计算公式。

（1）单支立式阳极接地电阻的计算：

$$R_{V1} = \frac{\rho}{2\pi L} \times \ln \frac{2L}{d} \times \sqrt{\frac{4t + 3L}{4t + L}}(t \gg d) \tag{8-3-5}$$

（2）深埋式阳极接地电阻的计算：

$$R_{V2} = \frac{\rho}{2\pi L} \times \ln \frac{2L}{d}(t \gg L) \tag{7-3-6}$$

（3）单水平式阳极接地电阻的计算：

$$R_H = \frac{\rho}{2\pi L} \times \ln \frac{2L^2}{td}(t \ll L) \tag{8-3-7}$$

上三式中　$R_{V1}$——单支立式阳极接地电阻，$\Omega$；

　　　　$R_{V2}$——深埋式阳极接地电阻，$\Omega$；

　　　　$R_H$——单支水平式阳极接地电阻，$\Omega$；

　　　　$L$——阳极长度（含填料），m；

　　　　$d$——阳极直径（含填料），m；

　　　　$t$——埋深，m；

　　　　$\rho$——土壤电阻率，$\Omega \cdot m$。

（4）组合阳极接地电阻的计算：

$$R_g = F \frac{R_V}{n} \tag{8-3-8}$$

式中　$R_g$——阳极组接地电阻，$\Omega$；

　　$n$——阳极支数；

　　$F$——修正系数（查图 8-3-5）；

　　$R_V$——单支阳极接地电阻，$\Omega$。

2）辅助阳极寿命的计算

辅助阳极的工作寿命是指阳极工作到

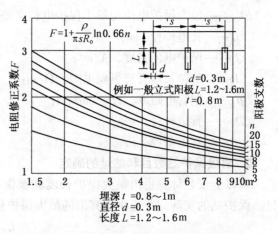

图 8-3-5 阳极组接地电阻修正系数

因阳极消耗致阳极电阻上升使电源设备输出不匹配，而不能正常工作的时间。当然，这里的寿命计算不包括地床设计不合理造成的"气阻"，施工质量不可靠造成的阳极电缆断线等因素引起的阳极报废。

通常阳极的工作寿命由下式计算：

$$T = \frac{KG}{gI} \qquad\qquad (8-3-9)$$

式中　$T$——阳极工作寿命，a；

　　　$K$——阳极利用系数，常取 $0.7 \sim 0.85$；

　　　$G$——阳极重量，kg；

　　　$g$——阳极消耗率，$kg/(A \cdot a)$，查表 8-3-1；

　　　$I$——阳极工作电流，A。

表 8-3-1　常用辅助阳极的性能

| 阳极材料 | 允许电流密度/$(A/m^2)$ | | 消耗率/$[kg/(A \cdot a)]$ | |
|---|---|---|---|---|
| | 土壤 | 水中 | 土壤 | 水中 |
| 废钢铁 | 5.4 | 5.4 | 8.0 | 10.0 |
| 废铸铁 | 5.4 | 5.4 | 6.0 | 6.0 |
| 高硅铸铁 | 32 | $32 \sim 43$ | <0.1 | 0.1 |
| 石墨 | 11 | 21.5 | 0.25 | 0.5 |
| 磁性氧化铁 | 10 | 400 | 约0.1 | 约0.1 |
| 镀铂钛 | 400 | 1000 | $6 \times 10^{-6}$ | $6 \times 10^{-6}$ |

### 5. 电源功率的计算

根据被保护系统所需的总电流和总电压来选择直流电源的类型和规格。系统的总电流 $I = 2I_0$，系统的总电压为：

$$V = I(R_a + R_L + R_c) + V_r \qquad\qquad (8-3-10)$$

式中　$R_a$——阳极接地电阻，V；

　　　$R_c$——阴极/土壤界面的过渡电阻，$\Omega$，对于无限长管道 $R_c = \dfrac{\sqrt{R_T r_T}}{2}$，对于有限长管

　　　　道 $R_c = \dfrac{\sqrt{R_T r_T}}{2 th(\alpha l)}$；

　　　$R_L$——导线总电阻，$\Omega$；

　　　$V_r$——阳极和阴极断路时的反电动势，V，焦炭地床为2V；

　　　$\alpha$——管道衰减系数，$m^{-1}$，$\alpha = \sqrt{\dfrac{r_T}{R_T}}$；

　　　$r_T$——单位长度管道电阻，$\Omega/m$；

　　　$R_T$——覆盖层过渡电阻，$\Omega/m$。

强制电流阴极保护系统的电源功率可按下式计算：

$$P = \frac{IV}{\eta} \qquad (8-3-11)$$

式中　$P$——电源功率，W；

　　　$\eta$——电源效率，取 0.7。

根据经验，在一般条件下，阳极接地电阻约占回路总电阻的 70%~80%，故阳极材料的选择及其埋置场所的处理，对节省电能消耗至关重要。值得注意的是，在选择电源设备和运行期间，应考虑阴极保护系统辅助阳极的接地电阻值与电源额定负载（$R_{额}$）相匹配。

$$R_{额} = V_{额}/I_{额} \qquad (8-3-12)$$

式中　$R_{额}$——额定输出电压，V；

　　　$I_{额}$——额定输出电流，A。

阳极地床的接地电阻必须比额定负载小，才能保证所设计的保护电流的输出。同时，也要从技术经济角度分析，使该保护系统阳极地床的设计与电源设备的选择是经济合理的。

## 五、阳极装置

### （一）阳极材料的选用

**1. 阳极材料的选择原则**

（1）应具有良好的导电性能，阳极表面即使在高电流密度下使用时极化仍较小；

（2）在与土壤或地下水接触时具有稳定的接触电阻；

（3）化学稳定性好，在各种恶劣环境中腐蚀率小；

（4）重量轻，便于运输，有较高的机械强度，加工性能好，便于安装；

（5）成本低，来源方便。

在土壤环境中，目前使用的阳极地床材料有废旧钢材、石墨、高硅铁以及磁性氧化铁等。

**2. 钢铁阳极**

废钢铁是我国早期管道阴极保护辅助阳极的主体材料。其特点是：材料来源广，施工方便，价格低，没有气阻现象。因其管状体积大，增大了和土壤的接触面积，特别适用高电阻率环境中。这一点对于西部石油开发有着实际意义，因那里有时方圆几百公里就找不到 $100\Omega\cdot m$ 以下的土壤环境。钢铁阳极消耗率在 $9.1~10kg/(A\cdot a)$ 之间，属可溶性阳极，需要定期更换。

**3. 高硅铁阳极**

高硅铸铁是在铁中加入了大量的硅，提高了其耐蚀性能。含 Si 量不小于 14.5%，又不大于 18% 时，能保持较低的腐蚀率。增加 Si 含量对耐蚀性改善不大，反倒导致机械性能变坏，强度下降，硬度升高，工艺性能差。高硅铁是一种常用的阳极地床材料，外形与铸铁相似，非常脆和硬。不能用普通的方法加工，因而在运输和安装过程中需特别注意。高硅铁阳极在氧化条件下，表面形成一层很薄的 $SiO_2$ 钝态保护膜，它能保护阳极基体不受侵蚀，又由于膜是多孔的，因而能够进行电极反应。高硅铁阳极的基本性能见表8-3-2。高硅铁阳极在电解液中的电阻与相同尺寸的石墨阳极在同样电解液中的电阻实际上是一样的。如果它们都用在炭质填料中，则其特性几乎完全一样。实践证明高硅铁阳极较适用于高土壤电阻率的场合，但在经济上，高硅铁目前较石墨贵，所以高硅铁主要用在不能或不便于用填料的地方，如沼泽或流砂层地区。在土壤很软的地方，可以把高硅铁阳极压入土内，但注意不要使其受到过大震动或撞击而断裂。在含有大量 $Cl^-$ 的环境中，推荐使用含铬的高硅铁阳极。

表 8-3-2   高硅铁阳极的基本性能

| 项　目 | 性　能 | 项　目 | 性　能 |
|---|---|---|---|
| 相对密度/$(g/cm^3)$ | 7 | 硬度/HB | 300~600 |
| 电阻率/$m\Omega \cdot cm$ | 72 | 消耗率/$[kg/(A \cdot a)]$ | 0.1~1 |
| 抗弯强度/$(kg/cm^2)$ | 14~17 | 容许电流密度/$(A/m^2)$ | 5~80 |
| 抗压强度/$(kg/cm^2)$ | 70 | | |

高硅铁阳极的型号、规格见表 8-3-3。

表 8-3-3   常用高硅铸铁阳极尺寸

| 棒体直径/mm | 棒体长度/mm | 接头密封/mm | | 表面积/$m^2$ | 质量/kg | 备　注 |
|---|---|---|---|---|---|---|
| | | 直径 | 长度 | | | |
| 25 | 1200 | 50 | 90 | 0.11 | 8 | |
| 38 | 1200 | 63 | 90 | 0.16 | 10 | |
| 50 | 900 | 75 | 90 | 0.16 | 13.5 | YJA 为单端接头 |
| 50 | 1500 | 75 | 90 | 0.25 | 20.5 | YJB 为双端接头 |
| 65 | 1500 | 0 | 100 | 0.33 | 34 | |
| 75 | 1500 | 100 | 100 | 0.38 | 45.5 | |
| 115 | 1500 | 140 | 125 | 0.55 | 100 | |

### 4. 石墨阳极

石墨作为外加电流阴极保护系统的阳极，从 1927 年开始应用已有较长的历史。石墨是炭的一种，有天然生成物，也有人造石墨。它是电的良导体，在化学上很稳定，在机械性能上软而多孔，易于加工，价格也较便宜。为了提高石墨阳极的耐蚀性能，阳极棒体要进行浸渍工艺，即用石蜡或亚麻子油浸渍。浸渍可以降低气孔，抑制可能引起阳极胀裂或过早失效的表面气体的析出或碳的氧化。经过浸渍的石墨，加上焦炭回填物的应用，从而使阳极寿命延长约 50%。故石墨是理想的阳极地床材料。石墨是耐蚀材料，与可溶性钢铁阳极比较属难溶性阳极。因一次施工后不需更换，所以也称"永久性阳极"。

正常的石墨阳极腐蚀过程是：

地下水电离：$$H_2O \Longleftrightarrow H^+ + OH^-$$

在阳极通电时，$OH^-$ 在电场作用下，吸附到阳极表面放电，生成氧气和水：

$$4OH^- \Longleftrightarrow O_2 + 2H_2O + 4e$$

在阳极表面产生的氧气有一部分逸散出去，而有一部分直接与阳极本身的碳原子起氧化反应，生成二氧化碳或一氧化碳：

$$C + O_2 \longrightarrow CO_2 \uparrow$$

$$2C + O_2 \longrightarrow 2CO \uparrow$$

由于 $CO_2$ 和 CO 气体的逸散，使得阳极表面变成疏松状态，这就是石墨阳极的腐蚀过程。石墨阳极不能在有氧侵入、呈酸性和含硫酸盐离子较高的地方长期使用。石墨阳极对被保护的钢大约有 2V 的反电压。这在计算直流电源所需电压时应考虑在内。

常用石墨阳极的基本性能和规格型号分别见表 8-3-4 和表 8-3-5。

表 8-3-4　石墨阳极的主要性能

| 密度/(g/cm³) | 电阻率/(Ω·mm²/m) | 气孔率/% | 消耗率/[kg/(A·a)] | 允许电流密度/(A/m²) |
|---|---|---|---|---|
| 1.7~2.2 | 9.5~11.0 | 25~30 | <0.6 | 5~10 |

表 8-3-5　常用石墨阳极规格

| 序　号 | 阳极规格 | | 阳极引出线规格 | | 参考质量/kg |
|---|---|---|---|---|---|
| | 直径/mm | 长度/mm | 截面/mm² | 长度/mm | |
| 1 | 75 | 1000 | 16 | >1000 | 10 |
| 2 | 100 | 1450 | 16 | >1000 | 23 |
| 3 | 150 | 1450 | 16 | >1000 | 51 |

### 5. 磁性氧化铁阳极($Fe_3O_4$ 阳极)

磁性氧化铁阳极是用磁性氧化铁粉末铸造成中空有底的圆筒形,长约 800mm,外径 60mm,厚度约为 5~10mm。主要成分:$Fe_3O_4$,92%~93%($FeO$ 约占 30%,$Fe_2O_3$ 约占 62%~63%);$SiO_2$,4%~6%;而 $CaO$、$MgO$、$Al_2O_3$ 分别是 0.1%~1%。

磁性氧化铁阳极的电阻率在 0.1~0.4Ω·cm 间,是石墨电阻率的 100 倍,壁厚比石墨薄,所以,要在圆筒内镀铜来提高导电性。由于铸件中含有气孔,当水浸入时,电缆接头易断裂,所以必须进行水压试验,排除次品。此外,磁性氧化铁阳极有硬和脆的缺点。通过的电流密度约 20~50A/m² 时,消耗率为 0.02~0.15kg/(A·a)。因此是一种极耐腐蚀的阳极材料。磁性氧化铁阳极的机械特性与高硅铁阳极差不多,受环境温度影响小。由于它允许电流密度大,消耗率低,价格低廉,被认为是今后外加电流阴极保护中最有前途的阳极材料。但其制造工艺较为困难,使得目前世界只有为数不多的几个国家可以生产。日本、瑞典等国应用较多。

### 6. 柔性阳极

柔性阳极是由导电聚合物包覆在铜芯上构成,其性能应符合表 8-3-6 的规定。

表 8-3-6　柔性阳级主要性能

| 最大输出电流/(mA/m) | | 最低施工温度/℃ | 最小弯曲半径/mm |
|---|---|---|---|
| 无填充料 | 有填充料 | | |
| 52 | 82 | -18 | 150 |

柔性阳极铜芯截面积为 16mm²,阳极外径为 13mm。

### (二) 辅助阳极设计

#### 1. 辅助阳极位置的选择

辅助阳极位置的选择应符合下列要求:

(1) 地下水位较高或潮湿低洼处。

(2) 土壤电阻率 50Ω·m 以下的地点。

(3) 土层厚,无石块,便于施工处。

(4) 对邻近的地下金属构筑物干扰小,阳极位置与被保护管道之间不宜有其他金属构筑物。

(5) 阳极位置与管道的垂直距离不宜小于 50m。当采用柔性阳极时,对于裸管道阳极的最佳位置是距管道 10 倍管径处;对有良好覆盖层的管道可同沟敷设,最近距离为 0.3m。

**2. 阳极种类的选择**

阳极种类的选择应遵守下列原则：

（1）在一般土壤中可采用高硅铸铁阳极、石墨阳极、钢铁阳极。

（2）在盐渍土、海滨土或酸性和含硫酸根离子较高的环境中，宜采用含铬高硅铸铁阳极。

（3）在高电阻率的地方宜使用钢铁阳极。

（4）覆盖层质量较差的管道及位于复杂管网或多地下金属构筑物区域内的管道可采用柔性阳极，但不宜在含油污水和盐水中使用。

**3. 阳极埋设方式**

阳极埋设方式应符合下列要求：

（1）阳极可采用浅埋和深埋两种方式。浅埋阳极应置于冻土层以下，埋深一般不宜小于1m；深埋阳极埋深宜为15~300m。

（2）阳极通常采用立式埋设；在沙质土、地下水位高、沼泽地可采用水平式浅埋；在复杂环境或地表土壤电阻率高的情况下可采用深埋阳极。

**4. 阳极地床填料的应用**

石墨阳极无论采用浅埋或深埋都必须添加回填料。高硅铁阳极一般需要添加回填料，但在特殊地区可以不使用回填料，如沼泽、流砂层地区等；柔性阳极宜加填充料；钢铁阳极可不加填充料。

填充料的含碳量宜大于85%，最大粒径宜小于15mm，填充料厚度一般为100mm。当采用柔性阳极时，填充料的最大粒径宜小于3.2mm，填充料厚度为45mm。预包覆焦炭粉的柔性阳极可直接埋设，不必采用填充料。

阳极地床填料的功能：

（1）增大阳极地床与土壤的接触，从而降低地床接地电阻。

（2）将阳极电极反应转移到填料与土壤之间进行，延长阳极的使用寿命。

（3）由于减少阳极与土壤的电化学反应和将电化学反应转移到填料上，使有填料的阳极比没有填料的阳极输出更大的电流。

（4）填料可以消除气体堵塞。这在比较稠密，透气性差的土壤中，尤其显得重要。阳极逸出气体是因阳极电化学反应引起的。如果土壤疏松，气体便会从阳极逸出到达地表。土壤黏稠，则使气体集聚在阳极表面，使阳极电阻增大，造成整个地床电流输出减少，这就是所谓的"气阻"现象。若阳极四周有填料，则可消除"气阻"，使阳极工作正常。

通常使用的填料有：煤焦油焦炭、煅烧的石油焦和天然及人造的石墨渣。炭屑和冶金焦炭渣也是常选填料之一。也可采用石墨加上石灰充填，以保持阳极周围呈碱性。为确保阳极与回填料良好的电接触，填料必须在阳极周围夯实，否则会使一部分电流从阳极直接流向土壤而缩短阳极的使用寿命。

**5. 阳极地床埋设要求**

阳极地床埋设还应满足下列要求：

（1）辅助阳极地电场的电位梯度不应大于5V/m，设有护栏装置时不受此限制。

（2）阳极填充料顶部应放置粒径为5~10mm左右的砾石或粗砂，砾石层宜加厚至地面以下500mm或在砾石上部加装排气管至地面以上。

（3）阳极的引出导线和并联母线应为铜芯电缆，并应适合于地下(或水中)敷设。

（4）阳极的并联母线与直流电源输出阳极导线连接可通过接线箱连接，若阳极导线为铝线，则应采用铜铝过渡接头连接。

（5）对于较干燥地区可向地床注水，降低接地电阻。

**6. 阳极地床结构**

1）浅埋式阳极地床

将电极埋入距地表约1~5m的土层中，这是管道阴极保护一般选用的阳极埋设形式。浅埋式阳极又可分为立式、水平式两种，但对于钢铁阳极尚有采用立式与水平式联合组成的结构，称联合式阳极。

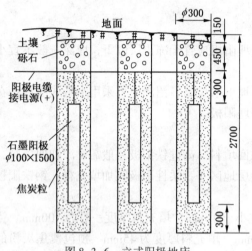

图8-3-6　立式阳极地床

（1）立式地床（垂直式）

由一根或多根垂直埋入地中的电极（钢管、石墨棒、高硅铁棒等）排列构成。电极间用电缆联结。

立式地床较之水平式有下列优点：

① 全年接地电阻变化不大；

② 当尺寸相同时，立式地床的接地电阻较水平式小。

立式地床结构如图8-3-6所示。

（2）水平式地床

将一段钢管或电极（石墨、高硅铁等）以水平状态埋入一定深度的地层中。水平地床结构如图8-3-7所示。

（3）联合式地床

指采用钢铁材料制成的地床，它由上端连接着水平干线的一排立式接地极所组成，如图8-3-8所示。

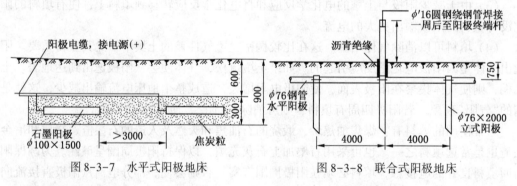

图8-3-7　水平式阳极地床　　　　　图8-3-8　联合式阳极地床

2）深埋式阳极地床

当阳极地床周围存在干扰、屏蔽，地床位置受到限制，或者在地下管网密集区进行区域性阴极保护时，使用深埋式阳极地床，可获得浅埋式阳极地床所不能得到的保护效果。深埋式地床根据埋设深度不同可分次深（20m、40m）、中深（60m、100m）和深（超过100m）三种。在工程实践中，国外还有一种钛基金属氧化物线性阳极。在深井中使用，有施工方便、寿命长等特点；在罐底布置成网格状的线形金属氧化物阳极，有电流分布均匀的特点。

3）阳极地床与管道的距离

阳极地床离管道太近，将对管道产生正偏移电位，从理论上讲，阳极地床对管道的正偏移电位可用下式计算：

$$V_Y = \frac{I_0\rho}{2\pi Y} \qquad (8-3-13)$$

式中　$V_Y$——至阳极的距离为 $Y$ 处，阳极电场所引起的沿管道土壤正偏移电位，V；

$I_0$——阳极输出电流，A；

$\rho$——土壤电阻率，$\Omega \cdot m$；

$Y$——阳极地床至管道某点的距离，m。

阳极地床远离管道，可在一定程度上减弱阳极电场的有害影响，延长保护距离。但是无限制地拉长这个距离，会使阳极导线增加，电阻增大，投资升高。一般认为对于长输管道阳极地床与管道通电点的距离在 300~500m，管道较短或油气田管道较密集的地区，采用50~300m 的距离是适宜的。当然对处于特殊地形或环境的管道，阳极地床的距离应根据现场情况慎重选定。在地下管线密集的地方，可采用深埋阳极的方法，即把阳极埋在地下几十米到一二百米深处，以减少对其他金属管线的干扰。阳极地床相对管道布置的形式有垂直、平行分布、呈角度按几何形状安装等。这要因地制宜，不可强求一致。

阳极位置应尽量放在低洼、潮湿、土壤电阻率小和对管线来说比较适中的地方，以利于电流分布均匀。从电源至阳极的导线可用架空明线或电缆。选择导线截面时，主要是考虑导线的压降不要过大。在整个阴极保护回路的总压降中，阳极装置的压降一般占 60%~70%，其次就是导线压降。这两项占总压降的 90% 以上，真正在管路本身产生的压降一般不到10%。因此，正确设计阳极装置及其导线是很重要的。

## 六、阴极保护站直流电源设备的选择

凡是能产生直流电的电源都可以作阴极保护的电源。阴极保护电源所需要的功率较小，但要求供电稳定可靠，直流电一般是由交流电通过整流器获得的，要求整流器应带有输出电压调节装置，以便调节管路的对地电位。对有交流市电并能满足长期可靠稳定供电的地方及长输管道各中间站有可靠交流电源的地方，优先考虑使用交流电通过整流来提供极化电源。对于单独建站，无市电地区可选用其他第二电源。不管采用什么型式的电源，其基本要求是：可靠性高；维护保养简便；寿命长；对环境适应性强；输出电流、电压可调；应具有过载、防雷、抗干扰、故障保护。

一般交流供电情况下应选用整流器或恒电位仪。在管地电位或回路电阻有经常性较大变化时，必须使用恒电位仪。

将交流电变为直流电的装置称为整流器，与其他直流电源比较，整流器具有无转动元件、易于安装、操作维护简单等优点。此外整流器还具有如体积小、重量轻、效率高、工作稳定、适应性强的特点。当和自动控制线路配合，可以长期稳定地给管道系统送电，实现遥测、遥控。因此，整流器是目前阴极保护电源的主要形式。

整流器分简单手控整流器和自动控制整流器(恒电位)两大类型。国外阴极保护站大多无人管理，整流器置于野外(杆上或地上)，工作条件较恶劣，这对整流器性能要求较高。国内管道阴极保护所用的整流器，由初期简单的硒、硅整流器，已经发展到自动控制整流器，即我们常说的恒电位仪。

对于无交流电地区，可选用下列电源：

(1) 当太阳能资源丰富，负载功率小于250W时，可选用太阳能电池；

(2) 当风力资源丰富，负载功率在200W~55kW时，可选用风力发电机；

(3) 对于输气管道，负载功率在10~500W时，可选用热电发生器(TEG)；

(4) 对于输气管道，负载功率在100W~4kW时，可选用密闭循环发电机组(CCVT)；

(5) 有时大容量蓄电池也是经济合理的电源方案。

## 七、测试桩、检查片、绝缘法兰及其他

### 1. 通电点(汇流点)

用电缆将恒电位仪"输出阴极(-)端"接至管道上，并通过置于混凝土井内的硫酸铜参比电极和参比电缆(由恒电位仪"参比电极"端子引出)来测定该点管道保护电位的装置，称为通电点装置。它是向被保护管道施加阴极极化电流的接入点(又称汇流点)，是外加电流阴极保护必不可少的设施之一。每座阴极保护站只有一个通电点，与保护站的位置一般保持在10m左右。

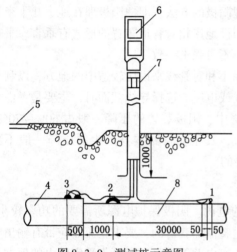

图8-3-9　测试桩示意图

1—管线电流测试头；2—电位测试头；
3—套管测试头；4—套管；5—公路；6—标牌；
7—接线端子；8—管道(1、2、3每端两处铝热连接)

### 2. 测试桩(检查头)

测试桩是为了检查测定管道的保护情况而在管道沿线每隔一定距离焊接测试导线(或圆钢)引出地面，固定在水泥测试桩上或置于保护钢管内的永久性设施(见图8-3-9)。测试桩沿管道通电点两侧分布，设置在管道沿线不妨碍交通的常年旱地内或水田的田坎边，露出地面0.5m左右，以便检测。也可以直接在管线上垂直焊一段细钢管露出地表面，作为测试桩。

测试桩设置原则为：

(1) 电位测试桩，一般每隔1km处设一支，需要时可以加密或减少；

(2) 电流测试桩，每隔5~8km处设一支；

(3) 套管测试桩，套管穿越处一端或两端设置；

(4) 绝缘接头测试桩，每一绝缘接头处设一支各引出导线至测试桩，通常将导线分开接在同一个桩上；

(5) 跨接测试桩，与其他管道、电缆等构筑物相交处自每条管道各引一限导线至测试桩，共用一个桩；

(6) 站内测试桩，视需要而设；

(7) 牺牲阳极测试桩，一般设在两组阳极的中间部位；

(8) 穿越大型河流、铁路、管道起、末端及阴极保护范围末端各设一只。

在测试桩上可以测取管道的保护电位、管道保护电流的大小和流向、电绝缘性能及干扰方面的参数。

测试桩的功能主要区别在接线上。最简单的是电位测试桩，只需引接两根导线；测管道电流要接四根导线；测两者间的干扰或绝缘要在相邻构筑物上各引出两根导线。一般来说，测试桩的功能可以结合在一起使用，有时测试桩还可和里程桩相结合。

### 3. 埋地型参比电极

参比电极基本要求是极化小、稳定性好、寿命长。土壤中参比电极稳定性要求是：锌参比电极不大于±30mV；硫酸铜电极不大于±10mV，工作电流密度不大于 $5\mu A/cm^2$。

埋地型锌参比电极示意图如图 8-3-10 所示，电极材料为纯度不小于 99.995%、铁杂质含量小于 0.0014% 的高纯锌。电极填包料应符合国家现行标准《埋地钢质管道阴极保护技术规范》（GB/T 21448—2008）的规定；参比电极埋设位置应尽量靠近管道，以减轻土壤介质中的 $IR$ 降影响；对于热油管道要注意热力场对电极性能的不良影响。

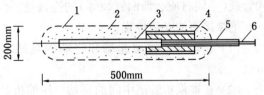

图 8-3-10 埋地型锌参比电极示意图
1—棉布袋；2—填包料；3—锌电极；
4—接头密封护骨；5—电缆护管；6—电缆

### 4. 检查片

检查片是为了定量了解阴极保护的效果，选择典型地段埋设的钢质试片（见图 8-3-11）。检查片材质应与被保护的管道相同，用于定量分析阴极保护的效果及土壤的腐蚀性。也有用于其他目的的检查片，如在牺牲阳极保护段，用于代表管道，测量自然电位用。检查片在埋设前先分组编号，除锈及称重。每组试片一半与被保护管道相连接，通电保护，另一半不通电，做自由腐蚀试验。按 2~3km 的距离，把检查片成对地安装在管道的一侧，经一定时间挖出来，称量其腐蚀失重，即可比较出阴极保护的效果而计算出保护度：

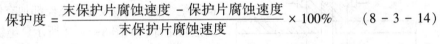

$$保护度 = \frac{末保护片腐蚀速度 - 保护片腐蚀速度}{末保护片腐蚀速度} \times 100\% \qquad (8-3-14)$$

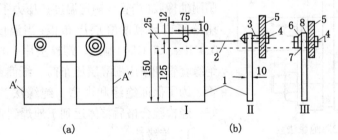

图 8-3-11 检查片
Ⅰ—正面图；Ⅱ—被保护的检查片安装图；Ⅲ—未被保护的检查片安装图；
1—检查片；2—涂漆（或沥青）的区域；3—垫圈；4—螺栓；5—被保护金属；
6，8—绝缘垫圈；7—圆柱形绝缘垫圈

经验证明，检查片的面积很小，用它模拟管道有很大的局限性和误差。由检查片求出的保护度往往偏低，只能提供参考，因此当已确认阴极保护效果时，可不装设检查片。检查片的推荐尺寸为 100mm×50mm×5mm，采用锯、气割方法制取。为不改变检查片的冶金状态，气割边缘应去掉 20~30mm。检查片应有安装孔和编号，编号可用钢字模打印。检查片相当于涂层漏敷点，不宜装设太多，以免消耗过多的保护电流。一般检查片应埋设在有代表意义的腐蚀性地段（环境中），如污染区、高盐碱地带、杂散电流严重地区以及管道阴极保护范围末端。检查片最好安装在预计保护度可能最低的地方。设置检查片的地方应有地面标志，以便于挖掘。

**5. 绝缘接头**

为了防止保护电流流失和对未保护的金属管路和设备的干扰,在泵站和油库的进出口安装绝缘接头,不使干线阴极保护电流入内。绝缘接头还可用于有地下杂散电流的地段以及不同管线(不同材质、新旧管线等)的连接处,作为一种防腐措施。

绝缘接头的安装位置:

(1) 在被保护管道起端和终端的泵站、调压计量站、集气站及清管器收发站的进出口处。

(2) 在被保护管道中间的泵站、压缩机站、调压计量站、清管器收发站等的进出口处。但为保证站场两端管道导电的连续性,应在两绝缘法兰外侧,用电缆跨条将被保护管道连接起来。

(3) 在消耗电流很大的被保护管道中间的穿、跨越管段两端。

(4) 被保护管道与其他不应受阴极保护的主、支管道连接处。

(5) 杂散电流干扰区。

(6) 异种金属、新旧管道连接处,裸管和涂缚管道的连接处。

(7) 采用电气接地的位置处。

(8) 套管穿越段,大型穿、跨越段的两端。

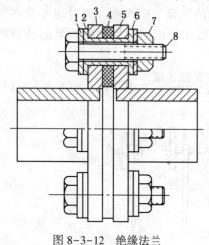

图 8-3-12　绝缘法兰
1—垫片;2,4—绝缘垫片;3,5—法兰;
6—绝缘套管;7—螺帽;8—螺栓

管道的绝缘接头有法兰型、整体型(埋地)、活接头等各种型式。

绝缘法兰和普通法兰不同之处在于:两片法兰盘中间用绝缘垫片,以及每个螺栓都加有绝缘垫片和绝缘套管进行绝缘,如图 8-3-12 所示。绝缘法兰垫片可用丁腈耐油橡胶(当管线输送温度、压力不高时)制造,也可用酚醛或环氧酚醛层压布板(当温度、压力较高,如 0.4MPa、50℃时)制造。螺栓垫片一般采用酚醛层压板,绝缘套管则采用酚醛层压布筒、纸筒或硬聚氯乙烯塑料管。为了保证绝缘和严密,绝缘法兰应在加工厂组装好,经检验合格后整体运到工地焊到管线上。

1) 绝缘法兰

绝缘法兰应安装在室内或干燥的阀井内,以便于维修。考虑维修时不影响管线的连续生产,应尽可能不装在干线上。也不要装在管道补偿器附近,以免管道因温度变化伸缩移动时破坏绝缘法兰的密封性。当绝缘法兰装在有防爆要求的室内时,应当用玻璃丝布包扎并涂漆,以防止产生火花。不论装在什么地方,在绝缘法兰前后的埋土管段均应将防腐等级提高一级。

2) 绝缘接头

整体埋地型绝缘接头具有整体结构、直接埋地和高的绝缘性能,克服了绝缘法兰密封性能不好、装配影响绝缘质量、不能埋地、外缘盘易集尘等不良影响,是管道理想的绝缘连接装置。图 8-3-13 是整体型绝缘接头的结构图。

3) 绝缘支墩(垫)

当管道采用套管形式穿墙或穿越公路、铁路时,管道与套管必须电绝缘。通常采用绝缘支墩或绝缘垫。

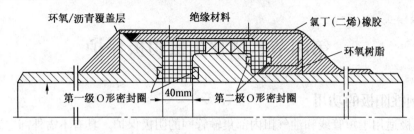

图 8-3-13　整体型绝缘接头结构示意图(高压型)

管道及支撑架、管桥、穿管隧道、桩、混凝土中的钢筋等必须电绝缘。若管段两端已装有绝缘接头，使架空管段与埋地管道相绝缘，则此时管道可以直接架设在支撑架上而无需电绝缘。

4)　其他电绝缘

当管道穿越河流，采用加重块、固定锚、混凝土、加重覆盖层时，管道必须与混凝土钢筋电绝缘，安装时不得损坏管道原有防腐层。

管道与所有相遇的金属构筑物(如电缆、管道)必须保持电绝缘。

5)　管道纵向电的连续性

对于非焊接的管道连接头，应焊接跨接导线来保证管道纵向电的连续性，确保电流的流动。对于预应力混凝土管道，施加阴极保护时，每节管道的纵向钢筋必须首尾跨接，以保证阴极保护电流的纵向导通。有时还可平行敷设一条电缆，每节预应力管道与之相连来实现电的连续性。

**6. 均压线**

为避免干扰腐蚀，用电缆将同沟埋设及近距离平行、交叉的管道连接起来，以平衡保护电位，此电缆称均压线。安装的原则是使二管道间的电位差不超过 50mV。

由于均压线的施工往往是在已运行的油、气管道上进行，为保证在不停输(油、气)的带压施工条件下，快速、安全地将管道用均压电缆连接起来，可采用导电胶黏结技术。经过实践证明，用导电胶黏结均压线，完全符合使用要求。根据野外施工特点，导电胶不但要有一定的黏结强度，而且还要具有优良的导电性。更主要的是在当时、当地的气候条件下和在接触压力下，短时间内硬化，达到良好的黏结和导电的目的。

## 八、系统调试

强制电流阴极保护系统，在投入运行之前应进行一次系统测试。测试方法应按国家现行标准《埋地钢质管道阴极保护参数测试方法》的规定进行。

(1)　系统参数测试包括以下项目：

① 沿线土壤电阻率；

② 管道自然电位；

③ 辅助阳极区的土壤电阻率；

④ 辅助阳极接地电阻；

⑤ 覆盖层电阻(可结合阴极保护调试)。

(2)　应对管道电绝缘装置(套管绝缘支撑、绝缘接头、支架等)的绝缘性能进行检测。

(3)阴极保护系统调试应包括以下项目：

① 仪器输出电流、电压；

② 管道电流；

③ 保护电位。

# 第四节　牺牲阳极阴极保护

## 一、牺牲阳极的功用

牺牲阳极适用于短管线和油气田内部集输管网的阴极保护。具有不需外部电源，安装简便，价格低廉，对邻近的地下金属构筑物不造成干扰等优点。

除用于短管线的阴极保护外，牺牲阳极还有下列特殊用途。

### 1. 作接地极用

牺牲阳极的工作可以起到接地、防蚀两个功能，在实践中可以用牺牲阳极来代替接地极。这样既不影响构筑物的本身阴极保护，也不会因为接地而引起构筑物的电偶腐蚀。

### 2. 作参比电极用

对于一些无法接近的构筑物的某些部位(如储罐底板外壁中心)的监测及恒电位仪的基准讯号、无人遥测装置，都要求有一个能长期埋地的稳定电位的参比电极。由于带有填包料的锌和镁牺牲阳极，它们极化小、电位稳定、寿命长，正好满足了要求。

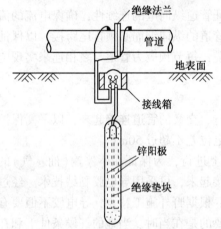

图 8-4-1　绝缘法兰处接地电池保护

### 3. 防干扰的接地电池

在交流干扰影响范围内及雷电多发区，为了防止强电冲击引起的破坏，需要在绝缘接头两侧或电力接地体与管道之间装设由牺牲阳极构成的接地电池。它由两支或四支牺牲阳极(多用锌阳极)用塑料垫块隔开并成双地绑在一起，共同装在填满导电性填包料的袋子里，如同牺牲阳极各引出一根导线接至相邻的两侧。一旦有强电冲击，强大的电涌将通过填料的低电阻，传到另一侧而不损坏被保护构筑物。典型的接地电池如图 8-4-1 所示。

### 4. 防交流干扰

当强电线路与输油、气管道平行接近时，管道上必然感应产生危及管道和人身安全的次生电压。为消除或减轻这一干扰危险，通常可采用接地排流。当采用牺牲阳极接地排流时，可起到排流和保护双重功能。例如一条与宝成电气铁路平行的成品油管道($\phi519mm\times6mm$，长 3.7km)，两者平行间距 $40\sim120m$，最高感应电压达 53V。当采用牺牲阳极接地后，降至 27V(因阳极支数少，当地电阻率又大，使得接地电阻偏大，加上阳极组间隔大，因而排流效果不太理想)。国外有一实例：在 8km 与高压线平行的管道，感应电压高达 36.5V；按 250m 间隔埋设镁阳极排流，排流后感应电压降至 4.5V，管道本身还处于阴极保护之中。

对于操作人员可能触及到的管道附件(如阀门等)，可在地面下安装镁带环或锌带环，用等电位原理来确保人身安全。图 8-4-2 所示为接地环的示意图。

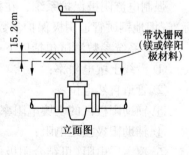

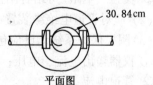

图 8-4-2　地电位均压环示意图

## 二、对牺牲阳极材料性能的要求

牺牲阳极保护是利用电极电位较负的金属于钢管间的电位差产生的电流来达到保护的目的。因此，对阳极材料的要求是：

（1）阳极有足够负的电位，在使用中很少发生极化；

（2）单位耗量发生的电流要大，即消耗 1kg 阳极时能发出较多的电能；

（3）自腐蚀小，腐蚀产物松软易脱，不形成高电阻硬壳，电流效率高；

（4）有较好的机械强度，价格便宜，来源方便。

## 三、常用牺牲阳极及性能比较

### 1. 常用牺牲阳极

常用牺牲阳极有镁、铝、锌三种合金。

1）镁合金阳极

镁系材料的有效负电压在实用金属中是最大的，单位面积发生的电流较锌阳极大，溶解比较均匀，阳极极化率小，用作牺牲阳极时安装支数较少，适于电阻率大的介质中。但镁阳极的自腐蚀作用大，电流效率只有 50% 左右，消耗快。由于与钢铁的有效电位差大，容易造成过保护，使被保护体涂层剥离或氢破裂。而且开始产生电流过大，不但不经济，还因接入限流电阻避免过保护而造成电能的消耗。镁合金阳极比其他材料价格高。此外，镁阳极容易诱发火花，在油舱等含爆炸性气体系统中是禁用的。鉴于以上原因，近年来在海水等电阻率小的介质中镁阳极已渐淘汰。目前主要用在电阻率高的土壤、淡水中钢铁构筑物及需要高负电位的地下铝合金管道的阴极保护。

2）锌合金阳极

锌阳极的理论发生电量小、密度大。因此对同样的被保护体所需安装的阳极数量，质量比镁阳极大。但是锌阳极自腐蚀小，电流效率高，使用寿命长，适用于长期使用，所以安装总费用较低。锌阳极电位接近钢铁的保护电位，不会产生过防护，并且具有自然调节电流的作用。当被保护的钢铁电位从 -0.8V 变到 -0.7V 时，有效电位差从约 0.2V 变到 0.3V，发生电流增加近 50%，反之在阳极电位向负值增加时，发生电流降低也大。此外锌阳极不发生氢去极化，碰撞到钢构件时，没有诱发火花的危险，所以在油罐内部也能使用。对海水的污染较小，目前广泛用于海船的外壳及内舱（尤其是燃料油舱）等海洋设施的防腐蚀。在低土壤电阻率环境保护钢铁构筑物有良好的技术经济性，故使用较为普遍。

3）铝合金阳极

铝阳极单位质量输出电量大，与锌、镁相比，每溶解 1kg 铝所释放的电量是 1kg 锌的 3.6 倍，是 1kg 镁的 1.3 倍，所以它是最经济的牺牲阳极材料。铝阳极在海水中和含 $Cl^-$ 的其他环境中性能良好，用以保护钢铁结构时与锌阳极一样电流有自动调节作用。铝的材料来源充足，阳极制造工艺简便，熔炼及安装时劳动条件较好，在经过合金化后，可获得性能良好的产品。但是铝阳极的电流效率比锌阳极低，在污染海水中性能有下降趋势。由于与钢铁结构碰撞有诱发火花的可能性，在油舱中使用时，各国大都加以一定限制。此外，在高电介质例如土壤中铝合金阳极效率很低，性能不稳定，故使用较少。

### 2. 基本性能比较

1）基本性能比较表

常用牺牲阳极基本性能比较见表 8-4-1。

表 8-4-1　常用牺牲阳极基本性能比较表

| 特　性　＼　种　类 | 镁合金阳极 | 锌合金阳极 | 铝合金阳极 |
|---|---|---|---|
| 密度/($g/cm^3$) | 1.74 | 7.13 | 0.77 |
| 理论电化学当量/[$g/(A·h)$] | 0.453 | 1.225 | 0.347 |
| 理论发生电量/($A·h/g$) | 2.21 | 0.82 | 2.88 |
| 阳极开路电位/V | 1.55~1.60 | 1.05~1.1 | 0.95~1.10 |
| 电流效率/% | 40~55 | 65~90 | 40~85 |
| 对钢铁的有效电压/V | 0.65~0.75 | 0.2 | 0.15~0.25 |

2）优缺点比较

常用牺牲阳极优缺点比较见表 8-4-2。

表 8-4-2　常用牺牲阳极优缺点比较表

| | 镁合金阳极 | 锌合金阳极 | 铝合金阳极 |
|---|---|---|---|
| 优点 | 有效电压高<br>发生电量大<br>阳极极化率小，溶解比较均匀<br>能用于电阻率较高的土壤和水中 | 性能稳定，自腐蚀小，寿命长<br>电流效率高，能自动调节输出电流<br>碰撞时没有诱发火花的危险<br>不用担心过保护 | 发生电量最大，单位输出成本低<br>有自动调节输出电流的作用<br>在海洋环境中使用性能优良<br>材料容易获得，制造工艺简便，冶炼及安装劳动条件好 |
| 缺点 | 电流效率低，自动调节电流能力小<br>自腐蚀大<br>材料来源和冶炼均不易<br>若使用不当，会产生过保护<br>不能用于易燃、易爆场所 | 有效电压低<br>单位面积发生电量少<br>不适宜高温淡水或土壤电阻率过高的环境 | 在污染海水中和高土壤电阻率环境中性能下降<br>电流效率比锌阳极低，溶解性差<br>目前土壤中使用的铝阳极性能尚不稳定 |

**3. 阳极种类的选择**

牺牲阳极种类的选择主要根据土壤电阻率、土壤含盐类型及被保护管道覆盖层状态来进行。表 8-4-3 列出了不同电阻率的水和土壤中阳极种类的选择。一般来说，镁阳极适用于各种土壤环境；锌阳极适用于电阻率低的潮湿环境，因为国内锌的价格只有镁的 1/5，因此在有些高电阻率的土壤中采用多只阳极并联使用的方法可以以锌代镁；而铝阳极还没有统一的认识，国内已有不少实践推荐用于低电阻率、潮湿和氯化物的环境中。

表 8-4-3　牺牲阳极种类的选择

| 水　中 | | 土　壤　中 | |
|---|---|---|---|
| 阳极种类 | 电阻率/Ω·cm | 阳极种类 | 电阻率/Ω·m |
| 铝 | <150 | 带状镁阳极 | >100 |
| | | 镁（-1.7V） | 60~100 |
| 锌 | <500 | 镁（-1,5V 或-1.7V） | 40~60 |
| | | 镁（-1.5V） | <40 |
| 镁 | >500 | 镁（-1.5V），锌 | <15 |
| | | 锌或 AL-Zn-In-Si | <5（含 $Cl^-$） |

对于预定的阳极埋设点，在确定了阳极种类以后，还需合理选用具体的型号、规格。对于不同电阻率的土壤采用不同单重和长度的牺牲阳极，这可避免有色金属等材料的浪费，达到牺牲阳极使用寿命沿管道均一化的目的。因此，长输管道最经济合理的牺牲阳极保护方案是采用不同型号、规格的锌、镁阳极联合保护。

## 四、牺牲阳极保护的工艺计算

### 1. 牺牲阳极接地电阻的计算

单支立式圆柱形牺牲阳极无填料时，接地电阻按式(8-4-1)计算；有填料时，则按式(8-4-2)计算：

$$R_V = \frac{\rho}{2\pi L}\left[\ln\frac{2L}{d} + \frac{1}{2}\ln\frac{4t+L}{4t-L}\right] \tag{8-4-1}$$

$$R_V = \frac{\rho}{2\pi L}\left[\ln\frac{2L_a}{D} + \frac{1}{2}\ln\frac{4t+L_a}{4t-L} + \frac{\rho_a}{\rho}\ln\frac{D}{d}\right] \tag{8-4-2}$$

单支水平式圆柱形牺牲阳极有填料时，接地电阻按式(8-4-3)计算：

$$R_H = \frac{\rho}{2\pi L_a}\left[\ln\frac{2L_a}{D} + \ln\frac{L_a}{2t} + \frac{\rho_a}{\rho}\ln\frac{D}{d}\right] \tag{8-4-3}$$

上述三式的适用条件为：$L_a \gg d$；$t \gg L/4$。

上三式中　$R_V$——立式阳极接地电阻，$\Omega$；

$\quad\quad\quad R_H$——水平式阳极接地电阻，$\Omega$；

$\quad\quad\quad \rho$——土壤电阻率，$\Omega \cdot m$；

$\quad\quad\quad \rho_a$——填包料电阻率，$\Omega \cdot m$；

$\quad\quad\quad L$——阳极长度，m；

$\quad\quad\quad L_a$——阳极填料层长度，m；

$\quad\quad\quad d$——阳极等效直径，m；

$\quad\quad\quad D$——填料层直径，m；

$\quad\quad\quad t$——阳极中心至地面的距离，m。

多支阳极并联总接地电阻按式(8-4-4)计算：

$$R_{总} = \frac{R_V}{N} \times \eta \tag{8-4-4}$$

式中　$R_{总}$——阳极组总接地电阻，$\Omega$；

$\quad\quad\quad R_V$——单支阳极接地电阻，$\Omega$；

$\quad\quad\quad N$——并联阳极支数；

$\quad\quad\quad \eta$——修正系数，查图8-4-3。$\eta > 1$，这是因为阳极之间屏蔽作用的结果。

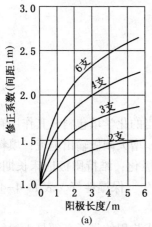
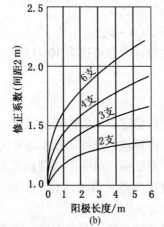
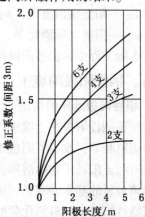

图 8-4-3　阳极接地电阻修正系数

### 2. 阳极输出电流的计算

阳极输出电流是由阴、阳极极化电位差除以回路电阻来计算，见式(8-4-5)。

$$I_a = \frac{(E_c - e_c) - (E_a + e_a)}{R_a + R_c + R_w} \approx \frac{\Delta E}{R_a} \tag{8-4-5}$$

式中　$I_a$——阳极输出电流，A；

$E_a$——阳极开路电位，V；

$E_c$——阴极开路电位，V；

$e_a$——阳极极化电位，V；

$e_c$——阴极极化电位，V；

$R_a$——阳极接地电阻，Ω；

$R_c$——阴极接地电阻，Ω；

$R_w$——回路导线电阻，Ω；

$\Delta E$——阳极有效电位差，V。

当忽略 $R_c$、$R_w$ 时，就成了右边的简式。

### 3. 阳极支数的计算。

根据保护电流密度和被保护的表面积可算出所需保护总电流 $I_A$，再根据单支阳极输出电流，即可计算出所需阳极支数，一般要取 2~3 倍的裕量。

$$N = \frac{(2 \sim 3) I_A}{I_a} \tag{8-4-6}$$

式中　$N$——所需阳极支数；

$I_A$——所需保护总电流，A；

$I_a$——单支阳极输出电流，A。

### 4. 阳极寿命的计算

根据法拉第电解原理，牺牲阳极的使用寿命可按式(8-4-7)计算，阳极利用率取 0.85。

$$T = 0.85 \frac{W}{\omega I} \tag{8-4-7}$$

式中　$T$——阳极工作寿命，a；

$W$——阳极质量，kg；

$I$——阳极输出电流，A；

$\omega$——阳极实际消耗率，kg/(A·a)。

在实际工程中，牺牲阳极的设计寿命可选为 10~15 年。

## 五、牺牲阳极的施工

### 1. 牺牲阳极地床的构造

为保证牺牲阳极在土壤中性能稳定，阳极四周要填充适当的化学填包料。其作用有：使阳极与填料相邻，改善了阳极工作环境；降低阳极接地电阻，增大阳极输出电流；填料的化学成分有利于阳极产物的溶解，不结痂，减少不必要的阳极极化；维持阳极地床长期湿润。对化学填包料的基本要求是：电阻率低，渗透性好，不易流失，保湿性好。表 8-4-4 为目前常用牺牲阳极填包料的化学配方。

牺牲阳极填包料用袋装和现场钻孔填装两种方法。注意袋装用的袋子必须是天然纤维织品，严禁使用化纤织物。现场钻孔填装效果虽好，但填料用量大，稍不注意容易把土粒带入填料中，影响填包质量。填料的厚度应在各个方向均保持 $5 \sim 10 cm$ 为好。

表 8-4-4　牺牲阳极填包料配方

| 阳极类型 | 填包料配方/%（质量分数） | | | | 适用条件 |
|---|---|---|---|---|---|
| | 石膏粉 | 工业硫酸钠 | 工业硫酸镁 | 膨润土 | |
| 镁阳极 | 50 | | | 50 | $\leq 20\Omega \cdot m$ |
| | 25 | | 25 | 50 | $\leq 20\Omega \cdot m$ |
| | 75 | 5 | | 20 | $>20\Omega \cdot m$ |
| | 15 | 15 | 20 | 50 | $>20\Omega \cdot m$ |
| | 15 | | 35 | 50 | $>20\Omega \cdot m$ |
| 锌阳极 | 50 | 5 | | 45 | |
| | 75 | 5 | | 20 | |
| 铝阳极 | 食盐 | 生石灰 | | | |
| | $40 \sim 60$ | $30 \sim 20$ | | $30 \sim 20$ | |

**2. 阳极形状**

针对不同的保护对象和应用环境，牺牲阳极的几何形状也各不相同，主要有棒形、块（板）形、带状、镯式等几种。

在土壤环境中多用棒形牺牲阳极，阳极多做成梯形截面或 U 形截面。根据阳极接地电阻的计算可知，接地电阻值主要决定于阳极长度，也就决定了阳极输出功率，其截面的大小才决定阳极的寿命。

带状阳极主要应用在高电阻率土壤环境中，有时也用于某些特殊场合，如临时性保护、套管内管道的保护、高压干扰的均压栅（环）等。镯形阳极只适用于水下或海底管道的保护。块（板）状阳极多用于船壳、水下构筑物、容器内保护等。

**3. 阳极地床的布置**

1）选择低的土壤电阻率和适宜的阳极埋设点

牺牲阳极与被保护钢铁管道之间的电位差较小，若保护系统的回路电阻过大，将限制阳极电流输出。有资料指出：土壤电阻率大于 $100\Omega \cdot m$ 使用牺牲阳极是不适宜的。因此，将牺牲阳极置于电阻率低的土壤环境中，是正确使用管道牺牲阳极的首要条件。

我国管道防腐规程指出：当土壤电阻率小于 $30\Omega \cdot m$ 时，宜选用锌阳极；土壤电阻率小于 $100\Omega \cdot m$ 时，宜选用镁阳极。在土壤中，镁、锌阳极适用的土壤电阻率不是某一固定的数值。因为就阳极本身来讲，质量决定使用寿命，长度决定电流输出。当管道涂层电阻一定时，对于土壤电阻率较高的阳极埋设点，可用增加阳极支数或增加单位质量的阳极表面积（如采用条状阳极、加大填包料几何尺寸等）的办法降低接地电阻，提高阳极电流产率来达到阴极保护效果。为选取合适的阳极埋设点，必须沿管道进行土壤电阻率的测定，以满足管道获得完全的阴极保护为准。埋设点环境除了考虑土壤电阻率低外，还要选择在地势低洼、潮湿、透气性差、土层厚、无化学污染、施工方便的地方。对河流、湖泊地带，牺牲阳极应尽量埋设在河床（湖底）的安全部位，以防洪水冲刷和挖泥清淤时损坏。

2）阳极的埋设方式、间距和深度

牺牲阳极的分布可采用单支或集中成组两种方式；可以单独使用一个阳极，也可多至十几个并联安装。在同一地方设置二个以上阳极时，发生电流受到阳极电场相互屏蔽而减少，所以阳极间的距离应在1.5m以上。阳极埋设间距与管径大小成反比。成组埋设时，阳极间距以2~3m为宜。阳极组的间距，对于长输管道为1~2组/km，对于城市管道及站内管网以200~300m一组为宜。

阳极埋设有立式和水平两种方式。对棒型阳极一般按水平埋设，这样施工容易，而且阳极电流分布也较均匀。埋设方向有轴向和径向。

阳极与管道的距离，视绝缘层质量、埋设点土壤性质等因素来决定，一般取3~6m，最小不宜小于0.3m。阳极通常是放在管道的一侧。也可根据管径大小、土壤电阻率高低来确定阳极应放在管道的一侧、两侧或交错排列，这样可以使保护电流均匀分布。

牺牲阳极埋设深度，一般与被保护管道埋设深度相当。埋设深度以阳极顶部距地面不小于1m为宜。对于北方地区，必须在冻土层以下。在地下水位低于3m的干燥地带，牺牲阳极应当加深埋设。

在城市和管网区使用牺牲阳极时，要注意阳极和被保护构筑物之间不应有其他金属构筑物，如电缆、水、气管道等。

3）牺牲阳极埋设处和两阳极组之间应装设检查头装置

牺牲阳极埋设处和两阳极组之间的管道上，应装设检查头装置，以方便管道阴极保护的检测。

牺牲阳极与管道的连接，采用直接相连或经过检查头装置相连两种方式。

直接相连时，从阳极到管道的电缆全部埋于地下，只要阳极到管道的电缆一焊上，管道的保护就开始了，这种连接方式不能灵活调整接入管道的阳极支数及经常监测阳极工作状态，缺点较大。

阳极经过检查头装置连接，克服了阳极与管道直接相连的缺点，是目前流行的方式。检查头上具有接线装置，用以连接从阳极和管道引来的导线。对镁阳极，还可安装限流电阻。检查头的制作、安装应严格按照施工图纸进行。

电缆和管道采用铝热焊接方式连接。连接处应采用和管道防腐层相融的材料防腐绝缘。电缆要留有一定的裕量，以适应回填松土的下沉。图8-4-4是牺牲阳极埋设示意图。

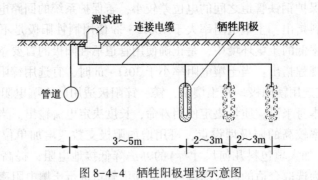

图8-4-4　牺牲阳极埋设示意图

### 4. 牺牲阳极的施工注意事项

牺牲阳极的施工除了考虑上面地床结构中提到的阳极埋设、阳极与管道的相对位置、阳极间距及阳极地床处的地下水位之外，还要注意以下几个方面：

（1）阳极表面准备　阳极表面应无氧化皮、无油污、无尘土，施工前应用钢丝刷或砂纸打磨。

（2）电缆焊接　阳极电缆和钢芯可采用铜焊或锡焊连接。焊接后未剥皮的电缆端应与钢芯用尼龙绳捆扎结实，以免拉动电缆时将芯线折断。阳极焊接端和底端两个面应采用环氧树脂绝缘，以减轻阳极的端部效应。

（3）填包料的施工　一般填包料可在室内准备，按质量调配好之后，根据用量干调、湿调均可。湿调的阳极装袋后应在当天埋入地下。不管干调还是湿调均要保证填包料的用量足够，并保证回填密实。阳极就位后，先回填部分细土，然后往阳极坑中浇一定量的水，最后回填土。

### 六、牺牲阳极的测试与管理

#### 1. 输出电流的测量

由于阳极的输出电流很小，多为 mA 级，所以对其测量方法一般要求较严。其仪器内阻愈小愈好，通常采用"零阻电流表"来测量。若没有零阻电流表，可用标准电阻法来测量。要注意标准电阻的精确度，其阻值不宜选得太大（一般 $0.01\Omega$ 较合适），以免造成回路电阻失真。对于要求不严的管理测量，用数字万用表来测其电流，监视阳极运行状况即可。注意应选用万用表中电流挡中内阻最小的一挡。

#### 2. 阳极有效电位差的测量

这是牺牲阳极的专用参数。应把参比电极放置在尽量靠近管道和阳极的两个位置，测得闭路电位之差就视为阳极有效电位差。在实际中，往往因为参比电极无法靠近测试对象，所以测得的数值意义不大。

#### 3. 管道电位的测量

注意参比电极应尽量靠近管道。当评价保护效果时，参比电极应置于两组阳极的中间部位管道上方。

由于牺牲阳极连接后无法测量管道的自然电位，应在测试桩处埋设一片与管道相同材质的辅助试片，供测量自然电位用。

#### 4. 套管内管道保护电位的测量

若在套管内装有带状阳极，要测量套管内管道的保护电位，参比电极应放置在套管内，并和电解质接触。此项测试在实际中较困难，一般只限于分析问题时用。

#### 5. 牺牲阳极的管理

一般说来，牺牲阳极的管理很简单，只要一年或半年测量一次保护电位便可。若可能，可在回路中串入一个可调电阻，以控制阳极初期较大的输出电流。这样不但可以充分利用阳极电流，还可以延长阳极的使用寿命。这样的调试，一年只需进行一次。

# 第五节　杂散电流的腐蚀及防护

沿规定回路以外流动的电流叫杂散电流。在规定的电路中流动的电流，其中一部分自回路中流出，流入大地、水等环境中，形成了杂散电流。当环境中存在金属构筑物时，杂散电流的一部分可能从金属构筑物的某一处流入，又从另一处流出，在电流流出的地方金属构筑物发生腐蚀。

地（水）中的杂散电流，表现为直流电流、交流电流和大地中自然存在的地电流三种状态，且各具有不同的行为和特点。其中对埋地管道有明显腐蚀作用的主要是直流电流和交流电流。

　　杂散电流引起的腐蚀要比一般的土壤腐蚀激烈得多。地下管道在没有杂散电流时，腐蚀电池两极电位差只有零点几伏，而有杂散电流存在时，管道上的管地电位可以高达 8~9V，通过的电流能达几百安培。因此壁厚为 7~8mm 的地下钢管，在杂散电流的作用下，投产四五个月后即发生穿孔腐蚀，它的影响可以远到几十公里的范围。地下管道越靠近供电系统，杂散电流引起的腐蚀越严重。影响管道腐蚀的因素主要有三：一是负荷电流的大小和形态；二是管道防腐层对地的绝缘性；三是土壤电阻率的大小。杂散电流腐蚀具有局部集中特征，在短期内则可能形成穿孔事故。

## 一、直流电力系统对腐蚀的影响

### (一) 电气化铁道引起的杂散电流腐蚀

　　直流电气化铁道、直流有轨电车铁轨、直流电解设备接地极、直流焊机接地极、阴极保护系统中的阳极地床、阴极管道、高压直流输电系统中的接地极等，都是地中直流杂散电流的来源。大地中存在的直流杂散电流，造成的地电位差可达几伏至几十伏，对埋地管道具有干扰范围广、腐蚀速度快的特点，是管道防腐中需要注意解决的课题。

　　图 8-5-1 为地下管道受电车供电系统杂散电流腐蚀的原理图。电流从供电所的发电机流经输出馈电线、电车、轨道，经负极母线（回归线）返回发电机。在铁轨连接不好、接头电阻大处，部分电流将由轨道绝缘不良处向大地漫流，流入管道后又返回铁轨。杂散电流的这一流动过程形成了两个由外加电位差而建立的腐蚀电池，使铁轨及金属管道均受腐蚀，其腐蚀程度要比一般的土壤腐蚀激烈得多。

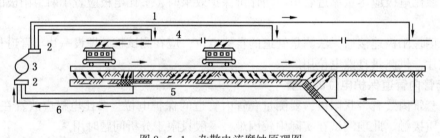

图 8-5-1　杂散电流腐蚀原理图

1—输出馈电线；2—汇流排；3—发电机；4—电车动力线；5—管道；6—负极母线

　　杂散电流的数值是随行驶在路上的车辆数量、车辆间相互位置、车辆运行时间、轨道状态、土壤情况以及地下管道系统的情况而变化的。在管道上任意一点，测量其昼夜管地电位的变化，可以看出杂散电流的变化情况。每天车辆运动最频繁的时候，电位和电流值达到峰值；当车辆减少和电机断路时，其数值减低。由管道沿线电位的变化图（见图8-5-2）可以判断管道上腐蚀电池的阳极区和阴极区，以及杂散电流最强的部位。

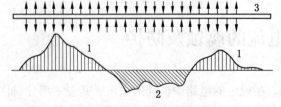

图 8-5-2　地下管道流入杂散电流后的电位变化

1—阳极区；2—阴极区；3—管道

### (二) 阴极保护系统的干扰腐蚀

　　在阴极保护系统中，保护电流流入大地，引起土壤地电位改变，使附近的金属构筑物受到地电流腐蚀，称干扰腐蚀。导致这种腐蚀的情况各不相同，有以下几种类型。

**1. 阳极干扰**

在阳极地床附近的土壤将形成正电位区，其数值决定于地床的形状、土壤电阻率及地床的输出电流。若有其他金属管道通过这个区域，电流从靠近阳极的管道流入，而从管道的另一端流出，在流出的地方发生腐蚀。这种情况称为阳极干扰。

**2. 阴极干扰**

阴极保护管道附近的土壤电位较其他地区的土壤电位低，当有其他金属管道经过这个区域时，则有电流从远端流入金属管道，而从靠近阴极保护管道的地方流出，于是从管道流出电流的部位即发生腐蚀，为腐蚀电池的阳极区。

**3. 合成干扰**

在城镇或工矿区，长输管道常常经过一个阴极保护系统的阳极附近后，又经过阴极附近，杂散电流在靠近阳极处进入管道，而在靠近阴极处离开管道，这将增大相互影响，而形成合成形式的干扰。

**4. 诱导干扰**

若地下金属管道经过某阴极站的阳极附近而不靠近阴极，但是它靠近另外的地下金属构筑物，此构筑物恰好又经过阴极附近。在这种情况下，将有电流进入金属管道并传到邻近的金属构筑物，最后在阴极附近流出，在这两个物体的电流流出部分，必然要发生腐蚀，此称诱导干扰。

**5. 接头干扰**

在阴极保护的管道上安装绝缘法兰时，绝缘法兰一侧是通电保护的，另一侧没有保护，那么在绝缘法兰受保护的一侧电位很负，而在未保护的一侧电位较正，管道可能受到干扰腐蚀，称接头干扰。

上述五种干扰形式如图 8-5-3 所示。

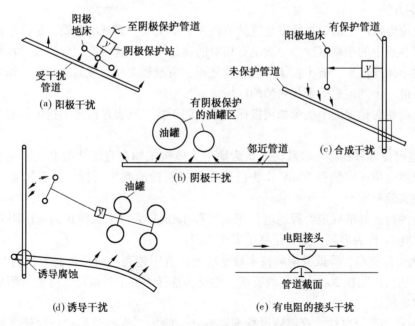

图 8-5-3　来自阴极保护系统的干扰

### (三) 干扰腐蚀的判定方法

判断地下构筑物是自然腐蚀还是杂散电流引起的干扰腐蚀，在实际工程中具有十分重要的价值。主要在于对各类型腐蚀应采用不同的防护对策，才能达到腐蚀控制的目的。土壤中的自然腐蚀与干扰腐蚀的判断，一般通过下述几方面综合进行。

**1. 从腐蚀部位的外观特征判断**

钢铁在土壤中的自然腐蚀，多生成疏松的红褐色的产物(锈)即 $Fe_2O_3 \cdot 3H_2O$ 和相对紧密的黑褐色的产物，即 $Fe_3O_4 \cdot nH_2O$。这些生成物，具有分层结构，一般是有锈层的。除去腐蚀产物所暴露的腐蚀坑，见不到金属光泽，剖面粗糙不平，边缘不清楚。而典型的干扰腐蚀，其腐蚀生成物，多见黑色粉末状，无分层现象，蚀坑常见金属光泽，剖面虽可能存在起伏，但手感光滑，边缘亦较清楚。特别是在有水的状态下，腐蚀激烈时，可肉眼观察到电解反应在进行，腐蚀部分出现泡沫状水，有气泡发生。

然而在土壤中，一般情况下是自然腐蚀和干扰腐蚀相伴生，其外观特点视两种腐蚀倾向的大小而不相同。究竟那种腐蚀倾向大，要考虑环境因素综合判定。

**2. 从环境条件进行判断**

首先要观察和了解腐蚀区域周围是否存在可怀疑的干扰源，如直流电铁、大型电焊设备、电解设备和电法保护系统等。有时在地下深层中有开采巷道采用直流运输设备，如煤矿等采矿巷道，地面目标是很不明显的，这就需要做仔细的调查。

**3. 通过测量被干扰体对地电位进行判定**

1) 测试方法

(1) 沿线管地电位分布测试。利用管道上安装的检查头装置或探坑露管测定管地电位，以判定管道是否处于杂散电流干扰区内。

(2) 大地纵向、横向电位梯度测试。

2) 判定方法

(1) 直流电铁产生的干扰特点是管地电位正、负交变。正规的电铁，是按运行时刻表运行的；采矿巷道中的小型电铁，一般也有相对的运行规律。这些变化规律都会在被干扰体对地电位变化上体现出来。被干扰体对地电位呈正、负激烈交变，或激烈变化。如采用 24h 连续测量，可进一步判定遭受干扰腐蚀的区域。

(2) 负荷相对稳定的干扰源如阴极保护系统的干扰，则表现出被干扰体对地电位有较稳定的变化。

① 管地电位偏移指标 多数国家认为地下金属构筑物在直流杂散电流影响下，以其对地电位较自然电位正向偏移 20mV 作为已遭受干扰腐蚀的判定指标。是否需要采取防护措施，应通过实验确定。

我国石油行业标准规定：管地电位正向偏移 100mV 为应采取防护措施的限定指标。之所以采用 100mV 作为界限，主要是基于下述原因：

a. 干扰电位越小，降低其措施技术难度越大，费用越高。而且目前采用的"排流法"的效果，很难达到控制在 20mV 以下的要求。相反，这样小的干扰电位，可通过阴极保护的调控达到有效的缓解。

b. 根据我国直流电铁、管道建设标准和现状，防护工程的效果难以保证。同时我国在技术水平和经济能力上与发达国家尚存在一定的差距。

表 8-5-1　地电位梯度判定指标

| 大地电位梯度/<br>（mV/m） | 杂散电流大小 |
|---|---|
| <0.5 | 弱 |
| 0.5~5 | 中 |
| >5 | 强 |

② 地电位梯度判定指标　见表 8-5-1。

③ 漏泄电流密度指标　地下金属管道上的电流，全天流入地中的电流密度应小于75mA/m²，否则即有腐蚀危险。

④ 干扰腐蚀的发生也与土壤电阻率有关　一般认为高土壤电阻率地区（如 $10000\Omega\cdot cm$ 以上）干扰腐蚀发生困难。

### （四）直流干扰腐蚀的防护措施

**1. 减少干扰源漏泄电流**

应最大限度地减少干扰源漏泄电流。

**2. 设置安全距离**

1）管道与电气化铁道的安全距离

试验得出：管道距轨道 100m 以内最危险，在此范围内，距离有少许变动就使电流密度变化很大，距轨道 500m 时电流密度显著减少，其危险性也减弱。距离在 500m 以上时，距离的变化对于电流密度变化的影响已很小，但是在此距离内，在某些特殊条件下，仍可能有较强的杂散电流产生。

2）阴极保护系统对邻近地下金属构筑物的安全距离

（1）阴极保护管道与邻近的其他金属管道、通信电缆的距离不宜小于 10m，交叉时管道间的垂直净距不宜小于 0.3m，管道与电缆的垂直净距不应小于 0.5m。

（2）阳极地床与邻近的地下金属构筑物的安全距离一般为 300~500m。当保护电流过大时，还须用阳极电场电位梯度小于 0.5mV/m 来校核。

**3. 增加回路电阻**

凡可能受到杂散电流腐蚀的管段，其管道防腐涂层等级应为加强级或特加强级。

对已遭受杂散电流腐蚀的管道，可通过修补或更换防腐涂层，来消除或减弱杂散电流的腐蚀。

在管道和电铁交叉点应采取垂直交叉方式，并在交叉点前后一定长度内将管道做特加强绝缘。

存在接头干扰的管道，在绝缘法兰两侧的管道内，外壁均须做良好的涂层，以增加回路电阻，限制干扰。

**4. 排流保护**

即在被保护的金属管道上用绝缘的金属电缆与排流设备连接，将杂散电流引回发出杂散电流的铁轨或回归线上。电缆与管道连接的那一点称为排流点。依据排流结线回路的不同，排流法分为直接、极性、强制、接地四种排流方法。

1）简单排流保护

其电路连接如图 8-5-4 所示。该排流设备可用于调节排流量的大小和管道的相对电位。

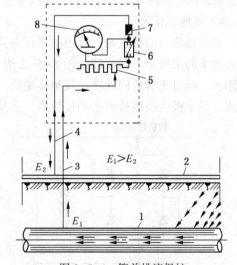

图 8-5-4　简单排流保护

1—被保护的金属管道；2—铁轨；3，4—排流电缆；
5—可变电阻；6—控制开关；7—保险丝；8—电流表

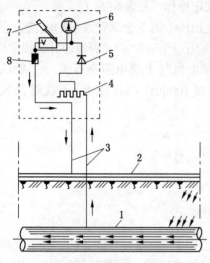

图 8-5-5　极化排流保护

1—管路；2—铁轨；3—电缆；
4—可变电阻；5—整流器；6—电流表；
7—控制开关；8—保险丝

这种方法无需排流设备，最为简单，造价低，排流效果好。但是当管道对地电位低于铁轨对地电位时，铁轨电流将流入管道内(称为逆流)。所以这种排流法，只能适用于铁轨对地电位永远低于管地电位，不会产生逆流的场合。

2) 极性排流

这是在管道处于杂散电流不稳定区，管地电位呈正负交替状态，管道排流点与轨道回流点出现反向电压的情况下，采用的一种排流方式。其接线及原理如图 8-5-5 所示。极性排流利用二极管单向导电特性，保证管道与回流点正向电流通过，反向电流截止，防止干扰电流流入管道。上述两种保护措施都是借助于管道和铁轨之间的电位差来排流，当两个连接点的电位差较小时，所能排除的电流量很小，即保护段落很短。因此，在设计排流装置时对排流点位置的选择很重要，应尽量设在管道的阳极区。

3) 强制排流

如图 8-5-6 所示，将一台阴极保护用的整流器的正极接铁轨，负极接管道，就构成了强制排流法。接通电源后，进行电流调节，即实现排流。强制排流法主要用在一般极性排流法不能进行排流的特殊形态的电蚀，这种方法可能使管道过保护，对铁轨将加重腐蚀，同时可能对其他埋地管道等有恶劣的干扰影响。输出的交流成分对铁路信号有干扰。所以不能随意采用。

强制排流器的输出电压，应比管-轨电压高。由于管-轨电压可能是激烈变化的，要求排流器输出电压亦同步变化。由于轨-管电压变化大而频繁，且安装地点距电蚀发生点又远，所以实现输出电压同步变化很困难，建议采用定电流输出整流器，对排流量也必须限制到最小。

4) 接地式排流

这种排流器的特点是：管道的排流电路不连通到铁轨或回归线上，而是连通到另外一个埋入地下的阳极上。其原理如图 8-5-7 所示。从图中看出，杂散电流从管道被导线引入接地阳极，经过土壤返回铁轨。接地排流法一般可构成直接接地排流法和极性接地排流法两种方式。其中极性接地排流法的排流器，多使用半导体排流器。

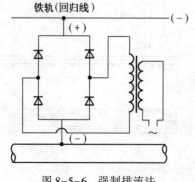

图 8-5-6　强制排流法

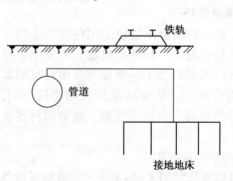

图 8-5-7　接地排流

接地排流法所用的接地极，可采用镁、铝、锌等牺牲阳级。为了得到较大的排流驱动电压，适应管地电位较低的场合，接地极的接地电阻越小越好，标准要求不应大于 $0.5\Omega$。所以需要多只牺牲阳极并联成组埋设，其埋设方法与牺牲阳极组埋设方法相同。埋设地点距管段垂直距离 20m 左右为宜，且埋设在靠铁路一侧。

接地排流法，实施简单灵活，由于排流功率小，所以影响距离短，有利于排流工程中管地电位的调整。由于接地极采用牺牲阳极组，可对管道提供正常的阴极保护电流。除非管地电位比牺牲阳极的闭路电位更负时才能产生逆流。

接地排流法最大的缺点是排流驱动电压低，排流效果较低。同时接地体应经常检查，并定期更换阳极。但是在不能直接向铁轨排流时却有优越性。

5）排流保护类型的选择

排流保护类型的选择，主要依据排流保护调查测定的结果、管地电位、管轨电位的大小和分布、管道与铁路的相关状态，结合四种排流法的性能、适用范围和优缺点，综合确定。一条管道或一个管道系统可能选择一种或多种排流法混合使用。表8-5-2是四种排流法的比较。

表8-5-2　各种排流法比较

| 排流类型\项目 | 直接排流法 | 极性排流法 | 强制排流法 | 接地排流法 |
|---|---|---|---|---|
| 电源 | 不要 | 不要 | 要 | 不要 |
| 电源电压 | — | — | 由铁轨电压决定 | — |
| 接地地床 | 不要 | 不要 | 铁轨代替 | 要（牺牲阳极） |
| 对其他设施干扰 | 有 | 有 | 较大 | 有 |
| 对电铁影响 | 有 | 有 | 大 | 无 |
| 费用 | 小 | 小 | 大 | 中 |
| 应用条件与范围 | 管道电位永远比轨地电位高　直流变电所负接地极附近 | A型电蚀　管地电位正负交变 | B型电蚀　管轨电压较小 | 不可能向铁轨排流的各种场合 |
| 优点 | 简单经济　维护容易　排流效果好 | 应用广，主要方法　安装简便 | 适应特殊场合　有阴极保护功能 | 适用范围广，运用灵活　对电铁无干扰　有牺牲阳极功能 |
| 缺点 | 适应范围有限　对电铁有干扰 | 管道距电铁远时，不宜采用　对电铁有干扰维护量稍大 | 对电铁和其他设施干扰大，采用时需要认可　维护量大，需运行费（耗电） | 排流效果差 |

使用排流装置时必须经常观察排流器的工作状况、管道表面状况及杂散电流的分布。包括测量管地电位、流经铁轨的电流、铁轨-地面间电位差、铁轨-管道电位差、杂散电流及电流方向等，并定期检查排流器对邻近金属构筑物的影响。排流电路中电流改变的原因很多，如外界电力线负荷改变，地下管道的绝缘层剧烈变化，在保护范围内又出现了新的地下金属构筑物等。故发现电力参数偏差较大时应及时调整排流器。

由于杂散电流通过管道时电位变化幅度较大,所以地下管道采用排流保护的段落,一般都不用阴极保护。

**5. 采用加"均压线"的方法**

同沟埋设的管道或平行接近管道,可安装均压线采用联合阴极保护的方法,防止干扰腐蚀。即将未保护管道与阴极保护管道用导体连接起来,同时进行阴极保护。其连接点最好放在靠近腐蚀最强的地方(可以由测量管地电位来确定),在接头的连线中附加一电阻器,以便调节未保护管道接受保护的程度。对于平行管路的阴极干扰,可以采取一个阴极保护站综合保护,均压线间距、规格可根据管道压降、管道相互位置、管道涂层电阻等因数,综合考虑确定,一般在管道沿线每隔500m左右设一"均压线",连接平行管路,尽可能保持其各处电位均衡。但特别要注意在切断电源时各平行管路之间由于自然电位不同,而它们又存在着电路联系,因而形成腐蚀电池,造成对管路的腐蚀。

**6. 电屏蔽**

对于靠近地铁或与电铁交叉的管道,可在管道与电铁轨道间打一排接地极(长度在100m左右)或穿钢套管以屏蔽漏泄电流对管道的危害。

**7. 安装绝缘法兰**

绝缘法兰的作用是分隔管道受干扰区和非干扰区,把干扰限制在一定管段内,使离干扰源较远的管段不受干扰腐蚀。同时绝缘法兰从电气上把管道分隔成较短的段,这就降低了各段受干扰的强度,简化了管道抗干扰措施。

绝缘法兰可安装在远离干扰源的边缘管段上;两干扰源相互影响的区段内;分割管内电流,减小干扰腐蚀的其他地点。但不管安装在什么地方,都需通过大量试验和电气测试,确认该点安装绝缘法兰后可以限制、缓解管道腐蚀,才能进行施工。

用于杂散电流干扰管道上的绝缘法兰,应装设限流电阻,防止过电压附属设施等(见图8-5-8)。

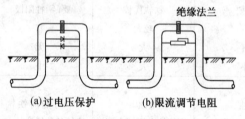

图 8-5-8　绝缘法兰附属设施

(a)过电压保护　　　(b)限流调节电阻

## 二、交流干扰与防护

交流杂散电流,主要来源于交流电气铁路、输配电线路及其系统,通过阻性、感性、容性耦合对相邻近的埋地管道或金属体造成干扰,使管道中产生流进、流出的交流杂散电流而导致腐蚀,称为交流腐蚀。

**1. 交流干扰的危害**

交流干扰所引起的腐蚀虽然不太严重,但是由于交流干扰时被干扰体可能会产生较高的干扰电位,造成对接触被干扰体的作业人员及被干扰体有电联系的设备的伤害和破坏。从交流电对管路影响的后果来看,有干扰影响和危险影响两种。

1)引起或加速管道的腐蚀

一般在电流相等的情况下,交流的附加腐蚀与直流腐蚀的比率大致为0.05左右。但是交流腐蚀比直流腐蚀更具集中腐蚀的特点,所以从孔蚀生成率上看,交流与直流的差别并不很大。东北输油管道开挖检查凌海市、石山、松山等交流干扰管道,发现管壁上有5mm穴孔状腐蚀点多处。其蚀坑特征与土壤腐蚀和直流腐蚀存在较大差异,腐蚀产物呈微细灰黑状粉末。

2) 交流电对地下管路阴极保护系统的干扰

在输电线正常运行时，管路上可能出现的交流感应电压是连续和持久的，它对管路阴极保护的影响是使管路沿线的保护电位发生变化。交流电压的正半周比阴极保护最小保护电位−0.85V 正（相对饱和硫酸铜电极），其负半周则可能超出最大保护电位−1.20 ~ −1.50V（指绝对值），相对沥青绝缘层来说，使管路得不到有效保护。由于参数的波动范围大，干扰管道电法保护照常运行，使管道对地电位测量指示不稳，有时出现恒电位仪失控等，严重时发生防腐用恒电位仪或整流器出口滤波电容被击穿或过热损坏；对于镁阳极会造成极性逆转。

3) 瞬时过电压对人身和设备的危害

中性点直接接地的输电线发生短路故障或两线一地制在高负荷运行时，对附近管路产生的电磁感应电压极高，特别是在系统电容量大、电压级别高的电力系统中，短路电流可达10000~60000A，这时的交流干扰电压达千伏以上，管路与地之间的电压极高。如果此处管路在地面上连接有阀门等设备，而在短路瞬间恰有人触及阀门时，那将严重威胁操作人员生命及设备与安全。防腐绝缘层处于这么高的电压作用下，可能被击穿，形成电弧通道，电弧的高温可能烧穿地下管路，点燃油气而造成火灾。如果在故障点附近的地面管路上设有绝缘法兰，那么在短路的瞬间，相当大的电压在绝缘法兰一侧产生，一个人同时与法兰的两边接触，可能导致生命危险。若感应电压足够大，绝缘法兰之间也可能发生弧光放电，使金属连通，失去绝缘作用。当然以上事故不是经常发生的，但在我们做设计时，对于管路与高压输电线平行或交叉的情况，必须考虑适当的安全措施。

**2. 交流干扰电压成因**

油气管道与高压输电线及交流电气化铁道（以下二者简称为强电线）平行、接近的段落上，存在着感应电压，形成这种被称为交流干扰电压的原因归纳如下。

1) 电场影响

强电线路与金属管道由于静电场的作用，通过分布电容耦合，引起管道对地电位升高。但这种影响只在地面管道或正在施工的管道上才会出现。在管道敷设施工中，往往有较长的管道与大地绝缘处于非接地状态，且处于高压输电线附近，此时应引起注意，以免造成对施工人员的伤害。

对于地下管道，由于大地有静电屏蔽作用，管道与强电线之间无电力线的交连。因此，静电场对地下管道的干扰影响可忽略不计。这个结论在 10kV 和 400kV 试验线路上，得到了实测数据的验证。

2) 地电场影响

输电线路发生接地故障时，在接地点，接地电流使其附近的大地电位上升，形成地电场，大地与附近的埋地管道之间产生电位差（管道是金属的，输电线接地点附近的管道电位与远方管道电位接近）。此电位差有可能造成防腐层破坏，甚至于直接烧穿管壁。依据我国的电力系统情况，在大多数场合，接地故障时的零序电流引起的地电位升不超过 10kV，在这种情况下起弧距离小于 0.45m。大于起弧距离，虽然不会形成持续电弧，但是有可能通过放电通道在管道上形成转移电位，引起管道对地电位的升高，并可沿管道传播，超过安全值时，则可能造成对人身安全的威胁。

电力系统的各避雷接地体当有雷电流通过时，同样会造成地电位升高。雷电流作用时间虽然十分短暂，但是电流特别大。所以要求管道与强电线路和避雷体之间有一定的安全距离。按照目前我国电力水平和在用管道的防腐层绝缘水平，推荐管道与电力系统接地体之间的安全距离如表 8-5-3 所示。

表 8-5-3　管道与电力接地体间的安全距离

| 高压线电压等级/kV | | 35 以下 | 110 | 220 |
|---|---|---|---|---|
| 最小安全距离/m | 铁塔或电杆附近 | 2.5 | 5 | 10 |
| | 电站或变电所附近 | 2.5 | 15 | 30 |

　　交流电气化铁路以一线一地方式运行。正常运行时有电流经铁轨入地形成地电场。实测铁轨对地电位发现，地电场的影响范围只在 6~10m 之间，所以铁轨距管道 3m 即可以满足地电场的安全要求。管道加强对地绝缘后，间距还可以缩小至 1.5m。

　　两线一地制输电线路，以大地作一相的传输导线，近似于三相线路的单相接地故障状态下运行，其地电场影响范围很大，持续时间长。与输油管道的安全距离一般情况下要求30~50m，变电所附近的地电位梯度应小于 500mV/m。同时，由于钢管电阻比土壤电阻小，接地相电流一部分或大部分以管道为载体，造成较大的管地干扰交流电位。

　　如果接地点的接地体中有电流入地，土壤电阻认为是很均匀的。以远方大地为基准的接地体电位为 $V_0$，则距该接地体距离为 $D$ 点，大地电位 $V_D$ 用下式算出：

$$V_0 = I_0 R = I_0 \frac{\rho}{2\pi a} \qquad (8-5-1)$$

$$V_D = I_0 R \frac{a}{D} = I_0 \frac{\rho}{2\pi D} \qquad (8-5-2)$$

式中　$I_0$——接地体的入地电流，A；

　　　$\rho$——土壤电阻率，$\Omega \cdot m$；

　　　$a$——接地体的等效球面半径，m；

　　　$R$——接地体的接地电阻，$\Omega$。

　　这时，可以认为加在管道防腐层上的电压是 $V_D$ 与该点管地电位之差。

　　3）电磁场影响

　　输电线路的大电流形成很强的交变磁场，其磁力线切割与之平行的管道，从而在管道上感应出很高的交流干扰电压。由于其影响范围大，干扰电压高，进行有效的防护比较困难，所以成为交流干扰防护的重点。管道上的电磁感应干扰电压可用下式表达：

$$V_P = 2\pi f L M I \qquad (8-5-3)$$

式中　$V_P$——电磁感应干扰电压，V；

　　　$f$——电力周波，Hz；

　　　$L$——平行长度，m；

　　　$M$——输电线与管道间的互感，H/$\mu$m；

　　　$I$——输电线的相电流，A。

　　实际上，对互感 $M$ 影响因素很多。管道与输电线的各自状态及相关关系十分复杂，所以 $M$ 值确定困难。目前国内外一些专家都采取各自的方法进行磁干扰计算，所得结果也存在较大的误差，主要原因是没有正确地结合埋地管道的特点。

　　根据我国情况，220V 以下的对称输电线，75m 以外可以不考虑交流腐蚀问题。若各相导线呈正确排列，间距可缩小为 60m。交流电气化铁路与管道平行接近段，铁路方面应安装回流变压器；无回流变压器的铁路，间距为 350m 以上。上述的数据，只作设计时考虑。小于上述间距时，也不一定意味着干扰电压一定会超过允许值。鉴于计算工作很复杂，且在计算阶段很多因素和数据无法确定，所以目前通常作法还是依据现场实测。

**3. 交流干扰的分类**

交流干扰电压作用于地下金属管道上，对人身和设备产生危害。按照干扰电压作用的时间，可分为瞬间干扰、间歇干扰和持续干扰。

(1) 瞬间干扰　强电线故障时产生的干扰电压可达几千伏以上，由于电力系统切断时间很快，干扰电压作用持续时间在 1s 以下，故称瞬间危险干扰电压。此电压甚高，对人身安全构成严重威胁。同时高电压也会引起管道防腐层击穿。当管道与电力系统接地极距离不当时，还会产生电弧通道，烧穿管壁引起事故。但因作用时间短暂，事故出现的几率较低，故瞬间干扰安全电压临界值可略高一些，很多国家定为 600V。这种干扰下，不考虑交流腐蚀导致氢损伤、防腐层剥离和牺牲阳极极性逆转等。

(2) 间歇干扰　在电气化铁道附近的管道上，感应电压随列车负荷曲线变动，由几伏到几千伏。其特点是作用时间时断时续，伴有尖峰电压出现，因它的作用时间较瞬间干扰电压长，只要电气铁道馈电网内有电流流动，管道上就有干扰电压，故称间歇干扰。

间歇干扰的另一种特点是干扰电压幅值变化快和变化大，而交流腐蚀、防腐层剥离、镁阳极极性逆转等过程缓慢，同时具有时间积累效应，所以应予以适当的考虑。其临界安全电压应比照持续干扰，且比持续干扰的临界安全电压高出 2～3V。在这种情况下除应考虑它对人身的危害外，同样也应该注意它对管道设备的有害影响。

(3) 持续干扰　持续干扰主要表现在干扰的持续性，即在大部分时间内都存在干扰。如输电线路的干扰就是持续干扰的明显例证。几乎在全天内每时每刻都会测出干扰。当然输电线路亦有负荷大小的变化，因此持续干扰亦随电力负荷的变化而变化。在过高的交流干扰电压长期作用下，埋地金属管道会产生交流腐蚀、沥青防腐层剥离和管道金属可能出现氢破裂。对有阴极保护的管道，其保护度下降，严重时使阴极保护设备不能正常工作或造成损坏；对于管道牺牲阳极来讲，过高的交流电压会使镁牺牲阳极性能变坏，甚至极性逆转，从而加速管道腐蚀。同样过高的持续干扰电压对人身安全也会造成威胁。

对持续干扰而言，应同时考虑对人身综合的影响和对管道腐蚀等不利的影响。所以应该以两种临界安全电压来规定：

(1) 影响人身安全的临界安全电压　一般得到认可的是美国标准中规定的交流有效值 30V。但是由于管道所处的地质不同，对潮湿或有水的地方，应参照我国矿山井下安全电压标准为 24V。间歇干扰时，亦应按此标准。在交流干扰严重管段上，工作人员已有轻度电击的体验。

(2) 从腐蚀的角度考虑的临界安全电压　经我国室内实验验证：对于土壤含盐量小于 0.01% 的中性土壤，安全电压为 8V；在弱碱性土壤内，$Ca^{2+}$、$Mg^{2+}$ 含量超过 0.005% 时，安全电压可取 10V；在酸性或沿海盐碱地带，安全电压为 6V。上述的指标和美国提出的一律为 5V 是有很大差别的。另外，镁阳极允许的交流电流密度为 $0.8mA/cm^2$，在合理设计后，镁、铝、锌阳极允许的交流干扰电压为 10V。足以引起沥青防腐层剥离的电压为 16V。持续干扰电压造成管道腐蚀实例：东北输油管线锦县泵站附近管道上持续干扰电压曾高至 20～57V，损坏了阴极保护设备；盘锦油田松山泵站的输油管道上曾发现严重的交流腐蚀。

**4. 消除管路受交流电影响的措施**

交流干扰防护最有效、最简单的方法是避让，即使被干扰体与干扰源之间保持足够的安全间距。但由于各种原因保持间距并不总是可以做到的。除保持一定间距外，消除交流输电线对管路的影响可从以下两方面入手。

1) 干扰源方面的预防措施

（1）不宜再建设两线一地制输电线，对已造成干扰的应予改造，恢复三相制供电。应该看到两线一地制线路，不仅干扰管道，而且干扰通讯系统或铁路信号系统。虽然在建设时可以节省一条导线的投资，但带来的干扰影响，却远非一条导线的价值。

（2）在交流电气化铁路建设中，应预先考虑交流干扰问题，采用回流变压器或自耦变压器供电，提高铁轨对地绝缘水平。

（3）对称输电的高压线，可减少中性点接地数目，限制短路电流或经过电阻、电抗接地，增加屏蔽（如改良架空地线、增加屏蔽线等）和导线换位等。对于 220kV 线路，为了减小几何不对称形成的干扰电压，三相导线尽可能做到三角形排列，建议采用猫形铁塔。在线路走向上尽可能避让，不形成长距离平行段，交叉时尽可能采用点交等。

（4）在存在着阻性耦合的地段，建议加强电气化铁道钢轨枕木的绝缘，以减小入地电流。

2) 管道上可采用的措施

（1）在有地电场干扰的地段，加强防腐涂层质量。如在管道与高压输电线交越处或与电力系统接地装置靠近的管道上约 20~30m 的段落，应做特加强绝缘层，以减弱阻性耦合，防止形成电弧通道。

（2）对于地面或正在施工的管道，为消除静电干扰，需做接地处理。

（3）在管道工作人员可接触部位，装置接地栅极或电解接地电池。

接地栅极是地面下的一个裸露金属导体系统，用适当面积的金属板或格栅制成。目的是在一步范围内提供一个等电位区。防止在接触管道的过程中遭受干扰电压伤害。这种措施通常只需在有干扰管道上超过临界安全电压的若干点采取。可做成临时性的，需要时接入管道。

电解接地电池是以固定间距的两个电极（通常是锌阳极），中间装有绝缘隔板，用卡子固定在一起，埋入地下后用填包料把它们耦合起来，以防止瞬间干扰电压对绝缘法兰的损害，如图 8-5-9 所示。

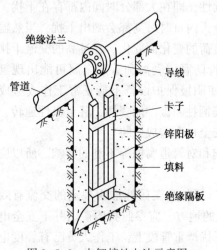

图 8-5-9　电解接地电池示意图

（图中标注：绝缘法兰、导线、管道、卡子、锌阳极、填料、绝缘隔板）

（4）采用排流法。将管道上感应的交流电排放到大地中去，消除交流电压对人身设备的危害。排流接地极与阴极保护的辅助接地极没有任何区别。一般接地体材料使用废钢即可，无特殊要求，但其接地电阻应尽可能地小，不宜大于 0.5Ω。可以通过增加接地体的并联根数，或采用盐等减阻剂进行处理。接地体埋设在距防护管道 30m 以外的管道一侧。排流线可采用通用的单相电力电缆或电线。截面应大些，一是电阻小，二是可以在很大范围内满足排流容量的要求。而排流电流不易计算，只能依靠实践确定。

（5）分段隔离。在不易消除干扰地段，用绝缘法兰将管道分段，将干扰限制在局部范围内，或缩短强电线与管道的平行长度，降低干扰电压，以简化防护措施。在有阴极保护的管道上，为了保证保护电流的连续性和防止过电压，可在绝缘法兰的两侧加电抗器。另外当电气化铁路进入油库区时，对进入库区的铁轨，也可以采用分段隔离措施。

（6）电屏蔽。根据国外有关规程介绍，用电屏蔽的方法来保护管道不受邻近高压输电线产生的影响，以减少在冲击条件下击穿涂层的可能性。其做法是以特定的间隔，沿着地下管道整个长度安装一个或多个金属接地网组成。

# 第六节　阴极保护参数的测定

## 一、管道对地电位的测量

### 1. 地表参比法

地表参比法主要用于管道自然电位、牺牲阳极开路电位、管道保护电位等参数的测试。

地表参比法的测试接线如图 8-6-1 所示，宜采用数字式电压表。将参比电极放在管道顶部上方 1m 范围的地表潮湿土壤上，应保证参比电极与土壤电接触良好。将电压表调至适宜的量程上，读取数据，作好记录。

硫酸铜参比电极，必须用化学纯的硫酸铜晶体与蒸馏水配制，溶液应达到饱和状态。电极使用一段时间后，要及时更换硫酸铜溶液，以免污染，影响测量的准确性。

### 2. 近参比法

近参比法一般用于防腐层质量差的管道保护电位和牺牲阳极闭路电位的测试。

在管道（或牺牲阳极）上方，距测试点 1m 左右挖一安放参比电极的深坑，将参比电极置于距管壁（或牺牲阳极）3~5cm 的土壤上，如图 8-6-2 所示。其测试方法要求同"地表参比法"。

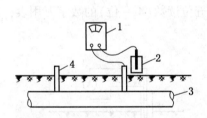

图 8-6-1　地表参比法接线示意图

1—万用表；2—饱和 $CuSO_4$ 电极；3—管路；4—测试桩

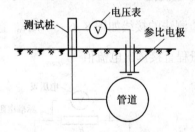

图 8-6-2　近参比法接线示意图

### 3. 远参比法

远参比法主要用于强制电流阴极保护受辅助阳极地电场影响的管段和牺牲阳极埋设点附近的管段，测量管道对远方大地的电位，用以计算该点的负偏移电位值。

远参比法的接线如图 8-6-3 所示。将硫酸铜参比电极朝远离地电场源的方向逐次安放在地表上，第一个安放点距管道测试点不小于 10m，以后逐次移动 10m。用数字万用表按 1 测试管地电位，当相邻两个安放点测试的管地电位相差小于 5mV 时，参比电极不再往远方移动，取最远处的管地电位值作为该测试点的管道对远方大地的电位值。

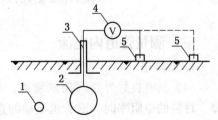

图 8-6-3　远参比法测试接线示意图

1—辅助阳极或牺牲阳极；2—管道；3—测试柱
4—数字万用表；5—接地电极

### 4. 断电法

为消除阴极保护电位中的 $IR$ 降影响，宜采用断电法测试管道的保护电位。

断电法通过电流断续器来实现，断续器应串接在阴极保护电流输出端上。在非测试期间，阴极保护站处于连续供电状态；在测试管道保护电位或外防腐层电阻期间，阴极保护站处于向管道供电12s、停电3s的间歇工作状态。同一系统的全部阴极保护站，间歇供电时必须同步，同步误差不大于0.1s。停电3s期间用地表参比法测得的电位，即为参比电极安放处的管道保护电位。

### 5. 辅助电极法

采用与管道相同材质的钢片制作一个检查片作为辅助电极，片面除一面中心留下一个10mm直径的裸露孔外，其余部位全部被防腐层覆盖，埋设于管道附近冻土线以下的土壤中。埋设时裸露孔朝上，覆盖1~2cm细土后，将长效硫酸铜电极的底部置于裸露孔正上方，然后回填至地平面。辅助电极的导线和长效硫酸铜电极的导线分别接于测试桩内各自的接线柱上，辅助电极接线柱用铜片或铜导线与测试桩内管道引出线的接线柱短接。采用数字万用表定期测试辅助电极与长效硫酸铜电极的电位差。有阴极保护时，该电位差代表该点的管道保护电位。

## 二、牺牲阳极输出电流测试

### 1. 标准电阻法

如图8-6-4所示，在管道和阳极回路中串入一个标准电阻 $R$，阻值为0.1Ω或0.01Ω，精度为0.02级。接入导线总长度不大于1m，截面积不宜小于2.5mm²。使用高阻抗电压表，如数字万用表的电压挡，测量标准电阻 $R$ 两端的电压降 $V$，用 $I=V/R$ 式计算出电流。

### 2. 直测法

直测法的接线如图8-6-5所示。直测法应选用五位读数($4\frac{1}{2}$位)的数字万用表，用DC 10A量程直接读出电流值。

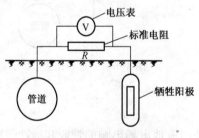

图8-6-4　牺牲阳极输出电流的测量(标准电极法)

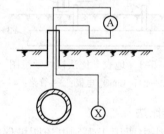

图8-6-5　直测法接线示意图

A—$4\frac{1}{2}$位数字万用表；X—牺牲阳极

## 三、测量管道内电流

### 1. 压降法

(1) 具有良好外防腐层的管道，当被测管段无分支管道、无接地极，又已知管径、壁厚、材料的电阻率时，沿管道流动的直流电流按图8-6-6所示测试。

(2) 用钢尺量出两测点 $a$、$b$ 间的管长 $L_{ab}$，误差不大于1%。$L_{ab}$ 的最小长度应保证 $a$、$b$ 两点之间的电位差不小于50μV，一般取 $L_{ab}$ 为30m。

(3) 先用数字万用表测 $a$、$b$ 两点的正负极性和粗测 $U_{ab}$ 之值。然后将正极端和负极端分别接到 UJ33a 直流电位计"未知"端的相应接线柱上，细测 $V_{ab}$ 值。

（4）计算出管内电流值。按下式计算：

$$I = \frac{V_{ab}\pi(D-\delta)\delta}{\rho L_{ab}}$$

式中　$I$——流过 $ab$ 管段的管内电流，A；

　　　$V_{ab}$——$a$、$b$ 间电位差，V；

　　　$D$——管道外径，mm；

　　　$\delta$——管道壁厚，mm；

　　　$\rho$——管材电阻率，$\Omega\cdot\mathrm{mm}^2/\mathrm{m}$；

　　　$L_{ab}$——$a$、$b$ 两点的管道长度，m。

**2. 补偿法**

此法也称零阻电阻法，如图 8-6-7 所示。$L_{ac}\geqslant\pi D$，$L_{db}\geqslant\pi D$，$L_{cd}$ 的长宜为 $20\sim30\mathrm{m}$。当管内有电流（$I$）流动时，用蓄电池和可调电阻器给管道加一个反向的电流（$I'$），调节可调电阻值，使电压表的指示为零，读取电流表中的电流值（$I'$），此时 $I=I'$。

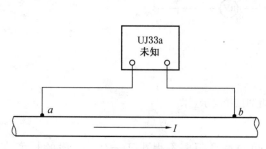

图 8-6-6　压降法测量管道内电流

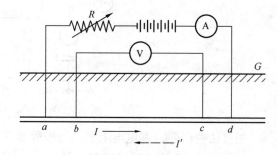

图 8-6-7　用补偿法测管内电流

## 四、绝缘法兰(接头)绝缘性能测试

**1. 兆欧表法**

制成但尚未安装到管道上的绝缘法兰(接头)，其绝缘电阻值用兆欧表法测量。

如图 8-6-8 所示，宜用磁性接头(或夹子)将 500V 兆欧表输入端的测量导线压接(夹接)在绝缘法兰(接头)两侧的裸管上(连接点必须除锈)，转动兆欧表手柄达到规定的转速，持续 10s，此时兆欧表稳定指示的电阻值即为绝缘法兰(接头)的绝缘电阻值。

**2. 电位法**

已安装到管道上的绝缘法兰(接头)，可用电位法判断其绝缘性能。

如图 8-6-9 所示，在被保护管道通电之前，用数字万用表 V 测试绝缘法兰(接头)非保护侧 $a$ 的管地电位 $V_{a1}$；调节阴极保护电源，使保护侧 $b$ 点的管地电位 $V_b$ 达到 $-0.85\sim-1.50\mathrm{V}$ 之间，再测试 $a$ 点的管地电位 $V_{a2}$。若 $V_{a1}$ 和 $V_{a2}$ 基本相等，则认为绝缘法兰(接头)的绝缘性能良好；若 $|V_{a2}|>|V_{a1}|$ 且 $V_{a2}$ 接近 $V_b$ 值，则认为绝缘法兰(接头)的绝缘性能可疑。若辅助阳极距绝缘法兰(接头)足够远，且判明与非保护侧相连的管道没同保护侧的管道接近或交叉，则可判定为绝缘法兰(接头)的绝缘性能很差(严重漏电或短路，应按"3"的方法进一步测试。

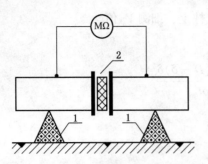
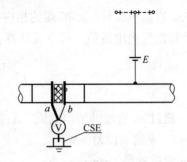

图 8-6-8　兆欧表法测试接线示意图　　　　图 8-6-9　电位法测试接线示意图

1—绝缘支墩；2—绝缘法兰(接头)

### 3. 漏电电阻测试法

已安装到管道上使用的绝缘法兰(接头)，采用电位法测试其绝缘性能可疑时，应按图 8-6-10 所示的测试接线示意图进行漏电电阻或漏电百分率测试。

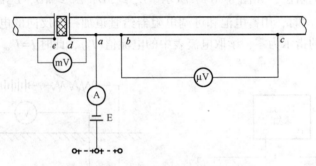

图 8-6-10　漏电电阻测试接线示意图

绝缘法兰(接头)漏电电阻测试的步骤如下：

按图 8-6-10 接好测试线路，其中 $a$、$b$ 之间的水平距离不得小于 $\pi D$，$bc$ 段的长度宜为 30m。

调节强制电源 $E$ 的输出电流 $I_1$，使保护侧的管道达到阴极保护电位值。

用数字万用表测定绝缘法兰(接头)两侧 $d$、$e$ 间的电位差 $\Delta V$。按"三"中"1"所示的方法测试 $bc$ 段的电流 $I_2$。读取强制电源向管道提供的阴极保护电流 $I_1$。

绝缘法兰(接头)漏电电阻按下式计算：

$$R_H = \frac{\Delta V}{I_1 - I_2}$$

式中　$R_H$——绝缘法兰(接头)漏电电阻，$\Omega$；

　　　　$\Delta V$——绝缘法兰两侧的电位差，V；

　　　　$I_1$——强制电源 $E$ 的输出电流，A；

　　　　$I_2$——$bc$ 段的管内电流，A。

绝缘法兰(接头)的漏电百分率按下式计算：

$$漏电百分率 = \frac{I_1 - I_2}{I_1} \times 100\%$$

若测试结果 $I_1 > I_2$，则认为绝缘法兰(接头)的漏电电阻无穷大，漏电百分率为零，绝缘法兰(接头)的绝缘性能良好。

### 五、接地电阻测试

#### 1. 辅助阳极接地电阻测试

辅助阳极接地电阻采用接地电阻测量仪测试，测试接线如图 8-6-11 所示。

当采用图 8-6-11(a)测试时，在土壤电阻率较均匀的地区，$d_{13}$ 取 2L，$d_{12}$ 取 L；在土壤电阻率不均匀的地区 $d_{13}$ 取 3L，$d_{12}$ 取 1.7L。在测试过程中，电位极沿辅助阳极与电流极的连线移动三次，每次移动的距离为 $d_{13}$ 的 5% 左右，若三次测试值接近，取其平均值作为辅助阳极接地电阻值；若测试值不接近，将电位极往电流极方向移动，直至测试值接近为止。

辅助阳极接地电阻也可以采用图 8-6-11(b)所示的三角形布极法测试，此时 $d_{13} = d_{12} \geqslant 2L$。

按图 8-6-11 布好电极后，转动接地电阻测量仪的手柄，使手摇发电机达到额定转速，调节平衡旋钮，直至电表指针停在黑线上，此时黑线指示的度盘值乘以倍率即为接地电阻值。

#### 2. 牺牲阳极接地电阻测试

测量牺牲阳极接地电阻之前，必须将牺牲阳极与管道断开，然后按图 8-6-12 所示的接线示意图沿垂直于管道的一条直线布置电极，$d_{13}$ 约 40m，$d_{12}$ 取 20m 左右，按上述"1"的操作步骤测量接地电阻值。

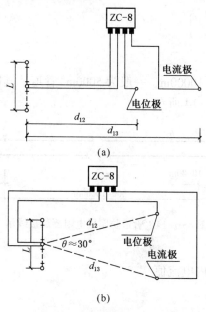

(a)

(b)

图 8-6-11　辅助阳极接地
电阻测试接线示意图

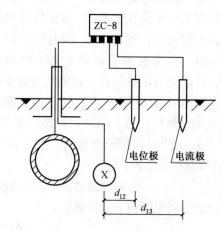

图 8-6-12　牺牲阳极接地
电阻测试接线示意图

当牺牲阳极的支数较多或为带状牺牲阳极，该组牺牲阳极的对角线长度(或带状牺牲阳极长度)大于 8m 时，按上述"1"测试接地电阻，但 $d_{13}$ 不得小于 40m，$d_{12}$ 不得小于 20m。

### 六、土壤电阻率测试

#### 1. 等距法

从地表至深度为 $a$ 的平均土壤电阻率，按图 8-6-13 所示的四极法测试。图中四个电极布置在一条直线上，间距 $a$、$b$ 代表测试深度且 $a=b$，电极入土深度应小 $a/20$，常用接地电

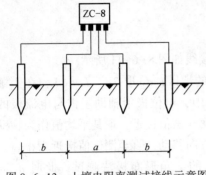

图 8-6-13　土壤电阻率测试接线示意图

阻仪为 ZC-8。

按"五"中"1"的操作步骤测得电阻 $R$ 值后，土壤电阻率按下式计算：

$$\rho = 2\pi a R$$

式中　$\rho$——测量点从地表至深度 $a$ 上层的平均土壤电阻率，$\Omega \cdot m$；

　　　　$a$——相邻两电极之间的距离，m；

　　　　$R$——接地电阻仪示值，$\Omega$。

### 2. 不等距法

不等距法主要用于测深不小于 20m 情况下的土壤电阻率测试，其测试接线如图 8-6-13 所示，此时 $b>a$。测深在 0~20m 时，$a = 1.6m$，$b = 20m$；测深 0~55m 时，$a = 5m$，$b = 60m$。此时测深 $h$ 按下式计算：

$$h = \frac{a + 2b}{2}$$

按规定布极后，按"五"中"1"操作接地电阻测量仪测得 $R$ 值，测深 $h$ 的平均土壤电阻率按下式计算：

$$\rho = \pi R \left( b + \frac{b^2}{a} \right)$$

## 七、管道外防腐层电阻测试

无分支、无接地装置的某一段（长度宜为 500~10000m，一般为 5000m）管道，其防腐层电阻应采用本标准的方法测试，测试接线如图 8-6-14 所示。

测试步骤如下：被测段 $ac$ 距通电点必须不小于 $\pi D$。获得被测管段的长度（精确到米）。若 $ad$ 段埋有牺牲阳极，则将其与管道断开。在强制电流阴极保护站供电之前，测试 $a$、$c$ 两点的自然电位值。阴极保护站供电 24h 后，测试 $a$、$c$ 两点的保护电位值，并计算 $a$、$c$ 两点的负偏移电位值。

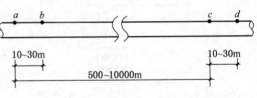

图 8-6-14　管道防腐层电阻测试接线示意图

按"三"中"1"方法同时测试 $ab$ 和 $cd$ 两段的管内电流值。

管道防腐层电阻按下式计算：

$$\rho_A = \frac{(\Delta V_a + \Delta V_c) L_{ac} \pi D}{2(I_1 + I_2)}$$

式中　$\rho_A$——管段防腐层电阻，$\Omega \cdot m^2$；

　　　　$\Delta V_a$——管段首端 $a$ 点的负偏移电位，V；

　　　　$\Delta V_c$——管段末端 $c$ 点的负偏移电位，V；

　　　　$I_1$——$ab$ 段管内电流绝对值，A；

　　　　$I_2$——$cd$ 段管内电流绝对值，A；

　　　　$L_{ac}$——被测管段 $ac$ 的管道长度，m；

　　　　$D$——管道外径，m。

两端装有绝缘性能良好的绝缘法兰(接头)，又无其他分流支路，防腐层质量良好的管道，当其长度不超过一座阴极保护站的保护半径时，从阴极保护站通电点至末端管道的防腐层电阻可按下式计算：

$$\rho_A = \frac{(\Delta V_a + \Delta V_c)L\pi D}{2I}$$

式中　$\Delta V_a$——供电点管道负偏移电位值，V；

　　　$\Delta V_c$——末端管道负偏移电位值，V；

　　　$I$——向被测管道提供的阴极保护电流，A；

　　　$L$——被测管道长度，m。

# 第七节　管道阴极保护的运行、维护与管理

当阴极保护站施工完毕以后，经仔细检查电源部分、阴极接地装置、检查片等设施均符合要求以后，先沿线测定管道的自然电位，即可通电测试。使汇流点电位保持−1.2V，稳定24h后，沿管线测定保护电位，并使离保护站最远端的保护电位不低于最小保护电位值。若达不到此值，应查明原因，进行调整，务必使管线电位均在最小保护电位以上。当阴极保护站使管道全线都达到阴极保护电位以后，就应长期连续工作。

为了使管线得到有效保护，必须保证阴极保护装置的正常运转。因此，对设备的经常管理和维护是非常重要的。埋地钢制管道电法保护应保持连续投运。电法保护的主要控制指标如下：①保护率等于100%；②运行率大于98%；③保护度大于85%。

保护率：对所辖埋地钢质管道施加阴极保护的程度。计算公式如下：

$$保护率 = \frac{管道总长 - 未达有效阴极保护管道长}{管道总长} \times 100\%$$

运行率：埋地钢质管道年度内阴极保护有效投运时间与全年时间的比率。计算公式如下：

$$运行率(年) = \frac{年度内有效投运时间(小时)}{全年小时数} \times 100\%$$

保护度：衡量埋地钢质管道阴极保护效果的指标。一般用失重法计算。计算公式如下：

$$保护度 = \frac{G_1/S_1 - G_2/S_2}{G_1/S_1} \times 100\%$$

式中　$G_1$——未施加阴极保护检查片的失质量，g；

　　　$S_1$——未施加阴极保护检查片的裸露面积，cm²；

　　　$G_2$——施加阴极保护检查片的失质量，g；

　　　$S_2$——施加阴极保护检查片的裸露面积，cm²。

日常的维护管理工作包括以下几个方面：

**1. 保护参数的测量**

(1) 阴极保护站向管道送电不得中断。停运一天以上须报主管部门备案，利用管道停电方法调整仪器，一次不得超过2h，全年不超过30h。保证全年98%以上时间给管道送电。

(2) 检查和消除管道接地障碍，使全线达到完全的阴极保护。

（3）定期检查沿线管地电位的分布规律，并作好测试记录。在用恒电位仪供电时，必须经常检查给定的电位是否为规定值，沿管道测定阴极保护电位。此种测量在阴极保护站运行初期每周一次，以后每两周或一月测量一次。并将保护电位测量记录造表上报主管部门。在用整流器供电时，须经常测量汇流点的电位，要求管地电位不得高于-1.25V。各测试桩电位每月测试一次，要求管地电位不得小于-0.85V。

（4）管道对地的自然电位和土壤电阻率每隔半年或一年测一次。

（5）经常检测整流器的输出电流和电压。如发现电流大大下降而电压上升时，要检查阳极接地电阻值的变化，以判断阳极是否被腐蚀断了或阴极导线与阳极导线是否接触良好。如发现电流值增大很多，电压反而下降时，说明有局部短路。应检查阳极是否与被保护的金属接触短路，或者是别的金属使阳极与阴极短路，或者是绝缘法兰漏电。

（6）定期测量阳极接地电阻及检查绝缘法兰的绝缘性能。在正常情况下，绝缘法兰外侧管线的对地电位应与自然电位相同。如绝缘法兰两侧的管地电位发生异常情况，应及时检查绝缘法兰的绝缘性能是否良好。若发现阳极接地电阻显著增大，要及时检查阳极装置，调整或更换阳极装置。

（7）要求每隔两年挖出一次检查片，进行检查分析，求出保护度，保护度大于85%算合格。取出一组后应再埋设一组，检查片在安装前要严格除锈，去油污，称重，准确到0.01g。

**2. 设备的维修**

强制阴极保护的正常运转的关键在于电源设备的维护与管理。对设备要有专人管理，在安装电源设备（恒电位仪或整流器）的场所，要保持干燥、清洁，操作仪器时要严格遵守操作规程，定期进行检修，并作好检修记录。

1）电气设备定期技术检查

电气设备的检查每周不得少于一次，有下列内容：

（1）检查各电气设备电路接触的牢固性，安装的正确性，个别元件是否有机械障碍。检查接至阴极保护站的电源导线，以及接至阳极地床通电点的导线是否完好，接头是否牢固。

（2）检查配电盘上熔断器的熔丝是否按规定接好，当交流回路中的熔断器熔丝被烧毁时，应查明原因及时恢复供电。

（3）观察电气仪表，在专用的表格上记录输出电压、电流和通电点电位数值，与前次记录（或值班记录）对照是否有变化，若不相同，应查找原因采取相应措施，使管道全线达到阴极保护。

（4）应定期检查工作接地和避雷针接地，并保证其接地电阻不大于10Ω，在雷雨季节要注意防雷。

（5）搞好站内设备的清洁卫生，注意保持室内干燥，通电良好，防止仪器过热。

2）恒电位仪的维护

（1）阴极保护站恒电位仪一般都配置两台，互为备用，因此应按要求时间切换使用。退出备用的仪器应立即进行一次技术观测和维修。仪器在维修过程中不得带电插、拔连接件、印刷电路板等。

（2）观察全部零件是否正常，元件有无腐蚀、脱焊、虚焊、损坏，各连接点是否可靠，电路有无故障，各紧固件是否松动，熔断器是否完好，如有熔断需查清原因再更换。

（3）清洁内部，保持清洁。

（4）发现仪器故障应及时检修，并投入备用仪器，不使保护电流中断。

3）硫酸铜电极的维护

（1）硫酸铜电极底部要求做到渗而不漏，忌污染。使用后应保持清洁，防止溶液大量漏失。

（2）作为恒电位仪信号源的埋地硫酸铜电极，在使用过程中需每周查看一次，及时添加饱和硫酸铜溶液。严防冻结和干涸，影响仪器正常工作。

（3）电极中的紫铜棒使用一段时间后，表面会黏附一层蓝色污物，应定期擦洗干净，露出铜的本色。配制饱和硫酸铜溶液必须使用纯净的硫酸铜和蒸馏水。

4）阳极地床的维护

（1）阳极架空线，每月沿杆路检查一次线路是否完好，如电杆有无倾斜，瓷瓶、导线是否松动，阳极导线与地床的连接是否牢固，地床埋设标志是否完好等。发现问题及时整改。

（2）阳极地床接地电阻每月测试一次，接地电阻增大至影响恒电位仪不能提供管道所需保护电流时，应该更换阳极地床或进行维修。

是否更换地床，可参照下式估计：

$$I_保 > \frac{V_出}{R} \qquad\qquad (8-7-1)$$

式中　$I_保$——管道阴极保护所需电流，A；

　　　$V_出$——恒电位仪额定输出电压，V；

　　　$R$——阳极地床接地电阻，Ω。

5）检查头装置的维护

（1）检查头接线柱与大地绝缘电阻值应大于100kΩ，用万用表测量。若小于此值应检查接线柱与外套钢管有无接地，若有接地，则需更换或维修。

（2）检查头保护钢管或测试桩，应每年定期刷漆和编号；检查头端盖螺钉要注意防锈。

（3）防止检查头装置的破坏和丢失，对沿线城乡居民及儿童做好爱护国家财产的宣传教育工作。

6）绝缘法兰的维护

（1）定期检测绝缘法兰两侧管地电位，若与原始记录有差异时，应对其性能好坏作鉴别。如有漏电情况应采取相应措施。

（2）对有附属设备的绝缘法兰（如限流电阻、过压保护二极管、防雨护罩等）均应加强维护管理工作，保证完好。

（3）保持绝缘法兰清洁、干燥、定期刷漆。

**3. 阴极保护站常见故障判断与处理**

阴极保护站常见故障判断与处理见表 8-7-1。

表 8-7-1　阴极保护站常见故障及处理

| 故障现象 | 原　因 | 处理方法 |
|---|---|---|
| 电源无直流输出电流、电压指示 | 检查交、直流熔断器、熔丝是否烧断 | 若烧断，更换新熔丝 |
| 整流器工作中嗡嗡发响，无直流输出 | 整流器半导体元件被击穿 | 更换同规格的半导体元件 |
| 正常工作时，直流电流突然无指示 | 直流输出熔断器或阳极线断路 | 换熔丝或检查阳极线路 |

| 故障现象 | 原　因 | 处理方法 |
|---|---|---|
| 直流输出电流慢慢下降，电压上升 | 阳极地床腐蚀严重或回路电阻增加 | 更换或检修阳极地床或减小回路电阻 |
| 阴极保护电流短时间内增加较大，保护距离缩短 | 管线上绝缘法兰漏电或接入非保护管道 | 处理绝缘法兰漏电问题；查明接入非保护管道漏电点并加以排除 |
| 修理整机后送电时，管地电位反号 | 输出正负极接错，正极与管道相接 | 立即停电，更正接线 |

# 第八节　常用阴极保护设备操作与维护

本节只选用常用的两种阴极保护设备为例进行介绍。各种型号的设备操作各不相同，应参考具体设备的厂家文件进行操作与维护。

## 一、PS-1LC 恒电位仪

PS-1LC 恒电位仪广泛应用于对土壤、海水、化工等介质中的管道、电缆、码头、储罐、舰船、冷却器等金属构筑物实施外加电流阴极保护。通过 PS-1LC 恒电位仪的配套产品 CBZ-3 阴极保护控制台，还可实现数据远传和仪器的远控功能，达到智能化管理的目的。

### 1. 仪器的特点

(1) 数字显示输出电压、输出电流、控制电位和保护电位值。

(2) 机上装有假负载，便于仪器自检和维修。

(3) 具有软启动、防雷击余波、抗 50Hz 工频干扰以及限流、误差报警等功能。

(4) 具有运行状态自动切换功能，当无法进行恒电位控制时(如参比电极回路开路)，恒电位仪会自动从恒电位工作状态切换到恒电流工作状态，并恒定在预先设定的电流值上。

### 2. 主要技术指标

(1) 使用环境：温度为 $-15 \sim 45$℃；相对湿度为 20%~90%；气压为 60~106kPa；

(2) 输出电压：额定输出电压分 10V、15V、30V、40V、54V、60V 等规格，输出电压在额定输出电压的 1%~100% 范围内可调；

(3) 输出电流：额定输出电流分 10A、15A、20A、25A、30A、35A、40A、50A 等规格，输出电流在额定输出电流的 1%~100% 范围内可调；

(4) 恒电位范围：$-300 \sim -3000$mV；

(5) 恒电位精度：优于 $\pm 5$mV；

(6) 恒电流精度：优于 $\pm 2$%；

(7) 流经参比电流：$\leqslant 3\mu A$；

(8) 误差报警：$\pm 30 \sim \pm 100$mV 之间；

(9) 抗 50Hz 干扰：$\leqslant AC30V$；

(10) 纹波系数：$\leqslant 5$%；

(11) 电源：单相 AC220V$\pm 10$%，50Hz$\pm 5$%。

### 3. 基本工作原理

1) 原理方框图(见图 8-8-1)

2) 基本工作原理

当仪器处于"自动"工作状态时，给定信号(控制信号)和经阻抗变换器隔离后的参比信号一起送入比较放大器，经高精度、高稳定性的比较放大器比较放大，输出误差控制信号，将此信号送入移相触发器，移相触发器根据该信号的大小，自动调节脉冲的移相时间，通过脉冲变压器输出触发脉冲调整极化回路中可控硅的导通角，改变输出电压、电流的大小，使保护电位等于设定的给定电位，从而实现恒电位保护。

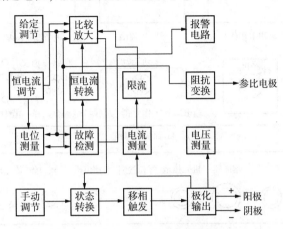

图 8-8-1　PS-1LC 恒电位仪原理方框图

3）运行状态的转换

当仪器工作在恒电位状态而因参比失效或其他故障致使仪器不能实现恒电位控制时，经一定时间延迟后，仪器确认采集到的信号实属恒电位失控的误差信号，就将自动转换为恒电流工作状态。恒电流给定信号和经阻抗变换后输出电流取样信号一起送入比较放大器，比较放大器输出误差控制信号通过移相触发器调整可控硅导通角的大小使仪器的输出电流恒定在预先设定的电流值上。

**4. 仪器电气原理（参看电原理图）**

本仪器主要由三部分组成，一是极化电源，用以输出破坏被保护体的腐蚀电池的保护电流；二是自动控制部分，使保护体达到最佳保护电位；三是辅助电路，使仪器方便管理。

1）极化电源

将交流电源变成所需大小的直流保护电流。

2）控制电路

（1）移相触发器　根据比较放大器输出的控制电压大小，调整触发脉冲产生的时间（即移相），控制可控硅的导通角。

（2）差动比较放大器　将参比电位与控制信号进行比较，对误差信号进行放大，输出与误差大小成比例的控制电压。

3）辅助电路

（1）稳压电源　其任务是为控制电路及面板表提供电源。

（2）限流电路　当仪器输出超载甚至短路时，仪器输出电流能自动恒定在事先欲定的限流值上，达到既保护仪器又保护阴极体的目的。

（3）误差报警电路　当仪器工作不正常或阴极保护系统故障时，仪器发出告警。

（4）延时启动电路　仪器每次开机，延时几秒输出，清除冲击电流。

（5）其他电路　包括恒电流转换电路和自检电路。

**5. 运行指南**

1) 面板与接线板示意图(见图8-8-2)

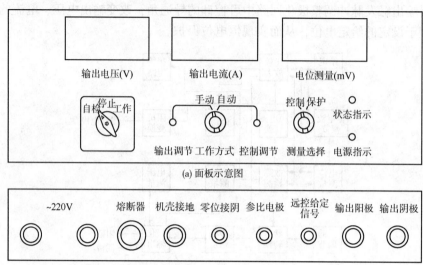

(a) 面板示意图

(b) 接线板示意图

图8-8-2　PS-1LC恒电位仪的面板与接线板示意图

2) 基本操作方法

(1) 将面板上"控制调节"旋钮反时针旋到底,将"工作方式"开关置"自动"挡,"测量选择"置"控制"挡。

(2) 将电源开关扳到"自检"挡,仪器电源指示灯亮,状态指示灯显示橙色,各面板表应均有显示。顺时针旋动"控制调节"旋钮,将控制电位调到欲控值上,此时,仪器工作于"自检"状态,"测量选择"开关在"控制"挡与"保护"挡之间切换,电位表显示值基本一致,表明仪器正常。

(3) 将电源开关扳至"工作"挡,此时仪器对被保护体通电。根据现场管道实际情况,旋动"控制调节"旋钮使管道电位达到欲控值。

(4) 若要"手动"工作,将"工作方式"开关拨至"手动"挡,顺时针旋动"输出调节"旋钮,使输出电流达到欲控值。

(5) 恒电流设定:打开后门揿动安装板上恒流设定开关,此时面板状态指示灯显示黄色表明进入恒电流状态,根据现场管道实际电流,调节屏蔽盒内"恒流调节"电位器,使电流达到欲控值(出厂时设定在仪器额定电流的30%),恒电流设定完毕,将仪器关机再开机。

3) 使用条件及注意事项

(1) 手动输出调节电位器应反时针旋到底,以免由"自动"转"手动"时输出电流过大。

(2) 当仪器需"自检"时,工作方式开关应置"自动"挡(禁止置"手动"挡)。因机内假负载可承受的功率较小,若置"手动"挡时,有可能把机内假负载烧毁。

(3) 仪器从"手动"挡切换到"自动"挡时,应先关机,将"工作方式"开关置"自动"后再开机。因仪器在"手动"工作时,自动控制部分处于失衡状态,此时如直接切换到"自动"挡仪器工作将不正常。

(4) 当仪器需"自检"时,应事先将仪器后板的输出阳极连线断开。

### 6. 印刷电路组成

PS-1LC 远控恒电位仪的印刷线路由稳压电源板、移相触发板、比较限流板、功能转换板和防雷板等几块板组成。

### 7. 恒电位仪线路中电位器功能(见表 8-8-1)

表 8-8-1　PS-1LC 恒电位仪线路中电位器功能一览表

| 序号 | 安装位置 | 功能 | 型号 |
|---|---|---|---|
| $W_1$ | 恒电位仪面板 | 控制电位调节 | WXD3-13-1K |
| $W_2$ | 比较板 | 控制与保护电位平衡调节 | W3296-10K |
| $W_3$ | 比较板 | 限流门限设定 | W3296-5K |
| $W_5$ | 比较板 | 报警门限设定 | W3296-2K |
| $W_6$ | 比较板 | 参比信号跟随器调零 | W3296-10K |
| $W_7$ | 防雷板 | 输出电压表校正 | WS2-2-15K |
| $W_8$ | 恒电位仪面板 | "手动"输出调节 | WXD3-13-2.2K |
| $W_9$ | 功能转换板 | 恒流值设定 | W3006P-1K |

### 8. 故障判断和处理方法(见表 8-8-2)

表 8-8-2　PS-1LC 恒电位仪故障判断和处理方法

| 序号 | 故障现象 | 原　因 | 处理方法 |
|---|---|---|---|
| 1 | 开机无输出,指示灯不亮,数字面板表不显示 | (1) 电源开路<br>(2) 输入保险管断或稳压电源变压器保险管断 | (1) 查输入电源并重新接好<br>(2) 更换保险管 |
| 2 | 输出电流、输出电压突然变小,仪器本身自检正常 | 参比失效或参比井土壤干燥或零位接阴线断 | 更换参比、重埋参比或接好零位接阴线 |
| 3 | 输出电流突然增大,恒电位仪正常 | (1) 水或土壤潮气使阳极电阻降低<br>(2) 与未保护管线接触<br>(3) 绝缘法兰两边管道搭接 | (1) 可以暂时不改变装置,夏季电阻会回升<br>(2) 对未保护管线采取措施<br>(3) 对绝缘法兰处不正常搭接进行处理 |
| 4 | 无电压、电流输出,保护电位比控制电位高,声光报警 20s 后切换到恒电流工作。自检正常 | (1) 参比电极断线<br>(2) 参比电极损坏<br>(3) 预控值电位比自然电位低或太接近自然电位 | (1) 更换参比<br>(2) 更换参比<br>(3) 适当抬高预控值电位 |
| 5 | 输出电压变大,输出电流变小,恒电位仪正常 | (1) 阳极损耗<br>(2) 阳极床土壤干燥或发生气阻 | (1) 更换阳极<br>(2) 夏季定期对阳极床注水 |
| 6 | 有输出电压,无输出电流,声光报警 20s 后转入恒电流状态,恒电流也无法工作,仪器自检正常 | 一般是现场阳极电缆开路,不排除阴极线被人为破坏 | 重新接线 |
| 7 | 故障现象同上,但仪器自检也不正常 | 机内输出保险管熔断 | 更换保险管 |
| 8 | 仪器无法输出额定电流,到某一电流值仪器报警,控制电位比保护电位高,20s 后转到恒流工作 | (1) 限流值太小<br>(2) $IC_6$、$IC_7$ 坏 | (1) 调节比较板有关参数将限流值放宽<br>(2) 更换 $IC_6$、$IC_7$ |
| 9 | 输出电流、输出电压最大,电位显示"1"(满载)报警 20s 后,转入恒流 | 比较器 $IC_1$ 坏或阻抗变换器 $IC_9$ 坏 | 更换比较板上的 $IC_1$ 或 $IC_9$ |

## 二、CBZ-3/B 阴极保护控制台

CBZ-3/B 阴极保护控制台用于外加电流阴极保护系统中，对控制室内恒电位仪的工作机和备用机进行转换，并对有关参数进行测量显示，控制台内带有防雷器，可抗雷击余波，使阴极保护系统更加可靠运行。设有数据远传接口，可将阴极保护参数隔离转换成 4~20mA 标准工业信号输出，提供给计算机使用；同时还设有远控通断接口，计算机可同步对多台仪器进行通断电测试。

**1. 使用条件**

（1）使用环境条件：温度为 -15~45℃；相对温度为 20%~90%；气压为 60~106kPa。

（2）电源：单相 AC220V±10%，50Hz±5%。

**2. 主要功能和性能**

可任意选择控制室内的二台恒电位仪，一台作为工作机，一台为备用机。工作一段时间后（如一个月）更换运行，以延长仪器的使用寿命。为了保证仪器正常运行本机设有互锁装置。

（1）安装有电流表、电压表和电位表，可检测正在运行中的恒电位仪的主要参数。

（2）装有交流电压表，可对交流电压进行监测。

（3）装有交流电度表，可对使用功耗进行计算。

（4）可选择手动或远控使仪器处于阴极保护电流"通"12s"断"3s 间歇工作状态。

（5）具有远控接口：在"远控通断"接口施加高电平(+24V)或低电平(0V)，可控制仪器进入"测试"或正常"工作"状态。

（6）远传数据接口：

① 电位接口 将 0~-3000mV 管地电位隔离变换为标准工业信号 4~20mA 输出，隔离耐压不低于 500VDC，输出负载电阻不大于 600Ω，变换误差≤2%。

② 电流接口 输出零至仪器额定输出电流，隔离变换为标准工业信号 4~20mA 输出，隔离耐压不低于 500VDC，输出负载电阻不大于 600Ω，变换误差≤2%。

③ 电压接口 输出零至仪器额定输出电压，隔离变换为标准工业信号 4~20mA 输出，隔离耐压不低于 500VDC，输出负载电阻不大于 600Ω，变换误差≤2%。

（7）防雷击保护。当阳极线、管道受雷击影响时，阳、阴极线之间的瞬时过电压衰减限制到 150V 以下，在仪器输出阳极、阴极端上能承受幅度为 $(1.5~2.0)\times10^4$V、脉冲宽度为 25μs、重复周期为(1~5)s、时间为 1min 的模拟感应雷的冲击。

**3. 基本工作原理**

1）原理方框图（见图 8-8-3）

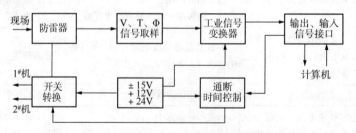

图 8-8-3 CBZ-3/B 阴极保护控制台原理方框图

2）基本工作原理

来自现场的阳极线、保护体的阴极线和零位、参比电极线，通过控制台的防雷和抗干

扰系统后，再进行信号取样，变换器将信号变换为标准工业信号输出。通过开关转换工作机或备用机投入运行。12s"通"3s"断"测试状态是由时钟电路产生的。

**4. 控制台的印刷电路**

由稳压电源板、变换器接口板、时间控制板组成。

**5. 安装及使用**

（1）CBZ-3/B 阴极保护控制台的面板及后板如图 8-8-4 所示。安装前应检查两台恒电位仪及控制台的内部紧固件及连接线有否松动，如有松动应将其固定好。所有开关均放在"关"或"停"的位置。两台恒电位仪分别摆在控制台的左边和右边，以便接线。

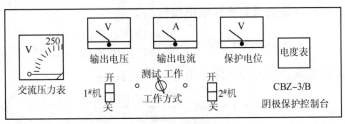

(a) 面板示意图

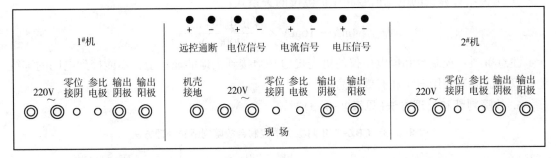

(b) 后板示意图

图 8-8-4　CBZ-3/B 阴极保护控制台的面板及后板示意图

（2）根据安装接线图，将控制台和恒电位仪的线接好。从控制台到仪器的接线电缆，粗的线为输出阳极、阴极线，另二条较细点的线为 AC220V 交流电源线，一条 6mm² 的黑线为机壳接地线，二条细线为参比和零位接阴线。注意接完后反复检查，控制台到仪器的线要一一对应。

（3）到"现场"的线指来自被保护体的阴极线和零位接阴线，来自阳极的阳极线，来自参比电极的参比线，来自电源的电源线，这些线用户自备。

（4）连接控制室计算机和控制台的连线。将远控通断和 RTU 的电流信号、电压信号、电位信号线按本控制台后接线板铭牌和安装接线图所示将线接好，计算机接口的连线必须使用屏蔽线。

（5）接通控制台 1# 机或 2# 机的电源开关，此时控制台电压表、电流表为零输出，电位表指示为管地自然电位。然后使恒电位仪投入运行（按恒电位仪使用说明书操作）。

（6）埋地管道电位测试。控制台设有"测试"和"远控通断"两种方式，可对埋地管道保护电位进行测量。

① "测试"方式测量　将控制台面板上的"工作方式"置"测试"，仪器此时自动进入输出电流"通"12 s"断"3s 的间歇状态工作。在输出"断"3s 时用饱和硫酸铜参比电极测埋地管道的保护电位。测试结束后，应将"工作方式"置回"工作"。

② "远控通断"方式测量　　控制台面板上的"工作方式"应置在"工作"挡，仪器处在正常工作状态。计算机同时向多台控制台的"远控通断"端输入高电平(电压应为 DC24V 正信号)时，仪器将自动同步后转为输出电流"通"12 s"断"3 s 的间歇状态工作。若计算机向控制台的"远控通断"端输入低电平(电压为零信号)后，仪器转入正常保护状态。在"远控通断"方式测量时，须 2h 恢复仪器正常工作一次，再转入"测试状态"，以保证多台仪器的输出电流能同步"通"与"断"。

(7) 控制台将恒电位仪的输出电压、输出电流、保护电位通过相应的数据接口传送给计算机，远传数据的信号为 4~20mA 标准工业信号。

① 远传给计算机的电流信号和实际输出电流的关系式：

$$I_0 = \left[ 4\text{mA} + 16\text{mA} \times \frac{\text{实际输出电流值(A)}}{\text{额定输出电流值(A)}} \right]$$

② 远传给计算机的电流信号和实际输出电压的关系式：

$$I_0 = \left[ 4\text{mA} + 16\text{mA} \times \frac{\text{实际输出电流值(A)}}{\text{额定输出电流值(A)}} \right]$$

③ 远传给计算机的电流信号和保护电位的关系式：

$$I_0 = \left[ 4\text{mA} + 16\text{mA} \times \frac{\text{保护电位(mV)}}{3000\text{mV}} \right]$$

注意事项：控制台和恒电位仪的机壳接地必须接到大地的地桩上，不能接到电网的零线上，以保证仪器使用安全和有效的防雷。

**6. 故障判断和处理方法(见表 8-8-3)**

表 8-8-3　CBZ-3/B 阴极保护控制台故障判断和处理方法

| 序号 | 故障现象 | 原　因 | 处理方法 |
|---|---|---|---|
| 1 | 控制台接通电源，面板交流电压表无指示 | 电源开路 | 查输入电源线，接点重新接好 |
| 2 | 控制台接通电源，交流电压表指示正常，电位表指标为零 | 参比电极开路或参比失效 | 更换参比，重埋参比或接好零件接阴线 |
| 3 | 开 1# 机或 2# 机，无输出电压、电流 | (1)恒电位仪的控制电位低于自然电位<br>(2)恒电位仪机未工作 | (1) 调高恒电位仪的控制电位<br>(2) 打开恒电位开关或检查后板对连线 |
| 4 | 开 1# 机或 2# 机都有输出电压，无输出电流，两台恒电位自检都正常 | (1) 阳极线或阴极线开路<br>(2)控制台时间控制板或 $V_8$ 场管损坏 | (1) 接好阳极线或阴极线<br>(2) 换 $V_8$ 或检修时间控制板 |
| 5 | 开控制台 1# 机正常工作。2# 机不工作或不正常<br><br>(1) 2# 机指示灯不亮<br><br>(2) 2# 机输出电压有电流无<br><br>(3) 2# 机输出电压、电流无，保护电位高于控制电位 | 控制台的 $K_3$ 继电器损坏或 24V 稳压电源损坏<br><br>(1) 2# 机恒电位仪输出熔断器开路<br>(2) 阴、阳极线松动<br><br>(1) $K_2$ 继电器损坏<br>(2) 参比开路 | 换 $K_3$ 继电器或检修 $N_5$ 等元件<br><br>(1) 检查输出熔断器芯<br>(2) 检查阴、阳极对连线接点<br><br>(1) 换 $K_2$ 继电器<br>(2) 检查控制台和恒电位仪参比对连线接点 |

续表

| 序号 | 故障现象 | 原　　因 | 处理方法 |
|---|---|---|---|
| 6 | 恒电位仪的电位表指示正常，控制台电位表不指示或不准确 | (1) 电位表头损坏<br>(2) 正负 15V 稳压电源损坏 | (1) 修电位表或换电位表<br>(2) 换 $N_6$ 或 $N_3$、$N_4$ 集成块<br>(3) 调校 $RP_3$ |
| 7 | 仪器"工作"工常，开关打"测试"不能"通"、"断"输出，或"通"、"断"时间不对 | (1) 时间控制板损坏<br>(2) $V_8$ 场管损坏 | 换 $G_1$ 或 $D_1$、$D_2$、$D_3$ 或 $V_8$ |
| 8 | 控制台"测试"正常，"远控通断"不正常 | (1) 没有远控信号<br>(2) 时间板 $D_5$ 等损坏 | (1) 检查"远控通断"接线<br>(2) 换 $D_5$ 或 $V_7$ |

### 三、PS-1LC 恒电位仪和 CBZ-3/B 阴极保护控制台阴极保护系统接线图（见图 8-8-5）

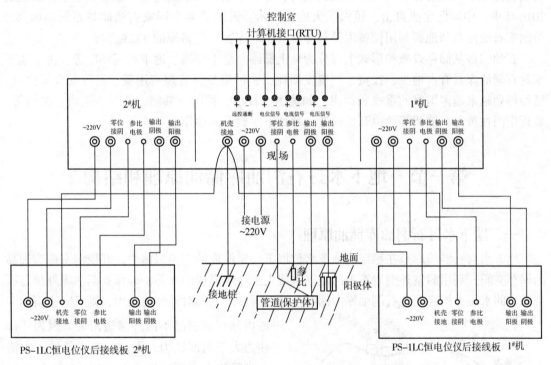

图 8-8-5　PS-1LC 恒电位仪和 CBZ-3/B 阴极保护控制台阴极保护系统连线圈

# 第九章　地下水封石洞油库投产运行技术

随着中国经济持续飞速发展，我国已经成为仅次于美国的世界第二大石油消费国，石油战略储备也已成为国家能源安全体系最重要的一个环节。中石油经济技术研究院发布的《国内外油气行业发展报告》显示，2016年中国原油对外依存度超过65%，而且这个比例会日益提高。如果不储存足够的石油，一旦石油通道发生问题或者石油供应发生问题，比如在中国沿海国家或海峡发生战争，大量的石油供应会被切断，会严重影响到我国经济安全。

20世纪80年代国际能源署要求成员国至少要储备90天的石油，主要是原油。中国将石油视为战略储备资源和可持续发展的动力，一直很重视石油的储备。据资料显示，截止到2016年中，中国已建成舟山、镇海、大连、兰州、天津等多个国家石油储备石洞油库共9个国家石油储备基地，利用储备库及部分社会企业库容，储备原油3325万吨。

石油储备从储存设施和形式上可分为地上储罐、地下储罐、地下石洞油库等。由于地下水封石洞油库具有占地少、投资少、蒸发损耗少、污染少、管理费用低、运行安全等优点，已经得到越来越多国家的重视和运用，如美国、日本、德国、韩国、芬兰、瑞典、法国等。最近中国在黄岛、锦州等地也开始建造大型地下水封石洞油库。

# 第一节　地下水封石洞油库储油原理和结构

## 一、地下水封石洞油库储油原理

地下水封石洞油库是在稳定的地下水位以下一定深度的完整岩体中，开挖洞室作为油品的储存空间，利用洞室外围岩石中的地下水或人工注水形成的水幕，确保石洞油库外部岩石裂隙中的水压力始终大于石洞油库内储存油品对洞壁产生的对外渗透压力，则可防止石洞油库内储存的油品不向外渗透出去。因为外部压力大于内部压力，因此就有少量地下水沿着裂隙流入石洞油库，由于油品比水轻而又不相溶，流入石洞油库中的水沿着岩壁汇集到石洞油库底部，形成水垫层，油品始终浮在水面上。为了确保油品安全地密封储存在石洞油库的空间内，通常为了改善地下水力分布以提高储油石洞油库气密性而设置水幕系统，水幕系统由一系列钻孔组成的水平水幕、垂直水幕和水幕巷道组成。

地下水封石洞油库储油原理如图9-1-1所示。

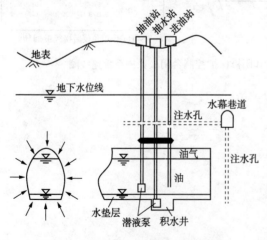

图9-1-1　地下水封石洞油库原理图

地下石洞油库的水封形式有三种：自然水封、人工水封及两种结合的形式。水封石洞油库应具有长期稳定的设计地下水位，岩体裂隙中应该充水，且渗水量不应过大。只有把石洞油库置于具有长期稳定的设计地下水位以下，并保证石洞油库外部水压微微大于油品对石洞油库内壁的压力才能使洞室内的油品不向外渗漏，而且向石洞油库内渗透的水要少。因此，地下水封石洞油库一般建在江、河、湖、海之滨，以便于确定设计地下水位。

岩石一般都有少量裂隙，外部的地下水压比内部油压高才能实现密封，这就是"水封"的由来。岩体裂隙性质及其含水规律是影响"水封"的一个因素。

地下水封石洞油库要求有稳定的地下水位，以形成可靠的静水压力，要保证石洞油库外部的水头压力大于石洞油库中的储油压力，如果洞室上方岩体中地下水的水头不足，油气可能通过岩体中的裂隙进入环境中造成污染危害人体健康，甚至会造成安全事故。石洞油库外岩体裂隙水会向石洞油库内渗透，但渗水量要小。地下岩体渗透系数应小于 $10^{-5}\mathrm{m}^3/\mathrm{d}$，封堵后的石洞油库涌水量每 $100 \times 10^4\mathrm{m}^3$ 库容不宜大于 $100\mathrm{m}^3/\mathrm{d}$。渗水量小，不仅利于岩体稳定和施工，且可大大降低运营期间的排水费用和水处理费用。因而对渗水较大的裂隙，在储油石洞油库建设过程中要采用注浆等方法进行处理。

地下水封石洞油库储存油品通常采用两种方式，一种是固定水位法储油，另一种是变动水位法储油。目前使用较广泛的是固定水位法。

**1. 固定水位法**

采用固定水位法储油时洞罐底部始终保持一定高度的水垫层，水垫层液面不随油品的变动而变动，水垫层高度由油罐底部泵坑周围的围堰来控制，如图 9-1-2 所示。当裂隙水增多超过围堰高度时，水就溢流进入泵坑，由装在泵坑内的油水界面仪控制裂隙水泵的开、停，将多余的裂隙水输送到地面进行处理，保证水垫层的高度不变。

固定水位储油时，操作简单，只需要排除少量的裂隙水。当油品输入或输出时，不需要进水或排水，节省动力，污水处理量也大大减少。在进油时要打开排气阀防止石洞油库内压力超高，排油时一边向外排油一边向石洞油库内输进氮气，尽量保持油面上方压力在正常值可以减少油气挥发。进油（或出油）时，由于油库大呼吸，会损失部分轻组分油品。储存轻质油如 LPG 时，裂隙水外输时，由于石洞油库为压力储存，不存在大呼吸，只是压力有稍许波动，由于在一定温度下 LPG 的饱和蒸气压确定，压力平衡由 LPG 气化或者凝结来进行调节。

**2. 变动水位法**

采用变动水位法储油时，洞罐内水面的高度随油品的储量多少而变化。进油前洞罐内先充满水，进油时，边进油边抽水，水面高度下降；抽油时，边抽油边进水，水面高度上升；无油时洞罐充满水，如图 9-1-3 所示。

变动水位储油时，洞罐内进油或出油的同时进行输水，洞罐内气体空间少，无大呼吸损失。但操作时需输入或输出大量的水，消耗功力多，污水处理设施规模大，并要设置一个相当大的储水设施。

地下水封石洞油库主要用于储存低凝低黏石油，一般采用固定水位法储油。储存原油时，水垫层高度一般为 0.3~0.5m，根据储存不同油品的要求具体确定。水垫层作为原油泥渣的沉淀空间，也可作为传热热媒。储存重质油要考虑油品降黏问题，对油品要进行加热以补充油品向岩壁的散热及排出裂隙水带出的热量。水的比热比油大，可以加热水，用水垫层中的水作热媒比较经济。

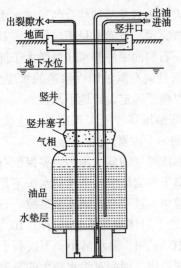

图 9-1-2　固定水位法储油

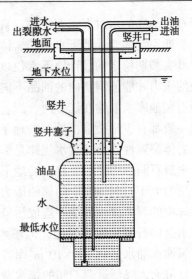

图 9-1-3　变动水位法储油

利用地下水封石洞油库储存的成品油,主要包括汽油、煤油、柴油,由于成品油不含泥渣,因此也可不设水垫层沉淀空间。

## 二、地下水封石洞油库的结构

水封石洞油库储存每种油品的洞罐不宜少于 2 座。储存原油的水封石洞油库设计库容不宜小于 $100×10^4 m^3$,每座原油洞罐的容积不宜小于 $40×10^4 m^3$。储存成品油的水封石洞油库设计库容不宜小于 $50×10^4 m^3$,每座成品油洞罐的容积不宜小于 $20×10^4 m^3$。

洞室断面形状应根据岩体质量、地应力大小及施工方法确定。岩体自稳能力强时宜采用直墙圆拱式断面,岩体自稳能力差或地应力值较高时宜选用马蹄形或椭圆形断面。洞室的断面宽度宜为 15~25m,高度不宜大于 30m,相邻洞室的净间距宜为洞室宽度的 1~2 倍。洞室拱顶距微风化层顶面垂直距离不应小于 20m。

洞室拱顶距设计稳定地下水位垂直距离应按下式计算且不宜小于 20m:

$$H_w = 100P + 15$$

$$(9-1-1)$$

式中　$H_w$——设计稳定地下水位至洞室拱顶的垂直距离,m;

　　　$P$——洞室内的气相设计压力,MPa。

石洞油库设计深度应满足:

$$P_h \geqslant P_{设计温度下饱和蒸汽压} + P_{形状因数压力} + P_{安全余量}$$

其中($P_{形状因数压力} + P_{安全余量}$)一般取 25m 水头压力。

原油常温下的蒸汽压比较低,成品油随着组分的减轻蒸汽压一般增加。通常储存压力为 0.1~0.2MPa。地下水封石洞油库储存原油和成品油,一般在接近常压下储存,其洞室的埋深在稳定地下水位以下 35~40m。

丙烷储存压力一般为 0.8MPa,丁烷储存压力为 0.4MPa。利用地下水封石洞油库储存 LPG,一般储存丁烷、丙烷及混合物产品,LPG 因为易挥发而不易与水相混,应侧重考虑 LPG 泄漏和爆炸问题。其洞室的埋深应由储存温度下介质的饱和蒸汽压确定,其洞室的埋深在稳定地下水位以下 80~150m。

在洞体开挖之前,岩体裂隙是充满地下水的,由于罐体的开挖,裂隙水便流向罐内,破坏了罐体附近地下水的原始状态，在罐体顶部形成了一个地下水的降落漏斗（又称水漏斗）。石洞油库顶部的水层厚度就小于设计地下水位时的水层厚度。在确定石洞油库深度时除考虑上述因素外，一般还要考虑15m左右的富裕量，可保障石洞油库储存的油品介质不向外泄漏，确保石洞油库储存的安全。

地下水封石洞油库由储油洞室、施工巷道、竖井、泵坑、水幕系统组成，如图9-1-4所示。

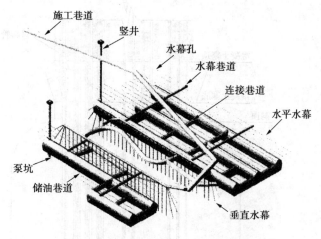

图9-1-4 地下水封石洞油库示意图

储油洞室是由储油巷道组成且经连接巷道连通的储油单元，相当于地面上的单个油罐。储油巷道是在地下岩体内开挖的水平隧道，为主要储油空间，也称为主巷道。连接巷道是将储油巷道连通的水平隧道，连通储油巷道的气相（上部连接巷道）、液相和水（下部连接巷道），在施工期间可通往储油巷道的不同水平面。

洞罐应设置竖井，两个及两个以上洞室组成的洞罐的竖井不应少于两个。竖井宜直接通向地面，竖井口应根据环境条件设置，可设置成露天、栅或房等形式。受地形限制时可设置在操作巷道内。

操作竖井是从地面垂直向下开挖的的圆形或方形通道，用于安装油品进出运输管道、排水管道、仪表、电缆等设施，是石洞油库与外界联系的唯一通道。地面管线及仪表信号线均通过操作竖井与洞罐相连。竖井开挖成圆形，这种形状受力较好。操作巷道底板标高宜设置在稳定地下水位上方；操作巷道纵向宜设坡度，坡度应向外，坡度不宜小于5%；操作巷道净宽不应小于5m，净高不应小于7m；操作巷道口应设置密封防护门；操作巷道内应采取防水和通风等措施；操作巷道内竖井的上方应设置固定的起吊设施。

竖井由密封塞封闭，井口至密封塞间充满水，使洞罐完全密封。竖井中管线设套管，以满足管道、泵、仪表、电缆等设备安装及检修的要求。竖井内的管道和套管应采取固定和消除液体冲击力的措施。

洞室底部对应竖井处应设置泵坑，在泵坑四周应设置不低于0.5m高的混凝土围堰。泵坑主要是收集裂隙水，并用泵将裂隙水排出石洞油库外。产品液下泵也放在泵坑内，以利于泵的冷却。泵坑应分成两个槽，应分别设置潜油泵和潜水泵，泵坑的尺寸应满足设备安装及操作的要求，坑深一般根据泵的结构尺寸决定，通常为15~30m。

地下水封石洞油库的主要工艺设备均安装在竖井中，如图9-1-5所示。为了便于检修，一般外部设有套管，检修时可利用套管注水进行置换和水封，将设备提出检修。

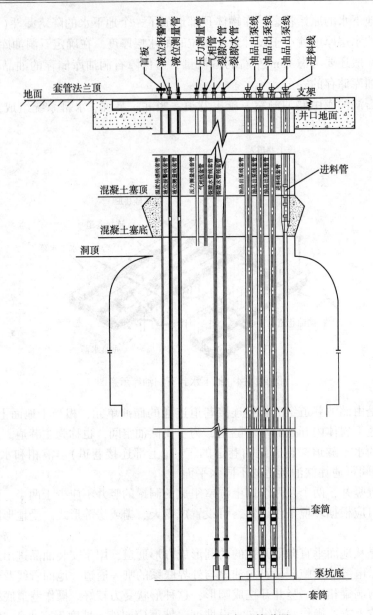

图 9-1-5　典型竖井工艺设备及管道图

洞罐上方宜设置水平水幕系统，必要时，在相邻洞罐之间或洞罐外侧应设置垂直水幕系统。

对于常压储存的地下水封石洞油库，设置水幕主要是出于环保安全的需要，特别是在地下水封石洞油库周围的水体条件不能满足长期饱和的情况下。当常压储存的地下水封石洞油库毗邻江、河、湖、海时，可以满足石洞油库围岩长期处于水饱和状态，裂隙水可以得到及时补充，就不需要设置水幕来改善岩体的水力分布条件。常压储存的地下水封石洞油库是否设置水幕需要根据库址水文地质条件来确定，水幕并不是常压储存的地下水封石洞油库的必要条件。

对于压力储存的地下水封石洞油库，油气储存压力要求设置水幕，当然也是环保安全的需要。轻质油或者液化烃，在地温条件下，只有储存在压力容器中才会保持液相状态，从而防止大量汽化和泄漏外溢。需要设置水幕来保证石洞油库外部的水压力稍微大于石洞油库内产品的储存压力才能保证石洞油库内产品不外泄。由于地下地质条件的复杂性，为了安全起见，一般设置水幕以确保岩体中的水力条件满足压力储存要求。简言之，设置水幕是压力储存的地下水封石洞油库的必要条件。

水幕巷道又叫注水巷道，是为了改善岩体中裂隙水的分布状况及防止洞室间油品相互转移而特设的巷道，施工完后，内部注满水。另外，专用施工巷道施工完后也要注满水，该巷道亦称注水巷道。在水幕巷道里打出成排的钻孔，使岩体裂隙中充满水，从而改善岩体的水封条件。

一般为了防止洞罐间不同产品的转移，储存不同产品的洞罐之间的距离必须足够大，使得它们之间不发生渗透干扰，否则就要设立水帘幕。在洞罐间打垂直孔，洞罐间形成一带状水帘，故称其为水帘幕，可用来防止油品的转移。由于罐体的开挖，地下水向罐内渗漏，破坏了罐体附近地下水的原始状态，在罐体上部还会形成一个水位降落，即通常所讲的水漏斗。因此为了保证油气的不渗漏，必须使岩体裂隙充水，以恢复和改善岩体的水封条件。如果两个相邻洞罐距离较近，且不注水，就会使洞罐间岩石壁丧失水封条件。由于设置了水幕，就使洞穴周围的地下水位和水压分布得以控制，可以通过减少水压分布的局部不均匀性而加强洞穴周围的水流流型。

注水钻孔有些可以从施工巷道直接钻，这样可以在水幕巷道投用前，防止岩体减少饱和度。注水钻孔有竖向孔和斜向孔，在设计中可单独使用亦可根据工程地质条件综合采用。

如图9-1-6所示，水平水幕系统中，水幕巷道尽端超出洞室外壁不应小于20m，水幕孔超出洞室外壁不应小于10m。垂直水幕系统中，水幕孔的孔深应超出洞室底面10m。水幕巷道底面至洞室顶面的垂直距离不宜小于20m。水幕巷道断面形状宜采用直墙拱形，断面大小应满足施工要求，跨度及高度不宜小于4m，水幕孔的间距宜为10~20m，水幕孔直径宜为76~100mm。注水钻孔一般应超出洞罐外壁足够的距离，一般在10m以上。

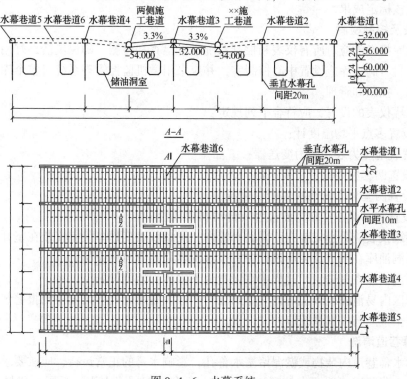

图9-1-6　水幕系统

# 第二节　地下水封石洞油库投产技术

## 一、石洞油库投产前准备

### 1. 永久地震和水文地质设备试运行

试运行在地震水文设备安装连接完成后进行。地震设备通过敲击试验和落石试验验证设备灵敏度及完好性。

(1) 敲击试验　带上榔头和图纸下到石洞油库,到达每个地震传感器安装地点进行敲击,每个点敲击 3 次,每次时间间隔为 20s 左右(2min 内敲击 3 次)。记录好敲击时间和传感器编号。到服务器上查看波形,若服务器能准确接收信号,则说明设备运行良好。

(2) 落石试验　用铲车将一块整石头(1t 左右)拉到选定位置,将石头举高到 5m 左右位置让其自由落体砸向地面制造人工震源。位置选定应在石洞油库的周边和中间位置。记录下落石的位置坐标和时间。在服务器上观察事件的波形图,并将记录的数据拷贝到硬盘进行进一步分析,反演出正确的岩体波速。服务器应能准确接收信号,并能反演正确岩体波速。

### 2. 洞罐清理

在浇注密封塞前,应将洞罐和水幕巷道清洗干净。洞罐底板上宜铺设不小于 80mm 的素混凝土层。

### 3. 罐容标定

洞罐清理完成后,应对洞罐的容积进行标定。标定成果应包括洞罐总容积、沿竖向每厘米对应的容积及罐容高度曲线。测量误差不应大于 0.5%。首次进油或进水时应利用液位计和流量计校核标定成果。

### 4. 仪表及控制检测

石洞油库投产前应对所有仪表和控制系统进行检查和检测,确保灵活、好用、准确。

(1) 水封石洞油库应设置中心控制室,并应采用微机监控管理系统对整个库区的生产进行集中操作、控制和管理。

(2) 洞罐仪表的设置,应符合下列规定:

① 应设置多点平均温度计;

② 设置就地压力表和压力变送器;

③ 应设置两套独立的液位变送器;

④ 应设置两套独立的油水界面变送器;

⑤ 应设置高、低液位和界面报警及自动联锁装置。

(3) 洞罐仪表应分别安装在不同的套管内,洞罐仪表变送单元宜安装在竖井操作区内。

(4) 石洞油库在掘进及生产过程中宜设置围岩稳定性监测设施。

(5) 石洞油库在掘进生产过程中宜设置地下水压力监测设施。

(6) 库区内易泄漏或聚积可燃气体的场所,应设置可燃气体浓度检测报警装置。

(7) 安全检测与控制系统应独立设置。

### 5. 水幕巷道清洗

为防止水幕巷道内杂物或淤泥堵塞水幕孔,影响水幕的正常运行,应按要求对水幕巷道进行清洗。水幕巷道清洗要求较高,需要除去所有的钢屑、木头、纸屑、塑料片等一切杂质，以及砂、泥等细小物质。清洗后应检查清洗效果，通过检查最后阶段的水流质量来判断清洁度。喷出的水必须不含任何砂子、泥浆、松散的砂砾或其他固体物质。

**6. 水幕注水**

水幕注水到规定高程，并保证水源质量符合要求。

## 二、水幕系统测试与试运行

水幕系统测试包括单水幕孔测试、水幕效率测试和全水幕水文试验。

**1. 水幕注水**

所有的水幕孔应配备单独注水设备。注水设备包括栓塞、流量计、压力表和调节阀及排水阀。

注入水应是清洁的、与地下天然水相容，如果含有细菌，应对细菌进行处理后方可使用。供水的固体含量应低于或等于天然地下水的固体含量，但无论如何不得超过 10mg/L。注水压力应是施工前水幕所处位置的天然静水压。

**2. 单水幕孔测试**

单水幕孔测试采用注入-回落试验。

测试步骤：测量 15min 的静压→注入 15min 水→回落观察 90min 或观察到压力回归稳定（静压）。

完成单水幕孔测试后，可计算出每个单孔的渗透率，进而从整体上可看出整个储库区域的水渗透率分布情况。

根据测试得出每个孔的渗透率，对于某些异常的水文现象或渗透率太高的水幕孔，为了进一步了解更具体的水文情况，可安排分段水文测试。

分段方法是采用双封塞（一般 5~10m 设置 1 个）对有疑惑的地段或整孔分段进行注入/回落试验以测量特定段的水渗透率。

**3. 水幕效率测试**

水幕效率试验的主要目的是确保水幕在运行期间任何位置的单一的水幕孔受堵或受到其他损害时不改变水幕的功能。同时，水幕效率测试也能了解到特别不利的水文地质特征。根据测试结果决定是否需要钻附加水幕孔来改善水幕系统。

测试前，检查所有水幕孔及地下压力孔安装设备是否正常，检查水幕孔压力表、流量表等设备精度是否满足要求。

水幕效率测试一般由三个连续阶段组成，每阶段对应不同的水文状况。

（1）第一阶段：水幕水的静压分布观测　关闭所有水幕孔的阀门，记录各水幕孔的压力值。记录的频率一般为 1 天或半天，具体根据现场水压波动情况确定，必须记录所有水幕孔和地下压力孔的压力即地表水位观测井的水位。第一阶段可持续几天或一个星期，直到压力处于稳定。

（2）第二阶段：第一个动水压状态　间隔打开水幕孔阀门（设定为奇数或偶数），其他孔（偶数或奇数）仍然保持关闭。记录所有水幕孔（关闭的和打开的）和地下压力孔的压力。对于供水的水幕孔，要记录流量，记录的频率与第一阶段相同。第二阶段可持续几天或一个星期，直到压力稳定和静止体系形成。

（3）第三阶段：第二个动水压状态　打开第二阶段关闭的阀门，关闭所有的第二阶段中打开的阀门。记录所有水幕孔（关闭的和打开的）和地下压力孔的压力。对于供水的水幕孔，要记录流量，记录的频率与前面相同。第三阶段可持续几天或一个星期，直到压力稳定和静止体系形成。

如果以上任一阶段期间某没有补水的水幕孔的压力降到零，要继续注水，保持压力刚好在零位以上，测量并记录其流量。

完成上述现场测试后，对完成的数据按下列步骤进行解释：

第一阶段中，假如关闭钻孔后压力表回零（为避免水幕孔干透，当压力表回落至0.02MPa，应恢复供水，同时该钻孔压力视同为零），对于压力回零的钻孔可视为低效率孔，在与其相邻压力没回零的钻孔之间应增设附加水幕孔。

第二和第三阶段，设定的临界压力为供水孔压力的45%，当关闭的钻孔压力低于此临界压力，则视为该孔为低水效率孔，其周边应增设附加水幕孔。若不低于临界压力线，则为正常。

对附加钻孔区域应进行局部效率测试，由于其开或关的钻孔距离由20m缩短为10m，相应的临界压力也将提高为65%。

## 三、石洞油库气密验收试验

### 1. 气密验收试验的目的及意义

地下水封石油洞库的设计为常温压力石洞油库时，投入使用前，应根据相关程序，使用压缩空气进行洞室的气密性试验。

往洞室注入压缩空气，待洞室内压缩空气的温度稳定后，观察记录一定时间内的压力变化。只要压力的变化符合无泄漏洞室的计算压力（压力随时间的变化，只能是由石洞油库中空气温度变化、溶于裂隙水的空气损失量及集水坑水位的变化引起的），则可以认为洞室是气密的。气密试验不仅能检验石洞油库的气密性，同时，通过用压缩空气对洞室打压，并在之后的各种置换过程进行保压，能保证石洞油库生产前压力的稳定。气密性试验不仅能成为石洞油库安全生产的有力依据，也是石洞油库从施工到运行的必要过渡。

### 2. 气密验收试验的主要步骤

通过压缩机注入压缩空气（如果是两个石洞油库的情况下，第二个石洞油库的气密性试验所用的压缩空气可以部分地或全部地使用第一个石洞油库试验后的压缩空气）。当石洞油库内压力达到石洞油库试验压力时，应保持石洞油库温度的稳定性。为了尽快地使温度达到稳定状态，可以采用水冷器对注入空气进行换热处理，将注入空气的温度尽可能地降低到石洞油库初始温度。待稳定一段时间后，才可以开始进行气密性试验。当石洞油库内任一温度传感器记的温度变化值小于0.1℃/d时，说明石洞油库是稳定的。该温度稳定期一般需要4天或4天以上。

石洞油库的试验压力确定应参考以下几方面因素：

（1）水文地质参数　洞顶水压势能（$P_h$）、形状因数（$P_{形状因数压力}$）、安全余量（$P_{安全余量}$）。

（2）操作条件　最大工作压力（$P_{设计温度下的饱和蒸汽压}$）、石洞油库放空管安全阀设定值（大于该压力安全阀将自动开启）。

### 3. 试验记录

该试验需要连续进行100h以上。试验时间要足够长，才能监测到石洞油库内任何大于

50Pa 的压降。当泵坑水位恒定后，以下参数需每小时记录一次：石洞油库压力、大气压、石洞油库温度、试验控制中心温度、试验棚温度、集水坑水位（即裂隙水泵停止工作的水位）、排出石洞油库的水量。

所有水位观测井水位和交通通道内水位每天记录一次，压力传感器值每天记录 2 次。这些数值的读取频率根据现场情况可以调整。

如果出现未预见的事件导致不能从石洞油库的温度传感器读取温度数值，则稳定阶段一般延长至 15 天以上，以确保石洞油库空气温度一致。试验过程中，温度值应取自安装在液位报警及开关套管上的温度测量仪表。

**4. 试验结果解释**

通过超过 100h 以上的观测可以测出一系列的压力、温度等。由于试验过程中的抽水，溶于水中的空气将随之流失，引起石洞油库压力损失，而试验过程也存在着井口大气压的变化、微小的温度变化、测量期间石洞油库气体容积的变化等因素，计算出的压力变化值在剔除这些变化值后计算出平均的压力变化值。假如其变化值在可能的经验误差 0.05kPa 范围内，则可确认该石洞油库符合气密条件。

## 四、地下水封石洞油库大落差投油安全性分析

一般大型地下水封石洞油库的水封距离地面高度在 30m 左右，水封面距离洞罐顶部在 25m 以上，洞罐高度取 25m 左右，也就是说地面管线距离石洞油库底部有 80m 以上的落差。当地面管线的石油（或投产置换用的水）进入石洞油库时垂直下落，如果忽略液体和管壁之间的摩损，液体在管道中属于自由落体运动。液体在自由下落过程中流速不断加快，因为能量守恒管道内压力不断下降，产生负压。当油流负压达到油品的汽化临界压力时，油品开始汽化。随着负压继续增大，管道内油品（或其他液体）开始汽化并形成不满流或不连续流动；油品流速不断加快，油流的压力不断降低，汽化现象进一步发展，在落差管内将形成真空段，液体在管道中发生翻滚、倒流，甚至产生水击，水击压力不稳定，比管道正常压力高出很多，引发管道产生强烈震动，给大落差管道的安全运行带来隐患。

石油大学的黄启玉、邓凯玲、左丽丽在《大落差地下水封油库安全性分析》论文中和石油大学的倪玲英、谢翠丽、李成华在《石洞油库大落差管水力计算》论文中都对地下水封石洞油库的大落差管道运行的安全性进行了研究，他们的意见是适当减小大落差管的管径及在落差管的下端增设一定长度水平管、增加局部能量消耗部件，如在适当位置增加节流孔板。

本书认为地下水封石洞油库的进油管虽然有将近百米的大落差，流体在大落差的进油管中属于自由落体运动（忽略了流体和管壁的摩擦，黄启玉教授的论文里对这段管道的摩损进行了计算，一共只有 2m 摩损），因为管道内液体流速的加快确实会在管道内产生负压汽化和不满流甚至断续流，从而会产生水击，水击压力可能大大高于管道正常输送压力。但是石洞油库进油管道内产生的水击不会产生太高的压力，因为石洞油库进油管道的下部直通洞罐，洞罐内没有压力和阻力，产生的水击波还没来得及形成高压就已经迅速地向石洞油库空间泄放，不会对管道造成损害。当进油管下部被石洞油库中油品淹没之后，随着石洞油库内油品液面上升，其对进油管泄油的阻力增加，但石洞油库高度一般不超过 30m，石洞油库内油品加上局部摩阻对进油管的阻力最大只有 $3\sim5\text{kgf}/\text{cm}^2$ 左右。管道内的压力只要超过出口压力就会经出口向石洞油库泄放，而进油管道按照强度设计壁厚一般只需 5mm 左右，但按照施工和土壤埋设的刚度考虑最终选择的管道壁厚最少在 13mm 以上，所以大落差的进油

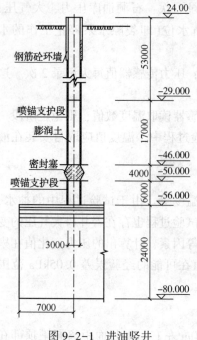

图 9-2-1　进油竖井

管道中即使由于汽化水击产生压力增加也不会对管道造成损害。但是为了防止进油管道进油时管道内部油品汽化产生的震动，可将进油管道自由地置放在进油竖井中，在管道和竖井间充填膨润土以防止管道震动。如图 9-2-1 所示。

## 五、试运投产顺序

石洞油库投产前应先进行消防系统的试运，并经消防部门验收合格后再组织投产运行。

石洞油库内潜油泵、潜水泵、地面泵机组、地上油罐、阀门、氮气制备和自动注入系统、废气处理系统、油水分离和污水处理系统、石洞油库水幕系统、废气焚烧炉、电力系统、计量等系统的单体设备应按照厂家操作说明书要求制定相应的操作规程或相关作业指导书，并在试运行中严格执行。

投产试运应先进行单体试运，再进行系统试运，最后进行石洞油库整体试运。系统试运包括：石洞油库原油工艺系统、电力系统、给排水与水幕系统、污水处理系统、消防系统、氮气系统、废气处理系统、阴极保护系统、仪表与自动化系统、通讯系统等。

系统试运中，应检查管网、阀门、管件等无渗漏、变形或位移。如有异常情况应及时处理。

在系统试运合格的基础上进行石洞油库整体水联合试运。

石洞油库整体水联合试运全部合格后，按生产工艺要求组织投产运行。

## 六、水置换空气、产品置换水的投产方法

地下水封石洞油库投产可以根据具体情况选取以下两种方法中的一种：①水置换空气、产品置换水的投产方法；②氮气置换空气、产（油）品置换氮气的投产方法。在石洞油库没有设计氮气制备系统时可以采取水置换空气、产品置换水的投产方法。

### 1. 水置换空气

在石洞油库打压并确定气密性良好后，通过进库管道向石洞油库内注水，使空气通过放空管排出，其中注水水位是根据轮廓扫描结果确定的石洞油库容积而定。由于石洞油库开挖的不规则性，注水停止后在石洞油库顶部仍有存留的空气，需要向石洞油库内的剩余空间注入氮气，使石洞油库惰性化以避免形成爆炸性混合物，注入氮气的过程中应同时排水，保证石洞油库内压力在设计允许的操作压力范围内；当石洞油库中的空气氧含量低于 8% 后，氮气注入完成。为了降低石洞油库内空气/氮气混合物含量，可以通过再次注水挤出石洞油库空气/氮气混合物直到石洞油库水位恢复到原始注水水位。当上述各项指标满足要求后，石洞油库就可以边抽水边接收产品了。

1）水质要求

在注水操作中，既可以向石洞油库注入自然环境（江河湖海）中的水，也可以注入来自特殊管网（如市政供水、消防用水）的淡水。海水和淡水的混合物也可以。

来自自然环境的水必须符合以下标准：悬浮物数量小于 20mg/L。如果水中的泥沙含量超过 20mg/L，则需要经过过滤系统处理。如果水中细菌超标，则需采用次氯酸钠进行处理，直至达到以上要求。

2）注水和体积标定操作流程

注水初期石洞油库内的压力为气密试验压力，该压力将逐步降低到最低操作压力（洞内设计最低温度时的产品饱和蒸汽压）。其中降压速度不能超过 100kPa/d。空气通过放空管排出石洞油库，其中空气流速由放空管上的一个阀门控制，使洞内压力降至最小操作压力。为避免放气降压产生的环境噪声污染，放气管应使用消音器减少噪声。

泄压过程检测石洞油库温度。为防止泄压过程石洞油库温度降低，泄压末期要减速，降压速度不得超过 50kPa/d。注水和泄压过程中都要注意控制石洞油库内压力在最低和最高操作压力之间。

水经计量表（精度 1% 以内）计量后通过进库管道注入石洞油库，水的流速一般控制在 1000m³/h。石洞油库的高水位取决于洞顶的几何数据，注水到高水位后，在洞顶会留有一小部分空气，此部分空气的体积称为自由空气容积。将已知容积的水在约 2h 之内以不大于 50m³/h 的流速注入石洞油库中。裂隙水泵处于关闭状态。

如果是两个或两个以上石洞油库同时试验：在 A 石洞油库注水时，排出的空气可以注入 B 石洞油库，作为气密性试验所用的压缩空气；在石洞油库 A 进行抽水和产品第一次入库时，从石洞油库 A 抽出的水可以注入石洞油库 B；以此类推。

注水及体积标定流程如图 9-2-2 所示。

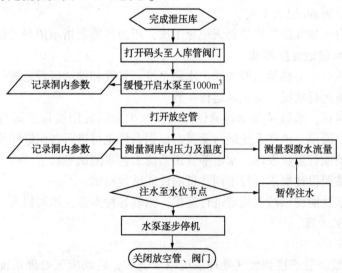

图 9-2-2　注水及体积标定流程

注水过程中，每 2h 测量一次进入石洞油库的水量、井口注水处温度、石洞油库内部温度、石洞油库内水位及石洞油库压力、大气压。所有的水位观测井水位，压力传感器和交通通道内水位计指示值都必须每天记录。注水初始阶段，如果水液位线低于库底板标高，则注水速度控制在 500m³/h 以内，直至注水液位到底板以上，之后保持 1000m³/h 速度注水。

注水过程，水液位线至底板上 5m、10m、15m、20m 处时，暂停注水。静置 10min 后测量水液位，间隔 30min 再测量一次水液位。完成之后恢复注水。

水液位线距离洞顶 2m 时，注水速度控制在 500m³/h 以内，直至水液位线至洞顶 1.5m 时，停止注水。

**2. 氮气置换罐顶残余空气**

注水后，洞内留有部分空气，在第一次产品入库前，石洞油库中存留的空气应通过注氮使其惰性化，注入的氮气温度为环境温度。

1）库内置换所需氮气计算

可通过状态方程进行计算得到。要使含氧量合格，石洞油库内抽出的水的体积按下式计算：

$$P_z V_0 \times 21\% = P_z (V_0 + V_1) \times 8\%$$

计算得到 $V_1 = 1.625 V_0$，即抽出水的体积和充入氮气($92\% P_z$ 下)的体积均为 1.625 倍的自由容积。

2）氮气置换空气方法

（1）将温度高于 5℃ 的氮气注入洞罐，注入氮气的同时需要将洞罐内的一部分水排出洞罐。保证洞罐内的压力在设计允许的压力范围之内。将洞罐内氧气含量降至 8% 以下。

（2）静止 24h 后，用氧检测仪在放空管处检测氧含量，如果测出的含氧量大于 8%，可再向洞罐内充注氮气同时向外适当排水，直到测出洞罐内的含氧量小于 8%。

（3）将洞罐密闭静置 24h 以上，重新测定罐顶气体空间含氧量，如果小于 8% 且基本无变化则合格，否则重复（2）操作。

（4）数据记录：压力表、温度表、流量计示值、液位、洞罐排水量、注入氮气量每 1h 记录 1 次；含氧量每 6h 记录 1 次。

水封系统所有水位观测井水位每天记录 1 次，压力传感器指示值每天记录 2 次。

**3. 石洞油库水联运性能测试**

洞罐注水完成后应对储油石洞油库、水幕系统、管线和储油区设备进行 72h 的水运行性能测试，检查设备运行状况，并记录运行参数。

性能测试应包括：水幕系统运行测试；阴极保护和牺牲阳极保护运行测试；电气、仪表、自动化控制、通讯、消防系统运行测试。根据条件也可进行各洞罐间倒库运行测试、石洞油库发油、收油或管道收发球、水击等管道系统工艺水测试等。

测试期间应按照设计要求进行不同排量的性能试运测试。

石洞油库输水性能测试按照规定进行巡检，测取各种参数，填写报表。

**4. 第一次油品入库**

（1）油品入库：

① 将洞罐的放空管连接到废气处理系统或焚烧炉，启动废气处理系统或焚烧炉。启动污水处理系统并根据情况决定是否将洞罐排水接入污水处理系统。

② 油品被慢慢注入洞罐，通过控制注入的油品速度和排水速度等相关参数，使其操作压力在设计允许范围之内。若多个洞罐进行置换，则将第一个洞罐抽出的水注入第二个洞罐，以此类推。

③ 每 2h 记录一次洞罐压力、油品注入量、洞罐温度、抽出水量、洞罐内油品液位和水位。水封系统的所有的水位观测井水位、压力传感器读数每天记录 1 次。

④ 控制和协调油品入库速度和水抽出速度，保持石洞油库压力在许可范围之内。

⑤ 从产品石洞油库排出的水需要通过带有气体检测器的连续性设备检测，确保水中微

量的产品不会超标，然后直接排出。若多个不同产品的石洞油库进行置换，则将第一个洞室抽出的水注入第二个洞室，以此类推，最后一个洞室的水需经设备检测是否有产品含量，确保水中微量的产品不会超标之后排入环境。

⑥ 在石洞油库水位达到正常操作高水位前，以及水中产品的含量大于 $25 \times 10^{-6}$ 前，用产品泵将水排出，当石洞油库产品和水的交界面达到操作高水位时。停止产品泵工作而改用渗漏水泵抽水，渗漏水泵抽出的水将被送入水处理设施处理。待水位达到正常水位时，地下石洞油库开始正常运行。

⑦ 当油位和水位线达到规定高度时，本阶段结束。计算并记录共需油品数量和共需时间。

（2）向洞罐注油结束后，应将长期不用的注油管线里的油品用水或其他介质顶出，将混水油沉淀后再注入洞罐。

（3）调整洞罐液面氮封压力和水垫层液面高度

**5. 污水检测与处理**

从洞罐或管道里排出的水需要通过带有检测器的连续性设备检测，如果水中微量油品含量超标，则需进行污水处理，检测合格后才能按规定地点排出。

## 七、氮气置换空气、产(油)品置换氮气的投产方法

在石洞油库设计有氮气制备系统时可以采取氮气置换空气、产(油)品置换氮气的投产方法：在洞罐气密性试验顺利完成后，洞罐中含有大量的空气，因此在第一次油品入库前，必须进行空气置换并注入惰性气体使洞罐惰性化，以避免产生爆炸性混合物。当洞罐内气体中氧含量小于 8% 时可以直接注入油品，适当排出氮气。

**1. 氮气置换**

（1）氮气置换过程

① 注入的氮气温度为环境温度。氮气注入点和空气排出点应分别安排在石洞油库的两端，氮气注入点尽量选择在高处，空气排出点尽量选择在低处。在向洞罐注入氮气的过程中向外排出洞罐内原有的空气，并用含氧气体检测仪在排出口对气体进行检测，当发现排出的空气中氧气含量下降时，关闭排气阀。

② 继续向洞罐内注入氮气，直到洞罐内氮气压力接近洞罐的最大储油压力后停止注入氮气。关闭洞罐一切阀门，使洞罐内气体处于密闭静止状态。

③ 当洞罐内气体密闭静置 24h 后，向外放气至微正压关闭放气阀，并用含氧气体检测仪在排出口对气体进行检测。如果含氧量大于 8%，则重复②的操作。

④ 如果要连续置换几个洞罐，可将前一个洞罐排出的含氮气体引进下一个洞罐。

⑤ 密闭静置数天(天数根据洞罐容积而定)，重新检测洞罐内氧气含量，每隔 2h 检测 1 次，连续检测 3 次，如果含氧量稳定在 8% 以下且变化值小于 2%，则氮气置换结束，否则重复②操作。

⑥ 氮气置换过程中应采取适当的技术措施，防止洞罐内死角处气体置换不合格。

（2）在氮气注入过程中，以下数据需每小时记录 1 次：洞罐压力、注氮压力、注入氮气量、洞罐内氧气含量、注氮温度、洞罐内温度。

所有水位观测井内水位每天记录 1 次，压力传感器指示值每天记录 2 次。

**2. 第一次油品入库(洞罐进油)**

（1）一般要求和进油前准备：

① 设置和检查泵的油温、转子温度、定子温度、电机电流、电机冷却液温度等参数。

②调试和检查石洞油库内所有泵、阀、计量、仪表、自控、电气设备。

③启动制氮设备，调整好氮气注入仪表和自控系统。

④进油起止，石洞油库和发油方的计量人员按规定进行计量交接。洞罐进油时应利用流量计核定洞罐容积标定结果。

⑤每一个独立的洞罐只允许储存同一种油品，不宜将不同质油品储存在同一个洞罐内。

⑥洞罐氮封压力应满足设计要求。

⑦进油前应将洞罐的废气处理流程导通，启动废气处理系统。根据情况决定是否将洞罐排水接入污水处理系统。

⑧洞罐进油后应及时调整洞罐液面氮封压力和水垫层液面高度，使其符合设计要求。

⑨从洞罐或管道里排出的水检测合格后才能按规定排放，否则应处理合格后排放。

⑩地下石洞油库采用固定水位法储油时，进油前应调整水垫层高度，正常运行期间水垫层高度应控制在设计规定值之内。

(2) 产品进洞罐步骤：

①在注入油品后洞罐内压力上升到最高允许压力之前适当打开放空管阀门，并将放空气体引进废气处理系统或焚烧炉处理。

②注油初始阶段应控制流速，防止发生水击。

③注入的油品液面达到一定高度后，逐渐增大注入油品的流量。但应通过控制放空阀的开度防止液面气体压力超出设计最大操作压力。

④在向洞罐注入油品的同时，应用流量计校核或修正洞罐容积标定结果。

(3) 在注油过程中，以下数据每2h测量1次：进入洞罐的油量、井口或注油口处的油温、洞罐的温度、洞罐内油位、洞罐气体空间压力、水界面、大气压。

(4) 向洞罐注油结束后，应将长期不用的注油管线里的油品用水或其他介质顶出，将混水油沉淀后再注入洞罐。

(5) 调整洞罐液面氮封压力和水垫层液面高度。

石洞油库投产进油后应进行石洞油库设备满负荷联合试运。

石洞油库投产进油后应按设计文件规定的所有工艺操作进行72h石洞油库油联合试运。进、排油管道测试期间应按照设计进行不同排量的性能试运测试。

# 第三节　地下水封石洞油库运行技术

## 一、一般要求

(1) 油气和污水处理系统应能满足最大处理量要求，处理后的废气、污水排放应符合环保要求。

(2) 地面管道、阀门、管件等应无渗漏、变形或位移。收、发油各方衔接的油气管接头应有清楚的识别标志。

(3) 水封石洞油库水幕系统的水位应符合设计要求。

(4) 每一个独立的洞罐只允许储存同一种油品，不应将不同品种油品储存在同一个洞罐内。

(5) 应定期进行罐内上、下部油品循环操作。

（6）应根据洞罐运行情况调整洞罐气相空间压力至合理数值。

（7）应定期盘点各洞罐的库存油量。

（8）应定期对长期停运设备进行启动运行，做好日常维护、保养，保持设备完好状态。

（9）保证油品液面氮气密封的压力在设计范围，氮气制备系统运行正常，氮气纯度应不小于97%，氮气自动充注仪表、设备完好。

（10）石洞油库和发（收）油方的计量人员应按规定进行计量交接。

（11）输油结束后，应视情况将地面工艺管道里的油品做防凝处理。

## 二、石洞油库运行监测

### 1. 水文地质监测

目的：为检验库区是否能够提供洞室水封条件的水文地质环境，应在运行期间进行水文地质监测。决定水封条件的主要因素包括：

（1）天然地下水位：受库区范围降水及潮汐等因素的影响。

（2）水幕系统：通过其保持满足水封条件所需水压。

（3）洞室压力：由于洞室压力是可变的，因此可以很大程度地影响洞室周围水流模式。

运行期间的检测是一个长期不断的工作，整个运行期间都要收集水文地质参数。

1）水幕系统监测

水幕系统监测内容如下：

（1）水幕系统压力：水压监测依靠压力表和振动压力传感器。

（2）注水量：记录通过水位监测孔测量的水幕系统压力，根据实际情况向水幕系统注水，以保持水幕的工作压力，并且记录注水量。

（3）出水量：可以通过潜水泵确认运行期间的出水量。

（4）外部环境自然水位和水质：运行期间还应关注外部环境参数包括降水量和大气压力对水幕系统的影响。施工期间定期提取水样，以观测地下水质的变化情况。将运行期间的水样和施工期间的原始数据进行对比，作为评估对竖井及地表设备腐蚀的重要考量参数。

（5）水幕系统水位：运行期间应观察水幕系统水位。当地下水位监测值高于设计要求时，不应向水幕巷道内供水；当地下水位监测值低于设计要求水位时，应启动供水系统，恢复地下水位标高至设计要求的水位。

（6）水幕系统水质。

注：水位应每24h记录1次，压力传感器指示值每12h记录1次。

水幕用水质量检测：当水幕系统水质不合格时应进行处理。注入水幕系统的水应是清洁的，如果水质超标应进行处理。

对注入水幕的水应定期进行下列测试：

（1）总好氧菌测试：根据ISO 6222实施。

（2）总厌氧菌测试：按国内试验标准进行。

（3）硫酸盐还原菌测量：根据ASTM D4412《水或水形成沉积物中的硫酸盐还原菌标准测量方法》实施。

（4）黏菌测量：根据ASTM D932《水或水形成沉积物中铁细菌标准测量方法》实施。

最大细菌含量为：

（1）总好氧细菌：1000个/mL；

（2）总厌氧细菌：1000个/mL；

(3) 硫酸盐还原菌：0 个/mL；

(4) 黏细菌：0 个/mL。

如果所选用的水质超过这些值，那么需要添加次氯酸钠进行杀菌处理。

2) 洞罐监测

洞罐监测内容如下：

(1) 油水界面；

(2) 油、水液位；

(3) 油、水温度；

(4) 气相空间压力；

(5) 洞罐出水量统计；

(6) 振动(落石)监测：对石洞油库区域振动(落石)监测数据应及时进行分析，应密切注意石洞油库区域振动(落石)监测。

## 三、工艺运行管理

### 1. 工艺运行参数选定

(1) 工艺运行参数应符合设计要求。

(2) 水封石洞油库储油不应超出设计容量的95%。

(3) 洞罐气相空间压力应控制在设计规定值允许范围内。

(4) 洞罐低液位进油时应控制流速，严防水击。

### 2. 流程切换

(1) 流程的切换应集中调度，实行"操作票"管理。

(2) 流程切换时，应保持整个系统相对稳定。

(3) 流程切换应遵守"先开后关"原则，确认新流程导通后，方可切断原流程。

(4) 开关阀门时，应缓开缓关。

(5) 具有高低压衔接部位的流程，应先导通低压端，后导通高压端；切断时应先切断高压端，后切断低压端。

## 四、收油、发油操作

### 1. 一般要求

(1) 水封石洞油库接到收、发油指令后，收、发油双方应确认各自的收油和发油准备工作全部完成，共同签署收油和发油作业单。

(2) 收、发油前，收、发油相关方应进行协调，协调内容包括：

① 收、发油前，收、发油各方应共同约定收、发油的初始排量、最大排量、最后排量和收、发油所需时间；

② 收、发油作业过程中管道的流速不应高于设计规定值；

③ 应在接到收油方明确收油工作已准备就绪的信号之后，发油方才能进行发油操作；

④ 不应在未通知对方的情况下改变收、发油排量；

⑤ 收油方在收油即将结束之前应提前通知发油方降低发油速率或停止发油，在发油方没有停止发油之前收油方不应关闭收油阀门；

⑥ 收、发油相关方应共同确认计量数据，办理相关手续。

(3) 雷电天气时不应进行收、发油作业。

（4）在卸、装载之前，油船、油港、石洞油库之间的临时通信应经过试验保证畅通。

（5）洞罐操作前应检查气相管道上的控制阀是否完好。应检查相关的阀门状态与位置、相关的检测仪表与自控设备设置是否正确，状态良好。

（6）洞罐操作中气相空间压力应在设计规定值范围内。操作结束后应恢复至储油流程。

**2. 石洞油库进油**

（1）应按照规定导通油气处理流程，启动油气处理系统。

（2）应按照如下顺序导通水封石洞油库进油流程：储油洞罐→地面管网→过滤计量→输油管道→外输来油管道。或者：储油洞罐→地面管网→过滤计量→输油管道→船码头输油臂→油轮卸油泵；或者：储油洞罐→地面管网→过滤计量→输油管道→火车卸油管。

（3）协调来油单位开始向石洞油库内注油。石洞油库方和供油方应按协调确定进油速率。

（4）在注油过程中，以下数据应每1h记录1次：注入洞罐的油量、注入的油温、洞罐内油位、气相空间压力、洞罐温度、油水界面。

**3. 水封石洞油库发油操作**

（1）导通水封石洞油库的注氮流程，应按照规定启动氮气制备与充注系统，调整并设置好氮气自动制备和自动充注设备。应保证氮气纯度符合设计要求。

（2）应按照下列顺序导通水封石洞油库发油流程：油轮→码头输油臂→输油管道→流量计→外输泵→地面管网→水封石洞油库储油洞罐；或者：用户管道或外输管道→输油管道→流量计→外输泵→地面管网→水封石洞油库储油洞罐。

（3）确认收油方准备就绪，启动潜油泵，调整流量与压力向外发油，同时向洞罐内充入氮气，洞罐内气相空间压力应符合设计规定值。

（4）洞罐发油时应根据发油量及洞罐气相空间压力，合理调整氮气系统压缩机的运行参数（含运行台数）。

（5）在洞罐向外发油过程中，以下数据应每1h记录1次：洞罐发油量、洞罐内油位、气相空间压力、洞罐温度、油水界面。

**4. 倒罐操作**

（1）检查出油洞罐内的潜油泵应具备启动条件。导通进油洞罐的油气处理流程，应按照油气处理系统要求和操作规程检查与启动油气处理系统。导通出油洞罐的氮气注气流程，应按照氮气制备系统操作规程检查与启动氮气制备与自动充注系统。

（2）应按下列顺序导通洞罐间倒罐流程：进油洞罐→地面管网→潜油泵→出油洞罐。

（3）启动出油洞罐内潜油泵，应调整好流量与压力向外发油，同时向洞罐内充入氮气。倒罐开始阶段应控制流速。应密切观察水封石洞油库水幕系统的水位和压力。

（4）在倒罐过程中，以下数据应每1h记录1次：出油罐油温、出油罐内油位、出油罐气相空间压力、出油罐油水界面、进油罐内油位、进油罐油温、进油罐气相空间压力、进油罐油水界面。

## 五、水封石洞油库管理

（1）线路及水封石洞油库周边50m内的建筑界限内不应有其他建筑，也不准许施工作业；水封石洞油库周边200m范围的水利保护界限内不得打孔取水。制氮和注氮系统应运行良好，自控可靠，气相空间的压力应符合要求。管线及洞罐内设施/设备的阴极保护系统和牺牲阳极系统参数设置正确并应定期检测。测试桩、标志桩应完好。

(2) 应定期检测油位和水位自动检测与控制系统的可靠性与准确性，并及时调整。

(3) 应加强对水幕系统内水质、水位、水压监测孔的巡查保护。

(4) 石洞油库的含油与不含油污水应实现分流制排放。

## 六、地面管线管理

(1) 各类管线、设备应达到不渗不漏，管沟内应无油污和积水。阻火器和储罐附件应性能良好，保温层、防护层应保持完好无破损，应定期检查、维护，并作好记录。

(2) 管线的维护、检修、改造应按 SY/T 6553 的相关规定。各种主要管线应在显要处用文字和箭头注明管线的名称和流体流向。各种不同类别的管线，应按相关规范涂刷相应颜色。

(3) 管线不应超压运行。

(4) 间断运行的油(污水)管线，应根据情况采取措施防止凝管。

(5) 应定人、定期对地面管线进行巡检。在人员密集地区应特别注意防止第三方可能对管道的影响和危害。在地质复杂地段应重点预防地质灾害对管道的影响。复杂气候条件下应加密巡检。应定期和不定期对管道进行维护。应确保管道无损坏、无泄漏，埋地管道无裸露，护坡无垮塌，管道及设施完好，安全标志齐全，报警电话字迹清晰。

(6) 应定期检测和调整管道沿线阴极保护参数，管道应达到完全保护。各种保护桩应齐全。

# 第十章　石油储运的安全与防火防爆

## 第一节　油库和泵站的防火与防爆

### 一、爆炸极限

可燃物、助燃物、点火源三者同时存在是燃烧发生的基本条件，然而并非上述条件同时发生时燃烧就能形成。并非任何浓度的石油气和空气的混合物都能发生爆炸，只有油气在空气中的浓度在一定范围内，油气才能发生爆炸。能发生爆炸的这一浓度范围叫爆炸极限，对应于能发生爆炸的最低油气浓度叫爆炸下限，对应于能发生爆炸的最高油气浓度叫爆炸上限。油气浓度低于爆炸下限，油气不足，不能爆炸；油气浓度高于爆炸上限，氧气不足，也不能爆炸。表 10-1-1 列出了几种烃类和燃料在空气中的爆炸极限。表中天然气和石油产品的爆炸极限范围随不同石油和天然气的成分不同而略有不同，可作一般性的参考。

表 10-1-1　常用烃类和燃料在空气中的爆炸极限

| 可燃物质 | 燃烧极限/%（体积分数） | | 可燃物质 | 燃烧极限/%（体积分数） | |
| --- | --- | --- | --- | --- | --- |
| | 下　限 | 上　限 | | 下　限 | 上　限 |
| 天然气 | 5.0 | 17.0 | 汽油 | 1.4 | 7.6 |
| 煤气 | 5.3 | 32.0 | 粗汽油 | 0.8 | 5.0 |
| 水煤气 | 7.0 | 72.0 | 煤油 | 0.7 | 5.0 |
| 轻质汽油 | 1.1 | — | | | |

可燃物质燃烧及维持燃烧必须供给足够的氧。空气中正常含氧量约为 21%。当空气中的含氧量低于 17% 时，可使木材火熄灭；减少到 14%~15% 时，可使汽油火熄灭；14%~18% 时就可使一般物质火熄灭。目前大量的灭火剂以及灭火方法不少都是利用隔绝空气或降低空气中氧气含量的办法实现窒熄灭火。

### 二、石油燃烧和爆炸的几种形式

石油的燃烧和爆炸具有以下几种形式。

**1. 闪燃**

石油具有极强的蒸发性，油品的表面都有一定数量的蒸气存在，在一定的温度下，油品液面上的蒸气和空气的混合气与火焰接触时，能闪出火花，但随即熄灭，这种瞬间燃烧的过程叫闪燃。有时空油罐和空油桶发生瞬间闪火现象，就属于闪燃。一般只要容器内还有残油，油气浓度就可以保证燃烧的需要，之所以闪火即灭，主要是氧气不足，此时如错误地打开容器开口，将会引起大火。如果容器已经经过清洗，闪火原因是容器内残余油气闪火，此时，应加强容器通风，驱除残余油气，防止再次闪火。

**2. 着火**

可燃物受外界火源直接作用而开始的持续燃烧现象叫做着火。可燃物可以是固体，也可以是液体和气体。可燃物质的燃点越低，越容易着火。石油具有较强挥发性，从安全角度主要考虑它的闪点和闪燃。燃点是可燃固体和闪点比较高的可燃液体能够着火的最低危险温度，控制这些物质的温度在燃点以下，是预防火灾发生的一个措施，所以燃点对于可燃固体和闪点比较高的可燃液体具有实际意义。在灭火时采用冷却法，其原理就是将燃烧物质的温度降到它的燃点以下，使燃烧过程终止。

### 3. 自燃

可燃物自燃分为两种情况，一是受热自燃，二是本身自燃。

（1）受热自燃　没有明火直接作用，外界加热将可燃物加热到一定程度而引起的燃烧现象。

（2）本身自燃　某些可燃物没有外界热源作用，由于自身内部所进行的生物、物理、化学过程而产生热量，使物质温度升高，最后自行燃烧的现象。

在常温的空气中能发生化学、物理、生物化学作用放出氧化热、分解热、吸附热、聚合热、发酵热等热量的物质均可能发生自热燃烧。

在石油天然气中存在少量硫元素，它能和管道中的铁元素化合生成硫化铁，硫化铁遇到氧气就会自燃。

天然气压缩机运行时，气缸内温度通常可达 150~160℃或以上，缸体内的润滑油蒸气在此高温下会热裂解成炭，随同天然气和压缩空气流出，沉积在缸体、压缩机各段冷却盘管、缓冲器和气体管道里，成为积炭。积炭在一定温度下，在含氧气流（空气）的作用下，会发生氧化反应，温度、压力越高，积炭层就会越厚，氧化反应速度就越快。当反应系统向环境散热小于氧化反应放出热量时，积炭温度会不断上升，引起自燃。温度上升也会导致管道内润滑油的蒸发和热裂解。在上述过程中，还会产生可燃气（如一氧化碳），当它们的浓度达到爆炸极限时，会发生燃烧和爆炸。为了防止积炭燃烧爆炸事故的发生，应严格控制润滑油的用量，必须使用高闪点的润滑油（高于压缩空气温度40℃以上）。严禁超温、超压运行。各段压缩比和冷却器温度应严格控制在工艺指标以内。大中修时应彻底清除设备及管道中的积炭。

可燃物质在外部热源作用下，温度逐渐升高，当达到自燃点时，即可着火燃烧，这种现象称为受热自燃。输油生产中的泵和电机一般要求其轴衬温度在 75℃以下，如有油品滴漏应立即清除干净，以免形成易燃气体。

### 4. 爆炸

物质由一种状态迅速转变成另一种状态，并在瞬间以声、光、热、机械功等形式放出大量能量的现象叫做爆炸。

爆炸与燃烧并无本质的区别，都是可燃物与氧的化合，是化学变化，只是爆炸的反应速度快。燃烧时产生的热量以不超过几 cm/s 的速度缓慢散布于大气中，爆炸则以数百 m/s 至数千 m/s 的速度进行的，形成冲击波，造成极大的破坏作用。若在爆炸火焰扩展的路程上有遮挡物（如室内、管线和容器内），则由于气体温度上升以及引起的压力急剧地增加，破坏性更大。石油产品在着火过程中，油蒸气浓度是随着燃烧状况而不断变化的，因此，燃烧和爆炸也往往是互相转变交替进行的。当空气中的石油蒸气达到爆炸极限时，一旦接触火源，则混合气就先爆炸后燃烧，即从爆炸转为燃烧；当空气中石油蒸气超过爆炸极限时，石油蒸气不继续补充，与火源接触就先燃烧，待石油蒸气下降到爆炸极限时，随即发生爆炸，即从燃烧转为爆炸。但是，如果石油蒸气能够不断地补充，此时燃烧就不能转变为爆炸。

## 三、石油火灾的特点

石油火灾具有以下几个方面的主要特点。

### 1. 爆炸危险性大

石油及其产品在一定的温度下，能蒸发大量的蒸气。当这些油蒸气与空气混合达到一定比例时，遇到明火即发生爆炸，这一类爆炸称之为化学性爆炸。储油（或气）容器在火焰或高温的作用下，油蒸气压力急剧增加，在超过容器所能承受的极限压力时，储油（气）容器发生的爆炸，称之为物理性爆炸。在石油火灾中，有时是先发生物理性爆炸，容器内可燃气体、可燃蒸气冲出引起化学性爆炸，然后在冲击波或高温、高压作用下，发生设备、容器物理损坏。常常是物理性与化学性爆炸交织进行。

### 2. 火焰温度高、辐射热强

石油火灾其火场环境温度较高，辐射热强烈。油罐发生火灾，火焰中心温度达 1050～1400℃，油罐壁的温度达 1000℃ 以上。油罐火灾的热辐射强度与发生火灾的时间成正比，与燃烧物的热值、火焰的温度有关。燃烧时间越长，辐射热强度值越大，火焰温度越高，辐射热强度越大。强热辐射易引起相邻油罐及其他可燃物燃烧，同时严重影响灭火战斗行动。因此，石油火灾的灭火战斗异常艰巨。

### 3. 易形成大面积火灾

石油火灾发展蔓延速度快，极易造成大面积火灾。石油井喷火灾，从井下喷出的原油在空中没有完全燃烧，落到井场设备及其周围建筑物上继续燃烧，便会造成大面积火灾。石油储罐火灾，伴随油罐的爆炸，油品的沸溢、喷撒、流散，便会发生油罐区大面积火灾。液化石油气储罐区发生火灾，随着大型液化石油气储罐破裂、泄漏，气体向外扩散，其扩散面越大，形成火灾的面积也就越大。

### 4. 具有复燃、复爆性

石油火灾在灭火后未切断可燃气体、易燃可燃液体的气源或液源的情况下，遇到火源或高温将产生复燃、复爆。灭火后的油罐、输油管道由于其壁温过高，如不继续进行冷却，会重新引起油品的燃烧。因此，扑救石油火灾，常因指挥失误、灭火措施不当而造成复燃、复爆。

### 5. 会产生沸溢、喷溅现象

重质油品发生火灾，会出现沸溢、喷溅现象。含水原油（或重油）油罐发生火灾，液面燃烧过程中上部油品中的轻质组分首先燃烧，轻质组分燃烧后，重质组分向下沉降，热波不断向液面下传递，油品温度会迅速上升至 250～360℃ 并形成一较薄的高温层，随着不断燃烧，该层向下移动逐渐增厚。当高温层遇到罐底水分时，水分汽化，体积比原来的水体积扩大千倍以上，水泡携带油品向上运动，最后冲破油层进入大气，将燃烧着的油滴和包裹着的油气冲向天空，造成喷溅，在油罐四周地面扩散，致使火势扩大。

### 6. 燃烧和爆炸交替进行

（1）爆炸后燃烧　油罐火灾因故先发生爆炸，然后猛烈燃烧。这种情况是因为罐内液面空间充满着大量油蒸气与空气的混合气体，当达到爆炸极限时，遇到火种就会爆炸。油罐火灾爆炸，对罐体及固定在罐体上的灭火装置产生极大的破坏，造成罐盖炸开、罐体变形或破裂，使大量可燃液体流散，从而扩大燃烧范围。油罐爆炸破坏后，大量空气进入，使油气浓度低于爆炸极限而不再爆炸，但燃烧产生高温并加热油品，使油蒸气迅速增加，在充足的空间进行猛烈的燃烧。

（2）燃烧后爆炸　油罐发生火灾，在燃烧过程中发生爆炸。其主要原因是油罐液面上的空间内油蒸气浓度很高，超出爆炸极限，因为空气不足只能在一定条件下发生燃烧，在燃烧过程中，油气浓度降低，同时由于大量空气进入罐内，使油蒸气浓度达到爆炸极限范围，就会在燃烧瞬间爆炸。

（3）稳定燃烧　油罐内油位较高，液面上空间内空气容量较少，液面空间的油蒸气与空气混合浓度达不到爆炸极限范围，当其遇到明火源时，只在油罐内液面上进行稳定的燃烧。如果在燃烧过程中，油气浓度始终达不到爆炸极限范围，那么这种燃烧将一直延续到油品烧完为止。

（4）爆炸后不再燃烧　油罐内油品温度低于闪点，其蒸气浓度又处于爆炸范围内而油罐内液位很低或只有油蒸气的爆炸混合气体（没有储油），当遇明火时将引起爆炸，不再燃烧。另一种情况是当原油或重油罐内油蒸气浓度接近于爆炸下限时，遇到火源引起爆炸，但因这类油品的蒸气挥发速度跟不上燃烧需要的油蒸气量或空气供应不充分，爆炸后不能继续燃烧。

### 7. 燃烧火焰起伏

原油罐发生火灾时，燃烧过程中，火焰趋势有起有伏，火焰起时，火焰高大、猛烈，燃烧速度快，辐射热量强；火焰伏时，燃烧火势缩小，燃烧速度减慢，火焰矮小。这种燃烧起伏的原因是由于原油成分内含有轻质和重质不同馏分造成的。在燃烧初期，原油中含轻组分多，燃烧猛烈，随燃烧过程延续，油面轻组分逐渐减少，火焰高度随之持续下降，当油面的轻组分燃烧得差不多将尽时，油面上只剩重组分，火焰降到最低，由于液面不能支持重组分的重量，重组分开始下降，下一层的轻组分上升，此时火焰开始上升。如此反复，火焰时起时伏。灭火时应抓住火焰最低的有利时机集中一切灭火器材，迅速将火熄灭。

## 四、石油产品及其火灾危险性分类

石油产品均属于烃类混合物，但由于原油、天然气、液化石油气等的燃烧性质、火灾危险性不同，着火后扑救方式方法不同，造成的火灾损失也不相同，故需对石油产品划分火灾危险性类别。

石油产品的火灾危险性分类，均由其燃烧难易程度决定。它们中呈气态的按爆炸极限分类，爆炸下限愈低，火灾危险性愈大。大多数可燃气体爆炸下限均小于10%，它们一旦与空气混合，极易达到爆炸浓度产生火灾危险。国内外大多数规范均将爆炸下限小于10%的气体划为甲类。在油气田生产中绝大多数油田伴生气、气井气、液化石油气均属于甲类，其中液化石油气、稳定轻烃中饱和蒸气压为 $74\sim200kPa$ 的品种，主要成分为丙烷、丁烷，爆炸极限低、危险性大。为便于区别对待，油气田将其储存与装卸划分为甲$_A$类，除此以外的划为甲$_B$类。爆炸下限等于或大于10%的划为乙类，它们在空气中达到爆炸浓度较难。某些油田伴生气中含 $CO_2$ 较多，就不一定是甲类，而属于乙类。所以天然气一般是属于甲类，但特殊的就须按组成进行计算确定类别。

油品的火灾危险性按闪点分类。闪点越低，越易着火燃烧。实质上闪点就是可燃液体的蒸气在空气中达到一定浓度遇火闪燃或爆炸时的最低温度。从闪点的高低可判断油品馏分的轻重，鉴别其发生火灾危险程度。对于油品的火灾危险等级分类，各国的规定大同小异。我国一般规定：甲类油品闪点小于28℃，为区别于甲$_A$类，油气田中将闪点小于28℃的液体划为甲$_B$类；乙类油品闪点大于及等于28℃至小于60℃；丙类油品闪点等于及大于60℃。

### 五、输油站、库原油储罐区设计中的防火要求

#### 1. 原油储罐区应分组布置

这可使火灾控制在一定范围之内，免除更大损失。一个罐组内油罐座数越多，着火几率越大。为了减少火灾几率和控制火灾范围，一般规定一个罐组内油罐不应多于 12 座。固定顶储罐罐组容量不应大于 $10×10^4 m^3$，浮顶储罐罐组容量不应大于 $20×10^4 m^3$。为了便利于消防作业，罐组内罐的布置不应多于两排。等于及大于 $5×10^4 m^3$ 的储罐应单排布置。

#### 2. 防火堤

原油储罐组的四周应设防火堤，容量大于 $2×10^4 m^3$ 的储罐组的防火堤内、储罐之间还应设隔堤。这样可以防止在储罐发生冒罐、漏油时油品漫流，使溢漏的原油控制在防火堤或隔堤内的较小范围以内，减小事故范围。

防火堤要防止着火油流流出堤外，故防火堤必须是由非燃烧材料建造。因泥土有较好的防渗透能力，所以在有泥土的地方应首先考虑采用土堤。不宜采用砖石结构或混凝土结构，因砖石被烧易产生裂缝，同时形成蓄热体，温度较高，喷水冷却效果差，容易引发新的火灾。

防火堤应能承受所容液体液柱的静压力，阻挡油流流出堤外。其堤内有效容量应满足最大储罐公称容量的要求，防止在最大储罐泄漏的最不利情况下油品外溢。

为防止堤内地面污油渗漏到堤外，管线穿过防火堤时，必须用非燃烧材料填实。在雨水排出口应设闸板、水封井、油水分离池等。

#### 3. 储罐间距

油罐一旦着火，对周围辐射热就很大，因此储罐防火间距必须考虑对着火罐的扑救和对邻罐的冷却保护的消防作业的需要。消防作业场地主要考虑两个方面：一是消防人员持水枪喷射油罐，必须保持 $50°～60°$ 的水枪喷射仰角，需要留出足够的操作距离；二是考虑泡沫产生器混合液管破坏时，消防人员需要往着火罐挂泡沫钩枪灭火的场地需要。

现行规范要求，一般固定顶油罐间距大于 $0.6D$，浮顶罐间距大于 $0.4D$，$D$ 取最大罐直径。考虑到原油罐着火有原油爆喷的可能，建议原油罐间间距不小于较大罐的直径。

### 六、石油储运常用消防器材

#### 1. 泡沫灭火器（见图10-1-1）

1）类型规格

泡沫灭火器的分类方法有三种：①按灭火器内充入的灭火药剂分为化学泡沫灭火器、空气泡沫灭火器；②按加压方式分为化学反应式、储压式、储气式泡沫灭火器；③按灭火移动方式分为

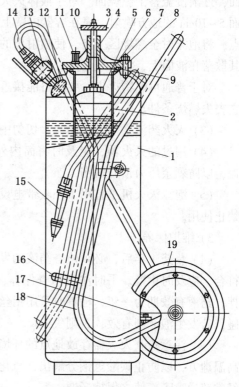

图 10-1-1　1001 泡沫灭火车
1—机筒；2—瓶胆；3—手轮；4—丝杆；5—胆塞；
6—机盖；7—螺母；8—螺钉；9—垫圈；
10—油浸石棉盘根；11—安全阀；12—过滤器；
13—直通阀；14—喷射管；15—喷枪；
16—管夹；17—螺钉；18—机架；19—胶轮

手提式、推车式泡沫灭火器。

　　泡沫灭火机筒身内悬挂玻璃或聚乙稀塑料瓶胆，瓶胆内装有硫酸铝，称为乙种粉，溶于热水中组成内药，瓶胆用瓶盖盖上，以防蒸发，或因震荡溅出而与碱性溶液发生混合。瓶胆用螺丝固定在外筒上，设有喷嘴，外筒内盛有碳酸氢钠加发泡剂，称为甲种粉，溶于水中组成外药。当内药和外药混合时，钢制外筒内就会产生约 1.5MPa 的压力和大量二氧化碳气体泡沫，由喷嘴喷向着火物，起到窒息灭火作用。

　　2) 使用方法及注意事项

　　泡沫灭火器用于火场灭火时，使两种溶液相混合后即产生泡沫。对于 MP 型灭火器，只要将筒身颠倒，倒转身摇晃数次使两种药混合，即产生泡沫喷射在燃烧物表面上。MPZ 型则应先将瓶盖把手向上扳起(或旋松手轮)，然后再颠倒筒身；对于 MPT 型灭火器，使用时拖至现场，将拖车触地，一人施放胶管，双手握住喷枪对准燃烧物，另一人逆时针方向旋转手轮开启胆塞，然后将机身倒转，扳直直通阀手柄，泡沫即喷出。

　　泡沫灭火器在使用时应注意以下几点：

　　(1) 手提式因无控制开关，在提往火场途中，筒身不能倾斜或震荡，更不能扛在肩上，否则使内外药液混合而喷出。

　　(2) 灭火时，人宜站在上风位置或两侧，尽量接近火源，喷射时应从边缘开始，由点到面，逐渐覆盖整个燃烧面。对于液体灭火，不能将泡沫直接向液面喷射，应向容器内壁距液面 5~10cm 的地方喷射，喷在容器内壁上，使其沿壁流下覆盖燃烧面。也可在离火稍远的地点，将泡沫射至燃烧区上空，使喷射出的泡沫成抛物线状，集中地飘落到着火油面中心，使其散落在液面上，将火窒熄。

　　对于普通可燃物火灾，要尽可能接近火源。火熄灭后，应立即将燃烧物拆除并分散，使它丧失燃烧条件。

　　(3) 灭火药液必须一次用完，切勿中途堵塞喷嘴，否则易发生爆炸事故。

　　(4) 用过的灭火器，应及时将筒内外清洗干净，换装新药。开盖前应先沟通喷嘴再开盖，以防剩余压力顶开盖伤人。

　　(5) 泡沫灭火机不宜用于扑救带电设备和轻金属的火灾。在电器设备未关闭电源时绝对禁止使用。

　　3) 维护保养

　　(1) 装药 1 年后，必须检查药液的发泡倍数和持久性等是否符合规定的技术要求，若不符合，应及时更换。平时注意检查保养，药液因时间过久容易沉淀，应每隔三个月打开搅拌，药液有效期为一年，检查时可用铅丝或竹片两根，各在内外筒中蘸上药液，然后二者相碰，若发生泡沫则有效，否则失效。

　　(2) 注意检查灭火器存放地点的环境温度是否在 0~45℃ 之间，泡沫灭火器不可放置在高温地方，以防止碳酸氢钠分解出二氧化碳而失效。严冬，要采取保暖措施，以防冰冻，并经常疏通喷嘴，使之保持畅通。

　　(3) 经常检查喷嘴口和喷枪、喷管、滤网及安全阀是否畅通，并应注意筒身是否有锈蚀现象，灭火器应保持清洁、干燥，避免日晒雨淋，应油漆完好、无锈蚀、无变形。

　　(4) 使用两年以上的灭火器换装新药剂时，应对筒身进行 2.452MPa 的水压试验。在此压力下如持续 1min 而无泄漏、膨胀、变形等现象方能继续使用。

**2. 二氧化碳灭火器**（见图 10-1-2）

1）用途和分类

适用于扑救电气、仪器、油类和酸类火灾。不能扑救钾、钠、镁、铝等物品火灾。不宜用于大面积火灾。二氧化碳灭火器主要适用于扑救精密仪器、贵重设备、档案资料及带电设备的火灾。因此，可在电子计算机房、通信设备房、资料档案室、精密贵重仪器室及配电所等场所配备。二氧化碳灭火器分为手提式和推车式两种。手提式二氧化破灭火器最大的总重量不超过 28kg，使用时由使用者提着移动；推车式灭火器总重量都超过 28kg，使用时由使用者推着移动。

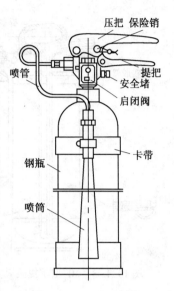

图 10-1-2　MTZ 型鸭嘴式
二氧化碳灭火器

2）使用方法

使用 MT 型灭火器时，先去掉铅封，手提提把，翘起喷筒对准火源，顺时针旋转手轮，打开阀门，瓶内高压气体即自行喷出；使用 MTZ 型灭火器时，应先拔去保险插销，一手持喷筒，另一手紧握喇叭木柄将上面的鸭嘴向下压，二氧化碳就会从喷嘴喷出，不用时放松压把，即自行关闭。二氧化碳气体是一种惰性气体，既不燃烧也不助燃。当二氧化碳灭火剂喷射到燃烧物上后，能相对减少空气中氧的含量。当二氧化碳达到足够浓度时，就能使火窒息而扑灭。由于二氧化碳灭火器的射程仅 2m 左右，喷射时间短，因此，在喷射时要迅速果断，接近火焰，要先喷射近火火焰，然后逐渐向前移动，并向左右移动。在使用过程中，要连续喷射，防止余烬复燃。使用中应注意机身的垂直，不可颠倒使用，以防止溶液喷出。因二氧化碳喷出时汽化，温度骤降，所以灭火时切勿用手接触喷筒，以防冻伤。在寒冷季节，使用二氧化碳灭火器时，阀门（开关）开启后，不得时启时闭，以防阀门冻结堵塞。另外，空气中二氧化碳含量达 5%~6% 时，就会使人头晕呕吐；达 8%~10% 时，会使人昏迷甚至窒息。因此，灭火时应站在上风位置，顺风喷射。室内使用时要站在高处，火熄后即行通风。对于电气设备火灾的扑救，最好先切断电源，以免引起触电事故。当火灾扑灭后，即可关闭阀门，不必一次用完。

3）维护保养

（1）每隔 3 个月检查一次重量，作好记录；二氧化碳气瓶用秤称重量，称得的总重量减去钢瓶重量即二氧化碳实有量。手提式灭火器二氧化碳泄漏量大于额定充气量的 5% 或 7%，推车式减少额定储气重量的 1/10 时，就应查明原因，补足气体。

（2）钢瓶应保持清洁、干净、油漆完好、无锈蚀。每隔三年钢瓶应经 22.5MPa 的水压试验，启闭阀应经 1.471MPa 气密性试验，以保证安全。

（3）存放地点温度不得超过 42℃，因为钢瓶受热，瓶内液态二氧化碳会变为气体，使压力剧增，易发生爆炸事故或引起安全膜破裂而失效。如 30℃ 时压力可达 9.316MPa，40℃ 时达 13.24MPa，45℃ 时达 11.69MPa。因此，灭火器应远离火源，避免日光曝晒。

（4）在使用搬运保管中应轻拿轻放，要防止钢瓶掉落或撞击，以免发生爆炸事故。

**3. 干粉灭火器**（见图 10-1-3）

干粉灭火器是指灭火器内部充装的是干粉灭火剂的灭火器。干粉灭火机是以高压二氧化碳气体作动力，喷射干粉灭火剂的灭火机械。

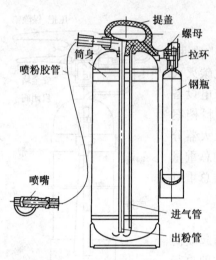

图 10-1-3　MF 型手提式灭火器

**1）用途和分类**

干粉灭火器的分类：①按充入的灭火剂分为：碳酸氢钠干粉灭火器，又称 BC 型干粉灭火器；磷酸铵盐干粉灭火器，又称 ABC 型干粉。②按加压方式分为：储压式干粉灭火器；储气式干粉灭火器。③按移动方式分为：手提式干粉灭火器；背负式干粉灭火器；推车式干粉灭火器。④按二氧化碳钢瓶安装位置分为：内装式，二氧化碳钢瓶装在干粉筒身内；外装式，二氧化碳钢瓶装在干粉筒身外。

干粉灭火器由于灭火器内充装的灭火剂种类不同，扑救初起火灾的类型也不同。碳酸氢钠干粉灭火器适用于扑救易燃液体、可燃气体的初起火灾。磷酸铵盐干粉灭火器除可扑救上述两种物质的初起火灾外，还能扑救固体物质的初起火灾。干粉灭火剂的绝缘性能好，因此它还能扑救带电设备的初起火灾。

干粉灭火器是以高压二氧化碳作动力喷射。干粉灭火剂的灭火器材适用于工厂、仓库、汽车库、船舶、油库等地方，主要用来扑救石油及其产品、可燃气体、电气设备的初起火灾。

**2）工作原理**

干粉灭火器开启后，筒体内的干粉灭火剂在二氧化碳气体或氮气（背负式也有在火药燃烧时产生的压力）的压力下，从出粉管经喷嘴喷出。干粉灭火剂喷出后，形成一股夹着加压气体的雾状粉流射向燃烧物。当与火焰接触后，可以吸收大量火焰中的活性基团，使活性基团的数量急剧减少，从而中断燃烧的连锁反应，使火焰熄灭，达到灭火的自的。

**3）干粉灭火器的使用**

干粉灭火器适用于扑灭油品、有机溶剂、电气设备的初起火灾。发现着火，应切断油、气、电源，放掉容器内压力，隔离或搬掉易燃物。将灭火机携至火灾现场，至起火地点距离为 7～8m 远时，一手握紧胶管、一手提起提环，拉开保险销，打开二氧化碳钢瓶阀，液体二氧化碳汽化，经连接管线进入干粉机桶，经 10～15s 后，干粉桶压力可达 0.8MPa；当奔至距离起火点 3～4m 时，将喷管对准火源根部，打开喷枪开关，在二氧化碳气体作用下，干粉通过导管、软管及喷枪成雾状喷出灭火。

MF8 型灭火器灭火射程为 5m，操作者持干粉灭火器喷粉的距离不得超过此距离，但也不可过于接近着火点，以免烧伤或灼伤，操作人员持干粉器站在干粉器有效射程 4～4.5m 之内即可。液体二氧化碳进入干粉桶汽化需要一定时间，MF8 型为 10～15s，因此在使用喷嘴对准着火点喷干粉前，应打开钢瓶与灭火干粉桶的阀门，即提起提环；喷嘴有开关的干粉机，临近着火点时必须打开开关。为防止干粉受潮结块，影响灭火效果，使用前，首先要上下颠倒数次使干粉预先松动，以促使结块粉碎易于喷出，然后开气喷粉。扑救地面石油火时，要平射，左右摆动，由近及远，快速推进。灭火时人应站在上风方向，灭火由近而远进行。MF8 型干粉灭火器喷粉时间为 ≤20s，喷完干粉，着火仍未熄灭，应立即返回灭火器存积处再提干粉灭火器赶赴着火点，重复上述步骤继续灭火，直至着火全部熄灭。

**4）干粉灭火器的维护保养**

（1）灭火器应存放在干燥通风、易于取用并避免剧烈震动的地方，不能置于潮湿和受日光曝晒、靠近热源的地方。灭火器存放的环境温度应在-10~55℃的范围内。

（2）每半年检查一次二氧化碳气瓶是否漏气。检查的方法是将二氧化碳气瓶卸下用秤称重量，称得的总重量减去钢瓶重量即二氧化碳实有量。手提式灭火器二氧化碳泄漏量大于额定充气量的5%或7%，推车式减少额定储气重量的1/10时，就应送修理部门充气。

（3）每年检查一次出粉管、进气管、喷管、喷枪和喷嘴等部分，有无损坏或干粉堵塞现象；检查干粉筒体有无腐蚀，零部件是否完整，有无松动变形损坏；检查干粉是否有变质结块现象。如有不安全因素存在，立即修复或更换。

（4）储压气干粉灭火器应检查压力表指针是否在绿色区域。指针指在红色区域时，应查明原因检修后重新充气。

（5）MPB型背负式灭火器，要注意检查电路是否畅通，蓄电池组的电压是否足够。一般电池组的电压降至4.4V以下，应按规定重新充电。灭火器2个月以上不用时，应取出电池。

（6）对干粉筒身应定期进行水压试验，MF型和MFT型的试验压力为2.452MPa，MFB型为7.845MPa，分别持续1min、2min、3min，不漏气和不变形才能继续使用。

# 第二节　石油防静电

## 一、静电产生的内因

### 1. 物质"逸出功"不同

任何两种固体物质，当它们紧密接触，两者相距小于$25\times10^{-8}$cm时，在接触界面上就会产生电子转移现象，这是由于各种物质的逸出功不同的缘故。所谓逸出功就是使电子脱离原来物质表面所需要做的功。两种物质相接触，则逸出功较小一方失去电子，逸出功较大的另一方就获得电子。电子转移的结果，在接触面上形成了达到某种电势平衡的双电层，如把物体分开就分别产生带有不同符号的静电，如图10-2-1所示。

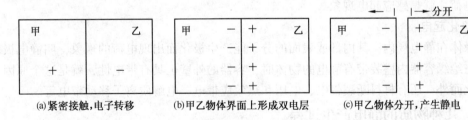

(a)紧密接触,电子转移　　(b)甲乙物体界面上形成双电层　　(c)甲乙物体分开,产生静电

图 10-2-1　接触电场示意图

### 2. 物质电阻率不同

物质电阻率的大小是静电能否积累的条件，也是静电产生的条件之一。

静电的产生与物质的导电性有关，物质的导电性能以电阻率表示。一般电阻率越小，越容易产生静电，但电阻率小导电性强，产生静电也容易消失。电阻率小于$10^8\Omega\cdot$cm时为静电导电体，因为电阻率如此小的物体即使产生静电也可以瞬时消失，不会引起危害；电阻率在$10^8\sim10^{10}\Omega\cdot$cm之间通常带电量是不大的；电阻率在$10^{11}\sim10^{15}\Omega\cdot$cm之间容易带静电，是防静电工作的重点对象；当电阻率大于$10^{15}\Omega\cdot$cm，物体就不易产生静电，但一旦带有静电，就难以消除。如汽油、苯等的电阻率在 $10^{11} \sim 10^{15} \Omega \cdot cm$ 之间，它们是容易带电的。原油的电阻率低于 $10^{10} \Omega \cdot cm$，一般没有带电问题。

必须指出：水是静电良导体，但当少量水夹在绝缘油品中，因为水滴与油品相对流动时要产生静电，反而会使油品静电量增加。金属是良导体，但当它被悬空在油品中(即与地绝缘)，会收集周围电荷，也是会带静电的。

### 3. 介电常数不同

介电常数也称电容率，是决定电容的一个主要因素。物体的电容与电阻结合起来，决定了静电的消散规律，是影响电荷积聚的另一因素。对于液体，介电常数大的一般电阻率低。如果液体相对介电常数大于20，并以"连续相"存在及接地，一般来说，不管是输送还是储运，都不大可能积累静电。

相对介电常数是介电常数与真空介电常数之比，真空介电常数为 $8.86 \times 10^{-12} F/m$。

## 二、静电产生的外因

### 1. 紧密接触与分离

接触分离带电是许多物质带电的重要现象，此外还有撕裂、剥离、拉伸、撞击带电等。液体流动带电、喷射带电、沉降带电等，虽然也可以看成是"接触分离"带电，但偶电层形成的原因复杂，主要与吸附现象有关。

### 2. 附着带电

某种极性离子或自由电子附着在绝缘物体上，也能使该物体带有静电。物体获得电荷的多少，取决于物体的对地电容及周围条件(如空气湿度、物体形状等)。人在有带电微粒的场所活动后，由于带电微粒吸附人体，人体因此而带电。

### 3. 感应起电

带电的物体能使附近与它并不相连接的另一物体表面的某个部位，出现极性相反的电荷现象，即物体电场作用于中性导体时，该导体的自由电子受到电场力的作用，将逆着外电场的方向移向导体的一端，而另一端则显正电，这种现象叫静电感应起电。

在工业生产中，带静电物体能使附近不相连的导体，如金属管道和金属零件同部位出现正、负电荷，就是感应起电现象。

### 4. 极化起电

绝缘体在静电场内，其内部或表面的分子能产生极化而出现电荷的现象，叫静电极化作用。如在绝缘容器内盛装带有静电的物体时，容器的外壁也具有带电性，就是这个原因。

除此而外，还有材料断裂带电、电压和热效应带电、电解质离子移动带电等。

## 三、几种物质的静电产生过程

### 1. 固体产生静电

固体带静电主要是由"紧密接触，突然分离"而产生。

### 2. 粉体产生静电

在气流输送粉体的过程中，粉体与管壁、粉体颗粒之间发生碰撞和摩擦，使粉体带上了静电。大体有以下现象：

(1) 粉体与管道材质为同一物质时，产生的静电较小；材质不同时，静电产生较严重。

(2) 输送距离越远，粉体带电越多，最后趋于饱和值。

(3) 输送速度越快，带电越多，最终也趋于饱和值。

（4）弯曲的管道比直管易产生静电，管道收缩处比均匀处易产生静电。

（5）粉体粒径大的比小的带有更多的电荷，但对单位重量而言，小颗粒比大颗粒带有更多的电荷。

（6）在其他条件相同的情况下，载荷量增大时，粉体电荷密度反而减少。

### 3. 气体产生静电

纯净的气体是不会产生静电的，但几乎所有气体均含少量固态或液态物质，因此在压缩、排放、喷射气体时，在阀门、喷嘴、放空管或缝隙易产生游离的空间电荷，如果喷嘴等不接地则会带上反极性电荷。在气流中插入接地金属网，会增加气体与网的摩擦机会，反而增加了静电的产生。

### 4. 液体静电

与固体静电一样，液体与固体、液体与气体、液体与另一不相溶的液体之间，由于搅拌、沉降、流动、冲击、喷射、飞溅等接触及分离的相对运动，同样会形成双电层而产生静电。这种静电对易燃、可燃液体，如石油产品中的汽油、柴油、航空煤油、液化石油气等易燃油品以及烯烃、芳烃等化工原料，可能造成爆炸、火灾，是一种潜在的危险。因此讨论液体油品静电，对石油储运安全是十分重要的。

1）流动带电

油品在通过管线、过滤器、泵等设备流动时，接触与分离的现象连续发生，使被输送的油品带电。其带电过程可从三种状态进行分析：

（1）油品处于静止状态。此时，如图10-2-2所示，在油品与金属管壁的分界面上存在着一个双电层。简单地说就是有一种符号的电荷（图中的负电荷）紧贴着管壁，而相反符号的电荷（正电荷）被分布在靠油品的一边，这部分电荷的密度随着距管壁距离的加大而逐渐减小，处于一种扩散状态。

（2）油品在流动状态。当油品流动时，靠管壁的负电荷被束缚着，一般不容易运动。而呈扩散状态的正电荷则随油品一起流动形成电流，这种电流叫流动电流。在工程上经常使用这个物理量用以衡量液体中带有静电的程度。

由于油品的流动使原来的双电层发生了变化。液体中的正电荷被冲走时，原在管壁内侧被束缚的负电荷由于相反电荷的离去而有条件跑到管壁外侧成为自由电荷。同时，带电液体离去后，又有中性液体分子进行补充，即刻又出现新的双电层，如图10-2-3所示。

（3）如果油管是对地绝缘的，将在油管上积累危险的静电；如果将有油品流动的金属管线接地，这时管线上除去界面双电层所束缚的负电荷外，管壁外侧多余的负电荷被导入大地。同时，正电荷随着液体的流动移向前方，如图10-2-4所示。

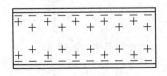

图10-2-2　油品不流动时
在界面形成双电层

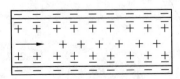

图10-2-3　不接地管线油品
流动时电荷的变化

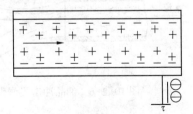

图10-2-4　接地管线油品
流动时部分电荷导入大地

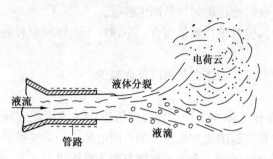

图 10-2-5　液体喷射带电

**2）喷射带电**

当带有压力的液体或固体微粒从喷嘴或管口喷出时，粒子和喷嘴之间存在迅速接触和分离的过程。接触时，在接触面形成双电层，分离时，粒子把双电层中的一层电荷带走，另一层电荷留在喷嘴上，结果使微粒和喷嘴分别带上了不同符号的电，如图 10-2-5 所示。液体或固体微粒从喷嘴或管口喷出后呈束状，在与空气接触时分裂成许许多多的小液滴，其中比较大的液滴很快地沉降，其他微小的液滴停滞在空气中形成雾状小液滴云。这个小液滴云是带有大量电荷的电荷云。喷射蒸汽时，蒸汽里含有无数小水滴，这些小水滴即上述的微粒，所以喷射蒸汽亦可产生静电。二氧化碳灭火器喷射二氧化碳时，由于干冰迅速蒸发出来的二氧化碳从喷嘴高速喷出，有些来不及蒸发的二氧化碳的固态微粒和少量水滴也一起喷出，因此在喷射过程中也会产生静电。

**3）冲击带电**

如图 10-2-6 所示，液体从管道口喷出后遇到壁或板使液体向上喷溅成许多微小的液滴，这些液滴会带上电荷，并在其间形成电荷云。这种带电类型在石油产品的储运过程中经常遇到，如轻质油品经过顶部注入口给储油罐或槽车装油，当油柱下落时对罐壁或油面发生冲击，引起飞沫、气泡和雾滴而带电。这些飞沫、气泡和雾滴含有无数小液滴，当小液滴落到其他物体表面时，便在接触面处形成偶电层。由于油珠具有惯性，碰到物体之后还要继续滚动，于是油珠带走偶电层之扩散层，固定层便留在物体表面上，这样，油珠和物体就分别带上了不同符号的静电。这种带电类型在石油储运中经常遇到，如轻质油品经过顶部注入口给储罐或油罐车装油，油柱下落时对油罐壁或油面进行冲击，引起飞沫、气泡和雾滴而带电。

**4）水滴在油品中沉降带电**

因为水和油都含有杂质，它们会离解成带电离子，因此水和油的界面处也存在双电层，如图 10-2-7 所示。当水滴和油作相对运动时，水滴带走吸附在水滴界面的电荷，于是油和水分别带上了不同符号的电。

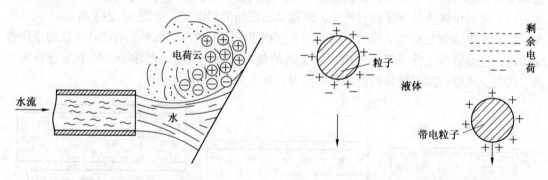

图 10-2-6　油品冲击飞溅带电　　　　　图 10-2-7　水滴在油品中的沉降带电

## 四、工艺操作中影响油品带电量的因素

除了液体的内部特性如逸出功的大小、电阻率的大小、介电常数的大小影响液体静电大小外，在工艺操作上还有很多因素可以影响液体带电量的大小。

**1. 液体内所含杂质的影响**

试验表明，高度精炼的石油产品在管道中流动时仅产生极小的、难以测量到的静电。分析其原因主要是这种液体非常纯净，几乎不含杂质。那么，对于作为商品的石油制品，则由于不同程度地含有杂质使静电带电成为必然。

众所周知，液体之所以起电是因为在其液体内存在着已离解的正负离子。一般工程使用的石油轻油制品大都是低介电常数的中性介质。相对介电常数 $\varepsilon$ 在 1.8~2.6 之间，通常在工程计算中取为 2。这一类中性介质具有对称结构，其内部的正负电荷中心重合，电偶极矩为零。因此，这类液体一般都不能直接电离。所以这类液体的离子的来源主要是其中不可避免的杂质，这些杂质可以直接离解为正、负自由离子。至于液体中的胶体质点，可以吸附自由离子形成带电质点。一般胶粒介电常数比液体介电常数大时，胶粒带正电，反之带负电。油品中的水滴可视为胶粒质点，它在沉降过积中带有正电荷。

固然纯净的非极性介质液体不容易起电，但如含杂质较多，液体也不容易带上静电荷。这是因为杂质的多少影响液体电导的大小。当杂质足够多时液体电导较大而使电荷非常容易泄漏。

石油产品所含杂质有自然存在的，也有精炼中加入的。杂质包括各种氧化物、沥青质、环烷酸及磺酸的金属盐等。这些活性化合物只要极低的浓度，一般百万分之一至亿分之一就可使液体介质带电。杂质不仅影响带电程度，还影响带电的极性。

**2. 流速的影响**

油料在管线中流动，流速和管径对静电的产生有一定影响。其流动产生的饱和冲击电流 $i_\infty$ 可用下式表达：

$$i_\infty = A \cdot d^\alpha v^\beta \qquad (10-2-1)$$

式中　$A$——常数；

　　　$v$——流速，m/s；

　　　$d$——管内径，m；

　　　$\alpha$——管径影响系数；

　　　$\beta$——流速影响系数。

在工程上，可采用 1977 年第二次国际静电会议上德国的"罐车安全灌装规定"一文中的公式：

$$i_\infty = A \cdot d^2 v^2 \qquad (10-2-2)$$

该公式适用于足够长管线情况。从以上两式中可以反映出流速和管径对静电的影响。

低的泵进速度不仅可以减少电荷的产生，而且能让液体中的电荷在设备内有更多的时间利用导电性消散到地下，这个过程叫作"衰减"。假如不存在强有力的产生电荷的因素，如油中水滴向下沉降而产生电荷，在液体处于静止状态时，液体上的电荷将完全解除掉。因此，在油品进入可能出现易燃气体的油罐和容器之前，为减少液体上的电荷，采用低的泵送速度是必要的。但是在很长的管道上采用低的泵送速度是不经济的，为了使电荷达到足够的衰减，可在油流进罐或容器的最后 30~50m 左右的管段上，采取扩大管道直径或是安装一个"衰减罐"（必须保持满罐），以使油品在进入油罐或容器之前，有足够停留时间以便使电荷衰减到安全值。

**3. 搅动的影响**

对石油液体进行过分地搅动，将促进静电的产生。从顶部向油罐装油时液体的自由落下，以高的流速向空罐装油，或者用油罐内的机器对罐内油料进行机械搅拌等，都属于过分搅动的情况，改进操作方法，减少搅动可以减少由此而产生的静电。

当油品经过拐弯、变径管、各种管件、阀件以及由层流转变为紊流时，也加剧了油品的搅动。这种流动状态的改变，一方面由于本身热运动和碰撞可能产生新的空间电荷，另一方面因速度梯度的变化使扩散层电荷趋向管中心，从而使整个管线的电荷密度比层流时提高了，就会使液体带有较多的电量。

**4. 挟带空气的影响**

空气可以在下列情况下加速静电的产生：

(1) 空气以极度分散状态出现在沿管道流动的石油产品中；

(2) 通过石油产品向上冒气泡(气泡通过液体上升到液体表面，在气泡的气液界面上产生电荷)；

(3) 在向油罐输送石油产品时，产生扰动；

(4) 液体表面形成烃类的喷雾。

**5. 水的影响**

石油产品中出现水时，由于提供了另一种界面(油与水的界面)，产生电荷的作用将显著增加，在管道和容器内，油水界面上可能出现正负电荷的分离。泵送被水污染的石油产品进油罐或容器的操作停止后，产生电荷的过程并没有停止。也就是说，由于带负电荷的颗粒在油水界面上良好的吸附，水滴在罐内下沉时，要在罐内液体产生电荷。当水沉到罐底时，要发生电荷的分离，这样，除通过进油管线流入油罐的油流所产生的电荷以外，又增加了电荷。

若在高电阻率的油品中混入水分，则不论是在输送的管线中，还是在储罐里都增加了带电危险性。一般认为，水不是直接与油品作用增加静电，而是通过对油品内所含杂质的作用起间接的影响。由于水分混入油品而在工程上发生的事故也不在少数，当混入的水分在1%~15%时最危险。

**6. 过滤对静电产生量的影响**

实验表明，如果在管道内设置一台过滤器，则油品静电产生量就会明显增加，有时会增加10~200倍。这是因为过滤器的滤芯实际上等于千千万万个浸在油中的平行的小管线，它将依照管线输油起电的原理而起电。大量实验结果表明，过滤器是一个静电发生源，起电量的大小主要取决于过滤器的结构和过滤器滤芯材质的种类。

## 五、静电的积聚与泄漏

油料在管道内流动时便产生流动电流，随着油料经管线送入油罐或注入油罐车，油料中的电荷也注入了油罐或油罐车。进入油罐或油罐车的带电油料越多，其所带静电量越大。

油料中的静电荷随着油料的注入而增加，当油料停止注油后，若不考虑由于油料中杂质的沉降所引起的带电，则罐内的静电荷量由于存在泄漏而逐渐减少。

要防止油料静电的积聚，可从以下几个方面采取措施：

(1) 延长电荷泄放时间；

(2) 加速油料静电的泄漏；

(3) 减少油料静电荷的产生。

因此，油品装入油罐后要有充分的静电泄漏时间才能进行检测取样。

## 六、储油罐、输油管道、铁路罐车中的静电

### 1. 油罐中的静电

油品在管线输送中，虽然有静电产生，但由于管线内充满油品而没有足够的空气，不具备爆炸着火的条件。当把带有电荷的油品装入储油罐，则因电荷不能迅速泄掉便积聚起来，使油面具有一个较高的电位，此时若油面上部空间形成了爆炸性混合气体，就十分危险。所以一般认为静电电荷主要来源于管线输送系统，静电积聚和火灾危险则主要在可形成爆炸性混合气体的储油罐或油槽车中。

尽管管道中的流动电流很小，约为 $1\mu A$，由于油罐体积大，电容小，往往形成几千伏至几万伏的油面电位而发生放电现象。现代建造的输油站的储油罐一般采用金属拱顶罐和浮顶罐，拱顶罐的最高静电电位在油罐的中心，浮顶罐除了油面在浮顶支柱以下时，罐内没有气体空间，一般静电危险很小。早期建的金属锥顶油罐其电位分布与拱顶罐相同，无力矩悬链曲线顶油罐，由于罐顶由中心支柱支撑，因此油罐的最高电位不在油罐中心，而在中心与罐壁 1/2 处的圆线上。非金属罐由于导电性能差，静电消失慢，一般静电危险较大。

影响油罐静电危险性的几个因素：

（1）装油方式。装油方式可分为两种：一种为底部装油法，又称为液下装油；另一种为上部装油法，又称为喷溅装油。这两种方法相比，后者产生静电更大，不但因液体分离而产生新的电荷，更主要的是液面电荷没有充分的时间弛张，所以表层电荷密度较高，同时还因油品冲击到罐壁造成喷溅飞沫而产生静电。与此同时还常常有油雾出现，如果油雾与空气混合达到爆炸浓度，则有更大的危险性。对同一种油品，电荷产生的多少与装油鹤管直径、油品流速、管端距油面高度以及管口形式等有关。

（2）不同油品相混合增加静电的产生量。例如，某厂用管线向油罐输送航空煤油，同时又使用另一管线送油，后者管线中有残留的残渣也被送入罐中。当时流速虽仅有 2m/s，但却因静电引起了重大爆炸事故。

（3）如罐底有沉积水，底部进油方式会搅起沉降水从而产生很高的静电电位。用蒸汽清洗油罐也能产生很高的静电电位，有很多事故被认为是清洗操作造成的。这种静电的起因是出于油和水混合所致。

另一类危险的混油现象是向有汽油或其他轻油罐或容器注送重油，由此引起的事故在油库及炼厂都有发生。发生这类事故的原因除去混油可能增加带电能力外，还因为柴油、灯油、商用航空透平燃料油、燃料油及安全溶剂等都属于低蒸气压油品，其闪点都在 38℃ 以上。在正常情况下，它们是在低于其闪点温度下输送，不会有火灾危险，但是如果将这种油品注入装有低闪点油品的容器内，重质油就会吸收轻质油的蒸气而减小了容器内的压力，空气则会乘虚而入，使得未充满液体的空间由原来充满轻质油气体（即超过爆炸上限）转变成在爆炸浓度范围内的油气空气混合物。如此时出现火源即可引爆。调合油品是生产需要的一项工作，但必须符合安全要求以及采取相应措施。

（4）时间因素。油罐在装油过程中，从注油停止到油面产生最大静电电位，往往需要经过一段时间，这个时间通常称为延迟时间。图 10-2-8 为油罐进油到罐容的 90% 时停止作业后实测的电位变化曲线。延迟时间是 23.6s。78s 之后，电位才有显著下降。因此，为了安全起见，当需要直接测量液位或油温时，应该躲过罐内静电荷的泄漏时间。这个时间按各国安全标准规定，而各国标准也不尽一样。如有的国家规定按油深度确定安全测量时间为每米 1h，如装油 10m 深则需在注油停止后 10h 才能进行直接测量。又有的国家规定不管罐的

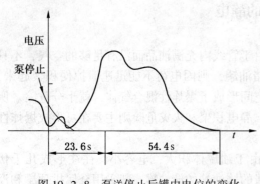

图 10-2-8　泵送停止后罐内电位的变化

容积大小，在注油停止 2h 后可进行直接测量。日本的《静电安全指南》中是按油罐的容积和油料的电导率来确定静置时间，见表 10-2-1。原中国石油化工总公司制定试行的《石油化工企业易燃、可燃液体静电安全规定》中规定的静电静置时间与日本相同，中国人民解放军总后勤部物资油料部根据军用轻质油料品种少和电导率差异不大的实际情况，为使用方便，对轻质油料静置时间的规定如表 10-2-2 所示。

表 10-2-1　油料静置时间表(日)

| 带电液体电导率/(s/m) | 带电容积/m³ | | | |
| --- | --- | --- | --- | --- |
| | <10 | 10～15 | 50～5000 | >5000 |
| >$10^{-8}$ | — | — | — | — |
| $10^{-12} \sim 10^{8}$ | 2 | 3 | 10 | 3 |
| $10^{-14} \sim 10^{-12}$ | 4 | 5 | 60 | 120 |
| <$10^{-14}$ | 10 | 15 | 120 | 200 |

表 10-2-2　轻质油料静置时间表

| 油罐容积/m³ | <10 | 11～15 | 51～5000 | >5000 |
| --- | --- | --- | --- | --- |
| 静置时间/min | 3 | 5 | 15 | 30 |

### 2. 管路系统的静电分布

油库的收发油管路系统主要包括管线、泵和过滤器。卸油时，一般为泵式卸油管路系统，整个系统的静电分布如图 10-2-9 所示。装油时，一般为自流式装油管路系统，管路系统主要包括管线和过滤器，其整个系统的静电分布如图 10-2-10 所示。从图中看出，泵式卸油管路系统产生的静电荷，从过滤器开始大量产生，并达到高峰，经泵后也产生大量的静电荷，最后经管线进入油罐。自流式装油管路系统与泵式卸油管路系统的不同之处是没有因泵而使静电荷急剧增加的环节。

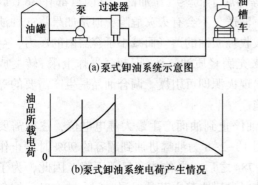

图 10-2-9　泵式卸油系统电荷产生情况分析图

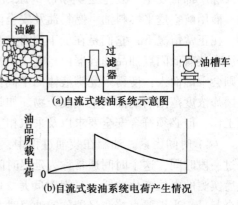

图 10-2-10　自流式装油系统电荷产生情况分析图

### 3. 铁路油罐车的静电分布

目前，给铁路油罐车装油一般都为自流装油，其静电的产生受管路系统、装油方式和鹤管分流头形状的影响。对于自流装油管路系统，由于没有泵这个使静电急剧增加的环节，因而进入过滤器的初值较小。但为了避免进入油罐车的电荷过大，一般要求过滤器离装卸油栈台在100m以外，以便有足够的时间使静电荷逸散。

因电荷有同性相斥的作用，油中的电荷有流向油面的趋势，又因液体表面张力的缘故，油面电荷较多。油面电位的数值，主要取决于所在位置电荷和电容数值的大小，一般说来在鹤管油柱下落处的电荷密度较大，在车内中部位置电容较小(有爬梯时稍增加)，所以槽车中心部位电位较高。槽车在装油的整个过程，油面电位是随着液面上升而变化。最高电位出现在1/2~3/4容积处。

目前很多铁路槽车装车栈台多数采用上装方式，而且多为喷溅装油。鹤管形式有大鹤管、小鹤管以及新式汽动小鹤管。不管使用的是哪种鹤管，一般装油时鹤管仅伸入槽车口1m左右。老式的活动套筒式小鹤管可以伸到槽车底部装油，但在实际的操作中一为方便，二为减少油品损失(鹤管头部探入油内造成鹤管里阻力增加，油会从套筒间溢出)都没有把鹤管插入槽车底部。甚至有的单位明确规定鹤管头要离油面200mm以上，这是很不妥当的。因为这会使鹤管口附近的油面上集聚更多的电荷，电位梯度增大，容易放电。我们推荐底部装油或将鹤管伸至接近罐底。这是因为：

(1) 可以避免油柱流经车体中部电容最小位置时(此时油在管内)所产生的最大电位。

(2) 在装油后期油面电位达到最大值时，油面上部没有突出接地体，可避免局部电场增高。

(3) 在局部范围内可避免因油柱集中下落形成较高的油面电荷密度。

(4) 减少喷溅、泡沫，从而减少新产生的静电荷。

(5) 减少油品的雾化及蒸发，可避免在低于闪点温度时点燃。

## 七、静电放电的主要形式

在装卸油过程中，油料因流动、喷射、冲击和沉降而带电，这些带电油料不断地流入罐内，而使罐内油料的电荷积聚，产生一定的电场强度和电位。当油料的静电与罐壁的感应电荷所产生的电场不足以引起放电时，油料的部分电荷仅通过罐壁泄漏；当其产生的场强超过罐内气体所能承受的场强时，气体则被击穿而放电。不同气体，其击穿强度不同，如空气的击穿场强为35.5kV/cm；罐内油蒸气的击穿场强为4~5kV/cm。

静电放电通常是一种电位较高、能量较小，处于常温常压下的气体击穿。按放电形式的不同，主要有电晕放电、刷形放电和火花放电三种形式，如图10-2-11所示。

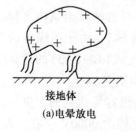 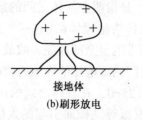 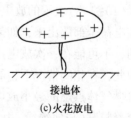

接地体　　　　　　　接地体　　　　　　　接地体
(a)电晕放电　　　　　(b)刷形放电　　　　　(c)火花放电

图10-2-11　静电放电的形式

### 1. 电晕放电

一般发生在电极相距较远、带电体与接电体表面有突出部分或棱角的地方,如罐壁的突出物、鹤管等。因突出物或棱角处的曲率半径较小,其尖端积累了很大的电荷,因此这些地方电场强度较大,能将混合气体局部电离,并出现微弱的辉光和嘶嘶声。此种形式的放电能量小而分散,一般放电能量为 0.03 ~ 0.12mJ,不能点燃轻油混合气体(可燃气体点燃的最小放电能量为 0.25mJ)。因此,危险性小,引起灾害的几率较小。

### 2. 刷形放电

一般发生在油面相对于平板或球形电极之间,其持点是两极间因气体击穿而形成放电通路,其击穿通路在金属端较集中,其后分出很多分叉,散落在油面上。因此,此种放电不集中在某一点上,而是分布在一定的空气范围内。该放电在单位空间内释放的能量较小,但具有一定的危险性,比电晕放电引起灾害的几率高。

### 3. 火花放电

火花放电是两电极间的气体被击穿而形成放电通路,但该通路没有分叉,其放电在电极上有明显的集中点,放电时有短爆裂声,在瞬间内能量集中释放,因而危险性最大。当两极均为导体且相距又较近时,往往发生火花放电。如油罐内供测量用的金属浮子在接地线断掉时;落入罐内而又漂浮在油面上的金属浮子;系在绝缘绳上的金属测量取样器等均可能引起火花放电。

### 4. 静电引燃可燃石油蒸气

带电体之间的放电,不一定点燃可燃蒸气。当放电能量太小时,还没有足够的能量去点燃可燃蒸气。另外即使有足够的放电能量,如可燃蒸气的浓度不在爆炸和燃烧范围内也不能发生爆炸和燃烧。点燃油品蒸气的最小放电能量约为 0.25mJ。

两带电体之间的放电能量按下述电学公式计算:

$$W = \frac{1}{2}QV = \frac{1}{2}CV^2 = \frac{Q^2}{2C} \qquad (10-2-3)$$

式中　$W$——两金属带电体的放电能量;

$Q$——带电体的带电量;

$V$——两带电体之间电位差;

$C$——双金属组成的电容器的电容。

当两带电金属体之间发生放电时,其电场能量(即放电能)会有一部分消耗在放电回路的电阻上,若放电的火花间隙较长、放电能量不能集中等,使实际上引燃可燃蒸气的最小放电能超过 0.25mJ。因此,0.25mJ 是点燃油品蒸气的最小能量。

式(10-2-3)表示的放电能量,是指两金属体之间的放电,只有两种金属体之间的放电才能使电荷全部放出来,如果带电体为绝缘体(或有一个为绝缘体),由于绝缘体的电荷很难移动,不可能在一次放电中将其带电量全部放完,故放电能比式(10-2-3)的计算值小得多。因此,在相间情况下,导体之间的放电比绝缘体的放电危险得多。

可燃气体点燃的最小放电能 0.25mJ,在导体之间的放电是很容易达到的。例如,操作人员穿着胶鞋(与地绝缘)由于脱衣服等动作而引起的人体带电约为 3000V 左右,人体(导体)与地之间的电容约为 100μF。因此,人体与接地油罐放电时产生放电能,按公式(10-2-3)计算:

$$W = \frac{1}{2}CV^2 = \frac{1}{2} \times 100 \times 10^{-12} \times 3000^2 = 4.5 \times 10^{-4}(\text{J}) = 0.45\text{mJ}$$

此放电能超过引燃可燃蒸气的最低放电能，因此操作人员穿着绝缘鞋在罐顶操作是危险的。

## 八、国内外静电着火的典型事故

据日本自治省防卫厅全国火灾统计，从1962年至1971年间，由静电引起的火灾事故每年约为100起。

下面选择几个典型事例加以介绍。

### 1. 日本某炼油厂汽油专用车事故

从存有200t的储油罐中向铁道引入线上的汽油专用车装灯油。槽车容积41m³约盛油30t。输油用的管线为4in软管。由于管子不够长，在输油管头上又接入长2m的聚氯乙烯管，当时油流速为4m/s。在注入8t灯油时，槽车入口附近着火，一名作业人员烧伤，8t油全部烧光。分析着火的原因，一是因油槽车在装灯油之前曾装过汽油，车内尚有残存汽油蒸气；二是因用了绝缘管，流速又高。在操作规范上规定，装油之前，使用专用夹子夹住槽车有关部位，以便良好地接地。但该操作人员竟忘记此项规定，所以引起静电着火。

### 2. 大鹤管装油槽车事故

1969年7月7日某厂所在地区天气晴朗，气候干燥，四号油台正在忙于装运66号汽油。最初装车速度为4.1m/s。当第5号车装满后，关闭了进油阀门，剩下最后的第6号车也已装到3/4，此时装油速度已上升到6m/s。突然，轰隆一声响，火光冲天，烧起熊熊烈火。第6号槽车没入火海，接着引燃了第5号槽车并波及到另外两台尚未装油而存有残油的槽车。由于操作工被烧伤，装车阀门未及时关闭，以致使装油台区形成大火，经过1小时15分钟才得以扑灭，损失了11.6万元，烧伤5人。事后检查，发现鹤管活节套筒的最下一节的上部700mm处，有火花放电痕迹，与该痕迹相对应的槽车口内侧也有火花放电的痕迹。这说明是在以上两处发生火花放电而引起事故。另外在该套筒的下部也有火花放电的痕迹，这可能是以前曾放过电，或者是与这次同时放电所致。从分析这次事故的原因可以看出，促成静电产生和积聚的条件有以下几点：

（1）输油管线内油流速度快。在同时装两台车时，鹤管油流速是4.1m/s；在装一台车时，高达6m/s。而流速与静电产生的关系是二次方的正比关系。

（2）鹤管套筒上没有设置专门的接地装置。由于套筒与套筒之间是活接，所以在使用中，套筒表面结上了油膜，造成两套筒之间的绝缘，套筒上积聚了大量电荷无法排出。

（3）大鹤管的管径大，与槽车口的距离比小鹤管要小，因此比较容易击穿形成火花放电。

（4）天气干燥，槽车口敞开，油气可充分混合，足以达到爆炸极限。

### 3. 油槽车测温事故

1976~1977年某炼厂装油栈台连续出现过三次油槽车测温事故。每次都是因为在槽车装满油以后，马上用尼龙绳吊着测温器盒送入油内测温，当将测温用具提出到槽口时，测温器盒对槽车口放电引起爆炸着火。爆炸时每次都烧伤了操作人员并将其抛到油台下。他们总结经验，把金属制测温器盒改换成塑料盒以后，就再未出现过同类性质的事故。

为什么会引起火花放电呢？因为金属测温盒是一个电荷收集器，当它和油面接触时把油面电荷收集到金属测温盒上，而它又是用尼龙绳悬吊着，所以电荷消散不了。当把它提升到与槽车口接触或将要接触时，测温盒就对已接地的槽车放电，其能量是 $W = 1/2CV^2$。假如其能量能达到 0.25mJ，就可以点燃石油气体而引起着火爆炸。式中的 $C$ 是电容，由金属测温盒的形状、体积决定；$V$ 是电位，油面上测温盒的电位近似油面电位，可达到 2 万多伏，一般在几千伏至 1 万伏以上。

为什么当改换成塑料的测温器盒就不再出现事故了呢？这是因为塑料是一种绝缘材料，当它与油面接触时收集的电荷较少且放电不集中。当它被提到槽车口时，只有接触处的部分放电，而其他部位的电荷不能一下子都参加放电，所以能量小点燃不了石油气体。

### 4. 油品调合引起爆炸

l978 年 1 月 6 日 14 时，某厂 645 号罐在进完油后送风调合。约送风 1min 就听见罐内有沙沙声，随后一声巨响喷出一团红色烟球，罐被拔起 100mm 高，裂有长 7.3m、宽 200mm 的大缝隙，发生局部变形，但未引起大火。

罐容积为 5000m³，直径为 22.7m，高为 12.6m。爆炸后测得接地电阻为 0.3Ω。爆炸前罐内已装航空煤油 40t，又加入常二线柴油、裂化柴油、通用柴油共 1970t，总计为 2010t。其中航空煤油占 2%。进风管设在罐壁上部，风压为 4 个大气压，风量为 12m³/min，当时油温为 44.52℃。

分析原因：送入调合风卷起油旋、泡沫、油雾，以及油内翻滚形成类似沉降一样的起电效果；泡沫会收集油中的电荷带至油面，增加电荷密度(包括汽泡破裂增加新的电荷)；泡沫成为电荷收集体后，以一定电位的静电向罐壁放电，或者罐内形成高空间场强放电；由于罐内油温较高航煤蒸气较浓，故而引起爆炸。

### 5. 油罐爆炸

1977 年 12 月 8 日某厂的 247 号油罐爆炸着火。油罐顶盖，包括 7m 长的钢柱一起被抛上天空。油罐总容量为 200m³。事故发生前，以 0.5m/s 的流速送油 56t，并以 2.6m/s 速度将 2 号减压塔顶油注入其中。在 2 号减压塔顶油注入 12min 时，发生爆炸。为了判明事故原因，对现场进行了调查。除在剩油及沉积泥水中发现以前因断线留下的三个金属浮子外，并未发现其他异常现象。以后又请有关大学及科研所进行现场模拟测试。结果显示，当上部进油流速为 2.6m/s 时，油面最高电位达 7kV。可能是铁浮子与其他物体放电引起爆炸。

### 6. 飞机油箱静电爆炸事故

空军某部歼六甲飞机，飞行训练 23min，着陆后牵引过程中，突然发出响声，发动机舱起火，导致飞机严重烧损。经检查有一个油箱破裂，破口呈 T 字形且后部亦有破洞。浮子有跳火烧伤痕迹。检查认为主油箱中的二、三、四油箱浮子活门静电跳火，导致油箱爆破。飞机油箱静电打火引起爆炸事故较多，也造成了不少损失，而大多数都发生在飞机橡胶油箱部位。这是因为一方面油箱内油料在飞机飞行中已带电，另一方面飞机在着陆滑跑刹车过程中，油箱内的剩余燃料不断晃动，特别是在跑道不平、改变滑行速度或在满刹车的情况下，晃动更加剧烈。燃料与油箱壁、油箱内的卡普隆布及其机件发生摩擦，产生了大量的静电荷。

### 7. 用汽油洗衣物引起着火事故

某厂工人将挥发性汽油盛入圆桶，在桶内泡洗衣物。当穿着橡胶长筒靴的作业人员将桶内衣物提出桶外搓洗时，衣物在手中着火。大火烧掉 150m² 的木厂房，烧伤一名工人。分析其原因，就是在搓洗时引起静电放电着火。

### 8. 油船事故

1976 年新年，挪威别尔根生航运公司一艘载重 22 万吨的油船"别尔克·依斯脱拉"号，在从巴西开往日本的途中，船舱内突然连续发生三次强烈爆炸，使船体裂成几段迅速沉入海里。船上的 32 名船员仅有 2 名得救，损失惨重。其原因可能也是静电引起爆炸，因为在 1969 年已有几艘 22 万吨的油轮在途中因洗舱产生静电爆炸沉入海底。不过这条船不是洗舱时产生的静电引起爆炸，而可能是压舱水被船身摇晃冲刷产生的静电所致。国际航运公司油船委员会主办的专家工作组，调查试验研究最后认为：混合货船在压舱水涌激时产生的电与油舱在清洗时是相似的，即在压舱水被摔回时有火花放电发生，尤其是在有油污水的货舱中，每边最大为 4° 的横摇所引起的波动强度就足以形成带电的雾气，其电荷密度可与用水清洗时一样大或更高。据测试，空间电压为 −50kV，最大电荷密度达 $5×10^{-10}C/m^3$。

## 九、输油泵站的防静电技术

静电引起爆炸火灾的四个条件是：静电的产生、积聚、火花放电和存在爆炸性气体。当同时满足这几个条件时，便可发生燃烧或爆炸。因此要避免灾害发生，只要消除其中的任何一个或几个因素即可。对于防止石油静电灾害来说，不是完全消除静电荷的产生而是控制各项指标值不致引起灾害。诸如产生的电荷量或电荷密度；积累电荷产生的电位或场强的大小；放电的形式与能引起爆炸混合气体的浓度等。

### 1. 减少产生静电的措施

减少产生静电的措施主要有以下几条：

1）控制流速

已知油品在管道中流动所产生的流动电流或电荷密度的饱和值与油品流速的二次方成正比，可见控制流速是减少静电荷产生的一个有效办法。

西德 P·T·B 进行的实验归结为如下安全流速的公式：

$$v = 0.8\sqrt{\frac{1}{d}} \qquad (10-2-4)$$

式中　$v$——平均流速，m/s；

　　　$d$——管道直径，m。

以此公式计算不同管径的允许最大流速见表 10-2-3。

表 10-2-3　不同管径允许最大流速

| 管径/mm | 最大流速/(m/s) | 管径/mm | 最大流速/(m/s) |
|---|---|---|---|
| 10 | 8.0 | 200 | 1.8 |
| 25 | 4.9 | 400 | 1.3 |
| 50 | 3.5 | 600 | 1.0 |
| 100 | 2.5 | | |

由于静电的危险程度受许多因素影响，因此表 10-2-3 内的数值不是绝对的。如果有长期运行经验证明，也可以提高速度。但是，在此同时要注意防止因高速形成喷雾的状态。如管径增加，则流速要降低。美国石油学会编写的防止静电、雷击和杂散电流引燃的暂行规定 API RP 2003 中规定：当鹤管端头浸入油面以后，可以提高流速至 4.5~6m/s。

目前，我国在这方面还没有一个权威的规定。依据石油起电机理和影响因素，可以认为注油管在容器顶部喷洒装油是使流速不能提高的直接原因。所以当鹤管末浸入油面以前，其线速度不宜超过 1m/s，当鹤管没入油面后可根据不同管径提高流速，但最高不超过 6m/s，以上流速均指注油鹤管的线速度。对于使用抗静电添加剂的油品可以不受此限制。

在管道内流动的油品产生的静电除与流速与管径有关外，还与油品的电导率、管材、管长、管壁粗糙程度等因素有关，甚至还与空气的湿度、温度有关。因此，不同油品、不同管道、不同批次下油品的最大流速，有待今后大量试验来确定。上述流速的限制只作为参考数据。

另外，用泵装车、船的管道要尽量避免突然开泵或突然停泵。我们已经知道过滤器是主要的静电源，它的起电率往往在初始时最高，所以突然开、停泵会造成瞬时冲击压力和流速过高，使静电升高，往往造成事故。据美国EXXON研究所的试验报告认为，当汽车油罐刚刚加满油自动关闭时，油面场强可以从零跳到27kV，维持时间达7~13s后才降回零。合理的解决措施是利用一种缓减手段，例如某机场利用小泵–大泵开启，而后用大泵–小泵停止的操作顺序，起到了很好的防护作用。

汽车油罐车静电失火多出现在加油到1/2~3/4罐高之间，这绝不是偶然的。因为在这一区间内，油面电位往往最高，卸口附近蒸气也容易形成可燃性混合气体，油面上部空间金属结构的诱发作用也明显起来。了解上述特点，对预防装车静电失火是有益的，即在给汽车油罐车加油过程中，对矩形断面罐在1/2罐高或对椭圆形断面罐在2/3罐高附近应适当减低加油速度，并注意观察和做好防范措施。

2）控制加油方式，防止喷溅装油

油罐从顶部喷溅装油时，油品必然要冲击罐壁，搅动罐内液体，使罐内油品的静电压激剧增加。如某厂对500m³罐试验：由顶部喷溅装油时，经5min，罐内油面电位从190V上升到7000V，若改为从罐底装油（流速相同），油面电位从6000V下降至3300V。试验表明，从顶部喷溅装油产生静电量与底部进油产生的静电量之比为2∶1。可见底部装油比顶部装油安全得多。因此，要求油罐、油舱装油应以底部进油，并应避免油品飞溅，如规定罐内液面没有超过油罐进口0.6m以前或浮顶油罐的浮顶浮起以前，进口流速应限制在1m/s以下。

油罐车采用顶部装油时，应将鹤管伸到接近罐底处。这样可以：①减少油品喷溅，减少油气蒸发、雾化和泡沫；②避免油流流经电容最小的油罐中部，不致产生较大的油面电位；③在装油后期，油面电位达到最大值时，油面上部没有接地的突出金属，以免发生火花放电。

使用不同形式的鹤管分流头能降低油品喷溅带电。目前国外主要有圆筒形、T形、锥形和45°斜口等数种，除圆筒形外，其他各种分流头都能使油分散下落，避免局部电荷过多。国外将不同的鹤管分流头发生的事故次数作比较得知，大体上有过滤器时以锥形最好，无过滤器时以45°斜口及T形较好。

禁止通过外部软管从油船舱口直接灌装挥发性油品以及超过其闪点温度作业的其他油品。这种灌装法只限于高闪点油品，并必须在清除舱内可燃性气体的条件下使用。此外也不得向正在存有油气的油轮舱内注装润滑油。

3）防止不同油品相混或油品含水和空气、杂质

石油产品含水或不同油品相混并通入压缩空气时，静电的发生量将增大。实验证明，油中含水5%，会使起电效应增大10~50倍。油品通风调合也是十分危险的。因此，石油产品的生产储运要避免油与水、空气混合以及不同油品相混合。不同油混合或油品含水或空气时，都要使静电量增加，这是由于不同油品之间以及油与水或空气之间相互摩擦而产生的。油品或管道内混有杂质时，也能产生较多的静电。油品通风调合是十分危险的。某厂一个500m³油罐，罐内先已装有40t航煤，之后装柴油并进风调合，进风只一分多钟时便发生了

爆炸。因此，油品调合时必须有相应的安全措施。为了防止不同油品相混，在油罐（舱）换装油品时一定要进行洗罐（舱）和清除杂质。装油前应将罐底部积水和其他杂物清除干净。特别要注意清除不接地的金属物。

防止气体和水的混入。已输送过汽油的罐车，如未经清洗又装煤油、柴油等油品，会因重油吸收油蒸气而使罐内压力降低而吸入空气，使混合气体进入爆炸范围。从注入柴油开始，经 10~15s 左右便进入这个状态。所以对于这类罐车必须进行清洗或者用排气装置排除掉汽油蒸气或者用惰性气体进行更换。

当用空气或惰性气体将管线内、软管内及输油金属管内的残油驱向油罐（舱）内时，应注意不要将空气或惰性气体放入油罐（轮）。还要禁止使用压缩空气清扫输过挥发性油品的管线和油船。另外，油轮上应设有防雨水浸入设施，以防水分混入油中。气泡在油中不会明显地产生静电，但是如在油舱底部大量放气，那么气体会将舱底下的水带至较高的位置，就可能导致有力的和持久的静电放电。

油罐的底部设置排水管，尽可能把油罐底部的水排净，以减少底部水和沉淀物的搅拌。不许使用空气搅拌器，不许用空气或气体搅油罐。注油时罐顶应避免上人。

4）经过过滤器后油品要有足够的漏电时间

某些油品经多道过滤，而过滤器是比泵和管线更大的静电源。经过过滤器的油品，油品与过滤器发生剧烈摩擦，将使油品的带电量增加 10~100 倍。只要油品仍在接地管中流动，这种过量的电荷不会引起爆炸，因为管道中没有燃烧油气所需的氧气。而且这种高电荷密度的油品流经一段较长时间之后，其过量电荷会泄漏掉。因此通过过滤器的油品，要求过滤器至装油栈台间或油罐间留有足够的距离用消电器等措施以便消散过滤器所产生的电荷，通常规定经过过滤器的油品要有 30s 以上的漏电时间（又称缓弛时间）。同理，在油罐进口处，装有格栅、纱网等过滤装置也是危险的。一般油品只能使用粗孔的过滤器，它产生的静电比管线产生的静电小。当使用精密过滤器时，则必须采取相应的消电措施，如降低流速、加缓和器或消电器等。当油品注入油罐前通过过滤器时应限制注油管流速在 1m/s 以下。

平时过滤器内总是充满着油，然而换装新滤芯后，过滤器内则充满油气混合气。新滤芯又有高的起电特性，因此就出现了过滤器内静电放电和蒸气爆炸的潜在威胁。这时如以较高速度排气和加油，发生过滤器静电爆炸是完全可能的。为此在换新滤芯和排除容器内气体时，泵速必须限制在最小范围内，一般不大于 10%额定速度，最好采取自流式为宜。

油轮上禁止使用化纤布或丝绸去擦抹油轮胎内部，并要合理使用尼龙绳索。

**2. 人体静电的消除**

人在活动过程中，由于衣服与外界介质的接触分离，如鞋底与绝缘地面的接触分离，以及其他原因会使衣服、鞋等带电。人的身体对于静电是良好的导体，衣服等局部所带电荷通过静电感应会使人体带上一定的电位，形成人体周身带电。以后随着衣物局部电荷逐渐流散到全身表面，达到静电平衡。

如在工业橡胶板或地毯等绝缘地面上走路时，因鞋底和地面不断地紧密接触、分开就发生接触起电。当人穿塑料鞋在胶板地面上走路，可以使人体带 2~3kV 负电位；人坐在表面为绝缘材料的椅子上活动或起立时，衣服与椅面接触后分离，使人体带电；当穿尼龙羊毛混纺衣服从人造革面椅子上起立时，人体可产生近万伏高压静电。冬天脱毛衣时有静电，这是因为身穿的衣服之间经长时间的充分接触和摩擦而起电。由于相接触的两件衣服所带的电荷是相反的极性，所以未脱衣之前，人体不显静电，脱去外面的一件后，就显出了静电。当将尼龙纤维的衣服从毛衣外面脱下时，人体可以带1万伏以上的负高压静电。人手拿着的东西起电时，也可以使人体带电，如手拿干抹布擦绝缘桌面，就可以使人体带电，在一定条件下，可以带电 4～5kV。又如，人去搬动起电的绝缘物，人身也可能带电。人的皮肤在干燥的条件下也能和外界的介质表面接触起电。

总之，上述的各种人体活动的起电过程，基本上属于不同固态介质之间的接触起电过程。

人体也可以受静电感应而起电。例如，某甲不带电，但带电的某乙从某甲的背后走过时，甲的背上就感应出与乙异号的电荷，而甲的手上感应有与乙同号的静电。

另外，人们在有带电微粒的空间活动后，由于带电微粒吸附在人体上，也会使人体带电。例如，空间有带电的水雾，或者有雷云放电使空气有大量运动缓慢的正离子，人在这类空间活动后，身体就会带电。或者是人与带电的绝缘导体接触都可以接受电荷。

人体带电现象在我们的生产、生活中常常能见到。例如，有一个石油液化气站，由于漏气较多，空间充满了爆炸浓度的气体，在换班时，一位新来上班的女同志进屋脱纱巾，因头发与尼龙纱巾放电，引起液化气站爆炸；冬季气候干燥时，有时我们用手接触其他人时，在接触的瞬间，也会发生电击现象，甚至手上出现电火花。

人体静电对于操作易燃易爆的物质是一个危险之源。如人体对地电容 $C_人 = 200pF$，人体电位 $V_人 = 2000V$，则人体所带静电能量为 $W_人 = 1/2 \cdot C_人 \cdot V_人^2 = 0.4mJ$。这已经比石油蒸气混合物的引火极限 0.25mJ 高出了 1 倍。像这样带电的人，当触及接地导体或电容较大的导体时，就可把所带电能以放电火花的形式释放出来。这种放电火花对于易燃物质的安全操作是一个威胁。

导体在泄电条件一定时，其饱和带电随起电速率的增大而增加。人体静电也是这样。不同的人，在同样的条件下，他们身体所带电位 $V_人$ 将取决于在活动过程中的起电速率。比如同样是穿塑料鞋在工业橡胶地面上走动，走的快者 $V_人$ 可达 −2500V，慢者只有 −800V。又如，同样是用干布擦油漆桌面，动作快的电位可达 3100V，慢的则在 1kV 以下。因此，操作速度快的起电效率高，人体所带电位也高，反之相反。因此在油罐上面操作时要求动作稳健轻缓，不能过急。

对地电阻大，人体饱和带电量和带电电压也大。所以在许多危险性厂房里，人们都很注意保持地面潮湿。产生静电的场所的工作地面应是导电性的，地面材料可采用导电性水磨石，不宜在地板上涂刷绝缘漆，严禁用橡胶板、塑料板铺地。工作人员严禁穿着泡沫塑料、塑料底鞋，应穿着防静电鞋。此外用洒水的方法，使混凝土地面、嵌木胶合板湿润，使橡胶、树脂及石板的黏合面形成水膜，增加其导电性。每日最少洒一次水，当相对湿度在 30% 以下时，应每隔几小时洒一次。

为确保进入轻油泵房或液化气站等具有较大浓度烃蒸气场所操作人员的人身安全，操作人员必须严格按规定穿着特制的导电衣物，或采取其他可靠的接地措施，这些导电衣物包括用导电纤维制成的防静电工作服和导电橡胶做的防静电链或套在手腕上的装有接地系带的腕扣等。

人体静电的消除，可利用接地的方法。在人体必须接地的场所，应设金属接地棒，赤手接触接地棒即可导出人体静电。要求上油罐或装卸油槽车之前，操作人员应用手抚摸金属管道或扶手，以消除身上的静电。

为确保安全操作，在工作中，尽量不做与人体带电有关的事情。如不接近或接触带电体，在工作场所不穿、脱工作服，不得梳头、拍衣服，不允许打闹。在有静电的危险场所操作、巡检不得携带与工作无关的金属物品，如钥匙、硬币、手表、戒指等。在危险场所及静电产生严重的地点工作时，应穿防静电鞋，还应穿防静电工作服、手套和帽子。穿着防静电服时，内身不应穿着两件以上涤纶、腈纶、尼龙等服装。工作人员不宜坐人造革之类的高电阻材料制造的坐椅。

### 3. 消除火花放电

减少产生静电、防止静电积聚的措施已为消除火花放电做了预防措施，但是罐内油品电位经上述措施后，还有可能较高，因此仍需采取一些措施来防止火花放电。

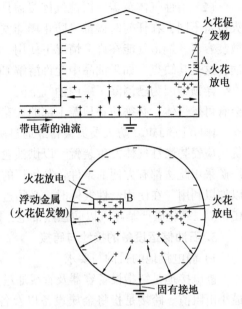

图 10-2-12　罐内的火花促发物

油罐、油罐车及其附近设备接地，防止了油罐、罐车外部的火花放电，但不能消除罐内油品与罐内壁突出金属的放电，也不能消除油面上的金属与罐壁的放电，如图 10-2-12 所示的罐内壁的火花促发物 A 与油面的放电，罐内壁与油面上的火花促发物金属 B 的放电。为了消除火花放电，必须清除掉落入油罐内的金属，如液面计浮子、量油筒、垫片等金属物。若用导电的取样筒、量油尺等进行检测时，这些金属也相当于油面上的火花促发物，因此，正在装油时，切不可进行检测。应等数分钟后，让罐内电荷泄漏一些以后才能进行检测。如果罐内设有量油管，在量油管内量油则安全多了。若未装设专用测量管，则上述工作必须在油品充分静置以后进行。检测用卷尺上端装端子或专用夹，并与接地线连接后使用。油罐车装油的鹤管亦是火花放电的促发物，鹤管接地良好，可以避免鹤管与罐内壁的火花放电，但仍然有可能发生鹤管与油面的火花放电。因此，未改成底部装油之前，应将鹤管伸至罐底装油，以免装油快结束时（这时油面电位最高），油面与鹤管突出部分发生放电。

油罐、罐车、油船在装油时间内不能使用探杆、金属采样罐、钢质测量尺、金属探测物体进行测量工作。装完油后，要经过约 30min 以上的时间，以便让油中沉降电荷消散之后方可进行。

据有关资料介绍，在给汽油罐加油时，油面电位达到 28kV 左右才会出现放电现象，但是当油面有游离的绝缘金属物，只要 1~2kV 就会出现放电。因此油面的游离绝缘金属物是非常危险的，一定要注意认真予以排除。目前汽车油罐车液面计浮子大多采用开口销活络连接，易锈蚀又不可靠。加油过程进行检尺、取样或将手电筒、工具等掉进正在加油的油罐中，都可能因此引起放电。因此在进行装油作业时，罐顶不站人，更不允许进行其他作业。进行检尺等工作需在装车以后静止 3min 以上。当测温盒等设备是金属制品时，其吊绳也必须用导体材料制作，并且上端用特制金属夹与罐车接地线相连。当测温盒等器具是绝缘材料制品时，其吊绳应用尼龙绳。其他测量尺、取样品器具等也应与测温盒一样处理。

输送氢、乙炔、丙烷、煤气和氯等气体不宜使用胶皮管，应采用接地金属管。

### 4. 控制油面空间的混合气体

在油罐气体空间用水蒸气、氮气、二氧化碳等气体覆盖油面后，即使罐内有火花放电也不会引起爆炸。

（1）水蒸气覆盖　　对于使用水蒸气覆盖有很多不同意见。在搅拌容器中，可采用水蒸气覆盖，在大储罐上，则因需要水蒸气数量大而不经济。此外，覆盖水蒸气后会升高油温和使油品混水。

（2）惰性气体覆盖　　惰性气体覆盖具有安全的特点，已为国内外接受。它与其他固定灭火设备不同，在任何时候都可防止爆炸发生。氮是一种很好的惰性气体，但价格贵，要准备散装容器。烟道气能在许多情况下使用，但它一般含有相当数量的 $CO_2$ 和 $SO_2$，它们会溶于油，这是其缺点。如果油品中允许溶解 $CO_2$，装油前把干冰放入罐内，这是比较经济的。

浮顶罐因为已消除了罐内油气空间，这是消除爆炸性性气体最合适的方法。但浮顶上面还会有可燃气体，必须防备顶盖上部的火花放电。

国际上，IMC0 防火委员会曾经通过决议，要求 10 万吨以上的油轮和 5 万吨以上的混合货轮应安装惰性气体发生装置，以供油轮充气之用。在我国很少使用这个方法，其实各石油厂矿采用此法都有方便的条件：制氧厂的副产品氮气、一氧化碳锅炉的废气二氧化碳等都可以加以利用。在使用惰性气体时，必须遵守有关的操作规定，如二氧化碳内含硫量不得大于 10%，二氧化碳严禁喷入以防强烈带电，同时还要防止人体吸入等。

### 5. 石油储运设备的接地与跨接

1）静电接地的目的与要求

静电接地是特指设备容器及管线通过金属导线和接地体与大地连接而形成等电位，并有最小电阻值。跨接是指将金属设备以及各管线之间用金属导线相连接，形成等电位体。显然，接地与跨接的目的是在于人为地使设备与大地形成一个等电位体，不致因静电电位差造成火花而引起灾害。然而，管线跨接的另一个目的，是当有杂散电流时，给它一个良好通路，以避免在断路处发生火花而造成事故。

积聚在绝缘油品内部的电荷通过接地体导入大地是需要一定时间的，因此，即使接地良好的金属容器也不能消除油品内静电的产生和积聚。曾有人企图在绝缘液体中设立金属网并良好接地以清除静电，结果恰好是背道而驰。因为金属网不能增加绝缘液体的导电性能，反而增加了固、液相接触面积，给新静电荷的产生创造了良好条件。

电阻率大于 $10^{11}\Omega \cdot cm$ 的液体存在着产生静电的条件。对此，电阻率小于 $10^8\Omega \cdot cm$ 的介质便是静电的良好导体。从这个观点考虑，如果总接地电阻能满足 $10^6\Omega \cdot cm$，则静电荷就可以流畅地跑掉。

由于静电电流为微安级（$10^{-6}A$），若要求接地体造成的电位差不超过 10V，那么，接地电阻最大可以取到 $10^6\Omega$。如果把电流取到 $10^{-4}A$，电压取到 0.1V，再考虑到使用方便，那么静电接地装置的金属导体部分的总电阻值小于 $100\Omega$ 即可。因此，静电的接地电阻取在 $10^2 \sim 10^6\Omega$ 范围内是合适的。虽然对单独用于防静电目的的接地电阻值可以较高，但要注意连接必须牢靠，否则在虚接或松脱情况下，会出现高电位，有发生放电的危险。

为了保护油田和炼厂中的设备及建筑、构筑物不受雷电的侵害，应设置防雷电的保护装置。装置中的接地电阻值按防雷等级分别有不同的要求：

| 防雷级别 | 电阻值 |
| --- | --- |
| Ⅰ级防雷建筑、构筑物及储罐 | $5 \sim 10\Omega$ |
| Ⅱ级防雷建筑、构筑物及储罐 | $10\Omega$ |
| Ⅲ级防雷建筑、构筑物及储罐 | $20 \sim 30\Omega$ |

显然，在使用联合接地网时，不论哪一级别的接地电阻值对防静电来说都是绰绰有余的。当接地体为人工接地体时，一般是使用 50mm×50mm×5mm 的角钢或壁厚大于 3.5mm 的钢管，截取 2.5m 长为一根，打入地下，其顶部距地坪 700mm。各接地体之间用 40mm×4mm 的扁钢连成一体并与设备相连。电阻值以实测值为准。

在输油站库中，应做静电接地的设备可分为两大类：一类是固定设备，包括储油罐、输油管线、铁路装卸油场、码头装卸油设施设备和自动化计量设备等；另一类为移动设备，包括铁路油罐车、汽车油罐车、油船和油桶等。

2）油罐的接地与跨接

若油罐本身已装有避雷接地系统不必再装设接地装置。对于一般金属拱顶油罐，通过外壁良好接地即可；洞库内的油罐、油管、油气呼吸管、金属通风管和管件都应用导静电引线连接。导静电干线（一般用 40mm×4mm 扁钢）、引线和干线连接形成导静电系统。干线引至洞外，在适当的位置设静电接地体；非金属油罐应在罐内设置防静电导体引至罐外接地，并与油罐的金属管线连接；对于浮顶罐或内浮顶罐，除外壁良好接地外，尚需将浮顶与罐体、挡雨板与罐顶、量油浮筒与罐壁、搅拌器与罐壁、活动走梯等与罐顶进行跨接。跨接使用截面不小于 25mm² 的钢铰线。为保证接地安全可靠，油罐接地点应不少于两点。取样器和温度测定器的吊绳一端也应接地。

3）管线的接地与跨接

地下、地上、管沟敷设和集油管等管线，其始端、末端、分支处以及直线段每隔 200～300m 处，应设防静电接地和防感应雷接地，接地电阻不宜大于 30Ω，接地点宜设在固定墩（架）处。对于不长于 200m 的管线，应在始末端各设一个接地装置。

管线用法兰连接的阀门、流量计、过滤器、泵、储油罐等设备，每一连接处都应设导静电跨接，其接触电阻不应大于 0.03Ω，用金属螺栓，一般都能满足要求。若不满足要求，两法兰间应采用连接极或 φ3 的钢线跨接，每处至少装两根。

平行敷设的管线之间在管道支架（固定座）处应做跨接，输油管线已装阴极保护的区段，不应再做静电接地。

平行敷设的地上管线之间间距小于 1m 时，每隔 50m 左右应用 40mm×4mm 扁钢相互跨接。

接地线如仅仅作为防静电的连接导线，则使用截面大于 1.25mm² 的铜线即可。对于在鹤管前部的活动套管之间应使用有足够机械强度的可绕绞线。一般使用不小于 6mm² 的铜绞线。

对于内装钢丝的橡胶软管，在管子的始、末端均需将钢丝引出并进行接地，以增加电容，降低电位。

对于接地设施及管线的连接部件，每年需有一次以上的检查。

4）铁路装卸油场

铁路装卸油场的设施设备，如钢轨、装卸油栈桥、鹤管等都应做防静电连接线接地体。每座装卸油栈桥的两端至少各设一组连接线及接地体。铁路油罐车通过铁轨的对地电阻相当低，足以防止罐车外壁的静电积聚，无须将罐车与接地输油管连通。但为了防止沿铁轨来的杂散电流，必须做到铁轨叉道的绝缘和铁轨的接地。对鹤管等活动部件则应分别单独接地。装车开始前一定要把接地线接在罐车某一指定的位置，以保持铁轨、油罐车、装油鹤管为等电位体。注油完毕先拆掉油管，经一定时间（一般是 3～5min 以上）的静止，才能把接地线拆除。

5）汽车油罐车

装油或卸油前，应对罐体接地，装油柱和装油台必须接地。操作人员操作时，先与接地金属接触，以消除人体的静电。操作时应穿防静电靴（接地），以防人体活动时产生静电。车体必须进行可靠的静电接地，加油鹤管必须做可靠的静电连接，且与车体的静电接地是同一静电接地体。打开罐盖以前，胶管的金属端头必须与油罐连通（或接地），从而使鹤管与汽车油罐车形成等电位体。汽车槽车上应装设专用的接地软铜线（或导电橡胶拖地带），牢固连接在槽车上并垂挂于地面，以便导走汽车行驶时产生的静电。如果加油场地为水泥地面，不可随意将接地体扔在地面，因为水泥地面电阻可高达 $10^{11} \sim 10^{12}\,\Omega$，应在该场地设一接地装置，再打开罐盖先行接地。

接引地线人们还是比较重视的，但在拆卸地线时往往造成人为地使油罐"悬空"。由于罐内液体流动等因素，有时虽已停止加油，油罐电位常可保持几分钟，因此在停泵后过快拆除地线同样可以造成与上面相似的"悬空"状况。为安全起见，汽车油罐车装油结束后最好静止 5min 后再收地线。同时要注意先拆除加油接头及连接导线，最后拆油罐车接地线。

6）油船

由于船体与水接触，可不必另采取接地措施。为了防止从输油管带来的杂散电流和船体发生放电，输油管应与船体用导线连接起来，以成为等电体。

7）自动化计量设备的接地

凡使用称重式计量仪表的油罐，其上罐及伸入罐内的气管均应采用金属导管并安装牢固，罐内钟罩应做好接地连接；液位计仪表及部件须与油罐做可靠的电气连接；自动电子计量灌装设备的防静电联锁装置必须可靠、完好。

8）飞机

飞机加油前，飞机与加油嘴、加油罐车（加油容器）、加油栓之间都应连成导电回路（形成等电位体）。如有可能，油罐车和加油栓应该接地。

9）小型容器

小型容器（桶、听、瓶）如为金属容器，应放置在接地的金属架或接地的装油台上，灌注须用金属漏斗，漏斗须与容器接触和接地。灌注绝缘容器时（加玻璃瓶、聚乙烯瓶），在容器内插一根接地金属，慢慢灌注，灌注漏斗必须是金属的而且接地。油桶装油时，应放在接地的金属架上或与注油设备跨接起来，再一起接地。

10）可能产生静电危害的爆炸危险场所入口处

如储油洞库入口处、储油罐间进口处、泵房及灌油间门口应设置导静电手握体。手握体应用引线与接地体相连。

各种设备的接地实例如图 10-2-13 所示。

**6. 消静电器**

顾名思义，消静电器是直接消除油品内流动电荷的器件，它安装在管道末端，不断地向管中注入与油品中电荷极性相反的电荷而达到中和的目的。从电荷注入方式上区分，消静电器可分为外电注入式和感应注入式两种。后者由于具有结构简单、使用方便以及消电效率高等优点，虽自 20 世纪 60 年代由美国为解决槽车装车静电安全而研制，但于近十几年来却在许多国家获得应用。

1）消电器结构

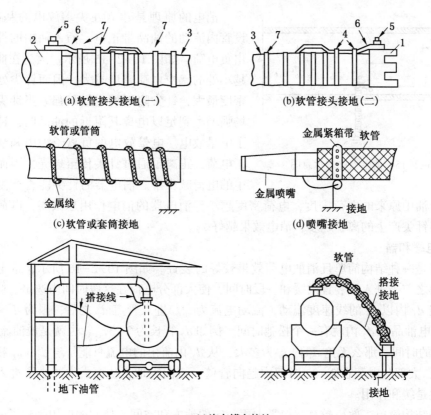

(a)软管接头接地(一)　　　(b)软管接头接地(二)

(c)软管或套筒接地　　　(d)喷嘴接地

(e)汽车罐车接地

图 10-2-13　各种设备的接地示意图

1—钢头；2—管子；3—软管；4—夹箍；5—镀锌螺钉；6—钢导线；7—金属绕丝

如图 10-2-14 所示，消电器主要由三部分组成：

（1）接地钢管及法兰部分；

（2）内部绝缘管；

（3）电离针及镶针螺栓等。

为了均匀地在油内产生相反的电荷，电离针沿长度方向交错布置四至五排，每排沿圆周均匀布置三至四根针。为了方便检查和维修，电离针用螺栓做成，可拆卸。

电离针选用耐高温、耐磨的钨合金等金属材料制作。针体的直径约为 1~1.5mm，其末端经处理成尖形。长度一般突出管内壁 10mm 左右为宜。绝缘管系用高绝缘低介电常数耐油塑料如聚乙烯、聚四氟乙烯等制作。它可以做成整体的，也可以分层衬在钢管内壁，而其厚度和长度依据试验确定。

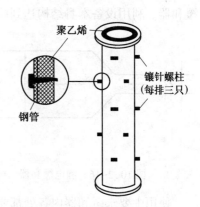

图 10-2-14　消电器结构示意图

2）消电原理

图 10-2-15 是消电原理示意图，当带电油品进入消电器绝缘管后，对地电容变小，使内部电位增高，这样在介质管内形成一个高电压段。在电离针端部，由于具有高电场使其因感应而堆积的电荷被拉入油中或因高场强使油品部分电离而发生中和作用，达到消除部分电荷的效果。

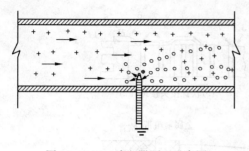

图 10-2-15 消电器原理示意图

消电的原理是建立在尖端放电的基础上的，设管内流动的油品带正电，插入油中的针尖感应出负电荷，如图 10-2-15 所示。因为在曲率半径越小处的感应电荷密度越大，因而针尖处的电荷密度最大，针尖附近的电场最强。当针尖附近的场强增大到足以电离其附近的油品时，针尖产生了电晕放电。电晕放电的负离子去中和油品中的正电荷，正离子通过针尖传至地壳，因而使油品中的电荷减少了。消电器的针尖能否产生电晕放电，取决于油中原来的电荷密度，电荷密度越小，消电器的消电作用越微弱；电荷密度越大，消电器针尖产生的离子越多，消电效果越好。

### 7. 静电缓和器

缓和器是一种结构简单且消散电荷效果较好的装置。如图 10-2-16 所示，带电的油品在进入油罐之前先进入该装置内缓和一段时间，使大部分电荷在这段时间内逸出。假如带电油品在管线 $d_1$ 内以 $v_1$ 的线速度流动，流动电流为 $i_0$。进入管道 $d_2$ 之后，因为 $d_2 > d_1$，$v_2 < v_1$，所以带电油品在 $d_2$ 内就有一个松弛时间。例如 $d_2$ 管长为 $2 \sim 3\tau_{v_2}$，也就是说油流在 $d_2$ 内停留 $2 \sim 3\tau$ 的时间，那么无论 $d_1$ 内 $i_0$ 为多大，从 $d_2$ 内流出的电流只能是与 $d_2$、$v_2$ 相对应的饱和电流 $i$，大部分电荷在 $2 \sim 3\tau$ 时间内趋向管壁，流向大地，从而大大减小了进入油罐的电荷。这就是缓和作用。

缓和器结构简单，效率较高，但需占用一定的地方和空间，使它的应用受到了一定的限制。为解决这个矛盾，可以与某些设备结合起来设计。例如，在过滤器尾部加大空间，使之变成过滤器-缓和器组合体；也可利用罐体本身加以改进起到缓和器的作用。如图 10-2-17 所示，在油罐内加装一个遮流板，遮流板与部分罐壁围起来的空间就成为设置在油罐内部的缓和器。利用设备本身结构达到缓和目的，即经济又容易实现。

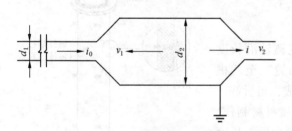

图 10-2-16 静电缓和器结构图

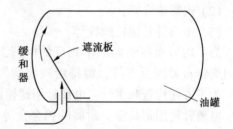

图 10-2-17 油罐-缓和器组合应用示意图

使用中要求缓和器内各处都要充满油，尽可能把它设置在系统的末端并保证良好接地。为确保油品质量还要顾及维修和清洗的方便。

### 8. 抗静电剂

抗静电剂是一种能增加油品电导率的化合物。在油品中加入微量的抗静电剂，就能成十倍成百倍地增加油品电导率，提高电荷的泄漏速度，使油品中积聚的电荷减小，电位降低，消除静电危险，而又不影响油品质量。

在化工行业和石油储运系统中，防静电剂的使用，也要根据不同的对象区别对待。成本、毒性、腐蚀性和使用场合的有效性，都是要考虑的内容。在石油储运过程中使用化学防静电剂，必须充分考虑每年的消耗量和成本。

石油行业多采用油酸盐、环烷酸盐、铂盐、合成脂肪酸盐等作为抗静电剂。石油工业常用的抗静电剂有 ASA-3 抗静电剂，以及国产 T1501 抗静电剂和水杨抗静电剂。

防静电剂是消除静电的有效办法之一。进一步研究表明，由于混合不匀或输送中的损耗会导致油品中防静电剂浓度过低。这种抗静电剂浓度过低的油通过有过滤器的装油系统时，反而会比不加防静电剂的油品带电量大。这是由于防静剂的微粒通过过滤器时，产生了大量的静电，如含 $0.05 \sim 0.15$ppm（$1$ppm $= 10^{-6}$）防静电剂的油品通过过滤器产生的静电要增加 12 倍左右。尽管加防静电剂后，油品的导电率增加了，能加速静电泄漏，但油品的带电量也增加了，仍然有可能增大油面电位。因此加入防静电剂的数量不能太低，以防出现相反的效果。

加入方法：加剂时，通常先将添加剂以数倍燃料稀释，调配成母液，然后视调合罐容积再进行充分地循环。停泵半小时后用电导率仪表测定，当各部分电导率值相同时，即可认为调合均匀。添加剂可在炼油厂加入，也可以在使用地点加入。

# 第三节　输油站库防雷

## 一、预防雷电危害的基本原则

（1）石油和石油产品应储存在密闭性的容器内，并避免易燃或可燃性油气混合物在容器周围积聚。

（2）易燃或可燃性油气可能泄漏或积聚的区域，应避免金属导体间产生火花放电。

（3）固定顶金属容器附件（如呼吸阀、安全阀）必须装设阻火器。石油容器及其附属装置（如阻火器、呼吸阀、量油孔等）均应保持良好的工作状态。

（4）石油设备应采用防雷接地。防雷接地、防静电接地和电气设备接地宜共用同一接地装置。

## 二、预防雷电危害的技术措施

### 1. 金属油罐

油罐顶板厚度小于 4mm 时，应装设防直击雷设备，如避雷针或半导体消雷器等。当油罐顶板厚度≥4mm 时，按 GB 50074 规定，不应装设防直击雷设备。

多雷区通常指年雷暴日大于 40 天的地区，见表 10-3-1。

表 10-3-1　我国各地雷暴日期及初终期

| 地　名 | 平均全年日期 | 最早初日<br>日/月 | 最晚终日<br>日/月 | 地　名 | 平均全年日期 | 最早初日<br>日/月 | 最晚终日<br>日/月 |
|---|---|---|---|---|---|---|---|
| 哈尔滨 | 28.9 | 20/4 | 10/10 | 大连 | 18.2 | 4/4 | 7/11 |
| 齐齐哈尔 | 24.1 | 20/4 | 10/10 | 沈阳 | 31.5 | 22/3 | 10/11 |
| 牡丹江 | 26.8 | 21/4 | 21/10 | 锦州 | 28.7 | 25/3 | 29/10 |
| 长春 | 35.8 | 28/3 | 9/11 | 营口 | 30.0 | 22/3 | 4/11 |
| 抚顺 | 28.3 | 11/3 | 3/11 | 满洲里 | 29.8 | 3/5 | 29/9 |
| 本溪 | 38.0 | 10/4 | 3/11 | 呼和浩特 | 29.5 | 20/3 | 24/10 |
| 鞍山 | 26.3 | 20/4 | 3/11 | 包头 | 37.7 | 20/3 | 22/10 |

| 地　名 | 平均全年日期 | 最早初日<br>日/月 | 最晚终日<br>日/月 | 地　名 | 平均全年日期 | 最早初日<br>日/月 | 最晚终日<br>日/月 |
|---|---|---|---|---|---|---|---|
| 乌鲁木齐 | 9.4 | 13/4 | 20/9 | 长沙 | 48.7 | 10/1 | 22/12 |
| 玉门 | 8.6 | 9/3 | 24/9 | 衡阳 | 54.3 | 10/1 | 12/12 |
| 兰州 | 25.1 | 2/4 | 23/10 | 九江 | 48.0 | 13/1 | 25/12 |
| 银川 | 28.2 | 33/4 | 23/10 | 南昌 | 58.4 | 14/1 | 25/12 |
| 西宁 | 39.1 | 8/4 | 2/11 | 景德镇 | 59.8 | 13/1 | 22/12 |
| 西安 | 15.4 | 8/4 | 20/10 | 赣州 | 63.6 | 29/1 | 22/12 |
| 秦皇岛 | 35.9 | 21/3 | 29/10 | 桂林 | 76.2 | 13/1 | 16/12 |
| 石家庄 | 27.9 | 8/4 | 30/9 | 南宁 | 88.6 | 13/1 | 28/10 |
| 北京 | 36.7 | 6/4 | 26/10 | 桂平 | 100.8 | 2/2 | 2/11 |
| 天津 | 26.8 | 9/4 | 29/10 | 柳州 | 66.1 | 2/1 | 10/12 |
| 上海 | 32.2 | 14/2 | 10/11 | 梧州 | 97.5 | 10/1 | 2/11 |
| 太原 | 37.1 | 4/4 | 17/10 | 信宜 | 108.9 | 2/1 | 28/10 |
| 烟台 | 25.0 | 22/3 | 13/11 | 琼中 | 108.4 | 19/2 | 10/11 |
| 济南 | 25.0 | 27/3 | 17/10 | 湛江 | 95.6 | 3/1 | 7/11 |
| 南京 | 34.4 | 14/2 | 14/10 | 成都 | 36.9 | 7/3 | 11/10 |
| 合肥 | 30.4 | 25/2 | 14/10 | 重庆 | 40.1 | 14/2 | 1/12 |
| 安庆 | 44.0 | 15/1 | 21/12 | 西昌 | 75.6 | 2/1 | 14/12 |
| 杭州 | 43.2 | 14/1 | 14/11 | 丽江 | 75.8 | 2/2 | 22/12 |
| 宁波 | 47.1 | 29/1 | 4/11 | 景洪 | 116.4 | 6/1 | 25/12 |
| 金华 | 61.9 | 14/1 | 23/11 | 昆明 | 62.8 | 6/1 | 22/12 |
| 福州 | 63.2 | 11/1 | 20/11 | 河口 | 108.0 | 13/1 | 9/11 |
| 厦门 | 45.8 | 29/1 | 22/12 | 遵义 | 51.6 | 2/1 | 12/12 |
| 洛阳 | 28.3 | 28/2 | 19/10 | 贵阳 | 48.9 | 2/1 | 25/12 |
| 郑州 | 21.0 | 17/3 | 26/9 | 黑河 | 86.2 | 10/3 | 16/10 |
| 宜昌 | 45.4 | 11/1 | 28/10 | 拉萨 | 75.4 | 9/3 | 3/11 |
| 武汉 | 26.7 | 11/1 | 20/12 | 日喀则 | 80.4 | 23/3 | 15/10 |

金属油罐必须做环型防雷接地，其接地点不应少于两处，其间弧形距离不应大于30m。接地体距罐壁的距离应大于3m，当罐顶装有避雷针或利用罐体作接闪器时，每一接地点的接地电阻不应大于10Ω。

浮顶金属油罐可不装设防直击雷设备，但必须用两根截面不小于25mm²的软铜绞线将浮船与罐体做电气连接。其连接点不应少于两处，连接点沿油罐周长的间距不应大于30m。浮顶油罐的密封结构，宜采用耐油导静电材料制品。

金属油罐的阻火器、呼吸阀、量油孔、人孔、透光孔等金属附件必须保持等电位连接。

**2. 非金属油罐**

非金属油罐应装设独立避雷针(网)或半导体消雷器等防直击雷设备。

独立避雷针与被保护物的水平距离不应小于3m，并应有独立的接地电阻，接地电阻不得大于10Ω。

避雷网应用直径不小于8mm的圆钢或截面不小于24mm×4mm的扁钢制成，网格不宜大于6m×6m；避雷网引下线不得少于2根，并沿四周均匀或对称布置，其间距不得大于18m，接地点不得少于两处。

非金属油罐必须装设阻火器和呼吸阀。油罐的阻火器、呼吸阀、量油孔、人孔、透光孔、法兰等金属附件必须严密并做接地。它们必须在防直击雷装置的保护范围内。

### 3. 人工洞石油库

人工洞石油库油罐的金属呼吸管和金属通风管的露出洞外部分，应装设独立的避雷针，其保护范围应高出管口 2m，独立避雷针距管口的水平距离不得小于 3m。

进入洞内的金属管路，从洞口算起，当其洞外埋地长度超过 50m 时，可不设接地装置；当其洞外部分不埋地或埋地长度不足 50m 时，应在洞外做两处接地，接地点的间距不得大于 100m，接地电阻不得大于 20Ω。

动力、照明和通讯线路应采用铠装电缆埋地引入洞内，若由架空线转换为埋地电缆引入时，由进入点至转换处的距离不得小于 50m，架空线与电缆的连接处应装设避雷器。避雷器、电缆外皮和绝缘子铁脚应做电气连接并接地，其冲击接地电阻不应大于 10Ω。

### 4. 汽车槽车和铁路槽车

汽车槽车和铁路槽车在装运易燃、可燃油时宜装阻火器。

铁路装卸油品设备(包括钢轨、管路、鹤管、栈桥等)应做电气连接并接地，冲击接地电阻应不大于 10Ω。

### 5. 金属油船和油驳

金属油船和油驳的金属桅杆或其他凸出物可作接闪器。如船体的结构是木质的或其他绝缘材料的，则必须把桅杆或其他凸出的金属物与水线以下的铜板连接。

无线电天线应装避雷器。

雷暴时应中止装卸油品，并关闭储器开口。

### 6. 管路

输油管路可用其自身作接闪器，其法兰、阀门的连接处应设金属跨接线。当法兰用 5 根以上螺栓连接时，法兰可不用金属线跨接，但必须构成电气通路。

管路系统的所有金属件，包括护套的金属包覆层必须接地。管路两端和每隔 200～300m 处，以及分支处、拐弯处均应有一处接地，接地点宜设在管墩处，其冲击接地电阻不得大于 10Ω。

可燃性气体放空管路必须装设避雷针，避雷针的保护范围应高出管口不小于 2m，避雷针距管口的水平距离不得小于 3m。

### 7. 预检

每年雷雨季节之前，必须检查、维修防雷电设备和接地。检查的主要项目如下：

(1) 防雷设备的外观形貌、连接程度，如发现断裂、损坏、松动应及时修复；

(2) 用仪器检测防雷设备冲击接地电阻值，如发现不符合要求，应及时修复；

(3) 清洗堵塞的阻火芯，更换变形或腐蚀的阻火芯，并应保证密封处不漏气。

### 8. 人身安全

雷雨天气时，应注意人身安全防护。

(1) 雷暴天气时，不宜在户外从事石油作业，也不应在下列地方停留：

① 小型无保护的建筑物、车库或车棚；

② 非金属顶或敞开式的各种车辆及船舶；

③ 山顶、山脊和建筑物及构筑物的顶部；

④ 开旷田野、各种停车场、运动场；

⑤ 游泳池、湖泊、海滨或孤立的树下；

⑥ 铁栅栏、金属晒衣绳、架空线、铁路轨道。

（2）雷击时，如果作业人员孤立地处于暴露区并感到头发竖起时应立即双膝下蹲、向前弯曲、双手抱膝。

（3）雷击时，应寻找下列地方掩蔽：

① 有防雷保护的建筑物、构筑物；

② 大型金属框架的建筑物、构筑物；

③ 大型无防雷保护的建筑物、构筑物；

④ 有金属顶的各种车辆及有金属壳体的船舶；

⑤ 关闭的窗口。

# 第四节  防毒与防触电

石油产品及其蒸气都具有一定的毒性，含铅汽油其毒性更大。油料是由各种烃族化合物组成的，其中芳香烃毒性最大，环烷烃次之，烷烃最小。虽然轻质油料比重质油料毒性小，但轻质油料易挥发，容易通过呼吸系统进入人体。大量的油品蒸气若经过呼吸系统，能使人体器官受到伤害而引起急性和慢性中毒。油气中毒重者使人死亡，轻者使人头昏思睡。

## 一、工作场所允许的石油蒸气浓度的临界极限值

石油蒸气在空气中的浓度上升到了 0.05% 以上时，石油蒸气严重的中毒作用逐渐变得明显。在 0.1% 的浓度下在 1h 内眼睛受到刺激；0.2% 时，在 1.5h 内，眼睛、鼻子、喉咙受到刺激，出现头晕目眩和失常的症状；0.7% 时，在 15min 内出现像"喝醉酒"的症状；1.0% 时，"喝醉酒"的症状很快出现，如果接触的时间延长，会导致人失去知觉和死亡；在 2.0% 时，会使人立即昏倒、丧失知觉、瘫痪（死亡）很快出现。因此，在产生各种不同中毒状态之间（即产生"石脑油的醉态"、麻醉和最后死亡各种状态之间），蒸气浓度仅仅有很小的一些差异。

石油蒸气在空气中的中毒浓度比它的最低可燃极限小得多。车用汽油的最低可燃极限是 1.4%。可以得出结论，严重中毒的作用先于燃烧危险的条件，但是，可燃混合物比空气稍重，在呼吸的高度上出现允许呼吸的大气的同时，在地面高度上出现可燃的石油燃气的混合物是完全可能的。因为石油具有较强的挥发性，因此在封闭的空间内，蒸气浓度可能发生变化，不能肯定各处都是同一个浓度，譬如说，在这个空间内的一个点上出现了 0.05% 的浓度，并不能肯定这个浓度代表整个封闭空间的浓度，更不表示蒸气浓度不发生变化，只要有残存的石油存在，石油蒸气在空气中的浓度就可能发生变化。因此为安全起见，封闭的工作场所的石油蒸气浓度应尽可能控制在零或保持通风。

## 二、几起石油蒸气中毒死亡的实例

国外报道的呼吸石油蒸气影响健康甚至引起死亡大多数都是由于对石油蒸气的麻醉作用的无知而引起的。

英国一个 22 岁的工人修理油罐车的圆顶时，罐内有 6in 深的剩余汽油。他使用的是非

铁制的手工工具，在他工作的过程中，从人孔偶然地将一个凿子掉到油罐车底部的汽油中。他下到了油罐车里去捡掉下去的凿子，他这个行动是违反操作规程的。规程规定，掉下工具只能让它留在里边，直到下次清理油罐车时再把它取出。有人看到他去捡工具，后来不久又看见他坐在油罐车的圆顶上，他的腿垂放在人孔内。大约半小时以后，发现他的尸体躺在该油罐的底部。检验表明，人孔内的石油蒸气浓度是 6%，但不清楚的是死者是为了某种目的第二次又进入罐车，还是当他坐在人孔上时，失去了知觉而滑入到了罐车内。

在清洗一个长 30ft(9.14m)、直径 9ft(2.74m)的卧式石油罐时，两个人受毒气危害，其中一个致命。洁罐承包人雇用的一个领班和一个清罐工人，没有戴呼吸器就进入罐内，由于罐内有蒸气两人爬了出来，待在外边的另一个清罐工人是准备操纵一个带有 50ft(15.24m)长的空气管线的手动吹风机。领班在没有戴呼吸器的情况下又一次单独进入罐内，再一次出来呼吸新鲜空气，然后第三次进入罐内。两个清罐工人看到他处境有危险的时候，进到罐内营救他，可是不得不再次爬出来。这时，他们中的一个人去叫人来帮忙，另一个又进行了一次营救。但是，当叫人的人返回时，他们的同事和领班在油罐内全失去了知觉。该场地的管理人戴上呼吸器，进入罐内，在领班的身上绑上救命绳，将领班拉出来，给予氧气以后，领班就恢复了知觉，但是，丧失了记忆力。随后，消防队到达，穿戴上呼吸器救出罐内的清罐工人，尽管给予氧气救护，仍没能恢复知觉。

20 世纪 80 年代，东北某输油泵站泵房阀门喷油，一指导员为抢关阀门，而被石油蒸气熏死，为石油管道事业献出了生命。

## 三、原油中的硫化氢($H_2S$)

### 1. 硫化氢的毒性

根据前面章节学过的原油的理化知识可知，在原油和天然气中存在一定的硫化氢($H_2S$)以及硫醇、硫醚等有机化合物，在缺氧的条件下，微生物可以使有机硫和无机硫转化为硫化氢。原油中存在的硫化氢是极毒的，在相当低的浓度下，很快就可能引起人们失去知觉，甚至死亡。在石油蒸气存在的环境下工作，如果感到恶心头痛，胸部有压迫感和疲倦，眼鼻及咽喉的黏膜部分感到剧痛，口腔出现金属味，就可能是硫化氢中毒。中毒严重时，表现为抽筋，丧失知觉，使人的呼吸器官麻痹而死亡。此外，大家都知道它具有臭鸡蛋的特殊臭味，在处理和加工这种原油时，会有难闻的气味。

$H_2S$ 在空气中的最高安全极限位是 20ppm(美国政府工业卫生专家会议给出的暂定值)。当浓度达到 1000ppm 或更高时，立即使人失去知觉，除非立刻进行人工呼吸，否则将立即死亡。$H_2S$ 的毒害见表 10-4-1。

表 10-4-1　$H_2S$ 的毒害

| 浓度/ppm | 后　　果 |
| --- | --- |
| 100 | 接触 1h 以后，眼睛和呼吸道局部受刺激 |
| 200 | 如果呼吸 1h 会有危险。能引起对眼睛和呼吸系统严重的刺激。接触 6~8min 以后，眼睛会受到影响 |
| 500 | 如果呼吸 15~30min 有严重危险。会引起对眼睛和呼吸道严重的刺激，并有发生肺炎的危险，或造成肺的严重伤害，这些都可能是致命的 |

根据硫化氢强烈的特殊气味，可以识别很低浓度的硫化氢，然而凭嗅觉来分辨它只是在

开始遇到这种气体时才是可靠的。即使是在低的浓度下，人长期地和反复地和它接触，会出现嗅觉对这种气味的疲劳，从而使以气味作为警戒成为不可靠。在较高浓度下它将有芳香味，并会立即麻醉嗅觉神经，靠气味将更不可能检测出它的存在，这就可能造成极大的危险。

硫化氢的气味可能被其他的气味掩盖，在现场测试时如果存在大浓度的轻质烃类（如丙烷和丁烷）和一些轻质硫醇时，尽管硫化氢的浓度达到 $5 \sim 10ppm$，也不可能靠气味检测出来，但在空气中 $H_2S$ 的浓度就是小于 1ppm 凭气味也可以检测出来。

**2. 原油运输和储存期间碰到的硫化氢浓度**

1）在储罐内的浓度

储罐内原油上部蒸气空间的 $H_2S$ 浓度，与油中溶解的 $H_2S$ 数量有关。油的蒸气压、温度和蒸气空间体积的大小，是否已达到平衡状态等都能影响 $H_2S$ 可能达到的水平。英国一家公司测量过，当储罐内硫化氢的重量含量达到 0.0017% 时，油罐空间的硫化氢含量就已达到 150ppm，对人产生了严重的毒性，影响人的生命安全；当罐内原油的硫化氢质量含量达 0.003% 时，罐内气体空间的硫化氢含量将达 $400 \sim 500ppm$，对人有致命的危险。

2）在原油储罐附近的大气中的浓度

英国一公司在两个运输伊朗含硫化氢分别为 0.01% 和 0.02% 的原油的船卸油期间，对储罐附近大气中的 $H_2S$ 的含量进行了测量。结果表明，甚至在无风的大气条件下，从储罐中释放出的蒸气中含 $H_2S$ 的含量很快被稀释到安全的范围内。近来，在储存含 $H_2S$ 浓度在 0.0216%（质量分数）的原油的浮顶罐计量孔附近，又进行过一些测量，没有检测到 $H_2S$ 的有害浓度。

从上面的资料可以得出结论，除紧靠近排气孔的附近或在通风很坏的位置上的情况外，如果给予适当的注意，储运含 $H_2S$ 的原油没有大的危险。但是，必须记住，在正压条件下打开油罐时，由于操作者不注意，就可能吸入致命浓度下的 $H_2S$。所以在对油罐、油轮进行计量或取样时，打开油罐油舱盖以前，应向罐顶或桅杆顶自由通风，以防止从油罐油舱释放出来的含大量 $H_2S$ 的油气冲向罐顶或甲板；从事船上或岸上油罐液面测量或取样的人员，始终应站在开口的上风向。

从前面对 $H_2S$ 毒性的讨论来看，只要原油中 $H_2S$ 的含量小于 0.002%（质量分数），则既不会产生讨厌的气味，也不会产生毒性问题，但必须认识到 $H_2S$ 潜在的危险。

## 四、石油中的沥青

沥青有石油沥青、页岩沥青、煤焦油沥青和天然沥青四种。其中煤焦油沥青含挥发性物质最多，毒性最大；石油沥青、页岩沥青含挥发性物质少，毒性也较小；天然沥青不含挥发性物质，对人无直接危害。

为预防沥青对人体健康的危害，在生产中应做好以下预防工作：

（1）加强沥青生产的机械化、自动化和密闭化，安装排气、吸尘装置，降低沥青烟及粉尘浓度；

（2）控制沥青加工温度，减少沥青的挥发；

（3）皮肤污染时，不能用苯擦洗，可用植物油擦，再用肥皂水冲洗。

## 五、皮肤同石油液体接触的影响

**1. 皮炎**

大多数石油液体是脂肪的溶剂，反复和这些液体接触，就会排除掉皮肤脂肪固有的保护性质。因此，石油液体就成为皮肤的刺激剂，特别是轻馏分、石油醚、煤油和石脑油之类的石油溶剂，对皮肤的刺激性更大。

**2. 油粉刺**

长期与润滑油和切削油接触，会使皮肤上的汗腺被堵塞，可能在皮肤上产生油粉刺，还可能被感染形成黑点粉刺。如果经常在皮肤上沾染原油，对皮肤的影响应该比润滑油更大。

**3. 皮肤的癌肿**

原油的重馏分中含有可能致癌的复杂的活性多环混合物，但是在致癌的活性方面，与焦油、焦油沥青和页岩油比，石油产品一般是低的。例如，1962 年根据英国工厂法英国工厂向英国工厂检查署报告的与沥青和焦油接触而出现上皮瘤溃烂的有 159 起，其中一起是致命的；与矿物油接触的有 24 起，其中 8 起是致命的。在石油炼制生产中，对处理重质残渣油（例如分馏塔底的残渣油、油脚和催化裂化装置的澄析油，以及含有高沸程芳香烃的其他液体），认为具有潜在危险，因为怀疑它们存在致癌成分。

## 六、防毒措施

有毒物质的存在是构成职业病的基本原因，根本办法是预防为主。

（1）设计建筑输油输气站时，在选择工艺流程、设备及仪表中，必须考虑防止有毒物质的毒害问题。如车间、仪表和值班工作间要通风良好，有排除毒气和毒物的设施（如仪表间要有排除水银毒害的有关设施），流量、温度仪表要采用无汞式。

（2）搞好设备、仪表的维护保养，做到严密不漏气。

（3）仪表间和安装有石油天然气装置的其他工作间，要注意经常通风，及时排出可能的漏气。

（4）进入漏气严重的地区或容器内（如清洗收发球筒和塔类设备）工作时，要带防毒或供氧面具，停留时间不要太长。

防毒面具按作用的机理不同，可分为过滤式及隔离式面具。凡空气中氧的含量不低于16%或含毒气量不超过 2% 的浓度时，一般可采用过滤式面具，其他情况下则用隔离式面具。

由于所防毒气的种类不同，过滤式面具的过滤器中所放的主要药剂亦有所不同。例如，吸入有机物蒸气与酸性气体主要用活性炭，该过滤器第一层装碳酸钠，利用其中和作用除去酸性气体；第二层为活性炭，利用其吸附作用除去有毒气体。根据输气工作中常见毒物的性质可以采用此种过滤式面具。

隔离式面具又可分为通气管和氧气面具两种。氧气面具常见的是一种与外界隔绝的再生器，利用氧气瓶供给氧气，适合于在窒息性及有毒气体中行走或工作，工作时间 2~4h，但它是背背式，占有一定体积和重量，不适应于在输油罐内检修时使用。在输油罐内可以采取通气管式面具，它由面罩、通气管、气泵组成，操作者佩戴面罩，呼吸器官完全和周围有毒气体隔离，而利用通气管自远处用手压泵压入新鲜空气，当通气管在 20m 以上时，在吸入端应装设气囊，保持一定气量与气压。使用时注意接头完好，通气软管不能折叠以免增加吸气阻力。

（5）操作时，注意防毒保护。向管线内加甲醇或缓蚀剂时，应戴防护眼镜、防毒口罩和手套，穿上工作服，操作时要站在上风方向，工作完毕要洗手洗澡。

（6）定期进行体格检查，发现职业病时要及时治疗。

急性中毒的现场急救：

（1）离开工作点，呼吸新鲜空气，松开衣服静卧。

（2）呼吸困难者应做人工呼吸，给氧气或含二氧化碳 5%～7% 的氧气。心跳停止者应进行体外心脏按摩，并应立即请医生急救。人如果丧失氧气约 4min，对脑子要产生永久性的破坏，乃至死亡，因此，在所有窒息的情况下，应立即给以氧气是重要的。人呼出的气体中大约有 16% 的氧气，在没有其他设备的情况下可以采用"嘴对嘴"的方法，呼出的气体被吸入受害人的嘴或者鼻子。人工呼吸可以和正确的心脏按摩技术结合起来。

（3）去污染：

① 脱去被有毒物污染的衣服；

② 用大量清水或肥皂水清洗污染的皮肤；

③ 眼受毒物刺激时，可用大量清水冲洗；

④ 立即送医院治疗。

## 七、测爆仪器的使用

为了测定室内、阀井和工作坑中天然气的含量，随时判别火灾及爆炸的危险程度，以便及时采取有效措施（如通风、置换），从而确保工作场地的安全。在生产中使用一种 RH-31T 型可燃气体测爆仪。该仪器除可测量天然气的主要成分甲烷外，对氨气、乙炔气以及汽油蒸气均可测试。其测量范围采用 0～100% 爆炸下限，即在仪器指针指示 100% 时表示此时空气中含天然气 5%。表头指示是以表示空气中含有可燃气体的危险程度来刻度的，并以不同颜色来表示危险程度。绿色区为安全区，黄色区或橙色区为应注意危险区，红色区为可燃气体的浓度已达到爆炸范围，随时有着火或爆炸的危险。

### 1. 工作原理

仪器是根据可燃气体燃烧时放出热量的原理进行工作的。仪器的敏感元件是一个特制的铂丝螺旋，这个铂丝螺旋具有活性，是一个触媒，并且又是电桥的一个桥臂，在工作时这个铂丝螺旋处于灼热状态，当可燃气体和空气的混合物被吸入仪器的一个工作室时（见图 10-4-1），混合气体与灼热铂丝接触，可燃气体就在灼热铂丝表面上燃烧，使得灼热铂丝本身温度升高，这样，铂丝电阻值增大，使平衡电桥（见图 10-4-2）失去平衡，反应到微安电流表上，指示出读数来。

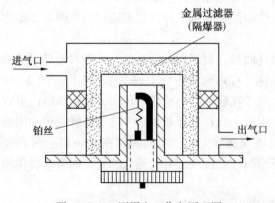

图 10-4-1　测爆室工作室原理图

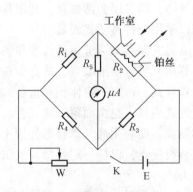

图 10-4-2　测爆仪表头
工作原理图

**2. 使用方法**

（1）将开关打开（逆时针方向把吸气球旋转到底），使仪器内部电路接通，气门打开（见图10-4-3）。

（2）挤压吸气球几次，吸入新鲜空气，调节零位旋钮，把指针调到零位。然后将取样管伸入所测试地点（仪器本身放置在有爆炸危险的工作间外），手握吸气球并旋转到开启最大位置，挤压吸气球几次，一直到指针不再上升为止，取得读数，判明是否安全。

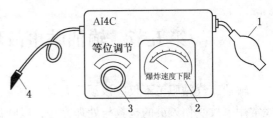

图 10-4-3　RH-31T 可燃气体测爆仪
1—吸气球；2—表头；3—零位调节旋钮；4—取样管

**3. 异常情况判断**

（1）如果零位调节旋钮顺时针方向旋到尽头，还不能使指针达到零点，说明干电池已耗尽，必须更换新的。仪器的电源为干电池（1号），电压1.5V，并联而成。

（2）如果吸气球被转到工作位置时，仪表指针马上就指到满刻度外，而且调节零位旋钮也无效，这说明铂丝已损坏，如果预先用仪器测试已含有天然气或汽油蒸气的地方而仪器又无反应，也说明铂丝已失效。

（3）在测试时，如果指针始终是左右大幅度地摆动，稳定不了一个读数，或者指针向右面偏转到满刻度后迅速再恢复到左面，则说明气体浓度已超过爆炸下限。

可燃气体指示器是利用加热使石油蒸气催化氧化的原理，用活化灯丝检测可燃蒸气浓度的仪表，适合用来确定蒸气的浓度是否对健康有害。但是，蒸气中毒的浓度大大低于最低的可燃极限浓度，因此为了确定长时期呼吸某种大气是安全的，建议使用灵敏度高的仪表［如满量程只相当于最低可燃极限的25%（甚至10%）的可燃气体指示器］。

## 八、防触电

输油输气站、防腐站等，一般都安装有电力变压器、配电箱等电源设施和其他电器设备、仪表，由于操作不当或维修不及时等原因，会造成职工的触电事故，以致引起人身伤亡。

触电的可能形式有三种：单相触电、两相触电和跨步电压触电。灯头、开关、电动机等设备有缺陷所引起的触电属单相触电，它是人体某部分接触电器设备的任何一相电源所发生的触电现象。两相触电是人体同时接触带电的任何两相电源所发生的触电现象，人体受到的是线电压，比相电压高，后果往往很严重。当电气设备绝缘损坏，或高压电网的一根导线断线落地，在电流入地点附近存在一个产生危险的跨步电压区域，当人经过该区时，由于跨步电压的作用而发生的触电现象，属跨步电压触电。跨步电压触电开始时，电流从脚经腿、胯部再到另一只脚而与大地形成短路，电流并没有经过心脏等人体主要器官，初看起来危险不大。但是当两脚发生抽筋而倒地，作用于人体电压增加，通过电流增大，而且会通过人体的重要器官，以至产生严重后果。

触电事故的发生，一种是由于不慎等原因，接触到了经常带电的设备；另一种是接触到平时不带电，由于绝缘损坏而带电的设备的金属外壳。对于经常带电的设备，如灯头、开关、熔断丝等，应装好绝缘罩盖，不让其裸露。对于偶然带电的设备，如线路、电机、电源、配电箱等，应搞好以下防护工作：定期检查维修电气设备的绝缘，确保绝缘状况良好；安装好保护接地；安装好保护接零；安装保安开关；采用安全电压（12V、36V）。以上措施，应经常检查，保持完好，以避免触电事故发生，确保用电安全。

# 第五节　输油站事故现场处理及人员救治

输油、气站职工不仅应该预防火灾、中毒、触电等事故发生，做好事故预案，也应该掌握常用事故受伤人员的抢救与处理方法，以降低事故的危害。

## 一、急性硫化氢中毒事件卫生应急处置方案

### 1. 中毒事件的调查和现场处理

现场救援时首先要确保工作人员安全，同时要采取必要措施避免或减少公众健康受到进一步伤害。现场救援和调查工作要求必须2人以上协同进行，并且就事件现场控制措施（如通风、切断气源等）、救援人员的个体防护、现场隔离带设置、人员疏散等及时向现场指挥提出建议。

1）现场处置人员的个体防护

进入硫化氢浓度较高的环境内（例如出现昏迷/死亡病例或死亡动物的环境，或者现场快速检测硫化氢浓度高于 $430mg/m^3$），必须使用自给式空气呼吸器（SCBA），并佩戴硫化氢气体报警器；现场中毒病人中无昏迷/死亡病例，或现场快速检测硫化氢浓度在 $10\sim430mg/m^3$ 之间，选用可防 $H_2S$ 气体和至少 P2 级别颗粒物的全面型呼吸防护器（参见 GB 2890），并佩戴硫化氢气体报警器；进入已经开放通风现场，且现场快速检测硫化氢浓度低于 $10mg/m^3$，一般不需要穿戴个体防护装备。

在开放空间开展现场救援和调查工作对防护服穿戴无特殊要求。

医疗救护人员在现场医疗区救治中毒病人时，无需穿戴防护装备。

2）中毒事件的调查

调查人员到达中毒现场后，应先了解中毒事件的概况。

现场勘查内容包括现场环境状况、气象条件、通风措施、生产工艺流程等相关情况，并尽早进行现场空气硫化氢浓度测定。

调查中毒病人及相关人员，了解事件发生的经过，人员接触毒物的时间、地点、方式，中毒人员数量、姓名、性别、工种、中毒的主要症状、体征、实验室检查及抢救经过。同时向临床救治单位进一步了解相关资料（如抢救过程、临床治疗资料、实验室检查结果等）。

对现场调查的资料作好记录，最好进行现场拍照、录音、录像等。取证材料要有被调查人的签字。

3）现场空气硫化氢的检测

现场空气中硫化氢快速检测设备均带有采气装置，要尽早对现场的空气进行检测。检测方法推荐使用检气管法或便携式硫化氢检测仪。

4）中毒事件的确认和鉴别

（1）中毒事件的确认标准　同时具有以下三点，可确认为急性硫化氢中毒事件：

① 中毒病人有硫化氢接触机会；

② 中毒病人短时间内出现以中枢神经系统和呼吸系统损害为主的临床表现，重症病人常出现猝死；

③ 中毒现场或模拟现场检测确认有硫化氢存在。

（2）中毒事件的鉴别　硫化氢中毒场所常伴随有二氧化碳、甲烷等有害气体，现场应同时监测可能产生的其他有害气体，以排除或确定混合气体引起的中毒事件。

5）现场医疗救援

现场医疗救援首先的措施是迅速将中毒病人移离中毒现场至空气新鲜处，脱去被污染衣服，松开衣领，清除口鼻分泌物，保持呼吸道通畅，注意保暖。当出现大批中毒病人时，应首先进行现场检伤分类，优先处理红标病人。

（1）现场检伤分类

① 红标，具有下列指标之一者：昏迷、咯大量泡沫样痰、窒息、持续抽搐；

② 黄标，具有下列指标之一者：意识朦胧（混浊状态）、抽搐、呼吸困难；

③ 绿标，具有下列指标者：出现头痛、头晕、乏力、流泪、畏光、眼刺痛、流涕、咳嗽、胸闷等表现；

④ 黑标，同时具有下列指标者：意识丧失、无自主呼吸、大动脉搏动消失、瞳孔散大。

（2）现场治疗　对于红标病人要保持复苏体位，立即建立静脉通道；黄标病人应密切观察病情变化，出现反复抽搐、窒息等情况时，及时采取对症支持措施；绿标病人脱离环境后，暂不予特殊处理，观察病情变化。

（3）病人转送　中毒病人经现场急救处理后，应立即就近转送至综合医院或中毒救治中心继续观察和治疗，有条件的可转运至有高压氧治疗条件的医院。

**2. 中毒样品的采集与检测**

1）采集样品的选择

在中毒突发事件现场，空气样品是首选采集的样品。此外，可根据中毒事件的流行病学特点和卫生学调查结果，确定现场应采集的其他样品种类。

2）现场快速检测的样品采集方法

使用检气管法或便携式硫化氢检测仪，采样方法见仪器说明书。

3）实验室检测（如有必要）

按卫生部的规定采集和收集样品。推荐的实验室检测方法：硫化氢的硝酸银比色法定量测定（GBZ/T 160.33）。

**3. 医院内救治**

1）病人交接

中毒病人送到医院后，由接收医院的接诊医护人员与转送人员对中毒病人的相关信息进行交接，并签字确认。

救治医生向中毒病人或陪护人员询问病史，对中毒病人进行体格检查和实验室检查，确认中毒病人的诊断，并进行诊断分级。

2）诊断分级

（1）观察对象　接触硫化氢后出现眼刺痛、畏光、流泪、结膜充血、咽部灼热感、咳嗽等眼睛和上呼吸道刺激表现，或有头痛、头晕、乏力、恶心等神经系统症状，脱离接触后在短时间内消失者。

（2）轻度中毒　具有下列之一者：明显的头痛、头晕、乏力等症状，并出现轻度至中度意识障碍；急性气管-支气管炎或支气管周围炎。

（3）中度中毒　具有下列之一者：意识障碍表现为浅至中度昏迷；急性支气管肺炎。

（4）重度中毒　具有下列之一者：意识障碍程度达深昏迷或植物状态；肺水肿；猝死；

多脏器衰竭。

3）治疗

接收医院对所接收的中毒病人确认诊断和进行诊断分级后，根据病情的严重程度将病人送往不同科室进行进一步救治。观察对象可留观，轻、中度中毒病人住院治疗，重度中毒病人立即监护抢救治疗。

（1）一般治疗　中毒病人保持安静，卧床休息，密切观察其病情变化。出现眼部刺激症状时，可用生理盐水冲洗，然后交替用抗生素眼药水和可的松眼药水滴眼。

（2）合理氧疗　可采用鼻导管或面罩给氧，发生严重急性呼吸衰竭时，给予呼吸机支持治疗。中、重度中毒病人可考虑进行高压氧治疗。

（3）防治肺水肿和脑水肿

① 肾上腺糖皮质激素　宜早期、适量、短程应用肾上腺糖皮质激素。可选用甲泼尼龙，一般使用剂量为每日、每公斤体重 1～4mg，起效后迅速减量，使用疗程一般不超过 1 周。或使用等效剂量的其他肾上腺糖皮质激素。

② 保持呼吸道通畅　可给予支气管解痉剂和药物雾化吸入，必要时气管插管或气管切开。

③ 脱水剂和利尿剂　病程早期应适当控制液体出入量。根据病情需要，使用甘露醇、甘油果糖、呋塞米(速尿)等脱水剂和利尿剂。

（4）其他对症、支持治疗　加强营养、合理膳食，注意水、电解质及酸碱平衡，防治继发感染，改善细胞代谢、促进脑细胞功能恢复，保护心脏功能，纠正心律失常等。

**4. 应急反应的终止**

中毒事件的危险源及其相关危险因素已被消除或有效控制，未出现新的中毒病人且原有病人病情稳定 24h 以上。

## 二、事故受伤人员的现场急救

**1. 现场救援**

施救者在施救前应注意先保护自身，在确认无自身危险存在的情况下，进行科学施救。当现场情况危及自身生命时，应果断停止救援行动，避免更大的伤害发生。

首先要做的是迅速使伤员脱离危险环境。

**2. 现场急救技术**

成功的事故现场急救主要包括正确的伤情判断和在此基础上及时正确的抢救措施。现场急救措施主要包括通气、止血、包扎、固定及转运五大技术。

1）正确判断伤情

正确判断伤者的伤情是现场急救的首要任务。其次是使开放性创面免受再污染、减少感染，以及防止损伤进一步加重。如果现场有多位或成批伤员需要救治，急救人员不应急于去救治某一个危重伤员，而应首先迅速评估所有的伤员，以期能发现更多的生命受到威胁的伤员。

伤情评估可依 A、B、C、D、E 的顺序进行。

A 气道情况(Airway)：判断气道是否通畅，查明呼吸道有无阻塞。

B 呼吸情况(Breathing)：检查呼吸是否正常，有无张力性气胸或开放性气胸及连枷胸。

C 循环情况(Circulation)：首先检查有无体表或肢体的活动性大出血，如有则立即处理；然后是血压的估计，专业医护人员可使用血压计准确计量。

D 神经系统障碍情况(Disability)：观察瞳孔大小、对光反射、肢体有无瘫痪，尤其注意高位截瘫。

E 充分暴露(Exposure)：充分暴露伤员的各部位，以免遗漏危及生命的重要损伤。

在伤情评估的过程中，主要注意以下几个方面：

(1) 判断伤者有无颅脑损伤　颅脑损伤在事故中十分常见，一旦发生，其致死率和致残率很高，因此不容忽视。事故中，某些人员可能由于惊吓和紧张，导致其对外界事物反应迟缓，但这并不表示有实质性的颅脑损害。因此，对伤者首先应大声呼唤或轻推，判断其是否清醒，有无昏迷。此时需要注意的是，在轻推伤者时，严禁用力摇动伤者，防止造成二次损伤。对于清醒的伤者，应询问其在事故中头部有无碰撞，有无头痛、头晕、短暂意识丧失等症状，并注意检查伤者有无头部的表浅损伤，如头皮血肿、头皮裂伤等。如果伤者出现上述情况，即使当时没有其他不适，也需将其送往医院进行检查。

(2) 判断伤者有无脊柱损伤　脊柱和脊髓损伤在事故中致残率很高，大多数事故导致的人身伤害均有比较明显的伤害暴力与身体接触过程，如头部被撞击或头部撞击于硬质物体等，而对脊柱骨折伤者不正确的搬运，很可能导致伤者的脊髓受损，造成伤者截瘫，给伤者及其家庭造成极大的痛苦。因此，对于每个伤员，在搬动之前，必须确定其是否有脊柱损伤。如果伤者出现颈后、背部或腰部疼痛，棘突压痛，均提示有可能出现脊柱受损。对于昏迷的伤者，现场急救和搬运中，应按照有脊柱损伤处理。

(3) 判断有无骨折　受伤部位疼痛、压痛、肿胀，均可怀疑有骨折，如果出现轴向叩击痛(如叩击伤者足底导致其大腿疼痛)则高度怀疑疼痛部位有骨折存在，如果出现局部畸形和异常活动，则基本可以确定骨折的存在。

(4) 判断有无胸、腹部脏器损伤　如果伤者出现胸部疼痛、压痛、呼吸困难等，提示有胸部损伤存在，如果伤者出现皮下握雪感，提示伤者有皮下气肿。如伤者出现腹痛、腹部压痛，肝、脾、肾区叩击痛，则应怀疑伤者有相应的脏器损伤。

在伤情的判断过程中，要求检查者采用的方法要简单、有效，检查手法准确、轻柔，防止增加伤者的痛苦并造成二次损伤。发现有怀疑颅脑损伤或胸、腹部脏器损伤的伤者，应尽快通知急救中心，说明情况。

2) 正确进行现场急救(五项急救技术)

(1) 通气

通气系指保证伤员有通畅的气道。可采取如下措施：①解开衣领，迅速清除伤员口、鼻、咽喉的异物、凝血块、痰液、呕吐物等；②对下颌骨骨折而无颈椎损伤的伤员，可将颈项部托起，头后仰，使气道开放；③对于有颅脑损伤而深昏迷及舌后坠的伤员，可将舌拉出并固定，或放置口咽通气管；④对喉部损伤所致呼吸不畅者，可作环甲膜穿刺或切开；⑤紧急现场气管切开置管通气。

(2) 止血

出血伤员只要拖延几分钟时间急救，就会危及生命。因此，外伤出血是最需要急救的危重症之一，止血术是外伤急救技术之首。

在现场急救止血过程中，一般首先应判断伤者出血的原因：毛细血管破裂导致的出血多呈血珠状，可以自动凝结。在现场无需特殊处理，或给予局部压迫即可达到止血的目的。静脉破裂的出血多为涌出，血色暗红，大静脉破裂导致的出血比较快速。动脉破裂导致的出血多为喷射状或快速涌出，血色鲜红。

止血的方法主要有局部压迫止血、加垫屈肢止血、动脉压迫止血、止血带止血四种手段。

① 局部压迫止血 它是最简单有效的方法，对于绝大多数伤口的出血均可达到良好的止血效果。方法是使用纱布、绷带、三角巾、急救包等对伤口进行加压包扎。如果在事故现场无上述材料，可以使用清洁的毛巾、衣物、围巾、消毒卫生纸、餐巾等覆盖伤口，包扎或用力压迫。在对肢体伤口的加压包扎过程中，加压力量达到止血目的即可，不宜过大，防止影响肢体的血液循环。

② 加垫屈肢止血 当上肢或小腿出血，在没有骨折和关节损伤时，可采用屈肢加垫止血。如上臂出血，可用一定硬度、大小适宜的垫子放在腋窝，上臂紧贴胸侧，用三角巾、绷带或腰带固定胸部；如前臂或小腿出血，可在肘窝或腘窝加垫屈肢固定。

③ 动脉压迫止血 对于局部压迫仍然无法达到止血目的的伤者，可以采用动脉压迫止血的方法。简单地说就是依靠压迫出血部位近端的大动脉，阻断出血部位的血液供应以达到止血目的。

压迫腋动脉：在伤者腋下触摸到腋动脉搏动后，以双手拇指用力向伤者肩部方向压迫该动脉，可以达到该侧上肢止血的目的。

压迫肱动脉：在上臂内侧触及肱动脉搏动后，将该动脉用力压向肱骨。此法用于阻止前臂伤口的出血。

压迫桡动脉及尺动脉：在腕部掌侧触摸到桡动脉和尺动脉，同时压迫，阻止手部的出血。

压迫指动脉：用手捏住伤指指根两侧，可以阻止手指出血。

压迫股动脉：在腹股沟(大腿根部)中点可以触及股动脉搏动，用力下压，可以阻断同侧下肢的出血。

对于前臂或手部出血者，还可采用在肘前放置纱布卷或毛巾卷，用力曲肘固定，达到止血目的。

④ 止血带止血 如果采用局部压迫止血无法达到目的，而压迫动脉不便于伤员的转运时，可以使用专用止血带进行止血。在使用止血带的过程中，应注意力量足够。如果力量不足，可能导致止血带没有阻断动脉血流，而仅使静脉回流受阻，导致伤口出血更加凶猛，加速伤者的失血。如果在事故现场没有止血带，可以使用绷带、绳索、领带、毛巾、围巾、衣物等替代。需要特别指出的是严禁用铁丝、塑料带、绳子作为止血带使用。

(3) 包扎

包扎的主要目的是：①压迫止血；②保护伤口、防止污染、减轻疼痛；③固定。

现场包扎使用的材料主要有绷带、三角巾、十字绷带等。如果没有这些急救用品，可以使用清洁的毛巾、围巾、衣物等作为替代品。包扎时的力量以达到止血目的为准。如果出血比较凶猛，难以依靠加压包扎达到止血目的时，可使用动脉压迫止血或使用止血带。

在包扎过程中，如果发现伤口有骨折端外露，请勿将骨折断端还纳，否则可能导致深层感染。

腹壁开放性创伤导致肠管外露的情况一旦发生，可以使用清洁的碗盆扣住外露肠管，达到保护的目的，严禁在现场将流出的肠管还纳。

伤口包扎技巧要求：①动作轻巧，以免增加疼痛；②接触伤口面的敷料必须保持无菌；③包扎要快且牢靠，松紧度要适宜；④打结避开伤口和不宜压迫的部位。

（4）固定

固定不仅可以减轻伤员的痛苦，同时能有效地防止因骨折断端移动损伤血管、神经等组织造成的严重继发损伤。因此，即使离医院再近，骨折伤员也应该先固定再运送。

急救固定目的不是骨折复位，而是防止骨折端移动，所以刺出伤口的骨折端不应该送回。当异物例如刀、钢条、弹片等刺入人体时，不应该在现场拔出，这样有大出血的危险，要把异物固定，避免其移动而引起继发损伤。

固定时动作要轻巧，固定要牢靠，松紧要适度，皮肤与夹板之间要垫适量的软物。

在现场急救中，固定均为临时性的，因此一般以夹板固定为主，也可以用木板、竹竿、树枝等替代。固定范围必须包括骨折邻近的关节，如前臂骨折，固定范围应包括肘关节和腕关节。

如果事故现场没有这些材料，可以利用伤者自身进行固定：上肢骨折者可将伤肢与躯干固定；下肢骨折者可将伤肢与健侧肢体固定。

（5）转运

转运是现场急救的最后一个环节。正确及时的转运可能挽救伤者的生命，不正确的转运可能导致在此之前的现场急救措施前功尽弃。

昏迷伤者的转运：在昏迷患者的转运过程中，最为重要的是保持伤者的呼吸道通畅。方法是使患者侧卧，随时注意观察伤者。如果伤者出现呕吐，应及时清除其口腔内的呕吐物，防止误吸。

对于有脊柱损伤的伤者，搬动必须平稳，防止出现脊柱的弯曲。一般使用三人搬运法，严禁背、抱或二人抬。运送脊柱骨折伤者，应使用硬质担架。有颈椎损伤者，搬运过程中必须固定头部，如在颈部及头部两侧放置沙袋等物品，防止头颈部的旋转。注意：对怀疑有脊柱骨折或不能拍除外脊柱骨折者，必须按照有脊柱骨折对待。

对于使用止血带的伤者，必须在显著部位注明使用止血带的时间。如无条件，需向参与转运者说明止血带使用的时间。

搬运中的注意事项：

① 保护伤病员　a. 不能使伤病员摔下，由于搬运时常需要多人，所以要避免用力先后或不均衡，较好的方法是由一人指挥或叫口令，其他人全心协力；b. 预防伤病员在搬运中继发损伤，重点是对骨折病人，要先固定后搬运，固定方法见外伤固定术；c. 防止因搬运加重病情，重点是对呼吸困难病人，搬运时一定要使病人头部稍后仰开放气道，不能使头部前屈而加重气道不畅。

② 保护自身　a. 保护自身腰部，搬运体重较重伤病员时，会发生搬运者自身的腰部急性扭伤，科学的搬运方法是搬运者先蹲下，保持腰部挺直，使用大腿肌肉力量把伤病员抬起，避免弯腰使用较薄弱的腰肌直接用力；b. 避免自身摔倒，有时搬运伤病员要上下楼，或要经过较高低不平的道路，或路滑的地方，一定要一步一步走稳，避免自身摔倒，否则既伤了自己又会祸及伤病员。

## 三、烧伤人员的现场处理与急救方法

烧伤是火灾中较常见的创伤之一，它不仅会使皮肤损伤，而且还可深达肌肉骨骼，严重者能引起一系列的全身变化，如休克、感染等。烧伤现场急救是否正确及时，护送方法和时机是否得当，直接关系着伤员的安全。因此，掌握正确的急救措施至关重要，也是输气站每个原工都应该了解掌握的常识。

**1. 迅速消除致伤源**

常见的烧伤情况有：火焰烧伤；液体、气体、固体等高温烫伤；化学烧伤；电烧伤等。现场抢救要争取时间，常用方法如下：

（1）当衣物着火时应迅速脱去，特别是化纤、尼龙类的衣物，容易粘在皮肤上，加重损伤。

（2）衣服着火时应禁止伤员奔跑、大喊大叫，以免助长火焰燃烧或吸入火焰、烟雾造成吸入性损伤。禁忌用手或衣物、工具扑打火焰。应用各种物体扑盖灭火，最有效的方法是用大量的水灭火。迅速扑灭身上火焰，或就地打滚或跳入水坑水池中。

（3）当气体、固体烫伤时，应迅速离开致伤环境。

（4）当化学物质接触皮肤后（常见的有酸、碱、磷等），应首先将浸有化学物质的衣服迅速脱去，并用大量水冲洗，以稀释和清除创面上的化学物质。

（5）烧伤并有硫化氢或一氧化碳中毒者，应迅速脱离现场并置于空气新鲜处，有条件者可进行静脉输液后迅速送至附近医院。

（6）当路、电器着火时，应迅速切断电源；对有呼吸心跳停止者，立即就地抢救，进行胸外心脏按压和口对口人工呼吸，一般每按压 4 次后进行人工呼吸 1 次，并及时送附近医院进一步抢救。

**2. 现场简单医疗急救**

（1）不论是火焰烧伤、热液烫伤，还是化学物质烧伤，一般情况下均可先用大量清水冲洗，创面上一般不主张外涂任何药物，尤其是红汞、龙胆紫等有色的外用药，以免引起汞中毒，影响对创面的观察及深度的判断。可用清洁被单包扎或覆盖，条件许可时，用消毒敷料包扎，以免受到污染和继续损伤。

（2）无论何种原因使烧伤合并其他损伤，如严重车祸、爆炸事故时烧伤同时合并有骨折、脑外伤、气胸或腹部脏器损伤，均应按外伤急救原则进行相应的紧急处理。如用急救包填塞包扎开放性气胸、制止大出血、简单固定骨折等，再送附近医院处理。

（3）对浅度烧伤的水疱一般不予清除，大水疱仅作低位剪破引流，保留泡皮的完整性，起到保护创面的作用。

（4）烧伤后伤病员多有不同程度的疼痛和躁动，应给予适当的镇静、止痛。

（5）烧伤病人在伤后 2 天内，由于毛细血管渗出的加剧，导致血容量不足。烧伤面积超过一半的病人，应立即输液治疗，因为休克很快就会发生。无条件输液治疗时应口服含盐饮料，不宜单纯喝大量白开水，以免发生水中毒。

（6）如遇严重烧伤者应立即向卫生主管部门报告，请求增援。

## 四、触电人员的急救

**1. 脱离电源**

（1）触电急救，首先要使触电者迅速脱离电源，越快越好。触电者未脱离电源前，救护人员不准直接用手触及伤员，防止触电。

（2）如触电者处于高处，在使触电者脱离电源时要注意防止发生高处坠落的可能和再次触及其他有电线路的可能。当触电者站立时，要注意触电者倒下的方向，防止摔伤。因此，要采取预防措施。

（3）触电者触及低压带电设备，救护人员应迅速切断电源，或使用绝缘工具、干燥的木棒、木板、绳索等不导电的东西解脱触电者；也可抓住触电者干燥而不贴身的衣服，将其拖开，切记要避免碰到金属物体和触电者的裸露身躯；也可戴绝缘手套或将手用干燥衣物等包起绝缘后解脱触电者；救护人员也可站在绝缘垫上或干木板上，绝缘自己来进行救护。为使触电者与导电体解脱，最好用一只手进行。

（4）触电者触及高压带电设备，救护人员应迅速切断电源，或用适合该电压等级的绝缘工具(戴绝缘手套、穿绝缘靴并用绝缘棒)解脱触电者。救护人员在抢救过程中应注意保持自身与周围带电部分必要的安全距离。

如上述条件不具备时，可投掷裸导线如钢筋、铁丝等造成线路短路，迫使自动保护装置自动切断电源。

（5）如果触电发生在架空线杆塔上，如为低压带电线路，应迅速切断电源，或者由救护人员迅速登杆，束好自己的安全皮带后，用带绝缘胶柄的钢丝钳、干燥的不导电物体或绝缘物体将触电者拉离电源。

（6）如果触电者触及断落在地上的带电高压导线，且尚未确证线路无电，救护人员在未做好安全措施(如穿绝缘靴或临时双脚并紧跳跃地接近触电者)前，不能接近断线点 8~10m 范围内，防止跨步电压伤人。触电者脱离带电导线后亦应迅速带至 8~10m 以外后立即开始触电急救。

（7）救护触电伤员切除电源时，有时会同时使照明失电，因此应考虑事故照明、应急灯等临时照明。新的照明要符合使用场所防火、防爆的要求。

**2. 伤员脱离电源后的处理**

（1）触电伤员如神志清醒者，应使其就地躺平，严密观察，暂时不要站立或走动。

（2）触电伤员如神志不清者，应就地仰面躺平，且确保气道通畅，并用 5s 时间，呼叫伤员或轻拍其肩部，以判定伤员是否意识丧失。禁止摇动伤员头部呼叫伤员。

（3）需要抢救的伤员，应立即就地坚持正确抢救，并设法联系医疗部门接替救治。

（4）当强电流通过身体时，会造成身体内部的严重烧伤。电流造成的烧伤，一般都位于身体的深处，所以一定要去医院就诊。

**3. 呼吸、心跳情况的判定**

（1）触电伤员如意识丧失，应在 10s 内，用看、听、试的方法，判定伤员呼吸心跳情况。

看——看伤员的胸部、腹部有无起伏动作；

听——用耳贴近伤员的口鼻处，听有无呼气声音；

试——试测口鼻有无呼气的气流。再用两手指轻试一侧(左或右)喉结旁凹陷处的颈动脉有无搏动。

（2）若看、听、试结果，既无呼吸又无颈动脉搏动，可判定呼吸心跳停止。

**4. 心肺复苏法**

触电伤员呼吸和心跳均停止时，有条件的应尽早在现场使用 AED 进行心脏电除颤，或立即进行心肺复苏,正确进行就地抢救。

1) 通畅气道

(1) 触电伤员呼吸停止,重要的是始终确保气道通畅。如发现伤员口内有异物,可将其身体及头部同时侧转,迅速用一个手指或用两个手指交叉从口角处插入,取出异物;操作中要注意防止将异物推到咽喉深部。

(2) 通畅气道可采用仰头抬颏法。用一只手放在触电者前额,另一只手的手指将其下颌骨向上抬起,两手协同将头部推向后仰,舌根随之抬起,气道即可通畅。严禁用枕头或其他物品垫在伤员头下,使头部抬高前倾,会更加重气道阻塞,且使胸外按压时流向脑部的血流减少,甚至消失。

2) 口对口(鼻)人工呼吸

(1) 在保持伤员气道通畅的同时,救护人员用放在伤员额上的手指捏住伤员鼻翼,救护人员深吸气后,与伤员口对口紧合,在不漏气的情况下,先连续大口吹气两次,每次 1~1.5s。如两次吹气后试测颈动脉仍无搏动,可判断心跳已经停止,要立即同时进行胸外按压。

(2) 除开始时大口吹气两次外,正常口对口(鼻)呼吸的吹气量不需过大,以免引起胃膨胀。吹气和放松时要注意伤员胸部应有起伏的呼吸动作。吹气时如有较大阻力,可能是头部后仰不够,应及时纠正。

(3) 触电伤员如牙关紧闭,可口对鼻人工呼吸。口对鼻人工呼吸吹气时,要将伤员嘴唇紧闭,防止漏气。

3) 胸外按压

(1) 正确的按压位置

正确的按压位置是保证胸外按压效果的重要前提。确定正确按压位置的步骤如下:

① 右手的食指和中指沿触电伤员的右侧肋弓下缘向上,找到肋骨和胸骨接合处的中点;

② 两手指并齐,中指放在切迹中点(剑突底部),食指平放在胸骨下部;

③ 另一只手的掌根紧挨食指上缘,置于胸骨上,即为正确按压位置。

(2) 正确的按压姿势

正确的按压姿势是达到胸外按压效果的基本保证。

① 使触电伤员仰面躺在平硬的地方,救护人员立或跪在伤员一侧肩旁,救护人员的两肩位于伤员胸骨正上方,两臂伸直,肘关节固定不屈,两手掌根相叠,手指翘起,不接触伤员胸壁;

② 以髋关节为支点,利用上身的重力,垂直将正常成人胸骨压陷 3~5cm(儿童和瘦弱者酌减);

③ 压至要求程度后,立即全部放松,但放松时救护人员的掌根不得离开胸壁。

按压必须有效,有效的标志是按压过程中可以触及颈动脉搏动。

(3) 操作频率

① 胸外按压要以均匀速度进行,每分钟 80 次左右,每次按压和放松的时间相等;

② 胸外按压与口对口(鼻)人工呼吸同时进行,其节奏为:单人抢救时,每按压 15 次后吹气 2 次(15:2),反复进行;双人抢救时,每按压 5 次后由另一人吹气 1 次(5:1),反复

进行。

**5. 抢救过程中的再判定**

（1）按压吹气 1min 后（相当于单人抢救时做了 4 个 15：2 压吹循环），应用看、听、试方法在 5~7s 内完成对伤员呼吸和心跳是否恢复的再判定。

（2）若判定颈动脉已有搏动但无呼吸，则暂停胸外按压，而再进行 2 次口对口人工呼吸，接着每 5s 吹气一次（即每分钟 12 次）。如脉搏和呼吸均未恢复，则继续坚持心肺复苏法抢救。

（3）在抢救过程中，要每隔数分钟再判定一次，每次判定时间均不得超过 5~7s。在医务人员未接替抢救前，现场抢救人员不得放弃现场抢救。

**6. 急救时应注意的问题**

不要轻易放弃抢救。触电者呼吸心跳停止后恢复较慢，有的长达 4h 以上，因此抢救时要有耐心。

施行心肺复苏法不得中途停止，即使在救护车上也要进行，一直等到急救医务人员到达，由他们接替并采取进一步的急救措施。

# 第十一章　管道电气系统

## 第一节　油气管道电气系统

电气在油气管道输送中的应用越来越广泛。电能可以由太阳能、机械能和化学能转换而来，并可直接作为动力开动各种机械(如阀门、泵、风机和电动工具等)；可转换为热能(如电伴热、加热等)；可以转换为化学能(如电解、电离、电化学加工等)；还可用于管道输送过程中的通讯、测量、阴极保护等各个专业和环节。因此，保证电气设备的安全、可靠、平稳运行意义重大。相关工作的专业人员，必须了解和掌握电气设备的基本原理和运行维护的基本知识。

### 一、输油气管道站场电气系统介绍

#### 1. 输油气站场配电系统

开关柜的基本框架由标准预制构件组装而成，柜体全部用螺栓固定，零部件具有良好的通用性，适用性好且具有较强的机械力。柜体由框架、功能梁、功能隔板、侧板、顶盖、底板、前后门及元器件安装板等以螺栓紧固连接而成。柜体分五个功能性区域，分别是：

(1) 水平母线室：传输电能；

(2) 垂直母线室：分配电能；

(3) 功能单元室：保护回路；

(4) 外接电缆室：输出电能；

(5) 辅助单元室：控制回路。

为保护人身和财产安全，将每个回路之间设计成纵横分隔的结构；将原来敞开式的低压开关柜，按需要分隔成若干单独的小室，最多可安装 20 个回路；主母线、分支母线、电器元件、出线电缆均可设置在单独的小室内，使原来裸露的导线都被相互隔开，故在每个回路之间检修和维护保养时，绝对避免了触电的危险，充分保证了人身安全，同时由于回路之间的小室隔离，能避免某个元器件故障扩大到相邻单元而危害整面开关柜的隐患，达到了安全供配电的目的。

开关柜正面布置各个单元的分室小门，小门上装有开关手柄，此手柄和门带有机械联锁，即开关在带电的状态下小室的门不能打开。小室的门上可根据用户的需要安装各种测量仪表、指示灯、按钮和转换开关等，十分方便灵活。同时开关柜的端子设在各自的小室后或小室相邻侧面，控制电缆设有专门的通道，安装后十分整洁，外形美观大方，检查方便。

断路器等主要元器件的安装是根据其规格、特性和使用要求，采用固定式、插拔式、抽出式三种方式安装，十分灵活。其中插拔式安装的断路器，是采用自配的插接件与垂直母线连接，无须中间机构，安全性高，互换性强；插拔式断路器采用板后接线底座方式，保证了室门打开后无带电部分外露。

开关柜按用途可划分为：受电柜、母联柜、馈电柜、电动机控制柜、无功补偿柜和计量柜。

　　水平母线由母线夹固定，位于柜顶部母线室。顶盖部分装有铰链，可向上翻转，柜与柜之间的水平母线无需任何专用工具，可在现场进行多台安装，同时减小了安装时所需的空间。水平母线可安装于柜顶母线室前侧或后侧，便于柜顶或柜底出线。

　　抽屉单元导轨为铝合金型材，配合紧密，相同单元互换性好。面板有"连接"、"移出"、"隔离"、"试验"位置指示，用专用内六角工具操作，使用户可直观了解抽屉单元状态。

　　固定分隔单元及抽屉单元一、二次接线端子排列为左右排列，不同于原 GCK 等柜型的上下排列方式，使接线、维护、检修更加方便。

**2. UPS 不间断电源系统**

　　UPS 是不间断电源系统(Uninterruptible Power Supply)的简称，是利用电池化学能作为后备能量，在市电断电或电网故障时，不间断地为用户设备提供电能的一种能量转换装置。它不仅在输入电源中断时可立即供应电力，在输入电源正常时也可对品质不良的电源进行稳压、稳频、滤除噪声、净化电源、避免高频干扰等以提供使用者稳定纯净的电源。不间断电源(UPS)在现实生产中有着广泛的应用，医院、机场、输油站、输气站及大型生产企业的稳定有序运行，都需要 UPS 设备的大力支持。

　　UPS 电源主要由整流器、蓄电池、逆变器、静电开关几部分组成。

　　(1) 整流器　整流器是一个整流装置，简单地说就是将交流电(AC)转换为直流电(DC)的装置。它有两个主要功能：①将交流电变成直流电，经过滤波后供给负载，或供给逆变器；②给蓄电池提供充电电压。

　　(2) 蓄电池　蓄电池是 UPS 用来储存电能的装置，它由若干个电池串联而成，其容量大小决定了其维持放电(供电)的时间。

　　(3) 逆变器　通俗地讲，逆变器是一种将直流电(DC)转化为交流电(AC)的装置。它由逆变桥、控制逻辑和滤波电路组成。

　　(4) 静态开关　静态开关又称静止开关，它是一种无触点开关，是用两个可控硅反向并联组成的一种交流开关，其闭合和断开是由逻辑控制器进行控制。

**3. 应急发电系统**

　　电力负荷应根据对供电可靠性的要求及中断供电在政治、经济上所造成损失或影响的程度进行分级，一级负荷应由两个电源供电，当一个电源发生故障时，另一个电源不应同时受到损坏。特别重要的负荷，除由两个电源供电外，尚应增设应急电源，并严禁将其他负荷接入应急供电系统。

　　常用的主要应急电源有以下几种：

　　(1) 独立于正常电源的发电机组；

　　(2) 供电网络中独立于正常电源的专用的馈电线路；

　　(3) 蓄电池；

　　(4) 干电池。

　　以柴油发电机为例，柴油发电机在事故停电的时候能迅速恢复供电，保证重要设备正常运行，减少停电造成的影响。

　　应急柴油发电机组有以下两个工作特点：

　　(1) 作应急设备用，连续工作时间不长，一般只运行几个小时，或少于 12h。

　　(2) 应急柴油发电机组，顾名思义是应急用的，平时处于停机待机状态，只有当站场全部发生故障断电以后，应急柴油发电机组才启动，当主电恢复正常以后，随即切换停机。

1）应急柴油发电机组台数的确定

有多台发电机组备用时，一般只设置1台应急柴油发电机组，从可靠性考虑也可以选用2台机组并联进行供电。应急用的发电机组台数一般不宜超过3台。当选用多台机组时，机组应尽量选用型号、容量相同，调压、调速特性相近的成套设备，所用燃油性质应一致，以便进行维修保养及共用备件。当应急用的发电机组有2台时，自启动装置应使2台机组能互为备用，即市电电源故障停电经过延时确认以后，发出自启动指令，如果第1台机组连续3次自启动失败，应发出报警信号并自动启动第2台柴油发电机。

2）应急柴油发电机组容量的确定

应急柴油发电机组的标定容量为经大气修正后的12h标定容量，其容量应能满足紧急供电总计算负荷，并按发电机容量能满足一级负荷中单台最大容量电动机启动的要求进行校验。应急发电机一般选用三相交流同步发电机，其标定输出电压为400V。

3）应急柴油发电机组的控制

应急柴油发电机组的控制应具有快速自启动及自动投入装置。当主电源故障断电后，应急机组应能快速自启动并恢复供电，一级负荷的允许断电时间从十几秒至几十秒，应根据具体情况确定。当重要工程的主电源断电后，应经过3~5s的确定时间，以避开瞬时电压降低及市电网合闸或备用电源自动投入的时间，然后再发出启动应急发电机组的指令。从指令发出、机组开始启动、升速到全负荷需要一段时间。一般大、中型柴油机还需要预润滑及暖机过程，使紧急加载时的机油压力、机油温度、冷却水温度符合产品技术条件的规定；预润滑及暖机过程可以根据不同情况预先进行。应急机组投入运行后，为了减少突加负荷时的机械及电流冲击，在满足供电要求的情况下，紧急负荷最好按时间间隔分级增加。

4）应急柴油发电机的选择

应急柴油机组宜选用高速、增压、油耗低、同容量的柴油发电机组。高速增压柴油机单机容量较大，占据空间小；柴油机选用电子调速器或液压调速装置，调速性能较好；发电机宜选用配无刷励磁或相复励磁装置的同步发电机，运行较可靠，故障率低，维护检修较方便；当一级负荷中单台空调器容量或电动机容量较大时，宜选用三次谐波励磁的发电机组；机组装在附有减震器的共用底盘上；排烟管出口宜装设消声器，以减小噪声对周围环境的影响。

**4. 电气接地系统**

在电力系统中，接地是用来保护人身及电力、电子设备安全的重要措施。接地能防止人身遭受电击、设备和线路遭受损坏、预防火灾和防止雷击、防止静电损害和保障电力系统正常运行。

输油气站场接地系统划分：防雷接地（楼顶上的避雷针和避雷网等），还包括预埋在混凝土中的接地网，这是接地总网；按工艺划分，可分为电气接地系统（主要指机械、电气设备）和仪表接地系统（包含计算机自动化系统）。

1）电气接地

（1）交流工作接地　将电力系统中的某一点，直接或经特殊设备与大地作金属连接。工作接地主要指的是变压器中性点或中性线（N线）接地。N线必须用铜芯绝缘线。在配电中存在辅助等电位接线端子，等电位接线端子一般在箱柜内。必须注意，该接线端子不能外露；不能与其他接地系统，如直流接地、屏蔽接地、防静电接地等混接；也不能与PE线连接。

（2）安全保护接地　安全保护接地就是将电气设备不带电的金属部分与接地体之间作良好的金属连接。即将站内的用电设备以及设备附近的一些金属构件，用 PE 线连接起来，但严禁将 PE 线与 N 线连接。

（3）重复接地　在低压配电系统的 TN-C（三相四线制供电）系统中，为防止因中性线故障而失去接地保护作用，造成电击危险和损坏设备，应对中性线进行重复接地。

2）仪表接地

（1）直流接地　为了使各个电子设备的准确性好、稳定性高，除了需要一个稳定的供电电源外，还必须具备一个稳定的基准电位。可采用较大截面积的绝缘铜芯线作为引线，一端直接与基准电位连接，另一端供电子设备直流接地使用。

（2）屏蔽接地与防静电接地　为防止安装 DCS、PLC、SIS 等设备的控制室、机柜室、过程控制计算机的机房在干燥环境产生的静电对电子设备的干扰而进行的接地称为防静电接地。为了防止外来的电磁场干扰，将电子设备外壳体及设备内外的屏蔽线或所穿金属管进行的接地，称为屏蔽接地。

（3）功率接地系统　电子设备中，为防止各种频率的干扰电压通过交直流电源线侵入，影响低电平信号的工作而装有交直流滤波器，滤波器的接地称为功率接地。

**5. 变频器驱动**

电动机及其控制在国民经济中起着重要作用。在工农业生产、交通运输、国防宇航、医疗卫生、商务与办公设备及家用电器中，都大量地使用着各种各样的电动机。电动机即可以作为电能生产的手段，也是电能使用的主要形式。有统计资料表明，我国全部发电量的70%用于工农业生产，工农业生产用电量的70%是由各种各样的电动机消耗的。变频器实现了电机的软启动，启动电流小，而且可以连续调速，选择最佳的速度，还可以根据用户的速度曲线图完成自动控制，即节约了能源，又提高了生产效率。因此在石油天然气行业得到广泛的应用。

从井口到燃油产品，大型调速驱动系统始终参与生产的每一个阶段，用于电机启动和流量控制。为保证油气管道的正常运营，需要驱动大型泵和压缩机，调速驱动以进行流量调节。大型压缩机与泵的驱动电机通过变频器进行平滑启动并对流量进行持续的调节。通过速度调节对流量进行控制可避免截流能量的浪费。在大流量情况下，电机能耗巨大，只有进行变速控制才是最佳解决方案。通过速度调节，每年可以节约上百万元的电费。除此之外，还对电机提供启动冲击电流保护，并将阀维护成本和停机时间降至最低。

选择电力变频驱动的好处：

（1）可靠性高。

（2）有效节约能源。变频电机驱动系统无需使用流量控制阀，避免了大的能源损失。事实上，变频电机驱动系统比任何其他的流量控制方式更高效，包括涡轮和液压传动。

（3）显著减少维护。对石油和天然气行业来说，最重要的就是系统的可用性，变频电机驱动系统基本无需维护。与需要定期进行大规模维护，从而导致停机的流量控制阀、导叶调节和涡轮机相比，具有明显优势。

（4）消除了空气和噪声污染。天然气涡轮驱动压缩机会产生巨大的空气和噪声污染。对人口密集地区而言，这是一个十分严重的问题。而变频电机驱动系统不会产生空气污染，噪声也基本可以忽略。

（5）实现单电机或者多电机的软启动，以及功率因数校正。使用变频器启动大型电机时，消除了因启动冲击电流而引起的机械力和热应力，这就消除了对电机启动次数的限制，降低了绝缘损坏的可能性，延长了电机使用寿命。通过使用同步切换逻辑，一台变频器可逐次启动多台电机。变频器还能从整体上改善功率因数。

变频器常用的控制方式有 U/f 控制、矢量控制、直接转矩控制等。其中 U/f 控制方式常用于一般性能的调速，矢量控制和直接转矩控制方式常用于高性能的调速。变频器可分为通用变频器和专用变频器。其中专用变频器又可分为风机水泵型、伺服型、高压型和专用设备型。用户可根据生产实际需要进行选用。

## 二、电气日常操作与设备维护

### 1. 电气巡检

电气设备巡检工作是为了保障电气设备"安全、可靠、持续"的正常运行，必须在事故发生之前，发现事故苗头，消除事故隐患，真正做到"预防为主"。巡检人员要责任心强、态度端正、观察细致、思维敏捷。了解设备结构、性能和运行参数。

1）巡检工作安排

（1）巡检时间安排：每 2h 巡回检查一次，或与站内工艺区巡检时间一致。

（2）巡检人员安排：巡检人员应由经过培训能独立处理电气故障的人员担任。

2）巡检线路的设置

根据站场内电气设备分布图制定基本巡视线路。

3）巡检点的设置

（1）巡检点必须与被检设备有足够的安全距离。

（2）巡检点必须做到"重要设备要见牌"，巡检牌必须固定安装，表面清洁无损坏。

（3）所有巡检线路和巡检点的设置都须经过电气主管、HSE 人员批准和现场确认方可实施。

4）巡检工作要求

（1）巡检人员按规定的巡检路线，实施巡检。每次巡检由两人进行，如一人进行检查，不准进行任何操作。

（2）巡检人员按规定巡视检查电气设备的声音、电流、电压、温度、振动、润滑油和油脂等情况，并作好记录。

（3）巡检人员必须自带必要的器具（验电笔、点温计及照明用具），及时掌握电气设备的运行与备用状态，认真作好巡检记录。

（4）在巡检过程中，发现故障问题，要按轻、重、缓、急要求和经有关部门签发工作票或操作票后，再进行处理，力量不足时，应请求检修人员支援。暂时无法处理的应及时向电气主管和站长报告，同时作好设备的缺陷记录，并制定出处理措施和应急预案待批。

（5）巡检人员每周对所有的运行电动机进行一次状态监测，对备用电动机进行一次绝缘检测，并作好记录。

（6）对于要求特护的关键设备，按特护的要求加强巡回检查。

（7）在恶劣天气及特殊环境条件下，应对高压电机、电缆室、架空线、露天设备等易出现问题的设备及部位、有缺陷的设备进行特殊的巡视。

（8）巡回检查过程中，巡检人员在发生事故并接到处理事故的命令时，应先处理事故，待事故处理完毕后再进行检查。

（9）巡回检查完毕，应填写"巡检记录"，签名后交电气主管审查。

5）参数记录要求

（1）一、二次系统的电压、电流和功率的记录，有功、无功电量的小时记录，功率因数和负荷率等的记录。

（2）各路出线的负荷记录。

（3）主设备的温度、冷却系统的运行情况和充油设备的油位指示的记录。

（4）异常现象和事故处理的记录。

（5）接、发操作令任务记录。

**2. 变电所倒闸操作**

电气设备的投入和退出运行以及系统运行方式的改变都必须通过倒闸操作来实现。如交直流回路的投入与拉开；自动装置的投入或停用；备用或检修后的设备投入运行；汇流母线由分段运行变为并列运行等都需要通过断路器、隔离开关或闸刀开关进行操作。

倒闸操作是供、用电系统运行过程中一项重要而复杂的工作，倒闸操作的正确与否，关系到供、用电系统中人身和设备安全，因此对倒闸操作的操作技术和方法有严格的要求，必须按操作项目、顺序、方法去进行操作，否则将会造成母线之间的非同期并列。带负荷拉、合隔离开关，带电挂接地线或未拆地线就送电等误操作，从而导致发生恶性事故。

1）母线的倒闸操作

在母线倒闸操作前应做好充分准备，操作时要严格执行预定的操作方案，并注意下列问题：

（1）在双母线接线中，倒母线操作的顺序是：先合母联隔离刀闸和母联断路器，并将断路器改为非自动，再操作线路隔离开关，即先逐一合上备用母线上的隔离开关，再逐一拉开工作母线上的隔离开关。在操作过程中应注意电流分布情况，防止母联断路器过负荷。

（2）当接通热备用设备的电源进行倒母线操作时，要先拉后合，防止发生通过两组母线隔离开关合环的误操作。

（3）对运行中的双母线需要停一组时，要防止由电压互感器低压侧倒充电。

（4）线路倒母线后，要把线路上的电压互感器电源作相应切换。有母线动差保护的线路应按母线差动保护的有关规定执行。

（5）若母线上已有一组电容器运行，不允许将另一组电容器投入，以免倒充电。

2）停、送电操作

（1）停电

① 停电前要明确工作（操作）票内容，核对停电的设备；

② 根据工作需要，穿戴绝缘靴和绝缘手套；

③ 在专人监护下进行操作；

④ 停电后要认真检查，并采取接地线、装设遮栏、悬挂警告牌等安全措施；

⑤ 无论高压或低压，断路器手柄要上锁并挂警告牌。

（2）送电

① 应有负责人签署的送电工作票；

② 送电前要明确工作（操作）票内容，核对送电的设备；

③ 穿戴绝缘鞋和绝缘手套；

④ 拆除临时接地线、遮栏等设施；

⑤ 在专人监护下摘下停电警牌，合闸送电。

3) 强送电和试送电

(1) 强送电是指无论跳闸设备有无故障，立即强行合闸送电的操作。在以下情况下，应立即强送电：

① 投入自动合闸装置的送电线路，跳闸后而未重合者(母线的保护装置动作跳闸除外)；

② 投入备用电源自动投入装置的厂用工作电源，跳闸后备用电源未投入者；

③ 误碰、误拉和无任何故障征象而跳闸的断路器，并确认对人身和设备的安全无威胁者。

(2) 试送电是指在设备跳闸后，只进行外部检查和只对保护装置的动作情况进行分析判断而未进行内部检查，或者不进行外部检查(如送电线路跳闸)，即试行合闸送电的操作。在以下情况下，一般可以试送电：

① 保护装置动作跳闸，而无任何事故征象，判定该保护装置误动作，可不经检查，退出误动作保护装置试送电(但设备不得无保护装置试送电)；

② 后备保护装置动作跳闸，外部故障已切除，可经外部检查或不经外部检查(视负荷情况和调度命令而定)试送电。

4) 操作注意事项

(1) 倒闸操作必须有二人执行，指定对设备较为熟悉者作监护。

(2) 停电拉闸操作必须按开关、负荷侧闸刀开关、母线侧闸刀开关的顺序依次操作，送电合闸的顺序与此相反，严禁带负荷分断闸刀开关。

(3) 操作中发生疑问时，不准擅自更改操作票，必须确定清楚后再进行操作。

(4) 用绝缘棒分合闸刀开关或经传动机构分合闸刀开关，都应戴绝缘手套；雨天操作室外高压设备时，绝缘棒应有防雨罩，并要穿绝缘鞋，雷电时禁止进行分合闸操作。

(5) 装卸高压熔断器，应戴护目眼镜和绝缘手套，必要时可使用绝缘夹钳，并站在绝缘垫或绝缘台上。

(6) 电力设备停电后，即使是事故停电，在未分断有关闸刀开关并做好安全措施之前，不得触及设备或跨越遮栏，以防止突然来电。

**3. 配电室安全操作**

电气工作人员在生产活动中经常使用的各种电气工具。这些工具不仅对完成工作任务起到一定的作用，而且对人身安全起到重要保护作用，如防止人身触电、电弧灼伤等。要充分发挥电气安全用具的保护作用，电气工作人员必须对各种电气安全用具的基本结构、性能有所了解，正确使用电气安全用具。

1) 绝缘棒

(1) 用途　用来闭合或断开高压隔离开关、跌落保险，也可用来安装和拆除临时接地线以及用于测量和试验工作。

(2) 安全操作要点　不用时应该垂直放置，最好摆放到支架上面，不应使其与墙壁接触，以免受潮。使用时，一定要查看检验时间，是否在有效期内，伸缩式的绝缘棒，一定要对每节进行紧固，防止脱落。手一定要握在安全范围内，防止发生触电。

2) 绝缘夹钳

(1) 用途　用来安装高压熔断器或进行其他需要有夹持力的电气作业时的一种常用工具。

(2) 安全操作要点　工作时戴护目镜、绝缘手套，穿绝缘鞋或者站在绝缘垫上，精神集中，注意保持身体平衡，握紧绝缘夹，不使夹持物滑脱落下；潮湿天气应使用专门的防雨绝缘夹钳；不允许在绝缘夹钳上装接地线，以免接地线在空中悬荡，触碰带电部分造成接地短路或人身触电事故；使用完毕，应保存在专用的箱子里或匣子里，以免受潮和破损。

3) 验电器

（1）用途 用来检查设备是否带电的一种专用安全用具。分为高压、低压两种。

（2）安全操作要点 应选用电压等级相符，且经试验合格的产品；验电前应先在确知带电设备上试验，已证实其完好后，方可使用。

4) 绝缘手套

（1）用途 用于在高压电气设备上进行操作。

（2）安全操作要点 使用前，要认真检查是否破损、漏气，是否在试验的有效期内，并选用相符的电压等级。用后应单独存放，妥善保管，防止其他尖锐物品划破手套。

5) 绝缘鞋

（1）用途 进行高压操作时用来与地面保持绝缘。

（2）安全操作要点 严禁作为普通鞋穿用，使用前应检查有无明显破损，是否在试验的有效期内，并选用相符的电压等级。用后要妥善保管，不要与石油类油脂接触。

6) 电工安全腰带

（1）用途 在电杆上、户外架构上（2m以上的设备）进行高空作业时，用于预防高空坠落，保证作业人员的安全。

（2）安全操作要点 不用时挂在通风处，不要放在高温处或挂在热力管道上，以免破损。使用前，要进行细致检查，是否有破裂或腐烂；使用时，要高挂低用，悬挂在牢固安全的设备上。

7) 安全帽

（1）用途 保护使用者头部以免受外来伤害的个人防护用具。

（2）操作安全要点 帽壳完整无裂纹或损伤，无明显变形，在有效使用期内；使用时要按照规定佩戴，下颚带一定要系好，防止安全帽脱落。

8) 临时接地

（1）用途 为防止向已停电检修设备送电或产生感应电压而危及检修人员生命安全而采取的技术措施。

（2）安全操作要点 挂接电线时要先将接地端接好，然后再将接地线挂在导线上，拆卸的顺序与此相反；在操作时，一定要两名或者两名以上人员进行挂接（拆卸）接地线，并应使用绝缘棒和绝缘手套；在使用前一定要对接地线进行检查，连接处是否牢固。

9) 防护遮拦、标识牌

（1）用途 提醒工作人员或非工作人员应注意的事项。

（2）安全操作要点 标识牌内容正确、悬挂地点无误；遮拦牢固可靠；严禁遮拦或取下标识牌。

**4. 配电设备的维护**

1) 维护工作的内容和注意事项

维护工作的作用是保持开关柜无故障运行，并达到尽可能长的使用寿命。为此，要做好下列紧密相关的工作：

（1）检查 实际运行状况的确认；

(2) 保养　保持规定运行状况的措施;

(3) 修理　恢复规定运行状况的措施。

同时要注意以下事项:

(1) 维护工作只能由训练有素的专职人员执行。他们通晓开关柜,重视 IEC 和其他技术机构规定的相关的安全规程及其他重要导则。

(2) 某些设备/元件(如磨损件)的检查和保养间隔(维护周期)取决于运行时间的长短,操作频繁程度和短路故障开断次数等。其他一些部件的维护周期则取决于具体场合的工作方式,负荷程度和环境影响(包括污染和腐蚀性空气)。

(3) 必须遵守设备说明书和所配置的断路器和负荷开关的操作指南。

2) 检查和保养

根据运行条件和现场环境,每 2~5 年应对开关柜进行一次检查和保养。

(1) 检查工作应包括(但不限于)下列内容:

① 根据 IEC(国际电工委员会)和其他机构规定的安全规程,隔离要进行工作的区域,并保证电源不会被重新接通。

② 检查开关装置、控制、联锁、保护、信号和其他装置的功能。

③ 检查隔离触头的表面状况,移去断路器小车、支起活门,目测检查触头。若其表面的镀银层磨损,或表面腐蚀、出现损伤或过热(表面变色)痕迹,则更换触头。

④ 检查开关的附件和辅助设备,检查绝缘保护板,它们应保持干燥和清洁。

⑤ 在运行电压下,设备表面不允许出现外部放电现象,可以根据噪声、异味和辉光等现象来判断。

(2) 基本的保养和检查主要包括如下内容:

① 发现装置肮脏(热带气候中,盐、霉菌、昆虫、凝露都可能引起污染)时,仔细擦拭设备,特别是绝缘材料表面;用干燥的软布擦去附着力不大的灰尘;用软布浸轻度碱性的家用清洁剂,擦去黏性/油脂性赃物,然后用清水擦干净,再干燥;对绝缘材料和严重污染的元件,用无卤清洁剂;应遵守制造厂的使用说明和相关指南;严禁使用三氯乙烷、三氯乙烯或四氯化碳。

② 如果出现外部放电现象,可在放电表面涂一层硅脂膜作为临时修补。

③ 检查母线和接地系统的螺栓联接是否拧紧,隔离触头系统的功能是否正确。

④ 断路器小车插入系统的机构和接触点的润滑不足或润滑消失时,应加润滑剂。

⑤ 给开关柜内的滑动部分和轴承表面(如活门、联锁和导向系统、丝杆机构和手车滚轮等)上油。或清洁需上油的地方,涂润滑剂。

⑥ 遵守开关装置说明书中的维护指导。

**5. 不间断供电系统(UPS)操作与维护**

1) 操作规程

(1) 运行模式

① 市电逆变供电模式　UPS 安装完毕后,按下"开机/消音"按钮 1 秒以上,听到鸣叫之后即可。

② 旁路供电模式　在投入市电但未开机,或开机后出现输出过载等情况时,负载所需的电源由市电输入直接经旁路提供;充电器对电池充电。

③ 电池供电模式　在市电掉电或市电电压超限时,整流器和充电器停止运行,电池组

放电，通过逆变器向负载提供电源。

④ 故障模式　在市电供电模式下，若出现逆变器故障、机内温度过高等情况，UPS 将转为旁路供电；在电池供电模式下，若出现逆变器故障、机内温度过高等，UPS 将关机，输出中断。一旦 UPS 发生故障，面板故障指示灯变亮(红色)，蜂鸣器长鸣(电池、充电器故障除外)，相应的故障定位指示灯闪烁。

（2）常见操作

① 系统上电

连接好输入电源线(如果有外接电池，还应合上电池开关)，合上输入开关(只有 2kVA/3kVA 机型需要)，此时系统启动，后面板风扇开始运转，系统进入自检(包含电池)，待自检完成(蜂鸣器鸣叫两声表示启动正常)后，进入旁路供电模式，面板市电指示灯和旁路指示灯亮。

② 逆变供电

a. 市电逆变供电正常情况下，用户应把 UPS 设为市电逆变工作模式。系统上电后，按下"开机/消音"键约 1s，直到听到"滴"的提示声，待数秒钟后面板旁路指示灯灭，逆变指示灯亮，表示 UPS 已工作在市电逆变供电模式。系统运行正常后，逐步投入负载，面板的负载指示灯点亮数目增多。若负载指示灯全亮，蜂鸣器每 0.5s 鸣叫一声，表示有过载发生，此时应立即卸除部分负载。一般建议负载量以 70% 为宜，以保证突来的短时额外负载不至于影响 UPS 的运行，同时还可大大延长 UPS 的使用寿命。

b. 电池逆变供电在没有市电情况下，可利用电池直接开机。按下"开机/消音"键约 1s，直到听到"滴"的提示声，系统自检后，电池指示灯和逆变指示灯亮，蜂鸣器每 3s 鸣叫一声，表示 UPS 已正常工作在电池供电模式；加载过程同前述市电逆变供电模式。

2) 维护、保养规程

（1）日检

① 检查控制面板：确认所有指示正常，液晶显示屏显示参数正常，面板无报警指示及无报警声响；

② 检查 UPS 各部无明显高温现象；

③ 有无异常噪声；

④ 确认散热通道无阻塞，设备无明显积灰；

⑤ 检查风机是否运转正常。

（2）周检

① 测量并记录电池充电电压；

② 测量并记录电池充电电流；

③ 测量并记录 UPS 三相输入、输出电压；

④ 测量并记录 UPS 输出各相电流及当时负载情况，如果控制面板显示测量值与实测值或计算值不符，应及时记录相关信息并联系修理。

（3）年检

注意：负载需要停电或由维修旁路供电或由其他电源供给。

① 首先按周检的内容进行检查；

② 不能停电的，切换至备用电或维修旁路供电；

③ 关断 UPS，断开市电输入开关和电池开关，等待 5~8min；

④ 确认待检部位无电压;

⑤ 拆开 UPS 外壳及保护盖板;

⑥ 特别注意检查以下几部分:电容是否漏液或变形;磁性元件有无过热痕迹或裂痕;电缆及连接线有无老化磨损,过热现象,接插件是否松动;其他元器件是否紧固、有无脱焊现象;检查印刷电路板的清洁度和完整性;

⑦ 清除各部的杂质及灰尘;

⑧ 将 UPS 重新装好,重新上电,正常后,按操作程序投入带载运行。

(4) 其他检查

① 输入、输出电缆绝缘及连接端检查,周期不超过 2 年,应完全断电;

② 如果 UPS 配有防雷装置,需按周检进行,在多雷和潮湿季节需列入日检内容。

(5) 电池维护

① 定期检查蓄电池的状态。保持蓄电池室或电池柜、支架的清洁,定期清除漏出的电解液,清洗连接条和连接螺丝处的氧化物,并涂以凡士林和黄油,紧固松动的螺丝,保持蓄电池连接良好,防止大电流放电时产生打火和过大的压降;

② 每个季度检查一次蓄电池绝缘,每月普测单节电池的电压,保证在三个月内对电池组进行一次充放电,并作好记录;

③ 准备停用的电池,在停用前应先充电,并每隔 1 个月充电一次;

④ 要求:每次充放电要求记录充电和放电起始时间,起始电流和电压(包括单节电池电压和总电压)。

(6) 注意事项

电源设备内含电池,即使在未接交流电市电的情况下,其输出端仍可能会有电压存在。

① 当 UPS 需要移动或重新配线时,必须切断输入,并保证 UPS 安全停机,否则输出仍可能有电,有触电的危险。

② 为确保用户的人身安全,电源产品必须有良好的接地保护,在使用之前首先要可靠接地。

③ 使用环境及保存方法对产品的使用寿命及可靠性有一定影响,因此,请注意避免长期在下列环境中使用:

a. 超过技术指标规定(温度 0~40℃,相对湿度 5%~95%)的高、低温和潮湿场所;

b. 阳光直射或靠近热源的场所;

c. 有振动、易受撞的场所。

d. 有粉尘、腐蚀性物质、盐份和可燃物气体的场所。

④ 请保持排气孔的通畅。进、排气孔的通风不畅会导致 UPS 内部的温度升高,使机器中元器件的寿命缩短,从而影响整机寿命。

⑤ 液体或其他外来物体绝对不允许进入电源机箱内。

⑥ 万一周围起火,请使用干粉灭火器,若使用液体灭火器会有触电危险。

⑦ 电池的寿命随环境的升高而缩短。定期更换电池可保证 UPS 工作正常,且可维持足够的后备时间。更换电池必须由授权技术人员执行。

⑧ 如果长时间放置不使用,必须将 UPS 存放在干燥的环境中,标准机(带电池)的存贮温度范围:−20~55℃;长延时机(不带电池)的存储温度范围:−40~70℃。

⑨ 电源长期停用情况下,建议每 3 个月插上交流电源 12h 以上,以避免电池长期不用

而损坏。

⑩ 勿将电池打开或损坏，电解液对皮肤和眼睛都会造成伤害，如果不小心接触到电解液，应立即用大量的清水进行清洗并去医院检查。

**6. 电机与发电机的维护**

1) 电机的维护

电机的维护从五个方面入手，即看、听、摸、测、做，只要认真坚持这五个方面，绝大多数故障都可以预防和避免，可减少备件和修理费用。

(1) 看　看电动机工作电流的大小和变化，看周围有没有漏水、滴水，会引起电动机绝缘被击穿而烧坏。看电动机外围是否有影响其通风散热环境的物件，看风扇端盖、扇叶和电动机外部是否过脏需要清洁，确保其冷却散热效果。

(2) 听　听电动机的运行声音是否异常，当机房噪音较大时，可借助于螺丝刀或听棒等辅助工具，贴在电动机两端听，不但能发现电动机及其拖动设备的不良振动，连内部轴承油的多少都能判断，从而及时添加轴承油，或更换新轴承等，避免电动机轴承缺油干磨而堵转、扫膛烧坏。电动机用油枪加油时需注意使用专用轴承油(−35~140℃)，并将另一边的螺丝拆卸开，以便将旧油挤换出来。防止加油时因压力大把油挤到电动机内部，运转时溅到定转子上，影响电动机的散热功能等。

(3) 摸　用手背探摸电动机周围的温度，或用测温枪检查。在轴承状况较好情况下，一般两端的温度都会低于中间绕组段的温度。如果两端轴承处温度较高，应结合所测的轴承声音情况检查轴承。如果电动机总体温度偏高，应结合工作电流检查电动机的负载、装备和通风等进行相应处理。

根据电动机所用绝缘材料的绝缘等级，可以确定电动机运行时绕组绝缘能长期使用的极限温度，或者电动机的允许温升(电动机的实际温度减去环境温度)。各国绝缘等级标准有所差异，但基本分为 Y、A、E、B、F、H、C 七个等级，其中 Y 级的允许温升最低(45℃)，而 C 级的允许温升最高(135℃以上)。从轴承油和其他材料方面考虑，用温度表贴紧电动机测量的温度最好控制在 85℃以下。

(4) 测　在电动机停止运行时，用绝缘表测量其各相对地或相间电阻，发现绝缘不良时用烘潮灯烘烤以提高绝缘，避免因绝缘太低(推荐值>1 兆欧)击穿绕组烧坏电动机。设有烘潮电加热的电动机除非特殊情况，不要随意关掉加热开关。在潮湿天气和冬季时要特别注意电动机的防水、防潮和烘干。露天及潮湿场所的电动机要特别注意防水，对怀疑严重受潮或溅过水的电动机，使用前更应认真检查。有条件的应缝制帆布罩加以防护，以保证电动机绝缘，但高温天气或长时间连续使用时需将帆布罩取下，以防散热受阻导致电机过热烧毁。如果发现电动机浸泡水，要将电动机解体后抽出转子，用 60~70℃热淡水反复冲洗，并用压缩空气吹干后，再用烤灯从电动机定子内两端烘烤，直止电动机绝缘升至正常。

(5) 做　不但要对检查中发现的问题及时采取补救措施，还要按保养周期(每月)对电动机进行螺丝、接线紧固，拆解检查、清洁保养等。如电动机端盖 4 个固定螺丝全部松脱，会造成扫膛运转烧坏；电动机接线螺栓松动虚接造成缺相烧坏；电动机风扇叶脱落抵住机体造成堵转而烧坏；电动机轴承润滑不良、运行温度高，而未及时补充润滑油或更换轴承造成电动机烧坏。

总之，电动机故障大部分都是缺相、超载、人为因素和电动机本身原因造成，线路部分应该做到开机前必查，启动完毕也应该查看三相电流是否均衡。工作环境的好坏决定电动机的保养周期。潮湿大，粉尘多，露天的工作环境就要经常检查保养。工作环境差的建议每月检查一次，看看接线接头是否松动，轴承是否损坏，缺少油脂。只要通过系统分析，采取相应的措施，做好定期检查，就能减少电动机故障和事故，从而提高电动机的使用效率。在正常运行及维护检修过程中总结经验，熟悉电动机常见故障发生的部位和原因，做到定期检查，确保电动机安全可靠的运行。

2) 发电机的维护

为了延长柴油发电机组的使用寿命，以及它的使用效率，除了季节性的保养，也不能忽视柴油发电机组的日常维护保养。

(1) 日常维护

① 检查柴油发电机组的相线、N 线和接地线的紧固情况。

② 机组每月要启动两次，每次的启动运行时间不少于 10min，以确保机组活动部位的润滑。

③ 每月要进行一次整体常规检查，以备下次使用，检查的内容包括：

a. 检查燃油箱的油量；

b. 检查柴油机的油底壳油面；

c. 检查水箱液面情况；

d. 检查油、气、水管有无泄漏；

e. 检查柴油机的各附件连接螺栓紧固情况；

f. 检查电气仪表的导线连接情况；

g. 检查各仪表有无异常；

h. 检查喷油泵的连接法兰面有无渗油；

i. 检查冷却风扇的安装是否牢固，所有风叶是否有铆钉松动、裂纹和碰弯变形现象，如有发现应换新，以免因风叶不平衡而折断或打坏散热器；

j. 每年对风扇的轴承座进行补脂；

k. 定期对发电机的无载端的轴承进行补脂；

l. 清洁柴油机及附属设备的卫生。

④ 每年要对机组进行一次常规保养。

(2) 日常保养

① 蓄电池

a. 铅酸蓄电池长期不用时，避免蓄电池损坏，应每个月对蓄电池进行一次充电，保证蓄电池组在满电量状态(电压 24V 以上)；

b. 蓄电池在放电后，应在最短的时间内进行充电，以免发生极板硫化反应；

c. 应经常检查蓄电池电解液面的高度，一般应高出极板顶面 10~15mm，发现不正常时应加注比重为 1：400 的稀硫酸或蒸馏水进行调整，禁止加注自来水、河水、井水或浓硫酸；

d. 经常清理蓄电池的表面，保证电池干净无异物，接线桩无腐蚀；

e. 充电时，将蓄电池正极接到直流充电器电源的正极，蓄电池负极接到直流充电器电源的负极，并必须旋开通气孔，让充电时产生的气体外逸畅通，充电时禁止明火；

f. 充电期间，电解液的温度不可超过 45℃，否则应降低充电电流或采取降温措施，以免电池过热缩短电池寿命。

② 柴油机空气过滤器

a. 空气过滤器的保养：检查空气过滤器上的进气阻力指示器的情况，当指示器的窗口由黄色变为红色，同时蓝色箭头指示 7.5kPa 真空度时，则表示该过滤器需要进行除尘保养，保养后按下指示器的上方，使指示器标志复位；

b. 空气过滤器累计工作 100h 后应进行清除集尘盆中的积灰，每使用累计 100~250h，取出滤芯用不大于 490kPa 的压缩空气从滤芯的内腔往外吹，用毛刷清理表面，禁止用油或清水清洗，发现滤芯破损严重应及时更换。

③ 柴油机机油滤芯

a. 柴油机每运行累积 200h 应用柴油拆洗柴油机的机油过滤器；

b. 过滤器破损或堵塞严重时应及时更换滤芯；

c. 清洗机油泵的吸油过滤网。

④ 柴油机的燃油过滤器

a. 在柴油机运行 100h 后或在使用中发现供油不畅，或使用了不清洁的燃油时，应及时清洗燃油过滤器；

b. 清洗时应将燃油滤芯浸泡在柴油中，使用毛刷轻轻的洗掉滤芯上的污物；

c. 如滤芯难以清洗或有破裂应及时更换滤芯。

⑤ 空气冷却器、水箱散热器

a. 清理空气冷却器表面附着的杂物，用吹风机或用自来水清理冷却器上的灰尘；

b. 每季度更换一次柴油机的冷却水，充装的冷却水应用纯水，减缓锈蚀速度。

# 第二节　太阳能在油气管道站场中的运用

石油天然气管道绵延几百公里甚至数千公里，沿途可能经过人烟稀少的沙漠戈壁地区，往往离市电较远，尤其是一些管道中途无人值守的阀室一般采用太阳能光伏发电技术提供能源。图 11-2-1 为利比亚西部管道阀室太阳能光伏发电图。显然了解并正确地使用与维护太阳能系统对保证油气管道安全平稳运行具有较大的意义。

图 11-2-1　利比亚西部管道阴极保护站太阳能系统

## 一、油气管道太阳能系统组成

太阳能发电有两种方式，一种是光-热-电转换方式，另一种是光-电直接转换方式。油气管道太阳能系统采用的是光-电直接转换方式。

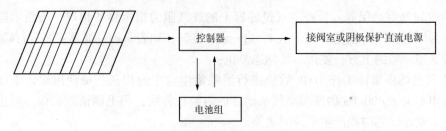

图 11-2-2　管道太阳能系统框图

油气管道使用的太阳能发电系统主要为沙漠戈壁等偏远地区的阀室和阴极保护站的自动化系统、电动阀门、管道阴极保护设备和站场照明提供无间断直流电源。其主要设备包括太阳能极板、控制器、电池组和直流电负载设备，如图 11-2-2 所示。

如果油气站场还需要交流电源，则太阳能系统必须增加一个逆变器，其作用是将太阳能设备发出的直流电转换为交流电，如图 11-2-3 所示。

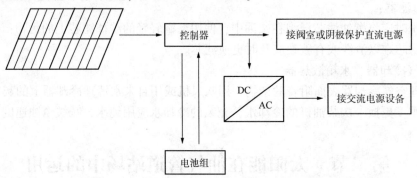

图 11-2-3　带交流设备的管道太阳能系统框图

### 1. 光伏电池的原理

用于制作太阳能电池的材料是硅，硅的原子核外有 4 个自由电子，当受到太阳光照时，这些电子脱离原来的位置，硅元素留下 4 个空穴，如果在硅中掺入磷元素，因为磷元素核外是 5 个电子，给以少量能量磷的电子就会溢出，磷的电子和硅元素留下的空穴结合，留下一个自由电子，形成所谓的 N 型结(N 代表负电)。如果在硅中掺入硼，因为硼的最外层只有三个电子，将留下所谓的 P 型结(P 代表正电)。PN 结的存在促使电子从 P 侧向 N 侧移动，但电子到达 PN 结时，PN 结阻止电子继续移动。这样就在 PN 结处形成一个电场，产生了电压。把多个这样的太阳能电池原件串并联，就产生需要的电压和电流。这就是太阳能电池。将一个负载连在太阳能电池的两极之间，负载上就会有电流流过，如图 11-2-4 所示。这就是太阳能电池光伏组件。太阳能电池吸收的光子越多，产生的电流也就越大。有了电流和电压，我们就有了功率，它是二者的乘积。

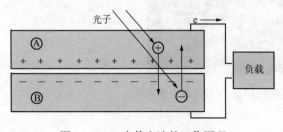

图 11-2-4　光伏电池的工作原理
Ⓐ—N 型硅；Ⓑ—P 型硅

### 2. 太阳能电池方阵

单个太阳能电池输出的电压和电流很小，如将若干个太阳能单体电池串并联起来就可以得到需要的电压和电流。一般按国际电工委员会 IEC 1215—1993 标准要求进行设计，采用 36 片或 72 片多晶硅太阳能电池进行串联以形成 12V 和 24V 各种类型的组件。将其封装后固定在支架上就组成太阳能电池方阵，如图 11-2-1 所示。这种组件的前面是玻璃板，背面是一层合金薄片。合金薄片的主要功能是防潮、防污。太阳能电池被镶嵌在一层聚合物中。在这种太阳能电池组件中，电池与接线盒之间可直接用导线连接。

太阳能电池的短路电流和日照强度成正比。但太阳能电池的输出随着池片的表面温度比上升而下降，输出随着季节的温度变化而变化。在同一日照强度下，冬天的输出比夏天要高。太阳直射的夏天，尽管太阳辐射量比较大，如果通风不好，导致太阳电池温升过高，也可能不会输出很大功率。通常油气管道太阳能电池板的功率为 200～15000W。

### 3. 蓄电池

太阳能蓄电池的作用就是白天将太阳能发电系统发出的部分能量储存起来，到夜晚或阴雨天时放出供用电设备使用。太阳能光伏电站的常用蓄电池有：铅酸蓄电池、密封铅酸蓄电池（阀控蓄电池）、镉镍蓄电池、铁镍蓄电池等。

常规铅酸太阳能蓄电池在使用过程中，电池的正极会产生氧气，在负极会产生氢气。这些气体从太阳能蓄电池中不断逸出，会导致电解液逐渐失水，从而导致太阳能蓄电池性能下降，甚至电池干涸。蓄电池在维护中要定期检查，发现液位低于规定值要及时补液。太阳能免维护蓄电池（阀控密封铅酸太阳能蓄电池）在浮充电过程中，电池产生的氧气不断地在阴极板上还原成电解液，无剩余气体排放。电池几乎不失水。所谓免维护只是不必要检查测量电解液的比重和补水。并不是不需要维护。但是在不正常使用等特殊情况下，电池内反应平衡可能被打破，可能产生少量多余的气体，电池装有安全阀，当电池内气压超过一定数值时，安全阀开启，以便将多余气体排出；当电池内气压低于一定气压时，安全阀自动关闭，以隔绝电池外部气体进入。

蓄电池的容量常用电池放电电流与放电时间的乘积安时来表示。石油天然气管道阀室选用的太阳能蓄电池的容量一般在 200～5000Ah 左右。

电池出厂时已经充好电，安装好后就可以投入使用。

电池的浮充电压值应随着环境温度的降低而适量增加，随着环境温度的升高而适量减少，其关系曲线如图 11-2-5 所示。由图可知，温度在 25℃时，电池的浮充电压为（13.65±0.1）V/台。

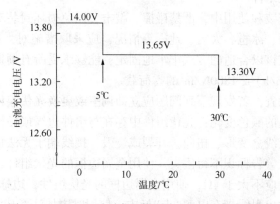

图 11-2-5　12V 系列太阳能电池电压-温度关系曲线

将太阳能电池串并联，可以提高太阳能电池的电压与电流。单块太阳能蓄电池不会有触电危险，但多块太阳能电池串联后，可能有高压触电的危险。太阳能蓄电池两极柱切不可短路(碰头)。通常油气管道太阳能电压在 48V 左右即可。

由于电池中存有能量且包含酸性电解液，光伏系统中的电池可能非常危险，因此需要为它们提供一个通风良好的非金属外壳。

环境温度对电池寿命有很大的影响，当环境温度每升高 10℃，电池寿命约减少 50%。因此为了延长电池寿命，很多石油天然气管道都将太阳能电池安放在地下室里。

**4. 控制器**

当蓄电池发生过充电和过放电现象时，其性能和寿命都将大受影响，可以安装一个控制器自动防止蓄电池组过充电和过放电。控制器还具有一些其他功能如防止负载或充电控制器内部短路的电路保护；防止由于雷击引起的击穿保护；温度补偿功能等。有些控制器还具有逆变器的交直流转换功能。

通常油气管道太阳能充电控制器的控制电流在 10~200A 之间。

**5. 逆变器**

太阳能的直接输出一般为 12VDc、24VDc、48VDc，如果油气阀室需要给 220VAC、110VAc 的设备提供电源，可以增加一个 DC-AC 逆变器，将太阳能发电系统发出的直流电能转化为交流电能。

## 二、太阳能系统的使用与维护

**1. 光伏系统的使用与维护**

太阳能电池阵列的安装位置应该在阳光充足的地方。远离可能遮阴的树木和其他高大物体。太阳能极板排列行距要足够远，最小间距为 3m，以防止互相产生阴影。方阵的采光面应与太阳光垂直。

太阳能电池光板被树荫泥污等长时间遮挡，其他光照部位发出的电会被遮挡的电池消耗而发热，造成破坏，可以在太阳能电池的正负极间并联一个二极管，防止破坏。

为减少电缆压降，太阳能电池阵列和控制单元不要超过 15m 距离。

要经常保持光伏阵列采光面的清洁。如积有灰尘，可以用少量清水沾柔软的纱布轻轻擦拭，不要用大量清水冲洗，更不能用具有腐蚀性的溶剂去除或用硬物刮除。应该注意不要在阳光充足的太阳下冲洗，凉水可能会使晒热的玻璃破碎。严禁在风力大于 4 级、大雨或大雪的气象条件下清洗光伏组件。

太阳电池方阵在安装和使用中，严禁碰撞、敲击，以免损坏封装玻璃，影响性能，缩短寿命。遇有大风、暴雨、冰雹、大雪、地震等情况，应采取措施对太阳电池方阵加以防护，以免遭受损坏。模块应该以合适的方式牢牢地固定，能够承受所有预期的负载，应该能够承受风速 62.5m/s(225km/h) 或 1800N/m² 的雪荷载。

光伏组件应定期检查，若发现下列问题应立即调整或更换光伏组件：光伏组件存在玻璃破碎、背板灼焦、明显的颜色变化；光伏组件中存在与组件边缘或任何电路之间形成连通通道的气泡；光伏组件接线盒变形、扭曲、开裂或烧毁，接线端子无法良好连接。

光伏组件上的带电警告标识不得丢失。使用金属边框的光伏组件，边框和支架应结合良好，两者之间接触电阻应不大于 4Ω。使用金属边框的光伏组件，边框必须牢固接地。

太阳电池方阵的输出引线带有电源"十"标志，使用时应加注意切勿接反。

**2. 太阳能蓄电池的使用与维护**

蓄电池室的门窗应严密，防止尘土入内，要保持室内清洁，保持蓄电池本身的清洁。若外壳污物较多，用潮湿布沾洗衣粉擦拭即可，不得使用有机溶剂。安装好的太阳能蓄电池极柱应涂上凡士林，防止腐蚀极柱。清扫时要严禁将水洒入蓄电池。室内要严禁烟火，不得将任何火焰或有火花发生的器械带入室内。蓄电池盖除工作需要外，不应挪开，以免杂物落于电解液内。尤其不要使金属物落入蓄电池内。维护蓄电池时要防止触电，防止蓄电池短路或断路。维护和清扫时应用绝缘工具。维护人员应戴防护眼睛和护身的防护用具。当有溶液落到身上时，应立即用50%苏打水擦洗，再用清水清洗。

蓄电池最佳工作温度在15~25℃之间，长期在低于5℃和高于40℃的温度下工作将降低使用寿命。太阳能电池应该放置于通风阴凉处，冬季要注意保温，夏季防止太阳直晒。有条件的油气站场一般把太阳能电池放置在地下室内，并保持地下室的通风。

蓄电池组并联使用时，应尽量使各电池组线路损耗压降大致相同，每组电池配保险装置。蓄电池不得倒置，不得叠放，不得撞击和重压。

为太阳能蓄电池配置在线监测管理技术，对太阳能蓄电池进行内阻在线测量与分析，要经常检查太阳能蓄电池组电压值和浮充电流值，设定的充电电压要符合设计要求。各连接部位的螺栓要拧紧。更换电池时，最好采用同品牌、同型号的电池，以保证其电压、容量、充放电特性、外形尺寸的一致性。

**3. 太阳能系统控制器的使用与维护**

控制器是全自动控制设备，不需要人工操作。但要定期用万用表测量蓄电池的电压和电流并和控制器显示进行比较，如果发现控制器故障(如雷击故障)就应该更换控制卡。

控制系统至少在太阳能极板故障、过充电时将发出报警信号，在过电压、短路或过电流时自动切断。这些信号应该自动连接到 RTU 并进行远传。

控制器上所有警示标识应该完整清晰；各接线端子紧固无松动，无锈蚀；高压直流熔丝的规格符合设计规定。

**4. 逆变器的运行与维护**

所有警示标识应完整；所有电气连接应紧固，无锈蚀、无积灰。逆变器散热良好；运行时不得有较大振动和噪音。

**5. 接地与防雷**

太阳能极板、仪表盘、控制柜(PE 端子)、逆变器等所有组件都必须用不小于 $35mm^2$ 的铜线良好接地。光伏方阵防雷保护应有效，并在雷雨季节到来之前、雷雨过后及时检查。每半年测一次接地电阻。

# 第十二章 海上油气集输与海底管道

## 第一节 海上油气集输系统

### 一、海上油气田生产的特点

海上油气田的生产就是将海底油（气）藏中的原油或天然气开采出来，经过采集、油气水初步分离与加工，短期的储存，装船运输或经海管外输的过程。

由于海上油气的生产是在海洋平台上或其他海上生产设施上进行，因而海上油气的生产与集输有其自身的特点。

**1. 海上生产油气集输设施和海底管道应适应恶劣的海况和海洋环境的要求**

海上平台要经受各种恶劣气候和风浪的袭击，经受海水的腐蚀，经受地震的危害。为了确保海洋平台的安全和可靠的工作，因此对海上生产油气集输设施的设计和建造提出了严格的要求。

**2. 海上生产设施应满足安全生产的要求**

由于海上采出的油气是易燃易爆的危险品，各种生产作业频繁，发生事故的可能性很大。同时受平台空间的限制，油气处理设施、电气设施、人员住房可能集中在同一平台上，因此对平台的安全生产提出了极为严格的要求。要保证操作人员的安全、保证生产设备的正常运行和维护。

安全系统包括：火气探测与报警、紧急关断、消防、救生与逃生。

海上生产设施的安全系统以自动为主，手动为辅。

**3. 海上油气集输应满足海洋环境保护的要求**

油气集输对海洋的污染：一是正常作业情况下，油气集输生产污水以及其他污水的排放；二是各种海洋作业事故造成的原油泄漏。因此，海上油气集输设施应设置污水处理设备，使之达标排放，此外还应备有原油泄漏的处理设施。

**4. 平台上的设备更紧凑、自动化程度更高**

要求平台上的设备尺寸要小，效率要高，布局要紧凑。

对于某些浮式生产系统上的设备来说，还要考虑船体的摇摆对油气处理设备的影响。

另外，由于平台上操作人员少，因而要求设备的自动化程度高，一般都设置中央控制系统来对海上油气集输和公用设施运行进行集中监控。

**5. 具有可靠、完善的生产生活供应系统**

海上油气集输生产设施远离陆地，从几十公里到上百公里不等，因此必须建立一套完善的供应系统以满足海上平台的生产和生活需求。

一般情况下，陆上要建立对海上设施的供应基地，供应基地的大小与海上生产设施的规模有关。供应的方式一般有两种：一是供应船向海上平台提供供给；二是直升飞机向平台运送物资和人员。供应船是向平台供给的主要工具。

供应船向平台提供生产作业用物资、生产/生活用水、燃料油、备品备件以及操作人员等。

直升飞机主要向平台运送人员以及少量急需的物资，并向平台人员提供紧急救助服务。

为了接收和储备生产物资和生活用品，海上生产设施要配备以下相关的设备和装置：起吊物资和人员用的吊机、供应船靠船件、供直升机起降用的停机坪、储备和输送燃料油和淡水的储罐和输送泵、储藏备品备件的库房等。

一般情况下，海上生产辅助设施应有 7~10 天的自持能力，以保证正常的生产运行和人员生活。

**6. 具有独立的发电/配电系统**

海上生活设施的电气系统不同于陆上油田所采用的电网供电方式，海上油田一般采用平台自发电集中供电的形式。

一般情况下，海上平台利用燃气透平驱动发电机发电，并通过配电盘将电源送到各个用电场所，平台群中平台间的供电是通过海底电缆实现的。

发电机组的台数和容量应能保证其中最大容量的一台发电机损坏或停止工作时，仍能保证对生产作业和生活用的电气设备供电。

除主发电机外，有些平台还设置备用发电机组，以满足连续生产的需要。

为确保生产和生活的安全，平台上设有独立的应急电源，应急电源包括应急发电机、蓄电池组和交流不间断电源(UPS)。

应急发电机应在主电源失效的情况下，确保 4s 之内自动启动和供电，供电时间为 18h。

**7. 可靠的通讯系统是海上生产和安全的保证**

通讯系统对于海上安全生产是必不可少的，它的主要任务是在油田生产过程中，保证平台与外界、平台与平台之间以及平台内部能够进行有效、可靠的通讯联系，使海上生产安全有效地运行。

同时，为避免过往船只对平台的碰撞，平台上设置了雾笛导航系统，当海上有雾时，雾笛鸣响；当夜晚降临时，航行灯向周围海域平射出光束，表示出平台的位置和大小。

## 二、海上油气集输系统

海上油气田的集输系统要根据采油方式、油品性质以及投资回收等因数进行确定，本章仅介绍一种典型的原油集输系统。

**1. 油气的开采和汇集**

海上油气的开采方式与陆上基本相同，分为自喷和人工举升两种。

目前国内海上常用的人工举升方式为电潜泵采油。由于电潜泵井需进行检泵作业，因此平台上需设置可移动式修井机进行修井作业，或用自升式钻井船进行修井。

采出的井液经采油树输送到管汇中，管汇分为生产管汇和测试管汇。

测试管汇分别将每口井的产出井液输送到计量分离器中进行分离并计量。一般情况下，在计量分离器中进行气液两相分离，分出的天然气和液体分别进行计量。液相采用油水分析仪测量含水率，从而测算出单井油气水产量。

生产管汇是将每口油井的液体汇集起来，并输送到油气分离系统中去。

**2. 油气处理系统**

从生产管汇汇集的井液输送至三相分离器中，三相分离器将油、气、水进行初步分离。

分离出的原油因还含有乳化水，往往需要进入电脱水器进一步破乳、脱水，才能使处理后的原油达到合格的外输要求。

分离出的原油如果含盐量比较高，会对炼厂加工带来危害，影响原油的售价，因此有些油田还要增加脱盐设备进行脱盐处理。

为了将原油中的轻烃组分脱离出来，降低原油在储存和运输过程中的蒸发损耗，需要进行原油稳定。海上油田原油稳定的方法采用级次分离工艺，最多级数不超过三级。

处理合格的原油需要储存。储存的方法一般有两种：一种是在平台建原油储罐，另一种是在浮式生产储油轮的油舱中储存。一般情况下，海上原油的储存周期为7~10天。

储存的合格原油经计量后可以用穿梭油轮输送走，也可以建长距离海底管线直接输送到陆上。

分离器分离出的天然气进入燃料气系统中，燃料气系统将天然气脱水后分配到各个用户。平台上的用户一般为燃气透平发电机、热介质加热炉、蒸气炉等。对于某些油田来说，天然气经压缩可供注气或气举使用。低压天然气可以作为密封气使用，也可以用作仪表气。多余的天然气可通过火炬臂上的火炬头烧掉。

分离器分离出的含油污水进入含油污水处理系统中进行处理。

**3. 水处理系统**

水处理系统包括含油污水处理系统和注水系统。常规的含油污水处理流程为：从分离器分离出来的含油污水首先进入斜板隔油器中进行油水分离，然后进入气浮选器进行分离，如果二级处理后仍达不到规定的含油指标时，可增设砂滤器进行三级处理，处理合格后的污水排海。

近年来发展了水力旋流器处理含油污水。水力旋流器因处理量大、占地面积小而得到广泛使用，但它对于高密度稠油油田的含油污水处理效果不好。

注水系统因注水的来源不同而分为三类：海水注水系统、地层水注水系统和污水回注系统。

海水注水系统是海洋石油生产的一大特色。海水通过海水提升泵抽到平台甲板上，经粗、细过滤器过滤掉悬浮固体，再进入脱氧塔中脱去海水中的氧，脱氧后的海水经增压泵、注水泵注入到地层中去。

近年来由于环境保护的要求，经处理后的含油污水也要回注到地层中去。

地层水注水是从采水地层，利用深井泵将地层水抽出，经粗、细过滤器滤掉悬浮颗粒达要求后，经注水泵将地层水注入到油层中。

## 三、海上油气田生产辅助系统

海上油气田生产辅助设施有别于陆上油田，考虑到海上设施远离陆地，海上运输的困难，需要设置相应生产辅助系统。

海上生产辅助系统包括：①安全系统；②中央控制系统；③发电/配电系统；④仪表风/工厂风系统；⑤柴油、海水和淡水系统；⑥供热系统；⑦空调与通风系统；⑧起重设备；⑨生活住房系统；⑩排放系统；⑪放空系统；⑫通信系统；⑬化学药剂系统。

# 第二节　海上油气集输生产设施

海上生产设施类型众多，基本上可分为三大类：海上固定式生产设施、浮式生产设施及水下生产系统。

## 一、固定式生产设施

固定式生产设施是指用桩基、座底式基础或其他方法固定在海底，并具有一定稳定性和承载能力的海上结构物。海上固定式生产设施有各种各样的形式，按其结构形式可分为桩基式平台、重力式平台、人工岛以及顺应型平台；按其用途可分为井口平台、生产处理平台、储油平台、生活动力平台以及集钻井、井口、生产处理、生活设施于一体的综合平台。

下面仅就部分主要的平台作一简要介绍。

**1. 生产处理平台**

生产平台亦称中心平台，它集原油生产处理系统、工艺辅助系统、公用系统、动力系统及生活楼于一体。

生产平台具有将各井口平台的来液进行加工处理的能力，也有向各井口平台提供动力以及监控井口平台生产操作的功能。

生产平台按用途可分为：常规生产平台；生产、生活、动力平台；钻井、生产、生活、动力平台以及生活、动力平台等。

生产平台汇集了各井口平台的来液后，经三相分离器将来液的油、气、水进行分离。

原油在原油处理系统中经脱水达到成品油要求后输送到储油平台或其他储油设施中储存；三相分离器分离出的天然气经气液分离、压缩等一系列处理后供发电机、气举和加热炉等用户使用，多余的天然气进火炬系统烧掉；分离器分离出的含油污水进入含油污水处理系统进行处理，合格的含油污水排海或回注地层。

典型的生产平台如图 12-2-1 所示。

**2. 储油平台**

储油平台是将原油储罐设置在平台上，中心平台处理合格的原油在储油平台储存。储油平台的大小要根据油田规模和穿梭油轮的大小来综合考虑。储油平台由于投资较高，储油能力有限，已不常用。

为了外输原油，有时设置海上码头。

典型的储油平台和海上码头如图 12-2-2 所示。

图 12-2-1　典型的中心平台

图 12-2-2　典型的储油平台和海上码头

**3. 人工岛**

人工岛是在海上建造的人工陆域，人们在人工岛上可以设置钻机、油气处理设备、公用设施、储罐以及卸油码头等。

人工岛按岸壁形式可分为护坡式人工岛和沉箱式人工岛。

## 二、浮式生产系统

典型的浮式生产系统是指利用改装(或专建的)半潜式钻井平台、张力腿平台、自升式平台或油轮放置采油设备、生产和处理设备以及储油设施的生产系统。

浮式生产系统最大的特点就是可实现油田的全海式开发。由于其可重复使用,因此被广泛用于早期生产、延长测试和边际油田的开发过程中。目前,随着科技的发展,许多大型油田也都采用浮式生产系统。

我国大部分海上油田都采用浮式生产系统。

浮式生产系统可分为:①以油轮为主体的浮式生产系统;②以半潜式钻井船为主体的浮式生产系统;③以自升式钻井船为主体的浮式生产系统;④以张力腿平台为主体的浮式生产系统。

以油轮为主体的浮式生产系统可分为浮式生产储油装置(FPSO)和浮式储油装置(FSO)两种。

FPSO是把生产分离设备、注水(气)设备、公用设备以及生活设施等安装在一艘具有储油和卸油功能的油轮上。油气通过海底管线输到单点后,经单点上的油气通道通过软管输到油轮(FPSO)上,FPSO上的油气处理设施将油、气、水进行分离处理。分离出的合格原油储存在FPSO上的油舱内,计量标定后用穿梭油轮运走。

FSO也是具有储油和卸油功能的油轮,但它没有生产分离设备以及公用设备,通过海管汇集来的合格原油直接储存到FSO的油舱中,由于没有油气生产设备,可直接将旧油轮稍加改装就可以成为FSO。

浮式生产储油装置(FPSO)如图12-2-3所示。

图12-2-3 浮式生产储油轮

浮式生产储油装置具有以下优点:

(1)初始投资低。因可以低价购置当前过剩油轮,可大大降低投资成本。

(2)海上安装周期短,不必动用大型浮吊。由于油轮可在船厂建造,因而可降低海上安装费和减少海上安装周期。

(3)储油能力大。FPSO上船舱的储油能力可根据油田产能和穿梭油轮来船周期进行设计,因此不必建造储油平台或输送到陆上储存。另外由于卸油和卖油可直接在海上进行,因此对穿梭油轮吨位选择的范围较大。

(4)甲板面积大。有利于油气处理设备的安装,油气水能很好地分离和处理。

(5)可重复使用。

浮式生产储油装置的缺点是：

（1）受海况的影响较大。恶劣的海况条件如台风、冰等对 FPSO 影响较大，因此在设计时要考虑 FPSO 对单点的解脱，以避开恶劣的海况。FPSO 解脱后，油田要停产，因此要考虑停产的损失以及恢复生产的困难。另外，穿梭油轮与 FPSO 的连接受海况的影响也比较大，因此靠船的方式要专门进行研究。

（2）稳定性差。由于 FPSO 漂浮在海上进行生产，受海浪、气候以及卸油的影响，船体的稳定性较固定平台差，因此甲板上的油气生产设备要考虑防止船体的摇摆。

（3）设备的布置要考虑周密。住房应靠近船艏部，以利于船员的安全。火炬的位置应布置得远离住房和直升机甲板。生产设施尽可能布置在船的重心附近，以减少船的摆动影响。

# 第三节　海底油气管道

海底输油(气)管道是海上油(气)田开发生产系统的主要组成部分。它是连续地输送大量油(气)最快捷、最安全和经济可靠的运输方式。通过海底管道能把海上油(气)田的生产集输和储运系统联系起来，也使海上油(气)田和陆上石油工业系统联系起来。近几十年来，随着海上油(气)田的不断开发，海底输油(气)管道实际上已经成为广泛应用于海洋石油工业的一种有效运输手段。

## 一、海底管道的特点

海底管道的优点是：可以连续输送，几乎不受环境条件的影响，不会因海上储油设施容量限制或穿梭油轮的接运不及时而迫使油田减产或停产，因此输油效率高，运油能力大；另外，海底管道铺设工期短、投产快、管理方便和操作费用低。

它的缺点是：管道处于海底，多数又需要埋设于海底土中一定深度，故检查和维修困难，某些处于潮差或波浪破碎带的管段(尤其是立管)，受风浪、潮流、冰凌等影响较大，有时可能被海中漂浮物和船舶撞击或抛锚遭受破坏。我国海域已经发生多起渔船的打鱼网破坏海底管道的事故。

## 二、海底管道的类型

海底管道按输送介质可划分为海底输油管道、海底输气管道、海底油气混输管道和海底输水管道等。

按结构形式可划分为双重保温管道和三重保温管道，如图 12-3-1 所示。

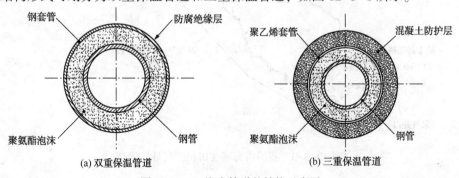

图 12-3-1　海底管道的结构示意图

海底管道按工作范围可分为油(气)集输管道和油(气)外输管道。

(1) 油(气)集输管道一般用于输送汇集海上油(气)田的产出液,包括油、气、水等混合物。通常连接于井口平台(或水下井口)至处理平台之间,处理平台(或水下井口)至单点系泊之间,如图 12-3-2 所示。海上油(气)田内部的注水管道和气举管道也属于此范围。

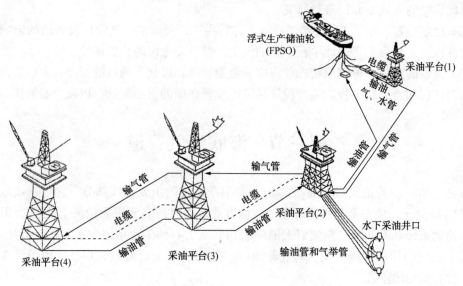

图 12-3-2　我国南海某油田的油气集输管道

(2) 油(气)外输管道一般用于输送经处理后的原油或天然气,通常连接于海上油(气)田的处理平台至陆上石油终端之间,如图 12-3-3 所示。

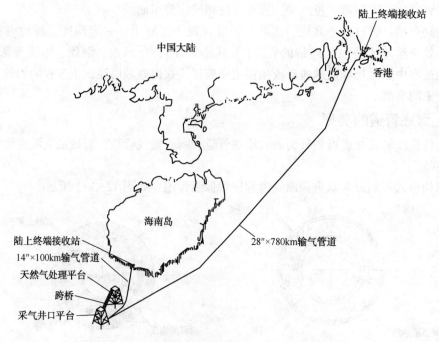

图 12-3-3　我国南海某气田长距离外输管道

## 三、海底管道的铺设方法

海底管道的铺设方法主要有浮游法、悬浮拖法、离底拖法、铺管船法及深水区域的"J"型铺管法等。铺管水深已能达到610m，铺管设备已发展到了第4代即箱体式铺管船、船型式铺管船、半潜式铺管船和动力定位式铺管船。

## 四、海底管道的选材与制造

海底管线的材料一般都选用无缝钢管(S)、电阻焊直缝钢管(ERW)和直缝焊接钢管(UOE)。钢管的制造严格按照美国石油学会(API)的API Spec 5L规范。

在API Spec 5L规范内，对每一根管子都要求进行工厂检查静水压试验，并无渗漏。对于所有尺寸的无缝钢管和等于或小于18in的焊接管，试验压力应能保持不少于5s。对于等于或大于20in的焊接管，试验压力应能保持不少于10s。管道全线水压试验压力通常取管道工作压力的1.25~1.5倍。

## 五、柔性软管

在海洋石油工业中，除了选用钢管外，还使用具有独特优点的柔性软管。由于柔性软管的结构、加工、运输和安装等方面的工艺技术日趋完善，因此在海洋石油开发中应用越来越广泛。

柔性立管是柔性软管中的一种主要用途。它使海底工程系统如海底底盘、水下井口、水下管汇、水下安全装置等，与海面工程系统如平台、油轮等连成一个整体生产系统。

与刚性立管相比，柔性立管有以下优点：

(1)尽管柔性立管的建设投资高于刚性立管，但柔性立管在恶劣海况下不会影响生产，并能维持连续生产的要求。

(2)安装便利、快速，能在船前、船后或船的任何其他部分与水下设备连接。此外，还便于分阶段安装和扩建。

(3)立管与船体间的撞击轻微。

(4)抗腐蚀能力强。

柔性立管是由钢材与塑性材料两部分组成，其钢材部分提供机械强度，而塑性材料部分起防漏作用，如图12-3-4所示。

(1)外层热塑料层 其作用是防止金属层结构受到外部腐蚀和磨损，以及黏合基本的张力条。

(2)双层斜拉铠装层 此层通常是由扁平钢丝做成。它主要用于防止管子在装卸时发生张力变形，抵抗轴向载荷及内压力。

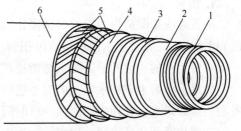

图12-3-4 柔性立管结构示意图
1—互锁钢胎；2—内热塑料层；
3—螺旋联锁编织层；4—中间热塑料层；
5—双层斜拉铠装层；6—外热塑料层

(3)中间热塑料层 其作用是当外壳层受到损坏时防止内部壳层挤毁。

(4)内热塑料层 其作用是使管子密封，抗内磨损、内腐蚀。其厚度根据管子内径、工作压力等因素确定。所用的热塑料是根据其中流体的类型、温度变化范围而定。

(5)互锁钢胎 其作用是抵抗内部压力、外部静水压力和冲击效应，抵抗来自使用通管工具和清管器时的摩擦效应，抵抗来自原油或天然气中水、硫化氢等的腐蚀。

海底管道的设计压力计算、强度计算和工艺计算和陆地管道大同小异，可参考本书前面相关章节。

# 第四节　海底管道投产前的试验和试运行

## 一、投产前管道彻查

海底管道施工完成验收后，应该对欲投产的管道进行一次彻底地检查。检查内容至少应该包括：

(1) 管道详细位置图，包括在线设施、锚固防护结构、连接点和支撑结构等的位置。

(2) 实际的不直度测量。

(3) 实际的挖沟和覆盖深度。

(4) 悬跨长度和高度评定，包括长度和高度误差。

(5) 管道、涂层和阳极损坏的区域位置。

(6) 沿管道和邻近海床有冲刷或侵蚀迹象的任何区域的位置。

(7) 根据规格书要求验证配重涂层情况(或提供海底稳定性的锚固系统)。

(8) 对影响阴极保护系统或其他对管道造成损害的残骸、弃物或其他物体的描述。

(9) 整个管道完工录像。

## 二、外加电流阴极保护系统检验

应检验外加电流阴极保护系统，包括电缆、电缆导管、阳极及整流器等，通过独立测量设备验证腐蚀检测系统的读数，确认与其他海上安装结构的适当电绝缘。

## 三、清管和测量

### 1. 清管

清管时应采取适当的措施保证操作时流体内的悬浮物和溶解物与管材、内涂层(如用的话)相适应，并在管道内部不形成沉积物。

对所用水的质量的最低要求是能通过 $50\mu m$ 的滤器，且悬浮物不超过自 $20g/m^3$。

如果不了解水质和水源，应对水进行采样分析并采取适当的预防措施除去/抑制水中有害物质。如果水在管理中要停留一段时间，应考虑抑制细菌生长和内腐蚀。

在试验期间和试验后处理水的过程中，应考虑加入的腐蚀缓蚀剂、除氧剂、杀菌剂、染料等对环境产生的有害影响。

管理消洗时应考虑：

(1) 对管道组件和设施(例如阀)进行适当保护以免被清洗液和清管器损伤，如隔离球等试验装置。

(2) 除去对输送介质有污染的物质，如试验产生的有机物和残渣，尘粒、试验残留物和氧化皮，化学残留物和凝胶，清楚管道中可能的金属粒子。

(3) 在投产前或生产期间至少应用一个清管球和测量球通过全部管道。

### 2. 测量

测量的基本要求是使直径为 97% 的管道内径的金属测量板顺利通过管道，相应的诸如电子测量球等计量工具也可使用。

## 四、系统压力试验

管道验收前应按照设计文件和相关标准进行压力试验，压力试验包括强度试验和严密性试验。试验压力的取值按照设计文件要求进行，一般不小于设计压力的 1.15 倍。试验介质用水，试验中管道内空气的含量不得超过管道总体积的 0.2%。

阀体应按压力试验条件进行设计和试验，应堵上或移去小孔支管及仪表支管等以防止污染堵塞。

管道增压期间压力以每分钟最大 $1bar(1\times10^5 Pa)$ 的速度递增直到达到 95% 的试验压力，最后 5% 的试验压力以每分钟低于 0.1% 的速度递增直到达到试验压力。在试验开始之前应留有一定的时间确认温度和压力已稳定。

压力稳定后的试验维持期至少应保持 24h。当管道试验体积少于 $5000m^3$ 时，经同意压力维持期可以缩短。

在增压、稳定和维持期间应连续记录压力，在维持期间每隔 30min 至少要同时记录一次温度和压力。

如果可能，在压力试验期间应通过直接观察或检测仪对压力作用下的法兰、机械连接头等进行外观泄漏检测。

如果管道无泄漏，并且试验期间压力在试验压力的 ±0.2% 范围内变化，则试验是可接受的。如果能够证明总的变化（即 ±0.4%）是由温度波动或其他原因造成的，那么再附加试验压力的 ±0.2% 的变化是可以接受的。如果在维持期间产生了大于 ±0.4% 的压力变化，则应延长试验时间直到达到一个可接受的压力变化范围。

管道应以一种可控制的操作进行降压，通常以不超过 1bar/min 的速率操作。

管道系统压力试验有关的文件，包括：压力和温度记录曲线；压力和温度记录；测试仪表和试验设备的校准证书；空气含量的计算；压力和温度相互关系的计算和调整；试验接收证书。

## 五、测试仪表和试验设备要求

静载压力计应具备最小 1.25 倍规定压力范围，精度大于 ±0.1bar，灵敏度高于 0.05bar。

压力试验期间液体体积的增加或减少应使用设备进行测试，该设备应具备高于 ±1.0% 的精度和高于 0.1% 的灵敏度。

温度测试仪表和记录仪应具备 ±1.0℃ 的精度和高于 0.1% 的灵敏度。压力和温度记录仪应能用于全部试验期间的压力测试图形记录。

如果使用压力传感器，那么传感器应具备最小 1.1 倍规定压力范围，且精度高于 ±0.2%，灵敏度大于 0.1%。

用于压力、体积和温度测量的仪表和试验设备应进行精度、重复性和灵敏度的校准。所有的仪器和试验设备应拥有有效的校准证书。

## 六、排水和干燥

管道压力试验完成以后应进行清管。残渣、有机物等在试验后不应留在管道里。管道在试运行和投产前应排水，必要时可以要求进行干燥处理。

排水和干燥方法的选择以及使用的化学药剂应考虑对阀门和密封材料、内涂层、阀门填充液、支管及仪表的影响。

### 七、系统调整与试验

在产品进入管道前，安全及监测系统应根据已认可的程序进行试验和调试。这个程序包括如下试验和调整：腐蚀监测系统；报警关断系统；诸如清管器捕捉器联锁器，压力保护系统等在内的安全系统；压力监控系统和其他监控系统；管道阀门操作系统。

### 八、产品进入管道

在产品进入管道期间应小心操作以防混合物爆炸，对于气体和凝析油应避免生成水化物，对产品进入速率予以控制，使压力和温度不超过管道材质或露点的允许极限。

### 九、远行验证(试运检验)

达到稳定生产后，应验证操作极限是否在设计范围内，主要测量参数包括：膨胀、移动、横移、隆起屈曲、壁厚/金属损失。

需要根据生产操作阶段产品腐蚀性、设计中所用腐蚀裕量、设备测量精度，对是否需要进行壁厚基准测量进行评估。

# 第五节　海底油气管道的操作与检测

### 一、海底管道操作

海底油气管道的操作和陆上管道操作大同小异，可以参考本书前面相关章节。

应采取措施确保介质的关键参数维持在设计范围之内，至少应监控以下参数：管道沿线的压力和温度；输气管道的露点；流体成分、流速、密度和黏度。

管道系统的所有安全设备包括压力控制与过压保护设备，应急关断系统和自动关断阀应按适当的时间间隔进行试验和检测。检测应确认安全系统的完整性以及此系统能够实施其标明的安全功能。与管道系统相连的安全设施需要定期地测试和检查。

操作压力应符合设计要求。操作温度应保证工作温度不超过温度设计极限。如果管道按全长恒温设计，则只需控制管道的入口温度；如果管道是按温降曲线设计，则还需做额外的控制。

### 二、检查与监控原则

(1)应建立检查与监控的原则，并且使之成为详细检查与监控计划的基础。该原则应每5~10年评估一次。

(2)应通过检查与监控来保证管道系统运行的安全性与可靠性。设计阶段中确定的影响运行安全和可靠的要素应在检查与监测中考虑。

### 三、特殊检查

(1)一旦发生削弱管道系统安全、可靠性、强度和稳定性的事故应进行特别检查。这个检查应作为更深入检测的开始。

(2)如果在周期性的检测中发现机械损伤或其他特别事故，就应做一次适当的损害评估。评估应包括附加的检测。

### 四、海底管道配置检查

(1)在不平坦的海床，检查应能够验证管道位置和形状。

（2）在设备运转一年之内，应完成开始阶段的检查。在第一次检测之后一旦发生温度或压力显著升高，就应考虑是否需要采取额外的检测。

（3）应建立一个反映管道总体安全目标的长期检测计划，并且应在一般的基础上确保该计划的维持和更新。检测计划应考虑以下内容：管道的工作环境；失效的后果；失效的可能性；检测方法；管道的设计和功能。

（4）这个长期计划应包括整个管道系统，至少要考虑以下项目：管道、立管、阀门、T形和Y形接头、机械连接器、法兰、锚固点、卡子、防护结构、阳极、涂层。

（5）为了保证管道系统满足设计要求且没有发生破坏，应进行检测。检测程序至少宜包括以下几点：

① 按设计、规范或其他特殊要求进行埋设和覆盖的管道的暴露和埋设深度；

② 自由悬跨，包括长度、高度和端部支撑状态的测绘；

③ 为减少自由悬跨而安装的人工支撑状态的测绘；

④ 影响管道完整性或其附属结构的海底局部冲刷；

⑤ 影响管道完整性的沙波移动；

⑥ 包括膨胀效应在内的过量的管子移动；

⑦ 发生隆起屈曲或过度侧向屈曲的区域标记；

⑧ 机械连接器和法兰的完整性；

⑨ 包括保护结构的海底阀的完整性；

⑩ Y形和T形连接，包括防护结构；

⑪ 暴露管道的沉降，特别是在阀门或T形接头位置；

⑫ 管道保护层的完整性（如垫子、覆盖物、砂袋、砾石斜坡等）；

⑬ 管子、涂层及阳极的机械损伤；

⑭ 在管道上或在其附近可能导致管道或外腐蚀系统破坏的大碎石；

⑮ 泄漏。

（6）立管的检测是管道系统长期检测的一部分，除了应考虑管道检测的一般要求外，还要对以下方面给予特别注意：

① 管道沉降或基础沉降引起的立管位移；

② 涂层损伤；

③ 在封闭导管中或J形管中的立管的腐蚀控制措施；

④ 海生物的生长程度；

⑤ 腐蚀造成的损伤程度；

⑥ 立管支撑与导向卡的完整性与功能；

⑦ 保护结果的完整性与功能。

（7）外部检测的频率应由以下项目的评估决定：老化机理与失效模式；失效的可能性与后果；管道系统操作参数的改变；修理与改造；随后在附近的铺管作业。

（8）整个管道系统中易受损伤的关键管段以及海底条件产生重大变化的区域（如管道的支撑与埋设），检测时间间隔应缩短，通常为一年。其他部分也宜检测，从而保证整个管道系统在5~10年内能进行一次全面检测。

## 五、外腐蚀的检测与监控

### 1. 飞溅区和大气区的立管

（1）在飞溅区和大气区，涂层的损坏或脱离能够造成严重的腐蚀损伤。输送热介质的立管最易受到这样的伤害。

（2）在飞溅区和大气区，应进行涂层的外观检查以确定是否应采取预防性的维护。除了对涂层损坏的外观检查，还应检测一些诸如涂层变色、涂层隆起或开裂的事项，这说明了涂层下正在生锈。

（3）在飞溅区，立管的外部检测频率应由介质的类型、管道材料、涂层性质和允许的腐蚀裕量决定。

### 2. 全浸区的管道和立管

（1）在全浸区，除非阳极保护系统发生失效，否则涂层损坏不是很严重的问题。

（2）有牺牲阳极的管道和立管，其外部腐蚀防护状况在很大程度上仅局限于阳极条件的检测。除了靠近平台、基盘和其他结构处外（这些地方，由于放电可能导致邻近管道阳极的提前消耗），过多的阳极消耗预示着涂层的缺乏。

（3）在涂层破坏的裸露管子金属处测量阳极电位以确定充分保护。阳极附近电场梯度的测量可用来量化评估阳极输出电流。

（4）对于采用外加电流阴极保护系统的管道，应至少对距阳极最近与最远处的保护电位进行测量。

（5）外腐蚀防护系统的测量宜在安装此设备后的一年之内进行。

## 六、内腐蚀的检测与监控

（1）内部腐蚀的检测用来证实管道系统的完整性，它主要依靠管壁厚度的测量来完成。内部腐蚀的检测技术通常不够灵敏，不足以取代监控。

（2）用防腐合金（CRA）材料制作的管道和立管一般不需要进行内部腐蚀的检测与监控。

（3）内部腐蚀的检测应通过一种媒介物工具（检测金属块）来进行。这种工具能够检测管道的周向和全长区域或者关键部分。

（4）内部腐蚀的检测技术（如磁通量法或超声波检测）应根据管道的材料、管径、壁厚、可能损伤形式和探伤尺寸及限制的要求来定，后者应由管道设计和操作参数决定。

（5）内部检测的频率应取决于下列因素：管道的重要性；流体潜在的腐蚀性；检测系统的准确度和检测范围；前次检测和监控的结果；管道运行参数的变化等。

（6）腐蚀监控应遵循下列主要原则：流体分析；腐蚀探测；现场壁厚测量。

（7）腐蚀监控的目的是探测流体腐蚀性的变化或防腐措施的有效性。对于干燥气体的输送，如果监控证明了没有腐蚀性的流体进入管道或者在入口处已凝结排出，内部腐蚀的检测就可以延期进行。

# 第十三章　管道输油测量仪表

目前输油管道使用检测仪表，按所测量变量的不同，大致可以分为压力、温度、物位、流量检测仪表。由于输油生产自动化程度的提高，目前使用的检测仪表品种不断增加，产品不断更新。

了解和掌握管道输油常用测量仪表常识以及它们的用途、主要特点、基本工作原理、结构，合理选择和正确使用这些仪表，是输油管道操作人员达到安全、平稳的操作，搞好输油过程和输油设备管理必要的基础。

## 第一节　压力测量仪表

### 一、弹性式压力表

#### 1. 单圈弹簧管压力表

单圈弹簧管压力表(简称弹簧管压力表)的测量范围极广，品种规格繁多，除普通弹簧管压力表以外，还有耐腐蚀的氨用压力表和禁油的氧用压力表。它们的外形和结构都很相似。

1）弹簧管的测压原理

单圈弹簧管是弯成圆弧形的空心管子，如图13-1-1所示。它的截面呈扁圆形或椭圆形，椭圆形的长半轴 $a$ 与垂直于图面的弹簧管中心轴 $O$ 相平行。$A$ 为弹簧管的固定端，即被测压力的输入端；$B$ 为弹簧管自由端，即位移输出端。

作为压力—位移转换元件的弹簧管，当它的固定端 $A$ 通入被测压力 $p$ 以后，由于椭圆形截面在压力 $p$ 的作用下力图趋向于圆形，弯成圆弧形的弹簧管随之产生向外挺直的扩张变形，同时弹簧管本身的刚度产生抗拒这种变形的力，二者平衡后，变形即停止，其自由端就由 $B$ 移动到 $B'$，如图13-1-1上虚线所示，弹簧管中心角随之减小 $\Delta\gamma$，其相对变化值与被测压力 $p$ 成比例。

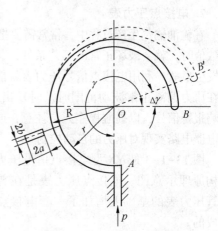

图 13-1-1　弹簧管测压原理

2）弹簧管压力表的结构

弹簧管压力表的结构如图13-1-2所示。它主要由弹簧管和一组传动放大机构简称机芯(包括拉杆、扇形齿轮、中心齿轮)及指示机构(包括指针、面板上的分度标尺)所组成。

被测压力由接头9通入，迫使弹簧管的自由端 $B$ 向右上方扩张。自由端 $B$ 的弹性变形位移通过拉杆2使扇形齿轮3作逆时针偏转，进而带动中心齿轮4作顺时针偏转，使与中心齿轮同轴的指针5也作顺时针偏转，从而在刻度盘6的刻度标尺上显示出被测压力 $p$ 的数

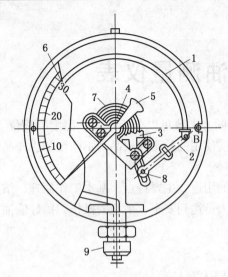

图 13-1-2　弹簧管压力表
1—弹簧管；2—拉杆；3—扇形齿轮；
4—中心齿轮；5—指针；6—刻度盘；
7—游丝；8—调整螺针；9—接头

值。由于自由端的位移与被测压力之间具有比例关系，因此弹簧管压力表的刻度标尺是线性的。

在单圈弹簧管压力表中，中心齿轮 4 下面装有盘形螺旋游丝 7。游丝一头固定在中心齿轮轴上，另一头固定在上下夹板的支柱上。利用游丝产生的微小旋转力矩，使中心齿轮始终跟随扇形齿轮转动，以便克服中心齿轮与扇形齿轮啮合时的齿间间隙，消除由此带来的变差。

压力表中，调整螺钉 8 可以改变传动系统的杠杆传动放大倍数，用以微调仪表的规定量程。如果输入被测压力 $p_1 = p_{max}$，为压力表测量上限压力时，其指示值 $p_m \neq p_{max}$，量程不准，可以通过改变调整螺钉 8 的位置来纠正，称为量程调整。

压力表的零点调整，是在输入表压力 $p = 0$ 时，改变压力表指针的位置实现的。

制造弹簧管的材料，因被测介质的性质和被测压力的高低而不同。一般情况下，被测压力 $p < 20MPa$ 时采用磷青铜，而 $p > 20MPa$ 时采用不锈钢或合金钢。测量氨气压力时，必须使用不锈钢弹簧管，以防产生腐蚀；测量乙炔压力时，不得采用铜质弹簧管；测量氧气压力时，弹簧管不得沾有油脂或用有机材料附件，以防出现爆炸危险。

**2. 电接点压力表**

在输油输气生产过程中，常常需要把压力控制在某一范围内。否则，当压力低于或高于规定数值时，就会破坏正常的工艺条件，甚至可能发生事故。利用电接点信号压力表就能方便地在压力偏离正常波动范围时及时发出灯光、声响报警信号，以提醒操作人员注意，或通过继电器电路实现对压力的自动控制。

图 13-1-3 是 YX 型电接点信号压力表的结构原理示意图。电接点压力表是在普通弹簧管压力表的基础上增加了一套电接点装置构成的。

电接点压力表的指针上装有动触点 3，表内另有两个位置可调的上下限给定指针 1、2。上、下限给定指针上分别装有上、下限静触点。但是，静触点并不是固定在给定指针上的，而是通过两个触点臂 4、5 和游丝 6 实现与给定指针的弹性连接。使 $p < p_{min}$ 时或 $p > p_{max}$，指针 3 越过给定指针位置时，动触点保持与上限触点或下限触点的持续接触。

当被测压力 $p = p_{min}$ 时，动触点臂 3 与指

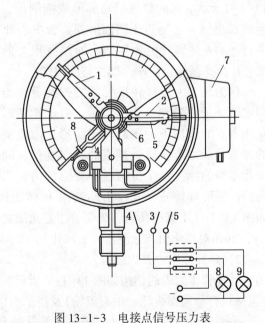

图 13-1-3　电接点信号压力表
1，2—上下限给定指针(可调)；3—动触点臂(指针)；4，5—上下限触点臂；6—游丝；7—接线盒；8—低压力报警器(绿灯)；9—高压力报警器(红灯)

针 1 上的静触点 4 接触，使绿灯 8 的电路接通，发出低压报警信号。并且当 $p<p_{\min}$ 时，动触点克服下限游丝弹力推动触点臂 4 逆时针偏转，以保持两触点的接触。而当 $p>p_{\min}$ 时，下限触点臂 4 被下限给定指针 1 挡住，动触点与下限触点断开，绿灯熄灭。同样，当被测压力 $p \geqslant p_{\max}$ 时，动触点与上限触点接触，使有红灯 9 的高压报警电路接通，发出高压报警信号。

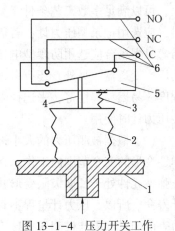

图 13-1-4　压力开关工作
原理示意图
1—压力开关接头；2—波纹管；
3—压力设定弹簧；4—顶针；
5—微动开关；6—外引电线

这样，当被测压力 $p \leqslant p_{\min}$ 时，低压报警器工作。而当 $p \geqslant p_{\max}$ 时，高压报警器工作。但是当被测压力介于上下限压力之间，$p_{\min}<p<p_{\max}$ 时，上下限报警器均不工作，表示压力在正常范围之内。如果在电路上接入继电器也可以实现对压力的控制。

## 二、压力开关

压力开关也称为压力控制器，具有结构简单、触点容量大等优点，近年来在管道系统中的使用日趋普遍。其基本结构详见图 13-1-4 所示。

压力开关主要由弹性元件、微动开关和压力设定弹簧三个部分所组成。具体工作过程是当被测压力 $p$ 低于由压力设定弹簧 3 产生的压力时，波纹管不能产生向上的膨胀位移，这时微动开关 5 的触点 C 与触点 NO 接通。当被测压力 $p$ 高于由压力设定弹簧产生的压力时，被测介质通过接头 1 进入波纹管 2，波纹管膨胀其上部端面产生向上的位移，并带动顶针 4 使微动开关的触点状态发生转变。即触点 C 与触点 NO 断开，与触点 NC 接通。

## 三、1151 型差压变送器

1151 型差压变送器主要由测压部件和电子放大器两部分组成（见图 13-1-5）。具体工作

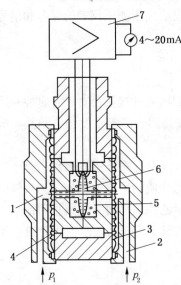

图 13-1-5　1151 型差压变送器
1—负压室；2—正压室；3—正压室隔离膜片；4—负压室隔离膜片；5—硅油；6—测量膜片；7—电子放大电路

过程是压力变送器的负压室 1 接大气压力 $p_1$，正压室 2 接被测介质压力 $p_2$。当被测介质压力 $p_2$ 高于大气压力 $p_1$ 时，压差作用于正、负压室的隔离膜片 3 和 4 上，经由硅油 5 传递到中心处的测量膜片 6，测量膜片 6 产生位移，从而使测量膜片与两侧球形电极电容不再相等，电子放大电路 7 检测到电容差并进行调整放大，转换为 4~20mA 的直流输出信号。这一输入信号与输入压力（压差）一一对应。

## 四、压力计的选择、校验与安装

只有正确地选择、定期校验、正确地安装压力计，才能保证压力计在生产过程中发挥应有的作用，实现准确、合理、有效的测量。

### 1. 压力计的选择

压力计的选择应考虑工艺过程对压力测量的要求、被测介质性质和现场环境等技术条件，合理地选择压力计的精度等级、量程和类型，以及其他附属功能。压力计的选择主要考虑以下三个方面：

（1）根据被测介质及环境确定压力计的类型。一般情况下，选用普通的单圈弹簧管压力表，可以满足多数工艺条件下对压力测量就地指示的要求。若需要保存压力变化情况的资料，应选用记录型压力计；若需要对被测压力进行报警和控制时，应选用电接点压力表；在易燃易爆场合应选用防爆型电接点压力表；如需要对被测压力进行信号远传与调节，就应选用压力变送器。另外，还应考虑被测介质的性质和环境条件，如温度、黏度、腐蚀性、脏污程度、易燃易爆性等，来选择附属设备，如切断阀、隔离罐、分离器、保温装置等，以备安装压力计时使用。

（2）根据被测压力的大小选择压力计的量程。对于弹性式压力计，须保证弹性元件能在弹性变形的安全范围内工作。在选择压力计量程时，必须为被测压力留有一定的余地，以防止弹性元件处于长期极限变形状态，引起弹性元件的弹性衰退，或产生永久变形，影响压力计寿命。所以，压力计量程不宜选得太小。但从提高测量工作的准确性出发，则希望所选压力表的测量上限与被测压力接近，量程较小些好。综合考虑上述因素，一般情况下，对于波动较小的稳定压力（如离心泵出口压力、流体静压力等），最大被测压力不应超过所选压力表测量上限的 3/4；对于波动剧烈的脉动压力（如压缩机、往复泵出口压力），最大被测压力不应超过所选压力表测量上限的 2/3 为宜。测量高压压力时，最大工作压力不应超过测量上限值的 3/5。但不管什么情况下，最小被测压力不得低于所选压力表上限值的 1/3。

（3）根据工艺要求的允许测量误差确定压力表的精度等级。仪表的精度等级应根据工艺允许的最大误差来确定。一般选用的仪表越精密，则测量结果越精确可靠。但不是选用的仪表精度越高越好，因为精度等级越高的仪表，价格越高，并且精度高的压力计使用维护条件要求较高，一般生产现场难于做到，很难发挥应有的效果。因此精度等级的选择，应以合理、实用、经济为原则，在满足工艺生产要求的前提下，尽量选精度较低、价廉耐用的仪表。

**2. 压力表的安装**

所选的测压点应能反映被测压力的真实情况，引压管铺设应便于测压仪表的保养和信号传送。安装中主要考虑如下问题：

（1）压力表应安装在易观察和检修的地方；

（2）安装地点应力求避免振动和高温影响。

测量蒸气压力时应加装凝液管，以防止高温蒸气直接和测压元件接触；对于有腐蚀介质时，应加装充有中性介质的隔离罐。总之，针对具体情况（如高温、低温、腐蚀、结晶、沉淀、黏稠介质等），采取相应的防护措施。

压力表的连接处应加装密封垫片，一般低于 80℃ 及 2MPa，用石棉纸板或铝片，温度和压力超过上述数值时，则用退火紫铜或铅垫。另外，还要考虑介质的影响。例如，测氧气的压力表不能用带油或有机化合物的垫片，以免引起爆作；测量乙炔压力时，则禁止用铜垫。

压力表安装示意如图 13-1-6 所示。在图 13-1-6(c) 的情况下，压力表示值比管道里实际压力高，应减去压力表到管道取压口之间的一段液柱压力。

**3. 压力计的校验**

压力计在长期的使用中，因弹性元件疲劳、传动机构磨损及化学腐蚀等造成测量误差。所以有必要对仪表定期进行校验，新仪表在安装使用前也应校验，以更恰当地估计仪表指示值的可靠程度。

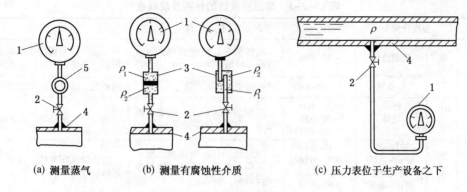

(a) 测量蒸气　　　　　(b) 测量有腐蚀性介质　　　　(c) 压力表位于生产设备之下

图 13-1-6　压力表安装示意图

1—压力表；2—切断阀门；3—隔离罐；4—生产设备；5—冷凝管；$\rho_1$，$\rho_2$—隔离液和被测介质的密度

（1）校验原理　校验工作是将被校仪表与标准仪表处在相同条件下的比较过程。标准仪表的选择原则是，当被校仪表的允许绝对误差为 $a_允$ 时，标准仪表的允许绝对误差不得超过 $1/3a_允$（最好不超过 $1/5a_允$），这样可以认为标准仪表的读数就是真实值。另外，为防止标准仪表超程损坏，标准仪表的测量范围应比被校仪表大一挡次。比较结果，若被校仪表的精确度等级高于仪表标明的等级，则仪表合格，否则应检修、更换或降级使用。

（2）仪器校验　一活塞式压力计在一个密闭的容器内充满变压器油（6MPa 以下）或蓖麻油（6MPa 以上）。转动手轮使活塞向前推进，对油产生一个压力，这个压力在密闭的系统内向各个方向传递，所以进入标准仪表、被校仪表和标准器的压力都是相等的。因此利用比较的方法便可得出被校仪表的绝对误差。标准器由活塞和硅码构成。活塞的有效面积和活塞杆、硅码的重量都是已知的。这样，标准器的标准压力值就可根据压力的定义准确地计算出来。活塞式压力计的精确度有 0.05 级、0.2 级等。高精确度的活塞式压力计可用来校验标准弹簧管压力计、变送器等。在校验时，为了减少活塞与活塞之间静摩擦力的影响，用手轻轻拨转手轮，使活塞旋转。

（3）校验内容　校验分为现场校验和实验室校验。校验内容包括指示值误差、变差和线性调整。具体步骤是：首先在被校表量程范围内均匀地确定几个被校点（一般为 5~6 个，一定有测量的下限和上限值），然后由小到大（上行程）逐点比较标准表的指示值，直到最大值；再推进一点点，使指针稍超过最大值，再进行由大到小（下行程）的校验；这样反复 2~3 次，最后依各项技术指标的定义进行计算、确定仪表是否合格。

# 第二节　温度检测及仪表

## 一、温度仪表的分类

测温仪表按测量范围分，常把测量 600℃ 以上的测温仪表叫高温计，把测量 600℃ 以下的测温仪表叫温度计；若按用途分，可分为标准仪表和实用仪表；若按工作原理分，则可分为膨胀式温度计、压力式温度计、热电阻温度计、热电偶高温计、辐射高温计五类；若按测量方式分，则可分为接触式与非接触式两大类，前者测温元件与被测介质直接接触，后者测温元件与被测介质不相接触。常用温度计的种类及优缺点见表 13-2-1。

**表 13-2-1　常用温度计的种类及优缺点**

| 测温方式 | 温度计种类 | | 测温范围/℃ | 优　　点 | 缺　　点 |
|---|---|---|---|---|---|
| 接触式测温仪表 | 膨胀式 | 玻璃液体 | −50~600 | 结构简单，使用方便，测量准确，价格低廉 | 测量上限和精度受玻璃质量的限制，易碎，不能记录远传 |
| | | 双金属 | −80~600 | 结构紧凑，牢固可靠 | 精度低，量程和使用范围有限 |
| | 压力式 | 液体<br>气体<br>蒸气 | −30~600<br>−20~350<br>0~250 | 结构简单，耐震，防爆，能记录、报警，价格低廉 | 精度低，测温距离短，滞后大 |
| | 热电偶 | 铂铑−铂<br>镍铬−镍硅<br>铜−康铜<br>镍铬−考铜 | 0~1600<br>−50~1000<br>−50~1200<br>−50~600 | 测温范围广，精度高，便于远距离、多点、集中测量和自动控制 | 需冷端温度补偿，在地温段测量精度较低 |
| | 热电阻 | 铂铜 | −200~600<br>−50~150 | 测量精度高，便于远距离、多点、集中测量和自动控制 | 不能测高温，须注意环境温度的影响 |
| 非接触式测温仪表 | 辐射式 | 辐射式<br>光学式<br>比色式 | 400~2000<br>700~3200<br>900~1700 | 测温时，不破坏被测温场 | 低温段测量不准，环境条件会影响测量准确度 |
| | 红外线 | 光电探测<br>热电探测 | 0~3500<br>200~2000 | 测温范围大，适于测温度分布，不破坏被测温场，响应快 | 易受外界干扰，标定困难 |

## 二、温度测量的基本原理

测量温度时感受温度的元件称为感温元件。感温元件是利用物质的不同物理性质来反映温度的，常用的物理性质有以下几个方面。

### 1. 利用物体受热体积膨胀的性质来测温

基于物体受热体积膨胀的性质制成的温度计叫作膨胀式温度计。玻璃管温度计是属于液体膨胀式温度计，双金属温度计是属于固体膨胀式温度计。

双金属温度计中的感温元件是用两片线膨胀系数不同的金属片叠焊在一起而制成的。双金属片受热后，由于两金属片的膨胀长度不同而产生弯曲，如图 13-2-1 所示。温度升得越高，产生的线膨胀长度差越大，因而引起弯曲的角度就越大。双金属温度计就是按这一原理而制成的。

用双金属片制成的温度计，通常被用作温度继电控制器。图 13-2-2 是一种双金属温度信号器的示意图。当温度变化时，双金属片 1 产生弯曲，且与调节螺钉 2 相接触，使电路接通，信号灯 4 便发亮。如以继电器代替信号灯便可以用来控制热源(如电热丝)，而成为两位式温度调节器。温度的控制范围可通过改变调节螺钉 2 与双金属片 1 之间的距离来调整。为了提高双金属温度计的灵敏度，常把双金属片做成直螺旋结构。

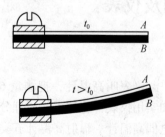

图 13-2-1　双金属片

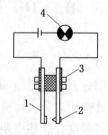

图 13-2-2　双金属温度信号器
1—双金属片；2—调节螺钉；3—绝缘子；4—信号灯

**2. 利用工作物质的压力随温度变化的原理测温**

应用压力随温度的变化来测温的仪表叫压力式温度计。它是根据在封闭系统中的液体、气体或低沸点液体的饱和蒸气受热后体积膨胀或压力变化这一原理而制作的，并用压力表来测量这种变化，从而测得温度。

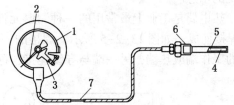

图 13-2-3 压力式温度计结构
1—弹簧管；2—指针；3—变换放大机构；
4—工作介质；5—温包；6—连接螺丝；7—毛细管

如图 13-2-3 所示，压力式温度计由温包、毛细管和弹簧管构成一个封闭系统。系统充有感温物质(氮气、水银等)。测量时，温包放置在被测介质中，当被测介质温度发生变化时，温包内感温物质受热而压力发生变化，温度升高，压力增加；温度降低，压力减少。压力的变化经毛细管传递到弹簧管，弹簧管一端固定，另一端(自由端)因压力变化而产生位移，通过传动机构带动指针指示出相应的温度值。

按充入温包内工作介质不同，压力式温度计有液体压力式温度计、气体压力式温度计、蒸气压力式温度计三种。

液体压力式温度计通常采用水银(测量范围-38~550℃)、甲醇(-40~175℃)、二甲苯(-40~220℃)及戊烷作工作介质。气体压力式温度计，所充的工作介质一般是高压氮气或氩气(测量范围一般为-100~500℃)。饱和蒸气压力式温度计，所充工作介质通常为氯甲烷(-20~100℃)、氯乙烷(0~120℃)、丙酮(0~170℃)等低沸点液体。

压力式温度计具有如下特点：

(1) 毛细管最大长度可达 60m，所以该温度计既可就地测量，又可在 60m 之内的地方测量；

(2) 刻度清晰、价格便宜；

(3) 因示值由毛细管传递，滞后时间长，另外毛细管机械强度较低，易损坏；

(4) 易加工成各种温度开关(或称温度控制器)。

**3. 利用金属导体的电阻随温度变化而变化的性质测温**

以此性质做成的感温元件称为热电阻(亦称电阻体)。

**4. 利用热电现象测温**

即两种不同材料的金属丝两端互相连接起来，当它们的两端温度不同时会产生热电势。利用这种物理性质所做成的感温元件称为热电偶。

**5. 利用热辐射原理测温**

基于物体热辐射作用来测量温度的仪表，称为辐射高温计。目前，它已被广泛地用来测量高于 800℃ 的温度。

在输油输气生产中，除弹簧式温度计外，使用最多的是利用热电偶和热电阻这两种感温元件来测量温度。

## 三、热电偶温度计

热电偶温度计是以热电效应为基础的测温仪表。它的测量范围很广，结构简单，使用方便，测温准确可靠，便于信号的远传、自动记录和集中控制，因而在化工生产中应用极为普遍。

### 1. 热电偶的组成

热电偶温度计是由三部分组成：热电偶(感温元件)、测量仪表(动圈仪表或电位差计)、连接热电偶和测量仪表的导线(补偿导线及铜导线)。图 13-2-4 是热电偶温度计最简单测温系统的示意图。

热电偶是工业上最常用的一种测温元件(感温元件)。它是由两种不同材料的导体 A 和 B 焊接而成，如图 13-2-5 所示。焊接的一端插入被测介质中，感受到被测温度，称为热电偶的工作端或热端，另一端与导线连接，称为冷端或自由端。导体 A、B 称为热电极。

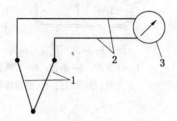

图 13-2-4　热电偶温度计测温系统原理图
1—热电偶；2—导线；3—测量仪表

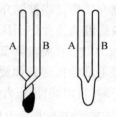

图 13-2-5　热电偶示意图

### 2. 热电偶测温的主要优点

(1) 精度高，测温范围广，具有良好的复现性和稳定性，因此国际实用温标规定它是热力学温标的基准仪器。

(2) 便于远距离测量、自动记录及多点测量等。因为它输出的信号为电势，因此一般测量时，可以不要外加电源，使用方便。

(3) 结构简单，制造容易，是一种理想的测量变换元件。

(4) 用途非常广泛，除了用来测量各种流体的温度以外，还常用来测量固体表面的温度。热电偶测量元件可以做成各种形式，这样可以适应各种测量对象的要求，如小尺寸、快速、点温测量等。

### 3. 热电偶测温基本原理

1) 温差电势(汤姆逊电势)

在同一导体上，若两端温度不同，则导体内电子运动的平均动能不同。高温端中的电子具有较大的动能，因此高温端跑到低温端的电子要比从低温端跑到高温端的电子数量多。结果是高温端失去电子带正电荷，低温端得到电子带负电荷。此电势只与导体性质及两端温差有关。导体两端温差越大，所形成的温差电势也越大。

2) 接触电势(帕尔帖电势)

各种导体都存在有大量的自由电子，但不同金属的自由电子的密度不同，当两金属接触时，电子会向对方相互扩散。但由于两者的电子密度不同，电子密度大的金属扩散到电子密度小的金属上的电子数比电子密度小的金属扩散到电子密度大的金属上的电子数要多。结果导致失去电子的金属带正电荷，接收了更多的电子的金属带负电。这种扩散一直到动态平衡为止，得到一个稳定的接触电势。

接触电势的大小与两种导体的性质和接触点处的温度有关。温度越高，导体中自由电子运动越剧烈，扩散差异越大，其接触电势越大。

3) 热电偶的热电势(塞贝克电势)

当两种不同的金属导体所组成的热电偶闭合回路中两接点处的温度不同时，在回路中就要产生热电势。很明显，热电势是由温差电势和接触电势组成。只要测出热电偶的热电势就能知道两测点的温度差，如果知道一测点的温度(如环境温度)，就可算出另一个测点的温度。

**4. 常用热电偶**

常用热电偶性能比较见表13-2-2。

**表13-2-2　工业常用热电偶性能比较**

| 名　　称 | 分度号 | 测温范围/℃ | | 特　点 | 用　途 |
|---|---|---|---|---|---|
| | | 长期 | 短期 | | |
| 镍铬-镍铝<br>(镍铬-镍硅) | K | -50~1000 | 1300 | (1) 热电势较大，即灵敏度较高<br>(2) 热电特性线性较好<br>(3) 抗氧化性能好，长期使用稳定<br>(4) 价格较低 | (1) 测温范围较宽，应用极广<br>(2) 适用于氧化性或中性介质中测温<br>(3) 测量500℃以下温度时，也可用于还原性介质中测温 |
| 铂铑₁₀-铂 | S | -20~1300 | 1600 | (1) 耐高温，不易氧化，稳定性好<br>(2) 测温上限高<br>(3) 测温精确度高<br>(4) 热电势小，线性较差，价格高 | (1) 广泛用于高温测量<br>(2) 适用于氧化性或中性介质中测温<br>(3) 可用于精密测温和作为基准热电偶 |
| 铂铑₃₀-铂铑₆ | B | 300~1600 | 1800 | (1) 耐高温，不易氧化，稳定性好<br>(2) 测温上限高<br>(3) 冷端温度在0~100℃内，可不用补偿导线<br>(4) 热电势小，线性较差，价格高 | 用途同铂铑₁₀-铂热电偶，但测温上限更高 |
| 镍铬-康铜<br>(镍铬-铜镍) | E | 0~600 | 800 | (1) 测中低温时，稳定性好<br>(2) 灵敏度高<br>(3) 价廉 | (1)广泛用于中低温测量<br>(2) 适用于氧化性及弱还原性介质中测温 |

**5. 热电偶的结构**

热电偶的结构形式很多，常见的是普通型热电偶和铠装热电偶。

1) 普通型热电偶

普通型热电偶由热电极、绝缘管、保护套管和接线盒组成，结构如图13-2-6所示。

热电极是组成热电偶的两根金属丝，是热电偶的核心。其工作端焊接在一起，两边分别穿进绝缘管里。热电极的直径由材料的价格、强度、导电率和测温范围决定。重金属热电极一般为0.3~0.65mm；普通金属热电极一般为0.5~3.2mm。热电极长度由安装条件及插入深度决定，一般为350~2000mm。

绝缘管(又称绝缘子)用于防止两根热电极短路。材料的选用由使用温度范围而定，常用材料一般有氟塑料(<250℃)、玻璃(<500℃)、石英(<1300℃)、耐火陶瓷(<1400℃)及氧化铝(<1600℃)等。

保护套管是套在热电极绝缘子的外边，其作用是保护热电极不受化学腐蚀和机械损伤。对材料的要求是：耐高温、耐腐蚀、气密性好、机械强度高和具有较高的导热系数。常用保护管材料及长期使用温度分别为：20#

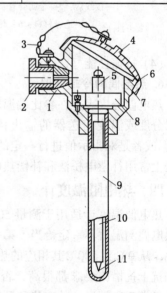

图13-2-6　普通型热
电偶的结构

1—出线孔密封帽；2—出线孔
压紧螺母；3—系盖链条；4—盖；
5—接线柱；6—O形密封圈；
7—接线盒；8—接线座；9—保护
套管；10—绝缘套；11—热电极

碳钢（600℃）、不锈钢（900℃）、石英管（1200℃）、镍铬合金（1200℃）、高温陶瓷（1300℃）、氧化铝（1600℃）。

保护套管与设备的连接有直插式连接、螺纹连接和法兰连接三种形式。

接线盒供连接热电极和导线之用。热电极和引出导线通过接线柱螺钉连接在一起。接线盒一般用塑料或铝合金材料制成。为了防止灰尘和有害气体进入热电偶保护套管内，接线盒的出线孔和盖子均用垫片和垫圈加以密封。接线盒内用于连接热电极和补偿导线的螺丝必须紧固，以免产生较大的接触电阻而影响测量的准确性。

2）铠装热电偶

铠装热电偶将热电极与金属套管间充以绝缘材料粉末，经整体拉伸工艺加工后制成的丝状组合体，并配以接线盒制成，如图13-2-7所示。

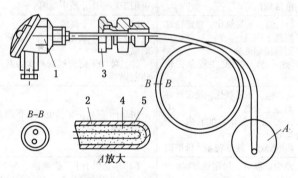

图13-2-7　铠装热电偶
1—接线盒；2—金属套管；3—固定装置；
4—绝缘材料；5—热电极丝

铠装热电偶尺寸纤细，外径一般为0.25～12mm，热电极直径为0.025～1.3mm，套管壁厚为0.12～0.6mm，长度可根据需要截取，最长可达100m。

近几年来普通热电偶正在大量地被铠装热电偶所替代，这是因为铠装热电偶具有如下特点：

（1）测量反应速度快；

（2）可弯曲性能好，方便安装和测量；

（3）使用寿命长；

（4）抗振性能好。

### 6. 热电偶的冷端处理

热电偶分度表是在参比端温度为0℃的条件下得到的。要使配热电偶的显示仪表的温度标尺分度或温度变送器的输出信号与分度表相吻合，就必须保持热电偶参比端温度恒为0℃。或者是对指示值进行一定的修正，或自动补偿，以使被测温度能真实地反映在仪表上。工程上常用补偿电桥法和补偿热电偶法进行补偿。

## 四、热电阻温度计

热电偶温度计适用于测量500℃以上的较高温度，对于在300℃以下的中、低温区，使用热电偶测温就不一定恰当。第一，在中、低温区热电偶输出的热电势很小，如铂铑-铂热电偶，从0℃到100℃其相应的热电势仅增加0.645mV，这样小的热电势，对电位差计的放大和抗干扰措施要求都很高，否则就测量不准，仪表维修也困难；第二，在较低的温度区域，又由于冷端温度的变化和环境温度的变化所引起的相对误差就显得很突出，而不易得到全补偿。所以在中、低温区，一般使用热电阻温度计来进行温度的测量比较适宜。

热电阻温度计通常都由电阻体、绝缘子、保护管和接线盒四个部分组成。除电阻体外，其余诸部分的结构、形状以及热电阻的外形均与热电偶的相应部分相同，如图13-2-8所示。

### 1. 热电阻测温原理

热电阻是基于金属导体的电阻值随温度的变化而变化的特性来进行温度测量的。大多数金属导体都具有正的温度系数，实验表明，温度每升高 1℃，电阻值约增加 0.4%~0.6%（半导体电阻值却随着温度的升高而降低）。因此利用金属导体作为温度敏感元件，便可依电阻值的变化作为测温的信息，达到测量中、低温度的目的。金属导体的电阻与温度间的关系为：

$$R_t = R_0[1 + \alpha(t - t_0)] \quad (13 - 2 - 1)$$

或

$$\Delta R = \alpha R_0 \Delta t \quad\quad (13 - 2 - 2)$$

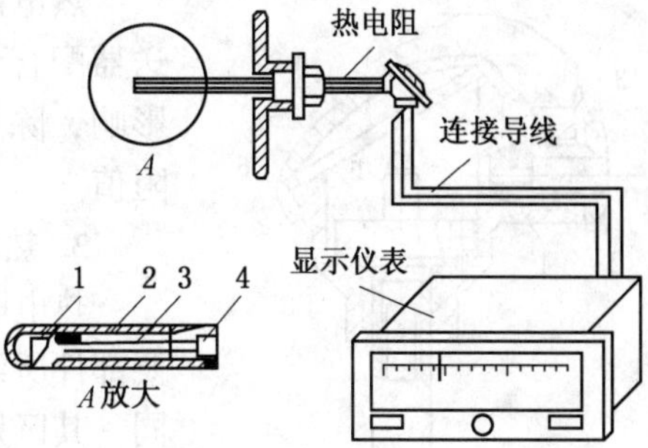

图 13-2-8　热电阻温度计
1—保护套管；2—小金属管；
3—电阻感温元件；4—瓷管

式中　$R_t$——温度为 $t$℃时电阻值；

$R_0$——温度为 $t_0$℃时电阻值（电阻的绝对值）；

$\alpha$——电阻温度系数；

$\Delta t$——温度变化量，$\Delta t = t - t_0$；

$\Delta R$——电阻变化量，$\Delta R = R_t - R_0$。

**2. 常用热电阻材料**

比较适宜作热电阻的金属有铂、镍、铜、铁等。其特性列于表 13-2-3 中。表中 $\alpha_0^{100}$ 表示 0~100℃之间电阻系数 $\alpha$ 的平均值。

表 13-2-3　常用热电阻材料特性

| 材料名称 | $\alpha_0^{100}$/（1/℃） | 比电阻 $\rho$/（Ωmm²/m） | 温度范围/℃ | 电阻丝直径/mm | 线性关系 | 特　　点 |
|---|---|---|---|---|---|---|
| 铂 | $(3.8~3.9)×10^{-3}$ | 0.0981 | −200~500 | 0.05~0.07 | 近线性 | 物理化学性能稳定，易于提纯，复现性好，但价格贵 |
| 铜 | $(4.3~4.4)×10^{-3}$ | 0.017 | −50~150 | 0.1 | 线性 | 易得到纯态，价格便宜，但易于氧化 |
| 铁 | $(6.5~6.6)×10^{-3}$ | 0.10 | −50~150 | | 非线性 | 易氧化，化学稳定性不好 |
| 镍 | $(6.6~6.7)×10^{-3}$ | 0.12 | −50~100 | 0.05 | 近线性 | 稳定性优于铁，比铂便宜，提纯难，再现性差 |

除此之外，还有半导体锗电阻等可用来作低温测量的电阻温度计，这类电阻称为热敏电阻。热敏电阻是由金属氧化物（$NiO_1$、$MnO_2$、$CuO$、$TiO_2$ 等）的粉末按一定的比例混合烧结而成的半导体。与金属丝电阻一样，其电阻值随温度而变化。但热敏电阻具有负的电阻温度系数，即随温度上升而阻值下降。

热敏电阻与金属丝电阻比较有下述优点：

（1）由于有较大的电阻温度系数，所以灵敏度高，目前可测到 0.001~0.0005℃ 微小温度的变化；

（2）热敏电阻体积小（直径可达 0.5mm），热惯性小，响应速度快；

（3）热敏电阻元件的阻值可达 3~700kΩ，当远距测量时，导线电阻影响可不考虑；

（4）在 −50~350℃ 温度范围内，具有较好的稳定性。

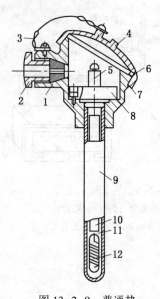

图 13-2-9　普通热
电阻的结构
1—引线出线孔；2—引线孔螺母；
3—链条；4—盖；5—接线柱；
6—密封圈；7—接线盒；8—接
线座；9—保护套管；10—绝缘
套；11—引出线；12—电阻体

热电阻与动圈式显示仪表、电子自动平衡电桥、温度变送器配合使用时，为了消除连接导线阻值变化对测量结果的影响，除采用三导线制接法外，还要求固定每根导线的电阻值。

**3. 热电阻的结构**

热电阻通常是由电阻体、保护套管和接线盒、绝缘管等主要部件所组成。热电阻与热电偶相比，在结构和外形上基本相同，其区别在于电阻体。常用热电阻结构如图 13-2-9 所示。

## 五、温度变送器

温度变送器是单元组合仪表变送单元中的一个主要品种。它在自动检测和控制系统中，常与各种热电偶或热电阻配合使用，连续地将被测温度或温差信号转换成统一的标准信号输出，作为指示、记录仪表或调节器等的输入信号，以实现对温度（温差）变量的显示、记录或自动控制。

温度变送器还可以作为直流毫伏变送器使用，将其他能够转换成直流毫伏信号的工艺变量，也变成相应的统一标准信号输出。

温度变送器由输入转换部分、放大器和反馈部分组成。但其输入转换部分的敏感元件，不包括在变送器内，而是通过接线端子与变送器相连接。图 13-2-10 为其构成方框图。

感温元件把被测温度 $t_i$ 转换成相应大小的电势 $E$ 或电阻 $R_t$ 送入变送器。经输入回路变换成直流毫伏信号 $V_i$ 后，与反馈信号 $V_f$ 相比较，其差值经放大器放大并转换成统一标准信号，作为变送器的输出信号 $I_0$。同时，$I_0$ 经反馈部分转换成大小与其成正比的反馈电压信号 $V_f$，反馈到放大器的输入端与 $V_i$ 进行比

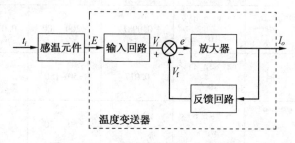

图 13-2-10　温度变送器构成方框图

较。因此当被测温度升高引起 $V_i$ 增大时，$V_i$ 与 $V_f$ 的差值 $\varepsilon$ 变化即引起输出 $I_0$ 变化，从而使得 $V_f$ 增加，直到 $V_i$ 与 $V_f$ 大致相等，即实现了平衡，输出便稳定在某一数值，输出 $I_0$ 与输入 $V_f$ 有一一对应关系。这里所说的平衡就是类似于差压变送器力矩平衡的平衡。

气动温度变送器还要将放大器的输出电流信号 $I_0$，经过仪表内的电/气转换器转换成 $20 \sim 100 \mathrm{kPa}$ 的气压信号。

温度变送器有分体式、连体式两种结构。由于连体式温度变送器具有抗干扰性能强、维护简单、无需贵重的补偿导线、适合野外安装和造价低等优点，其应用面远远超过分体式温度变送器。连体式温度变送器有配热电阻和配热电偶两种类型，其使用环境温度可以在 $-35 \sim 70℃$ 范围之内。

## 六、动圈式温度指示仪表

动圈式指示仪表的组成如图 13-2-11 所示，它是由测量线路和测量机构两部分组成。

对于不同型号的仪表其测量线路基本相同，但其测量机构都是一样，如图 13-2-12 所示。

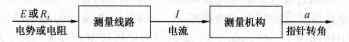

图 13-2-11　动圈指示仪表组成方框图

动圈式指示仪表的测量机构是一个磁电式毫伏计。其中动圈由高强度漆包细铜丝绕制而成一个无骨架矩形线框，通过由铍青铜制成的上、下张丝支承着，悬挂在永久磁铁和软铁芯之间的均匀磁场中。当测量信号（即直流毫伏信号）经过上、下张丝加在可动线圈上时，便有电流流过动圈。于是在磁场中产生电磁力矩使动圈偏转，并带动固定在动圈上的指针一起转动。动圈的转动使张丝扭转产生反力矩，且反力矩随着转角的增大而增大，当电磁力矩和反力矩相平衡时，指针就停止转动，并在刻度板上指示出相应的读数。

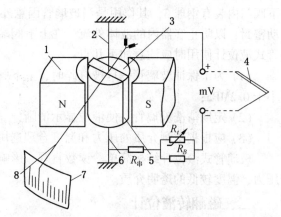

图 13-2-12　动圈指示仪表测量机构图

1—永久磁铁；2，6—张丝；3—软磁铁；
4—热电偶；5—动圈；7—刻度面；8—仪表指针

# 第三节　液位测量仪表

输油生产中液位计主要用于各种储罐和锅炉液位控制上。所采用的液位计种类很多，按其工作原理分有直接式、浮力式、静压式。此节仅介绍输油生产常用的几种液位计。

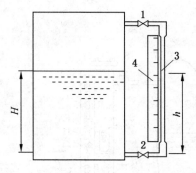

图 13-3-1　玻璃管式液位计的工作原理

1，2—阀门；3—玻璃管；4—标尺

## 一、玻璃管式液位计

如图 13-3-1 所示。玻璃管式液位计的上端通过阀门 1 与被测容器中的气体相连接，下端经阀门 2 与被测容器中的液体相连接。由于液位计中的液体与被测液体相同，按照连通器液柱静压平衡原理，只要被测容器内和玻璃管内液体的温度相同，两边的液柱高度必然相等，据此，在玻璃管 3 旁竖一标尺 4，从标尺上可直接读出液位的高度。

若两者介质温度不同，可按下式进行修正：

$$H = \frac{\rho_0}{\rho} h \qquad (13-3-1)$$

式中　　$H$——容器内液位高度；

$h$——液位计读数；

$\rho_0$——液位计中介质在温度 $t_0$ 时的密度；

$\rho$——容器中介质在温度 $t$ 时的密度。

玻璃管式液位计有玻璃管式和玻璃板式两种。玻璃管液位计中，玻璃管装在具有填料函的金属保护管中，玻璃管旁有带刻度的金属标尺。玻璃管液位计与液罐连通管上有特殊隔断阀，以便在清洗更换玻璃管时将其与液罐隔开。图13-3-2所示为玻璃管液位计结构图。玻璃管液位计主要由玻璃管7、上下阀门4、玻璃管两端连接密封件5、标尺8、玻璃管保护罩6等组成。在上下阀上有接头2，将与被测容器连接用的法兰1焊接在该螺纹接头上。在上下阀门内装有钢球3，其作用是当玻璃管因意外事故破碎时，钢球在容器内压力的作用下自动密封，以防止容器内的液体外流。在上下阀端部还装有堵塞螺钉9，可供取样之用。玻璃管式液位计使用时应注意如下几点：

（1）为了保证玻璃管一旦被打碎时，上下阀内的小钢球能自动密封，要求介质压力不得小于0.2MPa；

（2）定期清洗玻璃管，使液位显示清晰；

（3）应根据被测介质的压力和温度合理选用液位计，不得超压使用玻璃管式液位计。

玻璃管式液位计结构简单、读数直观、影响因素少，但玻璃易碎、易受污染，一般用于压力、温度较低的透明介质。

## 二、磁翻转液位计

磁翻转液位计如图13-3-3所示，翻板1用很轻很薄的磁化钢片制成，装在摩擦很小的轴上，翻板两侧涂以醒目的红、白颜色的漆，封装在透明塑料罩内，旁边装有标尺。连通器由非导磁材料(如铜、不锈钢)制成，连通器内有一个浮漂，浮漂内装有磁钢。由于连通器内液位与被测液罐内液位相同，当浮漂带动磁钢随液位变化而升降时，磁钢吸引翻板翻转。当液位计上升时，红的一面翻向外面，液位下降时，白的一面翻向外面。从$A$向看，浮子以下的翻板为红色，浮子以上的翻板为白色，容器中的液位分界十分醒目，液位数值一目了然。

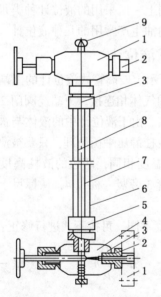

图13-3-2 玻璃管液位计结构

1—连接法兰；2—罗纹接头；3—小钢球；
4—阀门；5—密封件；6—保护罩；
7—玻璃管；8—标尺；9—堵塞螺钉

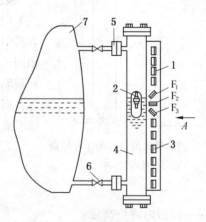

图13-3-3 磁翻转液位计

1—翻板；2—带磁钢的浮子；3—翻版轴；
4—连通器；5—连接法兰；6—阀门；
7—被测液罐

　　有的磁翻板液位计翻板用红白指示球代替，球内嵌有小磁铁，由磁性浮漂带动着翻转。

　　磁翻转液位计翻板数量随测量范围及精度而定，使用时应垂直安装，并应定期清洗。若翻板翻转不正常时，可以用磁铁校正。

　　磁翻转液位计结构牢固、工作可靠、显示醒目。由于被测液体被完全密封，使用磁耦合传动，因而可以测量高温、高压及不透明的黏性液体，如原油、污水等。缺点是经长期使用后，磁钢磁性退化，翻板轴磨损易造成指示错误，故应定期检查与校正。

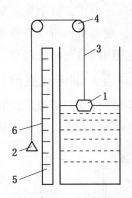

图 13-3-4　机械式就地指示浮子液位计
1—浮子；2—平衡锤；3—钢丝绳；4—滑轮；5—标尺；6—指针

### 三、机械式就地指示浮子液位计

　　浮子液位计的原理如图 13-3-4 所示。浮子 1 用钢丝绳 3 连接并悬挂在滑轮 4 上，钢丝绳的另一端挂有平衡锤 2，使浮子所受的重力和浮力之差与平衡锤的拉力相平衡，保持浮子可以随动地停留在任一液面上。这样，浮子跟随液面变化而变化。这种结构液位计的指针位移与被测液位变化相同，从而达到了检测目的。

### 四、UTZ-01 型浮子式液位计

　　UTZ-01 型浮子式液位计工作原理如图 13-3-5 所示。当被测液位未变化时，浮子 1 本身重力、弹簧 4 的弹性力与浮子所受浮力三者比较使杠杆 5 平衡，差动变压器 3 的铁芯 7 刚好处于线圈中间位置，输出电压 $\Delta U = 0$，即没有输出，可逆电机静止。图中开关 K 处于 $a$ 位置时为测量，处于 $b$ 位置时指示回零。

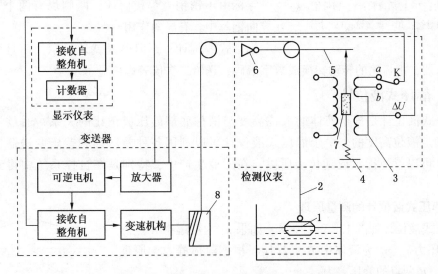

图 13-3-5　UTZ-01 型浮子式液位计工作原理图
1—浮子；2—钢丝绳；3—差动变压器；4—弹簧；5—比较杠杆；6—支撑；7—变压器铁芯；8—鼓轮

　　当液位上升时，浮子所受浮力增大，浮子对杠杆的拉力减小，杠杆就发生逆时针转动，使铁芯偏离线圈的中间位置，差动变压器便输出电压信号，经晶体管放大器放大后，驱动可逆电机转动。通过变速机构，一方面使卷线鼓轮 8 转动，浮子向上提起，因而浮子所受浮力减小；杠杆 5 顺时针转动，铁芯逐渐回到差动变压器线圈中间位置，直到差动变压器输出

$\Delta U = 0$ 为止，整个系统又重新达到平衡。这一过程实现了浮子对液面的自动跟踪。而另一方面，变速机构带动自整角机转动。自整角机则将液位信号转换成电信号送至显示仪表，显示仪表内的自整角机转动，从动的计数器转动显示出液位值。

## 五、钢带式液位计

浮标式钢带液位计如图 13-3-6 所示，由浮标、导向滑轮、齿孔钢带、传动系统、就地指示部分、恒力盘簧、远传变送器等组成。

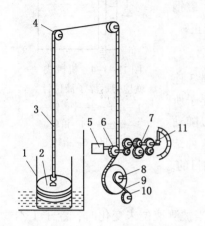

图 13-3-6　钢带式液位计示意图
1—导向钢丝；2—浮标；3—测量钢带；
4—导向滑轮；5—光电变送器；
6—链轮；7—传动齿轮；8—钢带轮；
9—恒力盘簧；10—盘簧轮；11—指针

钢带式液位计也是根据力平衡原理工作的，只是钢带对浮标的拉力不是由重锤提供，而是由一个类似于钟表用发条的恒力盘簧产生。当浮子在液体中处于某一平衡位置时，浮子重力、浮力及盘簧拉力相平衡。若罐内液位变化时，浮子上的浮力变化，使浮子跟踪液位变化，带动钢带上下移动，使仪表指示值变化。

钢带缠绕在钢带轮 8 上，钢带轮 8 及盘簧轮 10 上绕有恒力盘簧 9。浮子下移时，钢带使盘簧卷在带轮 8 上，并拉紧盘簧；而浮子上升时，盘簧收卷回盘簧轮 10 上，并带动带轮 8 收卷回钢带。钢带上均匀地开有一列小孔，钢带上的孔与链轮 6 啮合。钢带上下移动时，带动链轮转动，并通过传动齿轮 7 带动指针转动，将浮子随液位的变化传到显示表头指示出来。

浮标由不锈钢壳焊接而成，两侧焊有两个耳环，穿在导向钢丝中，有导向作用。

钢带式液位计，不但可以就地显示，而且可以配用光电变送器，把齿轮的转动转换成数字编码，送给二次仪表远传显示。

## 六、静压式液位计

静压式液位计是根据液体的液柱高度与液柱底部静压成正比的关系，通过测量液体静压而确定液位高度的。由于静压式液位计可以利用各种差压计和差压变送器进行测量与转换，可以就地指示或远传。所以，在工业生产中，特别是在自控系统中得到了广泛的应用。

### 1. 静压式液位计的测量原理

静压式液位计如图 13-3-7 所示。如果 $p_A$ 为液罐中 A 点静压（气相压力），$p_B$ 为液体中 B 点静压，根据流体静力学原理可知，A、B 两点的静压差为：

$$\Delta p = p_B - p_A = H\rho g \qquad (13-3-2)$$

式中　　$H$——液位高度；

$\rho$——液体密度；

$g$——重力加速度。

如果图 13-3-7 是敞口容器，$p_A$ 为大气压力，则式（13-3-2）中压差 $p_B - p_A = H\rho g$ 就是 B 点表压力。

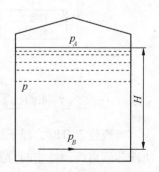

图 13-3-7　静压式液位计测量原理

通常，被测介质的密度是已知的，且基本不变。因而，液体中 $A$、$B$ 两点的静压差与液位高度成正比，这样就把液位测量问题转变成了压力差的测量问题。因此，各种压力计、差压计和差压变送器，只要量程合适均可测量液位。

**2. 静压式液位计的测量方法**

1）一般测量方法

当测量敞口容器的液位时，可以利用压力计来测量液位，也可用差压计、差压变送器进行测量。因为气相压力为大气压力，所以使用差压仪表测量时，只需将负压室连通大气就行，如图 13-3-8(a)所示。

当测量密闭容器时，必须使用差压仪表测量其液位，在生产中一般使用差压变送器，如图 13-3-8(b)所示。正压室接被测液体压力，负压室接容器内气相压力。

当测量黏稠液体或易凝、易沉淀、有腐蚀性液体的液位，如原油、污水液位时，由于引压管线容易堵塞，可以采取隔离措施，或者使用法兰式差压变送器，如图 13-3-8(c)所示。将检测元件——金属膜盒直接装在容器上，被测介质与膜盒直接接触，省去了导压管，从而起到隔离作用。

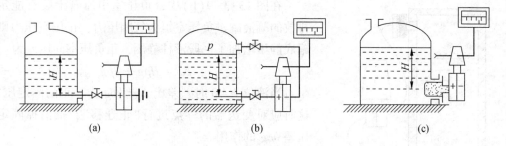

图 13-3-8　用差压变送器测量液位

2）迁移问题

图 13-3-9 所示的液位测量方法，差压变送器的安装位置与被测液位高度的零点，即 $H=0$ 点是在同一水平面上的，且负压室引压导管中无液体存在。因而 $H=0$ 时，变送器上压差 $\Delta p=0$，这是一种最简单的情况。

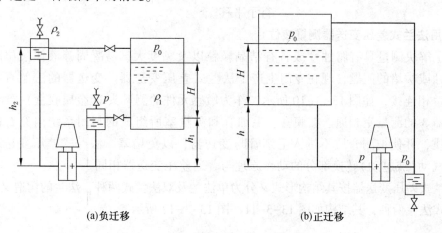

(a)负迁移　　　　　　　　(b)正迁移

图 13-3-9　静压式液位计的零点迁移

但在实际应用时，液位 $H$ 与压差 $\Delta p$ 间的关系往往没有那样简单。由于受安装条件的限制，变送器的安装位置通常与液位零位不在同一水平面上，有时负压室引压管中会有液体冷凝，有时在引压管上需加装隔离罐，这都会使得液位 $H=0$ 时，差压 $\Delta p\neq 0$，其指示不为零。这就需要对变送器采取"迁移"措施，同时改变变送器的测量上、下限，使液位 $H=0$ 时，变送器输出零位信号。

在图 13-3-9(a) 中，为防止被测液体进入变送器，造成管线堵塞或腐蚀，正负压室与取压点间都加有隔离罐，其内充有隔离液。若被测介质的密度为 $\rho_1$，隔离液密度为 $\rho_2$，这时正负压室的压力分别为：

$$p_+ = h_1\rho_2 g + H\rho_1 g + P_0 \qquad (13-3-3)$$

$$p_- = h_2\rho_2 g + P_0 \qquad (13-3-4)$$

正负压室间压差为

$$\Delta p = H\rho_1 g - (h_2 - h_1)\rho_2 g \qquad (13-3-5)$$

因此当被测液位 $H=0$ 时，$\Delta p=-(h_2-h_1)\rho_2 g$ 为一负的压力值。这时需调整变送器的"零点迁移"装置，抵消掉这一固定负压差的作用。我们称这种方法为"负迁移"。

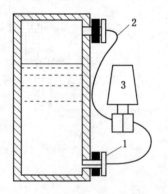

图 13-3-10　法兰式差压变送器测量液位示意图
1—法兰式测量头；2—毛细管；
3—变送器

在图 13-3-9(b) 中，负压室引压管上装有能定时排放的凝液罐，负压室恒为气相压力，正压室压力则比罐底静压增加了一段液柱静压，正负压室间压差为：

$$\Delta p = H\rho g + h\rho g \qquad (13-3-6)$$

当液位 $H=0$ 时，差压 $\Delta p=h\rho g$ 为一正的固定压力，这时应对变送器的零点进行"正迁移"，抵消掉固定正压差 $h\rho g$ 的作用。

综上分析可知，变送器的零点迁移，是同时改变其测量上、下限，以抵消掉正（负）室固定压差的作用，使液位 $H=0$ 时，变送器输出零信号值（如 DDZ-Ⅲ 型差压变送器输出 4mA），使二次仪表指示零液位。但是没有改变其量程的大小，只是将测量范围向正、负方向进行了平移。

### 3. 用法兰式差压变送器测量液位

为了解决测量具有腐蚀性或含有结晶颗粒以及黏度大、易凝固等液体液位时引压管线被腐蚀或被堵的问题，现在专门生产了法兰式差压变送器。变送器的法兰直接与容器上的法兰相连接，如图 13-3-10 所示，作为敏感元件的测量头 1（金属膜盒），经毛细管 2 与变送器 3 的测量室相通。在膜盒、毛细管和测量室所组成的封闭系统内充有硅油作为传压介质，并使被测介质不进入毛细管与变送器，以免堵塞。法兰式差压变送器的测量部分及气动（或电动）转换部分的动作原理与普通差压变送器相同。

法兰式差压变送器按其结构形式又分为单法兰及双法兰式两种，法兰的构造又有平法兰和插入式法兰两种，其结构如图 13-3-11、图 13-3-12 所示。

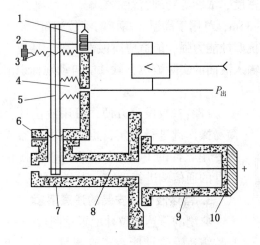

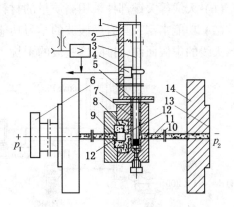

图 13-3-11  单法兰插入式差压变送器

1—挡板；2—喷嘴；3—弹簧；4—反馈波纹管；
5—主杠杆；6—密封片；7—壳体；8—连杆；
9—插入筒；10—膜盒

图 13-3-12  双法兰式差压变送器

1—挡板；2—喷嘴；3—杠杆；4—反馈波纹管；
5—密封片；6—插入式法兰；7—负压室；
8—测量波纹管；9—正压室；10—硅油；
11—毛细管；12—密封环；13—膜片；
14—平法兰

## 七、雷达液位计

### 1. 雷达液位计的测量原理

雷达液位计采用发射-反射-接收的工作模式。雷达液位计的天线发射出电磁波，这些波经被测对象表面反射后，再被天线接收，电磁波从发射到接收的时间与到液面的距离成正比，关系式如下：

$$D = CT/2$$

式中　$D$——雷达液位计到液面的距离；

　　　$C$——光速；

　　　$T$——电磁波运行时间。

雷达液位计记录脉冲波经历的时间，而电磁波的传输速度为常数，则可算出液面到雷达天线的距离，从而知道液面的液位。

在脉冲发射暂停期间，天线系统将作为接收器，接收反射波，同时进行回波图像数据处理，给出指示和电信号。

在实际运用中，雷达液位计有两种方式，即调频连续波式和脉冲波式。采用调频连续波技术的液位计，功耗大，须采用四线制，电子电路复杂。而采用雷达脉冲波技术的液位计，功耗低，可用二线制的 24VDC 供电，容易实现本质安全，精确度高，适用范围更广。

### 2. 雷达液位计的特点

（1）雷达液位计采用一体化设计，无可动部件，不存在机械磨损，使用寿命长。

（2）雷达液位计测量时发出的电磁波能够穿过真空，不需要传输媒介，具有不受大气、蒸气、槽内挥发雾影响的特点。

（3）雷达液位计几乎能用于所有液体的液位测量。

（4）采用非接触式测量，不受槽内液体的密度、浓度等物理特性的影响。

（5）测量范围大，最大的测量范围可达 0~35m，可用于高温、高压的液位测量。

（6）天线等关键部件采用高质量的材料，抗腐蚀能力强，能适应腐蚀性很强的环境。

（7）功能丰富，具有虚假波的学习功能。输入液面的实际液位，软件能自动地标识出液面到天线的虚假回波，排除这些波的干扰。

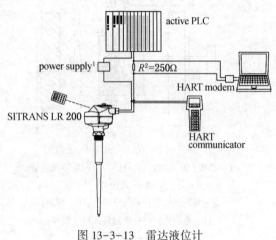

图 13-3-13　雷达液位计

（带有 HART 的 PLC/mA）

（8）参数设定方便，可用液位计上的简易操作键进行设定，也可用手操器或装有专用软件的 PC 机在远程或直接接在液位计的通信端进行设定，十分方便。

**3. 雷达液位计安装的注意事项**

典型的雷达液位计配置见图13-3-13。

雷达液位计能否正确测量，依赖于反射波的信号。如果在所选择安装的位置，液面不能将电磁波反射回雷达天线或在信号波的范围内有干扰物反射干扰波给雷达液位计，雷达液位计都不能正确反映实际液位。因此，合理选择安装位置对雷达液位计十分重要，在安装时应注意以下几点：

（1）雷达液位计天线的轴线应与液位的反射表面垂直。

（2）槽内的搅拌阀、槽壁的黏附物和阶梯等物体，如果在雷达液位计的信号范围内，会产生干扰的反射波，影响液位测量。在安装时要选择合适的安装位置，以避免这些因素的干扰。

（3）喇叭型的雷达液位计的喇叭口要超过安装孔的内表面一定的距离（>10mm），如图 13-3-14 所示。棒式液位计的天线要伸出安装孔，安装孔的长度不能超过 100mm。对于圆形或椭圆形的容器，应装在离中心为 $1/2R$（$R$ 为容器半径）距离的位置，不可装在圆形或椭圆形的容器顶的中心处，否则雷达波在容器壁的多重反射后，汇集于容器顶的中心处，形成很强的干扰波，会影响准确测量。

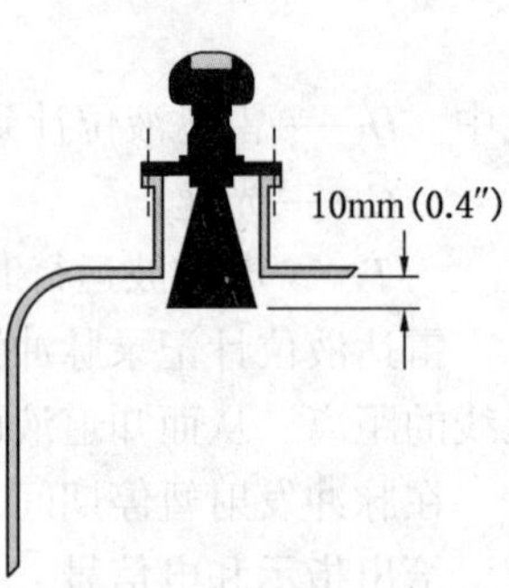

（4）对液位波动较大的容器的液位测量，可采用附带旁通管的液位计，以减少液位波动的影响。

（5）避免与高电压或电流和变频电机速度控制器接触。避免对来自阻塞物或流入通道的物体的干扰。避免安装在容器的中央位置。

图 13-3-14　天线露出

壁面 10mm

（6）保持发射锥体不受干扰使发射锥体可以传播，使天线远离墙面，避免非直接的回波，一般允许每3m 的容器高度最少离开壁面300mm 距离。确保天线信号出射角不与流入罐内物体相交，如图 13-3-15 所示。

安装完毕以后，可以用装有 VEGA Visual Operating 软件的 PC 机观察反射波曲线图，来判断液位计安装是否恰当，如不恰当，则进一步调整安装位置，直到满意为止。

**4. 初始参数设置**

在使用前可以参照具体仪器的使用说明书，利用手操器对雷达液位计的测量参数进行设置，如图13-3-16所示。

**5. 雷达液位计的维护**

雷达液位计主要由电子元件和天线构成，无可动部件，在使用中的故障极少。使用中偶尔遇到的问题是，储槽中有些易挥发的有机物会在雷达液位计的喇叭口或天线上结晶，对它们只要定期检查和清理即可，维护量少。

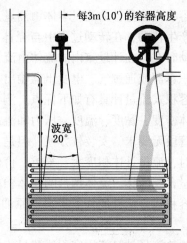

图 13-3-15　雷达液位计安装

在日常维护中，可以用 PC 机（装有 VEGA Visual Operating 软件）远程观察反射波曲线图，对于后来可能新产生的干扰波，可以利用液位计有识别虚假波的功能，除去这些干扰反射波的影响，保证准确测量。

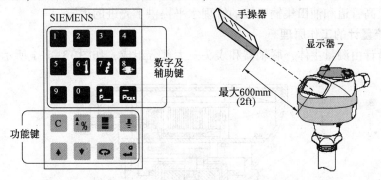

图 13-3-16　雷达液位计初始参数设置

# 第四节　流　量　计

测量管道输送的流体流量的仪表品种很多，可以归纳为三大类：①容积式流量计；②速度式流量计；③质量流量计。目前原油输送管道主要使用的是容积式流量计中的腰轮流量计、椭圆齿轮流量计、刮板式流量计和速度式流量计中的涡轮流量计。

## 一、腰轮流量计

腰轮流量计、椭圆齿轮流量计、刮板式流量计同属于容积式流量计。

容积式流量计是利用机械测量元件把流经流量仪表内的流体分隔（隔离）为单个的固定容积部分连续不断地排出，而后通过计数单位时间或某一时间间隔内经仪表排出的流体固定容积 $V$ 的数目来实现流量计量的。假定某一时间间隔内经仪表排出流体的固定容积数目为 $C$，则被测流体的体积流量（总量）可用下式表示：

$$Q = CV \qquad (13-4-1)$$

上式为容积式流量计测量流量的基本方程。

　　容积式流量计的测量本体由测量元件和壳体组成。在进出口流体压力差的作用下，测量元件产生转动，在转动过程中与壳体构成具有固定体积的空间，称之为测量室(计量室)，在转动时充满在计量室内的流体由流量计进口排向出口。测量元件的转动通过机械传动机构传至积算器或通过气、电发讯器输出，气、电信号传至显示仪表以计量流体的总量。

　　容积式流量计具有如下优点：测量精度高，积算精度可达±(0.1%~0.5%)；测量精度受流体密度、黏度、温度、压力和流态的影响较小，适宜于测量高黏度流体；流量计对其前后直管段无要求，安装较方便。但是，容积式流量计制造装配精度要求高；用于大流量、大口径时，流量计体积庞大、笨重，价格较高；并且流量计对被测流体的洁净度要求严格，不能测量含气液体，流体携带的固体颗粒也会严重影响流量计的工作。

　　容积式流量计的种类很多，原油管道常用的有椭圆齿轮流量计、腰轮流量计、刮板流量计。

　　腰轮流量计是应用容积法测量流体流量的流量计，它主要是用于流体累计流量，即总量的计量，是用于原油流量测量的首选仪表。由于其测量高黏原油具有很高的计量精度，可显示累积流量，因而在原油管道和油田各计量站、联合站及油库等处得到了广泛的应用。腰轮流量计与原油含水分析仪、微型计算机配合，可实现对原油总量、净油量等指标的自动测试与计量，为提高管道和油田集输系统的管理水平提供了先进的手段。

**1. 腰轮流量计的工作原理**

　　腰轮流量计由测量主体、联轴器和表头三大部分组成，如图 13-4-1 所示。

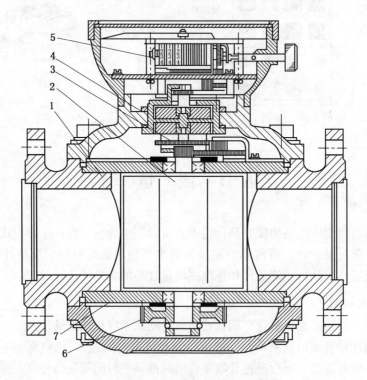

图 13-4-1　腰轮流量计的组成

1—外壳；2—腰轮；3—减速齿轮系；4—磁性连轴器；5—显示部分；6—驱动齿轮；7—隔板

　　测量部分的壳体内，有一对截面呈"8"字形的柱状转子——腰轮，腰轮上下盖以隔板。腰轮与壳体及两侧隔板间形成的封闭空间就是"计量室"。与腰轮同轴的两个驱动齿轮在隔板外面相互啮合，以保持两腰轮反向转动。腰轮在转动过程中，两腰轮之间，以及腰轮与壳体和隔板之间，始终保持准接触状态。腰轮把进出口流体分隔开来，所形成的计量室随腰轮转动而移动。因而，只有腰轮转动时，才能把流体从进口排到出口去。腰轮流量计的工作过程如图 13-4-2 所示。

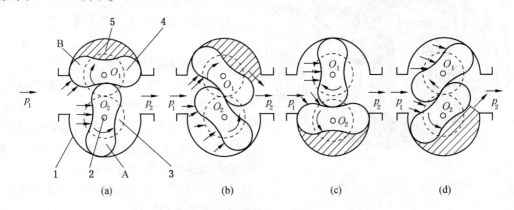

图 13-4-2　腰轮流量计的工作过程
1—壳体；2—转动轴；3—驱动齿轮；4—腰轮；5—计量室

流体通过流量计时，受腰轮的阻挡，从而产生进出口压力差 $p_1 - p_2$。在此压差作用下，将对腰轮产生作用力矩，使之转动。动作过程如下：

在图 13-4-2(a)位置，腰轮 A 两侧所受进出口压力 $p_1$、$p_2$ 的作用力在其上对称分布，产生的力矩为零；腰轮 B 上，计量室一侧，压力产生的作用力对称分布，不产生力矩。但与腰轮 A 接触的一侧则不然，进口端受压力 $p_1$ 作用，而出口端受压力 $p_2$ 作用。由于 $p_1 > p_2$，两边作用力对腰轮 B 产生一个顺时针方向的合力矩。在此力矩作用下，腰轮 B 顺时针转动，并通过外驱动齿轮带动腰轮 A 逆时针转动。

到图 13-4-2(b)位置时，腰轮 A 所受入口侧压力 $p_1$ 的受压面积增大了一段，出口侧受压力 $p_2$ 作用的面积则减小了相同一段。压力差 $p_1 - p_2$ 在这段面积上的作用力使腰轮 A 有一逆时针转向的力矩。腰轮 B 受力情况与腰轮 A 相似，其上仍有一顺时针转向力矩，只是比图(a)位置有所减小。在这两个力矩作用下，腰轮 A 逆时针转动，吸入一部分流体，腰轮 B 顺时针转动，开始把计量室内流体排出。

到图 13-4-2(c)位置时，腰轮 A 受力与图(a)位置时腰轮 B 相似，逆时针转向的力矩达到最大，而腰轮 B 在此时与图(a)位置时腰轮 A 相似，作用力矩减小为零。在腰轮 A 上力矩作用下，腰轮 A 逆时针转动，流体吸满一计量室。通过驱动齿轮，使腰轮 B 仍顺时针转动，继续排出液体。

到图 13-4-2(d)位置时，腰轮 A 上力矩减小仍有逆时针力矩作用，腰轮 B 上顺时针力矩增大，不再为零。腰轮 A 仍逆时针转动，开始排出流体，腰轮 B 仍顺时针转动，开始吸入流体，下一步转子又转动回图(a)位置。

这样，A、B 两腰轮交替产生作用力矩，相互推动着旋转，周而复始，连续转动下去，同时把腰轮与外壳、隔板间形成的计量室内的流体，不断地从入口吸入、分隔、排出到出口。如上分析，从图(a)到图(d)再到图(a)位置时，流量计排出两个计量室体积的流体。因而腰轮每转一周，可将四个计量室体积的流体排出流量计。只要测出腰轮的转数 N 就可以确定流过流量计体积总量的大小，即

$$Q = 4NV_0 \qquad (13-4-2)$$

式中，$V_0$ 是计量室体积。转数 $N$ 经过传动齿轮送到积算机构，就可由机械累加计数器进行流体总量显示。另外，测量腰轮转速 $n$，就可求得流体的瞬时流量 $q_v$，即

$$q_v = 4nV_0 \qquad (13-4-3)$$

**2. 腰轮流量计的结构特征**

从结构形式上来看，腰轮流量计有立式和卧式两种。根据腰轮的数目不同，又可分为单(对)腰轮流量计和双(对)腰轮流量计。

图 13-4-3 是普通腰轮流量计的剖视图。腰轮由流体推动而旋转时经驱动齿轮而互相驱动，然后通过输出轴带动联轴器而使表头部分的齿轮系统转动。

图 13-4-4 所示是典型的立式双转子腰

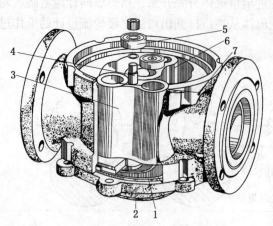

图 13-4-3　腰轮流量计的结构
1—驱动齿轮；2—下盖；3, 6—腰轮；
4—输出轴；5—轴承；7—壳体

轮流量计。主轴是按垂直工作状态设计的，其下端有硬质合金制成的平面滑动止推轴承，可承受轴向载荷，保持一定的轴向间隙。两对石墨径向轴承则可使腰轮相互间以及它和壳体间保持一定间隙。中间隔板将壳体的计量腔室分成两段。若止推轴承磨损时，可利用止推轴承座调整腰轮的轴向间隙。图 13-4-5 所示是卧式双转子流量计。主轴按水平工作状态设计，不用止推轴承，但占地面积较大。

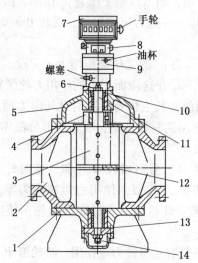

图 13-4-4　立式双转子腰轮流量计
1—下盖；2—壳体；3—腰轮；4—驱动齿轮；5—上盖；
6—连轴；7—表头计数器；8—精度调整；9—连轴器；
10—径向轴承；11—腰轮轴；12—隔板；13—止推轴承；
14—止推轴承座

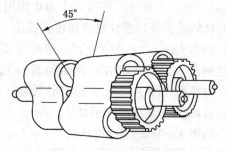

图 13-4-5　双腰轮转子结构

腰轮转子的轮廓线常用的有两种，一种是腰轮的齿顶齿廓为圆周的一部分，齿根齿廓为圆周族的包络线，即罗茨曲线；另一种是腰轮的齿顶齿廓为摆线，齿根齿廓则为摆线族的包

络线。

只有一对转子的腰轮流量计，无论是圆周族包络线形或摆线形的，转子转动时角加速度都不等于零，即不可能是匀速的。随着流量增大，转速 $N$ 增加，则角加速度也增加，流量计就会产生严重的振动，甚至引起所在管网系统的振动。

理论分析证明：如果采用摆线形腰轮，在同一轴上安装两个彼此相差 45° 角的腰轮转子，即在同一壳体内安装两对成 45° 角组合摆线形腰轮，则转动时角加速度为零。这种双转子腰轮流量计可以认为是绝对无振动的。若采用圆包络 45° 角组合(双转子)腰轮，则可近似认为是无振动的。目前口径大于 50mm 的腰轮流量计都采用双转子的方式，双转子结构如图13-4-5 所示。

具有代表性的国内外腰轮流量计的一般技术规格见表 13-4-1。

表 13-4-1　腰轮流量计的一般规格

| 一般规格　　厂　家 | 国　　内 | TOKICO(日) |
|---|---|---|
| 流量范围 | $0.1\sim2500\text{m}^3/\text{h}$ | $0.004\sim1500$(可供应 3000)$\text{m}^3/\text{h}$ |
| 介质温度 | <350℃(通常≤120℃) | $-30\sim300$℃(通常 $80\sim120$℃) |
| 工作压力 | 0.64MPa | <10.7MPa |
| 介质黏度 | $0.1\sim500\text{cP}$ | $0.1\sim150000\text{cP}$ |
| 精度 | 一般±0.5%，可供应±0.2% | 一般±0.5%，可供应±0.2% |
| 口径 | $16\sim500\text{mm}$ | $25\sim400\text{mm}$ |

### 3. 腰轮流量计的显示部分

腰轮流量计的显示部分(表头)，主要用来显示流体总量。在大型腰轮流量计中，有的还具有瞬时流量显示、定量计量、容差调整、温度补偿、信号远传等装置。

#### 1) 总量积算结构

在腰轮流量计中，腰轮转数 $N$ 通过联轴器传递到表头。在表头内，具有一系列的传动齿轮、调整齿轮与机械计数器。腰轮转数通过传动齿轮，取得一个恰当的传动比后，使机械计数器的数字轮转动，显示流过流量计的体积值。其原理如图 13-4-6所示。在这里传动齿轮起到了流量换算作用，即流量计通过单位体积流体，使腰轮转 $N_0$ 转时，经传

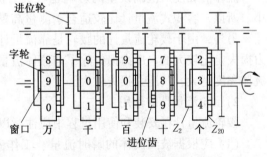

图 13-4-6　计数器原理

动齿轮减速，使指针转一周，同时使机械计数器数字轮(个位)转 1/10 圈，数字轮示数增加一字，以显示出流体总量增加一个单位体积。

例如，设腰轮流量计计量室容积为 $V_0=0.125\times10^{-2}\text{m}^3$，当腰轮转动 $N_0=200$ 转时，流量计排出流体体积 $V=4N_0V_0=4\times200\times0.125\times10^{-2}=1(\text{m}^3)$。传动积算机构中，传动齿轮系的总传动比若为 $i=0.0005$，那么，腰轮的转动通过齿轮传动后使计数器个位数字轮转动 $N'=i\cdot N_0=0.1$ 转，数字轮转过一字，表明流体流过体积增加 $1\text{m}^3$。一般地，腰轮流量计的累加计数器有 $5\sim7$ 位，有的有一指针和一百分刻度盘。指针转一周，末位数字轮换一个字。

流量积算机构中的机械计数器如图 13-4-6 所示。计数器的数字轮上除有数字外，字轮两侧均有齿轮，以配合字轮上方的进位齿轮实现进位功能。表头中的传动齿轮，最后只驱动末位数字轮转动。其他高位数字轮都是通过进位齿轮逐级向上驱动的。

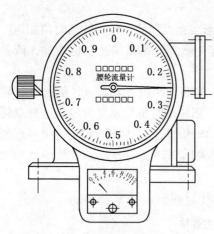

图 13-4-7　就地指示表盘和指针

2) 瞬时流量显示与信号远传

瞬时流量可以通过两种途径得到，一是从指针转一圈所代表的流量及所用时间去推算，二是用瞬时流量显示器直接指示瞬时流量值，如图 13-4-7 所示。瞬时流量显示器是在表头传动齿轮中装上一个小型发电机，发电机的转速和流量成正比，所以可以将流量的大小转换为电流的大小，并经整流后用直流电流表指示出来。

为了实现流量的远距集中显示和流量计标定需要，可以在表头内设置发讯装置。将腰轮转数转换成相应的电脉冲数，远传后由显示仪表对脉冲信号进行累积、计数处理，以显示流体的流量与总量。

**4. 腰轮流量计的特性与应用**

1) 腰轮流量计的特性

腰轮流量计是采用直接累加流体体积的方法测量流体总量的，其测量精度较高。流量的大小、流体的性质(密度、黏度)、工作状态对其测量的精度影响较小。但是，由于腰轮和外壳内壁之间总是存在一定的间隙，必然会引起流体泄漏，造成泄漏误差。腰轮式流量计的泄漏误差与流体的流量、温度、黏度有关。在小流量下，流量计腰轮转速较低，泄漏量相对被测总量来说比较大，其相对误差较大，尤其对于低黏度流体更为严重。随着流量的增大，泄漏误差相对减小，在一定的流量范围内，泄漏误差变化也很小。这一流量范围即为该流量计的测量范围。超过此范围，流量太小时泄漏误差较大；流量太大时，将加剧转动部分的振动与磨损，降低使用寿命。

流体的黏度对泄漏误差的影响也较大。流体黏度越大，其泄漏量越小，泄漏误差也越小。所以，容积式流量计比较适合于测量高黏度介质。

另外，由于腰轮流量计的腰轮是靠流量计前后的压力差来驱动的，所以腰轮流量计的压力损失是比较大的。压力损失除了与流体流量有关外，还与流体的黏度有关，同一流量下，流体黏度越大，其压力损失越大。

2) 腰轮流量计的使用

腰轮流量计在安装和使用过程中应注意以下几个问题：

(1) 应根据被测流体的瞬时流量、工作温度、介质压力、管道直径、黏度大小及腐蚀性，合理选择流量计的规格和材料。

(2) 安装流量计之前必须彻底清洗上游管道以防止杂物进入流量计。

(3) 流量计多以水平安装，但必须有旁通管道和阀门，以便拆装和维修。流体流向应和流量计上箭头标志所示方向相同，不得装反。

(4) 流量计前必须安装过滤器，防止固体颗粒杂质进入流量计。当被测液体含有气体时则应在流量计前加装气体分离器，以保证测量精度。

图 13-4-8 为一种典型的油品计量用流量计安装流程。

过滤器安装在靠近流量计进口处。它可防止流体夹带的铁屑、砂石等杂物进入流量计，防止损伤测量室和一次元件，以保证流量计的正常运行。过滤器由筒体和过滤网组成，过滤网做成与筒体同心的圆筒，流体经过滤网时，杂物被留在过滤网内，如图 13-4-9 所示。定期打开上盖，就可取出过滤网进行清洗。过滤网网目的大小应根据流量计测量室内转动部分

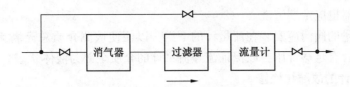

图 13-4-8　流量计安装流程

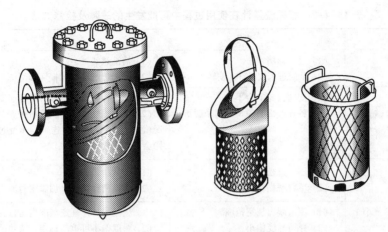

图 13-4-9　过滤器

和壳体之间的间隙，以及转动部分相互间的间隙和油品性质(黏度、杂质粒径等)而确定。

　　油品在管道中流动时，溶解的气体会逐渐析出成为自由气。这些气体若进入流量计就会影响计量精度。采用消气器可使气体和油品分离并把它们排放掉，以保证流量计的计量精度。消气器有立式和卧式两种，卧式的除气效果较好，但占地面积大。图 13-4-10 所示是一种立式消气器。油品进入消气器内撞击斜板，再折流由中间筒 4 内流出，这样可使气体分离出来，聚集在消气器顶部。当气体积聚较多，就迫使油界面下降，浮球也就下降，通过连杆带动排气阀杆先使小排气阀打开，排放一部分气体。若气体量很多，油界面继续下降，浮球也继续下降，阀杆就将打开大排气阀(图中都未画出，可参阅有关文献)，大量排气；若气量少，油界面上升，则浮球上升，可自动关闭排气阀，防止油品溢出。

　　(5)被测流体的瞬时流量，应在流量计额定流量范围内。流量太小，泄漏误差较大；流量太大，则会加剧转动部件磨损。

　　(6)被测流体的温度不准超过规定使用温度，以免转动部件热膨胀造成流量计转子卡死现象。

　　(7)腰轮流量计应定期检验标定，以保证流量计的测量精度。同时应对各转动元件定期注润

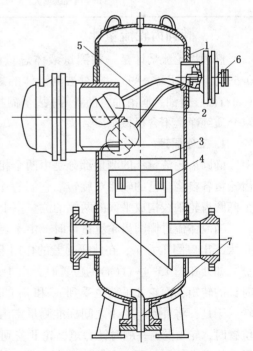

图 13-4-10　立式消气器

1—壳体；2—浮球；3—挡板筒；4—中间筒；
5—浮球连杆；6—排气阀；7—排污阀

滑油。表前过滤器也应定期清洗。

（8）调节流量的阀门应安装在流量计的下游，以便使被测介质总充满流量计内部腔体。并在流量计的下游有足够背压，以保证流经流量计的介质全部为液体状态。

**5. 腰轮流量计的故障和检修**

腰轮流量计在使用过程中可能发生的故障及检修方法见表13-4-2。

表13-4-2　腰轮流量计在使用过程中可能发生的故障及检修方法

| 故障现象 | 原　　因 | 措　　施 |
|---|---|---|
| 转子不转动 | （1）过滤器堵塞<br>（2）杂质进入流量计，使转子卡死 | （1）清洗过滤器<br>（2）检查过滤网有无损坏和清洗流量计内部 |
| 转子转动正常而计数器不计数 | （1）变速齿轮啮合不良<br>（2）各连接部分脱铆或销子脱落 | （1）卸下计数器，检查各级变速器和计数器<br>（2）检查磁性连轴器，或机械密封连轴器传动情况(注意：不要使磁性连轴器承受过大的转矩，否则会因产生错极而去磁) |
| 机械密封连轴器泄漏 | （1）压盖过松<br>（2）填料磨损 | （1）拧紧压盖<br>（2）更换密封填料，加添密封油 |
| 误差变负(指示值小于实际值) | （1）流量超出规定范围<br>（2）介质黏度偏小<br>（3）转子等转动部分不灵活 | （1）使流量计在规定范围内运行或换流量计规格<br>（2）黏度偏小可重新标定，或更换调整齿轮进行修正<br>（3）检查转子、轴承、驱动齿轮等，更换磨损零件 |
| 误差变正(指示值大于实际值) | （1）流量有大的脉动<br>（2）介质内混入气体<br>（3）介质黏度偏大 | （1）减少管路中流量的脉动<br>（2）加装排气器<br>（3）重新标定，更换调整齿轮对进行修正 |

## 二、椭圆齿轮流量计

椭圆齿轮流量计是一种测量液体总量的容积式流量计，其测量精度很高（可以达到±0.5%，有的还高一些）。它对被测流体的黏度变化不敏感，特别适合于测量高黏度的流体（如石油、重油、润滑油、沥青等）甚至糊状物的流量。但是由于流体内存在转动部件，要求介质纯净，不含机械杂质。

**1. 工作原理**

椭圆齿轮流量计的测量部分是由两个相互啮合的椭圆形齿轮Ⅰ和Ⅱ、轴及壳体组成。各齿轮可各自绕自己的轴相对旋转。它们与外壳构成一密闭的月牙形空腔，进出口分别位于两个椭圆齿轮轴线构成平面的两侧的测量室上。其工作原理如图13-4-11所示。

当流体流过椭圆齿轮流量计时，由于要克服阻力将会引起阻力损失，从而使进口侧压力 $p_1$ 大于出口侧压力 $p_2$，在此压力差的作用下，产生作用力矩使椭圆齿轮连续转动。

如处在图13-4-11(a)的位置时，由于上游压力 $p_1$ 大于下游压力 $p_2$，轮Ⅰ将受到一个顺时针的转矩，而轮Ⅱ虽然也受到 $p_1$ 和 $p_2$ 的作用。但合力矩为零。此时，轮Ⅰ将带动轮Ⅱ旋转。于是，将外壳与轮Ⅰ之间标准测量室内的液体(阴影部分)排入下游。当齿轮转至图(b)位置时，轮Ⅰ受到一顺时针力矩，轮Ⅱ受到一逆时针力矩，其结果两个齿轮在 $p_1$ 和 $p_2$ 的作用下均存在转矩，同为主动轮。当两个齿轮转至图(c)位时，类似图(a)，只不过此时轮Ⅱ成为主动轮，轮Ⅰ靠轮Ⅱ带动。此刻上游流体已被轮Ⅱ封入测量室2内(阴影部分)。如此往复循环，Ⅰ、Ⅱ两轮交替带动，以月牙形空腔为计量单位，不断把进口处的流体送至出口

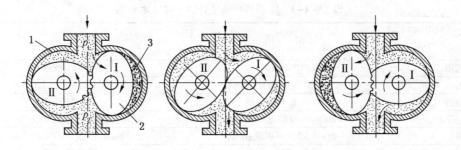

图 13-4-11　椭圆齿轮流量计原理
1—外壳；2—椭圆形转子；3—计量室

处。如图所示仅为椭圆齿轮转动四分之一周的情况，相应排出的流量为一个月牙形空腔容积。所以椭圆齿轮每转一周所排出流体的容积为月牙形空腔容积 $V_0$ 的 4 倍。若椭圆齿轮的转数为 $n$，则通过椭圆齿轮流量计的流量为：

$$Q = 4V_0 n \qquad\qquad (13-4-4)$$

由此可知，已知月牙形空腔容积 $V_0$，只要测出椭圆齿轮的转速 $n$，便可确定通过流量计的流量大小。

齿轮的转数是由转动轴带动的数轮(在壳外)给出。由于齿轮在一周内受力不均，其瞬时角速度也不均匀，所以利用该仪表直接求瞬时流量不精确，但在齿轮转轴上加入等速化齿轮机构，使后面输出等速脉冲，也可求得瞬时流量。

**2. 椭圆齿轮流量计的结构及技术特性**

图 13-4-12 为典型椭圆齿轮流量计的结构图。它的主要组成部分是一对椭圆齿轮，它们和壳体、底盘组成一定容积的计量室。椭圆齿轮的转动经联轴器传给齿轮减速系统。联轴器有磁性联轴器和机械密封式联轴器两种。磁性联轴器由转子转轴连接的主动磁钢和与输出传动轴连接的从动磁钢组成，磁钢之间可以用隔离罩完全密封隔离。所以这种联轴器的优点是密封可靠，抗腐蚀性能好，维护也较简单。其缺点是能传递的转动力矩较小，介质温度不能太高，否则磁钢容易退磁，使用不当甚至会引起传动打滑。不过采用高性能的磁钢可以克服这种缺点。目前椭圆齿轮流量计大多采用磁性联轴器。机械密封式联轴器能传递较大的转动力矩，但介质压力不能太高，否则易泄漏。

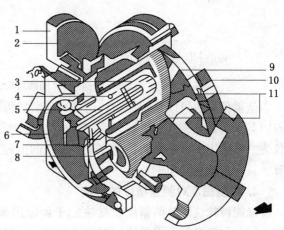

图 13-4-12　椭圆齿轮流量计结构图
1—连接法兰；2—壳体；3—磁性连轴器；
4—转子的旋转轴；5—输出传动轴；6—传
动齿轮；7—传动轴；8—转子的旋转轴；
9—内底盘；10—底盘；11—转子(椭圆齿轮)

具有代表性的国内外椭圆齿轮流量计的一般技术规格见表 13-4-3。

**3. 信号显示和远传**

椭圆齿轮流量计的流量信号(即转速)的显示，有就地显示和远传显示两种。配以一定

表 13-4-3　椭圆齿轮流量计的一般技术规格

| 厂家　　　　一般规格 | 国　内 | OVAL(日) |
|---|---|---|
| 流量范围 | $3 \times 10^{-3} \sim 540 \mathrm{m^3/h}$ | $0.2 \times 10^{-3} \sim 1000 \mathrm{m^3/h}$ |
| 介质温度 | $-20 \sim 200℃$(通常≤120℃) | $-35 \sim 300℃$(通常≤120℃) |
| 工作压力 | ≤6.4MPa | ≤9.7MPa |
| 介质黏度 | ≤2000cP(可供应>2000cP) | ≤2000(可供应>2000cP) |
| 精　度 | 一般±0.5%，可供应±0.2% | 一般±0.5%，可供应±0.2% |
| 口　径 | 10~250mm | 10~350mm |

的传动机构及积算机构，就可记录或指示被测介质的总量。椭圆齿轮流量计可根据需要配置各种功能的表头和两次仪表。图 13-4-13 是椭圆齿轮流量计的显示原理图。通过齿轮转轴与传动、积算部分连接，把所排出的月牙形空腔内的流体积算下来。因被测流量是与所排月牙形空间内流体的次数成正比的，所以仪表的指示就是被测流量的示值，累积出被测流量的总量。例如，椭圆齿轮旋转一周所排出的介质体积为 0.51，则在经过转速比 $i=200$ 的系列齿轮转动减速之后，仪表面板上指示针每转一周将显示出 1001，并经过机械式计算器进行总量的显示。

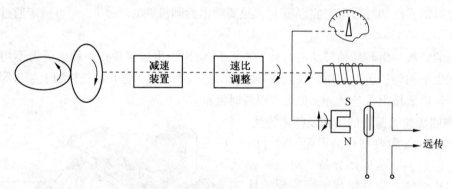

图 13-4-13　椭圆齿轮流量计显示原理图

流量信号也可以远传显示，通过减速后的齿轮带动永久磁铁旋转，使得干簧继电器的触点以与永久磁铁相同的旋转频率同步地闭合或断开，从而发出一个个电脉冲远传给另一显示仪表，在远离安装现场的操作室仪表屏上的电磁计数器或电子计数器同时协调地进行流量积算，显示出被测介质的总量。

**4. 介质黏度对测量精度的影响**

椭圆齿轮流量计的精度直接决定于齿轮边缘和壳体之间的泄漏量。这就要求间隙不能大，因此加工精度要求严格。同样可以理解，黏度越大，泄漏量越小，测量精度也就越高。同时介质黏度越大流经流量计的压力损失也越大。

**5. 安装使用注意事项**

由于椭圆齿轮流量计是基于容积式测量原理的，与流体的黏度等性质无关。因此，特别适用于高黏度介质的流量测量。测量精度较高，压力损失较小，安装使用也较方便。选用椭圆齿轮流量计时，应充分注意被测液体的性质、流量大小及操作条件。由于这种流量计是齿轮啮合传动，通过的介质必须清洁。若含机械杂质，可能损伤轮齿，影响测量精度，甚至可能使齿轮卡死。所以椭圆齿轮流量计的入口端必须加装过滤器。被测流量不能经常接近最大范围，否则磨损和压力损失都较大。另外，椭圆齿轮流量计的使用温度有一定范围，温度过高，就有使齿轮发生卡死的可能。若黏度太小或流量太小，则泄漏影响突出，会降低精度。

安装时应使椭圆齿轮的旋转轴呈水平位置（即表头刻度盘应与地面垂直），这样可以减小齿轮和测量室底盘及盖板的摩擦，从而减少零件磨损，保证测量精度和延长使用寿命。如果仪表安装在垂直管道中，则流量计应装在旁路管道中，以防止杂物落入流量计内。正确的安装情况如图 13-4-14 所示。

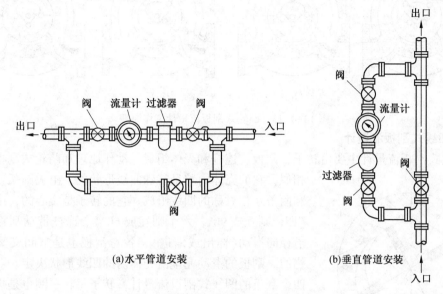

(a)水平管道安装　　　　　　(b)垂直管道安装

图 13-4-14　椭圆齿轮流量计的正确安装

椭圆齿轮流量计的结构复杂，加工制造较为困难，因而成本较高。如果因使用不当或使用时间过久而发生泄漏现象，就会引起较大的测量误差。若检验发现误差超出允许值，可变换表头部分传动机构齿轮对作精度调整，使其达到合格要求。

## 三、刮板流量计

刮板流量计也是一种高精度的容积式流量计，适用于含有机械杂质的流体，在输油管道已有应用。从结构特点来分，有凸轮式和凹线式两种。

### 1. 凸轮式刮板流量计

凸轮式刮板流量计的主要组成部分为转子、凸轮、凸轮轴、刮板、连杆、滚柱及壳体。壳体内腔是一个圆形空筒。转子是一个可以转动的空心薄壁圆筒，筒壁开了四个槽，互成90°，刮板可以在槽内滑动，可伸出或缩进（若采用三对刮板时，则可开互成60°角的六个槽）。四个刮板分别由两根连杆连接，互成90°角，在空间交叉，互不干扰。刮板的内侧各有一个小滚柱。这四个小滚柱都紧靠在一个固定不动的凸轮上，可沿具有特定曲线形状的凸轮边缘滚动，从而使刮板时而伸出，时而缩进。若一个连杆的某端刮板从转子筒边槽口伸出，则另一端的刮板就缩进转子筒内，因为同一连杆的长度是一定的。

图 13-4-15 表示了凸轮式刮板流量计的工作原理。当流体通过时，在流量计进出口压差（$p_1 > p_2$）的作用下，推动刮板和转子顺时针转动。状态（Ⅰ）时，刮板 A 和 D 与壳体形成一个计量室。由状态（Ⅰ）向状态（Ⅱ）过渡时，刮板 D 逐渐收缩。刮板 A 则只是转动而不滑动收缩，这是由于凸轮的对应计量室部分的边缘是一段圆弧之故。当转到状态（Ⅲ）时，刮板 A 转了 90°（整个转子也转了 90°），恰好排出一个计量室的液体。由状态（Ⅲ）继续转动时，刮板 A 才开始收缩。由此可见，转子每转一圈将排出四个计量室的液体体积。同理可知，

如果是三对刮板的凸轮式刮板流量计，则每转一圈排出六个计量室体积的液体，即通过的流量为 $Q=4nV_0$，或 $Q=6nV_0$。将转子的转动传给表头，就可指示、累计或远传。

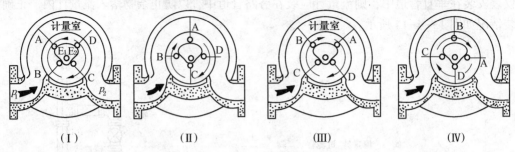

图 13-4-15　凸轮式刮板流量计工作原理

### 2. 凹线式刮扳流量计

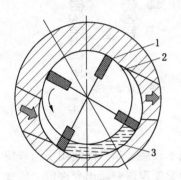

图 13-4-16　凹线式刮板
流量计原理图
1—刮板；2—转子；3—计量室

凹线式刮扳流量计主要由转子、刮扳、连杆和壳体组成。动作原理和凸轮式刮板流量计相似。它的壳体内腔是特殊曲线形状的，由大圆弧、小圆弧和两条互相对称的凹线组成。它的转子是实心的，中间有槽（四个则互成 90°，六个则互成 60°）。连杆带动刮板在槽内沿径向滑动（伸出或缩进），各对刮板也是空间交叉互不干扰的。刮板的滑动完全由壳体内的凹线形状决定。对于具有四个刮板的凹线式刮扳流量计，转子每转一圈也是排出四个计量室体积的液体（见图 13-4-16）。

### 3. 刮板式流量计的特点

刮板式流量计有以下主要特点：

（1）设计时一般使刮板径向滑动的加速度尽量小，以求转动平稳。由于刮板的特殊运动轨迹，使被测液体在通过流量计时不产生涡流，不改变流动状态。这对提高精度、减小压力损失很有好处。

（2）精度高，可达±0.2%。

（3）结构设计上保证机械摩擦小，所以压力损失较小，一般在最大流量时不超过 0.03MPa。

（4）由于结构特点，对于不同黏度和带有细粒固体杂质的液体都能适用，能保证计量精度，且不易发生转子卡住现象。

（5）振动和噪音很小。

## 四、涡轮流量计

在油品储运自动化领域，涡轮流量计是一种应用很广泛的速度式流量计。它具有精度高、复现性好、结构简单、运动部件少、压力损失小、体积小、重量轻、维修方便等优点。和容积式流量计相比，它的体积较小，占地面积小和重量轻的优点是很明显的。有的资料曾指出，同样流量测量范围的容积式流量计的重量比涡轮流量计约重 25 倍，安装占地面积比涡轮流量计约大三倍。涡轮式流量计通常用于天然气和轻质油等洁净流体的测量。

涡轮流量计由涡轮流量变送器，前置放大器及显示仪表组成。前置放大器通常和变送器装在一起，可以看作是一个部分。涡轮流量计的基本组成方框图如图 13-4-17 所示。国内已按国家标准成批生产，变送器的基本参数见表 13-4-4。

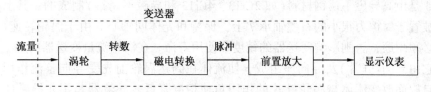

图 13-4-17　涡轮流量计的组成方框图

**表 13-4-4　涡轮流量变送器的基本参数**

| 公称通径 $DN$/mm | 正常流量范围/($m^3$/h) | 扩大流量范围/($m^3$/h) | 最大工作压力/MPa | 工作温度/℃ |
| --- | --- | --- | --- | --- |
| 4 | 0.04~0.25 | — | — | |
| 6 | 0.1~0.6 | — | 1.6 | |
| 10 | 0.2~1.2 | — | | |
| 15 | 0.6~4 | 0.6~6 | 6.4 | |
| 25 | 1.6~10 | 1~10 | | |
| 40 | 3~20 | 2~20 | 16 | |
| 50 | 6~40 | 4~40 | | |
| 80 | 16~100 | 10~100 | | −20~120 |
| 100 | 25~160 | 20~200 | 16 | |
| 150 | 50~300 | 40~400 | | |
| 200 | 100~600 | 80~800 | 25 | |
| 250 | 160~1000 | 120~1200 | | |
| 300 | 250~1600 | 250~2500 | | |
| 400 | 400~2500 | 400~4000 | 64 | |
| 500 | 1000~6000 | 800~8000 | | |
| 600 | 1600~10000 | 1600~16000 | | |

　　国产涡轮流量变送器在正常流量范围内时的精度为±0.5%，按特性曲线确定的精密变送器的精度可达：±0.1%，±0.2%。

**1. 涡轮流量计的结构**

　　流体流动的管道内，安装一个可以自由转动的叶轮，当流体通过叶轮时，流体的动能使叶轮旋转。流体的流速越高，动能就越大，叶轮转速也就越高。在规定的流量范围和一定的流体黏度下，转速与流速成线性关系。因此，测出叶轮的转速或转数，就可确定流过管道的流体流量或总量。这种仪表称为速度式仪表。涡轮流量计正是利用这种原理制成的。

　　涡轮流量计由涡轮流量变送器和显示仪表两大部分组成。涡轮流量变送器将流体流量变成电脉冲信号送给显示仪表，显示仪表通过对其脉冲信号的频率及脉冲个数进行处理及累计，以显示瞬时流量或流体总量。

　　涡轮流量变送器如图 13-4-18 所示。

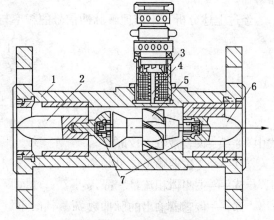

图 13-4-18　涡轮流量变送器
1—壳体；2—前导流器；3—前置放大器；
4—磁电转换器；5—涡轮；6—后导流器；7—轴承

主要由涡轮组件、导流器组件、磁电转换器、前置放大器等组成。

涡轮 5 是由高导磁不锈钢材料（如 2Cr13、4Cr13 和导磁不锈钢）制成的，其上的数片螺旋形叶片被置于摩擦力很小的石墨轴承 7 上，保持和壳体同轴心。由于涡轮转速可能很高，所以轴承必须耐磨，否则影响变送器的精度和使用寿命。在涡轮流量变送器的进、出口装有导流器，它由导向环（片）及导向座组成，使流体在到达涡轮前先受导向整流作用，以避免因流体的自旋而改变流体与涡轮叶片的作用角使精度降低。导流器是用非导磁性材料制成的。涡轮的支撑轴承就装在前后导流器上。

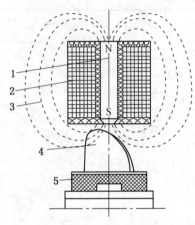

图 13-4-19　磁电感应转换器原理图
1—永久磁铁；2—感应线圈；
3—磁力线；4—叶片；5—涡轮

磁电感应式信号检出器用于把涡轮的转数转换成对应的电脉冲信号。它主要由永久磁铁和感应线圈组成。其结构原理如图 13-4-19 所示。

当流体流过涡轮叶片时，涡轮将发生旋转运动，此时叶片将周期地切割永久磁铁产生的磁力线，而改变磁电系统的磁阻值，使得通过感应线圈的磁通量发生周期性的变化。根据电磁感应原理，在线圈内将感应出脉动的电势信号。不难理解，脉动电势信号的频率与涡轮的旋转速度成正比，即与被测流量的大小成正比。

涡轮流量变送器的壳体是用非导磁性材料（如 1Cr18Ni9Ti、硬铝合金等）制成。它和管道之间采用螺纹连接或法兰连接。由永久磁铁和感应线圈组成的磁电转换器装在涡轮上方不导磁的壳体外，感应信号的前置放大器也装在这里。当导磁叶片在流体冲击下旋转时，叶片便周期性地经过磁钢的磁场，使磁路的磁阻发生周期性变化，通过线圈的磁通量也跟着发生周期性变化，从而在线圈中感应出交变电信号，并经前置放大器放大后送给显示仪表。

为了减小流体作用在涡轮上的轴向推力，通过涡轮前轴承处的节流作用，在前轴承上造成一低压区，以产生一个反向静压差作用力抵消轴向推力，减小涡轮轴承的磨损，提高变送器寿命。

经过上述分析，不难理解脉冲信号的频率与被测流体的流量成正比，即

$$q = \frac{1}{\xi} \cdot f \qquad (13-4-5)$$

$$V = \frac{N}{\xi} \qquad (13-4-6)$$

式中　$\xi$——仪表常数，$1/m^3$；

　　　　$f$——变送器输出信号频率，$1/s$；

　　　　$q$——被测体积流量，$m^3/s$；

　　　　$N$——传感器输出的脉冲数；

　　　　$V$——被测流体的累积流量，$m^3$。

值得注意的是，流体物理性质对仪表常数有较大的影响。一般情况下，仪表常数是在常温下用水标定后，由仪表制造厂给出的。因而涡轮流量计适于测量低黏度紊流流体。当被测

介质及工作状态不同时应重新标定，特别是当介质黏度变化大于 $5 \times 10^{-6} \mathrm{m}^2/\mathrm{s}$ 时 $\xi$ 应另行标定后确定。

**2. 涡轮流量计的显示仪表**

涡轮流量计的显示仪表，实际上是一个脉冲频率测量和计数的仪表，根据单位时间的脉冲数和一段时间的脉冲数分别指示出瞬时流量和累积流量(总量)。

图13-4-20 是涡轮流量计指示仪表组成方框图。从涡轮流量计的感应线圈产生的脉冲信号，经过前置放大器放大后传输至显示仪表的输入放大器将脉冲信号进一步放大，然后传至整形路将信号变成一定幅值的方波，最后经过频率-电流转换电路把流量的频率信号变成对应的连续电流(0~10mA)，由毫安表指示瞬时流量的数值。

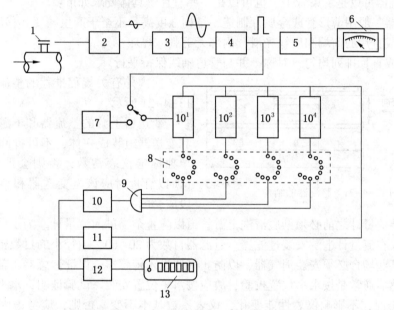

图13-4-20　涡轮流量计指示仪表的组成方框图
1—涡轮流量计的感应线圈；2—前置放大器；3—输入放大器；4—整形电路；
5—脉冲电流转换电路；6—指示仪表；7—自检用震荡器；8—系数设定器；
9—与门；10—单稳；11—回零驱动；12—驱动器；13—电磁计数器

同时，经整形后的脉冲信号又送入 $\xi$ 系数设定器(除法运算电路)进行除法运算，以获得流量积算的单位容量的信号。流量积算电路有四位十进制计数器，计数器的输出端与由四层波段开关构成的仪表系数 $\xi$ 定时器相连。对于不同的涡轮流量计，设定器可将 $\xi$ 值设定在0~9999 之间的任意数值上。当进入计数器的脉冲数为 $\xi$ 时，则"与门"输出一脉冲信号，该信号通过单稳电路驱动电磁计数器走一个字，同时使计数器回零，重新开始计数。这样，每进入计数器 $\xi$ 个脉冲，电磁计数器走一个字，即代表流过一个单位的体积流体。由于 $\xi$ 值可以任意设定，所以该积算电路对各种型号的涡轮流量计具有通用性。

近年来，在流量显示积算仪中，多采用微处理机，构成智能型仪表。它们对脉冲信号的处理、计数、累积与运算比常规仪表方便得多。除了总量积算、瞬时流量值直接数字显示及输出标准4~20mA 信号外，还可以实现温度压力修正，质量流量换算及报警功能。

**3. 涡轮流量计的安装**

1）传感器的安装

涡轮流量传感器的特性及运行寿命受流体运动状态、使用工作环境、流体物性的直接影响。因此，正确地安装传感器是保证测量准确度的首要条件。传感器的安装应特别注意以下事项：

（1）安装地点应选择在便于维修并避免管道振动的场所。除用整流器外，还应使变送器管路尽量远离泵、阀门及其他能产生旋涡的器件；变送器要避开外界强电磁场干扰点，否则外界电磁场对感应线圈的作用引起噪声严重影响仪表正常工作。

（2）流场的流体速度分布不均匀和旋涡的存在是涡轮流量计产生测量误差的主要因素，所以在流量计上下游必须安装一定长度的直管段或整流器。直管段的具体安装要求参见各生产厂家的安装说明要求。

在安装传感器时，由于安装地点条件限制，直管段长度不能满足要求时，可采用整流器来弥补。整流器可以是一束管子，也可以是一些直片，具体要求如下：

① 整流器一般用薄形管或金属片制造，结构强度高，不至于产生畸变和移动；

② 管子或直片的前端和后缘光滑，内部无毛刺、焊珠；

③ 管予或直片排列均匀、对称，并与管道轴线保持平行。

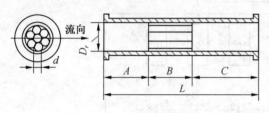

图 13-4-21　整流器的结构

国内外有关规程推荐的整流器结构如图 13-4-21 所示。

变送器上游的整流器和下游的直管段应和变送器组装成一体，不可拆卸后对变送器单独标定仪表常数，否则会严重影响精度（所以订货时应该是变送器和整流器、直管段成套的）。

（3）安装流量计之前必须彻底清洗上游管道以防止杂物进入流量计。为了保证流量计正常工作，建议在流量计上游安装过滤器。过滤器目数为 20~60，通径小的目数密，通径大的目数稀。在某些场合必须安装消气器，以防止气体进入传感器，保证传感器正常工作。

（4）传感器通常是按水平位置校验，故应按水平位置安装。试验证明，水平安装角度的偏差不超过 5°时，不影响仪表性能变化，仪表系数基本不变。否则，应考虑因此带来的误差。流量计安装时必须有旁通管道和阀门，以便拆装和维修。涡轮流量变送器允许双向使用，但须事先标定每个流向的仪表常数。没有要求双向流动的场合，在变送器管路中应防止逆流。图 13-4-22 为涡轮流量传感器典型安装图，供实际工作中参考。

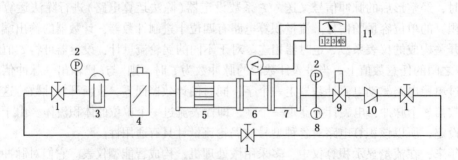

图 13-4-22　涡轮流量传感器典型安装图

1—截止阀；2—压力表；3—过滤器；4—消气器；5—整流器；6—传感器(连置前置放大器)；
7—后直管段；8—温度计；9—调节阀；10—单向阀；11—显示仪表

（5）对易汽化液体，在传感器下游应有背压，背压大小建议是最大流量流过变送器的压降的 2 倍加上最高工作温度下蒸气压的 1.25 倍（例：最大流量时变送器压降为 0.035MPa，最高工作温度时介质蒸气压 0.05MPa，则应保持背压不小于 $0.035 \times 2 + 1.25 \times 0.05 = 0.1325$（MPa）。若有必要测量液体温度时，温度计的安装点应在传感器下游 5dm 处。

（6）为防止流量超过流量计的最大额定容量，需要安装限流阀或限流孔板这类器件时，一般应装在流量计管段下游。若需要装在上游，应注意保证流量计管段出口能保持足够压力，以防止被测液体汽化。

2）信号传输线和显示仪表的安装

显示仪表安装地点应选择在避免电、磁干扰的场所，同时还应该考虑环境温度、腐蚀性、防爆等问题。

### 4. 涡轮流量计的使用与维护

（1）涡轮流量计安装无误投入使用时，应首先关闭传感器下游阀门，使流体缓慢充满传感器内，然后再打开下游阀门，使流量计投入正常远行。严禁传感器在无流体的状态下受高速流体的冲击，以确保其测量准确度。

（2）被测流体的瞬时流量，应在流量计额定流量范围内。流量太小，泄漏误差较大；流量太大，则会加剧转动部件磨损。被测流体的温度不准超过规定使用温度，以免转动部件热膨胀造成流量计转子卡死现象。

（3）当被测流体的物性参数与标定时的参数发生明显变化时，应对其按修正公式进行修正。

（4）传感器在工作时，叶轮的速度很高，因而在润滑情况良好时，也仍有磨损情况产生，这样，在使用一段时间后，因磨损而致使涡轮传感器不能正常工作，就应更换轴或轴承，并经重新标定后才能使用。

（5）传感器在连续使用一定时间后，按其检定周期进行周期检定。同时应对各转动元件定期注润滑油。表前过滤器也应定期清洗。如在使用中明显发现仪表测量准确度达不到要求时，应随时检修，并重新进行标定方可使用。

（6）原油流量计停运时应放空流量计内存油，必要时应用蒸汽冲洗，防止下次启动时流量计内原油凝结。传感器从管路上拆下暂时不用时，应将其内部清洗干净，并封好置于无腐蚀干燥处保存，以免再次使用时影响其测量精确度。

### 5. 涡轮传感器常见故障与排除方法

涡轮传感器常见故障与排除方法见表 13-4-5。

表 13-4-5　涡轮传感器常见故障与排除方法

| 故障现象 | 原　　因 | 排　除　方　法 |
| --- | --- | --- |
| 显示仪表不工作 | 显示仪表完好<br>（1）信号检测器→前置放大器→显示仪表间断路或短路<br>（2）信号检测器断线，无脉冲输出（传感器叶轮不旋转） | （1）检查线路，使之正常<br><br>（2）更换信号检测器（或信号检测放大器）；检修传感器 |
| 显示仪表工作不稳，计量不准确 | （1）实际流量超出仪表的计算范围<br>（2）有较强的外磁场干扰<br>（3）叶轮上挂有脏物，或信号检测器下方壳体内壁处有铁磁物体等<br>（4）液体内含有气体<br>（5）轴承严重磨损，叶轮与壳体内壁相碰 | （1）调整液体流量<br>（2）采取屏蔽措施<br>（3）检修传感器、清洗干净<br>（4）消除气泡<br>（5）更换轴和轴承 |

# 第十四章 离 心 泵

## 第一节 泵及其分类

泵是一种常用的流体机械，通过它把机械能转变成液体的位能、压力能，从而使液体能沿管路进行输送。

泵的性能范围很广，巨型泵的流量可达几十万 $m^3/h$ 以上，而微型泵在几十 $m^3/h$ 以下，其输出压力可从常压一直高达几百 MPa，输送介质的温度从-200℃到800℃，甚至更高，它输送的介质可以是水、油液、酸碱液、乳化液、悬浮液和液态金属等。

泵在农业、工业、国防、交通到日常生活都有广泛的应用，尤其在石油和化工工业中更为重要。泵可称为输油管线的心脏。

### 一、泵的类型

泵的类型复杂，品种规格繁多。按其工作原理可分为以下三大类。

**1. 叶片式泵**

它对介质的输送是靠装有叶片的叶轮高速旋转而完成的，如离心泵、轴流泵、混流泵和旋涡泵等。

**2. 容积式泵**

它对介质的输送是靠泵体工作室容积的周期性变化完成的。容积改变的方式有往复运动和旋转运动两种。属于往复运动这一类的有活塞式往复泵、柱塞式往复泵等，属于旋转运动这一类的有齿轮泵、滑片泵、螺杆泵等。

**3. 其他类型泵**

其他类型泵包括只改变输送介质的位能(如水车等)和利用输送介质本身能量的泵(如射流泵、水锤泵等)。

各种类型的泵有其各自的适用范围。在实际使用中，可根据所需流量及扬程的大小，以及所输送流体的性质等因素进行合理选择。图 14-1-1 所示为几种泵的流量与扬程的适用范围，可作选择泵类时参考。由图可以看出，一般容积式泵适用于小流量、高扬程，而离心泵则适用于大流量、扬程不十分高的地方。

本书重点介绍离心泵，对往复泵和其他类型的泵只作一般的介绍。

### 二、泵的分类

离心泵的类型很多，随使用目的不同有多种结构，常见的分类方法如下。

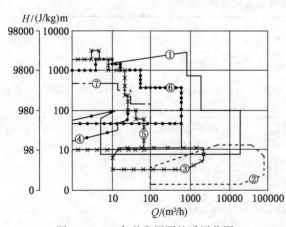

图 14-1-1　各种常用泵的适用范围

**1. 按液体吸入叶轮方式分**

（1）单吸式泵　如图 14-1-2 所示，叶轮只有一侧有吸入口，液体从叶轮的一面进入。

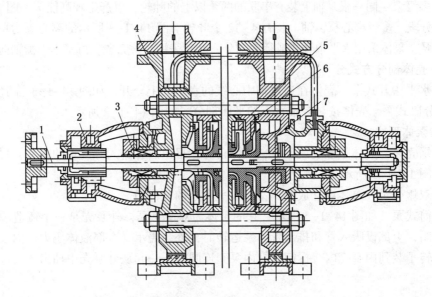

图 14-1-2　分段式多级离心泵

1—转子部件；2—托架部件；3—机械密封；4—吸入段；5—导叶；6—中段；7—压出段

（2）双吸式泵　叶轮两侧都有吸入口，液体从两面进入叶轮，如图 14-1-3 所示。

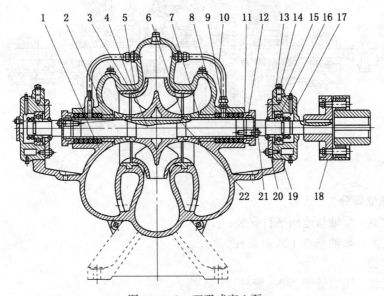

图 14-1-3　双吸式离心泵

1—下泵体；2—上泵体；3—叶轮；4—轴；5—口环；6—轴套；7—填料套；
8—填料；9—液封圈；10—水封管；11—填料压盖；12—轴套螺母；
13—固定螺钉；14—轴承体；15—轴承体盖；16—单列向心球轴承；
17—圆螺母；18—联轴器部件；19—轴承挡套；
20—轴承端盖；21—双头螺栓；22—键

**2. 按叶轮级数分**

（1）单级泵　泵体中只装有一个叶轮，它产生的最大压头一般为150m以下。

（2）多级泵　同一根泵轴上装有串联的两个以上的叶轮，以产生较高能头。图14-1-2所示为一台分段式多级离心泵，轴上装有4~12个叶轮。图14-1-3所示的离心泵为单级双吸蜗壳式离心泵，泵体采用水平中开式或径向剖分。叶轮采用对称布置，可基本平衡轴向力。

**3. 按壳体剖分方式分**

（1）水平中开式泵　壳体在通过轴中心线的水平面上分开，如图14-1-3所示。

（2）分段式泵　壳体按与泵轴垂直的平面剖分，如图14-1-2所示。

**4. 按泵体形式**

（1）蜗壳泵　壳体呈螺旋线形状，液体自叶轮甩出后，进入螺旋形的蜗室，再流入排出管内，如图14-1-3所示。

（2）双蜗壳泵　泵体设计成双涡室，以平衡泵的径向力。

（3）筒式泵　如图14-1-4所示，它的泵体为双层泵壳，外泵壳是一个铸造圆筒，两端用端盖封闭，上部设吸入管和排出管。泵运转时，外泵壳承受全部液体压力。内泵壳是水平剖分式，转子装到内泵壳内。拆卸时把内泵壳连同转子一起从外泵壳中抽出。

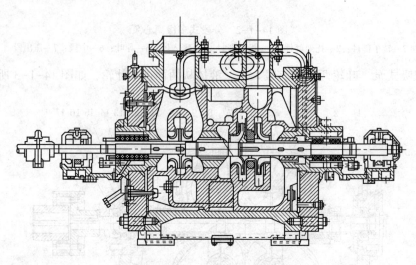

图14-1-4　筒式泵结构图

**5. 按泵轴位置分**

（1）卧式泵　泵轴与地面平行安装；

（2）立式泵　泵轴垂直于地面安装。

**6. 按压力分**

（1）低压泵　压力低于240m液柱；

（2）中压泵　压力在240~600m液柱；

（3）高压泵　压力在600~1800m液柱；

（4）超高压泵　压力大于1800m液柱。

**7. 按比转数分**

（1）低比转数　$50 < n_s < 80$；

（2）中比转数　$80 < n_s < 150$。

（3）高比转数　　$150 < n_s < 300$。

**8. 按用途分**

（1）水泵　井用泵、深井泵、深井潜水泵、锅炉给水泵、冷凝泵等；

（2）化工用泵　耐腐蚀泵、液态烃泵等；

（3）油泵　冷油泵、热油泵、输油泵、润滑油泵、污油泵等；

（4）特殊用途泵。

## 三、离心泵的命名方法

离心泵的表示方法很多，各国都不一样，但目前我国各种离心泵的型号多数已用汉语拼音字母编制，其型号一般分为首、中、尾三部分（见表14-1-1）。

表14-1-1　离心泵型式、型号对照表

| B, BA | S, SH | D, DA | DK | DG | N, NL |
|---|---|---|---|---|---|
| 单级单吸悬臂水泵 | 单级双吸水泵 | 多级分段水泵 | 多级中开式水泵 | 锅炉给水泵 | 冷凝水泵 |
| R | L | CL | Y | F | P |
| 热水循环泵 | 立式浸没式水泵 | 船用离心泵 | 离心式油泵 | 耐腐蚀泵 | 杂质泵 |

首部：是数字，表示泵的吸入口直径尺寸规格（in 或 mm）。

中部：用汉语拼音字母表示泵的型式或特征。例如：

B 或 BA——单级悬臂式水泵；

S 或 SH——单级双吸式水泵；

D 或 DA——多级分段式水泵；

DK——多级中开式水泵；

DG——锅炉给水泵；

N 及 NL——冷凝水泵；

R——热水循环水泵；

CL——船用离心泵；

Y——离心式油泵；

F——耐腐蚀泵。

尾部：一般用数字表示泵的参数，一种表示方法是该泵的比转数的数值除以 10 而得之，并化为整数；另一种表示方法是表示泵的扬程（单级扬程）。有的泵在尾部数字后加 A 或 B 等，这表示在泵中装的叶轮是经过车削的，A 是第一次车削，B 是第二次车削。对于多级泵，尾部数字由两部分组成，其中以乘号以后的数字表示泵的级数。例如型号 2B-6A，它表示吸入口径为 2in 的单级悬臂式水泵，其比转数为 60，泵中装的是第一次切割过的叶轮。又如 $100Y_{II}-120 \times 2$，表示吸入口径为 100mm 的离心油泵（Y），其单级扬程为 120m，共有两级；Y 的下标 I、II、III 分别表示泵工作部件的材料为铸铁、铸钢及合金钢，分别适用于 $-20 \sim 200$℃无硫腐蚀、$-45 \sim 400$℃无腐蚀及 $-40 \sim 400$℃中等程度硫腐蚀的情况。

# 第二节　离心泵的工作原理及性能参数

## 一、离心泵的工作原理

离心泵是通过离心力的原理工作的。现举产生离心力的例子以帮助理解离心泵的工作

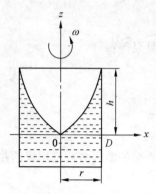

图 14-2-1　旋转圆桶中
水面形状

原理。

（1）把水放入敞口的圆形容器内，用木棒在水中急速旋转搅动，使水产生旋转运动。这时我们可以看到容器内，由中心到边缘水面呈抛物线旋转面，离中心越远液面的垂直高度越大，如图 14-2-1 所示，这说明水是在离心力的作用下由容器的中心甩向边缘，而越远离中心受离心力越大。

（2）将小桶盛满水，用绳子栓住小桶提梁，使之急速旋转，此时，即使桶口朝下水也不会从桶中流出，这是因为水桶旋转产生离心力，桶内的水受离心力的作用，总是要远离旋转中心而压向桶底。离心泵就是基于这一原理进行工作的。

如图 14-2-2 所示，离心泵工作原理就是在泵内充满液体的情况下，叶轮旋转产生离心力，叶轮槽道中的液体在离心力的作用下被甩向外围而流进泵壳，于是叶轮中心压力降低，这个压力低于进水池液面的压力，液体就在这个压力差的作用下由吸入池进入叶轮，这样泵就可以不断地吸入压出，完成液体的输送。

## 二、离心泵的主要工作参数

离心泵的主要工作参数包括：流量、扬程、功率、效率、转速和汽蚀余量等。

### 1. 流量

流量是指泵在单位时间内输送的液体量，通常用体积流量 $Q$ 表示，通用的单位是 $m^3/h$，$m^3/s$ 或 $l/s$。也可用质量流量 $m$ 表示，其单位为 $kg/h$ 或 $kg/s$。质量流量 $m$ 与体积流量 $Q$ 之间的关系为：

$$m = \rho Q$$

式中　$\rho$——液体密度，$kg/m^3$。

### 2. 扬程

泵的扬程是指单位质量(1kg)液体从泵进口(泵进口法兰)到泵出口(泵出口法兰)的能量增值，也就是单位质量液体通过泵以后获得的有效能头，即泵的总扬程，常用符号 $H$ 表示，单位为 $J/kg$。目前，应该注意的是虽然泵扬程的单位与高度单位一样，但不应把泵的扬程简单地理解为液体所能扬升的高度，因为泵的有效能头不仅要用来提高液体的位高，主要还是用来克服液体在输送过程中的流动阻力，以及提高输送液体的静压能和速度能等。

计算泵扬程的公式为：

$$H = \frac{p_B - p_A}{\rho} + g(H_B - H_A) + \frac{v_B^2 - v_A^2}{2g} + \sum h_f \tag{14-2-1}$$

式中　$p_B$，$p_A$——分别为泵出口和泵入口的压力，Pa；

　　$\rho$——被输送液体的密度，$kg/m^3$，这里假设 $\rho_A = \rho_B = $ 常数；

　$H_B$，$H_A$——分别为泵出口和泵入口至基准面的垂直高度，m；

　$v_B$，$v_A$——分别为泵出口和泵入口处液体的平均速度，m/s；

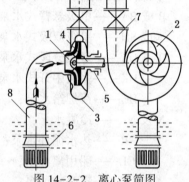

图 14-2-2　离心泵简图
1—叶轮；2—叶片；3—泵壳；4—泵轴；
5—填料箱；6—底阀；7—压水管；
8—进水管

$\Sigma h_f$——泵入口到泵出口处的全部摩阻损失，m，但不计液体流经泵的阻力损失。

一般从泵入口到泵出口距离较短，摩阻可以忽略；若泵入口与出口直径相差很小，根据连续性方程：$Q_B = Q_A$，则 $v_B \approx v_A$。所以，泵的扬程常用下式计算：

$$H = \frac{p_B - p_A}{\rho g} + (H_B - H_A) \qquad (14-2-2)$$

其单位为米液柱。以 m 表示的扬程 $H$ 和压差 $\Delta p = p_B - p_A$ 间的换算关系为：

$$\Delta p = \rho g \Delta H \qquad (14-2-3)$$

### 3. 功率

功率是指单位时间内所做的功，如果在 1s 内把 1N 重的物体提高 1m 的高度，这时就对物体做了 $1N \cdot m = 1J$ 的功，即功率等于 $1N \cdot m/s = 1J/s$，或 lW。工程上常用 kW 来表示。

泵的功率分输入的轴功率 $N$ 和输出的有效功率 $N_e$。有效功率表示在单位时间内泵输送出去的液体从泵中获得的有效能头。因此，泵的有效功率为：

$$N_e = \rho H Q \qquad W \qquad (14-2-4)$$

式中 $\rho$——液体密度，$kg/m^3$；

$H$——扬程，m；

$Q$——体积流量，$m^3/s$。

### 4. 效率

效率是衡量离心泵工作经济性的指标，用符号 $\eta$ 来表示。由于泵工作时，泵内存在各种损失，例如其运动部件间产生相对摩擦而消耗一定的功率，所以不可能将驱动机输入的功率全部转变为液体的有效功率。轴功率 $N$ 与有效功率 $N_e$ 之差即为泵内损失功率，其大小用泵效率来衡量。因此泵的效率 $\eta$ 等于有效功率与轴功率之比，表达式为：

$$\eta = N_e/N \times 100\% \qquad (14-2-5)$$

泵的效率 $\eta$，也称为总效率，为泵内各种损失效率的乘积，即

$$\eta = \eta_m \eta_v \eta_k$$

式中 $\eta_m$——机械效率；

$\eta_v$——容积效率；

$\eta_k$——水力效率。

### 5. 转数

指泵轴每分钟旋转的次数，常用 $n$ 表示(单位为 r/min)。往复泵的转数通常以活塞每分钟往复的次数表示(1/min)。转数是离心泵的一个重要指标，它的改变可以影响泵的性能，引起流量、扬程和轴功率的变化，因此每台泵都有一个设计要求的转数，称为泵的额定转数。

### 6. 允许吸入高度

也叫允许吸入真空度，一般用 $[H_s]$ 表示，它表示在标准状况下(水温为 20℃，表面压力为 1 标准大气压)运行时，泵所允许的最大吸入真空度。它反映了离心泵的吸入性能，决定了泵的安装高度与位置。

当泵刚刚开始产生汽蚀，此时泵吸入口的真空高度 $H_s$ 称为最大吸入真空高度，所计算的安装高度 $H_g$ 也是最大的安装高度。目前，最大吸入真空高度 $H_{smax}$ 只能依靠试验求出。由于在 $H_{smax}$ 下工作时泵内仍会产生汽蚀，为了保证离心泵运行时不发生汽蚀，同时又有尽可

能大的吸入真空高度,我国有关标准规定留 0.3m 的安全量,即将试验得出的 $H_s$ 减去 0.3m 作为允许最大吸入真空高度,或称为允许吸入真空高度,以 $H_{S允}$ 表示:

$$H_{S允} = H_{Smax} - 0.3 \qquad (14-2-6)$$

通常,在样本上或泵附带的说明书上规定的 $H_s$ 值是在大气压为 10m 水柱,液体温度为常温(一般是 20℃)的情况下以清水试验得出的。如果泵使用地点的大气压和液体温度、液体种类与上述情况不同时,则应对样本或说明书给出的数据进行换算。

工作条件下的允许吸入真空高度按下式换算:

$$H'_{S允} = Pa/\gamma - Pv/\gamma + H_{S允} - 10 \qquad (14-2-7)$$

式中　$H'_{S允}$——工作条件下的允许吸入真空高度,m 液柱;

　　　$H_{S允}$——泵铭牌上所标的允许吸入真空高度,m 水柱;

　　　$Pa/\gamma$——泵工作地的大气压力,m,可根据该地区的海拔高度从表 14-2-1 中查得;

　　　$Pv/\gamma$——气体的汽化压力,m,可根据该来油的最高油温,再由有关图表中查得;

　　　　$\gamma$——工作条件下液体的重度,N/m³。

泵的允许安装高度 $h_{g允}$:

$$h_{g允} = H'_{S允} - v^2/2g - h_f \qquad (14-2-8)$$

式中　$h_{g允}$——保证泵不产生气蚀时几何安装高度的最大允许值,或称为泵的允许安装高度,m;

　　　　$v$——泵吸入口的流速,m/s;

　　　　$h_f$——吸入管路的水头损失,m。

如果在泵允许吸上真空高度之内,就可以保证泵的正常运转和出力,如果超出了限度,泵的性能下降,如果超过的很多,泵就有可能因抽空而不能工作,如果吸入介质是易挥发的液体,则泵允许的吸入真空度应再扣除该液体的蒸气压力折合的扬程数。

**表 14-2-1　全国主要城市的海拔高度和大气压力**

| 地　名 | 海拔高度/ m | 大气压力/ mH₂O | 地　名 | 海拔高度/ m | 大气压力/ mH₂O | 地　名 | 海拔高度/ m | 大气压力/ mH₂O |
|---|---|---|---|---|---|---|---|---|
| 齐齐哈尔 | 147 | 10.15 | 玉门 | 1526 | 8.68 | 开封 | 70 | 10.27 |
| 安达 | 151 | 10.16 | 西安 | 397 | 9.87 | 郑州 | 100 | 10.25 |
| 哈尔滨 | 146 | 10.17 | 宝鸡 | 616 | 9.58 | 汉口 | 23 | 10.23 |
| 长春 | 237 | 10.07 | 延安 | 958 | 9.25 | 长沙 | 81 | 10.28 |
| 吉林 | 184 | 10.13 | 石家庄 | 82 | 10.27 | 南昌 | 49 | 10.30 |
| 抚顺 | 82 | 10.25 | 大同 | 1068 | 9.12 | 桂林 | 167 | 10.14 |
| 沈阳 | 42 | 10.31 | 太原 | 784 | 9.44 | 广州 | 6 | 10.32 |
| 锦州 | 66 | 10.30 | 徐州 | 34 | 10.32 | 成都 | 506 | 9.74 |
| 鞍山 | 22 | 10.32 | 南京 | 9 | 10.31 | 甘孜 | 3326 | 6.86 |
| 营口 | 4 | 10.36 | 合肥 | 24 | 10.32 | 重庆 | 261 | 10.00 |
| 大连 | 62 | 10.27 | 芜湖 | 15 | 10.33 | 济南 | 55 | 10.32 |
| 赤峰 | 571 | 9.67 | 安庆 | 41 | 10.31 | 青岛 | 17 | 10.30 |
| 呼和浩特 | 1063 | 9.19 | 蚌埠 | 21 | 10.32 | 拉萨 | 3658 | 6.62 |
| 乌鲁木齐 | 654 | 9.33 | 杭州 | 7 | 10.35 | 北京 | 52 | 10.30 |
| 克拉玛依 | 442 | 9.87 | 宁波 | 4 | 10.35 | 天津 | 3 | 10.35 |
| 兰州 | 1517 | 8.68 | 福州 | 88 | 10.24 | 上海 | 5 | 10.36 |

# 第三节 离心泵的工作特性

## 一、离心泵的特性曲线

由于泵的扬程、流量以及所需的功率等性能是互相影响的，所以通常用以下三种形式来表示这些性能之间的关系：

（1）泵的流量与扬程之间的关系：用 $H=f(Q)$ 来表示，记作 $H-Q$ 曲线。

（2）泵的流量与功率之间的关系：用 $N=f(Q)$ 来表示，记作 $N-Q$ 曲线。

（3）泵的流量与效率之间的关系：用 $\eta=f(Q)$ 来表示，记作 $\eta-Q$ 曲线。

上述三种关系以曲线形式绘在以流量 $Q$ 为横坐标，分别以 $H$、$N$、$\eta$ 为纵坐标的图上来表达，这些曲线叫泵的性能曲线。在工程实际中，离心泵在恒定转数下的 $H-Q$、$N-Q$、$\eta-Q$ 等特性曲线都是通过实验方法得出的，并将各曲线绘在同一坐标上，称为离心泵的基本特性，如图 14-3-1 所示。

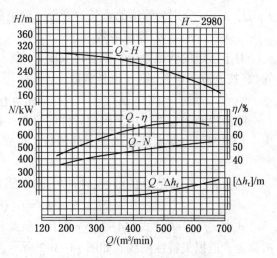

图 14-3-1　离心泵的特性曲线

对每一种离心泵，制造厂家都要测定出它的特性，并绘制在泵的样本中，以便用户合理选用。离心泵实际特性的应用大致有：

（1）从特性曲线可以看出在不同的工况下，各种参数间的变化关系。如 $Q$ 和 $H$ 总是相对地变化，当 $Q$ 增加时则 $H$ 降低，反之 $Q$ 减少时则 $H$ 增加，这样，我们欲调节离心泵的扬程，就可以用减少或增加流量的方法来达到，即可用开大或关小排出阀来实现。

（2）从特性曲线可以看出在各种工况下的轴功率（负荷）大小。当 $Q=0$ 时，功率最小，因此在离心泵启动时，应该关闭排出阀，这样可以减少启动电流，保护电机。但当 $Q=0$ 时，相应的轴功率并不等于零，此时功率主要消耗于泵的机械损失上，其结果会使泵升温，因此，泵在实际运行中流量 $Q=0$ 的情况下只允许作短时间的运行。

（3）从特性曲线可以看出在什么工况下，泵的效率最高。工程上将泵的效率最高点称为额定点。与该点对应的流量、扬程、功率，分别称为额定流量（$Q_0$）、额定扬程（$H_0$）及额定功率（$N_0$）。为了扩大泵的使用范围，各种泵都规定一个良好的工作区，一般认为在泵最高效率点的 7% 左右的一段范围所对应的工作区域，叫作良好工作区。在有的泵样本上，泵的特性曲线只绘出良好工作区。

（4）由扬程与流量曲线 $H-Q$ 可看出该泵的特性是"平坦"还是"陡降"的。具有平坦特性曲线的泵特点是在流量变化较大时，扬程变化不大，反之，具有陡降特性的泵的特点是在流量变化不大时，扬程变化较大，这就可以根据工作点的不同而选择不同特点的泵来满足工艺要求。

（5）以上所讲到的特性，以及泵样本上所绘制的特性，均是泵制造厂在 20℃ 清水的条件下做试验测定的，因此都是输水特性，至于输油及其他黏度大液体的特性，还要进行换算。

## 二、离心泵装置的工况点

每一台离心泵都有它自己固有的特性曲线，这种特性曲线反映了该泵本身潜在的工作能力。然而，在现实的泵站中，要发挥泵的这种潜在的工作能力，就必须结合管道系统一起考虑。很明显，我们不可能设想，对一台出水口径为 500mm 的离心泵，给它配上一根口径只有 50mm 的管道，而它还能够在设计的状态下工作，因此，这里提出了关于泵装置的实际工作点的确定问题。所谓工况点，也就是泵装置在某瞬时的实际流量、扬程、轴功率、效率及吸入真空度等，它表示了泵装置的工作能力，是我们在泵站设计和管理中十分重要的一个问题。

### 1. 管道系统特性曲线

在水力学中，我们已经知道，水流经管道时，一定存在管道水头损失。其值为：

$$H_f = \lambda \cdot (L/D) \cdot (V^2/2g) = \lambda \cdot (L/D) \cdot Q^2/(A^2 2g) = \alpha Q^2 \quad \text{m} \quad (14-3-1)$$

$$\alpha = \lambda \cdot (L/D) \cdot 1/(A^2 2g) \quad (14-3-2)$$

式中　$H_f$——为管道中沿程摩阻损失；

$L$，$D$，$A$——分别为管道的管长、管径、管道横截面积；

　　　$\lambda$——水力 $H_f$ 摩阻系数。

对于已定的管道系统，则管道长度 $L$、管径 $D$、横截面积 $A$ 以及沿程摩阻系数等都为已知数（按紊流考虑），则 $\alpha$ 也是常数，即

$$h_f = f_1(Q) \quad (14-3-3)$$

除沿程摩阻之外，由于阀门管件的存在，在管道中还会存在局部阻力，产生局部水力损失。局部摩阻也是流量 $Q$ 的平方的函数，写成：

$$h_j = f_2(Q) \quad (14-3-4)$$

因为 $f_1$、$f_2$ 都是 $Q$ 的函数，所以管道总阻力损失为：

$$\Sigma h = h_f + h_j = f_1(Q) + f_2(Q) = f(Q) \quad (14-3-5)$$

式中　$f=f_1+f_2$。式（14-3-5）可用一条抛物线，即 $Q-\Sigma h$ 曲线来表示，此 $Q-\Sigma h$ 曲线一般称为管道损失特性曲线。如图 14-3-2 所示，曲线的曲率取决于管道的直径、长度、管壁粗糙度以及阀门管件等产生局部阻力的附件的布置情况。

在泵站设计中，为了确定泵装置的工况点，利用此曲线与泵站工作的外界条件即泵的静扬程 $H_{ST}$（也可以是管道的起终点高程差等）联系起来考虑，按 $H=H_{ST}+\Sigma h$ 可画出如图14-3-3所示的曲线，此曲线就是管道系统特性曲线。该曲线上任意点的一段纵坐标 $h_K$，表示泵输送流量为 $Q_K$ 将液体提升高度为 $H_{ST}$ 时，管道每单位重量的液体所需消耗的能量值。换句话说，管道系统中，通过的流量不同时，每单位重量的液体在管道中所消耗的能量也不相同。因此，管道损失特性曲线只是在泵装置系统中，当 $H_{ST}=0$ 时管道系统特性曲线的一个特例。

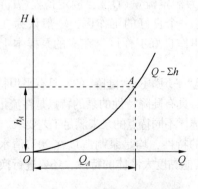

图 14-3-2　管道损失特性曲线

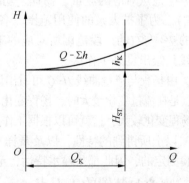

图 14-3-3　管道系统特性曲线

### 2. 离心泵装置的工况点

图 14-3-4 所示为离心泵装置的工况点，画出泵样本中提供的该泵的 $Q-H$ 曲线。再按公式 $H=H_{ST}+\Sigma h$，在 $H_{ST}$ 高度上画出管道损失特性曲线 $Q-\Sigma h$，两条曲线相交于 $M$ 点。此 $M$ 点表示当流量为 $Q_M$ 时，泵供给液体总比能与管道所需要的总比能相等的那个点，称之为泵装置的工况点。只要外界条件不发生变化，泵装置将稳定地在 $M$ 点工作，此时泵的流量为 $Q_M$，扬程为 $H_M$。

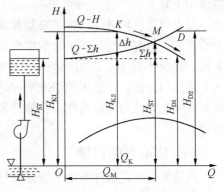

图 14-3-4 离心泵装置的工况

假设泵的工况点不在 $M$ 点而在 $K$ 点，由图 14-3-4可见，当流量为 $Q_K$ 时，泵供给液体的总比能 $H_{K1}$ 将大于管道所要求的总比能 $H_{K2}$，也即"供给"大于"需要"，能量富裕了 $\Delta h$ 值，此富裕的能量将以动能的形式，使管道中液流加速，流量加大，由此，泵的工况点将自动向流量增大的一侧移动，直到移至 $M$ 点为止。反之，假设泵装置的工况点不在 $M$ 点，在 $D$ 点，那么泵供给的总比值 $H_{D1}$ 将小于管道所要求的总比能 $H_{D2}$，也即"供给"小于"需要"，管道中液流能量不足，管流减缓，泵装置的工况点将向流量减小的一侧移动，直到退回 $M$ 点才达到平衡，所以，$M$ 点就是该泵装置的工况点。如果泵装置在 $M$ 点工作时，管道上所有闸阀是全开的，那么 $M$ 点就称为该装置的极限工况点。工程中，我们总是希望，泵装置的工况点能够经常落到该泵设计参数值上，这样泵的工作效率最高，泵工作最经济。

## 三、液体性质对泵性能的影响

### 1. 液体黏度对泵性能的影响

离心泵输送黏度大的液体如原油、润滑油及其他石油产品时，扬程、流量和效率将随黏度的增大而降低，同时泵的吸入条件变坏，泵的轴功率也随之增加。其原因是：

（1）黏度增加使液体流经叶轮吸水室和压水室的水力损失增加，促使扬程降低。

（2）由于叶轮在黏性液体中旋转，摩擦损失也增加，致使机械损失也增加。

（3）容积损失由于黏度的增加，致使泵内各部密封间隙的泄漏量减少而下降。但总地来说，泵的效率还是下降的，所以，离心泵输送黏性液体的性能，应以实验所得的数据和特性曲线为准，也可以按输水性能进行换算，换算一般用诺模图进行。国内输油管道使用的输油泵，多以输送原油时的实测数据和曲线为准。

### 2. 液体重度对泵性能的影响

当输送重度与水不同的液体时（如油的重度小，酸的重度大），泵的扬程、流量、效率都不随重度不同而变化，只有泵的轴功率有所变化，变化量的大小可由下式计算：

$$N = N_w \gamma / \gamma_w \qquad (14-3-6)$$

式中 $N$，$N_w$——分别为输送液体和常温水时的轴功率；

$\gamma$，$\gamma_w$——分别为输送液体和常温水的重度。

### 3. 饱和蒸气压对泵性能的影响

当液体温度升高时，液体饱和蒸气压也升高，在泵入口压力一定的情况下，泵装置的汽蚀余量会降低，严重时会造成汽蚀现象。当输送有较高饱和蒸气压的液体时，应考虑这一影响。

#### 4. 固体颗粒浓度对泵性能的影响

通常当固体颗粒浓度增大时，泵的扬程、流量和效率均下降，即泵的 $Q-H$ 和 $Q-\eta$ 特性曲线均下降。

综上所述，液体性质中主要是黏度对泵的性能有全面而明显的影响。泵的说明书和样本上给出的一般都是输送清水时的特性，在用离心泵输送原油时必须考虑它的特性变化。一般来说，在液体黏度大于 $20 \times 10^{-6} m^2/s$ 时，泵的效率、流量、扬程均已下降，特性就要换算。关于换算的方法，一般用相似准则和总结实验数据的方法，将泵输送水的特性用修正系数来换算成输送黏液时泵的特性。在输油泵站经常用实测输送原油数据绘制成图作为优化运行的参考。

## 四、离心泵的汽蚀

汽蚀是在一定条件下由于液体和气体的相互转化而引起的。在一定的压力下，液体汽化的临界温度，叫做该液体的沸点。例如，常压下水的汽化温度为 100℃，压力降低，沸点降低，当压力降为 0.004MPa 时，水在 28.6℃ 就开始汽化。同等压力下原油的汽化温度比水更低。离心泵通过旋转的叶轮对液体做功，使液体增加能量。当液体从叶轮的中心被甩向四周时，在叶轮的入口处形成低压区。如果这个地方的液体压力等于或低于在该温度下液体的汽化压力 $P_v$，就会有蒸气及溶解在液体中的气体从液体中大量逸出，形成许多蒸气与气体混合的气泡。小汽泡在低压区长大，长大的气泡被液流带走，而在原来的地方又产生了新的气泡。这些气泡随着液流被带到压力较高的区域时，气泡内仍为汽化压力，而气泡周围远大于汽化压力，在这个压差作用下，气泡受压破裂而重新凝结。在凝结过程中，液体质点从四周向气泡中心加速运动，在凝结的一瞬间，质点互相撞击，产生了很高的局部压力，这些气泡如果在金属表面附近破裂而凝结，则液体质点就像无数小弹头一样，连续打击在金属表面上。这种压力很大，可高达几百大气压，频率甚至高达 25000Hz。这样大的压力频繁地作用在金属表面，使它硬化，硬化的表面，在液体质点连续地打击下，产生局部疲劳现象。在金属最薄弱部分，晶粒首先脱落，产生裂缝。裂缝的产生使应力更为集中，然后坚固的晶粒也随着剥落，以致使叶轮表面呈现蜂窝状，这就是叶轮的机械腐蚀，又称剥蚀。

在所产生的气泡中某些活泼气体，如氧气及原油中含有的少量的硫和氯气等，借助气泡凝结时放出的热量，对金属起着化学腐蚀作用。它与机械剥蚀共同作用，就更加快了金属的破坏速度。

除了上述原因之外，还有一个可能引起汽蚀的原因，便是泵零件在液体中产生振动。如果泵零件在液体里作周期性的振动，则它一定会引起液体的压力作周期性的波浪式的变化。泵零件振动时，当零件与液体相脱离时，泵零件与液体之间的压力降低。如果压力降低到液体的汽化压力以下时，在振动的零件表面液体便发生汽化，产生气泡。然而，当零件向相反方向变形时，低压区成为高压区，气泡又凝结成液体，产生压力的增高，并打击零件的表面。泵零件的振动持续不断，那么上述过程就重复进行，则振动零件的表面或被这个压力波作用到的零件表面就会被汽蚀所破坏。

汽蚀对泵的工作主要有三个方面的影响。

#### 1. 泵性能曲线下降

泵运转时，如发生汽蚀，则因液体中含有气泡，扬程略有降低。但在开始产生汽蚀时，由于气泡数量不多，汽蚀区域较小，人们还觉察不出对泵正常运行的影响，因叶轮叶片表面上有一层液体蒸气覆盖着，叶片反而好像更光滑了，故水泵的效率稍稍有些提高。汽蚀现象继续增加，气泡大量产生，最后造成脱流，这时水泵的扬程、功率以及效率曲线迅速下降，如图 14-3-5 所示。

**2. 声音与振动**

当水泵在运转发生汽蚀现象时，因为气泡在液体压力高的地方迅速缩小和消失，在水泵叶轮上或其他地方产生水击，水击压力是非常高的，由于这个原因，水泵内部就发出噪音和振动。

**3. 缩短使用寿命**

泵零件受到汽蚀，金属表面常呈蜂窝状损坏，因而缩短了机件的使用寿命。

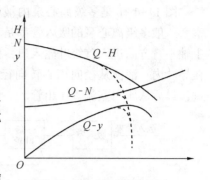

图 14-3-5　离心泵气蚀时
性能曲线变化
—— 泵正常工作时特性曲线；
---发生气蚀时的性能曲线

### 五、提高离心泵抗汽蚀性能的措施

**1. 从泵的结构上考虑**

（1）改进叶轮进口的几何形状　如采用双吸式叶轮；采用较大叶轮流道宽度，特别对于比转数小于 100 的泵较显著。

（2）采用诱导轮　诱导轮通常为一小型轴流式叶轮，装在第一级叶轮的前面，可以改善泵的吸入性能。

（3）采用抗汽蚀材料　实践证明，零件表面越光滑，材料强度和韧性越高，硬度和化学稳定性越高，则它的抗汽蚀性能越好。一般常用铝铁青铜、不锈钢、稀土合金铸铁和高镍铬合金等制作叶轮，以提高抗汽蚀性能。

**2. 从操作上考虑**

（1）在长输管线上进站压力（余压）对泵很有利，因是正压进泵，不易发生汽蚀，要尽量利用上站余压直接进泵。增大吸入液面的压力，利用高位罐同样可以避免汽蚀的发生。

（2）合理确定几何安装高度，在可能的情况下使泵的安装高度相对吸入管路低些。

（3）减小吸入管路阻力损失，尽量减少吸入管路的压力损失，在吸入管路上尽量减少各种阀件、弯头；泵入口管路上的阀门全开，在入口压力不是很高的情况下，尽量不用吸入口节流；如工艺允许可以增大入口管路直径，缩短入口管路长度。一般在泵入口侧不设门型弯头，必须设置时，要考虑排气措施，防止气堵。

（4）被输送液体的温度尽量降低。温度与蒸气压有关，温度越高，蒸气压越大，越易汽蚀。

（5）被输送液体的重度 $\gamma$ 大小也影响吸入性能，一般 $\gamma$ 越大，越易发生汽蚀。

# 第四节　离心泵的一般构造

任何离心泵均由吸入机构、过流部件、导流机构、密封部件、平衡部件、支承部件及辅助机构部分组成。其中吸入机构和导流机构组成泵壳部分，过流部件的轴、叶轮、轴套以及其他大部分套装在轴上的零件组成了泵的转子部分，另外平衡轴向力的机构和机械密封组件等也套装在轴上。

在研究各部件之前，先简单介绍一下液体在离心泵中的运动情况，以便在后面对各部件的工作原理和结构特性讨论时，更容易理解和掌握。

图 14-4-1 是多级离心泵内液体流向示意图。以多级离心泵为例，液体首先进入吸入室。一般多级离心泵的吸入管都是和主轴垂直的，所以在吸入室内，液流将转过 90°，沿和主轴平行方向进入首级叶轮入口，获得能量后从叶轮出口流出，进入装在叶轮外围的导叶。在导叶内，液流从径向离心转向径向向心，再转成轴向而进入次级叶轮入口。这样逐级流过，最后从压出室流入压出管。

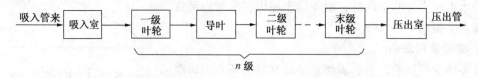

图 14-4-1　离心泵内液体流向示意图

# 一、泵壳部分

泵壳是离心泵承受压力的主要部件。介质在泵壳内进行能量转换，因此要求有严格的密封性。

## 1. 吸入机构

离心泵吸入管接头与叶片进口的空间称为吸入室。它是液体进入离心泵经过的第一个构件。液体流过吸入室后，才进入叶轮。在液体从吸入管进入叶轮的过程中，流速要发生变化，特别是流速分布要进行调整，以适应液体在叶轮中的流动情况。在叶轮之前设置吸入室以调整液流是重要的。它的作用是以最小的流动损失，引导流体平稳地进入叶轮，并且要求液流在叶轮进口处具有均匀的速度分布。为达到这一目的，设计了不同结构的吸入室。吸入室设计的好坏，也直接影响到泵的气蚀性能。

按结构，吸入室可分为直锥形吸入室、弯管形吸入室、环形吸入室及半螺旋形吸入室四种。

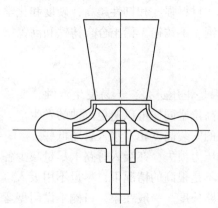

图 14-4-2　锥形吸入室

（1）直锥形吸入室　如图 14-4-2 所示，这种形式的吸入室水力性能较好，结构简单，制造方便；液体在直锥形吸入室流动，速度是逐渐增加的，因而使速度分布更趋向均匀，故直锥形吸入室能很好地满足设计工况要求。直锥形吸入室出口直径与叶轮进口直径相同，进口直径比出口直径大 7%~10%。这种形式的吸入室广泛应用在单级悬臂式泵上。

（2）弯管形吸入室　如图 14-4-3 所示，是大型轴流泵和大型离心泵中经常采用的形式。这种吸入室在叶轮前都有一段直锥形收缩管，因此也具有锥形吸入室的优点。

（3）环形吸入室　如图 14-4-4 所示，吸入室各轴面内的断面形状和尺寸均相同。其优点是结构简单、紧凑，缺点是存在冲击和旋涡并且液流速度分布不均匀。环形吸入室主要应用于节段式多级泵中。

（4）半螺旋形吸入室　主要是用在单级双吸式泵、水平中开式多级泵以及其他一些泵上。这种吸入室的截面是逐渐减小的，可使进液导管中的液流加速，另一方面又使液体在进入叶轮前产生预旋，降低了泵的扬程，

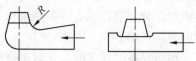

图 14-4-3　弯管形吸入室

但可以消除泵轴后面的旋涡区，可使液流均匀地进入叶轮。半螺旋形吸入室上都在45°方向上有分离筋，如图14-4-5所示。

**2. 蜗壳式泵体与泵盖**

这种泵壳的导流机构的液体流道断面是由小到大呈螺旋形，所以叫蜗壳式。壳体由中心线水平分开。下半部叫泵体，上半部叫泵盖，用双头螺拴紧固在一起。如果是多级泵，壳体内的级间过渡，可以是体内过渡（流道铸在壳体内），也可以是体外过渡（用带法兰的管子与壳体连结）。

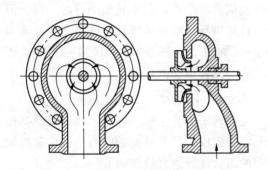

图 14-4-4　环形吸入室

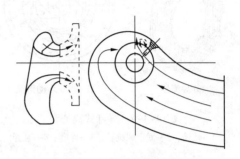

图 14-4-5　半螺旋形吸入室

对蜗壳的要求是要有足够的强度和刚度，流道的铸造要尽量地光洁，泵体和泵盖的流道连结处不允许错缝。为了保证泵体与泵盖的密封性，中开面应加纸垫。中开面螺栓要对称均匀紧固。东北输油管道使用的输油泵多属于此种类型。

泵壳的作用有下面几方面：

（1）将液体均匀导入叶轮，并收集从叶轮高速流出的液体，送到下一级或导向出口。

（2）实现能量转换，将流速减慢，变动能为压力能。

（3）连接其他零部件，并起支承作用。

**3. 多级分段式泵壳**

多级分段式泵壳分为前、中、后三段，其中前段叫进水段，后段叫出水段，在中段和后段上还设有导叶。一般多级泵不用螺旋形涡室，而采用导叶来完成收集液体和转能的作用。图14-4-6所示为叶轮外装有导叶的一种结构。这种结构在后段上装有尾盖，前段与后段的外侧分别与轴承

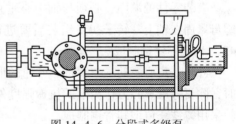

图 14-4-6　分段式多级泵

架连接，前段、中段与后段用两头带丝扣的穿杠上紧，各段上还铸有泵脚，用来和机座台板连接。壳体可用铸铁、铸钢、铸铝等制造。分段式多级泵在输油管道得到广泛应用，它的一个优点是可以拆级使用，在输油管道投产初期，往往输量达不到设计要求，只好节流或者反输，为减少能量消耗，可将多级泵的穿杆螺栓松开，卸下几级叶轮，达到节约能源的目的。但由于吸入结构安装在首级叶轮前，不允许拆卸第一级叶轮。一般拆卸中间叶轮，但不要连续拆下几节，应间断拆卸。

各段间的密封面要有严格的密封性，不允许有渗漏，可加纸垫（厚度可根据设计要求），或者用胶绳来保证密封。各段间要有止口定心，以保证同心度，止口的连接一般用过盈配合。各段的作用，前段是将液体均匀地引入叶轮，要求尽量减少水力损失，中段

的作用是为减少水力损失而将前一级叶轮高速流出的液体收集起来，变部分动能为压能，并将液体引向下一级叶轮，后段则是收集末级叶轮流出的高速液体，变动能为压能，并送入压出管路。

在这种泵中，液体由一个叶轮流入另一个叶轮，以及把动能转化为压能的作用是由导流器进行的。导流器的结构如图14-4-7(a)所示，它是由一铸有导叶的圆环，安装时用螺母固定在泵壳上。液流通过导流器时，犹如液流流经一个不动的水轮机的导叶一样，因此，这种带导流器的多级泵通常称为导叶式离心泵(又称透平式离心泵)。图14-4-7(b)表示泵壳中液体运动的情况。

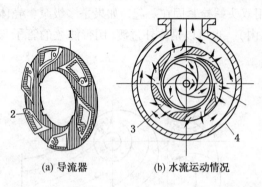

(a) 导流器　　　　(b) 水流运动情况

图 14-4-7　导叶式离心泵

1—流槽；2—固定螺旋孔；3—导叶；4—泵壳

## 二、转子部分

泵的转子部分由轴、叶轮、轴套以及其他套装零件组成。另外平衡轴向力的机构和机械密封的组合件等也套装在轴上。

正确选择转子的结构，关系到泵是否振动及转子的运转平衡性，也是保证泵的安全运行的重要因数。因此转子上的叶轮，必须认真做好静平衡，静平衡允许误差要符合工厂中标准的规定。对于多级泵，必要时还要做转子的动平衡。因为转子有不平衡的重量，在运行中会加剧轴的变形，破坏泵的正常运行，所以一般规定，由不平衡重量产生的离心力不应超过转子重量的 2%~3%。

一般情况下，在转数不大于 3000r/min，泵的功率在 2500kW 以内时，叶轮与轴的配合，可以采用动配合，用键来传递扭矩。键最好对称布置，以避免由于键的不对称分布，引起不平衡及轴的变形。

套装零件的端面，必须与轴中心垂直，一般端面垂直度为 0.01~0.02mm，套装件用圆螺母紧固在轴上。转子初步组装后要进行径向跳动及端面跳动的检查。一般轴的材料可用45 号钢或不锈钢制成。

叶轮是离心泵的主要零件，叶轮的形状和尺寸是通过水力计算来决定的。选择叶轮材料时，除要考虑离心力作用下的机械强度外，还要考虑材料的耐磨和耐腐蚀性能。目前多数叶轮采用铸铁、铸钢和青铜制成。

叶轮一般可分为单吸式叶轮与双吸式叶轮两种。单吸式叶轮如图14-4-8所示，叶轮一面吸入液体，其前盖板与后盖板呈不对称状。双吸式叶轮如图14-4-9所示，叶轮两边吸入液体，叶轮盖板呈对称状，一般大流量离心泵都采用双吸式叶轮。

叶轮一般由前盖板、后盖板、叶片和轮毂组成，如图14-4-8所示。在前、后盖板间装有叶片(开式叶轮的叶片直接装在轮毂上)，并形成流道。在叶轮中心的一侧(单吸)或两侧(双吸)有平行于主轴且以主轴中心为圆心的环行入口。叶轮用键及轴套或过盈配合，固定在主轴上，并随主轴一起高速旋转。

液体在离心泵叶轮内的流动是一种复合运动。一方面液体随叶轮高速旋转，相对于地面作牵连运动，另一方面液体还要沿着流道，从叶轮入口向出口运动，相对于叶轮作相对运动，这两种运动的复合就是液体相对于地面参考系统的绝对运动。

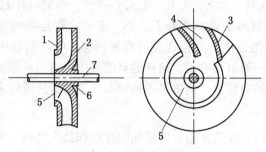
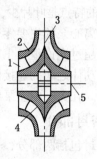

图 14-4-8　单吸式叶轮
1—前盖板；2—后盖板；3—叶轮；4—叶槽；
5—吸入口；6—轮毂；7—泵轴

图 14-4-9　双吸式叶轮
1—吸入口；2—轮盖；3—叶片；
4—轮毂；5—轴孔

　　叶轮按其盖板情况又可分为封闭式叶轮、敞开式叶轮和半开式叶轮三种型式。凡具有盖板的叶轮均称为封闭式叶轮，如图 14-4-10(a)所示，封闭式叶轮传递的能量较大，效率较高，适宜于输送干净的介质如水和油。这种叶轮在输油管道上应用最广泛，前述的单吸式和双吸式叶轮均属这种叶轮。只有叶片，没有完整盖板的叶轮称为敞开式叶轮，如图 14-4-10(b)所示，一般输送黏稠液体。而只有后盖板，没有前盖板的叶轮，称为半开式叶轮，如图 14-4-10(c)所示。这类叶轮多用于输送含有杂质的液体，它的最大特点是流道不易堵塞，但效率较低。叶片在叶轮中与前、后盖板形成流道，使液体在其中流动并获得能量，因此叶片的型式和形状将直接影响离心泵的效率和性能。一般高扬程、低流量的离心泵(即低比转数的离心泵)，叶片形状为圆柱形；而大流量、低扬程的离心泵(即高比转数泵)，其叶片形状为扭曲形的；处于两者之间的中比转数离心泵的叶片形状，往往是在叶轮入口处设计成扭曲形，而在出口处设计成圆柱形的。因而，叶轮中叶片的基本形状为圆柱形和扭曲形两种。

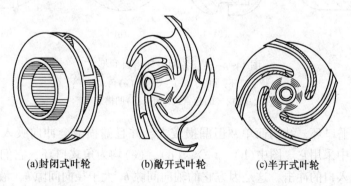

(a)封闭式叶轮　　　　(b)敞开式叶轮　　　　(c)半开式叶轮

图 14-4-10　叶轮型式

　　叶片在叶轮入口处的布置有平行(叶片进口边与泵轴线平行)与延伸两类。叶片的进口边向吸入口方向延伸布置，对泵的吸程、抗汽蚀性能的提高，对叶片负荷的均匀性都是有利的。目前在离心泵叶轮的设计中大多都采用叶片在进口处延伸布置。

　　一个叶轮中叶片数目一般为 6~12 片。叶片数多些，可使液流的流动角更接近于叶片的安装角，亦即使叶片流道中的轴向旋涡的影响小一些，提高泵的扬程。但叶片数不能太多，否则反而使流道狭窄，容易堵塞流道使汽蚀性能恶化。而且叶片数过多增加了摩擦损失，降低了泵的效率，使性能曲线容易出现驼峰。因此，叶轮中叶片数要适当，设计时可根据比转数选取。

半开式叶轮的特点是叶片少，一般仅 2~4 片；而封闭叶轮一般有 6~8 片，多的可有 12 片。

泵轴是离心泵的主要零件，常用的材料是碳素钢和不锈钢。泵轴应有足够的强度和刚度，挠度不超过允许值，工作转数不能接近生产共振现象的临界转速。叶轮和轴用键来联接，键是转动体之间的连接件，离心泵一般采用平键，这种键只能传递扭矩而不能固定叶轮的轴向位置。在大、中型泵中，叶轮的轴向位置，通常采用轴套和拧紧轴套的螺母来定位。

## 三、密封部分

泵的密封包括两部分，一是泵内高低压腔的密封，即转动的叶轮和泵壳之间，多级泵的导翼套或隔板与轴套之间，通过很小的间隙，以达到减少泄漏的目的；二是转子的轴伸部分与固定的壳体间的密封，即轴端密封。

### （一）泵内高低压腔的密封

主要是利用缝隙小来增加液体漏泄的阻力，以达到密封的目的。这一部分密封是泵转子与泵体间的密封，有三处，分别是叶轮与泵体间的口环密封、隔板（或导叶）与轴套间的密封和平衡装置密封，它们都属于缝隙漏损，漏损量与缝隙大小及两侧压差有关。缝隙处一般利用口环实现密封。各种口环的密封结构如图 14-4-11 所示。

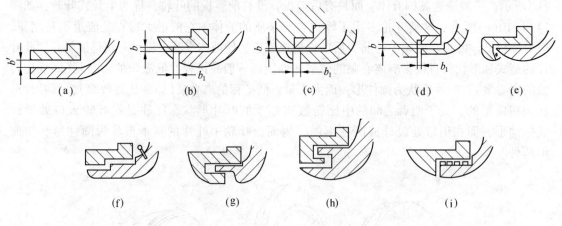

图 14-4-11　各种口环密封的型式
(a)平口环；(b)、(c)、(d)、(e)角式口环；
(f)、(g)、(h)迷宫式口环；(i)凹槽式口环

图中(a)为平口环，结构简单，但漏损较大，并且漏损液会冲向吸入口，造成液流旋涡，仅在分段泵中采用它。图中(b)、(c)、(d)、(e)均为角式口环，它们的漏损较小，并可减少液流对吸入口的冲击，这是因为它的轴向间隙 $b_1$ 大于径向间隙 $b$，液流在轴向间隙内的流速下降，产生的涡流小，但制造较困难。在 Y 型和 F 型泵中，虽采用平口环，但仍在泵体上留出轴向间隙，从而形成角式密封，这样就便于制造。图中(f)、(g)、(h)为迷宫式密封，它们的密封效果好，但结构复杂，仅在大型高压锅炉给水泵中采用。图中(i)是凹槽式迷宫密封，它的密封效果好，但制造复杂。

为了使漏损后的泵效率降低值不超过 5%，叶轮口环的缝隙一般不超过口环缝隙处平均值的 0.3%，级间密封环不超过 0.4%，具体数值可参考安装维修规定的数值。密封长度 $L$ 依口环缝隙的平均直径 $D_m$ 大小来决定。当 $D_m > 100mm$ 时，$L = 0.12 \sim 0.15 D_m$；当 $D_m < 100mm$ 时，$L = 0.2 \sim 0.25 D_m$。

### (二) 轴端密封

泵转子的轴伸部分和固定泵壳间的密封叫做轴端密封，简称轴封。

轴封的作用是防止液体从泵中漏出，也防止空气进入泵内。尽管轴封在泵的机构中所占的位置不大，但泵是否能正常运行，与轴封的工作可靠性有密切关系，如果轴封选用不当，不但泄漏多，还易引起事故。轴封是泵运行中维护工作量较大的部分。

泵的轴封结构一般有四种：胶碗密封、填料密封、螺纹密封和机械密封。

**1. 胶碗密封**

这种密封的工作原理与填料密封相似，可以用增加胶碗式密封圈或 V 形密封圈的个数来达到不同操作压力下的密封效果。这种密封的结构简单，制造安装方便，密封效果较好。其应用范围较广，可用于各种介质。目前这种密封较广泛地用于往复泵或中、小型离心泵的轴封。

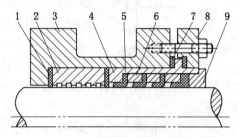

图 14-4-12　胶碗式密封结构
1—石棉垫；2—减压环；3—泵体；4—密封料盒；
5—碗式密封圈；6—金属隔环；7—金属垫；
8—压盖；9—填料压盖

密封结构如图 14-4-12 所示。

**2. 填料密封(盘根密封)**

1) 填料密封的原理

填料密封是泵中最常用的密封结构，它由填料环、填料、压盖等组成。压盖用螺栓与泵体填料函部连接，密封是靠填料和轴(轴套)外圆表面及填料函内孔的接触来实现的(见图14-4-13)，也就是说，靠填料变形后弥补缝隙来实现密封，因此，可用调整压盖压紧程度的方法来保证密封的紧密性。填料压的松紧要适当，压得太紧填料与轴套会发热，甚至烧毁；压得太松泄漏量太大，一般要求泄漏量以每分钟 30~60 滴为宜。使用填料密封，要求一滴不漏是不可能的，如果要求严格不漏的地方，就不能采用填料密封。

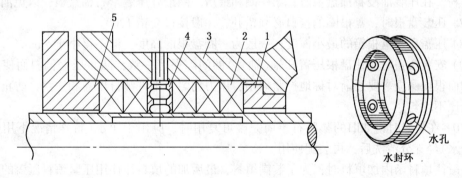

水孔
水封环

图 14-4-13　填料密封
1—填料盖；2—填料；3—泵壳填料函；4—水封环；5—填料压盖

为了防止在泵入口的低压端填料函处于负压工作，以致有从外顺轴往泵内进气的可能，常从泵的压出室用管子向填料函处接入压力密封介质，用介质防止空气进入，安装时要注意水封环对准液封孔，使用时可用阀门控制液封介质的流量，以求合适。

2) 常用密封填料

常用的密封填料有绞合填料与编结填料，编结填料材质有多种，配以不同的浸渍剂和润滑剂，可适用于许多种介质。常用密封填料有扁填料、棉填料、油浸石棉填料、聚四氟乙稀浸渍石棉填料、聚四氟乙烯纤维填料、金属填料、碳纤维填料、膨胀石墨填料等。

　　3)安装填料

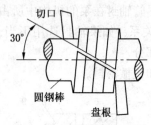

图 14-4-14　切割盘根

　　(1)切割盘根时,最好将盘根绕在与轴(套)同样直径的圆棒上切割,以保证尺寸正确,只需用薄的刀片(如刮脸刀片)轻轻切开即可,切口要平行整齐,无松散的石棉线头。接口成30°,如图14-4-14所示。在安装带有切口的填料圈时,不能剧烈地、反复地扭转切口,更不能向两侧用力来拉大切口的缝距,这样都会损坏密封面。

　　(2)安装使用中的泵轴应平直光洁,不得有腐蚀、机械损伤、沟槽、弯曲等现象。压装膨胀石墨填料圈前,应用专用工具仔细清除填料箱内旧的填料灰渣、脏物、金属屑等。在清除时要特别注意,以免损伤轴和填料箱内壁。

　　(3)每个盘根圈应单独顺序压入盘根箱(泵体填料函)。

　　(4)选用的软盘根宽度应与盘根箱的尺寸一致,或大1~2mm。膨胀石墨填料的公称尺寸、外径应与轴径、填料腔尺寸对应一致。泵壳与填料箱的同心度和径向跳动应尽量符合设计标准。当填料宽度与填料腔的宽度不符时,严禁用锤子敲打,因为这样会造成填料厚度不均,填入填料腔后,与轴表面接触也将是不均匀的,极容易泄漏,需要施加很大的压紧力才能使填料与轴有较好地接触,但压紧力过大易引起严重发热和磨损。

　　(5)因膨胀石墨性能柔软,而原有机件压盖与填料箱内壁、轴径的间隙较大,为避免填料外挤,应采用组合装配形式。在使用中应注意:碰撞膨胀石墨材料锐边或从高处落下,都会损伤密封面,在保管或装配时尤需注意,必须轻拿轻放,严禁重压或乱甩,以防变形、碎裂。还要使其不与尖锐利器接触,以保持其完整性。

　　(6)为便于安装,在压装金属箔包石棉盘根时,可在盘根内圆涂一薄层用机油调合的鳞状石墨粉。在压装油浸石棉盘根时,第一圈和最后一圈最好压装干石棉盘根,以免油渗出。

　　(7)压装盘根时,盘根圈的接口必须错开,一般接口交错120°。

　　(8)压盖压入盘根箱的最小深度,一般为一圈盘根的高度,但不得小于5mm。

　　(9)安装压盖时应使盘根压盖和轴(轴套)的间隙保持一致,防止压盖偏斜而使盘根受力不均而很快磨损。要逐渐对称地拧紧螺帽,用力均匀,不许锤打压盖和法兰,防止偏斜和填料受压不均匀。

　　(10)在检修时,如旧的膨胀石墨尚完整可复用时,应用干净水(特殊情况下用蒸馏水或离子水)经充分清洗后,再装配使用。

　　一般往填料函内加填料时,为了装满填料,最后加的填料往往用压紧填料压盖的办法来实现。由于摩擦力的原因,填料函里头的填料和外侧填料的压紧力就不一样,外侧的压紧力比里头的大。外侧压紧力大,有可能使填料和轴间的摩擦力过大。这样泵轴在作旋转运动时,由于摩擦力过大而产生局部过热,使填料冒烟,甚至使轴套产生轴向鼓起的永久变形。轻者造成填料密封的泄漏,重者会造成叶轮前移过多,发生轴向动静部分磨损或咬住现象。

　　为了使填料函内的里侧填料压紧力和外侧的压紧力能够均匀一致,可以做一个压紧套环,如图14-4-15所示。压紧套环由两瓣组成,便于装卸而不受轴的影响。

　　为了使填料装入前能成型,可做一个模子,先把填料压成型,然后再装入填料函。这样可以提高装填料的质量。模子的结构如图14-4-16所示。

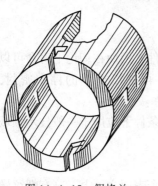

图 14-4-15　假格兰

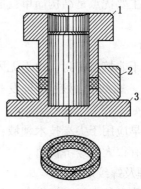

图 14-4-16　填料在模子中成型

1—上模；2—中模；3—下模

　　加一圈填料后，检查填料长度是否合适，每圈填料接头互相错开 120°。接头必须平整压齐，防止重叠。在加完前两圈填料后，用压紧套环用力压紧，然后取出压紧套环，再加两圈填料，再用压紧套环压紧。如果到水封环的位置，就装入水封环。用同样方法加入外侧填料。最后装入填料压盖，均匀地拧紧压盖螺母。检查压盖与轴之间的间隙，单侧径向间隙一般为 0.12~0.3mm。待填料压服后，再将填料压盖螺母松开 1~2 扣。检查水封环与水眼是否对准，不准时要调整水封环的轴向位置，以保证冷却水通畅。最后打开冷却水管，检查冷却水的流通情况。

　　4）填料密封的故障及排除方法

　　软填料密封的故障及排除方法见表 14-4-1。

表 14-4-1　软填料密封的故障及排除方法

| 故障现象 | 故障原因 | 排除方法 |
| --- | --- | --- |
| 填料挤进轴和挡塞或轴和压盖之间的间隙中 | 设计的间隙过大，或轴与其轴承不同轴度大 | 减小间隙，检查同轴度 |
| 添料圈挤入临近的圈中 | 填料圈切得太短 | 用正确切成的圈重新填装 |
| 沿填料压盖泄漏 | 填料装得不适当，填料挡套有破坏 | 首先检查挡套的情况再仔细重装 |
| 填料外表面被研伤，可能沿压盖外侧漏 | 由于填料外径小，而随轴转动 | 检查壳体和填料尺寸 |
| 靠近压盖一端的填料压得太紧 | 填料装得不适当 | 仔细重装 |
| 填料孔焦化或变黑轴的材料可能黏在填料上 | 润滑失效 | 更换带有适当润滑剂的填料，或装入能补给润滑剂的填料环 |
| 轴沿其长度上严重磨损 | 润滑失效；液体中有砂尘 | 更换能抵抗密封液体作用填料，或装入能补给润滑剂的填料环，装入过滤器，用清洁液体冲洗填料室 |
| 泄漏过大 | 填料膨胀或破坏；填料切得太短或装配错误；润滑剂被洗掉和轴偏心 | 更换能抵抗密封液体作用的填料，检查轴的振摆，检查轴的支承况；填料室易于发热，宜安排冷却 |

填料密封的主要优点是结构简单，成本低，使用范围广。其主要缺点是使用寿命短，密封性能差。

**3. 螺纹密封**

螺纹密封属于非接触密封，由于无固体摩擦零件，因而在理论上寿命可以达到无限。当密封压盖不大时，螺纹密封耗功与发热都很小，再辅以简单的停车密封，会收到很好的效果。

螺纹密封最早应用于尖端技术领域，但在低压条件下应用于一般技术领域，仍是一种很好的密封方法，有很大的经济价值。

1）工作原理及螺纹形式

螺纹密封亦称黏性密封，即在密封的轴或孔两个表面之一上，刻有螺纹槽，螺纹槽可以设计成单头或多头，它取决于密封的长度。当轴转动时，螺纹对充满在密封间隙内的黏性流体产生泵送压头，与被密封的介质压力相平衡，从而阻止泄漏。

2）密封的间隙

螺纹密封的间隙愈小，密封效果愈好。如果间隙太大，则液体介质不能同时附着于轴与孔的表面上。若液体介质仅附着于孔壁而与轴分离，则螺纹密封不起赶油作用，即密封无效。

为了尽可能地减小密封间隙，又要避免轴碰到壳体的孔壁而被磨坏，在壳体的内孔表面涂一层石墨，这样一来万一轴变形而碰到壳体内孔壁时，只仅仅刮下一层石墨，而不致于产生金属接触摩擦。

3）结构及赶油方向

对于螺纹密封的赶油方向要特别注意，如果把方向搞错，则不但不能密封，相反却把液体赶向漏出方向使得漏泄量大为增加。

如图 14-4-17 所示，当密割螺纹加工于轴(轴套)上时，设轴的旋转方向从右向左看为顺时针方向。螺纹密封的赶油方向应如箭头所示，所以螺纹为左螺纹。

如果当螺纹加工于壳体的孔内时(如图 14-4-17 所示右段)，则螺纹的方向与前者相反，此时螺纹为右螺纹。

螺纹密封的中部可设置回油路，这一般用在螺纹密封长度较长的情况，如图 14-4-18(a)所示，螺纹衬套的中部有环槽，通向环油孔。图14-4-18(b)所示是将螺纹衬套分为两个，两个螺纹衬套间有很大的回油空间，以便回油，这样密封效果更好。

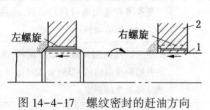

图 14-4-17　螺纹密封的赶油方向
1—轴；2—壳体

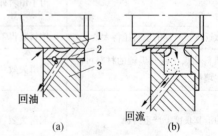

图 14-4-18　螺纹密封中部设置回油路
1—轴；2—螺纹衬套；3—壳体

目前输油管道的部分输油泵已由填料密封改为螺纹密封。螺纹密封与填料密封、机械密封相比有如下优缺点。

优点：

（1）节约电能。较填料密封可节电 30%～33%，较机械密封可节电 0.8% 左右。

（2）制作简单，使用寿命长。因为是无接触密封，使用寿命可达数年。

（3）便于检修。几乎不用调整，固定套一次安装，一般不用再拆卸，而机械密封则需经常调整，更换零件，填料密封保养检修周期短，也比较麻烦。

（4）与机械密封相比价格便宜。

缺点：

（1）对制造及安装的要求精度较高，否则易造成抱轴事故。

（2）辅以停车密封的结果，使结构复杂化，调整也较机械密封麻烦，故适用于停车不频繁的场合。

**4. 机械密封**

1）机械密封工作原理

机械密封也叫端面密封，它是靠两块密封原件（动、静环）的光洁而平直的端面相互贴合，并作相对转动而构成的密封装置。如图 14-4-19 所示，靠弹性构件（如弹簧）和密封介质的压力在旋转的动环和静环的接触表面（端面）上产生适当的压紧力，使这两个端面紧密贴合，端面间维持一层极薄的液体膜从而达到密封的目的。这层液体膜具有流体的动压力与静压力，起着润滑和平衡压力的作用。

机械密封有四个密封点，如图14-4-19 所示的

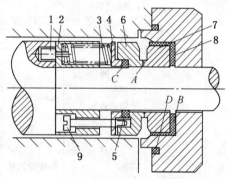

图 14-4-19　机械密封结构原理

1—销；2—弹簧座；4—推环；5—动环密封圈；6—动环；7—静环；8—静环密封圈；9—传动螺钉

A、B、C、D 四点。A 点为端面密封点，即端面相对旋转密封点，称为动点，只要设计合理即可达到减少泄漏的目的；B 点为静环与压盖端面之间的密封点；C 点为动环与轴（轴套）配合面之间的密封点；D 点为压盖与泵壳端面之间的密封点。B、C、D 三点是静止密封点，一般不易泄漏，其中 B、C 两处是胶垫密封，D 点可加调整垫（石棉板或纸）。

2）机械密封的基本结构及分类

机械密封的基本结构有：摩擦副（动环和静环）、压紧件（弹簧、推环）、传动件（传动螺钉、销和弹簧座）和辅助密封件（动环密封圈和静环密封圈），并设有冷却系统。

3）机械密封主要元件的材料选用

（1）摩擦副材料　摩擦副材料主要根据介质的性质、工作压力、温度、滑动速度等因素加以选择，同时还应考虑摩擦副在启动或液膜破坏时承受短时间干摩擦的能力，因而对制造摩擦副的材料要求是：耐腐蚀、耐磨、强度好，有良好的自润滑性，耐热、导热性能好、不渗透，同时还要求材料来源方便、加工容易、成本低等。其中金属材料有铸铁、碳钢、镍铬钢、青铜以及硬质合金等。非金属材料有石墨、浸渍石墨（石墨浸钨金、浸树脂等）、聚四氟乙烯、填充四氟、酚醛塑料、陶瓷、喷涂陶瓷等。

（2）辅助密封圈材料　辅助密封圈的作用是阻止介质在动环沿轴向、静环与压盖间的泄漏，补偿密封面的偏斜、振动，以保证动环、静环紧密贴合，所以要求材料有良好的导热性、较小的摩擦系数和一定的耐磨性，抗介质的腐蚀、溶涨、溶解，不易老化以及在压缩之后及长期工作中残余变形小，并能耐热耐寒等。常用的有橡胶、聚四氟乙烯、塑料。

（3）弹簧材料　作为弹簧材料，要求具有一定的刚度、耐介质的腐蚀及在变负荷下抵抗离心力的作用使之不变形或失去弹性。

机械密封使用的主要材料如表14-4-2中所列。

表14-4-2　机械密封材料表

| 代号 | 零件选用材料 | | | | | 适用介质温度/℃ | 适用介质举例 |
|---|---|---|---|---|---|---|---|
| | 动环 | 静环 | 密封圈 | 弹簧 | 其他零件 | | |
| A | 耐磨铸铁 | 浸渍树脂石墨酚醛塑料 | 丁腈橡胶 | $60Si_2Mn$ | | $-20\sim80$ | 润滑油、机油、透平油、锭子油等无腐蚀、润滑性较好的介质 |
| B | $1Cr_{13}$；堆焊硬质合金 | 浸渍树脂石墨浸渍金属石墨 | 丁脂橡胶 | $4Cr_{13}$ | $2Er_{13}$ | $-20\sim80$ | 清水、汽油、煤油、柴油等无腐蚀性介质 |
| C | 碳化钨（YG6）（YG8） | 浸渍金属石墨锡磷青铜 | 丁腈橡胶填充四氟 | $4Cr_{13}$ | $2Cr_{13}$ | $-20\sim80$ $-20\sim200$ | 汽油、煤油、柴油、腊油、裂化油、渣油、酚油、有机酸、高温水 异丙苯、过氧化氢、醇、醚等有机溶剂 |
| D | 陶瓷金属陶瓷 | 浸渍树脂石墨填充四氟 | 氟橡胶四氟 | $1Cr_{18}Ni_{19}Ti$ $Cr_{18}Ni_{12}Mo_2Ti$ | $1Cr_{18}Ni_9Cr_{18}$ $Ni_{12}Mo_2Ti$ | $-20\sim80$ | 中浓度硫酸、硝酸、盐酸、海水、酮、醚、醇各类溶剂、丙烯腈、砷酸、浓氨水、尿素以及其他盐类 |
| E | 硅铁 | 浸渍树脂石墨填充四氟 | 氟橡胶四氟 $t2Mo_2Ti$ | $1Cr_{18}Ni_9Ti$ $Cr_{18}Ni_{12}Mo_2Ti$ | $1Cr_{18}Ni_9Cr_{18}$ $Ni_{12}Mo_2Ti$ | $-20\sim80$ | 中浓度硫酸、硝酸、盐酸、海水、酮、醚、醇各类溶剂、丙烯腈、砷酸、浓氨水、尿素以及其他盐类 |
| F | 碳化钨（YG6） | 碳化钨（YGl5） | 丁腈橡胶四氟 | $4Cr_{13}$ | $2Cr_{13}$ | $-20\sim80$ $-20\sim200$ | 含有颗粒或易结晶液、泥水、砷碱液、焦化原料油、砂油、低浓度碱液、多硫化氨、尿素等 |
| G | 喷涂陶瓷 | 填充四氟 | 四氟 | $1Cr_{18}Ni_9Ti$ | $1Cr_{18}Ni_9$ | $-60\sim80$ | 稀硝酸、浓硫酸、醋酸、苯、丙酮等有机溶剂以及低浓度碱液 |
| H | 陶瓷金属陶瓷硅铁 | 浸渍树脂石墨填充四氟 | 氟橡胶四氟 | $60Si_2Mn$ $4Cr_{13}$ 外包塑料层 | 硬聚氯乙烯聚三氟氯乙烯 | $-20\sim40$ $-20\sim80$ | 稀硫酸、硝酸、盐酸、碱及其他盐类 浓硝酸、氢氟酸、氟硅酸、浓液碱 |

4）机械密封的冷却和润滑

为了保证机械密封的正常工作和其使用寿命，必须在密封面间维持有一层起润滑作用的液膜，又由于机械密封工作时在动环与静环密封端面间不断产生摩擦热，致使某些零件发生老化、烧焦现象，影响使用寿命，特别是当某些介质的饱和蒸气压大于所设计的端面比压时，往往会导致端面间液体大量汽化而使液膜破坏，产生端面干摩擦，因此，在选择密封结构的同时，还必须选择合理的冷却和润滑措施。

管道输油原油温度在80℃以下，可采用介质自冷，就是由泵本身输送的介质作为冷却液引入密封腔，即在泵的高低、压端，正对机械密封处各开一个小口，用管线将其连接起来，在工作中高压端的原油必然通过管线流入低压端，在介质循环中将热量带走，实现冷却的目的。这种冷却方法必然减低离心泵的容积效率，因此，在冷却管上安有一个针形阀用以调节冷却管中的流量。由于原油是易凝物质，因此开泵之前必须保证冷却管畅通，发现凝管，可用蒸汽或热水加热，运行中应经常检查冷却管是否畅通，一般用手摸冷却管应感到温热(比泵出口管温度略低一点)，或者由单独设置的一套系统中将冷却液直接引入密封腔冷却冲洗密封端面。在冷却机械密封同时也起到润滑作用。

5) 机械密封的优缺点

机械密封有以下优点：

(1) 密封可靠，泄漏量少。

(2) 使用寿命长。根据介质情况正确选择摩擦副的材料和比压的机械密封，一般可使用2~5年。

(3) 维修周期长。在工作正常情况下，一般不需要维修。

(4) 摩擦功率损耗小，一般约为填料的10%~50%。

(5) 轴或轴套不受磨损。

(6) 对旋转轴的振摆和轴对壳体的偏斜不敏感。

(7) 适用范围广。

缺点是结构复杂，需要一定的加工精度和安装技术。

正常运转的机械密封其使用寿命取决于：

(1) 端面比压的正确选择。

(2) 转数，即摩擦副的圆周速度的高低。

(3) 所输送介质的温度、黏度及介质内所含杂质及腐蚀性。

(4) 摩擦副所用材料的选择及密封面加工的质量。

(5) 泵本身的质量，如轴的刚度有无振动等。

(6) 密封的安装质量及密封的冷却效果。

因此，为了提高机械密封的使用寿命，除了正确选择材料结构外，还要特别注意安装质量，包括组装后的尺寸、弹簧压缩量和装入机组后的压缩尺寸等，均应符合要求。另外，还要保证动、静环的垂直度与平行度，安装时要严禁磕碰，密封面要干净，严防夹进杂物。

在运行中要注意机组的正确操作，经常观察密封部位的情况，严禁机组的抽空，以防密封出现"干磨"。机泵在启动前要冲泵、暖泵、排出泵内气体，特别是输油泵的机械密封，其冷却方式多采用泵内介质循环自冷，因此冷却管在启泵前一定要彻底排空，在运行中还要观察密封处及冷却循环管的温度变化，要保证冷却管不被堵塞，才能使密封腔不形成死油区，以便将密封面摩擦产生的热量及时带走。

6) 机械密封的正常运行和维护

正确的操作对保证机械密封的正常运行和延长使用寿命有重大意义。

启动前的准备工作及注意事项：

(1) 全面检查机械密封以及附属装置和管线安装是否齐全，是否符合技术要求，冷却管是否畅通完好。

(2) 机械密封应在启动前进行静压试验，检查密封是否有泄漏现象。若泄漏较多，应查出原因设法消除，如仍无效，则应拆卸检查并重新安装。一般静压试验压力用0.2~0.3MPa。

(3) 按泵旋向盘车，检查是否轻快均匀。若盘车吃力或不动时，则应检查装配尺寸是否正确，安装是否合理。

启动与停运：

（1）启动前应保持密封腔内充满液体。对于输送可能凝固的介质时，应用蒸汽将密封腔加热至介质熔化。启动前必须盘车，以防止突然启动而造成软环碎裂。

（2）对于利用泵外封油系统的机械密封，应先启动封油系统。

（3）热油泵停运后不能马上关闭封油腔及端面密封的冷却水，应待端面密封处油温降到80℃以下时，才可关闭冷却水，以免造成零件的损坏。

运转：

（1）泵启动后如有轻微的泄漏现象，应观察一段时间。如连续运行4h，泄漏量仍不减少，则应停泵检查。

（2）泵的操作压力应平稳，压力波动不大于±0.1MPa。

（3）泵在运行中，应避免发生抽空现象，以免造成密封干摩擦及密封破坏。

（4）密封情况要经常检查。运转中，当其泄漏超过标准时，如2～3日内仍无好转趋势，则应停泵检查密封装置。

（5）输油泵机械密封的泄漏量低压端应小于60滴/分钟，高压端应小于30滴/分钟，超此标准为泄漏量过大。

7）机械密封的故障及排除方法

机械密封的故障及排除方法见表14-4-3。

## 四、平衡部分

### 1. 作用在转子上的径向力及其平衡

不平衡的径向力可使转子在运行中产生振动及挠度，甚至使口环或轴套处产生研磨，发生损坏。因此，消除和减小径向力，减轻对轴的破坏作用，是非常必要的。

1）径向力产生的原因及大小

泵的导流机构（即螺旋形压水室），是按设计流量，配合一定的叶轮而设计的。因此，在额定流量下，由于叶轮周围压水室中液体的速度和压力分布都是均匀的，此时不会有径向力的产生，即作用在转子上的径向力的合力为零。

表14-4-3　机械密封的故障及排除方法

| 故障现象 | 故障原因 | 排除方法 |
|---|---|---|
| 机械密封振动，发热冒烟 | 端面宽度过大 | 减小端面宽度 |
| | 端面比压太大 | 降低端面比压，降低弹簧压力 |
| | 动、静环端面粗糙 | 提高端面光洁度 |
| | 转动件与填料函内径的间隙太小，由于轴振动引起碰撞 | 增加内径，扩大间隙，最小应保持1mm间隙 |
| | 摩擦副选择不当 | 更换动、静环材料 |
| | 冷却不足，润滑恶化形成抽空或死抽（水）区 | 加强冷却措施，疏通冷却管路，排除密封腔空气 |
| | 泵抽空在无输送介质下空转，动静密封环干磨 | 紧急停泵 |
| | 密封冷凝管冻凝或堵塞 | 用蒸汽或热水加热冷凝管，如加热法不能使其畅通，立即停泵，拆下冷凝管，清除凝油及堵物，重新装好投入运行 |

续表

| 故障现象 | 故障原因 | 排除方法 |
|---|---|---|
| 机械密封端面泄漏 | 摩擦副(动、静环)歪斜不平 | 安装调整 |
| | 弹簧装置作用不良,充满杂质与固化介质黏结,使动环失去浮动能力 | 改善弹簧装置结构,防上杂物堵塞密封元件 |
| | 固体颗粒进入摩擦副密封面 | 提高摩擦副元件硬度,改善密封结构 |
| | 弹簧力不足,比压太小,端面磨损损坏,补偿作用消失 | 增加弹簧力,更换摩擦副 |
| | 摩擦副端面宽度太小 | 适当增加宽度,提高弹簧压力 |
| | 端盖与轴不垂直,静环压偏,胶垫厚度不均 | 安装调整,更换 |
| | 动、静环浮动性差 | 改善密封圈弹性,适当减小动静环胶圈与轴套间的紧力 |
| 机械密封轴向泄漏 | 密封圈与轴配合太松或太紧 | 重新调整 |
| | 密封圈太软或太硬,耐蚀、耐温性能不好,发生变形、老化 | 更换密封圈材料或改变密封结构 |
| | 安装时密封圈卷边、扭劲 | 密封圈与轴过盈量选择不当,仔细安装 |
| | 轴套胶圈损坏、压偏,使轴与轴套之间泄漏 | 换胶圈或加垫调整 |

当流量小于额定流量 $Q_d$ 时,蜗壳的流道截面显得过大,使液流速度减小,而叶轮出口液流的绝对速度反而增加,且方向发生变化,两股液流相遇时,因速度大小和方向不同而产生撞击,通过撞击,叶轮内流出的液体速度下降到蜗壳中液体的速度,把它的一部分动能转换成压力能,使压水室内的液体压力上升。液体从压水室隔舌到扩散段进口的流动中,不断受到流出叶轮的液体的撞击,不断增加压力,于是破坏了蜗壳内液体压力的轴对称分布。同样,当流量大于额定流量时,压水室内的液体流速增加,而自叶轮流出的液体流速反而减少,两股液流相撞,使压水室内液流压力不断降低,于是破坏了压力分布的均匀性。压水室内压力分布的不均使液体流出叶轮的速度也是不均匀的,压力大的地方叶轮出流的少,压力小的地方叶轮出流的多,引起沿叶轮周围液体动反力的不对称。

径向力的方向通常可近似估计,对 $n_s = 120 \sim 300$ 的离心泵,当 $Q < Q_d$ 时,约为 $70° \sim 120°$,指向泵舌;当 $Q > Q_d$ 时,约为 $280° \sim 310°$,背向泵舌。

径向力的大小常用斯捷潘诺夫公式计算,即

$$F = 0.36\left(1 - \frac{Q^2}{Q_d^2}\right)HB_2D_2\rho g \qquad (14 - 4 - 1)$$

式中　$F$——作用在叶轮上的径向力,N;

　　　$H$——设计扬程,m;

　　　$B_2$——包括轮盘和轮盖在内的叶轮出口宽度,m;

　　　$\rho$——液体密度,kg/m³;

　$Q$,$Q_d$——泵的实际流量和设计流量。

由上式:当 $Q = Q_d$ 时,径向力等于零;当 $Q = 0$ 时,径向力最大。

**例 14-4-1**  确定 6Y-16.5 型离心油泵的最大不平衡径向力和 $Q=0.8Q_d$，$\rho=860\text{kg/m}^3$ 时的径向力。已知叶轮外径 $D_2=375\text{mm}$，叶轮出口宽度 $B_2=30\text{mm}$，$H=16.5\text{m}$。

**解**  当 $Q=0$ 时，径向力最大。则

$$F = 0.36\left(1 - \frac{Q^2}{Q_d^2}\right)HB_2D_2\rho g = 0.36 \times (1-0) \times 16.5 \times 0.375 \times$$

$$0.03 \times 860 \times 9.8 = 563.2(\text{N})$$

当 $F=0.8Q_d$ 时：$F = 0.36 \times (1-0.8^2) \times 16.5 \times 0.375 \times 0.03 \times 860 \times 9.8 = 202.75(\text{N})$

由上式可以看出，对于尺寸较大、扬程较高的泵，当流量偏离设计流量后，将会产生较大的径向力。过大的径向力会使轴产生挠度，过大的挠度将使口环、级间套和轴套发生研磨，甚至损坏，对于转动轴来说，径向力是个交变载荷，会加速轴的疲劳破坏。因此，径向力的平衡是十分必要的。

2) 径向力的平衡

在单级蜗壳泵中，可以把蜗壳做成双层蜗壳结构，如图 14-4-20(a) 所示。这样可使泵在所有工况下，使叶轮外围形成两个压力分布彼此对称的流道，每个流道包围叶轮 180°，所产生的径向力相互抵消，达到平衡。双层蜗壳结构使铸造和清砂都比较困难，对结构尺寸小的泵不宜采用。此外，也可采用叶轮外加导叶的方法，如图14-4-20(b) 所示。由于导叶的各个叶道沿叶轮周围均匀分布，所产生的径向力可以相互平衡。但这种结构太复杂。

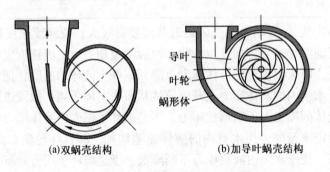

(a)双蜗壳结构　　　　　　　(b)加导叶蜗壳结构

图 14-4-20  双蜗壳和加导叶的蜗壳结构

多级蜗壳式泵的径向力的平衡：当叶轮为偶数时，可以采用双涡室(见图 14-4-21)，也可采用相邻两个蜗壳布置成相差 180°的办法来平衡径向力(见图 14-4-22)。这样使作用于相邻两级叶轮上径向力的方向相差 180°，互相抵消。但是，这两个力不在垂直于轴线的同一平面内，故组成一个力偶，其力臂等于此两叶轮间的距离。此力偶需要由另两级叶轮的

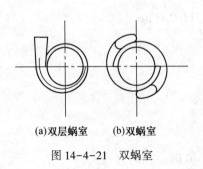

(a)双层蜗室　　(b)双蜗室

图 14-4-21  双蜗室

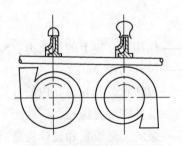

图 14-4-22  蜗壳对称布置

径向力组成的力偶来平衡，或由轴承的支反力组成的力偶来平衡。假如级数为奇数，同时第一级叶轮采用双吸式叶轮，则径内力按如下方式平衡，即第一级采用双蜗壳，以后各级采用每一对涡室错开180°。

**2. 作用在转子上的轴向力及其平衡**

离心泵在运转时，在其转子上产生一个很大的作用力，由于此作用力的方向与离心泵泵轴的轴心线相平行，故称为轴向力。

1）轴向力的产生、大小及方向

离心泵在运转时，液体以 $p_1$ 压力进入叶轮，在叶轮中获得了能量后，以升高了的压力 $p_2$ 排出叶轮，在叶轮的前后盖板和泵体之间的间隙内都充满了有压力的液体，即后盖板的前侧受到吸入压力 $p_1$ 的作用，而后侧面上受到排出压力 $p_2$ 的作用。在叶轮密封环半径 $R_c$ 以上部分的叶轮两侧压力分布近似相等，彼此抵消；但在 $R_c$ 以下部分左侧的压力为吸入压力 $p_1$，而右侧的压力为 $p_2$，显然 $p_2 > p_1$，$(p_2 - p_1)$ 为一个单级叶轮的压力差，方向指向吸入口。

对于由 $(p_2 - p_1)$ 产生的轴向力 $A_1$ 的大小尚无精确的计算方法。为此，在实用中，为了简便，可以采用下列经验公式：

$$A_1 = \pi(R_c^2 - R_h^2)\gamma HKi \qquad N \qquad (14 - 4 - 2)$$

式中　$R_c$——叶轮口环处平均半径，m；

　　　$R_h$——叶轮轮毂半径，m；

　　　$H$——单级叶轮的扬程，m；

　　　$i$——泵叶轮数；

　　　$\gamma$——液体重度，N/m³；

　　　$K$——实验系数，与比转数有关。

当 $n_s = 60 \sim 250$ 时，$K = 0.6$；

当 $n_s = 150 \sim 250$ 时，$K = 0.8$。

此外，当液体进入叶轮时，是沿轴线方向，而液体在出叶轮时，则是沿半径方向，这种速度方向的变化就产生了动量的变化。按动量定律可知，由动量变化而产生的轴向分力 $A_2$ 其方向与上述的轴向力 $A_1$ 方向相反，是从叶轮入口指向后盖板的，其大小可根据动量定律由下式计算：

$$A_2 = \rho Q_t V \qquad N \qquad (14 - 4 - 3)$$

式中　$\rho$——液体的密度，kg/m³；

　　　$Q_t$——离心泵的理论体积流量，$Q_t = Q/\eta_k$，m³/s；

　　　$V$——叶轮入口处流体的轴向速度，m/s。

总的轴向力是以上两种轴向力的合力：$A = A_1 + A_2$

一般情况下 $A_1$ 很大，$A_2$ 较小，所以叶轮上的轴向力的方向总是指向吸入口的。只有在启动时，由于泵内正常压力还没建立，所以反力 $A_2$ 的作用较明显，离心泵启动时转子向后窜，就是这个原因。

对入口压力较高的悬臂式单吸泵来说，还必须考虑由作用在泵轴上的入口压力所引起的轴向力，其方向与 $A_1$ 相反，其大小为：

$$A_3 = \pi R_h^2 p_1 \qquad (14 - 4 - 4)$$

**例 14-4-2**　试确定 6Y-16.5 离心泵的轴向推力。已知泵的扬程 $H = 16.5\text{m}$，叶轮轮毂直径 $d_h = 40\text{mm}$，叶轮密封环直径 $D_c = 180\text{mm}$，叶轮入口直径 $D_d = 155\text{mm}$，泵的流量 $Q = 0.0445\text{m}^3/\text{s}$，叶轮外径 $D_2 = 370\text{mm}$，泵的转数 $n = 2950\text{r/min}$，$\rho = 1000\text{kg/m}^3$，$\eta_k = 0.9$，泵的比转数 $n_s = 50$。

**解**　由比转数等于 50，取 $K = 0.6$

$$A_1 = \frac{\pi}{4}(D_c^2 - d_h^2)\gamma HKi = \frac{\pi}{4} \times (0.18^2 - 0.04^2) \times 9800 \times 16.5 \times 0.6 \times 1 = 2346(\text{N})$$

$$A_2 = \rho Q_t v = \rho Q_t \frac{4Q_t}{\pi(D_c^2 - d_h^2)} = 4\rho \frac{\left(\dfrac{Q_t}{\eta_k}\right)^2}{\pi(D_c^2 - d_h^2)}$$

$$= 4 \times 1000 \times \frac{\left(\dfrac{0.0445}{0.9}\right)^2}{\pi[(0.155)^2 - (0.04)^2]} = 138.88(\text{N})$$

总的轴向力：　　　　　　$A = A_1 - A_2 = 2346 - 138.88 = 2207.12(\text{N})$

2) 轴向力的平衡

离心泵转子上的轴向力很大，特别是在多级泵中更大。为了减轻轴承的轴向负荷和磨损，除了个别小型单级泵利用滚珠轴承承受轴向力之外，一般都必须设法采用液压或机械的轴向力平衡措施。

单级泵的轴向力平衡措施：

(1) 采用双吸式叶轮，如图 14-4-23(a)所示。由于双吸式叶轮两侧对称，所受压力相同，故轴向力可以达到平衡，但实际上由于铸造偏差和两侧口环处漏损不同，仍然有残余不平衡轴向力存在，需由轴承来承受。在使用中，采用双吸式叶轮，不仅是为了轴向力平衡，而且是综合考虑到增大流量和提高吸入能力而采用的。

(2) 开平衡孔或装平衡管，如图 14-4-23(b)、(d)所示。在叶轮后盖板与吸入口对应的地方沿圆周开几个平衡孔，使该处液体能流回叶轮入口，使叶轮两侧液体压力达到平衡。同时，在叶轮后盖板与泵壳之间，添设口环，其直径与前盖板口环直径相等。而且液体流经平衡孔时存在压力降，前后液体的压力差不可能完全消除，约有 10%～15% 的轴向力未能平衡，未平衡的轴向力还要靠轴承来承受。此外，采用这种方法由于漏回吸入口的液流方向与吸入液流方向相反，使吸入液流的均匀性遭到破坏，从而使泵的效率有所降低。此法的优点是结构简单，但增加了内部泄漏。在开平衡孔时，应尽量使之靠近口环，效果较好。平衡孔的总面积应等于或大于口环间隙过流面积的 4～5 倍。

(3) 采用平衡叶片。在叶轮后盖板的背面安置几条径向筋片，如图 14-4-23(c)所示。当叶轮旋转时，筋片强迫叶轮背面的液体加快旋转，离心力较大，使叶轮背面的液体压力显著下降，从而叶轮两侧压力达到平衡。这种方法的平衡程度取决于平衡叶片的尺寸和叶片与泵体的间隙。在参数选择适合时，可以使轴向力达到完全平衡，但当平衡叶片尺寸确定后，偏离设计工况时，轴向力就不能完全平衡了。故一般此种方法也有残余的轴向力存在，应由轴承来承受。采用平衡叶片需消耗功率而降低效率。但平衡叶片时叶轮背面形成低压区，可改善轴封箱的工作条件，减少磨损。

(4) 采用止推轴承或利用原有轴承承受轴向力，这是机械平衡方法，只适用于小型泵，如 BA 型单级悬臂离心泵，可用原有的滚球轴承来承受轴向力。

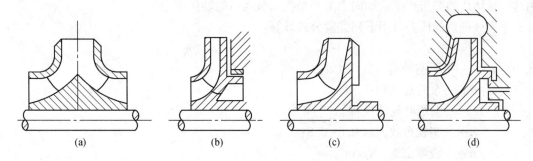

图 14-4-23　轴向力平衡措施

多级泵的轴向力可采用以下三种平衡措施：

（1）采用叶轮对称布置的方法，如图 14-4-24 所示。一般用于多级泵叶轮的级数是偶数情况，若级数是奇数时，则第一级叶轮采用双吸式。这样就可以采用各级单吸式叶轮入口相对或相背的方法来平衡轴向推力。图中所列的各种排列方法都有各自的优缺点，在具体布置时应遵循下列原则：

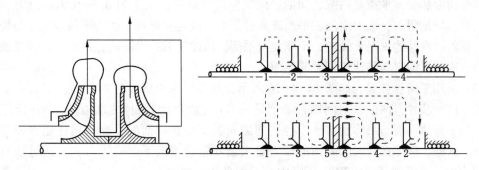

图 14-4-24　对称布置叶轮

① 通过缝隙的漏损应为最小值；

② 轴封箱的压力应为最小值；

③ 应尽可能地避免流道复杂化。

尽管对称布置的方法似乎能完全平衡轴向力，但级数多时，因各级的漏损不同，各级叶轮轮毂大小不同，所以也不可能达到完全平衡，仍要采用辅助装置。当叶轮布置不当时，会使泵体结构复杂。

（2）用平衡鼓，如图 14-4-25 所示。在多级泵末级叶轮后面，装一圆柱形的平衡鼓，平衡鼓的右边为一平衡室，通过平衡管将平衡室与第一级叶轮前的吸入室连通，因此，平衡室中的压力 $p_5$ 很小，等于吸入室中液体压力与平衡管中阻力损失之和。平衡鼓的左面则为最后一级叶轮的背面泵腔，腔内压力 $p_3$ 是很高的。平衡鼓外圆表面与泵体上的平衡套之间有很小间隙，所以可保持平衡鼓两侧有一个很大的压力差（$p_3 - p_5$），

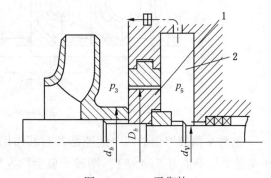

图 14-4-25　平衡鼓
1—平衡鼓；2—平衡室

用这一液体压力差所产生的轴向力来平衡指向吸入口的轴向推力。

平衡鼓两侧的压差可用下列经验公式计算：

$$p_3 - p_5 = [H - (1 - K)H_1]\rho g$$

式中　$p_3 - p_5$——平衡鼓前后的压力差；

$H$——泵的总扬程；

$H_1$——一级叶轮的扬程；

$K$——实验系数，取 $0.6 \sim 0.8$；

$\rho$——液体密度，$kg/m^3$。

作用在平衡鼓上的平衡力 $F$ 为：

$$F = (p_3 - p_5) \times \frac{\pi}{4} \times (D_b^2 - d_h^2) \tag{14-4-5}$$

式中　$D_b$——平衡鼓外径；

$d_h$——轮毂直径。

平衡力 $F$ 应等于计算所得的泵转子轴向力，由此确定平衡鼓的尺寸。为了减少泄漏，平衡鼓外圆面和泵体平衡套内圆之间的径向间隙应尽量小，通常为 $0.2 \sim 0.3mm$。为了减少密封长度，增加阻力，减少泄漏，平衡鼓和衬套可做成迷宫形式。因为平衡鼓尺寸是按设计工况计算的，在其他工况下轴向力不能完全平衡，因此仍需装设双向止推轴承来承受残余的轴向力。这种机构常与其他机构共同使用。

（3）采用平衡盘装置，如图 14-4-26 所示。在多级泵末级叶轮的后面，安装一个平衡盘装置。这种装置有两个密封间隙，一个是轮毂（或轴套）与泵体之间有一个轴向间隙 $b_1$，另一个是平衡盘端面与泵体间有一个径向间隙 $b_2$，平衡盘后面的平衡室用连通管和泵吸入口连通。这样，液体在径向间隙前的压力是末级叶轮后盖板下面的压力 $p_3$，通过轴向间隙 $b_1$ 下降为 $p_4$，又经过径向间隙 $b_2$ 下降为 $p_5$，而平衡盘背面下部的压力为 $p_6$，它与泵吸入口的压力近似相差一个连通管损失。平衡盘前后的压差为 $p_4 - p_5$。在平衡盘产生一个向后的推力，称为平衡力 $F_1$，$F_1$ 的方向与液体作用于转子上的轴向力的方向相反，故可以平衡轴向力。

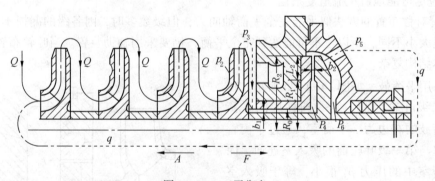

图 14-4-26　平衡盘

这种平衡装置中的两个间隙是各有其作用并互相联系的。假如转子上的轴向力 $A$ 大于平衡盘上的平衡力 $F(A>F)$，则转子就会向左移动，由此使径向间隙 $b_2$ 减小，间隙阻力增加，泄漏量减少，该间隙中的损失减小，从而提高了平衡盘前面的压力 $P_4$，转子不断向左移动，平衡力就不断增加，移动到某一位置时，平衡力 $F$ 与轴向力 $A$ 相等 $(A=F)$，达到新的平衡。同样道理，当轴向力 $A$ 小于平衡力 $F$ 时($A<F$)，泵转子向右移动，当移动到某一位置($A=F$)时，同样达到新的平衡。

由此看来，转子左右移动的过程，就是自动平衡的形成过程，这种平衡就是运动中的自动平衡。

泵在运转中，由于工况变化使轴向力发生变化，造成了泵轴的左右窜动，径向间隙 $b_2$ 相应改变使平衡力跟上轴向力的变化，达到力的平衡，泵轴应该稳定在某一新位置上工作。但是，泵轴从一稳定状态变化到另一新的稳定状态时，其间会产生泵轴的往复窜梭现象。因为轴向力变化后，平衡力会自动发生相应的变化并且使之与轴向力相等($F=A$)。虽然平衡力与轴向力相等，但此时泵轴并不停止移动，由于惯性的作用促使泵轴位移过量，造成平衡力大于轴向力，于是泵轴再反向位移。所以，泵轴在重新稳定工作前，必定会产生一系列的左右低频窜振，这是一系列越来越小的阻尼振动。

平衡盘虽能全部平衡轴向力，但当泵在启动、停泵或泵汽蚀时平衡盘不能有效地工作，易造成平衡盘与平衡座之间的研磨。为此，一些大容量的泵如采用平衡盘机构时，还配有推力轴承，使泵在启、停或汽蚀时发挥作用，使平衡盘能安全地工作。平衡盘装置在多级离心泵上得到广泛应用。

(4)采用平衡盘与平衡鼓组合的平衡装置，如图 14-4-27 所示。平衡鼓可以平衡 50%~80% 的轴向力，这样可以减轻平衡盘的负荷，延长其寿命。

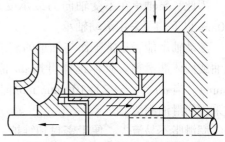

图 14-4-27　平衡盘与平衡鼓结合

## 五、轴承

离心泵的轴承是支承转子的部件，并减少泵轴在摩擦时的阻力，它由轴承和轴承箱两大部分组成。根据轴承结构的不同，可以有滚动轴承和滑动轴承两大类，承受径向和轴向载荷。

**1. 滚动轴承**

滚动轴承结构如图 14-4-28 所示，一般由外圈、内圈、滚动体和保持架组成。内圈装在轴颈上，外圈装在机座或零件的轴承孔内。内外圈上有滚道，当内外圈相对旋转时，滚动体将沿着滚道滚动。保持架的作用是把滚动体均匀地隔开。

在离心泵中常用的滚动轴承有以下三种：

(1)单列向心球轴承　单列向心球轴承如图 14-4-28 所示，它可承受径向载荷，亦可同时承受不太大的轴向载荷，但承受冲击载荷的能力较差。

(2)双列向心球面球轴承　双列向心球面球轴承如图 14-4-29 所示，它主要承受径向载荷，同时亦能承受少量的轴向载荷。由于外圈滚道表面是以轴承中点为中心的球面，故能自动调心。它适用于两支承中心难以对中的场合。

(3)单列向心推力轴承　单列向心推力轴承如图 14-4-30 所示，它能承受径向载荷，同时亦能承受轴向载荷，是径向、轴向联合轴承。如图所示，滚动体和外圈滚道接触点的法线与轴承径向平面成一夹角 $\alpha$，称为轴承的接触角。接触角越大，承受轴向载荷的能力亦越大。接触角 $\alpha$ 有 12°、26° 和 36° 三种。单列向心推力轴承通常成对使用，可以分装于两个支点或同装于一个支点。

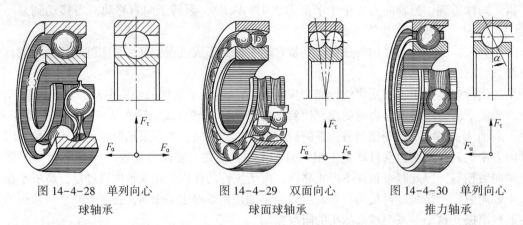

图 14-4-28　单列向心　　　　图 14-4-29　双面向心　　　　图 14-4-30　单列向心
　　球轴承　　　　　　　　　　球面球轴承　　　　　　　　　推力轴承

　　滚动轴承具有以下优点：轴承磨损小，转子不会因轴承磨损而下沉很多；轴承间隙小，能保证轴的对中性，互换性好，维修方便；摩擦系数小，泵的启动力矩小，轴承的轴向尺寸小等。但滚动轴承承受冲击载荷的能力较差，在高速时易产生噪音，要求安装准确度高。

　　因此，泵轴承在不受轴向力或承受部分轴向力，转速一般在 2950r/min 以下，轴颈在 100mm 以下均可采用滚动轴承。

　　滚动轴承能否正常工作与轴承的润滑情况密切相关。滚动轴承的润滑可以用润滑脂、润滑油或固体润滑剂。具体选择可按 $dn$ 值来确定($d$ 表示轴承内径，mm；$n$ 代表轴的转速，r/min)。当 $dn<(1.5\sim2)\times10^5$ mmr/min 时，滚动轴承一般可采用润滑脂润滑，超过这一范围宜采用润滑油润滑。

　　润滑脂不易流失，便于密封和维护，且一次充填润滑脂可运转较长时间。润滑油润滑的优点比润滑脂润滑摩擦阻力小，并可散热，主要用于高速或工作温度较高的轴承。在泵的使用条件中，如被输送液体温度在 80℃ 以下，转速在 2950r/min 以下的小型泵，可以用润滑脂润滑。如果转速较高、功率较大或被输送液体的温度超过 80℃，一般均用润滑油润滑。

　　**2. 滑动轴承**

　　滑动轴承又称轴瓦，它是铸铁或铸钢制成的中空圆桶或球体。在轴瓦的内孔上浇注有一层轴承合金(巴氏合金)，靠轴承合金面上的润滑油膜来支承转子。滑动轴承按照承受载荷的方向主要分为向心轴承(又称径向轴承，主要承受径向载荷)和推力轴承(又称止推轴承，主要承受轴向载荷)两种。

　　1) 几种常见的向心滑动轴承

　　常用的向心滑动轴承有整体式、剖分式和调心式等，其主要结构型式及特点介绍如下：

　　(1) 整体式滑动辅承　整体式滑动轴承如图 14-4-31 所示。它是靠螺栓固定在机架上的。轴承座 1 顶部设有安装润滑装置用的螺纹孔。轴承孔内压入用减摩材料制成的轴瓦 2，并用紧定螺钉 3 固定。轴瓦上开有油孔，并在内表面上开有油槽，以输送润滑油。这样可以减少摩擦，而且在轴承磨损后只需要更换轴瓦即可。

　　整体式滑动轴承结构简单，造价低，但磨损后无法调整轴颈与轴承之间的间隙。在安装和拆卸时，只能沿轴向移动轴或轴承才能装拆，很不方便。所以一般应用于低速、载荷不大及间歇工作的场合。

　　整体式轴瓦(也称袖套)，可分为内孔表面光滑［见图 14-4-32(a)］和纵向带油槽［见图 14-4-32(b)］两种。轴瓦与袖承采用过盈配合压紧，以实现永久性或半永久性的装配。

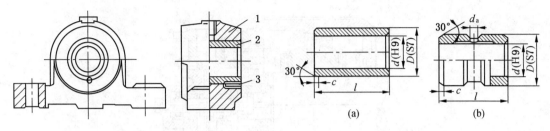

图 14-4-31 整体式滑动轴承
1—轴承座；2—轴瓦；3—紧定螺钉

图 14-4-32 整体式轴承轴瓦

（2）剖分式滑动轴承 剖分式滑动轴承如图 14-4-33 所示。轴承分上下两部分。它由螺栓 1、轴承盖 2、轴承座 3、剖分的上、下轴瓦 4 和 5 等组成。轴瓦内表面镶有轴衬，以承受压力和起耐磨作用。轴承盖和轴承座有凹凸部分，凹凸部分是配合面，起定位作用，并可承受剖分面方向的径向分力，保证连接螺栓不受横向载荷作用。在轴承盖和轴承座靠近中心处的剖分面间放有垫片，这样，当轴瓦工作面磨损后适当地减薄垫片，并进行刮瓦，就可调节轴颈和轴瓦间的间隙。轴承盖上制有螺纹孔，以便安装油杯或油管。采用剖分式滑动轴承，只需将连接螺栓松开，将轴承盖及上轴瓦拆掉，即可将轴取出，装拆均较方便，故剖分式滑动轴承应用很广泛。

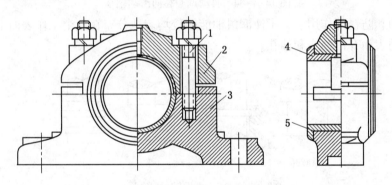

图 14-4-33 剖分式滑动轴承
1—螺栓；2—轴承盖；3—轴承座；4—上轴瓦；5—下轴瓦

（3）自动调心径向滑动轴承 如图 14-4-34 所示，在轴因受负荷弯曲时，轴瓦的球面能自动调心。自动调心径向滑动轴承加工制造比较复杂，一般用于大型泵，并采用强制润滑。

（4）止推轴承 止推轴承用来承受轴向载荷。止推轴承可装在水平轴上或垂直轴上，常和径向轴承同时使用。止推轴承由支承座（或与座固定的垫）和止推轴颈组成。止推轴承可分为实心的[见图 14-4-35（a）]、空心的[见图 14-4-35（c）]、环型的[见图 14-4-35（b）]和多环型的[见图 14-4-35（d）]等多种。

2）轴瓦结构

轴瓦直接与轴颈接触，故要求轴瓦的材料摩擦系数小、耐磨性好、抗胶合，并且具有足够的疲劳强度和必要的塑性。

滑动轴承的润滑一般均为润滑油润滑。润滑能减轻工作表面的摩擦与磨损，提高轴承效率和延长使用寿命。因为润滑油层具有吸振能力，所以能承受较大的冲击载荷。同时润滑油

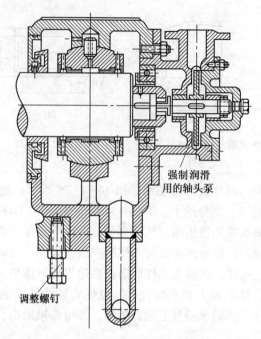

强制润滑
用的轴头泵

调整螺钉

图 14-4-34　自动调心径向滑动轴承

还可以起冷却、防锈等作用。为了使润滑油能够较均匀地分布在整个工作表面上，一般在轴瓦不受载荷的表面开出油沟和油孔。

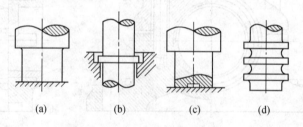

(a)　　　　　　(b)　　　　　　(c)　　　　　　(d)

图 14-4-35　止推轴承(轴颈)

在向心滑动轴承中，轴瓦的内孔为圆柱形，如图 14-4-36 所示。若载荷方向向下，则下轴瓦为承载区，上轴瓦为非承载区，润滑油应由非承载区引入。例如，在顶部开进油孔，在轴瓦内表面以进抽孔为中心在宽度方向开有油沟，有助于润滑油在宽度方向较均匀地分布。

3）轴承的磨损与失效

滑动轴承失效主要有磨损、胶合、疲劳剥落三种情况。

（1）磨损　轴颈被支承在轴承孔中，它与轴承工作表面相互作用着较大的压力。对于非液体摩擦轴承，当轴颈旋转时，由于工作表面间产生相对滑动摩擦，会出现不同程度的磨损，

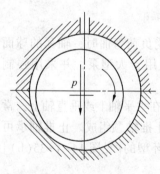

图 14-4-36　顶部进油

从而导致轴承配合间隙的增大，影响轴承的旋转精度，乃致轴承不能正常工作，如果采用液体摩擦轴承，在启动、停车或载荷变化时亦可能出现短暂的非液体摩擦，造成轴承磨损。当润滑油路堵塞或者油温过高，导致摩擦面缺油是造成过度磨损的重要原因。

（2）胶合　当轴承受载过大、转速高、润滑又不良时，则摩擦加剧，发热过甚，使得较

软的金属黏焊在轴颈表面上而出现胶合。胶合的产生，又进一步加剧轴承的摩擦和发热，引起更严重的胶合，如此恶性循环，会引起轴承被烧坏，甚至与轴颈焊死在一起，发生"抱轴"的重大事故。烧瓦一般由润滑油不足引起，但轴承的安装也可能引起烧瓦。轴承的润滑对轴承的间隙的大小十分敏感，间隙过小，会限制润滑油流，难于形成稳定的油膜，摩擦热不易被带走，金属直接接触造成烧瓦的可能性增大；间隙过大，润滑油容易流失，油膜难以形成，也会增加烧瓦的可能性。轴承尺寸过小，半周过盈量不足，使轴承在座孔中转动，堵住进油孔，就可能引起烧瓦。轴承盖或轴瓦装配错误、轴颈与轴承的几何形状相互位置误差，都可能引起烧瓦。

（3）疲劳剥落 轴承在非稳定载荷作用下，轴承工作表面存在着循环变应力，使用一定时间后，轴承工作表面可能会产生疲劳裂纹，裂纹向纵深方向发展，并向周围蔓延，最后会出现金属的疲劳剥落。

4）轴承的润滑

滑动轴承常用的供油方法，有间歇的和连续的两种。如图14-4-37所示的黄油杯和图14-4-38所示的压注油杯，都是属于间歇的供油方法。

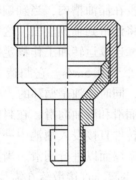

图 14-4-37 黄油杯

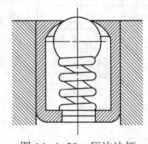

图 14-4-38 压注油杯

连续润滑主要有下列几种方法：

（1）针阀式玻璃油杯 如图14-4-39所示为针阀式油杯，它的结构特点是有一针阀，油经过针阀流到轴承的摩擦表面上，靠手柄的卧倒和竖立以控制针阀的启闭，从而调节供油。其使用起来既可靠，又可以观查油的补给情况，但要经常调节，以保证均匀供油。针阀开启的大小可用螺母调节，不过油面的高低仍会影响供油的稳定性。这种装置常用在要求供油稳定的润滑点上。

（2）油芯式弹簧盖油杯 如图14-4-40所示，它是装在轴承润滑孔上的油杯，其中有一管子内装有用毛线或棉线做成的芯捻（油绳），芯捻的一端浸在杯中的油内，另一端在管子内而和轴颈不接触，这样利用毛细管作用，把油吸到轴颈的工作面上。油芯油杯应采用黏度较低不带黏度添加剂的润滑油。油芯不应和摩擦表面接触，以免被卷入摩擦的间隙中。这种装置结构简单，有过滤作用，能使润滑油连续而均匀供应，可避免启动时出现干摩擦。但是它不易调节供油量，而且在机器停车时需将油芯提起否则仍供应润滑油，不适应于高速轴承。

（3）自带油润滑 利用套在轴上的油环、油链及油轮，把油从油池中带到摩擦副上。由于链或环的转动是靠与轴的摩擦力带动的，所以常用于轴颈为25~50mm，转速不高于3000r/min，温度稳定，震动不大，固定机械的水平轴上。如转速低时，可用链来带动；油的黏度大时，可用油轮来带油，但有时需加装刮油板。

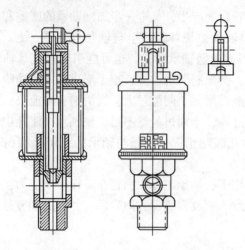

图 14-4-39　针阀式玻璃油杯

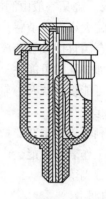

图 14-4-40　油芯式油杯

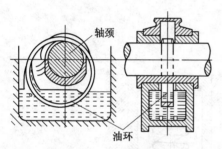

图 14-4-41　油环润滑

如图 14-4-41 所示为在轴颈上自由悬挂的油环，它的下半部分浸在储油槽内，当轴旋转时，油环也随着运转，因而将油带到轴颈上去。这种润滑装置只能用于水平位置、连续运转和工作稳定的轴承，并且轴的圆轴速度不小于 0.5m/s。它制造简单，不需经常观察使用情况，同时，油是循环的，故耗油少。

（4）浸油润滑和溅油润滑　在封闭的转动中，把需要润滑的回转件直接浸入油池中一定深度，利用本身旋转带油至摩擦面以进行润滑。当浸入油池中的回转件圆周速度较大时，可将润滑油溅洒雾化成小油滴飞起，直接散落在需要润滑的零件上，或先溅至集油器上，然后再经过特别的油沟流入润滑部位，这种润滑方式称为溅油润滑。齿轮减速器中的轴承常采用这种润滑法。这种润滑方式结构简单、工作可靠，故当条件容许时常被采用。

（5）输油泵机组的油泵循环润滑　图 14-4-42 所示为输油泵机组润滑油系统组成示意图，包括辅助润滑油泵、输油泵轴头润滑油泵、冷却过滤器、油箱及润滑油管道、管道附件及冷却水系统。

辅助油泵和泵轴头油泵：辅助油泵和轴头油泵，均为开式叶轮闭式流道的旋涡泵。

辅助润滑油泵和泵轴头润滑油泵性能完全相同，辅助润滑油泵配带电机，泵轴头润滑油泵安装在输油泵的轴头上。

辅助润滑油泵用于输油机组启动前或停泵前 0.5~1min，向输油机组轴承内输送润滑油。当输油泵机组启动后，泵轴头润滑油泵正常工作，润滑油压力增高达到规定值时，通过电接点压力表控制继电器动作，辅助润滑油泵自动停运，这时完全由泵轴润滑油泵向输油机组各轴承输送润滑油。当输油机组停运时，由于轴头润滑油泵停止工作，润滑油压力降低，达到规定值时，通过电接点压力表控制继电器动作，辅助润滑油泵启动。这样辅助润滑油泵和轴头润滑油泵互为备用，自动切换，可靠地保证了输油机组轴承的强制润滑。

## 六、联轴器

联轴器用作轴与轴的连接，使它们一起回转并传递扭矩。泵轴是通过联轴器与电动机

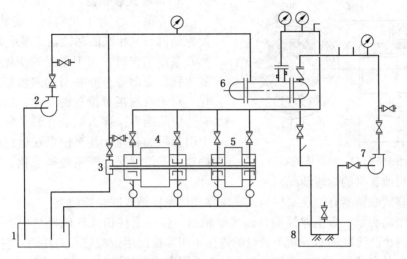

图 14-4-42 输油泵机组润滑油系统组成示意图

1—润滑油箱；2—辅助润滑油泵；3—泵轴头油泵；4—输油泵；
5—电机；6—润滑油冷却过滤器；7—冷却水泵；8—水池

(原动机)连接的。随着工业的发展，联轴器的结构形式也日益增多，但主要形式可分为固定式和可移式两种。固定式要求被连接的两轴严格对中，并且工作时不发生相对移动。可移式则容许两轴有一定的安装误差，并能补偿工作时可能产生的相对位移(如温度升高时轴因膨胀而产生的伸长，承载时轴线的倾斜等)。可移式联轴器又可分为刚性的和弹性的两类。其中弹性联轴器具有吸收振动、缓和冲击的能力。

### 1. 固定式联轴器

固定式联轴器中应用最广泛的是凸缘联轴器，而凸缘联轴器常有两种形式。一种如图14-4-43所示，它由两个带毂的圆盘(又称半联轴器)所组成。两个圆盘用键分别装在两根轴的端部，并靠几个螺栓将它们结合在一起，利用两个半联轴器的凸肩与凹槽的相互配合保证两轴同心。这种

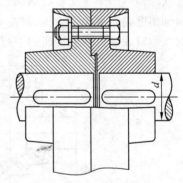

图 14-4-43 凸缘连轴器

联轴器要求有很好的同心度，否则运转会发生跳动。在制造、安装该类联轴器时，必须保证它们的端面跳动十分小，否则虽然两轴已同心，但结合后，仍会使部件内产生应力，引起震动。另一种是利用铰制孔用螺栓连接来实现两轴同心，这种形式传递的扭矩大。

联轴器的材料通常为铸铁，当受重载或圆周速度 $u \geqslant 30m/s$ 时，可采用铸钢或锻钢。

固定式联轴器结构简单、刚性好、对中精确、能传递较大的转矩，但要求被连接的两轴安装准确，且不能缓和载荷的冲击。固定式联轴器通常用于振动不大，速度较低，两轴能很好对中的场合。小功率和轴颈的直径不太大的离心泵较广泛使用固定式联轴器。

### 2. 爪形弹性联轴器

这是小型离心泵上应用比较广泛的一种联轴器。这种联轴器的结构简单，安装和拆卸都很方便，而且在安装上要求精度不高，允许对轮小量的偏差。它是由电机联轴节和泵联轴节及爪形弹性块组成，联轴器的材质一般是灰口铸铁(HT20~40)，爪形块为橡胶，如图14-4-44所示。

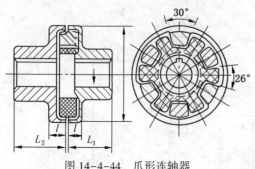

图 14-4-44　爪形连轴器

### 3. 可移式联轴器

离心泵往往由于在制造、安装上的误差，使原动机与泵相联的两轴轴线很难对中。另外，离心泵在工作时，由于工况的变化，引起轴承发生弹性变形等，亦要引起两轴相对位置的变化，对于两轴相对位置的变化，如果联轴器没有适应的能力，那么就会在轴、联轴器和轴承上引起附加载荷，甚至使泵在运行时出现剧烈振动，工作情况会严重地被恶化。采用可移式联轴器，则可改善泵的运转情况。

弹性可移式联轴器有弹性圈柱销式联轴器和尼龙柱销式联轴器两类。

对于大型离心泵，多用弹性圈柱销式联轴器。弹性圈柱销式联轴器结构如图 14-4-45 所示，它有两个凸缘联轴器，两个圆盘的连接不用螺栓而用带橡胶圈的柱销。它的两个凸缘的轮壳固定于各自的传动轴上。每个凸缘轮壳上固定有柱销沿轴向伸入对方带有橡皮圈的孔内，通常橡皮圈内有金属套，转矩通过柱销传到橡皮圈。由于橡皮圈是用弹性材料制成，它可允许两个凸缘轮壳略有倾角或偏移。为了补偿较大的轴向位移，在弹性圈柱销联轴器的两个对轮之间留有 3~7mm 间隙，对于较大机组间隙还要大些，这主要是考虑机泵轴在工作中可能发生窜动时，不致使转子发生碰撞或顶死，以保证机组的正常运行。如图中间隙 $c$。这种联轴器适用于正反转启动频繁的高速轴，同时还可允许两轴有一定的安装偏差，一般允许两轴角度偏斜 $\leq 40'$，径向偏差 $\leq 0.2mm$。对于具体安装要求，要视每台泵的情况而定，如对大型输油泵，两轴端面的平行度和两轴的同心度，均要求在 0.1mm 之内。

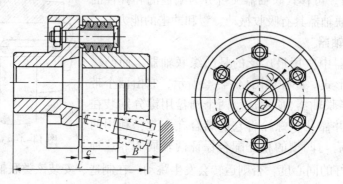

图 14-4-45　弹性圈柱销式连轴器

这种联轴器的特点是弹性较好，能减少冲击，不需润滑，并具有电气绝缘性能。缺点是外形尺寸大，需要较高的加工精度，弹性圈容易磨损需要更换。

尼龙柱销式联轴器利用尼龙柱销代替橡胶套圈，该联轴器结构简单，更换柱销方便。为防止柱销滑出，在柱销两端配置挡圈，在装配时应注意留出间隙，补偿轴向位移。

在弹性可移式联轴器中，动力都从主动轴通过弹性件传递到从动轴。因此，它能缓和冲击、吸收振动，适用于启动频繁的高速泵轴。其最大转速可达 5000~8000r/min，使用温度范围为 -20~60℃。有时，为了检修方便，还使用加长联轴器，这样，在拆卸节段式多级泵时，可以不用移动电机。这类联轴器能补偿较大的轴向位移。依靠弹性柱销的变形，允许有微量的径向位移和角位移。但如果径向位移或角位移较大时，将会引起弹性柱销的迅速磨损，因此，这种联轴器安装时仍需较仔细地进行。

# 第五节　联轴器的装配和原动机安装

联轴器装配前先把零部件清洗干净，清洗后的零部件，要把黏在上面的洗油(汽油、煤油和柴油)擦干。在短时间内准备运行的联轴器，擦干后可在零部件表面涂些透平油或机油，防止生锈。对于要经过较长时间才投用的联轴器，应涂以防锈油保养。联轴器的结构型式很多，具体装配的要求、方法都不一样。对于安装来说，总的原则是严格按图纸要求进行装配。具体的只能介绍一些联轴器装配中经常需要注意的问题。对于应用在高速旋转机械上的联轴器，一般在制造厂都做过动平衡试验，动平衡试验合格后画上各部件之间相互配合方位的标记。在装配时必须按制造厂给定的标记组装，这一点是重要的。如果不按标记任意组装，很可能发生由于联轴器的动平衡不好引起机器振动的现象。

另外联轴器法兰盘上的连接螺栓是经过称重的，使每一联轴器上的连接螺栓能做到重量基本一致。如大型离心式压缩机上用的齿式联轴器，其所用的连接螺栓相互之间的重量差一般小于 0.05g。因此，各联轴器之间的螺栓不能任意互换，如果要更换联轴器连接螺栓中的某一个，必须使它的重量与原有的连接螺栓重量一致。此外，在拧紧联轴器的连接螺栓时，应对称，逐步拧紧，使每一连接螺栓上的拧紧力基本一致，不致于因为各螺栓受力不匀而使联轴器在装配后产生歪斜现象，有条件的可采用力矩扳手。

对于刚性可移式联轴器，在安装完后应检查联轴器的刚性可移件能否进行少量的移动，有无卡住的现象。各种联轴器在装配以后，均应盘一盘车，看看转动情况是否良好。总之，联轴器的正确安装能改善机器的运行情况，减小机器的振动，延长联轴器的使用寿命。

联轴器在泵轴上安装好后，就要进行和原动机的连接。目前多数离心泵的原动机是电动机，电动机的安装主要使电动机轴的中心线与离心泵轴的中心线调整在一条直线上，这样在作旋转运动时才能不发生振动。离心泵与电动机轴是用联轴节(又称靠背轮或对轮)联结在一起的，所以电动机的安装主要是联轴节的找正。

联轴节的找正方法很多，但多数方法比较麻烦，常用以下两种方法。

**1. 用钢板尺找正**

这种方法简单方便，主要应用在要求不太高、精密度较差的联轴节的连接或用百分表找正之前的粗略找正。如图14-5-1所示，首先用钢板尺靠在一个对轮上，看另一个对轮的间隙大小，然后逐步加以调整。使钢板尺上下左右与对轮接触，要是钢板尺在对轮的四周都能和两个对轮平行接触，说明两个对轮同心。最后用塞尺上下左右测量对轮端面之间的间隙，使各方向间隙相等，说明两个对轮平行。两个对轮要同心又平行，则轴也就基本能在一条直线上。这种找正方法比较简单，但精密度不高，一般只能应用于不需要精确找正中心的机器。

大型离心泵，如带有弹性联轴器的大型输油泵和驱动机，轴向的中心线偏差不应超过0.0508mm，联轴器轮毂的平面平行度应该在 0.0508mm 之内，就必须寻求更精确的方法。

**2. 利用中心卡及千分表(或百分表)测量联轴器的不同心度和端面不平行度**

如图 14-5-2 所示，利用中心卡及千分表可以同时测量联轴器的径向间隙 $a$ 和轴向间隙 $S$。这种找正方法操作方便，应用较广。因为用了精密度较高的千分表来测量径向间隙和轴向间隙，故此法的精密度很高，它适用于需要精确找正中心的精密、高速的机器。

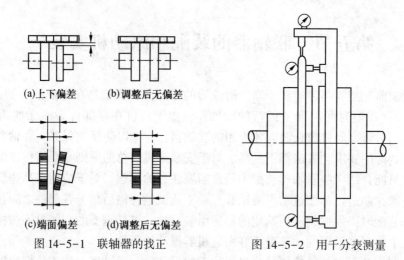

(a)上下偏差　(b)调整后无偏差

(c)端面偏差　(d)调整后无偏差

图 14-5-1　联轴器的找正

图 14-5-2　用千分表测量

利用中心卡及塞尺或千分表来测量联轴器的不同心度(径向间隙)时，常用一点法来进行测量。所谓一点法是指在测量一个位置上的径向间隙时，同时只测量同一个位置上的轴向间隙。

测量联轴器不同轴度，应在联轴器端面和圆周上均匀分布的四个位置，即 0°、90°、180°、270°进行测量。其测量方法如下：

(1) 将半联轴器 A 和 B 暂时相互连接，装设专用工具或在圆周上划出对准线［见图14-5-3(a)］。

(2) 将半联轴器 A 和 B 一起转动，使专用工具或对准线顺次转至 0°、90°、180°、270° 四个位置，在每个位置上测得两个半联轴器的径向数值(或间隙)$a$ 和轴向数值(或间隙)$S$，记录成图 14-5-3(b)的形式。

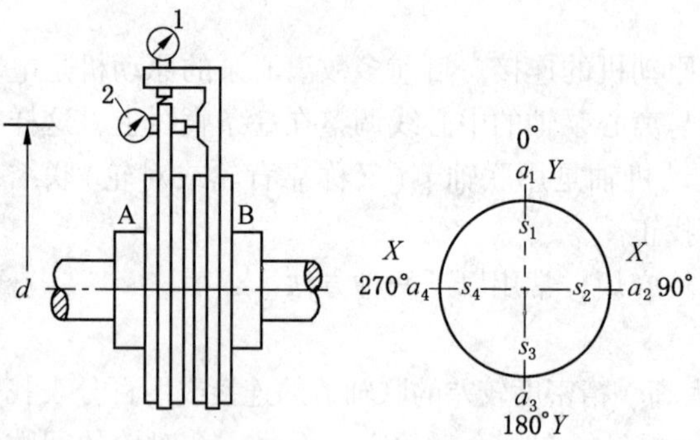

(3) 对测出数值进行复核：

① 将联轴器再向前转，校对各位置的测量数值有无变动；

② $a_1 + a_3$ 应等于 $a_2 + a_4$，$s_1 + s_3$ 应等于 $s_2 + s_4$；

③ 当上述数值不相等时，应检查其原因，消除后重新测量。

(4) 比较对称点上的两个径向间隙和轴向间隙的数值(如 $a_1$ 和 $a_3$，$s_1$ 和 $s_3$)，若对称点的数值相差不超过规定的数值(0.05~0.1mm)时，则认为符合要求，否

(a) 专用工具　(b) 记录形式

图 14-5-3　测量不同轴度

1—测量径向间隙 $a$ 的百分表；2—测量轴向间隙 $b$ 的百分表

则要进行调整。调整时通常采用在垂直方向加减主动机支脚下面的垫片或在水平方向移动主动机位置的方法来实现。

对于小型的泵机组，在调整时，根据偏移情况采取逐渐近似的经验方法来进行调整(即遂次试加或试减垫片，以及左右敲打移动主动机)。对于精密的和大型的机器，在调整时，则应该通过计算来确定加或减垫片的厚度和左右的移动量。

除上述一点法找正测量以外，还有二点法和四点法，因为后两种方法在输油泵站实际工作中应用比较少故不予以介绍。

### 3. 联轴器中心调整

联轴器中心调整就是根据联轴器找轴的中心，也常叫对轮找正。因为离心泵是由电动机或其他原动机械带动的，所以两根轴的起码要求就是联在一起后轴心线相重合，这样运转起来才能平稳，不振动。

1）调整量的计算

图 14-5-4（a）所示是没找正之前的轴心线，这时联轴器存在上张口，数值为 $b$，并且电机轴比离心泵轴低 $\Delta h$。为了使两轴的轴心线重合，进行如下调整：

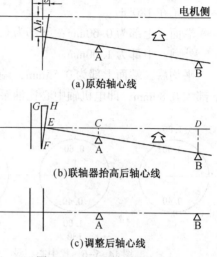

(a)原始轴心线

(b)联轴器抬高后轴心线

(c)调整后轴心线

图 14-5-4 连轴器找中心

（1）先消除联轴器的高差。为此电机轴向上垫起 $\Delta h$，垫起之后情况如图 14-5-4（b）所示。此时前支座 A 和后支座 B 同时在座下加垫 $\Delta h$。

（2）消除联轴器的张口。可在 A、B 支座下分别增加不同厚度的垫片。B 支座加的垫比 A 要厚（增加垫片后应保证联轴器在高低方向上不发生变化）。各点加垫的厚薄要经过计算。

在图 14-5-4（b）中，三角形 $\triangle FGH$、$\triangle ECA$ 和 $\triangle EBD$ 是相似三角形。其对应边成比例，三个三角形之间存在如下关系：

$$\frac{AC}{GH}=\frac{AE}{FH} \quad 即 \quad AC=\frac{AE}{FH}GH$$

式中　$GH$——上张口 $b$；

$AE$——前支座 A 到联轴器端面的距离；

$FH$——联轴器直径。

同理，后支座 B 垫的厚度为：

$$BD=\frac{BE}{FH}GH$$

综合以上两个步骤，总的调整量是：前支座 A 加垫 $\Delta h+AC$；后支座 B 加垫 $\Delta h+BD$。

如果联轴器出现下张口，并且电机轴偏高，计算方法与上述相同，不过这时不是加垫而是减垫。

2）操作方法

（1）先把联轴器上下张口值和上下外圆高低值测量出来。至于左右张口及左右外圆偏差，先不管它（因电机或其轴承支座可以左右移动，最后考虑）。

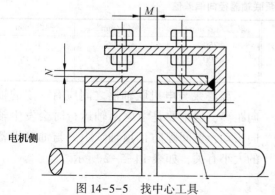

图 14-5-5 找中心工具

测量时，先把电机与水泵联轴器按原始位置连上（带一个销钉），然后固定好找中心工具，如图 14-5-5 所示。

在转子 0°位（测量工具在上方）时，量得联轴器上下部的端面张口数值 $M$ 和外圆高低差 $N$，然后把转子旋转 180°，再测出联轴器上下部的端面张口数值 $M$ 和外圆高低差 $N$，这样比较后就可知道联轴器上下张口值和中心高低差值。例如：

转子在0°时：

端面：上部为0.50mm；下部为0.40mm。

外圆：上部为1.80mm。

转子在180°时：

端面：上部为0.60mm；下部为0.40mm。

外圆：下部为1.00mm。

平均后，端面上部为0.55mm，端面下部为0.40mm，出现上张口0.15mm。外圆上部比下部大0.80mm，即电机轴中心比油泵低0.40mm。找中心记录如图14-5-6所示。

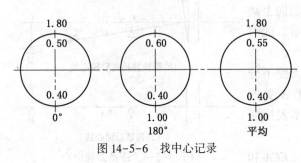

图14-5-6　找中心记录

（2）根据测量数值计算决定前后支座的调整量。为了消除联轴器的高差，电机前后支座都应加垫0.40mm。

假如联轴器直径为200mm，前、后支座与联轴器距离分别为400mm和800mm，为了消除上张口，前支座A应加垫：$\dfrac{400 \times 0.15}{200} = 0.30$mm；后支座B应

加垫：$\dfrac{800 \times 0.15}{200} = 0.60$mm。这样，前支座总共加垫（0.40+0.30）= 0.70mm，后支座总共加垫（0.60+0.40）= 1.00mm。

加垫后，把联轴器左右张口及左右外圆偏差调好（可移动电动机的前后轴承支座或地脚支座）。然后紧上地脚螺栓，最好边紧边看联轴器左右外圆的变化，因紧地脚螺栓时会把电机拉动。如果测量、计算准确，基本上都是一次调成。

现场中的输油泵，联轴器端面有时有瓢偏，但这并不影响找中心工作。这时为了避免产生误差，可在联轴器圆周上很均匀地打上四个字号（相差90°，电机和油泵一起打）。转子每个位置测量时，电机和油泵字号要对准、正确，塞尺只对字号处测量，不要偏离。

有时也会遇到这样的情况：电机高应该往下落，但下面已经没垫片可撤了，这时就只好把离心泵垫高。

找中心的质量要求随泵的结构而异。转数高质量要求也高，转数低质量要求亦低。找中心的质量与联轴器是弹性的或是刚性的也有关系，如表14-5-1所示。

表14-5-1　离心泵联轴器径向偏差值

| 转数/(r/min) | 刚性/mm | 弹性/mm | 转数/(r/min) | 刚性/mm | 弹性/mm |
|---|---|---|---|---|---|
| ≥3000 | ≤0.02 | ≤0.04 | <750 | ≤0.06 | ≤0.10 |
| <3000 | ≤0.04 | ≤0.05 | <500 | ≤0.10 | ≤0.15 |
| <1500 | ≤0.06 | ≤0.08 | | | |

表14-5-2　离心泵联轴器轴向距离

| 设备大小 | 端面距离/mm |
|---|---|
| 大　型 | 8~12 |
| 中　型 | 6~8 |
| 小　型 | 3~6 |

离心泵与电机联轴器之间应有一定的轴向距离，这主要是考虑两轴运行时会发生轴向窜动，留间隙防止顶轴。距离与油泵设备的大小有关，如表14-5-2所示。

# 第十五章 输油泵

目前，国内输油管道所采用的输油泵主要有：KD 型、DKS 型、KS 型、Sh 型、D（DA）型、Y（YS）型、DY 型、DZS 型以及进口的宾汉姆泵、梯森泵、硅纳德泵、MDVN 泵、DE 泵等。

## 第一节　400KD250×2 型输油泵

400KD250×2 型输油泵，是单吸双级水平中开式离心泵，吸入口径为 400mm。

### 一、泵的性能特点

400KD250×2 型泵输送常温清水时性能为：额定流量 1200m³/h，额定扬程 550m，配带电机功率 2500kW，转数 2980r/min，效率 73%，输送介质温度可达 120℃。该泵用来输送温度为 50℃大庆原油时的性能，经现场测定如表15-1-1所示，特性曲线如图 15-1-1。

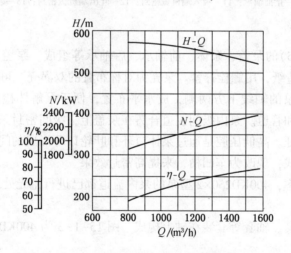

图 15-1-1　400KD250×2 型泵输油特性曲线

该泵由于转数高、排量大，需正压进泵（压力为 0.1～0.8MPA），若进泵压力过低易产生汽蚀，所以东北输油管道采用 20Sh-13（或20Sh-9）型离心泵作为该型泵的供油泵。

**表 15-1-1　400KD250×2 型输油泵输大庆 50℃原油时特性**

| 流量/（m³/h） | 扬程/m | 功率/kW | | 效率/% |
| --- | --- | --- | --- | --- |
| | | 轴功率 | 电机额定功率 | |
| 1448 | 499 | 2197 | — | 75.2 |
| 1642 | 481 | 2346 | 2500 | 76.8 |
| 1775 | 444 | 2359 | — | 76.7 |
| 1890 | 403 | 2400 | — | 70.8 |

## 二、400KD250×2 型泵结构特点

400KD250×2 型泵的结构如图 15-1-2 所示。

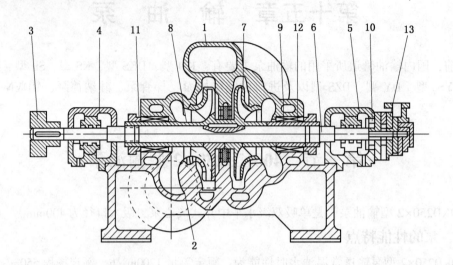

图 15-1-2　400KD250×2 型泵结构

1—泵盖；2—泵体；3—连轴器；4—前轴承；5—后轴承；6—轴承；6—轴；7—叶轮；8—挡套；
9—轴套；10—止推轴承；11—吸入端机械密封；12—吐出端机械密封；13—泵轴润滑油泵

### 1. 泵壳部分

主要由铸钢(ZG25)的泵盖、泵体、前轴承、后轴承等组成。泵盖和泵体两水平中开面间加两层 0.12mm 模造纸，用螺栓拧紧。泵壳为对称布置的双涡壳，可以消除径向力。泵的吸入口和吐出口均在泵的轴线下方两侧，成水平布置，便于泵解体检查、修理和更换零部件，而不必拆卸电机和管道。泵内级间流道合铸在泵盖上，级间密封采用中间隔板与转子形成的很小间隙加以保证。高低压腔是通过泵体口环和叶轮口环形成的间隙实现密封。这两部分密封原为直角平口式，现改为车凹槽，来提高密封效果。

为了提高泵的效率，400KD250×2 型泵的泵内流道都已进行抛光处理。

### 2. 转子部分

主要由叶轮、挡套、轴套等套装在轴上构成。图 15-1-3 为 400KD250×2 型泵转子结合部组装情况。

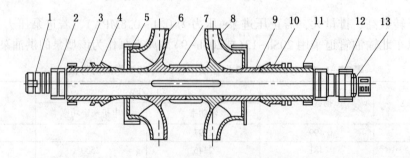

图 15-1-3　400KD250×2 型输油泵转子结合部

1—轴；2，13—小圆螺母；3—前轴套；4—填料套；5—叶轮密封环；6——级叶轮；7—叶轮衬套；
8—二级叶轮；9—挡套；10—泄压环；11—后轴套；12—单列向心球轴承(46215)

400KD250×2 型泵的叶轮材质为 2Cr13。两个单吸叶轮对称安装，在理想情况下可以消除轴向力，叶轮的形状虽然是对称的，但在铸造和加工过程中的误差总是存在的，这是离心泵发生振动的原因之一。

### 3. 泵的轴封

400KD250×2 型泵的吸入端和吐出端均采用机械密封。

(1) 吸入端机械密封 吸入端(低压端)采用内装旋转式不平衡型机械密封，这是因为吸入端泵腔内压力较低(0.3MPa)，采用不平衡型机械密封已能满足要求。

(2) 吐出端机械密封 吐出端(高压端)采用内装旋转式平衡型机械密封(平衡程度系数 $\beta = 0.23$)，这是因为吐出端泵腔内压力较高，可达 2.2~2.5MPa 左右，采用平衡型机械密封可以平衡掉一部分液体压力所产生的轴向推力，减少密封端面比压，有利于密封使用寿命的延长。

400KD250×2 型机械密封摩擦副的动静环均采用碳化钨(YG6)制成。这种材质的优点是硬度高、耐磨、耐高温、耐高压性能好、耐腐蚀、使用寿命长；其缺点是材质性脆，易被磕碰损坏，导热性能差，温度骤变时易炸裂，且价格较贵。为此，对该机械密封进行了改革试验。改革的方法是用不锈钢 2Cr13 或 1Cr18Ni9 制成动、静环的基座外圈，用碳化钨构成摩擦副的小环，然后将不锈钢外圈加热至 200~300℃，再将碳化钨小环(其外圈较不锈钢基座内孔有一定过盈量)用液压机压入不锈钢基座内孔。经过这样改革后的机械密封动、静环比较经济轻便，使用实践证明比全用碳化钨制成的机械密封环导热性能好，安装拆卸过程中也较轻便，能满足生产的需要。但这种改革的机械密封若加工精度达不到要求，或不锈钢基座外圈与碳化钨小环的配合选择不当，则会显著地影响使用效果。

该机械密封的辅助密封元件有用耐油丁腈橡胶制成的动环密封圈和静环密封圈。这种密封圈具有耐油、吸振的作用(由于有弹性，可吸收对摩擦副有不良影响的振波)，密封效果较好。该机械密封的压紧元件是用不锈钢材质制成的弹簧、推环、弹簧座、传动螺钉和防转销等。在压紧元件中，应保证弹簧的设计压力和长度，以提高机械密封的使用效果。

(3) 机械密封的冷却 机械密封在工作时，摩擦副中不断产生摩擦热，致使动环与静环间的液膜汽化，使某些零件老化、发焦、变形，这些都会影响机械密封的使用寿命，因此，400KD250×2 型泵机械密封有冷却装置。该密封的冷却方法为介质自冷式，即加装油冷却管路。油冷却管路目前有以下两种接法：第一种是在泵上加装两条冷却管，一条从高压端机械密封压盖管孔接到吸入腔，另一条是从一级压力腔接到低压端机械密封压盖管孔；第二种接法是在泵上只装一条油冷却管，该管从高压端机械密封压盖管孔接到低压端机械密封压盖管孔。这两种接法以第二种较好，目前应用普遍。在冷却管路上装有两个阀门，一个是针形阀，可在运行中根据机械密封的温度来调节经济的油循环量，并且为保证冷却管路不被堵塞，在管路的入口加装过滤器，另一个阀门是放空用，在启泵前排出机械密封管路和机械密封腔内的气体。

### 4. 泵的轴承

400KD250×2 型泵及其原动机均采用滑动球面轴承，轴承由轴承架支承。轴承与轴承架是球面接触，间隙为 0~0.04mm，这样，机泵在运转过程中轴承可以自动调节中心，以弥补安装偏差。泵轴承材质选用铸钢(ZG25)，轴承架通过止口定心，用螺栓固紧在泵体上。电机的轴承材质选用球墨铸铁(QT)，轴承架用螺栓固紧在台板上。原动机和泵的轴承衬里均采用锡基轴承合金(ChSnSb11-6)，这种合金与泵轴承铸钢贴附较好，但与电机轴承球墨铸铁贴附较差，较易出现脱壳现象。

锡基轴承合金也叫巴氏合金，是由较软的金属锡锑组成基体，中间均匀分布着锡锑和铜锡的硬质点。这种合金具有较高的耐磨性(摩擦系数0.005)，塑性、韧性均较好，硬度适中(HB30)，所以它的减摩擦性和抗冲击能力较好；此外还具有优良的导热性、耐蚀性、良好的铸造性和切削加工性。其缺点是疲劳强度低，工作温度≤110℃。

这种球面轴承的刮研余量较少，当轴承与轴颈间隙超差后，就需要重新更换轴承或重新挂轴承合金。为提高轴承的利用率，400KD250×2型泵和原动机采取轴承中开面加调整垫的办法。第一次投入使用的新轴承，中开面间的调整垫尽可能地增到最大值0.5mm，当轴承与轴颈的间隙超差时(在0~0.5mm内)可通过减少中开面间调整垫的方法使之调整到标准间隙，从而延常了轴承的使用寿命。

**5. 平衡部分**

400KD250×2型泵径向力的平衡是采用双涡壳对称布置的方法，轴向力是采用叶轮背靠背的对称布置方法，残余的轴向力借助于两块大口朝内对称安装的46215轴承来消除。

**6. 传动部分**

400KD250×2型泵采用弹性联轴器与电机连接，联轴器上装有安全防护罩。

# 第二节　200GDKS100×6型输油管线泵

GDKS型泵为水平中开式多级离心泵，供输送温度不高于80℃的原油、成品油及其他石油产品之用，也可用于输送不含杂质、无腐蚀的其他介质。

该泵进口允许使用压力最高不得超过2.5MPa，泵在正常运行时其出口压力不得高于10MPa，泵在启车或遇意外情况时瞬时压力不得高于12MPa。

GDKS型泵机组可根据用户要求配套供应电机，撬装底座，调速装置及测温、测振，密封泄漏和压力监测等仪器、仪表。

**1. 泵的性能特点**

200GDKS100×6型泵的性能参数见表15-2-1。

表15-2-1　泵在常温清水条件下的性能参数

| 型　号 | 流量/<br>(m³/h) | 扬程/<br>m | 转速/<br>(r/min) | 效率/<br>% | 轴功率/<br>kW | 配用功率/<br>kW | NPSH/<br>m |
|---|---|---|---|---|---|---|---|
| 200GDKS100×6 | 350 | 600 | 2980 | 81 | 706 | 900 | 6.5 |

**2. 泵的结构**

GDKS型泵主要由泵体、泵盖、转子部件，轴承部件及密封等几部分组成。详细结构及各零部件的名称、装配关系见图15-2-1及轴承、机械密封等部件图。

(1) 泵壳体　泵的壳体为水平中开式，上部为泵盖，下部为泵体。泵的进出口位于泵体的两侧，距泵中心的高度相同。压水室采用双涡壳结构以平衡径向力。泵壳材料为铸钢。

(2) 转子部分　泵的转子部件主要由轴、叶轮、泄压套及级间套等组成。

① 轴　轴由合金钢经精密加工而成。

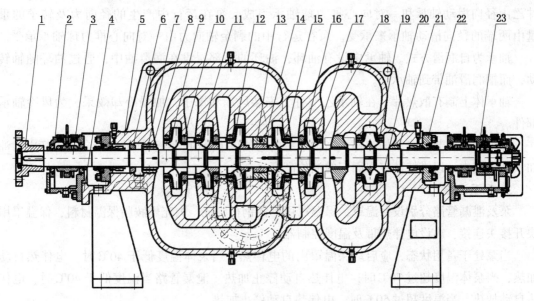

图 15-2-1　200GDKS100×6 型输油管线泵

1—联轴器部件；2—轴承部件；3—轴；4—泵体；5—泵盖；6—喉部衬套甲；7—泄压套；
8—泄压环；9—第四级叶轮；10—泵体密封环；11—第五级叶轮；12—第六级叶轮；13—级间环；
14—级间套；15—第三级叶轮；16—叶轮键；17—卡环；18—第二级叶轮；19—第一级叶轮；
20—泵体密封环；21—喉部衬套；22—机械密封部件；23—轴承部件

② 叶轮　叶轮采用不锈钢经精密铸造而成。叶轮与轴采用过渡配合，装配时，先将叶轮加热到 232℃，再装到轴上。叶轮采用两半圆卡环进行轴向定位。叶轮与轴用键连接。

（3）密封部分　密封部分主要包括泵内级间密封和轴封两大部分。级间密封主要由可更换的叶轮密封环、泵体密封环及级间环、级间套、泄压环、泄压套来实现。其运转间隙较小，以减小液流从高压区向低压区泄漏。两端轴封采用相同的单端面平衡型集装式机械密封。机械密封具体结构如图 15-2-2 所示。

（4）机械密封冲洗管路　机械密封冲洗液一般从第一级压出室引出，经滤网后通过节流孔板后进入旋涡分离器，经分离后干净液体进入密封腔冲洗机械密封，带有颗粒的液体返回泵进口。

（5）联轴器　联轴器采用加长膜片弹性联轴器。当机械密封需维修或更换时，只要拆下中间联轴器即可进行，而不需打开泵盖或拆下进、出口管路。

（6）轴承　泵上装有轴承部件甲和轴承部件乙各一套。轴承部件甲为径向滑动轴承，轴承部

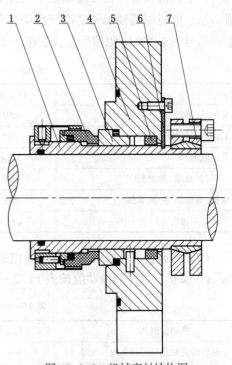

图 15-2-2　机械密封结构图

1—机械密封轴承套；2—动环；
3—静环；4—机械密封压盖；5—节流衬套；
6—定位板；7—夹紧圈部件

件乙由径向滑动轴承和一对向心推力球轴承组成。泵在运行中产生的径向力及转子的重量由两端的径向滑动轴承来承受。泵在运行中的剩余轴向力由一对向心推力球轴承承受。

轴承为自润滑方式。轴承中设有油环,油环的下部浸没在润滑油中,通过油环随轴转动,而把润滑油带到轴承处。

轴承体上制有散热片。在轴承乙部件上安装风扇和罩子,加强冷却效果,为风冷轴承部件。

在轴承体上装有自动加油杯。当轴承室内的油位下降时,自动加油杯会自动将杯中的油加入到油室中,以维持油室中固定的油位高度。

**3. 保温设施**

泵及泄漏管路分别设保温罩,保温罩用不锈钢板制成,内充聚胺脂保温材料,保温罩用快开接头连接,内设电伴热带及温度控制器。

当泵处于备用状态,应启动保温罩内的电伴热。当泵体温度低于 40℃ 时,电伴热自动加热,当泵体温度超过 70℃ 时,电伴热自动停止加热。泄漏管路当温度低于 40℃ 时,电伴热自动加热,当温度超过 50℃ 时,电伴热自动停止加热。

**4. 仪器仪表**

可根据用户要求给泵机组配置测温、测振、密封泄漏和压力监测等一次仪表,也可配置成套计算机控制系统。

(1)测温仪表　在泵两端轴承及泵体、电机三相绕组及两端轴承都设有 Pt100 铂热电阻。泵、电机两端轴承及电机三相绕组设有就地温度显示仪表,Pt100 铂热电阻为隔爆型。输出信号为 Pt100 电阻信号。仪表按表 15-2-2 规定值进行配置和调节。

表 15-2-2　温度的配置和调节

| | 设定值 | 测量范围 | 报警值 | 停机值 |
|---|---|---|---|---|
| 泵轴承(联轴器端)温度 | <80 | 0~100 | 80 | 85 |
| 泵轴承(从动端)温度 | <80 | 0~100 | 80 | 85 |
| 泵体温度 | $\Delta t<4$ | 0~100 | $\Delta t>4$ | $\Delta t\geqslant6$ |
| 电机(风扇端)轴承温度 | <85 | 0~100 | 90 | 95 |
| 电机(联轴器端)轴承温度 | <85 | 0~100 | 902 | 95 |
| 三相绕组温度 | <130 | 0~200 | 135 | 145 |

(2)测振仪表　在泵两端轴承及电机两端轴承上设隔爆型振动传感器。输出信号为 4~20mA。泵正常运行热振动值按表 15-2-3 中的规定值进行配置和调节。

表 15-2-3　震动的配置和调节

| 控制监测部位 | 正常工作允许值 | 报警值 | 停机值 |
|---|---|---|---|
| 泵联轴器商轴承处任意方向 | $V_{rms}<4.5$ | $V_{rms}\geqslant7.1$ | $V_{rms}=11.2$ |
| 泵推力端轴承处任意方向 | $V_{rms}<4.5$ | $V_{rms}\geqslant7.1$ | $V_{rms}=11.2$ |
| 电机风扇端 | $V_{rms}<2.8$ | $V_{rms}\geqslant3.5$ | $V_{rms}=4$ |
| 电机联轴器端 | $V_{rms}<2.8$ | $V_{rms}\geqslant3.5$ | $V_{rms}=4$ |

注:表中 $V_{rms}$ 为振动速度的有效值(即均方根值)。

（3）密封泄漏监控仪表 在泵两端密封腔泄露管路上设音叉式液位开关，输出为开关信号。正常使用时机械密封的泄漏量应该少于 30~60 滴/s，若泄漏量大于此值时，则说明安装或机械密封质量有问题，应停机检查，找出问题，重新安装。当机械密封损坏，泵内介质大量往外泄漏时，则控制仪表将报警、停机。

**5. 轴承的注油**

1）泵轴承的注油

将轴承上部的放气堵和恒定油位加油器的油杯取下，从上部的放气堵孔里加入 30 号透平油，加油时不宜太快，当下注油器内油没过油孔时，马上停止向轴承体内加油。这时用油杯来继续加油，先将油杯装满油，然后迅速扣回到下注油器上，这时油杯中的油位会下降，如果油杯中的油位下降到一定程度不再下降，这时再将油杯拿下，灌满油后扣回去，此时油杯中的油面将不会下降。转动泵轴从放气堵孔中观察油环是否能把油带上来。如油环能把油带上来，说明油位符合要求，然后把放气堵装回原处。泵在使用过程中，油杯中油位下降后，要及时向油杯中补油。

2）电机轴承的注油

当电机轴承为脂润滑轴承时，电机出厂时一般已在轴承内加入了一定量的润滑脂。先检查轴承内是否清洁，如放置时间较长，轴承内已进入了脏物，应对轴承进行清洗，清洗完后，加入适量的润滑脂。如轴承内无脏物，确认润滑脂是否够量，如量少应加入一些。一般用牌号为特级 3 号锂基润滑脂，详见电机说明书的要求。

当电机轴承为稀油润滑滑动轴承时，打开电机轴承体上部的注油孔，从注油孔中加入 30 号透平油，在加油的同时注意通过油标观察轴承体中的油位，当油位上升到油标的中间位置时，停止加油，然后装好注油孔盖。

# 第三节　KS 型输油泵

KS 型输油泵系双吸水平中开卧式单级离心泵，目前，输油管道用主要有 KS3000-190 和 KS2700-190 两种规格，其中 KS3000-190 是东北铁一大线用的串联泵，KS2700-190 是庆一铁线各增压站用泵。

下面介绍 KS3000-190 型输油泵的性能结构特点。

**1. 泵的性能特点**

KS3000-190 型泵用常温清水试验的性能为：流量 2100~3600m³/h，扬程 223~156m 液柱，配带电动机功率 2000kW，转数 2980r/min，效率 77%~81%，输送介质温度可达 120℃。图 15-3-1 所示为 KS3000-190 型泵输水时特性曲线。该泵由于转数高、排量大，所以汽蚀性能很差，因此，需正压 0.3MPa 以上进泵。

**2. 结构特点**

KS3000-190 型输油泵结构如图 15-3-2 所示。

（1）泵壳部分 主要由铸钢的泵体、泵盖和左、右轴承等组成。泵盖和泵体两水平中开面之间加二层 0.12mm 的模造纸，用螺栓固紧。泵壳为双涡壳式，可以消除径向力，泵的吸入口和吐出口均在泵的轴线下方两侧，这便于泵解体检修，更换零部件，而不必拆卸电机和管路。泵的吸入腔和吐出腔之间是通过泵体口环和叶轮口环形成的间隙实现密封。

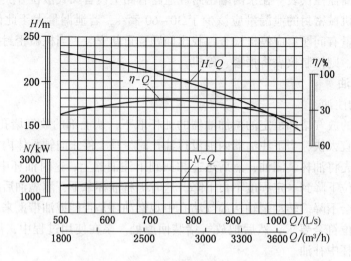

图 15-3-1 KS3000-190 型泵输水性能

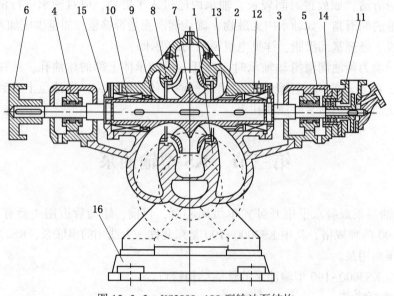

图 15-3-2 KS3000-190 型输油泵结构

1—泵体;2—泵盖;3—轴;4—左轴承;5—右轴承;6—联轴器;7—叶轮;8—泵体口环;9—挡套;
10—轴套;11—轴头泵;12—机械密封;13—卸压套;14—轴套;15—密封盖;16—泵座

（2）转子部分 主要由叶轮、挡套、轴套等套装在轴上组成。由于采用单级双吸叶轮，所以，在理想情况下可以消除轴向力。转子上装有止推轴承，以承受转子运转中产生的残余轴向力。

（3）泵的轴封 KS3000-190 采用外装固定式平衡型机械密封，设计时考虑三台泵串联使用，密封承压为 2.8MPa。构成摩擦副的动、静环材质主要为碳化钨，其外面底座用不锈钢镶制（其优点参见 400KD250×2 型输油泵的机械密封）。

KS3000-190 型泵的机械密封与 400KD250×2 和 DKS 型泵的机械密封比较，结构上最大的差异是弹簧套装在静环上，当上紧压盖时由于弹簧压缩而使动、静环摩擦副压紧。由于弹簧不随动环旋转，而且打开压盖即可取出，这有利于延长弹簧使用寿命，并便于对弹簧的检查。

机械密封的冷却方式采取介质自冷式。

（4）轴承部分及润滑油系统 KS3000-190 型输油泵机组的轴承均采用滑动轴承，利用泵轴润滑油泵和辅助润滑油泵进行强制润滑。其轴瓦的结构形式、润滑系统的组成、供油方式等与 400KD250×2 型输油泵相同。

（5）传动部分 KS3000-190 型输油泵采用弹性联轴器与电机连接，联轴器装有安全防护罩。

# 第四节　Sh 型、DA 型、D 型输油泵

## 一、Sh 型泵

Sh 型泵为双吸单级水平中开卧式离心泵，用作输送清水及其他无腐蚀性、无杂质的介质，允许温度不超过 80℃。Sh 型泵在输油管道上应用较多，如 20Sh-13、14Sh-9、12Sh-9、8Sh-9、6Sh-9 等规格，多用作需正压进泵的输油泵的供油泵。下面以 20Sh-13A 说明其型号的意义如下：

20——泵的吸入口直径为 20in(500mm)；

Sh——双吸单级离心泵；

13——表示该泵在设计点的比转数为 13×10＝130；

A——表示叶轮外径第一次车削。

### 1. 泵的性能

Sh 型泵的口径自 6in 到 48in 共有 33 个品种，扬程为 9～140m 液柱，流量为 126～12500m³/h，该泵的效率绝大多数在 80% 以上。

### 2. 结构

Sh 型泵分甲、乙两类，轴径等于或小于 60mm 的为甲类，用单列向心球轴承支承，采用黄油润滑；轴径等于或大于 70mm 的为乙类，两端支承采用滑动轴承，借油环自引带油润滑。Sh 型泵结构如图 15-4-1 所示。泵体与泵盖构成整个工作室，泵体、泵盖均由铸铁制成，在泵盖的顶部留有管孔，以便启泵前进行灌泵或排空用。吸入管和排出管均在泵轴中心线下方成水平位置，并与泵体合铸在一起。在吸入管与排出管的法兰上，有装真空表和压力表的管孔，在吸入管和排出管的最低位置有停泵用的排出管孔。泵盖用双头螺栓及圆锥定位螺钉固定在泵体上，可以便于揭开，检查泵内全部零件，无需拆卸吸入、排出管路及电动机（或其他原动机），因此检修极为方便。从传动方向看，泵轴均为逆时针方向旋转。泵盖与泵座的接缝是水平方向的，通常称为水平中开式。

叶轮用铸铁制成对称形状，液体从两侧进入叶轮。理论上应没有不平衡的轴向力，但实际上总有少许残余不平衡轴向力，可以由轴承来承受。比转数低于 90 的泵采用圆柱面叶片，比转数在 130 以上的泵采用扭曲叶片。

泵腔内利用泵体口环与叶轮口环(叶轮颈部)形成的很小间隙，将吸入腔和压出腔隔开，

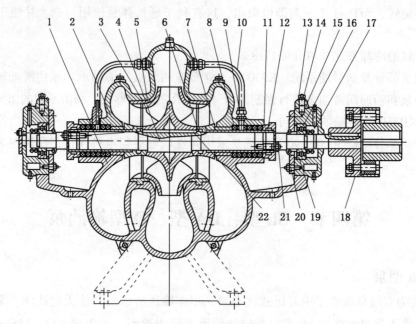

图 15-4-1 Sh 型泵结构

1—泵体；2—泵盖；3—叶轮；4—轴盖；5—密封环；6—轴套；7—填料套；8—填料；
9—液封环；10—液封管；11—填料压盖；12—轴套螺母；13—固定螺钉；
14—轴承体；15—轴承体压盖；16—单列向心球轴承；17—固定螺帽；
18—连轴器；19—轴承挡套；20—轴承盖；21—压盖螺栓；22—键

防止液体从压入腔回到吸入腔，以达到密封的目的。泵轴用优质碳钢制成，轴的中间位置装有叶轮，叶轮用平键及两端带有丝扣的轴套固定，并安有锁紧垫片，防止松动。前后轴套一方面用来固定叶轮，另一方面在填料涵一端防护轴的磨损，近年来许多泵站的 Sh 型泵的密封改用螺纹密封，取得较好效果。

## 二、DA 及 D 型泵

### 1. DA 型泵

DA 型泵是单吸多级节段式离心泵，供吸送常温清水和其他无腐蚀性介质用。目前，输油管线有部分输油站采用此泵。

下面以 4DA8×9 说明其型号的意义

4——吸入口直径为 4in(100mm)；

DA——单吸多级节段式离心泵；

8——设计比转数为 80；

9——叶轮为 9 级。

1）泵的性能

DA 型泵的流量为 10.8~351m³/h，扬程为 14~351m，吸入口径为 2~8in，吸程为 6~8m。

2）结构

如图 15-4-2 所示，DA 型泵系多级分段式离心泵。其吸入口位于进水段上呈水平方向，吐出口在出水段上垂直向上。其扬程可根据使用需要增减泵的级数。泵装配质量的好坏对泵性能影响很大，尤其是各个叶轮的出口与导翼的进口中心，稍有偏差即使泵的流量减少，扬

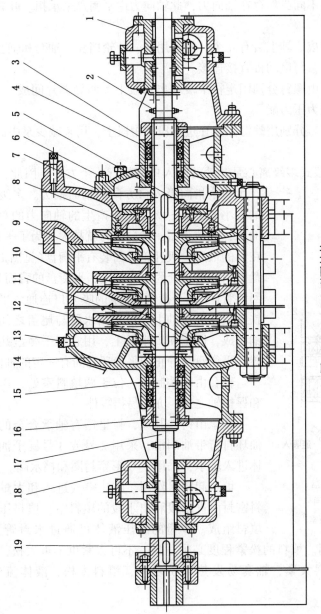

图 15-4-2 DA 型泵结构

1—轴承乙部件;2—挡水圈;3—填料;4—尾盖;5—穿杆;6—螺栓与螺母;7,9—纸垫;8—出水段部件;10—中段部件;
11—密封环;12—叶轮;13—螺塞;14—进水段;15—水封环;16—压盖;17—轴;18—轴承甲部件;19—联轴器

程和效率降低，故在检修和装配时务必注意，若有偏差必须调整。DA 型泵的主要部件有进水段、中段、叶轮、轴、导翼、密封环、平衡盘、出水段、轴套和轴承、尾盖及轴承体等。

进水段、中段、出水段及尾盖均由铸铁制成，共同形成泵的工作室。

叶轮由优质铸铁或铸铜制成，装有导叶，导叶的位置在叶轮的外缘。由于液体沿轴向单侧进入，叶轮前后承压不同必然存在轴向力，此轴向力由平衡盘来承担。叶轮制造时经过静平衡试验。

轴由优质碳素钢制成。轴上装有几个叶轮，用键、叶轮挡套、轴套和轴套螺母固定，轴的一端安装联轴器部件，与电动机直接连接。

导翼由铸铁制成，由螺钉分别固定在中段和出水段上。两导翼片间成一个扩散的流道，能使大部分的动能转变为压力能。

密封环由铸铁制成，分别用螺钉固定在进水段和中段上，用来减少泵中高压液体漏回进水部分，为易损零件。

DA 型泵和其他分段式多级离心泵叶轮的吸入口都朝着一个方向。因此，每一级叶轮都产生一个指向吸入口方向的轴向推力。多级泵的轴向推力的大小等于每一级叶轮所产生的轴向力的总和。同一型号的泵，级数越多，轴向推力就越大。为了平衡这一轴向力，在泵的最后一级叶轮后面装有平衡盘(见图 15-4-3)。平衡盘 1 用键和轴套固定在轴上，平衡盘的背面是平衡室 4，用回流管(也称平衡管)与泵的吸入口连通。平衡盘由耐磨铸铁制成，装在轴上，位于出水段与尾盖之间。平衡环由铸铜制成，固定在出水段上，用它与平衡盘共同组成平衡装置。平衡盘与静止的平衡环之间有一定的轴向间隙。

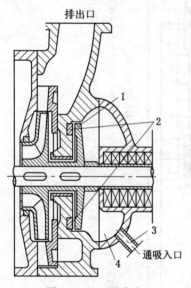

排出口

图 15-4-3　平衡盘
1—平衡盘；2—平衡环；
3—回流管；4—平衡室

通吸入口

轴套由铸铁制成，位于两填料室处，作固定叶轮位置和保护轴之用，亦为易损零件。

轴承由铸铁制成，衬里镶有轴承合金的滑动轴承，借油环自行带油润滑，采用 2 号或 3 号锭子油。为了防止液体进入轴承，采用了 O 形密封圈和挡水圈。

填料起密封作用，防止空气进入和大量液体渗出。填料密封由进水段和出水段的填料室、填料压盖、填料环和填料组成。少量的高压液体可通过水封管及填料环流入填料室中，起水封作用。填料的松紧程度必须适当。不可太紧也不可太松，以每分钟30~60 滴渗出为准，如填料太紧，轴套易发热耗费功率，填料太松，液体流失而降低泵的效率。

### 2. D 型泵

D 型泵是在 DA 型泵的基础上改进而成的新系列单吸多级分段式离心泵，其构造如图 15-4-4所示。D 型泵其结构与 DA 型泵类同，D 型泵的使用范围比 DA 型泵大，其流量为 10~720m³/h，扬程为 23~630m 液柱。D 型泵小口径时转数比 DA 型泵高，使泵的尺寸和重量减小，效率也比 DA 型泵有所提高，并且扩大了使用范围。目前，濮临线、秦京线各站均采用 250D60×9 或 200D65×10 等型号。

D 型泵的定子部分主要由前段、后段、中段、导翼、尾盖及轴承体等零件，用螺杆连接而成。转子部分主要由装在轴上的数个叶轮(根据所需扬程而定)和一个用来平衡轴向力的平衡盘所组成。整个转子部分的两端支承在用润滑脂润滑的单列向心滚柱轴承上。口径200mm 以上的泵采用巴氏合金滑动轴承。

泵的前段、后段、中段之间的静止结合面是用纸垫密封，泵各级间的转动部分密封是靠叶轮前的密封环和导翼套与前段、中段和导翼间的小间隙来达到。为了防止水进入轴承，装了 O 形密封圈及挡水圈。泵的工作室两端以软填料或机械密封密封，用以防止空气进入和大量液体渗出。从电机方向看，泵的旋转方向为顺时针方向。

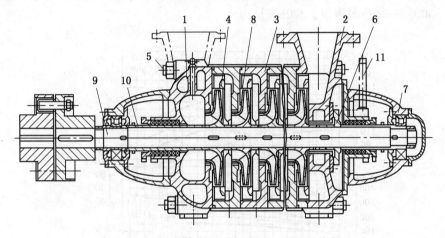

图 15-4-4　D 型泵结构

1—进水段；2—出水段；3—中段；4—导叶；5—螺栓；6—平衡盘；
7—轴承部件；8—叶轮；9—轴；10—轴套；11—回水管

# 第五节　Y 型 油 泵

## 一、Y 型泵

Y 型离心式油泵供输送石油产品之用，大多用于石油工业部门，按其输油温度的不同可分为冷油泵(温度低于 200℃)和热油泵(温度高于 200℃)。额定流量一般为 $Q=2.5\sim600\mathrm{m^3/}$h，额定扬程 $h=60\sim603\mathrm{m}$ 液柱，被输送介质温度在 $-45\sim400℃$ 范围内，是设计用来输送不含固体颗粒的石油及石油产品。Y 型泵体积小，重量轻，结构简单，便于检修。一般 Y 型泵的结构型式较多，有单级单吸、单级双吸的悬臂式结构，也有两级单吸、两极双吸的两端支承式结构，还有多级分段式等结构型式。目前我国某些输油管线采用的 Y 型泵品种有250YS-150C、250YS-250×2、YS 500-160×2C、150Y$_\mathrm{II}$-150×2、80Y-50×7 等。花格线一些泵站使用 KDY300-100×6、YS150-50、150GY40 等型号。图 15-5-1 为 250YS-150 型泵性能曲线。Y 型泵样本给出的特性参数是以 20℃清水做实验得出的。用于输送油品时，应根据所要输送油品黏度先进行换算，后选泵型。

### 1. 型号意义

例如 150Y$_\mathrm{I}$-150A、250YS-150×2、KDY300-100×6：

150、250——泵的吸入口径，mm²；

Y——单吸离心油泵；

YS——双吸离心油泵；

Ⅰ、Ⅱ、Ⅲ——泵用材料代号；

150、100——泵的单级扬程，m；

A——叶轮外径第一次车削；

2、6——泵的级数；

K、D——分别为水平中开、多级泵；

300——每小时流量，300m³/h。

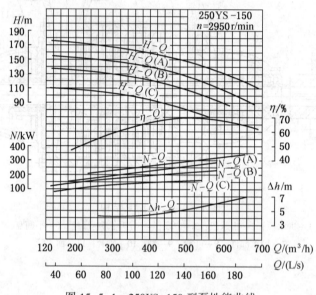

图 15-5-1　250YS-150 型泵性能曲线

## 2. 泵的性能

为了保证油品输送的正常进行，离心油泵除了满足一般要求（结构合理，安装检修方便，易损件数目少而且互换性高，经济合理和操作调节灵活）以外，还必须满足石油化工的特殊要求。它们的内部结构与相应的一般离心水泵大体相同，但还有以下一些特点：

（1）由于工艺装置中油品大多数处于高温状态，故要求泵的吸入性能好，并采取相应的灌注措施。为了减少温度对泵轴的影响，泵轴的支承大多在中心。对一些输送温度较高的油泵（热媒炉的热油泵），为了防止泵在运转中由于热膨胀而产生偏心移动或卡住，在泵的底部一般都设有定位的滑导。

（2）由于某些化学介质具有腐蚀性，故泵的材料要求耐蚀和耐磨损。根据输送液体温度和腐蚀程度的不同，泵盖、泵体和叶轮等主要零件采用三类材料：

第Ⅰ类：铸铁，不耐腐蚀，使用温度为-20~200℃；

第Ⅱ类：铸钢，不耐腐蚀，使用温度为-45~400℃；

第Ⅲ类：合金钢，耐中等硫腐蚀，使用温度为-45~400℃。

（3）Y型油泵与一般离心水泵相同，油品对轴封处的密封要求较高，目前都采用机械密封以减少对外泄漏。轴封装置如采用填料密封，一般填料室的长度较长，有的填料压盖上装有水封，大多采用油封装置。油封装置通入油进行油封润滑和冷却。为了避免金属撞击产生火花，轴封装置的压盖内圆上通常都装有铜环。

（4）为了使泵能连续可靠地运转，填料箱、轴承、支座一般都采取专门冷却、密封、润滑等措施。

（5）由于输送的油品及溶剂是易燃、易爆的，故要求密封可靠，电机防爆或隔爆。

Y 型油泵采用弹性联轴器，可使泵轴有膨胀伸缩的余地。联轴器中间有加长段，检修时先拆下它就可将泵体、托架及转子取下来，不必松开电动机。

Y 型油泵也有多级的，和前面讲的多组泵的结构原理基本一致。

## 二、YD 型离心油泵

YD 型多级分段式离心油泵是 D 型泵和 Y 型泵的结合产品，结构和 D 型泵基本一样。其构造如图 15-5-2 所示。

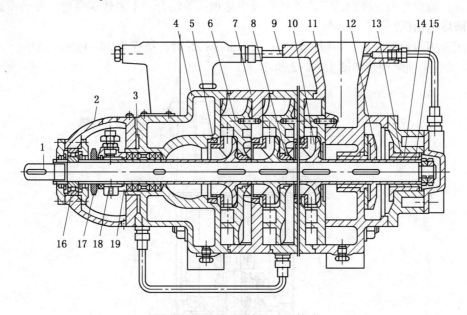

图 15-5-2 YD 型离心油泵构造

1—轴；2—轴承体；3—填料；4—吸入段；5—密封环；6—导叶；7—中段；8—导叶套；9—平衡臂；
10—叶轮；11—排出段；12—平衡盘；13—轴承套；14，19—轴套；15—滑动轴承；
16—单列向心滚柱轴承；17—挡圈；18—填料压盖

（1）固定部分　主要由轴承件、吸入段、中段、排出段、导叶等零件组成，用螺栓连接。吸入段的吸入口为水平方向，排出段的排出口垂直向上。

（2）转动部分　主要由轴及装在轴上的叶转和用以承受轴向推力的平衡盘零件组成。在吸入端转动部分由圆柱滚动轴承支承，在排出端由滑动轴承支承。泵的级数即轴上的叶轮数，按所需的扬程决定。

（3）轴承部分　吸入端采用单列向心圆柱滚动轴承，用润滑脂润滑。该轴承允许少量的轴向移动，以利平衡装置调整间隙达到平衡轴向力，故不得用单列向心球轴承代用。排出端的滑动轴承装在轴承套内，在套的外壁镶入一定位销，防止轴承在套内移动。滑动轴承的内圆，开有三条润滑槽，以平衡盘泻出的油液润滑，油液经平衡回到吸入段。轴承体内备有冷却室，必要时可接引冷却水。

（4）泵的密封　泵的吸入段、中段、排出段之间的结合面涂以二硫化钼润滑脂进行密封，泵的转动部分与固定部分之间靠密封环、导叶套及填料密封。滚动轴承处应用 O 形耐油橡胶圈及挡水套防止油液进入轴承。在中开式填料压盖上方接装管径为 φ8 的紫铜管引入冷水密封，水与轴混合后从压盖下方流出。

（5）泵的转向　从电机方向看，为顺时针方向。

### 三、YG 型离心管道油泵

YG 型离心式管道油泵的泵体、泵底座合为一体，并无轴承箱，依靠刚性联轴器，使泵轴和电动机联结起来。吸入口和排出口位于同一水平线上，它可直接安装在管线上，整个泵的外形很像一个电动阀门。其下部还设有方形底座，也可直接安装在水泥座上。轴封装置有填料密封，也有机械密封，周围设有冷却水套，当液体温度较高时，可通入冷却水冷却。

管道泵的结构简单，占地面积小。由于吸入口和排出口位于同一水平面上，有利于在管道上安装，减少弯头。特别适于户外运行或中途加压等场合，不需建筑泵房。在油库该泵采用露天防爆电动机。

我国常用的管道油泵，一般流量为 $6.25\sim360\text{m}^3/\text{h}$ 时，扬程为 $24\sim150\text{m}$ 水柱。

YG 型管道油泵构造如图 15-5-3 所示。

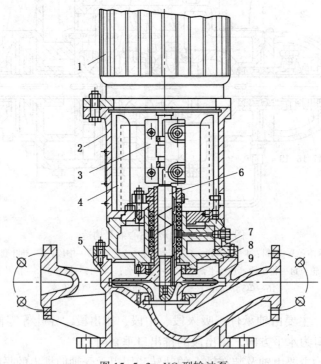

图 15-5-3　YG 型输油泵

1—电机；2—支架；3—联轴器；4—泵盖；5—泵体；
6—泵轴；7—叶轮密封环；8—泵体密封环；9—叶轮

（1）泵体　吸入口和排出口直径相同。

（2）叶轮和密封环　采用闭式叶轮，叶轮与叶轮螺母之间有防松垫圈。泵体密封环由铸铁制造，叶轮密封环则由钢件镀铬或堆焊硬质合金制造。

（3）泵轴密封　一般采用填料密封和机械密封两种。采用填料密封时，应从泵出口处引入有压液体到填料处起阻气、冷却和润滑作用。填料压盖是半开式的，更换填料时可以取出。填料筒外有冷却水套，当所输送的油料温度高于80℃时，应引进冷却水进行冷却。管道系统和油库中采用管道泵时可以不必安装冷却水管。采用机械密封时，应根据泵吸入口的压力选择机械密封的类型。泵进口压力为 0~700kPa 时，采用单端面不平衡型；泵进口压力为 300~4000kPa 时，采用单端面平衡型。若使用单位未提出特殊要求，泵出厂时均配用单端面不平衡型机械密封。

（4）轴套　采用机械密封和填料密封时，轴套外径不同，前者小而后者大。在轴和轴套接触端面有密封垫片，防止液体泄漏。

（5）联轴器　为两半夹壳式。

（6）电机　采用 BJGB 型专用电机，能够承受泵的轴向推力，因此泵部分无轴承。

# 第六节　宾汉姆泵（HSB 型）与硅钠德泵

## 一、宾汉姆泵

宾汉姆泵是从美国宾汉姆-威廉米特（Bigham-Willamette）公司引进的卧式管道输油泵，类型为 HSB 型，是单级、双吸、水平中开、双涡壳式离心泵。

目前在石油管道应用的宾汉姆泵主要有二种类型：一是全级泵，规格为 20×20×19HSB，系列号为 4B636~4B644；二是半级泵，规格为 20×20×16BHSB，系列号为 4B633~4B635。它们的性能特点是：扬程低、排量大、效率高，需要正压进泵，运行安全平稳，易于实现自动化和远程操作。

**1. 泵的技术性能**

1）技术参数

技术参数见表 15-6-1。

表 15-6-1　宾汉姆泵的技术参数

| 类　型 | 全级泵 | 半级泵 | 类　型 | 全级泵 | 半级泵 |
|---|---|---|---|---|---|
| 流量/(m³/h) | 2850 | 2850 | 功率/kW | 2290 | a.925；b.840 |
| 扬程/m | 248 | a.104；b.86 | 转速/(r/min) | 2980 | 2980 |
| 效率/% | 89 | 89 | NPSH/m | 26 | |

2）特性曲线

特性曲线如图 15-6-1 所示。

3）泵机组运行参数给定值

泵机组运行参数给定值见表 15-6-2。

4）宾汉姆泵的泵型谱图

同一品牌、同样结构的离心泵由于采用了不同直径的叶轮，扬程-流量、功率-流量曲线都会发生变化，这就扩大了泵的使用范围。为了简化泵的种类并便于用户选择，泵制造厂把同类型的泵在采用不同叶轮直径时的较高效率范围绘成泵的型谱图。图 15-6-2 为宾汉姆

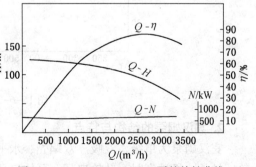

图 15-6-1　20×20×16BHM 泵的特性曲线

（BINHAM）泵制造厂的泵型谱图。图 15-6-3 为几种不同叶轮直径的宾汉姆泵的特性曲线。

**表 15-6-2 宾汉姆泵机组运行给定值**

| 名　　称 | 报　警 | 停　车 | 备　注 |
|---|---|---|---|
| 泵入口压力/MPa | 0.5 | 0.310 | |
| 泵出口流量/(m³/h) | >1350 | | |
| 泵出口压力/MPa | 6.614 | 7.120 | |
| 泵轴承温度/℃ | 90 | 95 | |
| 泵壳温度/℃ | 55 | 65 | |
| 泵轴承振动/mm | 0.05 | 0.10 | |
| 电机轴承温度/℃ | 90 | 95 | |
| 全级泵电机绕组温度/℃ | 130 | 140 | |
| 半级泵电机绕组温度/C | 135 | 145 | |
| 全级泵电机电流/A | | | 246.4A |
| 半级泵电机电流/A | | | 101.4A |
| 电机额定电压/V | | | 6000±7% |

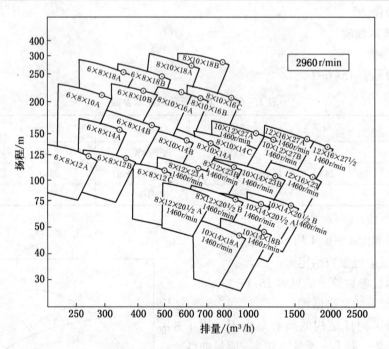

图 15-6-2 宾汉姆泵型谱

## 2. 宾汉姆泵的结构与特点

宾汉姆泵为单级、双吸、双蜗壳、水平中开式泵，主要由上半壳体、下半壳体、轴、叶轮、轴承、机械密封、叶轮口环、泵体口环等组成，如图 15-6-4 所示。

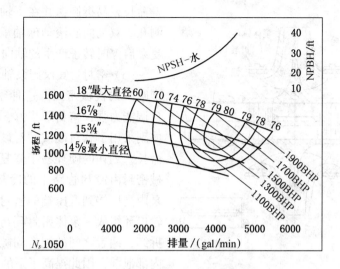

图 15-6-3　宾汉姆泵特性曲线（BHP—轴马力）

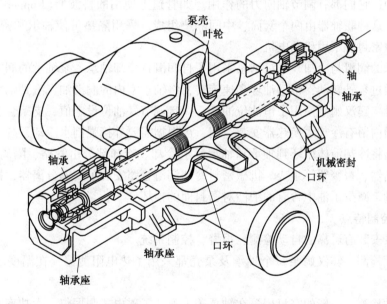

图 15-6-4　HSB 宾汉姆泵结构图

其主要结构如下：

（1）泵壳　泵壳为双蜗壳结构的铸钢件。为水平中开式，对称分布，并采用双涡壳，以消除径向力。吸入口与排出口位于泵壳的下半部分，以利于泵体检修。泵流道铸造细密，90%以上流道金属表面经过打磨，流道光滑，流道内水力损失小。

（2）叶轮　宾汉姆泵使用了整体铸造加工的封闭式双吸式叶轮。叶轮用键固定在轴上，并用轴套螺母或止推环及挡环进行轴向定位（见图 15-6-5）。由于叶轮是双吸叶轮，所以叶轮基本实现水力平衡。残存的轴向推力，由轴承部分的止推轴承吸收。

（3）轴　宾汉姆泵的轴加工精度高，在维修装配时要求有精密的配合间隙。

（4）轴承　宾汉姆泵采用滑动径向轴承及一组双列向心滚动球轴承。滑动轴承用来支撑转子部分的重量，减少转动阻力，吸收径向力。止推滚珠轴承主要吸收轴向推力。滑动轴承

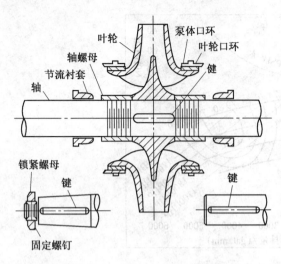

叶轮
泵体口环
轴螺母
叶轮口环
节流衬套
键
轴
锁紧螺母
键
键
固定螺钉

图 15-6-5　HSB 宾汉姆泵转子部件

寿命长，易拆卸，并在下轴瓦上钻有温度探测孔。双列向心滚动球轴承背靠背安装，承受泵启停时转子产生的轴向力。

（5）密封　宾汉姆泵轴封部分采用了 8B 型圆筒式机械密封。这种密封承压范围大，自调能力强，密封效果好，拆卸方便。其摩擦副采用了软对硬或硬对硬的材质，因此寿命长，划伤的硬环易于修复后重复使用。机械密封由冷却管路中的冷却液体进行冷却。泵内高压端到低压端的密封由泵体口环和叶轮口环组成。泵体密封环与叶轮密封环易于拆卸，两者之间的配合间隙小，限制了泵的内部泄漏，因此提高了泵的效率。

（6）联轴器　联轴器有弹性联轴器和齿轮联轴器两种，它们都有调节轴向力的作用。如管道上使用的科波斯（Koppers）公司制造的 H 型联轴器，这种联轴器由两个套筒、中间隔垫组成。采用隔垫可使轴承和密封更换方便，检修泵的机械密封时不用移动电机。

（7）轴承的润滑与冷却　宾汉姆泵采用了自润滑自冷却轴承。泵轴承的润滑全部采用无压自润滑。通过泵轴转动，带动油环高速旋转，将轴承室内的润滑油飞溅到轴承上，从而实现轴承的润滑。宾汉姆泵使用了恒油位油杯，一旦调节好油位设定值，支架会自动维持设定油位。在油槽内留有冷却水换热器安装空间，可根据需要外接强制水冷却系统。泵轴承的冷却由冷却管路将冷却液体循环到轴承和轴承座上冷却。冷却部分由管路、隔离阀、过滤器、冷却器、控制器、报警器等组成。机械密封冷却润滑管路安装了旋涡分离器，提高了密封冷却原油的质量，减少了油中含有的细沙对密封面的损坏。

**3. 仪表控制特点**

宾汉姆泵安装有可靠的自动检测、报警、控制系统。

（1）温度检测　宾汉姆泵每个轴承及泵壳都采用了热电阻测温。在温度超高时报警或停车。

（2）振动检测　一般的宾汉姆泵在轴承盖上安装了磁电式测振仪。大功率宾汉姆泵在每个轴承上都安装了两只涡流式测振仪，这种测振仪反应灵敏，测量准确，但造价高。在振动超高时报警或停车。

（3）泄漏检测　在宾汉姆泵机械密封污油管线上安装了超声波检漏开关或液位检漏开关。在机械密封破碎或泄漏超标时报警或停车。

（4）采用电伴热　泵体及污油辅助管路都采用了电伴热，保证油不凝结。

## 二、硅钠德泵

硅钠德泵一般作为输油主泵的给油泵或装船泵采用。因为硅钠德泵的结构与宾汉姆泵结构基本相同，这里不再介绍，下面主要介绍一下它的技术性能。

**1. 技术参数**

硅钠德泵的技术参数见表 15-6-3。

表 15-6-3　硅钠德泵技术参数

| 型　号 | LH3050-100H | LH3050-100L | 型　号 | LH3050-100H | LH3050-100L |
|--------|-------------|-------------|--------|-------------|-------------|
| 流量/(m³/h) | 4000 | 2000 | 转数/(r/min) | 1480 | 1480 |
| 扬程/m | 90 | 90 | 功率/kW | 1330 | 680 |
| 效率/% | 90 | 90 | | | |

### 2. 泵机组运行参数给定值

泵机组运行参数给定值见表 15-6-4。

表 15-6-4　硅钠德泵机组运行参数给定值

| 名　　称 | 报　警 | 停　车 | 备　注 |
|----------|--------|--------|--------|
| 泵轴承温度/℃ | | 90 | |
| 泵壳温度/℃ | 55 | 65 | |
| 泵轴泵振动/mm | 0.05 | 0.10 | |
| 电机轴承温度/℃ | 90 | | |
| 电机轴振动/mm | 0.05 | 0.10 | |
| 电机绕组温度/℃ | 130 | 140 | |
| 大泵电机额定电流 | | | 152A |
| 小泵电机额定电流 | | | 80A |
| 电机额定电压/V | | | 6000±(5%~7%) |
| 泵入口压力 NPSH/m | | | 10 |
| 泵出口压力/kPa | | | 860 |

# 第七节　梯森泵（ZM 型）

梯森泵是从西德 T-R（ThyssenRurpumpen）公司引进的管道输油泵，管道系统引进的梯森泵是卧式、单级、双吸、双蜗壳式离心泵（也有并联式梯森泵，结构为单吸双级水平中开卧式离心泵，已在国内输油泵站投入运行）。本节仅介绍管道在用的以串联方式运行的梯森泵。

梯森泵是按其输油站的水力条件确定叶轮直径，以串联方式运行。依据泵的扬程大小，又分为 A 型和 B 型泵。型号是：

A 型：ZM II 630/06

B 型：ZM I 375/07

泵轴承是油环式自润滑，每个支座端部有两个油环，腰部有一个油环。支座内有一个全天候加热器，便于冬季启泵。

泵体采用 TSX 型电热带加热，硅酸盐绝热材料保温，绝热层外用铁皮包装，形成封闭的防雨绝热层。

该泵采用振幅式测振仪，检测泵机组的振动量，检测仪分别安装在泵和电机上。

## 一、泵的技术性能

### 1. 技术参数

梯森泵的技术参数见表 15-7-1。

表 15-7-1 梯森泵技术参数

| 型　号 | A　型 | B　型 | 型　号 | A　型 | B　型 | |
|---|---|---|---|---|---|---|
| 流量/(m³/h) | 2843.1 | 2843.1 | 电机功率/kW | 1060 | 恒速 | 1800 |
| 扬程/m | 90~102 | 180~204 | | | 调速 | 1750 |
| 轴功率/kW | 713 | 1530 | 电机电流/A | 122 | 恒速 | 200 |
| 转数/(r/min) | 1460 | 2960 | | | 调速 | 710 |
| NPSH/m | 8.5 | 17.5 | | | | |

## 2. 泵机组运行参数

泵机组运行参数见表 15-7-2。

表 15-7-2 梯森泵机组运行参数

| 部位 | | 项目 | | | 正　常 | 报　警 | 停　机 |
|---|---|---|---|---|---|---|---|
| 泵压 | 入口/MPa | A　型 | | | >0.05 | 0.05 | 0.016 |
| | | B　型 | | | >0.15 | 0.15 | 0.10 |
| | 出口/MPa | B　型 | | | <5.5 | 5.5 | 6.0 |
| 泵轴承 | 温度/℃ | | | | <80 | 80 | 85 |
| | 振幅/mm | | | | <0.05 | 0.05 | |
| | 润滑油位 | | | | 视窗 1/2 | | |
| 电机 | 温度/℃ | 环境温度 | 20 以下 | 腰 | <70 | 70 | 75 |
| | | | | 端 | <60 | 60 | 65 |
| | | | 20~40 | 腰 | <90 | 90 | 65 |
| | | | | 端 | <80 | 80 | 85 |
| | 振幅/mm | | | | <0.05 | 0.05 | |
| 泵体温度/℃ | | | | | <60 | 60 | 70 |
| 冬季润滑油加热/℃ | | | | | 30~35 | | |
| 电机定子温度/℃ | | | | | <120 | 120 | 125 |
| 备　注 | | | | | 电机定子温度不包括调速电机 | | |

## 3. 电机运行参数

电机运行参数见表 15-7-3。

表 15-7-3 电机运行参数

| 机号 | 参数　项目 允许启动电压/kV | 电机允许运行低电压/kV | 额定电流/A | | 最大电流/A | |
|---|---|---|---|---|---|---|
| 1# | 5.7~6.9 | 5.0 | 122 | | | |
| 2#、3# | 5.7~6.9 | 5.0 | 200 | | 210 | |
| 4# | 5.7~6.9 | 5.0 | 恒速 | 197 | 恒速 | 200 |
| | | | 变速 | 2×710 | 变速 | 2×720 |

# 二、结构特点

梯森泵的结构如图 15-7-1 所示，主要由泵壳(105)、泵体口环(400)、叶轮(234)、轴

（211）、键（940）、叶轮口环（503）、泄压套（456）、滚柱轴承（322）、滚珠轴承（320）、润滑
环（644）、轴承盖（361）、机械密封（433）、密封盖（407）等组成。

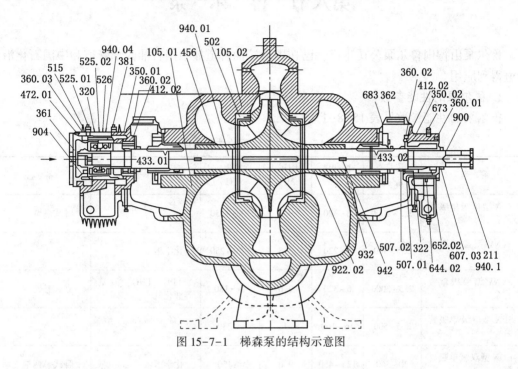

图 15-7-1　梯森泵的结构示意图

该泵的结构特点是泵壳可沿着泵轴的水平中心线呈轴向分开，即水平中开式。整个转子
总成包括轴承以及磨损环，均可作为一个整体部件，安装在泵体的下半壳内，便于拆卸安
装。叶轮为单级、双吸封闭式，逆时针旋转。泵轴上有二种轴承，一种是松动轴承，由筒式
滚柱轴承组成，单独安装在一个腰部轴承室内，它对泵的转子起主要支撑作用，同时承受来
自转子部分的径向力；另一种是固定轴承，它由一个吸收均衡径向力的滚柱轴承和一个带有
预应力的滚珠轴承组成，安装在另一个轴承室内，滚珠轴承用来承受轴向推力。泵的轴端密
封是整体套筒式机械密封，其系统由机械密封、调节阀、孔板、循环管路等组成。由于叶轮
是双吸式，从理论上看，轴向力可以得到平衡，但由于加工及安装的误差，必然存在残余轴
向力，残存的轴向推力均被止推轴承所吸收。泵壳采用双蜗式，从而使转子上的径向力互相
平衡。联轴器为簧片式。联轴器有一隔离段，当此隔离段拿掉后，就可以拆卸轴承箱及电机
侧的机械密封，而不需要移动电机。

### 三、轴承的润滑

在正常情况下，轴承均由轴承室内的油箱提供润滑油，并由一个恒液位加油器保持油箱
内的油位维持在相同的高度。因为油量可以随时看到，所以加油器的运行很容易受到控制，
当玻璃片液位计中的油位降低到充满油量的 1/3 时，应向油箱中加油。加油后润滑油油位不
得超过 3/4，以免看不见油位。

轴承箱中的油绝对不可通过螺丝插口来充装或从顶部倒入。为了获得轴承所需的液
位，必须向加油器内加油，直到油从加油器中流出来为止。

如果油箱中总是充满足量的润滑油，并且润滑油的连通孔非常水平，恒油位加油器则可
确保轴承箱内的油位。

# 第八节　鲁　尔　泵

鲁尔泵由德国鲁尔泵公司生产,已在国内输油管道如中国石油西部管道和中国石化沿江管道得到应用。

## 1. 鲁尔泵的性能参数

鲁尔泵的性能参数见表15-8-1。

表15-8-1　鲁尔泵的性能参数

| 系　列 | 流量/<br>(m³/h) | 扬程/<br>m | 许用压力/<br>MPa | 许用温度/<br>℃ | 用　途 | 备　注 |
|---|---|---|---|---|---|---|
| SVN 型单级单吸离心泵 | 2.5~3000 | 6~320 | 9.6 | -80~450 | 烃、碱液、酸、凝液 | 卧式悬臂 |
| SVNM 型磁力驱动离心泵 | 2.5~500 | 6~220 | 3.3 | -80~250 | 化学溶液 | |
| SVNV 型单级单吸离心泵 | 2.5~3000 | 6~320 | 9.6 | ≥-180 | LPG、LNG、液氨等液化气 | 立式悬臂 |
| SPN 型单级单吸管道泵 | 2.5~500 | 16~160 | 4 | ≤230 | 烃、碱液、酸、凝液 | 立式 |
| RON 型双级单吸离心泵 | 20~360 | 125~450 | 9.6 | ≤450 | 化学溶液 | 卧式、两端支承 |
| HVN 型单级双吸离心泵 | 50~3000 | 40~360 | 9.6 | | 烃、碱液、酸、水 | 卧式、两端支承 |
| ZM1×2 型双级双吸离心泵 | 25~700 | 90~400 | 5 | ≤250 | | 卧式、中心线支承、水平剖分 |
| JTN/SM1 型多级离心泵 | 6~400 | 100~1600 | 22 | ≤250 | 注入水、原油、产品、储运 | 卧式、双蜗壳、水平剖分 |
| AN(OVN、VLB)多级筒形离心泵 | 8~350 | 30~1600 | 18 | ≤450 | 烃、碱液、水、海水等 | 卧式、筒形、中心线支承 |
| VLT/VLTV 型多级筒形泵 | 8~450 | 40~1450 | 13.9 | -180~270 | LPG、LNG、液氨等液化气 | 筒形泵 |
| FSCO 单级单吸离心泵 | 2.5~500 | ≤150 | 2.5 | -80~300 | 烃、化学溶液、酸、碱、凝液、水等 | 卧式悬臂,符合ISO 2858 |
| SR 型单级单吸耐磨离心泵 | 10~12000 | 16~120 | | ≤80 | 腐蚀性、磨蚀性液体 | |
| ZM1P 型单级双吸离心泵 | 200~10000 | 120~400 | 22 | ≤175 | 原油、烃、碱、酸、水 | 双蜗壳 |
| ZM 型单级双吸离心泵 | 200~20000 | 20~200 | 6 | | 海水 | 两端支承 |

## 2. 结构特点

ZLM IP 型鲁尔泵是一种水平中开、单级双吸离心泵,两端支撑转子,如图15-8-1所示。吸入口与排出口分别位于泵壳两侧(侧进-侧出)。泵的蜗壳是沿轴向分开的,中心线安装。这样就可以非常方便地拆卸旋转零件，而下半部分蜗壳与连接管线仍然固定在机座上。可更换的壳体耐磨环可以防止蜗壳磨损，蜗壳沿叶轮的顺流方向布置，吸入管线、排空管线和泄漏管线分别与泵壳连接。叶轮为封闭式、双吸径向叶轮。在轴向间隙内，可更换的叶轮口环保护叶轮不受磨损。ZLM 泵的设计确保转子免受来自轴向力和径向力的摩擦。泵转子的轴向力和径向力通过安装减磨轴承来消除。单个轴承室中的减磨轴承(驱动端为滚柱轴承，非驱动端是向心球轴承组成的止推轴承和一个滚柱轴承)靠润滑油来润滑，恒油位加油器确保轴承室中有一个正确的油位。泵轴由一个单作用的、平衡式机械密封来密封。轴封的操作模式符合 API plan 11/61 要求。循环管线装有一个压差传感器。机械密封通过压力开关来观察。

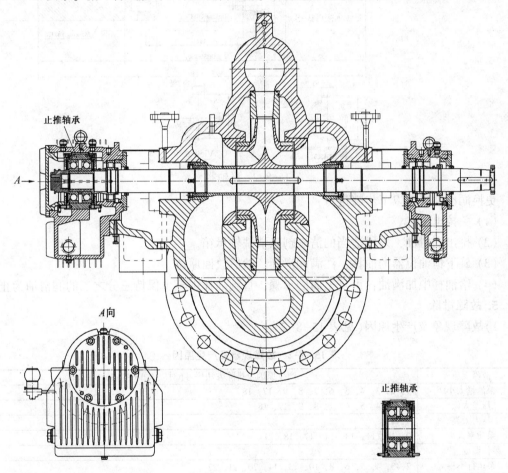

图 15-8-1　鲁尔泵的结构

泵配有温度和振动传感器，还配备伴热装置，安装在绝热罩下。

### 3. 联轴器

联轴器结构示意图如图 15-8-2 所示。

### 4. 更换润滑油

在试运三周后，应当第一次更换润滑油，以后每隔六个月更换一次润滑油。

只有在设备停机时才能更换润滑油，排出的油是高温的可能造成烫伤。

建议用符合 DIN 51519 的 ISO VG 46 润滑油来润滑轴承。轴承箱中润滑油加入量大约为驱动端 6L，非驱动端 11L。

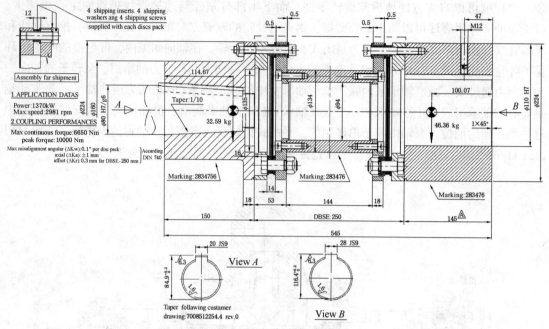

图 15-8-2  联轴器

更换润滑油应按以下步骤进行:

(1) 关掉电机。

(2) 排出润滑油,采用适当的清洗剂来清洗轴承箱。

(3) 旋下恒油位器的油杯,注满润滑油,然后放回原位。

(4) 给油杯中加满油,重复上面的步骤,直到油杯中至少保持三分之二的润滑油为止。

**5. 故障排除**

1) 故障现象及产生原因(见表 15-8-2)

表 15-8-2  故障现象及产生原因

| 故障现象 | 产生原因及排除方法序号(对应表 15-8-3) |
| --- | --- |
| 泵流量太小 | 1,2,3,4,5,6,7,8,9,17,18 |
| 压差太低 | 2,3,4,5,6,7,8,9,17,18 |
| 压力太高 | 9,11 |
| 泵功率太大 | 9,10,11,13,14,17,18,21 |
| 泵体温度过高 | 2,5,22 |
| 泵运行不稳 | 2,3,4,5,6,8,10,13,14,20,21,22 |
| 轴承过热 | 13,14,15,16,21 |
| 轴封泄漏 | 12,13,16, |
| 泵壳体泄漏 | 19 |

2) 故障排除方法(见表 15-8-3)

表 15-8-3  故障排除方法

| 序号 | 产 生 原 因 | 排 除 方 法 |
| --- | --- | --- |
| 1 | 设备的反压大于泵的设计点压力 | 将排出侧的截流阀打开到所需位置,以达到操作点 |
| 2 | 泵或管线未被完全排空或充满 | 排空或充满油 |
| 3 | 给油管线或压力堵塞 | 清理管线及叶轮 |
| 4 | 管线中有气泡产生 | 安装排空阀 |

续表

| 序号 | 产 生 原 因 | 排 除 方 法 |
|---|---|---|
| 5 | 许用的 NPSH 太低 | 检查给油罐中的油位，将给油管线上的截流阀完全打开，如果磨阻损失过大，重新布管检查安装在给油管上的过滤器 |
| 6 | 泵反转 | 改变电机上任意两相电极 |
| 7 | 转数太低 | 提高转数(涡轮机或内燃机)，协商解决 |
| 8 | 泵内部件磨损 | 更换磨损部件 |
| 9 | 输送流体的密度、黏度和温度与设计值不符 | 协商解决 |
| 10 | 泵的压差小于额定值 | 在压力管上的截流阀设定操作点 |
| 11 | 转数太高 | 降低转数(涡轮机、内燃机)，协商解决 |
| 12 | 轴封损坏 | 检查轴封零件，如果需要则更换 |
| 13 | 泵未完全找正 | 重新找正 |
| 14 | 泵承受应力 | 检查管线连接有无应力 |
| 15 | 轴相推力过大 | 清洗叶轮平衡孔，更换密封环 |
| 16 | 给出的半个联轴器的间隙未调整 | 重新调整，见装配图中的间隙值 |
| 17 | 电机电压不匹配 | 匹配电机电压 |
| 18 | 电机两相运转 | 检查电缆接头；更换保险丝 |
| 19 | 螺栓未完全拧紧 | 拧紧螺栓；更换密封 |
| 20 | 叶轮未平衡或转子未完全平衡 | 清洗叶轮；重新平衡叶轮/转子 |
| 21 | 轴承磨损 | 更换轴承 |
| 22 | 最小流量未达到 | 将流量提高到最小流量 |

# 第九节　离心泵的并联及串联工作

## 一、离心泵的并联

两台或两台以上的泵联合运行，通过连接管用同一条管线来完成介质的输进输出，称为泵的并联工作。泵并联工作的特点是：

(1) 可以增加介质的输送量。输送干线的流量等于各台并联泵输出量之和。

(2) 可通过开停泵的台数，来调节泵站的流量，以适应各种流量情况下的需要。

(3) 可以通过并联方式进行泵的级差调节。

(4) 并联工作使泵站输送工作更为安全。在并联工作的泵中，若有一台出了事故，其他泵仍可以继续工作，因此，泵并联输送提高了泵站运行调度的灵活性和输油的可靠性，是泵站最常见的一种运行方式。输油管道多采用泵的并联运行方式。

### 1. 泵并联工作的可能性

两台或多台泵并联工作，是基于各泵扬程范围比较接近的基础上。图 15-9-1(a) 表示两台同型号泵的并联曲线，因为型号相同，两台泵的 Q-H 曲线完全叠合，并联后总的特性曲线为各单泵在相等扬程下流量的叠加，此种并联称为特性曲线的完全并联。

图 15-9-1(b) 为两台不同型号的泵并联，一台大一台小，起始扬程不同，但相差不大，此两台泵的并联，只能在 A 点以后才开始，这种并联称为不完全并联(局部并联)。当扬程范围相差越大时，这种并联就越显得勉强。图 15-9-1(c) 即表示由于扬程相差过大，以致

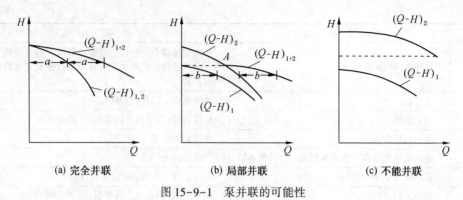

| (a) 完全并联 | (b) 局部并联 | (c) 不能并联 |

图 15-9-1　泵并联的可能性

不能形成并联工作的情形，在这种情况下，大泵任一工况点的扬程都比小泵的起始扬程高，大泵一运行，小泵就送不出来(呈空载运行)，如果小泵没有止回阀时，介质将通过小泵倒流回罐。

**2. 同型号的泵并联**

图 15-9-2 为 A 和 B 两台同型号泵的并联曲线，因两台泵的型号相同，故两台泵的特性曲线 $Q$-$H$ 完全叠合。图中$(Q$-$H)_{1,2}$表示 $1^\#$ 和 $2^\#$ 单泵的特性曲线，$(Q$-$H)_{1+2}$表示两台泵联合工作时的特性曲线。管路特性曲线 $Q$-$\Sigma h$ 分别与 $1^\#$ 和 $2^\#$ 泵单台工作时特性曲线$(Q$-$H)_{1,2}$相交于 $S$ 点，与两台泵联合工作总曲线$(Q$-$H)_{1+2}$相交于 $M$ 点，$M$ 点称为泵的并联工作点。从图中可看出，两台泵联合工作的结果是，在同一扬程下流量叠加，$M$ 点的横坐标为两台泵并联工作总流量 $Q_{1+2}$，纵坐标等于两台泵并联工作时的扬程 $H_0$。

从 $M$ 点作横轴平行线，交单泵的特性曲线于 $N$ 点，此 $N$ 点即为并联工作时各单泵的工作点，其流量为 $Q_{1,2}(Q_N)$，扬程为 $H_1=H_2=H_0$。自 $N$ 点引横轴的垂线交交 $Q$-$N$ 曲线于 $q$ 点，$Q$-$\eta$ 曲线于 $p$ 点，$q$ 点及 $p$ 点分别为并联时各单泵的轴功率和效率点。如果 $2^\#$ 泵停止运行，只开 $1^\#$ 泵时，则图 15-9-2 中的 $S$ 点可近似地视作为单泵的工作点，这时泵的流量为 $Q_s(Q')$，扬程为 $H_s(H')$，轴功率为 $N_s(N')$。

由图 15-9-2 可以看出，$N'>N'_{1,2}$，即单泵工作时的功率大于并联时各单泵的功率。因

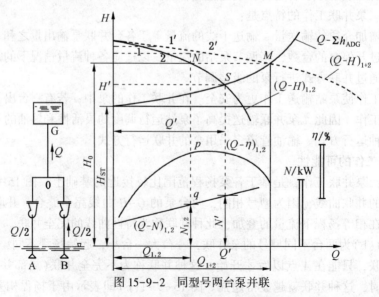

图 15-9-2　同型号两台泵并联

此，在选配电机时，要根据单泵时配套。另外，$Q_s > Q_{1,2}$，$2Q_s > Q_{1+2}$，这就是说，一台泵单独工作时的流量大于并联工作时每台泵的输出量。也即是每台泵并联工作时，其流量不能比单泵工作时成倍地增加，这是因为并联后管路的阻力由于流量的增加而增大，这就要求每台泵都要利用部分能量来克服管路增加的阻力，相应的流量就减少了。两台泵并联工作时，若管路特性越平坦，则并联后的流量就越接近泵单独运行时的两倍。若泵的特性曲线越平坦，并联后的流量就越小于泵单独工作时的两倍。为此，并联工作时泵的特性曲线应陡一些为好。从并联工作的泵台数看，数量越多，并联后增加的流量越少，这种现象在多台泵并联工作时很明显，故并联台数过多并不经济，一般泵站并联泵的台数不超过四台。

举例：图 15-9-3 为五台同型号泵并联工作时的情况。由图可知：以一台泵工作时的流量 $Q_1$ 为 100，则两台泵并联时的总流量 $Q_2$ 为 190，比单台泵工作时增加了 90，而三台泵并联工作时的总流量 $Q_3$ 为 250，比两台泵并联工作时增加了 60，四台泵并联工作时的总流量 $Q_4$ 为 280，比三台泵并联工作时增加了 30，五台泵并联工作时的总流量 $Q_5$ 为 300，比四台泵并联工作时增加了 20。由此可见，

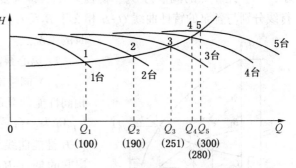

图 15-9-3 五台同型号泵并联

再增加泵的台数，效果就不大了。每台泵的工况点，随并联台数的增多，而向扬程高的一侧移动，台数过多，就可能使泵的工况点移出高效区的范围。因此，我们不能简单地理解为增加一倍并联泵的台数，流量就会增加一倍。因为再增加泵并联台数时，必须要同时考虑到管路的过液能力，这就是说不能忽略管道系统特性曲线对并联工作的影响。

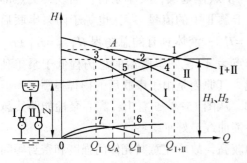

图 15-9-4 不同型号两台泵并联

### 3. 不同型号泵的并联

不同型号泵的并联有两种情况，一种情况如图 15-9-4 所示，为两台不同型号泵的并联，$1^{\#}$ 为小泵，$2^{\#}$ 为大泵。由于两台泵的特性曲线不同，每台泵工况点的扬程也不相同，即泵的起始扬程不同，此两台泵的并联只能在图 15-9-4 中 $A$ 点之后才开始，这种并联称为不完全并联（局部并联）。图中 1 点为 $1^{\#}$ 和 $2^{\#}$ 泵并联时工作点，4 点为 $2^{\#}$ 泵单泵运行时的工作点，5 点为 $1^{\#}$ 泵单独运行

时的工作点，这时只能在总管压力低于小泵（$1^{\#}$）的最高压力时，并联泵才能正常工作。从图中还看出，当两台不同型号的离心泵并联工作时，若流量小于 $Q_A$，则实际上仅大泵在工作，因小泵的扬程不够，大泵一工作小泵往往造成倒流，应关掉小泵。

在实际工作中，要求在两泵出口安装止回阀，以免造成从工作泵到非工作泵的倒流现象。

另一种情况如图 15-9-1（c）所示，当管路压力高于小泵（$1^{\#}$）时，只有 $2^{\#}$ 泵能正常工作，$1^{\#}$ 泵此时由于输出压力低于总管压力，则液体输不出去，只能空负荷运行，白消耗电能。实际上泵空负荷运行是不允许的，这样会导致泵温升高，引起设备损坏，所以特性曲线相差大的泵不宜并联工作。

## 二、串联工作

串联工作就是将第一台泵的压出管，作为第二台泵的吸入管，液体从第一台泵压入第二台泵，以同一流量依次流过各台泵。在串联工作中，液体获得的能量为各台泵所供给的能量之和。串联常用于提高泵站的扬程增加输送距离，或提高扬程以增加流量的工况中。

串联也分为相同性能的泵的串联工作与不同性能泵的串联工作。

### 1. 相同性能泵的串联

如图 15-9-5 所示，串联泵工作的总扬程为 $H_A = H_1 + H_{II}$。由此可见，它与管路特性线交于 $A$ 点。此 $A$ 点的流量为 $Q_A$、扬程为 $H_A$，即 $A$ 点为串联泵的工况点。自 $A$ 点引与纵坐标平行线分别与各泵的特性曲线 $Q-H$ 相交于 $B$ 及 $C$ 点，则 $B$ 点及 $C$ 点分别为两单泵在串联工作时的工况点。

### 2. 离心泵的串联工作

（1）同性能泵的串联工作　如图 15-9-5 所示为两台相同性能的泵的性能曲线，图中，$CE$ 为管路性能曲线，$B_1A_1$ 为一台泵的性能曲线，各台泵串联工作时，其总和 $Q-H$ 性能曲线等于同一流量下扬程的叠加。只要把参加串联的泵 $Q-H$ 曲线上横坐标相等的各点纵坐标相加，即可得到两台相同水泵串联后的总性能曲线 $BA$。

管路性能曲线 $CE$ 和离心泵的总性能曲线的交点 $A$，即为串联后的工作点。

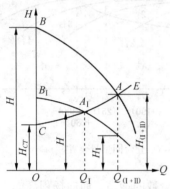

图 15-9-5　两台相同离心泵串联

假设管路特性 $CE$ 不变（忽略两泵串联后管路特性的变化）时，两泵串联后总性能曲线 $BA$ 与管路特性的交点为 $A$，$A$ 点即串联后的工作点。该点的扬程为 $H_{I+II} = H_I + H_{II}$，流量 $Q_{I+II} = Q_I + Q_{II}$。自 $A$ 点作垂线，交于泵特性曲线，交点即为每台泵的工作点。由图可知，泵 $I$ 的流量 $Q_I$ 等于泵 $II$ 中的流量 $Q_{II}$，也等于两泵串联后的流量 $Q_{I+II}$。在此流量下，两泵提供相同扬程 $H_I = H_{II}$，液体具有的总扬程 $H_{I+II} = H_I + H_{II} = 2H_I$。若每台泵单独在管路中工作时，泵的工作点为 $A_I$，则串联后的总扬程低于泵单独工作时扬程的二倍，而流量却大于单泵工作的流量。其原因是由于串联后的扬程提高了，但管路装置未变，多余的能量使流速加快，流量增加。从图 15-9-5 看出，离心泵性能曲线越平坦，串联后扬程提高越多，因此，要求水泵的性能曲线最好平缓些。

离心泵串联使用时，因后面一台泵承受的压力较高，故应注意其壳体的强度和密封等问题。启动和停泵时也要按顺序操作，启动前，将各串联泵出口阀都关闭，启动第一台泵后再开第一台泵出口调节阀，然后启动第二台泵，再打开第二台泵的出口阀向管道供液。此外，与串联泵一起工作的管路特性陡度越大越能增大串联后的扬程。实际上，几台泵串联工作相当于一台多级泵，而一台多级泵在结构上比多台性能相同的离心泵串联要紧凑得多，安装维修也方便得多，因而应选用多级泵代替串联泵使用。

（2）两台不同性能曲线的离心泵串联工作　同上面所述的方法一样，按串联的离心泵总性能曲线和管路性能曲线，即可决定串联后的工况。

图 15-9-6 所示为三种不同陡度的管路性能曲线 1、2 和 3。泵在第一种管路中工作时的工作点为 $A$，两泵串联后总扬程和流量与单泵工作时相比都是增加的。泵在第二种管路中工作时的工作点为 $B$，串联后总扬程和流量将同只有一台泵单独工作时的情况一样，此时，第

二台泵丝毫不增加扬程或流量，白白消耗功率。泵在第三种管路中工作时的工作点为 $C$，总扬程和流量反而小于只有一台泵单独工作时的扬程和流量，第二台泵相当于节流器，仅仅增加了阻力。因此，$B$ 点是极限状态工作点，只有在 $B$ 点左侧时串联工作才是有利的。

### 三、并联、串联运行的选定条件

由离心泵的并联可知，并联工作的目的是增大流量，其结果是流量增大了，扬程也增高了。由离心泵的串联可知，串联工作的目的是增大扬程，其结果是扬程增高了，流量也增大了。希望用两台泵增加流量时，并联、串联哪一个更有利，取决于管路特性曲线的陡峭程度。由图 15-9-7 可知，并联、串联的界限点，就是并联、串联合成特性的交点 $a$。经过交点 $a$ 的管路阻力曲线 $R_2$ 是平衡阻力曲线。实际阻力曲线若是比 $R_2$ 低为 $R_1$ 时：

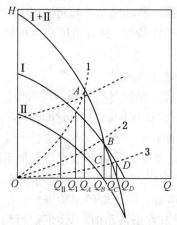

图 15-9-6　不同型号泵串联

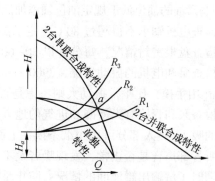

图 15-9-7　串并联的选择

$Q_并 > Q_串$，$H_并 > H_串$，并联效果好。

若是比 $R_2$ 高为 $R_3$ 时：

$Q_串 > Q_并$，$H_串 > H_并$，串联效果好。

并联也好，串联也好，总之，要安全、经济地运行。因此，联合运行时各个泵处在什么样的状态下运行，必须考虑效率和功率；同时，气蚀问题也必须一并考虑。

# 第十节　离心泵的操作与调节

## 一、离心泵的操作

离心泵的操作一般分为启动前的准备工作、启动及运行中的检查等项内容。

**1. 启动前的准备工作**

（1）检查所有紧固件是否松动（联轴器、地脚螺栓等）。

（2）检查转子是否灵活，用手或专用工具转动转子数圈，凭感觉其转动是否均匀，有无异常声音及不灵活等现象。发现问题查明原因，及时处理。

（3）检查轴承、润滑油的油位、油环、轴封、供电设备等是否完好，并调整到适合位置。

（4）打开泵的进口阀、关闭泵的出口阀。

（5）排出泵内气体，进行灌泵。

因为泵经常处于吸水面以下，所以随时可启动泵。

**2. 启动**

先彻底检查各项准备工作是否完善，然后合上电源，按启动按扭，观察电流表和泵出口压力表，当电流由最大值降下来，并稳定片刻，泵压达到该泵的稳定压力并稳定到某一刻度后，缓慢打开泵的出口阀门，调到需要的排量（由泵出口压力表确定）。泵启动后，出口阀的关闭时间不得超过 2～3min，因为泵在关闭出口阀门时，叶轮产生的能量全部变成热而使泵发热，有可能使摩擦部分烧毁。开泵时如果不起压力（压力降到零）必须关闭排出阀后再灌泵，重新启动。

**3. 运转中的检查**

（1）检查泵压、管线压力、电流、电压是否正常，电流不得超过电机的额定电流。

（2）检查离心泵的轴承温度，滚动轴承不超过 80℃，滑动轴承不超过 70℃（用手摸感到烫手，只能短时间停留），检查润滑油面高度和油环的工作情况（润滑油位在油杯的 1/2～3/4之间），如润滑油的油位低于规定油位须添加润滑油。

（3）检查电机轴承不得超过 80℃，定子温度不超过允许温升。

（4）检查盘根密封情况，每分钟以 30～60 滴为适宜。温度过高或漏油严重要进行调整。

（5）检查泵和电机的振动情况，2900r/min 的要小于 0.06mm，1450r/min 的要小于或等于 0.08mm（用手摸，比平常振动大则考虑是否振动超标）。

（6）检查泵和管路有无渗漏和进气的地方，特别是要保证吸管和吸入端盘根不漏，否则会影响泵的吸入（吸入部分可用小纸条挨在上面，如往里吸表示漏气，不吸则不漏）。

（7）听各部声音是否正常，发现噪音及不正常的声音，应立即停泵检查。

（8）随时了解输出罐液面的情况，防止泵抽空（尤其在低液位时，要加强检尺）。

**4. 倒泵**

按泵的启动程序启动备用泵，在开启动泵出口阀的同时关待停泵的出口阀（两人同时操作），注意泵出口压力波动不能过大。待启动泵运转正常后，关死停运泵的出口阀，停止运转泵。

**5. 停泵**

停泵时先关泵出口阀，按停止按钮后再关进口阀。停泵 10min 后关循环水。

## 二、离心泵的调节

离心泵的工作点，是泵特性曲线和管路特性曲线的交点。如果泵的转数为常数，则泵的特性曲线只有一条（叶片可调的轴流泵除外）；如果管路装置不变，管路中阀门不动，则装置的特性曲线也不会改变。两条不变动的曲线，只有一个交点，故泵在管网中运行时，工作点是固定的。但是，泵在系统中运行时，有时因两台以上的泵协同工作和管路系统等多方面因素的影响，致使泵的实际运转工况点和泵的最优工作点不符合。在这种情况下，需要调节泵的特性，使其经济运转。有时，为了满足一定流量和扬程的要求，也需要对泵进行调节。这种人为地改变泵的运行工况点的方法，称为泵的调节。改变离心泵的工作点只有两种方法：一是改变泵的特性曲线，二是改变管路特性曲线。

**1. 改变管路特性曲线进行调节**

1）出口阀节流调节

出口阀节流调节就是通过改变安装在泵的压出管线上的调节阀开度，即改变管路装置的特性曲线的方法，进行工作点的调节。如图 15-10-1 所示，假如泵的特性曲线为 $H$-$Q$，要想调节流量从 $Q_1$ 减少到 $Q_2$，那么就可以调节阀门的开度，即关小阀门，使管路特性曲线由

$Q\text{-}\Sigma h_1$ 调到 $Q\text{-}\Sigma h_2$，此时，管路中的 $h_1$ 变为 $h_2$，流量从 $Q_1$ 减少到 $Q_2$，扬程则由 $H_1$ 变为 $H_2$，实现了改变流量的目的。

用关小出口调节阀节流调节的缺点是能量损失较大，即增加了阀门的节流损失，使装置总体效率下降，长期这样调节是不经济的，特别对于具有陡降形扬程性能曲线的离心泵，采用这种方法就更不经济。但是由于此法方法简单，操作方便，只要在压出管路上安装一个调节阀，改变阀门开度，即可满足调节的要求，并且能得到较为宽广的调节范围，目前此种方法应用仍较广泛。

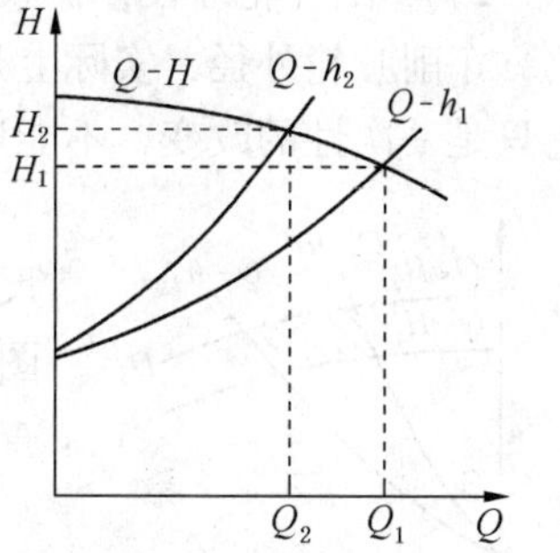

图 15-10-1  调节阀节流调节

2）旁通阀调节

利用泵进出口旁通阀调节流量。当打开旁通阀时，有部分液流通过旁通管回流到泵入口，此时，泵的扬程降低，压出管路上的流量减少，达到了流量调节的目的。

一般这种调节方法很不经济，因为旁路中的流量白白消耗了能量。但对于一些高比转数的离心泵及旋涡泵等，由于这些泵随着流量的增加，功率并不增加或者反而减少，应用这种调节方法比较合适。

**2. 改变泵的性能曲线进行调节**

除了上节讲的利用泵串、并联操作改变泵的特性曲线达到工况调节的目的外，常用的改变离心泵性能曲线的方法还有以下几种。

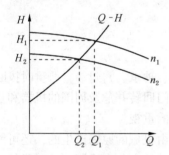

图 15-10-2  改变转速调节

1）改变转速

改变泵的转速，一个办法是采用可以调速的泵的原动机，如汽轮机、柴油机或直流电动机、双速（分低速档和高速档）电动机。离心泵中采用最普遍、最广泛的是用变频电机调速。

可调速的汽轮机、柴油机或调速电动机的辅助设备较多，使用、操作、维护不方便，设备本身结构也复杂。特别是在大容量的机组中，这些原动机体积庞大、笨重、维护不方便。

改变泵的转速，就是改变泵的特性曲线。如图15-10-2所示，当泵的转速由 $n_1$ 降到 $n_2$ 时，流量从 $Q_1$ 降到 $Q_2$，扬程从 $H_1$ 降到 $H_2$。

在阀门开度不变，即管路特性不变的情况下，改变转速前后的性能变化规律如下：

$$\frac{Q_1}{Q_2}=\frac{n_1}{n_2}$$

$$\frac{H_1}{H_2}=\left(\frac{n_1}{n_2}\right)^2 \qquad (15\text{-}10\text{-}1)$$

$$\frac{P_1}{P_2}=\left(\frac{n_1}{n_2}\right)^3$$

式中  $Q_1$，$H_1$，$P_1$——分别为转数为 $n_1$ 时的流量、扬程和功率；

$Q_2$，$H_2$，$P_2$——分别为转数为 $n_2$ 时的流量、扬程和功率。

2）车削叶轮外径，扩大使用范围

车削叶轮外径，实际上是改变泵的特性曲线的一种调节方法，但是与偶合器调速相比，它只是一次性的改变，不能反复调节。

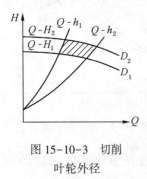

图 15-10-3　切削叶轮外径

通常为了扩大离心泵的使用范围，可把叶轮外径切削成几种尺寸，这样再根据泵的高效区的变化情况配合节流调节，就有如图 15-10-3 所示小方块的经济使用范围，这在泵的样本上可以查到。

3）拆卸叶轮级数

多级泵可以拆卸叶轮级数，达到调节扬程的目的。如 250YS100×6 型油泵，扬程为 600m，拆除两级叶轮后，其扬程降为 400m，通过降低泵的扬程达到减少能量消耗的目的。在拆卸多级泵的叶轮时，要注意两点：因为离心泵的吸入装置装在首级叶轮前，故多级泵拆卸叶轮时，不得拆卸第一级叶轮；在拆卸级数多于一级时，尽量不要拆卸相临的叶轮，应隔段拆卸，防止级间流道不平，降低泵的效率。

# 第十一节　输油泵机组的故障处理

## 一、离心泵的振动和噪音

产生振动及噪音的原因有以下几方面。

### 1. 振动

机器振动可降低零件的使用寿命，它会导致过早地损坏轴、轴承、密封等，严重时拔断地脚螺栓，震裂出入口接管或震断出入口法兰螺栓，甚至使阀门回转并危及周围的机器和建筑。离心泵的转数很高，振动是个严重的问题，必须引起足够的重视。

引起机泵振动的原因很多。一般情况下，离心泵的振动是由机械的原因产生的，还可能是由水力学方面的原因产生的。由各种原因产生的振动，其振动特点各有不同，这对我们分析振动和采取消除振动的措施是很重要的。有时产生振动的原因是多方面的，为此，必须作周密的调查，分清主次，并且有步骤地逐个排除次要因素，从而找出主要的原因。当情况复杂时，还可以用测振仪测定振幅、相位、波形、频率等，然后进行分析、比较、判断。

1）由机械原因产生的振动

转子质量不平衡是其中最常见的原因之一。另外机组中心不正、动静部分摩擦、支承部件缺陷、润滑不正常等都会产生振动。

（1）由转子质量不均匀所引起的振动，其特点是在两轴承处发生较大振动，当转速上升接近额定值时，振幅增加很快。离心泵的叶轮或轴等转动零件经过长期运转以后，由于磨损和腐蚀以及局部损坏或堵塞异物等原因，均可造成转子的质量不平衡，在旋转时由此而引起振动，甚至是破坏性的振动。其振动频率和转数一致，而振幅与负荷、吸入压头大小无关，仅随转速变化而变化。在转动轴的振动中，这是最常见的。在泵检修时，特别是更换转动部件以后，要重新做平衡试验，进行校正。达到平衡，才能消除振动。其检查的方法，对低速泵只需做静平衡试验，而对现代高速泵，如有的高达 4000~7000r/min，必须做动平衡试验。

允许的振动极限值随泵的型式、圆周速度不同而不同。

（2）当机组中心不正时，振动随负荷增加，有时还会发生突然的变化。中心不正的原因是很多的，诸如机械加工质量不好，安装找正不好，在吸、压水管上承受过载负荷，轴承磨损或前后轴瓦不同心都会引起泵的振动。此时不能用配重方法，如用配重方法，则振动加剧。

（3）联轴节对正不良引起的振动。在泵的安装过程中，如联轴器不同心、联轴器（对轮）的螺栓配合不良、接合面的平行度达不到要求（机械加工精度差或安装不合要求），或者由于找正不准确，原动机轴和离心泵轴不在一条直线上，当泵运转时必然引起振动。或者泵开始时不振动，但经过一段时间的运转由于地脚螺栓松动垫板位移，或基础下沉等原因，使泵中心偏移也要引起振动。如果原动机单独运行时不振动，而把联轴器接上去就出现振动的话，首先应该怀疑的是定心不良。

对于输送高温液体的泵，内于热膨胀使原动机一侧的联轴器在运转中摇动，或者由于泵的连接管路的重量、热膨胀、连接法兰不对中心，使泵与原动机的对中变动，也必然引起泵的振动。法兰形弹性联轴器的橡皮圈配合不均匀，也产生性质完全相同的结果。

（4）当支承部件有缺陷时（如基础刚性不够、紧固件松动等），振动在空负荷时就发生，而且振幅不稳定。这是由于管路支撑不牢，支架不稳，引起振颤。泵的地脚不牢不平稳，基础不坚固，造成泵机开动时，机身振动摇晃。或者由于基础太轻安装不牢固，当泵本身的振动和基础的振动频率一致时，就要引起共振，形成很强烈的振动。这种情况只有增大基础的重量和牢固性，才能消除共振。

如果轴向振动不是由于质量不均匀所致，则这种振动是由前轴承座刚度下降所造成的。

（5）润滑不正常。轴承间隙大，油膜被破坏时振动值随运转情况的改变而变化，而且振动时机件有不正常的抖动与响声。

（6）当转子与机壳发生摩擦时，一般是由于泵轴弯曲，叶轮擦到泵壳发生噪声，或新修的泵口环密封安装不好造成的。振动一般表现在碰擦处附近，在机器将停止转动时，容易听到摩擦声音。

（7）转速不均匀。内燃机和燃气轮机带动的离心泵因为发动机由于断续的气缸爆炸冲击，转速会有变化，虽然用飞轮可以缓和，但是要完全没有是不可能的。

2）由于水力方面的原因产生的振动

离心泵在运行中产生振动及噪音是比较普遍的问题。产生振动的原因很多，现将振动的原因分别叙述如下：

（1）汽蚀　前面已经说明，当叶轮吸进的液体有汽泡时，在叶轮离心力的作用下，由于压力突然增高使汽泡骤然液化，叶轮产生振动，并且造成噪音。汽蚀主要发生在大流量工况下。汽蚀将引起泵体剧烈振动，并随之发生噪音。这种振动频率高达 $600\sim25000$ 周上下，对现代输油泵来说，其圆周速度很高，所以汽蚀引起的振动问题更为突出，必须引起重视。

（2）在低于最小流量下所发生的振动　离心泵在低于设计最小流量下运行时，将会发生不稳定工况，流量忽大忽小，压力忽高忽低，不断发生相当激烈的波动，并且导致管路的剧烈振动，随之发出喘气一样的噪音，这时可能造成严重后果。这种振动的频率大约为 $1/10\sim10$ 周。离心泵在低于最小流量下运行，自然要发生汽化。鉴于上述情况，离心泵在运行时不应低于所规定的最小流量。通常输油泵的最小流量应在额定流量的20%以上。

（3）喘振　带驼峰型性能曲线的离心泵在运行的过程中，当流量低于驼峰曲线最高点对应的流量时，泵排出液体将发生用期性的变化，呈现喘息状态，使泵运转不稳定，这种现象称为"喘振"。喘振和汽蚀不同，汽蚀在大流量时发生，而喘振是在小流量的情况下发生，即在泵的特性曲线倾斜上升的一段内发生。喘振多数是在泵的输出管路上有气囊或装有孔板流量计时发生。

（4）泵壳内液体压力不平衡引起振动　对蜗形泵壳的离心泵，每当转子叶片通过蜗形外壳开始卷曲的地方或导叶的前端附近时则产生水压力的变动，由于叶轮出口压力分布不均匀，液体对叶轮的反作用力也不均匀。因此，在叶轮转动时因圆周处的作用力不均匀，使叶轮和轴产生振动和噪音。振动频率为叶轮叶片数乘以转速或其倍数。把叶轮外缘和开始卷曲处的距离拉大，能够缓和压力脉动并减小振幅。

（5）临界转数引起振动　离心泵轴的转数与转子的固有振动频率相同时，就要发生激烈的共振，这个转数称为"临界转数"。在设计泵时要避开临界转数，消除共振。泵内液体和填料函中的填料对转子都有限振作用，使转子振动减弱。

（6）油膜震荡引起的振动　对于高速离心泵的滑动轴承，在运行中必然有一个偏心度。当轴径在运转中失去稳定后，轴径不仅围绕自己的中心高速旋转，而且轴颈中心本身还将绕一个平衡点涡动，涡动的方向与转子转动的方向相同。轴颈中心的涡动频率约等于转速的一半，所以称为半速涡动。如果在运行中半速涡动的频率恰好等于转子的临界转数，则半速涡动的振幅因共振而急剧增大。这时转子除半速涡动外，还受到突来突去、忽大忽小的频发性瞬时抖动，这种现象就是油膜震荡。特别是轴的转动速度达到临界转速的 2 倍以上时，会发生强烈的振动。至于滚动轴承，则不发生这种振动。作为防止措施，或者把轴承的宽度做狭些或者通过改变油槽而改变轴承内的油压分布等。在设计时尽可能使轴的临界转速在转速的1/2 以上。还可对轴承选择适当的长径比和合理的油楔布置方案，以提高轴颈在轴承内的相对偏心度，增大稳定区，避免在工况变动时出现油膜振荡。

（7）摩擦自激振动　由于某种原因泵轴发生弯曲，使转动部分触到衬圈或轴瓦，接触点的摩擦力就对轴有阻碍作用。作用的方向和轴的转动方向相反，有时使轴剧烈偏转。这时的振动频率和转速没有直接关系，是自激振动的一个方面，必须查明固体接触的原因加以排除。

此外，原动机产生的振动自然对泵也有影响，关于原动机的振动问题，可参考有关专业书籍。但无论用什么原动机带动离心泵，在连接泵之前都要对原动机做无负荷运转，确定其振动状态。特别是对汽轮机，单独运转时要使转数缓慢上升，进行定速及越速实验。验定不会发生振动问题以后，再和离心泵直接连接。

离心泵产生振动除了以上列举的原因以外，还有其他很多因素的影响。这里仅列出产生振动的一些主要因素供工作中参考。

**3. 防止振动的措施**

前面讨论了离心泵发生振动的原因和现象。要想消除振动，必须在泵的设计、安装、管路施工、试车等方面严格控制产生振动的因素。通常要从以下几方面考虑：

（1）对转子做静平衡试验。有条件时也要做动平衡试验，使转子转动时处于平衡状态。

（2）计算离心泵的临界转数，运行时要避开泵的临界转数。

（3）安装泵时，安装高度越低越好，长输管道尽量利用上站余压进泵，避免泵产生汽蚀，操作过程中不要使泵产生喘振。

（4）安装时，要考虑管路热膨胀对泵的不良影响，必要时管道可装热补偿器消除热应力。

（5）泵的基础要具有足够的稳定性，以免发生整体共振。地脚螺栓要牢固。

（6）经常检查泵的轴是否弯曲，叶轮是否有腐蚀或堵塞，轴承的间隙是否合适，润滑是否充分等。

（7）检查原动机和泵的联轴节是否同轴，不同轴要进行调整使之同轴。

（8）经常检查轴承的润滑和轴与轴瓦及密封环的间隙是否合适，不合适要停车检修。滚动轴承发现损坏要立刻更换新轴承。

产生振动的因素很多，也很复杂。因此，要完全消除振动是达不到的，泵在转动时产生一定程度的振动是允许的，其值大小可参考具体油泵的使用说明书。

**2. 异常音响和噪音**

离心泵在运行中，常出现的异常音响有：

（1）汽蚀异音　即离心泵发生汽蚀时带来的声音，一般呈现噼噼啪啪的爆裂声响。

（2）松动异音　即由转子部件在轴上松动而发出的声音。这种声音常带有周期性。如离心泵叶轮，轴套在轴上松动时（间隙甚至为 $1\sim3\text{mm}$），会发出咯噔咯噔的撞击声。如这时泵轴有弯曲，则碰撞声音就会更大，因叶轮和轴套在轴上有向下垂的趋势，间隙出现在轴的下方；但当弯曲处的凸面转到上方时，就会撞击叶轮向上运动，没等叶轮向上运动完毕，泵轴的凸面又转到下方，撞击叶轮向下运动。之后，泵轴凸面又转到上方，重新撞击叶轮向上运动，于是发出周期性的声响。必须指出，在这种情况下运行离心泵是很危险的，除了转子部件摆动引起向泵内漏空气外，更严重的是会使叶轮产生裂纹、泵轴断裂（在配合部位的边缘处）等。

有些滚动轴承定距套由于没被轴承压靠，运行中也会有断断续续的与轴的碰击声。因定距套与轴的间隙较大，当它在轴向又没被压靠时，会使间隙出现在轴的下方。但偶然原因也会把间隙带到上方，由于自身重量的关系，定距套向下落去，发出与轴轻微的碰击声。

（3）小流量异音　主要是对蜗壳泵来说。小流量的噪音类似汽蚀声音，但有的较大，好像是石子甩到泵壳上似的。这主要是泵舌位置设计问题。

（4）滚动轴承异音

① 新换的滚动轴承，由于装配时径向紧力过大，滚动体转动吃力，会发出较低的嗡嗡声，此时轴承温度会升高。

② 如果轴承体内油量不足，运行中滚动轴承会发出均匀的口哨声。

③ 在滚动体与隔离架间隙过大时，运行中会发出较大的唰唰声。

④ 在滚动轴承内外圈滚道表面上或滚动体表面上出现剥皮时，运行中会发出断续性冲击和跳动声。

⑤ 如果滚动轴承损坏（包括隔离架断开、滚动体破碎、内外圈裂纹等），运行中会有破裂的啪啪啦啦响声。

⑥ 轴承严重磨损，与轴强烈摩擦产生噪声。

（5）电磁的不平衡力产生的噪声　在电动机方面，各相电源不平衡，定子或转子的电特性不一致时，定子就受到变化的电磁力作用，振动频率为转速乘以极数（电频率的二倍）。如果这与定子机架的固有振动频率相同，则产生强烈的振动和噪声（电磁音）。就电动机整体，使用隔音罩盖起来能够减少噪音，但是要完全消除也是不可能的。

## 二、离心泵故障的分析与排除

**1. 离心泵的故障分析**

离心泵的故障可分为两类，一类是泵本身的机械故障，另一类是泵和管路系统的故障。在输油泵站，要求每名职工都能熟练地利用自己的感官来迅速地对设备的故障进行比较准确的判断，并相应作出快速地决策，迅速地将故障消灭在萌芽状态之中。关键是快速地通过"看"、"闻"、"听"、"切"迅速判断故障所在部位及其原因。

"看"：就是看压力表、真空表、电流表、温度表读数、轴封及各部的泄漏情况判断设备是否运行正常；"闻"：闻设备有无烧糊、烧焦的异味，闻油气浓度是否超标；"听"：听机器运转中有无异常声音；"切"：用手摸设备温度是否正常、振动是否超标。能够迅速准确地找出故障的原因并采取有效措施消除故障，对保证生产的顺利进行是非常重要的。

故障的种类：离心泵产生的故障种类很多，表现形式多种多样。根据故障发生的性质可分为以下四类：

（1）由于各种原因使泵的性能达不到生产上的要求，即所谓性能的故障。

（2）由于液体的腐蚀或机械磨损所发生的故障。

（3）填料密封或机械密封损坏而发生的故障。

（4）其他各种机械事故所造成的故障。

泵产生故障的结果则使泵达不到所要求的流量和扬程，甚至使泵排空或抽空而被迫停车，或使泵激烈地振动或产生强烈的噪音，以及严重的漏损。要想消除故障，必须找出产生故障的原因。根据故障发生的原因，采取相应的措施消除故障，使泵达到正常运转。

离心泵产生故障的原因如下：

（1）由于吸入管路的法兰连接得不严、填料压盖不正或压得不紧、机械密封安装不合适等原因，使空气进入泵的吸入端。

（2）由于灌泵时没有排净气体，管内积存有气体，开车后气体进入泵壳。

（3）吸入管路截断阀没打开或吸入阀失灵，吸入口前过滤器滤网被堵塞。

（4）末灌泵或泵内未充满液体。

（5）液面低，吸入管口淹没深度不够，安装高度超过泵的允许吸上高度，致使吸入口压力不足。

（6）被吸入液体的液面压力下降，或液体温度升高了。

（7）泵的转数不够或电机反转。

（8）叶轮松脱或叶轮装反，叶轮严重腐蚀而损坏。

（9）泵排出端的压力超出设计压力，造成反压过高。

（10）由于温度降低使液体的黏度增大，或超过设计时的黏度。

（11）由于调节阀开度太小或单向阀失灵、管路堵塞等原因，使泵排出管路的阻力增大。

（12）排出管路中有气囊。

（13）由于泵吸进黏杂物使叶轮堵塞，多级泵中间级堵塞。

（14）转子不平衡，或轴弯曲。

（15）泵轴和电机轴不对正。

（16）机座的地脚螺栓松动，或地基基础薄弱。

（17）轴瓦或滚动轴承损坏，轴瓦太紧或间隙太大。

（18）由于安装不合适，叶轮与泵体或口环严重摩擦。

（19）填料密封损坏，或轴套磨损，填料函压得过紧。

（20）填料材料选择不当，填料或水封环安装得不合适。

（21）机械密封安装不合格或机械密封损坏。

（22）冷却系统结垢、堵塞，使冷却水、润滑油供应不足或中断。

（23）轴瓦或轴承内进入尘埃或脏物。

（24）三相电机只接触两相或电压不足，电机不转。

（25）叶轮与泵体之间有脏物卡住或堵塞。

（26）机器长期不用，轴承、密封环锈死，使轴不能转动。

（27）泵轴严重弯曲，使叶轮与泵壳卡住，无法转动。

（28）填料太紧又无冷却水，形成发热膨胀咬住转轴。

（29）进水管吸进异物卡住叶轮。

（30）轮叶断裂，卡住叶轮。

（31）轴承处缺润滑，磨损发热咬死。

（32）叶轮旋转方向反转；对轴流泵来说叶片反装。

（33）叶轮和轴的连接键脱出，造成轴转叶轮却不转。

（34）总扬程和吸程太高，超过水泵额定扬程和吸程。

（35）电源周波降低。

（36）测量仪表失灵。

（37）电机跑单相。

（38）轴承或轴瓦损坏。

（39）流量太小。

（40）密封腔内有空气。

（41）密封胶圈老化、损坏、压偏或厚度不匀。

（42）机械密封压盖把偏，纸垫损坏。

（43）机械密封弹簧压力不匀。

（44）机械密封摩擦副端面损伤。

（45）机械密封传动螺钉弯曲或折断。

（46）排除阀没关闭。

（47）叶轮平衡盘装得不正确，因磨损增加了内部漏损。

（48）三相电动机中一相保险丝烧毁。

（49）转速降低。

（50）排出管破裂。

**2. 离心泵故障原因**

离心泵故障原因见表 15-11-1。

表 15-11-1　离心泵故障原因

| 故障现象 | 产生故障的原因 |
| --- | --- |
| 抽空（吸不进液体） | 1，2，3，4，5，6，7，8，18，19，20，21 |
| 排空（送不出液体） | 7，8，9，10，11，12，13，24，25，26，27，32，33 |
| 减压（压力降低） | 3，5，6，7，8，9，10，11，12，13，50 |
| 减量（流量降低） | 1，2，3，4，5，6，7，8，9，10，11，13，49，50 |
| 原动机超载 | 9，10，11，13，15，18，19 |
| 振动和噪音 | 1，2，13，14，15，16，18，19，20 |
| 密封泄漏 | 19，20，21 |
| 轴承发热 | 22，23 |
| 机械密封过热 | 22，40 |
| 机械密封磨损超差或喷油 | 41，42，43，44，45 |
| 启动时泵所需功率过大 | 19，46，47，48 |

# 第十六章　输油站其他用泵

## 第一节　往　复　泵

往复泵具有自吸能力，且在压力剧烈变化下仍能维持几乎不变的流量，它特别适用于小流量、高扬程的情况下输送黏性较大的液体。在油库中，往复泵的主要用途是输送专用燃料油和润滑油用泵，还可以作为锅炉给水泵或为离心泵抽真空引油、抽罐车底油等。

### 一、往复泵的工作原理

往复泵是容积式泵的一种，它是依靠在泵缸内作往复运动的活塞或柱塞来改变工作室的容积从而达到吸入和排出液体的。由于泵缸内的主要工作部件(活塞或柱塞)的运动为往复式的，因此称它为往复泵。

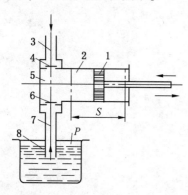

图 16-1-1　往复泵结构图
1—活塞；2—泵缸；3—排出管；
4—排出阀；5—工作室；6—吸入阀；
7—吸入管；8—容器

图 16-1-1 为最简单的往复泵结构图。它主要由活塞、活塞杆、泵缸、吸入阀、排出阀、吸入管和排出管等组成。泵缸内吸入阀门和排出阀门都是单向阀，即吸入阀门只允许液体自泵缸外进入泵缸内，排出阀门只允许液体自泵缸内排出泵缸外。泵缸内，活塞与单向阀门之间的空间叫作工作室。

往复泵的工作原理可分为吸入和排出两个过程。当活塞由原动机带动从泵缸的左端开始向右端移动叶，泵缸内工作室的容积逐渐增大，压力逐渐降低形成低压。这时排出阀受出口管路液体压强的作用而紧闭，吸入阀门受入口管路液体压强的作用而被打开，液体就源源不断地进入泵缸内，当活塞移动到右顶端时，工作室容积达最大值，所以吸入液体也达到最大值。这个过程就叫作吸入过程。当活塞向左移动时，泵缸内的液体受到挤压，压力增高将吸入阀关闭，而推开排出阀，液体从排出管排出，当活塞移动到左顶端时，将所吸入的液体排尽。这一过程就叫作排出过程。活塞在原动机带动下就这样来回往复一次，完成一个吸入过程和排出过程，称为一个工作循环。当活塞不断地作往复运动时，泵便能够不断地输出液体。

活塞在泵缸内移动到端点的位置叫作死点。死点有两个，即左死点和右死点。活塞在左、右两死点之间的距离叫作往复泵的行程(或冲程)。

由此看来，液体通过往复泵获得的能量，完全是依靠往复泵中的活塞的往复运动，将外界能量传递给液体，变成液体的静压能。

### 二、一般电动泵往复泵的结构

凡由电动机带动的往复泵都称电动往复泵，它是输油泵站应用最广泛的一种泵。输油站库所用的电动往复泵排出压力一般都在 10MPa 以下，通常属于中低压往复泵的范围。

一般往复泵大多为活塞式往复泵，通常有卧式和立式两种型式。图16-1-2为一般卧式电动往复泵的外形和结构。它主要由直接输送液体的泵缸部分和使活塞作往复运动的传动部分所组成。

2DS-50/6型和2DS-24/10型电动往复泵为卧式双缸双作用泵，主要由泵体部分和传动部分组成，如图16-1-2所示。

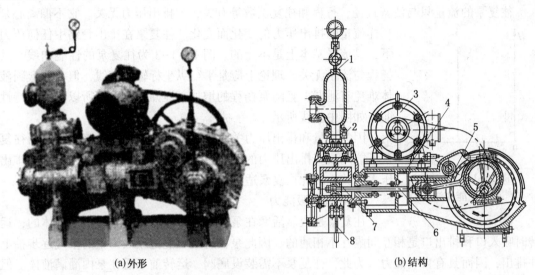

(a)外形　　　　　　　　　　　(b)结构

图16-1-2　一般卧式电动往复泵

1—空气室；2—泵缸；3—电动机；4—机座；5—传动机构；6—活塞杆；7—活塞；8—泵缸座

泵体由铸铁制成，一端与泵架连接，泵体内有四个阀室和两个泵缸。每个缸室内装有一个吸入阀和一个排出阀，阀门由弹簧压紧在阀门盖上。每个缸内装有一组活塞，活塞上装有金属活塞环，泵体与泵缸之间用填料筒密封。在泵缸下部装有四个丝堵，停泵时可以放出泵缸内液体。排出管固定在泵体上面，排出管上装有压力表。

传动部分主要由齿轮减速组、曲轴连杆组和十字头机构组成。在泵架内装有一对人字齿轮，齿轮轴的两端均装有球轴承。曲轴与连杆大头连接，连杆小头与十字头机构连接。工作时，电动机经弹性联轴器或三角皮带转动组带动小齿轮，经大齿轮减速并使曲轴作旋转运动，再经过连杆和十字头机构，把曲轴的旋转运动转化为十字头的往复运动，从而使活塞作往复运动。

传动部分采用飞溅润滑，传动缸内加50号机械油。

在泵的吸入管路上应当安装过滤器。

## 三、往复泵的基本部件

往复泵通常由两部分组成：一部分是直接输送液体，把机械能转换为液体压力能的液力端，另一部分是将原动机的能量传给液力端的传动端。液力端主要有液缸体、吸入阀、排出阀、柱塞和填料箱、缸盖、阀盖及其密封等主要零部件。传动端主要有曲柄、连杆、十字头、轴承、轴瓦等。

## 四、往复泵的性能特点和应用

### 1. 所产生的扬程可以无限高

从往复泵的工作原理可知，排出阀开启越小，或排出管口径越小，则泵缸内液体越难流出，但活塞的一个往复过程所需的时间是近似恒定的，液体又是近似不可压缩的，所以输出液体的压力(即所产生的扬程)也就越高。它的排出压力只取决于排出管路上的工况，只要原动机的功率、泵本身及管道材料强度足够，从理论上看往复泵的排出压力可以无限高。往复泵在样本或铭牌上规定的排出压力是指往复泵功率机械强度允许的最大排出压力。

**2. 流量与排出压力无关**

往复泵的流量只与活塞直径、行程和往复次数等有关，与排出压力无关。它不像离心泵那样流量随排出压力的变化而变化。往复泵在排出管路中任何压力下，其流量基本上是不变的。图16-1-3为往复泵的性能曲线，其扬程与流量无关，理论上应是平行纵坐标轴的直线，但实际上因液体难免有泄漏，且随泵扬程的增加，泄漏也严重，所以实际的特性曲线如图中虚线所示。

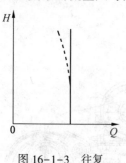

图16-1-3　往复泵的性能曲线

因为流量和排出压力关系的曲线基本上是一条直线，因而往复泵不能用改变排出压力的办法来调节流量。另外，由于流量与排出压力无关，因此往复泵适宜输送黏度随温度而变化的液体。

**3. 具有自吸能力**

往复泵是依靠活塞在泵缸中改变容积而吸入和排出流体的，运转时吸入口和排出口是相互间隔互不相通的，因此泵在启动时能把吸入管里的空气逐步抽上并排出，因而具有自吸能力。为此，往复泵不需装设底阀，运转前不需在泵内灌满液体。但为了避免活塞与泵缸干磨、缩短启动时间和启动方便，有的也在系统中装有底阀。

**4. 采用多作用泵**

出液不均匀，严重时可能造成运转中产生振动和冲击。一般采用增加泵缸的数目来解决。油库使用的电动往复泵一般均采用四作用泵。

采用多作用泵后，泵的流量仍然存在不均匀的现象。为了进一步解决这个问题，可以在泵出口安装空气室。当活塞运动快，流量增大时，空气室内的空气被压缩，将超出平均流量的一部分液体压入空气室内；当活塞运动慢，流量减小时，空气室内的被压缩的空气膨胀，把空气室内的液体排出到管路中，从而降低了流量的不均匀性。

## 五、往复泵的流量、扬程、功率计算

**1. 流量**

往复泵的理论流量与活塞直径、行程和往复次数等有关，与排出压力无关。它不像离心泵那样流量随排出压力的变化而变化。

单作用往复泵的理论流量按下式计算：

$$Q_T = \frac{1}{60} Fsn \quad \text{m}^3/\text{s} \tag{16-1-1}$$

式中　$F$——活塞的横截面积，$\text{m}^2$；

$\quad\quad$ $s$——往复泵活塞的冲程，m；

$\quad\quad$ $n$——往复泵每分钟的转数。

双作用往复泵的理论流量按下式计算：

$$Q_T = \frac{1}{60} (2F-f) sn \quad \text{m}^3/\text{s} \tag{16-1-2}$$

式中　$f$——活塞杆的横截面积，$\text{m}^2$。

往复泵的实际流量 $Q$ 比理论流量 $Q_T$ 要小，即

$$Q = \eta_容 Q_T \quad \text{m}^3/\text{s} \tag{16-1-3}$$

式中 $\eta_容$ 是容积效率，其值由实验测得。对一般构造良好的大型泵，$\eta_容 = 0.97 \sim 0.99$；对于 $Q = 20 \sim 200\text{m}^3/\text{h}$ 的中型泵，$\eta_容 = 0.9 \sim 0.95$；对于 $Q < 20\text{m}^3/\text{h}$ 的小型泵，$\eta_容 = 0.85 \sim 0.90$。

当输送黏滞性大的液体时，泵的 $\eta_容$ 约比以上数值小 $5\% \sim 10\%$。

**例 16-1-1**　有一单缸双动往复泵，泵缸直径为 230mm，冲程长为 300mm，双冲程数为 28r/min，活塞杆直径为 55mm，该泵输送温度是 313K 的汽油，相对密度是 0.76。问此泵每小时输送汽油的理论体积流量是多少？又问质量流量是多少？

**解**　由公式(16-1-2)可得：

$$Q_T = \frac{1}{60}(2F-f)sn = \frac{1}{60}\left(2 \times \frac{\pi}{4} \times 0.23^2 - \frac{\pi}{4} \times 0.055^2\right) \times 0.3 \times 28 = 0.01135 (\text{m}^3/\text{s})$$

质量流量：

$$W = 0.01135 \times 760 = 8.626 (\text{kg/s})$$

**2. 扬程**

和离心泵的扬程一样，往复泵的扬程也是泵加给单位质量液体的能量，叫做往复泵的扬程或是往复泵的压头。

$$H = \frac{P_出 - P_入}{\rho g} + \frac{v_出^2 - v_入^2}{2g} + (Z_出 - Z_入) \tag{16-1-4}$$

式中　$P_出$，$P_入$——泵出、入口的压力；

　　　$v_出$，$v_入$——泵出、入口液体的流速；

　　　$Z_出$，$Z_入$——泵出、入口的标高。

**3. 功率和效率**

往复泵的有效功率 $N_e$：

$$N_e = QH\rho g \quad \text{W} \tag{16-1-5}$$

由于泵缸液体的漏损，泵内流体流动的阻力损失以及活塞、填料函、轴承等摩擦所引起的机械损失，使得泵实际上所需要的功率 $N$ 大于泵的有效功率 $N_e$，我们把有效功率与轴功率之比，称为泵的总效率。即

$$\eta = \frac{N_e}{N} = \frac{QH\rho g}{N} \tag{16-1-6}$$

$\eta$ 值亦由实验测定，其值一般比离心泵为高，通常总效率在 $0.72 \sim 0.93$ 之间，用蒸汽作动力时，其总效率约在 $0.83 \sim 0.88$ 之间。

## 六、往复泵的使用和故障分析

### 1. 电动往复泵的操作使用

1）开泵

往复泵在开泵前必须检查泵和电动机的情况。例如，活塞有无卡住和不灵活；填料是否严密；各部连接是否牢固可靠；变速箱内机油是否适量；用油壶往活动部件的油眼里加油等。

尤其重要的是，开泵前必须打开排出阀和排出管路上的其他所有阀门，然后才可开泵。

2) 操作中的维护

经常检查泵出口压力变化情况。

经常检查泵的各部分螺丝是否松动。发现盘根漏时要及时处理，但注意不能使压盖歪斜或上的过紧。

往复泵在运转中禁止关闭排出阀。由于液体几乎是不可压缩的，因此在启动或运转中如果关闭排出阀，会使泵或管路憋坏，还可能使电动机烧坏。

在运转中应当用"听声音，看仪表，摸机器温度"的办法随时掌握工作情况。同时要保证各部润滑良好。检查注油器的上油情况，滴油速度约每分钟6~10滴。按时往泵的活动部件油眼里加油，润滑油牌号要符合要求。

3) 调节

往复泵的调节可以采用改变往复次数的方法进行。但在实际工作中，主要是采用旁路调节阀进行调节。

4) 关泵

先停泵，然后再关闭排出阀。

**2. 往复泵常见故障及排除方法**

往复泵发生故障时，真空表和压力表的变化情况除了在转速降低和泵内有气时与离心泵相同外，一般都只是一个仪表发生变化，现分析如下。

1) 吸入管堵塞

当堵塞不严重时，真空表读数增大，压力表读数不变。因为泵的流量不变，所以压力表读数不变。

当堵塞严重甚至完全堵塞时，真空表读数增大，压力表读数下降甚至到零。因为这时流量大大减少，甚至断流。

2) 排出管堵塞

当排出管有堵塞现象时，压力表读数上升，真空表读数不变；当堵塞严重而压力超过安全阀控制压力时，安全阀打开，真空表和压力表读数才下降。

3) 排出管破裂

排出管破裂时，压力表读数突然下降，真空表读数一般不变，因为流量不变。

电动往复泵的常见故障及排除方法见表16-1-1。

表 16-1-1　电动往复泵的常见故障及排除方法

| 故 障 现 象 | 产 生 原 因 | 排 除 方 法 |
|---|---|---|
| 泵不吸油 | (1) 吸入管堵塞<br>(2) 吸入管或填料筒漏气<br>(3) 安装高度太大<br>(4) 吸入或排出活门卡住<br>(5) 旁路阀未开 | (1) 清理吸入管<br>(2) 检修<br>(3) 校核<br>(4) 拆开检修<br>(5) 关小或关闭旁路阀 |
| 流量不足 | (1) 吸入管或填料筒漏气<br>(2) 活门不严<br>(3) 活塞与泵缸间隙过大，活塞环卡住或<br>　　严重磨损<br>(4) 旁路阀未关严<br>(5) 吸入管部分堵塞 | (1) 检修<br>(2) 检修<br>(3) 检修活塞环<br>(4) 关严旁路阀<br>(5) 清洗 |

续表

| 故障现象 | 产生原因 | 排除方法 |
|---|---|---|
| 泵在运转中有噪音和振动 | (1) 油中有空气<br>(2) 空气室内没有空气<br>(3) 活塞螺帽松脱或活塞环损坏<br>(4) 泵内吸进固体物质<br>(5) 连接件松动 | (1) 排除空气<br>(2) 检查调整<br>(3) 检修活塞组件<br>(4) 检修泵缸<br>(5) 拧紧 |
| 轴功率过大 | (1) 排出管有堵塞现象<br>(2) 填料太紧<br>(3) 活塞组与泵缸间隙太小<br>(4) 油料黏度过大<br>(5) 润滑不良 | (1) 清理排出管路<br>(2) 适当放松<br>(3) 检查调整<br>(4) 将油料加温<br>(5) 检查润滑部位，加足润滑油或润滑脂 |
| 单向阀有敲击声 | 弹簧松了或断了 | 检修或更换弹簧 |

# 第二节　齿轮泵

齿轮泵属于容积式回转泵的一种。它一般用于输送具有润滑性能的液体。在泵站和油库中齿轮泵用于输送黏油，如润滑油和燃料油等。齿轮泵对介质的输送是靠泵工作时容积的改变来完成的，是由一对相互啮合的齿轮，外包配合严密的泵体组成。啮合的方式分外啮合和内啮合，外啮合又分直齿、斜齿、人字齿等型式。

## 一、齿轮泵的工作原理

图16-2-1是外啮合齿轮泵的工作原理图。一对大小相等、模数相同的齿轮置于壳体内部，在壳体中间有两个通道，一个是进口（吸油口），另一个是出口（压油口）。壳体前后的盖板和相互啮合的齿轮一起组成 a 和 b 两个密封的工作腔。当主动齿轮由原动机带动按图所示方向旋转时，另一个从动齿轮相啮合而转动。由于齿轮与泵盖之间的间隙很小（大约为 0.1～0.12mm），因此吸入口和排出口是隔开的。当主动凸轮转动时带动从动齿轮以相反方向旋转。在吸入口处，齿轮逐渐分开，齿穴空了出来，使容积增大，压力降低，将油料吸

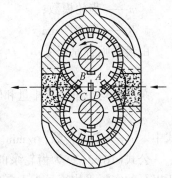

图16-2-1　齿轮泵工作原理图

入。吸入的油料在齿穴内被齿轮沿着泵壳带到泵出口，在排出口处齿轮重新啮合，使容积缩小，压强增高，将齿穴中的油料挤入排出管中。齿轮不断地转动，则齿轮泵就完成了吸排油过程。

## 二、齿轮泵的性能特点

图16-2-2为 Ch-4.5 型齿轮泵特性曲线（该曲线输送黏度为 $\nu = 1.60 \times 10^6 \sim 2.191 \times 10^6 \mathrm{m}^2/\mathrm{s}$）。该泵的性能参数为沈阳水泵厂实际生产数据。

从图16-2-2可看出，在一定的排出压力之前流量和压力的关系是接近直线的，即压力与排量无关。但排出压力继续增高时，由于泵内泄漏增大和安全阀回流增大，反而使流量减低。在某一压力时，流量为最大，效率也最高，则此压力称为齿轮泵的最大工作压力，此时

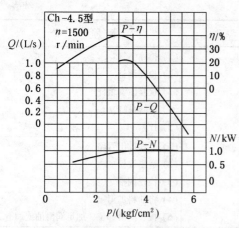

图 16-2-2　Ch-4.5 型齿轮泵特性

的排量为额定排量，效率为最高效率。

齿轮泵的最大允许排出压力取决于齿轮泵工作机构的强度及原动机容量。为防止排出压力突然增大（如排出管堵塞）而引起泵及管路损坏，齿轮泵一般均装有安全阀。

齿轮泵在一般情况下都有一定的自吸能力，除第一次启动前须充满液体外，一般不需灌泵。另外进出口不需装吸入阀和压出阀，但在某些情况下应在出口安装单向阀。管线如装有阀门，启泵运转必须打开，停泵时可不必关闭阀门，因而操作简单。

## 三、齿轮泵的排量

由于齿轮泵多采用渐开线齿形的齿轮，所以其流量在每一瞬间都是变化的。一般情况下，在齿轮泵的设计和计算中都采用排量 $Q$ 和转速 $n$ 的乘积表示平均流量。下面给出求平均流量的计算公式。

假定泵每转压出的油量等于两个齿谷容积的总和，又假设齿谷的体积等于齿轮的体积。由于有效齿高一般是 $2m$（$m$ 为齿轮模数），所以泵每一转输出的油液，即泵的排量 $Q$ 为：

$$Q = 2\pi m D_i B \times 10^{-3} \tag{16-2-1}$$

式中　$Q$——齿轮泵的排量，mL；

　　$D_i$——齿轮节圆直径，mm；

　　$m$——齿轮模数；

　　$B$——齿宽，mm。

由齿轮啮合原理可知，$D_i = mZ$。其中 $Z$ 为齿轮齿数。据此，式（16-2-1）变为：

$$Q = 2\pi m^2 B Z \times 10^{-3} \tag{16-2-2}$$

泵的平均流量是其排量和转数的乘积，用 $Q_T$ 表示。则

$$Q_T = Qn = 2\pi m^2 B Z n \times 10^{-3} \quad \text{L/min} \tag{16-2-3}$$

式中　$n$——泵的转数，r/min。

公式（16-2-3）为齿轮泵的理论平均流量。而泵在工作过程中，不可避免地存在漏损，所以泵的实际平均流量小于泵理论平均流量。其实际平均流量为：

$$Q = Q_T \eta_v = 2\pi m^2 B Z n \eta_v \times 10^{-3} \quad \text{L/min} \tag{16-2-4}$$

式中　$\eta_v$——齿轮泵的容积效率。

## 四、齿轮泵的优缺点

### 1. 优点

（1）结构简单，结构紧凑，在同样流量的各类泵中，齿轮泵的体积较小。

（2）工艺性较好，自吸性能好，齿轮泵无论在高转数或低转数，甚至手动时，都能可靠地实现自吸。可用来输送黏度较大的油或稠度大的流体。

（3）转数范围大。由于齿轮泵的转动部分齿轮基本是平衡的，因而转速可以提高。齿轮泵常用的转速为 1500r/min，高速时（如应用在飞机上）可达 5000r/min。

（4）价格便宜。

**2. 缺点**

（1）转子（齿轮）受的不平衡径向液压力大，限制了它的压力的提高，故齿轮泵目前大多用于中低压。

（2）由于流量脉动较大，因而引起压力脉动较大，噪声也较大。

## 五、齿轮泵的操作使用

齿轮泵的操作使用基本上和往复泵相同，但使用齿轮泵时应注意以下事项：

（1）齿轮泵在启动和停泵时禁止关闭排出阀，否则会将泵憋坏或烧坏电动机。为了安全起见，除了泵上装有安全阀外，在泵管组上还安装回流管，启动时可打开回流管上的阀门，以减少电动机的负荷。

（2）齿轮泵各部件都靠吸入的油料润滑，所以齿轮泵不能长期空转和用来抽注汽油、煤油等黏度小的油料；在使用之前（特别是长期停用的泵）要向泵内灌一些所要输送的油料，使齿轮得到润滑并密封间隙。用来抽注黏油时，油温不能太低，否则黏度大的黏油不容易进入泵内，使泵得不到足够的润滑，而发出嘈杂的声响并加速泵的磨损。

## 六、齿轮泵的常见故障及排除方法

齿轮泵发生故障时，真空表和压力表读数的变化情况与往复泵相同。齿轮泵的常见故障及排除方法见表16-2-1。

表16-2-1　齿轮泵的常见故障及排除方法

| 故障现象 | 产　生　原　因 | 排　除　方　法 |
|---|---|---|
| 排不出液体或排液量少 | （1）泵体内没有灌油<br>（2）吸油高度超过真空高<br>（3）吸油管路或轴封结构漏气<br>（4）旋转方向不对<br>（5）吸入接管滤油孔总面积太小<br>（6）吸油管路内堵塞或其他故障<br>（7）油泵转速低<br>（8）排出管路内阻力太大<br>（9）吸油管未全部浸入液体<br>（10）因液体温度低而使黏度增大<br>（11）安全阀启开<br>（12）安全阀锥面密合性不良<br>（13）吸入管堵塞<br>（14）回流阀未关紧<br>（15）泵转速不够 | （1）开动前必须灌油<br>（2）提高吸油面<br>（3）检查各连接处并紧固<br>（4）电动机重新接线<br>（5）增加金属滤油网孔的面积<br>（6）进行检查并排除故障<br>（7）用转速表检查并纠正之<br>（8）将阀打开降低排出压力<br>（9）检查并纠正之<br>（10）预热液体或降低排出压力<br>（11）调整安全弹簧压力<br>（12）重新用细研磨膏研磨<br>（13）清除吸入管杂物<br>（14）关紧回流阀<br>（15）提高转速 |
| 电动机所需功率过大 | （1）吸入液体的黏度太大<br>（2）排出压力过高<br>（3）排出管路阻力太大<br>（4）回转部分运转不灵受阻导致摩擦产生高热<br>（5）油泵吸入液体不清洁，夹有砂子或金属粉末使齿面或两侧面磨损而出现伤痕<br>（6）泵与电动机轴心线不正 | （1）预热或降低排出压力<br>（2）降低排出压力<br>（3）检查并排除故障<br>（4）拆开进行检查并纠正之<br>（5）应即进行拆检并清洗和修补其缺陷<br>（6）校正轴心线 |

续表

| 故障现象 | 产 生 原 因 | 排 除 方 法 |
|---|---|---|
| 油泵内<br>液体渗漏 | （1）填料压盖没有压紧<br>（2）密封圈使用期长久已磨损<br>（3）密封圈偏斜未压正<br>（4）所衬垫的垫圈部分漏油 | （1）拧紧螺母<br>（2）更换新的密封圈<br>（3）拆开，平均地拧紧螺母<br>（4）更换新的 |
| 油泵发生<br>异常之响声 | （1）液体吸不上<br>（2）油泵各部装配不妥当<br>（3）主动齿轮轴和被动齿轮轴不同心，已弯曲<br>（4）齿轮的齿面已磨损或咬毛，致使表面光洁度降低<br>（5）回转部分发生碰撞或摩擦<br>（6）轴衬套已磨损或滚珠轴承已损坏<br>（7）油中有空气<br>（8）泵转速太高<br>（9）泵内间隙太小<br>（10）主动轴和被动轴不同心，轴已弯曲 | （1）依上述第一类故障进行检查<br>（2）应进行检修<br>（3）应进行检修<br>（4）拆检<br>（5）拆检<br>（6）更换新的<br>（7）排除空气<br>（8）排除空气<br>（9）调整间隙<br>（10）检修 |

# 第三节　螺　杆　泵

　　螺杆泵是靠几个相互啮合的螺杆间容积变化来输送液体的容积式转子泵。根据互相啮合同时工作的螺杆数目的不同，通常可分为单螺杆泵、双螺杆泵、三螺杆泵和五螺杆泵等。按螺杆轴向安装位置还可分为卧式和立式两种，立式结构一般为船用。螺杆泵的主要特点是流量连续均匀，工作平稳，脉动小，流量随压力变化很小；运转时比齿轮泵平稳，无振动和噪音；泵的转数较高，目前有高达 $18000r/min$；另外泵的吸入性能较好，允许输送黏度变化范围大的介质；泵流量大（$0.5\sim2000m^3/h$），排出压力高（低于 $400\times10^5Pa$），效率高。其中三螺杆泵常用于石油化工厂输送机泵装置的润滑油和密封油，在油库和泵站中常作为辅助用泵来输送润滑油、燃料油、柴油和中等黏度的原油。由于螺杆泵无离心泵的气蚀问题，故双吸卧式三螺杆泵广泛地在油田中用于油气混输。

## 一、螺杆泵的分类

　　螺杆泵按螺杆数目可分为有单螺杆泵、双螺杆泵和三螺杆泵。三螺杆泵在泵内有三根螺杆互相啮合工作，它是螺杆泵中使用最多的一种泵。在油库中常用三螺杆泵输送黏油或燃料油、柴油等。

　　按螺杆吸入方式可分为：

　　（1）单吸式　油料从螺杆一端吸入，从另一端排出。

　　（2）双吸式　油料从螺杆两端吸入，从中间排出。

　　此外，按泵轴位置还可以分为卧式泵和立式泵，油库中常用的是卧式泵。

## 二、螺杆泵的结构和工作原理

　　螺杆泵的工作原理如同螺杆和螺帽一样。如果限制螺帽不令其转动，那么当螺杆旋转时螺帽就会沿螺杆作直线运动。螺杆泵中液体充满在螺杆的凹槽内，液体的移动和螺母的移动相似。为了使液体不能旋转只作轴向移动，必须以一固定挡板（见图 16-3-1）紧密地靠住螺纹内将液体挡住。双螺杆泵的从动螺杆与主动螺杆齿穴接触的凸齿就起了挡住液体，使它不能旋转的挡板的作用。当主动螺杆不断旋转，液体便从吸入室不断沿着泵体内衬套轴向移动至排出室。

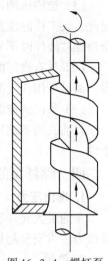

图 16-3-1　螺杆泵工作原理

　　三螺杆泵通常是一种外啮合的密闭式螺杆泵（见图 16-3-2）。其主要构件为衬套、主动螺杆（工作机构）、从动螺杆、安全阀（图中未表示出来）、填料箱和两个碗状平衡（止推）轴承。泵体由铸铁铸造，排出管位于泵体上方，高于泵轴，因此停车时螺杆中存有液体，以免每次螺杆启动产生干摩擦，并改善自吸能力。根据需要吸入管可以置于泵体左方，或置于泵体右方。衬套插入泵体中，开有三个相互连接的圆柱形孔，内表面浇注锡基轴承合金，主动螺杆和从动螺杆装在衬套中，其中转子为中间主动（凸）螺杆和两侧从动（凹）螺杆（有的将从动螺杆算为分隔元件）。定子即泵体内衬套，两端与吸入室和排出室衔接。定子内壁与螺杆的外圆柱面形成间隙密封，螺杆便在衬套内旋转。

　　主动、从动螺杆上的螺纹转向相反，当主动螺杆为左螺纹时，则从动螺杆为右螺纹。螺杆的法向截面齿廓由摆线形成，主动螺杆具有双头等螺距的凸螺纹，从动螺杆同样具有双头等螺距的凹螺纹。主动螺杆与从动螺杆比较，前者较粗，因为它在工作过程中承受主要的负荷，从动螺杆只作为阻止液体从排出室漏回吸入室的密封元件，即与主动螺杆啮合而形成密闭容积，将排出室和吸入室隔开。在正常工作过程中，从动螺杆不是由主动螺杆驱动，而是由输送液体的压力作用而旋转的。

图 16-3-2　三螺杆泵

　　在吸入室，螺杆端部中心有卸载孔，通过排出室螺杆一端孔通到卸载活塞，起了平衡轴向力的作用。止推轴承是由青铜制造的。主动螺杆的止推轴承装在侧盖上，而从动螺杆的止推轴承则不固定，呈浮动状态。主动螺杆由排出一端伸出，有利于轴向力的平衡。

　　我国目前生产较多的是三螺杆泵。

### 三、螺杆泵的工作特点

　　螺杆泵具有下列特点：

　　（1）结构简单、零件少，容易拆装。

　　（2）流量均匀脉动率小。当螺杆旋转时，螺纹作相对的直线运动，而且是连续的，各瞬间排出量相同。因此，它比齿轮泵、柱塞泵的流量要均匀。

　　（3）螺杆受力情况良好。主动螺杆由电机带动旋转，从动螺杆受到排出的压力作用而自转，主动螺杆不向从动螺杆传递动力，主动螺杆只受扭转力矩，不受径向力，且轴向力很小，而从动螺杆只受侧面径向力，不受扭转力矩作用；主从螺杆之间又附有一层油膜，因而螺杆之间的磨损很小。因此泵的使用寿命较长。

　　（4）泵的工作转数可以较高。因为虽然作直线运动，但无往复运动的零件，零件受力良好。现国产螺杆泵一般转速为 1500~3000r/min。同样排量下，螺杆泵的体积、重量都比往复泵小。

（5）被输送的油料在泵内作匀速直线运动，且油料在泵内无旋转、无脉动地连续运动。因此，泵工作时流量稳定，运动平稳，无振动，无噪音，螺杆凹槽空间较大，输送含有少量杂质颗粒液体时不易卡住。

（6）具有良好的自吸能力。因为螺纹密封性好，可以输送气体，所以启动时不需要灌泵，而且可用作气液混相输送和用在较高的压力（30MPa）下工作。

（7）泵内的泄漏损失比较小，故泵的效率比较高。

目前我国各油田广泛使用的油气混输双吸卧式三螺杆泵，为矿区油气集输工作创造了条件。

## 四、螺杆泵的主要性能参数

### 1. 排出压力

泵的最大允许工作压力主要根据泵的强度而定，使用中不经制造厂同意不得任意提高排出压力。为安全起见，常装设安全阀。

### 2. 流量

主要决定于泵的螺杆尺寸和转数。对于摆线螺杆可按下式计算：

$$Q = \frac{0.691}{104} d^3 n \eta_v \quad \text{L/s} \tag{16-3-1}$$

式中　　$d$——主动螺杆外径，cm；

　　　　$n$——转数，r/min；

　　　　$\eta_v$——容积效率，一般为 0.85~0.95。

### 3. 轴功率

对摆线螺杆可用下式计算：

$$N = \frac{0.68 P n d^3}{1030 \eta} \quad \text{kW} \tag{16-3-2}$$

式中　　$P$——泵的排出压力，MPa；

　　　　$\eta$——泵的总效率，一般为 0.7~0.85。

螺杆泵操作注意事项：

（1）首次启动前需从泵上的注油孔向泵内注入少量油料，起密封和润滑作用。还应当检查泵的转动方向及各部连接，并打开排出管路上的所有阀门。若有回流阀，启动时最好打开回流阀。

（2）运转中应注意看压力表和电流表的读数是否正常，并注意听泵运转的声音是否正常、泵是否发热等。遇有不正常现象应立即停泵查明原因，予以排除。运转中不允许关闭排出管路阀门。

（3）工作完毕须停泵时，可全开排出阀门或保持工作时阀门的开启度停泵，绝不允许关闭排出阀停泵。

（4）螺杆泵的流量一般采用回流管调节，也可改变泵的转速调节，但泵的转速只能低于正常工作时的转速，而不能任意提高。泵的工作压力可以通过调整安全阀弹簧的松紧程度来调节。

## 五、螺杆泵的常见故障及排除方法

螺杆泵的常见故障及排除方法见表 16-3-1。

表 16-3-1　螺杆泵的常见故障及排除方法

| 故障现象 | 产生原因 | 排除方法 |
|---|---|---|
| 泵不吸油 | (1) 吸入管路堵塞或漏气<br>(2) 吸入高度超过允许吸入真空高度<br>(3) 电动机反转<br>(4) 油料黏度过大 | (1) 检修吸入管路<br>(2) 降低吸入高度<br>(3) 改变电机转向<br>(4) 将油料加温 |
| 压力表指针波动大 | (1) 吸入管路漏气<br>(2) 没有调好或工作压力过大，使安全阀时开时闭 | (1) 检修吸入管路<br>(2) 调整安全阀或降低工作压力 |
| 流量下降 | (1) 吸入管路堵塞或漏气<br>(2) 螺杆与泵套磨损<br>(3) 安全阀弹簧太松或阀瓣与阀座不严<br>(4) 电动机转速不够 | (1) 检修吸入管路<br>(2) 磨损严重时应更换零件<br>(3) 调整弹簧，研磨阀瓣与阀座<br>(4) 修理或更换电动机 |
| 轴功率急剧增大 | (1) 排除管路堵塞<br>(2) 螺杆与泵套严重摩擦<br>(3) 油料黏度太大 | (1) 停泵清洗管路<br>(2) 检修或更换有关零件<br>(3) 将油料加温 |
| 泵振动大 | (1) 泵与电机不同心<br>(2) 螺杆与泵套不同心或间隙大<br>(3) 泵内有气<br>(4) 安装高度过大，泵内产生气蚀 | (1) 认真调整同心度<br>(2) 检修调整<br>(3) 检修吸入管路，排除漏气部位<br>(4) 降低安装高度或降低转速 |
| 泵发热 | (1) 泵内严重摩擦<br>(2) 机械密封回油孔堵塞<br>(3) 油温过高 | (1) 检修调整螺杆和泵套<br>(2) 疏漏回油孔<br>(3) 适当降低油温 |
| 机械密封大量漏油 | (1) 装配位置不对<br>(2) 密封压盖未压平<br>(3) 动环或静环密封面碰伤<br>(4) 动环或静环密封圈损坏 | (1) 重新按要求安装<br>(2) 调整密封压盖<br>(3) 研磨密封面或更换新件<br>(4) 更换密封面 |

# 第十七章　铁路装卸油系统

## 一、铁路装卸系统

铁路装卸系统可分为轻油装卸系统和黏油装卸系统。从油品的装卸方式又可分为上卸、下卸、自流和泵送。

### 1. 轻油装卸设施

轻油装卸设施是由输油系统、真空系统、放空系统三部分组成的（见图 17-1-1）。

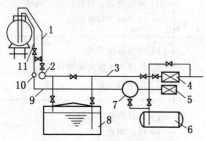

图 17-1-1　轻油装卸系统
1—装卸油鹤管；2—集油管；3—输油管；
4—输油泵；5—真空泵；6—放空罐；
7—真空罐；8—零位油罐；9—真空管；
10—扫舱总管；11—扫舱短管

输油系统包括装卸油鹤管、集油管、输油管和输油泵等设备。

真空系统包括真空泵、真空罐、真空管线和扫舱短管等设备。其作用在于填充鹤管虹吸和收净罐车底油。

放空系统包括放空罐和放空管线。放空罐多安置在油泵附近，并采用地下卧式油罐，以实现自流放空。

### 2. 黏油装卸设施

黏油多采用下部装卸，而且多采用吸入能力较强的往复泵或齿轮泵，因此不需要设置真空系统。但为满足油品加热的要求，应设置相应的加热设施如加热盘管、蒸汽甩头等。

## 二、油罐车的装卸方法

油罐车的装卸方法取决油库的地形条件和罐车的结构型式，通常分为上部装卸和下部装卸两种形式。

（1）上部卸油　上部卸油是将鹤管端部的橡胶软胶管或活动铝管，从油罐车上部的人孔插入车内，然后用泵或虹吸自流卸车。它包括泵卸油、自流卸油、浸没泵卸油三种形式。

（2）下部卸油　由油罐车下卸器与输油管路等组成。靠橡胶管或铝制卸油器连接罐车下卸器与集油管实现自流卸车。

油罐装卸车不管采用上部装卸还是下部装卸，都可以采用自流方式装卸或泵送方式装卸。

（1）自流装卸车　凡地形高差可以利用并具备自流装卸车条件的油库，应尽量采用自流装卸车。自流装车要有高位罐，一般可把油罐建在临近的山上。而自流卸车一般是油库建于铁路旁边的峡谷里。

（2）泵送装卸车　这是最常用的方法，可以直接把油装进油罐或从油罐直接装车。一般采用大排量低扬程的泵。但往往要有高大的鹤管、栈桥以及真空系统等。

## 三、装卸车栈桥

栈桥是为装卸油作业所设的操作台，用以改善收发作业时的工作条件。栈桥一般与鹤管建在一起，如图 17-1-2 所示。由栈桥到罐车之间设有吊梯（其倾斜角不大于 60°），操作人员可由此上到油罐车进行操作。

在设计和建造栈桥时，必须注意栈桥上的任何部分都不能伸到规定的铁路限界中去。有些必须伸入到接近限界以内的部件（鹤管、吊梯等）要做成旋转式的，在非装卸油时，应位于铁路接近限界之外。

栈桥有单侧操作和双侧操作两种。在一次卸车量相同的情况下，单侧卸油栈台较双侧卸油栈台长，且占地多，但可使铁路减少一副道岔，机车调车次数减少一次。

一般大、中型油库均采用双侧栈桥，只有一次来车量很少的小型油库才采用单侧栈桥。

栈桥可采用钢结构或钢筋棍凝土结构。台面高度一般在铁路轨顶以上 3.2～3.5m，台面宽度为 1.5～2m，单侧使用时可窄些，双侧可以宽些。栈桥立柱间距应尽量与鹤管间距一致，一般为 6m 或 12m。栈桥两端和中间每隔 50～60m 设上下栈桥用的 45°斜梯。

图 17-1-2　铁路栈桥示意图
1—铁路专用线；2—栈桥；
3—集油管；4—装卸油鹤管

单侧栈桥的长度可按下式计算：

$$L = nl - \frac{l}{2} \tag{17-1-1}$$

双侧栈桥的长度可按下式计算：

$$L = \frac{n-1}{2}l \tag{17-1-2}$$

式中　$L$——栈桥长度，m；

$n$——一次到库最大油罐车数；

$l$——一辆油罐车的计算长度，取 $l = 12.2\text{m}$。

## 四、装卸油鹤管及卸油臂

鹤管是铁路油罐车上部装卸油料的专用设备，

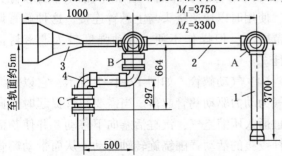

图 17-1-3　位移配重式万向鹤管
1—吸油管；2—半径管；3—位移配重；
4—加长管；A，B，C—转动接头

卸油臂则是下部卸油的专用设备。铁路装卸油鹤管的水平伸长不得小于 2.6m，鹤管伸入铁路接近界限以下部分的最低位置距轨顶的高度不小于 5.5m。鹤管上一般都有可供左右旋转、上下起落和前后伸缩的装置，以减少对位的困难。

鹤管从结构型式可分为平衡式、升降式、拆卸式、气动式等多种。

（1）平衡式万向鹤管　根据其平衡原理的不同，目前国内主要有以下几种型式：

① 位移配重式　如图 17-1-3 所示

的 DN100-I 型铁路油罐车轻油装卸鹤管就是其中一种，它主要由吸油管、半径管、位移配重、加长管和 A、B、C 型转动接头等部件组成。其基本原理是靠配重里的滚珠位移，改变重心，从而改变力矩，与另一端保持平衡。鹤管与油罐车的对位，采用加长管调整旋转半径的方式完成。这种鹤管的特点是操作比较方便，一人可单独完成操作，安全可靠。

② 自重力矩式　如图 17-1-4 所示，这种鹤管采用压缩弹簧平衡器与鹤管自重力矩平衡。平衡器力矩与鹤管自重力矩在各个角度及部位均能达到平衡，故能上下自如，操纵轻便灵活。为了使鹤管通过油罐车口上下运动，配有升降器，其俯仰角范围为 0°~80°，为了便于鹤管对准油罐车货位，配有水平活节及垂直活节，另外还配有调节对位距离的小臂。小臂完全收拢时，工作距离为 3.25m，小臂完全展开时，工作距离为 5.15m。这种鹤管操作方便，劳动强度小，适用于收发频繁而且收发量大的油库。

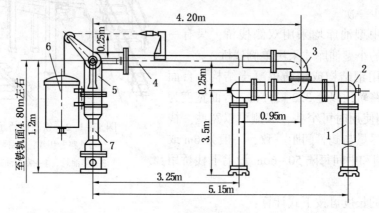

图 17-1-4　自重力矩式万向鹤管
1—小臂直管；2—垂直活节；3—水平活节；4—水平管；5—升降器；6—平衡器；7—回转器

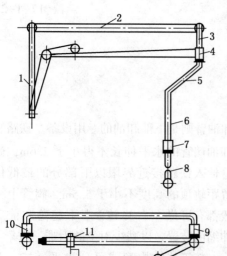

图 17-1-5　升降式万向鹤管
1—装卸油短管；2—上悬臂；3—竖悬臂；
4、7、9、10—转动接头；5—斜悬臂；
6—主管；8—闸阀；11—手摇绞索装置

（2）升降式万向鹤管　如图 17-1-5 所示，它是由厚为 1.5mm 以下的薄钢板制成。使用时可以任意调整位置，以对准油罐车卸油口，手摇绞索装置可以适当抬高或降低装卸油短管位置。这种鹤管操作轻便、灵活，但调节范围不太大。

（3）可拆卸式万向鹤管　如图 17-1-6 所示，这种万向鹤管的装卸油短管在不用时与上悬臂分离，使用时以快速接头与上悬臂连接。这种鹤管调节范围大，但操作不便，劳动强度较大，密封性欠佳。

（4）气动鹤管　如图 17-1-7 所示，它以压缩空气为动力驱动鹤管起落。当需要鹤管提起时先向汽缸通入压缩空气，汽缸活塞向下移动，并使与活塞杆铰接的活动臂围绕旋转轴转动，从而带动鹤管升起。当装卸油品时，放掉汽缸里的空气，鹤管在自身重力作用下垂直进入罐车。这种鹤管操作简便，劳动强度小，由于没有转动接头，因而密封性好，适用于收发频繁且收发量大的油库。

（5）卸油臂 如图 17-1-8 所示，它是一种用于下部卸油的连接管。这种卸油臂位置调节可达 4m，能适应各种不同的罐车编组情况。成批或单车卸黏油，都可采用这种类型鹤管。

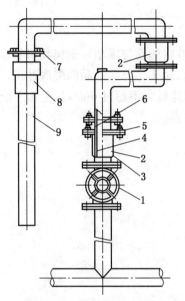

图 17-1-6 可拆卸式万向鹤管

1—阀门；2—回转接头；3—转向器；

4—石棉填料；5—填料压盖；6—转动接头；

7，8—快速接头；9—白铁皮管

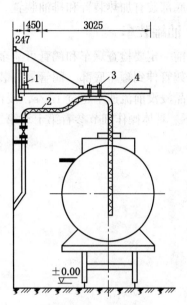

图 17-1-7 气动鹤管

1—汽缸；2—软管；

3—延伸滑轮；4—活动臂

## 五、铁路油罐车

铁路油罐车是铁路运输散装油料的专用车辆。按其装载油料的性质，可分为轻油、黏油罐车两类。其载重量为 30t、50t、60t、80t 多种类型。目前国内使用的大多数是 50t、60t 的。

铁路油罐车由罐体、油罐附件、底架及行走部分组成，如图 17-1-9 所示。罐体是一个带球形或椭球形头盖的卧式圆筒形油罐。罐顶上的空气包用来容纳因油料温度升高而膨胀的油料，空气包的容积为油罐容积的 2%～3%。空气包上有一带盖的人孔，孔盖为圆形并呈半

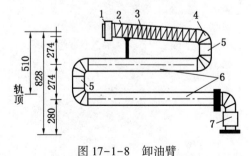

图 17-1-8 卸油臂

1—卡口快速接头；2—托架；3—耐油胶管；

4—胶管接头；5，7—旋转接头；6—钢管

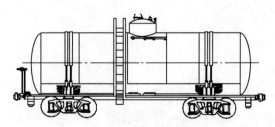

图 17-1-9 铁路油罐车

球状，刚性很大，关闭时利用杠杆和铰链螺栓压紧，在罐车盖与人孔间夹以铅垫保证密封。罐底部略有坡度，并坡向集油窝以便抽净底油。在空气包处设有平台，罐内外皆有扶梯供操作人员登车和进入罐车内。

轻油罐车涂成银白色，上面装有呼吸阀；黏油罐车涂成黑色，成品黏油罐车涂成黄色，黏油罐车底部装有加热装置和排油装置。

## 六、油罐装车

装车前一定要检查罐车和鹤管可靠金属接地，并将鹤管与罐车用金属物可靠连接形成等电位体。鹤管伸到罐车底部。鹤管最好装有平行出口接头，分散油品向罐底冲击。在鹤管出口没被油品浸没前流速不超过 1m/s，浸没后逐渐加速最大不超过 6m/s，至 2/3 液面减速到 1m/s 以下。具体操作细节参看第十章第二节相关内容。

# 第十八章　阀　　门

## 第一节　阀门的分类及表示方法

### 一、阀门分类

**1. 按用途分**

（1）截断阀类　主要用于截断或接通介质流，包括闸阀、截止阀、隔膜阀、旋塞阀、球阀和蝶阀等。

（2）调节阀类　主要用于调节介质的流量、压力等，包括调节阀、节流阀和减压阀等。

（3）止回阀类　用于阻止介质倒流，包括各种结构的止回阀。

（4）分流阀类　用于分配、分离或混合介质，包括各种结构的分配阀和疏水阀。

（5）安全阀类　用于超压安全保护，包括各种类型的安全阀。

**2. 按工作压力 $PN$ 分**

（1）真空阀门　$PN$ 低于标准大气压。

（2）低压阀门　$PN \leqslant 1.6\text{MPa}$。

（3）中压阀门　$PN = 2.5 \sim 6.4\text{MPa}$。

（4）高压阀门　$PN = 10 \sim 80\text{MPa}$。

（5）超高压阀门　$PN \geqslant 100\text{MPa}$。

**3. 按介质工作温度 $t$ 分**

（1）高温阀门　$t > 450℃$。

（2）中温阀门　$120℃ < t \leqslant 450℃$。

（3）常温阀门　$-30℃ \leqslant t \leqslant 120℃$。

（4）低温阀门　$t < -30℃$。

对 $t < -150℃$ 的阀门，有时称为超低温阀门。

**4. 按公称通径分**

（1）小口径阀门　$DN < 40\text{mm}$。

（2）中口径阀门　$DN = 50 \sim 300\text{mm}$。

（3）大口径阀门　$DN = 350 \sim 1200\text{mm}$。

（4）特大口径阀门　$DN \geqslant 1400\text{mm}$。

**5. 按驱动方式分**

（1）手动阀门　借助手轮、手柄、杠杆或链轮等由人力驱动的阀门，传递较大的力矩时，装有蜗轮、齿轮等减速装置。

（2）电动阀门　用电动机、电磁或其他电气装置驱动的阀门。

（3）液动阀门　借助液体(水、油等液体介质)驱动的阀门。

（4）气动阀门　借助压缩空气驱动的阀门。

有些阀门依靠输送介质本身的能力而自行动作，如止回阀、疏水阀等。

**6. 按与管道连接的方式分**

（1）法兰连接阀门　阀体带有法兰，与管道采用法兰连接。

（2）螺纹连接阀门　阀体带有内螺纹或外螺纹，与管道采用螺纹连接。

（3）焊接连接阀门　阀体带有坡口，与管道采用焊接连接。

（4）夹箍连接阀门　阀体带有夹口，与管道采用夹箍连接。

（5）卡套连接阀门　采用卡套与管道连接的阀门。

## 二、阀门的主要技术参数和型号表示方法

### 1. 公称通径

公称通径指阀门与管道连接处通道的名义直径，用 $DN$ 表示。多数情况下，$DN$ 即连接处通道的实际直径，但有些阀门的公称通径与实际直径并不一致，例如有些由英制尺寸转换为公制的阀门，公称通径和实际直径有明显差别。按照我国国家标准 GB/T 1047—2005《管道元件　DN（公称尺寸的定义和选用）》，阀门的公称通径系列见表 18-1-1。不同类型的阀门具有不同的公称通径范围，详见"阀门产品样本手册"。当阀门采用管焊或螺纹连接或连接的管道为标准钢管时，阀门的实际通径并不等于公称通径 $DN$，而与钢管的内径相同。

**表 18-1-1　阀门的公称通径系列**　　　　　　　　　　mm

| | | | |
|---|---|---|---|
| *DN*6 | *DN*100 | *DN*700 | *DN*2200 |
| *DN*8 | *DN*125 | *DN*800 | *DN*2400 |
| *DN*10 | *DN*150 | *DN*900 | *DN*2600 |
| *DN*15 | *DN*200 | *DN*1000 | *DN*2800 |
| *DN*20 | *DN*250 | *DN*1100 | *DN*3000 |
| *DN*25 | *DN*300 | *DN*1200 | *DN*3200 |
| *DN*32 | *DN*350 | *DN*1400 | *DN*3400 |
| *DN*40 | *DN*400 | *DN*1500 | *DN*3600 |
| *DN*50 | *DN*450 | *DN*1600 | *DN*3800 |
| *DN*65 | *DN*500 | *DN*1800 | *DN*4000 |
| *DN*80 | *DN*600 | *DN*2000 | |

注：表中为优先选用的 $DN$ 数值。

### 2. 公称压力

公称压力指阀门在基准温度下允许的最大工作压力，用 $PN$ 表示。阀门的公称压力值应符合我国国家标准 GB/T 1048—2005《管道元件　公称压力的定义和选用》的规定。GB/T 1048—2005 规定的公称压力系列见表 18-1-2。

**表 18-1-2　阀门及管道元件公称压力系列**　　　　MPa

| DIN 系列 | ANSI 系列 | DIN 系列 | ANSI 系列 |
|---|---|---|---|
| *PN*2.5 | *PN*20 | *PN*25 | *PN*260 |
| *PN*6 | *PN*50 | *PN*40 | *PN*420 |
| *PN*10 | *PN*110 | *PN*63 | |
| *PN*16 | *PN*150 | *PN*100 | |

注：必要时允许选用其他 $PN$ 数值。

### 3. 工作压力和压力—温度等级

阀门的工作压力是指阀门在工作温度下的最高许用压力，用 $P_t$ 表示，脚码 $t$ 等于介质温度除以 10 所得的数值，例如介质温度为 250℃，则对应的工作压力用 $P_{25}$ 表示。当阀门工

作温度超过公称压力的基准温度时，其工作压力必须相应降低。同一公称压力等级的阀门在不同工作温度下允许的相应工作压力构成了阀门的压力-温度等级，它是阀门设计和选用的基础。阀门工作压力应符合阀门产品样本中所列的数值。当样本中未提供所需的工作压力时，对钢制阀门可根据阀门材料，按照 GB/T 9124《钢制管法兰技术条件》确定阀门工作压力。

**4. 阀门的压力试验**

阀门的压力试验通常是指压力下的阀门整体强度试验。当设计上有气密性试验需求时，还应在强度压力试验后再进行气密性试验。

1）试验介质

压力下的强度试验应用水或其他黏度不高于水的小腐蚀性液体作为试验介质。压力下的气密性试验可用惰性气体或空气作为试验介质，当设计上规定了气密性试验的介质时，介质还必须符合设计的规定。

2）试验压力

（1）强度压力试验时，试验压力为公称压力的 1.5 倍。

（2）气密性试验时，试验压力为公称压力的 1.1 倍。

（3）设计文件上对强度或气密性试验的试验压力有规定时，还必须符合设计的规定。

3）工作压力

阀门的工作压力是指阀门在工作状态下的压力，它与阀门的材料和介质温度有关，用"$P$"表示，并在 $P$ 的右下角附加最高温度除以 10 所得整数。

**5. 阀门防火试验**

对某些关键部位的阀门，不仅要求在正常操作下具有所希望的良好密封性，而且要求在恶劣的着火环境中仍具有密封性和可开关性。对这种"防火阀门"，可以要求制造厂对阀门进行防火试验，以确认当软密封材料被完全烧毁后，阀门仍然具有一定的密封作用。

**6. 阀门型号编制方法**

阀门的型号由七个单元顺序组成。举例如下（见图 18-1-1）：

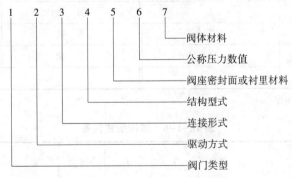

图 18-1-1

（1）阀门类型代号用汉语拼音字母表示，见表 18-1-3。

（2）传动方式代号用阿拉伯数字表示，见表 18-1-4。

（3）连接形式代号用阿拉伯数字表示，见表 18-1-5。

（4）结构型式代号用阿拉伯数字表示，见表 18-1-6。

（5）阀座密封面或衬里材料代号用汉语拼音字母表示，见表 18-1-7。

（6）公称压力数值，按 GB/T 1048—2005《管道元件　公称压力的定义和选用》的规定。

（7）阀体材料代号用汉语拼音字母表示，见表 18-1-8。

**表 18-1-3　阀门类型代号**

| 类　型 | 代　号 | 类　型 | 代　号 |
|---|---|---|---|
| 闸 阀 | Z | 旋塞阀 | X |
| 截止阀 | J | 止回阀和底阀 | H |
| 节流阀 | L | 安全阀 | A |
| 球 阀 | Q | 减压阀 | Y |
| 蝶 阀 | D | 疏水阀 | S |
| 隔膜阀 | G | 柱塞阀 | U |

注：阀温低于-40℃、保温（带加热套）、带波纹管和抗硫阀门，在类型代号前分别加"D"、"B"、"W"和"K"汉语拼音字母。

**表 18-1-4　传动方式代号**

| 传动方式 | 代　号 | 传动方式 | 代　号 |
|---|---|---|---|
| 电磁动 | 0 | 伞齿轮 | 5 |
| 电磁-液动 | 1 | 气 动 | 6 |
| 电-液动 | 2 | 液 动 | 7 |
| 蜗 轮 | 3 | 气-液动 | 8 |
| 正蜗轮 | 4 | 电 动 | 9 |

注：① 手动、手柄和扳手传动以及安全阀、减压阀、疏水阀省略本代号。

② 对于气动和液动：常开式用 6K、7K 表示；常闭用 6B、7B 表示；气动带手动用 6S 表示；防爆电动用"9B"表示；蜗杆采用 T 型螺母用"3T"表示。

**表 18-1-5　连接形式代号**

| 连 接 形 式 | 代　号 | 连 接 形 式 | 代　号 |
|---|---|---|---|
| 内螺纹 | 1 | 对 夹 | 7 |
| 外螺纹 | 2 | 卡 箍 | 8 |
| 法 兰 | 4 | 卡 套 | 9 |
| 焊 接 | 6 | | |

注：焊接包括对焊和承插焊。

**表 18-1-6　结构型式代号**

| 结构类型 ＼ 代号 | 0 | 1 | 2 | 3 | 4 | 5 | 6 | 7 | 8 | 9 |
|---|---|---|---|---|---|---|---|---|---|---|
| 闸 阀 | | 明 杆 | | | | 暗杆楔式 | | | | |
| | | 楔 式 | | 平行式 | | | | | | |
| | 弹性闸板 | 刚 性 | | | | | | | | |
| | | 单闸板 | 双闸板 | 单闸板 | 双闸板 | 单闸板 | 双闸板 | | | |
| 截止阀 节流阀 | | 直通式 | | 角 式 | 直流式 | 平 衡 | | | | |
| | | | | | | 直通式 | 角 式 | | | |

续表

| 代号<br>结构类型 | 0 | 1 | 2 | 3 | 4 | 5 | 6 | 7 | 8 | 9 |
|---|---|---|---|---|---|---|---|---|---|---|
| 球阀 | | | 浮动球 | | | | | 固定球 | | |
| | | 直通式 | | | L形<br>三通式 | T形<br>三通式 | | 直通式 | | |
| 蝶阀 | 杠杆式 | 垂直板式 | | 斜板式 | | | | | | |
| 隔膜阀 | | 屋脊式 | | 截止式 | | | 闸板式 | | | |
| 旋塞阀 | | | | 填料 | | | | 油封 | | |
| | | 直通式 | T形<br>三通式 | 四通式 | | | 直通式 | T形<br>三通式 | | |
| 止回阀 | | 升 降 | | | 旋 启 | | | | | |
| | | 直通式 | 立式 | | 单瓣 | 多瓣 | 双瓣 | | | |
| 安全阀 | | | | 弹 簧 | | | | | | 脉冲式 |
| | | 封 闭 | | | | 不封闭 | | | | |
| | 带散热片<br>全启式 | 微启式 | 全启式 | | 带扳手 | | 带控制<br>机构 | 带扳手 | | |
| | | | | 双弹簧<br>微启式 | 全启式 | 微启式 | 全启式 | 微启式 | 全启式 | |
| 减压阀 | | 薄膜式 | 弹簧薄<br>膜式 | 活塞式 | 波纹管式 | | 杠杆式 | | | |
| 疏水阀 | | 浮球式 | | | | 钟形<br>浮子式 | | 双金属<br>片式 | 脉冲式 | 脉动式 |

### 表 18-1-7　阀座密封或衬里材料代号

| 阀座密封面或衬里材料 | 代　号 | 阀座密封面或衬里材料 | 代　号 |
|---|---|---|---|
| 铜合金 | T | 渗氮钢 | D |
| 橡胶 | X | 硬质合金 | Y |
| 尼龙塑料 | N | 衬胶 | J |
| 氟塑料 | F | 衬铝 | Q |
| 锡基轴承合金(巴氏合金) | B | 搪瓷 | C |
| 合金钢 | H | 渗硼钢 | P |

注：由阀体直接加工的阀座密封面材料代号用"W"表示；当阀座和阀瓣(闸板)密封面料不同时，用低硬度材料代号表示(隔膜阀除外)。

### 表 18-1-8　阀体材料代号

| 阀体材料 | 代　号 | 阀体材料 | 代　号 |
|---|---|---|---|
| HT25-47(灰铸铁) | Z | Cr5Mo | I |
| KT30-6(可锻铸铁) | K | 1Cr18Ni9Ti | P |
| QT40-25(球墨铸铁) | Q | Cr18N12Mo2Ti | R |
| H62(铜合金) | T | 12Cr1MoV | V |
| ZG25Ⅱ(碳素铸钢) | C | | |

注：$PN \leqslant 1.6$MPa 的灰铸铁阀体和 $PN \geqslant 2.5$MPa 的碳素钢阀体，省略此代号。

### 7. 产品型号编制举例

(1) Z944W-10Z 型　表示电动机驱动，法兰连接，明杆平行式双闸板，密封面由阀体直接加工的，公称压力为 10MPa(目前现场多数阀门仍按 $kg/cm^2$ 表示，未来应按 MPa 表示)，阀体为灰铸铁的闸阀。其产品名称为电动平行式双闸板闸阀。

(2) J21Y-16P 型　表示手动，外螺纹连接，密封面材料为硬质合金，公称压力为 16MPa，阀体材料为铬镍不锈钢的直通式截止阀。其产品名称为外螺纹截止阀。

(3) J44H-32 型　表示手动，法兰连接，直角式，合金钢密封圈，公称压力为 32MPa 的截止阀。其产品名称为角式截止阀。

## 三、阀门的外观标志

为了从阀门的外形识别其基本特性，往往在出厂时作些必要的标志，通常有以下几种。

### 1. 铸造(或打印)标记

为了表示阀门的公称压力、公称通径、介质流动方向等，常在阀体上铸上或打印如

$\dfrac{P_G 5}{30}\rightarrow$ 的字样，表明该阀公称压力为 5MPa，公称通径为 30mm，阀门介质按箭头方向流动，

不能装反。$\dfrac{P_{54}10}{100}\rightarrow$ 表示该阀在 540℃($540\div10=54$)下最大工作压力为 10MPa，阀径 100mm，

流动方向如箭头所示。

阀体的外观标志如表 18-1-9 所示。

表 18-1-9　阀体的外观标志

| 阀体形式 | 介质流动方向 | | 用公称压力标注式样 | 用工作压力标注式样 |
|---|---|---|---|---|
| 直通式 | 介质的进口与出口方向在同一或相平行的中心线上 | | $\dfrac{P_G 4}{50}\rightarrow$ | $\dfrac{P_{54}10}{100}\rightarrow$ |
| 角式 | 介质进口与出口的流动方向成90° | 介质由阀瓣下方向上流动 | $\dfrac{P_G 4}{50}$ | $\dfrac{P_{54}10}{100}$ |
| | | 介质由阀瓣上方向下流动 | $\dfrac{P_G 4}{50}$ | $\dfrac{P_{54}10}{100}$ |
| 三通式 | 介质由进口同时向两个出口流动 | 介质出口流动方向成T形 | $\dfrac{P_G 6}{50}$ | |
| | | 介质出口流动方向成L形 | $\dfrac{P_G 6}{50}$ | |

### 2. 涂色标记

在阀体的不加工表面上，涂上不同颜色，便可以识别阀体的制造材料。如黑色表明阀体是由灰铸铁或可锻铸铁制成，银色表明阀体是由球墨铸铁制成，浅蓝色表明阀体是由耐酸钢或不锈钢制成，蓝色表明阀体是由合金钢制成，灰色表明阀体是由炭素钢制成等。有的根据要求，允许改变颜色或不涂色。

有的阀门将颜色涂在手轮、手柄或自动阀件的盖上，来表明密封圈的材质，如表18-1-10所示。另外，有的在连接法兰的外圆上涂以补充颜色，表明衬里材料，如表18-1-11所示。

表 18-1-10　阀门密封圈涂色标记

| 密封材料 | 涂漆颜色 | 密封材料 | 涂漆颜色 |
|---|---|---|---|
| 青铜或黄铜 | 红　色 | 硬质合金 | 灰色，周边带红色条 |
| 巴氏合金 | 黄　色 | 塑　料 | 灰色，周边带蓝色条 |
| 铝 | 铝白色 | 皮革、橡胶 | 棕　色 |
| 耐酸钢、不锈钢 | 浅蓝色 | 硬橡皮 | 绿　色 |
| 渗氮钢 | 淡紫色 | 无密封圈 | 与阀体颜色相同 |

表 18-1-11　阀门衬里涂漆标志

| 衬里材料 | 涂漆颜色 | 衬里材料 | 涂漆颜色 |
|---|---|---|---|
| 搪　瓷 | 红　色 | 铅锑合金 | 黄　色 |
| 橡胶及硬橡胶 | 绿　色 | 铝 | 铝白色 |
| 塑　料 | 蓝　色 |  |  |

# 第二节　常用阀门的结构特点及应用

## 一、闸阀

闸阀是指关闭件(闸板)沿通路中心线垂直方向移动的阀门。即丝杆连接着闸板，旋转阀盘使闸板上下移动，达到开启或关闭的目的，以控制管路内液体的流止。闸阀在输油管道上应用最多，它的优点是：

(1) 能平稳较准确地调节流量，流体阻力小。

(2) 流体能在两个方向流动，即介质的流动方向不受限制。

(3) 开闭时所用的力较小。

(4) 全开时，密封面受工作介质的冲蚀比截止阀小。

(5) 体形比较简单，铸造工艺性较好。

(6) 结构长度较小。

闸阀应用比较广泛。但它也有以下一些缺点：

(1) 外形尺寸和开启度较大，因此安装的空间较大。

(2) 在开闭的过程中，密封面间有相对摩擦，磨损量大，甚至容易产生擦伤现象。

(3) 闸阀一般都有两个密封面，给加工、研磨增加了一些困难。

闸阀结构有多种，根据闸板的构造，可分为平行式闸板和楔式闸板两种闸阀。

### 1. 平行式闸板阀

如图 18-2-1 所示，密封面与垂直中心线平行。

### 2. 楔式闸板阀

如图 18-2-2 所示，密封面与垂直中心线成某

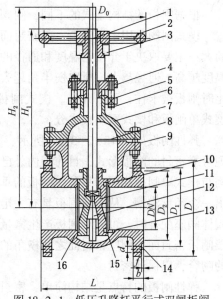

图 18-2-1　低压升降杆平行式双闸板阀
1—阀杆；2—平轮；3—阀杆螺母；4—填料压盖；
5—填料；6—J 形螺栓；7—阀盖；8—垫片；
9—阀体；10—闸板密封圈；11—闸板；12—顶楔；
13—阀体密封圈；14—法兰孔数；15—有密
封圈型式；16—无密封圈型式

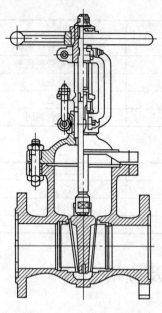

图 18-2-2　楔式闸板阀

一角度,即两个密封面成楔形。倾斜角度有 2°52′,3°30′,5°、8°、10° 等。角度的大小主要取决于介质温度的高低。工作温度高角度就大,以免因温度变化时发生闸板楔住的可能。

楔式闸板阀又有双闸板、单闸板和弹性闸板之分。双闸板式的优点是密封面角度的精度要求较低,温度变化不致引起楔住的现象,密封面磨损时可以加垫片补偿。其缺点是结构零件较多,在黏性介质中容易黏住,更主要的是上下挡板长年锈蚀后闸板易脱落。

单闸板楔式闸阀结构较简单,使用可靠,但对密封面角度的精度要求较高,加工和维修比较困难,温度变化时楔住的可能性比较大。一般都制造弹性楔式闸阀,能产生微量的弹性变形来弥补密封面角度和加工过程中产生的偏差,因此,这种结构被大量地采用。

根据阀杆的构造,闸阀又分明杆和暗杆两种。明杆式闸阀的阀杆螺母在阀盖或支架上,开闭闸板时,用旋转阀杆螺母来实现阀杆的升降。这种结构对阀杆的润滑有利,开闭程度明显,被广泛选用。暗杆闸阀的阀杆螺母在阀体内与介质直接接触,开闭闸板时用旋转阀杆来实现。这种结构的优点是闸阀开闭时高度保持不变,适用在空间小、口径大的条件下安装;其缺点是阀杆螺纹无法润滑,且直接受介质侵蚀,容易损坏。

**3. 闸板**

闸板是闸阀的启闭件,闸阀的开启和关闭,密封性能和寿命主要取决于闸板,所以它是闸阀的关键零件。

根据闸板的结构型式的不同,闸阀可以分成楔式和平行式两大类。

楔式闸阀采用楔形闸板,其密封面与闸板垂直中心线成一定倾角,称为楔半角。楔半角的大小主要取决于介质的温度和通径的大小,一般介质温度越高,通径越大,所取楔半角越大,以防止温度变化时闸板被卡住,无法开启。楔式闸板又有弹性闸板、楔式单闸板和楔式双闸板之分。

弹性闸板如图 18-2-3(a) 所示。它是一种易于实现可靠密封的闸板形式,目前国内外已广泛采用。其结构与楔式单闸板相同,只是在闸板的垂直平分面上加工出一个环形沟槽,从而使闸板具有一定弹性。当闸板与阀体阀座配合时,可以靠闸板产生微量的弹性变形以补偿闸板密封面与阀座密封面之间楔角的偏差,达到良好的吻合,以保证密封。

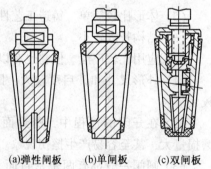

(a)弹性闸板　　(b)单闸板　　(c)双闸板

图 18-2-3　楔式闸板

弹性闸板的特点是结构简单,密封性可靠,当介质温度变化时不易被楔住,楔角的加工精度要求也较低。采用弹性闸板的闸阀,关闭力矩不宜过大,以防止超过闸板的弹性变形范围。阀上应设有限位机构以控制闸板的行程。弹性闸板适用于各种压力、温度的中小口径闸阀,要求介质中含固体杂质要少,以防积塞于闸板环形槽内,影响其变形能力。

楔式单闸板如图 18-2-3(b) 所示。它是一种整体的楔式闸板,其特点是结构简单、尺寸小、使用比较可靠，但闸板和阀座密封面的楔角加工精度要求很高，加工与维修均较为困难。启闭过程中密封面易发生擦伤，温度变化时闸板易被楔住。它适用于常温、中温下各种压力的闸阀。

楔式双闸板如图 18-2-3(c)所示。它是由两块闸板组合而成，用球面顶心铰接成楔形闸板。闸板密封面的楔角可以靠顶心自动调整，因而对密封面楔角的加工精度要求较低。当温度发生变化时不易被卡住，也不易产生擦伤现象。闸板密封面磨损后可以在顶心处加垫片补偿，也便于维修。其缺点是结构复杂，零件较多，不适用于黏性介质，由于闸板是活动连接的，容易造成闸板脱落。通常用于水和蒸气介质的管路上。

平行式闸阀的闸板两密封面相互平行，并有平行式单闸板和平行式双闸板之分。平行式单闸板结构简单，加工方便，但高度尺寸大，不能靠其自身达到强制密封。因此为了保证其密封性，必须采用固定或浮动的软质密封阀座。它适用于中、低压，大、中口径，介质为油类或煤气、天然气的闸阀。平行式双闸板又可分成自动密封式和撑开式两种。自动密封式平行双闸板闸阀，是依靠介质的压力把闸板压向出口侧阀座密封面，达到单面密封的目的。若介质压力较低时，则其密封性不易保证。因此在两块闸板之间放置一个弹簧，在关闭时弹簧被压缩，靠弹簧力的作用，帮助实现密封。但由于弹簧把闸板压紧在阀座上，因而在阀门启闭时密封面易被擦伤和磨损。目前自动密封式平行双闸扳已很少采用，大多采用撑开式。撑开式平行双闸扳，是用顶楔把两块闸板撑开，并压紧在阀座密封面上而达到强制密封。图 18-2-1 为双闸板下顶楔示意图，在两块闸板之间有一个顶楔，在阀体下部有一个顶楔座，当闸板落下时，顶楔座将顶楔顶起，将两块闸板撑开，实现密封。当闸板提起时，顶楔靠自重落下，双闸板固定在阀座上。故障时，顶楔如不能落下，随闸板一起提起固定在阀座上部，一旦由于某种原因顶楔脱落，闸板将松脱出现掉闸板事故。

闸阀通常采用法兰连接，在特殊场合也有用焊接连接的。其驱动方式有手动、气动、液动和电动等。目前国内生产的闸阀的性能参数范围如下：公称通径 $DN$ 为 15~1800mm，公称压力 $PN$ 为 1~32MPa，工作温度为 $t \leqslant 550℃$。

**4. 选用与安装**

闸阀是截断阀，仅供截断介质通路用，不宜用作调节介质压力和流量。因为它的调节性能不好，不能进行微调，若是长期用于调节，密封面将被冲蚀，影响其密封性能，同时管路中的闸阀可安装于水平管路或垂直管路，其介质流动方向不受限制。双闸板闸阀应安装于水平管路，且需保证手轮位于阀门上方，不允许手轮朝下安装。

对于大口径或高压闸阀，可安装一个旁通阀，以便减小主闸阀启闭力矩。旁通阀可安装在阀体外部，它的进出口弯管分别与闸阀的进出口侧相连通。主闸阀开启前，先开启旁通阀，介质通过旁通阀从阀前进入阀后，以减小主阀闸板两侧的压力差，从而以较小的力矩即可开启主闸阀。旁通阀的口径应根据主阀通径和使用要求选用。

## 二、截止阀

截止阀也是一种常用的截断阀(见图 18-2-4)。它的

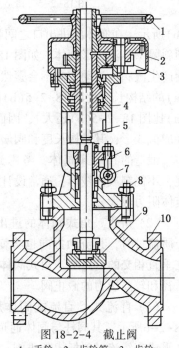

图 18-2-4　截止阀
1—手轮；2—齿轮箱；3—齿轮；
4—阀盖；5—阀杆；6—填料压盖；
7—填料；8—双头螺栓；
9—阀瓣；10—阀体

启闭件(阀瓣)沿着阀座通道的中心线上下移动。

**1. 截止阀的特点**

(1) 与闸阀比较，截止阀结构较简单，制造与维修都较方便。

(2) 密封面磨损及擦伤较轻，密封性好。启闭时阀瓣与阀体密封面之间无相对滑动(锥形密封面除外)，因而磨损与擦伤均不严重，密封性能好，使用寿命长。

(3) 启闭时，阀瓣行程小，因而截止阀高度较小，但结构长度较大。

(4) 启闭力矩大，启闭较费力。关闭时，因为阀瓣运动方向与介质压力作用方向相反，必须克服介质的作用力，所以启闭力矩大。因此截止阀通径受到限制，一般 *DN* 不大于 200mm。

(5) 流动阻力大。阀体内介质通道比较曲折，流动阻力大，动力消耗大。在各类截断阀中截止阀的流动阻力最大。

(6) 介质流动方向受限制。介质流经截止阀时，在阀座通道处应保持由下向上流动，所以介质只能单方向流动，不能改变流动方向。

**2. 截止阀的结构**

截止阀主要由阀体、阀盖、阀杆、阀瓣及驱动装置等组成。

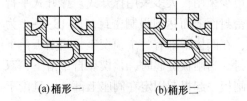
(a)桶形一　　　　(b)桶形二

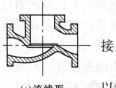
(c)流线形

图 18-2-5　铸造直通式阀体

1) 阀体与阀盖

阀体与阀盖用螺纹或法兰连接。阀体主要有如下三种形式：

(1) 直通式　直通式阀体可以铸造，也可以锻造。铸造的直通式阀体形状有桶形和流线形两种。桶形阀体如图 18-2-5(a)和(b)所示，在阀体的进出口之间带有隔壁，图18-2-5(a)带有垂直隔壁，图 18-2-5(b)带有倾斜隔壁。流线形阀体，如图 18-2-5(c)所示，介质流过阀体时，由于通道呈流线形，不会产生漩涡，流动方向不会骤然改变。三种形式比较，桶形阀体结构长度较小，图 18-2-5(a)的结构长度比图 18-2-5(b)的还小，阀瓣开启高度也较小，但流动阻力很大[图 18-2-5(a)比图 18-2-5(b)还大]，因而目前已很少采用桶形阀体。现在生产的截止阀阀体通常设计成流线形，其结构长度和阀瓣开启高度显然比桶形阀体小得多。

锻造的直通式阀体，考虑到阀内通道的加工的可能性，不能制成流线形，通常设计成 N 形或人形，因而阀内流体阻力较大。

(2) 角式　角式阀体的进出口通道的中心线成直角，介质流过时，其流动方向也将变化 90°，角式截止阀安装在垂直相交的管路上。角式阀体多采用锻造，适用于较小通径和较高压力的截止阀。

(3) 直流式　直流式阀体用于斜杆式截止阀，如图 18-2-6所示。其阀杆与阀体通道成 45°的锐角。由于介质几乎成直线流过斜杆式截止阀，因而也可以称作直流式截止阀。这种截止阀的突出优点是流动阻力小，在各种类型截止阀中，直流式截止阀的流动阻力最小，但是它的阀瓣

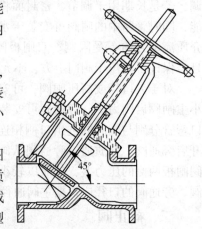
图 18-2-6　斜杆式截止阀

启闭行程大，而且制造、安装、操作和维修均较复杂，所以仅用于对流动阻力有严格限制的场合。

2）阀杆

截止阀阀杆一般都作旋转升降运动，手轮固定在阀杆上端部。当顺时针方向旋转手轮时，阀杆一起旋转并向下运动，当阀瓣密封面与阀座密封面达到紧密接触时，截止阀处于关闭状态；当逆时针方向旋转手轮时，阀杆一起旋转并带着阀瓣向上运动，使其离开阀座密封面，这时截止阀处于开启状态。

根据阀杆螺纹位置的不同，可分成上螺纹阀杆和下螺纹阀杆。

（1）上螺纹阀杆（明杆） 如图18-2-1所示，螺纹位于阀杆上半部，由于有填料相隔，不与介质接触，因而不受介质腐蚀，也便于润滑。上螺纹阀杆不易歪斜，能保证阀瓣与阀座的良好对中，有利于密封。填料函可以深一些，以防止产生外泄漏。上螺纹阀杆适用于较大口径、高温、高压或腐蚀性介质的截止阀。

（2）下螺纹阀杆（暗杆） 如图18-2-4所示，螺纹加工在阀杆下半部，处于阀体内腔，与介质相接触，易受介质腐蚀，且无法润滑。它的阀杆长度较小，从而可以减小阀的高度。通常用于小口径、较低温度和非腐蚀性介质的截止阀。

**3. 截止阀的应用**

1）应用范围

小通径的截止阀，多采用外螺纹连接或卡套连接，较大口径的截止阀也可以采用法兰连接。

截止阀大多采用手轮或手柄驱动，少数高压较大口径的截止阀，或需要自动操纵的场合，也可以采用电动驱动。

截止阀的流动阻力很大，关闭力矩也大，影响了它在大口径场合的应用。为了扩大截止阀的应用范围，目前国内外都在研究改进截止阀的结构，以减小流动阻力和关闭力矩。例如近年来出现的内压自平衡式截止阀。

目前国内截止阀参数范围如下：公称通径 $DN$ 为 $3\sim200$mm，公称压力 $PN$ 为 $6\sim32$MPa，工作温度 $t\leqslant550℃$。

2）选用与安装

截止阀是一种截断阀，仅供截断或接通管路中的介质，不宜用来调节介质的压力或流量。如果长期用于调节，密封面会被介质冲蚀，不能保证其密封性。经常需要调节压力或流量的部位应选用节流阀或调节阀。

直通或直流式截止阀应安装于水平管路，阀瓣对中性较好的截止阀也可安装于垂直管路，角式截止阀安装于垂直相交的管路转折位置上。

安装时应特别注意截止阀的进出口方向，使管路中的介质按阀体表面上箭头标志所指的方向流动，切勿装反。

## 三、球阀

球阀的启闭件是一个球体，围绕着阀体的垂直中心线作回转运动，故取名为球阀。

**1. 球阀的特点**

球阀来自于旋塞阀，它具有旋塞阀的一些优点：

（1）中、小口径球阀，结构较简单，体积较小，重量较轻，特别是它的高度远小于闸阀和截止阀。

（2）流动阻力小：全开时球体通道、阀体通道和连接管道的截面积相等，并且成直线相通，介质流过球阀，相当于流过一段直通的管阀或流过一段直通的管子，所以在各类阀门中球阀的流体阻力最小。

（3）启闭迅速，介质流向不受限制。球阀与旋塞阀一样，启闭时只需把球体转动90°，比较方便而且迅速。

球阀克服了旋塞阀的一些缺点：

（1）启闭力矩比旋塞阀要小　旋塞阀塞子与阀体密封面接触面积大，而球阀只是阀座密封圈与球体相接触，所以接触面积较小，启闭力矩也比旋塞阀小。

（2）密封性能比普通旋塞阀好　球阀皆采用具有弹性的软质密封圈，所以密封性能好；而旋塞阀除油封旋塞阀外均难保证密封性。球阀全开时密封面不会受到介质的冲蚀。

此外球阀还有一些缺点：

（1）球体加工和研磨均较困难。

（2）目前国内球阀密封圈一般采用尼龙、塑料等软质密封材料，因而不能用于较高温度和高压的场合，应用范围受到限制。

**2. 球阀的结构**

球阀主要由阀体、球体、密封圈、阀杆及驱动装置等组成。

1）阀体

阀体包括球体和密封圈，并有介质进出口通道。根据阀体通道形式，球阀可分成直通球阀、三通球阀及四通、五通球阀。

直通球阀，这种球阀应用最为广泛，作为截断阀用。三通球阀，它有三个介质通道，用于改变介质的流动方向或进行介质分配。具有四个通道的球阀叫作四通球阀，具有五个通道的球阀叫作五通球阀。这些多通道球阀用于介质的分配，目前国内应用得还很少。

球阀阀体主要有整体式和对开式两种。整体式阀体，如图18-2-7所示，球体、阀座，密封圈等零件从上方放入，然后安装阀盖，这种结构一般用于较小口径的球阀。对开式阀体，如图18-2-8所示，它由大小不同的左右两部分组成，球体、密封圈等零件从一侧放入较大的一半阀体内，再用螺栓把另一半阀体和它连接起来，这种形式应用广泛，适用于中大口径球阀。

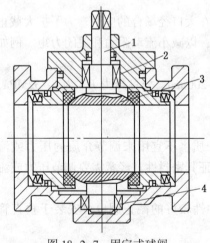

图18-2-7　固定式球阀

1—阀杆；2—填料密封；3—球体；4—轴承

2）球体

球体是球阀的启闭件，它的表面是密封面，因此要求较高的精度和光洁度。球体内有圆形截面的介质通道，通道的直径通常等于阀的公称通径。对于直通球阀，球体上的通道是直通的，三通球阀的球体通道有L形和T形两种。L形通道和T形通道的分配作用与旋塞阀相同。

按照球体在阀体内的固定方式，球阀可分成浮动球式和固定球式两种。浮动球式球阀如图18-2-8所示，球体是可以浮动的，在介质压力作用下球体被压紧到出口侧的密封圈上，从而保证密封。它的特点是结构简单，单侧密封，密封性能较好，但由于球面与出口侧密封圈之间压紧力较大，所以启闭力矩也大。一般适用于较小口径和较低压力的场合。

固定球式球阀如图18-2-7所示，球体被上下两端的轴承固定，只能转动，不能产生水平位移。为了保证密封性，它必须有能够产生推力的浮动阀座，使密封圈压紧在球体上。因此它的结构复杂，外形尺寸大。由于球体被轴承固定，介质对球体的压力是由轴承来承受的，因而密封圈不易磨损，使用寿命长。密封圈与球体间的摩擦力小，因而启闭也较省力。一般适用于较大口径、较高压力的场合。

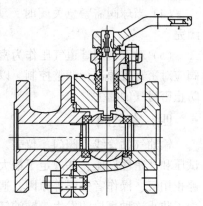

图18-2-8 浮动球式球阀

3）阀杆

球阀的阀杆很短，下端与球体活动连接，可带动球体转动。阀杆上端伸出阀外，在端面上加工出一条与球体通道平行的沟槽，用来指示球阀的开启程度。为防止介质外漏，在阀杆穿过阀体的部位采用填料函密封结构。

球阀的启闭动作和开度指示与旋塞阀相同，对于较小口径球阀，可采用扳手驱动，而对于较大口径、较高压力的球阀可采用气动、液动、电动或各种联动驱动。

**3. 球阀的应用范围**

球阀是一种很有发展的阀类，其应用范围日益扩大。国内球阀的生产和应用发展很快，现在已能生产二十多个品种，一百多种规格的手动、气动和电动球阀，天然气长输管线使用的1m通径的球阀，也已研制成功。其性能参数范围如下：公称通径 $DN$ 为15~700mm，公称压力 $PN$ 为1.6~32MPa，工作温度一般不超过150℃。

球阀的介质流动方向不受限制。直通球阀用于截断介质，多通球阀可改变介质流动方向或进行分配，球阀通路最多可做到五通，国外已有生产。由于球阀的通道截面为圆形，且与连接管路的通径相等，这就使清除管壁积垢的扫线器，以及当管路中同时输送几种不同油品时用来分开油品防止掺混的隔离球，都可以从中顺利通过，并且球阀启闭迅速，便于实现事故紧急切断，因而广泛应用于长输管线。

**4. 球阀优缺点**

（1）优点 结构简单，外形尺寸小（与同口径闸阀相比），因阀内径与管内径相同，流体流经阀门阻力小，污物不易积存阀内，便于清管器通过。

（2）缺点 如密封性较差、阀重量大、执行机构复杂等。

**5. 球阀安装注意事项**

（1）带传动机构的球阀只能直立安装。

（2）安装前应检查球阀规格、型号及所用连接件、密封料是否与要求相符，试压应合格。浮动密封气源应自阀前后两端同时引入。

（3）安装前检查阀开关指示位置与球体实际位置是否相符合，若不符应加以调整。

**6. 球阀操作注意事项**

（1）球阀只能作全开或全关用，不能作节流用。

（2）操作前应检查球阀开关位置、执行机构各部是否完好灵敏，密封性能及流程倒换是否正确。

（3）开关操作时，一定要平衡球阀前后两端压力和泄去密封圈压力后才能进行，开关完后应及时向密封圈充压。严禁在阀前后存在压差下强行操作。

（4）当球阀需紧急关闭时，动作应尽快完成，以免球阀前后已形成较大压差后还未关闭完。

（5）对于利用管道气压作为密封动力源的球阀，当管线处理事故后仍处于关闭状态的球阀应对密封气源进行调整控制，以保证该阀的继续密封。若在密封管路上增加一单流阀则可防止密封气的漏失。

## 四、安全阀

输油气站管线、阀门、仪表、容器等虽然在设计中进行了强度校核，施工后进行了强度试压和严密性试压，并规定了最大操作压力，但在生产中，往往会由于管线堵塞、用户突然停止用气、操作者失误等原因，造成设备管线的压力急剧增大而超过允许压力，发生事故。为了防止这种事故的发生，输油气站中受压设备均需装设安全阀，当设备压力超过压力给定值时，安全阀自动排放天然气泄压报警。

安全阀有爆破式、杠杆式和弹簧式三种，输气站主要使用弹簧式安全阀。

这类安全阀由于具有体积小、泄压灵敏和调节保养方便等优点，故在输气站广泛采用(见图 18-2-9、图 18-2-10)。它利用弹簧的预紧力平衡管内流体对阀瓣的上顶力。当管内压力升高到对阀瓣上顶力超过调定的弹簧压力值时，顶开阀瓣排放天然气压力；管内压力下降到给定压力以后阀瓣关闭。调节弹簧的松紧程度可以获得不同的天然气排放压力给定值。

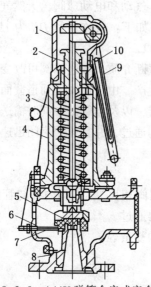

图 18-2-9　A44Y 弹簧全启式安全阀
1—保护罩；2—调节螺丝；3—弹簧；4—阀盖；
5—阀瓣；6—阀体；7—密封面；8—阀座；
9—扳手；10—锁紧螺母

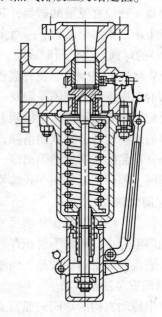

图 18-2-10　A47H 弹簧微启式安全阀

## 五、止回阀

止回阀过去曾称作逆止阀或单向阀，它的作用是防止管路中介质的倒流。止回阀属于自动阀类，其启闭动作是由介质本身的能量来驱动的。

### 1. 升降式止回阀

升降式止回阀是一种截止型止回阀，它的结构与截止阀有很多相似之处，其中阀体与截止阀阀体完全一样，可以通用。阀瓣形式也与截止阀阀瓣相同，阀瓣上部和阀盖下部都加工出导向套筒，阀瓣导向筒可在阀盖导向套筒内自由升降。采用导向套筒的目的是要保证阀瓣准确地降落在阀座上。在阀瓣导向筒下部或阀盖导向套筒上部加工出一个泄压孔，当阀瓣上升时，排出套筒内介质，以减小阀瓣开启的的阻力。升降式止回阀如图18-2-11所示，它的启闭件(阀瓣)是沿阀座通道中心线作升降运动的，动作可靠，但流动阻力较大，适用于较小口径的场合。

### 2. 旋启式止回阀

旋启式止回阀如图18-2-12所示。它的阀瓣呈圆盘状，绕阀座通道外的转轴作旋转运动。旋启式止回阀由阀体、阀盖、阀瓣和摇杆组成，它的阀内通道成流线形，流动阻力比直通式升降止回阀要小一些。这种止回阀适用于大口径的场合。但低压时，其密封性能不如升降式止回阀好。为提高密封性能，可采用辅助弹簧或采用重锤结构。

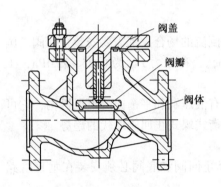

图18-2-11　升降式止回阀

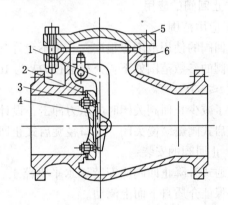

图18-2-12　旋启式止回阀

1—摇杆；2—密封圈；3—螺钉；4—阀瓣；5—阀盖；6—阀体

根据阀瓣的数目，旋启式止回阀可分成单瓣式、双瓣式和多瓣式三种。

(1) 单瓣式　单瓣式止回阀如图18-2-12所示。它只有一个阀座通道和一个阀瓣，适用于中等口径旋启式止回阀。

(2) 双瓣式　双瓣式止回阀有两个阀瓣和两个阀座通道，适用于较大口径旋启式止回阀。但一般通径不超过600mm。

(3) 多瓣式　多瓣式止回阀如图18-2-13所示。对于大口径止回阀，如果采用单瓣式结构，当介质反向流动时，必然会产生相当大的水力冲击，甚至造成阀瓣和阀座密封面的损坏，因而采用多瓣式结构。它的启闭件是由许多个小直径的阀瓣组成的，当介质停止流动或

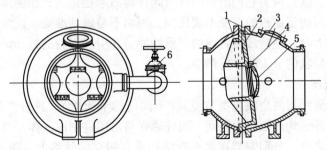

图18-2-13　旋启式多瓣止回阀

1—阀体；2—隔板；3—阀盖；4—密封圈；5—阀瓣；6—旁通阀

倒流时，这些小阀瓣不会同时关闭，因而就大大地减弱了水力冲击。由于小直径的阀瓣本身重量轻，关闭动作也比较平稳，因而阀瓣对阀座的撞击力较小，不会造成密封面的损坏。多瓣式适用于公称通径 $DN$ 为 600mm 以上的止回阀。较大口径的旋启式止回阀可带有旁通阀。

### 3. 蝶式止回阀

蝶式止回阀与蝶阀结构相似，主要区别在于：蝶阀作为截断阀必须由外力驱动，而蝶式止回阀是自动阀，不需要驱动机构。蝶式止回阀的阀座是倾斜的，蝶板旋转轴水平安装，并位于阀内通道中心线的偏上方，使转轴下部蝶板面积大于上部。当介质停止流动或倒流时，蝶板靠自身重量和倒流介质作用而旋转到阀座上，由于转轴上部和转轴下部蝶板上介质作用力所产生的转矩方向相反，因而可以减轻水力冲击。

### 4. 止回阀的应用

1）应用范围

止回阀的使用范围也很广，凡是不允许管路中介质倒流的场合大都需要安装止回阀。国内止回阀的参数范围如下：公称通径 $DN$ 为 10~1800mm，公称压力 $PN$ 为 0.25~32MPa，工作温度 $t \leqslant 550℃$。

为了减少止回阀关闭时的水力冲击，设计了一种带有液压缸和平衡锤的阻尼机构，它可以使旋启式阀瓣缓慢关闭。大口径旋启式止回阀有被平衡式蝶式止回阀取代的趋势。

2）止回阀的安装

直通式升降止回阀应安装于水平管路上，立式升降止回阀和底阀必须安装在垂直管路上，并保证介质自下而上流动。

旋启式止回阀安装位置不受限制，通常安装于水平管路，但也可以安装于垂直管路或倾斜管路上。

安装止回阀时，应特别注意介质流动方向，在止回阀阀体表面都铸有规定介质流动方向的箭头，应使介质正常流动方向与箭头指示的方向相一致。否则就会截断介质，使介质无法通过。底阀应安装在水泵吸水管路的底端。

止回阀关闭时，会在管路中产生水锤效应，引起管路中介质压力瞬时增加，对此必须加以注意。

## 六、节流阀

节流阀属于调节阀类，它通过改变通道截面积来调节介质流量和压力。

各种截断阀都可以改变介质通道截面积，因而在一定程度上也可以起调节作用，但是它们的调节性能不好。这是因为它们的启闭件与阀杆是活动连接的，在连接处有间隙，不便调节；启闭件的升降与通道面积的改变不成比例，因而不易做到准确、连续地调节，当通道面积小而介质流速很大时，会造成密封面的严重冲蚀，并引起阀瓣的振动。因而通常都采用专门的结构和启闭件形状的节流阀进行调节。

### 1. 截止型节流阀

通常所说的节流阀指的是截止型节流阀（下面简称节流阀）。这种节流阀在结构上除了启闭件及相关部分外，均与截止阀相同。阀杆通常与启闭件制成一体。节流阀与截止阀一样也有直通式和角式之分，分别安装在水平管路和垂直相交的管路上。图 18-2-14 为管道系统常用的节流阀。

节流阀的启闭件有针形［见图 18-2-15（a）］、沟形［见图 18-2-15（b）］和窗形［见图

18-2-15(c)]三种形式。它们的共同特点是：阀瓣在不同高度时，阀瓣与阀座所形成环形通路面积也相应地变化。所以只要细致地调节阀瓣的高度，就可以精确地调节阀座通道的截面积，从而也就可以得到确定数值的压力或流量。节流阀阀杆螺纹的螺距比截止阀小，以便可以进行精确地调节。

当介质流过节流通道时，以很高的速度冲击阀瓣，会使其产生偏斜和振动，而影响调节的精确性，所以必须有导向装置。

阀瓣与阀座密封面受到高速介质的冲蚀作用，因而必须用耐冲蚀和磨损的材料来制造。

节流阀的连接尺寸和结构长度均与截止阀相同。

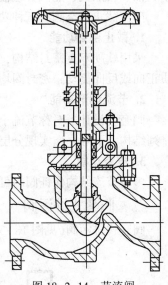

图 18-2-14　节流阀

**2. 蝶式节流阀**

蝶式节流阀与蝶阀结构相同。它不能作小流量调节，全开时由于蝶板占据了一定空间，而使通道的有效流通面积约减少30%，调节范围也较小。

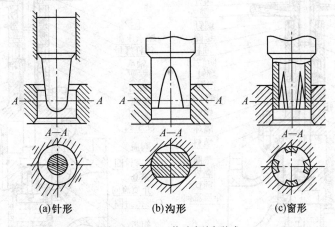

|(a)针形|(b)沟形|(c)窗形|

图 18-2-15　节流阀瓣形式

**3. 节流阀的应用**

节流阀用于调节介质流量和压力。截止型节流阀能够在较大的范围内调节，也能进行精确调节，但口径较小，节流旋塞适用于中、小口径，蝶式节流阀适用于大口径。节流阀不宜作为截断阀用，节流阀若是长期用于节流，其密封面必然会被冲蚀，而不能保证其密封性。国产节流阀多采用截止型，其参数公称通径 $DN$ 为 3~200mm，公称压力 $PN \leqslant 32MPa$，工作温度 $t \leqslant 450℃$。

# 第三节　输油管线常用其他阀门

## 一、节流截止放空阀

节流截止放空阀(见图18-3-1)是在吸收了截止阀和节流阀技术的基础上发展起来的新一代高性能放空阀。它既可以可靠截止(密封达到零泄漏)，又具有节流放空功能，广泛用于石油、天然气、蒸汽管道输送装置的节流放空系统。

节流截止放空阀有三种功能：截止密封功能、节流调节功能、放空功能。

**1. 截止密封功能**

采用软硬双重密封结构，软密封座安装于独立的阀座密封槽内，并由阀套固定，无论介质正向或反向流动，密封圈均不会被吹出。

**2. 节流调节功能**

阀套上设计了对称节流小孔，介质进入节流孔并沿中心向下游流动。节流孔采用了分层排列结构，引导介质实现分层流动，有效防止介质产生紊流和旋涡。

**3. 放空功能**

多级节流结构保证阀门可实现全压差下的放空功能。

## 二、阀套式排污阀

阀套式排污阀(见图18-3-2)的工作原理如下。

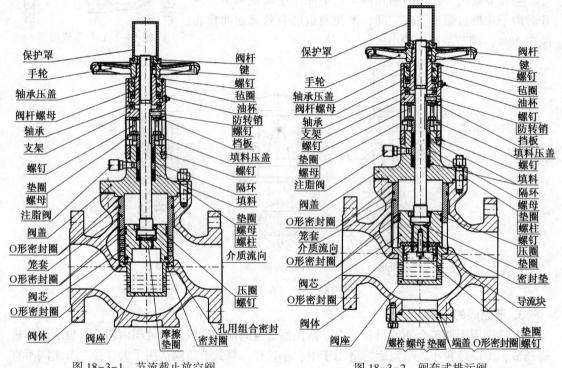

图18-3-1　节流截止放空阀　　　　图18-3-2　阀套式排污阀

**1. 阀门开启过程(排污过程)**

(1)逆时针转动手轮，阀杆带动阀芯逐渐上移，密封面脱开，阀芯上的导流座逐渐移出阀座内孔，形成窄缝间隙，介质通过阀座上的对称节流孔进入阀座内部，少量介质可通过窄缝流出，逐渐降低系统压力。

(2)继续逆时针转动手轮，阀芯向上运动，导流座上的节流孔移出阀座内腔，较多的介质通过导流座和阀套节流后顺利排出。

(3)继续逆时针转动手轮，阀芯向上移至全开位置，此时，介质压力已经大大降低，大量杂质可直接从阀套节流孔处排出，并在倒置的密封座处形成涡流，不断清洁密封面，防止杂质黏附在密封面上。

**2. 阀门关闭过程**

（1）顺时针转动手轮，阀杆带动阀芯下移，此时排污已结束，系统压力较低，阀套上的节流孔面积逐渐减小，导向套靠近阀座，并改变介质流向，介质经节流后以一定速度流过密封部位，逐渐加强对密封面的清洁力度。

（2）继续转动手轮，阀芯上的导流座进入阀座内孔，形成窄缝节流，由于排污接近结束，介质中杂质已经较少，导向套和阀座间的窄缝阻止了残存的微小杂质流入密封面，介质通过窄缝快速流出，彻底清扫密封面。

（3）继续转动手轮，阀芯与密封座接触，实现密封。

### 三、胶皮自动泄压阀

胶皮自动泄压阀是输油管道"从泵到泵"工艺流程上使用的一种新型阀门。这种阀门在内套管中焊有盲板将两边隔断，如图18-3-3所示。

它的作用原理是高压缸中的氮气（防胶皮老化），经减压阀进入稳压罐，再经活接头流入调压室（内套管和外套管之间的空间）。进入调压室的压力是输油泵站要求的安全工作的最高压力，用"$p_1$"表示，当进站干线压力$p_2 <$

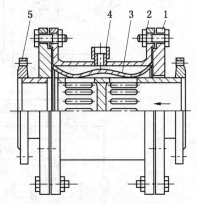

图 18-3-3 胶皮自动泄压阀
1—内套管；2—外套管；
3—丁腈橡胶套管；
4—活接头；5—短节法兰

$p_1$ 时，则胶皮套管紧套在内套管的外壁上，此时胶皮阀不通。当 $p_2 > p_1$ 时，胶皮套管压盖在 $p_3 = p_2 - p_1$ 的作用下被顶离内套管外壁，从而使胶皮阀打开，进站干线的部分原油便从右端流到左端（如箭头所指示方向），泄入大罐，使来油压力逐渐降低，自动防止泵进口管的超压。当 $p_2$ 降到低于 $p$ 时，胶皮阀又自动关闭，使进泵压力自动控制在 $p_1$ 以下的压力。

胶皮阀使用时应注意以下几点：

（1）定期检查胶皮套管的老化情况和密封性能。

（2）更换新的胶皮套管时，要详细检查并经试压。

（3）调压箱应稍大些，以免胶皮套管被顶离时，调压室的空间减小而使 $p_1$ 自动增大。

胶皮泄压阀具有结构简单、制作容易、局部阻力小、动作灵敏、操作平稳等优点，但目前尚存在胶皮寿命较短的缺点，目前在一些泵站已推广使用。

### 四、紧急截断阀

紧急截断阀用于泵站、河流、铁路以及其他可能发生危险的地段的两端管道上，如管道破坏后可以迅速自动地截断通道，防止事故扩大。图18-3-4中，5、6、7、9、10、13是接受管线破坏后压力下降的讯号部分。当阀前或阀后的管道破坏后，造成压降，控阀13被打开，由于节流阀9的降压，使溢流阀10接通并迅速卸压。这时稳压罐7的能量放出，节流阀6降压，使控制缸5左侧的压力高于右侧，活塞右移顶起控制阀4的手柄，打开手柄下面的换向阀。经过过滤器14、双向止回阀12、止回阀11和动力储压罐15流入管道的介质，通过换向阀进入气-液压变换罐3的右侧罐，罐内的油在压力作用下经过手压泵2的换向阀和节流阀8到液压驱动机构1的活塞缸左端，推动活塞右移，使球阀16关闭。2为手压泵，当介质压力不起作用时，供启闭球阀用。在正常工作情况下，如需要关闭或开启球阀，只要将控制阀4的手柄向下压或向上推即可达到目的。

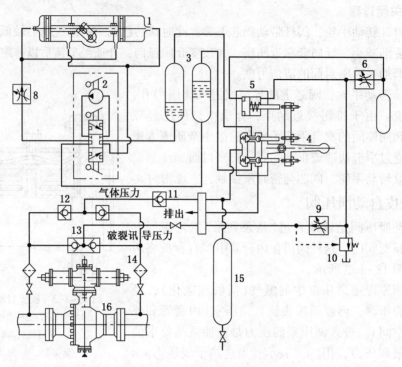

图 18-3-4　干线紧急截断阀

# 第四节　阀门的安装、使用与维护

## 一、阀门安装时的一般注意事项

（1）阀门在搬运时不允许随手抛掷，以免无故损坏。

（2）阀门吊装时，钢丝绳索应拴在阀体的法兰处切勿拴在手轮或阀汗上，以防折断阀杆。

（3）明杆阀门不能装在地下，以防阀杆锈蚀。

（4）阀门应安装在维修、检查及操作方便的地方。

（5）安装前应检查阀杆和阀盘是否灵活，有无卡住和歪斜现象，阀盘必须关闭严密，需做强度实验和严密性实验，不合格的阀门不能安装。

（6）有条件时阀门应尽量集中安装，便于操作。

（7）在水平管道上安装时，阀杆应垂直向上，或者是倾斜某一角度，而阀杆向下安装是不合乎要求的。当阀门安装在难于接近的地方或者较高的地方时，为了操作方便，可以将阀杆装成水平，同时再装一个带有传动链条的手轮或远距离操作装置。

（8）应注意阀门的方向性，如截止阀、止回阀、减压阀等不可安反。安装一般的截止阀时应使介质自阀盘下面流向上面，俗称低进高出。安装旋塞、闸阀时，允许介质以任意一端流入流出。安装止回阀时，必须特别注意介质的（阀体上有箭头表示）流向，才能保证阀盘能自动开启。对于升降式止回阀，应保证阀盘中心面与水平面互相垂直，对于旋启式止回阀，应保证其摇板的旋转枢轴装成水平。

（9）阀门的填料压盖螺栓要平衡交替拧好，注意两侧间隙均匀。

（10）弹簧式安全阀应直立安装，安装杠杆式安全阀时，必须使阀盘中心线与水平面互相垂直。

（11）安全阀的出口应无阻力，背压要小。石油天然气管线安全阀排出物应排入密封系统，出口管管径应大于进口管，出口压力降不大于安全阀定压的 10%。

（12）安装法兰式阀门时，必须清除法兰面上的脏物，垫子不要放偏；应保证两法兰端面互相平行和同心。拧紧螺栓时，应对称或十字交叉地进行。

（13）安装丝口式阀门时，应保证螺纹完整无缺，并按介质的不同要求涂以密封填料物。在阀门附近一定要装活接头，以便拆装。

（14）阀门的安装高度应执行设计图纸规定尺寸。当图纸无要求时，一般以离操作面 1.2m 为宜。操作较多的阀门，当必须安装在距操作面 1.8m 以上时，应设置固定的平台。

（15）辅助系统管道进入车间应设置切断阀，当车间停产检修时，可与总管切断。

（16）高压阀门均为角阀，使用时常为两支串联，开启时启动力大，必须设置阀门架支承阀门和减少阀门启动力。

（17）衬里、喷涂及非金属材质阀门，应尽量做到集中布置，便于设置阀门架。

（18）水平管道上安装重型阀门时，要考虑在阀门两侧装设支架。一般公称直径大于 800mm 的阀门应加支架。

（19）一般安装阀门时应保持关闭状态。

## 二、阀门的操作和日常维护

### 1. 一般要求

（1）不能利用管钳和加长套管去开关阀门，以免损坏手轮和阀杆，必要时可用特制的阀门扳手。

（2）阀门开足后应回转半圈，以便于开关。

（3）当打开带有旁通阀的大口径阀门时，要先开旁通阀，以减少阀瓣两端的压力差。

（4）输油输气管道阀门的电机要防爆。非自控泵站电动阀启动前，应将离合器手柄由手动位置移到电动位置，启动完后再由电动位置移回手动位置。

（5）长期很少启动的阀门，启动前应先检查电动机及电器线路是否完好，启动后应检查阀门是否凝油。

（6）电动阀的限位开关、阀门及零部件，必须齐全灵准好用，材质应符合实际要求。

（7）球阀、闸阀、截止阀只准全开全关，不准半开半关。

### 2. 开、关手动阀门

（1）检查阀门完好无损，阀门进出口法兰、管路完好无泄漏，盘根压紧紧固无泄漏。

（2）不能用长杠杆或长扳手来扳动手轮、手柄。

（3）手握手轮或手柄确定开、关方向。逆时针旋转手轮为开阀，顺时针为关阀。

（4）旋转手轮或手柄。开阀时，用力应该平稳，不可冲击。对蒸气阀门，开启时应尽量平缓，以免发生水击现象。

（5）根据工艺要求或阀的类型确定开阀程度。

（6）如发现操作过于费劲，应分析原因，做相应处理。

（7）当阀门全开后，应将手轮倒转少许。

（8）对明杆阀门，要记住全开全关时的阀杆位置，避免全开时撞上死点，以便于检查全闭时是否正常。

**3. 电动阀门的操作**

1）启动前的准备

（1）检查电动机头与阀架连接是否紧固，检查阀门完好无损，阀门进出口法兰、管路完好无泄漏，盘根压紧紧固无泄漏。

（2）电动机盘车数圈应无卡阻现象。

2）就地控制

（1）要进行就地控制，可将红色旋钮置于"LOCAL"（"就地"）位置（LCA 显示器上黄色闪光），如图 18-4-1 所示。

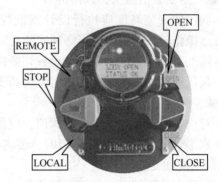

图 18-4-1　阀门电动头

（2）再通过黑色旋钮选择"OPEN"（"开"）或"CLOSE"（"关"），LCA 显示器上红色闪光表示开阀，红色亮表示阀全开；绿色闪光表示关阀，绿色亮表示阀全关。

3）远程控制

（1）要实现远程控制，将红色旋钮置于"REMOTE"（"远程"）位置，此时 LCA 显示器上黄灯亮。

（2）若红色旋钮置于"REMOTE"（"远程"）位置，就地控制的"OPEN"/"CLOSE"操作被禁止。

（3）红色选择旋钮转到"STOP"位置时，执行机构停止动作。

**4. 执行机构的设定原则**

（1）一般情况下执行机构应由厂家或指定的专业技术人员进行设定。

（2）执行机构在首次投入运行前必须进行带负荷设定。

（3）在阀门大修、阀门更换等任何阀门参数发生变化时，执行机构必须重新进行设定。

（4）操作人员只能对执行机构的设定值查看但不能擅自改动。

**5. 执行机构的维护、保养**

（1）执行机构是充油润滑的，按说明书使用规定的润滑油。

（2）在第一次使用执行机构之前，打开执行机构齿轮箱最上面的加油孔的塞子，检查是否有油。

（3）正常情况下对执行机构的维护周期是 2~3 年，但在恶劣条件下，由于频繁操作或高温，对油面的检查周期为 1 年半左右。

（4）运行前应检查推力轴承或阀是否正常润滑。

## 三、通用阀门的常见故障、原因及排除方法

**1. 普通阀门的常见故障及排除方法**

1）阀门关闭不严（内漏）的原因及排除方法

（1）阀门接触面间有脏物，清除脏物。

（2）接触面磨损，研磨接触面。

（3）阀体底部有沉积脏物，有底部旋塞的，从旋塞孔处排污。

2）填料渗油

（1）填料压盖松脱，拧紧压盖螺丝。

（2）填料太少，应加填料。

（3）填料失效，应重新更换填料。

3）阀体与阀盖的法兰渗油

（1）法兰螺丝松动，重新拧紧法兰螺丝。

（2）法兰螺丝松紧不一致，调整螺丝使其松紧一致。

（3）法兰垫片损坏，重新更换垫片。

（4）法兰间有脏物，清除脏物。

4）阀门丝杆转动不灵活

（1）填料压得过紧，调整填料压盖螺丝或取出部分填料。

（2）阀杆上的螺纹损坏或被卡，需更换零件或修理螺纹。

（3）阀杆弯曲，应更换或校直阀杆。

**2. 电动阀常见故障及原因分析**

1）电动机不转

（1）电源系统发生故障。

（2）微动开关失灵。

（3）手关阀门过紧致使超扭矩开关打开。

2）电机过载阀门不动作

（1）电机容量小。

（2）阀门填料压得过紧或压偏。

（3）阀杆螺母锈蚀或夹有杂物。

（4）输出轴等转动件与外套卡住。

（5）阀门两侧压差大(带旁通阀的阀门打开旁通阀)。

（6）楔式闸阀受热膨胀关闭过紧。

3）阀门关不严

（1）行程控制器未调整好。

（2）蝶形弹簧调整过松扭矩太小，或背帽掉。

（3）闸板槽内有杂物。

（4）接触面磨损。

4）行程启停位置不固定

（1）行程螺母紧定销松动。

（2）输出轴控制大蜗杆齿轮丝扣损坏。

（3）行程控制器弹簧过松。

5）电机停不下来

（1）磁力开关失灵。

（2）微动开关失灵。

（3）超扭矩控制失灵。

# 第十九章 储油罐

## 第一节 长输管道常用典型钢油罐的结构特点

目前我国输油管道上常用的油罐是金属拱顶罐和浮顶罐。

### 一、金属油罐的结构特点

**1. 油罐基础**

建造钢罐地基的土壤，要求地质情况均匀，密实性好，土耐压根据油罐高度确定，一般不小于 $10 \sim 18\text{t/m}^2$，休止角（土壤自然堆放的坍塌度）不小于 $30°$，地下水位低于基槽底面 $30\text{cm}$。若满足不了上述条件的土壤，应做特殊条件处理，以防发生不均匀沉陷或基础破坏。油罐基础最下面是素土层，往上是灰土层、砂垫层和沥青砂层。一般的基础结构如图 19-1-1所示。

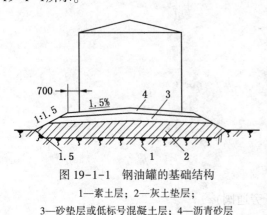

图 19-1-1　钢油罐的基础结构
1—素土层；2—灰土垫层；
3—砂垫层或低标号混凝土层；4—沥青砂层

基础的直径一般比油罐的外径大 $144 \sim 200\text{cm}$。

有些大型油罐基础，考虑到地质情况的不均匀和冬季冻土深度的影响，往往在罐壁周围部分做有较深的钢筋混凝土基础。

油罐装油后，基础将发生下沉。随地基土壤孔隙比的不同，油罐的沉陷量也不同，严重时下沉量可达数十厘米，甚至更多。因此在进行油罐基础设计时，应根据勘测资料计算地基沉陷量，并做好油罐与管线的弹性连接，以免油罐下沉时扯断管线。砂质土的沉陷较快，一般在油罐的试水阶段基础沉陷就可达到稳定。油罐注水试验应持续72h，要求基础均匀沉降，沉降量应不超过50mm，72h 后如发现基础仍有明显沉降，就应延长注水试验时间。在软地基上建筑油罐时，如设计上允许基础有较大的沉陷，沉陷量不受50mm 的限制。考虑到基础沉陷和为了排水的方便，油罐基础必须高出地面至少40cm，要求沉陷后仍高出地面，以防在基础处积水。在土质较软弱的地区建罐，设计上允许基础有较大的沉陷时，可在砂基础外围做钢筋混凝土圈梁，以防基础下沉时罐底四周的砂垫层被挤出。

建筑在岩石基础上的油罐，罐基无需另行加强。但为了填平开挖的毛石茬口和利于排水，可铺 $5 \sim 10\text{mm}$ 厚的低标号混凝土，找平后再铺8cm 厚的沥青砂，并要求罐基高出周围地坪至少5cm。

**2. 底板**

油罐的底板直接座落在沥青砂层基础上。立式圆柱形油罐装油时，液柱压力和本身的重量均经底板直接传给地基，底板只受简单轻微的压力。底板的强度，一般不作为主要考虑因素。但是底板的外表面与基础接触容易受潮，底板的内表面又经常接触油料中沉积的水分和杂质，所以底板容易受到腐蚀，再加之底板不易检查和修理，所以，尽管它不受力，考虑到底板的腐蚀、焊接和地基不平产生弯曲等因素，油罐底板常采用 4~8mm 厚的钢板，钢板厚不得小于 4mm。对于底板的边缘，由于和壁板连结，受力比中间底板大且复杂，因而边缘底板厚度一般大于中间底板。容积不超过 3000m³ 的油罐，边板厚度取 4~6mm；容积为 5000~50000m³ 的油罐，边板厚度取 8~12mm。

底板以搭接的方式组焊，搭接长度不小于 5 倍底板的厚度。焊接顺序必须是先焊中心，再从中心钢板两端依次向边缘焊接，最后待罐壁与外圈底板焊好后，再焊接中心部分底板与外围底板的环缝。

**3. 罐壁**

罐壁是油罐的主要受力构件。罐壁的厚度与油罐的高度、直径和油品的密度成正比，一般是按静水柱压头分布来考虑，下部钢板厚，向上逐渐薄。但是考虑到油罐的稳定和材料的强度、焊缝强度等因素，其最小厚度不小于 4mm。我国现行设计中采用的罐壁顶圈板厚度(即壁板的最小厚度)是根据油罐的容积确定的，容积不大于 3000m³ 的油罐采用 4~5mm，容积为 5000~10000m³ 的油罐采用 5~7mm，容积为 20000~50000m³ 的油罐采用 8~10mm。罐壁底圈的厚度最大。由于油罐焊接后很难进行焊缝的焊后热处理，因此要从不进行焊后热处理并保证焊接质量的条件来限制油罐的最大壁厚。美国和日本规定的最大壁厚为 38mm，英国规定为 40mm，我国建造的 5000m³ 罐，其最大罐厚为 32mm。罐壁的厚度可按下式计算：

$$\delta = \frac{[p + \gamma(h - 0.3)]R}{[\sigma]\phi} \qquad (19-1-1)$$

式中 $\delta$——$h$ 高处的壁厚，m；

　　　　$p$——油罐内保持的最大剩余压力，一般金属油罐取 1961Pa(200mmH₂O)；

　　　　$\gamma$——油品的重度，N/m³；

　　　　$h$——最高液面至计算厚度处的高度，m；

　　　　$[\sigma]$——钢板的允许应力，Pa；

　　　　$\phi$——焊缝系数，一般取 0.85；

　　　　$R$——油罐的半径，m。

壁板环向焊接的连接方式有：套筒式搭接法、交互式搭接法、对接法和混合式连结法四种，如图 19-1-2 所示。纵向焊缝都采用对接焊接。

为了保证壁板和罐顶以及和罐底板的焊接质量，常在顶部设角钢加强环。

## 二、国内输油管道使用的几种金属油罐

国内陆地输油管道使用的基本上都是立式圆柱形钢油罐。立式圆柱形钢油罐由底板、壁板、顶板及一些油罐附件组成。其罐壁部分的外形为母线垂直于地面的圆柱体，故而得名。按照罐顶的结构形式，立式圆柱形钢油罐又分成很多种，其中应用最广泛的是拱顶油罐和内、外浮顶油罐。立式圆柱形钢油罐的设计容量从 100m³ 到几十万立方米。

**1. 立式圆柱形拱顶钢罐**

拱顶油罐的罐顶为球缺形，球缺半径一般为

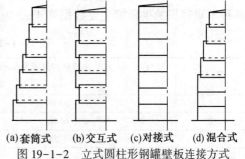

(a)套筒式　(b)交互式　(c)对接式　(d)混合式
图 19-1-2　立式圆柱形钢罐壁板连接方式

油罐直径的 0.8~1.2 倍。拱顶本身是承重构件，有较大的刚性，能承受较高的内压，有利于降低油品蒸发损耗。一般的拱顶油罐可承受 2kPa 压力，最大可至 10kPa。拱顶顶板厚度为 4~6mm。当油罐直径大于 15m 时，为了增强拱顶的稳定性，拱顶要加设肋板。拱顶油罐的最大经济容积一般为 10000m³，容积过大则拱顶矢高较大，单位容积的用钢量反而比其他类型的油罐多，而且不能储油的拱顶部分过大会增加油品的蒸发损耗，因此不推荐建造超过 10000m³ 的拱顶油罐。

球形拱顶的截面呈单圆弧拱，它由罐顶中心板、扇形顶板和加强环组成。扇形顶板设计成偶数，相互搭接，搭接宽度应不小于 5 倍板厚且不小于 25mm，实际上多采用 40mm，罐顶外侧采用弱连续焊，以利于发生火灾爆炸时掀掉罐顶。罐顶中心板与各扇形顶板间也采用搭接，搭接宽度一般为 50mm。加强环又称包边角钢，用来连接顶板和壁板，并承受拱脚处的水平推力。为防止在拱脚处产生很大的压力而破坏油罐，装油高度只能达到加强环处，拱顶内部不宜装油。这种拱顶结构简单、施工方便，因此应用比较广泛，我国目前建造的拱顶罐绝大部分是这种单圆弧拱顶罐。

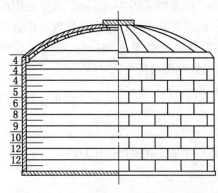

图 19-1-3　5000m³ 立式圆柱形拱顶罐

图 19-1-3 所示为我国输油管道常使用的 5000m³ 容积立式圆柱形拱顶钢罐，该罐的内径为 22.6m，罐壁高 13.95m，总高 18.55m。这类罐的承压能力均为正压为 1961Pa（200mm 水柱），负压为 490Pa（50mm 水柱）。

5000m³ 拱顶罐的底板中心板采用 6mm 钢板、边板的厚度为 8mm。采用搭接焊缝铺设于基础沥青砂层上。底板和壁板直接用 T 形焊缝两面焊接，无角钢加强。壁板由 10 层圈板对接焊成，也有采用套筒式搭接法焊成。厚度由下而上分别为 12mm、12mm、10mm、9mm、8mm、6mm、5mm、4mm、4mm 和

4mm。壁板的顶部和罐盖顶板用角钢连接，角钢作为加强环，承受罐顶拱角的水平力。顶盖是单圆弧的球顶。顶板由 4mm 厚的 A3F 钢板做成扇形板条，其径向具有半径为 25.9m 的弧度，按放射状互相搭接组焊成球状顶盖。顶盖的中心用扇形板条组焊同一半径的球形圆顶。

为了增强罐顶盖的刚度，容积大于 2000m³ 的拱顶罐的顶板下部设有加强筋。5000m³ 拱顶罐的罐顶加强筋是用 50mm×10mm 扁钢沿径向焊于顶板下面，筋与筋间距为 1~1.3m，中间设有短筋，近似环状的布置焊于顶板下作环向加强。

5000m³ 的拱顶钢罐，大多数采用气举倒装法施工。即在底板和顶盖组装完成后，利用鼓风机送风压将罐顶浮起，同时自上而下焊接壁板。这种方法施工简便，目前使用较广泛。各种不同容积的拱顶罐主要数据列于表 19-1-1 中。

表 19-1-1　我国拱顶罐规格

| 序　号 | 公称容量/ m³ | 油罐底层外径/ mm | 油罐底板直径/ mm | 罐壁高度/ mm | 总高度/ mm | 油罐总重/ kg |
|---|---|---|---|---|---|---|
| 1 | 100 | 5340 | 5410 | 5516 | 5979 | 6235 |
| 2 | 200 | 6540 | 6620 | 6874 | 7436 | 6697 |
| 3 | 300 | 7758 | 7830 | 7074 | 7920 | 9681 |
| 4 | 500 | 8992 | 9063 | 8815 | 9794 | 14797 |

续表

| 序　号 | 公称容量/ m³ | 油罐底层外径/ mm | 油罐底板直径/ mm | 罐壁高度/ mm | 总高度/ mm | 油罐总重/ kg |
|---|---|---|---|---|---|---|
| 5 | 700 | 10272 | 10343 | 9415 | 10533 | 18316 |
| 6 | 1000 | 11592 | 11680 | 10585 | 11847 | 26508 |
| 7 | 2000 | 15797 | 15881 | 11375 | 13105 | 45102 |
| 8 | 3000 | 18602 | 18700 | 12308 | 14408 | 60215 |
| 9 | 5000 | 22748 | 22860 | 13648 | 16249 | 98370 |
| 10 | 10000 | 30166 | 30290 | 14078 | 17364 | 186550 |
| 11 | 20000 | 40608 | 40720 | 15608 | 20029 | 331094 |

### 2. 浮顶油罐

输油管道的首、末泵站由于储存量大，收发油作业频繁，为了减少油品蒸发损耗，降低火灾危险，现广泛使用钢浮顶油罐。这种油罐顶盖浮在油面上，随罐内油位升降，由于浮顶与油面间几乎不存在气体空间，因而可以极大地减少油品蒸发损耗，同时还可以减少油气对大气的污染，减少发生火灾的危险性。尽管建造浮顶罐所用的钢材和投资都比拱顶油罐多，但可以从降低的油品损耗中得到补偿。所以，浮顶罐被广泛用来储存原油、汽油等易挥发油品。国内输油管道多采用 5000m³、10000m³、20000m³、50000m³、100000m³、150000m³ 等容积的浮顶罐，其主要数据见表 19-1-2。

**表 19-1-2　我国浮顶罐规格**

| 序　号 | 公称容量/ m³ | 油罐底板直径/ mm | 油罐内径/ mm | 罐壁高度/ mm | 油罐总重/ kg |
|---|---|---|---|---|---|
| 1 | 1000 | 12100 | 12000 | 9520 | 36817 |
| 2 | 2000 | 14600 | 14500 | 12690 | 54770 |
| 3 | 3000 | 16620 | 16500 | 14270 | 74050 |
| 4 | 5000 | 22120 | 22000 | 14270 | 123360 |
| 5 | 10000 | 28640 | 28500 | 15850 | 199027 |
| 6 | 20000 | 40640 | 40500 | 15850 | 327200 |
| 7 | 30000 | 46140 | 46000 | 19350 | 508084 |
| 8 | 50000 | 60160 | 60000 | 19350 | 898684 |
| 9 | 100000 | 80286 | 80000 | 21800 | 1950500 |

使用较普遍的 20000m³ 浮顶油罐为单层浮顶油罐，整体结构如图 19-1-4 所示。罐的内直径为 40.63m，罐壁净高 15.895m，浮顶升至最高位置时的实际容积为 20400m³。浮顶罐的罐底底板厚 9mm，边板厚 9mm。在沥青砂基础上直接装配，以搭接方法焊接。浮顶罐的壁板是用厚 24mm、22mm、18mm、16mm、14mm、10mm、8mm、8mm 和 8mm 的钢板组成 10 层圈板，为保证浮顶沿罐自然升降，壁板采用对接施工。

浮顶的结构型式有双盘式和单盘式两种。双盘式有上、下两层盖板，两层盖板之间由边缘环板、径向隔板和环向隔板分隔为若干互不相通、互不渗漏的隔舱。其作用是顶盖发生渗漏时，不致因顶盖都充满液体而下沉。另外舱内的空气起绝热作用，减少气温对油品的影响，减少油品的蒸发损失。双盘式主要用于油罐容积小于 5000m³ 的浮顶罐。由于它的隔热

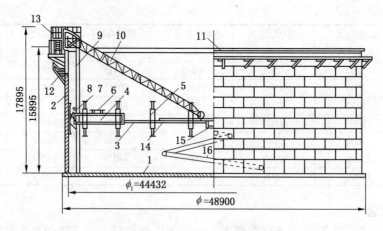

图 19-1-4　单盘式外浮顶油罐示意图

1—底板；2—罐壁；3—浮船单盘；4—浮船船舱；5—浮船支柱；6—船舱入口；7—伸缩吊架；8—密封板；
9—量油管；10—浮梯；11—抗风圈；12—盘梯；13—罐顶平台；14—浮梯轨道；15—积水坑；16—折叠排水管

性能好，又多用于轻质油罐。油罐容积大于 5000m³ 时，为了节省钢材，多采用单盘式浮顶。单盘式浮顶的周边为环形浮船，中间为单层钢板，单层钢板与浮船之间用连接角钢连接。环形浮船的断面为梯形，内、外两侧钢板称为内边板和外边缘板，上面钢板称为浮船顶板，下面钢板称为浮船底板。浮船的宽度(即梯形断面的高)以及内、外边缘板的宽度应根据要求的浮力通过计算确定。浮舱面积一般是整个顶面的 40%~50%。浮船内部设有桁架和径向隔板以保证浮船的强度，并同样分隔为若干互不连通的隔舱，以便个别隔舱渗漏后不致使浮顶沉没。浮船顶板和底板均应坡向中央的坡度，一般不小于 15‰。顶板坡度是为了排除雨水，底板坡度是为了使油面上的油气汇聚于单盘的边缘，以便压力

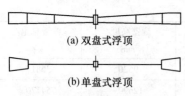

(a) 双盘式浮顶

(b) 单盘式浮顶

图 19-1-5　浮顶结构示意图

达到一定数值后由盘边的透气阀排出。浮顶结构示意如图 19-1-5 所示。我国应用最广泛的浮顶是单盘式浮顶。

浮顶外缘环板与罐壁之间有 200~300mm 的间缝(大型浮顶罐可达 500mm)，其间装有固定在浮顶上的密封装置。密封装置既要压紧罐壁，以减少油品蒸发损耗，又不能影响浮顶随油面上下移动。密封装置应有良好的密封性能和耐油性能，坚固耐用，结构简单，施工和维修方便，成本低廉。密封装置的优劣对浮顶罐工作可靠性和降耗效果有重大影响。

密封装置的型式很多，早期使用的主要是机械密封，目前多使用弹性填料密封或管式密封，也有的使用唇式密封或迷宫式密封。只使用上述任何一种型式的密封，一般称为单密封。为了进一步降低油品蒸发损耗，有时又在单密封的基础上再加上一套密封装置，这时称原有的密封装置为一次密封，而另加的密封装置为二次密封。

机械密封主要由金属滑板、压紧装置和橡胶织物三部分组成。金属滑板用厚度不小于 1.5mm 的镀锌薄钢板制作，高约 1~1.5m。金属滑板在压紧装置的作用下，紧贴罐壁，随浮顶升降而沿罐壁滑行。密封板的上边缘和下边缘都向油罐内部卷折，在浮顶升降时，以便密封板能顺利地通过环向焊缝。金属滑板的下端浸没在油品中，上端高于浮船顶板，在金属滑板上端与浮船外缘环板上端装有涂过耐油橡胶的纤维织物，使浮船与金属滑板之间的环形空间与大气隔绝。根据压紧装置的结构，机械密封又分为重锤式机械密封(见图 19-1-6)、弹

簧式机械密封(见图 19-1-7)和炮架式机械密封(见图 19-1-8)。机械密封都是用耐油的橡胶织物来密封浮顶与罐壁之间的空隙,利用重锤或弹簧的机械作用力,使橡胶织物紧贴在罐壁上,并使之随浮顶升降。机械密封的优点是金属滑板不易磨损。它的缺点是在密封构件的下面存在着一定的油气体空间,密封构件也不可能完全紧贴罐壁;同时机械密封的加工和安装工作量大,在使用过程中,又容易发生密封材料腐蚀和失灵。尤其是大容积浮顶油罐直径公差绝对值大和其基础不均匀沉陷造成的油罐变形也大,致使机械密封更容易出现密封不严或与罐壁卡住等现象。因此,机械密封正逐步被其他性能更好的密封装置所取代。

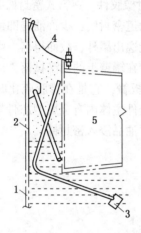

图 19-1-6  机械重锤式密封装置
1—罐壁;2—金属滑板;3—重锤压紧
装置;4—橡胶纤维织物;5—浮船

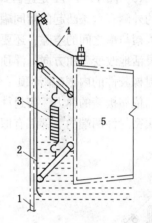

图 19-1-7  弹簧式密封装置图
1—罐壁;2—金属滑板;3—弹簧压紧
装置;4—橡胶纤维织物;5—浮船

弹性填料密封装置是目前应用最广泛的密封装置。弹性材料密封有软泡沫塑料密封和迷宫式密封两种。

软泡沫塑料密封装置是软泡沫塑料块被密封橡胶袋包起来,使塑料块不直接浸入油中。它以涂有耐油橡胶的尼龙布袋作为与罐壁接触的滑行部件,其中装有富于弹性的软泡沫塑料块(一般为聚氨基甲酸酯),利用软泡沫塑料块的弹性压紧罐壁,以达到密封要求。这种密封装置具有浮顶运动灵活、严密性好、对罐壁椭圆度及局部凸凹不敏感等优点。实践证明,在浮船与罐壁的环形间隙为 250mm 时安装的弹性填料密封,当间隙在 150~300mm 之间变化时均能保持良好密封。弹性填料密封的缺点是耐磨性差。因此,安装这

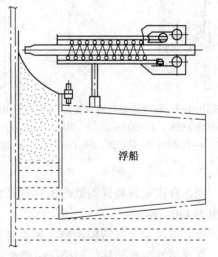

图 19-1-8  炮架式密封装置

类密封装置的油罐内壁多喷涂内涂层,这样既可防腐又可减少罐壁对密封装置的磨损。此外,在长期使用时,由于被压缩的软泡沫塑料产生塑性变形,其密封效果将逐步降低。

装有软泡沫塑料的橡胶尼龙袋可以全部悬于油面之上,也可以部分地浸没在油品中。全部悬于油面之上的,称为气托式弹性填料密封。采用这种方式时,密封件与油品不接触,不

容易老化。但是，密封装置和油面之间有一连续的环形气体空间，而且密封装置与罐壁的竖向长度较小，因而油品蒸发损耗比另一种安装方式大。橡胶尼龙袋部分浸入油品的称为液托式弹性填料密封。同气托式比较，液托式密封件容易老化，但不存在连续的环形气体空间，降低蒸发损耗的效果更显著。液托式弹性填料密封装置如图 19-1-9 所示。

采用弹性填料密封装置时，在其上部常装有防护板，又称风雨挡，对密封装置起到遮阳防老化和防雨、防尘的作用。防护板由镀锌铁皮制成。防护板与浮船之间用多根导线连接，以便导走静电。

图 19-1-10、图 19-1-11 是迷宫式密封装置及其密封橡胶件。迷宫式密封橡胶件由丁腈橡胶制造，它的外侧有六条凸起的褶同罐壁接触，相当于六道密封线，少许油气即使穿过其中的一条褶，进入褶与褶之间的空隙，还要经过多次穿行才能逸出罐外，故而得名。浮顶上下运动时，褶可以灵活地改变弯曲方向。浮顶下降时又可把附着在罐壁上的油滴拭落，以减少黏附损耗。迷宫密封橡胶件的内侧（靠浮顶一侧）在橡胶内装有板簧，它是在橡胶硫化时与橡胶件结合在一起的，依靠板簧的弹力，密封件压在罐壁上。橡胶件主体内有金属型芯骨架，起到增强的作用。每块密封件两端的下部都有堰，以防浮顶升降时油品浸入密封件。

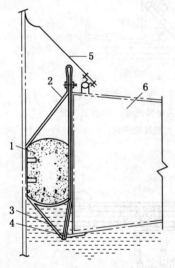
图 19-1-9　软泡沫塑料密封装置
1—软泡沫塑料；2—密封胶袋；3—固定带；4—固定环；5—防护板；6—浮船

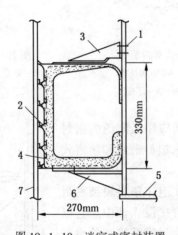
图 19-1-10　迷宫式密封装置
1—密封橡胶件；2—褶；3—上支架；4—螺栓；5—浮船；6—下支架；7—罐壁

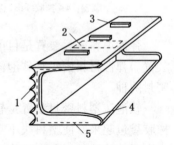
图 19-1-11　密封橡胶件
1—褶；2—板簧；3—导板；4—堰；5—型芯骨架

同迷宫式密封装置类似的还有唇式密封。图 19-1-12 为唇式密封装置，它的宽度调节范围为 130~390mm。

迷宫式密封装置结构简单、密封性能好，能使浮顶运动平稳。但是，使用弹性密封装置，在浮顶发生水平移位而挤压一侧密封材料时，将造成摩擦力的迅速增加，影响浮顶升降的灵活性。而且经长时间使用后，弹性材料还会发生一定程度的变形，失去应有的弹性。

鉴于弹性密封材料有以上缺点，大型浮顶油罐改用了管式密封装置。管式密封装置是由密封管、吊带、充液管、防护板等组成，如图 19-1-13 所示。密封管由两面涂有丁腈—40 橡胶的尼龙布制成，管径一般为 300mm，管内充填 10 号柴油或水，由吊带箍制于浮顶与罐壁之间的环形空间，吊带与罐壁接触部分压成矩齿形，以防毛细抽吸作用，并能起到刮蜡作用。当浮顶上下移动时，密封管可根据和罐壁接触的具体形状而变形，并保证能紧贴在罐壁上，形成良好的密封。密封管受压时，管内液体可自由流动，不会受到密封管与罐壁之间的空间发生不规则变化的影响。因而密封性能稳定，浮顶运动灵活。

弹性材料密封和管式密封比机械密封具有显著的优点。这两类密封装置可用于较大的间隙，适用于大型油罐，其密封性能好，比机械密封可降低油料损耗60%，而且结构简单，使用方便，对原油罐还有一定的刮蜡作用。但是目前正在使用的泡沫塑料和耐油橡胶，经一段时间后将会因老化而造成弹性下降。因此，如何提高产品质量，延长使用寿命，是生产部门进一步研究和改进的一个重要课题。

上述密封装置可以单独使用，也可以同附加密封装置一起使用。两者共同使用时，上述密封装置称为一次密封，附加密封装置称为二次密封。从安全、节能和环保方面考虑，20世纪80年代初美国环境保护协会对浮顶储罐的油气挥发作了严格限制，要求所有的浮顶储罐均应采用"双重密封"或在原有密封的基础上增加一个"二次密封"。通过实验数据可以得到，采用"双重密封"后可以减少50%~98%的油气损耗，为此增加的投资可以在很短的时间内收回，并且在安全性、环境污染等方面有很大的改善。二次密封可装在机械密封金属滑板的上缘，亦可装在浮船外缘环板的上缘，后者主要用于非机械密封。二次密封多依靠弹簧板的反弹力压紧罐壁，利用包覆在弹簧板上的软塑料制品密封。装于机械密封装置的二次密封如图19-1-14所示，加设二次密封可进一步降低油品静止储存损耗。

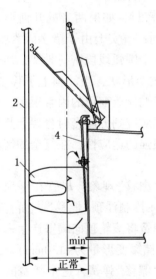

图 19-1-12　唇式密封装置
1—唇型密封件；2—罐壁；3—防护板；4—芯板；5—浮船

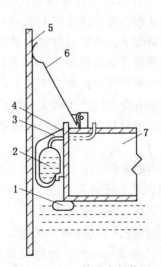

图 19-1-13　管式密封装置
1—限位板；2—密封管；3—充液管；4—吊带；5—罐壁；6—防护罩；7—浮船

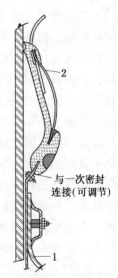

图 19-1-14　机械密封装置的两次密封
1—一次密封；2—弹簧板式两次密封

下面介绍浮顶储罐的一种新型密封装置——滚轮骨架密封。

滚轮骨架密封是将浮顶与罐壁之间的整体圆环分解成若干个圆弧线段密封骨架，用可以转动的转轴将骨架连接起来，组成一个与储罐几何形状相同的密封圈。转轴安装在支撑架上，支撑架的一端固定在浮顶的边缘板上，另一端与罐壁接触，并装有可以转动的滚轮。当浮顶在罐内上下移动时，密封圈依靠滚轮在罐壁上行走，密封圈上的密封骨架与罐壁的间距

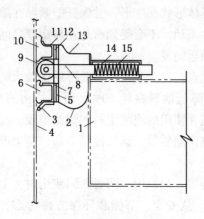

图 19-1-15　滚轮骨架密封示意图

1—浮顶；2—下密封胶带；3—刮蜡机构；4—罐壁；5—下密封转轴；6—下弹性密封条；7—下密封骨架；8—支撑架；9—滚轮；10—上弹性密封条；11—上密封骨架；12—上密封转轴；13—上密封胶带；14—弹簧1；15—弹簧2

保持不变。安装在密封骨架上的弹性密封条始终紧密地压靠在罐壁上，达到密封的目的。固定在浮顶边缘板上的一端装有两个弹簧，一个弹簧将滚轮顶向罐壁，另一个弹簧的作用是在浮顶发生"漂移"时产生很强的反弹力使浮顶在罐内始终保持在中心位置。滚轮骨架密封与浮顶之间的环形空间采用尼龙橡胶布进行密封(见图19-1-15)。滚轮骨架密封有关参数见表19-1-3。

表 19-1-3　滚轮骨架密封技术参数

| 油罐容积/ m³ | 油罐内径/ mm | 密封骨架对 应弧度/(°) | 密封骨架 弧长/mm | 密封骨架 数量/个 |
|---|---|---|---|---|
| 5000 | 22700 | 8.0 | 1580 | 45 |
| 10000 | 28500 | 6.0 | 1492 | 60 |
| 20000 | 40500 | 4.5 | 1590 | 80 |
| 30000 | 46000 | 4.0 | 1605 | 90 |
| 50000 | 60000 | 3.0 | 1571 | 120 |
| 70000 | 66000 | 2.5 | 1480 | 144 |
| 100000 | 81000 | 2.5 | 1760 | 144 |

滚轮骨架密封的特点如下：

(1) 适应性强　要在上、下移动的浮顶和罐壁之间达到密封，如果两者的几何形状规则、尺寸精确、操作中不产生变形，那么这个密封很容易做到；事实上由于诸多因素影响，上述条件不可能达到。在这种情况下，滚轮骨架密封采用若干个圆弧线段密封骨架，通过转轴连接，在弹簧力的作用下使密封骨架像链条一样随着储罐改变形状，当浮顶上下移动时，滚轮在罐壁上滚动并保持密封骨架与罐壁的距离不变。尽管影响储罐变形的因素很多，有些储罐的形状很复杂，椭圆度、垂直度可能产生较大的偏差，但对应到分段密封骨架上其变化幅度不可能很大，因此滚轮骨架密封对各种情况的储罐都有很强的适应性，在复杂的情况下也能达到良好的密封效果。

储罐在操作过程中由于诸多因素影响，浮顶往往会产生"漂移"现象。尽管在浮顶上设有导向装置，但是"漂移"现象仍然不可避免。滚轮骨架密封在控制浮顶"漂移"方面有其独到之处。在滚轮骨架密封支撑架的一端装有两个弹簧，一个弹簧将滚轮顶向罐壁产生密封圈的密封力，一般为350N/m，变形量为±100mm(30000m³以上储罐变形量为±130mm)。当浮顶发生"漂移"密封圈弹簧变形达到80mm时，开始触及到防"漂移"弹簧，这个弹簧的弹性力开始时约为1200N/m，随着"漂移"量增多，弹性力将急剧增大，使浮顶在罐内始终保持在中心位置。

(2) 密封力大、摩擦力小　提高密封圈的密封力可有效地提高密封效果。但是提高密封力的同时，增大了密封圈与罐壁之间的摩擦力并且还会有浮顶在升、降过程中卡死的可能性。滚轮骨架密封依靠端部的滚轮在罐壁上行走，与其他形式的密封相比，在罐壁上因摩擦移动产生的摩擦力要小得多，浮顶升、降的灵活性大，并且不易发生浮顶在升、降过程中的卡死现象。

(3) 多功能组合　为了提高密封效果，减少油气损耗，目前国外许多储罐都采用了"双重密封"技术，或者在原有密封基础上再增加一个密封，以达到"双重密封"的效果。这些措施的效果都是令人满意的。但是采用"双重密封"或者增加一个密封，都需要增加新的设备和构件，甚至是一套完整的密封装置，并且费用较高。而滚轮骨架密封不需要增加任何构件，就是一套很好的"双重密封"装置。该装置集双重密封、刮蜡机构、防雨水板为一体，是一个有机的整体，互补性强、密封效果好、适应性强。

根据油罐壳体是否封顶，浮顶油抽罐又分为外浮顶罐和内浮顶罐。

外浮顶罐上部是敞口的，不再另设顶盖。浮顶的顶板直接与大气接触。从油罐结构设计的角度来看，外浮顶罐不同于其他油罐的特点是如何解决好风载作用下罐壁的失稳问题。为了增加罐壁的刚度，除了在壁板上缘设包边角钢外，在距壁板上缘约 1m 处还要设有抗风圈。抗风圈是由钢板和型钢拼装的组合断面结构，其外形可以是圆形的，也可以是多边形的。对于大型油罐，在抗风圈下面还要设一圈或数圈加强环，以防抗风圈下面的罐壁失稳。

为了方便浮顶罐的生产管理和维修，外浮顶罐上还设有下列不同于固定顶罐的附件：

（1）中央排水管　外浮顶罐的浮顶直接暴露于大气中，落在浮顶上的雨雪不及时排除就有可能造成浮顶沉没。中央排水管就是为了及时排放汇集于浮顶上的雨水而设置的。上端和中央集水坑相连，下端和通向罐外的排水阀相连。浮顶上的雨水集中于中央集水坑，通过排水管，排向罐外而不污染油品。中央排水管由几段浸入于油品中的 $DN100mm$ 的钢管组成，管段与管段之间用活动接头连接，可以随浮顶的高度而伸直和折曲，所以又称排水折管。根据油罐直径的大小，每个罐内可以设 1~3 根排水折管。

（2）转动扶梯　上端吊挂在罐顶平台可以绕安装在平台附近的铰链旋转，下端可随着浮顶升降而通过滚轮沿着浮顶上的轨道移动，操作人员可从浮梯到浮顶上工作。浮顶降到最低位置时，转动扶梯的仰角不得大于 60°。

（3）浮顶立柱　浮顶下设有 53 根管式支柱，环向分布安装于浮顶下部，其高度一般可在 1.2~1.8m 范围内调节。浮顶立柱的作用有二，一是避免液面较低时浮船与罐内的加热盘管等附件相撞，二是为了检修时支撑浮顶（支撑高度调至 1.8m），为使浮顶降到最低位置时有足够的检修和清洗空间。

（4）自动通风阀　该阀设于浮顶上，通径为 300mm。其作用是在浮顶未浮以前进油时，把罐内空气排出，或当浮顶支撑于支柱上油罐继续出油时，向罐内充入空气，防止造成罐顶下面真空。

（5）紧急排水口　紧急排水口是排水折管的备用安全装置。如果排水折管失效，或当浮顶上部积存雨水过多，排水管来不及排出，当积存雨水超过一定高度时，即可从紧急排水管排入罐内，以免浮船沉没。

（6）隔舱人孔　浮船人孔共18个，单盘人孔1个。工作人员可通过浮船人孔进入船舱检查有无渗漏，或通过单盘人孔进入罐内。平时用人孔盖封死。

（7）盘边和边缘透气阀　共2个，分别位于单盘和浮船边缘。其作用是将罐顶下部过量的油气和充油时聚集的空气排出。开启压力为 12mm 水柱。

（8）量油管　供操作人员在罐顶平台量油，同时对浮顶起导向作用。

浮顶油罐的施工安装一般都采用充水正装法。在底板、浮顶和第一层圈板焊成后，罐内充水将浮顶浮起，然后利用吊装设备从下而上将各圈板组装焊接起来。

浮顶油罐具有以下优点：

（1）油品蒸发损耗少　由于浮顶浮在油面上，气体空间小，从而减少了油品的蒸发。即使因温度升高，油气聚集于单盘下面的空间时，当温度降低又可凝结到油品中，同时这部分油气又起绝缘冷却作用，防止油气继续蒸发，大大降低了油品蒸发损耗。

（2）油罐的容积利用率高　浮顶罐的浮顶密封装置在油品充到接近油罐包边角钢时，有一部分可伸出罐壁上面去。浮顶随液面降到最低位置时，由于自动阀的开启，液面还可以继续降到出油口的位置，因此，油罐容积有效利用率比一般油罐高。

（3）火灾危险性小　浮顶直接接触油面，顶下无空气空间存在，基本上消除了大小呼吸损耗，油罐顶上聚集油气较少。另外浮顶是个密封的整体，因而火灾的危险性也较小。

浮顶油罐的缺点是消耗钢材比较多，结构比较复杂。

### 3. 内浮顶油罐

内浮顶油罐是在固定顶油罐和浮顶油罐的基础上发展起来的。这种油罐既有固定顶盖，又有内浮顶。内浮顶油罐兼有浮顶油罐和固定顶油罐的主要优点：它和浮顶油罐一样，可以减少油品的蒸发损耗，由于油品在固定顶和内浮顶的双重保护下，蒸发损耗比浮顶油罐还要小，与固定顶油罐相比，可以减少蒸发损耗90%左右；内浮顶油罐因有固定顶保护，有效地阻挡了雨、雪、风沙对油品的污染，不需要做专门的排水折管，更有利于保证储油质量，特别是在雪载荷或风沙比较严重的地区，敞口浮顶罐难以正常工作，内浮顶油罐就克服了这种缺点。内浮顶不承担风雪载荷，这样可以设计得相当轻巧。

内浮顶罐是在拱顶罐中加设内浮盘构成的（见图 19-1-16），浮盘的结构和作用与外浮顶罐相同。内浮顶可以用钢板或铝板制成，也可采用玻璃纤维增强聚酯及环氧物、

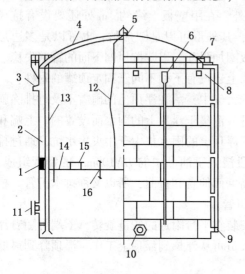

图 19-1-16　内浮顶油罐结构简图

1—软密封；2—罐壁；3—高液位报警装置；4—固定罐顶；5—罐顶通气孔；6—泡沫消防装置；7—罐顶人孔；8—罐壁通气孔；9—液面计；10—罐壁人孔；11—带芯人孔；12—静电导出线；13—量油孔；14—内浮顶；15—浮盘人孔；16—浮盘立柱

硬泡沫塑料或各种复合材料制造。浮顶可做成隔式仓、浮船式和浮盘式等（见图 19-1-17）。浮顶密封一般采用弹性材料密封圈。整个密封圈的外层是夹有尼龙布层的丁腈橡胶袋，里面以聚氨脂泡沫塑料为填料，用压条和螺栓母紧固在浮盘周围的堰板上（见图 19-1-18）。

为了导走浮顶上积聚的静电，应在浮顶与罐体之间设置静电导出装置，要求所用的静电导线不但挠曲性能良好，而且应使连接接头牢靠，导电性能良好。为了及时排出内浮顶与固定顶之间的油气，防止油气在这里积聚到爆炸极限，应在罐壁上部和固定顶开有足够数量的通气孔，使浮顶上部空间形成气体对流，有良好的通风条件。一般做法是在固定顶中央设置一个不小于 $DN250mm$ 的罐顶通气孔（孔上装有防雨罩）。在罐壁顶部开几个通风孔，它们的环向间距不大于 10m，且均匀分布，总数不得少于 4 个。罐壁通气孔的总开孔面积要求每米油罐直径在 $0.06m^2$ 以上。

内浮顶罐的油罐附件比外浮顶罐少得多。由于有固定顶盖的遮挡，浮盘上不会聚积雨水，而且可以避免风沙、尘土对油品的污染，因而不必设置排水折管、紧急排水口；由于操作人员不宜进入固定顶与浮盘之间的空间操作，因而不必设置转动扶梯及扶梯导轨；由于有固定顶，因而中小型罐不必设置抗风圈和加强环。这样，尽管内浮顶罐增加了固定顶，但其钢材耗量并

未增加，同外浮顶罐比较还略有减少。由于内浮顶罐兼有拱顶罐和外浮顶罐的优点，又可以降低油品蒸发损耗，而且油品不会被风沙雨雪沾污，因而广泛来储存汽油。内浮顶油罐的经济性和结构合理性受到油罐容量的限制(目前世界上最大的浮顶油罐不大于 $60000m^3$ )。

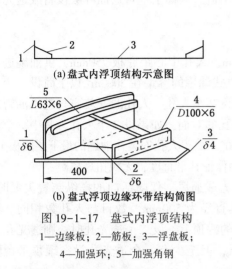

(a) 盘式内浮顶结构示意图

(b) 盘式浮顶边缘环带结构简图

图 19-1-17 盘式内浮顶结构

1—边缘板；2—筋板；3—浮盘板；
4—加强环；5—加强角钢

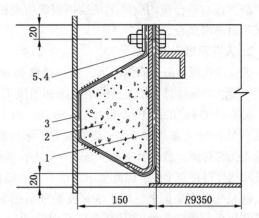

图 19-1-18 3000m³ 内浮顶油罐填料式密封装置

1—支撑板；2—筋板；3—浮盘板；
4—加强环板；5—加强角钢

# 第二节　油罐的附件

油罐附件是油罐的重要组成部分。按其作用分类，有些是为了完成油品收发作业和便于生产管理而设置的，例如进出油短管、放水管、加热器、量油孔、梯子、栏杆、液面计等；有些是为了保障油罐使用安全，防止或消除各类油罐事故而设置的，例如阻火器、呼吸阀、液压安全阀、通风管、胀油管、避雷针及静电接地装置、泡沫产生器、保险活门、起落管等；有些则是为了便于油罐清洗、检修设置的，例如人孔、光孔、清扫孔等；有些则兼有各种作用，例如呼吸阀，既有防止油罐超压破裂的作用，又有降低油品蒸发损耗、改善生产管理的作用。油罐内储存的油品类别不同时，油罐所配备的附件也不尽相同，但有些基本附件则是所有油罐都要配置的。不同结构型式的油罐所配置的附件也不尽相同。

为了保证油罐安全，以及正常储油和进行各项操作，油罐必须配置完善的附件。

## 一、油罐的一般附件

### 1. 梯子和栏杆

梯子是为操作人员上到罐顶进行检尺计量、取样巡检、维护等操作而设置的。地面金属罐设外梯，地下非金属罐设内梯，常见的是沿着罐壁做成盘梯，有些小油罐也使用靠墙式斜梯，盘梯的升角宜取为45°，梯宽为0.65m，踏步高度不超过25cm，盘梯踏步板的最小宽度为 0.2m，踏步间距必须相同。用焊接在罐壁上的三角架支承带内外侧板的盘梯，其下端不应与基础面相接触。相邻两油罐之间的平台及一端搁在罐上而另一端搁在地面上的平台或梯子，其支承处应留有适当的自由位移，以免因地基不均匀沉降而引起结构破坏。梯子自上而下沿着罐壁作逆时针方向盘旋，使工作人员下梯时能右手扶栏杆适合一般人的习惯。盘梯底层踏板宜靠近油罐进出油管线，以利操作。梯子外面做 1m 高的栏杆作扶手，立式油罐的罐顶四周装有不低于1m高的栏杆，栏杆立柱的间距不应超过 2m。当内侧板与罐体之间的间隙超过 0.2m 时，在盘梯内侧亦应装设栏杆。当需要在固定顶上操作时，应在固定顶上设置扶手、踏步板或防滑条，或至少在量油孔和透光孔旁的罐顶四周装局部栏杆，以利安全。平台应能承受 2.452kPa 的均布活荷载，梯子的每级踏步应能承受 1.471kN 的集中活荷载力。梯子踏步板与平台板均应采用花纹钢板等防滑板材制造。从梯子平台通向呼吸设备或透光孔的区间做防滑踏板。

### 2. 人孔及透光孔

人孔设在罐壁最下圈钢板上，直径通常为 600mm，人孔中心距底板 750mm，供油罐进行安装、清洗和维修时工作人员进出油罐和通风用。立式油罐的容量在 3000m³ 以下时设一个人孔，3000~5000m³ 的设 1~2 个人孔，5000m³ 以上的设 2 个人孔。人孔的安装应与进出油管线相隔不大于 90°。如果设 1 个，则它应置于罐顶透光孔的对面，如果设 2 个人孔，其中一个设在透光孔的对面，另一个应至少与第一个人孔相隔 90°。由于人孔安装在油罐的最下层圈板上，防渗漏就显得特别重要，因此要求两法兰接合面必须保证其平直度，无飘扭现象。

透光孔设在罐顶上，用于油罐安装和清扫时采光或通风。保险活门的操纵装置失灵时，还可利用系于透光孔处的钢索来打开保险活门。其直径为 500mm，数目与人孔数相同。当罐顶只设一个透光孔时，它应位于进出油管线上方的罐顶上，设二个透光孔时，则透光孔与人孔应尽可能沿圆周均匀分布，以利于采光和通风，但至少有一个透光孔设在罐顶平台附近。透光孔的外缘应距罐壁 800~1000mm。

### 3. 量油孔

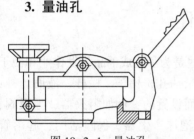

图 19-2-1　量油孔

人工量油孔(检尺孔)设置在罐顶上，用来测量油面高度和取油样。每个油罐设一个量油孔，孔径通常为 150mm，量油孔一般为铸铁的，为了防止关闭孔盖时因撞击而产生火花，量油孔孔盖上镶嵌有软金属(铜、铝)、塑料或耐油橡胶制成的垫圈(见图 19-2-1)。在量油孔内壁的一侧装有铝制或铜制的导向槽，以便测量油高时每次都沿导向槽下尺。这样，既可减少测量误差，又可避免由于测量时钢卷尺与量油孔侧壁摩擦而产生火花。正对量油孔下方的油罐底板不应有焊缝，必要时可在该处焊接一块计量基准板，以减少各次测量的相对误差。量油孔距罐壁的距离一般不小于 1m。量油孔启闭频繁，易损坏漏气，因此应经常检查其垫圈的严密性。量油孔一般安装在上下罐扶梯口附近，目前已开始使用自动控制的大罐液面计量装置。这些装置在罐上的附设装置可根据相应的要求设计。

### 4. 进出油管

站、库原油罐进出油管一般并用，常用一根(大型罐可用 2 根)。为了充分利用油罐的储油容积，进出油管应置于罐结构允许的较低处，但也不能太低(管底缘距罐底一般不小于 20cm)，以免沉积在罐底的水和杂质随着油而放出。对于非金属罐，为了防止罐沉陷时拉坏罐壁或管线，进出油管与罐壁采取柔性套管连接。

### 5. 放水管及排污孔

放水管是为了排放油罐底水而设置的。常用的放水管有固定式放水管和装在排污孔盖上的放水管。放水管的口径根据油罐容积确定，容积小于 3000m³ 的油罐多采用 DN50mm 和 DN80mm 放水管，容积等于或大于 3000m³ 的油罐多采用 DN100mm 的放水管。固定式放水管多用于重油罐，每个油罐装一个，放水管出口中心线距油罐底板 300mm，进口距油罐底板的垂直距离为 20~50mm。放水时，打开放水管上的阀门，油罐底水在罐内油品静水压力驱动下从放水管排出。放水管内经常有底水，所以需做好保温，以防底水冻结在管子中。

排污孔是由沿轴线剖分的 DN600mm 钢管制成，排污孔设置在油罐底板下面，伸出罐外一端有排污孔法兰盖，法兰盖上附设放水管，平时可从放水管排出底水。清扫油罐时，打开排污孔法兰盖，从排污孔清扫沉积于罐底的污泥。

排污孔端部的放水管的直径可根据油罐的容积按前述标准确定。排污孔及附设的放水管主要用于轻油罐。

固定式放水管和排污孔在油罐上的安装位置应根据放水和排污的便利来确定，但与人孔的水平夹角应不小于 90°。

### 6. 清扫孔

清扫孔是为了清除罐底积物而设置的。它是一个上边带圆角的矩形孔，孔的高、宽均不超过 1200mm，底边与罐底平齐。清扫孔多用于大型原油罐和重油罐。

### 7. 搅拌器

侧向伸入式搅拌器的主要用途是进行油品调合及防止罐内沉积物的堆积。

侧向伸入式搅拌器主要由防爆电机、减速传动装置、支吊架及螺旋架等组成，如图 19-2-2 所示。防爆电机和减速装置设在罐外，由支吊架支承，螺旋桨轴穿过带密封装置的法兰盖伸入罐内，其端部装有直径为 355~835mm 的船用三叶螺旋桨。法兰盖用螺栓固定在罐壁下部的开口法兰上。当电机带动螺旋桨旋转时，使罐内油品受到螺旋桨的搅动，使罐内油品混合均匀，同时使罐内重质沉积物呈悬浮状态，以免堆积于罐底。

### 8. 膨胀管和进气支管

膨胀管是安装在油罐进出油管道阀门外端的小管，顶端有安全阀与油罐气体空间相通，如图 19-2-3 所示。其作用是当输油管道受热升温、管内油料体积膨胀时，如果油管压力超过安全阀预定压力，油料就可以顶开安全阀沿膨胀管进入油罐，以保证油管和阀不致被胀坏。安全阀的预定压力一般为 490~690kPa，或根据油泵压力并参照管路的机械强度而定。控制压力过大，则不能保证管路安全；反之，控制压力过小，输入其他油田的油料有可能发生窜油的事故。因此，必须定期检修胀油管的安全阀，调试好控制压力，试压合格后再使用。胀油管多为 DN20~25mm 无缝钢管。用同一管道连接的储存相同油品的各油罐只需在一个罐上装膨胀管，但应把膨胀管安装在位置最高的油罐上。

进气支管是装在进出油管线阀门外侧的一根 DN25mm 的小管上，用于管路

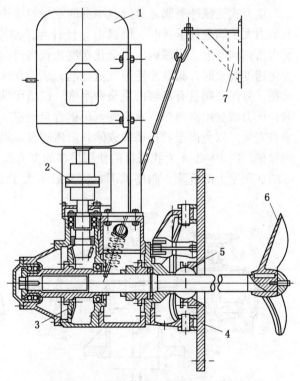

图 19-2-2　齿轮传动可调角度式搅拌器

1—防爆电机；2—连轴节；3—齿轮传动装置；4—油罐法兰盖；5—密封装置；6—螺旋桨叶片；7—吊架

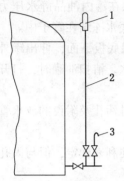

图 19-2-3　膨胀管
与进气支管
1—安全阀；2—胀油
管；3—进气支管

放空时进气，如图 19-2-3 所示。进气支管上设有球心阀，管路放空后及时关闭。不放空的管路不设进气支管。如果在要放空的管路上有其他进气口，也可以不设专门的进气支管。

## 二、轻油和原油罐专用附件

### 1. 机械呼吸阀

机械呼吸阀主要是由压力阀、真空阀、导向杆、铜网等组成，如图 19-2-4 所示。

油罐收油或发油时，罐内气体必须经过机械呼吸阀呼出罐外或从罐外吸入空气(油罐的大呼吸)。当油静止储存在罐内时，因气温和大气压力的变化，使油品蒸发或冷凝，导致罐内气体空间压力达到呼吸阀所控制的数值时，呼吸阀就要动作，同样也会有气体的呼出或吸入(油罐的小呼吸)。机械呼吸阀的作用就是靠本身阀盘的重量，控制油罐的呼气压力或吸气真空度，保持罐内一定压力，减少蒸发损耗。其动作原理是：当罐内油气压力高于油罐设计允许压力时，压力阀盘被顶开，混合气体从罐内呼出，使罐内压力不再增高；反之，当罐内气体压力低于油罐所允许的压力时(即达到一定的真空度)，则外面大气顶开真空阀盘，向罐内补充空气，使真空度不再升高，以免油罐被抽瘪。

机械吸呼阀的结构型式，按照其压力控制方法分为重力式和弹簧式、全天候式和浸油式，按照阀座的相互位置分为分列式和重叠式。

1）重力式机械呼吸阀

重力式机械呼吸阀是靠阀盘本身的重量与罐内外压差产生的上举力相平衡而工作的。当上举力大于阀盘的重量时，阀盘沿导杆升起，油罐排出(或吸入)气体，卸压后阀盘靠自身重力落到阀座上。当罐内压力变化速度比较缓慢时，阀盘在阀座上连续跳动，只有罐内压力变化速度较大时，阀盘才能被气流托起，悬浮在阀座上。为防止阀盘跳动时同阀座碰撞产生火花，并保证阀盘有足够的重量和刚度，以适应油罐承受内压能力大而承受外压能力小的要求，压力阀盘用铜制造，真空阀盘用铝合金制造。阀盘导杆一般采用不锈钢制造，而且必须垂直安装，以免由于导杆锈蚀或倾斜阻碍阀盘运动。为防止呼吸阀堵塞，进出口处常用铜丝网保护。图 19-2-4 为我国目前使用最多的重力式机械呼吸阀，阀座分列。为防止冬季阀盘冻结在阀座上的危险，阀座顶部宽度一般不大于 2mm。尽管如此，实践证明这种呼吸阀用

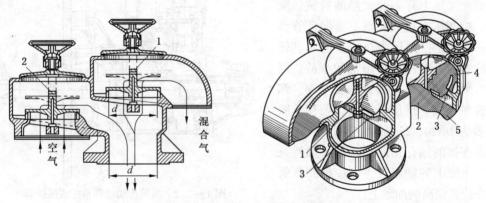

图 19-2-4　重力式机械呼吸阀
1—压力阀阀盘；2—真空阀阀盘；3—阀座；4—导向杆；5—金属丝网

于寒冷地区时，仍时有发生阀盘冰结的现象，而且当油罐排吸气频繁时，阀盘连续跳动，容易产生磨损，严密性不太好，造成泄漏。

2）弹簧式机械呼吸阀

弹簧式机械呼吸阀是靠弹簧的变形力与罐内外压差产生的推力相平衡而工作的。弹簧式机械呼吸阀对阀盘重量无严格要求。因而可以采用非金属材料，例如聚四氟乙烯制造，以减少阀盘冻结的危险。呼吸阀的控制压力可通过改变弹簧的预压缩长度来调节。图 19-2-5 为阀盘相互重叠的弹簧式机械呼吸阀示意图。上阀盘为环板形，下阀盘为圆形，二者紧密贴合在一起。当罐内压力达到阀的控制压力时，下阀盘带动上阀盘一起升起，脱离阀座，油罐排气；当罐内真空度达到阀的控制真空度时，下阀盘下降，与上阀盘脱开，油罐吸气。这种呼吸阀结构紧凑、体积小、重量轻，但是长期使用后弹簧易锈蚀，阀盘易变形，使其气密性降低。用于寒冷地区时，弹簧上易结霜而影响弹簧的活动，因而阀盘不能按预定的控制压力开启。

3）全天候机械呼吸阀

全天候机械呼吸阀，如图 19-2-6 所示。这种呼吸阀为阀座相互重叠的重力式结构。其特点是阀盘与阀座之间采用带空气垫的软接触，因而气密性好，不容易结霜冻结，特别适宜于我国寒冷地区使用。阀盘总体由刚性阀盘骨架和氟膜片组成，如图 19-2-7 所示。阀盘骨架由 1Cr18Ni9Ti 合金钢板冲压而成，呈微拱形，沿周边有一环状凹槽，以便被膜片封隔为空气垫。阀盘骨架的重量可根据油罐的设计允许压力和阀盘直径确定，必要时可利用加重块

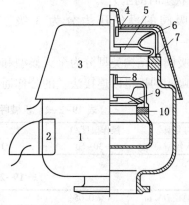

图 19-2-6　全天候机械呼吸阀
1—阀体；2—空气吸入口；3—阀罩；4—压力阀导架；
5—压力阀阀盘；6—接地导线；7—压力阀阀座；
8—真空阀导架；9—真空阀阀盘；10—真空阀阀座

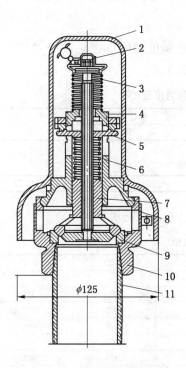

图 19-2-5　弹簧式机械呼吸阀
1—阀罩；2—压力弹簧；3、6—支架；
4—上阀盘；5—阀座；7—下阀盘；8—真空
弹簧；9—阀体；10—阀套；11—接管

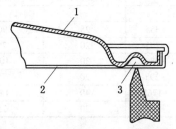

图 19-2-7　软接触密封的呼吸阀盘
1—阀盘骨架；2—氟膜片；3—空气垫

调节阀盘的控制压力。氟膜片用金属卡箍绷紧在阀盘骨架的凹面，形成与阀座的接触面。阀座用聚四氟乙烯制造，直径与阀盘骨架凹槽的直径相当，阀口具有较大的倒角。当阀盘自由放在阀座上时，在阀盘重力作用下，氟膜片微微凹向空气垫凹槽。罐内外压差增大时，阀盘微微升起，膜片靠自身的弹性，同阀座仍保持良好的密封，直至整个阀盘跳离阀座，膜片才经反弹逐渐恢复其原来状态。因而这种接触方式能有效地防止微压差泄漏。由于氟膜片具有良好的耐油、憎水性能，而且膜片与阀座的接触角较大，因此水蒸气很难在阀口处凝结、存留。即使膜片上有少许结霜现象，冰霜与膜片的附着力也较小，在膜片振动过程中很容易胀裂脱落。这种呼吸阀具有气密性好、防冻结的突出优点。但是，这种软接触密封形式，其导杆、导向套、膜片均采用聚四氟乙烯制造，其老化、变形及杂质的浸入而导致卡阻的现象仍然存在。

机械呼吸阀的额定控制压力取决于油罐的设计允许压力。用于立式圆柱形拱顶罐的呼吸阀，其压力阀的额定控制压力一般为 $P_y = 2kPa(200mmH_2O)$，真空阀的额定控制压力一般为 $P_z = -0.5kPa(-50mmH_2O)$。

机械呼吸阀的操作压力和开启压力是机械呼吸阀两个重要参数。操作压力是当呼吸阀通气量达到规定值时，油罐气体空间的压力。开启压力是在试验中，当呼吸阀的阀盘呈连续"呼出"或"吸入"状态时的压力。

呼吸阀的操作压力分为 3 级，其代号见表19-2-1。

**表 19-2-1　机械呼吸阀的操作压力分级及代号**

| 操作压力/Pa | 代　号 |
|---|---|
| 355～-295 | A |
| 980～-295 | B |
| 1765～-295 | C |

呼吸阀的结构类型分为全天候型和普通型两种，其操作温度和代号见表 19-2-2。

呼吸阀的规格以连接法兰的公称通径表示，见表 19-2-3。

**表 19-2-2　机械呼吸阀的结构类型、操作温度及代号**

| 结构类型 | 操作温度/℃ | 代　号 | 结构类型 | 操作温度/℃ | 代　号 |
|---|---|---|---|---|---|
| 全天候型 | -30～60 | Q | 普通型 | 0～60 | P |

**表 19-2-3　机械呼吸阀的规格**

| 公称通径 DN/m | 0.05 | 0.10 | 0.15 | 0.20 | 0.25 |
|---|---|---|---|---|---|

机械呼吸阀在操作压力条件下，其通气量不应小于表 19-2-4 的规定。

**表 19-2-4　机械呼吸阀的通气量**

| 0 | | 0.05 | 0.10 | 0.15 | 0.20 | 0.25 |
|---|---|---|---|---|---|---|
| 压力等级 | | 通气量/(m³/h) | | | | |
| A | +355 | 25 | 90 | 190 | 340 | 350 |
| | -295 | 20 | 75 | 160 | 280 | 450 |
| B | +980 | 30 | 100 | 200 | 380 | 600 |
| | -295 | 20 | 75 | 160 | 280 | 450 |
| C | +1765 | 40 | 140 | 380 | 500 | 800 |
| | -295 | 20 | 75 | 160 | 280 | 450 |

机械呼吸阀已有定型设计。因为影响呼吸的主要因素是油罐收发油的排量，因而选择时，呼吸阀的口径大小要与油罐的大小以及油罐最大进出油量相适应，否则进出油量过大时来不及呼气，吸气仍可损坏油罐。标准油罐的呼吸阀可按表 19-2-5 选用。

**表 19-2-5 立式圆柱形油罐呼吸阀选用表**

| 进出油罐的最大液体流量/<br>（m³/h） | 呼吸阀个数×公称直径/<br>mm | 进出油罐的最大液体流量/<br>（m³/h） | 呼吸阀个数×公称直径/<br>mm |
|---|---|---|---|
| ≤50 | 1×50 | 251~300 | 1×250 |
| 51~100 | 1×100 | 301~500 | 2×200 |
| 101~150 | 1×150 | 501~700 | 2×250 |
| 151~250 | 1×200 | | |

用我国现有标准及各大学相关教材介绍的方法及上述方法选用呼吸阀，忽略了油气浓度的影响，有报道称，上述方法存在缺陷，因此导致了事故。如 1995 年 7 月 15 日，南方某地烈日炎炎，正值气温最高时，突降中雨，某油库一座 5000m³ 的柴油空罐，罐内液面仅1.15m。数分钟后，发现油罐上部壁板发生大面积凹陷，且凹陷速度很快。这时迅速打开计量孔（DN150mm），新鲜空气立即涌进罐内，油罐随之发生猛烈颤动，在几声沉闷的回弹声后，油罐恢复了原样，没有发生残余变形。雨后检查了两只机械式呼吸阀（DN150mm）和两只波纹阻火器（DN150mm）都很正常，也没有发现影响通气的铁屑杂物。最后发现问题出在呼吸阀选择的国家标准上，因为标准是按液体流量原则计算的。实际上由于热效应的结果，油罐上部气体空间压力变化不可忽视，实践中油罐凹陷事故偏多，尤其在炎夏气温骤变时发油，更可能发生油罐吸扁事故。建议在按标准选用呼吸阀时，留 20%安全裕量。

对机械呼吸阀要经常进行日常维护保养工作，检查其是否严密、灵活、畅通，防止漏气、卡死、冻结、黏结、堵塞等，并有计划地进行鉴定或检修，以保证呼吸阀能正常工作。

机械呼吸阀安装在罐顶上，经防火器与油罐气体空间连通。对机械式呼吸阀要进行经常性的检查维护工作，要查严密，查灵活，查畅通，防止漏气、卡死、堵塞、冰冻和黏结等问题。

**2. 液压呼吸阀**

因机械式呼吸阀有时因锈蚀或冰冻而不能开启失灵，故常常在罐顶上再装设液压式呼吸阀，以确保油罐的安全。液压呼吸阀控制的压力和真空度一般都比机械呼吸阀高出 5%~10%。正常情况下它是不工作的，只是在机械呼吸阀失灵或其他原因使罐内出现过高的压力或真空度时才动作。因此，实际上是起着安全保险的作用，故又称液压安全阀。

液压呼吸阀主要由盛液阀体、带锯齿形的隔板、罩子和连接管组成，如图 19-2-8 所示。为了保证在较高和较低的气温下液压安全阀都能正常工作，阀内应装入沸点高、不易挥发、凝固点低的液体作为液封介质，如轻柴油、低黏度润滑油、变压器油、甘油水溶液或乙二醇等。隔板把盛液槽分为两部分，内外液槽在隔板下互相连通。液压阀的工作原理如图19-2-9所示。

当罐内压力增高时，罐内气体由内油槽环空间（$D_1-d$）把油封挤入外油槽环空间（$D_2-D_1$）中，若压力继续升高，油封液位不断变化，当内环油面和中间隔板下缘相平时，如图19-2-9(a)所示，罐内气体通过锯齿形隔板的下缘以气泡形式逸入罐外，使罐内压力不再上升。此时液压阀产生的高度（液压阀外油槽环液面

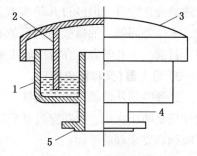

图 19-2-8 液压呼吸阀
1—盛液阀体；2—隔板；3—罩子；
4—连接管；5—法兰

比内槽环液面高)为：

$$H_{ya} = \frac{p_{ya}}{\rho g}$$

式中　$p_{ya}$——液压阀要求控制压力值；

$\rho$——液封用油密度。

(a) 罐内气体压力大于外界压力　　(b) 罐内气体压力产生负压时　　(c) 罐内气体压力等于外界压力

图 19-2-9　液压安全阀工作原理

当油罐出现负压时，外油槽环形空间的油封被大气压入内环空间，外环液面达中间隔板下椽时，空气进入罐内，使罐内压力不再下降。此时液压阀产生的高度(液压阀内油槽环液面比外槽环液面高)为：

$$h_z = \frac{p_z}{\rho g}$$

式中　$p_z$——液压阀要求控制的真空值。

由此可见，液压呼吸阀的工作原理是利用液柱压力来控制油罐的压力和真空度的。

液压安全阀安装在拱顶罐顶部的中央，应与机械呼吸阀安装在同一高度上。液压呼吸阀内盛的密封液常因挥发而使密度增加，数量减少。汽油罐上的液压呼吸阀由于汽油易蒸发凝结到阀内，而使密封液密度和数量发生变比，因此必须定期检查，予以校正。若阀内油量不足，可加入同种密封液至溢油口溢出为止，也可测量阀内密封液密度，若与原来密度相差较大，应更换新油。一般规定每年更换一次槽内密封液，同时对其进行清洗、除去污垢和铁锈。

液压呼吸阀密封液极易被吹出，如果密封液被吹掉而不及时补充，就使油罐与大气直接相通，增加油料的蒸发损耗。因此对液压呼吸阀应定期进行检查。目前有些单位因为液压阀液体经常被吹掉，不再使用液压呼吸阀，而对机械呼吸阀结构上进行改进，同时在操作管理上注意经常检查。但经过几年实践，证明新型机械式呼吸阀并没有从根本上解决冻结、锈蚀、卡住等问题，油罐吸扁的事故有所增加。因此取消液压式安全阀的做法不符合安全要求，目前，一些学者正在着手解决液压阀密封液易被吹走的问题。

**3. 阻火器(又称防火器)**

经呼吸阀从油罐排出的油气-空气混合气，遇到明火时就可能发生爆炸和燃烧。阻火器的作用是防止火焰、火花穿过呼吸阀或安全阀引起罐内油料蒸气着火或爆炸。它安装在罐顶呼吸阀和安全阀的下面。

阻火器主要由壳体和滤芯两部分组成。壳体应具有足够的强度，以承受爆炸产生的冲击压力。滤芯是阻止火焰传播的主要构件，油罐常用的有金属网滤芯和金属折带(波纹型)滤芯，如图 19-2-10 所示。其代号见表 19-2-6。

表 19-2-6　　阻火器类型及代号

| 阻火层结构类型 | 代号 | 阻火层结构类型 | 代号 |
|---|---|---|---|
| 波纹型 | B | 金属网型 | W |

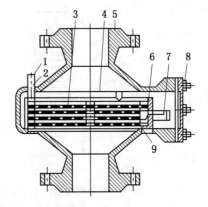

图 19-2-10　阻火器结构示意图
1—密封螺帽；2—小方头紧固螺帽；
3—铜丝网；4—铸铝压板；5—壳体；
6—铸铝防火匣；7—手柄；
8—盖板；9—软垫

### 4. 呼吸阀挡板

呼吸阀挡板是在呼吸阀和防火器的下面，伸入罐内装设一直径为 210~510mm 的圆形折叠式挡板。它是一种减少油品蒸发损耗的节能降耗设备，适用于一切装有呼吸阀的固定顶油罐。

油品静止储存和收发油操作过程中，均会造成外部空气被吸入罐内，形成一股强烈气流直冲罐内液面上的高浓度层，造成罐内气体的强烈对流，加快了液面油品蒸发，使罐内气体空间油气平均浓度大幅度上升。当下次进油或大气温度升高时，罐内高浓度的混合气体排出罐外，造成油品大量的蒸发损耗。呼吸阀挡板的作用就是当空气被吸入罐内遇到挡板后，受阻碍的空气流不能长驱直入冲击油品表面含油气浓度较大的高浓度层，从而对油品的继续蒸发产生一定的抑制作用，这样就可减少由于浓度的变化而引起的气体空间体积增量的加大所产生的回逆呼吸。同时，由于挡板的折流，使空间气流由垂直方向改为水平方向。由于原来储罐顶部是含油气浓度较低的混含气层，这时吸入的新鲜空气又一次与其均匀混合，使其浓度进一步降低。当油罐停止发油而改为收油时，呼出的即是顶部含油气浓度较低的混合气体，从而达到降低损耗的目的。经过实测，装设挡板的储油罐较未装挡板的储油罐收油时的大呼吸损耗平均减少20%~30%。

挡板的结构是一种长吊杆带导流罩的折叠式圆形挡板，如图 19-2-11 所示。

挡板做成折叠式，便于从罐顶接合管孔口装入或取出，导流罩的作用可使气流突然改变方向时的速度降减少，在以后的运动中保持较高的末速度，使进入罐内的气体向罐顶四周较远的地方运动，使吸入的新鲜空气均匀地分布在罐内的上部空间而达到良好的降耗效果。

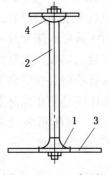

图 19-2-11　呼吸阀
挡板结构简图
1—挡板；2—吊杆；
3—导流罩；4—环板

决定呼吸阀使用效果的主要尺寸是挡板直径 $D$ 和接合管下边缘至挡板上表面的距离 $A$。挡板直径的大小，主要考虑使吸入罐内的空气流改变流向后不致与挡板之间产生的摩擦阻力太大，而使气流掠过挡板后的末速度大大降低，影响顶部空气的均匀分布，同时又保证从接合管入口处装入，故取 $D=2d$（$d$ 为接合管公称直径）。

若采用同一规格的挡板，结合管下边缘至挡板上表面的距离 $A$ 一般取 $A=(1.8~2)d$。

折叠式圆形挡板安装时，首先将防火器、呼吸阀自接合上卸下，把圆形挡板折叠使之与吊杆平行，再从接合管放入罐内，略加抖动使圆盘展开并与吊杆垂直。为保证安装适中不偏斜，吊杆轴线要与接合管中心线重合。环板平放在接合管法兰凸面上，再将防火器、呼吸阀安装复位，如图 19-2-12 所示。

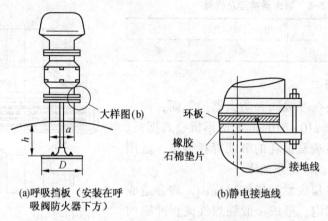

(a)呼吸挡板（安装在呼
吸阀防火器下方）　　　(b)静电接地线

图 19-2-12　呼吸挡板及静电接地线安装

挡板安装好后，环板上下均有橡胶石棉垫片用于保证接合面的气密，但同时也使挡板成为一个悬空的绝缘导体，在受空气或油气混合物的高速冲刷下，易集聚电荷而产生静电，这样当对地电位达到一定值时，可能产生火花放电，给生产带来潜在危险。为此，在环板与法兰螺栓之间用接地线相连，如图 19-2-12(b)所示，以此消除由于气体对挡板的冲刷而产生的静电。

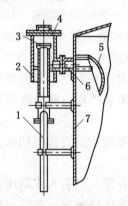

图 19-2-13　消防泡沫结构简图
1—泡沫室；2—外壳；3—隔膜；
4—外壳盖；5—导向挡板；
6—泡沫槽；7—罐壁

### 5. 消防泡沫箱

地上或半地下油罐大多数装有消防泡沫箱，其结构如图 19-2-13 所示。泡沫箱是油罐灭火时喷射泡沫的消防装置。泡沫产生器一端与泡沫管线相连，另一端用法兰固定在油罐壁的最上层圈板上，中间隔以厚度不大于 2mm 并画了十字裂纹的玻璃，以防止油罐日常进出油时轻组分蒸发损耗。灭火时具有一定压力的泡沫液经泡沫管线送进混合室，当高速通过管道时，从空气吸入口吸入大量空气形成泡沫，并冲破隔封玻璃沿着泡沫管喷射装置进到油面上，以隔绝空气，窒熄火焰。隔膜的作用是防止油品蒸气漏失，隔膜有纸膜、铅膜和玻璃膜等。泡沫箱装设的数量，根据油罐容积大小来确定，但不宜少于两个。

### 6. 油罐加热器

油罐中常用的管式加热器按布置形式可分为全面加热器和局部加热器，按结构形式可分为分段式加热器、蛇管式加热器和串联分段式加热器。

管式加热器安装完毕后需经两次试压，第一次用 1MPa 的压力进行水压试验，第二次用蒸汽试压，试验压力即蒸汽的工作压力。如试压过程中发现泄漏，就要进行补焊，然后再次进行试压。对于安装在润滑油罐内的加热器，试压更要特别仔细，以防加热器渗漏而使水分混入润滑油中。

## 三、内浮顶油罐专用附件

内浮顶油罐与一般拱顶油罐不同的附件有以下一些。

### 1. 通气孔

储存在内浮顶油罐的油料，液面已全部为内浮盘覆盖，所以在罐顶就不再安装机械呼吸阀和液压安全阀。但在实际使用中，如各接合部位密封稍有失严，还会引起油气泄出，当浮盘下降时，由于黏附在罐壁上的油膜蒸发等原因，浮盘与拱顶间的空间仍会有油蒸气积聚。为及时稀释并扩散这些油气，防止油蒸气浓度增大到燃、爆极限，罐顶与罐壁周围开设有通气孔。罐顶通气孔如图 19-2-14 所示。安装在拱顶中间，孔径不小于 250mm，周围及顶部以金属丝网和防雨罩覆盖。罐壁通气孔安装在罐壁顶部周围，每个孔口的环向间距应不大于10m，每个油罐至少应开设 4 个，总的开孔面积要求在油罐直径的 0.06% 以上。通气孔出入口安装有金属丝护罩。图 19-2-15 为罐壁通气孔安装位置示意图。

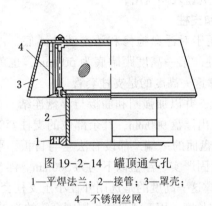

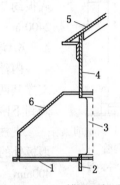

图 19-2-14 罐顶通气孔
1—平焊法兰；2—接管；3—罩壳；
4—不锈钢丝网

图 19-2-15 罐壁通气孔
1—不锈钢丝网及压条；2，4—油罐壁；
3—罐壁开孔；5—罐顶；6—罩板

罐壁通气孔在储油液位超高和自动报警装置失灵时，还兼起溢流作用。罐壁通气孔应为双数对称开设，使其空气充分对流，以尽量降低油罐浮盘与拱顶间空间积存油蒸气浓度。

**2. 气动液位讯号器**

它是油罐在最高液位时的报警装置，如图 19-2-16 所示。安装在罐壁通气孔下端油罐最高液位线（安全高度线）上，由浮子柄操纵气源启闭，气源管连通设在安全距离以外的气电转换装置上。当液位上升到安全高度时，浮子升起，通过罐外的气电转换器传到油泵房，泵房红色信号灯通亮，并自动切断油泵电机电源，停止工作。

**3. 量油、导向管**

内浮顶油罐所储油料的计量和取样都在导向管内操作进行，因此导向管即量油管。导向管安装如图 19-2-17 所示。导向管上接罐顶量油孔，垂直穿过内浮盘直达罐底，兼起浮盘定位导向作用。为避免浮盘升降时与导向管摩擦产生火花，在浮盘上安装有导向轮座和铜制导向轮，为防止油品泄漏，导向轮座与浮盘连结处以及导向管与罐顶连结处都安装有密封填料盒和填料箱。

**4. 静电导出装置**

内浮顶油罐在作业过程中，浮盘上形成静电积聚，尤其是浮盘与罐壁之间多采用如橡胶、塑料一类绝缘体物资作密封材料。浮盘上积聚得的电荷不可能通过罐壁而导除，因此在浮盘与罐之间都要安装静电导线。安装在浮盘上的静电导出线的另一端连结在罐顶的光孔上。静电导出线的选材及

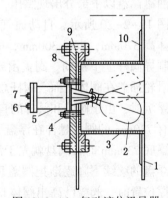

图 19-2-16 气动液位讯号器
1—罐壁；2—浮子；3—接管；
4—密封垫圈；5—气动液位讯号器；
6，7—出、进气管；8—法兰盘；
9—密封垫圈；10—补强圈

其截面积、长度和安装根数由设计部门按油罐容量作出规定。

### 5. 带芯人孔

其他类型油罐的人孔与罐壁结合的筒体是穿过罐壁的，这种人孔不利于浮盘升降和密封。带芯人孔是在人孔盖内加设一层与罐壁弧度相等的芯板，并与罐壁齐平。为便于启闭，在孔口结合筒体上还装有转臂和吊耳，操作时人孔盖仍不离开油罐。带芯人孔的结构如图 19-2-18 所示。内浮顶油罐人孔，一般至少设 2 个，一个距罐底板约 700mm 处，用于清理油罐底时人员出入，一个距油罐底板约 2400mm 处，为操作人员登入浮盘用。

### 6. 浮盘支柱套管和支柱

内浮顶油罐为了便于对浮盘检修和腾空清洗罐底，浮盘都设有支撑其两个高度的支柱。第一高度距罐底为 500mm，也就是浮盘下降到下限的高度。支撑这一高度的是支柱套管。

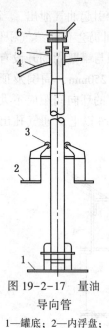

图 19-2-17　量油导向管

1—罐底；2—内浮盘；3—导向轮；4—罐顶；5—填料箱；6—量油孔

支柱套管穿过浮盘，并以加强圈和筋板与浮盘连结。在浮盘周围堰板处的支柱套管，高出浮盘 900mm，其余部位的支柱套管高出浮盘 400mm。支柱套管高出盘面的一端，都设有法兰与盲板，平时都用密封垫圈和螺栓、螺母紧固严实。浮盘以下均为 500mm。浮盘第二高度距罐底为 1800mm。支撑这一高度的是选用外径小于支柱套管内径(间隙应稍大点为宜)的无缝钢管制作的支柱。支柱长度，用于浮盘堰板周围套管的为 2700mm；用于其他部位套管的为 2200mm。每个支柱一端设有与浮盘支柱套管的浮盘以上一端的法兰外径、螺孔相同的法兰。当需要把浮盘从第一高度抬到第二高度时，先向罐内注水使浮盘上升到带芯人孔下缘部位。然后打开人孔进入浮盘上面，取下支柱套管顶端的盲板，将备用的支柱插入套管，并将支柱上的法兰与套管上的法兰用螺丝连接紧固即可。每个浮盘上的支柱套管和备用支柱的数量、长度、管径按设计图纸制备。支柱套管和支柱如图 19-2-19 所示。

### 7. 浮盘自动通气阀

为保护浮盘处于距罐底 500mm 处的支撑位置时在浮盘下面进出油料时的正常呼吸，防止油罐浮盘以下部分出现憋压，在浮盘中部设有自动通气阀，如图 19-2-20 所示。自动通气阀由阀体、阀盖和阀杆组成。阀体高 370mm，直径 300mm，固定在浮盘板上，内有两层滚轮制导阀杆上下滑动。阀盖由定位管用销轴与阀杆连接，通过滑轮插盖在阀体上面。阀杆总高一般为 1100mm。浮盘在正常浮沉时，由于阀盖和阀杆的自重，使阀盖紧贴在阀体上面，约有 730mm 的阀杆悬伸在浮盘下面的油层中，当浮盘下降到距罐底 730mm 时，阀盘就先于浮盘支柱套管接触罐底，并随着浮盘的继续下降逐渐把阀盖顶起，当浮盘下降到支柱套管支撑位置时，阀盖已高出阀体口 230mm，使浮盘上下气压保持平衡。如浮盘因进油或检修进水上浮到距罐底 730mm 以上高度时，阀体口则将阀盖和阀杆带起，恢复紧闭密封状态。自动通气阀在浮盘处于检修情况下，应将阀盖阀杆拔出，以便盘下放水并兼代通风口用。

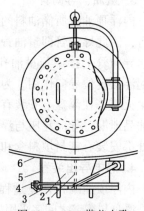

图 19-2-18　带芯人孔

1—立板；2—筋板；3—盖；4—密封垫圈；5—筒体；6—补强圈

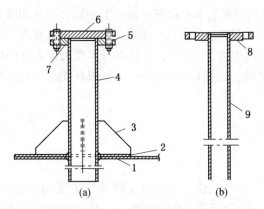
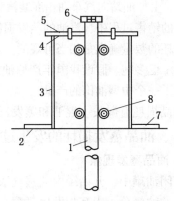

图 19-2-19　支柱套管和支柱
1—阀盘板；2—补强圈；3—筋板；4—支柱
套管；5—密封垫圈；6—盲板；7,8—法兰；9—支柱

图 19-2-20　浮盘自动通气阀
1—阀杆；2—阀盘板；3—阀体；4—密封圈；
5—阀盖；6—定位管销；7—补强圈；8—滑轮

此外，为便于进入浮盘下面进行检修，有的在浮盘上还安装有光孔和人孔。有的在油罐罐壁外安装有标尺液位计，以显示液面和浮盘的高度。

### 四、土油罐附件

土油罐附件不多。为了防止渗漏，尽量不在罐壁上设置人孔、光孔和呼吸透气阀孔。钢筋混凝土油罐常做一个钢板封门，各种通入罐内的管线都从封门上穿过。砖、石砌土油罐，常把回水管、排污管等设置在较大的进出油短管内，从而使罐壁只开一个孔，并在管子和罐壁接合处采用填料函式柔性防渗套管。

## 第三节　油品的蒸发损耗及降低损耗的措施

石油及其产品是多种碳氢化合物的混合物，其中的轻组分具有很强的挥发性。在石油的开采、炼制、储运及销售过程中，由于受到工艺技术及设备的限制，不可避免地会有一部分较轻的液态组分汽化逸入大气，造成不可回收的损失，这种现象称为油品的蒸发损耗。

调查资料表明，油品蒸发损耗的累计数量是十分惊人的。据报导，在美国从井场经炼制加工到成品销售的全部过程中，油品损耗的数量约占原油产量的3%；前苏联石油化学工业部所属企业的调查表明，炼厂中的油品损耗量约占原油加工量的2.47%，其中纯损耗的70%发生于原油罐、调合罐和成品油罐的蒸发损耗。我国也曾对国内主要油田进行过测试，结果表明：从井口开始到矿场原油库为止，矿场油品损耗量约占采油量的2%（如果包括长输管道运输、炼厂炼制、油品销售环节，损耗量将更大），其中发生于井、站、库的蒸发损耗约占总损耗量的32%。前中国石油总公司曾对分布于18个省、市、自治区的商业油库29座油罐进行了为期二年的静止储存蒸发损耗测试，同期还对罐间输转、铁路油罐车、汽车油罐车和油轮的装卸途中，以及罐桶等产品流通的各个环节的蒸发损耗进行了现场测试或现场模拟测试，得出如下数据：在北纬30°~42°地区（相当于我国华北、华中、华东的大部分地区）一个年周转系数为8的油库，仅在从铁路油罐车卸车入库到汽车油罐车装车出库的过程中，年平均汽油蒸发损耗率约为0.56%。据日本资源能源厅的一份调查报告介绍，向汽车油罐车装油时，平均每装 1m³ 汽油，损耗 0.89kg，加油站地下油罐接收汽车油罐车来油时，平均每接收 1m³ 汽油，损耗

1.08kg，由加油站向汽车油箱灌装汽油时，平均每灌装 $1m^3$ 汽油，损耗 1.44kg，即从油库发油到用户的销售过程中，汽油的蒸发损耗率约为 0.47%。从上述一系列测试数据不难看出，油品蒸发损耗的数量确实是相当可观的。若以总损耗率为 3% 估算，全世界每年散失于大气中的油品约有 1 亿多吨。假设我国年产原油约 1.5 亿吨，按损耗 3% 计算，一年损耗 450 万吨，相当于蒸发了一个中型油田的产量。

油品损耗有漏失、混油和蒸发三种形式。

## 一、油品蒸发损耗的发生过程

### 1. 油品蒸发现象

密闭油罐中，开始罐内油蒸气浓度很低，蒸发较快，当罐内空间油气浓度到一定值时，液面上的油气分子中互相发生碰撞，凝结成大的分子团，跌落回液面。开始气体空间液体分子数很少，发生碰撞的几率少，在同一时间内，从液相逸入气相的分子数大于从气相返回气相的分子数时，宏观上则表现为液体的蒸发，当容器中蒸气分子的数量逐渐增多，蒸气分子对器壁的碰撞次数也增多，液面上的压力也增大，返回液面的蒸气分子数目也增加，当逸出的液体分子数等于返回液面的分子数时二者处于动态平衡，则宏观上既没有液体的蒸发，也没有蒸气的凝结，这种状态称为平衡状态，或称饱和状态。如果容器是敞口的，蒸发现象将延续到液体全部蒸发殆尽为止。

蒸发只能发生在气、液直接接触的相界面上。如果液体没有同气体直接接触的自由表面，蒸发也就不复存在了。在存在液体自由表面的情况下，因为任何温度下分子的运动速度都是不均衡的，总会有一些动能较大的分子逸入气相，因而蒸发可以在任何温度下进行。

### 2. 蒸发速度的影响因素

（1）液体的温度越高，蒸发速度越大；

（2）液体的自由表面越大，蒸发速度越大；

（3）气相中液体蒸气浓度越高，蒸发速度越低；

（4）在其他条件相同的情况下，液面上混合气的压强越高，蒸发速度越小；

（5）液体的相对密度越小，蒸发速度越大。

### 3. 罐装油品蒸发损耗的形式

罐装油品蒸发损耗的情况可以分以下几种：

（1）油罐气体空间自然通风损耗　如果罐顶不严密、有孔眼，且孔眼不在一个高度上，如图 19-3-1 所示，某汽油罐两个孔眼垂直位差为 $H$，因气体密度不同将发生流动。新鲜空气从上部孔眼进入罐内，罐内空气与油品蒸气混合气体(它比罐外空气的密度大)将从下部孔眼逸出。若上下两孔眼相距 0.5m，孔眼面积为 $1cm^2$，油罐气体空间中所含油品蒸气的体积浓度为 50%，则二个小孔因自然通风将造成每昼夜大约 16kg 的油品损耗。在外界有风的情况下，由于容器周围压力分布不均匀，迎风面压力高，背风面压力低，自然通风损耗将更加严重。

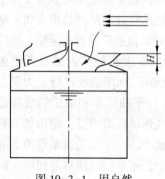

图 19-3-1　因自然通风引起损耗

造成油罐发生自然通风现象的原因还有：油罐破损，顶板腐蚀穿孔，冬季怕发生冻结现象而取下呼吸阀的阀盘，液压阀未装油封或油封油不足，量油口、采光孔打开，消防系统泡沫室玻璃破损等原因。因此，对于一般容器来说，只要加强管理，及时维修，提高设备完好率，自然通风损耗是完全可以避免。

（2）静止储存油品时油罐的"小呼吸"损耗 油罐未进行收发油作业时，油面处于静止状态，油品蒸气充满油罐气体空间。日出之后，随着大气温度升高和太阳辐射强度增加，罐内气体空间和油面温度上升，气体空间的混合气体积膨胀而且油品加剧蒸发，从而使混合气体的压力增加。当罐内压力增加到呼吸阀的控制压力时，呼吸阀的压力阀盘打开，油蒸气随着混合气呼出罐外。午后，随着大气温度降低和太阳辐射强度减弱，罐内气体空间和油面温度下降，气体空间的混合气体积收缩，甚至伴有部分油气冷凝，因此气体空间压力降低。当罐内压力低至呼吸阀的控制真空度时，呼吸阀的真空阀盘打开，吸入空气。此时虽然没有油气逸入大气，但由于吸入的空气冲淡了气体空间的油气浓度，促使油品加速蒸发使气体空间的油气浓度迅速回升。新蒸发出来的油气又将随着次日的呼出逸入大气。这种在油罐静止储油时，由于罐内气体空间温度和油气浓度的昼夜变化而引起的损耗称为油罐的静止储存损耗，又称油罐的"小呼吸"损耗。

"小呼吸"损耗的呼气过程多发生在每天日出后的 1~2h 至正午前后。吸气过程多发生在每天日落前后的一段时间内，这段时间正是气体空间温度急剧下降的阶段，此后至次日日出前，尽管气体空间温度仍在不断下降，但由于吸入空气后油品加速蒸发，油气分压的增长抵削了温度降低的影响，因而油罐很少再吸气。一般来说，每天的呼气持续时间比吸气的持续时间长。

除此之外，当大气压力发生变化时，罐内外气体的压力差也随着发生变化，如果内外压差等于呼吸阀的控制压力时，也会使压力阀盘打开而呼出混合气体。由此而产生的油品损耗也属于静止储存损耗。但由于昼夜间大气压力变化不大，比起温度变化而造成的损耗小得多，因而在实际计算中很少考虑它的影响。据某地实际测定，一个技术条件良好的 $10000m^3$ 地上金属油罐，装满汽油储存一年，由于小呼吸形成的自然蒸发损失量达 117t，损耗率为 1.7% 左右。

小呼吸蒸发损失量与油罐存油量、空容量、罐内允许承受蒸气压力以及温度的变化有着密切关系。在一定的储存条件下，温度每变化 1℃，呼吸损失计算公式如下：

$$\Delta G = \frac{V_1 \gamma_1 + V_2 \gamma_2}{2} \times C \times D \qquad (19-3-1)$$

式中　$V_1$——罐内油液体体积；

　　　$V_2$——罐内气体体积（即空容量）；

　　$\gamma_1$，$\gamma_2$——分别为液体和气体的膨胀系数；

　　　$C$——蒸气浓度，$C = \dfrac{p_1}{p}$（$p_1$ 为罐内油蒸气压，$p$ 为相对大气压）；

　　　$D$——石油蒸气密度。

**例 19-3-1** 在我国南方某地区，一个设计容量为 $10000m^3$ 的油罐，储存汽油 3700t，折合容积 $5000m^3$，空容量为 $6200m^3$，在罐内温度 19.5℃ 的条件下，罐内允许承受蒸气压为 29.3kPa（220mmHg），液体和气体的膨胀系数分别为 0.00098 和 0.00367，当石油蒸气密度为 $3kg/m^3$ 时，温度每变化 1℃，损失量则为：

$$\Delta G = \frac{5000 \times 0.00098 + 6200 \times 0.00367}{2} \times \frac{29.3}{101.3} \times 3 = 12(kg)$$

温差变化大小与呼吸蒸发损失也有着直接关系。假若一昼夜温度差变化为 19.5℃→42.5℃→21℃ 时，其损失量应为：

$$G = 12 \times [(42.5 - 19.5) + (42.5 - 21)] = 534.45(kg)$$

如果一昼夜温差变化为 19.5℃→30℃→21℃ 时，其损失量则为：

$$G = 12 \times [(39 - 19.5) + (30 - 21)] = 234(\text{kg})$$

从上例也可以说明，在其他条件不变时，如果空容量增大，温度每升高 1℃，蒸发损失也随之增加。假若石油存量体积为 3000m³ 空容量为 8200m³ 时，温度每升高 1℃ 的蒸发损失则为：

$$\Delta G = \frac{3000 \times 0.00098 + 8200 \times 0.0036}{2} \times \frac{29.3}{101.3} \times 3 = 14(\text{kg})$$

由以上所述可知，温差大，蒸发损失就大，温差小，蒸发损失就小，空容量大，蒸发损失就大，空容量小，蒸发损失就小。

(3) 收发油品时油罐的"大呼吸"损耗　油罐收油时，随着油面上升，气体空间的混合气受到压缩，压力不断升高，当罐内混合气的压力升到呼吸阀的控制压力时，压力阀盘打开，呼吸阀自动开启排气，呼出混合气体。油罐发油时，随着油面下降，气体空间压力降低，当气体空间压力降至呼吸阀的控制真空度时，真空阀盘打开，吸入空气。吸入的空气冲淡了罐内混合气的浓度，加速油品的蒸发，因而发油结束后，罐内气体空间压力迅速上升，直至打开压力阀盘，呼出混合气。这种在油品收发作业中由于液面高度变化而造成的油品损耗称为"大呼吸"损耗。其中，油罐收油过程中发生的损耗称为收油损耗，发油后由于吸入的空气被饱和而引起的呼出称为回逆呼出。

如果由甲罐向乙罐输转油料，会同时造成甲、乙两个油罐的大呼吸，甲罐输出油料，罐内空容量增大，超过负压极限，吸进空气，乙罐增加存量，油液体体积增大，超过正压极限，呼出油蒸气，造成蒸发损失。

与此类似，向敞口容器(如罐车、油桶)灌装易挥发石油产品时也存在损耗，习惯上根据所灌装的容器称为装车损耗、灌桶损耗。浮顶油罐发油后由于黏附于罐壁的油品蒸发而造成的油品损耗则称为浮顶罐的黏附损耗。

油品长期静止储存时，小呼吸损耗将成为主要的蒸发损耗形式。长输管道首、末站的油罐，因油面变化频繁一般采用浮顶罐。中间输油站的油罐，多为输油缓冲或泄压之用。正常情况下，液位变化不大，一般采用拱顶罐。总之，由液面变化引起的罐内压力变化从而引起的蒸发损耗主要为大呼吸损耗；由温度的变化引起罐内气体的膨胀或收缩从而引起压力变化而引起的损耗主要为小呼吸损耗。

**4. 车船装卸损耗**

车船装卸损耗是由卸车(船)损耗和装车(船)损耗两部分组成的。卸车(船)损耗是指卸车(船)过程中为饱和吸入的空气而蒸发出来的油蒸气，以及卸油作业结束后罐(舱)底残存油品和罐(舱)壁黏附油品汽化后形成的油蒸气损耗。这些油品虽然仍留在车(船)内，但必然在下次装油时，或在清洗罐车、油船装压舱水时被排入大气。装车(船)损耗是指装车(船)过程中由于油品附加蒸发而造成的油品损耗。这种油附加蒸发同装油前车(船)内原有的油气浓度有关。原有油气浓度越接近饱和，附加蒸发损耗量越小。如果装油前车(船)中混合气的油气浓度等于油品温度下的饱和浓度，装油时的附加蒸发量将等于零，装油作业只不过是将卸油作业以及此后所形成的油气混合气从车(船)中排挤出去。由此可以看出，卸车(船)损耗和装车(船)损耗是紧密联系在一起的，此消彼长。因此，二者必须综合考虑，一起计算。

车船装卸损耗与操作条件密切相关。以装车时间而论，实践表明白天装车就比夜间装车蒸发损耗少。罐车内气体的昼夜温差很大。白天，罐车上部气温高于下部，下部气温又高于油温。这种温度分布抑制了气体空间的对流传质，因为下部温度低的油气密度比上部温度高的气体大，不可能依靠重力上移。油气分子的运移只能靠油气扩散缓慢地进行。在有限的装车时间内，罐车上部的原有气体还来不及被附加蒸发出来的油气饱和就被挤出去了。因此，开始装油时从罐车内排出气体的油气浓度非常接近罐车内原有的油气浓度，直至罐车的装满程度达到全容积的 2/3 左右，排出气体的油气浓度才骤然增加，并于装油结束时达到油温下的饱和浓度。排出气体中油气浓度随装油时间（即装满程度）的变化规律如图 19-3-2 中曲线 1 所示。图 19-3-2 中各条曲线是在清洗过的铁路油罐车装汽油时测得的，因而曲线通过坐标原点。夜间，罐车内的温度分布刚好同白天相反，气体空间的温度比较均匀并低于油温，因为上部气体温度低，因此上部气体密度比下部气体的密度大，此时油气分子将以扩散和对流两种方式向上运移，运移速度将显著高于白天。因而，在同样装满程度时罐车排出气体的油气浓度，夜间的高于白天的，如图 19-3-2 中曲线 2 所示。由此可以看出，夜间装油

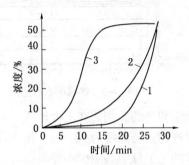

图 19-3-2　装车时排出的油气
浓度随装车时间的变化

时罐车排出气体的平均油气浓度必定高于白天装油排出的平均油气浓度。此外，在罐车内原有油气浓度相同的条件下，排出气体平均油气浓度的差别又意味着夜间装油时从罐车排出的混合气体积大于白天装油排出的混合气体积。因而，在其他条件相同的情况下，夜间装车的蒸发损耗大于白天装车的蒸发损耗。

就装油鹤管口在罐车内的位置而论，鹤管口距罐车底距离越大则装车损耗越大。图 19-3-2 中曲线 3 是装油鹤管口距罐车底 1.6m 时向清洗过的铁路罐车罐装汽油时测得的呼出油气浓度变化曲线。从曲线 3 可以看出，由于油品飞溅以及在油流带动下气体空间所形成的强制对流，罐车排出气体的油气浓度在开始装油后不久就急剧上升，装油半满时就可接近饱和浓度，因而排出气体的平均油气浓度将显著高于鹤管伸到罐车底部装油时（曲线 1、2）排出气体的平均油气浓度。

从上述分析可以看出，油品装车（船）损耗不同于油罐大呼吸蒸发损耗的特点有：

(1) 装车（船）过程中，油品温度基本上没有变化，近似等于当地大气的日平均温度。

(2) 由于油品的附加蒸发，装油过程中从车（船）排出的气体其油气浓度是逐渐增加的，初始油气浓度取决于卸油后车（船）的处理状况，终了油气浓度一般等于油温下的饱和浓度。但是，排出油气浓度的变化规律以及排出气体的平均油气浓度将随着操作条件而变化，而且排出气体的平均油气浓度一般都低于油温下的饱和浓度。

(3) 由于油品的附加蒸发，装油时从车（船）排出的混合气体积肯定大于车（船）的装油体积，其差额取决于排出气体的平均油气浓度与灌装前车（船）内原有油气浓度之差。

## 二、降低油品蒸发损耗的措施

降低油品的蒸发损耗可从以下几方面入手。

### 1. 降低油罐储油时罐内的温差

小呼吸损耗的大小不是取决于温度的高低而是取决于温度的变化幅度。温度变化愈大，呼吸量也就愈大。由此可见降低罐内温度变化幅度对减少油品小呼吸损耗具有决定性的意义。

### 1) 淋水降温

地上明罐，阳光辐射热的 80% 是通过油罐顶部导入罐体。在炎热季节给罐顶淋水，可降低罐内温度，缩小温差，减少小呼吸量，降低损耗（见图19-3-3）。一个储存量为 70% 的汽油罐，经淋水试验，罐内温度可降低 23℃，减少蒸发损耗 20%。夏季的白天温升阶段，

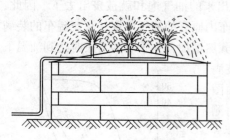

图 19-3-3　油罐淋水示意图

不间断地对罐顶淋水，在罐顶形成均匀的流动水膜，沿罐壁流下。流水带走顶板和壁板吸收的太阳辐射热，可以有效地降低罐内气体空间白天最高温度及其昼夜温差，也能降低油面温度及其昼夜温度变化幅度。图 19-3-4 为淋水罐和不淋水罐气体空间昼夜温度变化曲线，从图中可以看出，油罐淋水后气体空间的昼夜温差将大大减少。

淋水降温对降低油品小呼吸蒸发损耗的效果是非常明显的。例如在上海地区，对容积为 5000m³ 的油罐对比试验表明，当罐内储存 66 号车用汽油，装满度为 75% 时，淋水罐与其他不淋水罐比较，小呼吸损耗减少 91%，从 6 月到 8 月的三个月中共减少小呼吸损耗 11t。

淋水降温是一项行之有效、简单易行的降耗措施，但淋水降耗要增设一定的设备，每天要消耗大量的水(一个 5000m³ 油罐，每天大约需 100t 水)，而且淋水会使罐体油漆遭到破坏，加速罐体钢板腐蚀。如果排水不好，还会影响到罐的基础。这些在设计时都要综合加以考虑。

进行淋水操作时要恰当掌握淋水的起止时间。一般来说，日出后就要开始淋水，以便赶在呼气之前。淋水应不间断地进行，否则反而会造成气体空间温度猛烈升降，不但不能起到降低损耗的作用，甚至可能增加损耗。如果淋水结束过早，罐内气体空间压力和温度仍有可能回升而再出现呼气。淋水结束过晚，也会加速罐内气体的温降增大呼吸损耗。一般要根据当地气温，在气温开始下降不久就要停止淋水。

为使罐顶全部被水覆盖并形成均匀水膜，淋水量 $Q(\text{m}^3/\text{h})$ 可按下式计算：

$$Q = 2\pi R\rho \qquad (19-3-2)$$

式中　$R$——油罐半径，m；
　　　$\rho$——淋水密度，$\text{m}^3/(\text{m}\cdot\text{h})$。

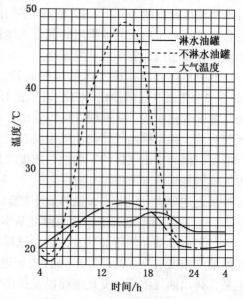

图 19-3-4　油罐淋水温度与时间的关系

淋水密度表示罐顶边缘每米长度所需要的水流量。为保证罐顶形成稳定的水膜，可取 $\rho = 0.5 \sim 1\text{m}^3/(\text{m}\cdot\text{h})$。

淋水方法适用于水源充足，油品长期储存，以小呼吸为主要损耗的地面钢油罐。淋水对降低大呼吸损耗无明显效果。

2) 正确选用油罐涂料

油罐涂料不仅起防腐作用，还能影响油罐对太阳辐射热的吸收能力。注意选用能反射光线，特别是能反射热效应大的红光及红外线的涂料，将有助于降低罐内温度及其变化，从而减少油品损耗。试验表明白色涂料对降低油品损耗最有利，铝粉漆次之，灰色涂料再次之，黑色涂料最差。不同颜色对阳光辐射热能接受程度差别很大。颜色越深接受热量越强，致使罐内温度升高，蒸发损耗越大。各种颜色涂料效果比较见表19-3-1。

表 19-3-1 各种颜色涂料效果比较

| 项 目 | 油罐使用的涂料颜色 | | | 项 目 | 油罐使用的涂料颜色 | | |
|---|---|---|---|---|---|---|---|
| | 白 色 | 铅灰色 | 黑 色 | | 白 色 | 铅灰色 | 黑 色 |
| 油罐吸收辐射热/% | 59 | 88 | 100 | 油品损耗/% | 100 | 180 | 240 |

在油罐使用过程中，油罐涂料对太阳幅射热的吸收系数常因空气的作用而降低。例如铝粉涂料刚涂完时，吸收系数为 0.33，经过一段时间后则可达到 0.6~0.7，因而选用油罐涂料时应注意选用不易由于化学变化而降低其反射阳光性能的涂料。

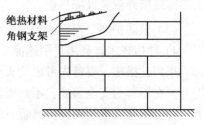

图 19-3-5 罐顶加装隔热层

油罐涂层应定期重刷，以保护罐体不被腐蚀，并保持良好的反射阳光性能。

3）对油罐采取绝热措施

（1）罐顶加装隔热层 在距罐顶高 80~90mm 处加装 20~30mm 厚隔热层，如图19-3-5所示。

据北纬50°某地在 100m³、2000m³、5000m³ 三个油罐试验结果，24h 内，加装隔热层与未加装隔热层比较，可降低损耗35.4%到51%，见表19-3-2。

表 19-3-2 加隔热层与未加隔热层损耗比较

| 油罐容量 | 100m³ 油罐 | | | 2000m³ 油罐 | | | 5000m³ 油罐 | | |
|---|---|---|---|---|---|---|---|---|---|
| | 无隔热层 | 有隔热层 | 降 低/% | 无隔热层 | 有隔热层 | 降 低/% | 无隔热层 | 有隔热层 | 降 低/% |
| 损失量/kg | 1.95 | 1.26 | 35.4 | 40.8 | 20.4 | 50 | 81.7 | 40.1 | 51 |

（2）安装反射隔热板 反射隔热板是由隔热材料制成的，可以做成多种型式。这里所介绍的反射隔热板是由两层内外都涂了白色涂料的石棉水泥波纹板组装而成的，如图19-3-6所示。当反射隔热板被安装在罐顶或悬吊在罐壁外侧时，在两层石棉水泥板之间形成第一空气夹层，在石棉水泥板与油罐之间形成第二空气夹层。由于这些空气夹层的存在以及白色涂料对阳光辐射的反射作用，这种反射隔热板具有良好的隔热效果，从而降低了气体空间的温度及其变化幅度。图 19-3-7 为实测的装有隔热板和未装隔热板油罐内气体空间温度的昼夜变化曲线。

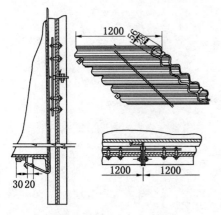

图 19-3-6 双层石棉
水泥板反射隔热板

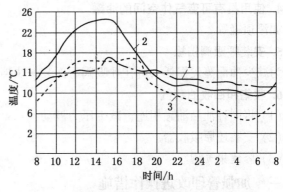

图 19-3-7 隔热油罐气体空间温度的昼夜变化曲线
1—大气温度；2—未隔热油罐气体空间温度；
3—隔热后油罐气体空间温度

采用隔热板降低小呼吸损耗的实测数据见表 19-3-3。可以看出，对于中型油罐，其降低损耗率约为 50%。

考虑到油的比热容比较大，阳光辐射热对油温变化的影响不敏感，通常只在罐顶和上半部罐壁外侧装设隔热板。

**表 19-3-3　油罐隔热层的降耗效果**

| 试验油罐容量/ m³ | 小呼吸蒸发损耗量/kg | | 降低损耗率/ % |
|---|---|---|---|
| | 未装隔热板 | 装有隔热板 | |
| 100 | 1.95 | 1.88 | 35.4 |
| 2000 | 40.8 | 20.4 | 50.0 |
| 5000 | 81.7 | 40.1 | 51.0 |

（3）筑防护墙　在罐体周围筑防护墙，减少阳光辐射面积，可降低损耗 40%。

4）种植树木，利用树阴遮凉

采用此措施，要首先考虑防火要求。在油罐区防火墙外围、桶装油储存区、小油罐群围堤外，在不影响安全警戒、不妨碍消防道路畅通和消防灭火操作、不破坏给排水设施的前提下，种植阔叶乔本利用树荫遮蔽，改变罐区的小气候，减弱阳光辐射，降低油罐外表温度，也可减少蒸发损耗。

5）建造非金属油罐和山洞库、窑洞库、覆土隐蔽库、水封石洞库

非金属油罐或覆土油罐本身就具有良好的隔热性能，同地面钢油罐比较，一般能减少小呼吸损耗 90% 以上。据我国几个山洞库和水封石洞库提供的资料，洞内常年温差有的在 5℃ 以内，有的接近恒温，几乎克服了小呼吸，从而也大大降低了蒸发损失。

**2. 提高油罐承压能力**

适当提高油罐承压能力不仅能完全消除小呼吸损耗，而且能在一定程度上降低大呼吸损耗。

提高油罐承压能力，一般从改进油罐结构设计入手，以便在提高油罐承压能力的同时，尽量减少钢材耗量。

**3. 消除油面上的气体空间**

消除油面上的气体空间实际上就消除了蒸发现象赖以存在的自由表面，这样不仅可以消除油罐的小呼吸损耗，还能基本上消除大呼吸损耗。消除油面上的气体空间可采用以下方法：

（1）采用浮顶罐；

（2）采用内浮顶罐；

（3）采用凝胶浮盖。

**4. 使用具有可变气体空间的油罐**

如浮顶罐等。

**5. 安装呼吸阀挡板**

为减少油面蒸发损耗，可在呼吸阀下面装一块挡板。

**6. 收集和回收油蒸气**

（1）将同种油品油罐相连，减少压力波动；

（2）安装还原吸收器；

（3）修建集气罐。

## 三、加强管理改进操作措施

（1）及时调进油品，保持所有油罐都在较高装满程度下储存油品，以减少油罐气体空间体积。如果及时调进有困难时，分散于几个油罐的同类油品应集中储存，尽量减少中液位储存。因为此时呼气量大于高液位储存，呼气浓度高于低液位储存而接近高液位储存，从整个

罐组来看，对降低蒸发损耗最不利。

（2）减少库内输转。用于自流发放的高架罐最好由铁路罐车直接进油，以减少由储罐对高架罐的输转。如果条件允许，最好取消缓冲罐、高架罐、放空罐等中间容器。

（3）适时收发。由于油罐收、发作业时间长，油罐气体空间的温度受外界的影响在作业过程中会有明显变化，应尽可能选择合适的收发油时间，将有利于降低大呼吸损耗。如果收油过程正是温度迅速上升的时候，则罐内气体不断膨胀，油面蒸发加快，小呼吸损耗伴随大呼吸损耗同时发生，从罐内逸出的气体量将显著地大于同时间的进油量，加大了蒸发损耗。如果在降温的时候收油，气体因降温而收缩，再加之蒸气分子凝结加快，从罐内排出的气体量将少于进油量，损耗将减少。显然，傍晚到午夜温降较快时间收油，油罐的大呼吸损耗将较小。

（4）恰当掌握收发油速度。收油时要尽可能加大泵流量，既可提高工作效率减少作业时间，还可因油品在收油过程中来不及大量蒸发而减小呼吸损耗。发油作业相反，如果发油进行得慢一些，使油面蒸发的时间长，气体空间中的油品蒸气浓度不致下降太大，这样可减少发油终了出现的回逆呼出损耗（即油品蒸气逐步饱和气体空间出现的损耗）。收油作业开始时，如果罐内气体空间的油品蒸气浓度较大，收油时大呼吸损耗将增加；反之，损耗将减小。油罐气体空间被油品蒸气逐步饱和的过程是比较慢的，所以，在条件允许的情况下，争取在发油不太久以后就接着收油，使排出罐外的混合气体中油品蒸气的浓度较低，大呼吸损耗就较小。收油时应尽量一次连续收油，不要间断地分几次收油，否则会因油品的不断蒸发而使大呼吸损耗增加。

（5）定期检查油罐的密封状况，特别是机械呼吸阀、液压安全阀、消防泡沫室、量油口或自动计量装置等。油罐、油泵、管道、阀门、鹤管、灌油嘴等做到不渗不漏不跑气。油罐呼吸阀正负压适度，呼吸正常，活门操作装置等保证有效。加强车、船等运载工具的的维护保养，保持设备状态完好。漏桶和技术设备装置不良的车、船不装油，装油后发现渗漏者立即倒装。车、船等运载工具的所有权往往不属于油库，但由于设备完好状况差而造成的经济损失却由油库承担，因此双方都应以总体利益为重，共同做好这类设备的维护保养。

（6）如采用人工检尺计量，应尽可能在罐内外压差最小的清晨或傍晚吸气结束后量油。此时打开量油口盖吸气量最少，呼出气体的油气浓度较低。

（7）装车或装船时，装油软管要伸到罐车或油船底部，以免由于油品飞溅而加大油品损耗量。灌装原油时，应控制加热温度，油温过高将增大损耗。

# 第四节  油罐的操作和维护保养

油罐的操作包括收油、储油和发油、油罐内油品的计量以及油品的加热脱水等。合理地使用和正确地操作维护保养油罐，直接关系到能否长期、安全地输油和减少油品的损耗。

## 一、油罐的正常操作

要正确使用油罐，就必须熟悉和掌握油罐及其附件的结构、原理和性能。其中主要包括油罐本体构造、实际最大储油量、油罐的直径、最大储油高度、油罐的承压能力和呼吸阀的规格、数量以及加热的方法等。

### 1. 操作前的准备

（1）油罐区的管线必须有流程图，阀门有编号。油罐操作人员必须熟悉管线流程和各阀门的用途及油品性质，明确罐区安全防火注意事项。

（2）检查油罐和加热器的进出口阀门是否完好，排污阀、脱水阀是否关闭，各孔门及管线连接处是否紧固不漏。

（3）检查各种呼吸阀和透气阀是否灵活好用，液压呼吸安全阀的油位是否在规定高度。

（4）浮顶油罐的导向装置是否牢固，密封装置是否严密完好，浮梯是否在轨道上，检查孔是否完好不渗漏。

（5）油位高于加热盘管的凝油罐，进油前必须采取措施使原油熔化方可进油。

（6）油罐 20m 内或防火墙内应无杂草、油污、杂物等。

**2. 油罐的操作**

（1）油罐必须在安全高度范围内使用　拱顶油罐的安全高度为泡沫发生器进罐口最低位置以下 30cm；浮顶油罐的安全高度为浮船导向装置轨道上限以下 30cm。

安全高度也可按下式确定：

油罐的安全上限 $$H_s = h - (h_1 + h_2 + C)$$

油罐的安全下限 $$H_x = h - h_3 + C$$

式中　$h$——量油孔顶面距罐底高度；

$\quad\quad h_1$——量油孔顶面距罐壁顶面高度；

$\quad\quad h_2$——泡沫箱进罐孔最低位置距罐顶高度；

$\quad\quad h_3$——量油孔距出油管的顶面高度；

$\quad\quad C$——考虑进出油速影响的常数，一般取 $C = 20 \sim 30$cm。

鉴于油罐的实际技术状况和具体操作条件，使用部门有的还规定了自己的油罐高度。

（2）经常检查安全阀和呼吸阀　收发油前要对所用油罐的安全阀、呼吸阀进行检查，保证其灵活好用，对于液压安全阀应按罐的承压能力大小装入应有高度的油封液体。尤其在冬季气温低于 0℃ 时，每天要检查机械呼吸阀阀盘是否冻结失灵，液压安全阀油封液体的下部和边缘透气阀是否因存水冻结，使其处于良好状态。每班均应检查油罐排污口、排水口，防止冻结。油罐上的量油孔和人孔要经常盖好，人孔带两个螺丝不要拧紧。

（3）罐底排水　为保证油品的质量，要及时进行罐底排水。油罐脱水要有专人负责。对裸露在外、保温不良的罐底排空阀门，冬季要做好妥善的保温，以防冻裂跑油。

（4）防火　油罐防火是保证油罐安全的重要措施。因此，在油罐周围（一般 50m 内）严禁使用明火、焊接和吸烟等。必须进行明火作业时需经上级批准，并进行彻底清洗吹扫，经测定分析含可燃气体在爆炸极限下限以下时，再封住下水井，进行全面检查，采取可靠的安全措施后，方可动火。要防止机动车辆驶入罐区，以免车辆排出的流散烟火引燃罐区油气。上油罐顶的工作人员不能在罐顶开不防爆的手电筒。使用防爆手电筒也必须在上罐前打开，下罐后关闭，严禁在人孔口和一切油气区域开关电钮。对于金属罐不能穿带有铁钉的鞋，不能用铁器互相撞击，以免产生火花引起油气爆燃。

（5）加热油品　使用油罐加热油品时，不能将油品加热到过高的温度。原油罐一般为 50℃，金属罐一般不高于 75℃，最低温度不低于原油凝固点以上 3℃。

若罐底部用蒸汽管加热，送汽一定要缓慢。先打开蒸汽出口阀，然后逐渐打开进口阀，防止管盘产生水击破裂和油品局部迅速受热而爆溅。对长期停用有凝油的罐，加热应采取立式加热器，从上向下进行加热的措施，待原油熔化后，再使用蒸汽盘管加热，防止因局部加热膨胀而鼓罐。

（6）浮顶罐的检查　对于浮顶罐，在使用前应细致检查浮梯是否在轨道上，导向架有无卡阻，密封装置是否好用，顶部人孔是否封闭，透气阀有无堵塞等。在使用过程中应将浮顶支柱调整到最低位置。对罐顶的积雪、积水和污油，要及时清理，保证浮顶正常浮动。对浮顶中央集水坑要经常检查，防止因内折叠排水管转动部分失灵，顶破集水坑漏油。对每个浮舱定期检查，防止腐蚀、破裂漏油。

（7）油罐的防雷电　在正常使用油罐中还应注意油罐的防雷电问题。防雷电装置每周检查一次，要保证避雷针稳固牢靠，罐底接地线的接地电阻应及时测定，春秋各测一次保证不大于10Ω，否则应及时采取措施降低接地电阻。

（8）油罐区阀门等必须保持灵活好用　呼吸阀、阻火器要齐全好用。

（9）收发油时要准确测定罐内油位，防止溢罐和抽空　动态作业罐必须 1~2h 检尺一次，静态罐每班检尺一次。检尺时尽量在静止状态下进行。操作人员上罐前应手扶接地金属，释放身上积累的静电。量油尺的重锤必须采用在碰撞时不发生火花的金属。量油必须在量油孔内进行。打雷时，禁止人员上罐。一般情况下，一次罐顶不许五个人以上同时上罐，防止罐顶强度不够，发生危险。

（10）收发油过程要掌握好流速　装油初速不得超过 1m/s（包括空罐时进出油短管浸没前的进油）。进油速度过快，易产生静电事故。浙江省某油库就曾发生过空罐进煤油时，因初速过大导致静电积聚过多，静电放电产生爆炸的事故。进油过慢，在冬季易造成冻凝管道事故。发油速度过快，在大宗发油时易使油罐发生低压失稳（吸瘪）事故。

（11）避免含硫沉积物的自燃　当清洗含硫油罐（如液化石油气槽车、原油罐）时，对取出的污物应保持潮湿状态，必要时可加水浇湿，并及时移到非禁火区埋入地下。

（12）进罐工作的安全措施　工作人员进入油罐内工作，必须保持罐内通风良好和准备好防护用具，并在罐外设有专人监护。

## 二、油罐的维护保养

油罐的维护保养主要是做好油罐的防腐保温，油罐及其附件的检修和清除罐内沉积物等工作。

（1）金属油罐使用一定时期后，应进行防腐情况的检查，并对罐外壁涂刷防腐漆，对罐底和罐顶的内壁要利用清罐的机会，进行除锈防腐。对于用铁皮保温的油罐，保温的铁皮要定期刷漆防腐，并保证无破损脱落。罐壁、罐底板定期进行测厚，一旦发现超过腐蚀裕度则应进行修理。

（2）油罐的梯子、罐顶及罐顶操作台等，要经常检查强度，发现破损应尽快处理，防止因强度不足而导致人身事故。

（3）油罐的进出口阀门、油罐下部的排空阀、人孔法兰、放水阀以及有关的连接部件，都应定期检查维护，确保完好、不漏。加热器若有损坏和泄漏，应及时处理。

（4）油罐和附件（如阀门、量油孔、呼吸阀、液压阀、阻火器、防雷、防静电装置、泡沫灭火发生器等）必须保证完好，并作好记录。具体检查时间如下：

① 人孔及照明孔每月至少检查一次（不必打开）。量油口及其垫片每次使用前进行检查。对于量油装置上的防火垫圈应及时更换，保持完好。

② 油罐所用的机械式呼吸阀和液压式安全阀应定期检查维修。呼吸阀雨季每月至少检查二次，当气温低于 0℃ 时，每周检查一次。阀盘和阀座、导杆和导槽应经常保持清洁无锈蚀。油封液体不污染、变质及存水。对其下部的防火器要定期进行清洗，以防堵塞。

③ 收送油管及阀门，在使用前必须检查，每月不得少于一次。油罐的出入口阀门及脱水阀门，应有可靠的防寒措施，以防冻结。

④ 脱水阀每班至少检查一次。集水坑内的单向阀要灵活好用，集水坑周围的漏水孔与紧急排水管的防护网应无杂物堵塞并定期进行清理。

⑤ 泡沫灭火发生器及管线每月检查一次。泡沫间每月检查一次。

⑥ 压力表半年校正一次。

⑦ 防雷、防静电装置每周检查一次，春秋各测一次接地电阻(不大于 $10\Omega$)。

(5) 金属油罐应定期清洗，一般规定每 5~7 年清罐一次。清除油罐底部积存的水、泥砂、沥青质、蜡等杂质，并结合清罐对油罐进行必要的检查、检修、标定等工作。

(6) 浮顶罐密封板及橡胶板与罐壁应贴合紧密，缺损的应及时更换。

(7) 油罐必须按照技术规范进行设计。竣工后要经过有关部门验收，安全消防设施必须完好，方能交工投产。新油罐投产前，必须充满水试验其牢固性和渗漏情况，试验时间不得少于72h，并观察基础下沉情况(气温在0℃以上才可做此项试验)。

(8) 油罐区必须设置防火堤(墙)，并保证其完好。单个油罐的围堤容积应是罐容积的100%，并加高0.2m；两个油罐的围堤容积应是罐总容积的三分之二；三个油罐以上的围堤容积应是罐总容积的50%。罐区管线高于地面0.5m时，要安装人行过桥。

(9) 油罐区下水道必须设水封井，水封井的进水管必须伸入水封。流出管口必须高于进口管0.3m，隔油状况要良好。下水要保持畅通，积油要及时清理。

(10) 油罐呼吸阀、阻火器的设计，必须适应油罐输出输入油量的呼吸量需要，使用时，必须安装齐全。量油孔和经常开动的人孔，要衬上铅或铝，以防打出火花。

(11) 油罐区禁止装设非防爆型电气设备。油罐上不得架设电线。高压架空线距油罐壁最近点应不小于电柱高度的1.5倍。

(12) 油罐与油罐之间和油罐壁之间，必须有一定的安全距离。一般情况下，油罐壁与油罐壁之间的安全距离，应大于最大油罐的一个直径，油罐组与油罐组之间的安全距离大于50m以上。

(13) 油罐区或单独油罐应有防洪排涝措施。

(14) 因罐内沉积物过多，罐体或加热器破损，必须动火检修的油罐，须停止使用，进行清罐处理。清罐前应排净罐内的油品，充入热水或蒸汽洗涤罐内的剩余油品，然后打开人孔、透光孔、呼吸阀等进行自然通风，并经检查证实油品蒸气已低于最大允许浓度后(一般按汽油蒸气最大允许浓度0.3mg/L)，方可允许进人清罐。必要时还可用强制通风的办法来降低和排除罐内油品蒸气。需要补焊的油罐，一定要将罐内油污清理干净，在没有油品蒸气的情况下，经检查确定后方可动火。

清理罐内剩余油品时，应注意尽量不用蒸汽喷嘴喷射蒸汽来刷洗油罐，或采用从上向下喷淋的办法清除罐内油品，因这些办法有可能由于高速喷射和两相混合搅拌而产生静电，引起油品蒸气爆炸。若必须使用时，须采取相应的接地措施。

油罐在使用中会出现各种不同的故障，在维护和检修过程中应根据具体情况，制定具体措施，慎重地进行处理，以保证检修工作安全顺利地进行。

### 三、油罐常见的故障原因及处理方法

#### 1. 溢罐

1) 原因

（1）未及时倒罐；

（2）中间站停泵没及时导流程；

（3）未及时掌握来油量的变化；

（4）加热温度过高使罐底积水沸腾；

（5）液位计失灵。

2）处理方法

（1）停止进油；

（2）联系中间站调整输油量；

（3）停止加热，降低罐温；

（4）修理液位计。

**2. 跑油、漏水**

1）原因

（1）阀门或管线冻裂；

（2）密封垫损坏；

（3）罐体腐蚀穿孔；

（4）加热盘管泄漏。

2）处理方法

（1）立即倒罐；

（2）中间站导压力越站流程或提高输油量；

（3）清罐检测、修理。

**3. 抽瘪**

1）原因

（1）呼吸阀或安全阀冻凝或锈死；

（2）防火器堵死；

（3）呼吸阀或防火器流通口径过小。

2）处理方法

（1）停止排油；

（2）中间站导压力越站流程；

（3）合理选择呼吸阀和防火器，并留有适当裕量。

**4. 鼓包**

1）原因

（1）机械呼吸阀或液压安全阀冻凝或锈死；

（2）防火器堵死；

（3）罐内上部存油冻凝下部加热。

2）处理方法

（1）停止进油；

（2）中间站导压力越站流程；

（3）从上向下加热凝油。

# 第二十章　管道清管技术

在长输管道输送中，因管道结蜡和杂质沉积而使管径缩小、摩阻增加，管道输送能力下降，严重时可使原油丧失流动性，导致凝管事故。因而，如何防止结蜡及管内结蜡时如何清蜡，是研究管道输送高含蜡原油的一个十分重要的课题。

## 第一节　清管的方法与作用

常用的管道防蜡清蜡有以下几种方法。

### 一、化学添加剂防蜡与清蜡

近年来，我国各油田都在若干油井上进行用表面活性剂水溶液防止油管结蜡的试验，并取得了一定的成效。这种防蜡剂可阻碍蜡分子在已结蜡的表面继续析出，并对钢管表面有亲水排油作用，在国外也有将聚乙烯、乙酸乙烯酯等高分子聚合物或甲基萘等稠环化合物注入井底或集输管线中，以抑制石蜡沉积，从而收到一定的经济效益。这些添加剂的作用在于使石蜡结晶分散在油流中并保持悬浮，阻碍蜡晶的聚结或沉积。

### 二、采用塑料管或在钢管内壁刷上涂层以减少结蜡

用玻璃钢管、塑料管等输油，或在钢管内壁涂敷某些涂料或特种漆，可以减少甚至防止结蜡。综合耐油、防蜡、强度和便于喷涂等各方面的性能看来，用改性环氧有机硅树脂和无乙氧基甲基硅树脂作为防蜡涂料，效果较好。但上述措施应用于长输管道，尚需进一步解决施工工艺和材质强度等一系列问题。

### 三、采用清管器清蜡

清管器清蜡原理为：清管器由输油站发送装置发出后，随油流移动。清管器在自由状态时其直径略大于管道内径，且清管器本身又带有很多钢刷和刮板。清管器在随油流移动过程中，钢刷和刮板对管内壁形成很大的摩擦力，从而使清管器产生良好的清蜡效果。

为保持含蜡原油管道的输送能力，降低输油成本，防止初凝事故，采用清管器定期清蜡是比较经济有效的措施。机械清管器使用最普遍。但是，进行管道清蜡必须要求管道无明显变形，能使清蜡器具通过不致受阻。在管路的设计和施工时必须创造一定的条件，例如要有合适的发放、接收装置和报警讯号，线路的转角要有一定限度，经过三通时要有挡条等。同时，清管器应具有足够强度，能刮去管壁结蜡，又不致因顶撞和顶挤而损坏。

清管器最初是一个皮制的圆盘式活塞，可刮除运行管线管壁所结的蜡，在不增加动力情况下能明显提高管线流量，又可用于新建管线清除杂物、积水等，提高管线投产的可靠性，因此清管技术及其工具受到石油化工基建和管道生产部门的重视。发展至今又有一些更重要的用途：

（1）进行输液隔离，以减少原油或不同油品互换时的接触面积，减少和防止混油；

（2）控制管内液体，如在液气混输管线内减少液体积存，控制管线分段试压的注水、排水、干燥及试压后的输油作业；

（3）对管线进行内防腐处理，如涂施砂浆或环氧树脂涂层；

（4）使用记录清管检测仪对新建管线或运行管线进行缺损检查，包括管道的腐蚀、裂纹、变形检测、泄露检测等；

（5）有的专用清管器可以用于一些特殊的难以清理的管道，如多直径管道、有硬结蜡块的管道、要求洁净度极高的航空用油管道等；

（6）对管线系统进行动态监测和管理等。

# 第二节　清　管　器

现在长输管道种类很多，常用的清管器有以下几种类型。

## 一、橡胶清管球

橡胶清管球由耐油橡胶制成，中空，壁厚30~50mm，球上有一个可以密封注水排气孔，为了保证清管球的牢固可靠，用整体成型的方法制造。注水口的金属部分与橡胶的结合必须紧密，确保不在橡胶受力变形时脱离。注水孔有加压用的单向阀，用来排气和控制注入球内的水量以调节清管球直径对管道内径的过盈量。为保持清管球对管内壁的密封，清管球外径一般比管内径大1%~3%。使用时，清管球充满水，使球成为弹性的实体，在管内具有一定的顶挤能力。清管球的密封条件主要是球体的过盈量，这要求为清管球注水时一定要把其中的空气排净，保证注水口的严密性。否则，清管球进入压力管道后的过盈量是不能保持的。

管道温度低于0℃时，球内应灌低凝固点液体(甘醇的凝点为-13.2℃，其水溶液凝固点更低，建议采用甘醇水溶液)，以防冻结。由于清管球可在管内作任意方向的转动，通过弯头、变形部位的性能较好，很容易越过块状物体的障碍，所以投产初期或管道运行一段后有变形大的管段，多采用橡胶清管球清管。但用于管道清蜡，则效果较差。

清管球的结构图如图20-2-1所示。清管原理如图20-2-2所示。球内充液压力为$p_s$，球前的压力为$p_2$，球后的压力为$p_1$，则球在压差$p_1-p_2$的作用下，以原油的流速向箭头方向(如图所示)前进。而球的圆周与管壁接触处为密封面。

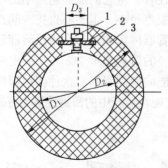

图 20-2-1　清管球
1—气嘴(拖拉机内胎直气嘴)；2—固定岛
（黄铜 H62）；3—球体(耐油橡胶)

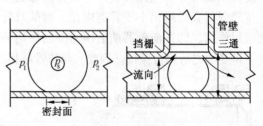

图 20-2-2　清管原理

清管球的规格尺寸见表20-2-1。

## 二、皮碗清管器

常见的皮碗清管器有三种：

表 20-2-1　清管球规格

| 序 号 | 公称通径/<br>mm | 管子外径/<br>mm | 球体外径 $D_1$/<br>mm | 球体内径 $D_2$/<br>mm | $D_3$/<br>mm | 重量/<br>kg |
|---|---|---|---|---|---|---|
| 1 | 200 | 219 | 215 | 155 | 19 | 5 |
| 2 | 350 | 377 | 375 | 275 | 19 | 25 |
| 3 | 400 | 426 | 426 | 334 | 19 | 63 |
| 4 | 500 | 508 | 505 | 405 | 19 | 60 |
| 5 | 500 | 529 | 535 | 435 | 19 | 56 |
| 6 | 600 | 630 | 622 | 522 | 19 | 75 |
| 7 | 700 | 720 | 717 | 607 | 19 | 92 |
| 8 | 800 | 820 | 820 | 640 | 19 | 200 |
| 9 | 1000 | 1020 | 1020 | 820 | 19 | 600 |

　　第一种皮碗清管器由一个刚性骨架和前后两节或多节皮碗构成。它在管内运行时，保持着固定的方向，所以能够携带各种检测仪器和装置。清管器的皮碗形状是决定清管器性能的一个重要因素，皮碗的形状必须与各类清管器的用途相适应。清管器在皮碗不超过允许变形的状况下，应能够通过管道上曲率最小的弯头和最大的管道变形，为保证清管器通过大口径支管三通，前后两节皮碗的间隔应有一个最短的限度。

　　对于椭圆度大于5%的管道，设计清管器时应当增大清管器皮碗的变形能力。为了通过更小曲率的弯头，清管器各节皮碗之间可用万向节连接，这种情况多用于小口径管道。为满足上述条件，前后两节皮碗的间距 $S$ 应不小于管道直径 $D$，清管器长度 $T$ 可按皮碗节数多少和直径大小保持在1.1~1.5$D$范围内，直径较小的清管器长度较大。清管器通过变形管道的能力与皮碗夹板直径有关，清管用的平面皮碗清管器的夹板直径 $G$ 在 0.75~0.85$D$ 范围(见图 20-2-3)。

　　清管器皮碗按形状可分为平面、锥面和球面三种(见图 20-2-4)。平面皮碗的端部为平面，清除固体杂物的能力最强，但变形较小，磨损较快。锥面皮碗和球面皮碗很能适应管道的变形，并能保持良好的密封，球面皮碗还可以通过变径管，但它们能够越过小的物体或被较大的物体垫起而丧失密封。这两种皮碗寿命较长，夹板直径小，也不易直接或间接地损坏管道。皮碗断面可分为主体和唇部。主体部分起支撑清管器体重和体形作用，唇部起密封作用。主体部分的直径可稍小于管道内径，唇部对管道内径的过盈量取 2%~5%。皮碗的唇部有自动密封作用，即在清管器前后压力差的作用下，它能向四周张紧，这种作用即使在唇部磨损过盈量变小之后仍可保持。因此，与清管球相比，皮碗在运行中的密封性更为可靠。

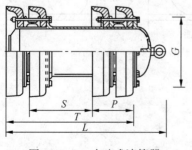

图 20-2-3　皮碗式清管器

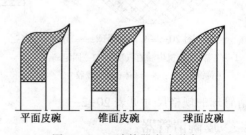

图 20-2-4　清管器皮碗形式

按照介质性质(耐酸、耐油等要求)和强度需要,皮碗的材料可采用天然橡胶、丁晴橡胶、氯丁橡胶和聚氨酯类橡胶。皮碗损坏时,可以拆下来更换。

皮碗清管器能通过曲率半径大于2.5$D$或大于2$D$的90°弯头,也能通过挡条的正交等径三通,以及通过管线局部变形小于5%的管道。清管器运行压差为0.03MPa。这种皮碗清管器不能反向运行,这在装入清管器时应该注意。

第二种皮碗式清管器如图20-2-5(a)所示。第三种皮碗式清管器如图20-2-5(b)所示,它是一种刮刷结合的皮碗式清管器。这两种清管器主要用于清洁或堵管段,一般是几个串接使用,以增强效果。清管器的长度视管道沿途情况而定,若止回阀较多应长些,支管多可短些。如果两者都较多,可设计成中间铰接式以利通行。

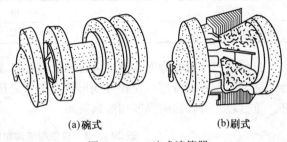

(a)碗式          (b)刷式

图 20-2-5　碗式清管器

图20-2-6所示为皮碗式清管器工作原理图,其前进的原理与球式清管器相同。清管器的皮碗与管壁密封,刮蜡刷子将管壁结蜡刷掉,刷子在弹簧力的作用下紧顶在管壁上,达到清管好的效果。在皮碗清管器的前进方向的一边有小孔,使输送介质贯通清管器形成旁路,目的在于防止清管器前面的堆积物堵塞管道,不需要时不留小孔也可将其堵死。

### 三、聚氨脂泡沫塑料清管器

聚氨脂泡沫塑料清管器外貌呈炮弹形,头部为半球形或抛物线形,外径比管线的内径约大2%~4%,尾部呈蝶形凹面,内部为塑料泡沫,外涂强度高、韧性好和耐油性较强的聚氨脂胶。其长度一般为管径的两倍。图20-2-7(a)所示为泡沫式清管器结构,图20-2-7(b)所示为泡沫-刷式清管器结构。泡沫清管器依靠挤压泡沫接触管壁实现刮刷结蜡和密封。

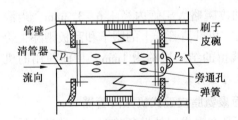

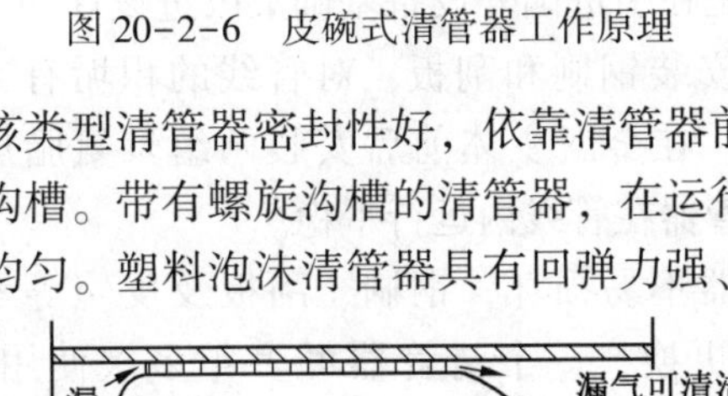

图 20-2-6　皮碗式清管器工作原理

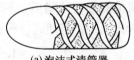

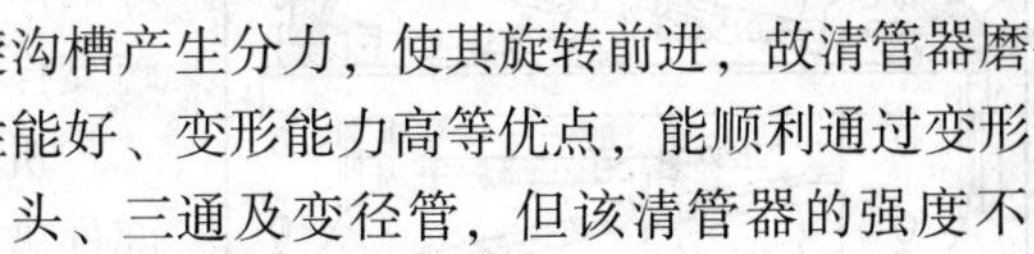

(a) 泡沫式清管器          (b) 泡沫-刷式清管器

图 20-2-7　泡沫式清管器

该类型清管器密封性好,依靠清管器前后压差,推动清管器向前运行。沿清管器周围有螺旋沟槽。带有螺旋沟槽的清管器,在运行时螺旋沟槽产生分力,使其旋转前进,故清管器磨损均匀。塑料泡沫清管器具有回弹力强、导向性能好、变形能力高等优点,能顺利通过变形弯头、三通及变径管,但该清管器的强度不如机械清管器高。

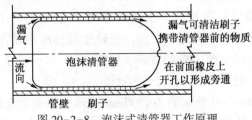

图 20-2-8　泡沫式清管器工作原理

图20-2-8所示为泡沫式清管器工作原理图。泡沫式清管器沿图中箭头方向以输油速度前进,刷子与管壁接触,进行刮刷,钢刷与管壁接触后,刷缝漏油可清洁刷子,携带

清管器前的杂物。清管器本体在前进方向的前边橡皮上开有小孔，使输送介质贯通清管器形成旁通，以防止清管器前面堆积物质堵塞管道。

泡沫清管器的过盈量见表20-2-2。表上的推荐值可保证清管器最佳效果，磨损最小压差下运移速度正常。

表20-2-2　泡沫清管器的过盈量

| 公称直径 | 25~150 | 200~400 | 450~600 | 650~1200 |
|---|---|---|---|---|
| 过盈量 | 6.25 | 9.375~12.5 | 18.75~25 | 25~50 |

目前国内产聚氨脂泡沫塑料清管器已有标准型号，其特点及功能见表20-2-3。这种清管器适合国内各种管道口径和有变形管道清管之用。其特点是通过能力强，耐磨，耐油性能好，重量轻，有较高的强度和清蜡效果。

表20-2-3　聚氨脂泡沫塑料清管器标准型号

| 型号分类 | 名　称 | 特点及功能 | 型号分类 | 名　称 | 特点及功能 |
|---|---|---|---|---|---|
| I | 光面型 | 可清除管中凝油和软蜡，作管线试压、清扫用 | V | 全刷钢型 | 适用于管道里状况复杂，有较尖锐的障碍物卡堵的情况 |
| II | 牵引型 | 可作为动力，托挂某类仪器或特殊功能用的设备等 | VI | 刚玉磨料型 | 表面黏有不同粒度的磨料，用于管壁磨光及除锈 |
| III | 锥体光面型 | 适用于初次清管或在结蜡多的管道上首次投用 | VII | 双向型 | 适用于倒换流程，可进可退 |
| IV | 螺旋钢刷型 | 清除较硬物质，且可适用于在变形较大的管道上清蜡 | | | |

## 四、机械清管器

机械清管器是一种刮刷结合的清管器。清管器的皮碗略大于管内径 1.6~3.2mm，当清管器随油流移动时，皮碗可刮去结蜡层外部的凝油层，机械清管器上的刷子和刮板则除去管内壁上的硬蜡层。经过机械清管器清蜡后，管内壁残留的结蜡层约为 1mm。目前使用的机械清管器有双球面聚氨脂皮碗式、拖挂式、板弹簧式等多种。

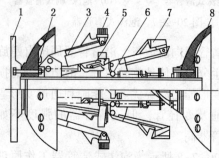

图20-2-9　双球面聚氨脂皮碗式
机械清管器结构

1—支撑盘；2—球面皮碗；3—臂；4—钢刷；
5—拉紧弹簧；6—弹簧；7—刮板；8—孔

### 1. 双球面聚氨脂皮碗式机械清管器

本清管器是在引进国外设备基础上改进设计的。在金属主体上安装钢刷和刮板，对管线的积垢有良好的清除作用。在金属主体前后安装两组聚氨脂皮碗支撑，使清管器在管线内运行平稳。

机械清管器不易损坏，钢刷、刮板及皮碗等零部件破损后可更换，一个清管器可多年多次使用。这种清管器的通过能力较强，在输送液体的推动下，可顺利通过变形37%的弯头、1.5D弯头和不带导条的等径三通。

图20-2-9所示为DN700mm双球面聚氨脂皮碗式机械清管器结构，主要由耐油皮碗、钢刷、刮板

及弹簧等组成，并在球面皮碗和支撑盘上开有孔，使输送介质贯通清管器形成旁通，以防止清管器前堆积物堵塞管道。

耐油皮碗为清管器上的两个聚氨脂的球面皮碗，皮碗上均布 14 个 $\phi14mm$ 的孔。为了控制清管器的行进速度及泄流量，与清管器配套的有聚氨脂橡胶孔堵，安装孔堵的数量可根据运行需要决定。

在第一个皮碗之后均布 12 个钢刷，钢刷在自由状态时直径为 $\phi786mm$，超出管 82mm。钢刷是由钢臂和弹簧控制，有良好的弹性，钢刷的最低压缩点达 $\phi514mm$，所以机械清管器的钢刷具有清蜡效果好的特点。根据需要，安装钢刷的位置也可安装刮板，也可以将钢刷和刮板间隔均布。

在钢刷之后均布 12 个聚氨脂橡胶做的刮板，刮板由钢臂和弹簧控制，刮板在自由状态下可达 $\phi764mm$，最低可压缩到 $\phi514mm$。为了防止刮板和钢刷在运行中脱落，均装有自锁螺母。

### 2. 拖挂式机械清管器

拖挂式球形皮碗机械清管器有多种系列，如TG-500、TG-400 等。型号中的 T 和 G 分别是"拖"和"挂"两个字的汉语拼音字头，后面的数字分别适用于公称直径为 $DN500mm$ 和 $DN400mm$ 的管道上。TG 型机械清管器适用于石油、天然气、水等流体介质的管道，能通过变形率在 30% 以下，支管直径为干管直径 1/3 以上有挡条三通的管道。这种清管器还可以除去后节刮蜡器而单独使用拖头，用作扫线、清管。对拖头稍加改装，堵死前节筒体管内泄流流道，即可作隔离球用于管道的隔离输送。

图 20-2-10 所示为 TG 型机械清管器结构示意图，它主要由前节拖头和用球形铰节连成一体的后节刮蜡器组成。拖头主要由前节筒体和组装在其上的支持盘、前后两个半球形皮碗构成。支持盘和皮碗都用聚氨脂橡胶或丁腈橡胶等耐油、耐磨弹性材料制作。后节主要由后节筒体和组装在其上的调节拉力弹簧、臂杆、钢刷、刮板构成。

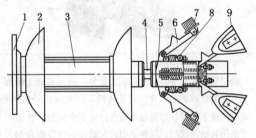

图 20-2-10　TG 型清管器结构

1—支持盘；2—皮碗；3—前节筒底；4—球铰短节；
5—后节筒体；6—臂杆；7—钢刷；8—弹簧；9—刮板

皮碗的作用在于截流密封管道断面，在介质管压作用下使皮碗前后形成压差，推动清管器前进，带动刮蜡器由钢刷和刮板清除管内污物沉积和管壁结蜡、结垢。加装支持盘以提高清管器运行的稳定性，改善通过性能。

拖挂式机械清管器维护使用应注意以下几点：

（1）使用前应检查各零部件是否齐全完好，各紧固件是否紧固可靠，球铰连节是否转动灵活、连接可靠，确认无误后，才可投入管道使用。

（2）使用前还应根据管道结蜡积垢情况及对清管效果的实际要求，在臂杆上单独装用钢刷，装用刮板或混合装用或单独使用拖头。还可以通过调节弹簧，使钢刷或刮板对管壁产生不同的压紧力，即可得到不同的清管效果。

（3）在清管完毕收取清管器后，要及时送至清管器清洗间洗去附着在清管器上的污物、蜡垢，检查各部件的完好状况，更换已损坏的零部件，使其处于完好状态。

（4）清管器应放在专用的存放架或储运箱中储存或运输，不得直接卧地或放在阳光下及风、沙、雨、雪环境中长期存放。当长期储存时，应对金属构件做防锈处理。

### 3. 板弹簧式机械清管器

这种清管器已有多种系列，如 BH-700mm、BH-300mm 等规格，BH 表示为板簧机械清管器，后面 700 和 300 分别表示适用公称直径为 $DN700mm$、$DN300mm$ 的管道。这种清管器的特点是结构简单，安全可靠，操作方便，便于维修。其结构如图20-2-11所示，主要结构为芯体和皮碗，芯体前部装有缓冲器、板弹簧、钢丝刷，刮板都组装在芯体上，皮碗装配后用皮碗压板借助螺栓固定在芯体上。钢丝刷和刮板借助于板弹簧产生的对管壁的压紧力来刮削，清除管内的污物和沉积物。

随着石油天然气管道工业的快速发展，为适应管道清管需要生产出了各种各样的管道清管器，表 20-2-4 为某厂生产的清管器样本。

表 20-2-4　部分清管器样本

| | |
|---|---|
| CCP—标准皮碗清管器系列<br><br>它主要是由钢制骨架、无线电发射机及 2~4 只皮碗组成，不附带其他刮削机具。主要用于各种管道投产前的清管扫线，可清除管道施工中遗留在管道内的石块、木棒等各种杂物；天然气管线投产后的清扫；水压实验前的排气；混输管线的介质隔离 |  |
|  | RSP—电子定位除锈器系列<br><br>其结构是在 CCP—标准皮碗清管器的基础上，在清管器的前端增加钢丝轮作为刮削机具。主要用于新建管线及管线内涂敷、修补前的除锈、清污工作，也适于短距、小口径输油管线的清蜡工作 |
| WSP—电子定位刮蜡器系列<br><br>刮蜡器是在 CCP—标准皮碗清管器结构的基础上增加了钢制或聚氨酯材料的刮刀片。它是依据不同管线内径特殊设计的，从而保证了刮刀片的曲面与管线内壁完全接触。在清蜡过程中不损伤管壁及阀门，避免了旧式刮蜡器钢针脱落和刮刀片对阀门及泵的损坏等现象的发生，是老式刮蜡器的换代产品。主要应用于长输管线清除凝油及结蜡。大型刮蜡器前端设有吹扫口 | |
| | SZP—双向阻水球<br><br>双向阻水球有金属骨架、密封皮碗、支撑皮碗、隔套等构成并可以配置无线电发射机，具有密封性能好、清扫彻底、可双向行走等特点。适用于卡堵后不便开口的新建管线、海底管线、投产后的原油管线及距离在 40km 以下大口径输气管线。它具有清扫、隔离、阻水等功能 |
| CLP—测量球<br><br>测量清管器简称测量球，它是在 CCP—标准皮碗清管器的结构基础上增加测量板，主要用于检测新建管线变形，是检验管线施工质量的重要设备 |  |

续表

**JPP—聚氨酯泡沫清管器**

聚氨酯泡沫清管器是由聚氨酯材料发泡制成，为了增加其耐磨性能，外表可以增涂聚氨酯涂层。根据不同需要可携带刚刷、钢钉等除垢工具。主要应用于结垢较厚、结垢分布不均匀的管线清管作业中。他主要特点是通过能力强，可通过 1.5D 以下的弯头，而且在清管作业中如发生卡堵时，可通过提高输送压力将其胀碎，为一些不停输的管线清管作业提供方便。根据需要也可配带无线电发射机

性能指标：最大变形量 ≥ 40‰；扯断伸长率 ≥ 200‰

**ECP—电子电脑岗位涂敷器系列**

它主要是由发射机、钢制骨架、皮碗三部分构成，有效密封长度较大。根据不同性质的涂料，可采用不同形状、数量、材料、硬度的各类皮碗。主要用于管道内防腐涂料的涂抹，可一次性对 3~5kg 长的管道进行整体挤涂、补口

**QQP—屈曲探测器**

它主要是由两块测量板、两组支撑轮及方向拉环构成(可加清扫胶皮)，由卷扬机或人工牵引为动力沿管道内行走。主要用于检测施工过程中管道及弯头的变形量以便及时发现问题及时解决

**QRP—全聚氨酯软体清管器系列**

它主要由皮碗、骨架、连接体等构成，全部采用聚氨酯材料制成，可携带无线电发射机。它具有通过能力强、变形量大、强度较高、不易卡堵、对弯头适应力强等特点。主要用于自然情况较复杂，结垢不规则的长距离管道的清扫、除垢工作。可依据管线的实际情况设计不同形式的软体清管器

**XCP—旋转吹扫清管器**

其结构是在 CCP—标准皮碗清管器的基础上，在清管器的前端设置吹扫口，吹扫口支臂与清管器轴线偏心，在清管时产生转距，使皮碗均匀磨损。在连接骨架的皮碗间设有若干个圆孔稳压，使皮碗均匀受力从而达到清管器平稳行走的目的。主要用于长距离大口径输油管线的清扫凝油及除蜡工作

续表

| | |
|---|---|
| QLP—强力除垢器<br>它主要是由钢丝刷、锯齿形刮板及骨架构成，由卷扬机牵引沿管道内行走。主要用于老管线修复前清除硬垢为管线涂敷、内衬作准备 |  |
|  | 皮碗的分类<br>皮碗通常有聚氨酯、橡胶两种材料。形状分为双折边形、杯形、碟形、球形、半球形、平板形等各种形式，可依据管线的不同情况和工艺要求的不同协助用户选用 |

清管器在管内的行走速度与管内流体大致相同。在液体管线里行走较平稳，在气体管线里则时走时停。清管器有时会在管壁环焊缝处卡住，为使其重新走动而增压要十分谨慎，因为曾发生过在管线急弯处清管器从管壁薄的一侧飞出的事故。同时应对大于管径50%的支管配置挡栅，防止清管器停住或进入支管。

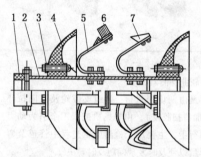

图 20-2-11　BH 型机械清管器结构

1—缓冲器；2—芯体；3—皮碗压板；
4—皮碗；5—板式弹簧；6—钢丝刷；
7—刮板

输气管线清管可显著提高流量和防止发生意外事故，清除输气管中沉积的液体、杂质和水合物，不然它会在管线低凹处聚集，妨碍流通甚至堵塞管道。

对有内涂层的管道，在清管前应先注水，然后用清管器使水高速流出并携走杂物，防止清管器皮碗或刷子因有石块、焊条头等损伤涂层。此时一般不用带金属刷的清管器。

在丘陵地带的下行管段，清管器会发生失去控制的跑离现象。为此应在其前面维持一反向压力，特别在产生气塞现象时更应注意。对由气塞而隔开的一段一段的管内液体应设置收集器，对海洋平台上的提升器管道更属必要。

在对管线进行酸洗作业时，应先把前导清管器放入管内，然后注入酸，再放入推动清管器，后一个清管器一般用空气推动。

机械清管器最显著的优点是清蜡效果好。我国某些原油管道自机械清管器清蜡以来，从管线切口情况看，管线内壁能漏出金属光泽。机械清管器使用寿命长，一般可运行 1500～2000km。皮碗和钢刷的更换周期分别为 200～300km 和400～600km。机械清管器的缺点是遇到变形大的管道和较大的障碍物时，通过能力较差，只能通过 $R = 1.5D$ 以上的弯头，且较笨重。

长期不用的机械清管器，应放置在支架上，以防止皮碗变形。聚氨脂橡胶不耐高温，不耐热水，长期存放应避免强光照射。

**4. 几种改进的机械除垢清管器**

（1）旁通式心轴式清管器　此类清管器装有泄压阀，当清管器前后压差超过某设定值时，泄压阀便会打开，允许管内流体在旁路通过。该清管器可安装不同类型的橡胶皮碗、聚氨酯皮碗、刮刀和钢丝刷等，以满足不同的清管要求；可喷射流体以冲散清管器前面堆积的污垢，适用于管道结垢严重、使用其他清管器容易卡堵的情况；在管道内一般不会卡堵，即便发生卡堵，管内流体也可以通过旁通阀穿过清管器而不致影响管道的正常运行。

（2）蠕动清管器　蠕动清管器是一个具有自动推进功能的清管装置，其通过特殊设计的叶轮机，在管道内靠流体的冲击提供原动力，带动泵体工作，如图 20-2-12 所示。其清管效果不受管壁结垢（特别是水化物、石蜡、沥青水垢等沉淀物）均匀性的影响。可以弯曲的蠕动清管器结构相对复杂，爬行组件恰似整个清管器的"腿"，依附于管道内壁爬行，是清管器在管道内逆流运行和安全通过管道弯头的关键。

（3）滚动行进式清管器　滚动行进式清管器骨架靠近其前端和后端均径向安装至少 3 个支架，支架端部通过轮轴安装滚轮，轮轴与支架垂直且与皮碗平行，以构成前后滚动行进式扶正轮，从而有效防止偏磨问题。

（4）射流清管器　当射流清管器两端压力超过一定值时，阀板打开，使流体通过喷嘴喷射而出。当清管器上游压力较高时，会使缠绕清管器弹性主体的弹簧拉伸，弹簧直径和清管器主体直径相应减小，从而使清管器和管道内壁之间的摩擦力减小，加速清管器运行。

（5）液压动力清管器　液压动力清管器（HAPP）由 3 个单元组成：制动单元、密封单元和清洗头（见图 20-2-13）。所有单元均有开孔，允许流体穿过清管器。当清管器在管道中运行受到阻力时，制动单元发挥制动作用，使清管器速度低于流体速度 60 倍，保证将污垢彻底清洗掉。如果能正确选择清洗头和清管器的运行速度，液压动力清管只需一次清管就可以彻底清除所有污垢。该清管器最大的优势在于能够迅速冲散污垢而避免卡堵；清洗管道时不接触管道内壁，由高压射流完成，可以完全清除管道内壁的污垢及凹坑内的污物和水。因此，利用 HAPP 全面清洗管道可以防止点蚀和坑蚀的发生。

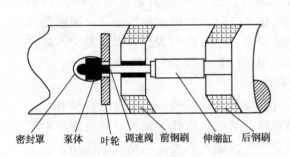

图 20-2-12　蠕动清管器

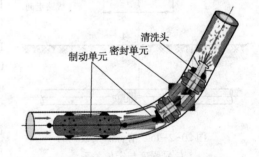

图 20-2-13　液压动力清管器

（6）液驱螺旋桨动力清管器　清管器在管道内运行，因流体流量很难保持定值，清管器速度难以控制。液驱螺旋桨动力清管器通过安装磁-流体-动力发生器，使流体驱动叶轮绕轴转动，将动力传至输入轴，其通过承压器和齿轮箱与输出轴连接，以驱动前进装置，从而驱动清管器运行。

## 五、管道检测清管器

### 1. 清管器探测仪器

为了掌握清管器在管道中的运行情况，以及遇阻或损坏时能迅速找到它的位置，清管器应配备一套探测定位仪器。这套仪器包括从管内向外界发出信号的清管器信号发射机，把清管区间划分若干小段的清管器，通过指示仪和沿线寻找清管器的清管器信号接收机（见图

20-2-14）。现在应用较广的是一种电子探测仪器，这种仪器的发射机发出的信号为超低频交变电磁场，它可以穿越钢管的屏蔽传播出来。发射机的发射圈密封在高度防震的尼龙套中，为尽量避免导磁金属的屏蔽，发射机连接在清管器尾端，由末端皮碗与夹板保证它在运行中不致遭到管壁的碰撞。发射机的另一端是一个钢制电源壳，内装电池，此端可放在清管器筒体内以利缩短发射机的伸出长度，发射机的连续工作时间可达50~150h。

(a) 信号发射机　　　　　　(b) 信号接收机　　　　　　(c) 通过指示仪

图 20-2-14　清管器探测仪器

信号接收机和通过指示仪可在一定范围内接收到发射机的信号，并把它转换成声光显示，接收机的有效探测深度为6m，通过指示仪为2m。接收机配有耳机以便步行操作，通过指示仪有一对接收线圈，布置的最大间距为30m，可避免清管器高速通过时漏报。

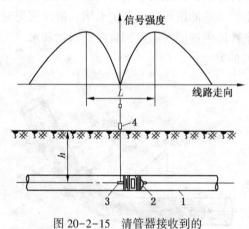

图 20-2-15　清管器接收到的
信号强度与定位关系

1—输油管；2—清管器；3—发射线圈；4—接收线圈

发射线圈始终与管道中心线同向，接收机线圈由操作者手提，一般处于自然下垂状态，这样，靠近发射机的前后两点各有一个信号峰值，在发射机的正方向，如果发射机和接收线圈互相垂直，信号就会消失或变得十分微弱（见图20-2-15），利用这种特性可以准确地探测到清管器在地下的位置，其误差最大不超过0.5m。清管器的深度为两峰值点间距的0.8倍。

清管探测仪器一般只在管道工程检查、首次清管以及某些生产性试验等对管道情况不明或试验装置性能不够可靠的情况下使用。为了缩短接收机深测的距离，应配备足够数量的通过指示仪和接收机，在地形复杂的山区和水田行走不便的地方，尽量缩短寻找的距离，是探测及时和准确的重要保证。

没有清管器被卡危险的日常作业中，就不必使用探测仪，但在发出和接收站上应设置电子或机械式通过指示器来控制清管作业的程序。

**2. 记录检测清管器**

由于电子计算机技术在管输上的广泛应用，目前清管器的作用不仅仅是清管，而且利用智能清管器可以检测管道防腐层、壁厚腐蚀、埋深位置等许多功能。智能清管器的技术以英国领先，英国的海上油气管道完全依靠它来完成定期检测工作。

检测清管器带有无损检验设备自行于管内，可对管线或整个运行系统进行缺陷和动态数据的检测和搜集，全面周期地监测输油管道的情况。自 1977 年始，英国气体公司在高压输气管道上首次正式使用称为"智能小车"的检测仪。它的作用如下：

（1）不影响管线的正常使用；

（2）能检测出全部有意义的管道缺陷；

（3）能剔除假的缺陷指示；

（4）指出缺陷的程度；

（5）指出缺陷的位置。

可以检测出的缺陷有三类：

（1）几何形状　压痕、皱褶、椭圆度；

（2）金属损失　擦伤、敲伤和一般腐蚀；

（3）破裂　叠层、应力腐蚀和疲劳裂缝。

英国气体公司研制的"智能"检测清管小车是采用磁通原理来检测上面（1）、（2）类缺陷，至于第（3）类缺陷是用弹性波检测的。现时智能小车已可用于直径 1050mm 管线，记录结果采用电子计算机评价。

美国燃料工程公司也是基于磁场中磁通漏失的异常的原理研制出如图 20-2-16 所示的记录清管检测仪。它由电池盒、敏感器件和记录仪三部分组成，其间用万向接头连接。独特的敏感器件可消除因速度变化而带来的不利影响，能对管壁持续进行 360° 全周检测。其转换器（滑履）安装在悬置的环内，折叠系数高，可通过管径较小的管段。使用该检测仪时，两端应用约 3m 长的发送接收器。在使用以前，应先发送一个没有仪器的模拟清管器，待测管线应配置磁标志，以使原本记录与管线发生联系，然后再投入记录清管检查仪。在接收器取出磁带，通过录返装置，把磁带信号转换成原本记录。

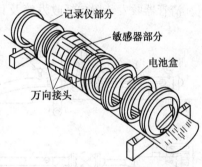

图 20-2-16　记录清管检测仪

随着通讯技术的发展，GPRS 和 GSM 等无线通讯技术得到广泛应用。应用 GPRS 或者 GSM 通信技术可以对清管器进行跟踪定位，以满足清管作业所需要的高准确性、高可靠性、低作业成本的要求，并且能够应用在管道处于沼泽、沙漠、丘陵等气候恶劣、地形复杂或危险的区域。

该类型的清管器远程定位跟踪系统的工作原理是：当清管器从放置了采集传感器的数据采集点经过时，传感器将感应信号传输到单片机，经过处理后，利用 GPRS 或者 GSM 网络发送到远程监控系统，远程监控系统标记好采集点的位置信息，查看监控清管器的运行状态，通过采集点时的时间等参数（见图 20-2-17）。

图 20-2-17　清管器远程定位跟踪框图

此外，超声波检测清管器也得到了广泛应用。超声波检测清管器的工作原理是：利用发送器按已知速度发射脉冲波，管道内、外壁分别将声波信号反射回接收器，根据二者的时间差确定管壁厚度以判定缺陷存在的可能性。其缺点是：超声波在空气中衰减很快，需要依靠均相液体进行传播，这里特别强调"均相"和"液体"并重，因为液体中的气泡和蜡块会影响超声波的传播速度；发送器与管壁需要保持直角，仅允许有几度的偏移，否则将错过回波。与磁通漏失检测清管器相比，此类清管器适用于管壁较厚的管道，可以获得定量数据，如腐蚀区域的范围和深度，甚至精确到毫米。磁检测方法在管道内、外检测中均有应用，但其结果大多用于定性分析。

# 第三节　清管器收发装置

## 一、清管器收发筒及清管器转发筒

### 1. 清管器收发筒

清管器收发装置包括收发筒及其快速开关盲板、工艺管线、阀门和清管器通过指示器等设备，如图 20-3-1 所示。

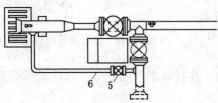

图 20-3-1　清管器发送装置
1—发球筒；2—发送阀；3—线路主阀；
4—通过指示器；5—平衡阀；6—平衡管；
7—清洗坑；8—放空管和压力表

收发筒的直径应比公称管径大 1~2 级。发送筒的长度应能满足发送最长清管器的需要，一般不应小于筒径的 3~4 倍。接收筒应当更长一些，因为它还需要容纳不许进入排污管的大块清出物。排污管应安在筒体底部。放空管应安在筒体的顶部，两管的接口都应焊装挡条阻止大块物体进入，以免堵塞。

收发筒的开口端是一个牙嵌式或挡圈式快速开关盲板，快速开关盲板上应有防自松安全装置。另一端经过偏心大小头和一段直管与一个全通径阀连接，这段直管的长度对于接收筒应不小于一个清管器的长度，否则，一个后部密封破坏了的清管器就可能部分地停留在阀内，全通径阀必须有准确的阀位指示。

收发筒为钢制筒体，顺介质流动方向与水平线由高向低呈倾斜 8°~10°倾斜安装，即接收筒进清管器一端高而快速盲板取出清管器的一端低，发球筒则是放入清管球的快速盲板一端高而发出清管器的一端低，这种倾斜结构便于我们将清管器放入发送筒和从接收筒取出清管器。多类型清管器的收发筒应当水平安装，收发筒离地面不应过高，以方便操作。

大口径发送筒前应有清管器的吊装工具。接收筒前应有清洗排污坑，排出的污水应储存在污水池内，不允许随意向自然环境中排放。

发送装置的主管三通之后和接收筒大小头前的直管上(一般在 1m 左右)，应设通过指标器，以确定清管器是否已经发入管道和进入接收筒。在进站前 500~1000m 位置上也设置一个能够发出远传信号的清管器信号发送器，以便清管器进站前发出信号，提醒操作人员提前做好接收清管器的准备。收发筒上必须安装压力表，面向盲板开关操作者的位置。有可能一次接收几个清管器的接收筒，可多开一个排污口，这样，在第一个排污口被清管器堵塞后，管道仍可以继续排污。

清管器收筒结构如图20-3-2所示。清管器收筒上带有两条回油管线，两条回油管线的距离略大于清管器的长度，以防瞬间量过小，管道超过允许压力值。筒上装有排气阀和排污阀。为便于接收清管器，清管器收筒盲板部位略低于与干线联接部。

清管器发筒结构与收筒结构基本相同。不同的是发筒上只有一条油管线作发清管器动力线，发筒的动力线上通常装有$DN$100mm左右的小管，供排尽发筒内存油。

**2. 清管器转发筒**

清管器转发筒的结构如图20-3-3所示。

以$DN$700mm转发筒为例说明。清管器转发筒是用两段$\phi$920mm的外套管内装一个$\phi$720mm钻有圆孔的管子组成，其中钻有圆孔的$\phi$720mm管上的孔作接收和发送时排油用。两段$\phi$920mm外套管上各有一个回流管路。从上站发来的清管器一般直接进入第二个回流管处，以保证清管器顺利发出。

转发筒上部装有指示器，判断清管器是否进出站。转发筒下部有一个$DN$50mm的排污阀门。转发清管器时不影响正常输油。

目前我国使用的收发筒规格见表20-3-1。

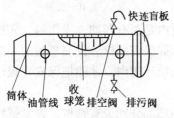

图20-3-2　清管器收筒结构图

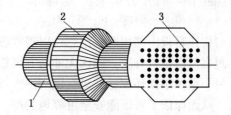

图20-3-3　清管器转发筒结构示意图
1—干线；2—外套管；3—过滤孔

表20-3-1　清管收发球筒有关尺寸规格

| 干管直径 $DN$/mm | 筒体直径 $DN$/mm | 旁通管直径 $DN$/mm | 压力平衡管直径 $DN$/mm | 发球旁通管直径 $DN$/mm | 干线放空管直径 $DN$/mm | 排污管直径 $DN$/mm | 筒体放空管直径 $DN$/mm |
|---|---|---|---|---|---|---|---|
| 300 | 350 | 250 | 50 | 150 | 100 | 100 | 50 |
| 350 | 400 | 300 | 50 | 150 | 150 | 150 | 50 |
| 400 | 500 | 350 | 50 | 150 | 150 | 150 | 50 |
| 500 | 600 | 400 | 50 | 200 | 200 | 200 | 50 |
| 600 | 700 | 500 | 50 | 200 | 200 | 200 | 50 |
| 700 | 800 | 600 | 50 | 200 | 200 | 200 | 50 |

## 二、快速盲板

快速盲板的结构如图20-3-4所示。快速盲板是收发球筒的关键部件，清管器的装入、取出和密封均由它来实现。盲板通过一水平短节与筒体相连，它主要由盲板盖、压圈、开闭机构、法兰、密封环、保安螺栓、保安弯板、防松楔块、锁环等部分组成。楔块式快速盲板头盖和压圈在圆周上各有 16 个斜度为 8° 的楔型块，如图 20-3-5 所示。当盲板需要关闭时，摇动开闭机构的手柄，带动压圈顺时针旋转 11° 后，压圈和头盖的 16 个楔块一一啮合，此时头盖将密封环紧压在法兰上达到密封。开启盲板时，摇动开闭机构的手柄，带动压圈反时针旋转即可。

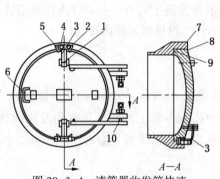

图 20-3-4　清管器收发筒快速
盲板结构示意图
1—保安螺栓；2—锁紧螺栓；3—保安弯板；
4—锁栓；5—锁紧螺母；6—拉手；7—锁环；
8—锁环槽；9—密封圈；10—调节螺栓

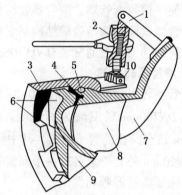

图 20-3-5　快速盲板
1—支架；2—开闭机构；3—压圈；
4—密封环；5—钢球；6—楔块；
7—水平短节；8—法兰；9—头盖提；
10—支架

保安螺栓与快速盲板内部相通，用它可以观察收发筒内是否有存油。操作时，先松动上部保安螺栓，观察筒内是否有油，确认无油后方可松动下部保安螺栓。保安弯板的一端与保安螺栓连接，另一端控制锁环位置，只有锁环进入短节的锁环槽内，才能把保安弯板放入两个锁环桩之间，从而保证了盲板能安全可靠地关严。

锁环是由两个半圆形钢圈组成，两个半圆钢圈的端部分别带有锁桩；锁紧螺栓上带有右旋、左旋两段螺纹，分别与锁桩连接。打开快速盲板时，要胀紧锁紧螺栓，转动保安螺栓，取下定位弯板，然后松动锁紧螺栓（注意上下均衡松动）。在松动锁紧螺栓时，锁桩随锁紧螺栓移动，当锁环完全归位后，即可打开快速盲板。在盲板里侧装有聚氨脂橡胶密封圈，可防止筒内原油泄漏，通常规定密封胶圈每年更换一次。

关闭后的盲板，在收发球筒充气后，紧贴着的 16 块楔形块斜面之间即产生一个与内压力成正比的摩擦力，以阻止头盖和压圈自动退出，压圈由开闭机构拉紧，头盖由旋臂架支撑并与橡胶密封圈产生摩擦阻力以阻止它旋转。为防止在震动下盲板楔块失去自锁，在盲板关紧后，必须在压圈楔块空隙处，卡上防松动塞块，以避免头盖与压圈的相对旋转使头盖脱出。

## 三、清管器通过指示器

在发球筒出口后管线上，或收球筒进口前的管线上，安装有清管器通过指示器，帮助操作人员及时了解清管作业时，清管器是否离开发球筒或进入收球筒，以便顺利开展工作。收发清管器信号指示器是收发清管器必不可少的设备。目前长输管道上用的信号指示器常见的有如下几种。

### 1. 机械式通过指示器

机械式通过指示器种类很多，其原理都是利用一根顶杆或摆锤来触发信号的。图 20-3-6所示是现场常用的其中一种。顶杆的椎端突入管内空间，清管器通过时，受挤压向上运动，转动杠杆使扬旗落下，表示清管器已经通过，用这种动作接通电接点就可发出一个电信号。

### 2. 顶杆触点式清管器指示器

顶杆触点式清管器指示器由两部分组成：一是触点或信号发生器，二是信号指示器。触点式信号发生器如图 20-3-7 所示，由上下阀门、本体、顶杆、触杆、弹簧、接线柱等主要部件组成。

发生器安装在输油气管线上，当清管球经过发生器时，清管球将顶杆顶起（顶杆端头伸入管线内约 15mm），顶杆便将触杆往左挤压，从而带动了触杆弹簧、触片一起往左移动，接通两只接线柱上的两个触点，使信号指示器发出信号（响铃及亮灯）。

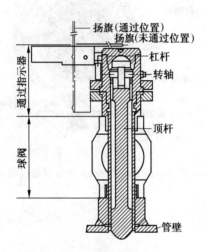

图 20-3-6　机械式通过指示器

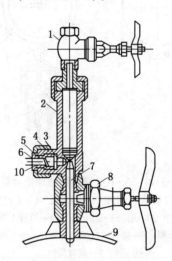

图 20-3-7　触点式信号发生器
1—上阀门；2—本体；3—触杆；
4，5—弹簧；6—接线柱；7—顶杆；
8—下阀门；9—输气管；10—触片

### 3. SN-TQZ 防爆型通球指示器

SN-TQZ 防爆型通球指示器结构如图 20-3-8 所示，适宜于防爆的场所安装。

扳机伸入管内的长度为 80mm。钟控指示器采用电子钟芯体，经过改装可在清管器通过时扳机摆动 45°时钟停走，显示并保留清管器通过的时间，还可以在显示表的后面连线，输出电信号至控制室。

钟控头内装 5 号电池一个，更换时直接旋下后盖上的 4 个螺钉，取下方压盖。注意：钟控头应防水、防尘；卸下时，钟控头应侧置，拨时旋钮不允许触及任何物体，以防走时不准。

### 4. 非插入式清管器通过指示器

非插入式清管指示器是一个计算机化的电子设备，其底部有专用的磁性传感器（见图 20-3-9）。不需要在管道上开孔，将其安装固定在需要检测清管器通过的管道外上部，当备有一个永久磁铁或一个磁性发射器的清管器到达通过时，这个磁性传感器就会发出信号给其上部的计算机，使其在液晶屏显示清管器到达的时刻，并可将通过信号传递到 PLC 系统和 SCADA 系统。

一旦探测到清管器到达，通过的时间和年月日将被记录在非插入式清管指示器的电脑存储器中，并且在上部液晶屏显示出来。除了记录最近一次清管器通过的年月日时分秒时间外，非插入式清管指示器也记录存储多次的清管器通过的年月日时分秒时间。因此，操作人员可以在非插入式清管指示器用户界面上很快查找到最近的清管器通过的信息。非插入式清管指示器功率远远小于1.3W的防爆安全要求的规定，更适合油气场站等高危场所。在收发球时需要注意钢制的工具和设备等尽量远离指示器，以免因磁化造成传感器触发，产生误报警。

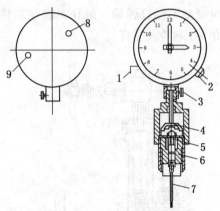

图 20-3-8　SN-TQZ 防爆型通球指示器

1—时钟复位拉杆(只有在拉出位置，钟才走时)；
2—安放电池旋钮；3—紧固螺钉；4—挺杆支架；
5—O 形圈；6—堵塞；7—扳机；8—远传电信
号插头座；9—调时旋钮

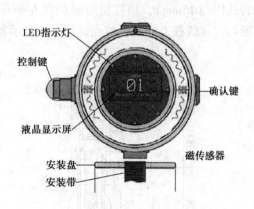

图 20-3-9　非插入式清管器通过指示器

# 第四节　原油输送管道清管操作

## 一、清管前的准备工作及操作中应注意事项

清管操作是一项严细的工作，除应严格按照有关的安全操作规程操作外，并应根据投产前和运行后清管的不同特点，做好以下几项工作：

(1)认真细致地做好清管准备工作。应制订清管方案，作为清管工作的依据。包括制订清管操作步骤、安全注意事项、事故预测及处理方法。根据管道条件估算清管参数、确定清管器几何尺寸、预计清管器运行速度及清管器在各站间运行时间等，以帮助分析判断清管器运行是否正常。

(2)全面检查和试验清管设施及有关系统，有故障应及时排除。收发筒进行严密性试验合格。新建的清管收、发装置及相应的辅助设施，应按设计要求进行试压检漏，要求达到相应的部颁标准；对清管器进行外观检查应符合要求，测量清管器外径、重量、质量应合格；如使用橡胶清管球，使用前必须将空心的清管球内灌水、加压，排尽空气，使其胀大到球外径大于管内径的3%左右；检查、校验清管器通过地段所安装的全部清管器通过指示器(包括报警器)以及进、出站的测温测压仪表、油罐液面计、收发装置的操作机构等，使其处于完好工作状态，动作灵活，信号发送正确；各种仪表应调校合格，保证各参数指示准确；放空排污管固定牢固；阀门要灵活好用，密封可靠。

（3）污油池的油位应足够低，以容纳排放的污油杂物，污油泵及热水系统要检查是否完好。检查快开盲板各部螺栓应无松动，锁环无滑扣变形，锁桩等应好用。检查收发系统（包括污油和热水系统）的有关阀门是否关严，关不严的要立即检修。阀门的操作机构，行程开关和动力系统均应完好灵活。

（4）发送清管器前，清管器通过站的高压泄压阀要投入运行。各通过站的输油泵低油压保护装置，必须进行校验检查，投入正常运行。并准备一台随时可启动的备用输油机组。

（5）首次通清管器的管道，应检查管道有无变形，弯头曲率半径不小于管径的一倍。在管道上三通旁路及支管部位安装挡条。应检查管道跨越段稳定情况及管道内有无严重障碍物。可使用小直径的薄壁铝筒或小直径的清管球进行试投。试投过程不仅可以检查管道变形情况，而且可以分层清除管内壁的沉积物，防止在管壁沉积过多的情况下，造成清管过程中"蜡堵"事故。对管道薄弱的跨越结构应加固，防止清管器通过时造成剧烈振动，引起破坏。

（6）凡清管器通过的闸阀，操作前必须设法将其行程开关调至最大安全开度，防止"卡球"或清管器的钢丝擦坏闸板密封面。同时也要防止开度过大，将闸板连结螺栓剪断，使闸板坠落。当班人员应严密观察各运行泵入口压力变化情况和机械密封运行状况，以防止清管器破碎进入过滤器及泵入口，造成汽蚀或低压跳闸。

（7）清管过程中，应严密监视输油参数的变化情况。管道输量不可太低，因为清管器在管道行进过程中，大量的低温高含蜡的沉积物被清除下来，混合在流动的油流中。管道流量越小，油流降温越大。当油温较低时，有可能使油流呈现非牛顿流体特性。清管器在管内行进的距离越长，非牛顿段的长度也会越大，摩阻增加流量减小，管道将有可能发生"蜡堵"（凝管）事故的危险。

（8）具有分支管线的干线管段清蜡时，支线应暂时停输。清管器发送过程中，如无特殊情况，不得中途停输。

（9）清管器发出后，发出站的各运行参数尽量保持稳定。若发现运行参数有变化，应立即作好记录（包括发生变化的时间和参数值）。

（10）收清管器的站要提前倒好接收流程。为保证安全生产，清管器的发出时间和越过中间站的时间一定要准确记录。

（11）发清管器时，打开发筒，消扫杂物，装入清管器（泡沫清管器要放入防退挡圈），擦净快速盲板胶圈封面，涂上黄油关好。收清管器时，同样进行打扫，放入收球笼子。损坏或各部有松脱现象的清管器，严禁发送。

（12）倒清管流程时，必须严格按规程进行操作。收发筒充油排气的速度要控制适当，防止产生"气锤"。空气一定要排净，防止进入低压管路使泵抽空。

（13）发送或转发清管器必须在下站倒好清管器接收流程后方可进行发送或转发。每次发送的清管器，必须到达下站，从管道中取出或转发完毕后，方可发送第二个清管器。

（14）清管操作必须有调度指令，并且要填好操作票由站长或技术负责人签字后，在班长监护下进行。

## 二、发送和接收清管器的操作

本节以中灶火泵站流程（见图20-4-1）为例介绍收发球操作。其他站应根据本站流程作个别修改。

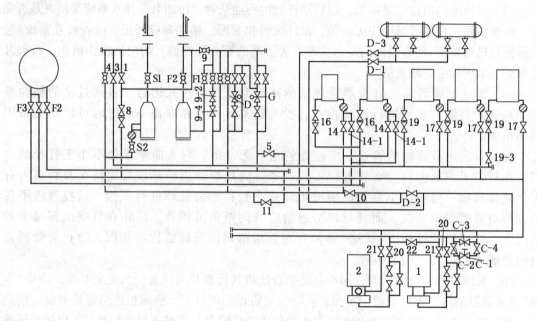

图 20-4-1　中灶火泵站工艺流程

**1. 发球操作**

(1) 检查发送流程有关阀门、发送筒、快开盲板、排气阀、压力表、指示器、清管器及排油泵等设施必须良好。

(2) 与下站联系，确认是否倒好转发流程或接收清管器工艺流程。

(3) 接到调度发送清管器指令后，首先打开发筒上部探测油位阀门，检查发筒内是否有存油。确认无存油后，方可站在侧面打开发筒快速盲板。

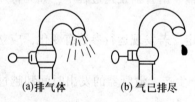

(a)排气体　　(b) 气已排尽

图 20-4-2　排气

(4) 将装清管器小车靠近发筒，用装清管器工具把清管器装入发筒内，关上快速盲板。按发球操作规程，缓开小开 F1# 阀向发筒内充油，并开筒顶排气阀排气(见图 20-4-2)，确认充满油后关上排气阀。

(5) 全开 F2#、F1# 阀，关 9# 阀导通发球流程，将清管器发出。

(6) 出站信号发生器动作，确认清管器发出，30min 后恢复原流程，即开 9#、关 F1# 和 F2# 阀，并记录信号发生器动作的时间上报。

(7) 球筒扫线与上同。

(8) 开泄油阀，压力表指针为零后，站在侧面打开快速盲板，清除筒内油污，关好待用。

**2. 接收清管器操作**

(1) 接收清管接收流程有关阀门、清管器收筒、快开盲板、排气阀、压力表、清管器通过指示器及排油泵设施应完好。投入清管器通过指示器。

(2) 缓开小开 S1# 阀门并开排气阀，排气速度要适当，气排尽后关排气阀，注意一定要排尽空气，以防气体进入低压管路使泵抽空。排气如图 20-4-2 所示。

（3）开回油阀，检查回油管线应畅通。

（4）应在上站发送清管器前倒好接收流程，倒通收球流程（开 S2#，全开 S1#，关 4#，一般在清管器进站前 3~4h 内完成）。投入清管器通过指示器。

（5）信号发生器动作，确认清管器进入收球筒，在 30min 以后恢复正常输油流程，注意记录信号发生器动作的时间并上报（开 4#、关 S1#、S2#）。

（6）打开泄压排污阀，观察压力表指针降至零位。

（7）对球筒扫线，若用蒸汽，注意其温度和吹扫时间的适当，避免损伤清管器等部位。污油通过排污阀扫入污油池。

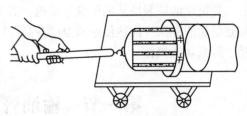

图 20-4-3 取放清管器

（8）站在侧面打开快速盲板，将装清管器小车靠近收球筒，然后用专用取球工具取出清管器，如图 20-4-3 所示。

（9）将收球筒内污油杂质清除、擦净，关好快速盲板。注意装好防松楔块，关闭排污阀。

**3. 转球流程**

转球操作可分为收、发两个环节进行，如图 20-4-4 所示。转发清管器与收、发清管器不同，它不需要取出和装入清管器。

1）接收清管器的准备与操作

（1）认真检查清管设施是否完好，做好接收清管器的准备。

（2）在球进站前（约 3~4h）导通接收流程，即开 101#、103#，关 4#、104#、102#。流程走向：上站→101#→105#→103#→3#→泵→炉→9-1#→9-2#→下站。

（3）倒通接收清管器流程后，投入清管器通过指示器。注意观察进站压力变化情况。当信号发生器 Ⅰ、Ⅱ 动作后，可确认球已进入转球筒，根据需要确定发球时间。

（4）进站清管器通过指示器动作 30min 后，全开进站阀，关闭越站阀及回油阀，恢复正输流程。

2）转发清管器的准备与操作

（1）认真检查有关阀门、转发设施、指示器是否完好，指示器动作应灵敏。

（2）与下站联系，确认已倒好接收流程。

（3）发出时：开 102#、104#、4#，关 101#、103#、9-2#。信号发生器 Ⅲ 动作后，球已发出，作好记录并通知下站。流程走向：上站→4#→3#→泵→炉→9-1#→104#→转球筒→102#→下站。

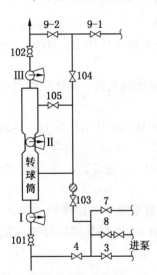

图 20-4-4 转球流程

（4）在出站清管器通过指示器动作 10min 后全开出站阀，关动力线阀及越站阀，恢复正输流程。

3）转球时用全越站流程

开 101#、102#，关 4#、103#、104#、9-2#。

# 第二十一章　油气田和输油管道常用加热炉

要把原油顺利地从油田输往各地，需要给原油以动能和热能，我国大部分原油管线采用加热输送的办法。加热使原油温度升高，可防止在输送过程中原油在输油管中凝结，减少结蜡，降低动能损耗。

## 第一节　输油管道常用加热炉的类型

目前，长输管道的原油加热方式有直接加热和间接加热两种。直接加热是原油直接经过加热炉吸收燃料燃烧释放的热量；间接加热是原油通过中间介质(导热油、饱和水蒸气或饱和水)在换热器中吸收热量，达到升温的目的。直接加热所用的加热设备是直接加热炉，目前输油管道间接加热所用的加热设备是热媒炉或锅炉。

### 一、加热炉的型号表示

加热炉的型号表示由三部分组成，各部分之间用短横线相连，如下所示：

$$\underset{1}{\Delta\Delta}\quad\underset{2}{\times\times\times}\ -\ \underset{3}{\Delta}/\underset{4}{\times\times}\ -\ \underset{5}{\Delta}\underset{6}{\times}$$

1—型式代号；2—额定热负荷，kW；3—加热介质代号；4—炉管工作压力，MPa；5—燃料种类代号；6—设计序号

加热炉型号的第一部分分为两段，分别表示加热炉的型式和额定热负荷。加热炉的型式代号见表21-1-1所示。

加热炉型号的第二部分表示被加热介质种类及加热炉盘管或炉管的设计工作压力。被加热介质代号见表21-1-2。

加热炉型号的第三部分表示加热炉燃用燃料的种类(见表21-1-3)和设计次序(第一次设计不表示)。

加热炉的命名分为两部分：第一部分是加热炉型号，第二部分是文字—加热炉。例如：额定负荷为5000kW，被加热介质为原油，炉管设计压力为6.4MPa，燃料为油的卧式圆筒形管式加热炉标记为：GW5000-Y/6.4-Y 加热炉。

| 表 21-1-1　加热炉型式代号 | |
|---|---|
| 加热炉型式 | 代号 |
| 立式圆筒形管式加热炉 | GL |
| 卧式圆筒形管式加热炉 | GW |
| 火筒式直接加热炉 | HZ |
| 火筒式间接加热炉 | HJ |

| 表 21-1-2　被加热介质代号 | |
|---|---|
| 被加热介质 | 代号 |
| 原油 | Y |
| 天然气 | Q |
| 水 | S |
| 油气井产物 | H |

| 表 21-1-3　燃料种类代号 | |
|---|---|
| 燃料种类 | 代号 |
| 原油 | Y |
| 天然气 | Q |
| 油气两用 | YQ |

### 二、长输管道加热炉的类型

输油管道所用的管式加热炉分为：①立式圆筒管式加热炉；②卧式圆筒管式加热炉；③

卧式异型管式加热炉。

当被加热介质易结焦或易堵时，宜选用水平管卧式管式炉；当被加热介质为单相流，且要求压降小时，宜采用炉管为螺旋状的圆筒管式炉；当建设场地受到严格控制时，宜选用立式圆筒管式炉；热负荷不大于 5000kW 的管式炉，宜采用快装式炉；热负荷大于 5000kW 的管式炉，宜采用现场组装的管式炉。当无有效防止烟气露点腐蚀的材料和措施时，新建管式炉不宜采用空气预热器。

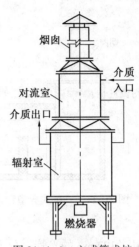

图 21-1-1　立式管式炉结构示意图

### 三、管式加热炉基本结构

#### 1. 立式圆筒管式加热炉

立式圆筒管式加热炉（简称立式管式炉）由辐射室、对流室、烟囱和燃烧系统组成。辐射室为圆筒结构，且为立式布置，辐射室炉壁采用钢板结构，内壁采用耐火隔热衬里，辐射室具有燃烧室功能；对流室位于辐射室的上部，且为立式布置，其一般为方形结构，对流室外壁也采用钢板结构，外壁内侧采用隔热保温衬里；烟囱一般位于对流室的上部；燃烧器通常位于辐射室的下部中央。立式管式炉的基本结构如图 21-1-1 所示。

#### 2. 卧式圆筒管式加热炉

卧式圆筒管式加热炉（简称卧式管式炉）由辐射室、对流室、烟囱和燃烧系统组成。辐射室为圆筒结构，且为卧式布置，辐射室炉壁采用钢板结构，内壁采用耐火隔衬里，辐射室具有燃烧室功能；对流室为方形结构，位于辐射室的后部，且为立式布置；烟囱位于对流室的上部；燃烧器位于辐射室的前部中央。卧式管式炉的基本结构如图 21-1-2 所示。

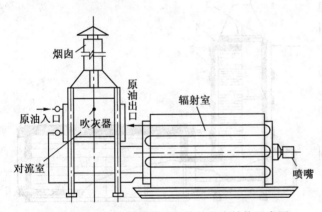

图 21-1-2　卧式圆筒管式加热炉基本结构示意图

#### 3. 卧式异型管式加热炉

卧式异型管式加热炉也是由辐射室、对流室、烟囱和燃烧系统组成。其辐射室为非圆筒结构的其他结构形式（一般为方箱式结构），且为卧式布置，辐射室炉壁为钢板结构，内衬耐火砖、耐热混凝土和保温砖砌筑，辐射室具有燃烧室功能；对流室为方形结构，一般也采用钢板，内衬耐火砖、耐热混凝土和保温砖砌筑，其位于辐射室的后部，且为立式布置；烟囱位于对流室的上部；燃烧器位于辐射室的前部中央。卧式异型管式加热炉的基本结构如图 21-1-3 所示。

#### 4. 快装管式加热炉

快装炉炉管是沿圆筒内壁水平排列的，在圆筒形外壳内设二管程辐射管，在辐射管中间的圆柱形空间为辐射室。圆筒内有轻质耐热衬里层。辐射室后面有方形对流室，其中有对流管，燃料油预热管和空气预热管。这种炉使用一个转杯火嘴。该炉热效率比较高，投产时不用烘炉。

图 21-1-4 所示为 4600kW 快装管式加热炉。它的设计特性为：设计热效率为 90%，排

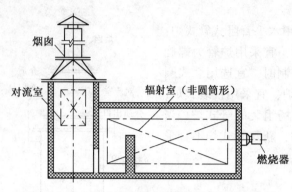

图 21-1-3　卧式异型管式加热炉基本结构示意图

烟温度为 160℃。辐射管面积为 143.1m², 辐射热强度为 83090kJ/m² 时, 辐射管采用 φ219mm, 二管程, 共 24 根, 水平布置于炉膛四周。对流管采用 φ102×6mm 十管程, 共 32 排, 每排 10 根炉管, 对流管面积为 226m², 对流管热强度为 28900kJ/m² 时, 该炉为快装炉, 全炉可分为四部分, 即辐射室、对流室、过渡段、烟囱和风机等散件。辐射室断面为列车厢状, 炉墙采用陶瓷纤维毡——岩棉板复合衬里。对流室全部采用 φ102mm 的光管, 分为四组布置。为防止积灰, 在管组之间装置三台回转式吹灰器, 使用压缩空气吹灰, 以保持良好的传热效果。

快装式加热炉在设计上还具有如下特点:

(1) 在辐射室的二管程上均设置了一台流量计, 当二管程流量偏差过大时就发出报警信号。这样可以防止偏流的发生, 避免由于偏流而引起的炉管结焦。

(2) 在靠近火焰的炉管管壁上装置了热电偶, 测量并显示炉管管壁温度。管壁超温时就报警, 并切断燃料油使炉子停止运行。

(3) 燃烧器灭火后自动报警并切断燃料油。

(4) 选用长沙节能设备厂生产的 ZH_II550m-400 型重油燃烧器。

(5) 设计上采取了如下自动控制方案:

① 给定炉子出口原油温度, 自动调节燃油量;

② 通过空气调节阀自动调节烟气含氧量, 使燃烧始终能处于最佳状态;

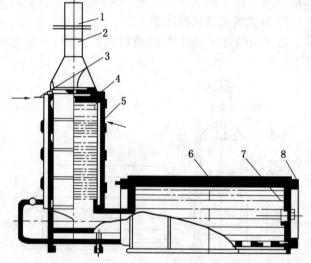

图 21-1-4　快装式加热炉基本结构示意图
1—烟囱; 2—烟道挡板; 3—原油进口; 4—对流管;
5—对流管板; 6—辐射管; 7—燃烧室; 8—原油出口

③ 自动调节烟道挡板开度, 使加热炉能维持在最佳负压下运行。

**5. 5000kW 微机控制直接式原油管式加热炉**

5000kW 微机控制直接式原油管式加热炉(简称 5000kW 微机控制管式炉)是采用微机控制技术, 实现优化燃烧、多项参数控制和安全联锁保护的新型、高效、安全、自动化的输油管式炉。

5000kW 微机控制管式炉炉体采用轻型快装结构, 工厂预制, 现场组装; 采用硅酸铝耐火纤维折叠块耐火隔热衬里; 为了强化对流传热和防止低温腐蚀, 对流室的炉管采用了金属表面喷镀处理的钉头管, 并设有吹灰器和活动侧墙; 辐射炉管采用两管程, 在进炉的每个管程上设置了流量计, 自控系统对两管程流量偏差作出超限报警和流量超低报警停炉; 在靠近

表 21-1-4　5000kW 微机控制管式加热炉设计参数

| 设计热负荷/kW | | 5000 |
|---|---|---|
| 允许最小热负荷/kW | | 2000 |
| 设计热效率/% | | 90 |
| 系统综合热效率/% | | 88.2 |
| 设计排烟温度/℃ | | 160 |
| 设计压力/MPa | | 6.4 |
| 额定流量/(m³/h) | | 352 |
| 介质温度/℃ | 进　炉 | 35 |
| | 出　炉 | 70 |
| 加热面积/m² | 辐　射 | 138.7 |
| | 对　流 | 84 |
| 平均热强度/(kW/m²) | 辐　射 | 25.27 |
| | 对　流 | 21.93 |
| 炉膛体积热强度/(kW/m³) | | 61.9 |

火焰的炉管管壁上设置两个管壁温度热电偶，并在自控系统中设炉管管壁温度超温报警自动停炉；另外配置外混式双气道气动雾化燃烧器，以实现低氧燃烧。

5000kW 微机控制管式炉采用微机自动控制系统，该系统由工业控制计算机和国产控制仪表系统组成，具有数据采集、流程显示、制表、报警、通讯、安全连锁保护和控制功能。其中优化燃烧控制是该自动控制系统的核心技术，它以原油出口温度为主回路、燃料油和助燃风量为副回路的并联串级所构成的双交叉双向限幅控制系统，实现管式炉的静态寻优和动态限幅功能，使燃烧始终处于最佳工况，管式炉维持高效运行状态。

5000kW 微机控制管式加热炉设计参数见表 21-1-4，经运行实测，该炉在低负荷（负荷率 70%）、额定负荷和超负荷（负荷率 110%）时，其实际运行热效率为 90%～91%，平均综合热效率为 90%。

# 第二节　加热炉的结构与部件

## 一、加热炉的结构与部件

管式加热炉一般由辐射室、对流室、余热回收系统、燃烧器以及通风系统五部分组成。

### 1. 辐射室（炉膛）

加热炉的炉膛又称辐射室，它是燃料进行燃烧的地方，并且也是布置在炉膛壁面的炉管吸收火焰辐射热的空间。在辐射室中排列的炉管直接受火焰的辐射作用，这些炉管称为辐射管。

辐射室是通过火焰或高温烟气进行辐射传热的部分。这个部分直接受到火焰冲刷，温度最高，必须充分考虑所用材料的强度、耐热性等。这个部分是热交换的主要场所，全炉热负荷的 70%～80% 是由辐射室担负的，它是全炉最重要的部位。可以说，一个炉子的优劣主要看它的辐射室性能如何。

燃料燃烧产生的火焰在该室内主要以辐射方式将热量传递给辐射管，后者再把热量传递给管中原油。

### 2. 对流室

对流室是靠由辐射室出来的烟气进行对流换热的部分，但实际上它也有一部分辐射热交换，而且有时辐射换热还占有较大的比例。所谓对流室不过是指"对流传热起支配作用"的部位。

从火焰和烟气流动方向看，对流室位于辐射室的后面。对流室内也排列着炉管，这些炉管称为对流管。燃料燃烧所产生的热气经过隔墙流到对流室。其携带的热量以对流的方式传给对流管，对流管将热量再传递给管中原油。

对流室内密布多排炉管，烟气以较大速度冲刷这些管子，进行有效的对流换热。对流室一般担负全炉热负荷的 20%~30%。对流室吸热量的比例越大，全炉的热效率越高，但究竟占多少比例合适应根据管内流体同烟气的温度差和烟气通过对流管排的压力损失等，选择最经济合理的比值。对流室一般都布置在辐射室之上，与辐射室分开，单独放在地面上也可以。为了尽量提高传热效果，多数炉子在对流室采用了钉头管和翅片管。

### 3. 隔墙(挡火墙)

隔墙由耐火砖砌成，它把辐射室与对流室隔开，烟气从隔墙顶部(或底部)的墙孔进入对流室。该处的烟气温度就是常讲的炉膛温度。隔墙主要起气流导向作用，同时还用以提高辐射室的辐射换热效果。

### 4. 炉管

排列在辐射室和对流室中的炉管是吸热介质(原油)的载体，也是换热的媒介。原油在炉管内流动，并吸收火焰的辐射热量和烟气的对流换热量，加热炉炉管受火焰的直接辐射或与高温烟气直接接触，在高温高压下进行工作，稍有破裂，里面的原油将喷射出来引起火灾，严重时烧毁整个加热炉。因此炉前的工作条件是十分苛刻的。由于炉管直接受热，所以一般选用优质钢管作炉管。

炉管按其部位可分为辐射管和对流管。按其作用又可分为加热原油管、热水管、燃料油管、空气预热管等。引起加热炉炉管损坏的原因较多，除选材不当、受腐蚀、冲蚀作用外，大部是由于局部过热引起的。当炉型和燃烧器选择不合理，辐射管强度过高，操作不当使火焰舔炉管等都能造成炉管局部过热。

辐射管有两个以上管程时，由于某些因素而引起偏流，当炉管内的流量小到一定值时，炉管得不到应有的冷却作用而升温，使其内部的原油发生结焦，增加流动阻力，进一步减少流量，同时结焦部位的管壁温度进一步上升，如不能及时发现这种恶性循环将引起炉管超温破裂。管内结焦可从以下几方面加以识别：

(1) 管表面有发红过热现象或有鼓包等变形现象形成；

(2) 出口原油温差过大；

(3) 二管程压力损失发生明显变化；

(4) 原油发生了汽化。

为了增强传热，炉管可以采用翅片管或钉头管，但必须用于烟气洁净的场合，或配备吹灰器。

为了稳定炉管管排不致倾倒，对某个部位的炉管加定位管，通过丝扣和炉墙外金属框架相连，从而拉住炉管。定位管在炉膛中的一部分由于受高温作用，一般选用合金钢，炉外部分则采用碳钢。固定炉管的附件还有炉管吊钩(见图 21-2-1)、炉管拉钩(见图 21-2-2)、辐射中间管架(见图 21-2-3)。

### 5. 燃烧器及调风板

燃烧器有烧油燃烧器、烧气燃烧器和油气两用燃烧器三种。调风板装在燃烧器后面，是一块圆形多孔

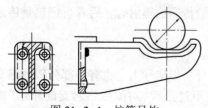

图 21-2-1　炉管吊钩

的铁板，用以调节空气供应量。

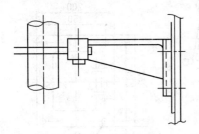

图 21-2-2　炉管拉钩

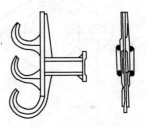

图 21-2-3　辐射中间管架

### 6. 通风系统

通风系统的任务是将燃烧用空气导入燃烧器，并将废烟气引出炉子，它分为自然通风方式和强制通风方式两种。前者依靠烟囱本身的抽力，不消耗机械功；后者要使用风机，消耗机械功。

烟道挡板是装在烟道内的铁板，位于对流室后面的烟道内。调节烟道挡板开启度，可以控制烟道内烟气流通截面大小，从而调节了烟道抽风量，以维持合适的炉膛负压，保证加热炉高效运行。由实践知：烟道挡板开度在 50% 以上时，阻力系数变化很小，对炉内负压影响也很小；开度在 20% 以下时，阻力系数升高很快。所以在 20%~50% 开度范围内应仔细调节。

### 7. 防爆门和人孔

在侧面炉墙上部开设的防爆门，有砖砌和铸铁件两种形式，如图 21-2-4 所示。防爆门常用耐火砖和黄泥砌筑封死。其作用是当炉内发生爆炸时，先将防爆门炸开，从而降低炉内气体压力，保护炉体不致破坏。防爆门只能在爆炸不严重时起保护炉体作用。

人孔一般设置于加热炉的背后，用于加热炉维修时人员进出之用，如图 21-2-5 所示。

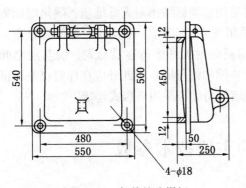

图 21-2-4　加热炉防爆门

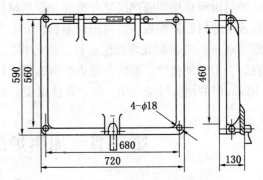

图 21-2-5　加热炉人孔门

### 8. 看火孔

看火孔是观察炉膛燃烧情况的小孔，平时用挡板盖住，以防漏入冷风，如图 21-2-6 所示。

### 9. 紧急放空阀

在对流管进入辐射管的转油线上，选择一最低点，接一管线通向污油池，这一管线的控制阀就是紧急放空阀。紧急放空阀的作用是：当炉管发生穿孔冒油着火事故后，在关闭事故炉燃料油总阀的同时，打开紧急放空阀，再关闭原油进、出口阀。对炉管扫线要注意的是，必须确认炉管烧穿着火，才可按上述步骤处理。如属其他情况，比如燃料油预热盘管穿孔，

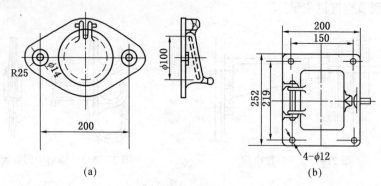

(a)　　　　　　　　　　　　　　　　　(b)

图 21-2-6　加热炉看火孔

若此时立即将炉管中原油放空，则有可能烧毁炉管。

### 10. 余热回收系统

回收方法有三种：第一种是靠预热燃烧用空气来回收热量，这些热量再次返回炉中；第二种是预热待燃烧的燃料油，除了提高燃料油温度之外还降低燃料油的黏度，提高燃料油雾化效果，从而达到提高热效率的目的；第三种是在对流室和烟道间设置热水炉，热水供站内管道伴热、油罐加热和生活取暖。目前，炉子的余热回收系统以采用空气预热方式为多，安设余热回收系统以后，整个炉子的总热效率能达到 88%~90%。

### 11. 轻质耐热衬里结构

加热炉的炉衬采用轻质耐热衬里结构，由于它有很多优点，现已得到普遍采用。目前加热炉轻质耐热衬里的常用材料有：高铝水泥、陶粒、蛭石轻质耐热衬里；矾土水泥轻质耐热混凝土炉衬；耐火纤维喷涂和耐火纤维可塑料；耐火陶瓷纤维材料；硅酸铝耐火纤维组合块等。

### 12. 耐火纤维炉衬

炉衬由耐热层和隔热层复合组成，耐热材料采用普通硅酸铝耐火纤维毡，隔热层则为岩棉板或酚醛树脂矿棉板。炉衬由保温钉固定。采用 A 型保温钉，保温钉为等距离分布，其间距 200mm。安装时先焊接保温钉，然后将岩棉板和耐火纤维毡逐层套入，层与层之间不用黏结，但必须错缝。最后在耐火纤维的表面用垫圈和螺母固定。此外应在保温钉的端部黏贴 10mm 厚的耐火纤维小块，将金属件覆盖。炉墙拐角处应采用塔接式连接。

# 第三节　加热炉的主要技术参数

### 1. 炉膛温度(挡墙温度)

炉膛温度一般指烟气离开辐射室的温度，也就是烟气未进入对流室的温度或辐射室挡火墙前的温度，是加热炉运行的重要参数。

炉膛温度高，辐射室传热量就大，所以炉膛温度能比较灵敏地反映炉出口温度。但是从运行角度考虑，炉膛温度过高，辐射室炉管热强度过大，有可能导致辐射管局部过热结焦，同时进入对流室的烟气温度也过高，对流室炉管也易被烧坏，使排烟温度过高，加热炉热效率下降。所以炉膛温度是保证加热炉长期安全运行的指标。在输油加热炉中炉膛温度最高不超过 750℃。

**2. 排烟温度**

排烟温度是烟气离开加热炉最后一组对流受热面进入烟囱的温度。

排烟温度不应过高，否则热损失大。在操作时应控制排烟温度，在保证加热炉处于负压完全燃烧的情况下，应降低排烟温度。排烟温度的调节一般采用控制进风量，即调整过剩空气系数的办法。

降低排烟温度，可减少加热炉排烟热损失，提高热效率，从而节约燃料消耗量，降低加热炉运行成本。但排烟温度过低，使对流受热面末段烟气与载热质的传热温差降低，增加了受热面的金属消耗量，提高加热炉的投资费用。因此，排烟温度的选择要经过经济比较。

在选择最合理的排烟温度时，还应考虑低温腐蚀的影响。由于燃料中的硫在燃烧后可生成 $SO_2$，它在烟气中和水蒸气形成硫酸蒸气，当受热面壁温低于硫酸蒸气的露点温度时，硫酸蒸气就会冷凝下来，腐蚀壁面金属。如受热面壁温低于烟气中水蒸气的露点时，则水蒸气也会凝结在管壁上，加剧了腐蚀，并且容易引起堵灰。

因此排烟温度应确保尾部换热面金属表面温度高于烟气露点温度，防止加热炉尾部换热面的露点腐蚀。当燃料中的含硫量大于 0.1%，且在设计参数、结构或选材上缺乏有效的防止露点腐蚀措施时，尾部换热面最低金属表面温度不应低于图 21-3-1 的数据。

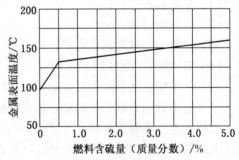

图 21-3-1　燃料含硫量与最低金属表面温度

**3. 炉膛体积热强度**

燃料在炉膛燃烧时，单位时间、单位体积里释放的热量叫炉膛体积热强度，用 $q_V$ 表示，单位为 $kW/m^3$。

$$q_V = \frac{Q_0}{V} \tag{21-3-1}$$

式中　$q_V$——炉膛体积热强度，$kW/m^3$；

　　　$Q_0$——单位时间内输入炉膛热量，$kW$；

　　　$V$——炉膛容积，$m^3$。

在相同的炉膛热负荷下，炉膛体积越小，炉膛热强度就越高，越有利于燃料的燃烧。但炉膛体积过小，则燃烧空间不够，火焰容易舔到炉管和管架上，炉膛温度也高，不利于长周期安全运行。因此炉膛温度不允许过大。加热炉炉膛体积热强度在燃油时不得超过 124$kW/m^3$，燃气时不得超过 165$kW/m^3$。

**4. 炉管表面热强度（平均表面热流密度）**

单位时间内每单位炉管表面积所吸收的热量叫炉管表面热强度，用 $Q_f$ 表示，单位为 $kW/m^3$。

$$Q_f = \frac{Q_1}{F} \tag{21-3-2}$$

式中　$Q_f$——炉管表面热强度，$kW/m^3$；

$Q_1$——单位时间内炉管吸收热量，kW；

$F$——炉管受热面积，$m^2$。

炉管表面热强度包括辐射管表面热强度和对流管表面热强度。热负荷相同的炉子，炉管平均表面热流密度越高，完成一定的加热任务所需的炉管就越少，所以为了提高加热能力，应尽可能提高炉管平均表面热强度，特别是辐射炉管表面热强度。输油系统加热炉，辐射管平均表面热流密度为 $24 \sim 28 kW/m^2$。

炉膛内主要是辐射传热，对流传热所占比例很小。辐射传热中，因炉管受热不均匀，炉管表面热强度也不均匀。例如，炉管朝火焰一面受火焰辐射，而背火焰的一面只受炉墙的反射，所以朝火焰面的热强度比背火焰面的热强度高，使炉管径向受热不均匀。在炉管长度方面，靠近火焰处的炉管所受辐射热比远离火焰的高，这样沿管长方向热强度也不均匀。为了提高炉子的加热能力，使辐射炉管表面热强度尽量均匀，可以采取以下办法：

（1）增加辐射炉管；

（2）增加辐射墙；

（3）操作上尽量做到多火嘴、短火焰、齐火苗；

（4）加强炉管的清扫工作；

（5）在炉壁喷涂节能涂料，如碳化硅涂料；

（6）把炉管制成椭圆形钢管，加大受辐射面积。

近年来为提高对流传热，对流炉管的管外侧大量使用了钉头或翅片。钉头管或翅片管的对流表面热强度习惯上仍按炉管外径计算表面积，而不计钉头或翅片本身的面积。钉头管或翅片管按此计算出的热强度一般在光管的两倍以上，也就是说，一根钉头或翅片管相当于两根以上光管的传热能力。

**5. 过剩空气系数**

过剩空气系数太小，使燃烧不完全，浪费燃料；过剩空气系数太大，进炉空气太多，炉膛温度下降，降低传热效果，且增加烟道气所带走的热损失，同时还会加速炉管的氧化剥皮。一般情况下，燃料燃烧的过剩空气系数，以辐射室为 $1.1 \sim 1.3$，烟道中为 $1.2 \sim 1.3$ 为宜。如果烟道不严密，其过剩空气系数还要稍高一些。

对于一台正在运行的加热炉，一般用氧化锆含氧量测定仪直接测出烟气中的含氧量。

**6. 管内流速**

流体在炉管内的流速越低，则边界层越厚，传热系数越小，管壁温度越高，介质在管内的停留时间也越长。其结果，介质越容易结焦，炉管越容易损坏。但流速过高又增加管内压力降，增加了管路系统的动力消耗。所以，设计炉子时应在经济合理的范围内力求提高流速。

**7. 炉管压降**

输油管线采用大管径、多管程炉管的目的是为减少炉内阻力。根据实际测定，在设计流量下运行时，炉内压降为 $0.1 \sim 0.45 MPa$。加热炉压力降是判断炉管是否结焦的一个主要指标，如果在油品流速不变的情况下，压力降增大，说明加热炉管内有结焦现象。

**8. 烟气露点及腐蚀**

输油加热炉一般用所输送原油作燃料油，油中含硫量低时，腐蚀性较小。但在烟气温度过低的情况下，对流管和热水炉管壁结露时，水蒸气与烟气中的 $SO_2$、$SO_3$ 或 $CO_2$ 结合就会腐蚀管壁。所谓露点，就是烟气被冷却后开始凝结的温度。

# 第四节 火筒式加热炉

## 一、火筒式加热炉的分类和炉型选择

油气田内部管线经常使用火筒式加热炉。火筒式加热炉是指在卧式金属圆筒壳体内，设置火筒传递热量的一种加热炉。

被加热介质在壳体内由火筒直接加热的火筒式加热炉，称为火筒式直接加热炉，简称火筒炉。被加热介质在壳体内的盘管（由钢管和管件组焊制成的传热元件）中由中间载热体加热，而中间载热体由火筒直接加热的火筒式加热炉，称为火筒式间接加热炉。

中间载热介质为水的火筒式间接加热炉，简称水套炉。壳体在常压下工作的水套炉，简称常压水套炉。

火筒是火管和烟管的总称。在火筒式加热炉中，具有燃烧室功能，而且主要传递辐射热的加热部件称为火管；与火管相连通，且主要传递对流换热的加热部件称为烟管。

火筒式加热炉被加热介质为原油、天然气、水及其混合物，使用的燃料为液体或气体燃料。

火筒炉壳体设计压力不应大于 0.66MPa，水套炉壳体设计压力不应大于 0.44MPa，盘管设计压力不大于 32MPa，在工艺计算中应按壳体工作压力确定水浴温度。

被加热介质符合下列情况之一者，宜选用水套炉：①天然气（宜优先选用盘管内介质流速为：湿气 15~20m/s，干气 15~30m/s 的常压水套炉）；②稠油；③含沙量较大的原油；④流量和压力不稳定；⑤腐蚀性强；⑥油气混合物；⑦工作压力大于 0.6MPa；⑧热负荷不大于 1600kW。

被加热介质符合下列条件者宜选用火筒炉：①介质工作压力 $P \leqslant 0.6$MPa；②介质为原油、水及其混合物。

当介质条件都符合两种炉型要求时，应优先选用火筒炉。当被加热介质为天然气时，宜优先选用常压水套炉。

## 二、火筒式加热炉结构

火筒炉基本结构如图 21-4-1 所示。水套炉基本结构如图 21-4-2 所示。

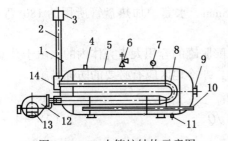

图 21-4-1　火筒炉结构示意图　　　　图 21-4-2　水套炉结构示意图

1—烟气取样口；2—烟囱；3—烟囱附件；4—介质出口；　1—烟气取样口；2—烟囱；3—烟囱附件；4—壳体；5—隔板；
5—壳体；6—安全阀；7—压力表；8—火筒；9—人孔；　　6—加热盘管；7—安全阀；8—压力表；9—检查孔；
10—介质进口分配管；11—排污口；12—燃烧器；　　　　10—排污口；11—火筒；12—燃烧器；13—液位计；
13—阻火器；14—防爆门　　　　　　　　　　　　　　　14—阻火器；15—防爆门

火筒式加热炉采用 U 形火筒，对于大负荷的火筒式加热炉，采用一根火管和几根烟管组成的火筒。设计时亦可采用其他型式的火筒。当火筒式加热炉采用几组火筒时，微正压燃烧炉每组火筒应有单独的燃烧系统和烟囱，负压燃烧炉每组火筒应有单独的燃烧系统并可共用一个烟囱。U 形或类似结构形式的火筒应有可靠的固定结构，以保证火筒不产生非轴向位移，且不应限制火筒轴向的自由膨胀。火筒是可拆装的，检查和清扫方便，不必拆装加热炉的进、出口油管。

火筒式加热炉在火筒下部设置介质分配器，在壳体上部设置介质出口。

燃料在淹没于被加热液体中的 U 形筒内燃烧，释放出的热量经火筒壁迅速地传给液体。被加热的液体通过入口分配管进入加热炉，这个分配管沿整个加热炉的长度方向均匀地分配液体，并装设在火筒的正下方。由于热对流液体向上运动，并被火筒加热。恒温器控制供给燃烧器的燃气量，使液体的温度保持在所需要的整定值。被加热了的液体通过靠近火筒末端的壳体顶上的接管流出加热炉。

火筒式加热炉的最低安全液位应高于火筒最高点 175mm。

壳体上开设有必要的人孔、手孔、检查孔，其数量和位置应根据安装、检查、检修和清扫的要求确定。人孔直径不应小于 450mm；手口直径不应小于 100mm；洗炉孔直径不应小于 50mm。火筒式加热炉设置有看火孔，其位置能看到整个火焰燃烧情况。微正压燃烧炉的看火孔应密闭。

火筒式加热炉宜采用双鞍式支座，其中有一个支座为滑动支座。

在烟囱顶部宜装设防风装置。

当操作部位较高时，应根据具体情况装设平台、扶梯和防护栏杆等设施。

## 三、水套炉结构

水套炉宜采用蛇形加热盘管，其直径不宜大于 DN100mm。根据工艺要求，水套炉设计可采用单组或多组加热盘管，各组盘管应依据各自设计参数进行设计。盘管宜设计成可抽出式结构。火筒式加热炉壳体最低处装设有排污口，其内径不小于 40mm。

水套炉加热盘管可采用单管程或多管程，在多管程盘管设计中应使各管程的压力降相等。

汇管截面积与各管程截面积和之比：

（1）当管内介质为液体时：应为 1~1.5；

（2）当管内介质为气体时：不应小于 1。

水套炉加热盘管用花板支承，其厚度不小于 8mm。水套炉加热盘管所用的 180° 弯头，其流通面积不小于直管段流通面积的 90%。

常压水套炉壳体顶部设置有加水口和膨胀罐，膨胀罐的容积大于壳体内的水由于升温产生的膨胀量。膨胀罐与壳体接管之间不应装设阀门，寒冷地区应有必要的防冻措施。

其接管内直径不应小于式（21-4-1）的计算值：

$$D_{d} = 20 + 88\sqrt{Q} \qquad (21-4-1)$$

式中　$D_{d}$——开孔当量直径，mm；

　　　$Q$——常压水套炉设计热负荷，MW。

## 四、附件和仪表

### 1. 燃烧器

（1）燃烧器及其特性参数应满足加热负荷的要求；

（2）燃烧器的噪声应符合环保有关规定值。

在条件允许情况下，火筒式加热炉宜安装程控燃烧器。程控燃烧器应具有以下功能：

（1）具有较大的调节比；

（2）程序点火；

（3）熄火保护，能自动关闭燃料阀，并能远传到控制室报警；

（4）热负荷变化时能自动调节燃料量，并能实现燃料与空气的比例调节。

**2. 安全与防爆系统**

火筒式加热炉应有可靠的防爆措施，防爆装置的排泄口不应安装在危及操作人员及其他设备安全的位置。

火筒式加热炉（常压水套炉除外）至少应装设一个安全阀，额定热负荷大于或等于630kW 的水套炉至少应装设两个安全阀；安全阀的开启压力不超过壳体的设计压力。安全阀的设置应符合下列规定：

（1）安全阀应垂直地安装在加热炉的壳体最高位置；

（2）安全阀喉径不小于 20mm；

（3）几个安全阀共同装设在与壳体直接相连的短管上时，则短管的截面积不小于所有安全阀喉径截面积之和的 1.25 倍。

在防爆场所，燃烧器的空气进口应设置阻火器。

火筒式加热炉应设置电点火装置及熄火保护装置；微正压燃烧加热炉还应设置断电自动切断燃料供应的连锁装置。

**3. 压力表或压力传感器**

压力表安装应符合下列规定：

（1）压力表应安装在便于观察和吹洗的位置，且避免受到辐射热、冻结及震动的影响；对于水套炉应使压力表直接与气相空间连通；

（2）压力表与壳体间应有存水弯管，其内径不应小于 10mm；

（3）压力表与壳体之间应安装阀门。

**4. 液位计**

有气相空间的火筒炉和水套炉至少应安装一个液位计。液位计安装应符合下列规定：

（1）液位计应安装在便于观察和吹洗的位置；

（2）液位计与壳体之间的接管应尽可能短，其内径不应小于 18mm；

（3）液位计下部可见边缘应低于最低安全液位 25mm，其上部可见边缘应比最高安全液位至少高 25mm，并应有防冻措施；

（4）液位计内液位应清晰、准确。

火筒式加热炉应设置低液位报警装置，液位不应低于最低安全液位。

**5. 测温、测压、取样口**

测温、测压口及烟气和被加热介质取样口的数量、位置，应按热工测试要求设置，但被加热介质进、出口处和烟囱底部应设置测温口。同时，火筒炉还宜设置超温报警装置。

## 五、火筒式加热炉工艺参数设置与操作

**1. 火筒式加热炉散热损失及热效率（$\eta$）**

（1）炉体保温层应有良好的隔热性能，并保证壳体散热损失不大于 2%。

（2）当设计热负荷小于 630kW 时：$\eta \geqslant 75\%$。

(3) 当设计热负荷大于或等于 630kW 时：$\eta \geqslant 80\%$。

**2. 火筒式加热炉热流密度**

1) 受热面平均热流密度推荐值

(1) 火筒炉

介质为清水或污水时：$13 \sim 29kW/m^2$；

介质为原油时：$11 \sim 25kW/m^2$。

(2) 水套炉

介质为清水时：$11 \sim 16kW/m^2$。

2) 受热面最大平均热流密度推荐值

(1) 火筒炉不宜大于 $31kW/m^2$；

(2) 水套炉不宜大于 $37kW/m^2$。

3) 火管横截面热流密度值

(1) 火管横截面热流密度的数值，等于火筒的设计热负荷与火管内横截面积和热效率($\eta$)乘积的比值；

(2) 使用自然通风式燃烧器时，火管横截面热流密度不宜大于 $6800kW/m^2$。

**3. 燃烧过剩空气系数($\alpha$)**

燃烧过剩空气系数($\alpha$)宜按下列数值选用：

(1) 自然通风式燃气燃烧器：$\alpha = 1.25$；

(2) 预混式燃气燃烧器：$\alpha = 1.2$；

(3) 自然通风式燃油燃烧器：$\alpha = 1.3$；

(4) 强制通风式燃油燃烧器：$\alpha = 1.1 \sim 1.2$；

(5) 强制通风燃气燃烧器：$\alpha = 1.05 \sim 1.1$。

**4. 排烟温度**

排烟温度的选取应符合下列条件：

(1) 烟囱出口处烟气温度不应低于烟气露点温度。

(2) 燃气火筒式加热炉，烟囱出口处烟气温度应符合下列规定：

① 气体燃料不含硫，烟囱不保温时不应低于 120℃。

② 气体燃料含硫量为 $0.05\% \sim 1\%$(体积分数)时：烟囱不保温时不应低于 $150 \sim 205℃$；烟囱保温时不应低于 $120 \sim 175℃$。

**5. 烟囱出口处的烟气流速和烟囱抽力**

(1) 烟囱出口处的烟气流速，可根据安装地区的风速确定，推荐值如下：

① 自然通风时取 $5 \sim 8m/s$，且在最低热负荷时不低于 $3m/s$；

② 强制通风时取 $12 \sim 20m/s$，且在最低热负荷时不低于 $5m/s$。

(2) 采用自然通风的火筒式加热炉的烟囱所需抽力，应为炉内烟气流程总阻力的 1.2 倍。

(3) 烟囱高度除了应满足克服烟气流程的有关阻力要求外，还应符合国家或地区三废排放标准的有关规定。

## 六、相变炉

**1. 相变炉的工作原理和结构**

1) 工作原理

燃烧器将燃料充分燃烧,热量经加热炉火筒(辐射受热面)及烟管(对流受热面)传递给锅壳内中间介质水,水受热沸腾由液相变为气相蒸发,水蒸气逐步充满炉体的气相空间,由于盘管内被加热介质及管壁温度远低于蒸汽温度,从而使蒸汽在盘管外壁冷凝,并把热量传递给盘管内介质。冷凝后的水在重力作用下落回水空间。如此循环往复,实现了相变换热过程。

2) 相变炉的结构

按炉内压力大小,相变炉可以分为相变炉和负压(真空)相变炉,如图21-4-3和图21-4-4所示。

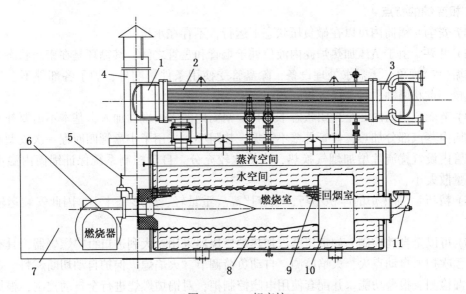

图 21-4-3 相变炉

1—前管箱;2—换热管;3—后管箱;4—烟囱;5—烟箱;

6—燃烧器;7—操作间;8—波纹炉胆;9—烟管;10—回烟室;11—防爆门

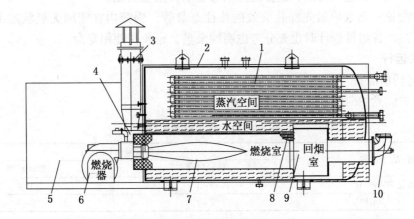

图 21-4-4 负压相变炉

1—盘管;2—本体;3—烟囱;4—烟箱;5—操作间;6—燃烧器;

7—火筒;8—烟管;9—回烟室;10—防爆门

锅筒内形成负压的方法有两种:一种是利用负压泵抽技术;另一种是利用控制措施实现

负压。利用控制措施实现负压的具体方法是：先往负压蒸汽加热炉内加入一定量的水，关闭所有阀门，启动燃烧器加热，此时盘管内介质停运，待锅筒内压力达到 0.03MPa 时，打开负压炉排气阀，排出锅筒内的空气，待锅筒内空气排尽，压力接近 0.01MPa 时，关闭所有阀门，此时开通盘管内介质，锅筒内饱和蒸汽遇冷后冷凝降温，将锅筒内温度降低在 95℃ 左右，这个过程相当于一个定容放热降温过程，根据水蒸气的热物理性质，必然引起锅筒内压力的降低。采用这种方法可以让锅筒内压力维持在 -0.03~0.01MPa 之间。

炉内负压一是增加了炉体安全；二是压力越低，水越容易汽化，可以提高相变炉的效率。目前负压相变炉的效率最高可以达到 90%。

**2. 相变炉的特点**

（1）安全　锅筒内可以在微负压状态下运行，不存在承压。

（2）可靠　由于负压加热炉壳内液位处于烟管和盘管之间，其循环是在密闭状态下，因此无结垢(焦)现象，无需水处理设备，除盘管受使用条件影响外，炉子各部件不会发生裂纹、鼓包、点状腐蚀、过烧爆管等问题。

（3）节能　锅筒内在全封闭状态下运行，锅筒内的水一次性加入，基本不需要补水，盘管在锅筒内蒸汽部分加热，盘管外壁不结垢，热阻小。采用了小盘管四回程一次成型制造技术，烟管内设置扰流片增加烟气换热，换热比较充分。自动控制系统保证锅筒内温度的恒定，热量散失小。

（4）精巧　加热炉的体积小巧，热容比高、重量轻、外形尺寸小，因此安装运输极为方便。

（5）可以全自动控制　如负压蒸汽加热炉燃烧器采用意大利进口百得燃烧器，具有程序控制、预吹扫、自动点火、火焰监测、自动负荷调节、火焰熄火保护自动切断燃料、燃气管路内泄漏检测、报警功能。并配套使用电脑控制柜，对锅炉燃烧进行全自动控制，根据锅筒内温度自动控制燃烧，实现大火和小火之间的转换。负压炉的运行状态和控制参数均在值班房就地显示，具有压力、温度、水位显示功能，具有超温、超压、高低水位报警功能，极高极低水位，燃气低压连锁功能，配备运传信号显示，报警功能。

（6）寿命长　热水炉最先穿孔失效的往往是盘管，锅筒内在密闭无氧状态下运行，无垢，无氧腐蚀。各组件设计时也充分考虑腐蚀余量，延长其使用寿命。

**3. 调试运行**

1）试运转前准备

（1）煮炉。煮炉时的加药量见表 21-4-1。

表 21-4-1　煮炉时的加药量

| 药 品 名 称 | 加药量/(kg/m³) | |
| --- | --- | --- |
| | 铁锈较薄 | 铁锈较厚 |
| 氢氧化钠(NaOH) | 2~3 | 3~4 |
| 磷酸三钠(Na₃PO₄) | 2~3 | 2~3 |

注：① 药品按 100% 的纯度计算。

　　② 缺乏磷酸三钠时，可用碳酸钠代替，数量为磷酸三钠的 1.5 倍。

　　③ 单独使用碳酸钠煮炉时，其数量为 6kg/m³ 水。

药品应溶化成溶液状加入锅炉内，配置和加入药液时应注意安全。

煮炉末期应使压力保持工作压力 75% 左右，煮炉时间一般应为 2~3 天。如在较低的压力下煮炉时应适当的延长时间。

煮炉期间应定期从炉体取样，对炉水碱度进行分析。炉水碱度不应低于 45 毫升当量/升，否则应补充加药。

煮炉完毕后，应清理加热炉内的沉淀物，冲洗锅炉内部和药液接触过的阀门等，检查排污阀有无堵塞。

（2）向锅筒内充水，水质按软化水、自来水的优先级采用，系统充水前应进行冲洗，冲洗水的流速 1~1.5m/s。水质要求：①悬浮物小于或等于 5mm/L；②总硬度小于或等于 0.6 毫克当量/升；③ 补给水 25℃时 pH 值≥7；④溶解氧小于或等于 0.1mg/L；⑤含油量小于或等于 2mg/L。随时检查锅筒液位到液位上限即可。

2）试运转前的检查

（1）检查加热炉的配套设备、工艺管线、控制系统及配电系统等安装是否就绪；检查加热炉锅壳上的各阀门均处于关闭状态。

（2）检查电路接线是否正确。

（3）检查燃料油箱油料是否充足，不足应及时添加；检查供油气管路压力、流量是否稳定；检查燃烧器进口压力及来油（气）温度是否满足表 21-4-2、表 21-4-3 的要求。

表 21-4-2　燃油参数

|  | 燃烧器进口压力/MPa | 电加热后燃油温度/℃ |
|---|---|---|
| 压力雾化 | 2.1~2.7 | 80~120 |
| 空气雾化 | 0.6 | 80~120 |
| 转杯 | 0.1~0.2 | 70~100 |

表 21-4-3　燃气参数

| 燃烧器进口气压/kPa | 来气温度/℃ |
|---|---|
| 4~7 | 水合物形成温度以上即可 |

（4）检查燃烧器各组成部分是否正常，各机械传动机构是否转动灵活。

（5）保持介质进口管道阀门关闭状态，将出口阀门打开。

（6）检查试运转控制系统各部件状态。试运转前，燃气燃烧器安全阀、燃气阀、风门关闭；燃油燃烧器电动阀门、风门关闭。试运转正常时均处于开启状态。如试运转不正常，控制柜上有声光报警提示。

3）试运转前参数设置

（1）初步设定就地或异地柜上的锅筒温度（见表 21-4-4）。

表 21-4-4　锅筒温度设置

| 壳程压力/MPa | 温度上限/℃ | 温度上限回差/℃ | 温度下限/℃ | 温度下限回差/℃ |
|---|---|---|---|---|
| -0.1~0.02 | 105 | 3 | 95 | 5 |
| 0.1 | 120 | 3 | 110 | 5 |
| 0.4 | 145 | 3 | 110 | 5 |
| 0.7 | 170 | 3 | 110 | 5 |

注：表中"回差"是指：调整加热炉控制柜温度上下限时，在一定的条件下，所设定的被控制设备启停的温度调节范围的差值。如设定上限温度 95℃，回差 3℃即燃烧器发生动作的区域为 92~98℃。

（2）依据《燃烧器安装、调试、维修手册》设定燃烧器各参数。

4）投运程序

（1）启动燃烧器：按下燃烧器启动按钮，燃烧器将依照程序控制先进行吹扫后点火，使燃烧器投入自动运行状态。由小火转入大火运行状态。调节风/天然气比值（或风/油比值），使火焰达到最佳状态，并使锅筒快速升温。若点火失败，应检查原因重新点火，直至点火成功。若发生爆膛等异常问题，应认真查找原因或咨询厂家专业服务人员。

(2) 初次点火运行，应先排净锅壳内的空气，以实现高效换热。当真空分体炉锅筒温度达到100℃时，真空阀会自动排气，约5min后打开流程；对于有压相变加热炉，当锅筒温度升至100℃，压力超过外界大气压时，人为将换热器上的全部排气阀打开，排空5min后关闭排气阀。待锅筒温度继续上升至工作温度时缓慢打开管线流程进口阀门，直至调整至加热换热处于平衡状态。

(3) 重新设定就地柜或异地柜上的控制温度值、比例调节仪目标值、上下限数值、目标值(即调整出的平衡点)。

(4) 正常运行状态：

① 加热炉正常运行状态必须是在设计参数的范围内(以铭牌为准)。

② 燃烧器正常运行状态：火焰呈浅蓝色或黄白色，无黑烟生成；除风机声外无杂音，启停正常。

③ 操作间内应无异味，燃油(气)管线无油(气)泄漏现象。

④ 加热炉满负荷运行时锅筒参数符合表21-4-5的要求。

**表 21-4-5　满负荷运行时锅筒参数**

| 炉　　型 | 真空相变 | 0.1MPa 有压相变 | 0.4MPa 有压相变 | 0.7MPa 有压相变 |
|---|---|---|---|---|
| 锅筒压力/MPa | −0.01~0.02 | 0.1 | 0.4 | 0.7 |
| 锅筒温度/℃ | 95~102 | 115 | 145 | 165 |

⑤ 水位计磁板读数处在正常液位值。

⑥ 炉体和换热器上的阀门及两者之间的连接处无泄漏。

如用户需要对设备进行测试，请通知专业调试人员将加热炉调整到最佳运行状态。

**4. 维护、保养**

1) 日常维护与保养

(1) 每班须观察锅筒液位，保证刻度清晰可见，如两侧液位相差较大或控制柜报警但直读液位计未显示超范围，则应冲洗排污一次。

(2) 每班必须检查压力表读值情况，如有异常或较大误差应及时调整。

(3) 采用油品燃料时，根据当地油品情况，定期清洗油路过滤器、燃烧器油泵过滤器、喷嘴的过滤网、喷油嘴、转杯、稳焰盘并进行清焦。

2) 定期维护与保养

(1) 每年定期检修内容

① 按检定周期拆下安全阀(弹簧式)、压力表(半年)到指定地点进行校验。

② 检查加热炉法兰连接处的垫片、O形圈密封如有破损失效时应及时更换。

③ 运行锅炉应每年进行一次外部检验，每三年进行一次内部检验并进行水压试验。

锅筒外部检验内容：

① 蒸汽发生器与换热器间的各部管线及燃料管线的管道、阀门有无泄漏。

② 安全附件是否灵敏、可靠，水位计、安全阀、压力表、压力控制器等与锅炉本体连接通道有无堵塞。

③ 水位报警和缺水联锁动作、超压报警、联锁保护，动作是否灵敏、可靠。

④ 燃烧器点火程序熄火保护装置是否正常，锅炉附属设备运转是否正常。

除定期检查外，有下列情形之一时，应进行内部检验和水压试验：

① 排烟温度远高于设计值时，当排除仪表故障后，应打开烟箱门，检查烟管积灰情况，及时进行清理。

② 移装或停止运行一年以上，需要投运或恢复运行的。

③ 受压元件经大修或改造后运行一年的。

④ 根据管理运行情况，对设备状态有怀疑，必须进行检验的。

（2）每三年定期检修内容

锅炉内部检验内容：

① 打开前烟箱观察对流受热面有无积灰，烟箱内保温是否完好，尾部受热面是否存在腐蚀。从人孔进入检查烟管焊缝、板边等处有无裂纹、腐蚀现象。

② 锅筒内有无水垢、水渣等，必要时可进行清理并排污。

③ 炉体各管座角焊缝有无裂纹及腐蚀现象，外连接管线部分是否牢靠。

④ 更换各管座密封件。

3）燃烧器保养

按照《燃烧器安装、调试、维修手册》对燃烧器进行定期保养。

4）燃气过滤器、调压系统的保养

（1）过滤器保养　每三个月或过滤器前后压差明显增大时保养一次。保养方法为：切断供气阀门，将过滤器上盖打开，用扳手松开过滤器固定螺丝，取出滤网，去除上面污物，将阀体内污物同时清理干净，然后重新安装恢复运行（注：如滤网有破损应及时更换）。

（2）调压阀保养　每六个月或调压失效时对调压器保养一次。保养方法为：清洗阀口、指挥器喷嘴、挡板，往阀位指示器处滴入一滴润滑油，清理膜头内轻质油。薄膜、阀口垫圈为易损件，由用户视情况自己定期更换。

5）燃油过滤器、油泵的保养

（1）每班检查燃油储量、供油压力、来油温度是否正常。

（2）每班检查油泵运转情况，其密封圈视使用情况定期更换。

（3）每天检查电伴热温度，不合适时可调温控盒内温度设定旋钮。

（4）每天要仔细检查供油系统以及至燃烧器之间所有部位是否有漏油、易破损情况。

（5）每天转动一次自清洗过滤器上方旋钮（LB 燃烧器自带）。

（6）每周对燃油过滤器内的滤芯清洗一次，清洗液建议采用煤油或无腐蚀的中性清洗水溶液进行清洗。

6）易损件更换

加热炉上安装的各种密封垫片、垫圈、真空阀的阀芯、油泵的油封等易损件应按要求定期检查，如发现密封不严存在漏失应及时更换。每三年保养维护时原则上建议更换一次。

**5. 加热炉停用**

1）正常停炉

在任何情况下，只要把燃烧器运行开关扳至停运状态，即可停炉。

假如加热炉在冬季长时间停止运行，要将锅筒内的水彻底排出，以防冻结。

注：加热炉排水时，应将锅筒上部排气阀打开。

2）紧急停炉

（1）在下列情况下操作人员应采取措施紧急停炉：

① 加热炉内水位急剧上升或下降；

② 加热炉内压力急剧上升或下降；

③ 压力表或安全阀出现失灵或故障；

④ 燃烧不正常经常性爆膛。

（2）操作程序：

① 切断燃料供给系统，使燃烧器运行于吹扫状态5~10min，然后关闭燃烧器；

② 炉膛内有油，应及时清出；

③ 通知专业服务人员进行故障诊断并检修。

### 6. 锅炉停炉后的维护保养

1）炉体外部防腐保养

为了保持炉体外部干燥，一般情况下，应在炉膛、烟道中放置干燥剂，干燥剂如是生石灰，一般为每1m³炉膛或烟道体积放置3kg左右，放置后，应严密关闭所有的通风门，每月检查一次，生石灰变粉状后更换。

2）炉体内部防腐保养

炉体内部的防腐保养方法按停炉时间的长短来定，一般情况下停炉一个月以上的，宜采取干法保养，不超过一个月的可用湿法保养。

（1）干法保养　干燥剂不要直接接触锅炉金属表面，可装在铁盘等容器内，为了防止干燥剂吸潮发胀，故只装容器的1/2~1/3，防止发胀后溢出，存放干燥剂后要关严人孔、手孔和其他孔盖，汽水管道上的阀门必须截断，最好用盲板堵死。每月应检查一次，生石灰变粉时及时更换。

（2）湿法保养　炉水最好用原来的炉水，再次是软化水，还可用碱液法。加碱后，用微火加热炉水80~100℃，保持2~3h，使其循环，炉水碱浓度均衡，压力降低时，再把炉水加满，并使保养期间一直保持这个压力，碱度应定期化验，降低时，应随时补充，碱液浓度可根据选用碱的成分来配制。锅炉重新使用前，应全部放出锅内碱水，最好备储液池，以利再用，同时须用净水冲洗。

# 第五节　加热炉的燃烧器

加热炉的燃烧设备由燃烧器和炉膛（亦称燃烧室）组成。燃烧器的作用是把燃油和空气按一定比例，以一定速度和方向喷出，以得到稳定和高效率的燃烧。炉膛是供燃油燃烧的空间，它的作用是使燃油燃烧放出热量，并将热量传递给布置在炉膛四周的辐射段炉管，使烟气在离开炉膛时得到应有的冷却。

对燃烧器的要求可归纳为以下几方面：

（1）燃烧器应与燃料特点相适应。

一般长距离输油管道考虑燃料来源的方便，经常直接取管道输送介质原油作为燃料，所以应选择适合原油为燃料的燃烧器。而靠近油田的首站或途径气田的中间站可能取天然气或油田拌生气作为燃料，以降低输油成本，这时可选气体燃烧器，但如果气体来源并不能长期保证，可选油-气联合燃烧器，以便气源中断时改烧管道内的介质原油。有的输油末站靠近炼油厂，可能有大量渣油、重油，炼厂气可以使用，一般选用性能较广的油-气联合燃烧器为好。应该选用雾化效果好的蒸汽雾化油喷嘴。

（2）燃烧器应满足工艺生产要求。

首先，燃烧器的能量（发热量）应满足输油热负荷的要求。确定燃烧器数量时，其总能量应比管式炉所需燃料供热量多20%~25%，以便在个别燃烧器停运检修时，仍能保证加热炉的操作负荷不致下降。其次，输油管道管式炉的炉管内，通常都是容易结焦或变质的原油或导热油，设计和布置燃烧器的一个重要原则就是保证炉管不致局部过热。这就要求燃烧器的火焰形状稳定而不飘动，火焰不舔管。布置燃烧器时，应使火焰不过分靠近炉管。管式炉的炉管表面热强度是否均匀，直接影响炉子操作周期和炉管寿命。因此设计和布置燃烧器的另一个要求就是要力求使炉管表面热强度均匀。这就要求根据不同的炉型和工艺条件，采用不同的燃烧器，并进行合理布置。此外，管式炉操作周期一般都较长，其所用的燃烧器也应是能长周期运转的。燃烧器的油喷嘴和燃料气喷嘴均应能在不停炉的情况下拆下维修，并能方便地安装。

（3）燃烧器应与炉型配合。

管式炉的炉型与燃烧器是密切相关的。不同的炉型要求不同的燃烧器与之配合。反之一种燃烧器也只适用于一种或几种炉型。如果燃烧器与炉型不匹配，就会使炉子结构不合理，甚至难以满足工艺要求。圆筒炉、立式炉、斜顶炉和方箱炉，由于炉膛较大，一般采用圆柱型火焰的燃烧器，集中布置在炉底或侧墙上。但立式炉炉膛高度不高，斜顶炉和方箱炉炉膛深度有限，因此均不宜采用火焰太长的燃烧器。另外，为保证热强度沿炉管分布均匀，应采用能量较小的燃烧器沿炉管长度均匀布置。对于圆筒炉或立管立式炉，因其炉膛较高，宜采用细长火焰的燃烧器。一般认为火焰长度为炉管高度的60%~70%较合适。现在还有人认为火焰长度应更高些，要求火焰前锋仅与炉顶相差2~3m。但目前大多数圆筒炉的火焰长度仍为炉管高度的60%~70%，有的还要短些。但总地来说，圆筒炉的炉管愈高，火焰应愈长才是合理的。对于炉管太高的圆筒炉（炉管高度>16m），火焰长度难以满足要求，应将燃烧器沿高度分层布置。圆筒炉可以在炉底布置一圈能量较小的燃烧器（1200kW、3500kW），也可在炉底中心布置三个甚至一个大能量燃烧器。

采用附墙火焰的立式炉和阶梯炉等需要用扁平火焰的燃烧器。而无焰炉则采用板式或辐射墙式无焰燃烧器。由于此种炉型要求燃烧器均匀地或按一定要求分区布置在大面积的辐射墙上，因此燃烧器的数量必然很多，而每个燃烧器的能量则很小。

大型化的管式炉，需要用大能量的燃烧器，以减少燃烧器的数量，便于操作维护和自动控制。

（4）燃料和空气得到充分混合，在燃烧过程中使气体不完全燃烧损失，固体不完全燃烧损失应尽量低。

（5）燃烧连续、稳定和安全，燃烧器在运行中不应发生结焦、灭火、爆燃（打呛）等现象。

（6）调节幅度大，能适应调节设备负荷的需要。运行中调节机构灵活可靠，操作简便。

（7）结构简单、运行可靠、能耗低、价格便宜、易于维修，并易实现燃烧过程的自动控制。

（8）燃烧器应满足节能和环保要求。

燃烧器是管式炉的供能设备，它当然应该满足节约能源的要求。这就要求燃烧器尽可能地减少自身能耗，并在尽可能少的过剩空气量下达到完全燃烧。前者主要是指降低油喷嘴的汽耗和鼓风机的电耗，后者指的是要能实现低氧燃烧。

燃烧器也是污染源，燃烧产生的 $SO_3$ 和 $NO_x$ 会污染大气，$SO_3$ 还会造成炉子低温部位的腐蚀。为了满足环境保护方面的要求，除采用低氧燃烧外，还应控制空气预热温度和燃烧温度。国外管式炉已开始采用分段燃烧的低 $NO_x$ 燃烧器。另外，燃烧器还应降低噪声，以减少噪声污染。

# 第六节　直接式加热炉的操作

## 一、加热炉的试运投产

### 1. 加热炉的验收检查及要求

新建的加热炉，在封闭炉膛人孔以前，操作工人应随同检查炉膛内部、对流段和烟道内部各处；查看炉管、炉墙、炉顶、火嘴及各种配件是否齐全完好；检查原油、燃料油、蒸汽等管线和各种阀门及风门。要求支吊架完好，涂色符合规定，拆除与系统隔绝的盲板；要求转动机械经过试运转且全部合格。

### 2. 设备和管道试压

加热炉建成或大修后，要整体试压，试压的目的在于检查施工质量和隐患。

按照加热炉和加热炉系统所属设备的规格标准和工艺管线的级别，进行单体试压。工艺管线和容器一般用蒸气试压，试压的压力为全压。炉管和空气预热器等一般用水（必要时也可用油）试压，试压的压力为实际最大操作压力的 1.5~2 倍。如果试压时发现问题，则应在进行泄压、放水（或放油）处理后重新试压，直至合格为止。

在试压的过程中，需分 3~4 次，逐步提高到所要求的压力，每次提高压力后要维持 5min 左右，没有发现问题时，再行升压。试压时要做到勤检查、勤观察，绝不让一个缺陷和一个隐患遗漏，对弯头、回弯头、堵头、闷头、法兰、垫片、胀口、焊口和各检测点进行全面的检查。当压力达到所要求的试压压力后，必须稳压 24h，以考验炉管及焊缝，检查各部分有无渗漏现象。在此期间压力基本不变者即为合格，可以泄压放净存水或存油。在我国北方，冬天试压时，也可考虑用热水试压，以防工艺管线和设备冻结。

### 3. 烘炉

1）烘炉的目的

加热炉在建成或大修以后，试压成功、投入使用前应进行烘炉。其目的在投入使用前，缓慢除去在砌筑炉墙过程中所积存的水分，并使耐火胶泥得到充分的烧结，以免在装置开工时因炉膛内急骤升温、水分大量汽化、体积膨胀而造成炉体衬里产生裂纹或变形、炉墙裂开倒塌的现象。对供热系统、吸热系统所属设备以及工艺管线和自动控制系统进行热负荷试运，考核全部燃烧器的使用效果和炉子零部件在热状态下的性能。

2）烘炉前的准备

只要时间容许，点火烘炉前，开放加热炉的所有门孔（如防爆门、检查门及烟道挡板等），自然通风三天以上（如遇阴天下雨应适当延长时间）或强行通风，并向炉内各种炉管（原油、燃油及热水管等）通水循环。

如输油泵站附近有燃料气，烘炉用的燃料最好是燃料气，但多数泵站无燃料气源，也可根据实际情况，因地制宜地选用木材、焦炭等，但在烘炉后须清扫炉膛。

在烘炉前必须对加热炉再次进行全面检查：对炉子的零部件、燃料系统所属设备、烟气热回收系统所属设备、工艺管线和仪表进行全面检查。诸如：防爆门、看火门、空气预热器、燃料油泵、引风机、送风机等是否完好；工艺流程和各检测点是否有误；炉区所属活动部件(如烟道挡板风门和回弯头箱盖等)是否灵活好用；烟道挡板的开度指示是否与实际开度相符合，并将烟道挡板调节到最小开度；对炉管和各工艺管线进行贯通试压到合格为止；准备好燃料(木材、焦炭、燃料油或燃料气)和点火工具及消防器材等。

3) 烘炉操作

炉管内通入循环油或水，防止炉管干烧。在辐射室底部堆放3~4堆木柴，点燃后不断添加木柴以3~4℃/h的升温速度进行烘炉。同时用火嘴风门供风。注意温升速度不宜过快，以免烘裂炉墙。当炉温升至120~150℃左右时，恒温一天，以除去耐火材料中的水分；炉膛温度为320℃左右时，也应恒温一段时间，以除去耐火材料中的结晶水。当炉温升至150℃以后可点一个火嘴，控制小火，火焰不得直接烧在炉管和炉墙上。烘炉过程中，炉管出口温度不得超过规定值。当炉温升到200℃以上时，才允许点燃其他火嘴，点火时，应首先点燃中部火嘴，逐步向两侧对称地点燃火嘴。烘炉时其升温速度按图21-6-1进行，并有专人负责，炉温每小时记录一次。烘炉过程中应经常

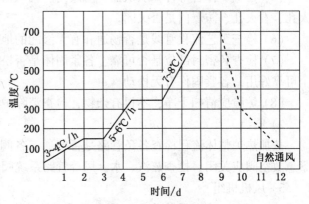

图 21-6-1　烘炉曲线图

检查炉体、炉顶、管架及耐火砖有无异常现象。当炉温升至700℃左右时，再恒温一天，同时从炉体外部进行全面检查。如果炉底设有炉底油管，可在炉管上放耐火砖，在耐火砖上放木柴点燃烘炉，并用火嘴风门供风。烘炉后要清除炉渣。

在升温过程中，要加强检查防止憋压。升温要均匀并且缓慢，防止突升、突降的现象。在烘炉过程中，以最高操作温度作为烘炉最高恒温台阶。烘炉一般为九天。烘炉期间每小时记录一次炉温，并仔细观察加热炉各部位。烘炉后若需停炉熄火，温降速度不宜过快，要求低于20℃/h。加热炉熄火后，关闭全部孔门及烟道挡板，缓慢降温。待炉膛温度降到300℃以下时，打开烟道挡板。炉膛温度降到100℃时，打开所有通风门、人孔和烟道挡板进行自然通风冷却。至此，烘炉即告完成。

4) 烘炉后的检查

烘炉完成后，对炉管、管架、钢架、炉墙、炉顶、耐火炉衬里等进行全面检查。仔细察看钢吊挂有无明显弯曲，炉管有无明显弯曲变形，炉墙砌砖有无裂缝、鼓出、倾斜，耐火衬里有无脱落，炉子基础是否下沉等。

烘炉后的验收标准主要有三方面：一是湿度以不超过2.5%为合格，判断炉子是否烘干，可在砖缝中取样分析，水分不大于2.5%即为合格；二是升温曲线合乎规定要求；三是炉墙无明显变形、裂缝和下沉，炉顶无塌陷等现象。加热炉冷却后，对炉管再行试压，符合投产标准，即可供开工使用。

## 二、加热炉的启动

### 1. 点火前的检查与准备

按巡回检查路线逐项检查：加热炉炉体→阀组→鼓风机机组→齿轮油泵机组→消防器材→仪表盘。

1）加热炉炉体

(1) 检查炉管检修后的强度情况(包括炉管、弯头测厚情况)，检查炉膛内耐火砖墙及衬里是否有裂纹或脱落现象，火墙有无变形或其他异常情况，并作好记录。

(2) 检查烟道挡板开关灵活，开启指示器位置正确，打开烟道挡板，进行通风，确保炉内无易燃气体，无漏失。

(3) 检查燃油喷嘴各调节部分动作灵活。

(4) 检查烟道挡板及各个门孔是否灵活，严密好用。

(5) 检查炉体各部件如吹灰器、防爆门、调风器、管卡等各部件等齐全灵活好用，检查人孔、看火孔、防爆门是否关闭。

(6) 检查工艺流程管线是否畅通和有无渗漏的地方。

(7) 检查各密封部位是否可靠、各紧固体是否松动，检查法兰、阀门、流量计等是否齐全可靠好用，各紧固件有无松动。

(8) 炉膛应清扫干净，不得有杂物，检查消除炉子周围的易燃易爆物。

2）阀组

按加热炉整体流程检查各条管路是否畅通，各阀门是否灵活好用，开半圈后立即关上，紧急放空阀应关闭。检查蒸汽、水、风等管路系统阀门是否严密。

3）风机机组

(1) 盘车：将转子转动2~3圈，看是否转动均匀，有无卡紧现象和异常声响。

(2) 配合电工测电机绝缘电阻应符合要求。

4）检查燃料系统(如燃气检查燃气调压系统)

(1) 取下齿轮油泵轴安全罩，盘车。转动转子2~3圈，看是否转动均匀，有无卡阻现象和异常声响。

(2) 检查燃料油是否充足，燃料油温度是否达到要求，燃料油温度控制在指标(90~100℃)之内，并注意燃料的脱水。

(3) 检查燃料油气管线、过滤器、预热器、燃料油泵是否畅通好用，检查是否正确设定燃气调节阀后压力，有无渗漏现象。

(4) 导通燃料油气流程，打开燃油进口阀灌泵，打开放空阀，排净气体见油后，关闭放空阀。

5）消防器材

加热炉消防用具要齐全、灵活、好用。泡沫灭火机(车)停放炉前待用。

6）仪表盘

依次检查下列各测量参数仪表是否齐全好用：①炉膛温度；②烟道温度；③炉膛负压；④进出炉压力；⑤进出炉温度；⑥燃料油压力；⑦燃料油温度；⑧流量计；⑨低燃油压报警；⑩灭火报警。

检查各种压力表、温度计、热电偶和测量控制仪表等是否齐全完好。

**2. 导通原油流程**

各个系统经检查无问题，方可进油进行站内循环。

缓慢打开加热炉进口阀→观察进炉压力→缓慢打开炉出口阀→观察出炉压力。确定进出炉压差在 0.1~0.2MPa 范围内。

**3. 启动辅助机组**

1）启动鼓风机机组

按下启动电钮，当电流达到电机额定值时为正常，打开烟道挡板，保持风压在 3.8~4.0kPa。

2）启动齿轮油泵机组

（1）导通燃料油流程；

（2）关闭炉前针形阀，按下燃料油泵按钮，调节回油阀，控制燃料油压力在规定范围内，按表 21-6-1 执行。

表 21-6-1　各种火嘴燃料油压力、温度

| 火嘴形式 | 燃料油压力/MPa | 燃料油温度/℃ | 火嘴形式 | 燃料油压力/MPa | 燃料油温度/℃ |
|---|---|---|---|---|---|
| 低压空气雾化 | 0.15~0.25 | 80~120 | 旋杯式 | 0.05~0.25 | 80~120 |
| 自然通风机械雾化 | 1.6~2.0 | 80~120 | 蒸汽雾化 | 0.5~0.8 （气压为0.7~1.0时） | |

**4. 投用各参数测量仪表**

将仪表门打开，拉出仪表箱，将电源按钮移到 ON 的位置上。观察仪表指针应回零，推进仪表箱，关上仪表门。

**5. 加热炉点火操作**

（1）烟道挡板的开度应为 1/3~1/2。

（2）所有燃料油和控制阀门应全部关严。

（3）接到准备点火的通知后，向炉膛吹蒸汽 10~15min，把可能残留的燃料气赶走，直至烟囱冒出白烟，停止吹气然后点火。凡蒸汽雾化加热炉，可打开火嘴蒸汽向炉膛吹蒸汽 10~15min，确保炉膛内不残存可燃气体。必要时可对炉膛取样，分析可燃气体的含量。

（4）一次风门全关，二次风门稍开。

（5）按下点火按钮点火。使用不同火嘴时按说明书操作。

## 三、直接加热炉的正常操作

操作人员应掌握巡回检查路线及检查点，按"摸、听、看、闻"的四字作业方法进行检查，发现故障。掌握加热炉正常运行参数要求，并会分析判断设备运行是否正常，掌握负荷调节方法。

**1. 加热炉操作范围**

加热炉既有操作上限又有操作下限，它不允许远离其设计能力范围进行操作。通常允许的操作上限为设计热负荷的120%。操作下限不能过小，一台大炉子在过小的负荷下操作有可能损坏得更快。

**2. 正常运行的判断**

1）从记录仪表判断

在运行中要时刻注视仪表的指示和记录，从而判断加热炉是否正常运行。衡量标准：加

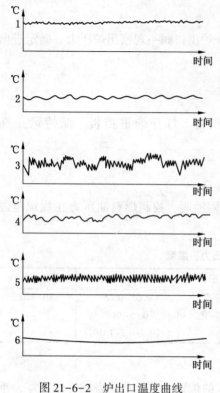

图 21-6-2　炉出口温度曲线

热炉出口温度应在工艺指标范围±1℃。

图 21-6-2 展示六种炉出口温度曲线，第一种为正常，其余五种为不正常。

第二种曲线是有规律的弯曲度，中心线平稳，一般是仪表比例度大、作用慢。应通知仪表工调节。

第三种是中心线不稳，曲线急剧变化且无规则，一般是燃料压力波动太大或是燃料气带油。应调节燃料油压力或加强燃料气的油气分离。

第四种是无规则变化，弯曲时间长，但还带有平稳时间，一般是进油量与进油温度变化而影响。应报告调度组织调节。

第五种是中心线平稳，时间短而变化急剧且有规则，一般比例积分小，作用太大。应调整仪表。

第六种是直线慢性下降或上升，是仪表失灵。

2）从声音判断

运行人员要全神贯注，从各种设备的运转声中判断是否正常运行。如声响一直均匀，表示着加热炉运行正常，否则就要密切注意，勤加检查，找出毛病所在。

炉子声变有四种：

（1）响声一直均匀：是加热炉的正常运行响音。

（2）声音骤停：是加热炉突然熄火。原因有停电、停风、蒸汽雾化、火嘴停气或燃油突然中断。

（3）声音时高时低：是燃油进油量变化或燃油压力变化及雾化剂压力变化不稳所引起。

（4）均匀的声音中间断出现爆喷声：是炉子排烟不好，出现正压。

3）从火焰判断

运行人员还必须经常观察燃烧情况，可以通过观察火焰颜色和烟囱冒出的烟色作为参考。烟囱冒白烟，一般表明蒸汽（风）量过大，油量过小，若火焰呈黑红色，烟囱冒黑烟，一般表明油量大，蒸汽（风）量小或雾化不良使燃烧不完全，上述情况均需调整油汽（风）比。如果过剩空气系数很大，烟囱冒黑烟，且无法调整好，那就是炉子结构上的问题。若炉膛明亮、清晰、无黑暗条纹、无火花，火焰呈金黄色，火墙颜色一致，火焰不扑烧炉管，烟囱冒淡青烟，则表明雾化良好，燃烧完全，但也可能是空气过多。烧燃料气时，火焰呈蓝白色，这时炉膛温度稳定。燃烧不完全时则有如表 21-6-2 所列的四种情况。

表 21-6-2　燃烧不完全时四种火焰情况分析表

| 序号 | 火焰情况 | 原　因 | 序号 | 火焰情况 | 原　因 |
|---|---|---|---|---|---|
| 1 | 火焰发飘，软而无力，火焰根部呈深黑色，甚至烟囱冒黑烟 | 雾化剂量过小，雾化不好 | 3 | 火焰容易熄灭，炉膛时明时暗 | 一般是燃料油黏度过大并带水，或蒸汽量过大并带水 |
| 2 | 火焰四散，乱飘软而无力，呈黑红色，或冒烟 | 雾化剂量和空气量过小，燃烧不完全 | 4 | 火焰发白、硬，火焰跳起 | 一般是蒸汽量或空气量过大的缘故 |

4）从炉烟上判断

炉子烟囱看不见冒烟即为正常；冒间断小股黑烟时系属雾化剂量不足，雾化不好，燃烧不完全，或个别火嘴油气比例不当，或加热炉的负荷过大；冒大量黑烟，一般是燃料用量突然增加，或仪表失灵，或雾化剂压力突然下降，或炉管破裂；冒黑灰大烟，一般是气体燃料突然增加并带油；冒白烟乃是过热蒸气管破裂，或过热蒸气放空由烟囱排出；冒黄烟时，系属操作忙乱，调节不当，造成时而熄火，燃烧不完全。

雾化不良的主要原因有：油汽（风）比例不适当，燃料油或空气温度过低，喷嘴孔和雾化片油槽堵塞、磨损等，火嘴安装不对中心，雾化蒸汽中含有冷凝水等，均需采取相应措施，改善雾化状况。

5）从过剩空气系数 $\alpha$ 的大小判断

在缺乏检测仪器时，操作上多凭焰色判断燃烧的情况，但这种判断不可靠，因为焰色只能表明燃料与空气的混合情况、燃料雾化情况和燃烧速度，不能表明过剩空气量的大小。设置一些简单仪表，测定烟气组成，尤其是烟气的含氧量，并配置执行机构，控制烟道挡板或风门的开度，可使燃烧在最佳条件下进行。如用计算机严格控制加热炉的炉出口和炉膛温度，由测控系统进行判断，每数分钟即对含氧量、烟气温度和燃料油等参数扫描一次，每天报出各参数的平均值如燃料消耗、过剩空气率等，便可使加热炉处于最佳情况下进行操作。

应该使加热炉的过剩空气系数 $\alpha$ 值处于合适的范围。$\alpha$ 值太小了，因助燃空气量不够，会增大固体不完全燃烧损失和气体不完全燃烧损失；$\alpha$ 值太大，又会带来排烟热损失的增加。近年来，输油加热炉多数装上了氧量计和热效率表，可直接显示炉膛氧量或过剩空气系数及热效率值，这无疑对指导司炉工合理操作带来极大方便。

**3. 加热炉正常运行中的监护**

加热炉正常运行时，除了根据输油排量的变化增减燃火嘴数，调节火焰，以控制合理的出炉温度和定时观察记录加热炉的温度、压力等各项参数外，还要注意以下几方面的监护和检查：

（1）在运行期间，操作人员要每小时进行巡回检查一次，按巡回检查路线图逐点检查。并认真作好记录，各种报表、记录必须用仿宋字如实填写，然后将记录结果向运行调度汇报。

（2）经常检查炉膛燃烧情况，保证燃烧良好。燃烧情况应根据烟道气分析结果判断。

（3）检查每个燃烧器的燃烧状况，火焰好坏，火嘴是否偏斜，是否回火、灭火，火焰是否燎管子等现象。发现故障，应迅速查找原因，及时排除。

（4）观察和调整火焰状态。加热炉火嘴燃烧时，除要求火焰颜色正常外，还要求燃烧均匀、稳定、火焰长度合适。如发现火嘴间燃烧不均匀时，要调节火嘴的开度，检查燃烧不正常的火嘴是否堵塞、偏斜、磨损等。如果火焰左右摆动，要检查是否缺氧或进汽（风）偏向一侧。此种情况应调节进汽（风）的入口开度。如火焰呈喘动状态，要检查喷油孔是否堵塞，燃料油供油量过小使油温过高从而造成气阻，检查汽（风）量是否不足。如发现火焰过长时，应调整一、二次风的比例。

（5）检查炉管。不仅要注意油温的变化，也应通过观察孔经常检查炉管有无局部过热、网状裂纹、爆皮、变色、弯曲、回弯头是否有渗漏的地方等，以及热水管、燃料油加热管、过热蒸汽管的温度压力是否正常，炉管是否震动等情况。

(6) 检查控制系统。检查各控制系统是否可靠，各检测元件及动力源(风、电)工作是否正常，执行机构动作是否灵活，发现问题应立即采取措施并及时报告运行调度。

(7) 检查炉体:

① 炉顶耐火砖或衬里是否脱落。

② 炉内外壁是否倾斜，炉外壁温度是否过高，有无裂纹或原有裂纹扩展，烟道是否有积灰。

③ 进出炉管线振动是否过大。

④ 平台梯子是否损坏。

(8) 附属设备:加热炉的水泵、风机、电机运行是否正常，机体温度是否过高，用手背试摸3~5s，感觉不烫手为正常(不超过75℃)。

**4. 定期清理火嘴的喷出口，防止火嘴和火嘴砖结焦**

火嘴和火嘴砖结焦的原因及处理方法如下:

(1) 火焰喷射角大于火嘴砖放射角，造成火嘴砖结焦。此时需改变喷嘴的喷雾角度，或改造火嘴砖，使之与喷射角适应。

(2) 因油压波动，或给汽(风)量忽大忽小，造成比例失调，雾化不良，易引起火嘴结焦或堵塞。为此必须注意油压的稳定，正确调节油汽(风)比例，防止给汽(风)量忽高忽低。

(3) 长期运行后，因喷嘴端部局部结焦造成火焰偏斜或喷油孔、调油杆磨损造成火焰偏斜，均能引起火嘴砖结焦。为此，除了进行必要的检修和更换外，还需经常检查和冲洗雾化片，防止火嘴砖结焦。

(4) 燃料油温过低，也易引起结焦。对于稠性黏油(如大庆原油)，燃油温度应尽可能保持在80℃以上。

**5. 保证加热炉平稳运行的调节**

加热炉的调节，概括起来有四种情况:炉出口温度偏高、炉出口温度偏低、炉出口温度上下波动、炉出口温度稳定但炉子热效率低。

(1) 炉出口温度偏高的调节:炉出口温度偏高一般是进油量减少，或进油温度升高，燃料用量增加的缘故。空气预热温度的升高也会引起炉出口温度升高。调节的方法，一般是减少燃料的用量，降低炉膛温度。根据情况也可增加流量，使出炉温度下降。

(2) 炉出口温度偏低的调节:炉出口温度偏低一般是进油量增加或进油温度降低，或燃料用量减少的缘故。空气预热温度的降低也会使炉出口温度偏低。调节的方法，一般是开大燃油阀，增加燃油用量，使炉膛温度升高。

(3) 炉出口温度上下波动的调节:在进油量、进油温度、燃料用量和性质一定的情况下，出现炉出口温度上下波动的现象，一般是燃烧方面的问题。在这种情况下，可以对雾化剂、风门、烟道、挡板、火嘴之类做一番检查，找出问题后调节，使燃烧正常。如果火嘴处结焦必须清除;如果蒸气带水或压力波动，必须切水或及时处理，使蒸气压力稳定在一定的范围内;如果空气预热系统有故障，要及时排除或改为自然通风。

(4) 炉出口温度稳定在一定范围内，但炉子热效率低的调节，一般系属过剩空气系统过大的缘故。在完全燃烧的前提下，适当关小风门或烟道挡板开度。

(5) 炉出口两管温差大的调节:炉出口两管温差大于工艺要求允许值，一般是两管流量产生偏流或炉膛热量分布不均。调节方法为:①调整炉子燃烧，使炉膛热量分布均匀;②调节两管程的流量，将温度高的管程入口阀开大，将温度低的入口阀关小;③关小冷热油掺合阀，增加进炉流量，以避免炉管发生偏流。

（6）加热炉燃烧不稳定的调节：①检查燃油压力，调节燃油系统；②调节风量或蒸汽量，检查风机；③如发现火嘴间燃烧不均匀时，要调节火嘴的开度，检查燃烧不正常的火嘴是否堵塞、偏斜、磨损等；④如果火焰左右摆动，要检查是否缺氧或进汽（风）偏向一侧，此种情况应调节进汽（风）的入口开度；⑤如火焰呈喘动状态，要检查喷油孔是否堵塞，燃料油供油量过小使油温过高，从而造成气阻，检查汽（风）量是否不足；⑥如发现火焰过长时，应调整一、二次风的比例。

（7）炉膛负压偏大调节：①关小烟道挡板；②提高燃油供量。

（8）炉膛负压偏低的调节：①开大烟道挡板；②减少燃油供量；③吹灰并进行炉体堵漏。

（9）烟囱冒黑烟的调节：①关小燃料油阀，开大风门；②提高燃料油温度、清焦。

在运行中要注意炉膛温度和排烟温度。炉膛温度是指炉内烟气由辐射室转向对流室时的温度。在加热炉设计时，辐射段热负荷、辐射管表面热强度确定了炉膛温度的数值，并根据此温度选择炉内材料和检测仪表等。因此，在加热炉运行中我们应控制炉膛温度在要求范围内，不得随意提高。

排烟温度是烟气离开对流段时的温度，也是衡量加热炉运行正常与否的一个重要参数。排烟温度高，大量热量被排入大气，造成能源浪费；排烟温度低，当温度在烟气露点温度以下时，易在炉管外壁结露，产生低温腐蚀，缩短炉管寿命，严重时甚至会造成炉管穿孔的严重事故。因此在运行中，我们不应超负荷运行，也应尽量避免在较低负荷下运行。

**6. 直接加热炉操作岗每班维护保养及要求**

（1）在交班前 1h 要对炉体外观、平台、梯子、栏杆、管件、阀门及附属设备进行清扫、擦洗，做到清洁、无油污、无杂物。

（2）大阀门黄油嘴每 72h 检查一次，并保持罐满。

（3）各阀门丝杆，每 72h 加机油两滴，用油麻布擦一擦，常用阀门活动一至半圈回复原位。

（4）对旋杯式喷油嘴机组两端空心轴，两端轴承每 8h 加机油两滴。

（5）检查管网、阀门、法兰、火嘴等应无渗漏，发现渗漏及时紧固。紧固方法：用板手对称紧固螺栓至不渗漏。如紧固无效，需停炉更换管件或垫片。

（6）保证火嘴无结焦，发现结焦及时清除。清除方法：打开二次风门，用点火棒清除火嘴砖周围油焦。

（7）将本班保养内容写入交接班记录并进行交接。

## 四、加热炉的停炉及切换

### 1. 正常停炉

输油加热炉的正常停炉，多在加热炉计划检修或夏秋地温较高季节中，可以少用加热炉的情况下进行，其步骤如下：

（1）由运行调度提前 6~8h 通知加热炉岗，严格按照先降温、后停炉的顺序进行，先逐渐减少单个喷油（气）嘴的燃油（气）量，再减少喷油（气）嘴的点燃数目，直至全部熄火。如果是燃料油和燃料气混烧，应提前停掉燃料气，并处理好燃料气管线，防止停炉后不好处理。

（2）提前 2~3h 逐渐关小燃料油（气）阀，降温。逐渐停烧火（气）嘴，直到剩下 2~3 个火嘴将炉膛温度降低至 200~300℃。

（3）加热炉停炉过程中，应保持燃料油温度和压力的稳定。燃料油用量较少时，打开循环阀门，但必须注意火嘴前的燃料油压力不能过低。

（4）关闭燃料油(气)阀，熄灭火嘴。同时调节回油阀，勿使燃料油系统超压。

（5）按顺序关闭二次风门和一次风门，蒸汽雾化火嘴则关闭蒸汽阀。对旋杯火嘴停掉电机，待熄火后，应将火嘴退出，并用盖板将火嘴孔挡住。

（6）短时间停炉，可继续保持燃料油循环，以备重新点炉。如需停用燃料油系统，应用蒸汽或水将其彻底吹扫并放空。

（7）停炉后立即关闭烟道挡板和风门、看火孔等所有门孔，以防因急剧冷却而损坏炉体结构。炉膛自然降温。在需要加速冷却时，待炉内缓慢冷却 8~10h（当炉膛温度降到 300℃以下时）后方可打开烟道挡板和风门进行自然通风。当炉膛温度降到 150℃以下时，可根据需要将防爆门、看火孔等打开。

（8）停炉后，炉管内应继续有油流通过（切忌立即关闭进出炉的阀门），使炉膛降到正常温度。如炉管不修理时，可不关进出口阀门，应继续保持管内原油流动，以防管内存油凝结，在进行炉管检修或更换时，待炉膛温度降到 80℃再关闭进出口阀门。

（9）在停炉过程中派专人观察炉管压力变化。

（10）如加热炉长期停用，根据需要，对原油系统和燃料油系统扫线，以防冻凝。

**2. 紧急停炉**

在紧急情况下，不能按正常停炉程序和降温速度进行的停炉为紧急停炉。

（1）加热炉在运行中，如出现下列情况之一者，应进行紧急停炉：

① 原油出口压力、温度突然变化持续上升或偏流超过规定参数，不能消除时。

② 炉管鼓包，明显变形；严重汽化；炉管烧穿（含燃料油预热管），辐射管、对流管破裂。

③ 炉体突然受到严重破坏或炉墙倒塌。

④ 蒸汽雾化炉过热蒸汽管破裂，使炉膛产生正压不能燃烧时。

⑤ 燃料油突然中断，不能燃烧时。

⑥ 烟道挡板故障，维持不了负压时。

⑦ 进出口压力表和温度计失灵，又无其他仪表指示时。

⑧ 突然停泵，或因倒错流程造成原油流动中断，干线油压突然降为零时。

⑨ 发生较严重的二次燃烧。

（2）停炉步骤：

① 立即关闭火嘴，并关闭烟道挡板和调风门等所有门孔；关闭火嘴一、二次风门；关闭事故加热炉燃烧油(气)总阀并报告班长。

② 如果是事故停电造成突然停泵，应使上站来油不经过泵而直接通过加热炉，此时需注意加热炉出口温度，但不需要停炉。

③ 紧急停炉若是因炉管破裂着火，停炉后立即关闭进出口阀门，停止向炉内供油(气)，并立即打开事故炉的紧急放空阀，紧急放空炉管内原油，同时关闭加热炉所有门孔，尽可能杜绝向炉内进氧，然后采取灭火措施。如不是炉管破裂，切忌关闭进出口阀门，以防炉膛内的高温引起炉管内的存油过热，汽化而产生高压，甚至爆炸。

④ 加热炉因故障火嘴突然熄灭时，事实上也属于紧急停炉。此时应立即关闭燃料油

(气)阀门及汽(风)阀门。再次点燃时，应开风(汽)阀进行吹扫10~15min以上，待炉内油气排净后，方可再次点火升温，以防炉内积存的油气在点火时发生爆炸。

（3）紧急停炉要根据实际情况，采取相应措施：

① 停炉后，要注意炉膛温度和燃料油系统及加热炉内存油的置换。

② 停炉后，如需立即关闭进出口阀门，要立即进行放空扫线，以防炉管结焦或过热汽化而发生爆炸。

③ 停炉后，立即关闭烟道挡板和所有风门，进行缓慢均匀冷却，禁止立即打开防爆门、人孔等实行强制通风冷却，以防炉体裂缝变形。

④ 停炉后，如暂时不能启动，要做好炉前燃料油的置换工作，进行放空或扫线，以防原油凝固，影响下次启动。

凡与加热炉连接无法控制的高压仪表管线，不准用物体敲击或用搬手紧固，如需修理，必须办理批准手续。紧急放空池应设置在距加热炉不少于30m的安全地带，油池容积应能储存加热炉管放出的全部容量，周围不准存放易燃物。紧急放空阀要保持完整、灵活、好用，每年至少检查1~2次，要加强维护保养，并配备专用开启工具。

**3. 加热炉的切换**

（1）检查启用炉应处于正常备用状态，依次按规程完成点炉前的检查、准备和点火等各项工作。

（2）按正常点炉步骤点启用炉并逐步按规定升温，同时对待停炉继续逐步降温，升温速度见表21-6-3。炉管内原油流量应不小于设计规定的最低流量。升温过程中应经常观察压力、温度、流量的变化，如有异常应及时处理。

（3）对待停炉压火、降温。待停炉的降温速度应根据启用炉的升温速度进行调整，以保持原油出口温度稳定。

（4）待启用炉运行正常后，按正常停炉步骤停掉待停炉。

（5）待停炉停用后，根据需要，可保持炉内原油继续流动或扫线。

表 21-6-3　加热炉升温速度

| 炉膛温度/℃ | 升温速度/(℃/h) | 炉膛温度/℃ | 升温速度/(℃/h) | 炉膛温度/℃ | 升温速度/(℃/h) |
|---|---|---|---|---|---|
| 40~150 | 5~7 | 150~300 | 10~15 | 730 | 15~20 |

**4. 加热炉并联运行**

（1）并联运行的加热炉原油进出口阀门应保持全开状态，不得关闭。如需调整开度时，应根据流量计的指示或调度令进行，且保持原油流量不小于设计流量值。

（2）并联运行加热炉各台炉原油出口温度偏差不超过2℃。

（3）并联运行的加热炉应保持原油进出口压力的平衡和原油流量的合理分配。

## 五、直接加热炉的吹灰操作

加热炉在运转一段时间后，会在对流段上产生积灰，特别在翅片管上表面更为严重。如不及时清除掉，高温烟气的热量不能被管束吸收而排入大气，因而影响加热炉热效率，并且会增加烟气的流动阻力，将使运行条件恶化。因此在对流段加设吹灰装置，以便及时清理掉灰垢，保证加热炉正常运行。下面只介绍2300kW轻型快装管式炉吹灰操作过程。

**1. 吹灰前的检查**

(1) 空压机油箱和吹灰器涡轮减速箱内的润滑油量,应保持在要求范围内。

(2) 用手盘车 2~3 圈,无卡阻现象,各连接件无松动。

(3) 吹灰器和空压机无漏油、漏气现象。

(4) 储气罐、空压机上的压力表和安全阀在有效检定期内。

(5) 空压机气包内无余压,压力表指示在零刻度线,有余压则泄掉。

(6) 吹灰器行程开关应处于关闭状态。

**2. 吹灰前的准备**

(1) 接通空压机和吹灰器电源。

(2) 关闭储气罐放水阀,打开气管路总阀。

(3) 调整加热炉火焰,炉膛负压增大到 60~80Pa。

**3. 吹灰操作**

(1) 启动空压机空载运转 2~3min 后,关闭放气阀,使储气罐内压力上升。

(2) 当压力升到 0.8MPa 时,启动下部吹灰器进行吹灰。

(3) 当下部吹灰器旋转 180°,停止工作后,观察储气罐内压力上升情况。

(4) 当压力再次上升到 0.8MPa 时启动上部吹灰器进行吹扫。

(5) 当上部吹灰器旋转 180°停止工作后观察烟气颜色,若仍有灰,应重复操作,直到吹尽灰为止。

(6) 若吹灰由于行程开关失灵而不能停止工作时,可按停止按钮,使吹灰器停止,并查找原因,排除故障。

(7) 吹灰完毕后,按下停止按钮,停空压机,并打开储气罐放水阀放水。

(8) 切断吹灰器和空压机电源。

(9) 调整加热炉负压,使炉子恢复正常运行。

为保证加热炉高效运行,加热炉吹灰操作应 8h 最少进行一次。

**4. 吹灰过程中的检查**

(1) 机器声音正常。

(2) 无漏气、漏油、漏电现象。

(3) 电机温度正常。

(4) 加热炉燃烧正常。

(5) 排烟温度无急剧变化。

# 第七节　加热炉的事故处理

在加热炉的操作过程中,由于种种原因,有时可能出现炉管破裂、原料或燃料中断等现象,有回弯头的加热炉会出现回弯头泄漏,以及停电、停气和停风等外界条件的干扰,以致影响加热炉的正常运行,甚至被迫停炉,称为加热炉的事故。

对加热炉的事故处理不当或处理不及时,可能会导致不堪设想的后果。对待事故应以防为主,在正常操作过程中要加强检查、坚守岗位、注意分析,消除事故苗子。如事故一旦发生,就应以冷静的态度分析事故出现的原因,准确而又迅速地采取措施,使事故得到及时的处理，尽快地恢复加热炉的正常操作。

## 一、加热炉原油汽化

**1. 原因**

（1）原油流量过低或断流；

（2）火焰烧到炉管、炉管表面热强度过高；

（3）加热炉管程太多炉管内原油发生偏流。

**2. 现象**

（1）进出炉压力发生异常波动；

（2）原油出口温度升高；

（3）炉管振动或有水击声。

**3. 处理方法**

（1）加大流量，避免在低排量下运行，或调整进出口阀门开度消除偏流；

（2）关小（或部分关闭）燃料油阀并压火降温；

（3）必要时开紧急放空阀，待消除振动或水击后关闭紧急放空阀；

（4）严重汽化时应按紧急停炉处理。

## 二、加热炉"打呛"

炉膛内的可燃性气体不能及时排出炉外，当达到一定浓度时，在一定温度下将产生爆炸着火，称之为炉膛爆喷或"打呛"。爆喷时能量很大，轻者防爆门打开，大量烟尘排出炉外，重者可将防爆门处炉墙震坏，圈梁震碎，炉顶盖板炸开，甚至可将炉管焊缝震开，漏油着火。因此，在运行中应严防发生炉膛"打呛"爆喷事故。

**1. 原因**

（1）加热炉发生熄火，未被及时发现，当继续往炉内喷燃油时由于燃油在炉膛高温下汽化，达到一定浓度时爆炸着火；

（2）加热炉运行中，由于雾化不好，大量未完全燃烧的油滴落在对流炉管上，温度过高时，产生二次燃烧，严重的会产生爆炸；

（3）加热炉熄火后，炉内进入燃油，虽经排放，但不干净，二次点火时，也会引起爆喷；

（4）炉管穿孔或破裂，大量原油流到炉膛产生着火爆炸；

（5）炉超负荷运行，或烟道挡板开度小，烟气排不出去。

**2. 处理方法**

（1）停炉查找原因；

（2）加强工作责任心，勤观察，多检查，发现灭火、雾化不好、炉管漏油等现象，要及时处理；

（3）清除炉内积存的可燃物；

（4）开大烟道挡板；

（5）加强通风，用空气或雾化气吹扫炉膛，将可燃气体排出炉外；

（6）按点火程序重新点火；

（7）尽量避免加热炉超负荷运行。

## 三、加热炉凝管

主要是停炉期间已经凝管，启动前没有发现。

**1. 判断**

（1）出炉油温明显低于进站油温；

（2）向炉管内充油时听不见过油声；

（3）进炉压力表读数升高。

**2. 处理原则**

能导通管线，又不损坏设备。

**3. 处理方法**

（1）炉管冻凝时，在炉内烧木柴烘炉，也可点一个火嘴小火焰，当管壁温度超过100℃后即灭火焖炉，当温度下降到40℃左右再次点炉，直至凝油溶化；

（2）进出炉阀门处凝管时，一般采用蒸汽（或热水）烫管外壁，也可采用压力挤顶，但要注意避免刺开法兰垫片，处理一个过程后，如发现进出炉油温没有上升迹象，即保持小火焰继续烘炉，直至出炉温度恢复正常。

## 四、燃烧器"回火"

**1. 现象**

火嘴突然向外喷火，并伴有声音，严重时炉体损坏。

**2. 原因**

（1）油风比例调节不当；

（2）火嘴砖结焦，造成火嘴堵塞；

（3）雾化剂量过大；

（4）火嘴偏斜；

（5）烟道挡板开得过小或关死；

（6）炉子超负荷运行，烟气排不出去。

**2. 处理办法**

（1）关闭火嘴，查明原因，适当调整油风比例；

（2）清洗或清理火嘴和火嘴砖；

（3）调节好油风比例（适当关小风门）；

（4）停炉校正火嘴；

（5）按点火程序重新点火；

（6）调节烟道挡板的开度，严格控制炉子的负压；

（7）不能超负荷运行。

## 五、二次燃烧

**1. 现象**

（1）炉膛温度升高，烟囱冒黑烟，炉膛底部着火；

（2）如在对流室发生，则烟道温度升高，炉膛发暗，烟囱冒黑烟。

**2. 原因**

（1）火嘴雾化不好，燃油未能充分燃烧落入炉膛底部，在高温作用下重新燃烧；

（2）火嘴熄灭未及时发现，喷入炉膛油量过多，引起二次燃烧；

（3）对流室积炭过多，炉膛温度过高；辐射室过剩空气系数大，对流室积炭二次燃烧。

**3. 处理办法**

一般可缩小火焰加大通风量，严重时应停炉，关火嘴，适当关小烟道挡板、风门、调风器等，让积油继续燃烧，燃尽为止。必要时用消防蒸汽进行炉内灭火。灭火后清除油污，重新点火。

## 六、热水炉汽化

### 1. 原因

（1）给水量过低；

（2）给水温度过高；

（3）热水管路堵塞或热水泵抽空；

（4）炉内发生二次燃烧。

### 2. 现象

（1）水管有水击声振动；

（2）水出口温度高于100℃。

### 3. 处理方法

（1）加大热水给水量；

（2）高点排汽；

（3）加热炉压火、降温或停炉处理。

## 七、原油出炉温度突然上升

### 1. 原因

（1）停泵或排量突然下降，多管程炉管发生偏流；

（2）进出口阀门板脱落；

（3）燃料油阀门突然开度过大；

（4）二次燃烧。

### 2. 处理方法

（1）启泵（加大排量）；

（2）检查和修理阀门；

（3）关小燃料油阀，调小火焰；

（4）调整偏流，关小未发生偏流的加热炉出口阀门或将偏流的加热炉压火或停炉；

（5）调整油风比例，防止二次燃烧。

## 八、原油出炉温度突然大幅度下降

### 1. 原因

（1）出口管线突然破裂；

（2）干线突然破裂。

### 2. 处理方法

（1）紧急停炉、停泵；

（2）倒全越站流程；

（3）抢修管线。

## 九、炉管破裂穿孔

### 1. 原因

炉管腐蚀破裂穿孔是加热炉的恶性事故。运行中的炉子发生炉管腐蚀穿孔，往往会在短时间内使整台炉子报废。加热炉炉管发生腐蚀的主要原因有：

（1）高温氧化。炉管外壁的高温氧化主要是炉管表面局部过热，时间一久，炉管表面产生蠕变而发生龟裂，呈现鳞片状的大面积脱落，严重情况下造成破裂漏油。

（2）低温腐蚀。含硫燃料燃烧后产生二氧化硫，二氧化硫在高温下继续氧化成三氧化硫。当温度较高时三氧化硫随烟气排出炉外，但当烟气温度低于200℃时，在管壁表面产生冷凝水（结露），冷凝水和烟气中的三氧化硫和水蒸气化合，形成稀硫酸，腐蚀炉管。这类腐蚀主要发生在烟气温度较低的对流室。在管壁表面产生冷凝水（结露）的温度称为露点温度，所发生的腐蚀叫低温腐蚀，炉管的低温腐蚀主要出现在温度较低的对流段。

（3）由于排量大幅减少，或误操作或多管程加热炉发生偏流导致加热炉管内通过原油量过低，或火焰扑烧炉管，造成炉管局部过热，将炉管烧穿。

（4）炉管材质不好，受冲蚀和腐蚀作用产生砂眼或裂口。

**2. 现象**

（1）烟囱和炉内产生大量黑烟；

（2）炉膛温度明显升高；

（3）加热炉炉管内原油出口压力下降；

（4）炉膛发暗；

（5）炉膛有火柱；

（6）破裂不严重时，炉膛温度、烟气温度均匀上升，炉管局部破裂处滴油或淌油，在炉膛内燃烧；

（7）破裂严重时，管内油品或其他介质大量地从炉管内的局部破裂处喷出，在炉膛里燃烧，烟气从看火孔、人孔等处冒出，烟囱大量冒黑烟，炉膛温度、烟气温度急剧升高。

**3. 处理方法**

（1）关闭事故炉燃油总阀并报告班长；

（2）关闭事故炉的进、出口阀门；

（3）打开事故炉的紧急放空阀，进行炉管放空；

（4）打开事故炉的炉管扫线阀，进行炉管扫线；

（5）利用蒸汽及所有消防灭火器材进行灭火。

为了减少炉管的高温氧化减轻炉管腐蚀，加热炉操作时：①要防止火焰直接烧到炉管；②加热炉的热负荷要保持中、高负荷运行，防止因偏流而产生炉管局部过热；③为减少低温腐蚀尽量控制排烟温度在200℃以上。

## 十、炉膛着火和爆炸

**1. 原因**

（1）在正常运行中，炉子突然灭火（或火嘴部分突然熄灭）而未发现，使炉内进入燃料油或天然气，由于炉膛温度很高，燃油蒸发为油气或天然气达到一定浓度（爆炸极限）后，就会造成爆炸；

（2）炉子熄火后，炉内有未燃烧尽的燃油，在炉膛高温下，变为油蒸气，如遇明火或二次点火，炉内油气未排尽造成爆炸；

（3）加热炉正常运行中，由于雾化不好，大量未完全燃烧的原油聚集在对流管上，温度过高产生二次燃烧，严重的会引起爆炸；

（4）炉管破裂，大量原油进入炉膛着火爆炸；

（5）炉管内存油过热、汽化膨胀，爆裂炉管。

**2. 处理方法**

（1）进行紧急停炉，关闭所有火嘴；

（2）切断临近电源并报告值班班长；

（3）如因爆炸引起炉管破裂跑油应迅速关闭事故炉进出口阀，并进行放空、扫线；

（4）如因爆炸引起火灾，应组织人员利用所有消防设施进行灭火。

着火是加热炉的重大事故，通常是由于辐射管或对流段破裂，大量原油在炉内燃烧，因管内油压较高，一般情况下火势发展较快，不易控制。遇此情况，运行人员一定要沉着冷静，首先关闭所有火嘴，查着火点，判断着火原因，迅速采取措施，如是辐射管或对流管漏油，应立即关闭原油进出炉阀门，同时打开紧急放空阀，再行扑火；如是燃料油加热管线破裂，切不可中断炉子油流，应立即关闭燃料油来油和回油总阀。

炉子着火事故虽大，但若处理及时、准确，还不至于不可控制。但从输油加热炉发生的几次着火事故来看，有近一半以上是处理不及时或判断失误。如××站加热炉辐射管破裂，引起冲天大火，运行工一时不知该做何处理，竟继续让炉子走油达15min以上，后来关闭了进出炉阀门，又误开了另一台炉子的紧急放空阀，结果着火炉子的炉管内油因受高温而产生高压，再次爆破。又如××站一加热炉炉膛顶部着火，运行人员误以为是炉管破裂，随即关闭了进出炉阀门，打开了紧急放空阀。对流管外部沉积的油焦在高温下开始燃烧，因管内无冷却介质通过，造成对流管熔化，事后才发现是燃油线上出问题，结果一次判断失误，酿成重大损失。

例如铁岭至秦皇岛输油管道某站的两座加热炉，曾发生爆炸着火事故。其主要原因是由于辐射室采用四管程立管排列、各管程又无压力和温度控制，在流量较低的情况下产生偏流、气阻和局部过热，直至烧穿炉管漏油着火。与这台着火加热炉相邻（共用一个主烟道）的加热炉，由于在炉温很高情况下关闭了炉进出油阀门，使炉管内存油过热，急剧升温，汽化并导致炉管爆炸。

加热炉着火、爆炸是严重事故，必须在设计、施工和操作管理上采取有效措施，防止这类事故的发生。设计加热炉结构必须合理，辐射室不宜超过两管程，以免因管程过多又无法控制每个管程的流量、压力和温度，以致因流量过小发生偏流、气阻甚至烧穿炉管。火嘴布置要合理，避免火焰烧至炉管。在施工方面要确保炉管的焊接质量，炉管试压要严格认真。在操作管理上必须加强责任心，及时发现加热炉灭火等异常现象。点火、停炉等操作必须严格按规程办理，并尽可能避免加热炉在低排量下运行。一旦发生事故，要冷静地按上述要求处理，严防因误操作导致事故的扩大。

## 十一、进出炉阀门法兰垫子刺穿、原油压力表弹簧管脱焊

**1. 原因**

（1）加热炉停炉后在炉膛温度没降到规定温度之前就关闭进出炉阀门，使炉管内油温急剧上升而汽化、膨胀，造成憋压刺破炉内侧垫子而漏油；

（2）法兰垫损坏或法兰螺丝松动等原因，也能造成垫子刺穿；

（3）超压及压力表弹簧管脱焊造成喷油。

**2. 处理方法**

（1）加热炉紧急停炉（包括所有运行炉）；

（2）向中心调度汇报，请示倒热力越站或全越站流程；

（3）炉内侧垫子刺穿时，则在倒热力越站流程后，关严炉的进出口阀，开炉的紧急放空阀，将炉管内原油排空降压；

（4）倒全越站流程时，为防止站内原油系统压力超高，应做好泄压准备；

（5）准备好消防器材，一旦着火应迅速灭火。

## 十二、加热炉停电

### 1. 原因

供电系统停电而短时间内又不能恢复。

### 2. 处理方法

（1）关闭燃料油总阀，防止来电后燃料油大量喷入炉膛；

（2）关闭火嘴一、二次风门及看火孔；

（3）保持原油在炉管内流动，缓慢降温，以备重新点炉；

（4）报告调度，在调度的统一指挥下倒热力越站流程；

（5）填写停电时间、原因及运行记录；

（6）长时间停电，应降燃料油管线放空并扫线；

（7）将仪表由自动改手动，如仅是仪表电中断，将仪表由自动改手动用风压调节。

## 十三、通风机风压及风量不足

### 1. 原因

（1）进、出风道挡板或网罩堵塞；

（2）送风管道破裂或法兰泄漏；

（3）叶轮、机壳或密封圈磨损；

（3）旋转方向不对或旋转圈数不够；

（4）空气压缩机发生故障。

### 2. 处理方法

（1）检查并排除杂物；

（2）焊补破裂口或更换法兰垫片；

（3）更换或焊补损坏部位；

（4）改变转向或增加转数；

（5）排除压缩机故障。

## 十四、加热炉火嘴砖结焦

### 1. 原因

（1）火嘴位置不正，造成火焰偏烧，活火嘴喷射角大于火嘴砖放射角，燃油喷在火嘴砖上，形成结焦；

（2）火嘴问题造成燃油雾化不好，引起结焦；

（3）燃油黏度大或含杂质、含水高，造成雾化不好而引起结焦；

（4）雾化剂量小温度低，造成结焦；

（5）通风不足，调风器调节不当，造成雾化不好而引起结焦。

### 2. 处理方法

（1）调整好火嘴位置；

（2）火嘴要定期检查和清洗；

（3）提高燃油温度，有条件进行燃油脱水和过滤；

（4）提高雾化剂温度，控制雾化剂量的稳定；

（5）调节空气量，确保燃烧正常。

## 十五、炉管结焦

长距离原油输送管道加热炉，由于加热油温较低（在 70℃以下），一般不易引起炉管结焦，但由于炉子辐射段多为双管程，且没有装流量表，如遇输量过低，阀门开度不一致，出现偏流，炉管产生局部过热，由此可能造成炉管结焦的现象。但操作不当也会引起结焦，如排量过低，炉管产生局部过热，偏流和气阻会引起局部过热，管内停流后存油过热汽化，使原油中重组分焦化等均可引起炉管结焦。

例如：某输油管线从 1981 年到 1983 年先后发现四台炉子辐射管有结焦现象，其中 XX 站 3#炉和 XX 站 1#炉因结焦爆管引起大火，造成整台炉子报废。XX 站 2#炉因通过的原油流量低，原油汽化，炉管变形，在大修时发现结焦厚度达 40 多毫米。因此，输油量过低时，必须相应地降低炉膛温度，预防产生偏流和气阻。在点炉、停炉操作时，严禁关闭进出炉阀门（炉管破裂除外），以防死油过热结焦，或过热膨胀胀裂炉管。

# 第二十二章 原油间接加热技术

## 第一节 热媒炉系统

热媒炉炉管内流动的是一种载热介质，它先后流经对流段和辐射段炉管，升高温度而带走加热炉炉膛和烟道中燃烧产物的热量。载热介质离开加热炉，流入换热器将大部分热量传给原油，把原油加热到输送所需的温度。冷却后的载热介质再送回加热炉吸收热量，完成了对原油的间接加热。载热介质所起的作用只是将加热炉中燃料燃烧所产生的热量传递给原油的中间媒介作用而已。故习惯上称这样的载热介质为热媒。

直接加热原油的原油加热炉系统简单，但加热炉热效率低，炉体体积大，炉管易结焦，特别在原油流量变化幅度大的变工况时更为严重。改为热媒加热炉后，原油加热的热量是由热媒加热而间接取得。采用较高温度时热稳定性良好的热媒可以避免结焦，热媒温升大，可以用较少数量热媒吸收加热炉中燃料放出的热量，使得热媒加热炉体积缩小，热媒加热炉可以经常在正常工况下运行。热媒炉的系统热效率可以达到91%左右，而且热媒的流量不受外界的干扰，容易实现自动控制，尤其适合恶劣自然条件地区泵站的无人值守、远距离自动控制泵站的加热炉。

### 一、具有热媒加热炉的原油加热系统

整套原油加热装置可以分为压缩空气供给系统、热媒加热炉系统、热媒-原油换热系统和热媒稳定供给系统四大主要系统和一些辅助系统。为了保证在不同输油量的工况下，整套装置都能安全经济地运行，上述四个系统内都有若干台设备并联工作，根据输油负荷的变化，装置配用的电子计算机启动全部或一部分设备工作。管线上的各个加热站由于需要的加热原油热负荷的不同，各个系统内配置的设备台数也各不相同。

图22-1-1给出的是CE-NATCO公司热媒炉操作手册上提供的整套装置系统流程图，其中每一系统只画出并联工作设备中的一个，主要说明工作过程和每一系统之间的相互关系。没有画出流程中的测量、控制装置以及阀件等元件。由图可知，整套装置大体上可分为四个组成部分(即四个系统)。美国燃烧工程公司提供的图纸也是按这四个系统，分为四大组合托架(撬装架)。图22-1-2给出的是管道局廊坊机械厂生产的RML-Ⅱ型工艺流程图，图中给出了测量、控制装置及阀件。

#### 1. 压缩空气供给系统

整套原油加热系统中所有装置需要的压缩空气，除了热媒加热炉燃烧用的空气由一台单独鼓风机供给以外，其余的均由压缩空气供给系统提供。系统内主要设备有空气压缩机机组、冷却器、空气储罐、过滤器和干燥器等。

图22-1-3是中间站(昌邑)压缩空气供给系统流程简图。由流程图可见，压缩空气分成三股。

1) 吹灰用的压缩空气

热媒加热炉对流段装有六台吹灰器，定时用压缩空气吹扫对流段内对流管束外表面上的

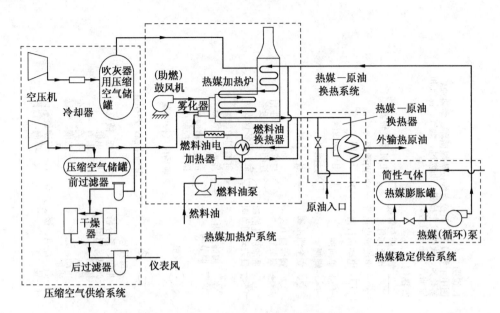

图 22-1-1　CE-NATCO 热媒炉系统流程图

积灰。为了强化对流段内的热量交换,有一部分对流管束采用了增大换热面积的翅片管,它比光管更易积灰积渣。积灰不仅会影响对流段传热效果,而且会增大烟气流动阻力,使加热炉的运行条件大大恶化。

吹灰器使用的压缩空气压力范围为 0.689~1.034MPa(表压)。吹灰用的空气质量要求不高,单独由一台空气压缩机(图22-1-3中的 C-4901)供给,经一风扇空气冷却器,把压缩后的空气冷却后储存在一空气储罐内备用。储罐为立式,其直径×高度为 1371.6mm×3962.4mm。储罐上端安全阀整定在 1.929MPa(表压)。

2)燃料油雾化用的压缩空气

热媒加热炉使用液体燃料(轻质油或重质油),为了让燃料油完全燃烧,燃烧前先把燃料油雾化成平均直径为 0.1~0.25mm 的油雾。热媒加热炉雾化器所用的雾化介质是压缩空气,工作压力范围为 0.689~1.034MPa(表压)。由图 22-1-3 可知,雾化空气由另一台空气压缩机(C-4900)供给。雾化空气质量要求亦不高,只需把压缩机出口空气经后冷却器(FF-4900)冷却后即可使用。一般雾化风压力不能低于 0.2MPa,否则雾化油颗粒太大,燃烧效果严重变坏;雾化风压力也不能过高,否则会通过火嘴抬高整个燃料油系统的压力。由于该空压机还需提供仪表风,所以中间设置另一卧式空气储罐(V-4900)。

3)仪表控制用的压缩空气(通常称仪表风)

整套装置的启动、运行和停车都是自动控制的。这是由一系列测量、调节装置,通过一台专用计算机实现的。现场上使用的测量仪表、调节阀门等大多采用气动元件,因此保证供给符合要求的气源是实现安全经济运行的重要条件之一。仪表和调节装置上气动元件要求压缩空气有足够的压力[大于 0.1MPa(表压)],同时空气必须是干燥、无杂质的。

如图 22-1-3 所示,为了得到高质量的压缩空气,让它先后经过前过滤器、干燥器和后过滤器,并通过压力调节阀,保证仪表风无水、无杂质、定压。雾化和仪表控制用的压缩空气来自同一空气压缩机(图 22-1-3 中的 C-4900)。

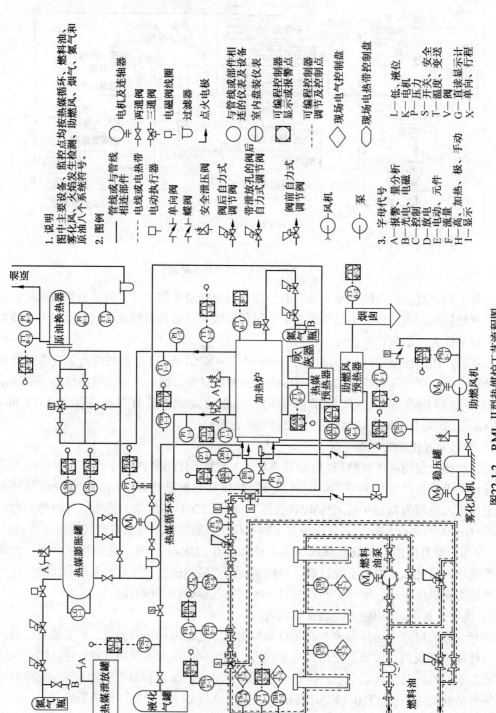

图22-1-2 RML-Ⅱ型热媒炉工艺流程图

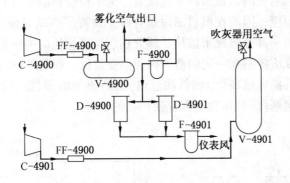

图 22-1-3　压缩空气供给系统流程图(昌邑站)

C-4900, C-4901—空气压缩机; D-4900, D-4901—干燥器; F-4900, F-4901—前、后过滤器;

FF-4900—后过滤器; V-4900—雾化用和仪表用压缩空气储罐; V-4901—吹灰用压缩空气储罐

### 2. 热媒加热炉系统

　　热媒加热炉系统是原油加热系统整套装置的主要组成部分。图 22-1-4 为国外引进的热媒加热炉外形略图。整个热媒加热炉由燃烧设备、辐射段(亦称炉膛)、过渡段、对流段(这两部分亦称烟道)和烟囱组成。一般热媒炉的炉膛采用螺旋盘管式，螺旋管用 $\phi154×7mm$ 无缝碳素钢管焊接制成(见图 22-1-5)。炉管压力降为 0.12MPa 左右，炉管承压能力 1.05MPa，炉体呈卧式圆筒体，内衬陶瓷纤维毡。螺旋炉管中间的圆柱形空间作炉膛(辐射室)，螺旋炉管外壁与圆筒形外壳之间的环形空间为对流室。

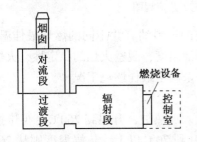

图 22-1-4　热媒加热炉外形略图

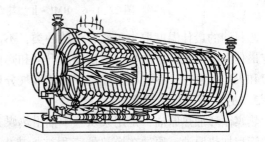

图 22-1-5　热媒加热炉炉膛结构示意图

　　加热炉所用的火嘴是旋流喷嘴，由风箱空气旋流器、燃烧室和雾化室组成。采用电动连杆调节器带动火嘴、进风蝶阀对燃料油和助燃风进行非常好的比例调节，以改变炉温，使过剩空气量为 5% ~ 15%，保持热媒温度在给定值。当发热量在 5800kW 时，耗燃油量为 685kg/h。

　　热媒加热炉系统除了主要设备热媒加热炉以外，还有燃料油换热器、燃料油电加热器、燃料油泵和供给燃烧用空气的鼓风机(或称送风机)。不同热负荷的热媒加热炉配用不同的燃料油泵、燃料油加热器和送风机。东一黄管线上各加热站引进的热媒加热炉有大小两种类型，大的 5800kW，小的为 3500kW；东北输油管道局从美国 Eclipse 公司引进的热媒加热炉的热负荷为 4650kW。图 22-1-6 是 RML-Ⅱ4650kW 热媒加热炉系统的工艺流程简图。以下流程操作就以 RML-Ⅱ4650kW 热媒加热炉为例说明。

　　热媒加热炉用天然气点火(由点火变压器实现电火花点火)。引燃以后再由主燃烧器送入雾化好的燃料油和送风机吹入的空气，将引燃火焰扩大为主要燃烧火焰。显然，点火前热媒加热炉内热媒已经在需要的流量条件下流动着。为了使燃料油有良好的完全燃烧，先要把燃料油预热到适当的温度，因而在燃料油输送管路中设置了启动时使用的燃料油电加热器。正常运行的燃料油则由一部分热媒来加热。部分热媒与燃烧油的换热是在燃料油换热器中完成的。燃料油预热温度应控制在一定的范围内，温度过低，燃料油黏度过大，会影响雾化质量，因而使燃烧恶化，温度过高（即燃料油过热）会造成油的蒸发或闪蒸，引起炉膛火焰脉动或燃料油换热器的堵塞（碳残留物积聚在换热器的盘管上）。

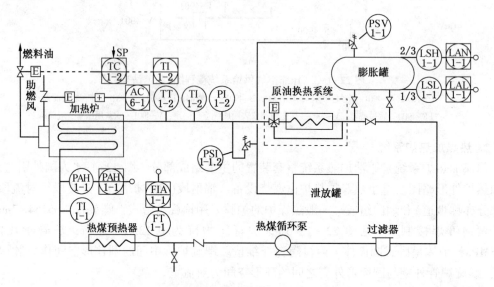

图 22-1-6　RML-Ⅱ型热媒炉系统工艺流程图

燃料油的最佳温度取决于燃料油的种类，不同种类的燃料油有其不同的燃烧最佳温度，确定最佳温度的最好方法是反复试验。升高和降低燃料油温度，观察火焰的稳定性、火焰的长短和火焰的颜色，并且根据燃烧产物的烟气分析结果来确定最佳燃烧工况。

### 3. 热媒-原油换热器系统

热媒循环加热原油，是用泵从罐中抽出热媒升压送入加热炉，升温到260℃，再进换热器的管程加热原油，原油在换热器壳程被加热由40℃升到70℃以上，热媒温度则从260℃降到200℃再返回到热媒膨胀罐完成一个加热循环。其循环如图22-1-7所示。间接加热系

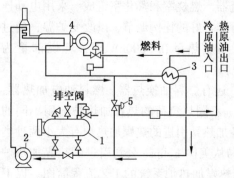

图 22-1-7　间接加热循环系统

1—热媒膨胀罐；2—循环泵；3—换热器；
4—热媒加热炉；5—换热器三通阀

统中有两套温度控制器（其中一套是热媒温度控制器，另一套是输出原油温度控制器），可以达到快速反应。在运行中如果上站停输或减小排量，换热器中原油流量变小，原油温度升高，高于原油控制的给定温度，温度控制器动作便自动开大换热器的热媒旁通阀门，减少进入换热器的热媒数量，使原油温度降到给定值。相反，如果输油量增大，原油温度低于给定值时，温度控制器也动作，自动关小换热器旁通阀门，增大进入换热器的热媒流量，用来提高原油的温度。如果旁通阀门已关死尚不足以提高到预定油温，此时热媒温度下降，热媒温度控制器动作，自动开大加热炉燃料阀门，提高炉膛温

度,而使热媒温度升高,直到原油温度升到给定温度数值为止。

为了提高换热器功率,减少热损失,换热器外表面敷设3in厚的保温材料,热媒进出管线亦覆盖2in厚的保温材料。热媒进出口之间装有两条旁路,一条是由原油出口温度控制的自动旁路,另一条则是人工操作阀门的旁路。如果加热后的原油温度过高,则自动或手动打开旁路,使得进入换热器的热媒流量减少。

除了外输原油加热外,站内储罐原油也需保持适当的温度,因此各加热站设置了容量和台数不等的储罐原油循环换热器。实际上,储罐原油循环换热器的作用相当于外输原油换热器的初级加热,降低了外输原油换热器的热负荷,取消了原油的储罐内盘管蒸汽加热设备。

### 4. 火焰发生检测系统

#### 1)工作原理

火焰发生检测系统如图22-1-8所示。可以看出,引燃火的建立是由变压器 $DT_{4-1}$、点火电极 $DH_{4-1}$ 和电磁阀 $BV_{4-1}$ 的带电实现的。手动阀 $HV_{4-1}$ 季节停炉时关闭,运行时常开。由火焰检测器 $BE_{4-1}$、火焰信号转换器 $BSI_{4-1}$ 和控制器 $BA_{4-1}$ 给出的开关量用于火焰信号检测。从建立引燃火开始,如果发现炉膛内无火,立刻产生停炉控制信号。

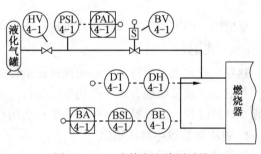

图22-1-8 火焰发生检测系统

#### 2)运行注意事项

(1)冬季要注意液化气罐的保温,防止液化气罐压力低无法启炉。

(2)炉运行期间,液化气罐不要拆下,手动阀 $HV_{4-1}$ 也不能关闭,否则会破坏热媒炉自动启炉功能。

### 5. 氮气保护系统

热媒在整套原油加热装置中起着载热介质的作用而在系统中循环使用。它的物理化学性能稳定与否对系统安全可靠运行是至关重要的。

作为热媒的基本要求是在工作温度范围内呈液体状态,易泵送,有较大的比热和导热系数。满足这些基本要求的液体主要是碳氢化合物(有机化合物)。一般有机化合物与空气接触容易氧化而变质,因此要使热媒热物理性质稳定,循环系统应该是密闭的。考虑到热媒的热膨胀和蒸气压随温度升高而升高,因而热媒循环系统设置有膨胀罐,膨胀罐内充以惰性气体(氮气)作为覆盖层,防止热媒与空气相接触而氧化。

氮气保护系统流程如图22-1-9所示。氮气保护系统有两个回路,第一个回路是用于热媒膨胀罐氮气覆盖,防止热媒氧化;第二个回路是用于出炉烟气超高停炉时向炉膛喷放氮气。第一个回路具体工作过程是:由氮气瓶产生的高压氮气通过自力式调节阀 $PICV_{7-1}$ 减压至0.5MPa,再通过

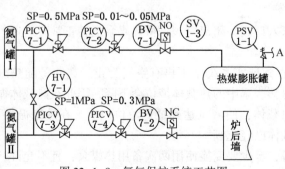

图22-1-9 氮气保护系统工艺图

自力式调节阀 $PICV_{7-2}$ 减压至 $0.01\sim0.05MPa$，然后通过常开电磁阀送到热媒膨胀罐替代空气作为缓冲气体，同时起防止热媒氧化的作用。安全阀 $PSV_{1-1}$ 用于防止氮气超压。当压力升至 $0.1MPa$ 时开阀，降至 $0.08MPa$ 时关阀。第二个回路，由氮气瓶内的高压氮气通过自力式调节阀 $PICV_{7-3}$ 减压至 $1MPa$，再通过自力式调节阀 $PICV_{7-4}$ 减压至 $0.3MPa$。电磁阀 $BV_{7-2}$ 为常关电磁阀。当出现加热炉烟气温度超高时，控制器使 $BV_{7-1}$ 与 $BV_{7-2}$ 同时关与开，这样既能防止因热媒膨胀罐带压使热媒过多地从炉膛破裂盘管中流出，又能向炉膛内迅速喷氮气，扑灭火焰。

# 第二节　燃气热媒炉的操作及维护保养

以中国石油天然气管道局廊坊机械厂生产的热媒炉为例。

## 一、试运行

热媒炉投入正常运行前，必须经过试运行阶段。试运行应编制试运行大纲，成立运行小组，并对小组成员明确分工，严格按试运行大纲运行。试运行由单机试运转达到合格和加注热媒、导通流程、建立循环、热介质炉点火运行、热媒脱气脱水脱低沸点物等步骤组成。

**1. 首次向装置中加注热媒**

打开热媒循环子系统中的阀门和放空阀，将注油子系统中的注油橡胶管插入导热油油桶中，关闭管线中阀门及各排污口阀门，打开阀门，利用注油泵从注油口将油桶中的热媒抽出注入膨胀罐中。利用高度差热媒会从膨胀罐注入整个装置，直至达到导热油罐要求的最低液位以上为止。注油过程中，装置中的放空装置都应打开，以便使其中的空气能够排出去；且各放空口应有专人监视，防止热媒泄漏。当确认热媒灌满装置时（各放空口有热媒流出），关闭各放空阀。

注油过程中，应安排专人对整个装置的设备、附件、阀门及各连接处进行检查，如有泄漏应及时处理；泄漏严重时，应停止向系统注油。

**2. 导通流程，建立循环，进一步排气**

本步骤目的是建立热媒循环，排出管线和设备中的气体，避免气体在装置中影响正常运行。步骤如下：

（1）按工艺流程图导通热媒循环流程，使热载体通过膨胀罐循环。

（2）按热媒泵使用说明书的要求启动热媒泵，建立热载体循环，通过膨胀罐及管线排出管线中的气体。

注意：

（1）启动热媒循环泵时，应打开热媒入口阀关闭出口阀，待热媒泵运转正常时迅速打开泵的出口阀。

（2）通过膨胀罐冷态循环热媒 $8h$，直到证实系统中不再有空气为止。空气是随热载体循环时一起进入膨胀罐并被排放掉，这时膨胀罐中的热载体液位会下降，因此在热载体循环过程中要不断地由注油泵向膨胀罐补充热载体，使液位达到最低液位以上。在冷态循环下，膨胀罐中热载体液面稳定表明装置中热载体已经充满。

（3）在此过程中，热媒泵为一用一备，至少要变换使用两次备用热媒泵；且不允许两台热媒泵同时运行。

**3. 向氮气储罐内充入氮气**

本步骤是为点炉做准备，当炉膛意外着火时以备灭火。步骤如下：

（1）先校准用来从氮气瓶向氮气储罐充入氮气的减压阀，使其阀后压力（减压后的压力）为 1.0MPa。

（2）用带有减压阀的软管连接氮气瓶与氮气储罐，先打开氮气瓶上的角阀，再打开氮气储罐上的入口球阀。

（3）当氮气储罐上的压力表显示为 1.0MPa 时，先关闭氮气瓶上的角阀，再关闭氮气储罐上的球阀。

**4. 试运行热介质加热炉，热媒脱水，脱低沸点物**

1）点炉前的注意事项

（1）检查整个装置是否安装完毕，所有设备、电器、仪表、燃油管路是否已经接好，并经过检查达到合格要求。

（2）检查燃烧器、热媒泵等转向及运转正常。

（3）检查各膨胀节上的螺栓是否已松开，处于不受力状态。

（4）检查各阀门开关状态是否符合脱水流程的要求。

（5）检查火嘴是否对正炉子中心线，即火焰不能接触炉管。

（6）检查所有温度、压力开关报警参数设定值是否合适。

（7）检查各仪表电器设备电源开关设置是否合适。

（8）检查各仪表自动-手动开关设置是否合适。

（9）各仪表运行参数设置是否合适。

（10）根据各单体运转使用说明书，掌握操作要求及注意事项。

2）点火前的准备工作

（1）依据工艺流程图建立脱水流程，即使导热油通过膨胀罐循环。

（2）启动热媒泵，建立被加热介质循环。

（3）检查各辅机是否处于可启动状态。

（4）检查仪表自动点火时序是否正常。

（5）打开为灭火系统供气的氮气储罐球阀，为氮气灭火操作做好准备。若炉膛内意外着火，微机即可发出指令，打开灭火电磁阀，实现灭火操作。

（6）导通燃气管线，观察燃烧子系统压力表显示值是否符合燃烧器要求，若不符合要求应予以校正。

3）加热炉试运行步骤

每台热媒炉安装有一台燃油（气）燃烧器，该燃烧器由燃烧控制器、紫外线火焰探测器、引火电磁阀、高压脉冲打火器、主燃料电磁阀和风门装置等构成，燃烧器控制电路与控制器外部控制电路通过信号电缆进行连接。

现场检测仪表包括一体化温变、差压流量计、温度开关、差压开关和液位开关等；现场的电动执行机构包括换热器处的电动三通调节阀和电磁阀。

（1）顺序点火

采用先点引火、后点主火的自动点火程序。全过程由燃烧控制器管理。

首先进行人工准备工作：开启热媒泵，建立热媒循环；检查安全保护系统，确保无联锁状态。

启动点火系统，按以下顺序进行点火：

① 开机上电后，检查联锁状态。若仍有联锁未被解除，则系统停留在本状态。

② 若无联锁则开始吹扫炉膛，此时风机启动，联动风门完全打开，充分吹扫炉膛，确保无燃料残留。此过程历时可设定 10~15min，时间到后逐渐关闭联动风门，准备点火。

③ 点引火阶段，两个引火燃料电磁阀打开，将少量燃料经风门间隙喷入燃烧室，同时点火器持续产生高压脉冲火花，将燃料点着。当探测器检测到较强的火焰信号后，说明引火确实已存在，再经延时稳定后进入下一阶段。如火焰信号很弱，说明引火不稳，不能送入主燃料，自动联锁，返回原始状态。必须重新拨动一次燃烧控制器开关，重复上述过程直至稳定点着引火。

④ 点主火阶段，主燃料电磁阀导通，主燃料通过风门间隙喷入燃烧器并被引着。

⑤ 进入正常运行阶段，两支路引火电磁阀关闭。

在上述任何阶段，只要出现联锁状态都会按停炉程序处理。

（2）自动报警和停炉保护

当热媒炉运行或停炉复位时，若热媒炉运行条件不满足，控制器检测到报警信号后，就自动进入停炉程序，并给出相应报警信息提示（声音和代码），供操作人员判断并处理故障。

（3）自动顺序启停炉

在设备条件及参数满足启炉条件的情况下，可编程控制器接受启炉信号后，执行启炉程序，按启炉时序启动相关设备实现自动启炉。在设备条件不满足正常运行要求或运行参数越限的情况下，可编程控制器自动执行停炉顺控程序，实现自动停炉，同时锁定第一报警点，并发出声、光报警。在启炉过程以及热媒炉正常运行过程中，可编程控制器检测到外部设备或运行参数不满足条件或有手动停炉信号时，微机将执行停炉顺控程序，它包括故障停炉、手动停炉和紧急停炉。

（4）温度自动调节

原油换热器原油出口温度通过现场一体化温变的检测，将信号传入控制器，在其内部与原油温度设定值进行比较，经 PID 运算后，通过输出 4~20mA 模拟电流控制三通调节阀开度，从而控制热媒流量，达到调节原油出口温度的目的。

随加热炉点火程序的运行，建立正常火焰后，逐渐加大风机供风量，并根据燃烧及负荷情况，调节风量。

（5）增加加热炉负荷进行操作

燃烧正常后，增加加热炉负荷，分别进行热媒脱水、脱低沸点物操作。

注意：炉膛温升速度不宜过快，第一次点炉时，应控制在 100℃/h 为宜，且应低负荷运行一段时间，以预热加热炉，达到烘炉目的。

4）热媒的脱水干燥

即使在安装试压过程中，装置中的水已经排放，但在管路中还会有少量的水存在。水在高温下会变成蒸汽，将会导致泵的压力发生不规则的变化，造成泵的抽空、管线振动和异常的噪音；有时，还会引起热载体管网压力突然升高，导致安全阀开启甚至爆喷，所以必须除去热媒中的水。

脱水步骤：

（1）低温脱水　启动加热炉，在较小的负荷下操作。热媒出炉温度控制在 105~110℃ 之间，使热媒通过膨胀罐循环，打开膨胀罐放空管的阀门，水将变为水蒸气从膨胀罐顶部的排放口排出。通过膨胀罐循环的最少时间为3h，直到排气口不冒气为止。

（2）高温脱水 把热媒温度升到135~140℃之间，继续通过膨胀罐循环，如有爆沸或油炸声，或从膨胀罐排出蒸汽，则需保持135~140℃的温度继续脱水。应该指出的是，当水排出后，就有必要添加热媒以保证膨胀罐的液位。添加新的热媒要在低温脱水温度下进行。

（3）脱低沸点物 当证实热媒中没有水后，将热媒温度升高到150℃，继续通过膨胀罐循环，且至少保持8h，尽可能地排出热媒中的水和低沸点化合物。当确定各回路中不再有水和低沸点物时，脱水、脱低沸点物完成。

**5. 试运行及脱水阶段的检查**

无论是在试运行阶段，还是在脱水阶段，都要对装置内各设备及附件进行检查测试，以确认其运行状态良好。一旦发现问题，立即停炉进行处理。

注意：

（1）在脱水、脱气和脱低沸点物时，不能投运氮气覆盖系统。

（2）为了防止爆喷，应在膨胀罐放空管上加软管并引到地面，并设置废气液回收容器，使排气口插入回收容器中，使脱出的水及低沸点物泄放在回收容器中。

（3）在此阶段用热设备中应投入被加热物料，建立循环。

在任何时候和情况下，都要保证膨胀罐的液位，一旦发现热媒内有水，就应关闭加热炉，退回到启动脱水干燥阶段运行，把热媒中的水脱出。

## 二、正常运行

在脱水、脱低沸点物完成后，按以下步骤使装置进入正常运行状态。

**1. 投运氮气覆盖及灭火系统**

氮气覆盖及灭火系统是装置正常运行的保证。氮气覆盖及灭火系统投运步骤如下：

（1）向液封罐内加注热媒，液位达到图纸要求；

（2）打开氮气覆盖管线中的球阀，检查氮气储罐压力表压力是否为1.0MPa；

（3）检查电磁调节阀和压力开关设定压力是否为规定值1kPa；

（4）打开氮气覆盖管线中的电磁阀，则气体覆盖组件自动向膨胀罐内充入氮气，并保持罐内微正压，使热媒与空气隔绝；

（5）检查氮气储罐上的球阀是否已打开；

（6）当需要灭火时，灭火电磁阀自动打开，则氮气可以灭火；

（7）当氮气储罐压力低于0.5MPa时，则需向氮气储罐内充入氮气，直到氮气储罐的压力达到其工作压力1.0MPa。

**2. 切换阀位，使装置进入正常运行流程**

切换阀位，使热载体循环不通过膨胀罐，启动热媒泵建立循环，稳定后，投运加热炉；装置投入正常运行。

**3. 正常运行中注意事项**

（1）除启动烘炉脱水干燥外，热媒炉最好不要在小火状态下运行，由于小火运行燃烧温度低，会使设备腐蚀加快，并影响炉子热效率。

（2）热载体炉除特殊情况外，不能超负荷运行。

（3）火焰长度不能超过炉膛长度的75%，禁止火焰接触炉管，发现此种情况应及时处理。

（4）冷炉启动时，应逐渐提升加热炉负荷，炉膛升温速度以100℃/h为宜。

（5）膨胀罐液位过低时，应补充相同型号的热媒，并重新对热媒进行脱水干燥。

（6）热媒运行三个月后，应进行化学分析，如发现不正常应查明原因进行处理。

（7）两台热媒泵应交替使用，为一用一备。

（8）认真进行巡回检查，注意各系统的运行情况，及时进行维护保养。

（9）有报警事故发生时，应查明原因，且妥善处理后，方可再投运装置。

（10）每次启动热媒泵前，应确认氮气覆盖系统运行正常，流程正确。

**4. 正常运行中吹灰供气系统的使用**

当停炉时，应通过吹扫管线对燃料油管线及炉膛进行吹扫 3~5min。

## 三、停运

热载体加热装置的停运包括正常停运和事故状态紧急停运。在正常停运的情况下，调度部门应提前通知各有关部门，以便各部门提前做好准备，特别是通知热介质加热炉操作岗位，以便他们按指令提前降温。

无论是正常停运还是紧急停运，停炉后的一段时间内，应尽量保持热媒泵正常运行，维持循环，以防止炉管内静止热载体因温升过高而汽化或结焦。

**1. 正常停运**

热载体系统正常停运可按以下程序和要求进行：

（1）正常停运按先降温，后停炉，最后停热媒泵的顺序进行。

（2）停炉过程中应保持燃料油压力稳定。

（3）加热炉正常停炉程序按说明书自控部分中关于停炉操作的步骤和要求进行。

（4）停炉后，应保证燃烧器后吹扫时间不低于 60s，且炉膛温度不得高于 350℃。

（5）若长时间停炉，应将燃料油供油管路上的球阀关闭。

（6）若短时间停炉，应保持燃烧系统处于待命状态，且维持热媒泵正常运行，保持系统热媒循环。

（7）停炉过程中，应维持热载体循环，若为长时间停炉，待炉温降到 100℃ 以下时，可停止热媒泵运行。此时应指定专人检查炉内压力变化情况，防止意外事件发生。

（8）对系统中任何零部件的检修均应在系统完全停运后进行。

（9）系统停运后，应相应采取防冻、防腐措施。

（10）若长时间停运，应在热媒泵停止运行后，停运氮气覆盖及灭火系统；且应将膨胀罐上的放空阀打开泄压；压力降至 0.03MPa 时，关闭放空阀。

**2. 紧急停运**

若热媒系统在正常运行期间发生紧急情况，不能按正常停炉程序和降温速度进行系统停运操作时，可采用紧急停运。

1）紧急停运情况

有下列情况之一者，应采用非常措施紧急停运：

（1）热介质加热炉炉管烧穿；

（2）热介质加热炉炉管内断流（热媒泵故障或管线堵塞）；

（3）燃料供应中断；

（4）热介质加热炉受到严重破坏；

（5）循环回路管线泄漏严重；

（6）热介质炉内发生二次燃烧；

（7）热介质炉出口压力持续上升不能消除；

（8）热介质炉进出口压力表或温度计全部失灵；

（9）燃烧器故障，不能维持正常燃烧；

（10）仪表系统故障失常，不能进行正常操作；

（11）膨胀罐液位超限报警且一时难以查明原因。

2）紧急停运程序

当发生热介质炉炉管烧穿、炉体破坏或炉管内断流，但并不危及炉体及系统安全时，可按正常停运处理；否则按紧急停运处理。当发生仪表系统故障时，若能维持手动操作，可手动正常停运。

以上情况紧急停运程序如下：

（1）关闭事故加热炉燃料（油）气供给阀，停止燃烧器运行；

（2）按热载体紧急排放程序排放事故加热炉内的热载体；

（3）若炉内着火，则氮气灭火系统应自动投入运行，并起到灭火作用，且应立即通知消防队；

（4）维持热载体循环，按正常停运，按炉膛降温程序进行炉膛降温，抢修仪表控制系统（仪表失灵，可手动正常停炉时用此程序，其他情况本装置不适用）。

若为其他情况，可按以下程序进行紧急停运操作：

（1）微机指令，停运热介质加热炉；

（2）保持热载体在系统中的循环。

热载体加热装置由微机进行全自动控制，设有多个安全报警点，所以发生紧急停运的情况相当少。即便发生，自控系统能锁定第一故障代码，操作人员可尽快发现故障所在并进行处理。

## 四、热载体的排放及储存

当装置中的设备、部件或管线需要检修时，应将装置中的热载体排出，存放在储油罐中；检修完成后，再用注油泵将热载体注入装置中。

装置内热载体的排放，除非在特殊情况下，必须在装置完全停止运行，热载体冷却至冷态后进行。

### 1. 循环回路热媒排放和储存

首先，停运氮气覆盖及灭火系统，膨胀罐泄压；然后，将欲排放热载体的设备（或部件）的放空阀和排气阀打开，将不排放热载体的设备（或部件）的出、入口阀门关闭；打开储油罐及膨胀罐上的放空阀，热媒依靠高度差和泵压将管线和设备内的热载体排入储油罐中。

### 2. 加热炉发生紧急情况时炉内热媒的排放

当加热炉发生炉管泄漏、炉内着火等险情时，采取紧急停炉操作后，应立即将炉内热载体排放至储油罐。操作顺序为：关闭事故加热炉进出口阀门，关闭原油管线上的球阀；停运氮气覆盖系统，打开膨胀罐的放空阀；打开事故加热炉紧急放空管线上的阀门及排污阀门，将事故加热炉内的热载体排入储油罐。

检修或事故处理完毕后，应按程序进行装置启动。

## 五、装置的维护保养及故障排除

热载体加热装置的保养分为班保、季保和年保养。每种保养都应作好记录。记录应完整、准确、可靠。

### 1. 班维护保养内容

(1) 保持加热炉外壁、炉前操作间及有关设备的清洁卫生，做到无油污及杂物。

(2) 保持燃烧器、控制柜、热媒泵、管件和阀门的清洁卫生。

(3) 检查加热炉外壁温度不能超过 50℃，部分结构处除外。

(4) 检查氮气系统的压力，灭火压力在 0.5MPa 范围内。

(5) 检查燃烧机、热媒泵等设备运行是否正常，有无异常的声音和振动，润滑是否良好，紧固件有无松动，温升是否正常。

(6) 通过看火视镜观察火焰在炉膛内的燃烧情况，火焰不能偏斜接触炉管，否则应及时调正火嘴位置及倾斜度。发现火嘴和其他部位结焦应及时处理并找出原因。

(7) 检查氮气储罐压力表示值，低于 0.5MPa 时，应向氮气储罐内填充氮气。

(8) 检查管路、阀门、法兰、接头处有无渗漏，若有渗漏应及时处理。热媒泵密封处每小时泄漏 10mL 之内为正常，大于此数时应及时处理。按说明书要求对设备加注润滑油，滚动轴承的温度不能超过 70℃。

(9) 特别注意观察膨胀罐液位计热媒的变化情况，如有较大变化时(可能是热载体变质，或是用热设备发生泄漏，被加热介质渗到了热载体中)，应及时找出热载体变化原因以便正确处理。

(10) 定时巡视各测量点，并记录各参数值。发现异常，应及时分析处理。

### 2. 季保养内容

(1) 检查氮气覆盖及灭火系统，保证管线畅通，阀门开启灵活。

(2) 打开燃烧器，检查火嘴和点火器及其附件是否完好。按燃烧器使用说明书要求保养燃烧器。

(3) 清扫炉膛积灰和结焦，以保持加热炉高效运行。

(4) 检查管线的支吊架是否正常，否则应及时处理。

(5) 检查保温是否完好，否则应进行修补。

(6) 清洗燃料管路及热媒管线上过滤器的过滤网。

(7) 搞好紧急排放系统的清洁、润滑、紧固，保证灵活好用、畅通无阻。

### 3. 年保养维护要求

(1) 全面检查炉管腐蚀、变形、鼓包、裂纹及焊口质量情况，并作详细记录。

(2) 检查修补保温材料是否损坏。

(3) 检查氮气保护及氮气灭火系统是否正常。

(4) 检查热媒紧急排放安全阀是否动作可靠，动作压力是否在设定值内。

(5) 检查点火系统，应完好，点火可靠。

(6) 调节阀应动作灵活，位置适当，连接紧固。

(7) 检查烟囱、炉体、各撬块、管架、管线保温蒙皮等金属部件的腐蚀情况，必要时应进行修补，进行除锈、防腐处理。

(8) 各部分地基有无下沉、倾斜、开裂，若有应进行处理。

(9) 进行全面堵漏作业，达到不漏电、不漏油、不漏热媒、不漏水、不漏风、不漏烟。

(10) 自动化仪表、就地仪表、电气设备的检查和维护按有关规定进行。

(11) 检查管线腐蚀及保温情况，必要时应进行修补，进行除锈和防腐、保温处理。

（12）化验热媒，分析成分以决定是否可以继续使用或进行相应的处理。

### 4. 故障的排除

热媒炉的常见故障和检查方法见表 22-2-1。

表 22-2-1　热媒炉的常见故障和检查方法

| 故　障　现　象 | 检　查　方　法 |
| --- | --- |
| 排烟温度异常 | （1）检查排烟温度开关设置<br>（2）检查烟道温度检测热电偶<br>（3）检查加热炉内是否有热载体渗漏 |
| 火焰熄灭及火嘴点不着火 | （1）检查燃料供应，电动阀、手动球阀是否都打开，压力调节是否适当<br>（2）检查点火变压器<br>（3）检查点火线路，点火器火花是否正常<br>（4）检查燃油压力<br>（5）检查火焰检测器清洗镜片，检查瞄准孔<br>（6）更换程序中的插入式放大器<br>（7）检查助燃风量 |
| 在预吹扫期间，"在大火"位置，程序继电器随联动电机停止 | 检查"大火"保持开关是否在"闭合"的状态 |
| 在预吹扫期间，"在小火"位置，程序继电器随联动电机停止 | 检查"小火"保持开关是否在"闭合"的状态 |
| 燃油压力过低 | （1）检查燃油过滤器<br>（2）检查调压阀是否正常<br>（3）检查燃油压力开关设置 |
| 氮气覆盖压力过低 | （1）检查氮气储罐是否气体耗尽<br>（2）检查氮气入罐压力调节阀压力设定是否正确<br>（3）检查管线及膨胀罐是否有泄漏 |
| 氮气覆盖压力过高 | 检查氮气入罐压力调节阀压力设定是否正确 |
| 热载体液位过高 | （1）系统启动时，热载体填充是否过多<br>（2）是否有其他介质漏入热载体之中<br>（3）检查热载体液位控制是否失灵 |
| 热载体液位过低 | （1）检查管线及设备是否有地方漏热载体<br>（2）检查热载体液位控制器是否失灵 |
| 热载体压力过高 | （1）检查系统中阀门是否打开<br>（2）检查膨胀罐中氮气压力<br>（3）检查热载体入炉压力开关设置<br>（4）检查是否有其他介质漏入热载体中 |
| 热载体压差过低 | （1）检查泵的排出压力<br>（2）检查膨胀罐的液位<br>（3）检查压差开关设置<br>（4）检查热载体是否有渗漏现象 |
| 热载体压差过高 | （1）检查加热炉内是否有热载体渗漏<br>（2）检查压差开关设置<br>（3）如果热载体温度非常低，通过加热炉的压差就会特别高，就要求手动操作 |

# 第二十三章　锅炉与水处理

锅炉是生产蒸汽或热水的设备。在输油泵站用锅炉生产的蒸汽和热水给油罐中的原油加热和对站内原油管道伴热。锅炉的用水质量对安全生产和效率有很大的影响。本章将介绍燃油燃气锅炉和水处理的基础知识。

## 第一节　锅炉基本知识

### 一、锅炉参数

锅炉参数是表示锅炉蒸汽产量和质量的指标。蒸汽锅炉的主要参数是额定蒸发量、额定压力和额定蒸汽温度。

**1. 额定蒸发量**

蒸汽锅炉每小时所产生的蒸汽数量称为这台锅炉的蒸发量，用符号"$D$"表示，常用的单位是 t/h。

**2. 额定蒸汽压力**

蒸汽锅炉在规定的给水压力和负荷范围内长期连续运行时，应予保证的出口蒸汽压力称为额定蒸汽压力，常用单位是 MPa。锅炉产品金属铭牌上标示的压力，就是锅炉的额定蒸汽压力。对于有过热器的蒸汽锅炉，其额定蒸汽压力是指过热器出口处的蒸汽压力；对于无过热器的蒸汽锅炉，其额定蒸汽压力是指锅筒出口处的蒸汽压力。

**3. 额定蒸汽温度**

蒸汽锅炉在规定的负荷范围内，在额定蒸汽压力和额定给水温度下长期连续运行所必须保证的出口蒸汽温度称为额定蒸汽温度，单位是℃。锅炉产品金属铭牌上标示的温度，就是锅炉的额定蒸汽温度。对于有过热器的蒸汽锅炉，其额定蒸汽温度是指过热器出口处的过热蒸汽温度；对于无过热器的蒸汽锅炉，其额定蒸汽温度是指锅炉额定蒸汽压力下所对应的饱和温度。

**4. 锅炉技术经济指标**

锅炉技术经济指标一般用锅炉热效率、成本及可靠性三项来表示。优质锅炉应保证热效率高、成本低和运行可靠。

（1）锅炉热效率　锅炉热效率是指送入锅炉的全部热量中被有效利用的百分数。

（2）锅炉成本　一般用锅炉成本的一个重要经济指标——钢材消耗率来表示。钢材消耗率为锅炉单位蒸发量所用的钢材重量，单位为 t·h/t。

（3）锅炉可靠性　锅炉可靠性常用下列三种指标来衡量：

① 连续运行时数＝两次检修之间的运行时数

② 事故率＝$\dfrac{\text{事故停用小时数}}{\text{运行总时数+事故停用小时数}} \times 100\%$

③ 可用率 $= \dfrac{\text{运行总时数}+\text{备用总时数}}{\text{统计时间总时数}} \times 100\%$

## 二、燃油锅炉的工作过程

### 1. 锅炉的工作过程

锅炉的工作过程主要包括三个过程：燃料(油)的燃烧过程、火焰和烟气向水的传热过程以及水被加热、汽化过程。

### 2. 燃油蒸汽锅炉的工作系统

主要由燃烧器和水汽系统组成。

(1) 燃烧器　燃烧器是燃料燃烧的装置，其工作原理和结构与加热炉所用的燃烧器相同或相似。

(2) 水汽系统　进入锅炉的水叫给水。给水进入锅炉后，在锅炉内进行循环流动吸收热量，逐渐提高温度并汽化，最后成为蒸汽从锅炉主汽阀送出。

## 三、锅炉水循环

### 1. 水循环原理

锅炉运行时，水和汽水混合物在闭合的回路中持续而有规律地循环流动，受热面从火焰和高温烟气中吸收的热量，不断地被流动的水或汽水混合物带走，保证受热面金属得到冷却，这就叫锅炉水循环。

锅炉水循环按其循环方式可分为自然循环和强制循环两种。自然循环是依靠受热部分汽水混合物的密度小于不受热部分水的密度，从而形成压力差(流动压头)，促使锅水流动。强制循环是利用水泵的推动作用，强迫锅水流动。工业锅炉大多采用自然循环。

### 2. 水循环回路

由于锅炉结构不同，自然循环至少应有一条循环回路，也可以有几条循环回路。图 23-1-1 是常见的自然循环示意图。锅炉的锅筒 2 和下集箱 6 由上升管和下降管连通，其中下降管 5 位于炉墙外不受热，因而管中是温度较低的水，由于重度大而向下流动；上升管 1 位于炉膛内，吸收热量，管中的水有一部分汽化成蒸汽，形成汽水混合物，由于重度减小而向上流动，上升管中的汽水混合物进入锅筒后，蒸汽被分离出来，水继续流入下降管进行再循环。

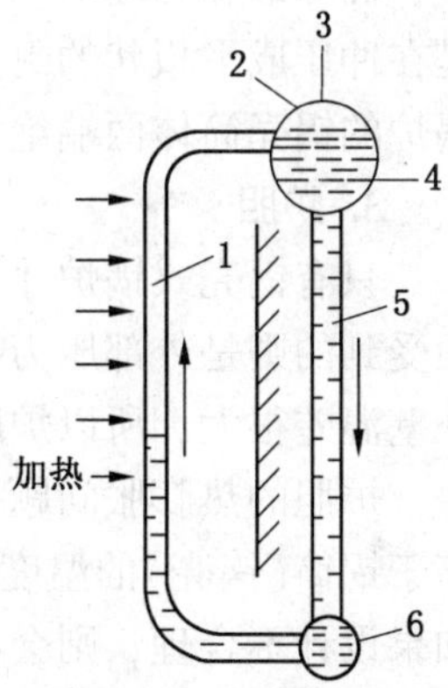

图 23-1-1　单回路
水循环示意图

1—上升管；2—锅筒；

3—蒸汽出口管；4—给水管；

5—下降管；6—下集箱

使水产生循环的动力大小，决定于循环回路的高度及上升管中汽水混合物的汽化程度。回路越高，汽化越强，循环动力越大。循环的动力是用来克服水及汽水混合物在下降管、上升管及集箱中的阻力。因此，要使水循环好，一方面要增加循环动力，另一方面要减少回路中的阻力。

## 四、锅炉的主要元件及连接方法

锅炉的受压元件主要有锅筒(锅壳)、管板(封头)、炉胆(炉胆顶)、回燃(烟)室、集箱、汽水管、烟(火)管、拉撑件、门孔及孔盖等。受压元件的主要连接形式是焊接和胀接。

## 1. 锅筒（锅壳）

除了直流锅炉和小型立式水管锅炉外，锅炉一般都有锅筒（锅壳），它是十分重要的受压元件，其主要作用是：

（1）接收和分配给水；

（2）进行汽水分离，内装汽水分离装置提高分离效果；

（3）储存和输送蒸汽；

（4）部分炉型的锅炉锅筒作为受热面。

水管锅炉中，若将锅筒置于炉体外，则亦称锅筒为汽包；若有上下两个锅筒，则上锅筒也称为汽鼓，下锅筒亦称为水鼓或泥鼓。

锅壳式内燃锅炉的结构特点是燃烧空间和大部分受热面均布置在锅壳内，此时，锅壳内大多布置有炉胆、烟（火）管和拉撑等受压元件。

锅筒（锅壳）是用钢板卷成圆筒形焊接成筒体后，在两头焊上管板或封头面制成的。对于水管锅炉来说，筒体的壁厚不应小于6mm；对于锅壳锅炉，除筒体内径小于等于1000mm的壁厚应不小于4mm外，筒体壁厚也应不小于6mm。一般而言，筒体上要开多个管孔用来装接下降管、安全阀、压力表、水位表、主蒸汽（或出水）管、进水管、排污管、加药管等。水管（或水、火管）锅炉还要装接水冷壁管、对流管、过热器管等。

## 2. 管板（封头）

管板（封头）是锅筒的组成部分，它们位于锅筒两端，与筒体一起组成锅筒。封头有球形、椭球形和扁球形三种，目前多采用椭球形封头。管板实际上是封头的一种特殊形式，它是在冲压成平板状的封头上开许多管孔，用以连接烟（火）管，因此被称为管板。卧式锅壳锅炉的锅壳筒体两端绝大多数为管板。

## 3. 炉胆

只有锅壳式锅炉才有炉胆。炉胆和锅筒一样是受压元件，但筒体受到的是内部压力，炉胆受到的则是外部压力。炉胆的外面是炉水，而里面则是燃烧室，因此其内部温度很高，内外壁温差很大，所以炉胆是锅壳式锅炉中工作环境最恶劣的受压部件。

炉胆的热膨胀问题是设计者必须考虑的问题，由于炉胆受高温火焰灼烧，其平均温度要高于锅筒（锅壳）的温度，特别是燃油、燃气锅炉的火焰温度更高，温度变化更剧烈，因此如果设计不合理，则会将很大的热膨胀应力集中于某几处，容易造成应力集中处破裂甚至导致锅炉爆炸，所以就要求炉胆应具有良好的热胀冷缩性能。

以下是几种常见的炉胆结构形式：

（1）平直炉胆　炉胆为直筒形，分无加强圈和有加强圈两种。立式锅炉的炉胆多为平直炉胆。

（2）波纹炉胆　波纹炉胆主要部分（如受高温火焰直接灼烧的部分）壁面形状如一个接一个连续不断的波纹，故得名波纹炉胆。它的制造大多是由平直炉胆经专用设备加热滚压而成，也有少数是将一节节波纹环焊接而成的。

炉胆顶与炉胆一样受到的也是外压，其工作条件也很恶劣。由于T形接头相对较易产生未焊透缺陷，炉胆的热膨胀应力又非常大，为了防止可能的危险发生，除了选择合适结构形式的炉胆外，我国还规定炉胆出口处应采用扳边对接。

## 4. 回燃（烟）室

回燃（烟）室是湿背式、半湿背式锅炉所特有的。一般是指锅壳内部从炉胆出口到烟

(回)程之间过渡段所占的空间。由于烟程与第一烟程流向相反,故得名回燃室。回燃室的存在,使锅炉内部T形焊缝增多,应力分布相对复杂,但也使锅炉散热损失减少。

**5. 集箱**

集箱又叫联箱,它与水管连接,主要用来汇聚和分配管中的汽水。集箱多用直径较大的无缝钢管加两个端盖制成,端盖上大多开有手孔。集箱上的手孔是用于检验和清洗集箱及管子的,多采用内闭式非焊接连接结构,并避免直接与火焰接触。

**6. 水(汽)管及其组成的受压部件**

锅炉本体钢管中流动介质为水(汽)的称为水(汽)管。水管锅炉的主要受热面部件就是水(汽)管组成的,主要有水冷壁、对流管束、节能器和过热器。

1) 水冷壁

水冷壁是布置在炉膛四周的辐射受热面。水冷壁的上部与上锅筒直接连接,或先经过上集箱再与上锅筒相连。上锅筒的水经过下降管流入下锅筒及下集箱,然后经过水冷壁吸收热量,逐渐形成汽水混合物,再回到上锅筒,从而组成一个闭合的自然循环回路。

2) 对流管束

对流管束一般用38~51mm的无缝钢管制成,置于上下锅筒之间,是水管锅炉的主要受热面,主要靠对流传热吸收烟气冲刷所带来的热量。处于烟气温度较高区域的为上升管,而处于烟气温度较低区域的则为下降管。

3) 省煤器

省煤器是附加布置在锅炉尾部烟道中利用排烟的热量来加热锅炉给水的一种换热设备,属对流受热面。它可以提高给水的温度,减少排烟损失,一般而言,省煤器出水温度每升高10℃,锅炉排烟温度平均降低2~3℃。

对于小型燃油锅炉而言,由于本身排烟温度较低,排烟量亦较少,造成的排烟损失不大,而燃料油烟气中的含硫量较高,易对尾部受热面产生低温腐蚀,综合考虑经济问题,小型燃油锅炉多不装省煤器。

4) 过热器

有的锅炉对于出口蒸汽的温度和湿度有特殊要求,于是锅筒(汽包)中的湿饱和蒸汽引到专门加热蒸汽的受压部件——过热器中,一般蒸发量在20t/h以上水管锅炉都带有过热器,少数蒸发量为4t/h甚至更小的蒸汽锅炉也带有过热器。

过热器按其换热的方式可分为对流式、半辐射式、辐射式三种。对流式过热器置于炉膛外对流烟道内,主要吸收烟气的对流传热。半辐射式过热器置于炉膛上部出口处附近,既吸收辐射热又吸收对流传热。辐射式过热器则置于炉膛上部,主要吸收炉膛内火焰和高温烟气的辐射热。一般中小型蒸汽锅炉的过热器均为对流过热器。

按放置的方式可分为立式和卧式过热器,如图23-1-2和图23-1-3所示。按过热器中蒸汽与烟气流动方向可分为顺流式、逆流式和混流式,如图23-2-4所示。顺流式过热器蒸汽入口处的几排管子内易结盐垢导致爆管;逆流式布置传热效果最好,但蒸汽出口处几排管子易超温过热,应采用耐热合金钢;混流式布置是先逆流后顺流,综合了前面两种布置方式的优点,克服了不足之处。

图 23-1-2 立式
过热器

### 五、烟(火)管

锅壳式锅炉的主要受热面是烟(火)管，高温烟气甚至是火焰在管内流动加热管外的锅水，以产生蒸汽。

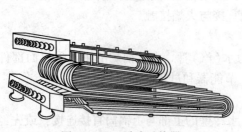

图 23-1-3　卧式过热器

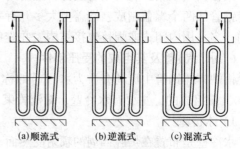

(a)顺流式　　(b)逆流式　　(c)混流式

图 23-1-4　过热器的布置方式
蒸汽流向指：管内蒸汽温度由低向高
烟气流向指：管外烟气温度由高向低

目前烟(火)管有三种类型：第一种是光管，光管有无缝钢管和有缝钢管两种，我国一般只用无缝钢管，且多用 φ51mm 管子，进口锅炉上也有采用有缝钢管的，光管的烟气阻力小，但是管内易积灰，传热效果较差；第二种是螺纹管，其管内有似螺纹的凹槽，烟气在管内流动时会产生旋转，因此提高了传热效率且不易积灰，但是螺纹槽的存在增大了烟气的流动阻力；第三种是在光管内放有抗氧化性好的如弹簧般的钢丝，称为"扰流子"或来复式钢丝，"扰流子"的存在起到了与螺纹凹槽相似的作用，而且因"扰流子"能轻易从管中抽出，因此清灰方便，且这种形式的钢管制造工艺相对简单，成本较螺纹管低，维护保养方便。

国外有的锅壳锅炉在保证锅炉蒸发量的前提下，为缩小锅炉的体积，采用了小直径的烟(火)管，最小的只有 φ24mm。有的锅炉在普通烟(火)管中布置了几根厚壁管，称为"拉撑管"，它们既起到烟(火)管的作用，又加强了管板的强度，也可算是拉撑件的一种。

# 第二节　典型燃油燃气锅炉的结构

锅炉按锅筒位置可分立式和卧式两类，立式锅壳锅炉最大的优点是占地面积小。但立式锅壳锅炉受到高度、受热面积等因素的限制，一般额定蒸发量小于 2t/h。输油泵站所用锅炉多是卧式燃油燃气锅炉，因此本节仅取几种典型结构的卧式锅炉进行介绍和分析。

### 一、卧式锅壳式锅炉

#### 1. 卧式锅壳锅炉的水容量

与立式锅壳锅炉相比，卧式锅壳锅炉的水容量大，因此蒸汽压力受外界变化的影响较小，内部结构也便于检修和清洗。因受占地面积等因素的限制，单炉胆锅炉额定蒸发量一般小于 16t/h，双炉胆锅炉不超过 35t/h，额定工作压力最大可达 3.75MPa。

#### 2. 结构形式特点及主要特点

卧式锅壳式锅炉按结构形式特点的不同可分为干背式(Dry back)、湿(水)背式(Wet back)和半湿背式(Semi—wet back)。湿背式锅炉是指烟气的第一回程到第二回程的过渡段处于锅水包围中的锅炉；干背式锅炉此过渡段处于锅筒之外；而半湿背式锅炉则界于二者之间，此过渡段受到锅水的半包围。另外有一种回火（燃）式（Reverse fired）锅炉在结构上比较特殊，但也符合湿背式的定义，故应属湿背式锅炉。目前我国生产的和从德国、英国进口的卧式锅壳锅炉多为湿背式。

**3. 几种常见的卧式锅壳锅炉结构特点**

1）杭州特种锅炉厂 WNS 型锅炉

杭州特种锅炉厂生产的 WNS 型系列锅炉为湿背式、对称型、三回程锅炉，如图23-2-1所示。

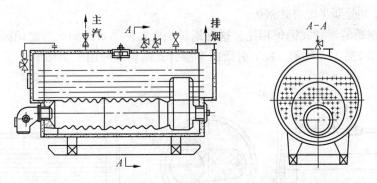

图 23-2-1　杭州特种锅炉厂 WNS 型锅炉

该锅炉筒体与管板采用对接焊缝，回燃室与炉胆及喉管均采用扳边后再焊接，炉胆为波纹炉胆，锅壳与管板之间采用圆钢斜拉撑，回燃室与后管板之间则采用短拉撑杆加以补强。

该锅炉配套的燃烧器、自动监控系统均采用国际名牌产品，经厂内调试合格后整装出厂。

2）CS 锅炉系列

CS 锅炉系列产品是由上海工业锅炉厂按美国 COMSAI 公司提供的技术图纸和工艺生产的，产品制造执行美国"ASME"锅炉规范。该锅炉系列配制的燃烧器、电气控制箱、阀门、仪表等元部件均由美国进口，整装出厂。

CS 系列 WNS 型锅炉本体结构是由苏格兰船用锅炉改进而来的，为卧式三回程水夹套湿背式锅炉。如图23-2-2所示，主要受压元件有锅壳、管板、炉胆、烟管、水夹套、斜拉撑等，炉胆采用波纹炉胆，管板与烟管采用胀接连接。这种锅炉与一般湿背式锅炉所不同的是回燃室位于锅筒以外，采用水夹套的湿背式结构，烟气在其中折返至第二回程。

3）杭州锅炉厂回燃式锅炉

杭州锅炉厂除了生产常规的湿背式锅炉外，小容量的锅炉则采用回燃式。主要受压元件有锅壳、管板、平直炉胆和炉胆顶、烟管等。该锅炉锅壳与管板、炉胆与炉胆顶、炉胆与前管板之间均采用扳边后对接焊接，如图23-2-3所示。

该锅炉受热回程采用不对称布置，炉胆布置在右侧，烟管布置在左侧。燃烧烟气自燃烧器喷出，至炉胆顶后从炉胆内沿壁折返后流到炉前烟箱，完成了第一和第二回程，然后从前烟箱又过渡到左侧烟管前端，最后经烟管流到烟道，完成了第三回程。

该锅炉具有不对称型锅炉水循环好的优点，同时回燃式结构也大大降低了制造成本。

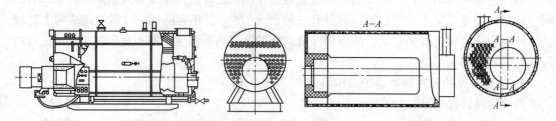

图 23-2-2　CS 系列 WNS 型锅炉　　　　图 23-2-3　杭州锅炉厂回燃式锅炉

4）德国 E.T 劳斯半湿背式锅炉

与该品牌锅炉的湿背式锅炉相比，这种锅炉主要在回燃室结构上与之相区别，其余结构基本一致，如图 23-2-4 所示。E.T 劳斯的半湿背式结构一般用于 2t/h 以下。

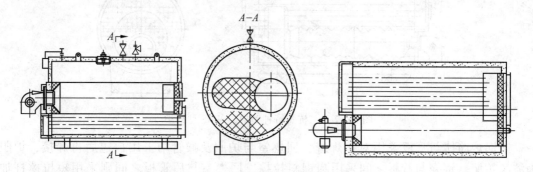

图 23-2-4　E.T 劳斯半湿背式锅炉

5）杭州锅炉厂干背式锅炉

杭州锅炉厂生产的干背式卧式锅炉为三回程、对称型，如图 23-2-5 所示，该锅炉锅壳与管板、炉胆与管板均采用扳边后对接焊接。

燃烧烟气从燃烧器喷出后经三个回程进入锅炉后部上方的烟道。该锅炉前后烟箱能方便地打开，便于检修。

6）英国 CB 燃油（气）锅炉

美国 Cleaver Brooks 公司生产的燃油、燃气锅炉是典型的干背式、对称型四回程锅炉。它采用将温度越高的受热面布置得越低的形式来提高锅炉的安全可靠性。燃烧器喷出的高温烟气沿炉胆流至锅筒外的后烟箱后转返到第二回程烟管内，然后依次流到第三、第四回程中，如图 23-2-6 所示。

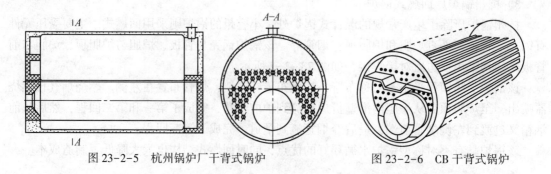

图 23-2-5　杭州锅炉厂干背式锅炉　　　　图 23-2-6　CB 干背式锅炉

CB 锅炉由于采用四回程设计，受热面布置面积大，达 29.6m²/t，有利于提高热效率。CB 锅炉前后端门均以铰链及悬臂与本体连接，端门能轻松地打开，以便对锅炉内部进行检查。

## 二、SZS 型水管锅炉

锅壳锅炉的受热面面积大小受到锅筒（壳）大小的限制，因此额定蒸发量一般不超过 35t/h，而要产生更多的蒸汽则必须采用水管锅炉；锅壳锅炉的额定工作压力也受结构的限制，也只能采用水管锅炉来解决。另外，水管锅炉的水循环好，结构更适应于温度、压力的剧烈变化。但由于水管的壁薄、口径小，因此水管锅炉对水处理的要求要高于锅壳锅炉。

燃油、燃气的水管锅炉可大体上分为小型立式水管锅炉、快装式水管锅炉和散装水管锅炉三类，输油首末站广泛采用 SZS 型水管蒸汽燃油燃气锅炉，本节仅对这一型号加以简单介绍。

SZS 型燃油、燃气锅炉是双锅筒水管锅炉。这种锅炉上下锅筒纵向布置，左侧为炉膛，主要由水冷壁包围吸收热量，右侧为对流管束，参数高的还有过热器。锅筒与水冷壁管、对流管一般采用胀接连接。烟道里布置着对流排管，对流排管的上端与上锅筒相连接，下端与下锅筒相连接，这样就构成了反"D"型，如图 23-2-7 所示。为充分吸收热量，在对流排管中设置了六道烟气隔墙，以提高烟气流速，增加烟气流程。在对流管束中，受热较强的管束为上升管，受热较弱的管束则为下降管。水冷壁管由于受到强烈的辐射热，管内汽水混合物的流向则始终向上。

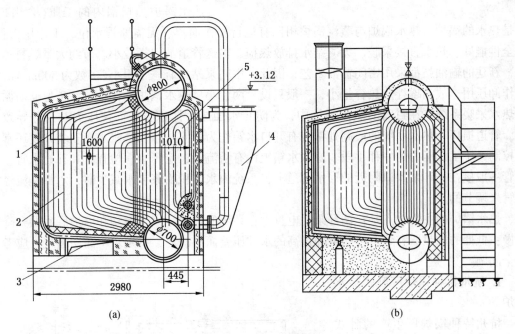

图 23-2-7　SZS 型水管锅炉
1—防爆门；2—后墙水冷壁；3—风道；4—烟箱；5—过热器

这种锅炉燃烧器置于前墙，采用微正压燃烧。炉膛四周密封性要求高，以强化燃烧，消除漏风，降低排烟热损失；全部水冷壁直接与上下锅筒连接，省去了集箱和下降管，减少了水循环阻力。这种锅炉还可快（整）装出厂。燃油燃烧产生的大量高温烟气，除在炉膛内向水冷壁管传递热量外，还从炉膛尾部进入对流室，冲刷对流管束，以对流换热的方式充分放出热量，然后沿烟道进入烟箱、烟囱，最后排入大气，燃油燃烧所需要的空气是由送风机供给的。空气由喷油嘴四周经过调风器进入炉膛。良好的燃油雾化质量、正确的配风方式是使油在锅炉内良好燃烧的必备条件。

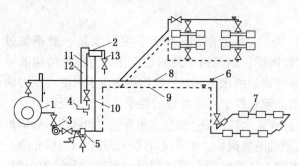

图23-2-8　电动循环泵热水采暖系统

1—热水锅炉；2—膨胀水箱；3—循环水泵；4—排水池；
5—排污器；6—自动跑风装置；7—排气阀门；8—供水管；
9—回水管；10—定压管；11—检查管

经过处理的给水，由给水泵打入上锅筒。上锅筒的作用是汇集汽水混合物，储存饱和水和接收补给水。上锅筒内的锅水不断地沿着处在烟气温度较低区域的对流管束进入下锅筒。下锅筒的作用是汇集和分配锅水，并将锅水中的一部分泥渣、污垢通过定期排污排出炉外。下锅筒的水，一部分进入炉膛水冷壁管，另一部分进入处于烟气温度较高部分的对流管束。水在其中受热不断汽化，汽水混合物上升进入上锅筒，在其中经汽水分离，蒸汽经主汽阀引入用户，锅水沿对流管束的低温部分再进入下锅筒，如此循环不已。

## 三、热水锅炉

热水锅炉是指锅内的工质(含出口)都是热水的锅炉。热水锅炉与蒸汽锅炉相比有运行操作简单、无需监视水位、工作压力低、安全性能好、热水直接采暖、无凝结水排放热损、输送管道的热损较小、节约大量燃料等优点，新建的输油站都采用密闭输油工艺，因此，中间泵站只有一个很小(多数为500m³)的油罐作卸压用，故油罐拌热热容量小，一般只设一两台小型热水锅炉。图23-2-8为电动循环泵热水采暖系统，在封闭的热水系统中，为防止水加热后体积膨胀而使压力升高并导致设备、管道损坏，热水系统的最高处常装有开口水箱作为膨胀水箱，膨胀水箱安装高度还常作为控制系统工作压力的一种手段。膨胀水箱上设有溢流管、定压管、检查管和补充水管。定压管一般接在循环泵入口附近的回水管道上，系统内水体积膨胀或水减少时，水都是流经定压管来调节的。

热水锅炉的主要缺点是：循环泵耗电量大；系统的热惯性大，启动和停炉后水温升降速度慢；低处的散热器和管道可能会随过高的水柱压差而易破坏，特别对于高层建筑更应考虑安全问题。

### 1. 杭州特种锅炉厂卧式热水锅炉

杭州特种锅炉厂生产的卧式热水锅炉主要受压元件有锅壳、管板、波纹炉胆、回燃室、烟管等。其炉胆、回燃室结构与该厂生产的蒸汽锅炉相似，只是炉胆、回燃室和锅壳采用同圆心布置，如图23-2-9所示。

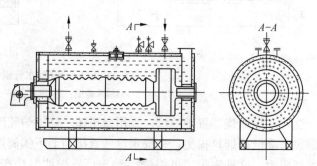

图23-2-9　杭州特种锅炉厂的卧式热水锅炉

该锅炉亦为三回程设计，燃烧系统、自控系统配套进口产品，厂内调试合格整装出厂。

**2. 德国 E. T 劳斯热水锅炉**

德国 E. T 劳斯国际锅炉公司生产的 UT 型热水锅炉是该公司生产的热水锅炉中的较典型的一种，它的主要受压元件有锅壳、炉胆、管板、回燃室、烟管等。

该锅炉的炉胆布置在锅筒的正中心，烟管围绕炉胆，并以圆心为轴心圆形分布，第二回程的烟管直径比第三回程的烟管粗或第二回程采用两组较细的烟管。烟管与管板的连接全部采用焊接，前管板为平板，后管板则为凸形封头，前、后管板与筒体分别采用 T 形接头和对接接头结构焊接。该锅炉的回燃室由炉胆顶部的凸形封头和回燃室前端环形管板围成，也采用焊接连接。

劳斯热水锅炉的烟气采用三回程流程，如图 23-2-10 所示。由于采用了中心对称结构，因此烟气在流程中分布均匀。烟气在锅筒后外部的后烟室内聚集到上方由烟囱排出。

该锅炉锅筒炉前上方装有安全阀，中部上方为回（进）水口，炉后上方为出水口。低温回水在锅炉入口处经锅筒内喷射装置处理后可迅速提高回水温度，然后回水流入锅内被再次

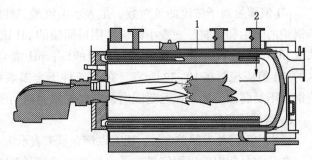

图 23-2-10　劳斯卧式热水锅炉
1—提高回水温度的喷射装置；2—烟气流向

均匀加热后成为高温水，并从锅筒后上部出口流出锅炉。该锅炉在尾部烟道中还可配以省煤器，材料一般为防腐蚀性好的奥氏体不锈钢。

该锅炉结构紧凑，前门可便捷地打开，方便检修和清灰。

# 第三节　锅炉水处理

## 一、锅炉用水的控制指标

工业锅炉用水包括给水和炉水，控制的主要指标有悬浮物、总硬度、总碱度、溶解固形物、相对碱度、pH 值、含油量、溶解氧等。一般小型低压锅炉主要控制悬浮物、总硬度、总碱度、pH 值、溶解固形物等。

**1. 悬浮物**

指经过滤后分离出来的不溶于水的固体混合物的含量，单位是 mg/L。限制悬浮物主要是防止对交换器的污染。城区自来水已处理过，可直接进入交换器，如直接取用地表水，则应预处理。悬浮物如直接进入锅内，会使炉水中有机物增加，造成汽水共腾。对小锅炉来说，在水质澄清的情况下（如自来水）可不作为运行中的控制项目。

**2. 总硬度**

总硬度通常指钙、镁离子的总含量，是防止锅炉结垢的一项重要指标，单位是 mmol/L。对锅炉来说，水中硬度越小越好，控制给水硬度就能控制锅炉结垢速度。按钙镁离子与不同的酸根结合来区分总硬度又可分为暂时硬度和永久硬度两大类。

（1）暂时硬度又称碳酸盐硬度。指钙镁离子与重碳酸根结合形成的盐类的含量，包括重碳酸钙和重碳酸镁，它们受热后即分解沉淀析出，所以称暂时硬度。

(2) 永久硬度又称非碳酸盐硬度。指钙镁离子与其他酸根结合形成的盐类的含量，主要有氯化钙、氯化镁、硫酸钙、硫酸镁、硅酸钙、硅酸镁等，水被加热后这些盐类不会分解析出，所以叫永久硬度。

**3. 总碱度**

总碱度是指每升水中所含有的碳酸根($CO_3^{2-}$)、重碳酸根($HCO_3^-$)、氢氧根($OH^-$)等酸根物质的总含量，单位 mmol/L(或 μmol/L)。炉水的碱度主要由给水带入的重碳酸根分解浓缩而造成的，特别是使用地下深井水，将造成炉水硬度偏高，浓缩加快。

**4. pH 值**

pH 值即氢离子浓度的负对数，是表示溶液酸碱性的一项指标。pH 值过低或过高都不利于锅炉的防垢和防腐。一般小锅炉可用最简便的 pH 试纸来测定，要求较高的锅炉可用比色法或 pH 酸度汁来测定。pH 值<7，水呈酸性；pH 值=7，水呈中性；pH 值>7 水呈碱性。炉水的 pH 值应控制在 10~12 为宜，在此条件下金属表面会生成四氧化三铁($Fe_3O_4$)保护膜，使钢板不受腐蚀。如不在此范围内，则保护膜会遭到破坏使钢产生腐蚀。

**5. 溶解固形物**

指水中溶解盐类的总含量，通常以该含量来表示锅水的浓度，并用于指导锅炉的排污量。

在日常分析中常以测定氯离子含量来间接控制溶解固形物含量。因为氯化物化学稳定性和溶解性较好，在一定的水质条件下，水中的溶解固形物与氯化物的比值接近于常数，所以在水质变化不大的情况下，根据溶解固形物与氯化物($Cl^-$)的对应关系，只要测出氧化物($Cl^-$)的含量就可直接指导锅炉的排污。

**6. 相对碱度**

相对碱度是指存在于炉水中的游离氢氧化钠(NaOH)的含量与炉水中溶解固形物总含量的比值。

$$相对碱度 = \frac{炉水中游离的 NaOH 含量}{炉水中溶解固形物含量} \qquad (23-3-1)$$

相对碱度过大会造成晶间腐蚀或碱性腐蚀，又称苛性脆化，使钢材产生细微裂纹。

**7. 含油量**

含油量是指每升水中具有的油脂的含量，单位为 mg/L。大量油脂会造成汽水共腾，污染蒸汽。天然水一般不含油，所以平时该项不作控制项目，但当水源水受油污染时应监测含油量，以确定是否可作锅炉给水。油的测定采用重量法。

**8. 溶解氧**

溶解氧是指每升水中溶解的氧气的含量，单位为 mg/L。溶解氧会造成锅炉的氧化腐蚀，应进行除氧。

## 二、低压锅炉水质标准

为了防止锅炉结垢和腐蚀，保持蒸汽品质良好，并使锅炉设备能长期安全经济运行，锅炉的给水和锅水水质都应达到《工业锅炉水质》(GB 1576—2008)要求。

(1) 蒸汽锅炉的给水应采用锅外化学水处理。额定蒸发量小于等于2t/h，且额定蒸汽压力小于等于1.0MPa 的蒸汽锅炉也可采用锅内加药处理。但必须对锅炉的结垢、腐蚀和水质加强监督，认真做好加药、排污和清洗工作。

(2) 蒸汽锅炉采用锅内加药处理时，水质应符合表23-3-1的规定。

（3）蒸汽锅炉采用锅外化学水处理时，水质应符合表23-3-2的规定。

**表 23-3-1　蒸汽锅炉锅内加药处理时水质标准**

| 项　目 | 给　水 | 锅　水 | 项　目 | 给　水 | 锅　水 |
|---|---|---|---|---|---|
| 悬浮物/(mg/L) | ≤20 | — | pH(25℃) | ≥7 | 10~12 |
| 总硬度/(mmol/L①) | ≤4 | — | 溶解固形物/(mg/L) | — | <5000 |
| 总碱度/(mmol/L②) | — | 8~26 | | | |

① 硬度 mmol/L 的基本单位为 $C(1/2Ca^{2+}、1/2Mg^{2+})$，下同。

② 碱度 mmol/L 的基本单位为 $C(OH^-、HCO_3^-、1/2CO_3^{2-})$，下同。

如测定溶解固形物有困难时，可采用测定 $Cl^{-1}$ 的方法来间接控制，但溶解固形物与氯离子的关系应根据试验确定，并应定期复试和修正此比例关系。

**表 23-3-2　蒸汽锅炉采用锅外化学水处理时的水质标准**

| 项　目 | | 给　水 | | | 锅　水 | | |
|---|---|---|---|---|---|---|---|
| 额定蒸汽压力/MPa | | ≤1.0 | >1.0<br>≤1.6 | >1.6<br>≤2.5 | ≤1.0 | >1.0<br>≤1.6 | >1.6<br>≤2.5 |
| 悬浮物/(mg/L) | | ≤5 | ≤5 | ≤5 | — | — | — |
| 总硬度/(mmol/L) | | ≤0.03 | ≤0.03 | ≤0.03 | — | — | — |
| 总硬度/(mmol/L) | 无过热器 | — | — | — | 6~26 | 6~24 | 6~16 |
| | 有过热器 | — | — | — | — | ≤14 | ≤12 |
| pH(25℃) | | ≥7 | ≥7 | ≥7 | 10~12 | 10~12 | 10~12 |
| 溶解氧/(mg/L①) | | ≤0.1 | ≤0.1 | ≤0.05 | — | — | — |
| 溶解固形物/(mg/L) | 无过热器 | — | — | — | <4000 | <3500 | <3000 |
| | 有过热器 | — | — | — | — | <3000 | <2500 |
| $SO_3^{2-}$/(mg/L) | | — | — | — | — | 10~30 | 10~30 |
| $PO_4^{3-}$/(mg/L) | | — | — | — | — | 10~30 | 10~30 |
| 相对碱度 $\left(\dfrac{游离\ NaOH}{溶解固形物}\right)$ | | — | — | — | — | <0.2 | <0.2 |
| 含油量/(mg/L) | | ≤2 | ≤2 | ≤2 | — | — | — |

① 当锅炉蒸发量大于等于 6t/h 时应除氧，额定蒸发量小于 6t/h 的锅炉如发现局部腐蚀时应采取除氧措施，对于供汽轮机用汽的锅炉给水含氧量应小于等于 0.05mg/L。

（4）热水锅炉的水质应符合表23-3-3的规定。

**表 23-3-3　热水锅炉水质标准**

| 项　目 | 锅内加药处理 | | 锅外化学处理 | |
|---|---|---|---|---|
| | 给　水 | 锅　水 | 给　水 | 锅　水 |
| 悬浮物/(mg/L) | ≤20 | — | ≤5 | — |
| 总硬度/(mmol/L) | ≤4 | — | ≤0.6 | — |
| pH(25℃) | ≥7 | 10~12 | ≥7 | 10~12 |

| 项　　目 | 锅内加药处理 | | 锅外化学处理 | |
|---|---|---|---|---|
| | 给　水 | 锅　水 | 给　水 | 锅　水 |
| 溶解氧/(mg/L) | — | — | ≤0.1 | ≤0.1 |
| 含油量/(mg/L) | ≤2 | | ≤2 | |

注：通过补加药剂使锅水 pH 值控制在 10~12。

(5) 热水锅炉给水应进行锅外处理。对于额定功率小于等于 2.8MW 的热水锅炉可采用锅内加药处理，但必须对锅炉的结垢、腐蚀和水质加强监督，认真做好加药工作。

(6) 当热水锅炉额定功率大于等于 4.2MW 时，给水应除氧，额定功率小于 4.2MW 的热水锅炉给水应尽量除氧。

(7) 余热锅炉的水质指标应符合同类型、同参数的水质要求。

### 三、锅炉用水的过滤

锅炉用水的过滤主要是去除水中的各种杂质。一般自来水中的悬浮物已经达到标准，不需过滤，但如用各种地表水，水中总会有各种杂质。在沿江河工业集中的城市和地区，一些工业废水还会造成对江河里水的污染。雨水与大气中的氧气、二氧化碳及尘埃等接触，都会使雨水产生不同程度的污染，因此，如果未经处理的地表水直接进入锅炉内，对锅炉的安全和经济运行危害极大。有的杂质沉淀在锅炉受热面上(结垢)，有的对锅炉产生腐蚀，有的在锅炉内引起汽水共腾。因此，必须把水中所含的杂质过滤掉。另外如果选用的钠离子交换器直径较大或采用除盐系统，为了保护离子交换树脂不受污染，最好在交换器前设内装石英砂或活性碳的机械过滤器，以便进一步除去悬浮物或游离余氯等杂质。

### 四、炉外水处理及钠离子交换器

为了使水达到标准要求，就要对硬水进行软化处理，现在输油泵站最常用的方法就是用钠离子交换器来进行水处理。

如果原水的硬度很高(>6mmol/L)，直接进行离子交换软化处理将很不经济，可采用沉淀软化预处理，使钙、镁离子反应后呈沉淀析出，再过滤除去。对于硬度、碱度均高的水，宜用石灰作沉淀剂；对于硬度高、碱度低的水宜用石灰-纯碱联合沉淀剂。采用沉淀软化处理时，将水加热到 70~80℃，可提高软化效果，处理后水中的残余硬度甚至可降至 0.3~0.4mmol/L。

原水是用一根粗管引至交换器顶部的分配漏斗，从中喷出均匀通过交换层被软化，软水在交换器底部汇集后排出。

当原水经过钠离子交换剂层时，水中的 $Ca^{2+}$、$Mg^{2+}$ 等阳离子与交换剂中的 $Na^+$ 进行交换，使水得到软化。其反应式如下(通常用 R 表示树脂母体)：

$$Ca^{2+} + 2NaR \Longrightarrow 2Na^+ + CaR_2$$

$$Mg^{2+} + 2NaR \Longrightarrow 2Na^+ + MgR_2 \qquad (23-3-2)$$

经钠离子交换后的水质，只是把钙、镁盐类等当量地转变成不能生成水垢的钠盐，而钠的当量值要比钙和镁的当量值高，因此软水的含盐量将有所提高。

随着交换过程的不断进行，交换剂中的 $Na^+$ 被大部分或全部置换掉后，出水中便又含有 $Ca^{2+}$、$Mg^{2+}$(出现了硬度)，当硬度达到一定数值后(不符合锅炉给水的标准)，则说明离子交换剂失效，需要再生。故再生过程就是使含有大量钠离子的氯化钠溶液通过失效的交换剂层，将离子交换剂中含有的钙、镁离子排出掉，而钠离子被交换剂所吸附，使交换剂重新恢复交换能力。其反应式如下：

$$2Na + CaR_2 \Longrightarrow Ca^{2+} + 2NaR$$

$$2Na^+ + MgR_2 \Longrightarrow Mg^2 + 2NaR$$

## 五、全自动离子交换软化器的使用及其注意事项

目前常用的全自动离子交换器大致可分为二类，一类是进口或仿制美国、日本产的单柱顺流再生式全自动离子交换器，另一类是我国自行设计生产的双柱浮床式全自动离子交换器。虽然同类离子交换器的构造和再生原理基本相似，但各国各厂的产品在具体操作方法上都会有所不同，因此在使用时应严格按产品说明书的要求进行操作。

一般制造厂或代理商在新购设备投运前会派人上门调试，设定自动装置，但用户在运行过程中仍需随时根据原水水质、软水用量等因素的变化进行调整。下面就这两类全自动离子交换器的一般调整方法和运行中需注意的问题作简要介绍。

### 1. 单柱顺流式全自动离子交换器

这类交换器一般由交换柱、控制器和盐水罐组成。控制器装在交换柱的上部，通常由定时器钮、日期轮和操作指针钮组成(见图23-3-1)。

(1) 定时器钮是设定再生时间的。由于交换器自动再生时不产软水(再生时交换器出水是硬水)，因此交换器在出厂时通常都将再生时间设定在凌晨2点左右，即当时间箭头转到2AM处时就开始再生(因为这时锅炉一般都暂停运行)。当然也可根据需要，自行设定时间，使再生提前或推迟进行。另外，停电时定时器钮将停止转动，因此停电后必须重新定时。定时操作为：把定时器钮拉出(齿轮脱开)并转动，使时间箭头指向欲定的时刻，然后松手，使定时器钮齿轮啮合。

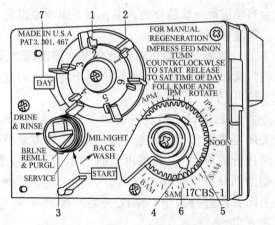

图23-3-1　全自动离子交换器控制器
1—期限销；2—日期轮；3—操作指针钮；4—时间箭头；5—定时器钮；6—时间该度；7—日期箭头

例如，在上午10点定时，如果不想改变再生时间，就把时间箭头指向当前时间，即10AM处；如要推迟2h再生，可把箭头指向上午8点(8AM)处，再生就将在凌晨4点进行；若欲提前3h再生，则把箭头指向下午1点(1PM)，那么半夜11点就会再生。

(2) 日期轮是设定再生日期的，需根据交换器内树脂的填装量、工作交换容量、原水的硬度、软水的每日用量等因素而定，可按下式估算：

$$再生后可运行天数 = \frac{V_R E_G}{H_{总} DT} \quad (再生日期取其整数) \qquad (23 - 3 - 3)$$

式中　$V_R$——树脂的填装体积，$m^3$；

$E_G$——树脂的工作交换容量，单位 mol/m³，一般国产树脂按 800~1000mol/m³，进口树脂可按 1000~1200mol/m³ 计算；原水硬度较小的可取较大值，原水硬度较大的取较小值；

$H_总$——原水总硬度，mmol/L；

$D$——锅炉进水量（可近似按蒸发量算），t/h；

$T$——锅炉日运行时间，h/d。

**例 23-3-1** 一台蒸发量为 1t/h 的燃油锅炉，所配的全自动离子交换器内装 65 l 树脂，锅炉每天运行约 15h，如原水的硬度为 1.8mmol/L，交换器应设定几天再生一次？

**解** 再生后可运行天数 = (0.065×1000)/(1.8×1×15) = 2.4（天）

为了确保锅炉安全，严防软水硬度超标，宜定为 2 天（即隔天）再生一次。

日期设定时先将日期轮上的期限销全都拔出，然后转动日期轮使日期箭头指向当天日期或第 1 号，再在需要再生的日期上按下期限销（如本例 2 天再生一次，需将 2、4、6 即间隔的期限销按下）。

（3）操作指针钮是控制交换器再生、运行程序的。一般情况下是自动运转的，但在调试或停电时可用宽刃螺丝刀插入箭头槽内将指针钮压下后进行手动再生。指针按钮的运转程序为：反洗（BACKWASH）进盐和慢洗（BRINE&RINSE）→ 重充盐水和清洗（BRINE REFILL&PURGE）→运行制软水（SERVICE）。有时当原水水质突然恶化或软水用量暂时增大而造成软水提前出现硬度时，可将操作钮压下转到"起动"（START）位置，过几分钟交换器就会自动进行一次额外的再生，而不影响原设定的再生时间。

需注意的几个问题：

① 交换器出口验水阀应设在出水控制阀之前，以便化验合格后再开出水阀，以确保给水箱内软水硬度合格。有些说明书上将验水阀设在出水阀之后，易造成硬度不合格的水进入软水箱内，应予以改进。

② 多数进口小型全自动离子交换器的出水并没有自动开关装置，自动再生时出水的关闭是靠软水箱满水位状态下由浮球阀来控制的（这也是自动再生常设在半夜锅炉暂停时进行的原因）。如果再生时软水箱未满或水位下降，浮球阀开启着，则硬水及再生后期的部分排出液就会进入软水箱，造成给水不合格。在这种情况下应先手动将出水阀关闭，再进行再生。建议安装时加装一个电磁阀，以便在设定的时刻出水可自动关闭和开启。

③ 交换器自动再生时需用电来工作，因此安装时交换器的电源须和锅炉用电分开，以便锅炉停用切断电源时，交换器可继续工作。

④ 盐水罐溶盐的水，第一次使用时是人工加入的，以后每次再生后期交换器会自动充水不必另加。使用中应注意，盐水罐内水位不可太高，否则会造成再生时吸盐过多甚至将盐水带入再生后的软水中。如发现盐水罐溢流，有可能连接部位泄漏或盐水阀等被脏物卡住，须及时检修或清洗。

⑤ 每次再生时实际用盐量和加入的盐量无关，但加盐也不可太少或太多，一般以使盐水饱和为宜。盐量不足会造成再生不彻底，而盐太多易引起结块并会因形成盐桥而无法吸取盐水（这时应小心地将盐块捣碎）。一次再生所需盐量可按式（23-3-3）计算，每次加盐量最好不超过三次再生所需的盐量。

⑥ 全自动离子交换器出水及软水池水也需经常化验（每班至少一次），除了化验硬度外，

也应定期化验氯根含量，以防盐水带入软水中。当发现出水硬度超标时，应及时调整再生日期。

### 2. 双柱浮床式全自动离子交换器

这类交换器一般由两个交换柱、盐罐、多路集成阀（或称旋转阀）和定时控制器等组成。其单柱的流程方式为：产水–松床–再生—置换–清洗–产水。一个柱产水时，另一个柱自动完成从松床到清洗的工作，然后自动切换，双柱交替循环，连续产水。从总体设计看要比进口的单柱顺流再生式更合理，且售价低，盐耗少，出水量大。不过这类交换器较适合连续运行，因为受定时器控制，一个柱再生清洗结束后，另一柱不管是否失效都将自动切换进行松床再生，在间断运行而不关机的情况下，将会使未失效的树脂反复被再生，造成盐和自耗水的浪费，另外机子停、启过于频繁，出水质量将受影响。

交换器的程序定时控制目前有两种，一种是微电脑控制的，如成都产的 LDZN 系列，操作简便且各个程序的时间可分别设定，调节控制较合理；另一种是继电器控制的，如无锡产的 ZDSF 系列，只能调节基本周期时间，当原水硬度增大时，同时缩短各程序时间，增加进盐量，这样的设计并不合理，当硬度较大时，会因盐液与树脂接触时间过短而使再生不彻底，另外对于硬度较小的原水来说，该产品基本周期时间设计过短，会造成树脂利用率低，自耗水量大，树脂易磨损，需加以改进。实际上当交换器树脂量一定时，不管原水硬度大小如何，其总的交换量和再生所需盐量是基本不变的，只是周期产水量随着硬度增大而减少。由于流量一定时，周期产水量取决于另一柱从松床到清洗的时间，而其中再生到清洗的量和时间应是不变的，因此当原水硬度变化时一般只需调整松床时间就可，即硬度小，松床时间长，产水多；硬度大，松床时间短，产水少，其他不必改变，调整操作很简单。

双柱浮床式全自动离子交换器的操作因定时控制器的不同而有较大区别，使用时应根据产品说明书和厂方调试人员的指导进行操作。

## 六、锅内加药水处理

锅内加药水处理就是通过在给水中加入适量的防垢剂，使其在锅内与水中硬度物质发生化学反应，生成疏松的、有流动性的水渣，随排污除去而防止锅炉结垢的方法。

锅内加药处理法具有投资少、设备简单、操作容易、管理方便等优点，但其防垢效果不如锅外化学处理法，对于燃油锅炉来说，单纯的锅内水处理仅适用于无水冷壁管的立式炉。另外，对于采用钠离子交换处理的，当残留硬度较大或锅水 pH 值和碱度达不到标准要求时，也需进行锅内加药补充处理。

### 1. 防垢剂的主要作用

（1）与硬度物质反应生成水渣，排污除去，防止结垢。

（2）保持锅水一定的碱度和 pH 值。

（3）在金属表面形成保护膜，防止腐蚀。

（4）促使硫酸盐、硅酸盐老垢疏松脱落。

### 2. 常用的防垢剂

（1）纯碱[碳酸纳]，既可单独使用，也常与其他药剂组成复合防垢剂。

（2）磷酸盐，常单独作为锅外化学处理后消除残余硬度的校正处理药剂，也可作为复合防垢剂的组成之一。一般多采用磷酸三钠，当给水碱度较高时，也用磷酸氢二钠或磷酸二氢纳以降低碱度。

（3）复合防垢剂，根据不同的水质特点选择合适的药剂按一定的比例组成。常用的如三钠–胺胶(碳酸钠、磷酸三钠、氢氧化钠和拷胶)、二钠–胺胶、纯碱–腐植酸钠等。

（4）有机磷酸盐、聚羧酸盐等有机合成防垢剂，具有用量少、防垢效果好的优点，但价格较贵，目前锅炉方面用得还较少。

### 3. 防垢剂用量

防垢剂的用量根据化验结果确定，加药后应使锅水的 pH 值和碱度都达到国家标准。由于碳酸钠在高温下会水解产生部分氢氧化钠，因此一般防垢剂由碳酸钠、磷酸三钠和拷胶组成，加药量可根据给水的总硬度与总碱度之差参照表23–3–4选用。

表 23–3–4　防垢剂用量

| 药剂名称 | 给水总硬度–总碱度/（mmol/L） | | | |
| --- | --- | --- | --- | --- |
| | <1 | 1~2 | 2~3 | 3~4 |
| 碳酸钠 | 58~85 | 86~138 | 140~192 | 195~250 |
| 磷酸三钠 | 10 | 16 | 23 | 30 |
| 拷　胶 | 3 | 4 | 5 | 5 |

### 4. 加药装置和加药方法

加药方法很多，常用的有注水器加药法、水箱加药法、利用压力装置连续加药法。读者可选择合适的加药方法，设计和选用相应的加药装置。

锅炉有给水箱的，也可将溶解后的药液直接倒入水箱中。注意固体药剂千万不可不经溶解就直接加到水箱内。

## 七、给水的除氧

在锅炉给水中含有氧和二氧化碳气体时，会引起金属腐蚀，使壁厚减薄，削弱机械强度。氧和二氧化碳的腐蚀特征是：在金属表面形成直径不等的鼓疱。鼓疱的表面颜色由黄褐色到砖红色，内层是黑色粉末状腐蚀产物。将其清除后，便出现凹坑。

因为给水中的氧和二氧化碳随着水的流程逐渐被消耗，所以省煤器最容易被腐蚀，其次是给水管道和锅筒水位线附近。

目前除氧处理常用的主要有热力除氧、真空除氧、化学除氧及其他新型开发的除氧方法等。输油泵站给水除氧的方法多数采用热力除氧，但近几年有些泵站废除了锅炉加热，采用加热炉热媒换热热水给站内管道和油罐加热，由于水中含氧，致使换热器腐蚀穿孔，因此本书也介绍了一些其他除氧方法以供参考。

### 1. 热力除氧

1）热力除氧的原理

气体在水中的溶解度与水的温度有关，在一定的压力下，水的温度越高，气体的溶解度就越小。当水的温度达到沸点时，将使水中的各种溶解气体都分离出来，热力除氧就是根据这个原理来除氧的。

2）常用热力除氧器的结构

为了使溶解氧能顺利地从水中解析出来，除了必须将水加热至沸点外，还需在设备上创造必要的条件。因为水中溶解氧必须穿过水层和气水界面，才能自水中分离出去，所以要使解析过程能较快地进行，就需尽量使水分散成小水滴或小股水流，以缩短扩散路程和增大气水界面。热力除氧器就是按照将水加热至沸点和使水流分散这两个原理设计的一种设备。

中、低压锅炉常用大气式热力除氧器，其结构如图 23-3-2 所示。含氧的水从除氧塔顶部进入，通过多孔配水盘分散成许多股细小的水流，层层向下淋，加热蒸汽从除氧塔下部引入，经蒸汽分配器而向上流动，穿过淋水层，将水加热至沸点。从水中逸出的氧和其他气体随一些多余的蒸汽通过顶部排汽管排出，而除去氧的水流入下部除氧水箱。为了保证从水中析出的氧气迅速离去，除氧器的剩余压力应高于 0.02MPa，温度约 105℃。因为进入锅炉的给水温度超过 100℃，因此热力除氧法不适用于有铸铁省煤器的蒸汽锅炉和低温热水锅炉。

**2. 真空除氧**

真空除氧的原理和热力除氧的原理相似，也是利用水在沸腾状态时的溶解度接近于零的特点，除去水中所溶解的氧和二氧化碳等气体。由于水的沸点和压力有关，在常温下可利用抽真空的方法使之呈沸腾状态。当水的温度一定时，压力越低(即真空度越高)，则水中残余的氧及二氧化碳等气体含量就越少。

真空除氧器的结构如图 23-3-3 所示。水由除氧塔上部进入，经喷头使之在全部断面上喷成雾状，再经中部填料呈水膜往下流。从水中解析出来的氧等气体由塔体顶部被抽气装置抽出体外。

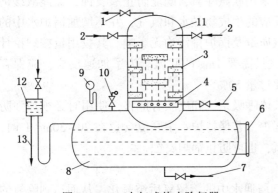

图 23-3-2 大气式热力除氧器

1—排气管；2—软化水入口；3—多孔配水室；
4—蒸汽分配管；5—蒸汽管；6—水位计；7—出水管；
8—除氧水箱；9—压力表；10—安全阀；11—除氧塔；
12—安全水封；13—溢流管

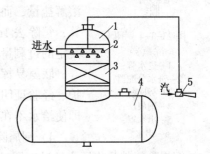

图 23-3-3 真空除氧器

1—除氧塔；2—喷头；3—填料；
4—除氧水箱；5—喷射器

**3. 化学除氧**

化学除氧就是向含溶解氧的水中投加还原性药剂，使之与氧发生化学反应，以达到除氧的目的。目前在锅炉给水除氧中常用的还原性药剂为亚硫酸钠和联氨。

1）亚硫酸钠

为白色或无色结晶，与水中溶解氧反应后，生成硫酸钠。亚硫酸钠的加药量($G$)可按下式估算：

$$G = \frac{8[O_2] + \beta}{b} \quad mg/L$$

式中　8——每除去 1g 氧约需 8g 无水亚硫酸钠；

　　[$O_2$]——水中溶解氧的含量，mg/L；

$\beta$——给水中亚硫酸钠的过剩量，一般为 3~4mg/L；

$b$——工业亚硫酸纳的纯度。

亚硫酸钠和氧的反应速度与水温及过剩量有关，温度越高，过剩量越多，反应就越快。亚硫酸纳的加药方式，通常在溶解箱内将药剂配制成 6%~9% 的浓度，然后利用活塞泵(或压差式加药罐)压入给水泵前的管道内或锅筒内。储存、配制亚硫酸钠时，应在密闭的不与空气接触的容器中进行。

由于亚硫酸纳在锅内高温作用下会发生水解或分解反应，不仅使锅水含盐量有所增加，而且会产生部分有害气体。因此，亚硫酸钠除氧只能用于工作压力小于 6.86MPa 的中、低压锅炉，不能用于高压锅炉。

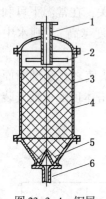

图 23-3-4　钢屑除氧器
1—进水管；
2—进水分配器；
3—外壳；
4—钢屑层；
5—出水罩；
6—出水管

**2) 硫酸亚铁除氧**

锅炉水中段加硫酸亚铁，它不但可以除去锅炉水中的溶解氧，而且还有吸附锅炉水中悬浮杂质和防止水垢生成的作用。

**3) 联氨**

又称为肼，在常温下是一种无色而易挥发、易燃、易爆，且有一定毒性的液体。因此不能用于生活炉，不过它与氧反应后的产物是无害的氮和水。锅炉给水采用联氨除氧，既能防止氧腐蚀，又能减缓锅内氧化铁结垢。由于反应的生成物是水和氮气，并不增加锅炉水中的溶解盐量，而且对蒸汽质量及锅炉排污均无影响。其投用量按理论计算，每除去 1mg 的氧，只需要 1mg 的联氨。为了加速反应，应保存一定的过剩量，一般要过量 50%。

联氨易挥发，对人体呼吸系统和皮肤有危害，使用时必须加强防护。经验证明对低压锅炉，若保持炉水中联氨含量在 20~30mg/L 时，即使给水不在炉外除氧，也可防止锅炉腐蚀。

**4) 钢屑除氧**

钢屑除氧就是将原水经过钢屑过滤器，钢屑遇水中的溶解氧后被氧化，从而达到除氧的目的。如图 23-3-4 所示。

# 第四节　燃油燃气锅炉的操作与运行

## 一、点火前的检查与准备

**1. 点火前的检查**

对于新装、移装、改造和长期停用的锅炉，在点火前要做一次全面认真的检查。具体检查内容和要求如下：

(1) 检查锅筒、集箱、炉胆、火管、水管应无损坏变形，检查锅炉内、外部和锅筒、联箱内有无遗留的工具和其他杂物；手孔门、人孔门封闭是否完好，拧紧；检查炉体、炉墙有无裂缝，炉膛受热面、绝热层是否完好；炉膛内是否有残留燃料油或油垢；燃烧设备是否良好，烟道闸门开关是否灵活，烟道有无杂物。

(2) 检查安全附件齐全好用；主要安全附件、热工仪表和电气系统正常无故障；电器仪表、安全阀、水位表、压力表要灵敏可靠。

（3）检查给水设备和汽水管道、管线、阀门完好无泄漏；各阀门按启动的要求调整，上水设备、软化水系统完好备用；软水箱应有足够的储水。

（4）检查油(气)系统及安全附件、阀门装配、开关位置是否正确；燃油系统、送风系统完好备用；排污管线畅通，排污阀灵活好用。

（5）使用液化石油气或乙炔气点火的锅炉，还要检查液化石油气或乙炔气压力是否达到要求，阀门是否已开启。

（6）对于停用已超过一年的锅炉，点炉前必须进行水压试验，合格后方可使用，并记录在案。

（7）核对检修记录、设备缺陷记录，证实各设备处于完好备用状态。

**2. 燃油锅炉点炉前的准备工作**

（1）启动燃油泵、鼓风机、引风机，各参数调至规定要求。

（2）给水设备、汽水管路各种阀门开关到位，有过热器的锅炉应打开进出阀门。

（3）对安全阀、压力表、水位表必须逐个检验合格并投入使用。

（4）向锅内加水。启动给水泵，开启水泵出口阀，向锅炉进水到水位在规定范围。向锅炉中注入的水的水质必须是合格的软化水，且应符合锅炉给水标准，进水速度要缓慢，水温不宜过高，一般水温40℃左右为宜。上水时，发现人孔盖，手孔盖或法兰结合面有漏水应暂停上水，拧紧螺丝，无漏水后再继续上水。当锅炉水位升至水位表正常水位指示处时，给水泵应能停止运转。此时，不要急于点火，要观察水位是否维持不变，如水位逐渐降低，应查明原因设法消除，如水位仍继续上升，则说明给水阀漏水，应进行修理或更换，停止给水后，还应试开排污阀放水，检查最低安全水位时给水泵是否自动进水。

（5）自动控制或监测仪表投运。

## 二、燃油锅炉点火

**1. 点火**

（1）锅炉点火前，应启动鼓风机和送风门，对炉膛和烟道吹扫不少于10min，排除可能积存的可燃气体，并保持炉膛负压5~10mm水柱。

（2）燃用重油的锅炉，点火前应先开动重油加热器，待油温、油压符合要求才能点火。为防止炉前燃料油凝结，在送油之前应用蒸汽吹扫管道和油嘴。然后关闭蒸汽阀，检查各油嘴、油阀均应严密，以防来油时将油漏入炉膛。燃料油加热后，经炉前回油管送回油罐进行循环，使炉前的油压和油温达到点火的要求。同时应注意监视油罐的油温，以防回油过多，油温升高过快，发生跑罐事故。

（3）点火方法：点火前应首先对炉膛进行吹扫10min。吹扫结束后，点燃引火燃料(煤气或燃油)，火焰监视器反映火焰的存在，并使其继续燃烧10s左右，此称为引火牵引期，10s后，主燃料阀(煤气或燃油)即被驱动，点燃主燃烧器，主燃烧器若正常燃烧，点火系统即自动关闭。

（4）点火顺序：上下有两个油嘴时，应先点燃下面的一个；油嘴呈三角形布置时，也先点燃下面的一个；有多个油嘴时，应先点燃中间的一个。

（5）点火时容易从看火孔、炉门等处向外喷火，操作人员应戴好防护用具，并站在点火孔的侧面，确保安全。

（6）升火速度不宜太快，应使炉膛和所有受热面受热均匀。锅炉启动时间应根据锅炉类型、蒸发量而定。冷炉升火至并炉的时间，低、中压锅炉一般为2~4h，高压锅炉一般为

4~5h。一般立式锅炉水容量小，启动所需时间要短些，卧式锅炉、水容量大的锅炉，启动所需的时间要长些。总的来说启动要缓慢进行。启动时火焰应调至"低火"状态，使炉温逐渐升高。如果启动时间短，温度增高过快，锅炉各部件受热膨胀不均，会造成胀口渗漏，角焊缝处出现裂纹，或者引起板边处起槽等缺陷。启动过程中，为了使锅炉受热均匀，可采用间断放水的方法，从锅炉底部放出水，并相应补充给水。这样，可以使锅炉本体各部分达到均匀的温度。

### 三、升压

随着压力的上升，操作人员应在不同压力时做好下述工作：

（1）随炉水温度逐渐升高，当空气阀冒出雾汽或出现压力表指针向升压方向移动时，关闭空气阀。为了使锅炉各部受热均匀，升压不可太快，应密切注意压力表和水位计的工作情况。

（2）当压力升到 0.05~0.1MPa 时，应冲洗水位表和存水弯管。冲洗水位计时要注意安全，不要正对玻璃板(管)。冲洗水位表顺序：

① 开启放水旋塞；

② 关闭水旋塞；

③ 开启水旋塞；

④ 关闭汽旋塞；

⑤ 开启汽旋塞；

⑥ 关闭放水旋塞。

如水位迅速上升，并有轻微波动，表明水位正常；如果水位上升很缓慢，表明水位表有堵塞现象，应重新冲洗和检查。

（3）当压力升到 0.1~0.15MPa 时，冲洗压力表存水弯管。

（4）当压力升到 0.2~0.3MPa 时，检查炉体各处及各连接处有无渗漏现象，对松动过的螺丝再拧紧一次，对人孔、手孔的固定件应拧紧。紧固手孔和人孔螺栓时切记不可用力过猛，防止拧断螺栓。

（5）当压力升到 0.3~0.4MPa 时应试用给水设备和排污装置，进行一次排污，以均衡各部分炉水温度。排污前应进水至高水位，排污时要注意观察水位，排污后要关严排污阀，并检查有无漏水现象。在排污前应先上水，后排污。

（6）当压力升到工作压力的 2/3 时进行暖管，以防止送汽时产生水击。

（7）当压力升到工作压力时应再次冲洗水位计，并试验安全阀是否灵活好用，然后可以带负荷送汽。

（8）在升压过程中，要密切注意非沸腾省煤器的冷却情况，防止其中的水汽化。过热器的疏水阀门应始终开启。

### 四、暖管

为使蒸汽管道、阀门、法兰等都受到均匀缓慢的加热并放去管内的凝结水，以防止管道内产生水击而发生渗漏等，需要暖管。

暖管需要时间，根据蒸汽温度、季节气温、管道长度、直径等情况而定。暖管操作如下：

（1）开启管道上的疏水阀，排除全部凝结水。

（2）缓慢开启主汽阀或主汽阀的旁通阀半圈，待管道充分预热后再全开。如管道发生震动或水击，应立即关闭主汽阀，加强疏水，待震动消除后，再慢慢开启主汽阀，继续进行暖管。

（3）慢慢开启分汽缸进汽阀，使管道汽压与分汽缸汽压相等，同时注意排除凝结水。

（4）排出干燥蒸汽后关闭所有疏水阀，全开主汽阀。各汽阀全开后，应回转半圈，防止汽阀因受热膨胀后卡住。

（5）有旁通管道的，应关闭旁通阀。

## 五、并炉供汽

单台锅炉运行，当汽压升到工作压力时，就可直接进行供汽。两台以上锅炉并列运行，新投入运行的锅炉向蒸汽母管供汽的过程叫并炉。并炉的条件和操作步骤如下：

（1）当锅炉汽压低于运行系统的汽压 0.05~0.1MPa 时，即可开始并炉。

（2）开启蒸汽母管和主汽管上的疏水阀门，排出凝结水。

（3）缓慢开启主汽阀，待听不到汽流声时，再逐渐开大主汽阀，然后关闭旁通阀疏水阀。

## 六、正常运行的安全管理

锅炉在正常运行时，应使安全附件灵敏可靠，汽压和水位应保持稳定，以保证蒸汽质量和锅炉安全经济运行。

### （一）燃油锅炉正常运行中的巡检

（1）观察火焰燃烧情况应良好。

（2）检查压力表应灵活好用，指示准确；各受压窗口的压力应符合规定。

（3）检查水位计，水位应在正常水位线之内。

（4）检查管线各阀门应无泄漏；排污阀、安全阀应处于完好状态。

（5）检查辅助设备应运转良好。

（6）检查各运行工艺参数应在规定范围内。

### 2. 燃烧调整

正常燃烧时，炉膛中火焰稳定，呈白橙色，一般有轻微隆隆声。如果火焰狭窄无力、跳动或有异常声响，均表示燃烧有问题，应及时调整油(汽)量和风量。若经过调整仍无好转，则应熄火查明原因，采取措施消除故障后重新点火。

1）燃油量的调整

简单机械雾化油嘴的调节范围通常只有 10%~20%。当锅炉负荷变化不大时，可采用改变炉前油压的方法进行调节，增大油压即可达到增加喷油量的目的。当锅炉负荷变化较大时，可以更换不同孔径的雾化片来增减喷油量。当锅炉负荷变化很大时，上述两种调节方法都不能适应需要，只好通过增加与减少油嘴的数量来改变喷油量。现在的燃烧器往往采用二个喷油嘴，低负荷时只用一个油嘴，高负荷时两只油嘴同时喷油，以适应负荷的变化。

回油机械雾化油嘴的调节范围可达 40%~100%，当锅炉负荷变化时，可相应调节回油阀开度使回油量得到改变。回油量越大则喷油量越小；反之，则喷油量增加。在正常运行中，不得将燃油量急剧调大或调小，以免引起燃烧的急剧变化，使锅炉和炉墙骤然胀缩而损坏。另外燃油量过大，燃烧不完全将导至排烟温度升高，严重时烟囱冒黑烟。相反，燃油量过小，锅炉出力不足。只有合适的燃油量才能保证锅炉出力，适应负荷变化在最佳热效率下运行。

2）送风量的调整

在一定的范围内，随着送风量的增加，油雾与空气的混合得到改善，有利于燃烧，所以实际送风量都稍大于理论计算送风量。但如果风量太大会降低燃烧室温度，不利燃烧，并且增大了烟气量和排烟热损失。如果风量不足，则导致燃烧室缺氧，会造成燃烧不完全，导致尾部受热面积下，容易发生二次燃烧事故。因此，对于每台锅炉均应通过热效率试验，确定其在不同负荷时的经济风量。

在实际应用中，司炉人员通常根据油嘴着火情况和用二氧化碳分析仪或氧量分析仪来测定烟气中二氧化碳或氧含量来调整送风量。一般用调节风门的开启度来改变送风量。但如解决不了问题时，则应考虑风机风量、风压是否足够。

3）引风量的调整

随着锅炉负荷的增减，燃油量发生变化时，燃烧所产生的烟气量也相应变化。因此，应及时调整引风量。当锅炉负荷增加时，应先增加引风量，后增加送风量，再增加油量、油压。当锅炉负荷减少时，应先减少油量、油压，再减少送风量，最后减少引风量。在正常运行中，应维持炉膛负压2~3mm水柱。负压过大，会增加漏风，增大引风机电耗和排烟热损失；负压过小，容易喷火伤人，影响锅炉房整洁。

4）火焰的调整

（1）火焰分析　燃油时对各种火馅的观察和分析，参见表23-4-1。

表23-4-1　燃油火焰分析

| 油嘴着火情况 | 原因分析 | 处理和调整 | 油嘴着火情况 | 原因分析 | 处理和调整 |
|---|---|---|---|---|---|
| 火焰呈白橙色，光亮，清晰 | （1）油嘴良好，位置适当<br>（2）油、风配合良好<br>（3）调风器正常，燃烧强烈 | 燃烧良好 | 火焰中放蓝光 | （1）调风器位置不当<br>（2）油嘴周围结焦<br>（3）油嘴孔径太大或接缝处漏油 | （1）整调调风器位置<br>（2）打焦<br>（3）检查、更换油嘴 |
| 火焰暗红 | （1）雾化片质量不好或孔径太大<br>（2）油嘴位置不当<br>（3）风量不足<br>（4）油温太低<br>（5）油压太低或太高 | （1）更换雾化片<br>（2）调整油嘴位置<br>（3）增加风量<br>（4）提高油温<br>（5）调整油压 | 火焰中有火星和黑烟 | （1）油嘴与调风器位置不当<br>（2）油嘴周围结焦<br>（3）风量不足<br>（4）炉膛温度太低 | （1）调整油嘴与调风器的相对位置<br>（2）打焦<br>（3）增加风量<br>（4）不应长时间低负荷运行 |
| 火焰紊乱 | （1）油风配合不良<br>（2）油嘴角度及位置不当 | （1）调整风量<br>（2）调整油嘴角度及位置 |  |  |  |
| 着火不稳定 | （1）油嘴与调风器位置配合不良<br>（2）油嘴质量不好<br>（3）油中含水过多<br>（4）油质、油压波动 | （1）调整油嘴及调风器的位置<br>（2）更换油嘴<br>（3）疏水<br>（4）与油泵房联系，提高油质，稳定油压 | 火焰中有黑丝条 | （1）油嘴质量不好，局部堵塞或雾化片未压紧<br>（2）风量不足 | （1）清洗、更换油嘴<br>（2）增加风量 |

（2）着火点的调整　油雾着火点应靠近喷口，但不应有回火现象。着火早，有利于油雾完全燃烧和稳定。但着火过早，火炬离喷口太近，容易烧坏油嘴和炉墙。炉膛温度、油的品种和雾化质量以及风量、风速和油温等，都会影响着火点的远近。所以若要调整着火点，应事先查明原因，然后有针对性地采取措施。当锅炉负荷不变，且油压、油温稳定时，着火点主要由风速和配风情况而定。例如，推入稳焰器，降低喷口空气速度，会使着火点靠前；反之，会使着火点延后。当油压、油温过低或雾化片孔径太大时，油雾化不良也会延迟着火。

（3）火焰中心的调整　火焰中心应在炉膛中部，并向四周均匀分布，充满炉膛，既不触及炉墙壁，又不冲刷炉底，也不延伸到炉膛出口。如果火焰中心位置偏斜，会形成较大的烟温偏差，使水冷壁受热不均，可能破坏水循环，危及安全运行。要保证火焰中心居中，首先要求油嘴的安装位置正确，并要均匀投用；其次要调整好各燃烧器出口的气流速度。如要调整火焰中心的高低，可通过改变上下排油嘴的喷油量来达到。

### 3. 烟管清灰

燃油锅炉在运行过程中，在管壁上会黏附油垢或烟灰。油垢和烟灰会吸收空气中的水分而形成酸性物质，对金属造成腐蚀。锅炉出口的排烟温度可作为运行锅炉定期清灰的指标，因为油垢或烟灰会引起排烟温度升高。烟管清灰应在停炉后进行。打开前后炉门，在前端或后端通烟管。此外，烟室及烟囱亦应定期清灰。清灰结束后注意要把炉门、烟箱门关闭严密，以免造成漏风或烟气短路影响燃烧。

### 4. 排污

锅炉在运行中，由于水分不断蒸发，炉水中的杂质逐渐变浓，引起受热面上生成水垢或泡沫形成汽水共腾等事故。所以应将炉内沉渣排走，降低锅水碱度和含盐量。

排污分定期排污和表面排污两种，表面排污（即连续排污）主要是排除炉水表面悬浮泡沫，降低炉水含盐和含碱量，防止发生汽水共腾，保证蒸汽品质，排污量取决于炉水的化验结果，而后通过调节排污管上针形阀的开度来实现。定期排污主要排出积聚在锅筒和下集箱底部的沉渣和污垢。

定期排污装置是在锅筒和下集箱底部的排污管上串联安装两只排污阀，靠近锅炉和集箱的一个为慢开阀，另一个为快开阀。排污时应先开启慢开阀，后开快开阀，排污结束后，应先关闭快开阀再关慢开阀。排污时不能进行其他操作，若必须进行其他操作时，应先停止排污，关闭排污阀后再去进行。

排污注意事项：

（1）排污前先将炉水调至高于正常水位，排污时要严格监视水位，防止因排污造成锅炉缺水。排污后间隔一段时间后，用手摸排污阀后的排污管道，检验排污阀是否渗漏。如感觉热，表明排污阀渗漏，应查明原因后加以消除。

（2）本着"勤排、少排、均匀排"的原则，每班至少排污一次，对所有排污管须轮流进行排污，如果只排某一部分，而长期不排另一部分，就会减低炉水品质或者将部分排污管堵塞，甚至引起水循环破坏和爆管事故。当多台锅炉使用同一根排污总管时，禁止调试同时排污，防止污水倒流入相临的锅炉中。

（3）排污要在低负荷时进行，此时水渣易沉淀，排污效果好。

（4）排污操作应短促开关重复数次，依靠吸力渣垢向排污管口汇合，然后集中排出。这样排污效果较好，又可避免造成局部水循环故障。

## 七、保持安全附件灵敏可靠

锅炉上压力表、安全阀、水位表及相应控制装置要经常检查其灵敏、可靠、准确。

### 1. 压力表的操作

压力表在使用操作中应注意如下几点：

（1）工作温度不应超过 80℃，若蒸汽直接通入表内，很容易造成压力表失灵。因此在使用前，必须确认存水弯管内存满水。

（2）在压力表下面的三通旋塞，旋塞手柄方向与连管轴向一致，表示压力表已经接通。要经常检查、观察存水弯管上的旋塞是不是在压力表工作位置上。

（3）当压力表放置离锅筒较远，而使用较长的连接管时，在近锅筒处有必要设一个截门。这种情况下，应将截门全开后，或是上锁，或是将手柄拿掉。

（4）定期冲洗压力表存水弯管，防止堵塞。冲洗时操作人员不能面对出气孔，以免烫伤，冲洗后，不要立即打开旋塞，避免蒸汽直接进入表内弹簧管，导致压力表损坏甚至失灵。对较长时间停用的压力表及其连接件，使用前要注意吹洗弯管和连接件，以除去锈类脏物。如有水垢时，要彻底清除或换新。

（5）在冬季，若较长时间停用有冻结危险时，应将压力表取下保管，把连接弯管内的水排净。

（6）应定期校核压力表指示是否准确，如指示压力值超过精度时，应查明原因。平时应准备一个经检查良好的压力表作备品，在运行中发现压力表有问题时，应随时关闭连接管的旋塞，换上备用品作比较检查。按规定压力表使用一定时间后就应校验，同时换上备品表。校验后应封印。

（7）压力控制器接管的疏通要在停炉、停电、无蒸汽压力且常温时进行。疏通时可旋开压力控制器连接螺母，用细铁丝疏通，一般视水质情况一月一次至二月一次。当使用中发现压力控制与原来设定值有变化或失灵时，分清是电气控制问题还是压力调整、压力控制开关处漏汽或汽管受阻问题，应认真修复调整。

### 2. 安全阀

安全阀要经常保持动作灵敏可靠，即在规定的启跳压力时启跳排污。为此必须注意以下几点：

（1）当对锅炉进行检查或维修时，必须对安全阀拆开修理并对启始压力重新进行调整。

（2）当安全阀启动后，应观察压力表启始压力，确认是否在调整压力下排放。

（3）当安全阀发生蒸汽泄漏时，不允许对弹簧安全阀压紧弹簧，对杠杆安全阀外移重锤增加重锤的力矩，一般可用手动拉杆等办法，活动阀座使其密封。若仍不能止漏，应停用拆下检修。

（4）为了防止安全阀芯和阀座黏住，应定期做手动排汽试验。安全阀达到启始压力而仍没有排放时，应用手动提升杠杆使其排放之后，再调整启始压力，试验能否排放。当动作达不到要求时，应停用锅炉，拆下检修。

（5）非专业人员拆修调节有困难的安全阀，应定期请专业人员指导。

（6）要经常注意检查安全阀的铅封是否完好。

### 3. 水位表

1）水位表的使用操作

　水位表使用中，须注意以下各点：

（1）保持足够的光线，玻璃应经常保持清洁，如果发生明显污染，经冲洗擦拭仍不干净时，应更换。

（2）每天都应进行一次水位表的冲洗检查，时间选择为：当锅炉开始就保持有压力时，则在点火之前进行；若没有压力，则应在产生蒸汽开始升压时进行。

冲洗水位计步骤如下：

① 开启放水旋塞，冲洗水汽连管和玻璃管。

② 开启放水旋塞，关闭水旋塞，冲洗汽连管和玻璃管。

③ 开启放水旋塞及水旋塞，关闭汽旋塞冲洗水连管。

④ 关闭放水旋塞、开启汽旋塞，使水位表处于正常工作状态。

冲洗水位表时开关阀门要缓慢，脸不能正对玻璃管（板）。冲洗完水位计后，要观察水位是否能迅速上升到原来水位，与另一个水位表是否一致，水位表指示的水位略有上下波动，说明连管畅通，水位表良好。如果水位上升缓慢，则表示连管有阻塞，应再行冲洗，直到符合要求。

（3）汽水旋塞必须在全开位置上。当水压表安装在水位表柱上时，注意水表柱连管上的截止阀的开闭。容易出现误认开闭的阀门，最好在完全打开后，将手轮取下来。

（4）由于水表柱的水连管内容易积存水垢，因此在安装上避免出现下塌弯曲。此外对拐角弯曲处，应设活接头，使之能卸下检查和清扫。对于外燃横烟管之类锅炉，可能有汽水连管穿过烟道的部分应将其很好地绝热。应每天进行一次水表柱下部的排污管排污，以排出包括连接管中的水垢。

（5）使用压差式远距离水位表时，应严防管路中出现泄漏。对水位传感器装置要做到每班一次排污。同时定期检查自动进水及低水报警和联锁是否正常。

当发现水位控制失灵时，应分清是电控箱内故障还是控制装置故障，一般控制装置故障有：

① 浮球进水下沉或滑动部分有毛口使之不随水位上升而变动，从而引起自动进水到上限水位时仍不停泵或手动时高水位不报警。

② 控制器内部有杂物，长期不排污，造成污物顶住浮球，使之不随水位下降而变动，引起缺水不进水，不报警不停炉。

③ 水银开关或磁性开关不灵敏造成误动作，应仔细调节或更换。

④ 修理调整球式控制器内部要在停炉无压时进行，并注意内部小磁钢的极性，不能装反（有一个定位槽），否则水位无法调整。对于电极式传感器一般因控制器漏气，电极绝缘体上有导电物造成绝缘电阻下降引起误动作，一经发现，要及时安排停炉检修，保证安全运行。

（6）水位表阀门容易产生渗漏，最好隔半年拆卸检修一次，维持操作灵敏。

2）更换水位表玻璃管（板）

水位表中的玻璃管（板），在使用中由于安装间隙太小，受热后不能自由膨胀，或者被溅到冷水骤然冷却收缩等原因，都可能发生破裂，因此必须紧急更换。更换操作步骤如下：

（1）迅速戴好防护面罩和手套，侧身先关水旋塞，再关汽旋塞，避免被沸水和蒸汽烫伤。

（2）用螺丝扳手轻轻旋松玻璃管（板）上下压盖，取出破裂的玻璃管（板），再把上下压盖和上下填料槽中的橡胶填料取出，并清除槽中的玻璃杂物和水垢。

（3）换上新玻璃管（板），玻璃管（板）要垂直放置，不能直接顶在水位表的两端。如果橡胶填料基本老化，应同时更换新填料。

（4）缓慢拧紧上下压盖螺丝，但不宜拧得太紧，以免阻碍玻璃管（板）受热膨胀。

（5）微开汽旋塞，对新装玻璃管（板）进行预热，待管（板）内有潮气出现时，开启放水旋塞，再稍开水旋塞。然后逐步关闭放水旋塞，开大汽旋塞和水旋塞，使水位表正常运行。

## 八、停炉

（1）在正常停炉时要逐个间断关闭油嘴，以缓慢降低负荷，避免急剧降温。在停止喷油后，应立即关闭油泵或开启回油阀，以免油压升高。然后停止送风，约 3~5min 后将炉膛内油气全部逸出，再停引风机。最后关闭炉门和烟道、风道挡板，防止大量冷空气进入炉膛。停运附属设备。

（2）长期停炉应对燃油管线进行扫线。用蒸汽吹扫油管道，将存油放回油罐，避免进入炉膛。禁止向无火焰的热炉膛内吹扫存油。每次停炉之后，都应将油嘴拆下用轻油彻底清洗干净。

（3）停炉后的冷却时间，应根据锅炉结构确定。在正常停炉后应紧闭炉口和烟道挡板，约 4~6h 后逐步打开烟道挡板通风，并进行少量换水。如必须加速冷却，可启动引风机，及增加放水与进水的次数，加强换水。停炉 18~24h 后，当锅水温度降至 70℃ 以下时，方可全部放出锅水。

（4）在刚停炉的 6~12h 内，应设专人监视各段烟温。如发现烟温不正常升高或有再燃烧的可能时，应立即采取有效措施，如用蒸汽降温等。此时严禁启动引风机，防止二次燃烧。

（5）长期停炉应进行除垢、清灰，然后进行干法或湿法保养，并对其本体、辅助设备进行全面保养，对安全附件进行维护和校验。

## 九、热水锅炉的运行操作

### 1. 热水锅炉的特点

热水锅炉的内部和整个采暖管网都充满了循环水，因而在运行中不存在水位问题，主要是控制锅炉出口压力及出水和回水温度。按《热水锅炉安全技术监察规程》规定，出口水温＞120℃ 为高温热水锅炉，＜120℃ 为低温热水锅炉。目前大量使用的是出口水温＜95℃ 的热水炉，一般不会汽化，出口压力应能保证炉水到达最高供热点。要防止因压力不足空气倒灌，恒压问题对热水锅炉很重要。

目前广泛使用的热水锅炉是采用回水通过循环水泵压入，锅内吸收热量后，再从出水口排出进入热水管网。所以锅炉承受的压力为管网水的静压力与水泵扬程之和（现在又出现一种负压锅炉或称无压锅炉，它是把循环水泵装在出水管采用把锅内的水抽出的办法，因而锅内就不承压或变成负压）。停泵后锅内承受的压力为管网水的静压力，热水锅炉运行必须采用恒压措施。水泵的扬程是一定的，管网水的压力的稳定是依靠安装可靠的定压装置和循环水的膨胀装置来实现的。膨胀装置是设置在循环系统最高位置的膨胀水箱。定压装置常用的有高位水箱（膨胀水箱和补给水箱）或采用汽体加压罐，也可采用补给水泵。

热水锅炉的安全问题主要是防止汽化（加装超温报警装置）、防止水击（如因突然停电等原因造成的突然停泵，一般通过安装带有止回阀的旁通回水管实现）、防止结水垢或大量污垢铁锈在锅内堆积(通过加装除污器，使用前认真清洗管网，搞好水处理来实现)、防止腐蚀特别是夏季停用后的防腐蚀等问题。

**2. 热水锅炉的运行操作及注意事项**

对新安装投入使用或长期停用恢复使用的锅炉，启动前首先要认真做好锅炉和管网的冲洗工作；要清除全系统内的污垢铁锈和其他杂物。可以分段冲洗，直至循环水洁净时为止，然后向整个系统充入符合水质要求的水(软化水)。系统包括锅炉、管网和用户三部分。充水过程中要打开各部分所有的放汽阀，直至放汽阀出水后再关闭，停一段时间再放汽 1 次。全部充满水后，锅炉上的压力表数值应等于最高管网静压力。最后检查恒压装置及各部位正常完好。

启动热水锅炉要先开启循环水泵才能点火或停炉后的重新点火。着火后先开引风机，正常后再开鼓风机。循环泵应无负荷启动，即启动时先关小出口阀门，水泵运转正常后再逐渐开启出口阀门至正常循环起来。

运行中应保持锅炉压力稳定，严格监视温度变化，经常排掉管网内的气体，防止炉水汽化，控制管网水的流失，定期排污，合理地分配水量等。

锅炉压力的突然升高一般是因水温过高汽化造成，也可能因突然停泵或管内严重积垢、杂物堵塞。非停电原因造成的压力突然升高可以暂时停油停风，水泵继续循环，也可打开锅炉顶部排汽阀排汽。因停电原因造成循环泵停止运转，应排汽并尽可能向锅内补水。锅炉压力突然降低，一般是锅炉缺水造成，可能是排污阀没关严或管网泄漏，特别是用户因暖汽不热，人为地大量放水或取热水作为它用，这是应严格禁止的。要加强对排放水的管理，禁止随意放水，发现压力降低应及时补水。发现漏水要及时处理。

锅炉运行中应严格控制出水和回水温差，不要超过 30℃，否则因温差变化大，对锅炉的安全运行带来很大危害。

定期排污工作包括锅炉正常运行的排污(每班至少 1 次)及回水除污器的排污(每周至少 1 次)，应认真进行，避免污垢在锅内堆积造成锅筒鼓包或管子堵塞爆管。

# 第五节 锅炉的故障处理及停炉保养

## 一、爆炸事故及防止措施

锅炉爆炸后，形成强大气浪的冲击和大量沸水的飞溅，不仅锅炉本体遭到毁坏，而且周围的设备和建筑物也会受到严重的破坏。甚至引起人身伤亡，后果是非常惨重的。

**1. 锅炉爆炸的特征**

锅炉爆炸时，大量的汽水从破口处急速冲出，由于具有很高的速度，产生巨大的反作用力而获得动能，使锅炉腾空而起，或者朝反作用力的方向运动。这与炮弹或喷气式飞机被尾部强大的气流推动向前的道理是一样的。

立式锅炉的爆炸部位，大多发生在锅壳与炉胆下脚的连接处。这是因为下脚部位最易积水垢和被腐蚀，特别是当采用不合理的角焊连接时，由于承受弯曲应力，更容易从焊缝处撕裂。如果操作不慎，造成严重缺水，则爆破部位常在炉排以上的炉胆处，因此，立式锅壳锅炉爆炸时，汽水向下喷射，从而推动锅炉向上腾空而飞。卧式锅炉，当封头(或管板)与锅壳连接处采用不合理的角焊时，破口多发生在焊缝处。有的卧式锅炉炉膛火焰直接烧锅壳，很容易使锅壳前下部过热烧坏。因此，卧式锅炉爆炸时，汽水向前或向后喷射，推动锅炉作平行飞动。

锅炉爆炸时所放出的能量，其中很小一部分消耗在撕裂锅炉钢板，拉断固定锅炉的地脚蝶栓和与锅炉连接的各种汽水管道，将锅炉整体或碎块抛离原地，大部分的能量在空气中产生冲击波，破坏周围的设备和建筑物。

**2. 锅炉爆炸的原因**

（1）超压　运行压力超过锅炉最高许可工作压力，钢板（管）应力增高超过极限值，同时安全阀失灵，到额定的压力时不能自动排汽降压。

（2）过热　钢板（管）的工作温度超过极限值，不能承受额定压力而破裂。这主要是由于严重缺水或受热面水垢太厚等造成的。例如，司炉人员违反劳动纪律，擅离岗位或夜间睡觉而造成超压或严重缺水后进冷水；无水质处理或水质处理不符合要求；没有进行定期检验；司炉人员技术不熟练，误操作以及其他由于管理不善而造成超压、过热。

（3）腐蚀、裂纹和起槽　锅炉钢板内外表面腐蚀减薄，强度显著下降，不能承受额定压力而破裂；长期运行中操作不当，使锅炉骤冷、骤热或负荷波动频繁，钢材承受交变应力而产生疲劳裂纹，同时由于腐蚀的综合作用起槽而开裂。

（4）先天性缺陷　例如，设计时采用不合理的角焊结构，强度计算错误，用材不当，制造、安装及修理的加工工艺不好，特别是焊接质量不合格等隐患，在使用中扩大发展，直至发生爆炸事故

（5）安全附件不全、不灵。

**3. 防止锅炉爆炸的措施**

为了杜绝锅炉发生爆炸事故，除了要对锅炉正确设计和选材，确保制造和安装质量，以及进行定期检验，保持设备完好外，在运行中还要特别做好以下几项工作。

1）防止超压

（1）保持锅炉负荷稳定，防止骤然降低负荷，导致汽压上升。

（2）防止安全阀失灵，每隔一两天人工排汽一次，并且定期做自动排汽试验。如发现动作呆滞，必须及时修复。

（3）定期校核压力表。如发现不准确或动作不正常，必须及时调换。

2）防止过热

（1）防止缺水。每班冲洗水位表，检查所显示的水位是否正确；定期清理旋塞及连通管，防止堵塞；定期维护检查水位警报器或超温警报设备，保持灵敏可靠；严密监视水位，万一发生严重缺水，绝对禁止向锅炉内进水。

（2）防止积垢。正确使用水处理设备，保持锅水质量符合标准，认真进行表面排污和定期排污操作；定期清除积垢。

3）防止腐蚀

采取有效的水处理和除氧措施，保证给水和锅水质量合格。加强停炉保养工作，及时清除烟灰，涂用防锈油漆。

4）防止裂纹和起槽

保持燃烧稳定，避免锅炉骤冷骤热。加强对封头板边等应力集中部位的检查，一旦发现裂纹和起槽必须及时处理。

## 二、缺水事故及处理

当水位低于水位表的最低可见边缘时，称为缺水事故。此时若判断不准，处理不当就会引起锅炉损坏，甚至发生爆炸事故。缺水事故是锅炉事故中最常见的，也是危害性最严重的事故，应该引起高度重视，必须严格加以防止。

缺水事故可分轻微缺水和严重缺水两种：

（1）轻微缺水　当锅炉内水位低于最低安全水位而在水位表下部可见边缘之上属于轻微缺水。

（2）严重缺水　锅炉内水位在水位表最低可见边缘以下已看不见，或允许采用"叫水法"的锅炉经过"叫水"水位还不能出现时，属于严重缺水。

"叫水法"是在锅炉水位不低于水位表通水孔位置的情况下，利用压差使炉水上升的一种方法。"叫水"的步骤：先把水位表的放水旋塞打开，再关闭汽旋塞，然后反复地关、开放水旋塞。这时应注意锅水有没有进入水位表内，如见到水位表内重新出现水位时，表明水位还未低于通水孔。如水位表仍无水位出现，证明是严重缺水。

"叫水法"过去只适用于水管锅炉和水位表的水连管中心线高于最高火界的锅壳锅炉，对于水连管低于最高火界的锅壳锅炉不准"叫水"。现在新设计的卧式燃油锅炉由于汽、水空间小，"叫水"需要一定时间，当水位表中见不到水位时，锅炉的实际水位可能已降低到不能允许的程度，此时锅炉很可能在"叫水"的过程中处于危险状态。因此，《蒸汽锅炉安全技术监察规程》规定："锅炉水位低于水位表最低可见边缘"时，应立即停炉。所以，不要再使用"叫水法"来判断锅炉缺水的程度。

### 1. 缺水事故的现象

（1）水位低于最低安全水位线，或者看不见水位。

（2）虽有水位，但水位不波动，实际是假水位。

（3）高低水位警报器发出低水位警报讯号。

（4）有过热器的锅炉，过热蒸汽温度急剧上升。

（5）蒸汽流量大于给水流量。但若因炉管或省煤器管破裂造成缺水时，则出现相反现象。

（6）严重时可嗅到焦味。

### 2. 缺水事故的原因

（1）司炉人员疏忽大意，忽视对水位的监视；或冲洗水位表后，汽水旋塞未拧到正常位置，形成假水位且不能识别假水位，造成判断错误；违反劳动纪律，擅离岗位或打瞌睡；水位表安装位置不合理，汽水连管堵塞。

（2）给水设备发生故障；给水自动调节器失灵，或水源突然中断停止给水。

（3）给水管路设计不合理，并列运行的锅炉相互联系不够，未能及时调整给水。

（4）给水管道被污垢堵塞或破裂，给水系统的阀门损坏；排污阀泄漏关闭不严，或忘记关闭。

（5）炉管或省煤器管破裂漏水。

（6）用汽量增大，未及时补水；或对汽水共腾所造成的假水位未能识别。

### 3. 缺水事故的处理

（1）先校对各水位表所指示的水位，正确判断是否缺水。在无法确定缺水还是满水时，可开启水位表放水旋塞，若无锅水流出，表明是缺水事故，否则便是满水事故。

对于可以采用"叫水法"叫水的锅炉可通过"叫水"来确定缺水程度。必须注意，"叫水法"不适用于水位表的水连管孔口低于最高火界的卧式锅炉，因为即使叫出了水，锅炉内的实际水位仍在最高水界以下，这是非常危险的。

（2）锅炉轻微缺水时，应减少燃料和送风，减弱燃烧，并且缓慢地向锅炉进水，同时要迅速查明缺水的原因，例如，给水管、炉管，省煤器管是否漏水或阀门是否开错等，待水位逐渐恢复到最低安全水位线以上后，再增加燃料和送风，恢复正常燃烧。锅炉严重缺水，以及一时无法区分缺水与满水事故时，必须紧急停炉，而绝对不允许向锅炉进水。因为锅炉严重缺水后，钢板（管）已经过热，甚至烧红，如果盲目进水，使灼热的金属突然受到冷却，由于温差极大，先遇水的部位急剧收缩而撕裂，当即发生爆炸事故。

（3）锅炉严重缺水时，应立即采取紧急停炉措施。此时，严禁向锅内进水，并停止燃烧，关闭鼓、引风机。

（4）紧急停炉的锅炉，待锅炉冷却后，进行内部详细检查和水压试验，恢复使用；如损坏，则要修理后才能恢复使用。

## 三、满水事故及处理

当水位表中的水位超过最高安全水位时，称为满水事故。如果水位虽然已经超过最高安全水位，但尚未升到运行规程所规定的水位上限时，称为轻微满水；如果水位已经超过运行规程所规定的水位上极限时，称为严重满水。此时，锅筒蒸汽空间缩小，促使蒸汽大量带水，造成过热蒸汽温度下降，过热器内结垢，严重时会发生管道水击事故。

**1. 满水事故的现象**

（1）水位高于最高安全水位，或者看不见水位。

（2）高低水位警报器发出高水位警报讯号。

（3）有过热器的锅炉过热蒸汽温度明显下降。

（4）给水流量大于蒸汽流量。

（5）严重时蒸汽大量带水，蒸汽管道内发出水击，法兰连接处向外冒汽、滴水。

**2. 满水事故的原因**

（1）司炉人员疏忽大意，忽视对水位的监视。

（2）水位表安装位置不合理，水位指示不正确。汽、水连管堵塞，形成假水位，造成判断和操作错误。

（3）造成水位表指示不正确的原因：①水位表的汽水旋塞泄漏，则将引起水位指示不正确，如汽旋塞漏则水位上升，水旋塞漏则水位下降；②水位表的水连管或汽连管阻塞时，会引起水位表内水位的上升（如汽连管堵塞水位上升极快；如水连管阻塞，则水位逐渐上升）。

（4）给水自动调节器失灵。锅炉汽水自动调节器的截门开得不正常，造成向锅内大量进水。

（5）给水阀泄漏或忘记关闭。

**3. 满水事故的处理**

（1）先校对各水位表所指示的水位，正确判断是否满水。当看不见水位时应开启水位表放水旋塞，若有锅水流出，表明是满水事故，否则便是缺水事故。

（2）按照以下程序进行"叫水"：先关闭水位表水连管旋塞，再开启放水旋塞，观察水位表内是否有水位出现，如果看到水位从玻璃管（板）的上边下降，表明是轻微满水；如果只看到水向下流，而没有水位下降，表明是严重满水。

（3）锅炉轻微满水时，应将给水自动调节器改为手动，部分或全部关闭给水阀门，减少或停止给水，并且相应减少燃料和送风，减弱燃烧，必要时可开启排污阀，放出少量锅水，使水位降到正常水位线，然后恢复正常运行。锅炉严重满水时，应采取紧急停炉措施，查明原因。

（4）开启主汽管、集汽器及蒸汽母管上的疏水阀，防止管内发生水击。

（5）连续排污的锅炉要检查管路是否畅通，给水自控的要检查控制系统是否失灵。

## 四、汽水共腾及处理

锅筒内蒸汽和锅水共同升腾，产生泡沫，水位表内剧烈波动，看不清水位，使蒸汽大量带水的现象称为汽水共腾或称"吊水"。此时，蒸汽品质急剧恶化，水中的盐分会沉积在过热器管内，降低传热效果，严重时使过热器结垢、堵管、超温、变形、爆裂（过热器不准用未经处理过的水做水压试验也是这个道理。）

### 1. 汽水共腾的现象

（1）水位表内水位剧烈波动，甚至看不清水位。

（2）过热蒸汽温度急速下降。

（3）蒸汽管道内发生水冲击；法兰连接处漏汽、漏水。

（4）蒸汽的湿度和含盐量迅速增加。

### 2. 汽水共腾的原因

（1）锅水质量不合格，有油污或含盐浓度过大。没有进行适当的排污，造成炉水各项指标过高。

（2）并炉时开启主汽阀过快，或者升火锅炉的汽压高于蒸汽母管内的汽压，使锅筒内蒸汽大量涌出；或开供汽阀过猛、过快。

（3）锅炉负荷增加过急或严重超负荷运行。

（4）表面排污装置损坏，定期排污间隔时间过长，排污量过少。

（5）锅炉水位过高，进水过猛，炉底的沉淀物被搅拌起来。

### 3. 汽水共腾的处理

（1）减弱燃烧，减少锅炉蒸发量，并关小主汽阀，降低负荷。

（2）更换炉水，加强"串水"（即一边进水一边排污），防止缺水，并加强水质化验监督。完全开启上锅筒的表面排污阀，并适当开启锅炉下部的定期排污阀，同时加强给水，保持正常水位。

（3）开启过热器蒸汽管路和分汽缸上的疏水阀门。

（4）停止向锅内加药，加强水质分析。增加对锅水的分析次数，及时指导排污，降低锅水含盐量。

（5）在锅炉水质未改善前，不允许增加锅炉蒸发量。当水质改善，水位表水位清晰后再逐渐恢复正常运行。

（6）锅炉不要超负荷运行。锅炉运行过程中要定期排污，根据锅内水质变化可随时加强排污，以改善锅内的水质。开主汽阀时不可过快过猛。汽水共腾严重时，应停炉处理。

## 五、水击事故及处理

### 1. 水击的现象

水击又称水锤，是由于蒸汽或水突然产生的冲击力，使锅筒或管道发生音响和震动的一种现象。例如，当输出的蒸汽与管道内的积水相遇时，部分热量被水迅速吸收，使少量蒸汽冷凝成水，体积突然缩小，造成局部真空，因而引起周围介质高速冲击，发生巨大音响和震动。当流水的管道被空气或蒸汽阻塞时，水不能畅通，也会发生音响和震动。在锅筒、省煤器和水汽管道内、排污管道内、分汽缸内等很多地方如操作不当都会发生水冲击现象，如不及时处理，会损坏设备，影响锅炉正常运行。

**2. 锅筒内的水击事故原因及处理**

1）锅筒内水击的原因

（1）给水管道上的止回阀不严，或者锅筒内水位低于给水分配管，在省煤器通往锅筒的管道内产生汽塞现象，使锅水或蒸汽倒流入给水分配管与给水管道内。

（2）给水分配管上的法兰有较大泄漏。

（3）下锅筒内的蒸汽加热管连接法兰松动，或安装位置不当。

2）锅筒内水击的处理

（1）检查锅筒内水位，如过低时应适当提高。

（2）向锅筒内进水应均匀平稳。对于升火时为了减轻热应力而向下锅筒通入蒸汽的锅炉，应迅速关闭蒸汽阀。

（3）如经采取以上措施，故障仍未消除，则应改由备用给水管路给水，并且适当减低锅炉负荷。

（4）可暂时关闭锅筒给水截止阀，通过省煤器安全阀排放出管内蒸汽，通过给水调节阀缓慢打水，直至消除蒸汽；水压顶过后再开锅筒给水截止阀，使水通过；当上完水后停泵时，给水截止阀关闭。平时操作最好是均匀连续地向锅内补水，保持止回阀灵敏可靠，失灵后及时检修或更换。

（5）停炉检修时，应注意消除上锅筒内给水分配管和下锅筒内蒸汽加热设备存在的缺陷。

**3. 给水管道内水击事故原因及处理**

1）给水管道内水击的原因

（1）给水管道内存有空气或蒸汽，或管道固定不牢运转不正常，压力波动。

（2）给水泵运行不正常或给水止回阀失灵，引起给水压力波动和惯性冲击。

（3）长时间未向锅炉给水，在非沸腾式省煤器通向锅炉的管道内产生蒸汽泡。

（4）给水温度剧烈变化。

2）给水管道内水击的处理

（1）启用备用给水管道，继续向锅炉给水。如无备用管路时，应对故障管道采取相应措施进行处理。

（2）开启管道上的空气阀，排出空气或蒸汽。

（3）非沸腾式省煤器内有可能产生蒸汽时，应改用旁路烟道。

（4）检查给水泵和给水止回阀，使其正常工作。

（5）保持给水温度均衡。

（6）注意管道固定和水泵运转正常。

**4. 蒸汽管道内水击事故原因及处理**

1）蒸汽管道内水击的原因

（1）在送汽前未进行很好地暖管和疏水。

（2）送汽时主汽阀开启过快或过大。

（3）锅炉负荷增加过急或发生满水、汽水共腾等事故，蒸汽严重带水进入管道。

2）蒸汽管道内水击的处理

（1）应先开启过热器集箱和蒸汽管道上的疏水阀，进行疏水，然后缓慢开启主汽阀，至疏水阀排汽后关排水阀，再开大汽阀。注意负荷增大不得过急，防止运行中因满水或汽水共腾造成汽带水。

（2）锅筒水位过高时，应适当排污，保持正常水位。

（3）加强水处理工作，保证给水和炉水的质量，避免发生汽水共腾。

**5. 省煤器内水击事故原因及处理**

1）省煤器内水击的原因

（1）主要是锅炉升火时未排除省煤器内的空气。

（2）非沸腾式省煤器内产生蒸汽。省煤器内温度高产生蒸汽，可通过安全阀排汽，防止省煤器内的水高温汽化，暂停加水时可通过回水管使省煤器内高温水返回水管。

（3）省煤器入口给水管道上的止回阀动作不正常，引起给水惯性冲击。

2）省煤器内水击的处理

（1）开启旁路烟道挡板，关闭主烟道挡板，适当延长锅炉升火时间。

（2）开启空气阀，排净空气。

（3）严格控制省煤器出口水温，提高给水流速。

（4）检修止回阀，使其正常工作。

**6. 排污管道内水击事故原因及处理**

主要原因是排污前未暖管，排污管锈蚀严重，排污时造成管道折断事故。应按定期排污操作要求进行排污，并定期检查管道锈蚀情况及排污母管的固定情况。

## 六、爆管事故及处理

管子爆破是锅炉运行中性质严重的事故，一旦发生爆管事故，会损坏邻近的管壁，冲塌炉墙，并且在很短时间的造成锅炉严重缺水，使事故扩大。

**1. 炉管爆破事故**

1）炉管爆破的现象

（1）水冷壁管或对流管束破裂不严重时，可以听到汽水喷射的响声，严重时会发出明显的爆破响声。

（2）炉内火焰发暗，燃烧不稳定甚至灭火。炉膛由负压变为正压，蒸汽和炉烟从炉墙的门孔及漏风处大量喷出。

（3）水位、汽压、排烟温度迅速下降，烟气颜色变白。

（4）给水流量增加，蒸汽流量明显下降。

（5）引风机负荷增大，电流增高。

2）炉管爆破的原因

（1）水质不符合标准。没有水处理措施或对给水和锅水的质量监督不严，使管子结垢或腐蚀，造成管壁过热或减薄，强度降低。

（2）水循环破坏。锅炉设计及制造不良，水循环不好；在检修时，管子内部被脱落的水垢堵塞；由于运行操作不当，使管外结焦；受热不均匀，破坏了正常水循环。

（3）机械损伤。管子在安装中受较严重机械损伤，或在运行中被耐火砖或大块焦渣跌落砸坏。

（4）烟灰磨损。处于烟气转弯、短路或被正面冲刷的管子，管壁被烟灰长期磨损减薄。

（5）吹灰不当。吹灰管安装位置不当，使吹灰孔长期正对管子冲刷。

（6）管材质量不合格。管材未按规定选用和验收，如有夹渣、分层和结疤等缺陷，或者焊接、胀接质量低劣，引起破裂。

（7）升火速度过快，或者停炉放水过早，冷却过快。管子热胀冷缩不匀，造成焊口破裂。

（8）严重缺水时，管子缺水部分过热，强度降低。

（9）给水温度低，给水导管位置又不合适时，给水不能与炉水充分混合，而集中进入炉管，使炉管因温度不匀发生变形，造成胀口处漏水，甚至发生环形裂纹。

3）炉管爆破的处理

（1）炉管轻微破裂，如水位尚能维持，故障不会迅速扩大时，可短时间减负荷运行，至备用锅炉升火后再停炉。

（2）炉管爆破后，不能维持水位和汽压时，应紧急停炉。特别要注意的是，当水位表中已看不到水位，炉膛温度又很高时，切不可给水，以免导致更大事故发生。但引风机必须继续运行，待排尽炉烟和蒸汽后方可停止。

（3）如有数台锅炉并列供汽，应将故障锅炉与蒸汽母管隔断。

**2. 过热器管爆破事故**

1）过热器管爆破的现象

（1）过热器附近有蒸汽喷出的响声。

（2）蒸汽流量不正常地下降，严重时过热蒸汽压力下降，过热温度发生变化。

（3）炉膛负压降低或变为正压，严重时从炉门、看火孔向外喷汽和冒烟。

（4）排烟温度显著下降，烟气颜色变白。

（5）引风机负荷加大，电流增高。

2）过热器管爆破的原因

（1）由于水质不符合标准，水位经常过高，发生汽水共腾，以及汽水分离装置效果不好等原因，造成蒸汽大量带水，使管内积垢过热而破裂。

（2）在点火、升压或长期低负荷运行时，过热器内蒸汽流量不够，造成管壁过热。

（3）过热器上的安全阀截面积不够或排汽压力偏高，使过热器长期超压运行。

（4）运行中燃烧方式不正确。由于风量不当，使火焰偏斜或延长到过热器处；或者由于吹灰、除焦不彻底，使水冷壁管或第一烟道发生堵灰、结焦，造成烟气温度升高，过热器长期超温运行，管壁强度降低。

（5）停炉或水压试验后，未放尽管内存水；特别是垂直布置的过热器管弯头处容易积水，造成管壁腐蚀减薄。

（6）管材质量不合格，制造质量不好，或管内被杂物堵塞。

（7）蒸汽吹灰器安装位置不当，使吹灰孔长期正对管子冲刷。

（8）结构有缺陷，如管距不均匀、管间有短路烟气、蒸汽分布不均匀、流速过低等造成热偏差，使局部管壁过热烧坏。

3）过热器管爆破的处理

（1）过热器管径微破裂，不致引起事故扩大时，可维持短时间运行，待备用锅炉投入运行后再停炉检修。

（2）过热器管爆破较严重时，应紧急停炉。

**3. 省煤器爆破事故**

1）省煤器管爆破的现象

（1）锅炉水位下降，给水流量不正常地大于蒸汽流量。

（2）省煤器附近有泄漏响声，炉墙的缝隙及下部烟道门处向外冒汽漏水。

（3）排烟温度下降，烟气颜色变白。

（4）省煤器下部的灰斗内有湿灰，严重时有水往下流。

（5）烟气阻力增加，引风机声音不正常，电机电流增大。

2）省煤器管爆破的原因

（1）给水质量不符合标准，水中含氧量较高，在温度升高时分解出来腐蚀管壁。

（2）给水温度和流量变化频繁或运行操作不当，使省煤器管忽冷忽热产生裂纹。

（3）给水温度偏低，排烟温度低于露点，省煤器管外壁产生酸性腐蚀（又称低温腐蚀），或者因飞灰磨损，使管壁减薄。

（4）管子材质不好或在制造、安装、检修过程中存在缺陷。

（5）非沸腾式省煤器内产生蒸汽，引起水冲击。

（6）无旁路烟道的省煤器，再循环管发生故障，使管壁过热烧坏。

3）省煤器管爆破的处理

（1）对于沸腾式省煤器，如能维持锅炉正常水位时，可加大给水量；并且关闭所有的放水阀门和再循环管阀门，以维持短时间在低负荷运行，待备用锅炉投入运行后再停炉检修。如果事故扩大，不能维持水位时，应紧急停炉。

（2）对于非沸腾式省煤器，应开启旁路烟道挡板，关闭主烟道挡板，暂停使用省煤器。同时开启省煤器旁路水管阀门，继续向锅炉进水。

（3）省煤器能隔开的应立即隔开，开旁路烟道挡板，关闭省煤器的进出口挡板，开直通给水阀，直接向锅炉给水。如省煤器烟气进出口挡板很严密，省煤器被隔绝后，可不停炉进行检修。隔绝省煤器后，应将省煤器中的存水立刻放掉，并开启省煤器的安全阀使其冷却。

（4）在隔绝省煤器的情况下运行时，应注意进入引风机的烟温如果超过引风机的容许温度，应降低锅炉负荷。

4）空气预热器管损坏的原因

（1）由于烟气温度低于露点，使管壁产生酸性腐蚀。

（2）长期受飞灰磨损，管壁逐渐减薄。

（3）烟道内可燃气体或积炭在空气预热器处二次燃烧，或者管子积灰严重，管束受热不均匀，造成局部过热烧坏。

（4）材质不良，如耐腐蚀和耐磨性能差。

5）空气预热器管损坏的处理

（1）如管子损坏不严重，又不致使事故扩大，可维持短时间运行，如有旁路烟道，应立即启用，然后关闭主烟道挡板，待备用锅炉投入运行后再停炉检修。

（2）如管子严重损坏，炉膛温度过低，难以继续运行，应紧急停炉。

（3）锅炉在隔绝有故障空气预热器的情况下运行时，排烟温度不应超过引风机铭牌的规定，否则应降低负荷运行。

### 七、二次燃烧与烟气爆炸

烟道尾部二次燃烧与烟气爆炸事故，多发生于燃油、燃气和煤粉锅炉在点火、停炉或处理其他事故的过程中。烟气爆炸后，会造成炉膛、烟道和炉墙损坏，被迫停炉。严重时会使炉墙炸毁倒塌，造成重大伤亡事故。

**1. 二次燃烧与烟气爆炸的现象**

（1）烟道尾部二次燃烧时，使排烟温度急剧上升，烟囱冒浓烟，甚至出现火焰。严重时烟道外壳呈暗红色，或伴有轰鸣响声。

（2）烟道内负压急剧下降，或者形成正压。

（3）有空气预热器时，热风温度急剧上升。

（4）烟气爆炸时伴有巨大响声，并将防爆门冲开向外喷出火焰和烟尘。严重时炉墙倒塌，炉顶掀开，砖头等物飞散。

**2. 烟道尾部二次燃烧与烟气爆炸的原因**

（1）喷油燃烧器雾化不良，或燃料与风量调整不当、炉温较低、二次风供给不足等原因，油未完全燃烧而被带出炉膛，积存在烟道内，一旦具备了燃烧条件时，就重新燃烧或发生烟气爆炸。

（2）由于点火或停炉的操作方法不当，启、停炉过程中炉膛温度较低，使炉膛或烟道内积存大量残油和油雾等可燃物质，在再次点火时容易发生烟气爆炸。

（3）停炉或锅炉灭火时，油枪阀门未关紧。

（4）燃烧室负压过大，使油来不及燃尽便带入锅炉尾部。

（5）长期不停炉清扫尾部烟道，存积了一定量的油垢或碳黑。

（6）烟道或空气预热器漏风。

由此可见，造成尾部烟道二次燃烧的基本原因：首先是尾部烟道沉积可燃物，这是燃烧的物质基础，同时还必须具备一定量的空气和温度。所以当烟气中存在一定过剩氧，同时烟温又较高（或通明火）时，就会造成二次燃烧。

**3. 二次燃烧的处理**

（1）应立即停炉、停油、停风。

（2）关闭烟道风道挡板及各处门孔，严禁启动送、引风机。

（3）立即投用蒸汽灭火装置、二氧化碳或其他灭火装置灭火，但不能用水灭火。

（4）加强锅炉进水和放水，或开启省煤器再循环管的阀门，以保护省煤器不被烧坏。

（5）当排烟温度接近喷入的蒸汽温度，或小于150℃并稳定1h以上时，可打开检查孔进行检查，确无火源后，方可启动引风机通风降温。

（6）事故消除后，认真检查设备。当烟道内温度下降到50℃以下时，方可进入烟道内检查尾部受热面，同时应彻底清除烟道内油垢。如未烧损，确认可以继续运行，必须先开启引风机10~15min后方可按操作规程重新点火启动；否则应更换烧损部件，才能投入运行。

（7）如果一次点火未成功，不可连续点火。只有在经过一段时间的通风，确认炉膛和烟道内没有积存可燃物时，方可重新点火。

（8）如果炉墙倒塌或其他损坏，影响锅炉正常运行时，应紧急停炉。

### 八、锅炉熄火事故

#### 1. 锅炉熄火的原因

燃油锅炉在正常运行中，有时会突然熄火，其主要原因有：

（1）油中带水过多。

（2）机械杂质或结焦造成油嘴堵塞。

（3）油泵断电或油泵故障造成来油中断。

（4）油泵入口油温超高产生汽化，致使油泵抽空，中断供油。

（5）过滤网或油管堵塞，阀芯脱落堵塞油路，致使油压下降。

（6）油缸油位太低，使油泵压不上油。

（7）油管破裂严重漏油，回油阀错误操作或突然开大，致使油压骤降。

（8）不同油品混储，在缸内发生化学作用，易造成沉淀凝结，堵塞油路。

（9）配风不当，风量过大将火吹熄。

（10）油温过低，粒度大，使油泵进油中断。

（11）水冷壁管爆破。

#### 2. 熄火的预防

防止锅炉熄火应注意下列事项：

（1）燃料油要定期脱水，脱水回收的燃料油应净化后送入油缸。要明确规定油缸油位和油温的上下极限，以保证正常供油。应定期清扫缸底沉渣，以防止堵塞油管。

（2）加强燃料油的管理工作，认真掌握来油的品种。当油品不同时，应做混兑试验。如果产生沉淀时，应分缸储存，以防混存结块堵塞。

（3）加热器要定期检查，如发现泄漏应及时修理。

（4）定期清理过滤器。

（5）利用蒸汽、空气雾化的油喷嘴，在进行调压工作时要严防油压过多地低于蒸汽、空气的压力，以免引起燃油无法进入喷油嘴。

（6）有的供油系统只是在油泵出入口装有回流管，通称短回流管。当油中带水造成炉膛熄火时，这部分带水的油就无法排除。因此，常在炉前装设一根与油缸连接的回流管，通称长回流管。当油中带水时可立即换缸，将这部分带水的油经过长回流管，进一步脱水。长回流管对于升火时采用前循环法提高油温也是必要的。

（7）当油泵入口产生汽化或油中大量带水时，油泵（特别是齿轮油泵）往往会发生巨响。为了防止燃料油汽化，应严格控制入口油温，通常重油低于 90℃，原油为 50℃±5℃，柴油低于 50℃。

#### 3. 熄火的处理

当发生炉膛熄火时，应立即关闭锅炉总油阀及各油枪进、回油阀，保证锅炉水位正常，待查明原因和消除故障后才能重新点火。若故障在短时间内不能消除时，可停止送、吸风机，但重新点火时，必须进行通风。

### 九、串油事故

燃料油串入蒸汽管等非燃油系统，称为串油事故。这种事故不但浪费燃料油，污染蒸汽，污染环境，而且还会造成堵管、火灾等恶性事故。

#### 1. 事故原因

机械雾化油嘴的油压常在 2.0MPa 左右，比一般工业锅炉的汽压高很多，因此必须严防串油事故。串油事故主要是由操作人员责任心不强、操作错误或设备管道设计布置不合理等原因造成的。

（1）油管道中蒸汽冲洗阀开启忘记关闭或关闭不严，致使燃油漏入汽水系统。

（2）蒸汽雾化油出口堵塞，当遇蒸汽压力小于油压时，油料串入汽水管道。

（3）油料加热器或蒸汽加热套管泄漏时，油料串入汽水管道。

**2. 事故的预防**

（1）凡与油管相连接的汽水管道应装设止回阀。

（2）蒸汽雾化的油枪要定期清理，在运行中要做定期检修工作。

（3）蒸汽雾化的油枪，以蒸汽压力大于燃油压力 0.05~0.1MPa 为好。

（4）停用的油枪要用蒸汽将其内部剩油吹扫干净，然后将其保养好备用。

（5）燃油加热器的蒸汽凝结水应单独排放到一个适当地点，不可与其他凝结水混在一起。

**3. 事故的处理**

当发生串油事故时，应用下列方法进行处理：

（1）锅炉要进行连续排污。

（2）减弱燃烧，减少锅炉负荷。

（3）检查油枪情况，如堵塞要清洗，如损坏要更换。

（4）清洗被污染的储水容器。

（5）清除蒸汽管道和管道上阀门的油污。

# 十、喷油嘴故障

**1. 现象及原因**

油嘴故障时有下列现象：

（1）蒸汽流量、汽压、汽温上升。

（2）锅炉尾部各点烟气温度升高。

（3）氧含量下降，二氧化碳含量升高。

（4）炉膛负压减小。

（5）锅炉燃烧恶化，烟囱大量冒黑烟。

造成油嘴故障的原因：运行中的油嘴发生烧损、脱落或忘记安放雾化片。

**2. 预防**

（1）提高司炉人员的责任心，经常检查设备完好情况。

（2）提高油嘴的制造、检修质量。

**3. 处理**

当发生油嘴故障时，应迅速检查各油嘴的燃烧情况或进行更换。操作内容如下：

（1）关闭燃烧器燃油阀门。

（2）拆下燃烧器。

（3）拆卸燃烧器本体。

（4）拧下前端螺帽。

（5）取下雾化片、分配片。

（6）清除雾化片、分配片上的积垢。

（7）组装燃烧器体。注意燃烧器雾化片、分配片不能装反。

（8）将燃烧器装回原位，重新点火。连接燃烧器与燃油管线时应无渗漏。如有备用燃烧器，可取下燃烧器换上，可缩短停运时间。

## 十一、锅水汽化及处理

### 1. 锅水汽化的现象

（1）锅内有水击响声，管道发生震动。

（2）压力突然升高。

（3）超温警报器发生报警讯号。

（4）由安全阀排出蒸汽。

### 2. 锅水汽化的原因

（1）由于突然停电、停泵，锅水停止循环后被炉内大量余热继续加热温度升高。

（2）由于锅炉结构和燃烧工况不良，造成并联回路之间热偏差，或使锅水流量不均匀。

（3）由于水管内严重积垢或存有杂物，水循环遭到破坏。

（4）先点炉升火，后启动供热系统及循环水泵，使锅水汽化。

### 3. 锅水汽化的处理

（1）非停电原因造成的汽化应紧急压火，循环泵继续运转，然后查明汽化原因加以解决。

（2）突然停电，接通备用电源，或者启用由内燃机带动的备用循环水泵。

（3）遇突然停电，应迅速关闭燃油火嘴，如给水压力（自来水）高于锅炉静压，可向锅内进水、排污，使水降温，同时可打开放汽阀（或安全阀）排汽。同时打开炉门和省煤器旁路烟道，使炉内温度迅速降低。

（4）当自来水来源无保证，而系统回水能由旁路引入锅炉时，也可将有静压的回水引入，再由泄放阀排出，使锅炉逐渐冷却。

（5）当锅水温度急剧上升，出现严重汽化时，应紧急停炉。

## 十二、水位表玻璃管爆破损坏

### 1. 水位表玻璃管爆破的原因

（1）冲洗水位表时猛开猛关；司炉人员不小心将表碰坏；玻璃管（板）质量不好。

（2）玻璃管安装不当有偏斜或垫料压盖压得太紧，平板螺丝拧力不均匀等；新换水位表预热操作错误等。

（3）受炉水的碱性腐蚀。

（4）水位表冲洗时操作不当，引起受热不均匀；温度突然变化（冷空气直吹或冷水飞溅到水位表上）。

### 2. 处理方法

（1）如果锅炉水位表有一个损坏时，应用另一个正常的水位表来监视水位，并采取下列紧急措施修理损坏的水位表玻璃管：

① 将损坏的水位表的水、汽旋塞关闭。

② 清除破碎的玻璃管，安装上合适的玻璃管和垫圈。

③ 新水位表在确认安装质量合格后，对玻璃管预热：先敞开汽旋塞和放水旋塞，使蒸汽通过玻璃管，等管内有潮气出现时，微开水旋塞，使汽水混合物自放水旋塞排出，然后慢慢关闭放水旋塞，逐渐将汽水旋塞开到正常位置。

(2) 如果锅炉上的水位表都损坏，但有可靠的给水自动调节器、高低水位警报器和两个以上的低位水位表，则可继续维持锅炉运行(一般不超过 2h)，并采取紧急措施修理水位表。

(3) 如果锅炉水位表都损坏，而又无远程水位显示装置或远程水位显示装置运行不可靠时，应立即停炉。

## 十三、炉膛及烟道爆炸事故

炉膛及烟道爆炸是燃油(气)锅炉的常见事故，在点火或运行中都可能发生，尤其是点火中发生得最多。严重时炉墙崩塌，砖块横飞，炉顶和烟道掀开，火焰和高温烟气向外喷射，这时极易造成人员伤亡。

**1. 炉膛及烟道爆炸的现象**

(1) 炉膛内压力(负压变正压)急剧升高。

(2) 防爆门、炉门、看火孔、检查孔等处喷出烟火。

(3) 发出沉闷或震耳的响声。

**2. 爆炸机理及原因**

炉膛及烟道爆炸，其实质是可燃气体的爆炸。其机理是积聚在炉膛或烟道内一定量的可燃气体(其中主要是 $CO$ 和 $CH_4$)，当与空气混合在爆炸浓度极限范围时，遇到明火或高温时瞬间全部起燃，燃烧产物在高温作用下，体积瞬间急剧膨胀，产生压力，发出巨大声响和冲击波。其破坏能力取决于可燃气体的种类和数量。

产生炉膛及烟道爆炸的原因：

(1) 锅炉点火前，没有将炉膛内残余可燃气体排除，没有点火程序控制装置，或没执行操作规程，盲目点火所致。

(2) 锅炉运行期间突然熄火，没能及时中断燃料的供给，或企图用炉内的余热来点燃。

(3) 当给油泵发生故障而使锅炉给油中断时，未将锅炉进油总阀关严，当给油泵恢复正常时，使大量燃油进入炉内发生爆炸。

(4) 当电路断电，引起风机和给油泵同时停转，未立即将电源开关拉开，当送电正常时燃油大量喷入炉内而发生爆炸。

**3. 炉膛爆炸后的处理**

(1) 已发生炉膛及烟道爆炸的锅炉应立即停炉，切断电源、油源或气源，防止事故扩大。

(2) 调节锅炉水位至正常。

(3) 对发生炉膛及烟道爆炸的锅炉进行检查、组织修复或暂时不修复，待大修时解决。

(4) 司炉工必须严格按操作规程进行操作。无论是锅炉启动前的第一次点火，还是锅炉运行中熄火后的再次点火，必须按点火操作程序进行。

## 十四、炉鸣

锅炉运行中发生吼声及振颤的现象称为"炉鸣"。立式锅炉当烟囱抽力过大时容易发生炉鸣，其他锅炉有时在燃烧室或烟道内也会发生炉鸣。炉鸣不仅产生噪音，严重的还会造成锅炉的疲劳和破坏。

**1. 产生原因**

(1) 矮墙、折烟墙、烟道等结构不合理，构造有缺陷，当通风过强时产生烟气涡流。

（2）立式锅炉烟囱高，无调风闸门，随燃烧的强弱，烟气温度的变化使抽力变化，将产生周期性涡流。

（3）烟气中的挥发气体与因烟道等漏风而进入的空气相遇产生二次燃烧。

（4）锅炉辅机运转产生的频率与燃烧过程产生的频率一致时引起的共振。

**2. 处理方法**

（1）对通风和燃烧进行调节和控制。

（2）设备运转要避开共振频率。

（3）对烟气易产生涡流的挡火墙、烟道等进行修改，使之不产生涡流。

# 十五、炉墙损坏

炉墙分内炉墙（含耐火砖墙、拱、隔烟墙等）、外炉墙（普通砖及保护层）。墙的损坏包括开裂结焦、局部掉砖、凸起和坍塌等。

**1. 现象**

（1）炉墙支架、外壳或拱砖支吊架的温度突然升高甚至烧红。

（2）外墙出现裂缝，燃烧室大量漏风，起开裂，有倒塌危险。

**2. 产生原因**

（1）设计方面　墙拱结构不合理，造成膨胀受阻或炉架冷却不良；水冷壁布置不合理（有的地方无水冷壁，如炉门上方，特别易烧坏），冷却面积不够，或燃烧器位置不合适。

（2）砌筑方面　耐火材料质量差或灰浆不合格，砖缝太大（要求小于 3mm）黏结不好；没有足够的伸缩缝或烘炉时火力强、时间短而干燥不合格，有些快装锅炉因筑炉质量差造成墙拱开裂松动。

（3）锅炉在运输中造成的损坏　锅炉在长途运输中因受震动，极易造成损坏，特别是后隔烟墙的开裂、松动将会造成运行中的烟气"短路"，使排烟温度明显升高，尾部设备（除尘器、引风机等）烧锅靠近管板处的"烟气短路"使烟尘与管板摩擦，留下事故隐患。所以在锅炉运行前应认真检查并修复合格。

（4）运行操作方面　燃烧室火焰调整不当，中心偏移，正压燃烧，严重结焦，清焦碰伤炉墙，升火、停炉时升降温过急，或冷却水喷到炉墙上，另外快装锅炉前拱下燃烧也极易造成前拱烧塌。

**3. 处理方法**

（1）发现有损坏现象（如掉砖、炉墙温度升高等）时，应减小负荷加大引风，减小鼓风，保持较大负压，对可疑处进行认真检查确定损坏程度。

（2）当炉墙损坏不严重可维持运行时，应加强监护，选择适当时间停炉检修；如损坏面积大，炉架、炉墙外表温度异常升高，有倒塌危险时应紧急停炉。

（3）停炉检修时，个别砖块脱落可用高温黏合剂及时补上掉砖；外部墙裂缝一般可用石棉绳填塞并在外面涂耐火水泥浆或水泥石灰浆；内墙耐火砖缝超宽可采用填入耐火混凝土的办法，不能用灰浆堵塞。

# 十六、燃油锅炉常见故障的原因及处理

进口燃油锅炉或国产锅炉本体配进口燃烧器燃油锅炉的常见故障状况、造成的原因和处理方法见表 23-5-1。

表 23-5-1　燃油锅炉常见故障的原因及处理方法

| 故障状况 | 造成的原因 | 处理方法 |
|---|---|---|
| 接通总电源开关后，控制红灯不亮，炉头无任何操作迹象 | 无电源供应至炉头 | （1）检查电源保险丝、电线、电源开关等<br>（2）电源是否接到炉头接线箱的正确位置<br>（3）如安装有其他恒温器等应检查是否恒温器的影响<br>（4）检查控制器与接线箱接触是否不良 |
| 接通电源后，炉头马达能动，稍后故障红灯亮起 | （1）马达线圈短路<br>（2）马达轴承不能转动<br>（3）马达电容器损坏<br>（4）油泵泵轴不能转动<br>（5）控制器损坏 | （1）拆修<br>（2）拆修或换新品<br>（3）调换电容器<br>（4）修理<br>（5）修理或更换 |
| 通电源后，炉头马达能动，吹风程序过后，无烟雾从喷嘴喷出，稍后炉头停止所有操作，亮起故障红灯 | （1）油箱缺油<br>（2）油管内有空气<br>（3）电磁阀线圈短路<br>（4）油泵损坏<br>（5）连接马达之联轴器折断，油泵轴不能随马达转动<br>（6）控制器或电眼损坏<br>（7）燃烧室内光线太强（耐火砖被烧红或还有剩余碳渣在燃烧，指示灯不正常） | （1）向油箱加油<br>（2）按排气程序排管内空气<br>（3）换电磁阀<br>（4）拆修或换新油泵<br>（5）换新品<br>（6）检修或换新品<br>（7）若有积碳自燃，应打开炉头清除 |
| 接通电源后，炉头马达转动，吹风程序结束后，油雾从喷嘴喷出，但不能被点燃，稍后炉头停止操作，故障红灯亮起 | （1）点火用变压器故障<br>（2）接触变压器至引火器损坏或松脱<br>（3）引火线的绝缘瓷棒破裂<br>（4）点火棒间隙太宽或无间隙<br>（5）点火棒向前碰到稳焰器<br>（6）点火棒间隙夹有瓷渣<br>（7）点火棒头端距离油嘴前缘不合适（太突出或太内缩）<br>（8）油质含有水分<br>（9）风门设定角度太大，被吹熄点不着 | （1）调换新品<br>（2）更换或修理<br>（3）更换绝缘瓷棒<br>（4）调整间隙在 4~5mm 左右<br>（5）调整距稳焰器大于 0~10mm 之间<br>（6）清洗<br>（7）调整距油嘴前缘 3~4mm 左右<br>（8）换新油或除水分<br>（9）逐步调小风门试之 |
| 点火约十秒后又熄灭 | （1）电眼脏或损坏<br>（2）油嘴脏或损坏<br>（3）风门太小被闷熄 | （1）擦洗或换新品<br>（2）擦洗或换新品<br>（3）调整风门大一点，再试 |
| 炉头经常无故停止操作，亮起故障红灯 | （1）控制器失灵<br>（2）电眼感光部分不清洁<br>（3）炉头四周高温过高，影响控制器的正常操作<br>（4）油泵轴过紧或马达轴承太紧，均会加重马达负荷，影响控制器正常操作<br>（5）超负荷运行，或水位波动太大，当达到极限水位时，即自行停炉 | （1）修理或换新品<br>（2）拭擦感光部件<br>（3）改善炉房环境，降低炉房室温<br>（4）停炉检修，使转轴运转正常<br>（5）保持在额定压力内运行，调整负荷平衡 |

续表

| 故障状况 | 造成的原因 | 处理方法 |
|---|---|---|
| 第一道火燃烧正常，而变为第二道火时就熄灭，或火焰闪烁不稳而回火 | (1) 第一道火的风门风量太大<br>(2) 第二道火的油嘴脏或损坏<br>(3) 油黏度太高，不易雾化<br>(4) 稳焰器与油嘴间距不当<br>(5) 油温过高，致使泵内汽化，使送油不顺畅<br>(6) 油含有水分 | (1) 逐步调小风门<br>(2) 擦洗或换新品<br>(3) 以柴油稀释<br>(4) 调整在 0~10mm 之间<br>(5) 适当降低油温<br>(6) 换油或除去水分 |
| 油泵转动有吱吱异声 | (1) 入油量不足或本身过滤网阻塞<br>(2) 入油温度过高<br>(3) 入油太冷，黏度过高 | (1) 检查管路油阀及过滤器，再清洗过滤网<br>(2) 降低油温<br>(3) 加温或用柴油稀释 |
| 时间控制器（电脑）停止不动 | (1) 本身保险丝断<br>(2) 控制电源未加入<br>(3) 联锁电路不通 | 检查检修 |
| 冒黑烟，风门大小调整无效 | 油嘴磨损不能雾化 | 换油嘴 |
| 冒白烟 | (1) 风门太大<br>(2) 油含有水分(但水分含量还不太大) | (1) 调小风门<br>(2) 改善油质 |
| 火焰向炉门口反喷出 | (1) 烟囱淤塞或烟囱闸门关闭<br>(2) 烟囱积灰<br>(3) 炉膛耐火砖落，阻碍火焰燃烧<br>(4) 炉膛积油焦过高影响燃烧 | (1) 清除烟囱积灰，打开烟囱闸门<br>(2) 清除烟管积灰<br>(3) 修理炉墙<br>(4) 清除油焦 |
| 燃烧时有黑烟 | (1) 油嘴内紧压雾化部分的螺丝松脱或雾化器的油管积有油污影响喷出的油雾质量<br>(2) 油泵损坏，输出油压过高<br>(3) 供油系统被油污淤塞<br><br>(4) 风门调校过小<br>(5) 炉头的风机叶片塞满油污，影响风力 | (1) 重新上紧螺丝，清除油管积污<br>(2) 调换或修理油泵<br>(3) 检查滤油器、油泵内滤网、喷嘴滤网、油箱，并加以清洗<br>(4) 重新调大风门<br>(5) 清除风机叶片上的油污 |

## 十七、锅炉停炉保养

锅炉在停炉期间，受热面表面吸收空气中的水分而形成水膜。水膜中的氧气和铁起化学作用生成铁锈，使锅炉遭受腐蚀。被腐蚀的锅炉投入运行后，铁锈在高温下又会加剧腐蚀的深度和扩大腐蚀面积，并且氧化铁皮不断剥落，以致缩短锅炉使用年限，甚至严重降低钢板强度发生爆炸事故。因此，做好停炉保养工作，是保证锅炉安全经济运行必不可少的重要措施。

常用的停炉保养方法有压力保养、干法保养、湿法保养和充气保养等数种。

### 1. 压力保养

压力保养一般适用于停炉期限不超过一周的锅炉。是利用锅炉中的余压保持 0.05~0.1MPa，锅水温度稍高于 100℃ 以上，既使锅水中不含氧气，又可阻止空气进入锅筒。为了保持锅水温度，可以定期在炉膛内生微火，也可以定期利用相邻锅炉的蒸汽加热锅水。

### 2. 湿法保养

湿法保养一般适用于停炉期限不超过一个月的锅炉。锅炉停炉后，将锅水放尽，清除水垢和烟灰，关闭所有的人孔、手孔、阀门等，与运行的锅炉完全隔绝，将配制好的碱性保护溶液灌满锅炉(包括过热器、省煤器)。常用的有以下三种方法。

(1) 碱液法　所用的碱为工业用氢氧化钠(NaOH)或磷酸三钠($Na_3PO_4$)或二者混合使用。在软化合格的水中按每吨锅水加氢氧化钠 5kg 或磷酸三钠 10kg，或用氢氧化钠 6kg 与磷酸三钠 1.5kg 的混合液用泵送入锅炉，确认无空气，保持锅水 pH>10，溶液灌满后，关主汽阀、放空阀、给水阀等，使锅内与外界完全隔绝。此法可用于相对校长时间的停炉。

(2) 磷酸三钠和亚硝酸钠混合液保护法　即用 0.1% ~ 1% 亚硝酸钠($NaNO_3$)和 0.1% ~ 1% 磷酸三纳($Na_3PO_4$)的混合溶液灌满锅炉即可达到保护的目的。这种液体能在金属表面形成保护膜，从而防止金属腐蚀。在锅炉投入运行前，应将此混合液放尽，并彻底清洗。此法宜用于容易排净积水的锅炉。

(3) 氨液法　将氨水($NH_3OH$)配制成浓度约 0.8g/L 的稀氨液打入锅内并定期循环，关闭所有阀门，防止漏氨。在氨水中钢铁不会被腐蚀，但氨对铜有腐蚀作用，所以用此法必须把与氨液有可能接触的铜件拆除。

以上三种湿法保养以碱液法用得较多，但都要注意冬季防冻问题，特别是省煤器和管道部分。冬天气温较低，不宜用湿法保养。短期停炉也可以不保养。湿法保养锅炉投用前需认真进行清洗。

### 3. 干法保养

干法保养适用于停炉时间较长，特别是夏季停用的采暖热水锅炉。锅炉停炉后，将锅水放尽，清除水垢和烟灰，关闭蒸汽管、热水锅炉的供热水管、给水管和排污管道上的阀门，或用隔板堵严，与其他运行中的锅炉完全隔绝。接着打开人孔使锅筒自然干燥。如果锅炉房潮湿，最好用微火将锅炉本体以及炉墙、烟道烘干。然后将干燥剂，例如块状氧化钙(又称生石灰)按每立方米锅炉容积加 2 ~ 3kg，或无水氯化钙按每立方米锅炉容积加 2kg，用敞口托盘放在后炉排上，以及用布袋吊装在锅筒内，以吸收潮汽。要注意干燥剂失效后体积的膨胀，因此盛装容器只能装 1/2 ~ 1/3，防止干燥剂接触金属表面。最后关闭所有人孔、手孔，防止潮湿空气进入锅炉，腐蚀受热面。每隔半个月左右检查一次受热面有无腐蚀，并及时更换失效的干燥剂。

### 4. 充气保养

充气保养适用于长期停用的锅炉，一般使用钢瓶内的氮气或氨气，从锅炉最高处充入并维持 0.05 ~ 0.1MPa 的压力，迫使重度较大的空气从锅炉最低处排出，使金属不与氧气接触。氨气充入锅炉后，既可驱除氧气，又因其呈碱性反应，更有利于防止氧腐蚀。

对长期停用的锅炉，受热面外部在清除烟灰后，应涂防锈漆；受热面内部在清除水垢后，应涂锅炉防腐漆。锅炉的附属设备也应全部清刷干净。光滑的金属表面应涂油防锈。送风机、引风机和机械炉排变速箱中的润滑油应放尽。所有活动部分每星期应转动一次，以防锈住。全部电动设备应按规定进行保养。

# 第二十四章　换　热　器

把一种流体的热量传给另一种流体的换热设备统称为换热器。在输油生产中，加热媒先在间接式加热炉里加热，然后热的热媒和冷的原油一起流经换热器，热媒将热量传给原油，对原油进行加热。更多的泵站利用锅炉里的蒸汽通过换热器给原油换热或用热媒给水加热来取暖。

## 一、换热器分类

在实际生产中的换热器是多种多样的。尽管其种类繁多，但按其作用原理大致可以分成三类，即间壁式换热器、回热式换热器和混合式的换热器。下面对不同类型的换热器分别进行叙述。

### 1. 间壁式换热器

这种类型的换热器在实际中应用最为普遍，其主要特点为，冷热两种流体被壁面隔开，在换热过程中两流体互不接触，热量由热流体通过壁面传递给冷流体。热传递过程包括热流体与壁面间的热传导，壁中的导热和壁面与冷流体间的热传导，有时还包括辐射换热。间壁式换热器种类很多，按其结构特点不同，可分成管壳式、筋片管式、板翅式、螺旋式等。因为只要间壁式换热器不漏，冷热两种流体就不能混合，因此这是输油管线使用最多的一种。

### 2. 回热式换热器

在这种换热器中，流过同一换热面(壁面)的流体一会儿是热流体，一会儿是冷流体，当热流体流过时是加热期，热量被壁面吸收，而且就储蓄在壁面内；在冷流体流过时为冷却期，壁面把所储蓄的热量传给冷流体。因此，在回热式换热器中的热量传递是通过壁面周期性地加热和冷却来实现的。这类换热器一般是以金属或砖类做成流道，热流体和冷流体交替地流过同一个流道，并尽量避免相互混合。其特点是，流道壁周期性地对热流体和冷流体吸热和放热。在连续运行中，虽然吸、放的热量相等，但热传递过程却是非稳态的。由于液体介质会黏附在器壁上，因此这类设备一般用于气体介质之间的换热，如锅炉中的回转式空气预热器等。

### 3. 混合式换热器

混合式(或称开式)换热器中，进入的冷、热二种流体完全混合。理论上，整个混合流体均匀地处于同温同压下离开换热器，在热量传递的同时，伴随有物质的交换或混合。所以它具有传热速度快、效率高、设备简单等特点，但只能用于冷热流体可以混合的场合。输油生产中的冷热油掺合类似于这种换热器。锅炉中的蒸汽除氧是典型的混合式换热器。

## 二、间壁式换热器的构造特点

间壁式换热器的结构是多种多样的，如按结构分类，有套管式、管壳式、筋片式和板翅式等等。在输油生产中，以管壳式和肋片式及板翅式应用较为广泛。

### 1. 管壳式

管壳式换热器是间壁式换热器中较为普遍的一种结构，它由一个大的外壳和许多管子组成，所以也称为列管间壁式换热器，它可做成单流程、双流程或多流程等。图24-1-1(a)为

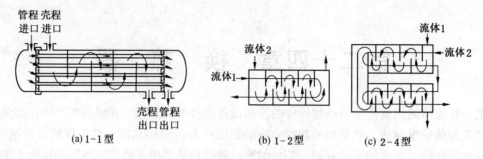

图 24-1-1　管壳式换热器结构示意图

(a)1-1型　　(b)1-2型　　(c)2-4型

1-1型管壳式顺流换热器，管内和管外的流体均为单流程，当然也可以设计为逆流。图 24-1-1(b)为 1-2 型管壳式换热器的示意图，管外流体为单流程，管内流体为双流程，所以这类换热器必然是部分为逆流而部分为顺流。管外流体因具有垂直挡板而被迫反复穿越于管束之间。加挡板除了减少滞流的死区外，还能把纵向冲刷管壁改为横向冲刷管壁，从而改进换热器的性能。图24-1-1(c)示出管外、管内均为多流程的 2-4 型管壳式换热器的结构。

　　管壳式换热器中，哪一种流体布置在管内，哪一种在管外，必须根据具体情况作出选择。如从便于清洗管壁出发，则应将容易沾污壁面的流体布置在管内，因为管子内壁比管子外壁和壳体内壁容易清洗。如考虑尽可能节约昂贵的耐腐蚀金属，则应把具有腐蚀性的流体安排在管内，以确保较大的外壳免被腐蚀。为防止管子堵塞，较黏的流体以布置在管外为宜。管子的承压强度较大，显然应让高压流体置于管内。例如设计机油冷却器时，按照上述理由，就应把较黏的机油布置在管外，而把容易结垢的冷却水排在管内。管壳式换热器的结构坚固，易于制造，能适合大温差的换热，换热表面清洗比较方便，因此在工业生产中应用较为广泛。

　　**2. 筋片管式换热器**

　　筋片管式换热器如图 24-1-2 所示，在管子外壁加上筋片，从而强化了传热。这一类换热器的结构较紧凑，适合于换热面两侧的放热系数相差较大的地方，如汽车上的散热器等。针状换热器也是一种筋片管式换热器，如图 24-1-3 所示，它的主要部件为针状换热器管，管上有流线形的内针片和外针片，针片起着增强传热的作用。有的针片管式换热器不加设外针片。针状换热器可以根据传热要求由一定数量的针状换热器管组成。在有的加热炉的对流段采用针状换热器管，此时，冷流体在针状换热器内流动，而热的烟气在管外横向流动，利用烟气的热量来加热冷的原油。

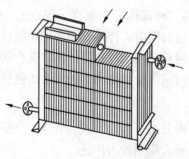

图 24-1-2　筋片管式换热器

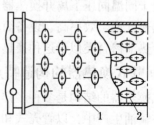

图 24-1-3　针状换热器管

1—内针片；2—外针片

### 3. 板翅式换热器

板翅式换热器结构形式很多，但都是由多层基本换热元件组成。如图24-1-4(a)所示，在两块平隔板之间夹着一块波纹形导热翅片，两侧用侧条密封，形成一层基本换热元件，多层这样的元件叠积焊接起来就组成板翅式换热器。图24-1-4(b)就是一种叠积形式，翅片用于增加流体的扰动，增强传热。板翅式换热器作为两种气体的热交换器时，其传热系数要比用管式换热器大10倍左右。这种换热器结构非常紧凑，缺点是容易堵塞，清洗困难，不易于检查修理，适用于清洁和低腐蚀性流体的换热。

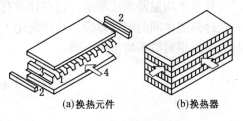

(a)换热元件　　(b)换热器

图24-1-4　板翅式换热器结构示意图
1—平隔板；2—侧条；3—翅片；4—流体

## 三、间壁式换热器的传热计算

各种间壁式换热器的热交换计算的基本原理都是相同的，但因式样不同而方式上有所差异。下面讨论管壳式换热器的热计算。

换热器的热计算是以传热计算公式为基础的。热流量：

$$k = \frac{1}{r_{总}} = \frac{1}{\dfrac{1}{\alpha_1} + \sum\limits_{i=1}^{n} \dfrac{\delta_i}{\lambda_i} + \dfrac{1}{\alpha_2}}$$

$$Q = kF(t_1 - t_2)$$

但是由于这时介质的温度在热交换过程中是不断变化的，所以应该以传热温度差 $\Delta t_{平均}$ 来代替温度差，因而公式可以写成：

$$Q = kF\Delta t_{平均} \qquad \text{W} \qquad\qquad (24-1-1)$$

利用上述公式，可以根据给定的 $Q$ 值来计算所需的换热面积 $F$，或根据已知的换热面积来计算出换热量 $Q$。

### 1. 平均温差

高温流体流过间壁放出热量，温度逐渐降低；低温流体吸收热量，温度逐渐升高。由于冷热流体沿间壁换热器进行热交换，致使它们的温度沿流动方向不断发生变化；冷热流体的传热温差也同时发生变化。所以如何确定传热温差，对于正确地进行传热计算是相当重要的。

图24-1-5(a)、(b)分别表示顺流和逆流时冷热两种流体沿着换热面的温度变化。图中温度 $t_1$ 是指热流体，$t_2$ 是指冷流体，$t'$ 是指进口温度，$t''$是指出口温度，$\Delta t'$ 及 $\Delta t''$分别表示冷热流体进口和出口处的温度差。

如上所述，冷热流体的传热温差是沿着换热面在变化着的，但为了计算方便可取其平均值，以 $\Delta t_{平均}$ 表示，称为平均传热温度差，简称传热温差。确定 $\Delta t_{平均}$ 最简单的方法是采用进出口处两流体温度差 $\Delta t'$ 及 $\Delta t''$的算术平均值，即

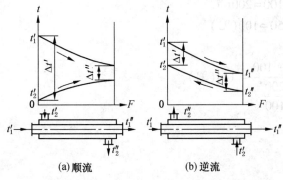

(a)顺流　　　　　　(b)逆流

图24-1-5　流体沿换热面的温度变化

$$\Delta t_{平均} = \frac{\Delta t' + \Delta''}{2} \qquad (24-1-2)$$

算术平均温差求法简便，但它并没有反映出温度变化的真实情况，具有一定的误差。只有在冷热流体间的温度差沿换热面变化不大时，才可近似地采用。当 $\Delta t'$ 与 $\Delta t''$ 相差一倍以上时，应采用对数平均温差，即

$$\Delta t_{平均} = \frac{\Delta t' + \Delta t''}{\ln \frac{\Delta t'}{\Delta t''}} \qquad (24-1-3)$$

**2. 顺流与逆流的比较**

在顺流时如图 24-1-5(a) 所示，$t_2'' < t_1''$，即冷流体出口温度永远低于热流体的出口温度，而在图 24-1-5(b) 的逆流中，冷流体 $t_2''$ 可以超过 $t_1''$，即 $t_2'' > t_1''$，但 $t_2''$ 仍然低于 $t_1'$。顺流时温差变化显著，而逆流时温差变化比较平缓，但在相同的进出口温度下，逆流比顺流的换热量大。所以工程上的换热器一般都尽量采取逆流布置。叉流和混合流的平均温差在顺流和逆流之间，如因构造上的困难而不能采取逆流布置时，也应尽可能采用叉流或混合流布置，以不采用顺流布置为宜，逆流换热器也有其不妥之处。冷热两种流体的最高温度都在换热器的同一端，这样使得该处的壁面温度特别高，有时会发生烧穿现象。因此，在设计换热器时应特别注意这一点。

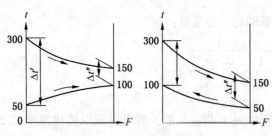

图 24-1-6　冷热流体的温度变化

数平均温差。温度变化如图 24-1-6 所示。

**例 24-1-1**　当冷热流体进出口温度一定时，试比较逆流与顺流时的对

**解**　对于顺流：

$$\Delta t' = 300 - 50 = 250(℃)$$
$$\Delta t'' = 150 - 100 = 50(℃)$$

则顺流时的对数平均温度为：

$$\Delta t_{平均} = \frac{\Delta t' - \Delta t''}{\ln \frac{\Delta t'}{\Delta t''}} = \frac{250 - 50}{\ln \frac{250}{50}} = 124(℃)$$

对于逆流：

$$\Delta t' = 300 - 100 = 200(℃)$$
$$\Delta t'' = 150 - 50 = 100(℃)$$

则逆流时的对数平均温度差为：

$$\Delta t_{平均} = \frac{200 - 100}{\ln \frac{200}{100}} = 144(℃)$$

两者相比，逆流比顺流的温差约大 16%。

# 参 考 文 献

1　黄春芳．原油管道输送技术．北京：中国石化出版社，2003

2　中国石油天然气集团公司人事服务中心．输油工．北京：石油工业出版社，2006

3　杨筱蘅，张国忠．输油管道的设计与管理．东营：石油大学出版社，1996

4　寿得清．储运油料学．东营：石油大学出版社，1988

5　袁恩姬．工程流体力学．北京：石油工业出版社，1986

6　冯维君．燃油燃气锅炉的运行与管理．北京：中国劳动出版社，1998

7　窦照英．中低压锅炉水处理．北京：水利电子出版社，1987

8　机械工业部合肥通用机械研究所．阀门．北京：机械工业出版社，1984

9　中国石油天然气总公司．石油安全工程-中级本．北京：石油工业出版社，1991

10　叶如格，等．石油静电．北京：石油工业出版社，1988

11　俞蓉蓉，蔡志章．地下金属管道的腐蚀与防护．北京：石油工业出版社，2001

12　厉玉鸣．化工仪表及自动化．北京：化学工业出版社，1994

13　杜效荣．化工仪表及自动化．北京：化学工业出版社，1994

14　郭光臣，董文兰，张志廉．油库设计与管理．东营：石油大学出版社，1991

15　费金根．呼吸阀的选择与油罐凹陷．油气储运，1997，(3)

16　陈建平．浮顶油罐的一种新型密封装置．油气储运，1998，(9)

17　杜振华，胡志勇．浸油型弹簧式机械呼吸阀．油气储运，1998，(11)

18　GB/T 21246—2007　埋地钢质管道阴极保护参数测量方法。

19　GB/T 8929—2006　原油水含量的测定 蒸馏法．

20　GB/T 1884—2000　原油和液体石油产品密度试验室测定法(密度计法)

21　SY/T 10037—2010　海底管道系统

22　张钧．海上采油工程手册．北京：石油工业出版社，2001

23　DNV-OS-F101 SUBMARINE PIPELINE SYSTEMS JANUARY 2000

24　陆俭国，仲明振，陈德桂，等．中国电气工程大典第 11 卷-配电工程．北京：中国电力出版社，2009

25　黄绍平．成套开关设备实用技术．北京：机械工业出版社，2008

26　王其英，刘秀荣．新型不停电电源(UPS)的管理使用与维护．北京：人民邮电出版社，2005

27　吴忠智，吴加林．变频器原理及应用指南．北京：中国电力出版社，2007

28　杨森，徐卓．地下油库应用技术．北京：中国石化出版社，2010

29　洪开荣，等．大型地下水封洞库修建技术．北京：中国铁道出版社，2013